Burghardt Projektmanagement

Projektmanagement

Leitfaden für die Planung, Überwachung und Steuerung von Entwicklungsprojekten

Von Manfred Burghardt

6., wesentlich überarbeitete und erweiterte Auflage, 2002

Publicis Corporate Publishing

Die Deutschen Bibliothek – CIP-Einheitsaufnahme

Ein Titeldatensatz für diese Publikation ist bei Der Deutschen Bibliothek erhältlich.

6. Auflage, 2002

ISBN 3-89578-199-1

Herausgeber: Siemens Aktiengesellschaft, Berlin und München
Verlag: Publicis Corporate Publishing, Erlangen

Printed in the Federal Republic of Germany.

Vorwort zur 6. Auflage

Projektmanagement ist heute längst nicht mehr Wunschvorstellung oder ein theoretischer Begriff, sondern im Rahmen der Planung und Steuerung von Entwicklungsvorhaben bereits wichtige Realität. Steigende Produktivität, kürzere Durchlaufzeit und optimierte Prozesse sind künftig die Prämissen. Das Erreichen eines ausreichenden wirtschaftlichen Ergebnisses hat höchste Priorität. Projektmanagement kann daher nicht allein der ausführenden Ebene vorbehalten sein, sondern es wird zur Führungsaufgabe im gesamten Unternehmen.

Trotzdem wird Projektmanagement oft nicht genügend intensiv praktiziert; sei es, dass die Entwicklungsvorhaben nicht alle als »Projekte« geführt werden, sei es, dass das Projektmanagement in seinen Methoden und Verfahren zu schwach ausgeprägt und nicht prozessorientiert ausgerichtet ist. Auch mangelt es häufig an der geeigneten PM-Ausbildung der projektführenden Mitarbeiter, obwohl hier vielversprechende Fortschritte durch das Anbieten von PM-Tagungen und -Seminaren sowie durch das gezielte Ausbilden von Projektleitern erreicht worden sind.

Insgesamt muss Projektmanagement ernsthafter, konsequenter und sorgfältiger wahrgenommen werden, um die erfolgsbestimmenden Projektparameter Leistung, Kosten und Zeit in ihrem Optimum zu erreichen. Beachtliche Termin- und Kostenüberschreitungen bei Projekten liefern immer wieder den Beweis für mangelhaftes Projektmanagement.

Projektmanagement stellt allerdings keine abgeschlossene »Lehre« dar, die – angelesen – nur noch angewendet zu werden braucht. Dazu ist der methodische Unterbau heute immer noch zu lückenhaft und sein Definitionsrahmen noch zu kontrovers. In einigen Teilbereichen, wie z. B. bei der Termin- und Einsatzmittelplanung, bieten sich in Form der Netzplantechnik hervorragende und erprobte Werkzeuge an; in anderen Bereichen, wie z. B. auf dem Gebiet der Erfahrungssicherung, mangelt es an wirkungsvollen Hilfsmitteln. Hinsichtlich Einsatztiefe und Einsatzbreite des Projektmanagements bestehen zudem divergierende Meinungen; so wird teilweise die zentrale, teilweise die dezentrale Projektführung betont, oder aber das Projektmanagement bleibt allein Großprojekten vorbehalten. Auch muss zwangsläufig Projektmanagement bei einer Geräteentwicklung anders aussehen als bei einer Betriebssystementwicklung, weil reine HW-Projekte andere PM-Hilfsmittel erfordern als reine SW-Projekte. Schließlich bestimmt die PM-Durchdringung ganz entscheidend die Wahl der einzusetzenden Methoden und Verfahren.

Dieses Buch wendet sich einerseits an alle, die unmittelbar als Projektleiter und Projektplaner oder mittelbar als Projektmitarbeiter mit dem Projektmanagement in Berührung kommen. Ihnen sollen – in einfach verständlicher Form und mit Beispielen untermauert – die Methoden und Vorgehensweisen im Projektmanagement nahegebracht werden, wobei auch rechnergestützte Verfahren berücksichtigt sind. Andererseits soll das Buch auch denen als Nachschlagewerk dienen, die bereits seit längerem mit PM-Aufgaben betraut sind.

In Anbetracht der Verschiedenartigkeit der Entwicklungen und der Vielfalt der Führungsformen muss das Buch sich auf das Grundsätzliche und auf die generellen Abläufe beschränken. Es kann also nicht Kochrezept für jede Art von Entwicklungsvorhaben sein. Daraus folgt, dass in praxi die erläuterten Methoden und Vorgehensweisen projektadäquat angepasst werden müssen. So sind z. B. auch die im Beiheft aufgeführten PM-Merkblätter als Anregung für das Erstellen projektspezifischer Checklisten gedacht.

Die Kapitelfolge des Buches ist entsprechend einem »Idealdurchlauf« eines Projekts gewählt.

Hauptkapitel 1 enthält einige einführende Betrachtungen zum Thema Projektmanagement.

Am Anfang eines Projekts steht die Projektdefinition (Hauptkapitel 2). In diesem ersten Abschnitt werden das Projekt gegründet, das Projektziel definiert sowie die Aufbau- und Ablauforganisation für das Projekt geschaffen. Mit einer Wirtschaftlichkeitsbetrachtung wird dabei der zu erwartende wirtschaftliche Erfolg aufgezeigt.

Der zweite Projektabschnitt umfasst die Projektplanung (Hauptkapitel 3); in ihm werden die technische, aufgabenmäßige und kaufmännische Struktur des Projekts festgelegt, die Aufwände und Kosten geschätzt, die Termine und Einsatzmittel geplant sowie Projektpläne erstellt. Ein Risikomanagement soll den Erfolg des Projekts absichern. Die Projektplanung bildet damit die Grundlage für die gesamte weitere Projektdurchführung.

Die Projektkontrolle (Hauptkapitel 4) stellt den dritten und wichtigsten Projektabschnitt dar; in ihm werden die Istwerte aller relevanten Projektparameter den Planwerten aus der Projektplanung gegenübergestellt. Neben der Kontrolle der Termine, der Aufwände und der Kosten ist hier die Kontrolle des Sachfortschritts von großer Bedeutung. Auch ist die Qualitätssicherung als wichtiger Bestandteil des Projektmanagements zu sehen, zu deren Hauptaufgabe die Prüfung der einzelnen Entwicklungsergebnisse gehört. Frühzeitiges Erkennen von Abweichungen im geplanten Projektablauf ist Voraussetzung für eine effektive Projektsteuerung. Je feiner die Kontrolle vorgenommen wird, desto geringer sind die notwendigen Korrekturmaßnahmen. Beurteilungsbasis für die Projektsteuerung bilden die Projektdokumentation und die Projektberichterstattung.

Im letzten Abschnitt führt der Projektabschluss (Hauptkapitel 5) das Projekt zu seinem definierten Ende. Sobald das Projektergebnis abgenommen wurde, empfiehlt sich dringend eine Abschlussanalyse; nachfolgende Projekte sollten möglichst auf gesicherten Erfahrungen aufbauen können. Schließlich muss das Projekt geordnet aufgelöst werden.

Im abschließenden Hauptkapitel 6 werden spezielle rechnergestützte Verfahren zur Projektunterstützung näher betrachtet. Neben einem Konfigurationsmanagement bieten sich Verfahren für die Projektführung auf Großrechnern oder in Client/Server-Architekturen sowie dezentrale PM-Hilfsmittel auf Personal Computer an; hierbei wird auf die erforderlichen Maßnahmen bei entsprechenden Verfahrenseinführungen eingegangen.

Der Anhang enthält neben einem in der Praxis bewährten Fragenkatalog für eine PM-Untersuchung eine Zusammenstellung der verwendeten Formelzeichen und Abkürzungen, eine Übersicht der allgemeingültigen Formulare, Diagramme und Tabellen sowie ein Verzeichnis empfehlenswerter weiterführender PM-Literatur.

Das Beiheft umfasst mehrere PM-Merkblätter, die als Checklisten für das Projektmanagement dienen sollen.

Für ihre Mitarbeit bei einigen Kapiteln der ersten Auflage ist den ehemaligen Kollegen Siegfried Eder, Guido Frank, Dieter Höft und Clemens Krauthausen zu danken.

Für die vorliegende sechste Auflage wurde das Buch in Teilbereichen überarbeitet bzw. erweitert. Die Abschnitte über die ISO-Zertifizierung, EFQM-Bewertungsmodell, Wissensmanagement und Projektpläne wurden neben anderen überarbeitet und auf den neuesten Stand gebracht. Die Kapitel über DV- und PC-Verfahren wurden wieder aktualisiert; so wurden ältere nicht mehr im Einsatz befindliche Verfahren herausgenommen und neue dafür aufgenommen. Die mit Kostenwerten behafteten Tabellen und Zahlenbeispiele wurden durchgehend auf die Einheit Euro umgestellt. Dem Anhang ist ein ausführliches Beispiel für den Aufbau einer Projektakte sowie eine Aufstellung von für das Projektmanagement interessanten Internet-Adressen hinzugefügt.

Des Weiteren wurden Tabellen auf neue PC-Techniken übertragen und terminologische Anpassungen vorgenommen.

München, im August 2002

Manfred Burghardt

Inhalt

Anhang

1 Einführung

1.1 Projektmanagement als Aufgabe

Die Entwicklung in fast allen elektrotechnischen Bereichen unterliegt einem tief greifenden Wandel; er ist sowohl technisch als auch marktwirtschaftlich bedingt. Einerseits werden die Produkte immer komplexer, d. h. ihre Leistungsvielfalt nimmt zu, die Bauteile werden kleiner und leistungsfähiger, die SW-Durchdringung wird größer, die erforderliche Regelungs- und Steuerungslogik wird komplizierter und insgesamt wird die eingesetzte Physik und Technologie mehr ausgereizt. Andererseits müssen die Produkte qualitativ besser sein sowie schneller und preisgünstiger auf den Markt kommen. Und bei allem muss immer ein aussreichendes, wirtschaftliches Ergebnis erzielt werden. Diese Anforderungen an die Produktentwicklung und an das Qualitätsmanagement stellen die Verantwortlichen vor Probleme, die neue, effizientere Methoden in der Projektführung erfordern.

Technologiewandel

Elektrotechnische Geräte, Systeme und Anlagen haben sich auf Grund neuer Technologien in Erscheinungsbild und Funktionsprofil stark verändert. Besonders durchgreifend ist der Wandel von der Hardware zur Software: Viele Funktionen, die früher auf mechanischem Weg realisiert wurden, werden heute weitgehend als Software implementiert. Der Weg vom mechanischen Fernschreiber zum elektronischen PC gibt wohl eines der bekanntesten Beispiele hierfür ab; aber auch bei hochkomplexen Systemen der Telekommunikation und der Anlagentechnik ist der gleiche Trend zu beobachten.

Der Übergang von der Analogtechnik zur Digitaltechnik bedeutete ebenfalls einen gewaltigen Umbruch im gesamten Bereich der Elektrotechnik und Elektronik.

Ganz entscheidend wird dieser Trend zur Substitution der individuellen Hardware gefördert durch die anhaltende Miniaturisierung bei den elektronischen Bauelementen, die allerdings erst durch die kostengünstige Herstellung hochkonzentrierter Informationsträger (Speicherchips) und -verarbeiter (Prozessorchips) in Form integrierter Schaltkreise möglich geworden ist.

Aus dem Substitutionsprozess von der Hardware zur Software resultiert u. a. auch die Verlagerung der Kosten von der Fertigung zur Entwicklung. Bild 1.1 zeigt diesen Wandel in schematischer Form. Die »Fertigung« der Software entspricht bekanntlich einem einfachen Kopieren von Informationsträgern und damit einem nicht allzu kosten- und zeitaufwendigen Vorgang. Produkte und Systeme mit einem hohen SW-Anteil erfordern daher meist auch einen verringerten Anteil der reinen Herstellkosten.

Veränderte Technologien und neue Entwicklungstechniken führen natürlich auch zu einem Wandel der Fertigungsprozesse; dies wiederum bedingt in umgekehrter Richtung veränderte Anforderungen an die eingesetzten Entwicklungsmethoden und -verfahren. Der Zwang zur Schaffung eines durchgängigen CIM-Konzepts mit dem Ziel einer engeren Anbindung der Entwicklung an die Fertigung steht hier im Vordergrund.

Begründet durch den Technologiewandel kann man also insgesamt eine Verlagerung der Wertschöpfung von der Fertigung zur Entwicklung beobachten.

Innovationsanstieg

Zum anhaltenden Kostendruck auf Grund verstärkten Wettbewerbs auf vielen Geschäftsfeldern kommt in einem großen Ausmaß die Beschleunigung der Innovationszyklen in vielen Produktbereichen hinzu. Dies hat vor allem eine deutliche Verkürzung der Produktlebensdauer zur Folge. Die Produkte müssen daher nicht nur qualitativ gut und preiswert auf den Markt gebracht werden – sie müssen auch zu einem frühen Zeitpunkt verfügbar sein; anderenfalls kommen sie gar nicht mehr »zum Zuge«, da dann bereits Produkte der nächsten Innovationsstufe mit noch besserem Preis-Leistungs-Verhältnis angekündigt werden. Die z. T. sehr hohe Innovationsrate verdeutlicht eine Untersuchung bei Siemens zum »Alter« elektrotechnischer Produkte (Bild 1.2), wonach im Durchschnitt $^2/_3$ der Produkte nicht älter als 5 Jahre sind. In der medizinischen Technik sind sogar 75% aller Produkte jünger als 5 Jahre und nur 3% älter als 10 Jahre.

Die Problematik dieses Trends verdeutlicht sehr gut der etwas vereinfachende Umkehrschluss: In fünf Jahren muss derselbe Umsatz mit Produkten gemacht werden, von denen mehr als 66% noch nicht entwickelt, z. T. noch nicht bekannt sind.

Der deutlich erkennbaren Herausforderung muss sowohl mit einem verbesserten Entwicklungsinstrumentarium, d. h. dem Einsatz von CAD-Verfahren in der Mechanik-, Elektronik- und Softwareentwicklung, als auch mit einem verbesserten Planungs- und Steuerungsinstrumentarium begegnet werden. Neben dem Einführen einer adäquaten Entwicklungsmethodik muss zur Steigerung der Effizienz und zur Verkürzung der Durchlaufzeiten im Entwicklungsbereich auch ein entsprechendes Führungskonzept, nämlich Projektmanagement, genutzt werden.

Projektmanagement als Führungskonzept

Im Rahmen des Projektmanagements werden die vielfältigen Aufgaben in einem Entwicklungsbereich nicht mehr gemäß ihrem funktionalen Inhalt den einzelnen Entwicklungsstellen zugeordnet und dort in einer zeitlichen Reihenfolge abgearbeitet, sondern ganzheitlich in einem Projekt eingebettet und unter Berücksichtigung entsprechender Kosten-, Termin- und Qualitätsparameter zielorientiert beplant und durchgeführt. Wegen der steigenden Anforderungen an die Entwicklungsergebnisse und der wachsenden technischen und organisatorischen Komplexität von Entwicklungsprojekten gewinnt der Projektgedanke in der Entwicklung daher zunehmend an Bedeutung. Von herkömmlichen Führungskonzepten unterscheidet sich das moderne Projektmanagement erheblich. Hervorzuheben sind die folgenden fünf Merkmale:

- ▷ Projektadäquate Organisation
- ▷ Exakte Entwicklungsvorgaben
- ▷ Projektbezogene Planung
- ▷ Laufender Soll/Ist-Vergleich
- ▷ Definiertes Entwicklungsende.

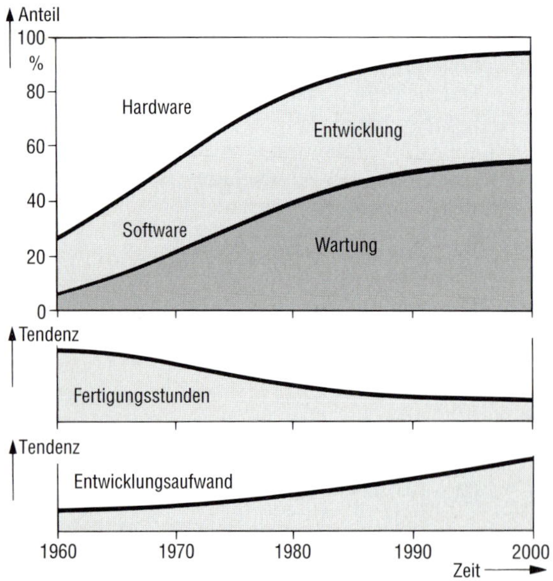

Bild 1.1
Hardware- und Software-Anteil von elektrotechnischen Systemen, Anlagen und Geräten

Voraussetzung für ein Projektmanagement ist die eigenständige Projektorganisation, die neben oder in der bestehenden Linienorganisation für die Dauer des jeweiligen Projekts eingerichtet wird und alle am Projekt Beteiligten – unabhängig von fortbestehenden disziplinarischen Abhängigkeiten – temporär organisatorisch zusammenfasst. So kann man in relativ kurzer Zeit ohne besondere Versetzungen ein effizientes Projektteam interdisziplinär zusammenstellen und trotzdem einen optimalen Personaleinsatz erreichen. Mit einer projektadäquaten Organisation wird neben der verbesserten Identifikation mit der zu erfüllenden Aufgabe auch eine »Personifizierung« der Verantwortlichkeiten erreicht.

Ein PM-geführtes Entwicklungsvorhaben verlangt exakte Entwicklungsvorgaben sowohl hinsichtlich der geforderten Leistungsmerkmale (einschließlich der gewünschten Qualität), des einzusetzenden Personals, der benötigten Sach- und Geldmittel sowie der zur Verfügung stehenden Zeit. Diese Vorgaben bilden die Basis für eine projektbezogene Planung, die einerseits aufgabenorientiert (Projektstruktur) und andererseits ablauforientiert (Prozessstruktur) mit Definition entsprechender Meilensteine vorgenommen wird.

Tragendes Element des Projektmanagements ist während der Projektdurchführung die Projektkontrolle, bei der durch einen laufenden Soll/Ist-Vergleich möglichst frühzeitig Abweichungen von Planvorgaben erkannt werden sollen. Je früher dabei der Zeitpunkt des Erkennens ist, desto geringfügiger kann meist der notwendige Korrekturaufwand sein. Gegenüber herkömmlichen Führungsprinzipien wird diese Kontrolle nicht allein personenbezogen, sondern vor allem sachbezogen vorgenommen, wobei das primäre Ziel das Aufzeigen möglicher Hilfeleistungen im Entwicklungsablauf ist. Schließlich sichert das Projektmanagement auch das definierte Ende eines Entwicklungsvorhabens, was ein unkontrolliertes Weiterentwickeln verhindert.

Dem Projektmanagement unterliegt darüber hinaus auch ein »integrierender« Gesichtspunkt, indem es einerseits den gesamten Entwicklungsprozess in all seinen Funktionen horizontal durchzieht und andererseits vertikal alle am Projekt beteiligten Bereiche (Auftraggeber, Entwickler, Kaufmann) miteinander verbindet. Diese beiden Verknüpfungsrichtungen des Projektmanagements fördern ganz erheblich ein ganzheitliches und allein auf das Projektziel ausgerichtetes Denken.

In der personellen Abdeckung PM-geführter Projekte existiert allerdings auch ein Grundkonflikt zwischen Linienorganisation und Projektorganisation, da die wirklichen Know-how-Träger rar sind und z.T. gleichzeitig in mehreren Projekten mitwirken sollen sowie durch deren zu enge Einbindung in Projektarbeiten die Arbeit an Grundsatzthemen vielfach liegen bleibt.

Die Einführung des Projektmanagements wird im besonderen Maße von der obersten Führungsebene eines Unternehmens bestimmt; ohne sie ist ein effektives Durchhalten dieses Führungskonzepts nicht möglich – Projektmanagement wird damit zu einer bedeutenden Führungsaufgabe der Linie.

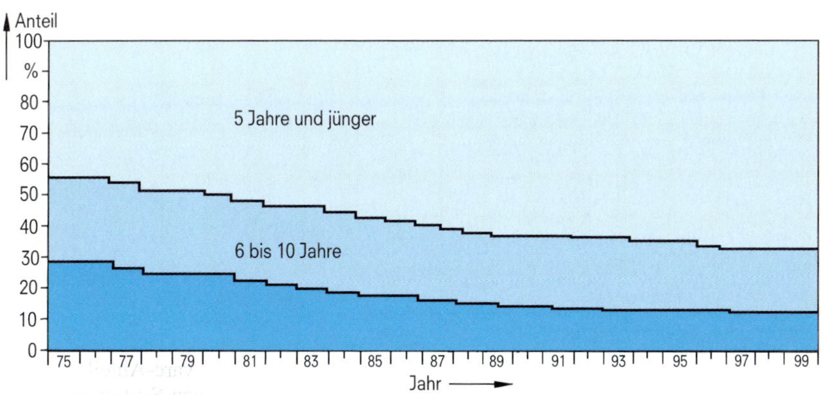

Bild 1.2 »Alter« der Produkte

Umfeld des Projektmanagements

Zum Projektmanagement gehören alle Aktivitäten für Definition, Planung, Kontrolle und Abschluss eines Projekts; es ist damit ganz auf das zielorientierte Abwickeln der einzelnen Projektarbeiten ausgerichtet; trotzdem steht Projektmanagement nicht für sich allein da, sondern muss auch in seiner Einbettung im gesamten Entwicklungsbereich eines Unternehmens gesehen werden (Bild 1.3).

Über dem Projektmanagement (eines Projekts) ist nämlich das *Entwicklungsmanagement* des Gesamtbereichs angeordnet, welches hierfür die Entwicklungsplanung und -steuerung nach (projekt-)übergeordneten Gesichtspunkten vornimmt. Das einzelne Projektmanagement erhält aus diesem entwicklungsbereichsbezogenen Management die bereichsentscheidenden Eckparameter, so wie umgekehrt das Entwicklungsmanagement aus dem Projektmanagement seine Basisdaten bezieht. Das Projektmanagement hat damit auch eine Mittlerfunktion zwischen den Entwicklungsgruppen und der Bereichsleitung inne.

Beiden Managementebenen stehen Entwicklungsdienste zur Seite, wie Qualitätssicherung, Bauunterlagenerstellung, Konfigurations- und Dokumentationsverwaltung, die i. Allg. projektübergreifend arbeiten. Flankiert wird das Entwicklungs- und Projektmanagement zu Beginn von der Technologieplanung und am Ende von der Fertigungseinführungsplanung (Bei einer reinen SW-Entwicklung entfällt natürlich die Fertigungseinführung). Die Technologieplanung gewinnt innerhalb der strategischen Planung zum Untersuchen von Technologiepositionen und Definieren von FuE-Programmen verstärkt an Bedeutung. Die Fertigungseinführungsplanung soll schließlich den reibungslosen Übergang von der Entwicklung zur Fertigung sicherstellen.

Projekt- und Entwicklungsmanagement dürfen also nicht isoliert voneinander gesehen werden, da sie sich besonders bei dem gemeinsamen Ziel der Effizienzsteigerung und der Durchlaufzeitverkürzung im Entwicklungsbereich ergänzen.

1.2 Projektablauf und PM-Regelkreis

Projektmanagement als Methode einer effizienten Projektführung umfasst alle Aktivitäten, die für eine

▷ sachgerechte,
▷ termingerechte und
▷ kostengerechte

Abwicklung von Projekten erforderlich sind. Um dies zu erreichen, muss das Projektmanagement in vielfältiger Weise auf den Pro-

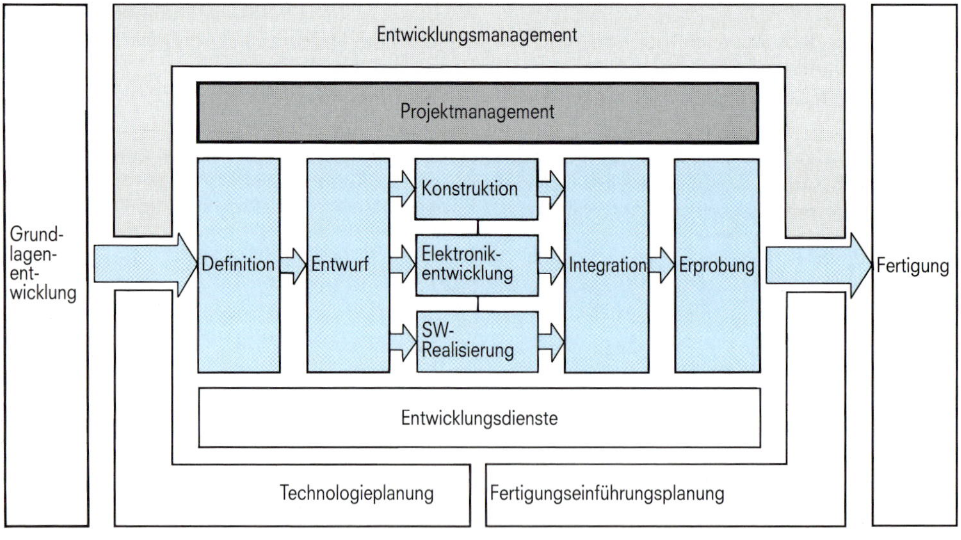

Bild 1.3 Umfeld des Projektmanagements

jektablauf »regelnd« einwirken. Einerseits werden für die Entwicklung Planvorgaben gemacht, auf deren Basis steuernde Maßnahmen auf den Ablauf einwirken; andererseits müssen an definierten Stellen des Entwicklungsprozesses projektbewertende Messgrößen zur Projektbeurteilung ermittelt und ausgewertet werden. Wie später noch näher erläutert, wirkt das Projektmanagement in Form eines *Regelkreises* auf den Projektablauf ein und durchdringt daher zwangsläufig alle Phasen eines Projekts.

Die vier Hauptabschnitte des Projektmanagements im Projektablauf sind:

▷ Projektdefinition
▷ Projektplanung
▷ Projektkontrolle
▷ Projektabschluss.

Diesen Projektabschnitten zugeordnet zeigt Bild 1.4 die einzelnen während des Projektablaufs durchzuführenden PM-Aufgaben.

Projektdefinition

Die Projektdefinition bildet die Projektgrundlage; hier werden die Vorgaben für die nachfolgende Projektplanung gemacht. Zur Projektdefinition gehören:

▷ Gründung des Projekts
▷ Definition des Projektziels
▷ Organisation des Projekts
▷ Organisation des Prozesses.

Am Anfang eines Projekts steht der Projektantrag, der alle relevanten Angaben, wie Aufgabenbeschreibung, Kosten- und Terminziele sowie Verantwortlichkeiten aufnimmt. Mit seiner Verabschiedung wandelt sich der Antrag zum offiziellen Projektauftrag. Das Projekt ist damit gegründet. Handelt es sich um einen externen Auftrag, so muss eine genaue Vertragsprüfung vorgenommen werden.

Die erste Aufgabe im Rahmen eines Projekts ist das eindeutige und vollständige Definieren des Projektziels. Hierzu müssen zusammen mit dem Auftraggeber jeweils aufeinander aufbauend ein Anforderungskatalog, ein Pflichtenheft und eine Leistungsbeschreibung für das zu erstellende Produkt bzw. System erarbeitet werden, wobei auch das spätere Änderungsverfahren vorzusehen ist.

Zur fachlichen, organisatorischen und wirtschaftlichen Absicherung des Projektantrags empfiehlt sich eine Problemfeldanalyse und eine Wirtschaftlichkeitsbetrachtung. Ohne genaue Kenntnis des Problemumfeldes des Projekts sowie ohne Ermittlung der zu erwartenden Wirtschaftlichkeit des zu entwickelnden Produkts sollte kein Projekt begonnen werden. Hierbei kann man in die Wirtschaftlichkeitsbeurteilung – je nach Bewertungsmöglichkeiten – rein monetäre Gesichtspunkte sowie Aspekte des allgemeinen Nutzwerts einbeziehen.

Außerdem sind die organisatorischen Voraussetzungen für das Projekt zu schaffen. Der Projektleiter und die Projektgremien müssen ernannt und es muss eine passende Projektorganisation gewählt werden. Auch sollte man möglichst ein (projektadäquates) Projektbüro für die notwendige PM-Unterstützung einrichten.

Schließlich ist die gesamte Ablauforganisation des Entwicklungsprozesses zu bestimmen. Hierzu gehören das Festlegen von Entwicklungsphasen, Zäsurpunkten (Pflichtmeilensteinen), Entwicklungslinien (Baselines) und Tätigkeitsarten; vorhandene Entwicklungshandbücher und -richtlinien bilden dabei die notwendige Grundlage.

Projektplanung

Der unterschriebene Projektantrag mit den das Projekt definierenden Eckdaten eröffnet den nächsten Projektabschnitt, die Projektplanung; er enthält die Aufgabenbereiche:

▷ Strukturplanung
▷ Aufwandsschätzung
▷ Terminplanung
▷ Einsatzmittelplanung
▷ Kostenplanung
▷ Risikomanagement
▷ Erstellung der Projektpläne.

Die Projektplanung beginnt mit der *Strukturplanung*. Aufbauend auf dem Anforderungskatalog wird das Entwicklungsvorhaben technisch, aufgabenmäßig und kaufmännisch strukturiert. Die sich hierbei ergebenden Strukturen (Produktstruktur, Projektstruktur und Kontenstruktur) stellen die Grundpfeiler einer zielorientierten Entwicklung dar; auf ihnen setzen alle weiteren Planungsschritte auf.

Aus dem Projektstrukturplan werden die Aufgabenpakete abgeleitet, für die dann eine *Auf-*

wandsschätzung durchzuführen ist. Außer dem eigenen Erfahrungspotenzial sollten die Erfahrungen außenstehender Experten sowie die Möglichkeiten von Aufwandsschätzverfahren genutzt werden. Aufwandsschätzverfahren und Expertenbefragungen bedeuten hierbei nicht sich ausschließende, sondern sich gegenseitig befruchtende Vorgehensweisen. Da aber nicht für jedes Entwicklungsgebiet passende Aufwandsschätzmethoden bzw. -verfahren verfügbar sind, muss häufig auf einen punktuellen Einsatz ausgewichen werden. Diese Lücken kann man nur durch eine langfristig angelegte Erfahrungsdatensammlung zum Anpassen geeigneter Aufwandsschätzverfahren schließen.

Mit den Ergebnissen der Aufwandsschätzung wird nun für die einzelnen Arbeitspakete bzw. Teilaufgaben eine *Termin(ein)planung* vorgenommen. Hierzu sollte man bei größeren Pro-

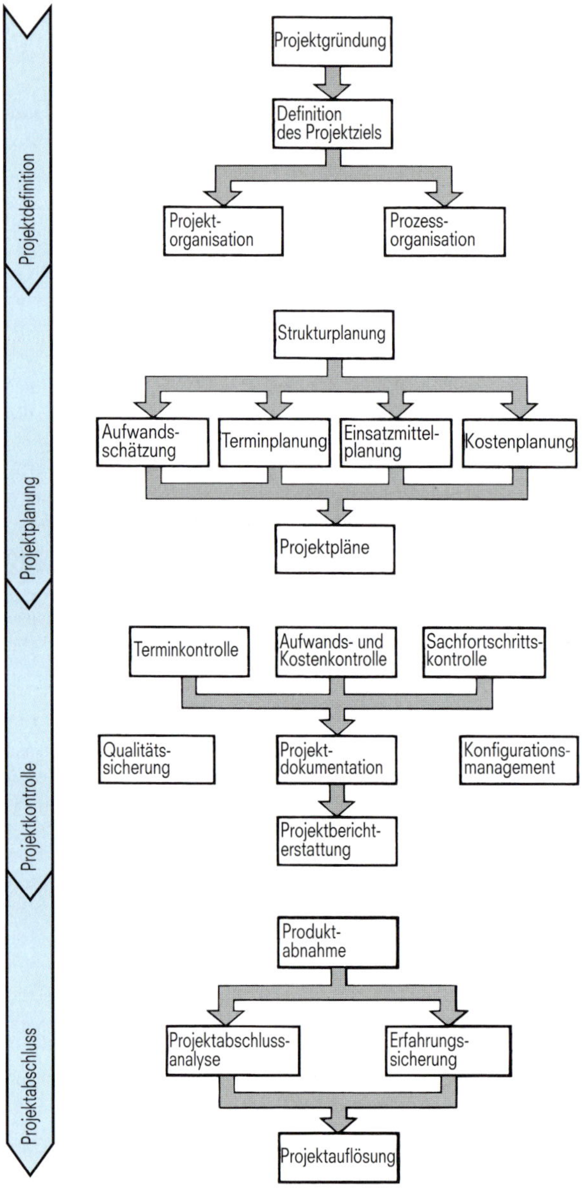

Bild 1.4
PM-Aufgaben im Projektablauf

jekten möglichst einen Netzplan heranziehen, entweder rechnerunterstützt oder manuell. Die Netzplantechnik ist – trotz aller Kritik – eines der leistungsfähigsten PM-Hilfsmittel, natürlich nur, wenn sie wirklich richtig eingesetzt wird. Gerade bei Einsatz eines Netzplanverfahrens hat sich das Einrichten eines separaten Projektbüros gut bewährt, weil dadurch verfahrensbedingte Routinearbeiten vom Entwickler fern gehalten werden können. Balkenplanung in der bekannten Diagrammdarstellung ist eine weitere gute Hilfe beim terminlichen Einplanen von Arbeitspaketen. PC-Grafikprogramme ermöglichen außerdem eine transparente und leicht zu modifizierende Darstellung dieser Form von Terminplänen.

Die *Einsatzmittelplanung* soll einen optimalen Einsatz des vorhandenen Personals und der verfügbaren Betriebs- und Sachmittel gewährleisten. Engpässe und Leerläufe, z. B. an Testanlagen und Prüfsystemen kann man dadurch vermeiden. Auch der Abgleich der Einsatzmittel bezüglich anderer, benachbarter Projekte muss in Form einer Multiprojektplanung in diese Überlegungen einbezogen werden. Volle Auslastung der eingeplanten Einsatzmittel führt zwangsläufig zur Senkung der Entwicklungskosten sowie zur Verkürzung der Entwicklungszeiten. In großen Entwicklungsbereichen mit einem vielschichtigen Personalstamm ermöglicht ein konsequentes Wissensmanagement die optimale Nutzung der Personal-Ressourcen.

Eine »ganzheitliche« *Kostenplanung* ist Voraussetzung für jedes wirtschaftliche Entwickeln. Ohne sie ist auch eine richtige Preisbildung nicht möglich. Klares Aufgliedern der Kostenarten und -elemente ist für eine erfolgreiche Kostenkontrolle unerlässlich. Die Forderung nach einer durchgängigen prozessorientierten Projektkalkulation steht hier im Vordergrund, d. h. bei Projektbeginn sollte für alle Entwicklungsaufgaben eine detaillierte Vorkalkulation nach einem einheitlichen Kalkulationsschema vorgenommen und später mit der Mitkalkulation nach demselben Schema fortgeführt werden. Eine entsprechende Nachkalkulation muss dann bei Projektende diese projektbegleitende Kalkulation abschließen. Hauptaufgabe innerhalb der Kostenplanung ist allerdings der Abgleich zwischen der FuE-Budgetierung, die eine Top-down-Kostenplanung für den gesamten Entwicklungsbereich ist, sowie der FuE-Planung, die – ausgehend von der Arbeitsplanung – eine Bottom-up-Kostenplanung darstellt.

Vom Gesetzgeber wird inzwischen von jedem Unternehmen ein eingeführtes *Risikomanagement* gefordert. Mit einer vorausschauenden Risikoanalyse und der Ableitung von entsprechenden Vorsorgemaßnahmen soll eine rechtzeitige Risikovorbeugung bzw. -minderung erreicht werden. Ziel des Risikomanagements ist es allerdings nicht die Vermeidung aller potenziellen Risiken sondern die Schaffung von Handlungsspielräumen, die ein bewusstes Eingehen von Risiken auf Grund einer umfassenden Kenntnis der Risiken und Risikozusammenhänge ermöglichen.

Alle Ergebnisse der Projektplanung münden in entsprechende *Projektpläne.* Hierzu gehören sowohl die Pläne für die Organisation, Strukturierung und Durchführung des Projekts als auch die Projektpläne über die Termine, die geplanten Aufwände und Kosten.

Projektkontrolle

Nach Erstellen aller Planungsunterlagen beginnt die eigentliche Projektdurchführung, die von der Projektkontrolle begleitet wird. Hier steht an erster Stelle der Plan/Ist-Vergleich der vorgegebenen Projektparameter. Durch den laufenden Plan/Ist-Vergleich im Rahmen der Projektkontrolle erreicht man, dass Abweichungen von Planvorgaben frühzeitig erkannt werden. Planabweichungen führen entweder zu einer Änderung der Planvorgaben oder es werden innerhalb der Projektsteuerung entsprechend »geeignete« Maßnahmen – bei Einhalten der Planvorgaben – ergriffen.

Eine »elementare« und »zeitschnelle« Projektkontrolle ist Voraussetzung für eine effiziente Projektsteuerung; sie umfasst folgende Aufgabenbereiche:

- ▷ Terminkontrolle
- ▷ Aufwands- und Kostenkontrolle
- ▷ Sachfortschrittskontrolle
- ▷ Qualitätssicherung
- ▷ Konfigurationsmanagement
- ▷ Projektdokumentation
- ▷ Projektberichterstellung.

Die *Terminkontrolle* ist bei größeren Projekten nur mit der Netzplantechnik praktikabel durchführbar. Nur sie erlaubt einen Gesamtblick über die zahlreichen Einzelaufgaben mit ihren vielen Abhängigkeiten im Projekt. Das Durchrechnen der Termine zum Bestimmen des kritischen Pfads ist am einfachsten mit einem DV- oder PC-gestützten Netzplanverfahren möglich. Neben terminlichen Plan/Ist-Vergleichen sollte auch der Plan/Plan-Vergleich zum Ableiten von Termintrendanalysen genutzt werden, denn häufig ist nicht die einzelne Terminverschiebung eines Arbeitspakets ausschlaggebend, sondern der Trend von Terminaktualisierungen z. B. eines ausgewählten Meilensteins.

Stundenkontierung, Rechnungsprüfung und Bestellwertfortschreibung sind die wichtigsten Elemente einer zielorientierten *Aufwands- und Kostenkontrolle*. Wie bei der Terminkontrolle sollte man dabei Möglichkeiten von Trendanalysen einbeziehen. Bei bereichsinternen Entwicklungsvorhaben, die mehreren Abteilungen zugute kommen, oder bei großen, bereichsüberschreitenden Entwicklungsprojekten (eventuell unter Einbindung von Fremdfirmen) kommt innerhalb der Kostenkontrolle der Weiterverrechnung von Kosten selbstverständlich eine besondere Bedeutung zu. Ihr Ziel ist die korrekte Zuordnung der Kosten zu den jeweiligen Kostenverursachern. Bei kleineren Unternehmen ist die innerbetriebliche Weiterverrechnung naturgemäß kein Thema. Wird dagegen der Entwicklungsbereich als »Profit Center« geführt, so kommt dem Ergebnis-Controlling eine besondere Bedeutung zu.

Die *Sachfortschrittskontrolle* stellt für den Entwickler und Projektleiter wohl die wichtigste Kontrollaufgabe dar; sie ist aber auch die schwierigste. Da es normalerweise keine unmittelbaren Messgrößen für den Sachfortschritt gibt, muss auf Ersatzgrößen zurückgegriffen werden, die nur einen indirekten Bezug haben und deshalb nur eingeschränkt eine Aussage auf den Sachfortschritt zulassen. Allerdings ist – genau genommen – noch zwischen Produktfortschritt und Projektfortschritt zu unterscheiden. Der Einsatz der Netzplantechnik ist auch hier von Vorteil, da er unter gewissen Voraussetzungen sehr gute Fortschrittsaussagen ermöglicht. Falls nämlich die einzelnen Vorgänge des Netzplans etwa gleich große Arbeitsumfänge aufweisen, kann mit Hilfe einer statistischen Mengenauswertung ein relativ objektiver Fertigstellungsgrad abgeleitet werden. Grundsätzlich ist es empfehlenswert, während der Projektdurchführung in bestimmten Abständen Restaufwands- und Restzeitschätzungen vorzunehmen. Hierdurch bewahrt sich die Projektleitung einen sehr guten Überblick über die aktuelle Kosten- und Terminsituation.

Projektbegleitend und entwicklungsunterstützend wirkt die *Qualitätssicherung* – sie gliedert sich in Qualitätsplanung, Qualitätslenkung und Qualitätsprüfung. Ziel der Qualitätssicherung ist das Hervorbringen qualitativ hochwertiger Produkte bei minimalen Entwicklungskosten. Dazu ist eine sorgfältige Fehlerverhütung durch rechtzeitige Prüfung aller Entwurfsdokumente in den Planungsabschnitten des Entwicklungsvorhabens sowie die gezielte Fehlerbehebung in den Realisierungsabschnitten erforderlich. Tragendes Element der Qualitätsprüfung sind Zuverlässigkeitsbetrachtungen. Im Rahmen eines allgemeinen Qualitätsmanagements sollten regelmäßige Überprüfungen der Qualitätssicherung nach den Regeln von ISO 9000 oder EFQM durchgeführt werden.

Auch das *Konfigurationsmanagement* stellt eine projektbegleitende Unterstützung im Rahmen des Projektmanagements dar; es übernimmt bekanntlich die Verwaltung der einzelnen Entwicklungsergebnisse in ihren jeweiligen Reifezuständen. Hierzu gehören das Bestimmen von Konfigurationen, das Überwachen und Steuern von Änderungen sowie die gesamte Verwaltung der einzelnen Konfigurationsobjekte. Mit einem Konfigurationsmanagement werden Transparenz und Konsistenz in der Vielfalt der einzelnen Teile eines zu entwickelnden Systems gewährleistet.

Wie bei der Produktdokumentation – sie enthält die gesamte Information über das zu entwickelnde Produkt bzw. System und beschreibt dieses damit vollständig – fließen in die *Projektdokumentation* alle Informationen über das Projektgeschehen ein. Hierzu gehören sowohl die reinen Projektpläne, die nur Plan-Informationen enthalten, als auch die Projektberichte, in denen zusätzlich die Ist-Informationen eingehen und den Plan-Informationen gegenübergestellt werden. Voraussetzung für eine transparente Projektdokumentation ist allerdings eine für den betreffenden Entwicklungsbereich verbindliche Dokumentationsordnung. Neben dem Einrichten einer nach dieser Ordnung aufgebauten Projektakte bietet sich vielfach auch das Führen eines Projekttagebuchs an, dessen Inhalt an keine Ordnungssystematik gebunden ist.

Die *Projektberichterstattung* schließlich beliefert alle an dem Projekt direkt oder indirekt beteiligten Stellen mit der jeweils notwendigen Projektinformation. Sowohl in der Informationsdichte und -darstellung als auch in der Verteilhäufigkeit muss hierbei die Projektberichterstattung auf den einzelnen Adressatenkreis abgestimmt sein. Das Ausarbeiten von Projektberichten, das Aufbauen einer Projektdatenbasis sowie das Durchführen von Projektbesprechungen sind Elemente der Projektberichterstattung. Zur besseren Informationsdarstellung sollte man auch hier die Möglichkeiten der Grafik verstärkt nutzen.

Projektabschluss

Der letzte Projektabschnitt, der Projektabschluss, umfasst die Schritte:

▷ Produktabnahme
▷ Projektabschlussanalyse
▷ Erfahrungssicherung
▷ Projektauflösung.

Die *Produktabnahme* leitet den Projektabschluss ein. Hierbei muss als Erstes das Entwicklungsergebnis einen (vorgeplanten) Abnahmetest durchlaufen – und zwar am besten bei einer entwicklungsunabhängigen Stelle. Übergabe an den Auftraggeber und Übernahme durch denselben sind in einem Produktabnahmebericht festzuhalten. Auch sollte man bereits bei der Produktübergabe eine eventuell künftige technische Betreuung der erstellten Entwicklungsleistung regeln.

In der *Projektabschlussanalyse* wird die (abschließende) Nachkalkulation – möglichst in derselben Struktur wie bei den vorausgegangenen Vor- und Mitkalkulationen – durchgeführt. Abweichungen bzgl. der Termine und Kosten sowie der Leistungs- und Qualitätsmerkmale sind hinsichtlich ihrer Ursachen und möglichen Abhilfen im Rahmen einer Abweichungsanalyse zu untersuchen. Auch eine ehemals gemachte Wirtschaftlichkeitsrechnung sollte in einer Nachanalyse auf ihre Einhaltung durchleuchtet werden.

Außerdem empfiehlt es sich, kein Projekt ohne eine systematische Sicherung der im Projekt gemachten Erfahrungen abzuschließen. Das Sammeln entsprechender Daten ist die Basis für das Bilden von Kennzahlen sowie den Aufbau eines Kennzahlensystems. Das Einrichten von Erfahrungsdatenbanken ist dabei besonders geeignet zur *Erfahrungssicherung,* weil hiermit die Erkenntnisse aus unterschiedlichen Entwicklungsbereichen über einen längeren Zeitraum in eine gemeinsame Datenbasis zusammengeführt werden. Das Sammeln von Erfahrungsdaten stellt außerdem eine wichtige Voraussetzung für das Kalibrieren von Aufwandsschätzverfahren dar. Ohne eine konsequente Erfahrungssicherung ist ein wirkungsvolles Wissensmanagement nicht möglich.

Letzter Schritt in der Projektabschlussphase und damit im gesamten Projektablauf ist die *Projektauflösung.* Jedes Projekt muss neben einem definierten Anfang auch ein eindeutiges Ende haben. Mit der Projektauflösung, die partiell schon an vorangegangenen Meilensteinen eingeleitet werden kann, wird das Projektpersonal auf neue Aufgaben übergeleitet und die im Projekt gebundenen Ressourcen werden neuen Projekten zugeführt.

PM-Regelkreis

Die vorgenannten Aufgabenbereiche des Projektmanagements lassen sich in ihrem Zusammenwirken zur Projektsteuerung und Projektdurchführung als Regelkreis darstellen (Bild 1.5).

Wie das Bild zeigt, gibt die Projektplanung auf Basis der Projektdefinition die Planwerte als SOLL (Führungsgröße) für die Projektdurchführung vor. Durch die Projektkontrolle wird – möglichst häufig – das IST (Messgröße) abgefragt und mit dem SOLL verglichen. Bei Abweichungen sind im Rahmen der Projektsteuerung entweder geeignete Maßnahmen vorzunehmen (wie z.B. das Beseitigen projektbehindernder Gegebenheiten) oder Planvorgaben zu ändern (wie z.B. durch Bewilligen zusätzlichen Personals).

Hauptziel in diesem PM-Regelkreis ist, dass möglichst früh Planabweichungen erkannt

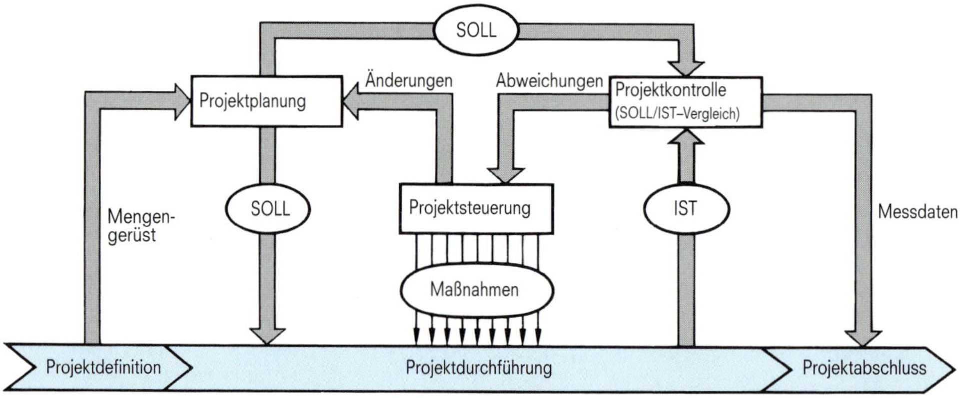

Bild 1.5 PM-Regelkreis

werden, um rechtzeitig korrigierende Maßnahmen einleiten zu können, ohne dass tatsächlich Plankorrekturen vorgenommen werden müssen. Entsprechend den Gesetzmäßigkeiten der Regelungstechnik gilt auch hier, dass der Regelabweichung umso früher entgegengewirkt werden kann, je genauer (feiner gestuft) die Regelgrößen zu messen sind.

Die Projektdurchführung stellt im Allgemeinen keinen streng linearen Prozess dar; vielmehr müssen wegen der nicht zu vermeidenden Änderungseinflüsse während des Entwicklungsablaufs häufig einzelne Prozessschritte iterierend durchlaufen werden. Auch erfordert der wachsende Zwang zur Durchlaufzeitverkürzung die »Parallelisierung« von Arbeitsvorgängen und damit ein überlapptes Vorgehen im Prozessablauf. Entsprechend muss die Projektplanung noch häufig während der Projektdurchführung überarbeitet werden, so dass allein hieraus Veränderungen der ursprünglichen Vorgaben entstehen können.

1.3 Produkt-Projekt-Prozess

Innerhalb des Projektmanagements stehen die drei Begriffe:

▷ Produkt
▷ Projekt
▷ Prozess

wie eine »Trinität« zueinander, deren konsequentes Auseinanderhalten von größter Wichtigkeit für eine erfolgreiche Projektführung ist. Sowohl Planung als auch Überwachung müssen sich in ihrer Strukturierung und Organisation nach diesen grundlegenden Aspekten ausrichten.

Die inhaltliche Abgrenzung dieser Begriffe lässt sich anschaulich mit Bild 1.6 erklären. Zu Beginn eines Projekts steht die Idee mit der Formulierung des Projektziels, welches in der Erstellung eines auftragsgerechten Produkts besteht. Hierfür ist in einem (geordneten) Projektablauf, dem Prozess, eine Fülle von Projektaufgaben zu bewältigen.

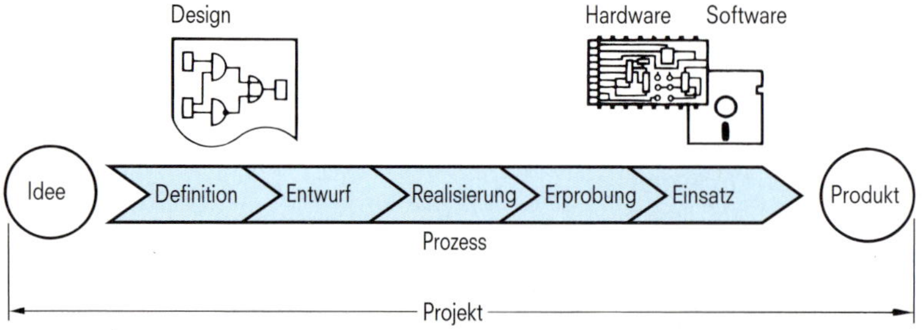

Bild 1.6
Trinität Produkt–Projekt–Prozess

Produkt

Das Produkt wird im allgemeinen Sprachgebrauch verstanden als *Erzeugnis* oder *Ergebnis eines Tätigkeitsvorhabens;* es ist das Resultat der Entwicklungs- und Projektierungsanstrengungen und damit der »Output« der Entwicklung bzw. einer Projektierung. Ein Produkt muss kein körperlicher Gegenstand, d.h. nicht Hardware ausschließlich sein. Produkt kann auch ein Schriftstück (z.B. Studie), ein Rechnerprogramm (z.B. Anwender-Software) oder eine beliebige Dienstleistung (z.B. Revision, Consulting) sein. Ein HW/SW-System oder eine elektrotechnische Großanlage muss ebenfalls als ein Produkt angesehen werden; auch wenn es sich dabei um ein »einmaliges« Erzeugnis und nicht um ein Serienprodukt handelt.

Wichtig für ein erfolgreiches Produkt ist, dass es eine Beschaffenheit hat, die für den Anwender, d.h. den Kunden, nützlich ist – so nützlich nämlich, dass er bereit ist, es zu erwerben. Eine der wichtigsten Eigenschaften eines Produkts ist also seine *Vermarktbarkeit.*

Projekt

Ein Projekt ist demgegenüber das zielorientierte *Vorhaben* zur Herstellung dieses Produkts im vorgenannten Sinne. Ein Projekt ist notwendigerweise immer in seinem zeitlichen Ablauf klar umgrenzt, d.h. es hat einen Anfangs- und Endtermin. In der DIN 69901 »Projektmanagement-Begriffe« ist ein Projekt wie folgt definiert [77]:

> Vorhaben, das im Wesentlichen durch Einmaligkeit der Bedingungen in seiner Gesamtheit gekennzeichnet ist, wie z.B.
>
> - Zielvorgabe,
> - zeitliche, finanzielle, personelle oder andere Begrenzungen,
> - Abgrenzung gegenüber anderen Vorhaben,
> - projektspezifische Organisation.

Die *Einmaligkeit* in den Rahmenbedingungen eines Vorhabens ist wohl das entscheidende Merkmal eines Projekts. Eine Archivverwaltung oder eine Kantinenbewirtschaftung kann zwangsläufig nicht als Projekt angesehen werden. Es gibt aber Grenzbereiche, wie z.B. die Wartung von Anlagen oder die Pflege von DV-Verfahren, die häufig auch als »Projekt« durchgeführt werden. Hier fehlt wohl die Einmaligkeit und die fest umrissene Zielvorgabe, aber da die sonstigen Begrenzungen gegeben sind, ist eine Projektformulierung auch hier angebracht.

Die Hauptkriterien eines Projekts sind also:

- ▷ Eindeutigkeit der Aufgabenstellung
- ▷ definierte Dauer mit festem Endtermin,
- ▷ abgestimmtes Kostenvolumen und
- ▷ klare Verantwortungen.

Ein Projekt umfasst dabei alle Aktivitäten, die für das Erreichen des gesetzten Projektziels, d.h. das Erbringen eines »Produkts« erforderlich sind.

Prozess

Der Prozess kennzeichnet das eigentliche *Vorgehen* im Projekt zur Herstellung des Produkts; er beschreibt also den Planungs- und Realisierungsablauf. Im Prozess werden die für die Zielerreichung notwendigen Aktivitäten – gemeinhin als Arbeitspakete bezeichnet – in definierte Abläufe eingeordnet, wobei die jeweils notwendigen Vorgaben sowie die zu erreichenden Ergebnisse bindend festgelegt sind. Weiterhin sind innerhalb dieser Prozessstruktur die Entscheidungspunkte an den Phasenenden bzw. Meilensteinen allgemein gültig definiert. An diesen Zäsurpunkten wird der Entwicklungsprozess beeinflusst, d.h. anhand einer Soll/Ist-Abfrage gesteuert.

Der gesamte Prozess ist üblicherweise in Abschnitte und Phasen unterteilt, die klar umgrenzte Arbeitsinhalte haben. Je größer das Projekt ist, umso detaillierter sollte der Prozess unterteilt sein.

Die »Trinität« der genannten drei Begriffe spiegelt sich fast durchgehend für alle mit diesen formulierbaren Wortzusammensetzungen wider:

Produkt	*Projekt*	*Prozess*
Produkt-planung	Projekt-planung	Prozess-planung
Produkt-organisation	Projekt-organisation	Prozess-organisation
Produktdoku-mentation	Projektdoku-mentation	Prozessdoku-mentation
Produkt-struktur	Projekt-struktur	Prozess-struktur
Produkt-management	Projekt-management	Prozess-management

Das Vermischen dieser drei Begriffsgruppen ist in jedem Fall zu vermeiden. Viele Missverständnisse im Laufe der Projektdurchführung können dadurch verhindert werden.

So allgemein man den Begriff Projekt auch definieren kann, so unterschiedlich können die einzelnen Projekte sein. Hierbei müssen Projekte unterschieden werden nach:

- ▷ Projektdauer,
- ▷ Projektgröße,
- ▷ Projekttyp und
- ▷ Projektart.

Projektdauer

Die Dauer von Entwicklungsprojekten bewegt sich in Zeiträumen von wenigen Monaten bis hin zu mehreren Jahren. Zu den »Kurzläufern« zählen z. B. Studien und Organisationsuntersuchungen sowie die Entwicklung kleinerer SW-Programme. Typische »Langläufer« waren bei Siemens z. B. das Olympia-Projekt in München, die HICOM-Entwicklung oder die EWSD-Entwicklung.

Die Projektdefinition eines Entwicklungsvorhabens hängt nicht von der absoluten Länge des Vorhabens ab, sondern nur von dessen klarer zeitlichen Eingrenzung. Allerdings sollte ein Projekt nicht kürzer als zwei Monate und nicht länger als fünf Jahre dauern.

Projektgröße

Entsprechend der unterschiedlichen Projektdauer variieren die einzelnen Projektgrößen, die entweder in den benötigten Entwicklungskosten oder in der eingebundenen Entwicklungsmannschaft ausgedrückt werden. Sehr kleine Projekte haben nur ein paar Mitarbeiter, sehr große Projekte dagegen können mehrere hundert Mitarbeiter umfassen. Tabelle 1.1 enthält einen Vorschlag für das Einteilen der Projekte nach ihrer Projektgröße.

Tabelle 1.1 Projektgröße

Projektgröße	Anzahl MA	MJ	Mio. EUR
Sehr kleine	<3	<0,5	<0,1
Kleine	3–10	0,5–5	0,1–1
Mittlere	10–50	5–50	1–10
Große	50–150	50–500	10–80
Sehr große	>150	>500	>80

Projektgröße und Projektdauer hängen voneinander ab; eine strenge Korrelation gibt es natürlich nicht. Manche Projekte werden wegen eines kritischen Umstands als »Crash-Projekte« mit großem Personalaufwand bei minimaler Laufzeit durchgezogen. Auch das Umgekehrte kann der Fall sein, wenn bei geringem Termindruck aus Mangel an Mitarbeitern ein Entwicklungsvorhaben in die Länge gezogen wird. Wie allerdings später noch gezeigt wird (Kap. 2.1.3), gibt es bezogen auf die Entwicklungszeit bzw. den Entwicklungsaufwand eine optimale Personalstärke.

Projekttyp

Tabelle 1.2 enthält eine Typisierung von Entwicklungsprojekten, die einige wesentliche Projekttypen auf dem elektrotechnischen Entwicklungsgebiet darlegt:

- ▷ Grundlagenentwicklung
- ▷ Entwicklung von Mustern
- ▷ Entwicklung von Produkten
- ▷ Entwicklung von Systemen
- ▷ Betreuung von Verfahren
- ▷ Modifikationsentwicklung.

Diese Typenbildung berücksichtigt nicht den technischen Inhalt des Entwicklungsvorhabens, also, ob es sich z. B. um eine HW- oder eine SW-Entwicklung handelt. Hierfür bietet sich die Definition einer HW- bzw. SW-Kategorie an, wie sie z. B. innerhalb der FuE-Projektkalkulation angedacht wurde.

HW-Kategorie	SW-Kategorie
Vermittlungstechnik, Kommunikationsgeräte, Funk- und Radartechnik, Rechnertechnik, Prozessortechnik, Sicherungstechnik, etc.	Anwender-Software, Betriebssystemnahe Software, Betriebssysteme, Produkt-Software, Vermittlungs-Software, Support-Software, etc.

Projektart

Unter der Projektart soll hier verstanden werden, in welcher Unternehmensfunktion das Projekt abläuft. Es lassen sich hierbei unterscheiden:

▷ Forschungsprojekte
▷ Entwicklungsprojekte
▷ Rationalisierungsprojekte
▷ Projektierungsprojekte
▷ Vertriebsprojekte
▷ Betreuungsprojekte
▷ Dienstleistungsprojekte.

Forschungsprojekte

Forschungsprojekte werden in den zentralen Forschungsabteilungen eines Unternehmens zu bestimmten abgegrenzten Forschungsaufgaben (z. B. künstliche Intelligenz oder sensitive Robotersysteme) durchgeführt und umfassen sowohl exploratorische Grundlagenarbeiten als auch anwendungsorientierte Technologieforschungen. Da das Forschungsziel meist noch sehr unklar ist und die notwendige Kreativität der Mitarbeiter und deren Ideenfindung sich nicht streng vorausplanen lässt, enthalten die Rahmengrößen bei einem Forschungsprojekt natürlich mehr Unsicherheiten als bei einem »gewöhnlichen« Entwicklungsprojekt. Forschungsprojekte sind besonders gekennzeichnet durch die Neuheit der Aktivitäten, durch die geringe Präzisierungsmöglichkeiten der Zielvorgaben und durch den hohen Änderungsgrad der Projektparameter; sie sind damit einer systematischen Planung und Überwachung nur schwer zugänglich zu machen. Es ist aber falsch, zu meinen, dass die Prinzipien und Methoden des Projektmanagements nicht auch auf den Forschungsbereich anwendbar sind.

Entwicklungsprojekte

Entwicklungsprojekte haben im Gegensatz zu Forschungsprojekten immer ein klar definiertes Entwicklungsziel, welches entweder ein ausgetestetes SW-Programm oder ein für die Fertigung freizugebender HW-Prototyp oder ein ganzes HW/SW-System ist. Wegen der fest umrissenen Planungsbasis sind die Unsicherheiten im Erreichen des Projektziels erheblich geringer. Entwicklungsprojekte gibt es auf allen Gebieten sowohl des Liefer- und Technologiegeschäfts als auch des System- und Anlagengeschäfts.

Bei Entwicklungsprojekten ist auf das Projektmanagement besonderes Gewicht zu legen, da gerade im Entwicklungsbereich – wegen des ergebnisbestimmenden Zwangs eines frühen Markteintritts – die Durchlaufzeiten verkürzt werden müssen. Produkt- und Systementwicklungen werden daher nur noch als klar definierte Entwicklungsprojekte durchgeführt.

Rationalisierungsprojekte

Rationalisierungsprojekte werden von den zuständigen OI-Stellen eines Unternehmens durchgeführt. Ihre Aufgabe ist es, bestehende und geplante Abläufe und Prozessketten möglichst optimal abzuwickeln. Dieses kann entweder durch eine Verbesserung der Ablauforganisation erreicht werden oder durch Entwicklung und Einsatz DV-gestützter Verfahren.

Der Erfolg eines Rationalisierungsprojekts drückt sich nicht direkt in einem Gewinn am Markt aus, sondern in der kostengünstigeren Abwicklung unternehmensinterner Vorgänge. Dieser Gewinn wird mit der Ermittlung einer Marginalrendite ausgedrückt. Rationalisierungsprojekte gibt es in allen Bereichen eines Unternehmens: in der Entwicklung, in der Fertigung, im Vertrieb, im Rechnungs- und Personalwesen. Teilweise sind die zuständigen OI-Stellen auch gemäß diesen Aufgabenbereichen organisiert.

Zu den Rationalisierungsprojekten gehören auch »Büroprojekte«, die das Ziel haben, Techniken und Arbeitsweisen der Bürokommunikation leistungs- und bedarfsgerecht in den Büros einzuführen.

Projektierungsprojekte

Projektierungsprojekte werden innerhalb des System- und Anlagengeschäfts durchgeführt und auch als System-, Anlagen- oder Kundenprojekte bezeichnet. Im Gegensatz zu Entwicklungsprojekten sind die Bestandteile des an den Kunden auszuliefernden Systems bzw. der Anlage nicht alle neu zu entwickeln. Stattdessen wird das System bzw. die Anlage aus vorhandenen Produkten zusammengefügt, wobei fehlende Teile eigens entwickelt und andere eventuell angepasst werden müssen. Diese Projektierung kann auch eine hohe Anzahl Fremdteile einbeziehen. Projektierungsprojekte haben daher weniger Probleme mit dem eigentlichen Entwickeln von Produkten, müssen aber erheblich mehr die Probleme mit internen und externen Schnittstellen sowohl technischer als auch organisatorischer Natur bewältigen.

Vor allem das Anlagengeschäft wird dabei durch bestimmte Merkmale gekennzeichnet, wie kundenspezifische Anpassungsentwicklungen und Auftragsfertigungen, steigender SW-Anteil im Gesamtauftrag, lange Projektdauern, hohe Auftragsgrößen sowie kooperative Auftragsnehmerstrukturen, d. h. Einbindung von Partnerunternehmen.

Gezielt für Projektierungsprojekte werden häufig Entwicklungen als Vorleistungen durchgeführt. Die entwickelten Produkte sind so konzipiert, dass sie sich später in künftige, kundenspezifische Projektierungsprojekte (Kundenprojekte) leicht integrieren lassen. Derartige Projekte werden auch als Basisprojekte bezeichnet.

Vertriebsprojekte

Vertriebsprojekte sind den Projektierungsprojekten sehr ähnlich. Auch bei ihnen wird gezielt ein (Groß-)Kunde mit einem System beliefert. Ist der Auftraggeber eine staatliche oder quasi-staatliche Institution eines Landes, so spricht man auch von Länderprojekten. Die einzelnen Systemteile werden bei diesen Projekten allerdings weitgehend aus bestehenden Fertigungen genommen, wobei der Fremdanteil auf Grund von Auflagen seitens des Auftraggeberlandes sehr hoch sein kann. Die eigenen Entwicklungsleistungen können hierbei verschwindend gering sein.

Betreuungsprojekte

Betreuungsprojekte – auch als Pflege- und Wartungsprojekte bezeichnet – berühren schon die Definitionsgrenze des Projektbegriffs, weil diese Projektform Dauercharakter erhalten kann. Das klare Ende ist hier meist nur durch die Laufzeit des Vertrags (z. B. ein Geschäftsjahr) gegeben; ein absolutes Ende des Projektgegenstands ist selten vorgesehen. Im Rahmen von Betreuungsprojekten wird die Pflege (Wartung) und Anwenderunterstützung von DV-Verfahren, HW- und SW-Systemen und technischen Anlagen sichergestellt.

Dienstleistungsprojekte

Besonders in der IT-Branche gibt es spezielle Arten von *Dienstleistungsprojekten.* Hierzu zählen die Übernahme von ganzen IT-Geschäftsprozessen fremder Unternehmen (Business Process Outsourcing), die Zurverfügungstellung und Nutzung von fertigen IT-Lösungen, wie z. B. die Nutzung von SAP-Standardinstallationen durch unterschiedliche Firmen (Application Service Providing) sowie die Unterstützung bei vollständigen Geschäftsabläufen (Business Service Providing).

Sonderformen

Darüber hinaus gibt es noch Sonderformen von Projekten:

- Organisationsprojekte
- Unternehmensprojekte
- Planungsprojekte
- Vorleistungsprojekte
- Pionierprojekte.

Organisationsprojekte sollen die Ablauforganisation oder die Aufbauorganisation in einem Unternehmensbereich neu gestalten; sie haben meist das Ziel, durch organisatorische Maßnahmen einen Rationalisierungseffekt in der Abwicklung interner Prozesse zu erreichen.

Unternehmensprojekte werden gegründet, wenn zu bestimmten, im Unternehmen aufgetretenen Problemkomplexen bzw. Mängelzuständen Lösungskonzepte zur Situationsverbesserung erarbeitet werden sollen. Das können z. B. auch »Restrukturierungsprojekte« sein. Diese Projekte müssen meist in einer überbereichlichen Besetzung durchgeführt werden.

Planungsprojekte dienen der Klärung neuer und unbekannter Aktivitätsfelder. Solche Projekte können z. B. das Planungsvorfeld für ein eventuell nachfolgendes Entwicklungs- oder Rationalisierungsprojekt abdecken.

Bei einem *Vorleistungsprojekt* wird die Entwicklung eines Produkts oder eines Produktteils vorgenommen, für welches kein konkreter Kundenauftrag vorliegt; allerdings besteht die Absicht, die Vorleistungsergebnisse in spätere Kundenprojekte einzubringen.

Pionierprojekte sind eigentlich Forschungsabschnitte innerhalb eines Entwicklungsprojekts und haben die Aufgabe, im Rahmen des Entwicklungsvorhabens Modelle zu entwerfen und Funktionsmuster zu realisieren.

Tabelle 1.2 PM-Methodeneinsatz

Projektklasse		1	2	3	4	5
	Projektgröße / Projekttyp	sehr klein (< 3 MA)	klein (3 bis 10 MA)	mittel (10 bis 50 MA)	groß (50 bis 150 MA)	sehr groß (> 150 MA)
A	Grundlagen-entwicklung	○	◔	◑	◕	
B	Entwicklung von Mustern	◔	◑	◕		
C	Entwicklung von Produkten	◑	◕	●	●	
D	Entwicklung von Systemen	◑	◕	●	●	●
E	Betreuung von Verfahren	◔	◑	◕		
F	Modifikations-entwicklung	◔	◑	◕	●	●

○ PM-Methoden kaum anwendbar
◔ Elementare PM-Methoden anwendbar
◑ Gängige PM-Methoden anwendbar
◕ Fast vollständige Anwendung von PM-Methoden
● Vollständige Anwendung von PM-Methoden

PM-Methodeneinsatz

In Tabelle 1.2 ist aufgezeigt, bei welcher Projektklasse der Einsatz von PM-Methoden sinnvoll ist. Als Projektklasse ist in diesem Zusammenhang die Zuordnung von Projektgröße zu Projekttyp zu verstehen (z. B. entspricht Projektklasse D4 einem Großprojekt zur Entwicklung eines Systems).

Wie aus der Matrix zu ersehen ist, sollte man ein Projektmanagement nicht grundsätzlich in allen Fällen und auch nicht in seiner ganzen Fülle und Vollständigkeit einsetzen. Projektmanagement ist eben kein Selbstzweck, sondern sollte nur so weit genutzt werden, wie Größe und Typ des Projekts es erfordern bzw. erlauben. Ganz allgemein gilt aber, dass man das Projektmanagement umso intensiver betreiben sollte, je größer ein Projekt ist.

1.4 Kosten des Projektmanagements

Dass in einzelnen Entwicklungsbereichen Projektmanagement nicht in ausreichender Form eingeführt ist, wird häufig mit den zu hohen Kosten für das erforderliche PM-Personal und die notwendigen PM-Verfahren begründet.

Man vergleicht dann – verfälschend – moderne Methoden für das Projektmanagement, wie die Netzplantechnik, mit sehr einfachen Methoden wie Balkenplanung (auf Papier), ohne dass dabei deren unterschiedliche Einsatzschwerpunkte und Leistungsmerkmale herausgestellt werden. So ermöglicht die Netzplantechnik unter Berücksichtigung aller personellen und technologischen Abhängigkeiten einen vollständigen terminlichen Aufriss der Arbeitspakete sowie eine durchgängige Einsatzplanung aller beanspruchten Einsatzmittel. In einer Balkenplanung fehlen dagegen i. Allg. die Möglichkeiten der Arbeitspaketvernetzung und der integrierten Einsatzmittelplanung.

Für die Ablehnung moderner Projektplanungs- und -steuerungsverfahren wird oft der zusätzliche personelle Aufwand für die Abwicklung derartiger Verfahren herangezogen, wobei man übersieht, dass dieser – nur verteilt auf die einzelnen Entwicklungsgruppen – trotzdem getragen werden muss, und zwar – in Summe – in einem vermehrten Maß. Übernimmt das Projektmanagement eine separate Dienststelle, z. B. ein Projektbüro, so kann der Kostenanfall vollständig belegt werden. Bei einem »verteilten« Projektmanagement werden dagegen die Kosten meist nicht getrennt von den eigentlichen Entwicklungskosten ausgewiesen, so dass der Eindruck entsteht, als würden gar keine oder nur sehr geringe PM-Kosten anfallen.

Widerstände gegen moderne PM-Methoden sind also kaum durch sachliche oder wirtschaftliche Argumente begründbar; sie basie-

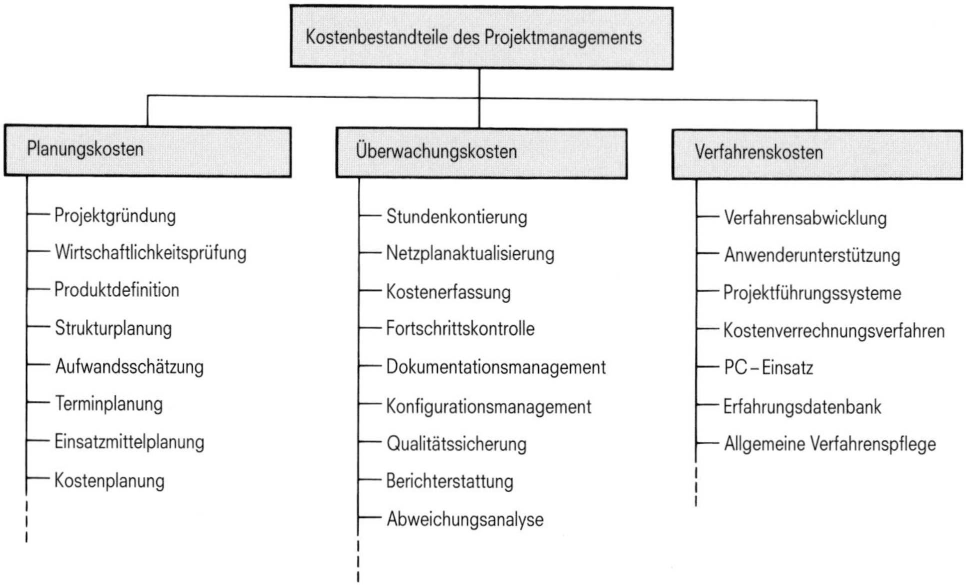

Bild 1.7 Kostenbestandteile des Projektmanagements

ren stattdessen meist auf emotioneller Abneigung gegen Planungs- und Kontrollmethoden.

Das Management eines Unternehmens sollte sich also nicht die Frage stellen:

> »Kann ich mir ein Projektmanagement leisten?«,

zu fragen ist hier vielmehr:

> »Kann ich mir es leisten
> *kein* Projektmanagement zu haben?«

Kostenbestandteile

Eine allgemein gültige Gliederung der Kostenbestandteile eines Projektmanagements gibt es nicht, da dessen Aufgabeninhalt in den einzelnen Entwicklungsbereichen sehr unterschiedlich sein kann. Art und Umfang der durchzuführenden PM-Aufgaben hängen nämlich von mehreren, durch die Entwicklungsumgebung beeinflussten Kriterien ab. Es sind dies:

— Art der Entwicklungsaufgabe,
— Größe des Entwicklungsvorhabens,
— Form der Projektorganisation,
— Anzahl der Entwicklungspartner,
— Entwicklungsdauer,
— Verhältnis Personal-/Materialkosten,
— Durchdringung mit PM-Methoden und -Verfahren usw.

Auch gibt es Meinungsverschiedenheiten bei der Definition, was insgesamt zu den Aufgaben des Projektmanagements gehört. Daher ist nur eine ungefähre Unterteilung der einzelnen Kostenbestandteile möglich (Bild 1.7), wobei zwischen PM-Kosten für die Planung, für die Überwachung und für den Verfahrenseinsatz unterschieden wird.

Zu den *Planungskosten* zählen alle Kostenkomponenten, die in den Abschnitten der Projektdefinition und der Projektplanung bzw. in zusätzlichen Planungsabschnitten während der Projektdurchführung anfallen.

Die *Überwachungskosten* umfassen alle Komponenten, die während der eigentlichen Projektdurchführung für die gesamte Projektkontrolle entstehen.

Die *Verfahrenskosten* schließlich setzen sich im Wesentlichen aus den Abwicklungskosten für die installierten Entwicklungsplanungs- und -steuerungsverfahren sowie aus dem anfallenden Aufwand für die Verfahrenspflege zusammen.

Bei Kostenbetrachtungen über das Projektmanagement werden üblicherweise die Kosten-

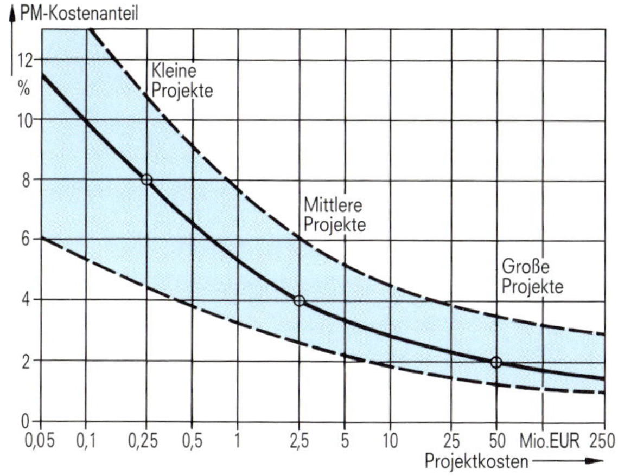

Bild 1.8
Prozentualer PM-Kostenanteil (Stand 2001)

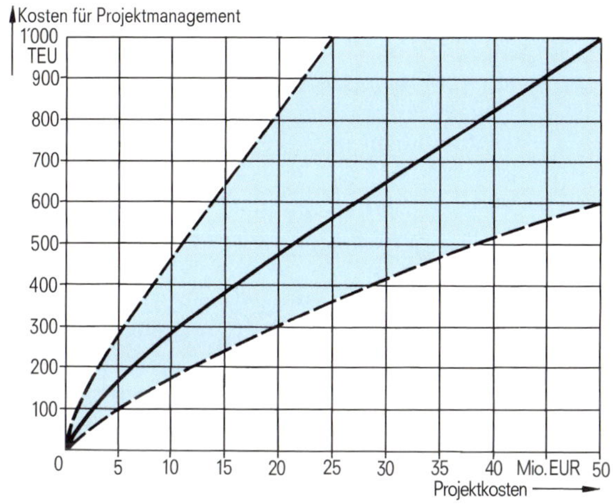

Bild 1.9
PM-Kosten und Projektkosten (Basis 2001)

anteile für das Konfigurationsmanagement, für das Dokumentationsmanagement und für die Qualitätssicherung getrennt gesehen. Deshalb sind in den nachfolgend dargelegten Kostenverläufen diese Anteile auch nicht enthalten.

Prozentualer PM-Kostenanteil

Der prozentuale Anteil der Kosten für das Projektmanagement bezogen auf die gesamten Projektkosten wurde an unterschiedlichen Stellen untersucht. In verschiedenen Firmen hat man bei Projekten unterschiedlicher Größenordnung die Kosten für die Projektplanung, -kontrolle und -steuerung ermittelt und ins Verhältnis zu den jeweiligen Gesamtprojektkosten gesetzt. Hierbei haben sich z. T. ganz erhebliche Abweichungen in den einzelnen Werten ergeben. Der in Bild 1.8 gezeigte Verlauf ist aus einer Mittelung abgeleitet.

Die »Bandbreite« der gezeigten Kurven ergibt sich durch den »Aufgabeninhalt« des Projektmanagements; sie wird aber auch sehr stark beeinflusst durch die »Qualität« des eingeführten Projektmanagements. Wird dieses durch erfahrene Projektleiter und Projektmitarbeiter getragen, so sind natürlich auch die anfallenden PM-Kosten geringer, als wenn es noch an der notwendigen Routine fehlt.

Wie der Kurvenverlauf zeigt, sinkt der prozentuale PM-Kostenanteil mit der Größe der Projektkosten und liegt z. B. im Bereich eines Projektkostenvolumens von 100 Mio. EUR bei weniger als 2%. Bei kleineren Projekten ist dagegen ein steiler Anstieg zu verzeichnen, da von einer gewissen Grundlast ausgegangen werden muss. Hier kann der prozentuale PM-Kostenanteil einen Wert von 10% bei Projektgrößen von 100 TEU annehmen.

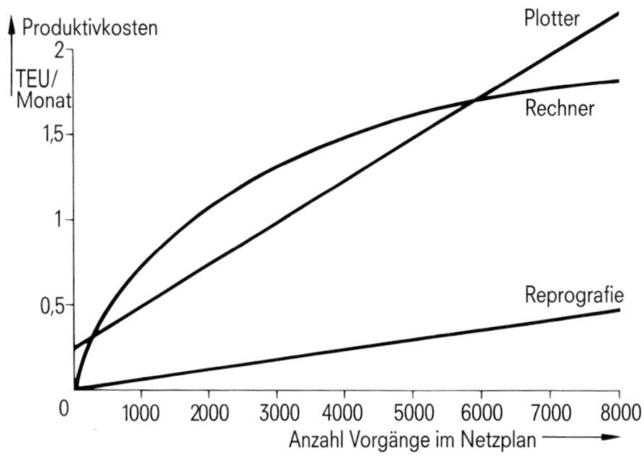

Bild 1.10
Monatliche Produktivkosten bei einem Projektplanungs- und -steuerungsverfahren

Als grobe Regel für den prozentualen PM-Kostenanteil gilt:

8% für kleine Projekte (um 250 TEU)
4% für mittlere Projekte (um 2,5 Mio. EUR)
2% für große Projekte (um 50 Mio. EUR).

Absolute PM-Kosten

Bild 1.9 zeigt den Zusammenhang von Projektkosten und Kosten für das Projektmanagement. Die PM-Kosten steigen allerdings nur degressiv mit den Gesamt-Projektkosten.

Dies liegt darin begründet, dass einerseits die Produktivkosten für die eingesetzten Verfahren nicht linear mit der Projektgröße steigen und andererseits auch die personelle Überwachung bei größeren Projektvolumina rationeller durchgeführt werden kann. Auch hier zeigt sich – hervorgehoben durch den linearen Maßstab an den Koordinatenachsen – die große Bandbreite der möglichen PM-Kosten.

In diesem Zusammenhang muss noch einmal betont werden, dass die vorgenannten Kostenwerte für ein Projektmanagement nicht als Zusatz- bzw. Mehraufwand anzusehen sind. Auch bei einer »konventionellen« Projektführung ohne ein klar umrissenes Projektmanagement sind Tätigkeiten für das Planen und Abwickeln von Entwicklungsaufgaben sowie eine gewisse Überwachung des Entwicklungsfortschritts notwendig; diese spezifischen Aufwände können allerdings nie exakt herausgestellt werden, da sie normalerweise im Gesamtaufwand untergehen.

Kostenanteile

Eine vollständige aufgabenbezogene Unterteilung der PM-Kosten läßt sich generell kaum erreichen, obwohl für einige Aufgabenkomplexe im Rahmen des Projektmanagements Erfahrungswerte vorliegen. So konnte z. B. bei einem in der Vermittlungstechnik eingesetzten Projektplanungs- und -steuerungsverfahren, das die Funktionsbereiche der Netzplanung und der Aufwandserfassung abdeckte, die in Bild 1.10 dargestellte Aufteilung der monatlichen Produktivkosten für die Verfahrensabwicklung abhängig von der Anzahl Netzplanvorgänge ermittelt werden. Hier war also feststellbar, dass die Rechen- und Speicherkosten degressiv entsprechend einer Wachstumskurve anstiegen, die Kosten für das Netzplan-Plotten und das Vervielfältigen der Projektdatenauswertungen aber linear mit der Anzahl Netzplanvorgänge wuchsen.

2 Projektdefinition

In dem ersten Abschnitt eines Projekts, der Projektdefinition, entsteht die Grundlage für das gesamte künftige Projekt. Daher muss dieser Projektabschnitt einer besonderen Sorgfalt unterzogen werden. Es werden nämlich fachlicher Inhalt und betriebswirtschaftliche Parameter des Projekts festgelegt, aber auch Aufbau- und Ablauforganisation für die spätere Projektdurchführung bestimmt.

Ausgangspunkt für ein Projekt ist die (offizielle) *Projektgründung,* wobei nach Definition des Projektziels und einer Wirtschaftlichkeitsbetrachtung alle Projektdaten in einem vertragsähnlichen Dokument niederzulegen sind; dieser Projektauftrag ist dann bindend, und zwar für den Auftraggeber und für den Auftragnehmer. Externe Aufträge müssen eine Vertragsprüfung durchlaufen.

Die *Produkt-/Systemdefinition* erfordert meist eine intensive Analyse der vom Auftraggeber aufgestellten Anforderungen; hierzu kann das Erstellen eines Prototypen des künftigen Produkts sehr vorteilhaft sein (Prototyping). Die Ergebnisse fließen in den Anforderungskatalog ein, dann in das Pflichtenheft und anschließend in die Leistungsbeschreibung; auch ein (späteres) Änderungswesen sollte eingeplant werden.

Für die *Wirtschaftlichkeitsbetrachtung* bieten sich mehrere Möglichkeiten an; hierbei gibt es rein quantifizierende Methoden als auch solche, die nur eine qualifizierende Aussage machen können. Wichtig ist, dass das geplante Projekt insgesamt einer Wirtschaftlichkeitsbetrachtung unterzogen wird.

Für das Gelingen eines Projekts ist die Wahl der optimalen Aufbauorganisation, d. h. der *Projektorganisation,* von größter Bedeutung. Möglichst wenig Personalumbesetzungen bei möglichst großer Kompetenzzuordnung der Verantwortlichen sind hier die Leitlinien. Auch muss aus rationellen Gründen eine sinnvolle Aufteilung der PM-Aufgaben auf zentrale und dezentrale Stellen angestrebt werden.

Schließlich muss von Anbeginn Klarheit über die Modalitäten der Ablauforganisation, d. h. der *Prozessorganisation,* bestehen. Meist liegen Richtlinien für die zu wählende Prozessorganisation in den Entwicklungshandbüchern vor; vielfach sind diese allgemeinen Vorgaben noch projektadäquat zu übertragen und zu ergänzen.

Erst wenn das Projekt in seiner Umwelteinbettung klar definiert ist, kann mit der Projektplanung begonnen werden.

2.1 Gründung eines Projekts

Am Anfang eines Projekts steht seine Gründung, die durch das Erstellen und Genehmigen eines offiziellen Projektantrags vollzogen wird. Der Projektantrag bildet die Vertragsgrundlage zwischen Auftraggeber und Auftragnehmer und legt – verbindlich für beide Seiten – das Leistungsvolumen sowie den Kosten- und Terminrahmen des Projekts fest.

Voraussetzung für das Formulieren des Projektantrags ist eine klare Aufgabenstellung; hierfür müssen einerseits die Projektparameter bestimmt und andererseits mögliche Projektrisiken festgestellt werden. Zum Abstecken der Chancen und Gefahren eines Projekts dient die *Problemfeldanalyse,* bei der man das gesamte Projektumfeld systematisch untersucht mit dem Ziel, optimale Planungsgrundlagen für die nachfolgenden Projektabschnitte zu schaffen.

Die *Innovationsplanung* ist dem Projekt im Allgemeinen vorgeschaltet und stellt die »Weichen« für den Markterfolg einer Entwicklung; sie gehört noch nicht zum eigentlichen Verantwortungsbereich des Projektmanagements.

2.1.1 Innovationsplanung

Die Zukunftssicherung von Unternehmen, die in hoch innovativen Bereichen wie der Elektrotechnik tätig sind, wird in steigendem Maß von Entwicklungen völlig neuer Produkte bestimmt und hängt immer weniger von der Weiterentwicklung vorhandener Produkte ab.

Die Marktsituation hat sich gewandelt: Früher existierte ein Käufermarkt mit einem großen Bedarf an bestimmten Produkten – die Industrie brauchte nur die fehlenden Exemplare zu produzieren; heute muss ein Unternehmen nach immer neuen Produktfeldern ausschauen und für diese einen Bedarf wecken. Hinzu kommt, dass der strategische Vorteil nicht mehr allein durch geringe Entwicklungs- und Fertigungskosten sondern vor allem über technologische Innovationen erreicht wird.

Mangelhafte Gestaltung marktgerechter Produkte wird vielfach verursacht durch folgende Umstände:

▷ Man folgt zu sehr den heutigen Kundenwünschen und übersieht dabei die künftigen Erfordernisse des betreffenden Geschäftsfeldes.
▷ Die Entwicklung berücksichtigt zu wenig die Kundenanforderungen.
▷ Eine systematische Markterkundung wird vielfach nicht betrieben.
▷ Der »Blick über'n Zaun« unterbleibt; wichtige Entwicklungen der Konkurrenz werden nicht zur Kenntnis genommen.
▷ Es wird in den wenigsten Fällen in Produktlebenszyklen gedacht.
▷ Das Beharren auf *alten* Technologien verhindert bzw. verzögert häufig die Einführung von neuen Technologien.
▷ Die Bedeutung neuer Technologien für das eigene Produktfeld wird zu spät erkannt.

Aus den genannten Gründen erhält die gezielte Produktförderung im Rahmen einer Innovationsplanung einen immer größeren Stellenwert für die strategische Planung eines Unternehmens. Beispiele hierfür sind E-Business und UMTS.

Innovationsplanung umfasst Bereiche, wie Marktanalyse, Geschäftsfeldplanung und Produktplanung, und ist, da die »Produktfindung« der Projektdefinition voransteht, eigentlich noch nicht Aufgabe des Projektmanagements. Ein Projekt beginnt eben erst dort, wo das Produkt, zumindest in seinen Zielen, bereits voll definiert ist. Innovationsplanung gehört daher nicht zum Verantwortungsbereich eines Projektmanagements. Der Projektleiter muss zwangsläufig davon ausgehen, dass die gestellte Aufgabe, d.h. die Entwicklung eines bestimmten Geräts oder Systems, auch die *richtige* Aufgabe ist. Da die Innovationsplanung aber die unmittelbar voranstehende Schnittstelle zur ersten Projektphase, der Projektdefinition darstellt, soll in diesem Kapitel auf einige Aspekte dieses Themengebiets kurz eingegangen werden.

Innovationsplanung ist – vereinfacht – das gezielte Suchen und Finden von für das Unternehmen lukrativen Geschäftsfeldern und damit neuen Produkten. Der Ablauf umfasst die drei Schritte:

▷ Produktpositionierung
▷ Produktbewertung
▷ Produktauswahl.

Für das Durchführen dieser Planungsschritte haben sich einige Analysemethoden als sehr hilfreich erwiesen, hierzu zählen u. a.:

▷ Portfolio-Analysen,
▷ ABC-Analysen und
▷ Lebenszyklus-Analysen.

Die beiden ersten methodischen Ansätze dienen mehr für die statische Betrachtung; bei Lebenszyklus-Analysen dagegen wird die Größe Zeit verstärkt miteinbezogen.

Portfolio-Methode

Bei dieser Methode werden in einer zweidimensional aufgebauten Matrix bestimmte Betrachtungsobjekte (z.B. Geschäftsfelder, Produktgebiete, Technologien) in Abhängigkeit von zwei Beurteilungskriterien mit einer möglichst einfachen Skalierung angeordnet. Hierbei unterzieht man häufig eigene und konkurrierende Objekte einem Vergleich, um dadurch eine *Standortbestimmung* herbeizuführen. Es gibt inzwischen zahlreiche Portfolio-Darstellungen für die unterschiedlichsten Problemkomplexe. Der Begriff selbst ist von dem Wertpapier-Portfeuille abgeleitet.

Das Grundprinzip ist allerdings bei allen Darstellungsformen ähnlich. Die waagerechte

Skalierung kennzeichnet meist ein Kriterium für die Positionsbestimmung der zu betrachtenden Objektwelt; solche sind

— relativer Marktanteil,
— Geschäftsfeldstärke,
— technisches Weiterentwicklungspotenzial,
— relative Technologieposition.

Auf der senkrechten Achse eines Portfolios wird ein Kriterium für die »Attraktivität« der zu betrachtenden Objekte angegeben, z. B.

— Marktwachstum,
— Branchenattraktivität,
— Produktattraktivität am Markt,
— wirtschaftliche Bedeutung.

Besonders im Rahmen der Geschäftsfeldplanung, der Technologieplanung sowie der Produktplanung werden Portfolio-Darstellungen zur Standortbestimmung und Strategiefindung vermehrt eingesetzt.

Im Folgenden soll anhand eines Geschäftsfeld-Portfolios und eines Technologie-Portfolios diese Methode kurz erläutert werden. In Kap. 6.5.4 wird mit Bild 6.34 das Portfolio einer Tool-Beurteilung gezeigt.

Geschäftsfeld-Portfolio

Mit einem Geschäftsfeld-Portfolio wird die eigene Marktposition auf bestimmten Geschäftsfeldern betrachtet, um daraus geeignete Strategien für die eigene Geschäftsfeldplanung abzuleiten.

Für die Darstellung eines Geschäftsfeld-Portfolios können unterschiedliche Matrixausprägungen herangezogen werden. Bei der McK-Matrix (McKinsey) gibt es jeweils zwei Unterteilungen je Achse, so dass neun Matrixfelder entstehen; auf der waagerechten Achse ist die Geschäftsfeldstärke und auf der senkrechten Achse ist die Branchenattraktivität aufgetragen. Bei der BCG-Matrix (Boston Consulting Group) dagegen, auf die hier näher eingegangen wird (Bild 2.1), werden mit einer Unterteilung nur vier Matrixfelder definiert; wobei auf der waagerechten Achse – von unten rechts nach links – der eigene relative Marktanteil (RMA) für bestimmte Geschäftsfelder und auf der senkrechten Achse das zugehörige Marktwachstum (MW) aufgetragen sind.

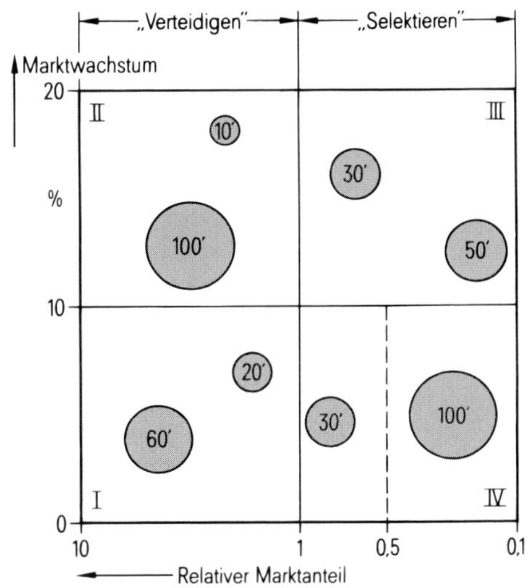

Bild 2.1 Geschäftsfeldmatrix (nach BCG)

Mit dem relativen Marktanteil wird das Verhältnis zwischen dem eigenen Marktanteil zu dem des größten Mitbewerbers angegeben. Der größte Mitbewerber ist entweder der Marktführer oder – falls man es selbst ist – der erste nachfolgende Mitbewerber. Unter dem Marktwachstum ist das jährliche Wachstum des jeweiligen Geschäftsfeldes zu verstehen.

In dieses so definierte Koordinatensystem werden nun die einzelnen Geschäftsfelder des eigenen Unternehmens und solche der Konkurrenz als Kreise positioniert, wobei die Kreisgröße der jeweiligen Umsatzstärke entspricht. Die Matrixfelder lassen sich üblicherweise wie folgt beschreiben:

Feld I	hoher relativer Marktanteil – niedriges Marktwachstum (Goldesel/Cash-cows)
Feld II	hoher relativer Marktanteil – hohes Marktwachstum (Stars/stars)
Feld III	niedriger relativer Marktanteil – hohes Marktwachstum (Fragezeichen/question marks)
Feld IV	niedriger relativer Marktanteil – niedriges Marktwachstum (Sorgenkinder/dogs).

Diese Standortbestimmung ermöglicht die Aussage, ob man sich in einer führenden oder nacheilenden Marktposition bzw. in einem wachsenden oder reifen Markt befindet. Es können aber keine Standardstrategien aus der Position in einer Geschäftsfeldmatrix abgeleitet werden. Die Matrix stellt nur ein Beurteilungsinstrument dar, wobei zwei Grundaussagen möglich sind:

▷ Geschäfte in der linken Hälfte (links von RMA = 1) sind zu »verteidigen« und
▷ Geschäfte in der rechten Hälfte (rechts von RMA = 1) sind zu »selektieren« (entweder Abbau oder Förderung).

Weiterhin kann man einen Mindestwert von z. B. 0,5 für den relativen Marktanteil des eigenen Unternehmens vorgeben (nur in Feld IV). Dieser RMA-Wert sagt aus, dass man mindestens die Hälfte vom Marktanteil des größten Mitbewerbers erreichen möchte. Nicht ertragsträchtige Ergänzungsprodukte und fragwürdige Zukunftsprodukte müssen schnellstens überprüft werden. Für viel versprechende Zukunftsprodukte kann ein Ausbau der Marktposition lohnend sein. Mit einer derartigen Portfolio-Betrachtung soll also erreicht werden, dass man auf das »richtige Pferd« setzt und sich aus aussichtslosen Geschäftsfeldern rechtzeitig zurückzieht.

Technologie-Portfolio

Neben einer Betrachtung der Attraktivität von Geschäftsfeldern gehört auch die Einschätzung der eigenen Technologiebefähigung. So attraktiv die Herstellung von hochintegrierten Speicherchips sein mag, so unsinnig ist es sicherlich z. B. für eine Waschmittelfirma, sich auf eine derartige Technologie einzulassen. Deshalb kann man in einer weiteren Portfolio-Darstellung die eigene Technologieposition untersuchen.

Zweck eines Technologie-Portfolios ist daher die vergleichende Darstellung von Technologien über Grenzen von Geschäftsbereichen, Geschäftsfeldern und Produkten hinweg. Aus dieser Darstellung lassen sich zwar keine Standardstrategien ableiten, jedoch können alternative FuE-Strategien diskutiert und damit Prioritäten festgelegt werden.

Zum Darstellen eines Technologie-Portfolios werden am besten die in Bild 2.2 aufgeführten zwei Teilbilder herangezogen. Das erste Teilbild zeigt das technische Weiterentwicklungspotenzial der betrachteten Technologien und ihre künftige wirtschaftliche Bedeutung. Das technische Weiterentwicklungspotenzial leitet sich aus dem Technologie-Lebenszyklus ab (siehe Bild 2.6). Ein hohes Weiterentwicklungspotenzial liegt am Anfang der dort aufgezeigten »S-Kurve« vor, ein niedriges am Ende der Kurve. Technisches Weiterentwicklungspotenzial und wirtschaftliche Bedeutung aggregieren sich zur (Gesamt-)Bedeutung der Technologie, die in dem zweiten Teilbild auf die eigene (relativ zum in dieser Technologie besten bzw. nächstbesten Wettbewerber gemessenen) Technologieposition bezogen wird.

Je nach Lage einer Technologie in den beiden Teilbildern des Technologie-Portfolios sind unterschiedliche FuE-Strategien nahe liegend:

▷ Mit höchster Priorität sollten diejenigen Technologien gefördert werden, die sowohl wirtschaftlich bedeutend sind als

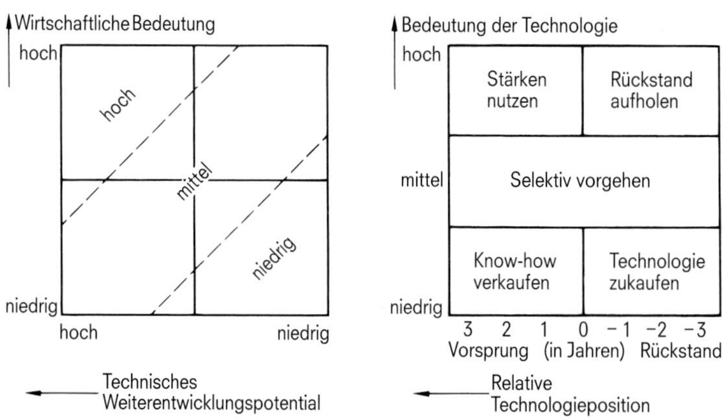

Bild 2.2
Technologie-Portfolio

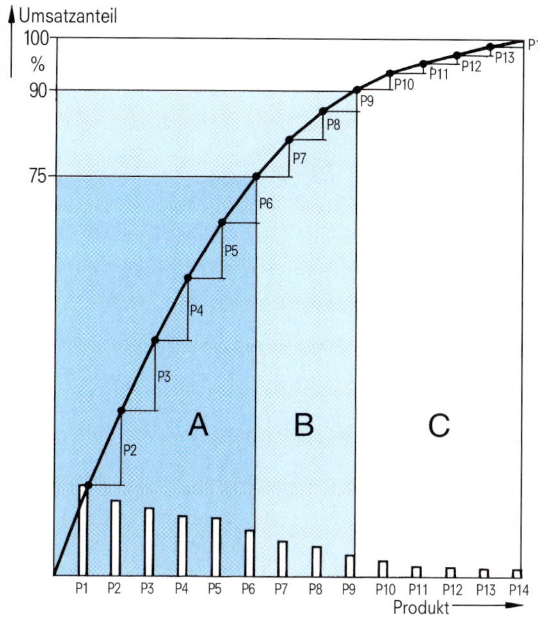

Bild 2.3 ABC-Analyse

auch hohes Weiterentwicklungspotenzial haben (linkes Teilbild). Abhängig von der eigenen Technologieposition bedeutet dies entweder einen Rückstand aufzuholen, z.B. durch eigene FuE-Anstrengungen oder Kooperationen, oder einen eventuellen Vorsprung konsequent zu nutzen besonders durch Leistungssteigerung der Produkte (rechtes Teilbild).

▷ Trifft hingegen geringes Weiterentwicklungspotenzial auf geringe wirtschaftliche Bedeutung, so muss dementsprechend die FuE-Priorität für diese Technologie gering sein. Weitere eigene FuE-Aktivitäten sind in diesem Fall nicht sinnvoll; unter Umständen bietet es sich sogar an, das eigene Know-how zu verkaufen.

▷ Trifft hohes Weiterentwicklungspotenzial auf niedrige wirtschaftliche Bedeutung oder umgekehrt, so ist selektiv vorzugehen. Vor allem sollte geprüft werden, ob sich eine niedrige wirtschaftliche Bedeutung jenseits des Zieljahres erhöhen könnte – dann wäre Vorfeld-FuE nahe liegend – oder ob eine wirtschaftlich wichtige reife Technologie auf dem Markt verfügbar ist und sich eigene FuE-Aktivitäten damit erübrigen.

ABC-Analyse

Auch mit einer einfachen ABC-Analyse kann man eine gezielte Vorauswahl von Produkten, Technologien etc. treffen. Bekanntlich kann man diese Methode generell immer dann anwenden, wenn aus einer größeren Menge von Objekten Unwichtiges von Wichtigem zu trennen ist [101]. Sind z.B. aus einer vorgegebenen Menge von Produktalternativen diejenigen herauszufiltern, die umsatzmäßig besonders bedeutsam sind, so werden die einzelnen Produkte in der Reihenfolge ihres möglichen Umsatzanteils äquidistant auf der Abszisse eines Koordinatensystems angeordnet. Die Verbindung der kumulierten Umsatzanteile ergibt einen monoton ansteigenden Kurvenzug. Die so angeordneten Produkte teilt man nun durch die beiden waagerechten Linien bei z.B. 75% und 90% in drei Klassen ein, die mit A, B und C bezeichnet werden. In dem in Bild 2.3 gezeigten Beispiel haben diese drei Klassen folgende Aussage:

Klasse A enthält die umsatzträchtigsten Produkte, die zusammen bereits 75% des Umsatzes ausmachen.

Klasse B enthält die Produkte, die zusammen mit den Produkten der Klasse A 90% des Umsatzes ausmachen.

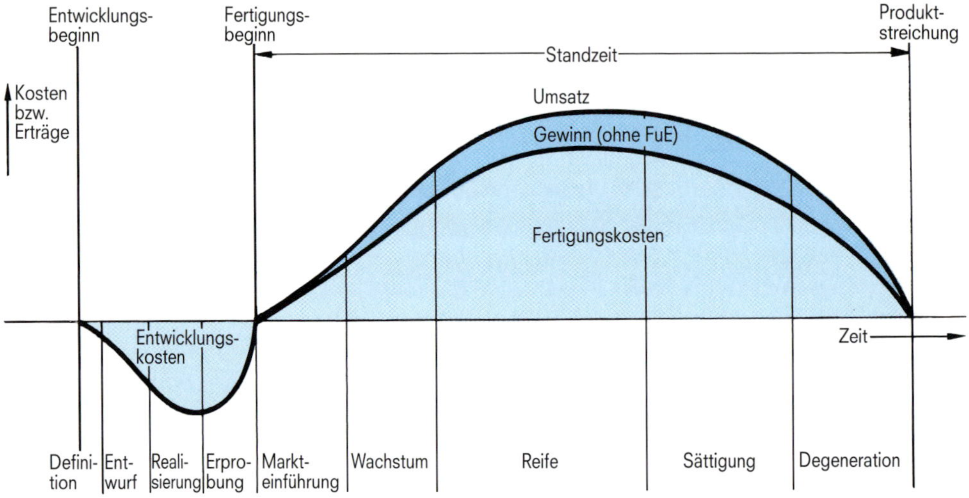

Bild 2.4 Produkt-Lebenszyklus

Klasse C enthält die umsatzschwächsten Produkte, die nur 10% des Umsatzes ausmachen.

Produkte der Klasse A kommen somit in die engere Wahl, Produkte der Klasse C scheiden bei der weiteren Marktanalyse normalerweise aus und Produkte der Klasse B müssen noch einmal einer genaueren Beurteilung unterzogen werden. Also auch hier die drei Strategien bei der Produktplanung: Fördern, Selektieren, Abbauen.

Die beiden die Klassen A, B und C einteilenden Prozentwerte müssen nicht genau bei 75% und 90% liegen, sondern können auch davon abweichen.

Mit einer ABC-Analyse kann man also anhand eines bestimmten Kriteriums sehr schnell eine Vorauswahl aus einer größeren Menge treffen. Im gezeigten Beispiel reduziert sich die anfängliche Produktmenge 14 auf Grund des Auswahlkriteriums »Umsatzanteil« auf 6.

Für eine grobe Vorauswahl von Technologien könnte die ABC-Analyse in analoger Form genutzt werden. Hierbei würde man z. B. auf der Ordinate den Grad für die technisch-wirtschaftliche Bedeutung der Technologien für das Unternehmen auftragen und auf der Abszisse die einzelnen Technologien. In Kap. 6.5.4 wird noch einmal näher auf die ABC-Analyse eingegangen.

Lebenszyklus-Analysen

Wie bereits erwähnt, wird bei einer Lebenszyklus-Analyse die Zeit in die Strategiefindung einbezogen. Lebenszyklus-Betrachtungen sind sowohl für Produkte als auch für Technologien möglich.

Produkt-Lebenszyklus

Den gesamten Produktlebenszyklus kann man – vom Entwicklungsbeginn bis hin zur Produktstreichung – in mehrere Abschnitte unterteilen.

Entstehungszyklus:
- ▷ Definition
- ▷ Entwurf
- ▷ Realisierung
- ▷ Erprobung

Marktzyklus:
- ▷ Markteinführung
- ▷ Wachstum
- ▷ Reife
- ▷ Sättigung
- ▷ Degeneration.

Der Zeitraum vom Fertigungsbeginn bis zur Produktstreichung wird als »Standzeit« bezeichnet und entspricht dem Marktzyklus. Bild 2.4 zeigt schematisiert den Verlauf der Produktkosten und -erträge über diesen Produktlebenszyklus. (Für das einfachere Verständnis sind die Kurven überschneidungsfrei angeordnet.)

Auf Grund der hohen Innovationsraten der eingesetzten Technologien haben viele elektronische Geräte und SW-Produkte sehr kurze Standzeiten. In der Kommunikationstechnik z. B. geht man derzeit von folgenden Innovationszyklen (in Jahren) aus:

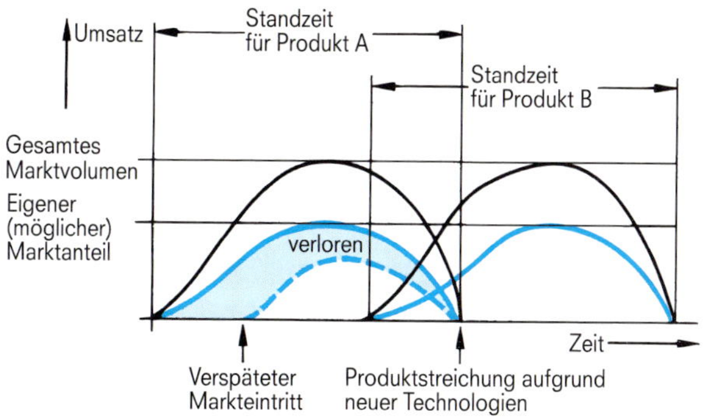

Bild 2.5
Standzeit eines Produkts

Mobiltelefone	< 1,
Personal Computer	2 bis 3,
Server	3 bis 5,
Großrechner	4 bis 5,
Anwender-Software	etwa 6,
Vermittlungssysteme	etwa 9,
Betriebssystem-Software	etwa 12,
Kraftwerkstechnik	20 bis 30.

Kurze Innovationszyklen haben zur Folge, dass ein Produkt mit einem bestimmten Technologiestand nach Ablauf der Standzeit am Markt nicht mehr einsetzbar ist, da bereits Produkte mit einer Technologie des nächsten Innovationsschritts (mit natürlich besserem Preis-Leistungs-Verhältnis) angeboten werden. Die Problematik eines verspäteten Markteintritts soll das Bild 2.5 verdeutlichen. Anhand der dargestellten Produktlebenszyklen ist zu erkennen, dass bei einem verspäteten Markteintritt ein beachtliches Verkaufsvolumen unwiderruflich verloren geht und später nicht mehr wieder hereingeholt werden kann, da dann bereits ein (besseres) Nachfolgeprodukt verfügbar ist.

Im Bereich der PC-Entwicklung gibt es Erfahrungswerte, wonach ein um 1 Monat verspäteter Markteintritt bereits 3 bis 5% Umsatzeinbuße bedeutet. Auf anderen Gebieten der Informations- und Kommunikationstechnik verhält es sich ähnlich.

Der rechtzeitige Zeitpunkt des Markteintritts eines neuen Produkts ist auch deshalb sehr wichtig, da bei stark innovativen Produkten die »günstigsten« Preise (d.h. hohe Marktpreise) in der frühen Phase der Markteinführung zu erzielen sind. So rechnet man z.B. auf einem Gebiet der Kommunikationstechnik mit einem jährlichen Preisverfall von 15%.

Technologie-Lebenszyklus

Auch Technologien haben ihren Lebenszyklus, während dem sich das Steigerungspotenzial ihrer technischen Leistungsfähigkeit sowie der notwendige Aufwand für ihre Weiterentwicklung verändern. Dieser Sachverhalt lässt sich sehr anschaulich anhand der so genannten »S-Kurven« (Bild 2.6) darstellen, die mit Erfolg als Bewertungsmodell zum Abschätzen des Weiterentwicklungspotenzials von Technologien wie auch zum Beurteilen des Standes im Vergleich zum Wettbewerb eingesetzt werden.

Auf der Ordinate sind die technische Leistungsfähigkeit der betrachteten Technologien

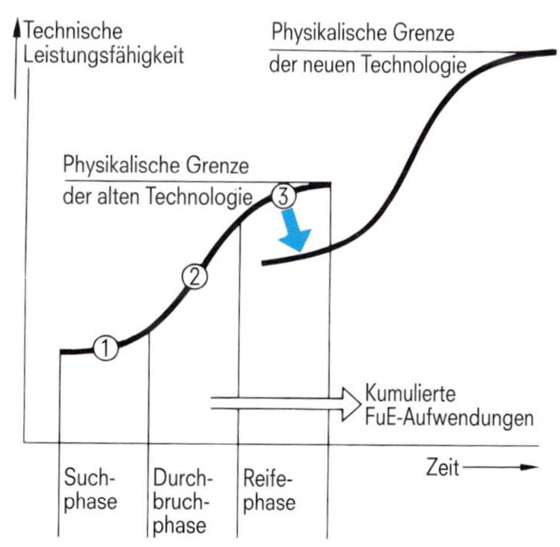

① Vorleistung
② Höchster wirtschaftlicher Nutzen
③ Überinvestition

Bild 2.6
Technologie-Lebenszyklus (»S-Kurve«)

und auf der Abszisse die Zeit aufgetragen. Für die technische Leistungsfähigkeit muss ein charakteristisches Leistungsmerkmal gewählt werden, das sowohl für die bestehende Technologie als auch für mögliche Ablösetechnologien eindeutig bestimmbar ist. Mit Fortschreiten der Zeit ist ein kumulierender laufender FuE-Aufwand für die betreffende Technologieentwicklung verbunden, dessen »Wirksamkeit« von der jeweiligen Standortposition auf der S-Kurve abhängt.

Der Lebenszyklus einer Technologie kann nun in drei Phasen unterteilt werden:

- Suchphase
- Durchbruchphase
- Reifephase.

In der *Suchphase*, d.h. der Anfangsphase, ist die Technologie noch wenig leistungsfähig. Erst nach entsprechendem Entwicklungsausbau, nämlich in der *Durchbruchphase*, steigert sich ihre Leistungsfähigkeit ganz beträchtlich, so dass ein großer Nutzen für das Investment erreicht wird. Während der *Reifephase* sind dagegen trotz weiterer Aufwendungen, z.B. für Rationalisierungsmaßnahmen in der Fertigung, die Verbesserungsmöglichkeiten insgesamt ausgereizt. Die Technologie stößt an ihre wirtschaftlichen und technischen Grenzen. Um schließlich nicht in einer technologischen Sackgasse zu landen, muss rechtzeitig der Umstieg auf eine neue Technologie vorbereitet worden sein, mit der dann ein weiterer Anstieg der technischen Leistungsfähigkeit der Produkte anzustreben ist. Dieser Ablöseprozess darf hierbei aber nicht dem Zufall überlassen bleiben, sondern muss genau und frühzeitig geplant werden. Die Wahl einer falschen oder einer zu späten Technologie kann sehr negative Auswirkungen für das entsprechende Produktfeld des Unternehmens haben.

Die vorgestellte S-Kurve stellt natürlich kein exaktes Prognoseinstrument dar, sondern kann nur als Darstellungsmittel beim Betrachten eines Technologie-Lebenszyklus dienen. Es ist anzumerken, dass das Auftragen der S-Kurven Schwierigkeiten mit sich bringt, insbesondere in der Bewertung der technischen Leistungsfähigkeit. Diese ist im physikalischen Bereich noch relativ einfach, da es hier häufig einen guten Maßstab für die technische Leistungsfähigkeit gibt, wie z.B. die Speicherkapazität eines Chips in Mbit oder die Dämpfung eines Lichtwellenleitermaterials in dB/km.

In SW- und systemtechnischen Bereichen ist die S-Kurven-Betrachtung eher problematisch, weil es auf diesen Entwicklungsfeldern an objektivierbaren Messgrößen für die Leistungsfähigkeit eingesetzter Technologien fehlt.

2.1.2 Grundparameter eines Projekts

Ein Entwicklungsvorhaben wird als Projekt in seiner Durchführung von drei Grundparametern eingerahmt. Diese sind

- geforderte *Leistung,*
- beanspruchte *Einsatzmittel* und
- benötigte *Zeit.*

Diese Grundparameter stehen als Zielgrößen in einer gegenseitigen Wechselwirkung, so dass man auch beim Projektmanagement von einem »magischen Dreieck« sprechen kann (Bild 2.7).

Das durch dieses PM-Dreieck dargestellte Zielsystem verdeutlicht eine grundsätzliche Abfolge in einem Projektgeschehen: Durch Einsatz bestimmter Einsatzmittel (Geld, Personal, Maschinen etc.) und mit Verbrauch an Zeit soll eine bestimmte Leistung (mit entsprechender Qualität) erbracht werden. Das Projektmanagement hat dabei die zentrale Aufgabe, das Projektziel, d.h. das Erbringen der geforderten Leistung, möglichst in einem optimalen Verhältnis zu den beiden anderen Grundparametern zu erreichen.

Die Zielrichtung dieser »Optimierung« kann allerdings sehr unterschiedlich sein. In dem einen Fall wird ein Höchstmaß an Leistung an-

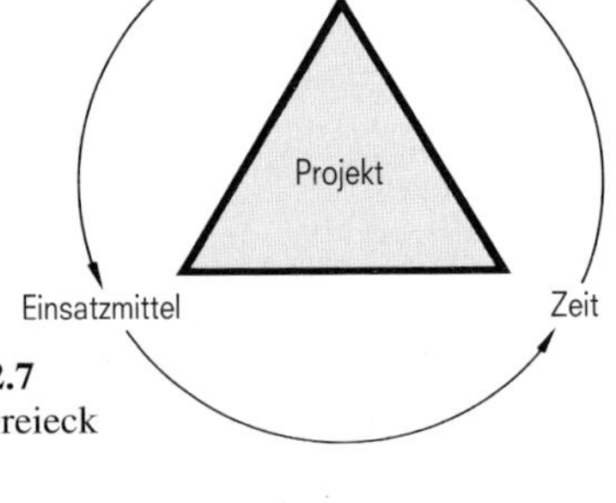

Bild 2.7
PM-Dreieck

gestrebt – gleichgültig, in welcher Höhe Kosten anfallen und wie lange es dauert. In einem anderen Fall ist ein kürzest möglicher Termin anzustreben, ohne dass eine enge Begrenzung des Budgets vorgegeben ist. Oder aber die Kosten sollen möglichst niedrig sein, auch wenn Abstriche in dem Leistungsumfang (und in der Qualität) gemacht werden müssen.

Leistungs- und Lastgrößen

Die drei genannten Grundparameter stellen eigentlich Oberbegriffe dar für weitere Projektparameter, die in Leistungsgrößen und Lastgrößen eingeteilt werden können (Bild 2.8).

Als Lastgrößen wirken das eingesetzte Personal und alle Betriebsmittel sowie die benötigte Zeit. Lastgrößen stellen den Mitteleinsatz, den »Input« für das Projekt dar und sind daher so weit wie möglich zu minimieren.

Zu den Leistungsgrößen gehören alle messbaren Ergebnisgrößen; sie kennzeichnen den »Output« einer Projektdurchführung. Normalerweise ist für die Leistungsgrößen insgesamt eine Maximierung anzustreben. Auch das »Verringern« von Produktgrößen, wie z. B. der Verlustleistung eines elektrischen Geräts ist in diesem Sinne als eine Maximierung, nämlich der Wirkleistung, anzusehen.

Parameterausrichtung

Die vorgenannten Grundparameter stehen – wie bereits erwähnt – in einer gegenseitigen Wechselwirkung, so dass sie jeweils nicht unabhängig voneinander bestimmt werden können. Drei grundsätzlich unterschiedliche Vorgehensweisen zum Bestimmen dieser Projektparameter sind möglich:

▷ Kostenfixierte Parameterausrichtung
▷ Terminfixierte Parameterausrichtung
▷ Leistungsfixierte Parameterausrichtung.

Bei der *kostenfixierten Vorgehensweise* wird von einem geforderten Leistungsvolumen ausgegangen und für ein vorgegebenes Budget der mögliche Fertigstellungstermin ermittelt. Ergibt sich dabei ein nicht akzeptierbarer später Termin, so kann dieser nur auf Grund einer Rücknahme des Leistungsvolumens oder der zugehörigen Qualitätsanforderungen verkürzt werden, da ein Ausweiten des Budgets nicht möglich ist. Solche Kostenfixierungen liegen meist vor, wenn für ein zu entwickelndes Produkt ein vorgegebener Marktpreis aus Wettbewerbsgründen auf keinen Fall überschritten werden darf (design to cost); dies ist z. B. gegeben bei Entwicklungsprodukten aus der Installations- und Beleuchtungstechnik, also bei Produkten mit hohen Stückzahlen in einem Markt mit vielen Mitbewerbern.

Bei einer *terminfixierten Vorgehensweise* geht man ebenfalls von einem geforderten Leistungsvolumen aus; hierfür werden allerdings auf der Basis eines fixen Fertigstellungstermins die notwendigen Kosten ermittelt. Sind diese zu hoch, so können diese ebenso nur durch Reduzieren einzelner Leistungsmerkmale gesenkt werden, da hier ja eine Terminüberschreitung nicht erlaubt ist. Eine solche Terminfixierung liegt entweder dann vor, wenn der Einsatztermin durch äußere Gegebenheiten prinzipiell nicht verschiebbar ist (z. B. Messetermin, Termin mit Konventialstrafe), oder wenn auf Grund der Marktsituation eine Terminverschiebung zu äußerst schwer wiegenden Markteinbußen führen würde, wie es z. B. auf dem Gebiet der Entwicklung von Personal Computer und Mobiltelefonen der Fall sein kann. Bei Produktentwicklungen mit relativ kurzen Standzeiten hat man es also immer mit einer terminfixierten Vorgehensweise zu tun.

Ein *leistungsfixiertes Vorgehen* wird dann beschritten, wenn keine Kompromisse, d. h. Abstriche bez. des aufgestellten Anforderungskatalogs erlaubt sind. Termin und Kosten erge-

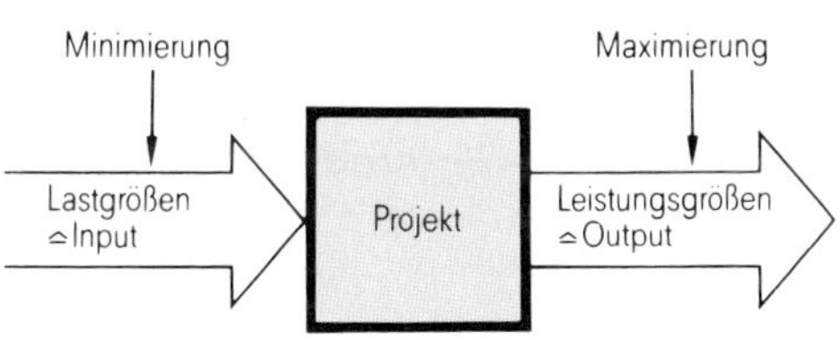

▷ Projektdauer	▷ Funktionsmenge
▷ Personaleinsatz	▷ Befehlsmenge
▷ Entwicklungskosten	▷ Schnelligkeit
▷ Rechenzeiten	▷ Verfügbarkeit
▷ Anlagenbelegung	▷ Durchsatz
▷ Materialverbrauch	▷ Speicherfähigkeit
▷ Raumbelegung etc.	▷ Elektr. Verstärkerleistung
	▷ Bandbreite etc.

Bild 2.8
Beispiele von Leistungs- und Lastgrößen

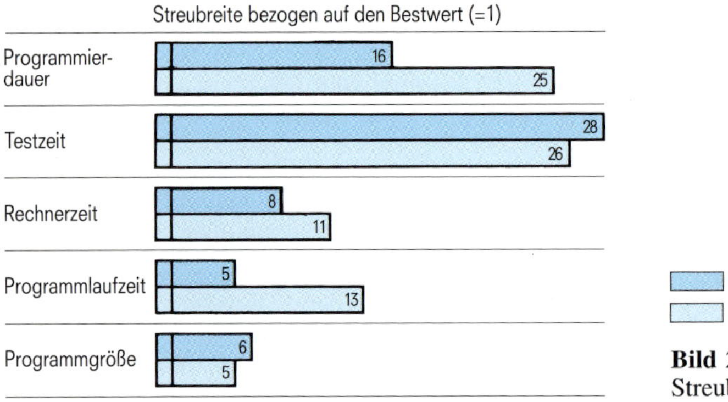

Bild 2.9
Streubreite der Programmierleistung

ben sich daher aus einem fest vorgegebenen Leistungsvolumen mit definierten Qualitätsanforderungen; höchstens eine geringe Verschiebung zwischen den ersten beiden Projektparametern selbst ist noch denkbar. Beispiele für solche Leistungsfixierungen finden sich besonders in sicherungstechnisch-sensiblen Bereichen, wie z.B. im Kernkraftwerksbau oder in der Raumfahrttechnik.

Bereits bei der Projektgründung müssen sich alle Beteiligten im Klaren sein, um welche der drei Arten von Parameterausrichtung es sich bei dem vorliegenden Projekt handelt. Anderenfalls kann das Optimieren der Leistungs- und Lastgrößen in eine falsche Richtung gehen – so dass z.B. ein überzogen funktionsstarkes Gerät zu teuer oder ein funktionsschwaches Produkt unnötig früh auf den Markt kommt.

Produktivität

Bei dem Einsatzmittel Personal kommt noch ein weiterer Gesichtspunkt hinzu. Der Parameter Personal steht mit dem Parameter Zeit in einer Art »Kräfteparallelogramm«, dessen Diagonale der erbrachten Leistung entspricht. Entsprechend diesem Modell können analoge Größenabhängigkeiten formuliert werden: Mehr zur Verfügung stehende Zeit bei unveränderter Personalstärke führt zu höherer Leistungserbringung, wie umgekehrt in derselben Zeit mit mehr Personal auch eine höhere Leistung erbracht werden kann. Allerdings können sich bekanntlich bei einem Parallelogramm mit festen Seitenlängen abhängig vom Schrägenwinkel unterschiedlich lange Diagonalen ergeben. Dieser Winkel entspricht einer weiteren wichtigen Projektgröße, der *Produktivität*.

Im Gegensatz zum Einsatzmittel Geld bzw. zu anderen Sachmitteln stellt das Einsatzmittel Personal keine singuläre Größe dar, da dieses unter zwei getrennten Aspekten zu sehen ist, und zwar

▷ der Kopfzahl (≙ Personalstärke) sowie
▷ der Qualifikation.

Diesem allgemein bekannten Umstand wird allerdings oft zu wenig Rechnung getragen, wenn beim Einplanen des Einsatzmittels Personal allein von der bloßen Kopfzahl ausgegangen wird und die Qualifikation nur am Rande in die Festlegung dieses Projektparameters einfließt. Dabei kann die jeweilige Produktivität des eingesetzten Personals von viel ausschlaggebenderer Bedeutung sein als die Anzahl Personen. Diesen Sachverhalt verdeutlicht Bild 2.9. Hier wurde eine größere Anzahl Programmierer im Rahmen einer vergleichenden Produktivitätsuntersuchung mit denselben Programmieraufgaben betraut; nach deren Abschluss wurden einige ausgewählte Projekt- und Produktgrößen gemessen und in Relation zu dem jeweiligen Bestwert gebracht. Dabei ergaben sich teilweise ganz erhebliche Streubreiten für die einzelnen Zielgrößen.

Diese bemerkenswerte Schwankung in der Produktivität ist sicher nicht nur auf die SW-Programmierung beschränkt, sondern kann auf alle anderen Entwicklungsgebiete der Hardware und Software übertragen werden. Begründet ist sie in dem starken kreativen Anteil bei Entwicklungsarbeiten, der naturgemäß einer homogenen Qualifikation der Mitarbeiter immer entgegenstehen wird. Umso mehr muss daher dieser Tatbestand der erheblichen Produktivitätsunterschiede in die Überlegungen beim Festlegen des Einsatzmittels Personal, d. h. beim Einplanen von Mitarbeitern, berücksichtigt werden.

Qualität

So, wie das wichtigste Einsatzmittel Personal auf Grund unterschiedlicher Produktivität keine absolute Größe darstellt, ist der Grundparameter Leistung auch nicht eindeutig angebbar. (Nur der dritte Grundparameter Zeit darf als Größe mit eindeutig fixem Maßstab betrachtet werden.)

Eine Leistung kann bekanntlich »gut« oder »schlecht«, also in unterschiedlicher Qualitätsausprägung erbracht werden. Die Qualität bildet damit einen weiteren, sehr wichtigen Projektparameter, der als integraler Bestandteil der zu erbringenden Leistung anzusehen ist. Leistung umfasst neben einer bestimmten Anzahl von Leistungsmerkmalen auch die zugehörigen Qualitätsanforderungen.

Bei DIN wird der Begriff Qualität definiert als:

> Beschaffenheit einer Einheit bezüglich ihrer Eignung, festgelegte und vorausgesetzte Erfordernisse zu erfüllen.

Alle Produkteigenschaften und -merkmale, die die Eignung des Produkts betreffen, stellen im engeren Sinne Qualitätsmerkmale dar. Zu diesen gehören je nach HW- und SW-Ausprägung z. B.:

— Funktionserfüllung,
— Zuverlässigkeit,
— Benutzungsfreundlichkeit,
— Wartungsfreundlichkeit,
— Instandhaltbarkeit,
— Umweltfreundlichkeit,
— Übertragbarkeit,
— Zeitverhalten,
— Verbrauchsverhalten,
— Fertigungsfreundlichkeit.

Qualität heißt, vereinfacht ausgedrückt, das »richtige« Erfüllen der Anforderungen des Kunden – nicht mehr und nicht weniger; das bedeutet auch, dass eine zu gute Qualität vom Markt nicht honoriert wird (»Überperfektionierung«), wohingegen zu niedrige Qualitätsvorgaben i. Allg. zu erheblichen Mehrkosten führen kann (Rückrufaktionen).

Der Aufwand für eine bestimmte zu erreichende Qualität bei einem Entwicklungsprodukt ist allerdings nicht als feste Größe zu betrachten; er hängt vielmehr von der Effektivität der zuständigen Qualitätssicherung ab. Je früher Qualitätsmängel im Entwicklungsablauf erkannt werden, desto geringer sind die Fehlerbehebungskosten; wird ein Fehler etwa erst beim Einsatz aufgedeckt, so kann dessen Beseitigung ein Vielfaches der Kosten betragen, die anzusetzen sind, wenn der Fehler bereits in der Entwurfsphase beseitigt worden wäre (siehe auch Bild 4.46). Effiziente Qualitätssicherung wird damit zu einem entscheidenden Kosten- und Ergebnisfaktor.

2.1.3 Problemfeldanalyse

In der Phase der Projektgründung werden die Eckdaten des bevorstehenden Entwicklungsvorhabens verankert, obwohl die technische Beurteilungsbasis häufig noch sehr unsicher ist. Einerseits müsste man eigentlich erst in die Projektplanung einsteigen, aber andererseits kann diese erst begonnen werden, wenn ein (unterschriebener) Projektauftrag vorliegt; dieser verlangt aber schon gewisse, grob geschätzte Angaben zu den wesentlichen Projektparametern, wie Termin, Aufwand und Kosten.

Um hierfür eine gesicherte Beurteilungsbasis zu schaffen, empfiehlt es sich, vor Erstellen des Projektantrags eine sorgfältige Analyse der Problemfelder durchzuführen, die die relevanten Projekt- und Produktkriterien auf ihre Inhalte untersucht. Hauptthema einer solchen Problemanalyse ist die Frage nach der »Richtigkeit« des zu entwickelnden Produkts. Bild 2.10 veranschaulicht, wie diese Frage in sieben Kernfragen zerlegt werden kann.

Richtige Aufgabenstellung?

Das Bestimmen der richtigen Entwicklungsaufgabe ist von zentraler Bedeutung für den wirtschaftlichen Erfolg des zu entwickelnden Produkts. Ein Produkt kann noch so genial entwickelt und qualitativ hochwertig gefertigt worden sein, deckt es keine Marktbedürfnisse, so bleibt es trotz großer Werbungs- und Vertriebsaktivitäten ein »Flop«. Es darf also nur ein Produkt entwickelt werden, das auch mit großer Wahrscheinlichkeit am Markt an-

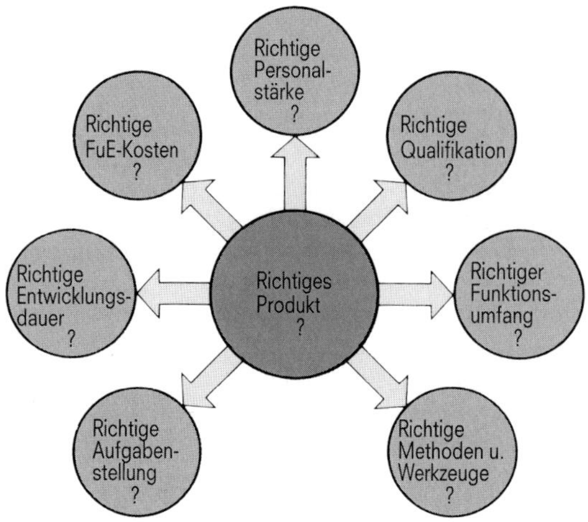

Bild 2.10
Die sieben Fragen der Problemfeldanalyse

kommt. Hierzu bieten sich als Hilfsmittel bewährte Instrumentarien aus der Marktanalyse an, wie die im vorausgegangenen Kapitel beschriebenen Portfolio-Darstellungen und S-Kurven-Betrachtungen.

Beim Beurteilen der Richtigkeit des gesetzten Entwicklungsziels muss allerdings auch berücksichtigt werden, ob das zu realisierende Produkt nicht eventuell andere, eigene Produkte unnötig *verdrängt*. Der erzielbare Gewinn wäre dann unter einem anderen Blickwinkel zu sehen. Der Gewinn des einen Produkts kann nämlich zum Verlust des anderen führen. Richtige Aufgabenstellung heißt also nicht nur richtiges Produkt, sondern auch richtige »Einbettung« in die bestehende (eigene) Produktwelt. Entsprechendes gilt für die Entwicklung von intern einzusetzenden DV-Verfahren; auch hier sollte kein unnötiger Verdrängungskampf entstehen, der schließlich nur das eigene Geld kostet.

Richtige Entwicklungsdauer?

Zu lange Entwicklungszeiten haben ebenfalls gravierende Auswirkungen auf den wirtschaftlichen Erfolg des Produkts. Rechtzeitig auf dem Markt zu sein, kann einen großen Gewinn bedeuten, ein zu später Markteintritt dagegen einen erheblichen Umsatzverlust. Dieser kann so groß werden, dass die Entwicklungskosten nicht wieder hereinkommen. Eine von McKinsey zu diesem Fragenkomplex gemachte »Sensitivitätsanalyse« führte zu dem Fazit:

> Das Einhalten und Verkürzen von Entwicklungszeiten ist wichtiger als das Einhalten und Reduzieren von Entwicklungskosten!

Zum Verdeutlichen dieses Sachverhalts sind in Tabelle 2.1 – in einer stark vereinfachten Form – drei Varianten einer Wirtschaftlichkeitsbetrachtung dargestellt:

1. Kosten und Dauer eines »typischen« Projektbeispiels
2. Halbierung der Kosten bei gleicher Dauer
3. Halbierung der Dauer bei gleichen Kosten.

Die Gegenüberstellung ergibt, dass Halbieren der Entwicklungskosten zu einer rund dreimal so großen Marginalrendite, Halbieren der Entwicklungszeit dagegen sogar zu einer mehr als achtmal so großen Marginalrendite führt (im dritten Fall wurde wegen des früheren Markteintritts eine Umsatzsteigerung von 20% p.a. angenommen).

Auch die Betrachtung der Standzeit eines geplanten Produkts (siehe Kap. 2.1.1) kann von großem Wert beim Bestimmen der richtigen Entwicklungsdauer sein. Denn auch hier gilt eben *nicht* mehr der alte Siemens-Satz: Startet als Zweiter und geht als Erster durchs Ziel!

Richtige FuE-Kosten?

Primäres Ziel einer jeden Entwicklung ist das Realisieren von Produkten bzw. Systemen, die einen so hohen Umsatz erbringen, dass nach Abzug aller Entwicklungs- und Fertigungskosten noch ein akzeptabler Gewinn übrig bleibt. Ein Entwicklungsprojekt darf also nicht so viel FuE-Kosten verschlingen, wie nie wieder an Erträgen hereinholbar ist. Um die Produktwirtschaftlichkeit vorab beurteilen zu können, bieten sich mehrere Instrumentarien an:

— FuE-Projektdeckungsrechnung
— Wirtschaftliche Produktplanung
— Marginalrenditerechnung
— Geschäftswertbeitrag.

Auf diese Hilfsmittel der Wirtschaftlichkeitsbetrachtung wird in dem Hauptkapitel 2.3 ausführlich eingegangen.

Bezogen auf die Projektdauer gibt es einen (theoretischen) Minimalwert der Projektkosten, da die Entwicklungskosten einerseits bei einer starken Terminverkürzung – z. B. durch Überstundenzuschläge, Consultant-Aufträge und Mehraufwendungen bei der Projektsteuerung – ansteigen und andererseits bei einer Terminverlängerung – z. B. durch spätere Gehalts- und Lohnerhöhungen, geringere Maschinenauslastungen und steigende Materialpreise – größer werden. Dieser Sachverhalt ist schematisch in Bild 2.11 dargestellt. Sowohl der Termindruck auf Grund eines Marktzwangs als auch eine überlange Entwicklungsdauer z. B. wegen Personalmangels führt i. Allg. zu einer Kostenanhebung. Kommt ein Netzplanverfahren zum Einsatz, so lassen sich die Kurvenendpunkte (im Bild 1, 2 und 3) sehr leicht durch entsprechende Simulationsläufe ermitteln.

Richtige Personalstärke?

Die Personalbeschaffung ist sicherlich das größte Problem zu Beginn eines Projekts. Meist steht das Personal nicht in dem gewünschten Umfang und dann auch nicht zum gewünschten Zeitpunkt zur Verfügung. Zu wenig Personal bedeutet nicht nur eine Verlängerung der Entwicklungszeiten, sondern häufig auch eine dadurch bedingte Anhebung der Entwicklungskosten. Allerdings ist eine zu große Entwicklungsmannschaft auch nicht das gewünschte Ziel.

In Bild 2.12 sind schematisch die beiden gegenläufigen Einflüsse der Arbeitsteilung und des Kommunikationsaufwands auf die Entwicklungszeit aufgezeigt.

Tabelle 2.1 Varianten einer Wirtschaftlichkeitsbetrachtung

Jahr	1	2	3	4	5	6	Summe	Marginalrendite
1. »Typisches« Projekt								
Umsatz	–	–	–	1 000.	3 000.	1 000.	5 000.	
Entwicklungskosten	100.	300.	100.	–	–	–	500.	
Sonst. Ausgaben	–	–	–	850.	2 550.	850.	4 250.	
Ergebnis	– 100.	– 300.	– 100.	+ 150.	+ 450.	+ 150.	+ 250.	14,5%
2. Bei Halbierung der Entwicklungskosten								
Umsatz	–	–	–	1 000.	3 000.	1 000.	5 000.	
Entwicklungskosten	50.	150.	50.	–	–	–	250.	
Sonst. Ausgaben	–	–	–	850.	2 550.	850.	4 250.	
Ergebnis	– 50.	– 150.	– 50.	+ 150.	+ 450.	+ 150.	+ 500.	44,2%
3. Bei Halbierung der Entwicklungszeit								
Umsatz	–	1 200.	3 600.	1 200.	–	–	6 000.	
Entwicklungskosten	333.	167.	–	–	–	–	500.	
Sonst. Ausgaben	–	850.	2 550.	850.	–	–	4 250.	
Ergebnis	– 333.	+ 183.	+ 1 050.	+ 350.	–	–	+ 1 250.	120%

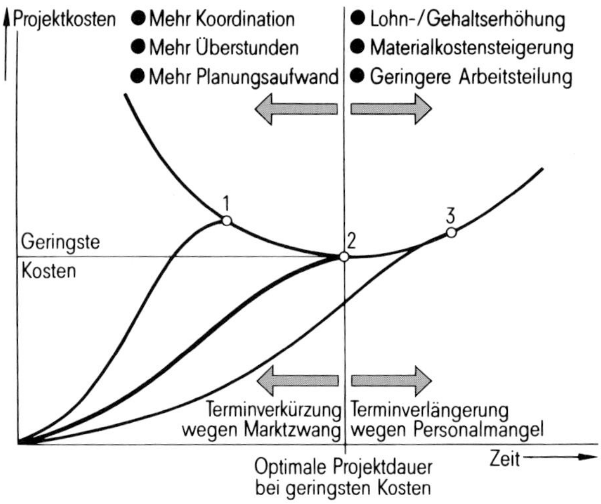

Bild 2.11 Minimale Projektkosten

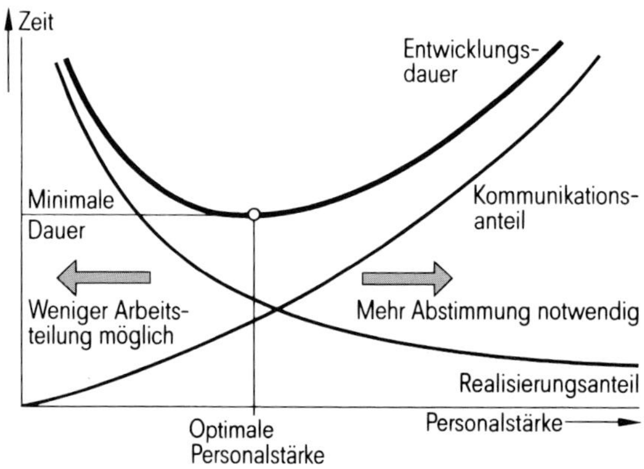

Bild 2.12 Optimale Personalstärke

Wie aus dem Diagramm zu ersehen ist, würden die Entwicklungszeiten mit Ansteigen der Personalstärke beliebig sinken (»Chinesenheer-Syndrom«), wenn nicht der expotentiell ansteigende Aufwand für die notwendige Kommunikation bei großen Entwicklungsmannschaften dieses bremsen würde. Umgekehrt muss bei sehr kleinen Personalstärken wegen des Produktivitätsrückgangs auf Grund der geringeren Arbeitsteilung mit höheren Entwicklungszeiten gerechnet werden. Es gibt daher eine optimale Personalstärke, bei der die Entwicklungsdauer ein Minimum einnimmt.

Diesem (theoretischen) Punkt sollte man sich beim Festlegen der Personalstärke so weit wie möglich nähern.

Ein ähnlicher Zusammenhang gilt zwischen der Personalstärke und dem erforderlichen Entwicklungsaufwand (dieser lässt sich aus dem Kurvenverlauf des Bildes 2.12 unmittelbar ableiten). Auch hier gibt es eine optimale Personalstärke, die sich allerdings von der oben erwähnten unterscheidet. Mit einer einfachen Ableitung lässt sich zeigen, dass die optimale Personalstärke, bezogen auf den Aufwand, immer kleiner ist als die optimale Personalstärke, bezogen auf die Zeit. Mit dem hier aufgezeigten Sachverhalt hängt auch das Phänomen zusammen, welches sich in dem von Brooke formulierten Satz ausdrückt:

> Adding manpower to a late project makes it late!

Man kann also ein in Terminverzug geratenes Projekt durch zusätzliches – zu spät eingesetztes – Personal nicht »termintreuer« machen. Ganz im Gegenteil – es kann durch dieses noch mehr in Verzug kommen, da zuerst einmal mehr Aufwand für die Einarbeitung, für die weitere Aufgabenteilung und für die erneute Abstimmung anfällt.

Die »optimale« Personalstärke sollte also rechtzeitig zur Verfügung stehen, da ein verspäteter Personalaufbau meist immer zu Verzögerungen im Entwicklungsfortschritt führt.

Richtige Qualifikation?

Die Produktivität einzelner Entwickler kann bekanntlich erheblich variieren (siehe Bild 2.9). Faktoren von mehr als dem Zehnfachen sind nicht selten. Bei der Personalplanung wird oft zu sehr von den reinen Kopfzahlen ausgegangen, ohne dass die dahinterstehende Qualifikation genügend berücksichtigt wird.

Daher sollte neben einem Personalplan ein Qualifikationsplan erstellt werden; er hält fest, welche Qualifikationen in welchem Ausmaß nötig sind. Bei Abgleich mit dem zur Verfügung stehenden Personal ist dann ein gezielter Personaleinsatz möglich. Sehr hilfreich ist hier eine »Skills-Datenbank«; in einer solchen Datenbank sind alle Mitarbeiter mit ihrem Qualifikationsprofil, d.h. mit ihren Kenntnissen und Befähigungen gespeichert (siehe Kap. 3.5.4).

Bei der Qualifikationsbetrachtung stellt sich häufig auch die Frage: Selbermachen oder Consultant-Kräfte einbeziehen (»make or buy«). Entwicklungsanteile, für die keine ausreichende Qualifikation intern vorhanden ist, sollten an externe Stellen vergeben werden, die über das nötige Know-how verfügen.

Richtiger Funktionsumfang?

Viele gut geführte Projekte mit qualitativ hochwertigen Produkten bringen häufig nicht den gewünschten Erfolg. Der Grund liegt darin, dass wohl das Produkt als solches vom Markt gefordert wurde – aber nicht in dem realisierten Funktionsumfang: Benötigte Funktionen waren nicht implementiert, und die implementierten wurden nicht oder nicht unbedingt benötigt.

Hier ist also bei Projektbeginn eine Analyse des wirklich geforderten Funktionsbedarfs durchzuführen, bei der man auch eine klare Unterscheidung zwischen wichtigen und weniger wichtigen Funktionen trifft. Als Hilfsmittel hierfür bieten sich z. B. das Erstellen einer Prioritätenliste oder eine ABC-Analyse (siehe Kap. 2.1.1) an. Mit diesen Hilfsmitteln kann gezielt eine Rangfolge der zu realisierenden Funktionen ermittelt werden. Nach dieser Rangfolge ist es möglich, eine Versionsplanung bzw. ein Stufenkonzept für die Produktrealisierung zu erarbeiten.

Auch das Durchführen einer Wertanalyse (WA) kann ganz entscheidend zum Definieren des *richtigen* Funktionsumfangs beitragen.

Richtige Methoden und Werkzeuge?

Da heute Entwicklungen nicht mehr »per Hand« gemacht werden, sondern auf allen Gebieten mit rechnerunterstützten Hilfsmitteln, kommt dem Aspekt der richtigen Wahl von Methoden und Werkzeugen eine immer größere Bedeutung zu.

So gehören z. B. zu den Entwicklungshilfsmitteln auf dem *SW-Gebiet:*

— logische Entwurfssysteme,
— grafische Designsysteme,
— Programmeditoren,
— Programmgeneratoren,
— Testsysteme und
— Dokumentationssysteme,

bzw. auf dem *HW*-Gebiet:

— logische Entwurfssysteme,
— Systeme zur Logik- und Fehlersimulation,
— Layout-Systeme,
— Generierungsprogramme für Prüfdaten und
— CAD-Systeme für die Konstruktion.

Ohne SW-Arbeitsplätze (SWAP) und CASE-Systeme in der SW-Entwicklung und ohne CAD-Systeme in der HW-Entwicklung ist eine effiziente Entwicklung heute nicht mehr denkbar. Natürlich kann ein Zuviel an Hilfsmitteln, wie auch ihr falscher Einsatz, äußerst negative Auswirkungen haben. Daher muss vor einer Entwicklung möglichst frühzeitig der »richtige« Methoden- und Werkzeugeinsatz geklärt sein.

Ein aktuelles Entwicklungshandbuch mit entsprechenden Hinweisen auf die Einsatzmöglichkeiten der einzelnen Methoden und Werkzeuge sollte für jeden Entwicklungsbereich vorhanden sein.

2.1.4 Interne Projektvereinbarung

Bei Gründung eines Projekts sollte der (unternehmensinterne) Entwicklungsauftrag stets schriftlich fixiert werden. Erst durch ein »Dokument«, das die wichtigsten Eckdaten der geplanten Entwicklung als Zielvereinbarung zum Gegenstand hat, wird ein Entwicklungsvorhaben zu einem Projekt. Dieses Dokument hat Vertragscharakter für Auftraggeber und Auftragnehmer; es enthält eine klare Definition der durchzuführenden Entwicklungsaufgabe, der geplanten Entwicklungskosten sowie die voraussichtliche Entwicklungsdauer.

Inhalt eines Projektantrags

Ein Projektantrag kann zwar sehr unterschiedlich gestaltet sein, sollte aber folgende Angaben umfassen:

— Name des Projekts
— Kurzbeschreibung des Vorhabens
— Identifikationsbegriff (Projektnummer, Auftragskennzeichen o. ä.)
— Projektleiter, Teilprojektleiter
— Mit-/Unterauftragnehmer (Partnerstelle, Consultants etc.)
— geplanter Personalaufwand (eventuell in zeitlicher Phaseneinteilung)
— Einsatzmittelkosten (Testanlagen, Musterbau etc.)
— Meilensteine, Zäsurtermine
— Fertigstellungstermin(e)
— Risikobetrachtung
— Unterschrift(en) Auftraggeber
— Unterschrift(en) Auftragnehmer.

Sollten sich im Lauf der Projektdurchführung Abweichungen von den Angaben im Projektantrag ergeben, z.B. Änderungen im Aufgabenumfang, im Kostenvolumen oder in den Terminzielen, so müssen diese ebenfalls schriftlich festgehalten und dem Projektantrag beigefügt werden. Nur das eindeutige und vollständige Festlegen aller Projektgrößen eines Entwicklungsvorhabens kann verhindern, dass später bei Nichterreichen einzelner Projektziele ein unnötiger Dissens zwischen Auftraggeber und -nehmer entsteht.

Arten von Projektanträgen

Projektanträge, die durch genehmigende Unterschriften zu Aufträgen werden, haben in den einzelnen Bereichen eines Unternehmens meist sehr unterschiedliche Ausprägungen. Ziel muss allerdings in allen Fällen sein, zwischen Auftraggeber und Auftragnehmer (gleichgültig, ob bereichsintern oder -extern) eine schriftliche Vereinbarung über das Entwicklungsprojekt herzustellen.

In Bild 2.13 sind drei typische Fälle gezeigt, die im Folgenden anhand von Beispielen näher erläutert werden. Es handelt sich dabei um

▷ den Projektauftrag,
▷ den FuE-Auftrag und
▷ die Produktvereinbarung.

Die Produktvereinbarung wird vornehmlich als Zielvereinbarung zwischen den einzelnen *Ertragszentren* eines Unternehmens für eine Produktherstellung abgeschlossen, mit dem FuE-Antrag wird die FuE-Planung innerhalb eines *Entwicklungsbereichs* geregelt und der Projektauftrag dient zur internen Auftragsvergabe an *zentrale Dienstleistungsstellen* im Unternehmen. Natürlich gibt es weitere Formen von Projektanträgen; wichtig ist nur, dass der Antrag zu einem Projekt schriftlich und offiziell formuliert wird.

Projektauftrag

Bild 2.14 zeigt als Beispiel den Vordruck eines Projektauftrags, wie er sich seit langem für die Auftragserteilung an interne Dienstleistungsbereiche (z.B. OI-Stellen) im Rah-

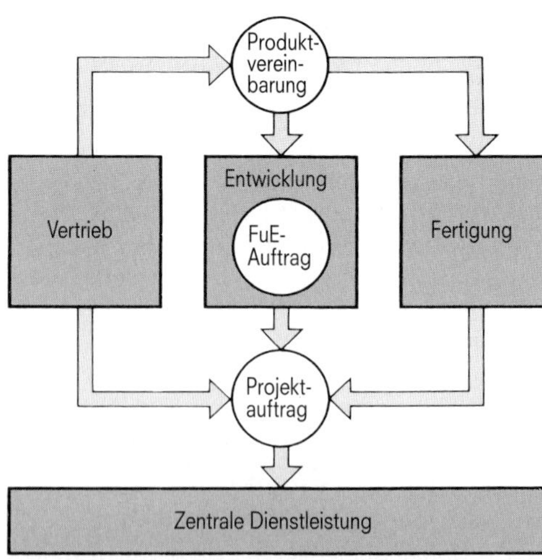

Bild 2.13 Arten von Projektanträgen

men von Verfahrensentwicklungen bewährt hat.

Der abgebildete Projektauftrag enthält neben einer Projektidentifikation und einer Projektklassifikation (Neuentwicklung, Weiterentwicklung etc.) eine kurze Erläuterung der Entwicklungsaufgabe. Weiterhin sind die geschätzten Entwicklungskosten phasenorientiert angegeben, wobei eine Zuordnung zu den beteiligten Entwicklungsstellen oder weiteren Unterauftragnehmern möglich ist.

Die mit einem solchen Projektauftrag definierten Verfahrensentwicklungen dienen i. Allg. zur unternehmensinternen Rationalisierung. Ihre Entwicklungskosten müssen daher häufig von mehreren Stellen, z. T. in sehr voneinander entfernten Bereichen, getragen werden. Entsprechend dem Nutzungsanteil legt man einen *Kostenverteilungsschlüssel* fest. Dieser Schlüssel kann hierbei von sehr unterschiedlichen Parametern ahhängig gemacht werden:

— Nutzungsanteil der Datenbank (logisch oder physikalisch),
— anteiliger Dialog (z. B. Transaktionsschritte),
— Anzahl der Anwender bzw. Benutzer,
— Anzahl der Einsätze,
— Anzahl der Ausgaben oder
— Wertschöpfungsverhältnis der Anwender.

Der Nutzungsschlüssel kann sich aber auch aus mehreren der vorgenannten Parameter als Mischschlüssel zusammensetzen (siehe Bild 4.18).

Ist es nicht möglich, einen Gesamtverantwortlichen für die Auftraggeberseite zu benennen, dann muss gemäß der vereinbarten Kostenverteilung eine Entscheidungsinstanz besetzt werden, die dann in ihrer Gesamtheit als Auftraggeber für das Projekt fungiert. Dieser Entscheidungsinstanz sind alle Projektergebnisse vorzulegen; außerdem muss der Projektleiter sie mindestens bei Abweichungen vom geplanten Projektablauf (Aufgabenumfang, Kosten, Termin) zu entsprechenden Sitzungen einberufen. Die Entscheidungsinstanz ist damit der Auftraggeber für das Projekt.

Abschließend werden in diesem Projektauftragsformular noch die Gesamtverantwortung (Projektleiter) und die Zuständigkeit für die organisatorische sowie die DV-technische Realisierung durch Unterschrift festgehalten.

Da bei dieser Form eines Projektantrags die Entwicklungskosten den einzelnen Entwicklungsphasen zugeordnet werden können, bietet es sich häufig – aus Gründen der Unsicherheit bei der anfänglichen Aufwandsschätzung – an, den Projektantrag nicht gleich für das gesamte Entwicklungsvorhaben, sondern nur für die erste(n) Phase(n) zu stellen. Mit Entwicklungsfortschritt sind konkretere Angaben zu Terminen und Aufwänden möglich, so dass für die nachfolgenden Phasen entsprechende Folge-Projektaufträge zu einem späteren Zeitpunkt erstellt werden können.

FuE-Auftrag

FuE-Aufträge sind die Basis, auf der das zwischen Auftraggeber und Auftragnehmer vereinbarte Entwicklungsvorhaben innerhalb eines Entwicklungsbereiches geplant, genehmigt und durchgeführt wird.

Der FuE-Auftrag legt folgende Ziele fest:

— das technische Entwicklungsziel,
— das (überprüfbare) Qualitätsziel,
— die Terminziele,
— die Kostenziele und deren Verteilung auf Planungsperioden und Geschäftsjahre.

Weiterhin enthält der FuE-Auftrag:

— Vereinbarungen zur Kostenübernahme und -verteilung,
— Verwaltungsdaten, wie z. B. Abrechnungskonten sowie
— Folgelasten (z. B. Investitionen).

Zur Auftragsformulierung werden dabei Formulare verwendet; ein Beispiel gibt Bild 2.15 wieder. In diesem wird zur Identifikation ein Auftragskennzeichen (AKZ) vergeben, das in sich verschlüsselt und damit klassifizierend ist (siehe Bild 3.15). Der fachliche Teil dieses FuE-Auftrags enthält eine Kurzbeschreibung und eine Auftragseinordnung nach mehreren Gesichtspunkten. Weiterhin ist der geplante Personaleinsatz in den einzelnen beteiligten Entwicklungsstellen aufgeführt. Die Entwicklungskosten – sie werden in ihrer zeitlichen Zuordnung zu den einzelnen Geschäftsjahren angegeben – sind in die allgemeinen Kostenelemente Personal, Rechnernutzung, Material/

Projektauftrag	Projektnummer 4 5 C 4 7 1 2			
Verteiler: OI-Leiter, FuE-Büro	Einzelprojekt	☒	Rahmenprojekt	☐
	Neuentwicklung	☒	Weiterentwicklung	☐
	Pflege	☐	Anwenderunterstützung	☐
	Entwicklungsweg		bis TEU 250	☐
			über TEU 250	☒

Benennung des Auftrages:
Planungs- und Optimierungssystem zur Frequenzbandverteilung in Hochspannungsnetzen

Erläuterung des Auftrages:
Erstellung eines fachlichen Grobkonzeptes sowie Entwurf und Realisierung eines Planungs- und Optimierungsverfahrens, welches die Aufteilung von Frequenzbändern auf Hochspannungsleitungen in Netzen vornimmt. Eingabe und Steuerung des Verfahrens geschieht dialoggeführt, die Ausgabe erfolgt in Listenform (spätere Version mit Grafikausgabe). Unter Berücksichtigung eines Stufenkonzepts soll eine Marginalrenditerechnung vorgenommen werden.

Auftrag gilt für Phase :	Projektvorschlag ☐		Grobplanung ☒		Feinplanung ☒		Realisierung ☒		Einführung ☒	
Beginn			3/99							
Ende									1/01	
Abteilung	MM	TEU	MM	TEU	MM	TEU	MM	TEU	MM	TEU
M OA 13			1	15	2	30	5	75	1	15
M OA 34					1	15	3	45		
S EB 4			1	17	2	34	4	68	1	17
Materialkosten								5		
Testkosten						8		16		4
Sonstiger Aufwand										
Gesamtaufwand je Phase			2	32	5	87	12	209	2	36

Gesamtaufwand TEU 364 davon Personalaufwand : MM 21 TEU 331

Kostenverteilung				
60 %	Bereich F	____%	____
40 %	Bereich S	____%	____
____%	____	____%	____

	Abteilung	Name	Unterschrift	Datum
Entscheidungsinstanz	F EA	Hr. Meier		
	F KAE	Hr. Kjellgren		
	S EB	Hr. Bammersberger		
	S KAE	Hr. Köhler		
	M OA 1	Fr. Mell		
Projektleiter	M OA 13	Hr. Lesser		
Betriebswirtsch. Realisierung	F EA 21	Hr. Prellwitz		
DV-technische Realisierung	M OA 13	Fr. Fink		

Bild 2.14 Formular für Projektauftrag

UB K ÖV

Forschung und Entwicklung Rahmen-/Einzel-Auftrag

Auftragskennziffer	Aufgabe	Auftrag	ÖV Register-Nr.	Proj.-Nr.
3 5 9 4 6 2	4 7 1 2	8 x x x	0 4 9 4 2	4 B

1. Auftraggeber/Veranlassende Stelle

Dienststelle	Bearbeiter	Telefon	Datum	Unterschrift	Datum
ÖV EA	Hr. Schley	47960	1.10.02		

2. Auftragsbezeichnung

EWSD KALF

Anpassung LTGB/DLU HW/SW

3. Anlaß für Auftrag

W — F = Forschung, N = Neuentwicklung, W = Weiterentwicklung, B = Betreuung abgeschlossener Aufträge

L — K = Kundenspezifisch, S = Systemspezifisch, L = Länderspezifisch, A = Allgemein

4 — 1 = Entw. f. Produkte ohne SW, 2 = Entw. f. Systeme ohne SW, 3 = Entw. f. Systeme mit SW, 4 = Entw. f. Systeme mit HW/SW, 5 = Entw. f. Verfahren

4. Begründung und Beschreibung des Auftrages

Diese länderspezifische Anpassung umfaßt folgende Aufgaben:
- Einbringen der T1n-Programme in die LTGB
- Anpassung von Münzern
- Erstellen der FW für Hörtöne im Notverkehr der DIC in der BG DIU:DIC
- Durchführen der on-line- und off-line-Testes

5. Auftragnehmer

Personaleinsatz in KP-Jahren/-Monaten; Plan 10 / 02 bis 09 / 07

Auftragnehmer	Abt./D'st./Kzf	Entwick. Anfang MMJJ	Ist J	Ist M	02/03 J	02/03 M	03/04 J	03/04 M	04/05 J	04/05 M	05/06 J	05/06 M	06/07 J	06/07 M	Restlaufzeit J	Restlaufzeit M	Entwick. Ende MMJJ	Unterschriften (Abteilungsleiter)
ÖV EA P1		0401	-	6	1	6	-	8	-	6	-	4	-	-			0907	
ÖV EA P3					-	2	-	2	-	2	-	1	-	-				
ÖV EA P4			-	3	-	4	-	3	-	1	-	2	-	-				
ÖV MK 1					-	3	-	-	-	-	-	-	-	-				
Summe	—	—	-	9	2	3	1	1	-	9	-	7	-	-			—	

6. Entw.-Kosten

			Ist TEU	02/03 TEU	03/04 TEU	04/05 TEU	05/06 TEU	06/07 TEU	Rest TEU	
6.1 Personaleinsatz	—	—	104	324	163	104	95	-		—
(davon Fremd)	—	—	( )	( )	( )	( )	( )	( )	( )	—
6.2 Rechenkosten			-	12	6	5	4	-		
6.3 Mat./Lohn (Musterbau)										
6.4 sonstige Leistungen										
6.5 Überrechnung										
Zw.-Summe 6.3-6.5										
Gesamt-Summe 6.1-6.5	—	—	104	336	169	109	99	-		—

Gesamt

TEU 817

davon bereits gen.: ___

7. Entwicklungsverantwortlicher

8. Kostenträger

9. ÖV E/KAE

10. Genehmigung

ÖV L ÖV KL

Bild 2.15 Formular für FuE-Auftrag

Lohn und sonstige Kosten unterteilt. Im letzten Teil ist Platz für die Unterschriften der einzelnen Verantwortlichen.

In ihrer Gesamtheit bilden diese FuE-Aufträge die Grundlage für die gesamte FuE-Planung innerhalb eines Entwicklungsbereichs, da die Summe der FuE-Aufträge ein Maß für die gebundenen Ressourcen ist.

Produktvereinbarung

Mit dem Ziel, marktgerechtere Produkte herzustellen, werden in einigen Unternehmensbereichen Produktvereinbarungen (PV) mit ausgeprägtem Vertragscharakter zwischen den an der Produkterstellung beteiligten Bereichen (Vertrieb, Entwicklung, Fertigung) abgeschlossen. In diesen PV, die auch als Entwicklungsvermerke (EV) bezeichnet werden, sind die Aufgaben, Zuständigkeiten und Kompetenzen von Auftraggeber- und Auftragnehmerseite klar umrissen und geregelt; sie dienen damit als *Zielvereinbarungen* zwischen den Ertragszentren eines Unternehmens.

Entsprechend den Hauptabschnitten im Herstellungsprozess eines Produkts gibt es drei Stufen einer Produktvereinbarung:

▷ Produktvereinbarung-Anregung (PV-A)
▷ Produktvereinbarung-Durchführung (PV-D)
▷ Produktvereinbarung-Fertigung (PV-F).

Zum Zeitpunkt einer Produktidee kann man eine PV-A abschließen, mit der ein Studienabschnitt zur Definition der Produktanforderungen eröffnet wird. In diesem werden die Leistungs- und Qualitätsmerkmale des geplanten bzw. eines zu verändernden Produkts festgelegt. Die PV-A dient also der Produktdefinition.

Die eigentliche Produktentwicklung beginnt erst mit Abschluss einer PV-D; sie enthält die relevanten Auftragsdaten wie:

— Auftragskennzeichen,
— Produktgruppenzuordnung,
— Terminangaben,
— Liefermengen,
— Entwicklungskosten,
— Fertigungskosten,
— Marktanalysedaten,
— Risikobetrachtung,
— Wirtschaftlichkeitsaussage,
— Vereinbarungspartner und
— Genehmigungsunterschriften.

Ist das Ende der Entwicklung erkennbar, so wird durch Abschluss einer PV-F die Fertigungseinführung eingeleitet. Die PV-F enthält die aktualisierten Daten aus der PV-D mit zusätzlichen Angaben über den Fertigungsanlaufplan und den für die Qualitätssicherung erforderlichen Maßnahmen. Mit der PV-F werden die bisher als Richtwerte angegebenen Stückzahlen und Fertigungspreise (F-Preise) des zu fertigenden Produkts verbindlich.

Der Abschluss einer Produktvereinbarung ist natürlich nicht allein auf HW-Entwicklungen mit einer entsprechenden Fertigung beschränkt. Auch auf reine SW-Produktentwicklungen ist sie anwendbar, nur dass hier dann i. Allg. eine PV-F entfallen kann.

Eine »Produktvereinbarungs-Richtlinie« (PVR) regelt darüber hinaus die organisatorischen Belange; hierzu gehört das Festlegen von:

— vertrieblicher Produktverantwortung,
— technischer Produktverantwortung,
— Arbeitskreisen,
— Produkt- und Systemplanung,
— Systemintegration,
— Zuständigkeit für Wirtschaftlichkeitsaussagen und
— finanzielle Verantwortung.

Leitgedanke der PVR ist, die persönliche Verantwortung aller an der Produktentstehung Beteiligten zu stärken, die Zeitdauer von der Produktidee bis zur Produktbereitstellung zu verkürzen und den Verwaltungsaufwand zu senken.

Vor allem durch das Benennen eines »Vertrieblichen Produktverantwortlichen« (VP) und eines »Technischen Produktverantwortlichen« (TP) wird hier eine echte *personifizierte* Verantwortung in der Produktplanung, -entwicklung und -fertigung erreicht. Dabei ist der VP zuständig und inhaltlich verantwortlich für den vertrieblichen Anforderungskatalog (Pflichtenheft). Der TP ist zuständig und verantwortlich für die sach-, termin- und kostengerechte Durchführung der Entwicklungsaufgabe sowie für die Fertigungseinführung und die nachfolgende Betreuung des Produkts.

Unterauftragsvergabe

Ist im Rahmen eines Projektantrags eine Vergabe bestimmter Arbeitspakete an fremde Stellen erforderlich, so übernimmt der Auftragnehmer für diese Unterauftragnehmer die Rolle des Auftraggebers; er muss also mit diesen ebenfalls eine schriftliche Zielvereinbarung treffen. Gegenüber Fremdfirmen, also Stellen außerhalb des Unternehmens, ist dies eine Selbstverständlichkeit; aber auch mit anderen unternehmensinternen Entwicklungsstellen sollte die Auftragsvergabe möglichst in der Schriftform geschehen. Hierfür können Teilauftragsformulare ähnlich dem in Bild 2.14 angegebenen Projektauftrag verwendet werden. Ein solches Teilauftragsformblatt enthält die wesentlichen Daten des zu vergebenden Unterauftrags, wie:

- detaillierte Beschreibung des Unterauftrags,
- fachliche und zeitliche Schnittstellen,
- verantwortliche Organisationseinheit,
- Aufwands- und Kostenplanwerte,
- Kontrollzwischentermine,
- Übergabetermine,
- Qualitätsangaben,
- Kontierungsdaten und
- Genehmigungsunterschriften.

2.1.5 Externe Projektvereinbarung

Handelt es sich nicht um einen internen Entwicklungsauftrag sondern um den Auftrag eines externen Kunden, so gelten erheblich strengere Vorschriften für das Abschließen eines Vertrags; häufig enthält dieser Gewährleistungsverpflichtungen, die neben der unentgeltlichen Bereinigung von Fehlern und Mängeln nach Fertigstellung und Auslieferung sogar die Zahlung von Konventionalstrafen nach sich ziehen können, wenn die Leistung nicht vollständig vertragsgerecht erbracht worden ist. Um derartige Risiken rechtzeitig abzuwenden, ist eine sorgfältige Risikoabwägung zentrales Element des Vertragsmanagements.

Vertragsformen

Jedes Projekt bedarf grundsätzlich einer formellen Vereinbarung, dabei kann der jeweilige Vertragscharakter und damit die »juristische Strenge« des Vereinbarungstextes sehr unterschiedlich stark ausgeprägt sein. So sind unternehmensinterne Projektvereinbarungen, wie im vorangegangenen Kapitel beschrieben, meist nicht so streng zu handhaben wie offizielle Verträge mit externen Kunden oder Lieferanten.

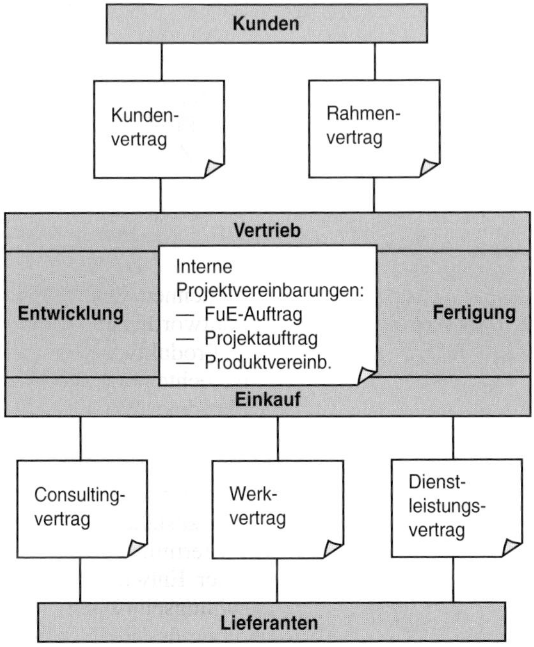

Bild 2.16 Vertragsformen

Auf folgende Formen von externen Verträgen (Bild 2.16) soll näher eingegangen werden:

▷ Kundenvertrag
▷ Rahmenvertrag
▷ Consulting-Vertrag
▷ Werkvertrag
▷ Dienstleistungsvertrag.

Kundenverträge sind Verträge mit externen Auftraggebern, in denen die vom Auftragnehmer zu erbringende Leistung sowie der Auftragswert und der Fertigstellungstermin für beide Seiten verbindlich festgelegt werden. Diese Vertragsform hat uneingeschränkt juristischen Charakter, d.h. alle im Kundenvertrag getroffenen Vereinbarungen können sowohl von Auftraggeber- als auch Auftragnehmerseite gerichtlich eingeklagt werden.

Rahmenverträge werden mit Kunden geschlossen, wenn im Laufe eines bestimmten Zeitraums mehrere Einzelverträge anfallen werden und man für diese generell geltende Vereinbarungen wie Verrechnungspreise, Qualitätsstandards, Gewährleistung etc. abschließen will. Der Einzelvertrag bildet dann zusammen mit dem Rahmenvertrag die juristische Vereinbarungsgrundlage.

Consulting-Verträge werden mit Beratungs- und Consulting-Firmen abgeschlossen, wenn spezielle Beratungsleistungen benötigt werden, wie z.B. für das Reengineering einer Geschäftsfeldarchitektur oder das Konzipieren einer SAP-Einführung.

Dienstleistungsverträge werden häufig für die Pflege und Wartung von DV-Verfahren oder das Betreiben von Anlagen abgeschlossen.

Werkverträge haben meist die Erstellung von definierten HW-Produkten oder SW-Programmen als Vertragsgegenstand, wobei i. Allg. ein Festpreis mit einer Gewährleistungspflicht seitens des Auftragsnehmers vereinbart wird.

Vereinbarungen in Consulting-, Dienstleistungs- bzw. Werkverträgen dürfen nicht mit den Vorgaben des Arbeitnehmerüberlassungsgesetzes (AÜG) kollidieren, d.h. die Mitarbeiter der Fremdfirma dürfen nicht in den Betrieb des Auftraggebers eingegliedert sein, dem Projektleiter oder einem seiner Mitarbeiter nicht weisungsunterstellt sein und sie dürfen nicht länger als 12 Monate mit derselben Aufgabe beschäftigt sein.

Vertragsabschluss

Ein Vertrag kommt durch *Antrag* und *Annahme* zu Stande; er ist damit ein zweiseitiges Rechtsgeschäft. Der Antrag enthält als Angebot den Vertragsgegenstand mit Preis und Termin aus Sicht des Auftragnehmers und hat i. Allg. eine befristete Verbindlichkeit. Durch rechtzeitige und vorbehaltslose Annahme dieses Angebots durch den Auftraggeber kommt es zum Vertragsverhältnis.

Ein Vertrag besteht aus zwei Bestandteilen: dem individuellen Teil und den allgemeinen Geschäftsbedingungen. Der individuelle Teil umfasst im Wesentlichen folgende Vertragspunkte:

▷ Vertragsgegenstand
▷ Terminvereinbarungen und Verzug
▷ Preisvereinbarung
▷ Nutzungs- und Verwertungsrechte
▷ Gewährleistung.

Im ersten Vertragspunkt wird der *Vertragsgegenstand* festgelegt, d.h. Art und Umfang der zu erbringenden Leistung wird in Form eines Pflichtenhefts, eines Lastenhefts oder einer Leistungsbeschreibung genau beschrieben; hierbei ist festzulegen, welche Leistungen der Auftragnehmer zu erbringen hat und welche Mitwirkung durch den Auftraggeber, z.B. durch Beistellungen vorgesehen ist. Sollen Teile des Leistungsumfangs durch Zulieferung von Dritten erbracht werden, so müssen die ensprechenden Unteraufträge genannt werden. Des Weiteren muss das Änderungswesen geklärt sein; d.h. wie bei Änderungen (Change Requests) zu verfahren ist, die nach Vertragsabschluss auftreten. Alle Zwischen- und *Fertigstellungstermine* sind zu vereinbaren; hierbei muss geklärt sein, was bei einem eventuellen Terminverzug zu geschehen hat. Die Vorgehensweise für die Übergabe und Abnahme der erbrachten Leistung muss ebenfalls geregelt sein. Hinsichtlich der *Preisvereinbarung* muss vereinbart sein, in welcher Form die Vergütung und Zahlung zu geschehen hat; ob nach Aufwand oder nach Festpreis zu verrechnen ist und zu welchen Zahlungsterminen: z.B. Teilbetrag nach Vertragsabschluss, dann monatliche Abschlagszahlungen und Restbetrag nach Abnahme. Wichtig ist auch, dass im Vertrag die Themen Geheimhaltung, Datenschutz, Patentrecht, Eigentumsrecht angesprochen werden. Schließlich ist die *Gewährleistung* und Haftung sowie der Erfüllungsort zu benennen. Werden Punkte, wie Gewährleistung, Haftung etc. im Vertrag nicht angesprochen, dann gilt in der Regel das BGB.

Die allgemeinen Geschäftsbedingungen müssen dem AGB-Gesetz genügen; dieses Gesetz legt den Rahmen für das Abfassen von allgemeinen Geschäftsbedingungen fest und erklärt z. B. Klauseln für unwirksam, die von »Treu und Glauben« stark abweichen.

Es gilt Vertragsfreiheit, d. h. geschlossene Verträge können jederzeit einverständlich geändert oder aufgehoben werden.

Gewährleistung

Unter Gewährleistung versteht man das Einstehen für (versteckte) Sachmängel, die nicht aus Fahrlässigkeit bzw. Vorsätzlichkeit entstanden sind. Unter einem Sachmangel ist in diesem Zusammenhang ein Funktionsfehler oder das Fehlen zugesicherter Eigenschaften zu verstehen.

Bei Eintritt eines Mangels bzw. Fehlers, der unter die Gewährleistungspflicht fällt, ist der Auftragnehmer – abhängig von der Art des Fehlers – zu Folgendem verpflichtet (siehe Tabelle 2.2):

- ▷ Nachbesserung (Beseitigung),
- ▷ Wandlung,
- ▷ Minderung oder
- ▷ Schadensersatz.

Hierbei ist zwischen offenen, erkennbaren und versteckten Fehlern zu unterscheiden. *Offene Fehler* sind Fehler, die der Anwender bei Abnahme kennt und deren Beseitigung er sich nicht vorbehält; sie unterliegen damit nicht der Gewährleistungspflicht. *Erkennbare Fehler* unterliegen ebenfalls nicht der Gewährleistungpflicht, da sie bei ordentlicher Prüfung (durch den Auftraggeber) hätten erkannt werden können. Nur *versteckte Fehler* unterliegen der Gewährleistungspflicht; diese müssen auf Kosten des Auftragnehmers beseitigt werden.

Bei einer *Wandlung* wird das Vertragsobjekt wieder zurückgegeben. Der Auftraggeber erhält die Vergütung abzüglich einer Nutzungsentschädigung wieder zurück. Bei einer *Minderung* wird nur die Vergütung entsprechend der Wertdifferenz zwischen einwandfreiem und mangelhaftem Zustand herabgesetzt.

Darüber hinaus kann bei Miet- und Werkverträgen ein Anspruch auf *Schadensersatz* entstehen. Bei Kaufverträgen entstehen allein wegen eines Mangels, selbst wenn dieser verschuldet ist, keine Schadensersatzansprüche; Schadensersatz wird hier gemäß BGB nur beim Fehlen einer zugesicherten Eigenschaft geschuldet. Ist im Vertrag allerdings explizit die Fehlerfreiheit des Vertragsgegenstandes zugesichert worden, so haftet der Auftragnehmer für alle Schäden, die dem Auftraggeber dadurch entstehen, unabhängig der Verschuldung. Ist es im Vertrag oder in den allgemeinen Geschäftsbedingungen nicht explizit festgelegt, besteht bei Kaufverträgen kein Recht auf *Fehlerbeseitigung*.

Nach bisherigem Recht muss sich der Auftraggeber bei einer Pflichtverletzung des Auf-

Tabelle 2.2 Vergleich der gesetzlichen Gewährleistungsregeln (nach Zahrnt [65])

	Vertragstyp		
Fehler	**Mietvertrag**	**Kaufvertrag**	**Werkvertrag**
bei Übergabe vorhanden	▷ Beseitigung ▷ Minderung ▷ Kündigung ▷ Schadensersatz ohne Verschulden	▷ Minderung ▷ Wandlung ▷ Schadensersatz nur bei Fehlern zugesicherter Eigenschaften	▷ Beseitigung ▷ Minderung ▷ Wandlung ▷ Schadensersatz bei Verschulden
nachträgliches Entstehen	▷ Minderung ▷ Schadensersatz bei Verschulden	—	—

tragnehmers überlegen, ob er vom Vertrag zurücktreten oder ob er Schadensersatz verlangen will. Nach neuer EU-Richtlinie soll er neben dem Rücktritt auch Schadensersatz verlangen können.

Der Nachweis des Vorliegens eines Fehlers ist vielfach eine schwierige und strittige Angelegenheit. Dabei hängt der Anspruch auf Fehlerbeseitigung bzw. Gewährleistung sehr stark von der ordnungsmäßigen Fehlermeldung des Auftraggebers ab; der Anwender muss dabei dem Lieferanten jede notwendige Unterstützung zur Fehlerlokalisierung und -beseitigung geben.

Die Gewährleistungsfrist beginnt sowohl bei einem Kauf- als auch bei einem Werkvertrag mit dem Tag der Abnahme des Vertragsgegenstandes durch den Auftraggeber. Die Verjährungsfrist betrug bisher nach dem BGB sechs Monate, wurde aber auf Grund einer neuen EU-Richtlinie auf 3 Jahre heraufgesetzt; im Rahmen der allgemeinen Geschäftsbedingungen kann sie auf 2 Jahre begrenzt werden. Während einer Mängeluntersuchung bzw. -beseitigung pausiert allerdings die Verjährung. Gewährleistungsansprüche für versteckte Fehler verjähren damit auch in dieser Frist, selbst wenn sie in dieser Zeit gar nicht erkannt werden konnten.

Eine Vertragsstrafe (Konventionalstrafe) muss im Vertrag explizit vereinbart werden und übt einen besonderen Druck auf den Auftragnehmer aus, seine Leistung in dem vorgegebenen Rahmen zu erbringen; sie entspricht einem Mindest-Schadenersatz.

Vertragsprüfung

Ein Vertrag sollte in seinem Vertragstext unmissverständlich und eindeutig sein, damit bei später auftretenden Projektschwierigkeiten unnötige Belastungen des Auftraggeber-Auftragnehmer-Verhältnisses vermieden werden. Deshalb ist es von größter Wichtigkeit, dass die Vertragsinhalte vor Setzen der Unterschriften genauestens auf Richtigkeit, Machbarkeit und Konsistenz geprüft werden.

Diese Auftragsklärung dient zum Erkennen von potenziellen Projektrisiken und zum Klären aller offenen Punkte.

Folgende Punkte sind im Rahmen einer Vertragsführung durchzuführen:

▷ Prüfung des Aufgabeninhalts
▷ Prüfung der Aufwandsschätzung
▷ Prüfung der Spanne
▷ Prüfung der Gewährleistung.

Prüfung des Aufgabeninhalts

Der häufigste Fehler beim Abfassen von Verträgen wird immer beim Definieren der zu vereinbarenden Leistung gemacht: Der Vertragsgegenstand wird zu allgemein beschrieben, so dass Auftragnehmer und Auftraggeber bei denselben Leistungsteilen sehr unterschiedliche Ausprägungen sehen; der eine meint, dass eine bestimmte Hilfsfunktion enthalten sein muss, der andere meint, dass diese als ein Extra zu betrachten ist. Auch hinsichtlich der Benutzeroberfläche treten nach Fertigstellung immer wieder unterschiedliche Meinungen auf. Deshalb muss mit dem Auftraggeber der Leistungsumfang sehr genau und detailliert abgesprochen und niedergeschrieben werden. Mündliche Absprachen haben bei einem Vertrag i. Allg. keine Bedeutung; nur das geschriebene Wort gilt. Hierbei können »ausschließende« Anmerkungen im Sinne einer Negativliste sehr hilfreich zur Klarstellung sein.

Prüfung der Aufwandsschätzung

Von größter Wichtigkeit ist die Prüfung, ob die geforderte Leistung auch zu dem geplanten Verrechnungswert erbracht werden kann, damit man letzten Endes nicht »draufzahlt«. Deshalb sollte zu einem Vertrag immer ein (internes) Kalkulationsblatt, ähnlich dem in Bild 3.101, erstellt werden, aus dem die Kalkulationsgrundlage für den zu vereinbarenden Auftragswert zu ersehen ist. Von Vorteil ist es, wenn die Aufwandsschätzung nach einer gesicherten Schätzmethode, z. B. auf Basis einer Schätzklausur, vorgenommen worden ist. Auf jeden Fall muss zu erkennen sein, welche Projektrisiken berücksichtigt worden sind und wie weit diese in die Festlegung des Auftragswertes eingegangen sind. Bei einer Festpreisverrechnung sollte unbedingt ein Sicherheitsaufschlag einkalkuliert sein. Wichtig ist auch zu prüfen, ob die notwendigen Ressourcen (Personal, Rechner) in dem vorgesehenen Vertragszeitraum verfügbar sind.

Prüfung der Spanne

Bei einem Vertrag mit einem externen Auftraggeber wird normalerweise immer ein monetäres Projektergebnis angestrebt, d.h. der Auftragswert muss nach Deckung aller Projektkosten noch einen Gewinn (Spanne) ausweisen. Deshalb ist es bei Festpreisverträgen wichtig, dass man eine Risikobetrachtung durchführt, um festzustellen, welche Risiken bestehen, die das Ergebnis ins Negative bringen können. Entsprechend müssen Sicherheitsaufschläge eingeplant werden.

Prüfung der Gewährleistung

Besonders kritisch müssen bei der Vertragsprüfung formulierte Gewährleistungspflichten betrachtet werden. Hierbei muss zwischen Gewährleistung und Garantie streng unterschieden werden: Garantie bietet ein Hersteller freiwillig an, häufig allerdings unter speziellen Auflagen (z.B. Einhaltung von Inspektionen) und nur auf bestimmte Produktteile bezogen (z.B. keine Verschleißteile). Eine im Vertrag explizit vereinbarte Gewährleistung umfasst dagegen auch Folgeschäden durch aufgetretene Mängel beim Vertragsgegenstand. Wird Gewährleistung gefordert, so ist sowohl bei einem Festpreis als auch bei einer Aufwandsverrechnung unbedingt ein Risikozuschlag zu machen.

Die Exaktheit eines Vertragstextes hat bei einem Projekt, welches für beide Seiten, d.h. für den Auftraggeber und für den Auftragnehmer, im gegenseitigen Einvernehmen verläuft, geringere Bedeutung. Erst bei Auftreten von unterschiedlichen Meinungen zu Parametern des Vertragsgegenstands (Umfang, Zeit, Preis) wird der Text mit einem Mal sehr genau gelesen und jede Seite versucht dann, das für sie günstige herauszulesen. Deshalb haben beide Seiten bei der Formulierung des Vertragstextes zwangsläufig unterschiedliche Intensionen: Als Auftragnehmer wird man harte Formulierungen wie »Auftragnehmer garantiert ..., sichert zu ..., verpflichtet sich ..., etc.« vermeiden und dafür »weichere« Formulierungen anstreben. Der Auftraggeber hat dagegen das umgekehrte Bestreben nach härteren Formulierungen. Meist wird dann auch das »Kleingedruckte«, die Allgemeinen Geschäftsbedingungen, bedeutsam. Die *juristische Strenge* eines Vertrages steigt mit der Höhe der Auftragssumme und dem Grad des Außenverhältnisses zum Auftraggeber.

Die Ergebnisse der Vertragsprüfung sollten dokumentiert und als Qualitätsaufzeichnung aufbewahrt werden. Nach ISO 9001 ff ist für Verträge mit Lieferanten eine Vertragsprüfung sogar vorgeschrieben, die zudem immer dokumentiert sein muss.

Claim-Management

Ein wichtiger Aspekt bei externen Projekten ist die Behandlung von möglichen oder erhobenen Rechtsansprüchen (claim) der Geschäftspartner auf Grund von Abweichungen bzw. von entstandenen Erschwernissen und Mängeln im Zusammenhang mit der Projekterfüllung. Hierfür ist der Begriff »Claim-Management« geprägt worden; er umfasst einerseits Maßnahmen zum frühzeitigen Erkennen von Rechtsansprüchen des Auftraggebers, die möglicherweise durch Fehler in der Projektdurchführung entstehen könnten, und andererseits Maßnahmen zum Durchsetzen von entstandenen Ansprüchen gegenüber anderen (z.B. Lieferanten oder Unterauftragnehmern) sowie Maßnahmen zur Abwehr von bereits erhobenen Ansprüchen gegen einen selbst [49].

Bereits bei der Vertragsprüfung muss möglichen späteren Ansprüchen auf Nachforderungen seitens des Auftraggebers besonderes Augenmerk geschenkt werden, sei es durch entsprechende Schutzklauseln oder Einbeziehung des Augtraggebers in eventuelle Schadensfälle. Und im Rahmen eines projektbegleitenden Risikomanagements ist die Wahrnehmung von möglichen Rechtsansprüchen auf Grund von Mängeln und Schäden fester Bestandteil der Risikoanalyse (siehe Kap. 3.7.2).

Ansonsten ist es eben die ureigene Aufgabe eines guten Projektmanagements, dass gar nicht erst solche Situationen auftreten, die zu nachträglichen Rechtsansprüchen auf Seiten der Geschäftspartner führen könnten.

2.2 Produkt-/Systemdefinition

Die Aufgabendefinition eines Projekts ist durch die Produkt- bzw. Systemdefinition gegeben; sie wird gemeinhin in mehreren aufeinander folgenden Planungsschritten mit zunehmender Detaillierung (Dekomposition) und größer werdender inhaltlicher Genauigkeit vorgenommen.

Am Anfang eines Projekts steht meist ein Projektvorschlag, der die wesentlichen für die

Entscheidungsfindung notwendigen Aspekte, wie Projektdefinition, Istzustand, Lösungsalternativen, vorzuschlagendes Realisierungskonzept, Budgetrahmen etc. vorgibt. Basis für diesen Projektvorschlag ist ein vom Anwender zu definierender *Anforderungskatalog*. Anwender kann z. B. auch ein Gremium sein, das für das Zusammenstellen der Anforderungen gebildet wurde. Im zweiten Definitionsschritt wird mit Unterstützung des künftigen Anwenders ein *Pflichtenheft* erstellt, welches ein fachliches Grobkonzept der zu entwickelnden Lösung enthält. Der letzte Schritt im Rahmen der Projektplanung, also vor Beginn der eigentlichen Realisierung, ist das Erstellen einer *Leistungsbeschreibung,* die im Wesentlichen das fachliche Feinkonzept, einen ersten Grobentwurf für die technische Realisierung und die allgemeinen Realisierungsanforderungen umfasst.

2.2.1 Anforderungskatalog

Das Projektziel wird in der ersten Projektphase durch den Anforderungskatalog präzisiert; dieser stellt die grundsätzliche Aufgabenstellung des Auftraggebers dar und ist die Basis für das Pflichtenheft, welches wiederum die Grundlage für die Leistungsbeschreibung bildet. Erst mit der Leistungsbeschreibung [14] wird der Projektinhalt verbindlich festgeschrieben.

Der Anforderungskatalog soll als erste Planungsunterlage so genau wie möglich das Projektziel festlegen. Die Detaillierung der Anforderungen kann aber entsprechend der Problemstellung und des Kenntnisstandes unterschiedlich tief sein.

Für eine zu entwickelnde Software sollte ein Anforderungskatalog z. B. folgende Themen ansprechen:

- ▷ Anwendungs- bzw. Einsatzumgebung
- ▷ geforderte Funktionen und Eigenschaften
- ▷ Benutzeroberfläche
- ▷ Benutzerschnittstellen
- ▷ Datenbasis
- ▷ Mengengerüst
- ▷ Qualitätsanforderungen
- ▷ Realisierungsvorgaben
- ▷ Dokumentationsanforderungen
- ▷ Zeit- und Kostenrahmen.

Für eine HW-Entwicklung kann der Anforderungskatalog ähnlich aufgebaut werden.

Die aufgeführten Anforderungen sollen festlegen, was erreicht werden soll, dabei aber spätere Realisierungslösungen nicht unnötig einschränken. Auch kann es für das weitere Konzipieren nützlich sein, wenn zu jeder Anforderung aufgeführt ist, ob es sich um eine Muss-, Soll- oder Kann-Anforderung handelt. Aus Gründen der Wirtschaftlichkeit kann es sich später als vorteilhaft herausstellen, eine bestimmte Kann-Anforderung entfallen zu lassen oder für eine spätere Version vorzusehen.

Anhand des Anforderungskatalogs wird eine erste Aufwandsschätzung vorgenommen, die aber wegen der erheblichen Unsicherheiten in der Leistungsdefinition noch nicht als verbindlich angesehen werden darf. Erst die spätere Leistungsbeschreibung wird diese Grobschätzung verifizieren. Häufig wird aber diese erste Aufwands- und Kostenschätzung bereits als Maßstab bei den späteren Projektbetrachtungen herangezogen, deswegen sollte die Schätzung sorgfältig vorgenommen und hinsichtlich der möglichen Projektrisiken genau abgewogen werden.

Anhand des Anforderungskatalogs wird dann der Projektvorschlag definiert; er enthält i. Allg. die Kapitel:

- ▷ Zusammenfassung
- ▷ Projektdefinition
- ▷ Istzustand
- ▷ Lösungsalternativen
- ▷ Systemkonzept.

Dieser Projektvorschlag stellt die Entscheidungsgrundlage für den eigentlichen Projektbeginn dar; darüber hinaus bildet er auch die Basis für die weitere Planung.

2.2.2 Pflichtenheft

Das Pflichtenheft baut auf dem Anforderungskatalog auf, detailliert und verfeinert die dort festgelegten Anforderungen und enthält neben dem fachlichen Grobkonzept weitere allgemeine Angaben zum geplanten Produkt bzw. System [14]. Das Pflichtenheft dokumentiert die bindenden Vorgaben des Auftraggebers.

Aus Sicht des Anwenders beschreibt das Pflichtenheft,

- ▷ welche Funktionen das Produkt/System zu erfüllen hat,
- ▷ welche Daten und Informationen verarbeitet werden sollen,
- ▷ welche Ein- und Ausgaben vorgesehen sind,
- ▷ welche konstruktiven Vorgaben (bei HW) zu beachten sind,
- ▷ welche Schnittstellen berücksichtigt werden müssen und
- ▷ welche sonstigen Produkt-/Systemeigenschaften gefordert werden.

Das Pflichtenheft muss vollständig und widerspruchsfrei sein, da es die Vereinbarungsgrundlage zwischen Auftraggeber und Auftragnehmer für das weitere Vorgehen im Projekt bildet (Anforderungs-Baseline). Die Vollständigkeit des Pflichtenhefts ist also wichtige Voraussetzung für das zielgerichtete Erstellen der anschließenden Leistungsbeschreibung. Mängel und Unterlassungen in diesem Planungsschritt müssen später meist mit erheblichen Mehraufwendungen bezahlt werden.

Die fachliche Beschreibung der Funktionen des geplanten Produkts bzw. Systems in Form des fachlichen Grobkonzepts nimmt den Hauptanteil des Pflichtenhefts ein. Entsprechend der Vorgehensweise bei der fachlichen Dekomposition wird das zu realisierende System bis auf die Komponentenebene weiter zerlegt und auf allen Detaillierungsebenen kurz beschrieben.

Weitere Inhalte sind die allgemeine Beschreibung der Daten, die Aufstellung aller vorgesehenen Ein- und Ausgaben, die Auflistung der zu berücksichtigenden Schnittstellen sowie die Festlegung von allgemeinen Systemangaben.

Ein Pflichtenheft z. B. für eine Verfahrensentwicklung im DV-Bereich umfasst im Wesentlichen fünf Abschnitte:

Gesamtsystem:
- ▷ Systemumgebung
- ▷ Systemdarstellung
- ▷ Systembeschreibung

Teilsysteme:
- ▷ Teilsystemdarstellungen
- ▷ Kurzbeschreibungen der Teilsysteme
- ▷ Komponentenfestlegung
- ▷ Beschreibung der Ein-/Ausgabedaten
- ▷ Darstellung der Benutzeroberfläche
- ▷ geforderte Dialogauskünfte und Auswertungen
- ▷ verfahrensinterne Schnittstellen

Datendefinition:
- ▷ Stammdaten
- ▷ Bewegungsdaten
- ▷ Verwaltungsdaten

Schnittstellen:
- ▷ Schnittstellen zu vor-/nachgelagerten Verfahren
- ▷ Standard-Eingabeschnittstellen
- ▷ Standard-Ausgabeschnittstellen

Allgemeine Systemangaben:
- ▷ Qualitätsanforderungen
- ▷ Auflagen/Restriktionen
- ▷ Mengengerüst
- ▷ Arbeitsabläufe, vorhandene/geplante Ablauforganisation
- ▷ sonstige Anforderungen.

In Bild 2.17 ist der Dokumentationsaufbau des Pflichtenheftes für ein betriebswirtschaftliches DV-Verfahren schematisch dargestellt.

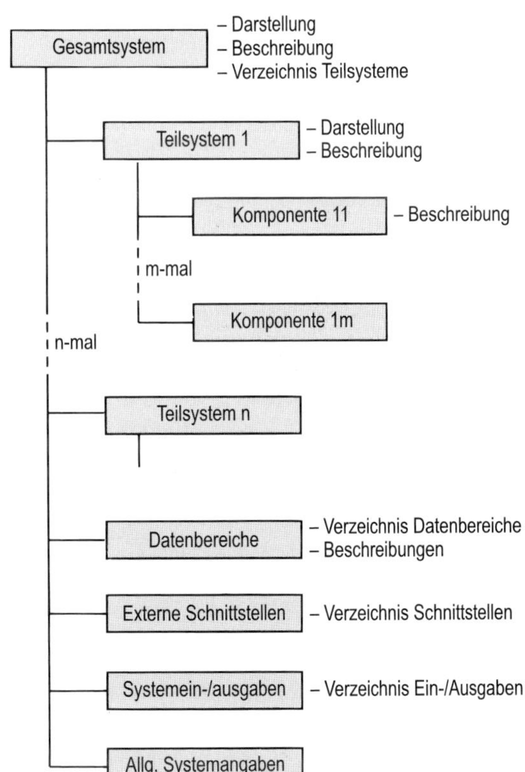

Bild 2.17 Dokumentationsaufbau Pflichtenheft

2.2.3 Leistungsbeschreibung

Die Leistungsbeschreibung bildet die Gesamtheit der Aufgabendefinition und legt damit die fachliche und technische Basis des geplanten Produkts oder Systems fest [14].

In Abstimmung mit der Produktplanung bzw. dem künftigen Anwender legt die Leistungsbeschreibung fest,

- ▷ welche Teilsysteme und Komponenten das Produkt/System umfassen soll,
- ▷ welche Fachprozesse zu erfüllen sind,
- ▷ wie die Benutzeroberfläche zu gestalten ist,
- ▷ welche Ausgaben in welcher Form zu realisieren sind,
- ▷ wie die Datenbasis aussehen wird,
- ▷ welche elektrotechnischen und konstruktiven Eigenschaften (bei HW) bestehen werden,
- ▷ welche Schnittstellen vorhanden sein werden,
- ▷ welche Realisierungsanforderungen gelten und
- ▷ welche allgemeinen Systemeigenschaften gefordert werden.

Die Leistungsbeschreibung muss eindeutig und widerspruchsfrei sein, da es die Vereinbarungsgrundlage zwischen Auftraggeber und Auftragnehmer für die anschließende Realisierung ist; sie stellt die einzig verbindliche Aufgabenstellung des geplanten Produkts/Systems für beide Seiten dar. Auch muss die Leistungsbeschreibung in ihren Darstellungen und Beschreibungen vollständig und präzise sein, da nicht immer davon ausgegangen werden kann, dass das Planungsteam auch die anschließende Realisierung durchführen wird.

Die Leistungsbeschreibung ist somit die Basis

- ▷ für das Management
  zur Realisierungsentscheidung,
- ▷ für die Qualitätssicherung
  zur Vollständigkeitskontrolle,
- ▷ für die Planung
  zur Durchführungsplanung und
- ▷ für die Realisierung
  zum Erstellen des
  technischen Feinkonzepts.

Im Allg. umfasst die Leistungsbeschreibung das fachliche Feinkonzept (welches eine Verfeinerung des fachlichen Grobkonzepts aus dem Pflichtenheft ist), das technische Grobkonzept und die allgemeinen Realisierungsanforderungen. Das technische Grobkonzept ist eigentlich schon der erste Schritt in die Realisierung; hier wird der Übergang von der fachlichen zur technischen Struktur, welche zwangsläufig nicht deckungsgleich sein müssen, vorgenommen. Natürlich können (Fach-) Komponenten häufig unmittelbar als eine einzelne technische Komponente realisiert werden. In vielen Fällen kann es aber auch sinnvoll sein, sie auf mehrere technische Komponenten aufzuteilen oder sogar mehrere (Fach-) Komponenten zu einer technischen Komponente zusammenzufassen (siehe Bild 2.18).

Da das fachliche Feinkonzept im Wesentlichen eine Detaillierung des fachlichen Grobkonzepts darstellt, weist das fachliche Feinkonzept einen ähnlichen Dokumentationsaufbau auf, der allerdings sowohl bei den Funktionen als auch bei den Daten um weitere Beschreibungsebenen verfeinert wird.

Die fachliche Beschreibung der Funktionen des geplanten Produkts oder Systems bildet auch hier den Hauptanteil des fachlichen Fein-

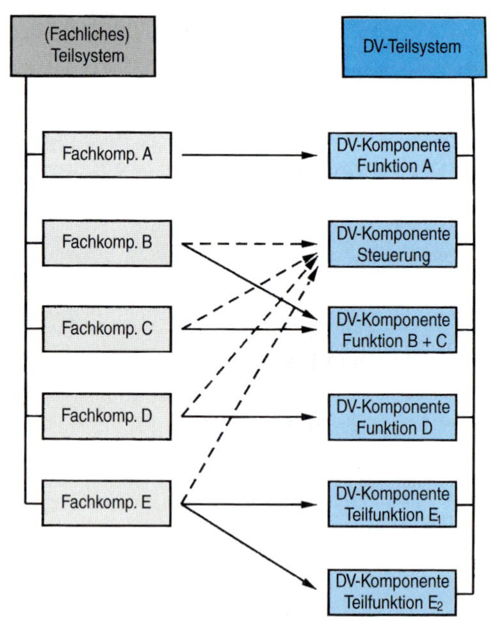

Bild 2.18
Übergang von der fachlichen zur technischen Struktur (Beispiel DV-System)

konzepts – nur auf einer tieferen Detaillierungsebene. Entsprechend der Dekomposition des Systems werden die in dem fachlichen Grobkonzept vorgesehenen Komponenten des zu realisierenden Systems funktional weiter in Fachprozesse zerlegt. Die Zerlegung in Fachprozesse kann sich dabei über mehrere Ebenen erstrecken, auf unterster Ebene spricht man dann vom Aufgabenbaum.

Auf allen Funktionsebenen, d.h. Teilsystemebene, Komponentenebene und Fachprozessebene, sind die Funktionen kurz zu beschreiben; hierbei greift man auf die Beschreibungen für die Teilsysteme und Komponenten aus dem fachlichen Grobkonzept zurück.

Eine Leistungsbeschreibung z.B. für eine Verfahrensentwicklung im DV-Bereich enthält im Wesentlichen folgende Komplexe:

Fachliches Feinkonzept

Fachliches Gesamtsystem

▷ Systemumgebung
▷ Systemdarstellung
▷ Systembeschreibung

Beschreibung der Teilsysteme

▷ Teilsystemdarstellung
▷ Kurzbeschreibungen der Teilsysteme
▷ Verzeichnis der zugehörigen Datenbereiche
▷ Verzeichnis der zugehörigen Komponenten
▷ Verzeichnis der zugehörigen Schnittstellen

Beschreibung der Komponenten

▷ Beschreibung
▷ zugehörige Datensätze
▷ Masken und Listen

Beschreibung der Masken

▷ Funktion, Aufgabe
▷ Feldbeschreibungen
▷ Ansprungsmöglichkeiten, Meldungen
▷ Maskendarstellung

Beschreibung der Auswertungslisten

▷ Aufgabenbeschreibung
▷ Listendarstellung

Schnittstellen

▷ Schnittstellen zu vor-/nachgelagerten Verfahren
▷ Standard-Eingabeschnittstellen
▷ Standard-Ausgabeschnittstellen

Technisches Grobkonzept

Beschreibung des DV-Systems

▷ DV-Systemdarstellung
▷ Beschreibung des DV-Systems
▷ DV-Systemdatenfluss
▷ Zuordnung Fachprozess zu DV-Teilsystemen bzw. -Komponenten

Beschreibung der DV-Teilsysteme

▷ DV-Teilsystem-Beschreibung
▷ Strukturbaum teilspezifischer DV-Komponenten
▷ Strukturbaum zentraler DV-Komponenten
▷ Abhängigkeiten zu anderen DV-Komponenten

Beschreibung der DV-Komponenten

▷ Funktionsbeschreibung
▷ Verarbeitungsschritte
▷ Anzahl Satzarten

Fremdsoftware

▷ Verzeichnis der Fremdsoftware
▷ Kurzbeschreibungen

Speicherkonzept

▷ Datenbankschema
▷ Verzeichnis der Daten
▷ Datenbeschreibungen

Datenkatalog

▷ Name der Datenelemente
▷ Synonyme
▷ Suchbegriffe
▷ Kurzbeschreibungen
▷ Angaben zu Format, Länge, Default
▷ Wertebereiche

Allgemeine Realisierungsanforderungen

Regeln und Konventionen

▷ Dialogführung (Guideline)
▷ generelle Plausibilitätsprüfungen

- ▷ Aufbau der Masken
- ▷ Aufbau der Listen
- ▷ Aufbau der Meldungen
- ▷ Toolkonzept (Methoden, Werkzeuge)
- ▷ sonstige Festlegungen

Qualitätsanforderungen

- ▷ Funktionserfüllung
- ▷ Benutzerfreundlichkeit
- ▷ Zuverlässigkeit
- ▷ Effizienz
- ▷ Wartungsfreundlichkeit
- ▷ Übertragbarkeit

Testkonzept

- ▷ Aufgabenstellung
- ▷ Testfälle
- ▷ Testberichte und Fehlermeldungen
- ▷ Testdaten
- ▷ Testplanung
- ▷ Testdurchführung
- ▷ Prüflisten

Auflagen/Restriktionen

- ▷ Auflagen im Verfahrensumfeld
- ▷ DV-spezifische Auflagen
- ▷ Arbeitsabläufe
- ▷ Mengengerüst

Dokumentation

- ▷ Benutzerdokumentation
- ▷ Anwendungsdokumentation

Einführungs- und Versionenplanung

- ▷ Installationskonzept
- ▷ Wartungskonzept
- ▷ Schulungsplan
- ▷ Versionskonzept

Der thematische Aufbau einer Leistungsbeschreibung hängt stark von der Art der Entwicklung ab, da die Schwerpunkte bei der Produkt-/Systemdefinition von Hardware und Software sehr unterschiedlich sind.

2.2.4 Änderungswesen

Änderungsanforderungen stellen zwangsläufig bereits erarbeitete Zwischenergebnisse in Frage. Da Zwischenergebnisse aufeinander aufbauen, ist mit deren Änderung die Konsistenz der gesamten Ergebnisfolge gefährdet und zwar umso mehr, je grundlegender die Änderung ist. Entsprechend haben Änderungen von Ergebnissen aus frühen Projektphasen i. Allg. weit reichende Auswirkungen (Bild 2.19). Zu diesen besonders kritischen Entwicklungsergebnissen gehört der Anforderungskatalog. Änderungsanforderungen dürfen also in einem Projekt nur nach streng geregelten *Änderungsverfahren* behandelt werden.

Zu Projektbeginn muss das Änderungsverfahren für ein Projekt mit allen Beteiligten verabredet werden. Nachfolgend werden drei für wichtig erachtete Verfahren vorgestellt, die auf unterschiedlichen Vorgehensweisen im Änderungsprozess beruhen (Bild 2.20):

- ▷ Kontinuierlicher Änderungsprozess
- ▷ Eingeschobener Änderungsprozess
- ▷ Begleitender Änderungsprozess.

Kontinuierlicher Änderungsprozess

In einem kontinuierlichen Änderungsprozess fließen die Änderungsanforderungen laufend in den Entwicklungsprozess ein. Die Änderungen werden in die betroffenen Entwicklungsergebnisse schritthaltend mit dem Projektablauf eingearbeitet. Hiermit ist zwangsläufig eine Verlangsamung des Projektablaufs verbunden, die bereits frühzeitig einzuplanen ist. Man darf auch nicht übersehen, dass dieses Verfahren eine ständige Unsicherheit bezüglich der Aktualität von Entwicklungsergebnissen nach sich zieht.

Der kontinuierliche Änderungsprozess ist nur anwendbar, solange die Korrekturen begrenzt

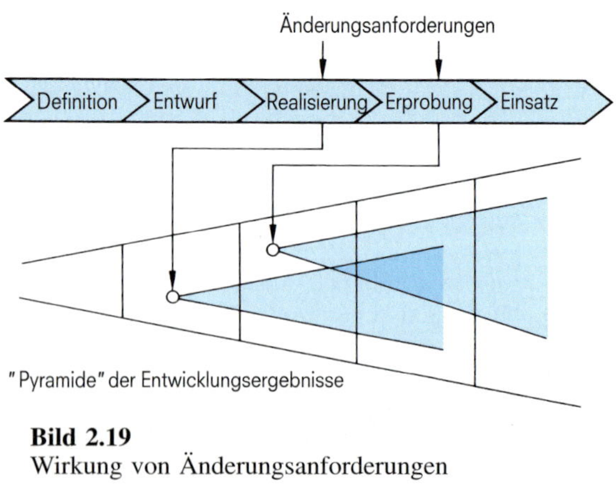

Bild 2.19
Wirkung von Änderungsanforderungen

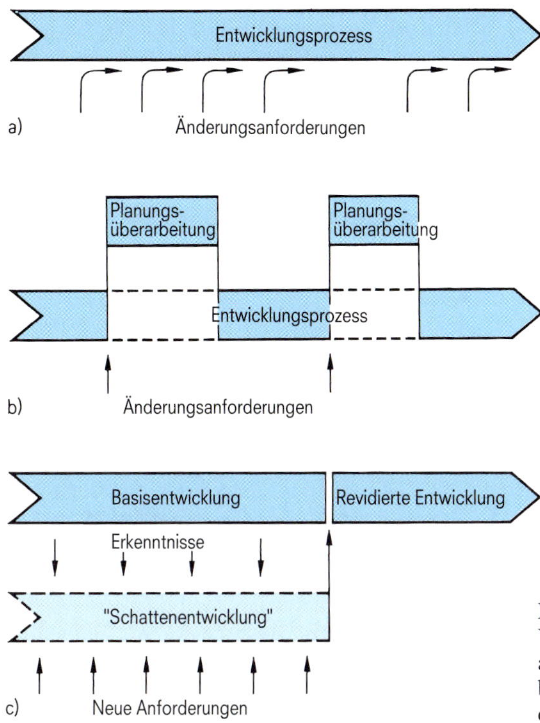

Bild 2.20
Vorgehensweisen bei Änderungsprozessen
a) Kontinuierlicher Änderungsprozess
b) Eingeschobener Änderungsprozess
c) Begleitender Änderungsprozess

bleiben und für alle Projektbeteiligten überschaubar sind. Er bildet das typische Änderungsverfahren, das für Fehlerkorrekturen im laufenden Entwicklungsprozess – besonders in den Phasen Systemintegration und Systemtest – angewendet wird. Auch in frühen Planungsphasen eines Projektes ist es nutzbar. Als allgemeines Verfahren für den gesamten Projektablauf sollte es nicht eingesetzt werden, da die Vollständigkeit aller Änderungsnotwendigkeiten mit wachsender Menge der Entwicklungsergebnisse und der Änderungsanforderungen kaum mehr zu beherrschen ist.

Eingeschobener Änderungsprozess

Das Änderungsverfahren, das auf eingeschobenen Änderungsprozessen beruht, führt zu temporären Unterbrechungen des geplanten Entwicklungsablaufs. Während der Unterbrechungen werden die ausgewählten Änderungsanforderungen vollständig in die bereits vorliegenden Entwicklungsergebnisse eingearbeitet. Erst, wenn wieder ein konsistenter Entwicklungsstand erreicht ist, wird das Projekt nach aktualisiertem Plan fortgesetzt.

Durch die Entwicklungsunterbrechung vermeidet man die Unsicherheit bezüglich der Aktualität von Entwicklungsergebnissen. Erfahrungsgemäß konzentrieren sich die kritischen Arbeiten in einem Projekt auf wenige Entwicklungsschwerpunkte, d.h. bei einigen Entwicklungsaufgaben entsteht Überlastung, bei anderen Leerlauf. Daher wird die Unterbrechungsdauer jeweils durch den Umfang bestimmt, in dem solche kritischen Arbeiten von Änderungen betroffen sind. Als Nachteil kann sich somit bei weniger kritischen Arbeiten der Leerlauf sogar vergrößern.

Das Verfahren mit eingeschobenen Änderungsprozessen ist ein übliches Standardverfahren. Es sichert vor allem die Ordnung in einem komplexen Entwicklungsvorhaben. Dieses Verfahren lässt die Auswirkungen für die Entscheider besonders deutlich werden und fördert dadurch das kritische Beurteilen von Änderungsanforderungen. Es darf jedoch nicht übersehen werden, dass durch nahezu unvermeidbaren teilweisen Entwicklungsstillstand die Projektdauer u.U. erheblich verlängert wird.

Begleitender Änderungsprozess

Der begleitende Änderungsprozess kennzeichnet eine außergewöhnliche Variante der Änderungsverfahren, die für hochinnovative und äußerst zeitkritische Projekte Anwendung finden, z.B. in der Luft- und Raumfahrttechnik. Der Grundgedanke dieses Änderungsverfahrens ist, die geplante Entwicklung von Störungen, die durch Änderungsaktivitäten ausgelöst werden, frei zu halten und die entstehenden Änderungsanforderungen in einer parallelen »Schattenentwicklung« aufzunehmen. In getrennt geplanten Entwicklungsphasen werden die parallel gewonnenen Entwicklungsergebnisse in einer gemeinsamen Entwicklung zusammengeführt (Bild 2.21). Dabei ist unter Berücksichtigung der Projektziele zu entscheiden, welche Ergebnisse aus den Entwicklungslinien übernommen und welche verworfen werden.

Der große Vorteil dieses Änderungsverfahrens liegt darin, dass die Basisentwicklung durch das Fernhalten von Störungen zielstrebig vorangetrieben werden kann; sie liefert somit frühzeitig weit reichende Erkenntnisse, die im weiteren Projektverlauf unbedingt benötigt werden. Die Schattenentwicklung bleibt weitgehend frei von Projektzwängen, die durch die Änderungsanforderungen im Normalfall entstehen würden; sie kann sich dadurch für technische Lösungen entscheiden, die das technisch beste Produkt erwarten lassen.

Das Verfahren mit begleitendem Änderungsprozess erfordert einen von vornherein erkennbaren Mehraufwand. Die strenge Ausrichtung auf ein Ziel führt jedoch offensichtlich auch bei hoher technischer Unsicherheit zu kürzeren Entwicklungszeiten mit hoher Termintreue. Hierfür sind drei Gründe ausschlaggebend:

- ▷ Der frühe Erfahrungsgewinn beseitigt auch frühzeitig technische Unsicherheit.
- ▷ Das Änderungsverfahren wird innerhalb eines Projekts prinzipiell nur ein einziges Mal durchlaufen, wodurch erhebliche Änderungsaufwendungen entfallen.
- ▷ Die Schattenentwicklung kann weitgehend entkoppelt von der Basisentwicklung durchgeführt werden; sie behindert die Basisentwicklung dadurch kaum, kann aber selbst eine hohe Kreativität entfalten, die zu einer beschleunigten Reife der Gesamtentwicklung wesentlich beiträgt.

Das Konfigurationsmanagement (siehe Kap. 6.1) bietet Methoden, Werkzeuge und darauf aufbauende Verfahren, die das kontrollierte Behandeln von Änderungsanforderungen zum

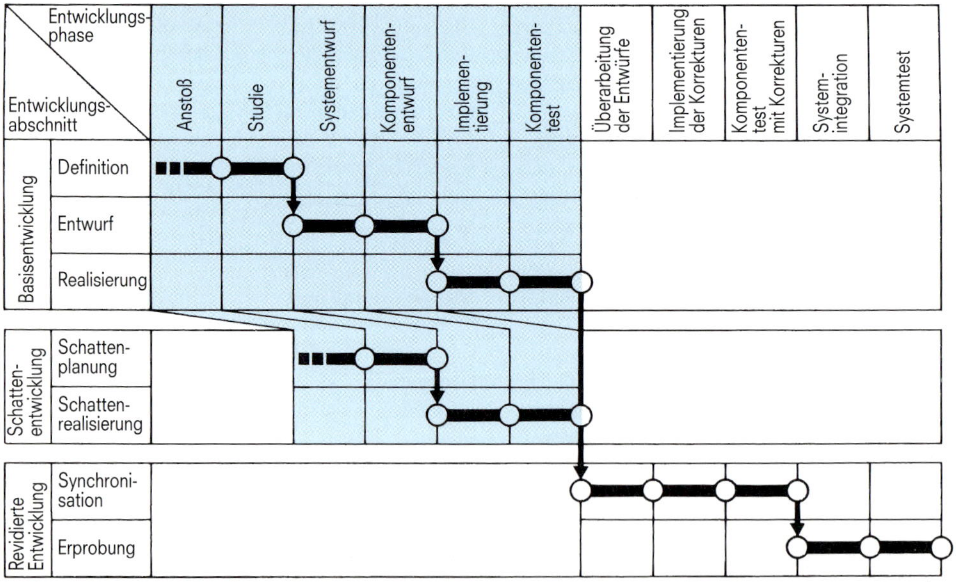

Bild 2.21 Prozessplan für den begleitenden Änderungsprozess

Ziel haben. Ein Konfigurationsmanagement ist daher für die hier vorgestellten Änderungsverfahren unverzichtbar.

2.3 Wirtschaftlichkeitsbetrachtung

2.3.1 Methodenüberblick

Mit jedem Entwicklungsvorhaben will man erreichen, dass mit dem zu realisierenden Gerät, System oder Verfahren ein messbarer Gewinn oder Nutzen erzielt wird, sei es durch einen Verkaufserlös oder durch einen entsprechenden Rationalisierungserfolg im internen Einsatz. Ein Entwicklungsvorhaben ist damit immer auch ein Investitionsvorhaben, welches unter dem Gesichtspunkt der Wirtschaftlichkeit zu sehen ist. Wie die Praxis zeigt, erfüllt aber so manches Entwicklungsvorhaben diese Prämisse nicht. Erkannt wird dies aber nicht selten erst nach Abschluss der Entwicklung, also dann, wenn alle Ausgaben bereits getätigt sind und die finanziellen Rückflüsse bzw. Einsparungen nicht in dem erwarteten Maß eintreten.

Es ist daher wichtig, dass bereits in der Definitionsphase eines Entwicklungsprojekts eine umfassende Wirtschaftlichkeitsbetrachtung vorgenommen wird. Entsprechend den unterschiedlichen Zielrichtungen von Vorhaben (Grundlagenentwicklung, Produktentwicklung, Rationalisierungsvorhaben etc.) bieten sich hier mehrere Instrumentarien an, die gemäß ihrer Bewertungsart und Beurteilungsbasis nach Bild 2.22 unterteilt werden können.

Umsatzorientierte Methoden

Als Beispiele für monetär bewertende Wirtschaftlichkeitsbetrachtungen, die umsatzorientiert sind, werden in den folgenden Kapiteln die FuE-Projektdeckungsrechnung und die Wirtschaftliche Produktplanung näher erläutert. Sie finden im Wesentlichen bei Geräte- und Systementwicklungen Anwendung.

Die *FuE-Projektdeckungsrechnung* ist eine auf die wesentlichen Komponenten einer Entwicklung reduzierte »Wirtschaftliche Produktplanung«, die im zeitlichen Ablauf von Projekten durch zusätzliche Informationen und durch gewonnene Erfahrungen immer sicherer werdende Aussagen über die für eine Erfolgsbeurteilung wichtigen Daten gewinnt. Sie ist damit eine Form der Wirtschaftlichkeitsbetrachtung, die von vornherein darauf ausgelegt ist, nicht nur zu Beginn eines Projekts eine Wirtschaftlichkeitsaussage zu machen, sondern diese während des gesamten Entwicklungsablaufs laufend einer Prüfung zu unterziehen.

Im Rahmen der *Wirtschaftlichen Produktplanung* (WPP) soll der voraussichtliche wirtschaftliche Produkterfolg durch eine Errechnung des Produkt-Ergebnisses aufgezeigt werden. Wie weiter unten noch ausgeführt wird, unterscheidet man hier zwei Formen der Wirtschaftlichen Produktplanung:

- ▷ Produkt-Ergebnisrechnung (WPP I) und
- ▷ Produkt-Renditerechnung (WPP II),

wobei die Produkt-Renditerechnung nicht mehr umsatzorientiert, sondern kostenorientiert ist.

Kostenorientierte Methoden

Monetär bewertende Wirtschaftlichkeitsbetrachtungen, die allein an den Kosten des einzelnen Entwicklungsvorhabens orientiert sind, werden vor allem bei Verfahrensentwicklungen, bei Lösungsprojekten bzw. bei allgemeinen Rationalisierungsinvestitionen eingesetzt.

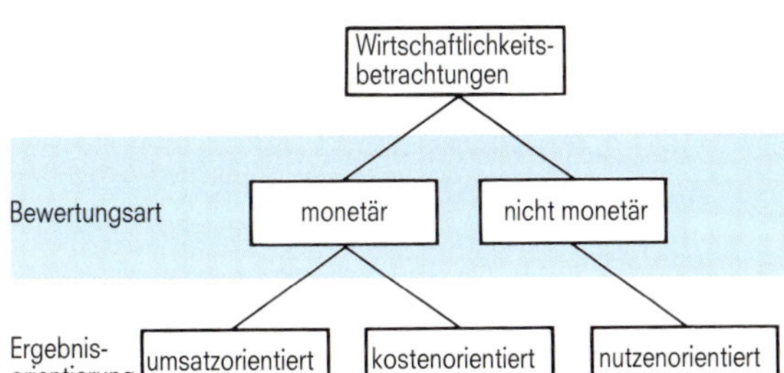

Bild 2.22
Arten von Wirtschaftlichkeitsbetrachtungen

Man unterscheidet hier zwischen statischen und *dynamischen* Rechenmethoden. Während die dynamischen Methoden (Geldflussrechnungen) die zeitlichen Unterschiede im Anfall der Ausgaben und Einnahmen berücksichtigen und eine Geldwertumrechnung auf den Gegenwartswert (Barwert) mit Hilfe der Zinseszinsrechnung vornehmen, geschieht dies bei den statischen nicht.

Zu den statischen Rechenmethoden gehören:

▷ Kostenvergleichsrechnung
▷ Amortisationsrechnung
▷ Rentabilitätsrechnung.

Bei der *Kostenvergleichsrechnung* werden die Kosten verschiedener Vorhaben miteinander verglichen. Es wird die Alternative gewählt, deren jährliche Kosten am niedrigsten sind. Die Kostenvergleichsrechnung hat zur Voraussetzung, dass die Erträge der verglichenen Vorhaben gleich hoch sind; nur in diesem Fall ist Kostenminimierung gleichbedeutend mit Gewinnmaximierung.

Die *Amortisationsrechnung,* auch als Kapitalrückflussrechnung bezeichnet, ermittelt den Zeitraum, in welchem der Kapitaleinsatz über die Erlöse wieder zurückgeflossen ist. Ein Vorhaben ist nach dieser Methode wirtschaftlich, wenn die errechnete Amortisationszeit kleiner als die geforderte ist.

Die statische *Rentabilitätsrechnung* (Return-on-Investment-Methode) ermittelt die Rentabilität des investierten Kapitals aus dem Quotienten von durchschnittlichem Gewinn zu durchschnittlich gebundenem Kapital. Nach dieser Methode ist ein Vorhaben rentabel, wenn eine vorgegebene Mindestrentabilität erfüllt ist.

Zu den dynamischen Rechenmethoden zählen:

▷ Kapitalwertmethode
▷ Annuitätenmethode
▷ Interne Zinsfußmethode
▷ GWB-Methode.

Bei der *Kapitalwertmethode* gilt als Beurteilungsmaßstab für die Wirtschaftlichkeit der Kapitalwert einer Investition, der sich als Differenz aller auf den Bezugszeitpunkt abgezinsten Ausgaben und Einnahmen ergibt. Eine Investition ist nach dieser Methode wirtschaftlich, wenn der Kapitalwert größer als Null ist.

Bei der *Annuitätenmethode* wird die Annuität als Wirtschaftlichkeitsmaßstab bestimmt; sie entspricht dem durchschnittlichen, auf den Bezugszeitpunkt abgezinsten Jahreseinnahmeüberschuss. Das Vorhaben ist dann wirtschaftlich, wenn der durchschnittliche Rückfluss pro Jahr größer als die Annuität des Kapitaleinsatzes ist.

Mit der *internen Zinsfußmethode bzw. Marginalrenditerechnung* wird die tatsächliche Verzinsung des eingesetzten Kapitels errechnet. Der interne Zinsfuß einer Investition entspricht demjenigen Grenzzinssatz (Marginalrendite), bei dem der Barwert der Ausgaben gleich dem Barwert der Einnahmen ist. Ein Vorhaben ist dann wirtschaftlich, wenn die Marginalrendite größer als die Mindestverzinsung ist. Kap. 2.3.5 geht auf diese Methode ausführlicher ein.

Mit der Marginalrenditerechnung sehr verwandt ist eine neue moderne Methode der Wirtschaftlichkeitsbetrachtung eines Unternehmens: die Ermittlung des *Geschäftswertbeitrages* (GWB). Bei dieser Betrachtungsweise steht im Vordergrund, dass jeder Teil eines Unternehmens mindestens die für seinen Teil gebundenen Kapitalkosten als Gewinn einbringen muss. Kap. 2.3.4 geht auf diese Methode näher ein.

Nutzenorientierte Methoden

Während die Methoden mit monetärer Bewertung sowohl für Einzel- als auch Vergleichsbetrachtungen geeignet sind, ist die Methode der Nutzwertanalyse nur sinnvoll einsetzbar, wenn mindestens eine Vorhabensalternative existiert. Sie wird herangezogen, wenn keine quantifizierbaren Merkmale vorliegen, die als Voraussetzung für eine monetäre Bewertung notwendig wären; stattdessen betrachtet man Bewertungskriterien, die eine rein qualitative Aussage enthalten. Auf Basis einer Gewichtung dieser Kriterien wird mit Hilfe der Multifaktorenrechnung eine Rangfolge der betrachteten Alternativen ermittelt.

Die Nutzwertanalyse bietet den großen Vorteil, neben wirtschaftlichen auch fachliche, ergonomische und soziale Aspekte einbeziehen

Tabelle 2.3 Einsatzbeispiele

Methodenansatz	Methode	Einsatzbeispiele
Umsatzorientiert	FuE-Projektdeckungsrechnung	— Allgemeine FuE Projekte — Produktentwicklungen — Entwicklungsgebiete
	Produkt-Ergebnisrechnung (WPP I)	— Vielproduktentwicklungen — SSW-Produkte — Systementwicklungen
Kostenorientiert	Produktrenditerechnung (WPP II)	— Einzelproduktentwicklungen — ASW-Produkte — Geräteentwicklungen
	Marginalrenditerechnung	— Rationalisierungsvorhaben — Investitionsbeurteilungen — DV-Verfahren für internen Einsatz — Vergleichsbeurteilungen
Nutzenorientiert	Nutzwertanalyse	— Grundlagenentwicklungen — Vorfeldentwicklungen — Büroprojekte

zu können. Verfechter einer Wirtschaftlichkeitsbetrachtung ausschließlich nach monetären Gesichtspunkten verwerfen allerdings solche nur nutzenorientierte Methoden, weil sie keine in Geld ausdrückbare Wirtschaftlichkeit aufzeigen können. Dies ist im strengen Sinne richtig, da (in unserem Wirtschaftssystem) jeder Nutzen immer in Geld bewertet werden kann.

Die (nicht monetäre) Nutzwertanalyse lässt sich sehr gut additiv zu einer (monetären) Marginalrenditerechnung einsetzen. Man unterscheidet dann zwischen einer »direkten« (≙ quantifizierbaren) und einer »indirekten« (≙ nicht quantifizierbaren) Wirtschaftlichkeit beim betrachteten Vorhaben.

In Kap. 2.3.6 wird auf die Nutzwertanalyse näher eingegangen.

Einsatzbeispiele

In Tabelle 2.3 sind für die weiter unten näher beschriebenen Methoden zur Wirtschaftlichkeitsbetrachtung typische Einsatzbeispiele aufgeführt. Eine Mehrfachnennung ist möglich, da die einzelnen Methoden sich nicht gegenseitig ausschließen.

2.3.2 FuE-Projektdeckungsrechnung

Die FuE-Projektdeckungsrechnung stellt eine Methode der Wirtschaftlichkeitsbetrachtung dar, bei der projektbegleitend und über das Projektende hinaus die investierten FuE-Kosten für eine Produktentwicklung den (anteiligen) FuE-Rückflüssen gegenübergestellt werden. Man gelangt so zu einer Aussage bez. der *Projektkostendeckung* und damit zu einer Wirtschaftlichkeitsaussage des gesamten Entwicklungsvorhabens.

Die FuE-Projektdeckungsrechnung ist eine auf die wesentlichen Komponenten einer Entwicklung reduzierten »Wirtschaftlichen Produktplanung« und sollte besonders bei Projekten mit hohem eigenen Entwicklungsanteil eingesetzt werden.

Die Grundgrößen der FuE-Projektdeckungsrechnung sind

- ▷ die FuE-Kosten,
- ▷ die kalkulatorischen FuE-Rückflüsse und
- ▷ die Entwicklungszeit (bzw. Lieferbeginn).

Zu den FuE-Kosten können neben den unmittelbar dem Projekt zuzurechnenden Entwicklungskosten auch durch Umlagen entstehende Kostenanteile gerechnet werden.

Die kalkulatorischen FuE-Rückflüsse sind vom zu erwartenden Umsatz und vom Fertigungs- und Vertriebsergebnis bestimmt. Dieser Wert ist mit Hilfe der FuE-Kaufmannschaft zu ermitteln. Für den zu betrachtenden Umsatz sollte hierbei ein Zeitraum von nicht mehr als zehn Jahren angesetzt werden – jedoch nicht länger als der gesamte Produktlebenszyklus.

In Bild 2.23 ist der Verlauf der Grundgrößen der FuE-Projektdeckungsrechnung anhand eines Beispiels gezeigt. Es verdeutlicht die Auswirkungen einer Entwicklungszeitverschiebung und einer dadurch bedingten Erhöhung der Entwicklungskosten auf den Deckungszeitpunkt; dieser kennzeichnet den Zeitpunkt, zu dem die eingetretenen (kalkulatorischen) FuE-Rückflüsse die aufgewendeten FuE-Kos-

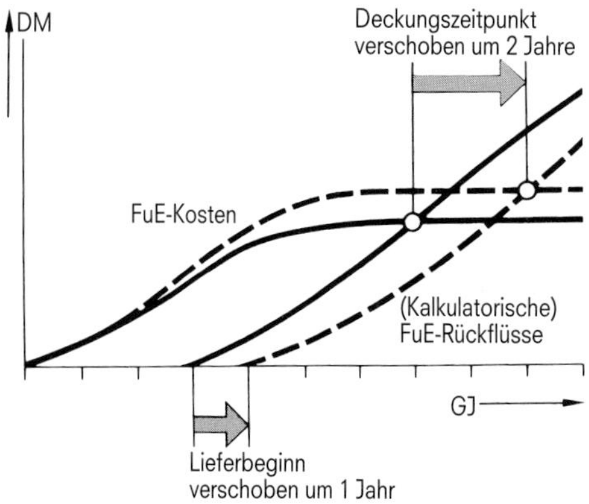

Bild 2.23
FuE-Projektdeckungsrechnung (Beispiel)

ten aufwiegen – wenn also das FuE-Projekt seine eigenen Entwicklungskosten wieder eingespielt hat. Eine durch Entwicklungszeitüberschreitung verursachte Verschiebung des Produkteinsatzes und damit des Rückflusseinsatzes um ein Jahr führt im Beispiel zu einer Verschiebung des Deckungszeitpunkts um zwei Jahre. Auch hier zeigt sich wieder die große Bedeutung des Einhaltens der Termine, das wesentlich mehr an Ergebnis bringt als das Einhalten der Kosten.

Zur grafischen Darstellung bietet sich der Einsatz des Personal Computers mit entsprechender Grafik-Software an; mit einer entsprechenden Datenbank lassen sich dann auch leicht Simulationen durchführen.

FuE-Kostendeckungssatz

Als ein Maß für die Effektivität eines FuE-Vorhabens wird der FuE-Kostendeckungssatz definiert, bei dem neben den in den Umsatzerlös eingerechneten (kalkulierten bzw. geplanten) FuE-Kosten auch die Ergebniswirkung berücksichtigt wird.

Der FuE-Kostendeckungssatz (in % vom geplanten Umsatz) wird ermittelt, indem der FuE-Kostensatz (in % vom geplanten Umsatz) bei überdurchschnittlichen Ergebnisbeiträgen durch einen »Bonus« nach oben und bei unterdurchschnittlichen Ergebnisbeiträgen durch einen »Malus« nach unten korrigiert wird. Liegen z. B. die Ergebnisse eines FuE-Projekts über dem geplanten Durchschnitt der ganzen Produktgruppe, so führt dies zu einer entsprechenden Heraufsetzung des FuE-Kostendeckungssatzes und damit zu einer größeren Deckung und zu einem früheren Deckungszeitpunkt. Umgekehrt bewirken Ergebnisse, die unter dem Durchschnitt liegen, eine Herabsetzung des FuE-Kostendeckungssatzes und damit eine geringere Deckung und einen späteren Deckungszeitpunkt.

Zur rechnerischen Bestimmung des FuE-Kostendeckungssatzes wird eine *Bonus-Malus-Tabelle* verwendet, in der durchschnittliche FuE-Rückflussfaktoren (Verhältnis FuE-Kosten zu Gesamtrückfluss, jeweils in % vom geplanten Umsatz) eingearbeitet sind. Diese Rückflussfaktoren sind bereichsspezifisch festzulegen.

Einsatzbreite

Der große Vorteil der FuE-Projektdeckungsrechnung liegt sicher in der einfachen und klaren Darstellung der Projektwirtschaftlichkeit sowie deren laufenden Kontrollen während der gesamten Projektdurchführung und der gesamten Produktlebensdauer, sie stellt damit eine Art Ertragsrechnung für das FuE-Vorhaben dar.

Die FuE-Projektdeckungsrechnung ist keine exakte Wirtschaftlichkeitsrechnung gleich einer Renditerechnung mit Zins und Zinseszins. Deshalb darf sie dazu auch nicht missbraucht werden, z. B. anlässlich einer Entscheidung, eine Entwicklung zu starten oder zu beenden. Sie will den besonderen Verhältnissen von Entwicklungsprojekten Rechnung tragen, die häufig in ihren Zielgrößen FuE-Kosten, Entwicklungszeit und Lieferbeginn sowie Umsatz und Ergebnis nicht genau voraussehbar und planbar sind. Die FuE-Projektdeckungsrechnung kann im Besonderen die Ergebniswirkung von zeitlichen Verzögerungen und Verteuerungen deutlich machen und so zu einem wertvollen Hilfsmittel des Managements werden.

Deshalb kann die FuE-Projektdeckungsrechnung als Steuerungsinstrument in den Leitungsebenen eines Unternehmens dazu beitragen, die wirtschaftliche Zielsetzung bei FuE-Projekten und das Maß der Zielerreichung sichtbar zu machen, damit die Bereichsleitung frühzeitig bei sich abzeichnenden Zielabweichungen handeln kann. Es sollte bei jedem größeren FuE-Projekt einmal jährlich eine

Fortschreibung der FuE-Projektdeckungsrechnung vorgenommen werden, um festzustellen, ob sich ein Erfolg abzeichnet oder das Projekt wegen geringer Erfolgsaussichten abzubrechen ist.

2.3.3 Wirtschaftliche Produktplanung

Wie bei der FuE-Projektdeckungsrechnung soll bei der Wirtschaftlichen Produktplanung (WPP) der voraussichtliche wirtschaftliche Produkterfolg in einer transparenten Form dargestellt werden. Bei der Wirtschaftlichen Produktplanung werden allerdings erheblich mehr Einzelgrößen des geplanten Produkts in die Betrachtung einbezogen als bei der FuE-Projektdeckungsrechnung.

Wegen der engen Verflechtung der Entwicklungs- und Fertigungsprozesse, die für ein »Vielproduktunternehmen« charakteristisch ist, lässt sich der mit einem bestimmten einzelnen Produkt verbundene Finanzmitteleinsatz oft nur mit unvertretbar hohem Aufwand und Ansatz grober Schätzungen ermitteln. Als bewährter Hilfsmaßstab kann in diesen Fällen die Umsatzrendite, bezogen auf das gesamte Produktleben, gelten. Nachteilig ist, dass die zeitliche Verteilung von Einnahmen und Ausgaben nicht ausreichend berücksichtigt wird. Das führt besonders dann zu Problemen, wenn Produkte miteinander verglichen werden sollen, deren Lebenskurven unterschiedlich geformt sind.

Entsprechend den unterschiedlichen Möglichkeiten des Bestimmens wirtschaftlichkeitsrelevanter Messgrößen haben sich zwei Betrachtungsweisen einer Wirtschaftlichen Produktplanung bewährt:

- ▷ Produkt-Ergebnisrechnung (Wirtschaftlicher Produktplan I)
- ▷ Produkt-Renditerechnung (Wirtschaftlicher Produktplan II).

In beiden Fällen sollte sichergestellt sein, dass der Wirtschaftliche Produktplan, der einem »Business Plan« entspricht, in die jeweils ak-

Produkt	Nr.	

Nr.	Geschäftsjahr		aufgelaufen bis 01/02	Vorjahr 01/02	02/03	03/04	04/05	05/06	06/07
1	Absatz-Stückzahl	In-/Ausland							
2		Gesamt							
3	Rabatt [%]	In-/Ausland							
4		Gesamt							
5	Listenpreis								
6	Preisindex								
7	Umsatz [2x(5–4)]								
8	Lizenzeinnahmen und sonst. Erlöse								
9	Herstellkosten								
10	Entwicklungskosten								
11	Wagniskosten								
12	Allgemeine Verwaltungskosten								
13	Vertriebskosten								
14	Sondereinzelkosten								
15	Selbstkosten [Σ 9 bis14]								
16	Ergebnis [7+8–15]								
17	Ergebnis aufgelaufen								
18	Produktspez. gebundenes Kapital								

Kennzahlen

19	Umsatzrendite [16:7]								
20	Teilkapitalrendite [16:18]								

Bild 2.24 Produkt-Ergebnisrechnung (Prinzipdarstellung)

tuelle Wirtschaftsplanung übergeleitet werden kann.

Produkt-Ergebnisrechnung

Die entscheidende Wirtschaftlichkeitsaussage wird bei der Produkt-Ergebnisrechnung durch das Bestimmen der *Umsatzrendite,* die sich auf das gesamte Produktleben bezieht, gemacht. In Bild 2.24 ist in einer Prinzipdarstellung dieser *Wirtschaftliche Produktplan* wiedergegeben; er wird bevorzugt dann verwendet, wenn man den mit einem einzelnen Produkt verbundenen Finanzmittelbedarf nicht tätigkeitsspezifisch genug ermitteln kann.

Mit der Produkt-Ergebnisrechnung werden die mit dem Produkt zu erzielenden Leistungen und Gesamtkosten – nach Jahresscheiben unterteilt – für die Produktlebensdauer festgestellt. Hierbei ergibt sich der Umsatz aus der Multiplikation der geplanten Stückzahl des Produkts mit dem Kundenpreis (Listenpreis minus Rabatt). Die erwarteten Kosten setzen sich aus

— Entwicklungskosten,
— Herstellkosten,
— Vertriebskosten,
— Wagniskosten,
— allgemeine Verwaltungskosten und
— Sondereinzelkosten

zusammen und entsprechen damit den Selbstkosten der gesamten Produktmenge. Die den wirtschaftlichen Erfolg des Produkts kennzeichnende Umsatzrendite bildet sich aus dem Quotienten Ergebnis zu Umsatz, wobei das Ergebnis sich aus dem Umsatz plus etwaiger Lizenzeinnahmen, vermindert um die Selbstkosten, errechnet.

Zusätzlich ist als Kennzahl auch die Teilkapitalrendite interessant, die sich aus Produktergebnis und produktspezifisch gebundenem Kapital errechnen lässt.

Produkt	Nr.	

Nr.	Geschäftsjahr		02/03 Plan	02/03 Ist	03/04 Plan	03/04 Ist	
1	Investitionen* (produktspezifisch + anteilig allgemein) einschl. Folgeinvestitionen in	Entwicklung					
2		Fertigung					
3		Vertrieb					
4	Entwicklungskosten (ausgabewirksam)						
5	Vor-/Anlaufkosten (ausgabewirksam)	Fertigung					
6		Vertrieb					
7	Veränderungen im Umlaufvermögen						
8	Finanzmitteleinsatz [Σ1 bis7]						
9	Umsatz						
10	Ausgabewirksame Kosten**						
11	Einnahmeüberschüsse [9–10]						
12	Entfallende Einnahmeüberschüsse bei	abgelöstenProdukten					
13		absatzgeschädigten Produkten					
14	Zusätzliche Einnahmeüberschüsse bei absatzgeförderten Produkten						
15	Wirkung auf Einnahmeüberschüsse anderer Produkte [14–(12+13)]						
16	Zahlungsreihe [11+15–8]						
17	Zahlungsreihe aufgelaufen						

*) inkl. Gemeinkosten **) gefertigte Stückzahl

Kennzahlen

Rendite-Kennzahl			
%	Amortisationszeit	Jahre	a
	Produkt-(rest-) lebensdauer	Jahre	b
	Risikoquotient	Jahre	a/b

Bild 2.25
Produkt-Renditerechnung (Prinzipdarstellung)

Produkt-Renditerechnung

Können die zu erbringenden Finanzmittel dem Produkt direkt zugeordnet werden, so bietet sich die zweite Form der Wirtschaftlichen Produktplanung, die Produkt-Renditerechnung an; für das Errechnen der *Rendite des Produkts* wird sie ähnlich wie die Marginalrenditerechnung durchgeführt (Bild 2.25).

Zu den notwendigen Finanzmitteln gehören einerseits die produktspezifischen und die (anteilig) allgemeinen Investitionen einschließlich der Folgeinvestitionen im Rahmen der Entwicklung, der Fertigung und des Vertriebs und andererseits die ausgabewirksamen Entwicklungskosten mit den Anlaufkosten in Fertigung und Vertrieb. Hinzu kommen eventuell noch durch das Produkt bewirkte Veränderungen im Umlaufvermögen.

Nach Aufrechnung aller dem Produkt zuordenbaren Finanzmittel werden diesen die erwarteten Einnahmeüberschüsse gegenübergestellt. Die durch das Produkt zu erzielenden Einnahmen sind allerdings durch Einnahmeeinbußen bzw. -überschüsse bei »benachbarten« Produkten zu korrigieren.

Gemeint sind hier solche Produkte, die durch das betrachtete Produkt

- abgelöst (also Vorläuferprodukte),
- im Absatz beeinträchtigt (z. B. Teilsubstitution) oder
- im Absatz gefördert (z. B. Komplementärwirkung) werden.

Die auf die einzelnen Jahre des Produktlebenszyklus verteilten Differenzwerte (Einnahmenüberschüsse minus Finanzmitteleinsatz) werden entsprechend der internen Zinsfußmethode (siehe hierzu Kap. 2.3.5) abgezinst. Diese Rendite-Kennzahl ist nicht nur von Bedeutung in der Projektvorschlagsphase; man kann sie auch nach entsprechendem Aktualisieren des Wirtschaftlichen Produktplans während des gesamten Produktlebens zum Beurteilen der Wirtschaftlichkeit des Produkts heranziehen.

2.3.4 Geschäftswertbeitrag

Eine sehr moderne Methode zur Wirtschaftlichkeitsbetrachtung einer Unternehmensaktivität ist die *Beurteilung des Geschäftswertbeitrags*; sie basiert auf dem Economic Value Added-System (EVA), das vor einigen Jahren in den USA entwickelt worden ist. Diese Methode wird angewandt zur Wirtschaftlichkeitsbetrachtung eines jeden »Geschäfts« in einem Unternehmen, d. h. eines ganzen Unternehmensbereichs, eines vollständigen Geschäftsfeldes, eines einzelnen Projekts oder eines besonderen Investitionsvorhabens.

Ein interner oder externer Investor legt heute besonderes Augenmerk auf den *Marktwertzuwachs* eines Vorhabens, der größer sein muss als die Kapitalkosten für das Geschäftsvermögen. Dieser Markwertzuwachs eignet sich allerdings nicht unmittelbar als interne Steuerungsgröße in einem Unternehmen, da sich dieser nur für börsennotierte Unternehmen ermitteln lässt, nicht aber für deren Einheiten, z. B. Bereiche und Geschäftsgebiete. Auch fehlt der unmittelbare Bezug zu den jeweiligen Management-Entscheidungen bzw. den operativen Steuergrößen des Geschäfts. Es wird daher neuerdings als ergebnisorientierte Steuerungsgröße der Geschäftswertbeitrag (GWB) herangezogen mit dem Hintergrund, dass die Summe der Barwerte der erwarteten künftigen GWB dem Marktzuwachs des Unternehmens entspricht. Der Geschäftswertbeitrag löst damit die Eigenkapitalrendite als Zielgröße ab, weil häufig nicht alle Unternehmensbereiche ein definiertes Eigenkapital haben bzw. weil dieses im Ausland von unterschiedlichen steuerlichen Erwägungen abhängt.

Der Geschäftswertbeitrag errechnet sich aus dem Geschäftsergebnis E_g (Gewinn nach Steuern aber vor Finanzierungskosten) abzüglich der Kapitalkosten K_k (also der Finanzierungskosten für das im Geschäft eingesetzte Vermögen) und entspricht damit dem über dem Wert der Kapitalkosten liegenden Geschäftsergebnis:

$$\text{GWB} = E_g - K_k \qquad (1)$$

mit

E_g = Umsatz − Kosten

K_k = Kapitalkostensatz · Geschäftsvermögen

Bei der Ermittlung des Kapitalkostensatzes wird zwischen Eigenkapital und Fremdkapital unterschieden. Da das Eigenkapital zum Marktwert angesetzt wird, schlägt dieses überproportional zu Buche. Für die Berech-

Projektbezeichnung: KEPI

Geschäftswert – Wirtschaftlichkeit des Vorhabens

Pos.	Werte in Euro	Gesamt	Jahr 0 99/00	Jahr 1 00/01	Jahr 2 01/02	Jahr 3 02/03	Jahr 4 03/04	Jahr 5 04/05	Jahr 6 (/)	Jahr 7 (/)	Jahr 8 (/)	Jahr 9 (/)	Jahr 10 (/)
1	Investition laut Antrag	650		400	250								
2	Aktivierte Vorleistungen (Projekt-Budget/Einmalkosten)	1.550		800	750								

Geschäftsergebnis

Pos.	Werte in Euro	Gesamt	Jahr 0	Jahr 1	Jahr 2	Jahr 3	Jahr 4	Jahr 5	Jahr 6	Jahr 7	Jahr 8	Jahr 9	Jahr 10
3	Umsatz	2.400			300	500	600	600	400				
4	Kosten (ohne Abschreibungen, Zinsen, aktivierte Vorleistungen)	−1.250			−250	−250	−250	−250	−250				
5	Abschreibungen (einschl. auf Vorleistungen/Projektkosten)	2.200		350	400	400	400	400	250				
6	Geschäftsergebnis vor Steuern (Pos. 3 – Pos. 4 – Pos. 5)	1.450		−350	150	350	450	450	400				
7	Geschäftsergebnis Steuersatz: 35%	943		−228	98	228	293	293	260				
8	in % v. Geschäftsvermögen (Pos. 7/Pos.11)	–			24%	30%	52%	83%	172%				

Geschäftsvermögen (Anfangsbestand)/**Kapitalkosten**

Pos.	Werte in Euro	Gesamt	Jahr 0	Jahr 1	Jahr 2	Jahr 3	Jahr 4	Jahr 5	Jahr 6	Jahr 7	Jahr 8	Jahr 9	Jahr 10
9	Anlagevermögen (nach Abschr., einschl. Vorleistungen z. B. FuE)	–			410	711	508	304	101				
10	Betriebliches Umlaufvermögen	–				50	50	50	50				
11	Geschäftsvermögen (Pos. 9 + Pos. 10)	–			410	761	558	354	151				
12	Kapitalkostensatz nach Steuern Steuersatz: 35%	–		11%	11%	11%	11%	11%	11%	11%			
13	Kapitalkosten nach Steuern (Pos. 11 x Pos. 12)	246			45	84	61	39	17				

Geschäftswert

Pos.	Werte in Euro	Gesamt	Jahr 0	Jahr 1	Jahr 2	Jahr 3	Jahr 4	Jahr 5	Jahr 6	Jahr 7	Jahr 8	Jahr 9	Jahr 10
14	Geschäftswertbeitrag (GWB) (Pos. 7 – Pos. 13)	697		−228	52	144	231	254	243				
15	**Geschäftswert** bei Diskontierung mit: 11%	**376**											

Bild 2.26 GWB-Rechentabelle

nung des Eigenkapitalkostensatzes einer Aktiengesellschaft wird einerseits der Zinsfuß für (risikofreie) Staatsanleihen und andererseits die (mit Risiken behaftete) zu erwartende Rendite einer Geldanlage in den Aktien des eigenen Unternehmens zu Grunde gelegt. Der Fremdkapitalkostensatz basiert auf der aktuell geltenden Verzinsung von Industrieanlagen.

Die Kapitalkosten entsprechen damit den Anforderungen der Eigen- und Fremdkapitalgeber. Ein positiver Geschäftswertbeitrag wird also erst erreicht, wenn auch deren Renditeanforderungen erfüllt sind. Ziel eines Unternehmens muss es sein, die Summe aller Geschäftswertbeiträge kontinuierlich zu steigern. Der Geschäftswertbeitrag wird damit der alleinige Maßstab für den Erfolg, ob der Ertrag einer Geschäftsaktivität oder eines Bereichs seine Kapitalkosten übersteigt.

An einem einfachen Beispiel soll die Betrachtung des Geschäftswertbeitrages einer Unternehmensaktivität veranschaulicht werden:

1. Die Entwicklungsleitung eines Unternehmens hat eine Produktidee, die ein jährliches Geschäftsergebnis von 55.000 Euro verspricht. Die Frage für das Management stellt sich: Soll investiert werden?
2. Dies führt zu der Überlegung, wie hoch sind die Kapitalkosten, wenn für die Produktentwicklung 500.000 Euro eingesetzt werden müssen.
3. Ein Anleger stellt als Eigenkapital 200.000 Euro mit einer Renditeforderung von 24.000 Euro zur Verfügung. Über ein Darlehen werden die restlichen 300.000 Euro finanziert; hier würden Zinskosten von 20.000 Euro entstehen.
4. Von dem zu erwartenden Geschäftsergebnis (55.000 Euro) werden die Kapitalkosten

von 44.000 Euro abgezogen. Es verbleibt ein positiver Geschäftswertbeitrag von 11.000 Euro. Damit heißt die Entscheidung: In das neue Produkt wird investiert!

Die exakte Berechnung des Geschäftswertbeitrages eines geplanten Investitionsvorhabens wird ähnlich einer Marginalrenditerechnung (siehe Kap. 2.3.5) vorgenommen: In einem Zeitraster, z. B. dem Produktlebenszyklus von 5 Jahren werden die vorgenannten Größen (Umsatz, Kosten, Kapitalkostensatz, Geschäftsvermögen) aufgezeigt und die jeweiligen Geschäftswertbeiträge nach der Formel 1 ermittelt. Die jährlich zu erwartenden Geschäftswertbeiträge können dann noch über eine Diskontierung zu einem Gesamt-Geschäftswert zusammengefasst werden.

In dem im Bild 2.25 gezeigten Beispiel handelt es sich um ein Projektvorhaben, welches in seiner Realisierung 2 Jahre benötigt. Den Umsatzerwartungen stehen laufende Kosten in dem zu betrachtenden Zeitraum von 5 Jahren sowie die Abschreibungen auf die eingesetzten Investitionen gegenüber. Hierbei müssen reale Mehrkosten als positive, dagegen durch die Verfahrenseinführung erreichte Minderkosten (Ratiopotenzial) als negative Werte eingetragen werden. Von dem sich hieraus ergebenden Geschäftsergebnis sind die Kapitalkosten für das Anlagevermögen und das betriebliche Umlaufvermögen abzuziehen. Damit ergibt sich der Geschäftswertbeitrag des Projektvorhabens.

2.3.5 Marginalrenditerechnung

Planung und Realisierung von DV-Verfahren für den internen Einsatz in einem Unternehmen sowohl in vertrieblichen und administrativen Bereichen als auch in entwicklungs- und fertigungstechnischen Bereichen stellen vornehmlich Organisations- und Automatisierungsvorhaben dar. Für derartige Vorhaben wird die Wirtschaftlichkeitsprüfung üblicherweise mit der Berechnung der Marginalrendite vorgenommen.

Bei dieser Methode stellt man die gesamten Kosten für die Entwicklung sowie für den späteren Einsatz eines »geplanten Verfahrens« den gesamten Kosten eines »Vergleichsverfahrens« gegenüber. Hierbei kann das Vergleichsverfahren das bestehende Altverfahren oder ein alternativ zu entwickelndes Verfahren sein. Als Verfahren sind in diesem Zusammenhang nicht nur reine DV-Verfahren, sondern auch organisatorische Lösungen (bzw. beide kombiniert) zu verstehen.

Mit der Berechnung der Marginalrendite wird festgestellt, zu welchem Zinssatz sich das für das geplante Verfahren (bzw. Rationalisierungsvorhaben) investierte Geld durch den entstehenden Ratioeffekt amortisiert. Man stellt also den Finanzmittelbedarf, d. h. das eingesetzte Investment, den Finanzmittelrückflüssen gegenüber; hierbei müssen die Rückflüsse, die ja erst in der Zukunft anfallen werden, mit einem bestimmten Zinssatz, eben der Marginalrendite, auf die Gegenwart abgezinst werden.

Ein neues Verfahren ist also dann wirtschaftlich, wenn erstens die laufenden Kosten für das neue Verfahren auf Zeit geringer als die des bestehenden sind, und wenn zweitens die Einsparung eine ausreichende Verzinsung der Investition verspricht.

Abzinsung und Aufzinsung

Zum Verständnis der Begriffe Abzinsung und Aufzinsung sind nachstehend einige Grundgrößen und -formeln aus der Zinseszinsrechnung aufgeführt.

z	Zinssatz in %
$f = \frac{z}{100}$	Zinfuß
$q = (1 + f)^n$	Aufzinsungsfaktor bei n Jahren
$p = \left(\frac{1}{1 + f}\right)^m$	Abzinsungsfaktor bei m Jahren
K_0	Gegenwartswert (Jahr 0)
$K_n = K_0 (1 + f)^n$	aufgezinster Wert *nach* n Jahren
$K_n = K_0 \cdot q$	(siehe Aufzinsungstabelle 2.4)
$K_m = \frac{K_0}{(1 + f)^m}$	abgezinster Wert *vor* m Jahren
$K_m = K_0 \cdot p$	(siehe Abzinsungstabelle II 2.6)

Aufzinsung bedeutet, dass ein bestimmter Geldwert (z.B. Gegenwartswert) mit Hilfe eines Zinssatzes auf eine spätere Zeit vorgerechnet wird, d.h. er nimmt bei einem positiven Zinssatz einen höheren Wert als den derzeitigen Wert an. Bei der Abzinsung wird ein bestimmter Geldwert gemäß einem Zinssatz auf eine frühere Zeit zurückgerechnet; bei einem positiven Zinssatz entsteht dann ein kleinerer Wert als der Ausgangswert. Das im Bild 2.27 angegebene Beispiel einer Auf- und Abzinsung soll dies verdeutlichen.

Analog hierzu kann auch ein Zukunftswert auf einen heutigen Gegenwartswert abgezinst bzw. ein Vergangenheitswert aufgezinst werden; in diesem Fall spricht man vom *Barwert.*

Zum leichteren Berechnen der Aufzinsung bzw. der Abzinsung eines Geldwertes dienen Aufzinsungs- und Abzinsungstabellen; in diesen liegen die Auf- und Abzinsungsfaktoren gemäß den vorstehenden Formeln bereits für die einzelnen Jahre ausgerechnet vor (siehe Tabellen 2.4 bis 2.6).

Finanzmittelbedarf und Finanzmittelrückfluss

Bei einer Marginalrendite-Berechnung werden alle »bisherigen Kosten«, welche im Wesentlichen dem für ein geplantes Vorhaben investierten Finanzmittelbedarf entsprechen, den »zukünftigen Rückflüssen« zu einem bestimmten Betrachtungszeitpunkt (Jahr 0, lfd. GJ) gegenübergestellt. Die künftigen Rückflüsse umfassen den zu erwartenden Finanzmittelrückfluss, der sich wiederum aus den Mehr- und Minderkosten gegenüber einem Vergleichszustand (bisheriges Verfahren oder Alternativlösung) zusammensetzt, sowie einen eventuell entstehenden Finanzmittelbedarf, der für Weiterentwicklung des Vorhabens noch erforderlich sein wird.

Zu den *bisherigen Kosten* gehören Kosten für:

— Planungsaktivitäten,
— Realisierungsarbeiten,
— Ausbildungsmaßnahmen,
— Einführungsmaßnahmen,
— Test-Rechenzeiten,
— Sachanlageninvestitionen, etc.

Zu den *künftigen Rückflüssen* gehören die durch das geplante Verfahren zu erwartenden *Minderkosten,* z.B. durch

— Personaleinsparungen (auf Grund Produktivitätssteigerung),
— Materialeinsparungen (wie Papiereinsparung durch Grafikeinsatz),
— RZ-Einsparungen (wegen PC-Einsatz),
— sonstige Kosteneinsparungen (auf Grund kürzerer Durchlaufzeiten).

Diese Rückflüsse vermindern sich durch einen zusätzlichen Finanzmittelbedarf oder durch verfahrensbedingte *Mehrkosten* wie

— weitere Entwicklungskosten,
— zusätzliche Sachanlageninvestitionen,
— Produktiv-Rechenzeiten,
— Schulungsmaßnahmen und
— Verfahrenspflege.

Außerdem sind noch eventuell (positive oder negative) Veränderungen des Umlaufvermögens sowie allgemeine Einnahmeverbesserungen durch die Einführung des geplanten Verfahrens zu berücksichtigen.

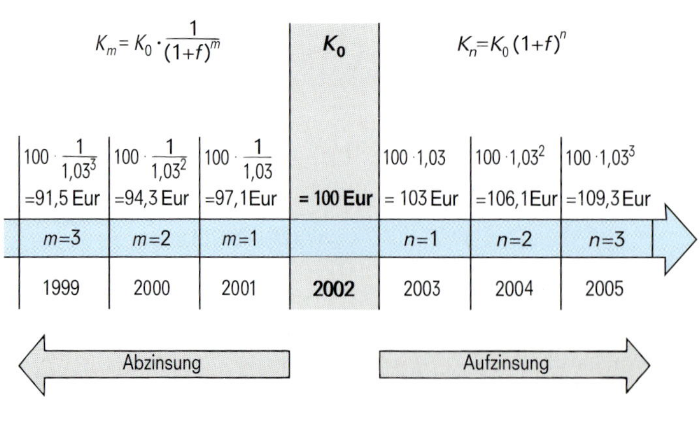

Bild 2.27
Aufzinsung und Abzinsung (Beispiel mit Zinssatz 3%)

Als reine Geldflussrechnung berücksichtigt die Marginalrenditerechnung nur unmittelbare Ausgaben und Einnahmen für das geplante Vorhaben; es sind also nur *ausgabewirksame,* keine »Sowieso«-Kosten in die Rechnung einzubeziehen, ebenfalls werden alle *kalkulatorischen* Kosten wie Abschreibung, kalkulatorische Zinsen außer Acht gelassen.

Betrachtungszeitpunkt einer Marginalrendite

Die Berechnung einer Marginalrendite kann zu unterschiedlichen Zeitpunkten eines Vorhabens angebracht sein:

- ▷ vor Beginn eines Vorhabens,
- ▷ während eines Vorhabens und
- ▷ nach Abschluss eines Vorhabens.

Der entscheidende Unterschied dieser drei Betrachtungszeitpunkte liegt darin, dass im ersten Fall die zu investierenden und die rückfließenden Finanzmittel noch voll in der Zukunft liegen – also in ihren Angaben noch erhebliche Unsicherheiten in sich bergen –, im zweiten Fall ein Teil des Finanzmittelbedarfs schon festliegt, da er bereits ausgegeben wurde, und im dritten Fall alle Wertangaben, auch die Finanzmittelrückflüsse als gesicherte Istwerte vorliegen.

Entsprechend diesen drei Fällen unterscheiden sich auch die Vorgehensweisen bei der zinslichen Bewertung der einzelnen Finanzmittelpositionen.

Wird die Marginalrendite zu Beginn eines Vorhabens berechnet, so werden alle künftigen Geldwerte mit der (zu ermittelnden) Marginalrendite auf den gegenwärtigen Zeitpunkt (Jahr 0) abgezinst.

Befindet sich dagegen das Vorhaben schon in der Entwicklungsphase – es ist also bereits ein gewisser Finanzmittelbedarf verbraucht worden – dann entsteht die Frage, wie diese bereits verbrauchten Finanzmittel zu bewerten sind. Einerseits können sie in der Marginalrenditerechnung unberücksichtigt bleiben, wenn allein eine Entscheidung über das Fortführen des Vorhabens auf der Basis rein wirtschaftlicher Aspekte ansteht; es werden dann keine zurückliegenden Jahre betrachtet. Andererseits können die »ausgegebenen« Finanzmittel auch – aufgezinst mit einem sinnvollen Zinssatz – in die Marginalrenditerechnung eingehen, wie dieses in dem nachfolgenden Beispiel 2 gemacht wurde; hier werden also die Geldwerte der zurückliegenden Jahre mit berücksichtigt.

Eine Marginalrenditerechnung nach Abschluss eines Vorhabens ist allein für die nachträgliche Wirtschaftlichkeitsanalyse (siehe Kap. 5.2.3) interessant. In diesem Fall sollte man es so sehen, als würde man am Anfang des Vorhabens stehen, d. h. das Jahr 0 wird in die Vergangenheit an den Vorhabensanfang gelegt. Alle eingetretenen Finanzmittel werden mit der zu errechnenden Marginalrendite auf dieses Jahr abgezinst.

Bildung der Marginalrendite

Damit nun bisherige und künftige Geldbeträge miteinander verglichen werden können, muss man sie, wie bereits erwähnt, durch eine entsprechende Aufzinsung bzw. Abzinsung auf denselben Betrachtungszeitpunkt (Jahr 0) umrechnen. Hierbei werden bisherige Kosten, die zeitlich weiter zurückliegen und in die Marginalrenditerechnung eingehen sollen, meist mit einem banküblichen Zinssatz aufgezinst. Die zukünftigen Rückflüsse sind demgegenüber mit einem noch unbekannten Zinssatz abzuzinsen. Der Zinssatz wird dabei so gewählt, dass die abgezinsten zukünftigen Rückflüsse den bisherigen Kosten entsprechen; dieser Zinssatz wird als *Marginalrendite* bezeichnet (Bild 2.28).

Allgemein kann damit die Marginalrendite wie folgt definiert werden:

> Die Marginalrendite ist der Zinssatz, mit dem die Abzinsung des zukünftigen Finanzmittelrückflusses (eventuell vermindert durch einen noch aufzuwendenden Finanzmittelbedarf) einen Wert gleich dem bisherigen Finanzmittelbedarf ergibt.

Die Marginalrendite sollte hierbei erheblich höher sein als ein banküblicher Zinssatz, damit sich ein geplantes Vorhaben auch wirklich »lohnt«. Ein banküblicher Zinssatz ist nämlich ein sehr sicherer Wert; der durch die Marginalrenditerechnung bestimmte Zinssatz enthält dagegen, wie weiter unten noch näher erläutert wird, erhebliche Unsicherheiten und Risiken in den Annahmen für das geplante Vorha-

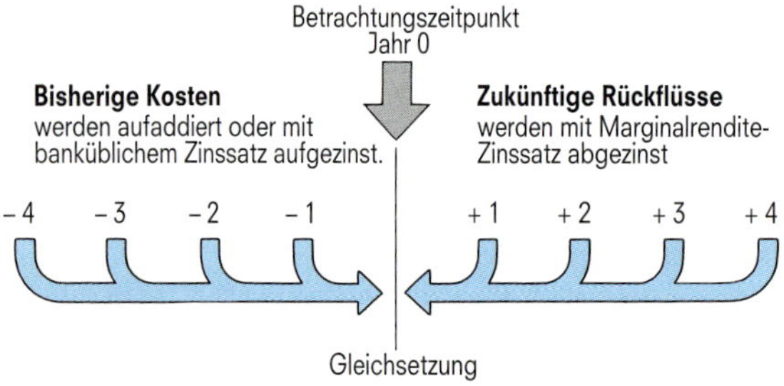

Bild 2.28 Bildung der Marginalrendite

ben. Eine geringe Verschätzung nach oben kann z. B. eine kleine Marginalrendite leicht unter den Wert eines banküblichen Zinssatzes drücken – das neue Vorhaben würde sich dann als reines »Verlustgeschäft« erweisen, welches nicht wieder rückgängig gemacht werden kann.

Die Marginalrendite sollte daher möglichst einen Mindestwert von 30% annehmen, um einen ausreichenden Sicherheitsabstand zu gewährleisten. Nur in besonderen Fällen, in denen das Vorhaben von grundsätzlicher Bedeutung für das Unternehmen ist, oder auf Grund einer Nutzwertanalyse (siehe Kap. 2.3.6) ein entscheidender, nicht quantifizierbarer Nutzen nachgewiesen wurde, kann dieser Wert unterschritten werden.

In Bild 2.29 ist der wertverändernde Effekt der Abzinsung (mit Werten des folgenden Beispiels 2) grafisch dargestellt. So entspricht z. B. der im fünften Jahr anfallende Wert von 590 TEU bei einer Marginalrendite von 46% etwa einem abgezinsten Barwert von 90 TEU.

Varianten der Marginalrenditerechnung

Entsprechend der Art und Weise, wie die Rückflüsse anfallen, unterscheidet man:

- ▷ Verkürzte Marginalrenditerechnung,
- ▷ Ausführliche Marginalrenditerechnung.

Fallen die Rückflüsse regelmäßig in gleichen Beträgen (jeweils am Jahresende) an, so kann eine verkürzte Marginalrenditerechnung angesetzt werden; anderenfalls, wenn die Rückflüsse in unterschiedlicher Höhe in den einzelnen Jahren anfallen, ist die ausführliche Marginalrenditerechnung zu verwenden.

Der Betrachtungszeitraum für eine Marginalrendite-Berechnung erstreckt sich bei Rationalisierungsvorhaben im Allgemeinen auf fünf Jahre, was der durchschnittlichen Lebensdauer eines DV-Verfahrens (d. h. bis zu einem um-

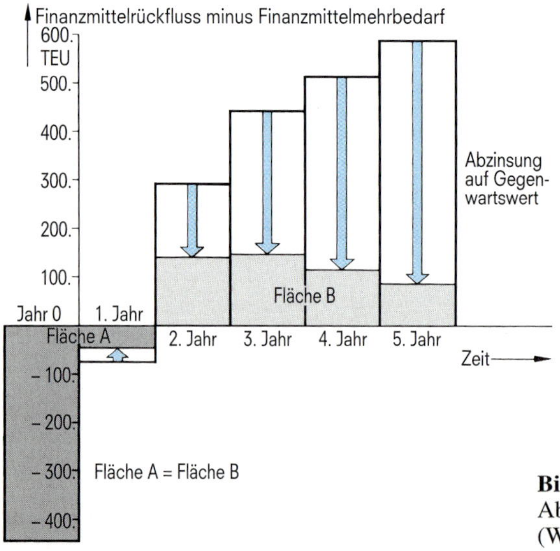

Bild 2.29
Abzinsung des Finanzmittelrückflusses (Werte des Beispiels 2)

fassenden Redesign) entspricht. Bei sehr innovativen Vorhaben kann eine kürzere Dauer, z. B. drei Jahre, angenommen werden; bei sehr langfristig angesetzten Rationalisierungsvorhaben andererseits kann eine längere Dauer – von bis zu zehn Jahren – sinnvoll sein.

Verkürzte Marginalrenditerechnung

Bei der verkürzten Marginalrenditerechnung wird nur der Gesamtbetrag der aufgelaufenen Beträge abgezinst. Für die Abzinsung dieses Gesamtbetrags K_{ges} der einzelnen Rückflüsse gilt der Zusammenhang:

$$K_0 = K_{ges} \cdot \frac{1}{m} \cdot \frac{(1+f)^m - 1}{f(1+f)^m}; \qquad (2)$$

$$K_0 = K_{ges} \cdot p_{ges}.$$

Die so berechneten Abzinsungsfaktoren p_{ges} sind in der Tabelle 2.5 enthalten und werden für das folgende Beispiel einer verkürzten Marginalrenditerechnung herangezogen.

Ausgangssituation des Beispiels 1

Für die Realisierung eines DV-Verfahrens wird ein Finanzmittelbedarf von 1'000 EUR angesetzt. Die wirtschaftliche Lebensdauer soll sechs Jahre sein. An Einsparungen, als Differenz zwischen Mehr- und Minderkosten, wird je Jahr ein Betrag von 450 TEU geschätzt.

Es sollen die Marginalrendite ermittelt und die Amortisationszeit errechnet werden, die den Zeitraum umfasst, in dem die eingesetzten Finanzmittel wieder zurückgewonnen werden.

Rechengang

1. Ermitteln des Gesamtbetrags aller Finanzmittelrückflüsse:

   $6 \cdot 450$ TEU = 2'700 TEU.

2. Bilden des Quotienten aus Finanzmittelbedarf und dem Gesamtbetrag aller Finanzmittelrückflüsse:

   $$\frac{1'000 \text{ TEU}}{2'700 \text{ TEU}} = 0{,}37.$$

3. Ermitteln der Marginalrendite mit Hilfe der Abzinsungstabelle 1 (Tabelle 2.5) bei sechs Jahren:

	1	2	3	4	5	6	7
1%	.	.	.	.	.	│	.
2%	.	.	.	.	.	│	.
.	.	.	.	.	.	│	.
.	.	.	.	.	.	│	.
.	.	.	.	.	.	▼	.
35%	◄──	──	──	──	──	0.397	.
40%	◄──	──	──	──	──	0.361	.

   Es ergibt sich damit eine Marginalrendite von etwa 39%.

4. Die Amortisationszeit T_A errechnet sich bei der verkürzten Marginalrenditerechnung gemäß der Beziehung:

   $$T_A = \frac{K_{bedarf}}{K_{rück} / T_{rück}}; \qquad (3)$$

   dabei ist

   K_{bedarf} der Finanzmittelbedarf
   $K_{rück}$ der Finanzmittelrückfluss und
   $T_{rück}$ die Zeitdauer des Rückflusses;

   damit ergibt sich

   $$T_A = \frac{1'000 \text{ TEU}}{450 \text{ TEU/Jahr}} = 2{,}2 \text{ Jahre.}$$

Die Amortisationszeit beträgt also 2,2 Jahre.

Die verkürzte Marginalrenditerechnung ist auch für grobe Überschlagsrechnungen einsetzbar, wenn in etwa der Rückflussverlauf gleichmäßig ist; anderenfalls muss die ausführliche Marginalrenditerechnung verwendet werden, wie sie mit dem Beispiel 2 näher erläutert wird.

Ausführliche Marginalrenditerechnung

Nachstehend wird schrittweise ein Beispiel für eine ausführliche Marginalrenditerechnung aufgebaut, bei der ein bereits angefallener Finanzmittelbedarf durch entsprechende Aufzinsung berücksichtigt werden soll. Dieses Beispiel ist zusammenfassend in dem hierfür zur Verfügung stehenden Standardformular aufgeführt (Bild 2.30).

Ausgangssituation des Beispiels 2

Es soll eine Marginalrenditerechnung für ein neues Planungs- und Optimierungsverfahren erstellt werden, welches das Konfigurieren

Marginal-Rendite

Wirtschaftlichkeitsprüfung von Rationalisierungsinvestitionen/ Organisations- und Automatisierungsvorhaben

gegenüber bestehendem Zustand [x] gegenüber Vergleichs-Vorhaben [ ]
Zielvorstellung [x] Planungsrechnung [ ] Kontrollrechnung [ ]

Formular Nr. 43 0A
UB/ZAbt:
GB/HAbt: M HB 57
Antrags-Nr.:
Bearbeiter: [Kürzel]
Datum: 4. 9. 99

1 Kurzangaben zum Vorhaben (I)
Entwicklung und Einsatz eines neuen Planungs- und Steuerungsverfahrens

2 Kurzangaben zum bestehenden Zustand bzw. Vergleichsvorhaben (II)
derzeit manuelle Durchführung

3 Preis-, Kostenniveau

Nr.	Finanzmittelbedarf für das Vorhaben I und ggf. Vergleichs-Vorhaben II	Gesamt I	Gesamt II
4	Einmalkosten für Planung	48.	
	Realisierung	205.	
	Einführung	50.	
	RZ-Kosten für Entwicklung	45.	
5	Sachanlageinvestitionen PC, Server, SW-Lizenzen	70.	
6	Veränderungen des Umlaufvermögens		
7	Finanzmittelbedarf gesamt (Se. Pos. 4 bis 6)	418.	
8	Finanzmittelmehrbedarf für das Vorhaben I (Pos. 7, I — II)	418.	

Nr.	Finanzmittelrückfluß für das Vorhaben I	Mehrkosten	Minderkosten
9	Ausgabewirksame Kostenveränderungen		
9/1	Personaleinsparung		1'858.
9/2	Materialeinsparung		220.
9/3	Schulungsmaßnahmen	235.	
9/4	RZ-Kosten für Produktivbetrieb	107.	
9/5	Verfahrenspflege	140.	
10	Summen Mehrkosten/Minderkosten	482.	2'078.
11	Ausgabewirksame Kosteneinsparungen (Pos. 10, Minderkosten — Mehrkosten)	1'596.	
12	Einnahmeverbesserungen Vermarktung des Verfahrens	150.	
13	Finanzmittelrückfluß (Pos. 11 + 12)	1'746.	
14	Finanzmittelrückfluß — Finanzmittelmehrbedarf (Pos. 13 — 8)		

15 Marginal-Rendite 46 %

16 Wirtschaftliche Lebensdauer 5 Jahre Amortisationszeit 2,5 Jahre

17 Angaben zum Risiko / kritische Werte

H44-S3522-N31 5000 5.85 1861

Bild 2.30 Marginalrenditerechnung (mit Zahlenbeispiel)

Spezifische Angaben zur maschinellen Ausstattung

18 gegenwärtig

"Papier"-Ablauforganisation

19 geplant

Client/Server-Lösung

Jahr 99/00		Jahr 00/01		Jahr 01/02		Jahr 02/03		Jahr 03/04		Jahr 04/05	
I	II	I	II	I	II	I	II	I	II	I	II
48.		–									
195.		10.									
30.		20.									
35.		10.									
50.		20.									
358.	–	60.	–								
+ 358.		+ 60.									
Mehrko.	Minderko.	Mehrko.	Minderko.	Mehrko.	Minderko.	Mehrko.	Minderko.	Mehrko.	Minderko.	Mehrko.	Minderko.
			158.		331.		434.		456.		479.
			30.		37.		49.		51.		53.
85.		125.		25.							
		20.		21.		21.		22.		23.	
		50.		30.		20.		20.		20.	
85.	–	195.	188.	76.	368.	41.	483	42.	507	43.	532.
-85.		-7.		+ 292.		+ 442.		+ 465.		+ 489.	
								50.		100.	
-85.		-7.		+ 292.		+ 442.		+ 515.		+ 589.	
- 443.		-67.		+ 292.		+ 442.		+ 515.		+ 589	

20 Angaben zu Nutzen/Nachteilen

von Vermittlungssystemen in Hochspannungsnetzen unterstützen soll.

Bisher wurden die notwendigen Planungs- und Optimierungsarbeiten für dieses Aufgabenfeld in der Projektierung und im Vertrieb manuell durchgeführt. Geplant ist eine Rechnerunterstützung für den Netzentwurf sowie für die Grafikdarstellung der Ergebnisse. Aus vertriebstechnischen Gründen ist die Entwicklung bereits vor Jahren begonnen worden, so dass erst jetzt (GJ 99/00) eine Wirtschaftlichkeitsprüfung vorgenommen wird.

▷ Arbeitsschritt 1
Bestimmen der Einmalkosten für die Verfahrensentwicklung (Pos. 4 im Bild 2.30)

a) Aufschreibung der GJ-bezogenen Entwicklungskosten

	Ist GJ 96/97 in TEU	Ist GJ 97/98 in TEU	Ist GJ 98/99 in TEU	V'Ist GJ 99/00 in TEU	Plan GJ 00/01 in TEU
Planung	30.	10.	–	–	–
Realisierung	–	60.	90.	30.	10.
Einführung	–	–	–	30.	20.
RZ-Kosten	–	8.	18.	7.	10.

b) Aufzinsung auf den Betrachtungszeitpunkt (GJ 99/00) mit einem banküblichen Zinssatz von 7% unter Zuhilfenahme der in Tabelle 2.4 angegebenen Aufzinsungstabelle (es wäre auch ein höherer Zinssatz z. B. in der Größenordnung einer Mindest-Marginalrendite angebracht).

▷ Arbeitsschritt 2
Bestimmen des weiteren Finanzmittelbedarfs für das Vorhaben (Pos. 5 und 6)

a) Als Sachanlageinvestitionen wird die Anschaffung von PCs und Servern mit entsprechendem Zubehör und notwendigen SW-Lizenzen geplant.

Hierzu werden Geräte im laufenden GJ 99/00 für 50 TEU und weitere im folgenden GJ 00/01 für 20 TEU angeschafft.

b) Veränderungen des Umlaufvermögens werden nicht angenommen.

Betrachtungszeitpunkt	– 3	– 2	– 1	Jahr 0	
	GJ 96/97 in TEU	GJ 97/98 in TEU	GJ 98/99 in TEU	GJ 99/00 in TEU	aufgezinst in TEU
Planung	30. ×1,225	10. ×1,145	–	–	48.2
Realisierung	–	60. ×1,145	90. ×1,07	30.	195.0
Einführung	–	–	–	30.	30.0
RZ-Kosten	–	8. ×1,145	18. ×1,07	7.	35.4

▷ Arbeitsschritt 3
Ausfüllen des gesamten 1. Formularteils für die Berechnung des Finanzmittelbedarfs (Pos. 7 und 8)

▷ Arbeitsschritt 4
Schätzen der erwarteten Personaleinsparung (Pos. 9/1)

Als Verrechnungssatz der Personalkosten für das lfd. GJ werden 150 TEU/MJ angesetzt, wobei 5% jährliche Steigerung mit Hilfe der Aufzinsungstabelle (Tab. 2.4) eingerechnet werden sollen.

	GJ 00/01	GJ 01/02	GJ 02/03	GJ 03/04	GJ 04/05
Freigesetztes Personal	1,0	1,0	0,5	–	–
Kumulierte Personaleinsparung	1,0	2,0	2,5	2,5	2,5
Personalkosten/ MJ bei 5% jährl. Steigerung TEU	157.5	165.4	173.6	182.3	191.4
Minderkosten TEU	157.5	330.8	434.0	455.8	478.5

▷ Arbeitsschritt 5
Schätzen der erwarteten Materialeinsparung (Pos. 9/2)

Als Kosteneinsparung an Material wird für das 1. Jahr (GJ 00/01) 30 TEU angenommen; in den beiden folgenden Jahren soll die Einsparung noch um 20% bzw. 30% steigen. Unter Berücksichtigung einer jährlichen Materialpreissteigerung von 4% ergeben sich mit

Hilfe der Aufzinsungstabelle (Tab. 2.4) folgende Minderkosten:

	GJ 00/01	GJ 01/02	GJ 02/03	GJ 03/04	GJ 04/05
Reduktion	100%	+ 20%	+ 30%		
Reduktions-faktoren	1	1,2	1,5	1,5	1,5
Material-kosten bei 4% jährl. Preissteige-rung TEU	30.0	31.2	32.4	33.7	35.1
Minder-kosten TEU	30.0	37.4	48.6	50.6	52.7

▷ Arbeitsschritt 6
Schätzen weiterer ausgabewirksamer Kostenveränderungen (Pos. 9/3, 9/4 und 9/5)

a) Schulungsmaßnahmen für die Verfahrenseinführung werden grob für das lfd. Jahr auf 85 TEU, für die folgenden beiden Jahre auf 125 TEU bzw. 25 TEU geschätzt.

b) Die RZ-Kosten für den Produktivbetrieb werden mit 20 TEU für das erste Jahr mit einer jährlichen Steigerungsrate von 3% angenommen.

c) Für die Verfahrenspflege werden Jahreswerte mit sinkender Tendenz (50, 30, 20, 20, 20 TEU) angenommen.

▷ Arbeitsschritt 7
Schätzen eventueller Verbesserungen der Einnahmen (Pos. 12)

Es wird geplant, das Verfahren nach dem dritten Jahr seines (internen) Einsatzes teilweise zu vermarkten, so dass für die letzten beiden Jahre des Betrachtungszeitraums Rückflüsse von 50 bzw. 100 TEU zu erwarten sind.

▷ Arbeitsschritt 8
Ausfüllen des gesamten zweiten Formularteils für die Berechnung des Finanzmittelrückflusses (Pos. 9, 10, 11, 13 und 14)

▷ Arbeitsschritt 9
Berechnen der Marginalrendite (Pos. 15)

Steht kein PC-Programm für die Berechnung der Marginalrendite, wie z. B. das Verfahren MARGI zur Verfügung, so ist diese nach folgendem Schema (Bild 2.31) unter Zuhilfenahme der Abzinsungstabelle II (Tabelle 2.6) manuell durchführbar. Hierbei wird mit einem »Probierzinssatz« für die Abzinsung begonnen, indem die einzelnen Werte der Pos. 14 (Finanzmittelrückfluss minus Finanzmittelmehrbedarf) mit den zum gewählten Zinssatz gehörenden Abzinsungsfaktoren multipliziert werden. Ist die Summe der Barwerte kleiner (größer) als Null, so ist der gewählte Probierzinssatz zu groß (zu klein). Der gesuchte Zinssatz ist dann gefunden, wenn die Summe aller Barwerte gleich Null ist.

Bei dem hier gezeigten Beispiel wird mit einem Probierzinssatz von 30% begonnen; dieser ergibt einen abgezinsten Gesamtbetrag größer als den aufgelaufenen Kostenbetrag von 443 TEU. Daher muss mit einem höheren Zinssatz von 40% fortgesetzt werden. Wie der Rechnungsgang zeigt, erreicht man etwa bei 46% Wertegleichheit, d. h. die Summe der Barwerte ist gleich Null.

Als Marginalrendite ergibt sich für dieses Beispiel damit ein Wert von 46%; dieser Wert entspricht einer sehr guten Marginalrendite. Er würde sogar noch größer ausfallen, wenn die bereits aufgelaufenen Entwicklungskosten nicht mit einem (banküblichen) Zinssatz aufgezinst worden wären (siehe Arbeitsschritt 1 b).

Einen ersten groben Anhaltspunkt, mit welchem Probierzinssatz begonnen werden sollte, kann die Vereinfachung nach der verkürzten Marginalrechnung mit Hilfe der Abzinsungstabelle geben. Man unterstellt hierfür einen einmaligen Finanzmittelbedarf zum Entwicklungsanfang sowie gleichmäßige Rückflüsse jeweils am Jahresende. Zu diesem Zweck werden entsprechend der Pos. »Finanzmittelrückfluss – Finanzmittelmehrbedarf« die Summe aller Finanzmittelbindungen und die Summe aller Rückflüsse errechnet und daraus der Quotient (Summe Finanzmittelbindungen/Summe Rückflüsse) gebildet. In der Abzinsungstabelle I kann dann – wie bei dem ersten Beispiel gezeigt – der entsprechende Zinssatz aufgesucht werden. Je nachdem, ob der Schwerpunkt der Rückflüsse bereits am Anfang oder erst am Ende des Planungszeitraums liegt, wird der so ermittelte Zinssatz erhöht bzw. verringert.

Auch sei darauf hingewiesen, dass negative Finanzmittelrückflüsse (wie im 1. Jahr des

Beispiels) – streng genommen – nicht mit der Marginalrendite sondern höchstens mit einem Inflationswert abgezinst werden dürfte; dies würde aber den Rechnungsgang unnötig erschweren.

▷ Arbeitsschritt 10
Bestimmen der Amortisationszeit (Pos. 16)

Die Amortisationszeit, auch Wiedergewinnungszeit genannt, kennzeichnet den Zeitpunkt (»Break-Even-Point«), zu dem die Finanzmittelrückflüsse den Finanzmittelbedarf ohne Berücksichtigung der Abzinsung aufheben. Zum Bestimmen der Amortisationszeit bei der ausführlichen Marginalrenditerechnung werden die Werte Finanzmittelrückfluss minus Finanzmittel(mehr)bedarf kumulierend in ein Zeitdiagramm (Bild 2.32) eingetragen. Der Schnittpunkt dieses Kurvenverlaufs des nicht abgezinsten Finanzmittelrückflusses mit der Zeitachse legt die Amortisationszeit fest; in diesem Fall liegt sie bei etwa 2,5 Jahren.

Der exakte Wert für die Stellen hinterm Komma (x) errechnet sich durch das mathematische Bestimmen des Kurvenschnittpunkts. Da die gesamte Kurve unstetig ist, kann diese Nullstelle nur schrittweise bestimmt werden. Hierzu ist der letzte noch negative Kurvenknickpunkt y zu ermitteln.

$$y = \left| \max \sum_{a_0}^{a_n} a_i < 0 \right| .$$

y entspricht dem absoluten Wert der maximalen Aufsummierung der im Arbeitsschritt 9 gefundenen Zahlenreihe $a_0 + a_1 + a_2 \ldots + a_n$, die gerade noch kleiner als Null ist. Mit diesem gefundenen Wert lassen sich die Stellen hinterm Komma nach folgender Formel errechnen:

$$x = \frac{y}{a_{n+1}}$$

so dass für die Amortisationszeit T_A folgt:

$$T_A = n + x. \qquad (4)$$

In diesem Beispiel ergibt sich für den Wert y:

$$y = |-443 - 67 + 292|$$
$$y = |-218|$$
$$y = 218$$

und damit für den Wert x:

$$x = \frac{218}{442} \approx 0{,}49;$$

also ist die Amortisationszeit T_A:

$$T_A = 2 + 0{,}49;$$
$$T_A = 2{,}49 \text{ Jahre.}$$

Bisherige Kosten	Zukünftige Kosten bzw. Einsparungen				
Lfd. Jahr GJ 99/00 in TEU	1.Jahr GJ 00/01 in TEU	2.Jahr GJ 01/02 in TEU	3.Jahr GJ 02/03 in TEU	4.Jahr GJ 03/04 in TEU	5.Jahr GJ 04/05 in TEU
–443.	-67.	+292.	+442.	+515.	+589.

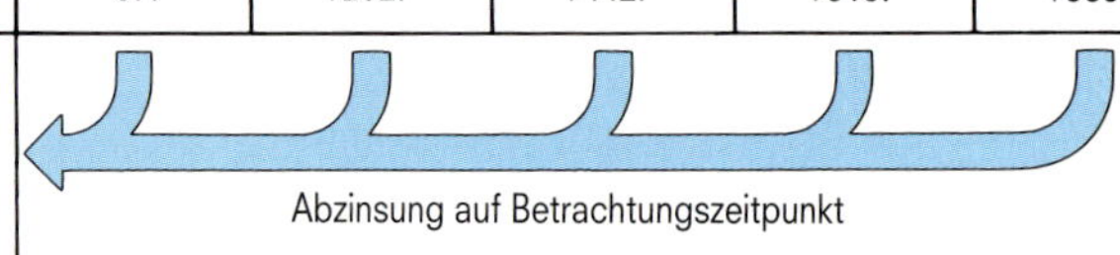

30%	661.2	0,769	0,592	0,455	0,350	0,269
		-51.5	+172.9	+201.1	+180.3	+158.4
40%	505.5	0,714	0,510	0,364	0,260	0,186
		–47.8	+148.9	+160.9	+133.9	+109.6
50%	395.4	0,667	0,444	0,296	0,198	0,132
		–44.7	+129.6	+130.8	+102.0	+77.7
45%	446.1	0,690	0,476	0,328	0,226	0,156
		–46.2	+139.0	+145.0	+116.4	+91.9
Marginalrendite	Abgezinster Gesamtbetrag	Abzinsungsfaktoren				
		Abgezinste Einzelwerte				

Bild 2.31 Rechenschema für das Berechnen der Marginalrendite

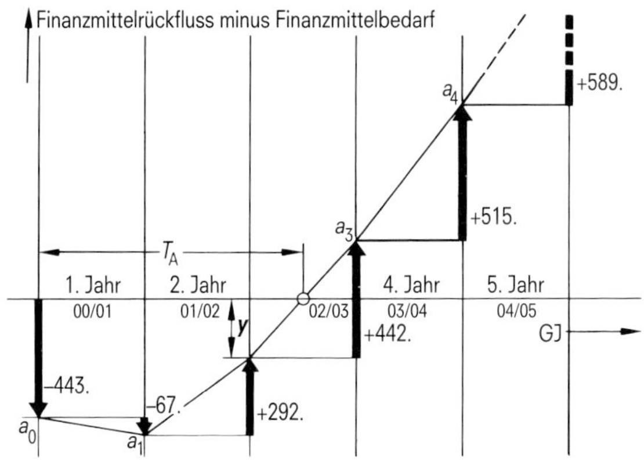

Bild 2.32 Amortisationszeit T_A

Sollte der Kurvenverlauf die Zeitachse mehrmals durchlaufen (was bei einer später vorzunehmenden Zusatzentwicklung der Fall sein kann), so ist für das Bestimmen der Amortisationszeit der letzte Schnittpunkt heranzuziehen.

Näherungsformel zur Marginalrenditerechnung

Liegen keine geeigneten Abzinsungstabellen vor und gelten gewisse vereinfachende Annahmen für den Anfall des Finanzmittelbedarfs und des -rückflusses sowie der Größe der Marginalrendite, dann kann die Marginalrendite *MR* nach folgender Näherungsformel überschlägig berechnet werden:

$$MR = \left(1{,}2\,\frac{K_{\text{rück}}/T_{\text{rück}}}{K_{\text{bedarf}}} - \frac{1}{T_s}\right) \cdot 100 \qquad (5)$$

K_{bedarf} Finanzmittelbedarf gesamt
$K_{\text{rück}}$ Finanzmittelrückfluss gesamt
$T_{\text{rück}}$ Rückflussdauer (in Jahren)
T_s wirtschaftliche Lebensdauer.

Mit den Werten des Beispiels 1 ergibt sich danach:

$$MR = \left(1{,}2\,\frac{450\ \text{TEU}}{1000\ \text{TEU}} - 0{,}16\right) \cdot 100$$

$$MR = 37{,}3\%$$

Bei dieser Formel wird allerdings davon ausgegangen, dass

▷ der gesamte Finanzmittelbedarf *einmalig* anfällt,
▷ der Finanzmittelrückfluss in jährlich *gleichen* Raten anfällt und
▷ die Marginalrendite – abhängig von der wirtschaftlichen Lebensdauer – gewisse *Grenzwerte* nicht unter- bzw. überschreitet.

Dieser Grenzbereich, der in der Praxis i. Allg. eingehalten wird, ist

$MR > 25\%$	bei drei Jahren,
$10\% < MR < 100\%$	bei fünf Jahren,
$MR > 70\%$	bei zehn Jahren.

Wenn die angegebenen Einschränkungen erfüllt sind, so weicht die ermittelte Marginalrendite höchstens um 3% von der tatsächlichen ab. Als Überschlagsrechnung ist diese Genauigkeit sicherlich ausreichend.

In Fällen gleichmäßig fallender Rückflüsse wird die Marginalrendite oberhalb der durch die Näherungsformel ermittelten Werte liegen, da die in den ersten Jahren erwarteten Rückflüsse wirksamer sind; bei jährlich ansteigenden Rückflüssen ist dementsprechend eine geringere Marginalrendite zu erwarten. Bei jährlich ungleichmäßigen Finanzmittelrückflüssen kann die Marginalrendite auf diese Weise nicht abgeschätzt werden; man bleibt auf die ausführliche Vorgehensweise angewiesen.

Betrachtung von Risikofaktoren

Die Wirtschaftlichkeitsprüfung auf Basis der Marginalrenditerechnung wird normalerweise in der Projektvorschlagsphase vorgenommen. Sie kann sich dann nur auf Planwerte, d. h. auf relativ unsichere Schätzwerte abstützen; hierbei handelt es sich im Wesentlichen um:

▷ geschätzter Aufwand (Finanzmittelbedarf),

▷ erwarteter Nutzen (Finanzmittelrückfluss),
▷ geplante Entwicklungsdauer und
▷ Lebensdauer.

In einer Sensitivitätsanalyse kann gezeigt werden, dass (gewollte oder ungewollte) Verschätzungen in diesen Grundgrößen erhebliche Verschiebungen der Marginalrendite zur Folge haben. Dabei können leicht Verschlechterungen von mehr als 30% auftreten; durch geeignete Maßnahmen sind aber auch Verbesserungen möglich.

Die Sensitivitätsanalyse in Bild 2.33 basiert auf einer Modellrechnung mit etwa gleichen Rückflüssen in 5 Jahren bei einer Marginalrendite von 30%. Kleinere Werte führen zu einer höheren, größere Werte zu einer geringeren Schwankung der Marginalrendite.

Im Einzelnen ergaben sich bei dieser Untersuchung folgende Sachaussagen:

▷ Bei Verschätzen des Entwicklungsaufwands um 10% ergab sich eine Veränderung der Marginalrendite um 15 bis 20%.

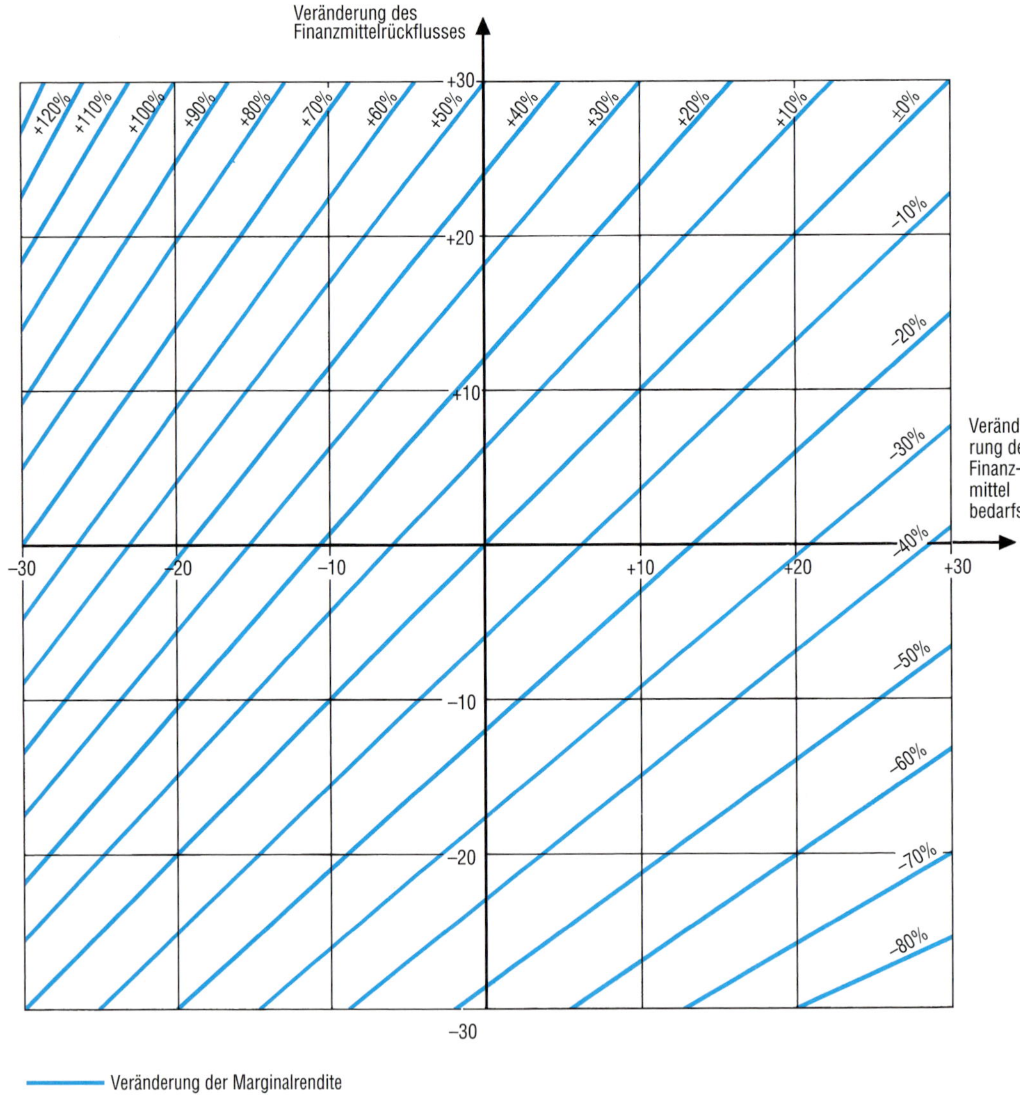

Bild 2.33 Sensitivitätsanalyse Marginalrendite (Modellrechnung)

Tabelle 2.4 Aufzinsungstabelle $q = (1 + f)^n$ mit $f = \frac{z}{100}$ (6)

10	9	8	7	6	5	4	3	2	1	n / z
1,105	1,094	1,083	1,072	1,062	1,051	1,041	1,030	1,020	1,010	1%
1,219	1,195	1,172	1,149	1,126	1,104	1,082	1,061	1,040	1,020	2%
1,344	1,305	1,267	1,230	1,194	1,159	1,126	1,093	1,061	1,030	3%
1,480	1,423	1,369	1,316	1,265	1,217	1,170	1,125	1,082	1,040	4%
1,629	1,551	1,477	1,407	1,340	1,276	1,216	1,158	1,103	1,050	5%
1,791	1,689	1,594	1,504	1,419	1,338	1,262	1,191	1,124	1,060	6%
1,967	1,838	1,718	1,606	1,501	1,403	1,311	1,225	1,145	1,070	7%
2,159	1,999	1,851	1,714	1,587	1,469	1,360	1,260	1,166	1,080	8%
2,367	2,172	1,993	1,828	1,677	1,539	1,412	1,295	1,188	1,090	9%
2,594	2,358	2,144	1,949	1,772	1,611	1,464	1,331	1,210	1,100	10%
2,839	2,558	2,305	2,076	1,870	1,685	1,518	1,368	1,232	1,110	11%
3,106	2,773	2,476	2,211	1,974	1,762	1,574	1,405	1,254	1,120	12%
3,707	3,252	2,853	2,502	2,195	1,925	1,689	1,482	1.300	1,140	14%
4,411	3,803	3,278	2,826	2,436	2.100	1,811	5,561	1,346	1,160	16%
5,234	4,435	3,759	3,185	2,700	2,288	1,939	1,643	1,392	1,180	18%
6,192	5,160	4,300	3,583	2,986	2,488	2,074	1,728	1,440	1,200	20%

Tabelle 2.5 Abzinsungstabelle I $p = \frac{(1 + f)^m - 1}{m \cdot f \cdot (1 + f)^m}$ mit $f = \frac{z}{100}$ (7)
(Gesamt-Abzinsungsfaktoren für verkürzte Marginalrenditerechnung)

z / m	1	2	3	4	5	6	7	8	9	10
1%	0,990	0,985	0,980	0,975	0,971	0,966	0,961	0,956	0,951	0,947
2%	0,980	0,971	0,960	0,951	0,942	0,933	0,924	0,915	0,906	0,898
4%	0,962	0,943	0,925	0,907	0,890	0,873	0,857	0,841	0,826	0,811
6%	0,943	0,916	0,890	0,866	0,842	0,819	0,797	0,776	0,755	0,736
8%	0,926	0,891	0,858	0,828	0,798	0,770	0,743	0,718	0,693	0,671
10%	0,909	0,867	0,828	0,792	0,758	0,725	0,695	0,666	0,639	0,614
12%	0,893	0,845	0,800	0,759	0,720	0,685	0,652	0,620	0,591	0,565
14%	0,877	0,823	0,773	0,728	0,686	0,647	0,612	0,579	0,549	0,521
16%	0,862	0,803	0,748	0,699	0,654	0,613	0,577	0,542	0,511	0,483
18%	0,847	0,783	0,723	0,672	0,625	0,582	0,544	0,509	0,478	0,449
20%	0,833	0,764	0,702	0,647	0,598	0,554	0,515	0,480	0,448	0,419
22%	0,820	0,746	0,680	0,623	0,572	0,527	0,488	0,452	0,420	0,392
25%	0,800	0,720	0,650	0,590	0,537	0,491	0,451	0,416	0,384	0,357
28%	0,781	0,696	0,622	0,560	0,506	0,459	0,419	0,384	0,353	0,326
30%	0,769	0,680	0,605	0,541	0,487	0,440	0,400	0,365	0,335	0,309
35%	0,741	0,645	0,565	0,499	0,443	0,397	0,358	0,324	0,296	0,271
40%	0,714	0,612	0,530	0,462	0,407	0,361	0,323	0,291	0,264	0,241
50%	0,667	0,556	0,469	0,401	0,347	0,304	0,269	0,240	0,216	0,197
60%	0,625	0,508	0,420	0,353	0,302	0,261	0,229	0,203	0,182	0,165
70%	0,588	0,467	0,379	0,314	0,265	0,228	0,199	0,176	0,157	0,142
80%	0,556	0,432	0,345	0,283	0,236	0,202	0,176	0,154	0,138	0,124
100%	0,499	0,374	0,290	0,233	0,193	0,163	0,141	0,124	0,110	0,099

Tabelle 2.6 Abzinsungstabelle II $p = \left(\frac{1}{1+f}\right)^m$ mit $f = \frac{z}{100}$ (8)
(Abzinsungsfaktoren für die ausführliche Marginalrenditerechnung)

z \ m	1	2	3	4	5	6	7	8	9	10
1%	0,990	0,980	0,971	0,961	0,951	0,942	0,933	0,923	0,914	0,905
2%	0,980	0,961	0,942	0,924	0,906	0,888	0,871	0,853	0,837	0,820
4%	0,962	0,925	0,889	0,855	0,822	0,790	0,760	0,731	0,703	0,676
6%	0,943	0,890	0,840	0,792	0,747	0,705	0,665	0,627	0,592	0,558
8%	0,926	0,857	0,794	0,735	0,681	0,630	0,583	0,540	0,500	0,463
10%	0,909	0,826	0,751	0,683	0,621	0,564	0,513	0,467	0,424	0,386
12%	0,893	0,797	0,712	0,636	0,567	0,507	0,452	0,404	0,361	0,322
14%	0,877	0,769	0,675	0,592	0,519	0,456	0,400	0,351	0,308	0,270
16%	0,862	0,743	0,641	0,552	0,476	0,410	0,354	0,305	0,263	0,227
18%	0,847	0,718	0,609	0,516	0,437	0,370	0,314	0,266	0,225	0,191
20%	0,833	0,694	0,579	0,482	0,402	0,335	0,279	0,233	0,194	0,162
22%	0,820	0,672	0,551	0,451	0,370	0,303	0,249	0,204	0,167	0,137
24%	0,806	0,650	0,524	0,423	0,341	0,275	0,222	0,179	0,144	0,116
26%	0,794	0,630	0,450	0,397	0,315	0,250	0,198	0,157	0,125	0,099
28%	0,781	0,610	0,477	0,373	0,291	0,227	0,178	0,139	0,108	0,085
30%	0,769	0,592	0,455	0,350	0,269	0,207	0,159	0,123	0,094	0,073
32%	0,758	0,574	0,435	0,330	0,250	0,189	0,143	0,108	0,082	0,062
34%	0,746	0,557	0,416	0,310	0,231	0,173	0,129	0,096	0,072	0,054
36%	0,735	0,541	0,398	0,292	0,215	0,158	0,116	0,085	0,063	0,046
38%	0,725	0,525	0,380	0,276	0,200	0,145	0,105	0,076	0,055	0,040
40%	0,714	0,510	0,364	0,260	0,186	0,133	0,095	0,068	0,048	0,035
45%	0,690	0,476	0,328	0,226	0,156	0,108	0,074	0,051	0,035	0,024
50%	0,667	0,444	0,296	0,198	0,132	0,088	0,059	0,039	0,026	0,017
55%	0,645	0,416	0,269	0,173	0,112	0,072	0,047	0,030	0,019	0,012
60%	0,625	0,391	0,244	0,153	0,095	0,060	0,037	0,023	0,015	0,009
65%	0,606	0,367	0,223	0,135	0,082	0,050	0,030	0,018	0,011	0,007
70%	0,588	0,346	0,204	0,120	0,070	0,041	0,024	0,014	0,008	0,005
75%	0,571	0,327	0,187	0,107	0,061	0,035	0,020	0,011	0,007	0,104
80%	0,556	0,309	0,171	0,095	0,053	0,029	0,016	0,009	0,005	0,003
85%	0,541	0,292	0,158	0,085	0,046	0,025	0,014	0,007	0,004	0,002
90%	0,526	0,277	0,146	0,077	0,040	0,021	0,011	0,006	0,003	0,002
100%	0,500	0,250	0,125	0,063	0,031	0,016	0,008	0,004	0,002	0,001

- ▷ Ein um 10% zu hoch geschätzter Finanzmittelrückfluss führt ebenfalls zu einer Verringerung der Marginalrendite um fast 20%.
- ▷ Setzt bei der verkürzten Marginalrenditerechnung (bei der eine Mittelwertbildung der Rückflüsse angesetzt wird) der Finanzmittelrückfluss nicht gleichmäßig sondern verspätet ein, so reduzieren sich die Werte der Marginalrendite ganz erheblich.
- ▷ Würde dagegen der Rückfluss früher eintreten als geplant, so ergäbe sich natürlich auch eine höhere Marginalrendite.
- ▷ Verzögerungen in der Entwicklungsdauer, z. B. verursacht durch technische Schwierigkeiten oder Personalengpässe, sowie Verschiebungen des Einführungszeitpunkts führen ebenfalls zu beachtlichen Reduzierungen der Marginalrendite.
- ▷ Auch die richtige Wahl der Lebensdauer des zu realisierenden Verfahrens beeinflusst die Höhe der Marginalrendite im entscheidenden Maße.

Wie bereits erwähnt, kann die Marginalrendite von Verfahrensentwicklungen durch geeignete Maßnahmen gezielt angehoben werden, hierzu zählen:

Realisierung nur der (z. B. durch ABC-Analyse ermittelten) vielgenutzten Funktionen	→	Geringerer Entwicklungsaufwand

Stufenweise Entwicklung und Einführung des Verfahrens	→	Frühzeitigerer Einsatz des Finanzmittelrückflusses
Konzentrierung der Entwicklungskapazitäten	→	Verkürzte Entwicklungsdauer
Verwendung von Standard-Software	→	Geringerer Entwicklungsaufwand

Die negativen Auswirkungen auf die Marginalrendite durch Schätzungenauigkeiten bei den Größen Aufwand, Nutzen, Entwicklungsdauer und Lebensdauer haben diese Form der Wirtschaftlichkeitsprüfung mitunter in Misskredit gebracht, da bei entsprechender Manipulation der Planwerte im Prinzip jede gewünschte Marginalrendite errechnet werden kann. Es ist aber in diesem Zusammenhang zu betonen, dass die Marginalrenditerechnung – obwohl sie missbräuchlich eingesetzt werden kann – für die »gewollt ehrliche« Wirtschaftlichkeitsbetrachtung bei einer geplanten Verfahrensentwicklung ein sehr aussagekräftiges Hilfsmittel ist.

2.3.6 Nutzwertanalyse

Die Nutzwertanalyse – auch als Punktwertverfahren bezeichnet – stellt ebenfalls eine Methode zur Wirtschaftlichkeitsbetrachtung von Entwicklungs- und Investitionsvorhaben dar, aber mehr unter dem Aspekt der funktionalen Nützlichkeit als allein unter monetären Gesichtspunkten. Man setzt sie besonders dann ein, wenn in Geldeinheiten messbare Kriterien für die Wirtschaftlichkeitsbeurteilung fehlen oder nur sehr schwer formulierbar sind. Bei Grundlagen- und Vorfeldentwicklungen z. B. kann der wirtschaftliche Nutzen mit Hilfe einer Marginalrenditerechnung oder einer Projektdeckungsrechnung kaum bestimmt werden. Hier muss man nicht quantifizierbare Faktoren für die Beurteilung des Nutzwerts heranziehen. Solche Bewertungskriterien für eine qualitative Projektbewertung sind z. B.:

— Ergonomie der Benutzeroberfläche,
— Pflege- und Wartungsfreundlichkeit,
— Zukunftssicherheit, Marktaussichten,
— Beschleunigung des Informationsflusses,
— ablauforganisatorische Transparenz,
— Flexibilität in der Funktionsanpassung,
— Beschleunigung von Durchlaufzeiten,
— Umweltfreundlichkeit.

Es werden also nicht nur rein wirtschaftliche Kriterien, sondern auch technische, ergonomische, kommunikative und organisatorische Merkmale in die Projektbewertung einbezogen.

Im Rahmen einer Nutzwertanalyse stellt man meist mehrere Vorhabenalternativen gegenüber; hierbei kann eine auch den bestehenden Zustand darstellen. Nach Aufstellen der in die Betrachtung einzubeziehenden Bewertungskriterien werden diesen entsprechende Gewichtungsfaktoren zugeordnet, mit denen man für die einzelnen Alternativen »Zielerreichungsfaktoren« ermitteln kann (Multifaktorenmethode). In einem abschließenden Analysevorgang wird dann eine Rangfolge der Alternativen aufgestellt. Eine Nutzwertanalyse läuft in folgenden Schritten ab:

▷ Vorhabenalternativen festlegen,
▷ Bewertungskriterien definieren,
▷ Gewichtungsfaktoren bestimmen,
▷ Zielerreichungsfaktoren ermitteln,
▷ Nutzwerte der einzelnen Bewertungskriterien (Teilnutzwerte) festlegen,
▷ Gesamtnutzwerte der Alternativen errechnen,
▷ Rangfolge der Alternativen aufstellen.

Der REFA-Verband hat für diese einzelnen Vorgehensschritte drei Formulare vorgeschlagen [98], die hier kurz erläutert werden.

Gewichtungsfaktoren

Das erste Formular (Bild 2.34) dient zum Ermitteln der Gewichtungsfaktoren, nachdem die relevanten Bewertungskriterien bestimmt und definiert worden sind. In der Matrix stellt man spiegelbildlich die einzelnen ausgewählten Kriterien einander gegenüber und legt fest, welches jeweils wichtiger oder gleich wichtig ist. Als wertmäßige Kennzeichnung bietet sich an:

2: Kriterium A (Zeile) ist wichtiger als Kriterium B (Spalte)
1: beide Kriterien sind gleichwertig
0: Kriterium A ist weniger wichtig als Kriterium B

In zwei Summenspalten werden die so gefundenen Gewichtungsfaktoren summiert und auf

1 »normiert«. Das Ergebnis ist eine Aufstellung von (gegenseitig) gewichteten Bewertungskriterien.

Das in Bild 2.34 enthaltene Zahlenbeispiel besagt also, dass z. B. das Bewertungskriterium »Sicherheit« als höchstes und das Kriterium »Umstellrisiko« als niedrigstes zu bewerten ist.

Das Herleiten der Gewichtungsfaktoren ist auch auf Grund einer isolierten, d. h. voneinander unabhängigen Vergabe von Punkten für die jeweilige Wichtigkeit möglich. Hierbei kann eine Auswahltabelle für definierte Ausprägungen der einzelnen Bewertungskriterien mit zugehörigem (Gewichts-) Punktwerten hilfreich sein.

Zielerreichungsfaktoren

Mit dem zweiten Formular (Bild 2.35) werden für die ausgewählten Vorhabenalternativen die individuellen Zielerreichungsfaktoren für die einzelnen Bewertungskriterien ermittelt. Man stellt also fest, inwieweit die jeweilige Alternative das betreffende Bewertungskriterium erfüllt bzw. nicht erfüllt. Hierbei kann entweder eine isolierte Zahlenbewertung oder eine zahlenmäßige Rangfolge gewählt werden, z. B.:

$G = n$ Bewertungskriterium wird von entsprechender Alternative am besten erfüllt.

$G = n - 1$ Bewertungskriterium wird von entsprechender Alternative am zweitbesten erfüllt.

⋮

$G = 1$ Bewertungskriterium wird von entsprechender Alternative am schlechtesten erfüllt.

Dem Bild 2.35 kann also entnommen werden, dass z. B. die Alternative 1 die Kriterien Aktualität, Umstellrisiko und Wartungsfreundlichkeit, die Alternative 2 das Kriterium Sicher-

Nutzwertanalysebogen 1	Bereich: M HB 45	Ablage-Nr.:
		Datum: 4. 9. 97
Projekt: Abwicklungsverfahren		Bearbeiter: G.

Zeile	Bewertungskriterien \ Bewertungskriterien	Schnelligkeit	Aktualität	Sicherheit	Umstellrisiko	Wartungsfreundlichkeit										Summe der Bewertungspunkte je Bewertungskriterium	Gewichtungsfaktor
a	b	c	d	e	f	g	h	i	k	l	m	n	o	p	r	s	t
1	Schnelligkeit		2	0	2	1										5	0,25
2	Aktualität	0		0	1	1										2	0,10
3	Sicherheit	2	2		2	2										8	0,40
4	Umstellrisiko	0	1	0		0										1	0,05
5	Wartungsfreundlichkeit	1	1	0	2											4	0,20
15														Summe		20	1,00

Bild 2.34 Ermitteln der Gewichtungsfaktoren

Nutzwertanalysebogen 2	Bereich: M HB 45	Ablage-Nr.	
		Datum	4. 9. 97
Projekt: Abwicklungsverfahren		Bearbeiter	G.

Zeile	Bewertungskriterium	Alternative 1	Alternative 2	Alternative 3
a	b	c	d	e
1	Schnelligkeit	2	1	3
2	Aktualität	3	1	2
3	Sicherheit	2	3	1
4	Umstellrisiko	3	1	2
5	Wartungsfreundlichkeit	3	1	2

Bild 2.35 Ermitteln der Zielerreichungsfaktoren

heit und die Alternative 3 das Kriterium Schnelligkeit am besten erfüllen.

Die Zielerreichungsfaktoren sollten möglichst von mehreren Personen unabhängig voneinander bestimmt werden, um so zu einem möglichst objektiven Durchschnittswert zu gelangen. Die Höhe der Zielerreichung entscheidet schließlich über den Nutzwert der Vorhabenalternativen.

Nutzwerte

Mit dem dritten Formular (Bild 2.36) werden schließlich die einzelnen Teilnutzwerte errechnet, wobei man die einzelnen Gewichtungsfaktoren mit den Zielerreichungsfaktoren multipliziert. Die Summe aller Teilnutzwerte einer Alternative ergibt deren Gesamtnutzwert. Die Größe der einzelnen Gesamtnutzwerte bestimmt dann die Rangfolge der Vorhabenalternativen.

In dem Zahlenbeispiel erfüllt also die Alternative 1 die aufgestellten Kriterien am besten.

Der hier beschriebene Ablauf einer Nutzwertanalyse ermöglicht damit

- ▷ die freie Wahl von Bewertungskriterien,
- ▷ das individuelle Gewichten dieser Bewertungskriterien und
- ▷ das Gegenüberstellen beliebig vieler Vorhabenalternativen.

Wirtschaftlichkeitskoeffizient

Grundsätzlich kann man die Multifaktorenmethode zum Bestimmen des Nutzwerts auch als »qualitative« Ergänzung zu einer Marginalrenditerechnung oder Projektdeckungsrechnung sehen, die ja häufig der Vorwurf der einseitigen Ausrichtung auf rein ökonomische Beurteilungskriterien trifft. Daher wurde z. B. das Formular in Bild 2.37 als Zusatz zu einer normalen Marginalrenditerechnung verwendet; hier sind die nichtquantifizierbaren Bewertungskriterien für die Wirtschaftlichkeitsbetrachtung von DV-Verfahren bereits explizit aufgeführt. Durch Bewerten und Gewichten dieser Kriterien wird ein »Wirtschaftlichkeitskoeffizient« für das Vorhaben errechnet.

Für die in Bild 2.37 vorgegebenen, nichtquantifizierbaren Merkmale werden Gewichtungsfaktoren (Spalte B) in einer Punktbreite von 1 bis 3 für geringfügige bis große Bedeutung sowie Zielerreichungsfaktoren (Spalte A) in einer Punktbreite von − 3 bis + 3 für erhebliche Verschlechterung bis erhebliche Verbesserung vergeben. Der Quotient des Gesamtnutzwerts (Zeile 21, Spalte C) zur Summe der Gewichtungsfaktoren (Zeile 21, Spalte B) ergibt dann den Wirtschaftlichkeitskoeffizienten; er nimmt denselben Wertebereich wie die Zielerreichungsfaktoren ein:

+3 erhebliche Verbesserung,
+2 deutliche Verbesserung,

+1 geringfügige Verbesserung,
0 keine Veränderung,
−1 geringfügige Verschlechterung,
−2 deutliche Verschlechterung,
−3 erhebliche Verschlechterung.

Auch hier sollten mehrere Personen die Bewertung und Gewichtung durchführen, wobei besonders bei der Bewertung möglichst »unparteiische«, d.h. projektneutrale Personen mitwirken sollten.

Mit den Methoden der Marginalrenditerechnung und der Nutzwertanalyse ist es möglich, bei Projektentscheidungen klar zwischen rein monetären einerseits und qualitativen Bewertungskriterien andererseits für die Wirtschaftlichkeitsbetrachtung von Entwicklungsvorhaben zu unterscheiden.

2.4 Projektorganisation

Damit Projektmanagement erfolgreich sein kann, muss es optimal in die vorhandene Organisation eingebettet werden. Wegen der Kriterien eines Projekts – zeitliche Begrenzung, einmaliger Inhalt, interdisziplinäre Durchführung, schnelle Ressourcen-Bildung – sind neue Formen der Organisation notwendig. Erreicht wird dies durch das Bilden von *Projektorganisationen.*

Unter Projektorganisation versteht man nach DIN 69901 [70]:

> Gesamtheit der Organisationseinheiten und der aufbau- und ablauforganisatorischen Regelungen zur Abwicklung eines bestimmten Projekts.

Alle Projektbeteiligten und damit alle involvierten Stellen müssen in einem (temporären) Organisationsplan eingebunden sein. Hierbei sollte die Struktur der Projektorganisation auf die Besonderheiten des jeweiligen Projekts abgestimmt sein; meist müssen auch gewisse Gegebenheiten aus der bestehenden Linienorganisation berücksichtigt werden, um das Konfliktpotenzial zwischen Linie und Projekt so niedrig wie möglich zu halten.

Darüber hinaus müssen zum Festlegen der Entscheidungs- und Kommunikationswege

Nutzwertanalysebogen 3	Bereich: M HB 45	Ablage-Nr.
		Datum: 4. 9. 97
Projekt: Abwicklungsverfahren		Bearbeiter

Zeile	Bewertungskriterien	Gewichtungsfaktoren	Alternative 1		Alternative 2		Alternative 3	
			Zielerreichungsfaktoren	Teilnutzwerte	Zielerreichungsfaktoren	Teilnutzwerte	Zielerreichungsfaktoren	Teilnutzwerte
a	b	c	d	e	f	g	h	i
1	Schnelligkeit	0,25	2	0,50	1	0,25	3	0,75
2	Aktualität	0,10	3	0,30	1	0,10	2	0,20
3	Sicherheit	0,40	2	0,80	3	1,20	1	0,40
4	Umstellrisiko	0,05	3	0,15	1	0,05	2	0,10
5	Wartungsfreundlichkeit	0,20	3	0,60	1	0,20	2	0,40
15	Gesamtnutzwerte			2,35		1,85		1,85
16	Rangfolge			1		3		2

Bild 2.36 Ermitteln der Nutzwerte

Nicht-quantifizierbare Kriterien

Wirtschaftlichkeitsprüfung des DV-Verfahrens

BEDI (Bedarfermittlung und Disposition)

Formular-Nr. 11/3
UB/ZAbt:
GB/HAbt:
Antrags-Nr.:
Datum:

	Beschreibung	A	B	C
0	Bewertung des geplanten Verfahrens im Vergleich zum derzeitigen Verfahren/Vergleichsverfahren im Hinblick auf die Erfüllung der genannten Kriterien anhand folgender Punkteskala: ± 3 = erhebliche ± 2 = deutliche } Veränderung (Verbesserung, Verschlechterung) ± 1 = geringfügige 0 = keine Veränderung	Punkte	Gewichtungs-faktoren	Punkte × Gewichtungsfaktoren
	Nicht-quantifizierbare Kriterien			
1	Schnelligkeit der Informationsauslieferung (rasches Zurverfügungstellen)	3	3	9
2	Aktualität der gewonnenen Informationen	3	3	9
3	Rechtzeitiges Zurverfügungstellen der Informationen	2	2	4
4	Zusätzliche Informationen (z. B. durch statistische Auswertungsmöglichkeiten, Erweiterung des Berichtswesens)	2	3	6
5	Genauigkeit der Informationen (z. B. Rechengenauigkeit)	1	1	1
6	Relevanz (Qualität) der Informationen (Aussagekraft und Übersichtlichkeit der Informationen, Auswahl und Aufbereitung der Informationen)	0	1	0
7	Sicherheit (Ablaufsicherheit, Fehlerwahrscheinlichkeit, Datenfehleranfälligkeit)	3	2	6
8	Möglichkeit von Terminverkürzungen im Anwenderbereich	2	2	4
9	Anwenderfreundlichkeit (z. B. Vereinfachung durch Datenabbau)	1	1	1
10	Bedienungs- und Pflegefreundlichkeit	2	1	2
11	Flexibilität (z. B. Änderungsfreundlichkeit gegenüber Veränderung von Organisation, Datenvolumen, Datenstruktur; Sonderfälle)	1	2	2
12	Kontroll-, Abstimm- und Überwachungsmöglichkeiten	2	3	6
13	Korrekturmöglichkeiten und -aufwand	0	2	0
14	Transparenz des Verfahrensablaufs (Übersichtlichkeit)	2	1	2
15	Transparenz und Straffheit der Organisation	0	1	0
16	Kapazitätsreserven (Auffangbereitschaft bei Arbeitsspitzen oder Beschäftigungszunahme)	2	3	6
17	Abhängigkeit von Fachpersonal	−1	2	−2
18	Umstellungsrisiko (langfristige Bindung an das Verfahren, Starrheit der Organisation)	−1	1	−1
19				
20				
21	Summen		34	55
	Koeffizient für nicht-quantifizierbare Faktoren (Wirtschaftlichkeitskoeffizient)			
22	Koeffizient der nicht-quantifizierbaren Vor- und Nachteile des geplanten DV-Verfahrens (Pos. 21, Summe C : Summe B)			1,6
23	Verbale Bedeutung des Koeffizienten gemäß Punkteskala (Pos. 0; ggf. Interpolation) geringfügige bis deutliche Verbesserung gegenüber dem derzeitigen Verfahren			

Best.-Nr. ZBO 32/11/3/71

Bild 2.37 Nutzwertanalyse bei DV-Verfahren (mit Zahlenbeispiel)

Projektgremien installiert werden; hier gibt es ebenfalls eine große Anzahl unterschiedlicher Möglichkeiten – vom reinen Informationsgremium bis hin zum unmittelbar auf das Projekt einwirkenden Steuerungs- oder Entscheidungsgremium.

Außerdem muss die Stellung des Projektleiters (und eventueller Teilprojektleiter) klar und unmissverständlich definiert sein, so dass Kompetenz und Weisungsbefugnis eindeutig geregelt sind. Ziel muss insgesamt sein, eine »Personifizierung« der Verantwortungen auf allen Ebenen des Projekts zu erreichen.

Schließlich sollte bei großen Entwicklungsprojekten ein spezielles Projektbüro eingerichtet werden, um eine Konzentration aller PM-unterstützenden Aktivitäten zu erreichen.

2.4.1 Organisationsstrukturen

Bereits das Zusammenarbeiten in einem Zwei-Mann-Unternehmen erfordert eine Aufbauorganisation, damit die Zuständigkeiten klar definiert und die Kompetenzen eindeutig abgesteckt werden können. Nur eine projektadäquate Aufbauorganisation führt zu einer geregelten Aufgabenteilung in einer »Mehrpersonen-Tätigkeitsgemeinschaft«.

Natürlich kann eine gute Aufbauorganisation allein den Erfolg eines Entwicklungsvorhabens noch nicht gewährleisten; eine falsche Organisation verhindert aber in jedem Fall den Erfolg.

Linienorganisationen

Die statische Aufbauorganisation eines Industrieunternehmens wird herkömmlicherweise als Linienorganisation (LO) bezeichnet; sie ist gemeinhin entweder divisional oder funktional ausgerichtet. Hierbei ist die Einbindung der Entwicklungsbereiche, die für sich wiederum produkt- oder aufgabenorientiert organisiert sind, auf zwei Arten möglich:

▷ Betriebe-Organisation
▷ Werke-Organisation.

Wird der Entwicklungsbereich mit dem Vertrieb zu einem eigenen Geschäftsbereich zusammengefasst und steht er damit der Fertigung als getrennter Partner gegenüber, so spricht man von einer *Betriebe-Organisation* (Bild 2.38). Hier ist das Unternehmen divisional in Geschäftsbereiche unterteilt mit gemeinsamen oder separaten Fertigungsstätten. Die kaufmännischen Leitungen sind – disziplinarisch unabhängig – den Geschäftsbereichen zugeordnet. Werden dagegen die produktnahen Entwicklungen den Fertigungen unmittelbar zugeordnet und bleibt gemeinsam nur noch eine zentrale systemtechnische Entwicklung, so spricht man von einer *Werke-Organisation* (Bild 2.39).

Bei der Betriebe-Organisation stellt der Vertrieb zusammen mit der Entwicklung ein *Ertragszentrum* dar (welches damit auch rote Zahlen machen kann) und der Betrieb, der nur die reine Fertigung enthält, fungiert als *Kostenzentrum* (welches weder schwarze noch rote Zahlen machen kann). Im Rahmen der Werke-Organisation existiert dagegen das Wechselspiel zwischen zwei Ertragszentren, auf der einen Seite der Vertrieb und auf der anderen Seite das Werk. Hier kann jeder Unternehmensteil für sich einen Gewinn oder einen Verlust erwirtschaften.

Bei einer Betriebe-Organisation ist die Entwicklung über den Vertrieb näher am Markt und damit auch den hier auftretenden Kundenwünschen und -anforderungen. Sie ist aber von der Fertigung viel weiter entfernt als bei einer Werke-Organisation; dies führt häufig zu Problemen beim Serienreifmachen der entwickelten Prototypen. Demgegenüber ist bei einer Werke-Organisation eine fertigungsgerechtere Entwicklung möglich. Auch kann das sich ergebende Konkurrenzverhalten der beiden Ertragszentren Vertrieb und Werk förderlich für das wirtschaftliche Gesamtergebnis sein. Die Gewichtung der Vor- und Nachteile dieser beiden Formen einer Linienorganisation hängt vor allem von den jeweiligen Produktfeldern des Unternehmens ab.

In großen Dienstleistungsunternehmen der Informationstechnik, die für sehr verschiedene Branchen die unterschiedlichsten IT-Dienstleistungen (IT-Beratung, Betreiben von Rechenzentren, Entwicklung von SW-Verfahren, Produktivabwicklung von DV-Verfahren etc.) anbieten, hat sich eine neue Organisationsform, die Matrix-Organisation herausgebildet. Bei ihr ist das Unternehmen vertikal in die einzelnen Branchen, die sogenannten *Lines of*

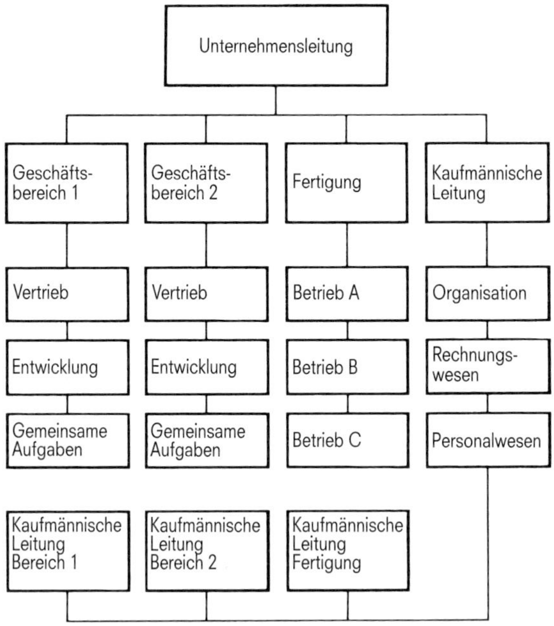

Bild 2.38 Betriebe-Organisation

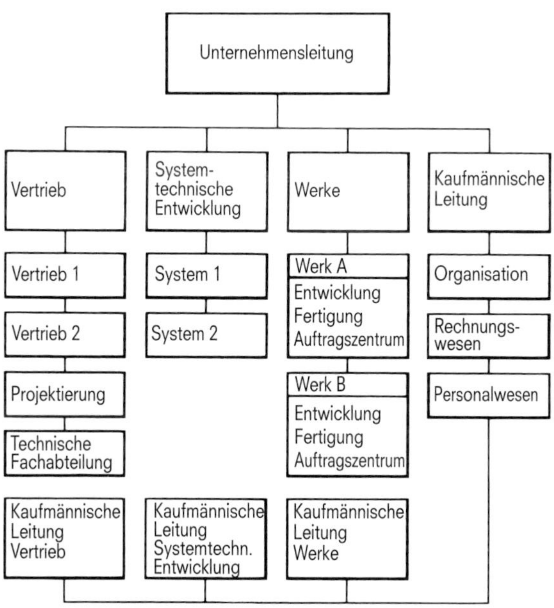

Bild 2.39 Werke-Organisation

Business, wie z.B. Industrie, Banken, Versicherungen, Telekommunikation, öffentliche Auftraggeber, gegliedert; horizontal dazu sind sogenannte *Service Lines* für die jeweiligen Kompetenzen Consulting, IT-Lösungen und RZ-Betreiberdienste angeordnet (siehe Bild 2.40).

Die »Lines of Business« stellen die eindeutigen Schnittstellen zum Kunden dar; hier sitzt das branchenorientierte Auftragsmanagement

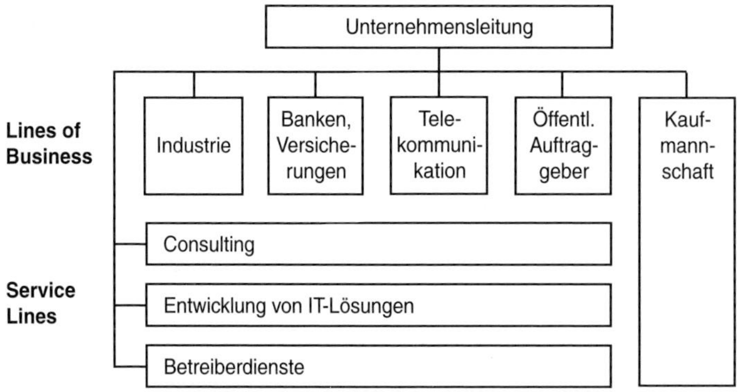

Bild 2.40
Matrix-Organisation

des Vertriebes. Der Kunde hat damit für all seine Wünsche und Anforderungen einen einzigen Ansprechpartner, mit dem er seine unterschiedlichen IT-Aufträge formulieren und festlegen kann. In einem nachgeschalteten Prozess werden dann zur Durchführung und Realisierung der Kundenaufträge in den »Service Lines« geeignete Mitarbeiter ausgewählt, die für das jeweilige Kundenprojekt die entsprechende Lösungskompetenz besitzen. Der Vorteil einer solchen Matrix-Organisation liegt einerseits in der klaren Definition der Kundenschnittstelle (Single-Entry-Point) und andererseits in der Bündelung und Fokussierung des Mitarbeiter-Know-hows. Kundenzufriedenheit und Steigerung der Produktivität sind die Erfolgsparameter dieser Organisationsform.

Zum optimalen Arbeiten in einer Linienorganisation gehört eine flache Struktur, d. h. nicht zu viele Hierarchieebenen, aber auch nicht zu viele Mitarbeiter je Vorgesetzten. Bild 2.41 zeigt ein Diagramm für das Ermitteln der Anzahl von Hierarchiestufen abhängig vom Verhältnis Anzahl Vorgesetzte zu Anzahl Mitarbeiter. Die Größe einer organisatorischen Einheit muss so gewählt werden, dass einerseits der Führungsaufwand gerechtfertigt ist (also nicht zu klein) und andererseits die Kontrollspanne ausreichend wahrgenommen werden kann (also nicht zu groß).

Projektorganisationen

Sollen im Rahmen eines zeitlich begrenzten Entwicklungsvorhabens Fachkräfte aus mehreren Dienststellen und Abteilungen vorübergehend zusammengefasst werden (weil das entsprechende Entwicklungsvorhaben nicht innerhalb einer Organisationseinheit abgewickelt werden kann), so haben sich herkömmliche Linienorganisationen häufig als zu starr und unbeweglich gezeigt. Daher sind für das Management von Entwicklungen, die als »Projekt« durchgeführt werden sollen, eigene Formen von Projektorganisationen (PO) entstanden, deren Lebensdauer derjenigen des jeweils durchzuführenden Projekts entspricht. Als Projektorganisation bezeichnet man die

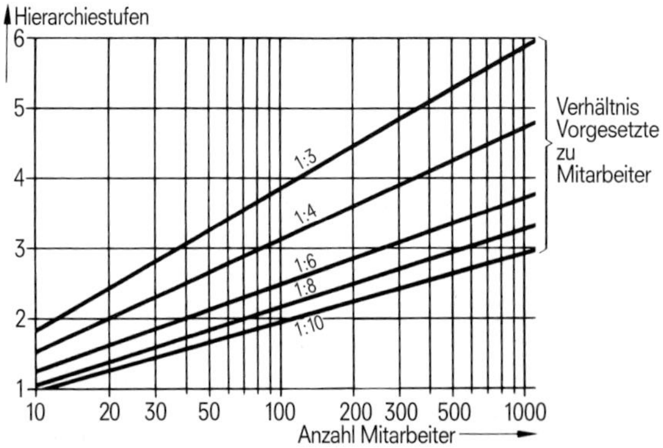

Bild 2.41
Optimale Anzahl von Hierarchiestufen in einer Organisation

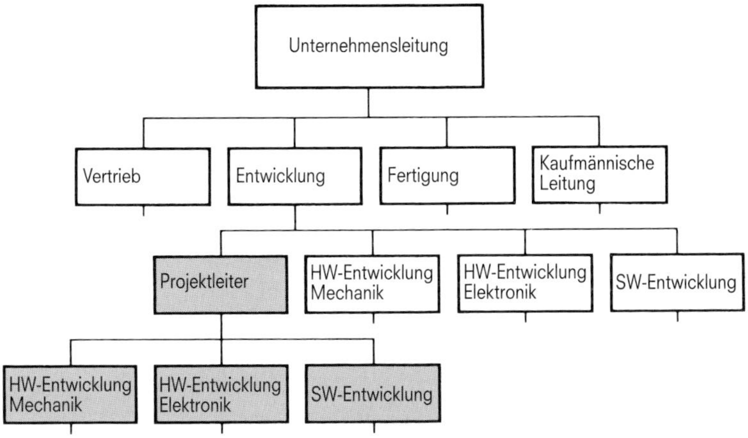

Bild 2.42
Reine Projektorganisation

projektspezifische, hierarchische Anordnung von Mitarbeitern, die für die Dauer des Projekts der Weisungsbefugnis des Projektleiters unterstellt sind. Durch die *zeitliche* Begrenzung wird verhindert, dass die eingesetzten Projektgruppen zu einem bleibenden Teil der Linienorganisation werden und es damit evtl. zu einer Verkrustung oder Aufblähung der Unternehmensstruktur kommt. Projektorganisationen sollen aber die bestehenden Linienorganisationen nicht ersetzen, sondern nur ergänzen.

Entsprechend dem Grad der Bereichsüberschreitung der einzubindenden Projektmitarbeiter sowie der Bedeutung des Projekts und der Projektgröße können fünf Formen von Projektorganisationen unterschieden werden:

- ▷ Reine Projektorganisation (R-PO)
- ▷ Einfluss-Projektorganisation (E-PO)
- ▷ Matrix-Projektorganisation (M-PO)
- ▷ Auftrags-Projektorganisation (A-PO)
- ▷ Projektmanagement in der Linie (L-PO)

Reine Projektorganisation

In dieser Organisationsform (Bild 2.42) sind alle an der Durchführung des Projekts beteiligten Mitarbeiter unter einem Projektleiter, der Linienautorität hat, zusammengefasst. Sie wird an einigen Stellen auch als »Task-Force-Gruppe« oder als *autonome* Projektorganisation bezeichnet.

Der Projektleiter hat in einer reinen Projektorganisation die gesamte Weisungs- und Entscheidungsbefugnis und trägt damit die alleinige Verantwortung für das Projekt. Nur beim Beschaffen des Personals und bei dessen Rückgliedern am Projektende ist er auf die Führung der Linienorganisation angewiesen.

Die reine Projektorganisation ist nur sinnvoll bei langfristigen Entwicklungsgroßprojekten, die so wichtig sind, dass der erhebliche Aufwand für das Schaffen einer völlig neuen, eigenen »Organisationssäule« gerechtfertigt ist. Das EDV-Großprojekt zur Entwicklung und Durchführung des Wettkampf- und Informationssystems für die Olympischen Spiele 1972 in München ist ein Beispiel für eine solche reine Projektorganisation. So leistungsfähig diese Form der Projektorganisation auch ist, so problematisch ist ihre Auflösung nach Projektende. Was sich in mehrjähriger Arbeit konstituiert hat, muss wieder aufgebrochen werden; dies kann zu einem sehr nachteiligen Know-how-Verlust führen.

Einfluss-Projektorganisation

Im Gegensatz zur reinen Projektorganisation gibt es bei einer Einfluss-Projektorganisation (Bild 2.43) keinen echten Projektleiter, sondern einen *Projektkoordinator,* der kaum Kompetenzen hat und nur koordinierend und lenkend wirken kann; er ist ausschließlich Verfolger des Projektgeschehens und Informant für die Linieninstanzen. Die Entscheidungen werden allein in der Linie getroffen,

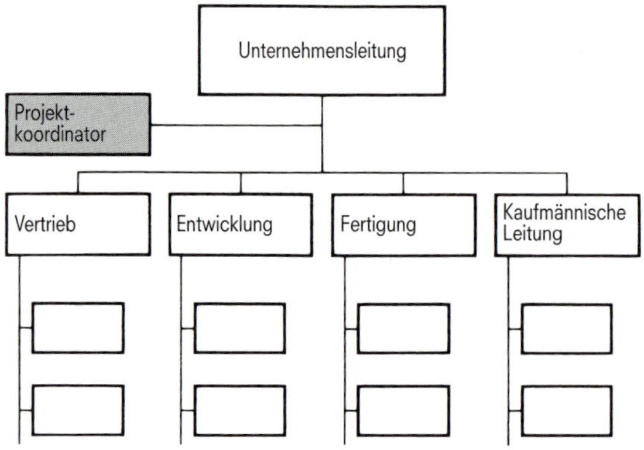

Bild 2.43
Einfluss-Projektorganisation

so dass dieser Projektkoordinator für den Erfolg oder Misserfolg des Projekts nicht verantwortlich gemacht werden kann; er kann allerdings großen Einfluss ausüben, wenn seine Autorität von der obersten Führung der Linienorganisation entsprechend getragen wird.

Die Einrichtung einer Einfluss-Projektorganisation durch Berufung eines Projektkoordinators hat den großen Vorteil, dass keine Personalversetzungen vor Projektbeginn und auch nach Projektende notwendig sind. Der Nachteil liegt aber meist in den mangelnden Durchsetzungsmöglichkeiten des Projektkoordinators.

Die Einfluss-Projektorganisation, auch als Stabs-Projektorganisation bezeichnet, bietet sich vor allem dann an, wenn die Aufgabenteilung bei den auszuführenden Stellen von der Sache her vorbestimmt ist, so dass das »Konfliktpotenzial« beim Bewältigen der Projektaufgaben niedrig ist.

Matrix-Projektorganisation

In dieser Organisationsform (Bild 2.44) trägt der Projektleiter wohl die gesamte Verantwortung für das Projekt, hat aber nicht die volle Weisungsbefugnis für die am Projekt beteiligten Mitarbeiter. Die Matrix-Projektorganisation, auch als Pool-Organisation bezeichnet, hat eine zweidimensionale Weisungsstruktur und nimmt bezüglich der Kompetenzabgrenzung zwischen Projekt und Linie eine Mittelstellung ein. Die Projektmitarbeiter stammen aus unterschiedlichen Organisationseinheiten und sind temporär zu einer Projektgruppe zu-

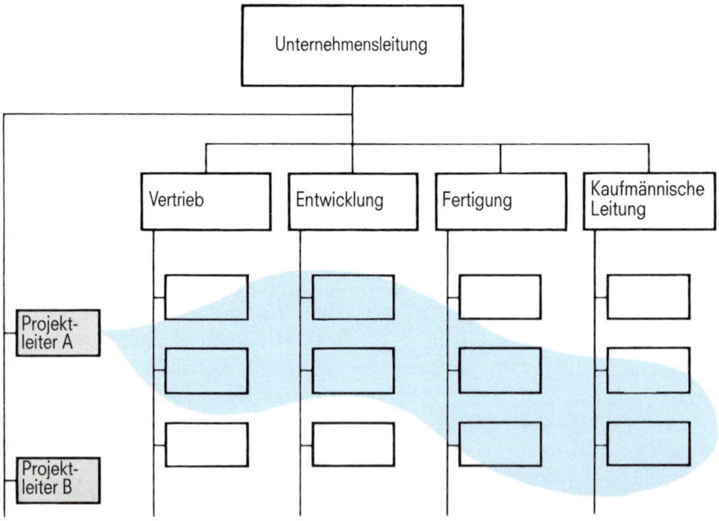

Bild 2.44
Matrix-Projekt-
organisation

sammengefasst; sie unterliegen aber nur der fachlichen Weisungsbefugnis des Projektleiters, die disziplinarische bleibt weiterhin beim Vorgesetzten in der Linienorganisation. Der Mitarbeiter dient quasi zwei Vorgesetzten: Der eine sagt, wo es *lang geht,* und der andere *bestimmt das Gehalt.* Und dies ist bereits der entscheidende Nachteil einer Matrix-Projektorganisation.

Der Projektleiter ist zuständig und verantwortlich für Planung, Überwachung und Koordination, aber nicht für die fachtechnische Durchführung. Dies führt zwangsläufig zu Konfliktsituationen der Projektbeteiligten, besonders wenn in der Linien-Abteilung Aufgaben anstehen, denen vom Linien-Vorgesetzten eine höhere Priorität als die entsprechenden Projektaufgaben zugeordnet wird oder wenn über Plankosten und Qualität eines Produktteils zwischen Projektleiter und Linien-Abteilungsleiter divergierende Ansichten herrschen. Auch tritt häufig ein Gerangel um die knappen Personal-Ressourcen auf. Derartige Konflikte sind meist nur noch zu lösen durch das Eingreifen einer Entscheidungsinstanz (EI) als Schiedskommission.

Neben der verbesserten Nutzung von Synergien hat eine Matrix-Projektorganisation wohl den großen Vorteil, dass schnell Personal mit der richtigen Qualifikation zusammengestellt werden kann und dass hierfür keine disziplinarischen Personalumbesetzungen erforderlich sind, aber das »Dienen zwei Herren« führt nicht selten zu schwer überwindbaren Konflikten. Die Konfliktträchtigkeit der Matrix-Projektorganisation erfordert daher von vornherein »Spielregeln« für das Austragen von Konflikten, damit eine Atmosphäre der Kooperation und Gemeinsamkeit zwischen Projekt und Linie entstehen kann. In der Praxis hat es sich sehr vorteilhaft gezeigt, wenn die Auftraggeberseite durch einen einzigen Bevollmächtigten (z.B. Vertrieblicher Produktverantwortlicher, VP) und die Auftragnehmerseite entsprechend (z.B. Technischer Produktverantwortlicher, TP) vertreten wird. Beide bilden dann das »Fachzentrum« innerhalb einer Matrix-Organisation.

Auftrags-Projektorganisation

Auch diese Organisationsform (Bild 2.45) ist matrixorientiert; es gibt aber bei ihr keine Doppelunterstellung der Projektmitarbeiter. Projektleiter und Projektstammmannschaft sind hier nicht in der Linienorganisation eingebettet, sondern bilden eine eigene Organisationseinheit *Projektmanagement.*

Der Projektleiter ist nicht nur zuständig und verantwortlich für die Projektplanung, -kontrolle und -steuerung, sondern auch für die fachtechnische Durchführung des Projekts, d.h. die ihm unterstellte Projektgruppe erar-

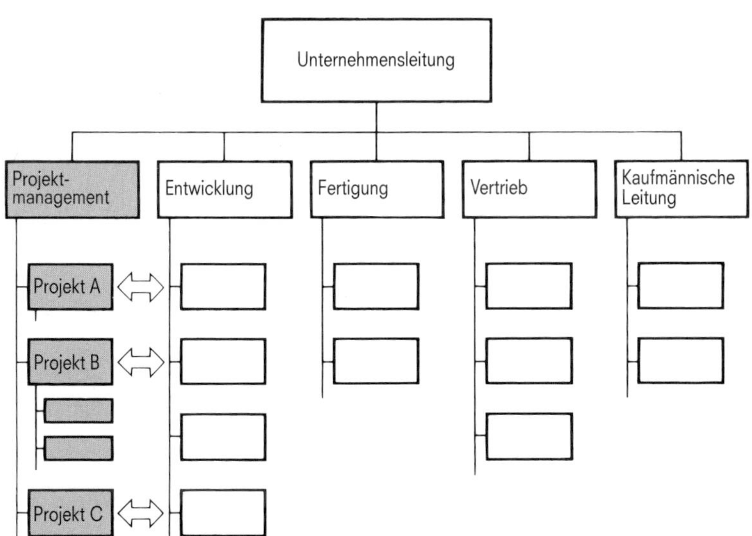

Bild 2.45
Auftrags-Projekt-
organisation

beitet entsprechend den z. B. vom Vertrieb definierten Vorgaben die Spezifikation der Einzelprodukte bzw. der Systemkomponenten in eigener Sachkompetenz und vergibt diese als Unteraufträge an die entsprechenden Entwicklungsstellen der Linienorganisation oder auch an unternehmensexterne Stellen. Häufig übernimmt die Projektgruppe in den Abschlussphasen, wie Systemintegration und -test, auch eigene systemtechnische Aufgaben.

Das Projektmanagement hat hier also die organisatorische *und* fachliche Gesamtverantwortung für das Projekt; es ist sowohl Auftraggeber für Entwicklung und Fertigung als auch Auftragnehmer des Vertriebs. Zwischen dem Projektmanagement und den durchführenden Stellen in der Linienorganisation bestehen damit klare Zuständigkeiten im Rahmen eines Auftraggeber-Auftragnehmer-Verhältnisses; deshalb auch die Bezeichnung Auftrags-Projektorganisation.

Auch hinsichtlich der Personalführung ist diese Form der Projektorganisation optimal. So gibt es nämlich Mitarbeiter, die sich für temporär zusammengestellte Projektgruppen gut eignen und den häufigen Wandel der organisatorischen Zuordnung als förderlich und angenehm empfinden; diese Mitarbeiter sind in einer solchen »Projektmanagement-Säule« sehr gut eingesetzt. Es gibt aber auch viele Mitarbeiter, die wohl sehr produktiv und kreativ sind, aber gerne ihr langfristiges Zuhause in einer festen Organisationseinheit wünschen; diese Mitarbeiter finden sich in der beständigeren Linienorganisation am besten zurecht.

Projektmanagement in der Linie

Das Durchführen einer Entwicklungsaufgabe in Form eines Projekts erfordert nicht grundsätzlich das Einrichten einer (neuen) eigenen Projektorganisation. Die üblichen Aufgaben in den Entwicklungsstellen einer Linienorganisation können natürlich auch als Projekt mit expliziter Nennung eines Projektleiters sowie Fixierung eines Termins und eines Kostenvolumens durchgeführt werden. Der Projektleiter ist dann meist der zuständige Gruppenführer, Laborleiter, Dienststellenleiter oder Abteilungsleiter. Es sind dabei sicherlich auch gruppenintern temporäre Umordnungen der Mitarbeiter notwendig, die aber nicht den Charakter einer Versetzung oder einer Änderung der generellen Weisungsbindung an den Linienvorgesetzten zur Folge haben.

Projektmanagement in der Linie bietet sich vornehmlich bei kleineren Entwicklungsaufgaben, z. B. in einer Stelle für OI-Verfahrensentwicklungen oder Anwender-SW-Entwicklungen an, wo alle für das Projekt notwendigen Mitarbeiter bereits in der bestehenden Organisationseinheit vorhanden sind.

Unternehmensüberschreitende Projektorganisationen

Bei sehr großen Projekten, hinter denen z. B. öffentliche Auftraggeber stehen, sind häufig mehrere voneinander unabhängige Unternehmen beteiligt. Beispiele hierfür findet man bei militärischen, bei luft- und raumfahrttechnischen Projekten sowie im Kraftwerksbau und im vermittlungstechnischen Bereich. Bei solchen *inter-industriellen* Projekten ist eine gute Zusammenarbeit der beteiligten Firmen unerlässlich. Diese kann aber nicht mehr allein durch die Benennung eines einzigen Projektleiters gewährleistet werden. Hier sind im Rahmen einer unternehmensüberschreitenden Projektorganisation klare Vertragsbeziehungen zwischen den einzelnen, rechtlich und wirtschaftlich unabhängigen Projektpartnern notwendig.

Für derartige unternehmensüberschreitende Projektorganisationen haben sich folgende Formen bewährt:

▷ Einzelauftragsorganisation
▷ Konsortialorganisation
▷ Generalunternehmerorganisation.

Bei einer *Einzelauftragsorganisation* behält der Auftraggeber die Verantwortung für das Gesamtvorhaben und vergibt für klar umgrenzte Teilvorhaben entsprechende Aufträge an die einzelnen Unternehmen. Die Gesamtverantwortung für das Projekt verbleibt damit beim Auftraggeber. Diese Organisationsform ist nur möglich, wenn der Auftraggeber einerseits über das notwendige Fachwissen verfügt und andererseits die Integration der einzelnen Komponenten keine besonderen Probleme aufwirft.

Bei einer *Konsortialorganisation* bilden die beteiligten Unternehmen ein Konsortium, welchem die Gesamtverantwortung für das Vorhaben übertragen wird (z. B. ARGE in der

Definitions-phase	**Einfluss-Projektorganisation** Auswahlgrund: Es ist noch unsicher, ob es zu einer Auftrags-vergabe und damit zu einem Projekt kommt.
Entwurfsphase	**Matrix-Projektorganisation** Auswahlgrund: Alle relevanten Stellen sollen erst einmal ohne Personalversetzungen zusammengefasst werden.
Realisierungs- und Erpro-bungsphase	**Reine Projektorganisation** Auswahlgrund: Das Projekt ist so bedeutend geworden, dass eine eigene Projektorganisation angebracht erscheint.
Einsatzphase	**Projektmanagement in der Linie** Auswahlgrund: Wartung und Einsatzunterstützung soll von den »zuständigen« Stellen übernommen werden.

Bild 2.46
Beispiel für Wechsel der Projektorganisation innerhalb eines Projektablaufs

Bauwirtschaft). Projektverantwortung, Arbeitsteilung und Haftung wird in einem Konsortialvertrag festgelegt. Die einzelnen Unternehmen sind häufig mit abgeordneten Personen in diesem temporären »Projektunternehmen« vertreten, wobei im Allgemeinen ein Mitglied den Konsortialführer stellt. Für den Auftraggeber fungiert das Konsortium als selbstständiger Auftragnehmer, mit dem alle entsprechenden Entwicklungsverträge geschlossen werden.

Die *Generalunternehmerorganisation* ist mit der Auftrags-Projektorganisation auf unternehmensüberschreitender Ebene vergleichbar. Ein einzelnes Unternehmen übernimmt als Generalunternehmer die volle wirtschaftliche und fachliche Verantwortung. Die anderen Firmen sind nur über Unteraufträge für in sich abgeschlossene Aufgabenteile an dem Gesamtvorhaben beteiligt.

Wechsel der Projektorganisation

Bei sehr großen Entwicklungsvorhaben kann es angebracht sein, während des Entwicklungsablaufs die Form der Projektorganisation zu wechseln, um – bezogen auf die einzelnen Entwicklungsphasen – die Stärken der unterschiedlichen Projektorganisationsformen voll nutzen zu können.

Bild 2.46 soll dieses an einem Beispiel verdeutlichen.

Genauso kann es im Rahmen eines Großprojekts sinnvoll sein, dass die einzelnen Teilprojekte mit unterschiedlichen Projektorganisationen durchgeführt werden. So bietet es sich bei einem inter-industriellen Kooperationsprojekt mit anderen Firmen z. B. an, die eigenen Entwicklungsanteile innerhalb einer reinen Projektorganisation abzuwickeln und die Schnittstellen-Anteile in Form einer Einfluss-Projektorganisation zu koordinieren.

Vor- und Nachteile

In Tabelle 2.7 sind die wesentlichen Vor- und Nachteile der einzelnen Formen einer Projektorganisation zusammengefasst.

Wahl der Projektorganisationsform

Die Wahl der »richtigen« Projektorganisation hängt von sehr unterschiedlichen Faktoren ab. Außer der Bereitschaft zur Gründung einer eigenen Projektorganisation neben der bestehenden Linienorganisation sowie eventueller Forderungen seitens des Auftraggebers bez. der Projektorganisation sind zum einen der »Grad der Überbereichlichkeit« und zum anderen die »Projektgröße« bestimmende Kriterien für das Festlegen der geeigneten Form einer Projektorganisation. Bild 2.47 gibt hierfür einen pauschalen Ansatz. Generell kann die Aussage gemacht werden, dass die reine Projektorganisation und die Auftrags-Projektorganisation für große Projekte, dagegen die Einfluss-Projektorganisation und das Projektmanagement in der Linie für kleinere Projekte geeignet sind. Die Matrix-Projektorganisation findet besonders bei überbereichlichen und mittelgroßen Projekten Anwendung.

2.4.2 Projektgremien

Zum strategischen Planen und Steuern eines Projekts sowie zum Sicherstellen eines umfassenden Informationsflusses und einer vollständigen Kommunikation bedarf es organisationsübergreifender und projektbegleitender Gremien; diese sind sehr vielgestaltig und hängen in ihrer Zusammensetzung und ihren Aufgaben stark von der Form der gewählten Projektorganisation und der Projektgröße ab.

Handelt es sich z. B. bei der Projektorganisation um eine sehr lockere Form, wie es bei einer Einfluss- oder einer Matrix-Projektorganisation der Fall ist, so sind Gremien notwendig, die als Klammer dienen und einem »Nebeneinander-Arbeiten« (oder sogar einem Gegeneinander) der Projektbeteiligten entgegenwirken. Bei sehr großen Projekten, die nicht in einer eigenen (reinen) Projektorganisation durchgeführt werden, ist es darüber hinaus erforderlich, in der Definitions- und Entwurfsphase ein bereichsübergreifendes und interdisziplinäres Planungsgremium zu schaffen. Auch kann auf Grund der Projektgröße und einer vielschichtigen Projekteinbindung der Projektleiter überfordert sein, so dass ein über ihm stehendes Entscheidungsgremium sinnvoll ist.

Die nachstehenden Beispiele von Projektgremien können in fünf Gruppen eingeteilt werden:

Planungsgremien

- ▷ Planungsteam, -gruppe
- ▷ Workshop

Tabelle 2.7 Vor- und Nachteile der einzelnen Projektorganisationen

Art der Projektorganisation	Vorteile	Nachteile
Reine Projektorganisation	▷ PL hat volle Kompetenz ▷ Kürzeste Kommunikationswege und geringster »Overhead« ▷ Optimale Ausrichtung auf das Projektziel	▷ Gefahr des Etablierens der Projektgruppe nach Projektende ▷ Versetzungsprobleme nach Projektende ▷ Gefahr von Parallelentwicklungen in Projekt und benachbarter Linie
Einfluss-Projektorganisation	▷ Getrennt aufgehängte Entwicklungsbereiche können zu einer gesteuerten Kooperation veranlasst werden ▷ Geringste Veränderungen in der bestehenden Organisation	▷ PL hat kaum Weisungsbefugnis ▷ Keine personifizierte Verantwortung ▷ Hoher Koordinationsaufwand
Matrix-Projektorganisation	▷ Schnelle Zusammenfassung von interdisziplinären Gruppen ▷ Keine Versetzungsprobleme bei Projektbeginn und -ende ▷ Förderung des Synergieeffekts	▷ Projektmitarbeiter dienen »zwei Herren« ▷ Hohe Konfliktträchtigkeit zwischen Projekt und Linie
Auftrags-Projektorganisation	▷ Klare Kompetenzabgrenzung zwischen Projekt und Linie ▷ Leichte Einbindung beliebiger Unterauftragnehmer (auch außerhalb des eigenen Unternehmens) ▷ Große Flexibilität bei Multiprojekten	▷ Notwendigkeit einer eigenen Organisationssäule ▷ Konkurrenzdenken der Organisationssäulen ▷ Gefahr einer »Bürokratisierung« des Projektmanagements
Projektmanagement in der Linie	▷ Alle Vorteile der reinen Projektorganisation ▷ Keine Notwendigkeit von Personalversetzung	▷ Nur kleinere Entwicklungsaufgaben möglich ▷ Nicht immer das fachlich und qualitativ richtige Personal verfügbar

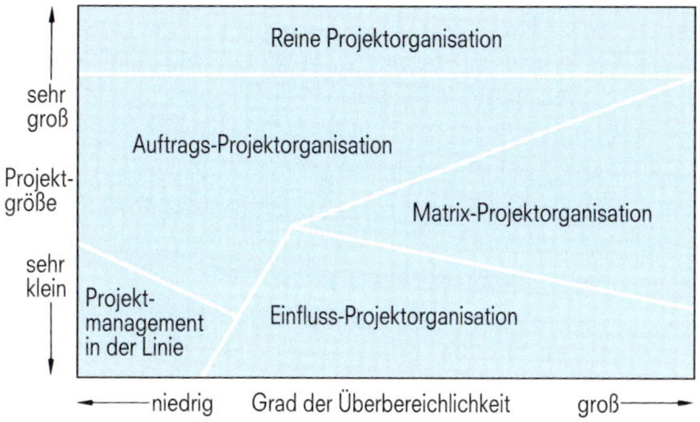

Bild 2.47
Wahl der »richtigen« Projektorganisation

- ▷ Planungsausschuss, Planungskollegium (PA)
- ▷ Produktarbeitskreis (PAK)

Beratungsgremien

- ▷ Beratungsausschuss (BA)
- ▷ Anwenderkreis, Nutzerkreis (AK)
- ▷ Fachpartnergremium, Fachausschuss (FA)

Steuerungsgremien

- ▷ Produktentwicklungsgruppe (PEG) Produktentwicklungsausschuss (PEA)
- ▷ Systementwicklungsgruppe (SEG)
- ▷ Produkt-Arbeitsgruppe (PAG)
- ▷ Anwendergremium, Nutzergremium
- ▷ Change Control Board (CCB)
- ▷ Risk Review Board (RRB)

Entscheidungsgremien

- ▷ Entscheidungsinstanz, (EI) Entscheidungsausschuss, (EA) Entscheidungskreis, (EK) Lenkungsausschuss (LA)
- ▷ Produktinstanz, (PI) Produktkommission (PK)
- ▷ Systeminstanz (SI)

Kommunikationsgremien

- ▷ Fachkollegium, Fachbeirat
- ▷ Fachkreis (FK)
- ▷ Fachteam
- ▷ User-Club
- ▷ SW-Board
- ▷ Steering-Board

Die Zuordnung von Projektgremien zum Projektleiter veranschaulicht Bild 2.48.

Innerhalb der aufgeführten Einteilung unterscheiden sich die aufgeführten Gremien in ihrer Funktion sowie in ihrer Tagungsdichte.

Planungsgremien

Planungsteams und *Planungsgruppen* sind Arbeitsgruppen, die mit Fachleuten aus unterschiedlichen Bereichen (Entwicklung, Fertigung, Vertrieb, Kaufmannschaft etc.) besetzt werden und über eine längere Zeit gemeinsam die Erstplanung eines Projekts (fachliches und technisches Konzept) vorantreiben. Hierbei tagen sie häufig nach der (4 + 1)-Tagungsregel, d.h. vier Tage der Woche im Team und einen Tag in der Heimat-Dienststelle. Demgegenüber sind die Mitglieder eines *Planungsaus-*

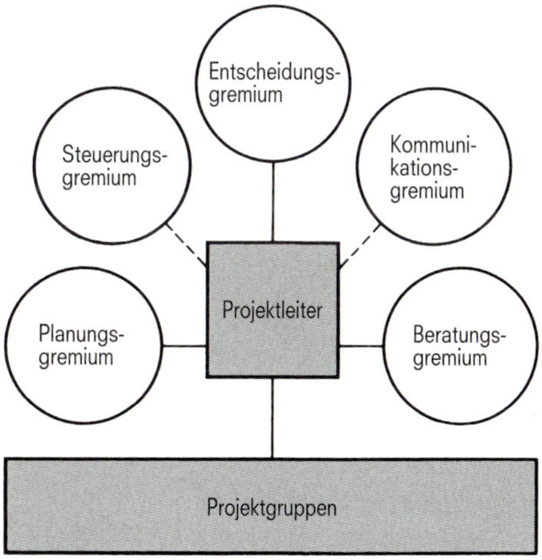

Bild 2.48
Zuordnung von Projektgremien zum Projektleiter

schusses oder eines *Planungskollegiums* nur in unregelmäßiger und auch geringerer Folge beisammen. Teams, die zu einem Planungsthema nur einen halben oder ganzen Tag zusammenkommen, werden als *Workshops* bezeichnet. Als *Produktarbeitskreise* bezeichnet man produktbezogene Teams, die temporär zur Lösung eines speziellen Problems gebildet und nach Erbringen des Ergebnisses wieder aufgelöst werden.

Eine erfolgsorientierte Arbeitsweise in solchen Planungsgremien ist wegen des Nichtvorhandenseins einer hierarchischen Ordnung nur dann zu erwarten, wenn die Teammitglieder ein stark ausgeprägtes kooperatives Verhalten zeigen. Häufig sind ja in Planungsgremien Mitarbeiter vertreten, die einen sehr unterschiedlichen Rang im Unternehmen innehaben und über eine sehr unterschiedliche Ausbildung verfügen. Wichtig ist daher das Miteinander-Arbeiten, das Zuhören-Können, das Akzeptieren der Ideen und Vorschläge des anderen, das Zurücknehmen von »Grundfestungen« in der eigenen Meinung und das Vermeiden von politisch begründetem Taktieren (siehe hierzu auch Kap. 6.6). Sind in einem Planungsgremium – welches möglichst nicht mehr als acht Mitglieder umfassen sollte – nur einige wenige »schwarze Schafe«, so ist es meist unmöglich, zu einem fundierten, abgerundeten Planungsergebnis zu gelangen. Verdecktes Blockieren oder reine Unfähigkeit verhindern das Bilden einer abgestimmten Gruppenmeinung. Vorzeitiges Auflösen des Teams ist dann die einzig richtige Lösung.

Stets sollte offiziell ein Teamsprecher ernannt werden, der als Moderator kraft seiner Persönlichkeit und Fachkompetenz eine Führung des Teams erreichen muss. Bei allem kooperativen Verhalten der Teammitglieder bleiben auch in der Planungsphase Meinungsverschiedenheiten nicht aus, die nur mit einer klaren Entscheidung überwunden werden können. Weiterhin ist für die vollständige Dokumentation der Planungsergebnisse und zur gezielten Informationsverteilung die Einsetzung eines Schriftführers sehr vorteilhaft.

Beratungsgremien

Ist das Wissensumfeld eines Projekts sehr groß, so kann es angebracht sein, ein Beratungsgremium zu gründen, das den Informationsfluss in beide Richtungen – aus den Nachbarbereichen in das Projekt und vom Projekt wieder zurück – gewährleisten und unterstützen soll. Dieser gesteuerte Informationsfluss ist notwendig, um z. B. eventuelle Parallelentwicklungen in voneinander entfernten Entwicklungsstellen möglichst von vornherein zu vermeiden oder wenigstens in sich gegenseitig befruchtende Bahnen zu lenken.

Hierzu dienen die »klassischen« *Beratungsausschüsse.* Ein beratender Ausschuss wird bei einem Projekt eingerichtet, wenn es überbereichlich durchgeführt und das Projektergebnis (Gerät, System, Verfahren) breit eingesetzt werden soll. Dieses Gremium soll sicherstellen, dass alle fachlichen Anforderungen bez. des geplanten Leistungsumfangs und der Qualität an das Entwicklungsvorhaben aus allen zuständigen Bereichen berücksichtigt werden; es umfasst vor allem Fachleute, Anwender und sonstige Wissensträger.

Die anderen genannten Beratungsgremien haben ähnliche Aufgaben, d. h., auch sie sollen ein Bündeln der Wünsche und Anforderungen seitens der künftigen Anwender und Benutzer für das Projekt ermöglichen. In solchen Gremien, zu denen *Anwenderkreise, Nutzerkreise, Fachpartnergremien* und *Fachausschüsse* gehören, werden die Anforderungen zusammengestellt, beraten und anhand einer Prioritätenvergabe bewertet. Für diesen Abstimmprozess gelten weitgehend demokratische Spielregeln, so dass die Mehrheitsmeinung des Gremiums für den Projektleiter maßgebend ist. Auch hier kann die Ergiebigkeit der Arbeit vom Verhalten einzelner – die sich nicht an die Spielregeln halten – stark beeinträchtigt werden.

Die zeitliche Beanspruchung in diesen Beratungsgremien ist normalerweise nicht sehr groß, da sie meist in größeren Zeitabständen tagen. Die Personenzahl darf etwas größer als bei einem Planungsgremium sein, sollte aber 15 nicht überschreiten; denn die Gefahr des Entstehens eines »Debattierklubs« ist doch sehr groß. Auch bei einem Beratungsgremium ist es sinnvoll, einen Sprecher zu ernennen, der die Gruppenmeinung gegenüber Projektleitung und Umwelt artikuliert und vertritt.

Steuerungsgremien

Sind in die Erzeugnisentwicklung innerhalb eines ganzen Produkt- und Systemgeschäfts unterschiedliche Linienbereiche, wie Geräteentwicklung, Systemtechnik, Fertigung und Vertrieb eingebunden, so werden im Rahmen bestimmter Prozessorganisationen produkt- bzw. systemorientierte Steuerungsgremien installiert, die über die reine Beratung hinaus eine direkte fachliche Steuerung der Entwicklungsabläufe zu übernehmen haben.

Produktentwicklungsgruppen, auch als *Produktentwicklungsausschüsse* bekannt, sollen ein bestimmtes Entwicklungsvorhaben zur Realisierung eines Produkts oder einer Systemkomponente gezielt unterstützen; sie haben aber keine Entscheidungskompetenz. Neben den Aufgaben eines Fachpartnergremiums zum Ermitteln und Koordinieren der an das Erzeugnis gestellten technischen und preislichen Anforderungen ist die Produktentwicklungsgruppe auch zuständig für grundsätzliche PM-Aufgaben, wie Ermitteln und Verfolgen der Wirtschaftlichkeit, Ergreifen von Maßnahmen zur Terminplanung, Schulung und Dokumentation, Klären der Kundendienstbelange und Nachbaufragen sowie – falls vorhanden – ein laufendes Abstimmen zur Systementwicklungsgruppe. Die Produktentwicklungsgruppe wird i. Allg. aus Mitarbeitern der Entwicklung, des Selbstkostenbüros, der Fertigungsvorbereitung, des Abwicklungszentrums und des Produktvertriebs gebildet.

Systementwicklungsgruppen werden eingesetzt, wenn darüber hinaus besondere systemtechnische Aspekte bei mehreren Entwicklungsvorhaben eine Rolle spielen. Neben Vertretern der Entwicklung und der Fertigung sind in einer Systementwicklungsgruppe auch Vertreter des Produktvertriebs und ggf. des zuständigen Anlagenvertreters sowie der systemtechnischen Entwicklung. Der Systementwicklungsgruppe obliegt das allgemeine Koordinieren und Überwachen der Systemanforderungen, das Erstellen des Systemlastenhefts, das Planen und Überwachen der Realisierungsschritte sowie das Koordinieren aller systemtechnischen Belange für die einzelnen Komponenten. Als Teil des Projektmanagements unterstützt die Systementwicklungsgruppe dabei den Projektleiter.

Produkt-Arbeitsgruppen sind vornehmlich im Rahmen von SW-Entwicklungsprozessen eingerichtet worden; sie haben im Gegensatz zu den Produktentwicklungsgruppen ein ganzes Produktfeld (z. B. Datenbanksysteme, SW-Tools) als Tätigkeitsfeld und stehen damit in etwa zwischen den Produktentwicklungsgruppen und den Systementwicklungsgruppen. Auch müssen sie die Vollständigkeit der an die SW-Produkte gestellten Anforderungen gewährleisten – sollen aber besonders darauf achten, dass zwischen den einzelnen SW-Produkten eine klare Abgrenzung ihres jeweiligen Leistungsumfanges zustande kommt. Ein späteres Konkurrieren der Produkte am Markt soll dadurch vermieden werden. Die Produkt-Arbeitsgruppe hat damit die strategische Aufgabe, für ein harmonisch abgedecktes Produktfeld, d. h., möglichst keine Überlappungen der Produkte aber auch keine Lücken in deren Funktionsumfang, zu sorgen. In einer Produkt-Arbeitsgruppe sind meist alle Betroffenen eines bestimmten Produktfelds vertreten. Zu diesem Kreis gehören Vertreter der SW-Entwicklung, des Vertriebes, des Marketings und des Kundendienstes sowie interne Anwendervertreter.

Die vorgenannten Steuerungsgremien treten meist zu fest vorgegebenen Zeitpunkten in »Phasenentscheidungssitzungen« oder »Projektstatus-Entscheidungssitzungen« zur Projektberatung zusammen. Dort wird nach Durchsprache der aktuellen Projektpläne und -berichte auch über das weitere Vorgehen im Projektablauf entschieden.

Anwender- und Nutzergremien installiert man als Steuerungsgremien bei Neu- und Weiterentwicklungen von Verfahren, die in mehreren Bereichen eines Unternehmens gleichermaßen eingesetzt werden. Hauptaufgabe ist die Bündelung aller Anwenderwünsche sowie eine Prioritätenvergabe bei Weiterentwicklungsmaßnahmen mit dem Ziel, eine gemeinsame Entwicklungsstrategie für das mehrfach eingesetzte Verfahren zu erreichen. Neben der fachlichen Steuerung der Entwicklungsaktivitäten erarbeitet ein solches Gremium die Entscheidungsgrundlage für das übergeordnete Entscheidungsgremium; hierzu wird neben dem Vorschlag nutzungsbezogener Kostenverteilungsschlüssel der zugehörige Projektantrag in seinen Projektdaten formuliert. Natürlich soll ein Anwender- bzw. Nutzergremium, dessen Leiter i. Allg. der Projektleiter selbst ist, auch »Informationsdrehscheibe« für die einzelnen Verfahrensnutzer sein.

Das *Change Control Board* ist ein Steuerungsgremium, das im Rahmen des Konfigurationsmanagements eingerichtet wird. Seine Hauptaufgabe ist die Änderungssteuerung; d. h., es entscheidet über die Durchführung notwendig gewordener Änderungsprozesse. In diesem Gremium sollten Mitarbeiter aus allen Entwicklungsfunktionen (Systemplanung, Systemrealisierung, Systemabnahme) sowie möglichst auch die Auftraggeberseite vertreten sein. Die Leitung obliegt meist dem Projektleiter.

Aufgabe von sogenannten *Risk Review Boards* (RRB) ist es, für ein unternehmensweites präventives Risikomanagement bei allen Projekten, die mit einem hohen Risikogehalt behaftet sind, zu sorgen. In regelmäßigen Sitzungen des RRB werden die Risiken der in Frage kommenden Projekte aktuell bewertet und beurteilt; ggfs. entscheidet das RRB über angemessene Vorsorge- bzw. Absicherungsmaßnahmen. Ziel ist dabei die konsequente Risikoverfolgung über die gesamte Laufzeit der Projekte zur Vermeidung von technischen, wirtschaftlichen, vertraglichen, organisatorischen und personalbezogenen Risiken. In einem derartigen Risk Review Board sollten neben Kaufleuten und Fachspezialisten auch Vertreter der Geschäftsleitung und Juristen vertreten sein.

Entscheidungsgremien

Wenn ein großes Projekt besonders wichtig für ein Unternehmen ist oder wenn ein Projekt von unterschiedlichen Bereichen finanziert wird, so ist es häufig notwendig, dem Projektleiter ein Entscheidungsgremium beizuordnen. Dies darf allerdings nicht zu einer »Sozialisierung« der Verantwortung führen, so dass bei einem Entscheidungsbeschluss sich jeder der Mitglieder des Entscheidungsgremiums auf seinen Nächsten bezieht und – wenn sich die Entscheidung als Fehler erweist – es niemand (allein) gewesen sein will. Auch darf das Entscheidungsgremium den Projektleiter nicht aus seiner personifizierten Verantwortung entlassen, dafür muss es aber diesem die nötige Rückendeckung beim Beschaffen von Ressourcen und im politischen Umfeld geben. Häufig besteht die Gefahr, dass das Bestreben zur Einstimmigkeit den Entscheidungsprozess stark verlangsamt und Entscheidungen hinausgeschoben werden. Nur wenn die Mitglieder eines Entscheidungsgremiums – welches ja meist keinen Vorsitzenden hat – über einen ausreichenden Konsens verfügen, kann das Gremium seine Entscheidungsaufgabe erfüllen.

Typische Entscheidungsgremien sind *Entscheidungsinstanz, Entscheidungsausschuss Entscheidungskreis* und *Lenkungsausschuss.* Ihre Funktionen sind sehr ähnlich; eine definitorische Unterscheidung lässt sich kaum vornehmen. Dagegen haben die *Produktinstanz* bzw. *Produktkommission* sowie die *Systeminstanz* fest umrissene Entscheidungsfunktionen. Die Produktinstanz bzw. -kommission ist für einen bestimmten Produktbereich eingesetzt und nimmt alle Entscheidungen an den Zäsurpunkten des Produktlebenszyklus wahr. Hierzu gehören Aufgaben wie Prioritätenfestlegung, Entwicklungsstart, Fertigungsfreigabe, Vertriebsfreigabe, Lieferfreigabe, Produktveränderung und -streichung. Die Systeminstanz ist den einzelnen Produktinstanzen übergeordnet und soll die Systemgesamtheit über die einzelnen Produktbereiche wahren; deshalb ist jede Produktinstanz verpflichtet, unverzüglich die Systeminstanz anzurufen, sobald der Systemaspekt durch Produktentscheidungen wesentlich berührt wird.

Entscheidungsgremien können entweder in unregelmäßiger Folge zu relevanten Phasenabschnitten des Entwicklungsprozesses zusammentreten (z. B. Projektbeginn, Definitionsabschluss, Realisierungsbeginn, Projektabschluss) oder auch in einem festen Zeitrhythmus tagen (z. B. Beginn und Mitte des Geschäftsjahres). Handelt es sich um kleinere Projekte, die aber von unterschiedlichen Bereichen finanziert werden, kann das Entscheidungsgremium auch auf rein *postalischem* Wege wirken, indem der Projektleiter das Gremium durch Protokolle und Projektstatusberichte informiert und die Mitglieder des Entscheidungsgremiums ihre (genehmigenden) Unterschriften in den Projektantrag im Umlaufverfahren setzen.

Die meisten Entscheidungsgremien haben keinen Vorsitzenden oder Sprecher. Dies hat sich in der Praxis schon häufig als sehr nachteilig erwiesen, da im Laufe eines Projekts der Zusammenhalt und die gemeinsame Verantwortung um das Projekt sich abschwächen kann. Die Ernennung eines »Primus-inter-pares« ist hier empfehlenswert, da von ihm Impulse ausgehen können, die ein kraftvolles Wirken des Entscheidungsgremiums während der gesamten Projektzeit gewährleisten.

Kommunikationsgremien

Kommunikationsgremien stehen i. Allg. außerhalb eines bestimmten Projekts; sind also im strengen Sinne keine Projektgremien; sie dienen im Wesentlichen als Informationsdrehscheiben zwischen den Entwicklungsstellen der einzelnen Linienbereiche. Ähnlich den projekt- bzw. produktorientierten Beratungsgremien sollen sie den allgemeinen Informationsfluss steigern, um einerseits Parallelentwicklungen auf Grund eines Wissensmangels zu verhindern und andererseits Synergien zu fördern. Gerade im synergetischen Bereich sind bei einem großen Unternehmen sehr große Reserven und »Wissensschätze« vorhanden. Diese zu heben, muss durch ein konsequentes Wissensmanagement (siehe Kap. 3.5.4) intensiviert werden. Dem großen Vorteil der Flexibilität bei einer »Garagenfirma« steht nämlich der gewaltige Vorteil in der gegenseitigen Wissensbereicherung bei einem Großunternehmen gegenüber.

Kommunikationsgremien haben immer ein spezielles Wissensgebiet als Thema, wie z. B. Entwicklungsplanung- und -steuerung, SW-Technologie, CAD-Methoden und -Verfahren, Produktionssteuerungsverfahren, und sie sind oft überbereichlich besetzt. Die Bezeichnungen variieren auch hier sehr stark, teilweise bedient man sich auch aus sprachlichen Schwächen englischer Begriffe wie »SW-Board«, »Control-Board«, »Steering-Board« und »User-Club«. Die Ernennung eines Leiters für ein Kommunikationsgremium sollte selbstverständlich sein. Nur durch diesen kann ein langes und ergiebiges Arbeiten des Gremiums erreicht werden; er muss die Triebfeder des Ganzen sein. Fällt diese weg, so löst sich ein Kommunikationsgremium mit der Zeit auf Grund schwindenden Interesses meist von selbst auf.

Im Rahmen des allgemeinen Erfahrungsaustausches kann eine Gesamtkonzeption für einen umfassenden und gesteuerten Informati-

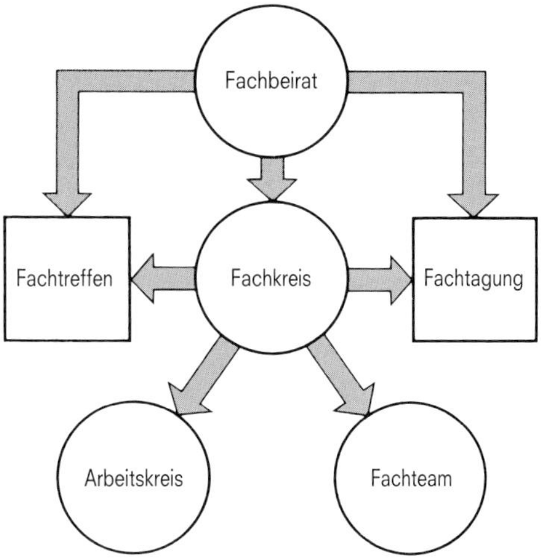

Bild 2.49
Verbund von Kommunikationsgremien

onsfluss (Bild 2.49) nützlich sein: Zu mehreren Grundsatzthemen aus den Entwicklungs- und Fertigungsbereichen werden Fachbereiche gebildet; diesen stehen *Fachkollegien* bzw. *Fachbeiräte* vor und setzen sich aus anerkannten Fachleuten aus allen Bereichen des Gesamtunternehmens zusammen. Sie fördern, organisieren und lenken in dem betreffenden Fachbereich den Erfahrungsaustausch der einzelnen Bereiche untereinander. Hiermit soll ein systematisches Nutzen des meist örtlich entstehenden Erfahrungsschatzes über die ganze Breite und in der ganzen Tiefe des Unternehmens erreicht werden.

Innerhalb der Fachbereiche sind *Fachkreise* zu speziellen Themen eingerichtet. Im Rahmen ihrer Fachaufgabe sollen diese durch eigene Ausarbeitungen, Untersuchungen, Diskussionen und Vorträge zum allgemeinen Erfahrungsaustausch beitragen.

In weiteren, temporär eingesetzten *Fachteams* und Arbeitskreisen können einzelne Aufgaben, die von besonderem Interesse sind, vertieft werden. Nach Erarbeiten bzw. Erfüllen ihrer Sonderaufgabe löst man diese Fachteams wieder auf.

Zusätzliche Fachtreffen und Fachtagungen dienen dem Informations- und Erfahrungsaustausch über den Kreis des einzelnen Fachkreises hinaus. Ein Fachtreffen dient dem internen Erfahrungsaustausch z. B. einer ganzen Fach-

Tabelle 2.8 Einsatz von Projektgremien

Projekt-gremium	Projektorganisation R-PO	E-PO	M-PO	A-PO	L-PO
Planungs-gremium		×	×		
Beratungs-gremium		×	×		(×)
Steuerungs-gremium			×		(×)
Entschei-dungs-gremium	(×)	×	×		(×)
Kommuni-kations-gremium	×	×	×	×	×

R-PO Reine Projektorganisation
E-PO Einfluss-Projektorganisation
M-PO Matrix-Projektorganisation
A-PO Auftrags-Projektorganisation
L-PO Projektmanagement in der Linie
(×) Nur bei überreichlicher Finanzierung

sparte; mit einer Fachtagung dagegen wird überbereichlich ein allgemeiner Interessentenkreis zu einem Grundsatzthema angesprochen.

Einsatz von Projektgremien

So förderlich die aufgezählten, überbereichlichen Projektgremien für die Planung und Steuerung von Projekten auch sind, so haben sie doch auch ihre Schwächen. In Planungsgremien kann man Projekte bereits in ihrer Geburtsstunde *zerreden;* Beratungsgremien können zu einem taktischen Instrument *entarten*, mit dem ein Projekt mehr gebremst als gefördert wird; Entscheidungsgremien können Verantwortungen und Kompetenzen *verwässern* und Kommunikationsgremien können zu »Selbstdarstellungsklubs« *ausufern.* Deshalb sollten solche Gremien nur eingerichtet werden, wenn sie unerlässlich sind und ihr erfolgreiches Wirken auch weitgehend gesichert ist.

In Tabelle 2.8 ist – bezogen auf die unterschiedlichen Formen einer Projektorganisation – der sinnvolle Einsatz dieser Gremien aufgezeigt.

Die Aufgaben eines Projektgremiums – egal welcher Ausprägung – sollten schriftlich festgehalten werden. Dies kann ähnlich wie die Stellenbeschreibung für den Projektleiter geschehen (siehe Bild 2.51). Die Beschreibung sollte hierbei folgende Punkte enthalten:

— Projektname,
— Bezeichnung des Gremiums,
— Leiter des Gremiums und Stellvertreter,
— Aufgabenbeschreibung,
— Lebensdauer,
— Mitglieder,
— Tagungs- bzw. Sitzungsfolge,
— Abstimmregeln,
— Form der Dokumentation und Information,
— Unterschriften der »Gründer«.

Mit einer solchen Aufgabenbeschreibung werden für alle Projektbeteiligten die Ziele und Aufgaben des betreffenden Gremiums gleichermaßen dokumentiert.

2.4.3 Projektleiter

Der Erfolg eines Projekts hängt entscheidend von der *Qualität* der Projektleiter-Besetzung ab. Einerseits muss der Projektleiter über das entsprechende fachliche Know-how sowie über ausgeprägte Fähigkeiten hinsichtlich Menschenführung und Kooperation verfügen. Unerlässlich für den Projektleiter ist aber auch eine klar umrissene Weisungs- und Entscheidungsbefugnis. Wenn in der Bewertung dieser beiden Punkte in der Phase der Projektgründung Fehler gemacht werden, ist das Projekt häufig bereits von Anfang an zum Scheitern verurteilt.

Mit dem Einsetzen eines Projektleiters soll vor allem erreicht werden, dass für das Projekt durch *Personifizierung der Verantwortung* klare und eindeutige Informations- und Entscheidungswege geschaffen werden. Die Erfahrung zeigt, dass man aber gerade hierin immer wieder zu große Kompromisse eingeht.

Häufig werden bei dem einen Projekt die Projektmitarbeiter dem Projektleiter nicht klar zugeordnet – der Projektleiter muss dann oft die Mitarbeit anderer erbetteln. Bei einem anderen Projekt werden aus politischen Gründen, d. h., meist aus Mangel an Entscheidungskraft gleich zwei Projektleiter benannt – obwohl dies dem Prinzip des Projektmanagements widerspricht. Es kommt auch vor, dass ein Einzelner gleichzeitig Projektleiter von mehreren Projekten sein soll; das »Tanzen auf mehreren Hochzeiten« ist aber in jedem Fall für eine effiziente Projektführung sehr schädlich. Personifizierte Verantwortung muss *unteilbar* bleiben.

Es gibt auch Projekte, die bereits in die Durchführungsphase eingetreten sind, und man immer noch keinen Projektleiter benannt hat, sei es, dass man keinen Kandidaten findet oder, dass man sich scheut, einem potenziellen Kandidaten die notwendigen Kompetenzen zu übertragen.

Aufgaben

Die Aufgabe des Projektleiters ist das Erreichen des definierten Projektziels unter Einhaltung des Kosten- und Terminrahmens bei voller Erfüllung des geforderten Leistungsumfangs und der geforderten Qualität. Der Projektleiter bestimmt hierbei vornehmlich den spezifizierenden und planenden Projektanteil, wogegen die Fachverantwortlichen den realisierenden Anteil übernehmen.

Zum Aufgabenspektrum eines Projektleiters zählen:

- ▷ Organisieren der Projektgruppen,
- ▷ Definieren und Strukturieren der technischen Aufgabenstellung,
- ▷ Planen und Kontrollieren der Projektaufgabe,
- ▷ Überwachen der betriebswirtschaftlichen Eckdaten des Projekts,
- ▷ Führen der Projektmitarbeiter,
- ▷ Koordinieren der Partnerstellen,
- ▷ Informieren der zuständigen Leitungsgremien,
- ▷ Durchführen des Projektabschlusses sowie
- ▷ Moderieren der Beratungs- und Steuerungsgremien.

Zur Unterstützung der kaufmännischen Belange sollte bei größeren Projekten dem Projektleiter ein »Projektkaufmann« zur Seite stehen, dem die gesamte Kostenplanung und Kostenverfolgung obliegt.

In den PM-Merkblättern 1, 13, 25 und 37 des Anhangs sind die Aufgaben angegeben, die der Projektleiter, bezogen auf eine bestehende Projektorganisation, in den einzelnen Projektabschnitten zu erfüllen hat. Umfang und Intensität dieser Aufgaben hängen allerdings stark von der Art des Entwicklungsvorhabens und von der Projektgröße ab.

Weisungs- und Entscheidungskompetenz

Der Projektleiter hat neben der Leitung und Verantwortung auch die Repräsentanz und Personalführung des Projekts; er muss das Projekt gegenüber dem Leitungskreis, den Auftraggebern sowie den Unterauftragnehmern vertreten; hinzu kommt die personelle und fachliche Betreuung der Mitarbeiter (»Coaching«). Vom Projektleiter wird auf sehr unterschiedlichen Gebieten viel verlangt, daher müssen ihm auch – wie bereits erwähnt – ausreichende Weisungs- und Entscheidungsbefugnisse übertragen werden. Zu diesen sollten gehören:

- ▷ Arbeitsverteilung in den Projektgruppen,
- ▷ Auftragsvergabe an fremde Stellen,
- ▷ Kontrolle und Steuerung aller Projektarbeiten,
- ▷ Einberufung der installierten Projektgremien sowie
- ▷ Mitspracherecht bei Personalentscheidungen (Versetzung, Einstellung, Gehaltslesung, Beurteilung etc.).

Natürlich hängt der Kompetenzumfang des Projektleiters von der Art der Projektorganisation und damit der Ein- bzw. Anbindung an die Linienorganisation ab.

Im Bild 2.50 ist schematisch der Umfang der Weisungs- und Entscheidungskompetenzen des Projektleiters in der jeweiligen Form einer Projektorganisation dargestellt. Sowohl in der reinen Projektorganisation, bei der ein informeller Einfluss durch die Nachbarbereiche besteht, als auch beim Projektmanagement in der Linie ist eine wirkliche Kompetenz-Eindeutigkeit vorhanden. Bei der Einfluss-Projektorganisation hat der Projektleiter nur einen koordinierenden Einfluss auf die in der Linie etablierten Entwicklungsstellen. Bei der Auftrags-Projektorganisation gibt es durch das klare Auftraggeber/Auftragnehmer-Verhältnis zwischen Linie und Projekt ein »Machtgleichgewicht«. Nur bei der starken sowie bei der schwachen Matrix-Projektorganisation gibt es einen breiten Konfliktbereich entweder mit Schwerpunkt bei der Linie oder beim Projekt.

Qualifikation

Bereichsleitung und Projektmitarbeiter haben bez. der Qualifikation eines Projektleiters z. T.

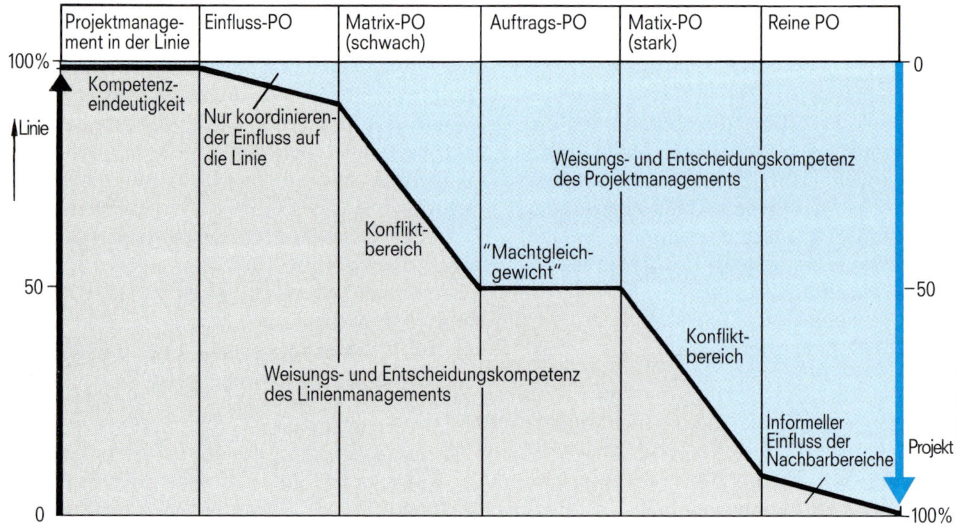

Bild 2.50 Weisungs- und Entscheidungskompetenz PO Projektorganisation

divergierende Erwartungen; so wünscht sich die obere Leitung eine dynamische und initiative Führungspersönlichkeit als Projektleiter; die Projektmitarbeiter dagegen möchten in dem Projektleiter vor allem einen fachwissenden und motivierenden Vorgesetzten haben.

Zu den besonderen Eigenschaften eines Projektleiters zählen u. a.

auf der persönlichen Seite:

- Eigeninitiative,
- Entscheidungsfreudigkeit,
- Motivationsfähigkeit,
- Kooperationsbereitschaft,
- Durchsetzungskraft,
- Delegationsbereitschaft,
- Einfühlungsvermögen und
- Konsequenz,

sowie zu den Fähigkeiten auf der fachlichen Seite:

- technisches Fachwissen,
- kaufmännische Kenntnisse,
- Kenntnisse der Unternehmensstruktur,
- Projektmanagement-Erfahrung,
- Wirtschaftlichkeitsdenken,
- Organisationstalent und
- Verhandlungsgeschick.

Natürlich kann der normale Projektleiter nicht auf allen Gebieten vorbildlich sein; durch die gezielte und fortsetzende Schulung potenzieller Projektleiter sollte aber versucht werden, sich den genannten Qualifikationszielen immer mehr zu nähern.

Stellenbeschreibung

Es bietet sich an, die Aufgaben und Kompetenzen des Projektleiters in einer eigenen Stellenbeschreibung festzulegen; sie sollte enthalten:

- Projektbezeichnung
- Projektkurzbeschreibung
- Projektleiter
- Stellvertretung
- Projektgremien
- Projektorganisation
- Aufgaben des Projektleiters
- Verantwortung
- Befugnisse
- Unterschriften.

Bild 2.51 gibt ein Beispiel für eine solche PL-Stellenbeschreibung; es kann als Anregung für ein bereichs- bzw. projektspezifisches formelles Festlegen der Funktion des Projektleiters dienen. Personifizierung der Verantwortung erfordert also, dass die Pflichten und Rechte des Projektleiters definiert und für die Projektumwelt eindeutig beschrieben sind. Missverständnisse bez. der Zuständigkeiten im Laufe der Projektdurchführung kann man damit häufig von vornherein vermeiden.

Projektleiter-Hierarchie

Innerhalb sehr großer Entwicklungsprojekte oder bei unternehmensüberschreitenden (interindustriellen) Projekten ist es meist erforderlich, für getrennte Teilprojekte, die in sich bereits ein großes Projekt darstellen, eigene (Unter-)Projektleiter zu ernennen. So können dann *Projektleiter-Hierarchien* entstehen ähnlich den Vorgesetzten-Hierarchien in einer Linienorganisation. Allerdings verfügt jeder Teil-Projektleiter unabhängig von der PL-Hierarchieebene über eine ihm direkt zugeordnete Projektgruppe.

Außerdem sind die Teil-Projektleiter dem Gesamt-Projektleiter nicht in einem üblichen Vorgesetzten-Untergebenen-Verhältnis zugeordnet, sondern es besteht zwischen ihnen – bezogen auf die auszuführenden Aufgaben – ein klar definiertes Auftraggeber/Auftragnehmer-Verhältnis, welches damit auch die Verantwortungen und Befugnisse klar abgrenzt. Insofern steht der Teil-Projektleiter auf ähnlicher Stufe wie der Gesamt-Projektleiter.

Auch für die Teil-Projektleiter sollte eine PL-Stellenbeschreibung vorliegen, um deren Aufgaben und Kompetenzen festzuschreiben und gegenüber den anderen Teil-Projektleitern klar abzugrenzen. Eine etwaige Verantwortungskonkurrenz ist in jedem Fall zu vermeiden.

2.4.4 Projektbüro

Planung, Überwachung und Steuerung von Entwicklungsprojekten erfordern im Rahmen eines durchgängigen Projektmanagements stets auch entwicklungsneutrale Tätigkeiten, die nicht unmittelbar der fachlichen Realisierung dienen, für den optimalen und reibungslosen Ablauf der Entwicklungsarbeiten jedoch außerordentlich wichtig sind. Hierbei ist es allerdings wesentlich rationeller, all diese entwicklungsneutralen Aktivitäten von einem se-

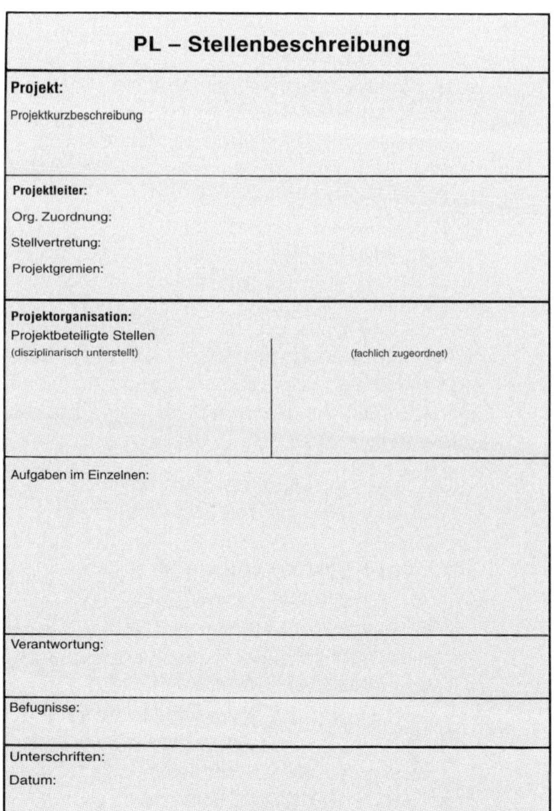
PL – Stellenbeschreibung

Projekt:
Projektkurzbeschreibung

Projektleiter:
Org. Zuordnung:
Stellvertretung:
Projektgremien:

Projektorganisation:
Projektbeteiligte Stellen
(disziplinarisch unterstellt) | (fachlich zugeordnet)

Aufgaben im Einzelnen:

Verantwortung:

Befugnisse:

Unterschriften:
Datum:
Entscheidungsinstanz | Projektleiter

Bild 2.51 PL-Stellenbeschreibung

paraten Projektbüro durchführen zu lassen als sie auf die vielen einzelnen Entwickler zu verteilen.

Das *Projektbüro* übernimmt alle entwicklungsflankierenden und -betreuenden Aufgaben. Dabei sollten die Mitarbeiter des Projektbüros möglichst von allen PM-fremden Aufgaben frei gehalten werden, damit sie über einen gewissen Freiraum verfügen, der notwendig ist, um den Gcsamtblick für das Projekt zu bewahren. Wird das Projektbüro nämlich mit zu vielen administrativen Aufgaben belastet, so wird dies zu einem Qualitätsverlust des gesamten Projektmanagements führen. Ein Projektbüro darf nicht zu einem bloßen »Papiersammler und -verteiler« degradiert werden.

In vielen Entwicklungsbereichen gibt es bereits Projektbüro-ähnliche Dienststellen, die z. T. sehr unterschiedliche Bezeichnungen haben, z. B.:

— Projektleitungsbüro,
— Projektplanungsbüro,
— Netzplanbüro,
— Projektunterstützung (PU),
— Projektmanagement-Office (PMO),
— Projektmanagement-Büro (PM-Büro),
— Auftragsbüro.

Die jeweiligen Aufgabenspektren können sehr voneinander abweichen. Manche dieser Projektbüros greifen stark in das Entwicklungsgeschehen ein; so weit, dass sie sogar über eigene Entwicklungsfachleute verfügen. Andere haben nur Sorge für eine vollständige und aktuelle Projektberichterstattung zu tragen, also mehr eine *PM-Administration* darzustellen.

Aufgaben

Die vom Projektbüro durchzuführenden Aufgaben lassen sich in drei Bereiche einordnen. Es handelt sich hierbei um Planungs-, Erfassungs- und Informationsaufgaben.

Planungsaufgaben

▷ Beim Strukturieren des Entwicklungsvorhabens (Produktstruktur, Projektstruktur, Kontenstruktur) mitarbeiten,
▷ Aufwands- und Terminpläne (z. B. Netzpläne) erstellen,
▷ Netzplanvarianten simulieren,
▷ Aufwands- und Terminpläne mittels eines Rückmeldewesen aktualisieren,
▷ kritische Projektteile aufzeigen,
▷ bei Aufwandsschätzungen (z. B. Schätzklausuren) mitwirken,
▷ an Projektdurchsprachen teilnehmen,
▷ FuE-Planung unterstützen.

Erfassungsaufgaben

▷ Projektstammdaten erfassen,
▷ Stundenkontierungsbelege erzeugen,
▷ Stundenkontierungsbelege verteilen und einsammeln,
▷ erfasste Daten gegen den Netzplan, Kontenplan etc. plausibilisieren,
▷ Istdaten an die Kostenverrechnungsverfahren weiterleiten,
▷ Terminrückmeldedaten erfassen.

Informationsaufgaben

▷ Projektdaten-Auswertungen generieren,
▷ Projektpläne und Projektberichte erstellen,
▷ Netzpläne plotten,
▷ Teilnetzpläne verteilen,
▷ Entscheidungsunterlagen für die Projektleitung vorbereiten,
▷ Projektberichte für die Bereichsleitung erstellen,
▷ Projektdatenbasis aufbauen und aktualisieren,
▷ Informationen für die Erfahrungsdatenbank aufbereiten.

Neben diesen »klassischen« Aufgaben kann ein Projektbüro noch weitergehende Aufgaben übernehmen, die intensiver in die Entwicklung eingreifen. Hierzu gehören z. B.:

— Inspektionen (Review-Tätigkeiten),
— Aufgaben im Rahmen der Qualitätssicherung,
— EFQM-Selbstbewertung (Self Assessment),
— Datensammlung zur Erfahrungssicherung,
— Verfahrensabwicklung des Konfigurationsmanagement-Systems (KMS),
— Abnahmeprozedur der Meilenstein- bzw. Phasenabschlussergebnisse sowie
— vertriebsorientierte Tätigkeiten (z. B. Vertragswesen).

Das Projektbüro stellt insgesamt die Schnittstelle zwischen den einzelnen Entwicklungsgruppen, der FuE-Kaufmannschaft und der Bereichsleitung dar.

Organisatorische Einbettung

Ein Projektbüro kann für ein einziges Projekt installiert werden, wenn dieses über eine entsprechende Größe verfügt; man kann es aber auch für mehrere kleine Projekte einrichten, um so eine Zusammenfassung gleichartiger PM-Tätigkeiten zu erreichen.

Allgemein kann man bei der organisatorischen Einbettung drei Formen unterscheiden:

▷ Zentrale PM-Dienstleistung
▷ Dezentralisierte PM-Dienstleistung
▷ Aufgeteilte PM-Dienstleistung.

Zentrale PM-Dienstleistung

Eine zentrale PM-Dienstleistung bietet sich vor allem bei großen bis sehr großen Entwicklungsprojekten an, bei denen die *Projektgesamtheit* in der Projektplanung und -kontrolle einen hohen Stellenwert hat.

Das Projektbüro stellt hier quasi die »rechte Hand« der Projektleitung dar. Es darf aber nicht zum reinen »Befehlsvollstrecker« der Projektleitung werden, weil sonst leicht eine Polarität zwischen Entwicklung und Projektbüro entsteht. Bewährt hat es sich daher, für die organisatorische Aufhängung eines zentralen Projektbüros eine ähnliche Konstruktion zu wählen wie für die Funktion des Systemengineering, das bekanntlich die systemtechnische Kontrolle eines Entwicklungsprojekts übernimmt (Bild 2.52).

Das Projektbüro ist weder der Projektleitung noch der Entwicklung unmittelbar zugeordnet, sondern hat die Stellung eines unabhängigen Referats. Diese Einordnung zwischen der Projektleitung und den Projektgruppen hat den großen Vorteil, dass das Projektbüro die Funktion eines *Mittlers* einnehmen kann. Nur wenn gewährleistet ist, dass von »unten« kommende negative Projektinformationen nicht sofort »oben« zum Nachteil einzelner ausgewertet werden, ist ein ehrliches Rückmeldewesen sowohl bez. der Termine als auch der Aufwände möglich; dies ist aber Grundvoraussetzung für eine zielgerichtete Projektplanung und -steuerung.

Die vorstehend gezeigte Einbettung des Projektbüros ist im Prinzip unabhängig von der vorhandenen Projektorganisation. So ist z. B. sowohl bei einer reinen Projektorganisation als auch bei einer Matrixorganisation die Einrichtung eines zentralen Projektbüros angebracht.

Dezentralisierte PM-Dienstleistung

Handelt es sich nicht um das Projektmanagement eines einzigen großen Entwicklungsprojekts, sondern um das mehrerer kleinerer Projekte, so ist i. Allg. – aus Kostengründen – das Einrichten vieler einzelner (projekteigener) Projektbüros nicht angängig. Hier bietet es sich an, einen *Pool* gut ausgebildeter Projektassistenten aufzubauen, aus dem je nach Projektgröße »Projektassistenz« abrufbar ist. Die disziplinarisch zum zentralen Projektbüro gehörenden Projektassistenten werden temporär den einzelnen Projekten zugeordnet und führen dort für die Dauer des betreffenden Projekts Aufgaben im Rahmen des »örtlichen«

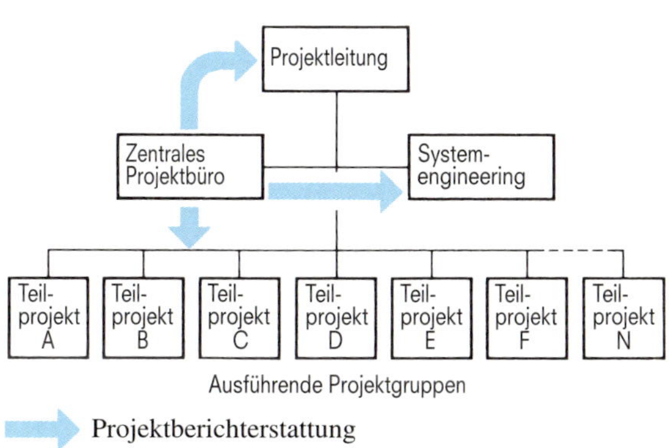

Bild 2.52
Zentrale PM-Dienstleistung

Projektmanagements aus; häufig kann hierbei der einzelne Projektassistent sogar mehrere Projekte parallel betreuen.

Zu den wesentlichen Aufgaben solcher »auszuleihenden« Projektassistenten gehören:

— Umformen der jeweiligen Plankonzepte in projektspezifische Einzelpläne,
— DV-mäßiges Erfassen der Plan- und Istdaten,
— Aufbau und Aktualisieren von Netzplänen,
— Erstellen und Verteilen von Projektplänen und Projektberichten sowie
— allgemeine PM-Unterstützung der einzelnen Projektleiter bei Projektbesprechungen.

Der Vorteil einer *dezentralisierten* PM-Dienstleistung liegt einerseits in der optimalen Auslastung des PM-Personals, aber auch in der gleichartigen und gleichwertigen PM-Durchdringung; d.h., trotz dezentraler Durchführung der PM-Aufgaben werden bei allen Projekten dieselben PM-Methoden und -Werkzeuge verwendet. Deshalb kann das zentrale Projektbüro auch – falls gewünscht – die verschiedenen Projektdaten sehr leicht auf einer höheren Komprimierungsebene im Rahmen seiner projektüberschreitenden Aufgaben zusammenführen.

Das Einrichten eines zentralen Projektbüros mit dezentralisierter PM-Dienstleistung bietet sich besonders bei Kleinprojekten – z. B. im Rahmen einer Multiprojektplanung – an, die innerhalb einer Linienorganisation abgewickelt werden sollen.

Aufgeteilte PM-Dienstleistung

In größeren Entwicklungsbereichen mit mehreren Entwicklungsabteilungen kann es sinnvoll sein, die gesamte Projektplanung und -steuerung zweistufig vorzunehmen. Auf der *Detaillierungsebene* (low level) werden die einzelnen Projekte innerhalb der jeweiligen Entwicklungsabteilung z. B. mit der Netzplantechnik durchgeplant (und dann auch kontrolliert). Nur die Projekt-Eckdaten werden anschließend auf einer höheren *Komprimierungsebene* (high level) über alle Entwicklungsabteilungen zusammengefasst und ermöglichen dort einen Gesamtüberblick über den gesamten Entwicklungsbereich.

Für die PM-Dienstleistung ist hierbei eine Aufteilung erforderlich: Jede Entwicklungsabteilung erhält ihre eigene Dienststelle zur Projektunterstützung (PU-Stelle), die methodenfachlich aber einem gemeinsamen Projektbüro zugeordnet ist (Bild 2.53). Die örtliche PU-Stelle übernimmt alle abteilungsinternen PM-Dienstleistungen, und das (zentrale) Projektbüro sorgt für das Aggregieren der Projektdaten auf höherer Ebene.

Die Vorteile einer solchen PM-Dienstleistung liegen sowohl in der Wahrung einer gewissen Intimität der abteilungsinternen Planung auf der Detaillierungsebene als auch in der größeeren Flexibilität des gesamten Planungsgeschehens. Da nur die Eckdaten eines Projekts nach oben zu geben sind, kann man nämlich auf der Detaillierungsebene die vielen kleinen Plankorrekturen leichter und schneller verarbeiten.

Die erforderliche Personalstärke für eine aufgeteilte PM-Dienstleistung ist naturgemäß etwas größer als bei einer zentralen oder dezentralisierten.

Personalstärke

Wegen der unterschiedlichen Tätigkeitsfelder eines Projektbüros muss es – hinsichtlich Anzahl und Qualifikation der Mitarbeiter – adäquat ausgestattet sein. So sollte ein Projektbüro für ein großes Entwicklungsprojekt, bei dem die Netzplantechnik angewendet wird, mindestens verfügen über je einen

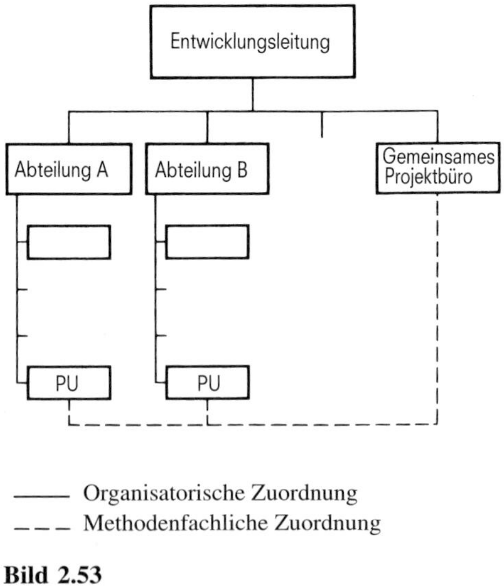

Bild 2.53
Aufgeteilte PM-Dienstleistung

▷ Projektorganisator,
▷ Netzplantechniker (Termin-Controlling),
▷ Sachbearbeiter für Stundencontrolling,
▷ Betriebswirtsch. Controller.

Die absolute Anzahl Mitarbeiter hängt sowohl von der PM-Durchdringung im betreffenden Entwicklungsbereich als auch von der Größe des Projekts bzw. der zu betreuenden Projekte ab. Auch können in einem kleinen Projektbüro die vorgenannten Aktivitäten auf weniger Personen konzentriert werden, wenn die einzelnen Aufgaben, wie z. B. das Bearbeiten der Stundenkontierung, nicht einen Full-time-Job darstellen. Das Qualifikationsprofil der ausgewählten Mitarbeiter muss allerdings das Zusammenlegen unterschiedlicher Aufgaben auf eine Person zulassen.

Ausgehend von den in Kap. 1.4 erwähnten Untersuchungen über die Projektmanagement-Kosten kann für die optimale Anzahl Mitarbeiter eines Projektbüros, abhängig vom zu betreuenden Projektvolumen, ein Kurvenverlauf nach Bild 2.54 abgeleitet werden.

Da einerseits die Stundensätze für die einzelnen Mitarbeiter stark variieren können und die Kostenaufteilung zwischen Personal und Material bei den Projekten unterschiedlich ist und andererseits auch das Aufgabenspektrum sehr unterschiedlich sein kann, ist eine generelle Angabe für das Zahlenverhältnis zwischen Anzahl Mitarbeiter im Projektbüro zur gesamten Entwicklungsmannschaft nicht möglich. Als Leitgrößen für mittlere und sehr große Projektvolumina können aber folgende Verhältniszahlen (PM-Betreuungsanteil) gelten:

Mittleres Projektvolumen (etwa 10′ EUR/Jahr)

$$\frac{\text{Kosten des Projektbüros}}{\text{Gesamtprojektkosten}} = 3\%$$

$$\frac{\text{Mitarbeiter des Projektbüros}}{\text{Entwicklungsmannschaft}} = 4\%$$

Sehr großes Projektvolumen
(etwa 100‘ EUR/Jahr)

$$\frac{\text{Kosten des Projektbüros}}{\text{Gesamtprojektkosten}} = 1\%$$

$$\frac{\text{Mitarbeiter des Projektbüros}}{\text{Entwicklungsmannschaft}} = 1{,}5\%$$

Als Durchschnittswert können für das Kostenverhältnis 2% und für das Mitarbeiterverhältnis 3% dienen. In diesen Aufwands- und Kostenzahlen sind natürlich nicht die gesamten Aufwendungen für das Projektmanagement enthalten, da ja noch an anderen Stellen, wie z. B. bei den Projekt- und Gruppenleitern, PM-Aufgaben wahrgenommen werden.

Die in dem Bild 2.54 angegebenen Werte mögen im Einzelnen höher (oder auch niedriger) liegen und vielleicht zu der kritischen Frage führen, ob denn ein so hoher Aufwand allein für ein Projektbüro gerechtfertigt ist. Entscheider lassen sich nicht selten dazu verleiten, auf ein Projektbüro zu verzichten, nach dem Motto: Das machen die Entwickler schon selbst, die können es sowieso besser, und billiger ist es auch. Diese Argumentation ist nicht stichhaltig, da das *diversifizierte* Durchführen

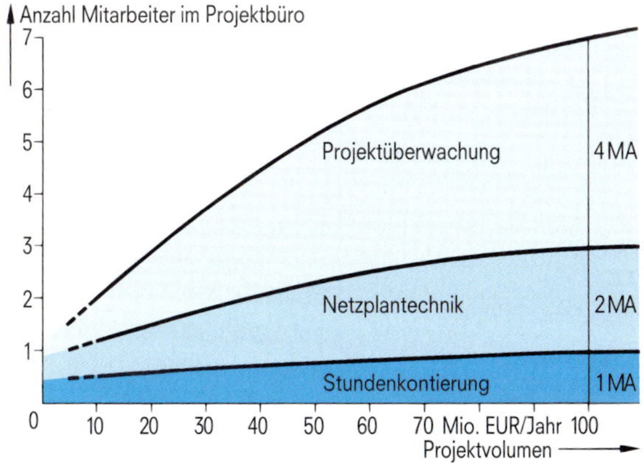

Bild 2.54
Personalstärke eines Projektbüros

von PM-Aufgaben durch die einzelnen Entwickler unterm Strich erheblich aufwendiger und damit teurer als die zentrale Durchführung in einem Projektbüro ist. Zudem ist eine mehr individualisierte Projektführung mit viel mehr Risikofaktoren behaftet als eine gesamtheitliche.

Das Zusammenfassen aller generellen PM-Aufgaben in einem separaten Projektbüro hat im Wesentlichen folgende Vorteile:

- ▷ ganzheitliches Projektcontrolling,
- ▷ Vollständigkeit der Projektparameter (Termin, Aufwand und Kosten),
- ▷ hohe Aktualität der Projektdaten,
- ▷ rationelle Sammlung und Erfassung der Projektdaten,
- ▷ rationelle Erstellung der erforderlichen Projektpläne und Projektberichte,
- ▷ selektive und gezielte Projektberichterstattung,
- ▷ große Treffsicherheit von Projektsteuerungsmaßnahmen,
- ▷ intensive Kommunikation zwischen den einzelnen Projektgruppen.

Wie ersichtlich, ist das Einrichten eines Projektbüros deshalb auch aus wirtschaftlichen Gründen sinnvoll.

2.5 Prozessorganisation

2.5.1 Gliederung des Entwicklungsprozesses

Signifikantes Merkmal eines Projekts ist bekanntlich der definierte Anfang und das definierte Ende. Für ein zielgerichtetes Abwickeln des Entwicklungsvorhabens ist es erforderlich, zwischen diesen beiden Eckterminen weitere, klar vorgegebene Zeitabschnitte einzufügen. Erst hierdurch wird eine über einen längeren Zeitraum laufende Entwicklung für das Projektmanagement überschaubar und damit kontrollierbar.

In den Entwicklungsbereichen der meisten Unternehmen hat es sich daher durchgesetzt, die jeweiligen Entwicklungsabläufe in fest vorgegebene Entwicklungsphasen zu gliedern.

Definitionsrahmen von Prozessplänen

Der Entwicklungsprozess wird durch den »Prozessorganisationsplan«, kurz Prozessplan, beschrieben; er ist durch spezielle Richtlinien oder durch das Entwicklungshandbuch definiert und bestimmt, hierzu zählen

- ▷ Phasenziele,
- ▷ produkt- und projektbezogene Phasenergebnisse,
- ▷ Phasenabschlüsse und
- ▷ Kontrollinstanzen.

Phasenziele

Das Festlegen des jeweiligen Phasenziels umfasst die fachliche Beschreibung der Teilaufgaben, die in der betreffenden Entwicklungsphase durchgeführt bzw. realisiert werden müssen. Phasenziele sind z. B. das Festlegen der HW/FW/SW-Funktionsteilung, das Erstellen eines HW-Funktionsmusters oder das Austesten eines SW-Moduls.

Produkt- und projektbezogene Phasenergebnisse

Produktbezogene Phasenergebnisse sind »anfassbare« Zwischenprodukte, wie Leistungsbeschreibungen, Source-Programme, Prinzipmuster, Test- und Prüfberichte; sie liegen entweder als Hardware, als Software oder als Dokumentation vor.

Zu den *projektbezogenen* Phasenergebnissen gehören vor allem die Projektpläne und Projektberichte, also Pläne wie Projektstrukturplan, Einsatzmittelplan und Kostenplan sowie Berichte, wie Reviewprotokoll, QS-Bericht und Phasenabschlussbericht.

Gemeinsam ist diesen Phasenergebnissen, dass sie innerhalb der vorliegenden Prozessorganisation inhaltlich eindeutig beschrieben sind, so dass keine Unklarheit darüber besteht, *was* und mit *welchem Inhalt* bei Abschluss einer bestimmten Entwicklungsphase vorliegen muss.

Phasenabschlüsse

Phasenabschlüsse haben einen offiziellen Charakter im Projektablauf; sie regeln die Abnahmeprozedur für Entwicklungszwischenergebnisse und stellen damit die Entscheidungszäsuren für den weiteren Projektverlauf dar. Phasenabschlüsse werden bei kleineren Projekten durch den Projektleiter selbst, bei größeren Projekten durch besondere Kontrollinstanzen wahrgenommen. In Phasenentscheidungssitzungen (PES) werden die einzelnen Phasenergebnisse der abzuschließenden Entwicklungsphase eingehend geprüft und begutachtet. Ist dies positiv verlaufen, wird die Entscheidung zum weiteren Fortführen der Entwicklung und damit zur Eröffnung der nächsten Phase getroffen. Fällt die Beurteilung der Phasenergebnisse dagegen negativ aus, so kann die Phasenentscheidungsinstanz die Wiederholung einzelner Phasenabschnitte fordern oder auch den Abbruch des gesamten Projekts veranlassen.

Kontrollinstanzen

Neben einer Phasenentscheidungsinstanz können in einer Prozessorganisation noch weitere Kontrollinstanzen festgelegt und deren Arbeitsweise geregelt werden. Zu solchen Kontrollinstanzen zählen z. B. Qualitätssicherungsstellen, Review-Gruppen, Prüfstellen; aber auch das Projektbüro stellt eine Kontrollinstanz dar. Kontrollinstanzen sollten organisatorisch möglichst unabhängig von den Entwicklungsstellen sein, um jegliche Beeinflussung zu vermeiden.

Bei größeren, vor allem bei überbereichlichen Projekten empfiehlt es sich, einen *Phasenverantwortlichen* zu ernennen, der in besonderem Maß für die erarbeiteten Ergebnisse einer bestimmten Phase zuständig ist und die qualitative, wirtschaftliche und termingerechte Ausführung der technischen Planungsvorgaben sowie die Richtigkeit des angegebenen Mengengerüsts für die Projektpläne und -berichte zu verantworten hat.

Arten von Prozessorganisationen

Die einzelnen Entwicklungsphasen sind in einem Prozessorganisationsplan generell festgelegt; er bestimmt damit die Organisation des gesamten Entwicklungsprozesses. Da die einzelnen Entwicklungsbereiche in der Elektrotechnik sehr verschiedenartig sind – die Entwicklungen reichen von der Grundlagenforschung bis hin zum Großanlagenbau –, liegen zwangsläufig spezifische Entwicklungsprozesse vor; damit sind für diese unterschiedlichen Entwicklungen auch spezifische Prozessorganisationen erforderlich. Es gibt immer wieder Verfechter der Theorie, dass man für alle Entwicklungen einen *einheitlichen* Prozessablauf definieren könne. Die Praxis zeigt aber, dass dieses Anliegen unsinnig ist. Jeder arteigenen Entwicklung muss eine eigene, ablauf- und aufgabenoptimierte Prozessorganisation zugestanden werden, wobei die Entwicklungsabläufe allerdings nicht einer so großen Prozessinnovation unterliegen wie z. B. die Abläufe in einer Fertigung.

Ganz besonders unterscheiden sich die HW- und SW-Entwicklungsprozesse voneinander, da es sich hier um so völlig andersartige Entwicklungsobjekte handelt – auf der einen Seite die Herstellung materieller Ware und auf der anderen Seite die Herstellung immaterieller Ware (z. B. in Form eines Rechnerprogramms). Allerdings ist im Zug des Wandels von der Elektromechanik zur Elektronik häufig eine HW- oder SW-isolierte Entwicklung nicht mehr angängig. Vielmehr muss der HW-Prozess in vielen Fällen in enger Abstimmung mit dem SW-Prozess durchgeführt werden. Auch muss die Anbindung der HW-Entwicklung an den nachfolgenden Fertigungsprozess klar definiert sein; anderenfalls treten erhebliche Schwierigkeiten beim Anlauf der Serienfertigung auf.

Man kann von drei Formen einer Prozessorganisation sprechen, die sich im Ausmaß der Prozesskoordination zwischen Hardware und Software unterscheiden:

▷ Entkoppelte Prozessorganisation
▷ Koordinierte Prozessorganisation
▷ Integrierte Prozessorganisation.

Entkoppelte Prozessorganisation

Bei einer entkoppelten Prozessorganisation läuft die SW-Entwicklung völlig unabhängig von der HW-Entwicklung ab. In solchen Prozessorganisationen wird z. B. die Entwicklung von Anwendersoftware oder die Entwicklung von OI-Verfahren durchgeführt (siehe Kap. 2.5.2). Ein Abstimmen zwischen HW- und SW-Entwicklung ist hier nicht notwendig, da exakte Schnittstellenkonventionen, z. B. in Form einer SVC-Sprache (supervisor call) als Aufrufsprache an das Betriebssystem, eine besondere Abstimmung überflüssig machen. Werden die vorgegebenen Schnittstellenkonventionen eingehalten, so passt die zu entwickelnde Software zwangsläufig auf die Hardware.

Produktentwicklungen, die überhaupt keine Software umfassen, wie z. B. Haushaltsgeräte oder klassische Produkte des Elektromaschinenbaus, werden ebenfalls in entkoppelten Prozessorganisationen durchgeführt

Koordinierte Prozessorganisation

Von einer koordinierten Prozessorganisation spricht man, wenn die SW-Entwicklung weitestgehend selbstständig betrieben und nur an bestimmten Meilensteinen eine Koordination zur HW-Entwicklung erforderlich wird. Dies ist z. B. bei einer Betriebssystementwicklung der Fall. Hier sind die systemtechnischen Schnittstellen zwischen HW-Prozessor und System-Software so eindeutig, dass nur bei bestimmten Prozessabschnitten, besonders während der Systemintegration, ein terminliches und fachliches Zusammenwirken beider Entwicklungsabläufe notwendig ist.

Darüber hinaus können bei koordinierten Prozessorganisationen bestimmte Prozessabschnitte für Hardware und Software sogar gemeinsam verlaufen, wie z. B. die Systemplanung am Prozessanfang und der Systemtest am Prozessende. Hier wird nur die eigentliche Realisierung der Hardware und der Software in getrennten Prozessabläufen durchgeführt (siehe auch Kap. 2.5.3).

Integrierte Prozessorganisation

Eine integrierte Prozessorganisation ist angebracht, wenn die HW-Entwicklung während des gesamten Entwicklungsprozesses so eng mit der SW-Entwicklung zusammenwirken muss, dass eine ununterbrochene Abstimmung zwischen diesen beiden Entwicklungszweigen für den Realisierungserfolg unabdingbar ist.

Dies ist besonders der Fall bei der Entwicklung intelligenter Endgeräte. Hier muss nicht nur eine Software für das Endprodukt selbst entwickelt werden; eine solche ist vielmehr auch für die einzelnen Entwicklungsstufen der Hardware zu erstellen, also z. B. jeweils eine Software für das Prinzipmuster, für das Funktionsmuster und für den Prototyp. Die jeweilige SW-Entwicklung wird dabei sehr stark von dem aktuellen Entwicklungsstand der Hardware beeinflusst. Kap. 2.5.4 beschreibt eine solche integrierte Prozessorganisation aus dem Bereich der Kommunikationsendgeräte-Entwicklung.

Lineare Prozessgliederung

Wie dargelegt, kann ein Entwicklungsablauf auf Grund prozessbedingter Abhängigkeiten unterschiedlich gestaltet und gegliedert werden. Bild 2.55 zeigt eine schematisch mögliche Prozessunterteilung.

Ein Prozessorganisationsplan kann hierarchisch aufgebaut sein; d. h. es gibt mehrere Ebenen der Beschreibung von Entwicklungsabschnitten, wie

1. Ebene:	Prozessabschnitte,	z. B. Planung
2. Ebene:	Prozessphasen,	z. B. Systementwurf
3. Ebene:	Prozessschritte, (≙ Meilenstein),	z. B. Prüfmittel-, Leistungsbeschreibung.

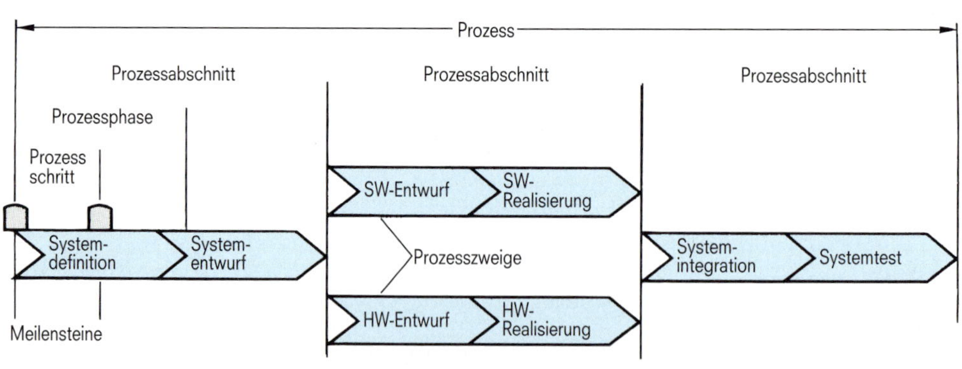

Bild 2.55 Unterteilung des Entwicklungsprozesses

Gemäß diesen Prozessebenen sind dann natürlich auch die Zäsurpunkte festgelegt. Entwicklungsabschlüsse der 1. Ebene sind von besonderer Relevanz für die Bereichsleitung, die der 2. Ebene für die Projektleitung und die der 3. Ebene für den einzelnen Entwickler.

Darüber hinaus können ganz bestimmte Entwicklungsabschlüsse, die für die Projektaußenwelt, also für den Auftraggeber, für den Kunden bzw. für den Vertrieb, von ausschlaggebender Bedeutung sind, als besondere Entwicklungseckpfeiler definiert werden. Diese Entwicklungszwischenstände bezeichnet man auch als *Entwicklungs-Schlussstriche* oder *Baselines;* sie charakterisieren einen Entwicklungsstand, der im Entwicklungsauftrag vertraglich festgehalten ist. Leistungsumfang, Kosten und Termin sind zu diesen Fixpunkten eindeutig festgelegt worden. Die in Kap. 2.1.4 beschriebenen Produktvereinbarungen (PV) werden vielfach solchen Entwicklungszwischenständen zugeordnet, z. B. die Produktvereinbarung-Durchführung (PV-D) zum Zeitpunkt der Anforderungs-Baseline und die Produktvereinbarung-Fertigung (PV-F) zum Zeitpunkt der Entwicklungs-Baseline.

Ein Prozessorganisationsplan sollte nur so viel Phasen umfassen, wie dies für die Größe und Art des Entwicklungsvorhabens adäquat ist. Jede zusätzliche Prozessunterteilung führt zwangsläufig zu einem größeren Planungs- und Überwachungsaufwand. Eine »Flexibilisierung« der Phasenanzahl in Entwicklungsbereichen mit einheitlicher Prozessorganisation wird dadurch erreicht, dass man bei kleineren Projekten mehrere Phasen zu einem einzigen Entwicklungsabschnitt zusammenfasst, wogegen bei größeren Projekten alle Phasen explizit durchlaufen werden. Tabelle 2.9 enthält eine Empfehlung für die optimale Phasenanzahl abhängig von der Projektgröße.

Tabelle 2.9
Optimale Phasenanzahl abhängig von der Projektgröße

Projektgröße	Entwicklungs-aufwand	Anzahl der Prozess-phasen
Sehr kleine Projekte	<5 MM	1
Kleine Projekte	5 MM bis 5 MJ	3
Mittlere Projekte	5 MJ bis 50 MJ	5
Große Projekte	50 MJ bis 500 MJ	6
Sehr große Projekte	>500 MJ	≥ 7

Prototyping

In der Software-Entwicklung hat sich mittels moderner objektorientierter Entwurfs- und Programmierungssprachen ein Prozessablauf als vorteilhaft erwiesen, der nicht linear verläuft, sondern mehrere Erprobungsschleifen durchläuft. Dieses so genannte *Prototyping* bindet den zukünftigen Benutzer unmittelbar in das Design und damit in die Realisierung des zu entwickelnden Anwendungssystems ein.

Wie in dem Bild 2.56 in einer vereinfachten Darstellung gezeigt, wird das geplante Anwendungssystem mit seinen Funktionen und seiner Benutzeroberfläche nicht am »grünen Tisch« vollständig durchgeplant und dann auf Basis der erstellten Entwurfsunterlagen realisiert – in der Hoffnung, dass das erzeugte Produkt auch allen Benutzerwünschen genügt. Stattdessen wird zuerst ein einfaches Anforderungsmodell entworfen, mit dem die Benutzeroberfläche in seinen Grundfunktionen nachgebildet wird, wobei die eigentlichen Funktionen nur als »Dummy« enthalten sind. Anhand dieses Modells wird der Benutzungsablauf gemeinsam mit dem künftigen Benutzer »durchgespielt«; hierbei werden Mängel und Unschönheiten im Dialogablauf aufgedeckt und umgehend in dem Anforderungsmodell korrigiert. Bei entsprechender Akzeptanz durch den Benutzer wird – aufbauend auf das Anforderungsmodell – ein umfassenderes Entwurfsmodell erstellt. Mit diesem werden ebenfalls eingehende Benutzertests durchgeführt, die wiederum zu Verbesserungen der vorliegenden Modelle führen.

Ist schließlich der Benutzer mit der so konzipierten Benutzeroberfläche einverstanden, wird auf Basis eines aus dem Entwurfsmodell entwickelten Realisierungsmodells das gewünschte Anwendungssystem realisiert.

Eine solche Vorgehensweise des Prototypings, die den Benutzer mit in die Festlegung der Eigenschaften und des Dialogablaufes der Benutzeroberfläche einbindet, ermöglicht eine sehr schnelle und zielgerichtete Realisierung,

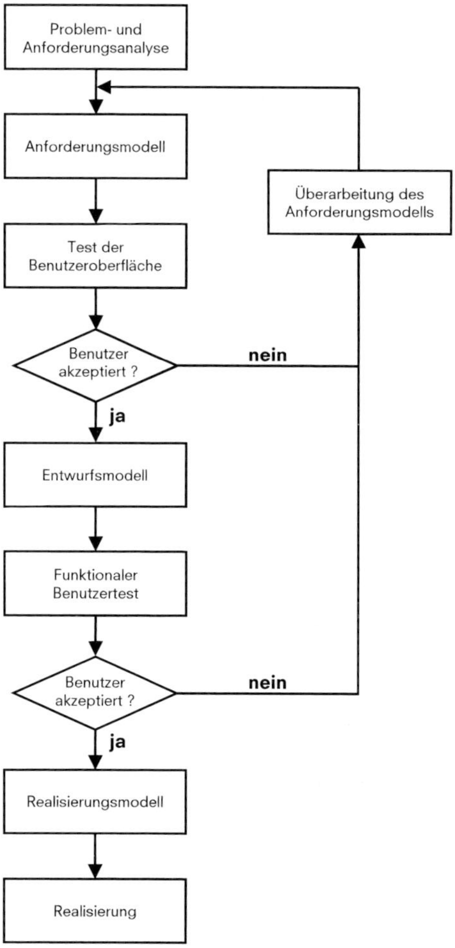

Bild 2.56 Ablaufschema Prototyping

die weitestgehend die Kundenwünsche erfüllt. Voraussetzung für eine solche Software-Entwicklung ist allerdings, dass Entwurfs- und Modellierungswerkzeuge vorhanden sind, die ein leichtes Prototyping unterstützen, wie z. B. die Entwurfssprache Visual Basic von Microsoft oder auch die Entwurfstools des SAP-Systems.

Prozessgliederung mit Meilensteinen

Der in einzelne Prozessschritte gegliederte Entwicklungsprozess besteht häufig nicht aus einer sequenziellen Folge dieser Einzelschritte, sondern wird bestimmt durch eine z. T. große Überlappung der einzelnen Entwicklungsabschnitte. Es handelt sich dann – wie in Bild 2.57 anhand eines Beispiels aus der SW-Entwicklung gezeigt – nicht mehr um eine reine (serielle) *Prozesskette,* sondern um ein *Prozessnetz.* Der Grund liegt darin, dass viele Entwicklungsaufgaben in ihrer Durchführung über lange Strecken unabhängig voneinander sind und diese deshalb zeitlich parallel vorangetrieben werden können. Ein zwanghaftes Synchronisieren zu einem gemeinsamen Phasenabschluss wäre hier kontraproduktiv. Aus rein formellen Gründen müssten eventuell bestimmte Entwicklungsaufgaben auf andere warten, obwohl sie – ohne negative technische Auswirkungen auf das Gesamtprojekt – bereits fortgesetzt werden könnten. Die Möglichkeit eines früheren Fertigstellungstermins würde man hierdurch vergeben.

Der Entwicklungsprozess muss bei einer vernetzten Entwicklung als Ganzes betrachtet werden; es ist deshalb sinnvoller, mehr Augenmerk auf die *Meilensteine* eines Entwicklungsablaufs zu legen. Die Entscheidungszäsur liegt dann nicht mehr bei dem (zwanghaft) gemeinsamen Ende einer Phase für alle Arbeitspakete, sondern an einzelnen Fertigstellungspunkten besonders wichtiger Tätigkeitsabschnitte, den Meilensteinen. Die einzelnen Entwicklungsaufgaben durchlaufen dann nur noch jeweils für sich die vorgegebenen Phasen des Prozessorganisationsplans.

Ein Prozessorganisationsplan kann also mehr phasenorientiert oder mehr meilensteinorientiert aufgebaut sein. Handelt es sich um einen *phasenorientierten* Prozessorganisationsplan, so kann eine Folgephase erst begonnen werden, wenn *alle* Arbeitspakete der laufenden Phase abgeschlossen sind – egal, ob sie voneinander abhängen oder nicht. Bei einem *meilensteinorientierten* Prozessorganisationsplan ist der Zäsurpunkt auf den Meilenstein verlagert, d. h. das Abarbeiten der Arbeitspakete wird primär von deren fachlichen und personellen Abhängigkeiten bestimmt. In dem letzten Fall ist allerdings zur transparenten und effektiven Projektüberwachung der Einsatz eines Netzplanverfahrens sehr empfehlenswert. Eine vollständige Ergebnisabfrage wäre anderenfalls nicht mehr gesichert.

Meilensteinkennzeichnung

Wie erwähnt, wird ein Prozessschritt i. Allg. von zwei Meilensteinen eingerahmt. Der

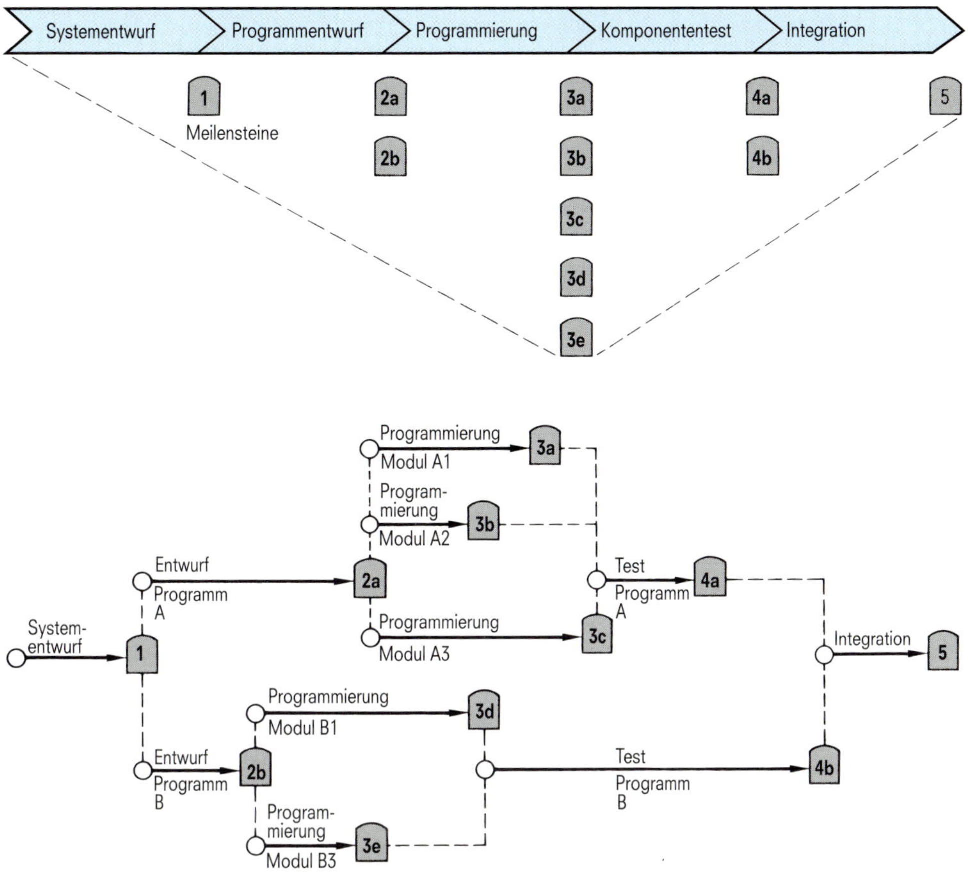

Bild 2.57 Prozessgliederung mit Meilensteinen (am Beispiel einer SW-Entwicklung)

»Start-Meilenstein« legt die fachliche Ausgangsbasis für den zu durchlaufenden Prozessschritt fest (z. B. Vorliegen des Pflichtenhefts) und der »Ziel-Meilenstein« bestimmt das zu erreichende Ergebnis (z. B. die Leistungsbeschreibung).

Zum eindeutigen Identifizieren der einzelnen Meilensteine hat es sich z. B. bei Siemens bewährt, alle Meilensteine einer Prozessorganisation nach folgendem Muster zu kennzeichnen:

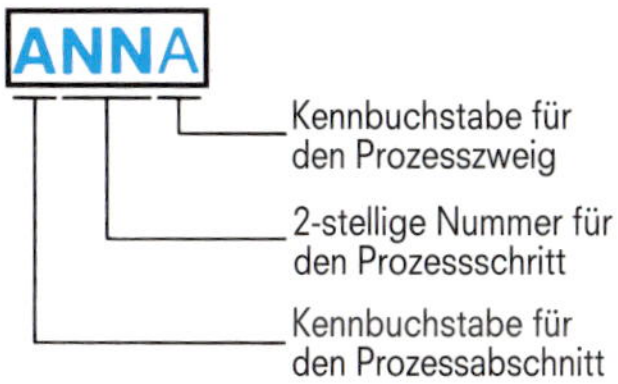

Bild 2.58 Meilensteinkennzeichnung

Als Prozessabschnitt werden hier die drei grundsätzlichen Abschnitte im Produktlebenszyklus gesehen:

- ▷ Prozessabschnitt ***P***roblemanalyse
- ▷ Prozessabschnitt ***A***ufgabendefinition
- ▷ Prozessabschnitt ***T***echnische Realisierung
- ▷ Prozessabschnitt ***B***etreuung/Einsatz.

Für den ersten Prozessabschnitt Aufgabendefinition sollte grundsätzlich der Kennbuchstabe A, für den letzten Prozessabschnitt Betreuung/Einsatz der Kennbuchstabe B verwendet werden.

Der mittlere Abschnitt umfasst die eigentliche Produktentwicklung und kann in seiner Meilensteinunterteilung sehr unterschiedlich sein; so bietet es sich an, für die einzelnen Prozesszweige eigene Kennbuchstaben zu definieren – entweder an der Stelle des Buchstabens für den Prozessabschnitt oder als Buchstabenanhang an die jeweilige Meilensteinnummer. Wenn möglich, sollte aber für den Prozessabschnitt Technische Realisierung der einheitliche Kennbuchstabe T gewählt werden.

Die Zweistelligkeit in der Meilensteinzählung sollte grundsätzlich eingehalten werden; dabei gilt die Regel, dass die »dekadischen Nummern« (d. h. 2. Ziffer gleich Null) immer den im Folgenden vorgeschlagenen *Standard-Meilensteinen* vorbehalten bleiben; die dazwischenliegenden Nummern können für prozessspezifische Meilensteine genutzt werden.

Problemanalyse

P 10 Problemstellung
P 20 Ist-Analyse
P 30 Soll-Konzept.

Aufgabendefinition

A 10 Anforderungskatalog (≙ P 30)
A 20 Pflichtenheft
A 30 Leistungsbeschreibung.

Technische Realisierung

T 10 Entwicklungsbeginn (≙ A 30)
T 20 Spezifikation
T 30 Integriertes Produkt
T 40 Systemgetestetes Produkt
T 50 Endgeprüftes Produkt
T 60 Entwicklungsende.

Betreuung/Einsatz

B 30 Abgenommenes (Vorserien-)Produkt (≙ T 60)
B 40 (frei)
B 50 Feldgetestetes (Vorserien-)Produkt
B 60 (frei)
B 70 Lieferfreigabe (Serien-)Produkt
B 80 Fertigungsende
B 90 Betreuungsende.

Meilensteinergebnisse

Für jeden Meilenstein sind die notwendigen Voraussetzungen zum Beginn und die abzunehmenden Ergebnisse zum Abschluss des zugehörigen Prozessschrittes definiert. Hierbei kann man die Meilensteinergebnisse wie folgt gliedern:

- ▷ Produktergebnisse,
- ▷ Testsystemergebnisse,
- ▷ Dokumentationsergebnisse und
- ▷ projektbezogene Ergebnisse.

Für bestimmte Pflichtmeilensteine, die »Meilensteine zur Ergebniskontrolle» (MEK), sind Entscheidungssitzungen abzuhalten, bei denen über die Abnahme der vorgelegten Ergebnisse beraten und über die Freigabe des weiteren Projektablaufs entschieden wird; sie übernehmen damit die Funktion der oben erwähnten Phasenentscheidungssitzungen.

Es empfiehlt sich, im gesamten Produktlebenszyklus für folgende Entscheidungszäsuren solche MEK einzurichten:

- ▷ Planungsfreigabe,
- ▷ Projektierungsfreigabe,
- ▷ Entwurfsfreigabe,
- ▷ Realisierungsfreigabe,
- ▷ Erprobungsfreigabe,
- ▷ Entwicklungsabnahme,
- ▷ Fertigungsfreigabe,
- ▷ Lieferfreigabe,
- ▷ Fertigungsende,
- ▷ Betreuungsende.

Beispiele von Prozessorganisationsplänen

Begrifflich sollte der Prozessorganisationsplan nicht mit dem *Phasenplan* eines Projekts vermischt werden. Der Prozessorganisationsplan enthält alle ablauforganisatorischen Angaben über den grundsätzlichen Entwicklungsablauf und damit die Definition der einzelnen Entwicklungsphasen; der Phasenplan enthält demgegenüber die komplette Planungsinformation einer *einzelnen* Phase für ein bestimmtes Projekt. Auch wird der *Begriff Prozessplan* häufig synonym zum Projektorganisationsplan verwendet, obwohl dieser vielfach auch den Plan bezeichnet, der die einzelnen Abläufe eines bestimmten Projekts in ihren zeitlichen und logischen Abhängigkeiten beschreibt.

In Tabelle 2.10 sind für einige typische Entwicklungsbereiche Beispiele (linearer) Prozessorganisationspläne gegenübergestellt, wobei die Phasenabgrenzung nur angedeutet sein kann. Exaktes Zuordnen ist wegen der unterschiedlichen Entwicklungsinhalte der einzelnen Phasen nicht möglich. Die Übersicht unterstreicht damit auch, dass es einen »Einheits-Prozessplan« für alle elektrotechnischen Entwicklungsbereiche nicht geben kann.

2.5.2 Entkoppelte Prozessorganisation

Wie in Kap. 2.5.1 angedeutet, finden entkoppelte Prozessorganisationen Anwendung, wenn SW- und HW-Entwicklungen völlig unabhängig voneinander ablaufen. Da es hier keine expliziten HW/SW-Entwicklungsschnittstellen gibt, laufen die jeweiligen Entwicklungsprozesse getrennt voneinander. Die Entwicklung z.B. von DV-Verfahren ist – solange sie die Konventionen des verwendeten Betriebssystems einhält – von der HW-Entwicklung der einzusetzenden Rechner gänzlich unabhängig. Die Rechnerentwicklung muss nur auf die Aufwärtskompatibilität ihrer Produkte achten. Ähnlich verhält es sich auf vielen Gebieten des Gerätebaus, bei denen noch keine Software (bzw. Firmware) nötig ist. Auch hier wird die Entwicklung nach einem einzigen HW-Prozessplan abgewickelt.

Als Beispiel für eine entkoppelte Prozessorganisation sei hier eine Prozessstruktur kurz erläutert, wie sie in der Entwicklung für Anwender-Software angewendet wird. Die Prozessorganisation nach Bild 2.59 enthält folgende wesentliche Elemente:

- ▷ Prozessschritte – die durch Meilensteine und Meilensteinergebnisse definiert werden,
- ▷ Prozessabschnitte (Teilprozesse) – die durch die Durchführungsverantwortung bestimmt werden,
- ▷ Phasenentscheidungen – die Managemententscheidungen in angemessenen Zeitabständen ermöglichen,
- ▷ Baselines – die in sich konsistente Reifezustände des zu entwickelnden Produkts darstellen, sowie
- ▷ Vereinbarungen in Form interner Verträge.

Eine solche Prozessorganisation definiert alle prozessbezogenen Begriffe, mit denen ein Projektleiter das Projekt gegenüber dem Auftraggeber und den Projektbeteiligten erläutern kann; sie legt aber nicht den konkreten Projektablauf im Sinne eines Netzplans fest.

Tabelle 2.10 Beispiele von Prozessorganisationsplänen in unterschiedlichen Entwicklungen

Entwicklungsbereich / Entwicklungsabschnitt	FuE-Projektkalkulation	SW-Verfahrenentwicklung	HW/SW-Systementwicklung	Geräteentwicklung	Grundlagenentwicklung
Definition	Anstoß Studie	Idee Voruntersuchung Istaufnahme Fachliches Grobkonzept	Analyse	Produktstudie	Anstoß Studie
Entwurf	Systementwurf Komponentenentwurf	Fachliches Feinkonzept DV-Grobkonzept	Systementwurf Programmentwurf / Schaltungsentwurf	Spezifikation Prinzipmuster	Projektierung Design
Realisierung	Implementierung Komponententest	DV-Feinkonzept Programmierung	SW- / HW-Implementierung	Funktionsmuster Prototyp	Implementierung
Erprobung Entwicklungsende	Systemintegration Systemtest	Test Pilotierung	Verbundtest Systemtest	Vorserie	Systemintegration/-test
Einsatz Produktende	Abnahme Betreuung	Übergabe Einsatz	Systembetreuung	Serienfertigung Produktbetreuung	Abnahme Betreuung

Wie das Beispiel auch verdeutlicht, existieren bei dieser Prozessorganisation keine Verbindungen bzw. Schnittstellen zu anderen Prozessplänen, in denen eine irgendwie gestaltete Koordination zu eigenen Entwicklungsabläufen nötig wäre.

Meilensteine

Bei der dargestellten Prozessorganisation ist der gesamte SW-Produktlebenszyklus, vor allem der Entwicklungsablauf selbst, in einzelne Prozessschritte unterteilt, die jeweils von zwei Meilensteinen begrenzt werden. Der erste Meilenstein stellt die Ausgangsbasis des entsprechenden Prozessschritts dar, der Zweite gibt das Ziel an. Alle Meilensteine sind mit Hilfe eines dreistelligen alphanumerischen Kennzeichens (MKZ) eindeutig identifiziert, wobei eine Gruppierung der Meilensteine entsprechend der Prozessabschnitte vorgenommen wurde:

MKZ	Prozessabschnitt
Pxx	Problemanalyse
Axx	Aufgabendefinition
Txx	Technische Realisierung
Bxx	Betreuung/Einsatz

Bei dieser Gruppierung werden mehrere Prozessschritte zu Prozessabschnitten – auch als Teilprozesse bezeichnet – zusammengefasst. Gleiche Prozessschritte unterschiedlicher Entwicklungsteile können – falls keine unmittelbaren Abhängigkeiten dem entgegenstehen – zeitlich überlappend ablaufen.

Im Teilprozess *Problemanalyse* ist eine systembezogene Analyse der allgemeinen Kundenanforderungen bezüglich Machbarkeit und Notwendigkeit vorzunehmen. Auf der Basis eines Planungsauftrags wird ein Anforderungskatalog für das zu entwickelnde Produkt erstellt (Meilenstein P 10).

Im Teilprozess *Aufgabendefinition* werden dann auf Basis eines verabschiedeten Anforderungskatalogs (Meilenstein A 10) die verbindliche Aufgabenstellung des Auftraggebers (Produktdefinition) festgelegt und der technische Systementwurf erarbeitet. Ergebnisse sind hierbei das Pflichtenheft (Meilenstein A 20) und die Leistungsbeschreibung (Meilenstein A 30).

Im Teilprozess *Technische Realisierung* folgt die schrittweise Produktherstellung. Im Rahmen einer klaren phasenbezogenen Vorgehensweise werden der Programmentwurf, die Programmierung, der Einzel- und der System-

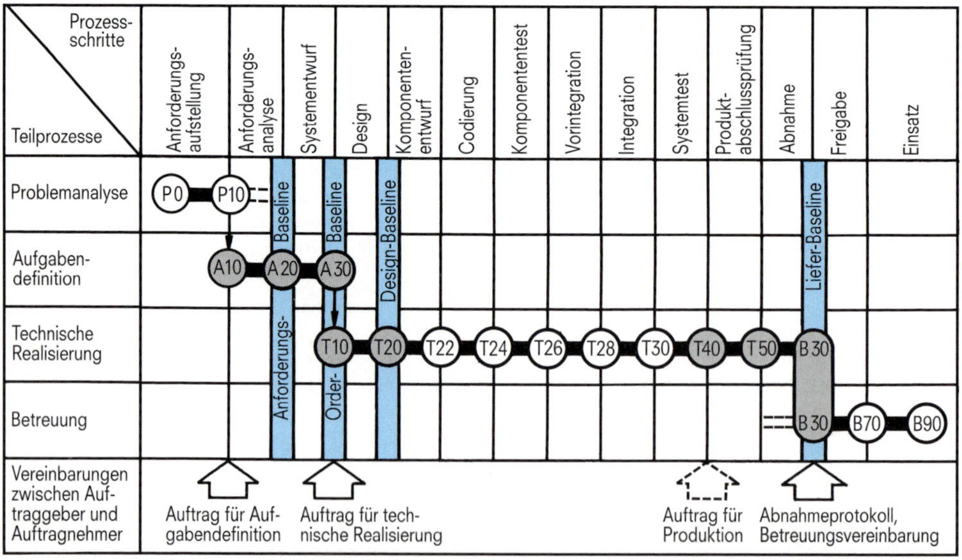

Bild 2.59 Beispiel einer entkoppelten Prozessorganisation

test durchgeführt. Die einzelnen Entwicklungsergebnisse terminiert man zu klar definierten Meilensteinen (T 20 bis T 5O). Abgeschlossen wird dieser Teilprozess mit der Abnahme durch den Auftraggeber (Meilenstein B 30).

Im letzten Teilprozess *Betreuung/Einsatz* werden die Markteinführung vorbereitet, das fertige Produkt piloterprobt und anschließend zur Lieferung an die Kunden freigegeben (Meilenstein B 70). Die Wartung des Produkts (Fehlerbehebung und Umweltanpassung) ist Hauptinhalt dieses Prozessabschnitts, der erst mit Streichung des Produkts endet (Meilenstein B 90).

Mit dieser Unterteilung in Teilprozesse wird auch die jeweilige Durchführungsverantwortung (Auftraggeber oder Auftragnehmer) festgelegt. Für die »T-Meilensteine« ist die auftragnehmende Entwicklung allein verantwortlich, bei den anderen liegt die Durchführungsverantwortung beim Auftraggeber. Die Aufgabendefinition (Anforderungsanalyse und Systementwurf) muss dabei von vornherein in Zusammenarbeit zwischen Auftraggeber und Auftragnehmer erstellt werden.

Baseline

Ausgewählte Meilensteine bestimmen besonders hervorhebenswerte Entwicklungszwischenstände, die hier als *Baselines* bezeichnet werden. Entsprechend einigen Hauptentwicklungsabschnitten im Gesamtprozess kennzeichnen sie planerisch definierte »Reifezustände« des Entwicklungsprodukts und dienen als Planungs- und Realisierungsstufen für die laufende Entwicklung der aktuellen Produktversion sowie als Basis für die Weiterentwicklung der Folgeversionen. Auch alle künftigen Änderungen und Anpassungsentwicklungen setzen auf diese Baselines auf.

Bei dem hier vorgestellten Beispiel werden folgende, inhaltlich aufeinander abgestimmte Baselines unterschieden:

Anforderungs-Baseline	im Meilenstein A 20
Order-Baseline	beim Meilenstein A 30 (T 10)
Design-Baseline	beim Meilenstein T 20
Liefer-Bascline	beim Meilenstein B 30

Der jeweilige Entwicklungszustand des Produkts wird an einer Baseline durch die entsprechenden produkt- und projektrelevanten Ergebnisse festgelegt. So ist die *Anforderungs*-Baseline der Schlussstrich der Anforderungsanalyse, d. h. nach »Einfrieren« dieser Baseline können zusätzliche Anforderungen nur noch in Form gesonderter Änderungsanträge in die weitere Entwicklung einfließen. Zur *Order*-Baseline wird der Auftrag für die technische Realisierung auf der Basis der dann vorliegenden Leistungsbeschreibung (siehe Kap. 2.2.3) erteilt. Nachträglich gewünschte Änderungen der Leistungsbeschreibung sind hinsichtlich der Konsequenzen auf Termine und Kosten gesondert zu vereinbaren. Mit der *Design*-Baseline werden die Designspezifikationen abgeschlossen und »eingefroren«. *Die Liefer*-Baseline stellt schließlich den definierten Entwicklungsabschluss des lieferreifen Produkts dar.

Alle in einem Projekt bewirkten Planungs- und Steuerungsanstöße, wie Anforderungsänderungen, Fehlermeldungen, Planungskorrekturen beziehen sich auf diese Baselines; deshalb geht auch ein installiertes Konfigurationsmanagement von diesen Entwicklungszwischenständen aus. Hierdurch wird erreicht, dass Änderungen nur noch kontrolliert auf Grund offizieller Entscheidungen und mit unmittelbarer Information an alle Betroffenen in die laufende Produktentwicklung einfließen können (siehe auch Kap. 2.2.4).

Phasenentscheidung

Sowohl an den Baselines als auch an einigen weiteren »Pflichtmeilensteinen« (A 10, T 40 und T 50) sind Phasenentscheidungen bez. der Ergebnisabnahme und damit des weiteren Vorgehens notwendig. So wird z. B. bei dem Meilenstein A 10 der Auftrag für die Aufgabendefinition, beim Meilenstein T 10 der Auftrag für die Technische Realisierung erteilt. Beim Meilenstein B 30, zu dem die Liefer-Baseline eingefroren wird, wird schließlich die Abnahme des SW-Produkts vorgenommen und eventuell eine fortsetzende Betreuung des ausgelieferten Produkts vereinbart.

Auch die in Kap. 2.1.4 erwähnten Produktvereinbarungen setzen auf diese Pflichtmeilensteine auf; so werden jeweils eine Produktvereinbarung PV-D zu den Meilensteinen A10 und T10 sowie zum Meilenstein T40 eventuell eine Produktvereinbarung PV-F mit Übergabeterminen und Einsatzzahlprognosen abgeschlossen.

Eine Phasenentscheidung besteht aus den Teilen Abnahme des vorangegangenen Entwicklungsabschnitts und Freigabe des künftigen Abschnitts; hierbei werden Entscheidungen getroffen zu:

- ▷ Abnahme des erreichten Ergebnisstandes,
- ▷ ggf. Festlegung notwendiger Nacharbeiten,
- ▷ Entlastung der Verantwortlichen für den vorangegangenen Entwicklungsabschnitt und
- ▷ Verabschiedung der Planung für den nachfolgenden Entwicklungsabschnitt.

Meilensteinergebnisse

Im Rahmen dieser Prozesstechnologie sind, wie in Tabelle 2.11 (siehe Seiten 122/123) dargestellt, zu den Meilensteinen der einzelnen Prozessschritte die abzunehmenden Teilergebnisse exakt definiert und beschrieben. Die zu erreichenden Ergebnisse werden hierbei nach

- ▷ Produktaufgaben (Programm),
- ▷ Test- und Prüfaufgaben (Testsystem),
- ▷ Dokumentationsaufgaben (Manuale) sowie
- ▷ Projektaufgaben (Projekt)

getrennt aufgelistet.

Für alle Projektbeteiligten liegt damit eindeutig fest, welche Meilensteinergebnisse zu den einzelnen Zäsurpunkten vorliegen müssen. Das Erreichen eines Meilensteins stellt der Projektleiter fest. Erst mit positiver Abnahme dieser Ergebnisse in einer besonderen Phasenentscheidungssitzung (PES) ist der jeweilige Meilenstein erfüllt, so dass dann der zurückliegende Prozessschritt als abgeschlossen erklärt werden kann.

Projektadäquate Prozessanpassung

Das vorgestellte Beispiel einer entkoppelten Prozessorganisation braucht nicht bei jeder Entwicklung eines Anwender-SW-Produkts in der angegebenen Detaillierung durchlaufen zu werden.

Bei kleineren Entwicklungsvorhaben kann man nämlich auch bestimmte Prozessschritte zu einem übergeordneten Abschnitt zusammenfassen. So bietet es sich ggf. an, den Meilenstein T28 (Vorintegration) in den Meilenstein T30 (Integration) zu übernehmen oder die Prozessschritte Komponentenentwurf, Codierung, Komponententest zu einem Prozessschritt SW-Realisierung zusammenzufassen. Die oben erwähnten Pflichtmeilensteine müssen dabei allerdings weiter gelten.

Bei größeren Produktentwicklungen kann dagegen auch eine weitere Detaillierung durch eine zusätzliche Unterteilung der Standard-Prozessschritte vorteilhaft sein.

In jedem Fall sollte der Unterteilungsgrad des Gesamtprozesses *projektadäquat* sein, d.h. nicht zu grob und nicht zu fein. Ziel muss sein, dass die Prozessstrukturierung die Projektplanung und -durchführung fördert und unterstützt, sie aber nicht hemmt.

Vorgehensmodell von SAP R/3

Bei Standard-Software wird vom Hersteller oft eine Standard-Prozessorganisation für die Einführung vorgegeben, wie z.B. das Vorgehensmodell von SAP R/3. Hier gliedert sich der Einführungsprozess in die vier Phasen mit folgenden Phasenergebnissen:

- ▷ Phase: Organisation und Konzeption
  Ergebnis: Sollkonzept
- ▷ Phase: Detaillierung und Realisierung
  Ergebnis: Anwendungssystem
- ▷ Phase: Produktionsvorbereitung
  Ergebnis: Produktivsystem
- ▷ Phase: Produktivbetrieb
  Ergebnis: Betrieb.

Innerhalb dieser Phasen sind Standard-Arbeitspakete vorgegeben, die wiederum Standard-Aktivitäten mit genauen Checklisten umfassen. Parallel zu diesem Phasenablauf sind als projektbegleitende Arbeitspakete Projektadministration und Projektcontrolling sowie Systemwartung und Release-Wechsel definiert.

2.5.3 Koordinierte Prozessorganisation

Das Koordinieren von Prozessorganisationen ist auf unterschiedliche Weise möglich: Entweder findet bei den (meist zwei) zu koordinierenden Entwicklungsprozessen über den gesamten Verlauf an mehreren definierten Zäsurpunkten eine offizielle Abstimmung statt oder es verlaufen bestimmte Prozessabschnitte gemeinsam und andere – wie bei einer entkoppelten Prozessorganisation – voneinander getrennt. Eine Vermischung beider Vorgehensweisen kann ebenfalls auftreten. Diese Formen von koordinierten Prozessorganisationen bieten sich vor allem an, wenn HW- und SW-Entwicklungen nur teilweise bzw. zeitweise unabhängig voneinander durchgeführt werden können.

Zur näheren Erläuterung eines koordinierten Entwicklungsprozessplans wird von einem Prozessplan ausgegangen, der in einem Entwicklungsbereich der Vermittlungstechnik Anwendung fand und dem eine solche koordinierte Prozessorganisation unterliegt; in dieser verlaufen nur die Anfangs- und Endphasen der HW- und SW-Entwicklung gemeinsam, im mittleren Teil des Entwicklungsablaufs besteht an einigen Meilensteinen eine Prozesskoordination zwischen der HW-Entwicklung und der dazu parallel verlaufenden SW-Entwicklung. Klar definierbare Schnittstellen zwischen Hardware und Software ermöglichen diese lockere Anbindung der beiden sonst getrennten Entwicklungsprozesse.

Prozessabschnitte

Die in Bild 2.60 dargestellte koordinierte Prozessorganisation gliedert sich in drei Prozessabschnitte, die z.T. mehrere einzelne Entwicklungsphasen umfassen. Es handelt sich um die Prozessabschnitte

▷ Definition
▷ Entwurf/Realisierung
▷ Erprobung.

Diesen Prozessabschnitten folgt nach Fertigstellung des HW/SW-Produkts bzw. -Systems die Einsatzphase mit der Betreuung.

Definition

Wie aus Bild 2.60 zu ersehen ist, werden die drei Anfangsphasen Anstoß, Studie und Systementwurf des ersten Prozessabschnitts für das zu entwickelnde HW/SW-System *gemeinsam* durchlaufen. Ihre Phasenziele sind daher unter einem gemeinsamen Blickwinkel zu sehen – also keine Trennung in Hardware und Software. Entsprechendes gilt für die jeweiligen Phasenabschlüsse.

Das HW/SW-System wird also ganzheitlich definiert, d.h., die Beschreibung der technischen Funktions- und Leistungsanforderungen an das System geschieht unabhängig von der späteren HW- und SW-Realisierung. Erst während des Systementwurfs beginnt die Aufteilung in HW-, FW- und SW-Komponenten, wobei auch die gegenseitigen Schnittstellen gemeinsam festgelegt werden. Das Einhalten dieser Schnittstellendefinitionen bietet die Gewähr dafür, dass nach der (getrennt verlaufen-

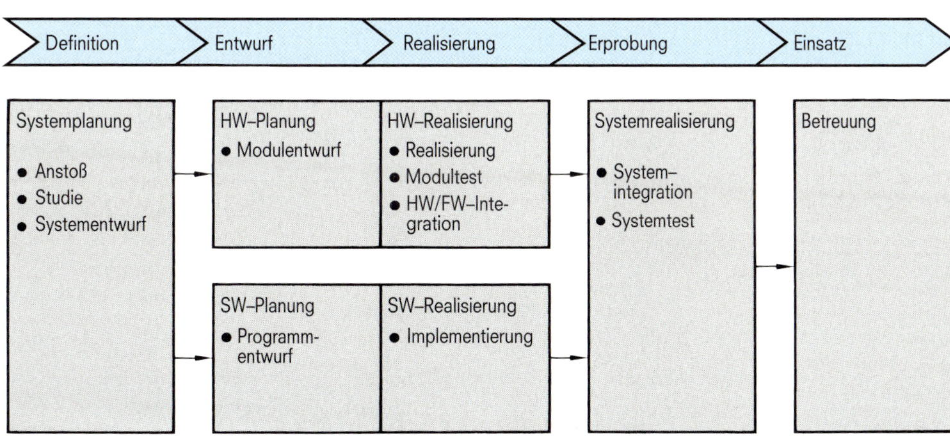

Bild 2.60 Koordinierte Prozessorganisation

Prozessschritt	Meilensteinergebnisse	Programm	Testsystem
		Abzunehmende Teilergebnisse	
Anforderungs-analyse	Pflichtenheft	(Voraussetzung: Priorisierter Anforderungskatalog) ▷ Verbindliche Anforderungen an Funktion und Qualität ▷ Funktionsmodell ▷ Realisierbarkeitsuntersuchung, mindestens zu Leistungsverhalten und Systembasis	▷ Verbindliche Test-/Prüfungsanforderungen (Ziele, Tiefe, Volumen)
Anforderungs-Baseline			
System-entwurf	Leistungs-beschreibung	▷ Festlegung der Liefereinheiten und der Systembasis ▷ Feinentwurf der logischen Funktionen, Daten und Schnittstellen ▷ DV-Grobentwurf und Analyse der Lösungsalternativen ▷ Festlegung der Qualitätseigenschaften ▷ Festlegung von Dialogführung und Masken ▷ Festlegung von Liefer-, Wartungs- und Pflegekonzept	▷ Test-/Prüfkonzept ▷ Festlegung der Abnahme-bedingungen (B 30) mit Definition der Testkonfiguration
Order-Baseline			
Design	Design-Spezifikation	▷ Festlegung der Systemstruktur mit Beschreibung der Anforderungen und Schnittstellen auf den verschiedenen Systemebenen ▷ Offenlegung der Inkompatibilitäten zu früheren Versionen an externen Schnittstellen	▷ Testpläne für Systemtest und Integrationstest ▷ Spezifikation des Testsystems für den System- und Integrationstest
Design-Baseline			
Komponenten-entwurf	Komponenten-Spezifikation	▷ Festlegung der Komponentenstruktur, der Ablauflogik, der internen Datenstruktur	▷ Testplan für den Komponententest ▷ Endgültiger Projekt- und QS-Plan
Codierung	Codierte Komponenten		
Komponenten-test	Getestete Komponenten	▷ Quellen der Primärkomponenten in Projektbibliothek	▷ Testberichte zum Komponententest ▷ Testsystem für System- und Integrationstest
Vorintegration	Montage-einheiten	▷ Übersetzungs- und Bindeprozeduren in Projektbibliothek	▷ Testberichte zum Vorintegrationstest
Integration	Integrierte Liefereinheiten	▷ Lademodule, Übersetzungs- und Bindeprozeduren in Projektbibliothek	▷ Testberichte zum Integrationstest
Systemtest	Systemgetestete Liefereinheiten	▷ Wartungsdokumentation ▷ Produktbänder mit Komponentenliste	▷ Testbericht zum Systemtest mit Leistungs- und Grenzwertaussagen ▷ ggf. Testbericht zur Vorpilotierung ▷ Liste offener Mängel ▷ Testfälle für Regressionstest (Testpool)
Produkt-schlussprüfung	Schlussgeprüfte Liefer einheiten	▷ Modellanwendung	▷ Prüfbericht mit Qualitätsaussagen ▷ Liste offener Mängel
Abnahme	Abgenommene Liefereinheiten	▷ Korrigierte Quell-, Objektcodes und Prozeduren ▷ Aktualisierte Wartungsdokumentation	▷ Abnahmeprotokoll ▷ Liste offener Mängel
Liefer-Baseline			

Tabelle 2.11
Meilensteinergebnisse

Manuale	Projekt
▷ Manualgrobplan (Manualkonfiguration, Umfang, Bearbeiter, Termine)	▷ Realisierbarkeitsuntersuchung (Personal, Kosten, Termine) ▷ Dokumentenverwaltung und Konfigurationsmanagement eingerichtet ▷ Phasenbericht, nächster Phasenplan
▷ Manualfeinplan je Manual (Struktur, Layout, Qualitätseigenschaften, Herstellungsverfahren, Aufwand, Termine)	▷ Vorläufiger Projekt- und QS-Plan ▷ Vorkalkulation ▷ Phasenbericht, nächster Phasenplan
	▷ Endgültiger Projekt- und QS-Plan ▷ Phasenbericht, nächster Phasenplan
	▷ Phasenbericht, nächster Phasenplan
	▷ Codeverwaltung eingerichtet ▷ Phasenbericht, nächster Phasenplan
▷ Manualmanuskripte für Korrekturlauf	▷ Fehlermeldungs-/Korrekturverfahren eingerichtet ▷ Phasenbericht, nächster Phasenplan
	▷ Phasenbericht, nächster Phasenplan
▷ Satzfertige Manualmanuskripte	▷ Phasenbericht, nächster Phasenplan
	▷ Vorläufiger Projektbericht ▷ Phasenbericht nächster Phasenplan
▷ Druckfertige Manualmanuskripte	▷ Phasenbericht, nächster Phasenplan
	▷ Phasenbericht ▷ Projektbericht ▷ Nachkalkulation ▷ Betreuungsplan ▷ Feldeinführungsplan

Definitions-Phase	Phasenziel	Phasenabschluss
Anstoß	Festlegen der Produkt- und Projektziele	Auftragserteilung
Studie	Festlegen der Systemanforderungen und Leistungsmerkmale	Studien-Abnahme
Systementwurf	Festlegen der HW/FW/SW-Funktionsteilung, Festlegen der Architektur des SW-Systems	Design-Abnahme

den) Realisierung die einzelnen Komponenten ohne größere Komplikationen integriert werden können.

Als Projektanträge werden bei dieser Prozessorganisation die in Kap. 2.1.4 vorgestellten Produktvereinbarungen verwendet. Zu Beginn der Phase Anstoß muss die Produktvereinbarung-Anregung (PV-A) vorliegen, und vor Beginn der Phase Systementwurf muss die Produktvereinbarung zur Entwicklungsdurchführung (PV-D) zwischen Auftragnehmer und Auftraggeber abgeschlossen sein; anderenfalls darf die jeweilige Folgephase nicht begonnen werden.

Entwurf/Realisierung

Nach der Phase Systementwurf teilt sich der Prozessablauf in einen HW-spezifischen und in einen SW-spezifischen Prozesszweig auf, in denen die jeweilige Planung und Realisierung weitestgehend *getrennt* voneinander ablaufen. Im Prozessabschnitt Entwurf/Realisierung verlaufen damit die weitere HW- und SW-Entwicklung gemäß einer entkoppelten Prozessorganisation. Auf der Basis der im Systementwurf festgelegten Schnittstellen zwischen HW-, FW- und SW-Komponenten werden die Modulentwürfe für die HW- und FW-Bestandteile und die Programmentwürfe für die SW-Bestandteile erstellt. Die Realisierung der einzelnen Komponenten geschieht ebenfalls getrennt nach Hardware und Software mit jeweils eigener Qualitätssicherung und eigener Konfigurationsverwaltung.

Für die HW-spezifischen Phasen des Prozessabschnitts Entwurf/Realisierung sind die folgenden Ziele und Ergebnisse vorgegeben:

HW-Phase	Phasenziel	Phasenabschluss
Modulentwurf	Festlegen der Funktionen der HW-Module bzw. Teilkomplexe, Definieren der Funktionen und Schnittstellen	Spezifikationsabnahme
Realisierung	Funktionsfähige HW-Module bzw. Teilkomplexe	Stromlaufplanabnahme
Modultest	Funktionsgetestete HW-Module bzw. Teilkomplexe auf Basis des Funktionsmusters	HW-Komponentenabnahme
HW/FW-Integration	Integrieren des HW/FW-Gesamtsystems auf Basis des Funktionsmusters	HW/FW-Komponentenabnahme

Beim *Modulentwurf* wird neben dem Spezifizieren einzelner HW-Module und Entwerfen von Sonderkonstruktionen auch die spätere Teststrategie festgelegt, d. h. Bestellen spezieller Messgeräte oder Entwickeln von gesonderter Testsoftware für HW-Tests. Während der *HW-Realisierung* sind neben dem Aufbau eines Funktionsmusters im Wesentlichen die technischen Unterlagen, wie Stromlaufpläne, Stücklisten, Bauvorschriften, Prüfunterlagen und sonstige Fertigungsunterlagen zu erstellen. Beim *Modultest* arbeitet man die sich durch den Test ergebenen Korrekturen in die vorgenannten Unterlagen ein. In der *HW- und FW-Integration* werden schließlich alle HW- und FW-Module zusammengefasst und in einer Vorintegration getestet. Die sich bei diesem Test ergebenden Fehler führen ebenfalls zu entsprechenden Korrekturen.

Am Ende der HW-Phase HW/FW-Integration steht die Funktionsfreigabe.

Für die SW-Planung und -Realisierung werden zwei Prozessphasen durchlaufen:

SW-Phase	Phasenziel	Phasenabschluss
Programmentwurf	Festlegen der Teilkomplexe und Komponenten des SW-Systems, ihres Zusammenwirkens, ihrer Schnittstellen und ihrer Realisierung	Spezifikationsabnahme
Implementierung	Ablaufsichere SW-Komponenten	Komponentenabnahme

Erprobungs-Phase	Phasenziel	Phasenabschluss
Systemintegration	Integration des HW/FW/SW-Gesamtsystems	Systemübergabe
Systemtest	Ausgetestetes Gesamtsystem ▷ HW/FW aus Vorserie ▷ SW aus Systemintegration	Systemabnahme

Während des *Programmentwurfs* sind die Spezifikationen für die einzelnen SW-Komplexe (z.B. Subsysteme) und deren Schnittstellen zu erarbeiten. Da es sich hier um vermittlungstechnische Software handelt, werden für die zustandsgesteuerten Komponenten spezielle Prozedur- und Zustandsdiagramme entworfen, ansonsten erstellt man in Form von Pseudo-Code Struktogramme. Insgesamt wird der SW-Systemteil bis auf die einzelnen Programmmodule und oberen Prozedurebenen heruntergebrochen. Im Rahmen der *Implementierung* sind die entworfenen Prozeduren und Module zu codieren bzw. zu generieren sowie eine Inline-Dokumentation zu erstellen. Weiterhin werden diese SW-Teile jeweils in einem eigenen Testrahmen einem Einzeltest unterzogen, an dem sich bei erfolgreichem Abschluss der Verbundtest anschließt. Am Ende der SW-Phase Implementierung liegt der ausgetestete – möglichst fehlerfreie – Code vor.

Erprobung

Die beiden letzten HW- und SW-spezifischen Realisierungsphasen HW/FW-Integration und (SW-)Implementierung gehen schließlich wieder in einen einzigen Entwicklungsablauf der zu integrierenden HW-, FW- und SW-Komponenten über, und zwar in den Prozessabschnitt Erprobung. Für Hardware und Software gibt es damit wieder gemeinsame Phasenziele und gemeinsame Phasenabschlüsse.

Die *Systemintegration* führt die einzelnen HW-, FW- und SW-Komponenten zum Gesamtsystem stufenweise zusammen. Die sich bei dem Systemintegrationstest ergebenden Fehler bewirken Korrekturen in den betreffenden Systemteilen. Auch die technischen Unterlagen müssen entsprechend aktualisiert werden. Nach Testabschluss wird das System für die Vorserienfreigabe übergeben. Der anschließende *Systemtest* entspricht der Vorserienherstellung; in ihm ist das gefertigte System – als Vorserienmodell – einem ersten Gesamtbelastungstest zu unterwerfen. Hierbei sollte die Systemabnahme eine eigene Stelle übernehmen. An den erfolgreichen Abschluss des Systemtests schließt die Serienfreigabe für das Gesamtsystem an.

PM-Aufgaben im Entwicklungsprozess

Im Rahmen der vorgenannten Prozessphasen sind von den zuständigen Stellen des Vertriebs, der Entwicklungsplanung, der Entwicklungsdurchführung, der Qualitätssicherung und des Projektmanagements die unterschiedlichsten Tätigkeiten durchzuführen. Definition und Beschreibung all dieser Aufgaben sind Bestandteil eines Entwicklungshandbuchs. Auszugsweise sind in Tabelle 2.12 in stark geraffter Form einige grundsätzliche Aufgaben innerhalb der hier beschriebenen Prozessorganisation aufgeführt.

2.5.4 Integrierte Prozessorganisation

Integrierte Prozessorganisationen sind immer dann erforderlich, wenn der HW-Entwicklungsprozess nicht mehr eigenständig neben dem SW-Entwicklungsprozess verläuft, wenn also die Software ganz erheblich in die HW-Entwicklung eingreift und umgekehrt. Dies ist besonders der Fall bei der Entwicklung von Kommunikationsendgeräten, da hier der technologische Wandel zu einer hochgradigen »Elektronisierung« geführt hat – viele Funkti-

Tabelle 2.12
PM-Aufgaben in den einzelnen Phasen

Phase	PM-Aufgabe
Anstoß	▷ erste grobe Aufwands-, Kosten- und Zeitschätzung durchführen ▷ Projektantrag erstellen
Studie	▷ verfeinerte phasenorientierte Aufwands-, Kosten- und Zeitschätzung durchführen ▷ Risikoanalyse durchführen ▷ erforderliche Projektpläne (z. B. PV-D) ausarbeiten ▷ PM-Methoden und -Verfahren festlegen
System-entwurf	▷ Projektstrukturplan aufbauen ▷ Netzpläne erstellen ▷ Personaleinsatz planen ▷ Qualitätssicherungsplan ausarbeiten ▷ PM-Berichtswesen installieren
HW-Planung SW-Planung	▷ Projektpläne aktualisieren und detaillieren ▷ Einsatzmittel (Rechner, HW-Prototypen) planen ▷ Geräte für spätere Produktion bestellen ▷ Musterbauaufträge ausarbeiten ▷ Testplanung vorbereiten
HW-Realisierung SW-Realisierung	▷ Fertigungseinführung vorbereiten ▷ Projektpläne aktualisieren ▷ Aufwand, Kosten und Termine überwachen
System-integration	▷ Ressourcen für Systemtest (z. B. Testanlage, Testwerkzeuge) organisieren ▷ Projektpläne aktualisieren ▷ Aufwand, Kosten und Termine überwachen
Systemtest	▷ Projektpläne aktualisieren ▷ Projektabschlussanalyse einleiten ▷ Vorbereitungen treffen für die zukünftige Systembetreuung ▷ Fehlermeldungswesen für Einsatzphase installieren

onsteile, die früher elektromechanisch ausgeführt waren, werden heute als Software in »Chips gegossen«. Daher ist für die in diesen und ähnlichen Entwicklungsbereichen typischen Entwicklungsobjekte, wie

▷ Prinzipmuster,
▷ Funktionsmuster,
▷ Prototypen (Erprobungsmuster) und
▷ Vorseriengeräte

jeweils eine veränderte bzw. adaptierte Software zu entwickeln, deren Anforderungsprofile sich wiederum vom Fortschrittsstand der HW-spezifischen Entwicklung ableiten.

Auch muss bei diesen HW- und SW-gemeinsamen Entwicklungen die Fertigungsplanung und Qualitätssicherung verstärkt einbezogen werden.

Zur Optimierung dieser Abläufe in der HW- und SW-Entwicklung wurden die einzelnen HW- und SW-Prozesse in eine integrierte Prozessorganisation zusammengefasst; hierin ist der Gesamtprozess nicht mehr in die üblichen – groben – Entwicklungsphasen, sondern durch Meilensteine in feiner unterteilte Abschnitte gegliedert. Weiterhin stellt – wegen der engen Verflechtung der beiden Entwicklungsgebiete Hardware und Software – der zugehörige Prozessplan nicht mehr eine eindimensionale Prozesskette, sondern ein zweidimensionales »Prozessnetz« dar.

Bild 2.61 zeigt – leicht vereinfacht – die Struktur eines solchen Prozessplans in Form eines Vorgangspfeil-Netzplans, bei dem die Kreise die Ereignisse (Meilensteine) und die Pfeile die Vorgänge (Prozessschritte) kennzeichnen. Es handelt sich hier also um einen *meilensteinorientierten* Prozessplan.

Prozesszweige

Wie aus der Darstellung zu ersehen ist, spaltet sich die Entwicklung nach Vorliegen der Leistungsbeschreibung in drei Prozesszweige. Einerseits wird, jeweils getrennt, das Design der Hardware und das Design der Software für den Prototypen (PT) durchgeführt und andererseits wird nach der Erprobung eines Prinzipmusters (PM) das Design des Funktionsmusters (FM) vorgenommen, auf welches natürlich das Prototypendesign entsprechenden Einfluss hat. Dieses ist im Bild 2.61 durch die (gestrichelten) Scheinvorgangspfeile angedeutet.

Ab diesem Zeitpunkt verläuft die weitere Entwicklung zeitweise sogar in vier Prozesszweigen; die Spezifikationen für die Hardware und

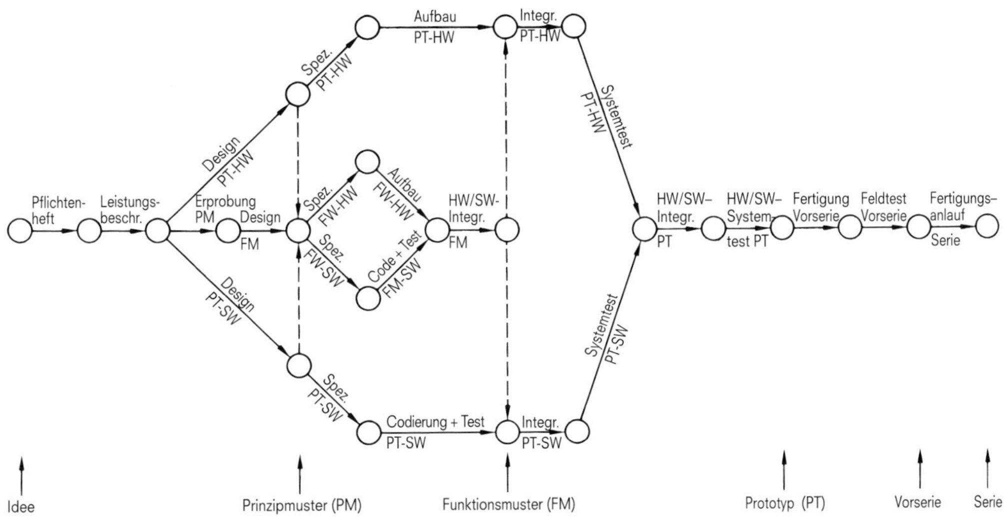

Bild 2.61 Integrierte Prozessorganisation

Software werden jeweils für das Funktionsmuster und für den künftigen Prototypen gleichermaßen vorangetrieben sowie anschließend deren HW-Aufbau und deren SW-Implementierung. Bei Vorliegen des fertig integrierten Funktionsmusters geschieht eine Synchronisation der noch getrennten HW- und SW-Integration im Rahmen der Prototypenrealisierung.

Anschließend werden der Systemtest für die gesamte Prototypen-Hardware sowie parallel dazu der Systemtest für die gesamte Prototypen-Software durchlaufen. Bei erfolgreichem Abschluss münden die bisher getrennten Prozesszweige endgültig wieder in eine gemeinsame Prozesskette. Nach HW/SW-Integration und HW/SW-Systemtest des Prototypen kann die Fertigung der Vorserie mit dem nachfolgenden Feldtest begonnen werden. Der gesamte Entwicklungsablauf endet dann in dem Anlauf der Serienfertigung des entwickelten Produkts.

Prozessabschnitte

Ähnlich den Beispielen in den vorangegangenen Kapiteln gliedert sich der Gesamtprozess in die drei bekannten Prozessabschnitte:

- ▷ Aufgabendefinition
- ▷ Technische Realisierung
- ▷ Betreuung/Einsatz,

die sich wiederum in Prozessschritte unterteilen. Jeder Prozessschritt beginnt und endet mit einem Meilenstein, wobei einige allerdings mehr als einen Prozessschritt vor sich bzw. nach sich haben können.

Die *Aufgabendefinition* reicht von der Analyse, Definition und Beschreibung der verbindlichen Aufgabenstellung eines Auftraggebers bis zur technischen Systemdefinition des herzustellenden Produkts. Dieser Prozessabschnitt baut einerseits auf einem (nicht priorisierten) Anforderungskatalog auf, der in einem vorgeschalteten Prozessschritt der Problemanalyse erstellt worden ist, andererseits auf einem entsprechenden offiziellen Entwicklungsauftrag. Ergebnis der Aufgabendefinition ist die Leistungsbeschreibung des zu entwickelnden Produkts. Die Durchführungsverantwortung liegt hier noch beim Auftraggeber.

Im Rahmen des Prozessabschnitts *Technische Realisierung* wird gemäß einer meilensteinorientierten Vorgehensweise auf Basis der vertraglich festgelegten Randbedingungen, wie Aufgabenstellung, Termine, Qualität, Kosten und Abnahmebedingungen schrittweise das Produkt erstellt. Dieser Prozessabschnitt setzt eine abgenommene Leistungsbeschreibung und eine Realisierungsvereinbarung (z.B. PV-D) mit dem Auftraggeber bzw. dessen Beauftragten voraus. Ergebnis des gesamten Prozessabschnitts ist das voll ausgetestete und ab-

Tabelle 2.13 Meilensteine einer integrierten Prozessorganisation (am Beispiel der IPO)

Prozesszweig	MKZ	Meilenstein	Kalkulations-relevanter Meilenstein	MEK
Aufgaben-definition	A 10	Priorisierter Anforderungskatalog	×	
	A 20	Pflichtenheft	×	
	A 30	Leistungsbeschreibung	×	×
SW-Realisierung (Prototyp)	T 10 S	(Produktvereinbarung – Durchführung)		
	T 20 S	Designspezifikation/ Funktionsentwürfe		×
	T 22 S	Komponentenspezifikation		
	T 24 S	Codierte Komponenten		
	T 26 S	Getestete Komponenten		
	T 28 S	Angepasste FM-Software		
	T 30 S	Integrierte PT-Software		×
	T 32 S	Auf externe Schnittstellen getestete PT-Software		
SW-Realisierung (Funktionsmuster)	T 20 SF	(bezieht sich auf T 20 G und T 20 S)		
	T 22 SF	Komponentenspezifikation		
	T 26 SF	Getestete FM-Software		
HW-Realisierung (Prototyp)	T 10 H	(Produktvereinbarung – Durchführung)		
	T 20 H	PT-Grobspezifikation		
	T 22 H	PT-Feinspezifikation		
	T 30 H	Integrierter PT		×
	T 32 H	Auf externe Schnittstellen getesteter PT		
HW-Realisierung (Funktionsmuster)	T 20 HF	(bezieht sich auf T 20 G und T 20 H)		
	T 22 HF	FM-Feinspezifikation		
	T 26 HF	Getestetes FM		
Realisierung (Gerät)	T 10 G	(Produktvereinbarung – Durchführung)		
	T 18 G	PM	×	
	T 20 G	FM-Design		
	T 34 G	Integrationsgetestetes FM	×	
	T 36 G	Integrationsgetesteter PT	×	
	T 40 G	Systemgetesteter PT		×
	T 50 G	Vorserie	×	×
	T 60 G	Getestete und abgenommene Vorserie		
Betreuung/ Einsatz	B 30 G	(Produktvereinbarung – Fertigung)	×	×
	B 50 G	Feldgetestete Vorserie		
	B 70 G	Lieferfreigabe Serie	×	×
	B 90	Auslauf Serie		×

PM Prinzipmuster
FM Funktionsmuster
PT Prototyp

MKZ Meilensteinkennzeichen
MEK Meilenstein zur Ergebniskontrolle

genommene Vorserienprodukt. Mit Abnahme der Vorserie durch den Auftraggeber und der Freigabe des Feldtests der Vorserie geht die Durchführungsverantwortung des Projekts vom Auftragnehmer wieder auf den Auftraggeber über.

Der Prozessabschnitt *Betreuung/Einsatz* schließlich umfasst den Feldtest der Vorserie bei ausgewählten Kunden, den Einsatz der Liefereinheiten beim Kunden und der Pflege bis zum Serienauslauf; er dient damit der Vorbereitung und Durchführung des Einsatzes bis hin zum Ende des Lebenszyklus des Produkts.

Meilensteine am Beispiel IPO

Tabelle 2.13 enthält eine Aufstellung aller möglichen Meilensteine der integrierten Prozessorganisation IPO die in der PC-Entwicklung angewendet wurde. Unter Berücksichtigung des jeweiligen Entwicklungsvolumens kann man für das einzelne Projekt den Prozessplan durch Weglassen bzw. Zusammenfassen untergeordneter Meilensteine vereinfachen. So ist z.B. das Erstellen eines Prinzipmusters und eines Funktionsmusters nicht zwingend vorgeschrieben. Vielmehr wird während des Systementwurfs je nach Bedarf festgelegt, ob diese Musteraufbauten zu erstellen sind oder ob diese vor bzw. überlappend mit der Prototypenentwicklung erfolgen sollen.

Für eine transparente Projektkalkulation bietet es sich an, besonders markante Hauptmeilensteine hervorzuheben. Diese *kalkulationsrelevanten* Meilensteine liegen i. Allg. auf dem »Stammzweig« des Entwicklungsablaufs, im vorliegenden Beispiel also auf dem Geräte-Prozesszweig. Vor-, Mit- und Nachkalkulation beziehen sich in ihrem prozessorientierten Kostenaufriss ausschließlich auf diese Meilensteine (siehe auch Kap. 3.6.2).

2.5.5 Geschäftsprozessplanung mit Chestra

Chestra ist ein prozessorientiertes »Methoden-Framework« für die Planung, Implementierung und Einführung von IT-Lösungen innerhalb unternehmensweiter Geschäftsprozesse und wird besonders im Outsourcing- und Beratungsgeschäft genutzt. Chestra ist ein Kunstwort, welches aus den Begriffen Chess und Orchestra gebildet worden ist. Ursprünglich von der Firma CSC als CATALYST entwickelt, wurde es später von der SBS (Siemens Business Services) konsequent auf die europäischen Belange angepasst.

Chestra hat gegenüber traditionellen Prozessorganisationen ein anderes Vorgehen: Ausgangspunkt einer IT-Lösungsplanung ist nicht die anfängliche Istanalyse sondern die Fixierung auf eine »Vision« der künftigen Geschäftsabläufe im Rahmen eines »Business Process Reengineering« (BPR); durch frühzeitiges Prototyping werden dann sukzessiv die Anwenderanforderungen verifiziert. Allerdings gliedert auch Chestra die Planungs- und Entwicklungsprozesse in aufeinander folgende Abschnitte mit definierten Arbeitsergebnissen, die mittels toolunterstützter Dokumentationsvorlagen (Templates) beschrieben werden.

Phasenmodell

Die Chestra-Prozessorganisation unterteilt den Business-Reengineering-Prozess und den Systementwicklungsprozess in sechs Prozessphasen:

- ▷ Vision und Strategie
- ▷ Architektur
- ▷ Entwicklung
- ▷ Integration
- ▷ Einführung
- ▷ Betrieb.

In der Phase *Vision und Strategie* wird der geschäftliche Wandel aus einer unternehmensweiten Perspektive betrachtet, um die für ein »Business Reengineering« erforderlichen Veränderungsprogramme festzulegen. Vorhandene Unternehmensziele, erfolgreiche Praxiserfahrungen und Kundenperspektiven werden als Ausgangspunkt für neue und verbesserte Performance-Ziele genutzt. Dieser Ansatz kann auch für einzelne kritische Geschäftsfelder eines Unternehmens vorgenommen werden. Das Ergebnis dieser Phase ist die Vorbereitung eines Unternehmens auf den Wandel und die Definition einer priorisierten Menge von Programmen für den geschäftlichen Wandel.

In der *Architekturphase* werden zu einem einzelnen Geschäftsfeld die Kernprozesse bestimmt und gestaltet, die Architektur der geplanten IT-Anwendung festgelegt sowie Erfordernisse der technischen Infrastruktur definiert; hierbei werden potenzielle Anwendungssoftwarepakete identifiziert, Kosten und Nutzen der geplanten Geschäftslösung analysiert und bei Bedarf prinzipielle Prototypen erstellt, um die Machbarkeit des vorgeschlagenen Konzeptes nachzuweisen. Insgesamt wird ein Rahmenplan erstellt, der den umfassenden Business-Reengineering-Prozess in überschaubare Prozessschritte unterteilt.

In der *Entwicklungsphase* werden die Komponenten einer so genannten Release für eine geschäftliche Gesamtlösung erstellt bzw. beschafft. Zu einem »Release« gehört neben der zu entwickelnden Software auch die zugehörige Hardware sowie die notwendigen Organisationsmaßnahmen, wie z.B. Schulungen für das Bedienungspersonal. In dieser Phase wird ein detaillierter Entwurf der konzipierten Geschäftslösung erarbeitet, die hierzu vorgesehene IT-Anwendung entwickelt und getestet und schließlich die Infrastruktur zur Unterstützung der Geschäftsprozesse geschaffen.

In der *Integrationsphase* werden die einzelnen Komponenten des »Release« zusammengefügt; dieser wird einem praxisnahen Pilottest unterzogen, um sicherzustellen, dass alle Elemente der betrieblichen Lösung wie geplant fehlerfrei zusammenarbeiten.

Im Rahmen der *Einführungsphase* werden an den jeweiligen Einsatzorten die neuen Geschäftslösungen eingerichtet, die neu entwickelten IT-Anwendungen installiert sowie die vorbereiteten Schulungen durchgeführt.

In der *Betriebsphase* wird die Betreuung und Pflege der IT-Anwendungen der neuen Geschäftslösung durchgeführt; sie endet mit Abschluss des Lebenszyklus der Anwendung.

Die Aktivitäten in den beiden Hauptphasen Architektur und Entwicklung gliedern sich bei Chestra im Allgemeinen noch in so genannte Spezialgebiete:

- ▷ Prozessbereitstellung,
- ▷ Organisationsentwicklung,
- ▷ Technische Infrastruktur und
- ▷ Einrichtungsinfrastruktur.

Das Spezialgebiet *Prozessbereitstellung* umfasst alle Aktivitäten zur Gestaltung der Geschäftsprozesse und Entwicklung der IT-Anwendung. Die *Organisationsentwicklung* befasst sich mit der Einstellung, Einführung und Förderung der Mitarbeiter, die in den Geschäftsprozessen eingebunden sind; wichtiges Element ist hier das Change-Management, welches sich mit der Kultur, der Mitarbeiterstruktur und den Fähigkeiten befasst. Das Spezialgebiet *Technische Infrastruktur* befasst sich im Wesentlichen mit der Auswahl, Beschaffung und Installation des technischen »Equipment«, also der Computer, IT-Geräte, Datenspeicher, Betriebssysteme, Netzkomponenten usw. Das Spezialgebiet *Einrichtungsinfrastruktur* behandelt die Einrichtung der Einsatzorte, also die Gestaltung der Gebäude, der Räume und der Arbeitsplätze.

Entsprechend der verschiedenartigen Lösungsmöglichkeiten bei einer DV-Verfahrensentwicklung werden bei dem Spezialgebiet Prozessbereitstellung noch drei *Entwicklungspfade* unterschieden:

- ▷ Beschleunigte Anwendungsentwicklung,
- ▷ Entwicklung von Standardsoftware-Anwendungen,
- ▷ Iterative kundenspezifische Entwicklung.

Diese Entwicklungspfade werden in *Subphasen* unterteilt, die jeweils einen klar definierten Start- und End-Zeitpunkt haben und – vereinfacht ausgedrückt – den bekannten Meilensteinen einer SW-Entwicklung: Entwurf, Prototyping und Fertigstellung entsprechen.

Die hier aufgeführte Gliederung des Planungs- und Entwicklungsprozesses zeigt sehr deutlich, welch ganzheitlichen Ansatz die Chestra-Prozesstechnologie darstellt. Bild 2.62 enthält in grafischer Form das »Framework« von Chestra.

Arbeitsergebnisse

Chestra beschreibt sehr detailliert die Aktivitäten und Aufgaben, die innerhalb einer Subphase durchzuführen sind. Eine *Aufgabe* ist in der Chestra-Terminologie ein zusammenhängendes Arbeitspaket, das einer Person oder einer kleinen Gruppe zugewiesen und innerhalb eines angemessenen Zeitraums fertig gestellt werden kann. Jede Aufgabe kann getrennt budgetiert, geplant und verfolgt werden. Eine *Aktivität* beschreibt eine Reihe von zusam-

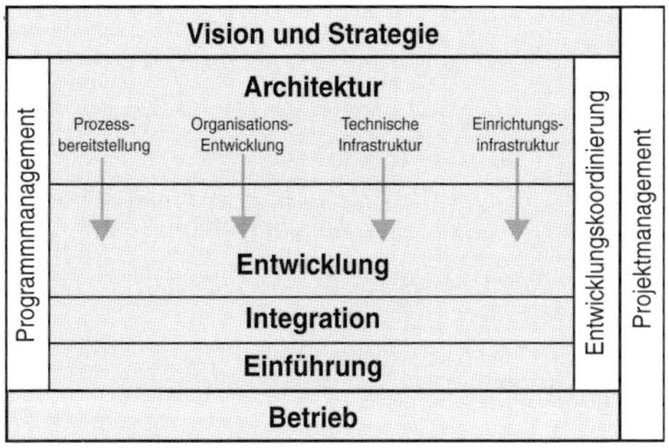

Bild 2.62 »Framework« von Chestra

mengehörigen Aufgaben, die einen gemeinsamen Zweck haben, ein gemeinsames Ergebnis erzielen oder sich mit einem gemeinsamen Thema beschäftigen. Für jede Subphase wird ein Aktivitätenflussdiagramm erstellt, in dem die einzelnen Aktivitäten in der Reihenfolge ihrer Abarbeitung aufgeführt sind. Eine weitere Matrix Aktivitäten/Arbeitsergebnisse beschreibt, welche Arbeitsergebnisse mit welcher Aktivität produziert werden.

In Chestra unterscheidet man sechs Arten von Arbeitsergebnissen:

- ▷ Modellsichten,
- ▷ Projektpläne,
- ▷ Projektberichte,
- ▷ Endergebnisse,
- ▷ Management-Arbeitsergebnisse und
- ▷ andere Arbeitsergebnisse.

Mit *Modellsichten* wird im Rahmen von Chestra der sich entwickelnde Geschäfts- und Systementwurf dargestellt; sie entwickeln sich entsprechend des Fortschritts im Entwicklungsprozess fort. Sieben aufeinander aufbauende Modellsichten können dabei unterschieden werden:

— Unternehmensmodellsicht,
— Geschäftsprozessmodellsicht,
— Organisationsmodellsicht,
— Standortmodellsicht,
— Anwendungsmodellsicht,
— Datenmodellsicht,
— Technologiemodellsicht.

Jedes dieser Modelle besteht wiederum aus drei aufeinander aufbauenden Sichten. Die konzeptionelle Sicht gibt einen groben Überblick auf hoher Planungsebene, die logische Sicht konkretisiert diese auf einer Detailstufe, die den Entwurf der physischen Sicht ermöglicht, welche schließlich die Basis für die Implementierung ergibt.

Grundlage des Projektmanagements nach Chestra sind eine Vielzahl von *Projektplänen* (siehe Bild 2.63); sie gliedern sich bei einem Entwicklungsprojekt in folgende vier Gruppen: Transformationspläne, Projekt-Rahmenpläne, Testpläne und andere Pläne. Transformationspläne dienen zur Kontrolle und Koordinierung bei der Einführung der neuen Geschäftsprozesslösung. Der Projekt-Rahmenplan enthält die eigentlichen Projektpläne, wie Projektorganigramm, Leistungsbeschreibung, Terminplan, Kostenplan, Qualitätsplan, Risikomanagementplan, Konfigurationsmanagementplan usw. Zu den Testplänen gehören neben den klassischen (wie Komponententest- und Integrationstestplan) auch diverse Prüfpläne für die Abnahme.

Projektberichte werden in allen Subphasen erstellt und halten die Projektstatus zu definierten Zeitpunkten fest. Es gibt Berichte zur Transformationsplanung, zur Geschäftsarchitektur, zum Geschäftsprozessentwurf, zur Überleitungsstrategie, zur Mitarbeitereinsatzplanung, zur Ausbildungsplanung.

Die *Endergebnisse* stellen – wie der Name es schon sagt – die Ergebnisse dar, die dem Kunden den geschäftlichen Nutzen bringen und hierzu gehören neben der installierten Hardware und entwickelten Software auch die Ergebnisse von durchgeführten Schulungen sowie die operativen Verbesserungen der Geschäftsprozesse.

Zu den *Management-Arbeitsergebnissen* gehören Arbeitsberichte der Projektmitarbeiter, des Projektleiters, des Konfigurationsmanagements und des Qualitätsmanagements; hierzu zählen u. a. Statusberichte, Konfigurationsaufstellungen, QS-Berichte und Projektprotokolle. Weitere Arbeitsergebnisse sind z. B. Prototypen, Testdaten und Bewertungskriterien.

Tool-Oberfläche

Obwohl Chestra in erster Linie eine Methode darstellt, d. h. eine Zusammenstellung von aufeinander abgestimmten Vorschriften, Vor-

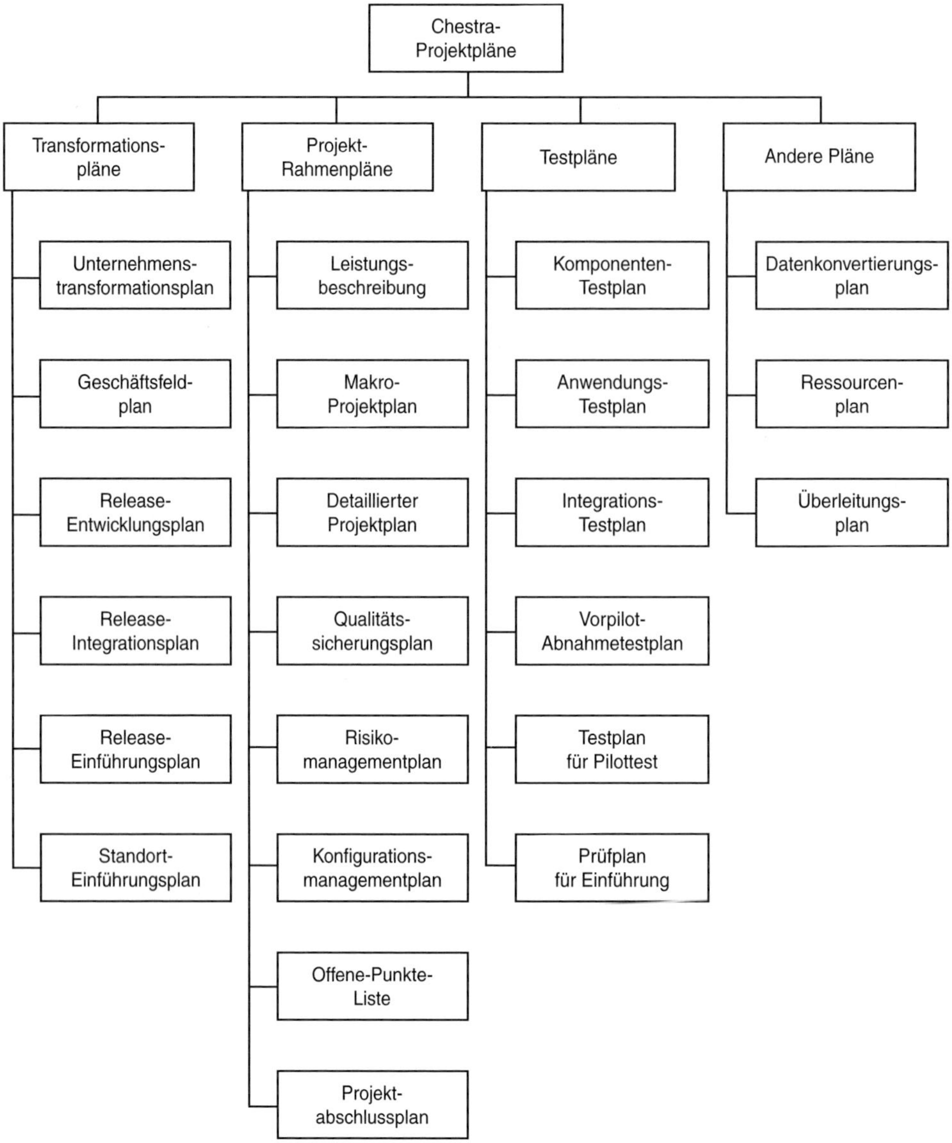

Bild 2.63 Übersicht Chestra-Projektpläne

gehensweisen, Arbeitsanweisungen und Dokumentationsvorlagen ist, wird mit Chestra auch eine Tool-Oberfläche angeboten, mit der gezielt Templates, Standardgrafiken und Arbeitsanweisungen für die Arbeitsabschnitte in den einzelnen Subphasen aufgerufen werden können.

Der Einstieg findet über einen Eröffnungsbildschirm statt, der dem in Bild 2.61 gezeigten Framework gleicht. Durch Anklicken auf die betreffende Projektphase gelangt man in den entsprechenden Chestra-Abschnitt. Anhand von grafischen Standard-Arbeitsabläufen können dann zu den ausgewählten Prozessschritten die passenden Templates, Grafiken oder Leerdokumente aufgerufen werden; als Bearbeitungstools stehen die bekannten MS Office-Produkte von Microsoft sowie das Grafikprogramm Visio Standard zur Verfügung.

2.5.6 Tätigkeitsarten

Wie erläutert, gliedern die Phasen den Entwicklungsprozess in einzelne, zeitlich voneinander getrennte Entwicklungsabschnitte. Mit einem je Phase vergebenen Entwicklungskennzeichen (EKZ) können die je Phase erbrachten Leistungen sowie die angefallenen Kosten und Aufwände gekennzeichnet werden. Für den transparenten Aufriss der im Entwicklungsprozess durchgeführten Tätigkeiten ist diese phasenbezogene Kennzeichnung häufig nicht ausreichend, da viele Tätigkeitsarten mehr flankierend zum gesamten Entwicklungsprozess und damit phasenüberschreitend auftreten.

Aus der Matrix nach Bild 2.64 geht hervor, in welcher Form einige typische Tätigkeitsarten aus dem SW-Entwicklungsbereich phasenüberschreitend im Entwicklungsprozess auftreten. Zum Unterscheiden der Tätigkeitsarten wird in der Praxis ein Tätigkeitskennzeichen (TKZ) vergeben.

So, wie die Phaseneinteilung von der Art der jeweiligen Entwicklung abhängt, so sind die Tätigkeitsarten ebenfalls entwicklungsspezifisch festzulegen. Alle Versuche, einen allgemein akzeptierten, für alle Arten von Entwicklungsprozessen gleichermaßen gültigen Katalog von Tätigkeitsarten festzulegen, sind vergeblich. Bei der Definition von Tätigkeitsarten sollte darauf geachtet werden, dass diese phasenüberschreitend und nicht auf einzelne Phasen beschränkt sind. Im letzteren Fall würden die vergebenen TKZ ähnliche Bedeutung wie die EKZ erhalten und damit redundant sein; d. h., ihre Aussagekraft würde verloren gehen.

Gruppen von Tätigkeitsarten

Als allgemeines Raster für die Tätigkeitsarten sowohl für den HW- und SW-Entwicklungsprozess können folgende Gruppen dienen:

- ▷ Entwerfern (Gruppe 1)
- ▷ Realisieren (Gruppe 2)
- ▷ Qualität sichern (Gruppe 3)
- ▷ Dokumentieren (Gruppe 4)
- ▷ Projektmanagement (Gruppe 5)

Häufig definiert man neben den eigentlichen Tätigkeitsarten auch noch eine »Sonstige«-Tätigkeitsart, wie Allgemeines oder Sonstiges (Gruppe 6). Dies sollte allerdings möglichst vermieden werden, da anderenfalls oft aus Bequemlichkeit der klaren Entscheidung zu einer solchen Tätigkeitsart ausgewichen wird.

Tabelle 2.14 zeigt einige Beispiele für konkrete Belegungen der Tätigkeitsarten ausgewählter Prozesspläne aus der HW- und SW-Entwicklung. Zusätzlich sind hier die bei der Aufwandsschätzmethode COCOMO (siehe Kap. 3.2.2) verwendeten Tätigkeitsarten aufgeführt.

Tätigkeitsartorientierte Aufwandserfassung

Für das Ausweisen des je Tätigkeitsart angefallenen Personalaufwands ist eine Stunden-

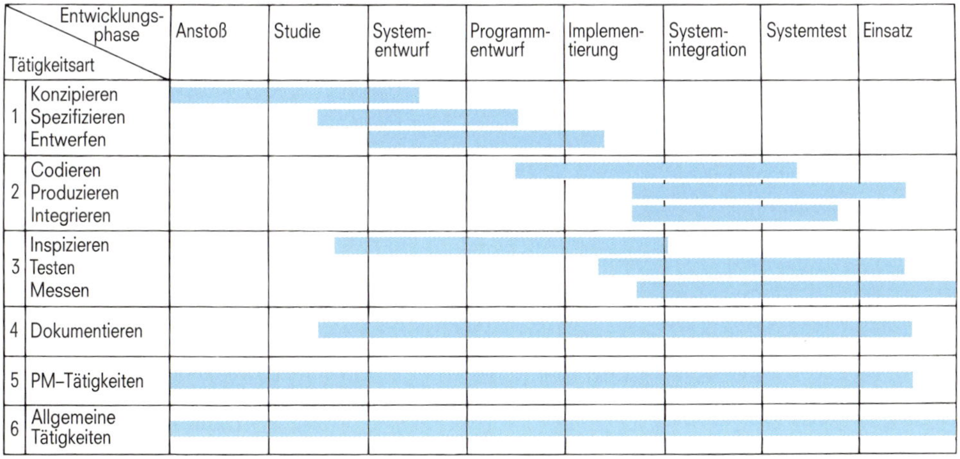

Bild 2.64 EKZ/TKZ-Zuordnungsmatrix (SW-Entwicklung)

Tabelle 2.14 Beispiele von Tätigkeitsarten

Tätigkeitsgruppen	SW-Tätigkeitsarten				HW-Tätigkeitsarten	
	Proj.Kalk.	SEP	SEPP	COCOMO	HEP	HEPP
Gruppe 1: Entwerfen	▷ Konzipieren ▷ Spezifizieren	▷ Spezifizieren	▷ Festlegen ▷ Entwerfen	▷ Requirement analysis ▷ Product design ▷ Test planning	▷ Spezifizieren	▷ Festlegen ▷ Entwerfen
Gruppe 2: Realisieren	▷ Codieren ▷ Integrieren	▷ Codierung ▷ Entwicklungsdienste	▷ Codieren ▷ Produzieren	▷ Programming	▷ Stromlauferstellung ▷ Entwicklungsdienste ▷ HW-Dienste	▷ Bauunterlagen erstellen ▷ Produzieren
Gruppe 3: Qualität sichern	▷ Review ▷ Code-Review ▷ Testen, Diagnostizieren	▷ Review ▷ Testplanung ▷ Einzeltest ▷ Testdurchführung	▷ Inspizieren ▷ Testen	▷ Test-planning ▷ Verification and Validation ▷ Quality assurance	▷ Review ▷ Testplanung ▷ Einzeltest ▷ Testdurchführung	▷ Inspizieren ▷ Prüfunterlagen erstellen ▷ Testen
Gruppe 4: Dokumentieren	▷ Technische Dokumentation ▷ Manualentwurf ▷ Manualherstellung	▷ Dokumentation	▷ Dokumentieren	▷ Manuals	▷ Dokumentation	▷ Dokumentieren
Gruppe 5: Projektmanagement	▷ Projektleitung ▷ Koordination, Steuerung	▷ Projektplanung und -kontrolle ▷ Konfigurationsmanagement	▷ Koordinieren	▷ Project office functions ▷ Configuration management	▷ Projektplanung und -kontrolle ▷ Konfigurationsmanagement	▷ Koordinieren
Gruppe 6: Allgemeine Tätigkeiten	▷ Produktfreigabe ▷ Beratung ▷ Einsatzunterstützung ▷ DV-Assistenz ▷ Schulen	▷ Allgemeines	▷ Wartung			▷ Wartung

Proj.Kalk.	Projektkalkulation in der Datentechnik
SEP	SW-Entwicklungsprozess im Bereich Private Kommunikationsnetze
SEPP	SW-Entwicklungsprozessplan im Bereich Öffentliche Vermittlungssyteme
COCOMO	SW-Prozess beim Boehm-Modell
HEP	HW-Entwicklungsprozess im Bereich Private Kommunikationsnetze
HEPP	HW-Entwicklungsprozessplan im Bereich Öffentliche Vermittlungssysteme

kontierung (siehe Kap. 4.2.1) notwendig, bei der vom Entwickler die Stundenaufwände für die bearbeiteten Arbeitspakete bzw. betroffenen Konten zusätzlich noch gemäß der einzelnen Tätigkeitsarten aufgeteilt werden müssen. Diese meist monatliche Aufgabe stellt schon einen gewissen Mehraufwand dar, den man aber in Grenzen halten kann, wenn nicht zu viele, unterschiedliche Tätigkeitsarten definiert worden sind.

Wird ein Netzplanverfahren eingesetzt, so kann unter bestimmten Voraussetzungen eine automatische Aufwandszuordnung zu den Tätigkeitsarten erreicht werden; dann nämlich, wenn die »Portionierung« der Arbeitspakete so vorgenommen wurde, dass je Vorgang nur eine einzige Tätigkeitsart auftritt. In diesem Fall entspricht die Tätigkeitsart einer »Vorgangsart«, die als solche bei den meisten Netzplanverfahren im Vorgang mit abgespeichert werden kann. Anhand dieser vorgangseigenen Tätigkeitsart ist eine vorgangsorientierte Aufwandserfassung auch zwangsläufig tätigkeitsartorientiert.

Über eine tätigkeitsartorientierte Aufwandserfassung kann zudem mittels entsprechender Preislisten, die unterschiedliche Stundensätze für die einzelnen Tätigkeitsarten enthalten, eine tätigkeitsbezogene Verrechnung der Projektkosten erreicht werden.

Auswertungsmöglichkeiten

Der besondere Vorteil der Definition von Tätigkeitsarten in einer Prozessorganisation liegt darin, dass später während der Projektdurchführung und besonders bei Projektabschluss ein vollständiger *Tätigkeitsaufriss* der aufgewendeten Personalleistungen vorliegt und umfangreiche phasen- und tätigkeitsorientierte Auswertungen vorgenommen werden können. So kann man mit diesen z.B. sehr überzeugend die erbrachten Qualitätsaufwendungen, gegliedert nach

- ▷ Review-Tätigkeiten,
- ▷ Test- und Prüftätigkeiten sowie
- ▷ Fehlerbehebungen vor und nach Ablieferung,

aufzeigen. Entsprechend können die anderen Tätigkeitsgruppen unterteilt werden.

Teilweise wird ein *Beplanen* der Tätigkeitsarten gefordert, d.h., dass zu Projektbeginn Planwerte für die einzelnen Tätigkeitsarten angegeben werden müssen. Argument ist hier: Was erfassbar ist, kann man auch planen. Dieses Unterfangen, einen Planaufwand auch für Tätigkeitsarten festzulegen, hat sich allerdings bisher nicht bewährt.

3 Projektplanung

Nach Abschluss der Projektdefinition tritt das Projekt in seine erste entscheidende Phase ein, die *Projektplanung*. In diesem Projektabschnitt werden die Voraussetzungen für den Erfolg des künftigen Produkts geschaffen. Sowohl Termin- und Kosteneinhaltung als auch Leistungserfüllung hängen in entscheidendem Maß von der Qualität der Projektplanung ab.

Bild 3.1 zeigt deutlich, wie sehr hierbei das Kostenvolumen eines Entwicklungsprojekts von den in den Frühphasen getroffenen Entscheidungen bestimmt wird. Die unterschiedlichen Verläufe des bereits festgeschriebenen und des realen Kostenabflusses kann man als »Hysteresis« der Entwicklungskosten bezeichnen.

Wie später noch dargelegt werden wird, hängt auch die Höhe der – eigentlich unnötigen – Fehlerbehebungskosten von der Genauigkeit und Vollständigkeit der Projektplanung ab. Fehler, die erst in späten Phasen der Realisierung und Erprobung aufgedeckt werden, führen stets zu erheblich höheren Behebungskosten, als wenn man diese bereits in den frühen Phasen der Definition und Planung erkannt hätte. Es ist viel kostensparender, ein Entwurfsdokument neu zu formulieren, als eine bereits fertige Baugruppe oder ein fertig erstelltes SW-Programm zu verwerfen.

Je exakter die Projektdurchführung also geplant wird, desto geringer sind die Probleme in den späteren Abschnitten des Projekts. Allerdings ist die Projektplanung nicht als einmaliger Vorgang anzusehen, der nach Ausarbeitung aller Planvorgaben als abgeschlossen zu betrachten wäre. Vielmehr wird der Detaillierungsgrad der Planung – besonders bei langfristigen und großen Entwicklungsvorhaben – nur für die ersten Entwicklungsabschnitte ausreichend genau sein können; bei Projektfortschritt wird für die anschließenden Entwicklungsabschnitte meist eine vertiefende Planung notwendig sein. Auch bei nicht vorhergesehenen Änderungen auf Grund nachträglich gestellter Anforderungen kann ein Anpassen der Planvorgaben oder sogar ein erneutes Durchplanen erforderlich werden.

Da Intensität und Sorgfalt der Planung zu Projektbeginn maßgeblichen Einfluss auf den gesamten Projekterfolg haben, muss es das Ziel sein, einen ausreichend hohen Planungsaufwand zu betreiben. Bild 3.2 zeigt, welchen Ef-

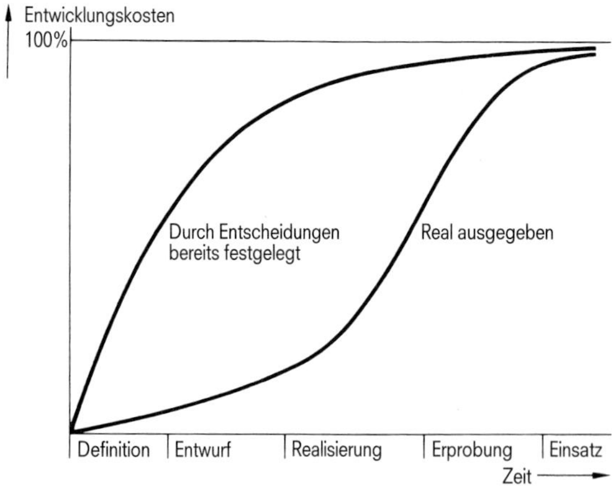

Bild 3.1
»Hysteresis« der Entwicklungskosten

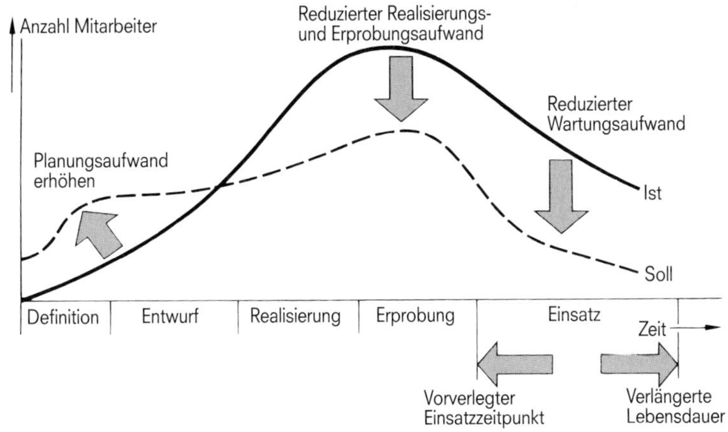

Bild 3.2
Wirkung der Erhöhung des Planungsaufwands

fekt das Erhöhen des Planungsaufwands i. Allg. hat: Einerseits kann man den Realisierungs- und Erprobungsaufwand sowie den nachfolgenden Wartungsaufwand erheblich senken; andererseits kann oft auch der Einsatzzeitpunkt des Produkts vorverlegt und dessen Lebenszyklus insgesamt verlängert werden.

Am Beginn der Projektplanung steht die *Strukturplanung;* in dieser werden die Produktstruktur, die Projektstruktur und die Kontenstruktur festgelegt. Die sich hierbei ergebenden drei Strukturpläne bilden die Grundlage für die gesamte künftige Projektdurchführung und sind damit Voraussetzung für eine sach-, termin- und kostengerechte Abwicklung des Projekts.

Die aus dem Projektstrukturplan abgeleiteten Arbeitspakete werden im Rahmen der *Aufwandsschätzung* bewertet – wobei man unterschiedliche Methoden und Vorgehensweisen nutzen kann.

Die Ergebnisse der Aufwandsschätzung fließen dann in die *Arbeits-* und *Einsatzmittelplanung* sowie in die *Kostenplanung* ein. Bei größeren Projekten sollte man hier möglichst eine Netzplanunterstützung vorsehen.

Alle Planinformationen, die im Rahmen der Projektplanung anfallen, müssen in entsprechende Projektpläne einfließen. Nur so ist ein lückenloser und eindeutiger Informationsfluss zwischen allen Projektbeteiligten zu gewährleisten.

3.1 Strukturplanung

Zentrale Aufgabe einer zielgerichteten Projektplanung und -steuerung ist die

- ▷ sachgerechte,
- ▷ termin- und aufwandsgerechte sowie
- ▷ kostengerechte

Abwicklung eines Projekts. Voraussetzung hierfür ist allerdings, dass das Projekt in für das Projektmanagement überschaubare und damit hantierbare »Portionen« zerlegt wird. Diese Portionierung ist wegen der Vielschichtigkeit der o. a. Zielsetzung nach mehreren Aspekten vorzunehmen.

Für das sachgerechte Abwickeln des Projekts ist eine technische Strukturierung des geplanten Produkts bzw. Systems notwendig; diese wird als *Produktstruktur* bezeichnet und enthält alle zu entwickelnden Produktteile; sie stellt damit den Architekturplan des Entwicklungsvorhabens dar.

Zur termin- und aufwandsgerechten Projektabwicklung ist als Basis eine vollständige aufgabenmäßige Strukturierung des Projekts erforderlich. Diese Aufgabengliederung wird als *Projektstruktur* des Projekts bezeichnet und umfasst alle für das Realisieren des Entwicklungsvorhabens durchzuführenden Arbeitspakete; sie stellt den Aufgabenbaum des Projekts dar.

Für die kostengerechte Projektabwicklung ist schließlich eine detaillierte kaufmännische *Kontenstrukturierung* notwendig. Dieser

»Kontenrahmen« sollte neben der üblichen Konteneinteilung auf einer einzigen Ebene auch die Möglichkeit der Kontenkomprimierung nach oben sowie die Möglichkeit der Unterkontenbildung nach unten enthalten; er stellt damit die Einteilung des »Haushaltsbuches« für das Projekt dar.

Produktstruktur – Projektstruktur – Kontenstruktur bilden damit das zentrale Dreigespann eines Entwicklungsprojekts (Bild 3.3). Es bildet die Grundlage für die gesamte Projektplanung und spätere Projektkontrolle. Alle Plandaten und Istdaten des Projekts müssen auf diese Strukturkomponenten beziehbar und ableitbar sein. Erst in der konsistenten Verknüpfung dieser drei Strukturierungsformen gelangt man zu einem *integrierten* Projektmanagement, welches das Projekt ganzheitlich plant und steuert.

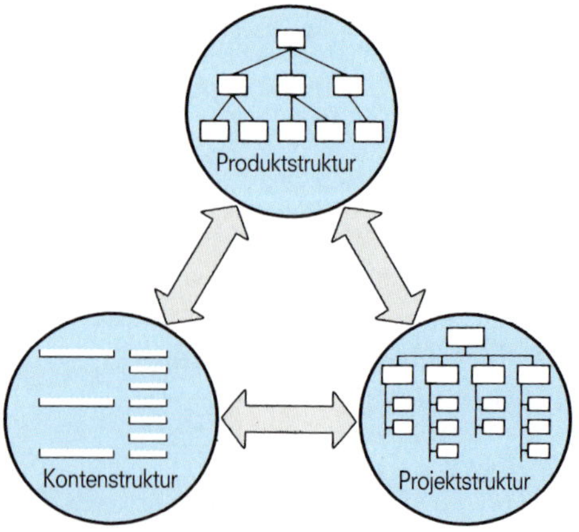

Bild 3.3 Strukturierungs-Dreigespann

Übersichtlichkeit steht hier die bessere Änderbarkeit des Strukturplans gegenüber.

3.1.1 Produktstruktur

Als Produktstruktur bezeichnet man die *technische* Gliederung des zu entwickelnden Produkts (bzw. Systems) in seine Einzelteile; sie ist die »Realisierungsstruktur« des Produkts. Die listenmäßige oder grafische Darstellung dieser Produktstruktur nennt man Produktstrukturplan (PdSP); er ist streng vom Projektstrukturplan (Kap. 3.1.2) zu trennen.

Der Produktstrukturplan enthält die Teileinheiten des Produkts in einer hierarchischen Anordnung, wobei diese Teileinheiten auf der untersten Ebene z. B. einzelne SW-Module oder HW-Baugruppen sind. Teileinheiten auf einer höheren Ebene wären z. B. ganze SW-Programmkomplexe oder HW-Baugruppenrahmen. Sind Produktteile identisch aufgebaut, so kann man zum Herausstellen dieses Sachverhalts statt einer monohierarchischen auch die polyhierarchische Darstellung wählen; bei dieser würden die betreffenden Teile nur einmal erscheinen, dafür mehrere Bezüge zur übergeordneten Ebene haben.

Bild 3.4 zeigt als Beispiel die vereinfachte Produktstruktur eines Vermittlungssystems für Nebenstellenanlagen.

Neben der grafischen Darstellung bietet sich – besonders bei umfangreichen Strukturen – auch die tabellarische an; der verringerten

Standardstrukturen

Insgesamt hängt die Ausbildung der Produktstruktur entscheidend von den technischen Besonderheiten des jeweiligen Produkts bzw. Systems ab. Das Bilden von Standard-Produktstrukturplänen als Ausgangsbasis für das Erstellen eines produktspezifischen Strukturplans hat sich in der Praxis bewährt. Vor allem in Entwicklungsbereichen, in denen immer wieder ähnliche Produkte nach gleichem Grundmuster entwickelt werden, bietet es sich an, solche Standard-Produktstrukturpläne aufzustellen. Durch Streichen und Hinzufügen von Strukturelementen gelangt man zu einer an die speziellen Erfordernisse angepassten Produktstruktur. Auf diese Weise kann man den Aufwand für das Erstellen eines vollständigen und konsistenten Produktstrukturplans erheblich reduzieren. Das Bilden der optimalen und auch transparenten Produktstruktur ist und bleibt natürlich eine kreative Hauptaufgabe des Entwicklers.

Als allgemeine Einteilung eines HW/SW-Systems bietet sich auf oberster Ebene folgende Gliederung an:

- ▷ Hardware
- ▷ Software
- ▷ Support für Hardware
- ▷ Support für Software
- ▷ Antiprodukt für Hardware (z. B. Prüfdaten)

▷ Antiprodukt für Software (z.B. Testrahmen).

Die mittleren Hierarchieebenen nehmen die jeweiligen Systemteile auf. Auf der untersten Ebene kann dann noch eine Einteilung nach Versionen und Varianten hinzukommen.

Sonderformen

Wegen der sehr unterschiedlichen Entwicklungsobjekte findet man in einigen Entwicklungsbereichen unterschiedliche Begriffe für den Produktstrukturplan; z.T. haben diese Sonderformen auch etwas andere Inhalte:

▷ Systemstrukturplan (SSP)
▷ Anlagenstrukturplan (ASP)
▷ Objektstrukturplan (OSP)
▷ Funktionsstrukturplan (FSP).

Von einem *Systemstrukturplan* spricht man bei der technischen Beschreibung und Strukturierung von Systementwicklungen, vor allem bei HW/SW-Systemen. Der *Begriff Anlagenstrukturplan* wird – wie die Bezeichnung es schon sagt – im (elektrotechnischen) Anlagenbau verwendet. Beide Strukturpläne zeigen die technischen Komponenten innerhalb einer System- bzw. Anlagenentwicklung auf, wobei die jeweiligen technischen Komponenten den einzelnen technologischen Abschnitten des Systems bzw. der Anlage zugeordnet werden. Daher bietet sich für die Darstellung eines Anlagenstrukturplans mehr die Matrix als das Struktogramm an.

Der *Objektstrukturplan* ist ein erweiterter Produktstrukturplan, der neben den Einzelteilen des künftigen Produkts auch noch die während der Projektdurchführung zusätzlich entwickelten und für die Entwicklung benötigten Teile umfasst. Zu diesen Teilen, die später nicht mehr Bestandteil des Produkts sind, gehören z.B. Prinzip- und Funktionsmuster, Prüfaufbauten, aber auch Testprogramme und andere Entwicklungshilfsmittel (Support). Die Trennung zwischen Produktstruktur und Objektstruktur hat den Vorteil, dass klar unterschieden wird, was (letztendlicher) Bestandteil des Produkts ist und was nur temporär für die Entwicklung des Produkts notwendig ist.

Die *Funktionsstruktur* bildet eine planerische Vorstufe der eigentlichen Produktstruktur; sie enthält die Funktionen des geplanten Produkts, ohne bereits Rücksicht auf die spätere technische Realisierung und der funktionalen Zuordnung der einzelnen Produktteile machen

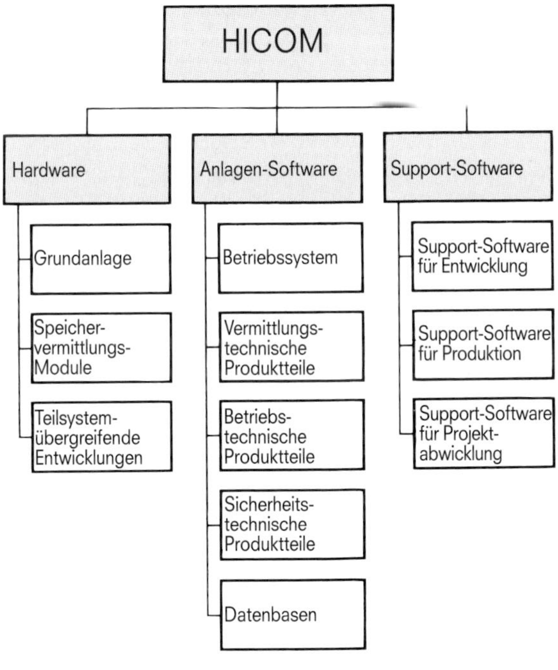

Bild 3.4
Produktstruktur eines Vermittlungssystems für Nebenstellenanlagen

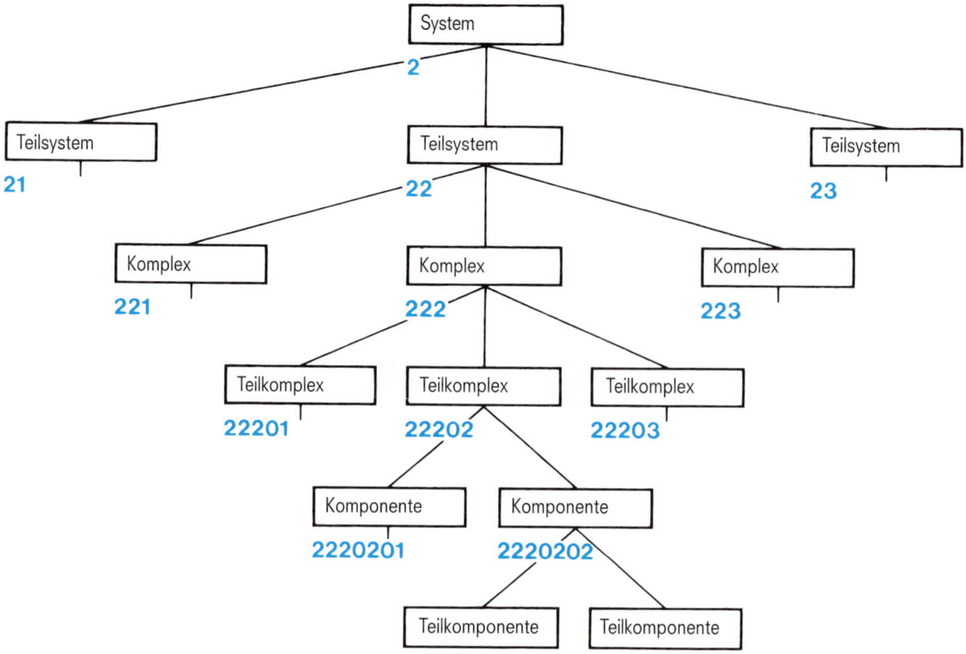

Bild 3.5 Hierarchisches Nummernsystem (vereinfachte Darstellung)

zu müssen. Als solches ist das Erstellen eines Funktionsstrukturplans im Rahmen des logischen Entwurfs eines Produkts bzw. Systems von großem Vorteil, da er einen Produktstrukturplan auf funktioneller Ebene darstellt.

Hierarchisches Nummernsystem

Zur Identifizierung der einzelnen Teileinheiten des Produkts, die den Knoten in dem hierarchisch ausgebildeten Produktstrukturplan entsprechen, ist die Vergabe eines eindeutigen Identifizierungsbegriffs notwendig; dieser kann rein numerisch sein oder auch alphanumerisch auf Grund eines speziellen Bildungsgesetzes vergeben werden. Als Beispiel für ein rein numerisches Bildungsgesetz ist in Bild 3.5 eine vereinfachte Produktstruktur gezeigt. Hier wurde eine Nummernvergabe auf Grund eines streng hierarchischen Prinzips vorgenommen, welches nur implizit klassifizierende Merkmale enthält. Folgende Begriffe werden für die Stufenbezeichnung verwendet:

0. Stufe System
1. Stufe Teilsystem
2. Stufe Komplex
3. Stufe Teilkomplex
4. Stufe Komponente
5. Stufe Teilkomponente.

Dieses Nummernsystem hat den großen Vorteil, dass später produktteilbezogene Projektdaten beliebig nach oben komprimiert werden können, um zu umfassenderen Projektaussagen zu gelangen.

Die Produktstruktur kann zu Projektbeginn meist nicht vollständig und endgültig definiert werden. Auch lebt die Produktstruktur in einem gewissen Maße und unterliegt während der Projektdurchführung partiellen Erweiterungen und Änderungen, die von dem verwendeten Nummernsystem verkraftet werden müssen. Das Nummernsystem muss für diese Fälle gewisse »Reserven« enthalten.

Daher ist beim Festlegen der Stellenzahl je Produktstrukturebene dem eventuell maximalen Ausbau der Struktur besondere Beachtung zu schenken. Ein späterer Engpass in der Nummernvergabe kann große Probleme hervorrufen; entweder müssen »unschöne« Strukturerweiterungen von zusätzlichen Produktteilen (»Balkone«) hingenommen werden oder eine später erforderliche Umnummerierung hat zwangsläufig erhebliche Umbuchungen bereits eingetretener, produktteilbezogener Istdaten in der Projektdatenbank zur Folge.

Klassifizierendes Nummernsystem

Soll der Identifizierungsbegriff für das einzelne Produktteil eine selbstsprechende Aussagekraft besitzen, so muss ein (explizit) klassifizierendes Bildungsgesetz für die Identifikation verwendet werden. Solche Nummern enthalten dann Informationen, aus denen die Bedeutung oder Aufgabe der betreffenden Produktteile abgelesen werden kann. Als Beispiel ist hier (Bild 3.6) ein Bildungsgesetz auszugsweise aufgeführt, wie es für die Entwicklung eines großen öffentlichen Vermittlungssystems verwendet wurde. Hier dient die Produktstrukturierung als Basis für die Unterkontenbildung. Die dort vorhandenen Systemteile auf oberster Ebene werden jeweils nach einem eigenen Gliederungsschema unterteilt. In Bild 3.6 ist ein Gliederungsausschnitt für SW-Subsysteme schematisch dargestellt.

Auch bietet es sich bei klassifizierenden Nummernsystemen an, für die Benummerung der einzelnen Strukturteile vorhandene Sachnummernsysteme zu nutzen, falls diese produktspezifizierende Elemente enthalten. Das spätere Zuordnen zu Stücklistenstrukturen wird dadurch erheblich vereinfacht.

Kern einer Verfahrensintegration

Der Produktstruktur kommt insgesamt eine große Bedeutung während des gesamten Projektablaufs zu und zwar von der Projektdefinition bis hin zum Projektabschluss. Alle Plan- und Istdaten der projektspezifischen (Termin, Aufwand, Kosten) und der produktspezifischen Grundgrößen (Funktions- und

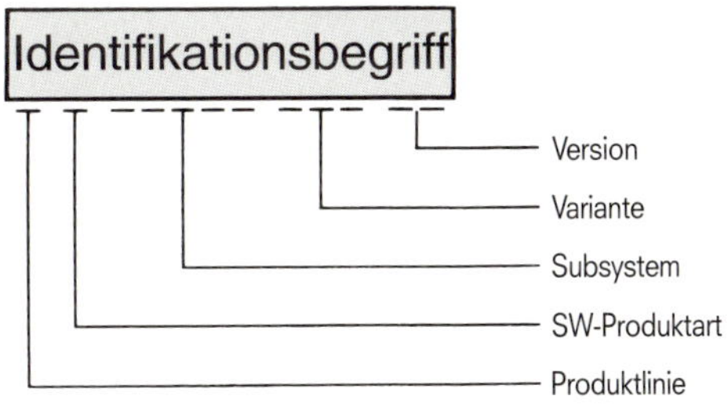

Bild 3.6
Klassifizierendes Nummernsystem (Beispiel)

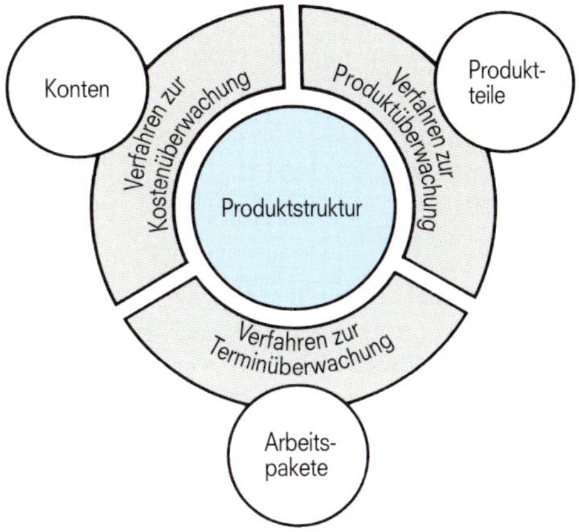

Bild 3.7 Verfahrensintegration

Befehlsanzahl, Dokumentationsseiten etc.) haben ihren unmittelbaren Bezug zur Produktstruktur. Damit haben auch alle DV-Verfahren, die diese Grundgrößen verwalten, einen Bezug zur Produktstruktur.

Allgemein gilt, dass die Produktstruktur die Brücke zwischen der kaufmännischen Kostenstrukturierung (Kontenstruktur) und der fachlichen Aufgabenstrukturierung (Projektstruktur) bildet und gleichzeitig das Bindeglied zu den Entwicklungsergebnissen herstellt; sie ermöglicht außerdem das Synchronisieren der Termin- und Kostenüberwachung und gewährleistet damit eine gemeinsame Projektplanung der Entwicklung und der FuE-Kaufmannschaft. Die Produktstruktur stellt also das zentrale Strukturelement für die Integration aller das Projekt unterstützenden Verfahren dar (Bild 3.7).

3.1.2 Projektstruktur

Die aufgabenmäßige Gliederung des Projekts wird im Projektstrukturplan (PjSP oder PSP) festgelegt; er enthält alle Projektaktivitäten, die in den einzelnen Entwicklungsphasen durchzuführen sind. Nach DIN 69901 [60] gilt als Definition für die Projektstruktur:

> Gesamtheit der wesentlichen Beziehungen zwischen den Elementen eines Projekts.

Der Projektstrukturplan bildet das Fundament für die gesamte Projekt- und Produktplanung, sowohl für die Planung der Termine, Kosten und Einsatzmittel als auch für die Festlegung der Leistungsmerkmale. Von ihm gehen alle wesentlichen Projektpläne aus; er bildet damit auch die Basis für die Auftragserteilung und die spätere Projektkontrolle.

Strukturierungsablauf

Im Sinn eines Top-down-Vorgehens analysiert man – im Rahmen der vorbestimmten Prozessstruktur – das Projekt auf seine Aufgabenstruktur (Strukturanalyse), wobei die einzelnen Aktivitäten in selbstständig durchführbare und kontrollierbare Teilaufgaben zerlegt werden (Work Breakdown Structure). Der Grad der Detaillierung hängt natürlich von der Größe und Komplexität des Projekts ab. Die auf der untersten Ebene nicht weiter aufgeteilten Aufgaben, also die Endpunkte der Struktur, stellen die *Arbeitspakete* dar. Wird allerdings für die Terminplanung ein Netzplan eingesetzt, so kann man diese Arbeitspakete noch in kleinere »Netzplan-Vorgänge« unterteilen (siehe Kap. 3.4.4).

Die Aufgabenunterteilung des Projekts sollte so weit getrieben werden, bis man die Arbeitspakete eindeutig einer Entwicklungsgruppe bzw. einem Mitarbeiter zuordnen kann. Nur in Ausnahmefällen, in denen die Leistungsverrechnung es erfordert (wie z.B. bei einem Software-Haus), sollte bis auf die Ebene des einzelnen Mitarbeiters gegangen werden. Auch sollten die Arbeitspakete fachlich voneinander klar abgegrenzt sein, damit später keine ungewollten Parallelaktivitäten oder sogar Kompetenzstreitigkeiten auftreten. Jedem Arbeitspaket sollte eine genaue Aufgabenbeschreibung mit exakter Zielvorgabe beigegeben werden.

In Bild 3.8 ist der Strukturierungsablauf prinzipiell aufgezeigt. Wie ersichtlich, stehen sich Projektstruktur und Produktstruktur wie zwei Antipoden gegenüber, deren Definition ein *iterativer* Prozess ist. Man kann nicht sagen, zuerst sei die Produktstruktur und dann die Projektstruktur zu entwerfen oder umgekehrt. Vielmehr benötigt man vor dem Bestimmen der tieferen Ebenen des Produktstrukturplans bereits definierte Arbeitspakete im Projektstrukturplan, dessen vollständiges Bestimmen wiederum von der Produktstruktur abhängt. In der Praxis werden die beiden Strukturpläne daher nebeneinander schrittweise verfeinert.

Auch ist der Projektstrukturplan nicht ein starres Gebilde, welches einmal zu Beginn der Projektplanung festgelegt wird, sondern der Projektstrukturplan lebt während des gesam-

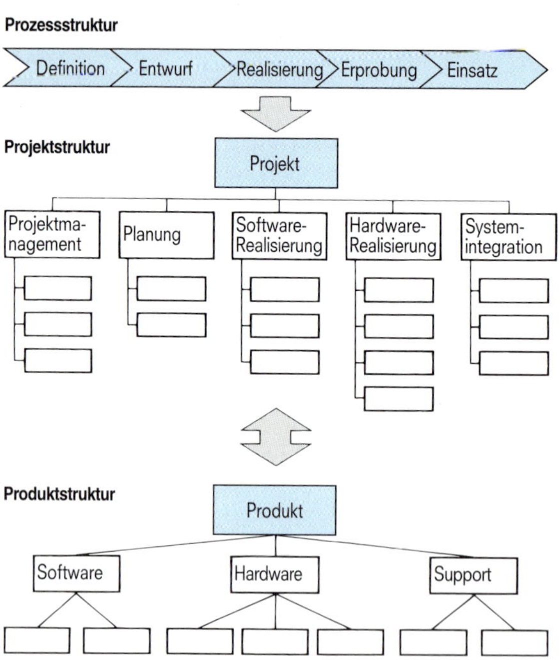

Bild 3.8 Strukturierungsablauf

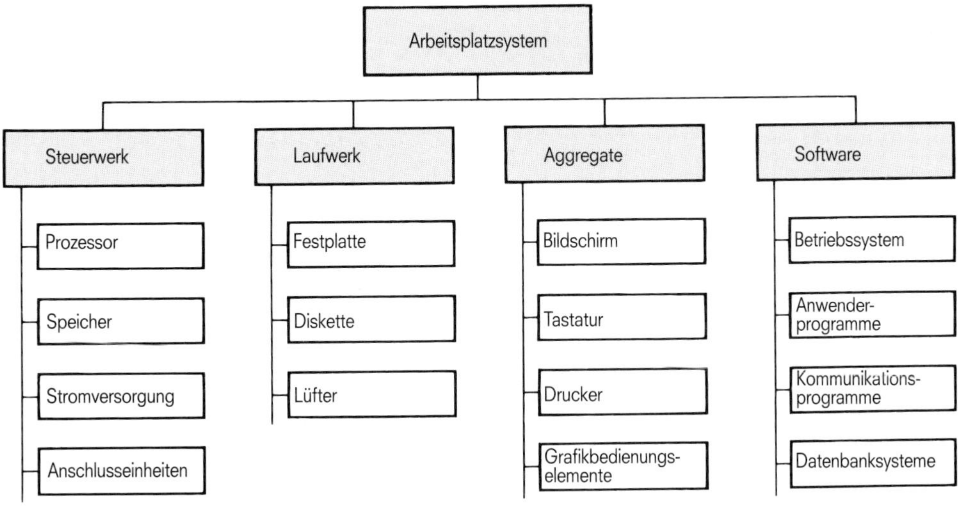

Bild 3.9 Objektorientierter Projektstrukturplan

ten Projektgeschehens. Deshalb kommt der laufenden Aktualisierung des Projektstrukturplans eine besondere Bedeutung zu.

Typen von Projektstrukturplänen

Der Projektstrukturplan kann nach mehreren Gesichtspunkten aufgebaut sein. Man kann drei Arten von Projektstrukturplänen unterscheiden:

- ▷ Objektorientierter Projektstrukturplan
- ▷ Funktionsorientierter Projektstrukturplan
- ▷ Ablauforientierter Projektstrukturplan.

Objektorientierter Projektstrukturplan

Bei einem objektorientierten Projektstrukturplan – häufig auch als erzeugnis- oder produktorientierter Plan bezeichnet – richtet sich die Definition der Aufgabenpakete nach der technischen Struktur des zu entwickelnden Objekts (Produkt, System, Anlage etc.).

Bild 3.9 zeigt ein einfaches Beispiel für einen objektorientierten Projektstrukturplan; in diesem Beispiel wird das betreffende Produkt systematisch in seine zu entwickelnden Einzelteile zerlegt (genau genommen müsste hinter jedem Begriff die Tätigkeit »entwickeln« stehen).

Ein objektorientierter Projektstrukturplan hat große Ähnlichkeit mit einem Produktstrukturplan, so dass Projektplaner, die keine strenge Trennung zwischen den Begriffen Projekt und Produkt machen, diese beiden Strukturpläne leicht miteinander vermischen. Daher ist es empfehlenswert, keinen rein objektorientierten Projektstrukturplan zu verwenden.

Funktionsorientierter Projektstrukturplan

In einem funktionsorientierten Projektstrukturplan werden die durchzuführenden Arbeitspakete nach den Entwicklungsfunktionen, wie z.B. Konstruktion, Elektronikentwurf, Musterbau, Bauunterlagen-Erstellung etc. gegliedert, er orientiert sich also nicht nach den Einzelteilen des Produkts, sondern nach den Funktionsbereichen der Entwicklung. Bild 3.10 zeigt ein Beispiel hierfür.

Diese Aufbauform einer Projektstruktur kann bei jedem Entwicklungsprojekt angewendet werden; sie ist daher wohl auch die verbreitetste Projektstrukturform.

Ablauforientierter Projektstrukturplan

Die dritte Form eines Projektstrukturplans ist ablauforientiert (Bild 3.11). Die Arbeitspakete werden gemäß dem Entwicklungsprozess bestimmt und strukturiert. Die oberste Ebene eines derartigen Projektstrukturplans spiegelt damit die Prozessabschnitte der vorliegenden Prozessorganisation wider, die unteren Ebenen die einzelnen Prozessschritte.

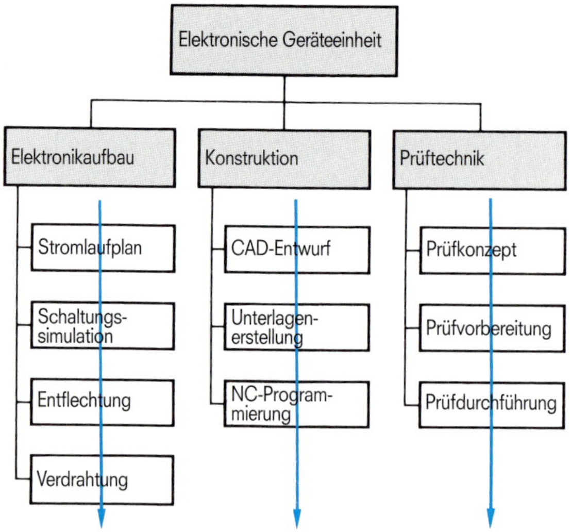

Bild 3.10
Funktionsorientierter Projektstrukturplan

Dieser Projektstrukturplan ist allerdings nur dort praktikabel, wo Entwicklungen nach einem streng sequenziellen Prozessablauf durchgeführt werden.

Mischformen

Wie die vergleichende Betrachtung der drei Formen eines Projektstrukturplans zeigt, steht der funktionsorientierte Plan etwa zwischen dem objektorientierten und dem ablauforientierten Projektstrukturplan. Die objektorientierte Form birgt – wie bereits erwähnt – die Gefahr der Vermischung mit dem Produktstrukturplan in sich, und die ablauforientierte Form ist stark an den Prozessplan angelehnt und kann einen gewissen Mangel an Flexibilität bei der Arbeitspaketdefinition zur Folge haben.

In der Praxis treten daher häufig Mischformen aus den vorgenannten Grundtypen von Projektstrukturen auf. In Bild 3.12 ist ein Beispiel für einen solchen gemischt orientierten Projektstrukturplan gezeigt. Hier entspricht die obere Ebene einer funktionsorientierten Strukturierung, dagegen ist die untere Ebene teilweise ablauforientiert. Diese Mischform eines

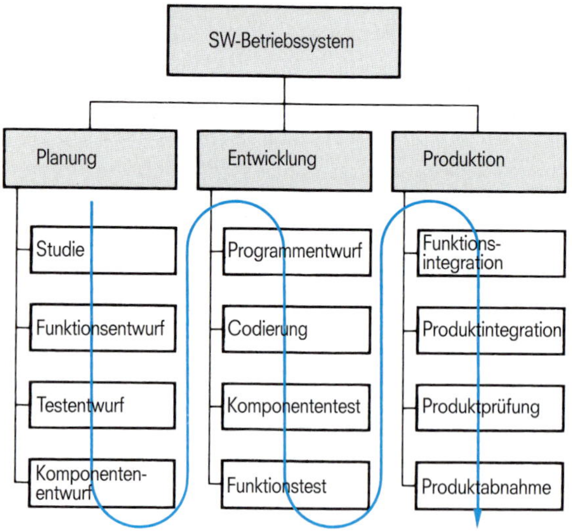

Bild 3.11
Ablauforientierter Projektstrukturplan

Projektstrukturplans bietet sich z. B. an, wenn ein Entwicklungsobjekt in einer bestehenden Linienorganisation mit den gezeigten Funktionen eingebettet ist und in dem betreffenden Bereich konsequent nach einen Prozessplan vorgegangen wird.

Standard-Projektstrukturpläne

In einem »Vielprodukt«-Unternehmen oder dann, wenn häufig ähnliche Entwicklungen immer wieder durchgeführt werden, bietet es sich an, Standardstrukturen für gleichartige Entwicklungsprojekte zu entwerfen. Man benutzt sie ähnlich den Standardnetzplänen wie eine »Checklisten-Struktur«, aus der die zutreffenden Strukturzweige mit den zugehörigen Arbeitspaketen übernommen und nicht zutreffende Teile übergangen werden. Der eigentliche individuelle Projektstrukturplan entsteht aus dieser Standardstruktur als »erweiterte Untermenge«, d. h., einerseits fehlen dem angepassten Projektstrukturplan einige Arbeitspakete, andererseits sind ihm einige neue hinzugefügt worden.

Als Stufen für einen solchen Standard-Projektstrukturplan bietet sich z. B. die folgende – gemischt orientierte – Gliederung an:

0. Stufe	Projekt
1. Stufe	Produktteile
2. Stufe	Funktionen
3. Stufe	Arbeitskomplexe
4. Stufe	Arbeitspakete.

Wenn Entwicklungsähnlichkeiten und Entwicklungswiederholungen es ermöglichen, sind solche Standardstrukturpläne eine große Arbeitserleichterung, besonders im ersten Planungsabschnitt der Projektstrukturierung; sie stellen zusammen mit Standardnetzplänen eine erhebliche Rationalisierung dar.

Gliederungsgesichtspunkte

Das Erstellen eines Projektstrukturplans hat das primäre Ziel, zu einer projektadäquaten Arbeitspaketeinteilung zu gelangen. Diese Einteilung sollte – unabhängig von der gewählten Aufbauform des Projektstrukturplans – so aussehen, dass möglichst wenige Überschneidungen und Abhängigkeiten zwischen den einzelnen Arbeitspaketen auftreten. Zur Definition der Arbeitspakete sind daher mehrere Gliederungsgesichtspunkte heranzuziehen:

- ▷ organisatorische Zuständigkeit,
- ▷ zeitlicher Ablauf,
- ▷ kalkulatorische Vorgaben und
- ▷ technische Aspekte.

So weit wie möglich, sollten Arbeitspakete eindeutig einer einzigen organisatorischen Einheit zuordenbar sein, damit eine klare Ver-

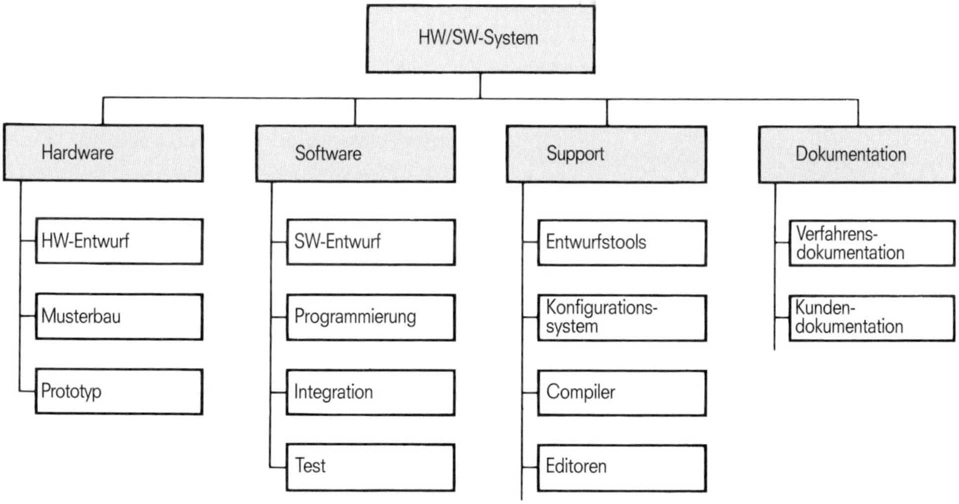

Bild 3.12 Gemischt orientierter Projektstrukturplan

antwortung für das jeweilige Arbeitspaket existiert; anderenfalls besteht die Gefahr mangelnden Engagements oder unnötiger Kompetenzstreitigkeiten.

Auch muss bei der Arbeitspaketeinteilung der zeitliche Projektablauf beachtet werden. So ist es z.B. unsinnig, ein Arbeitspaket über die Grenze einer Entwicklungsphase hinweg zu bestimmen, da die Phasenentscheidung dann zeitlich mitten in dem Arbeitspaket läge.

Weiterhin können kalkulatorische Vorgaben eine Ober- und Untergrenze für das Kostenvolumen von Arbeitspaketen abgeben. Wird nämlich das Kostenvolumen zu groß, so ist eine gezielte Kostenkontrolle nicht mehr möglich; ist es dagegen zu klein, so ist zwar eine gute Kostenkontrolle gewährleistet, aber der notwendige Überwachungsaufwand wird unzumutbar groß.

Schließlich sind, wie bereits erwähnt, die technischen Gliederungsaspekte der Produktstruktur zu berücksichtigen. Die Definition eines Arbeitspakets sollte sich – bis auf die wirklich notwendigen Fälle, wie z.B. bei projektbegleitenden Aktivitäten – nicht auf verschiedene Produktteile beziehen.

Anbindung an den Netzplan

Für die DV-unterstützte Behandlung eines Projektstrukturplans müssen alle Aufgaben im Strukturplan mit einer eindeutigen Identifikationsnummer versehen werden. Es sind die unterschiedlichsten Nummernsysteme anwendbar, als verbreitetste hat sich allerdings die rein hierarchische Nummerung nach der Dezimalklassifikation durchgesetzt. Werden diese Nummern darüber hinaus – bei Verwendung eines Netzplans – den zugeordneten Vorgängen beigefügt, so ist es möglich, aus dem Netzplan *automatisch* einen Projektstrukturplan zu generieren. Eine gesonderte Aktualisierung des Projektstrukturplans entfällt damit, da diese bereits implizit mit der Netzplanaktualisierung erreicht wird. So, wie der Detaillierungsgrad des Netzplans mit dem Projektfortschritt voranschreitet, ändert sich auch die Detaillierung des Projektstrukturplans.

Darstellungsmöglichkeiten

Beim Visualisieren des Projektstrukturplans scheiden sich oft die Geister. Die einen wollen in jedem Fall ein Struktogramm, die anderen begnügen sich mit einer listenförmigen Darstellung, wie dies in Bild 3.13 an einem Listenbeispiel gezeigt ist.

Ein »Kästchenbild« hat natürlich den großen Vorteil des visuellen (Planungs-) Eindrucks; es darf aber nicht übersehen werden, dass bei großen Projekten der Strukturplan leicht enorme Dimensionen annehmen kann, ganze Wände füllt und beim Vervielfältigen erhebliche Probleme aufwirft. Das listenmäßige Darstellen des Projektstrukturplans schließt dagegen die Möglichkeiten ein, reichhaltige Zusatzinformationen mit auszuweisen. Außerdem kann er beliebig groß – weil lang – werden und macht keine Schwierigkeiten beim Kopieren. Deshalb ist bei größeren Entwicklungsvorhaben die Listenstruktur die praktikablere Ausgabeform für den Projektstrukturplan.

Als Ausgangspunkt für alle weiteren Planungsabschnitte wie Terminplanung, Personaleinsatzplanung und Kostenplanung kommt dem Projektstrukturplan eine besondere Bedeutung zu. Obwohl immer wieder behauptet wird, »kein Projekt kann ohne Projektstrukturplan erfolgreich durchgeführt werden«, wird in diesem Punkt immer noch sehr gesündigt. Häufig wird wohl – manchmal mehr aus Gründen der »Modernität« – ein solcher erstellt und der Bereichsleitung vorgelegt. Anschließend schiebt man ihn nicht selten wieder zur Seite und führt die Projektplanung auf undefiniertem Untergrund fort. In der projektbegleitenden Aktualisierung des Projektstrukturplans werden die meisten Unterlassungen begangen. Da aber der Projektstrukturplan die vollständige und strukturierte Aufstellung aller Aufgaben enthält, die zum Erreichen des Projektziels notwendig sind, sollte es zu den wichtigsten Pflichten des Projektleiters gehören, für die stete Aktualität des Projektstrukturplans zu sorgen.

3.1.3 Kontenstruktur

Um Projekte und Teilprojekte für das Projektmanagement kostentransparent werden zu lassen, werden sie nach Konten und Unterkonten aufgeteilt. Die Gliederung dieser Konten nimmt man nach unterschiedlichen Gesichtspunkten vor; sie richtet sich nach dem Bedarf

Projektstrukturplan	**Projekt:**	Systembeispiel	Seite: 1
	Projektleiter:	Fr. Oertel	
	Stand:	03.01.00	

Struktur-Nr.	**Arbeitspaket**	**Verantwortlicher**	**Dienst-stelle**	**Aufwand**	**Beginn**	**Dauer**	**Phase**
01	Systemanalyse						
0101	Anforderungskatalog erstellen	Hr. Büttner	GE 13	6 MW	01.10.99	6 W	Analyse
0102	Pflichtenheft erstellen	Hr. Büttner	GE 13	8 MW	15.11.99	6 W	Analyse
0103	Funktionsspezifikation erstellen	Hr. Brosig	GE 14	7 MW	03.01.00	8 W	Analyse
0104	Versionsplan erstellen	Hr. Brosig	GE 14	5 MW	28.02.00	4 W	Analyse
02	Systementwurf						
0201	HW-Entwurf						
020101	HW-/FW-Spezifikation erstellen	Hr. Kramer	GE 22	4 MW	03.04.00	4 W	Entwurf
020102	Stromlaufplan entwerfen	Hr. Helm	GE 21	6 MW	29.05.00	3 W	Entwurf
020103	Testspezifikation ausarbeiten	Hr. Kramer	GE 23	3 MW	06.06.00	3 W	Entwurf
0202	SW-Entwurf						
020201	Programmspezifikation ausarbeiten	Fr. Joswig	GE 33	4 MW	03.04.00	4 W	Entwurf
020202	Testplan entwerfen	Fr. Joswig	GE 33	3 MW	29.05.00	4 W	Entwurf
03	Systemrealisierung						
0301	HW-Implementierung						
030101	Stromlauf testen	Hr. Helm	GE 21	6 MW	03.07.00	4 W	HW-Impl.
030102	Fertigungsunterlagen erstellen	Hr. Helm	GE 21	7 MW	01.08.00	4 W	HW-Impl.
030103	Testdokumentation ausarbeiten	Fr. Sasgen	GE 23	5 MW	04.09.00	4 W	HW-Impl.
......	....						
0302	SW-Realisierung						
......	....						

Bild 3.13 Projektstrukturplan als Liste

an bestimmten Auswertungen und Informationen, die für ein wirtschaftliches Management benötigt werden. Konten stellen Strukturelemente dar, für die in der Praxis sehr unterschiedliche Begriffe verwendet werden, z. B.:

— Auftragskennzeichen (AKZ),
— Auftragsnummer,
— FuE-Konto,
— Aufgabe,
— Auftrag,
— Unterkonto,
— Teileinheit usw.

Trotz dieser unterschiedlichen Bezeichnungen gelten für die Strukturierung – unabhängig von der Art der Projekte – ähnliche Gliederungsgesichtspunkte.

Gliederungsaspekte

Vor allem in großen Entwicklungsbereichen werden in den Kontennummern Daten verschlüsselt, die man als Ordnungs- und Sortierkriterien in der kaufmännischen Abwicklung verwendet. Allerdings hat jedes klassifizierende Nummernsystem seine Nachteile, besonders dann, wenn auf Grund nachträglich notwendig gewordener Erweiterungen das Klassifizierungssystem »gesprengt« wird. Deshalb bietet sich gerade im Hinblick auf moderne DV-Verfahren (wie z. B. bei SAP) ein rein *identifizierendes* Nummernsystem für die Kontengliederung an.

Für die Gliederung von Konten sind im Wesentlichen folgende Ziele zu beachten:

- ▷ Kostenverursacher erkennbar machen (Kostenherkunft),
- ▷ Kostenkomponenten darstellen (Kostenschwerpunkte),
- ▷ Konten auf den Terminplan ausrichten (zeitliche Synchronisierung),
- ▷ Konnex zur Projekt- und Produktstruktur herstellen (technische Synchronisierung),
- ▷ Kostenkalkulation und -kontrolle unterstützen (Kostenmanagement).

Wegen der leichteren Überschaubarkeit können Höchstgrenzen für die Größe der einzelnen Konten festgelegt werden. Auch die Anzahl der Konten und die weitere Unterteilung sind wichtige Kriterien für eine optimale Kontengliederung, weil davon der Planungs- bzw. Kalkulationsaufwand abhängt. So wichtig eine detaillierte Kostenplanung ist, so darf doch der Verwaltungsaufwand dafür nicht zu groß werden. Auch darf man formale Gliederungsaspekte nicht überbewerten. Die sachliche Gliederung muss stets die höhere Priorität haben, weil sie die inhaltlichen Aussagen zum Projekt bestimmt.

Kleine Projekte sind in ihrer Kontenstruktur nahezu problemlos. Sie sind im Allgemeinen auch dann gut überschaubar, wenn kaum strukturelle Überlegungen angestellt worden sind.

Grundsätzlich ist zu klären, ob die Kontenstrukturierung nach

- ▷ Kundenaufträgen (vertriebsorientiert) oder
- ▷ Arbeitsobjekten (entwicklungsorientiert)

ausgerichtet werden soll.

Bei Kundenprojekten ist klar, dass beispielsweise Projekte für Walzwerke oder Kraftwerke, deren Bearbeitung und Projektierung erst nach Auftragseingang beginnt, nach der Struktur des Kundenauftrags ausgerichtet sein müssen. Solche Projekte erhalten daher eine *vertriebsorientierte* Kontenstruktur.

Bei Vorleistungsprojekten sowie bei allen Projekten, die vor dem Eingang von Kundenaufträgen konzipiert und entwickelt werden, hat sich dagegen in der Praxis bewährt, dass eine Kontenstruktur gewählt wird, die der technischen Struktur entspricht, also *entwicklungsorientiert* ist. Dies gilt auch dann, wenn die durch Entwicklungsvorleistungen geschaffenen Produkte später über Kundenprojekte vermarktet werden, die oft zum Entwicklungszeitpunkt noch nicht bekannt sind.

Für ein Strukturieren nach Arbeitsobjekten spricht noch ein weiteres Argument, da die gewählte Struktur auch für das Erfassen der aufgelaufenen Projektkosten (Istkosten) verwendet werden kann.

Betrachtet man z. B. das Erfassen der Istkosten für das Eigenpersonal; diese Kosten werden heute üblicherweise mit Hilfe der Stundenschreibung erfasst. Es liegt nahe, dass der monatliche Stundenbericht am einfachsten zu erstellen ist, wenn der Bearbeiter sich nur darauf konzentrieren muss, an welchen Projektaufgaben er im abgelaufenen Monat gearbeitet hat. Dies ist für denjenigen, der den Stundennachweis erstellen muss, viel einfacher, als wenn er darüber nachdenken müsste, welchen vertriebsorientierten Konten die Arbeitsstunden des abgelaufenen Monats zuzuordnen wären.

Die Kontenstrukturierung ist also so zu wählen, dass die geleisteten Stunden aus Sicht des Bearbeiters problemlos zugeordnet werden können; sonst entstehen zwangsläufig Fehler bei der Stundenkontierung und damit der Erfassung der Istkosten der Projekte.

Strukturierungseinflüsse

Bei größeren Projekten besteht die Gefahr, dass einzelne Projektplaner unterschiedliche Strukturen wählen und damit spezifische Informationen zum Projekt verloren gehen. Um unnötige Diskussionen über die Struktur zu vermeiden, sollte man deshalb bei größeren Projekten die Regeln der Kontenstrukturierung in einer Rahmenrichtlinie festlegen. Die Kompetenz für das Festlegen der Struktur sollte allein beim Projektleiter und dem zuständigen FuE-Kaufmann liegen.

Eine straffe auftragsbezogene Strukturierung wird gelegentlich vom Entwickler als Einengung und Beschneidung der persönlichen Freiheit gewertet; dies trifft besonders dann

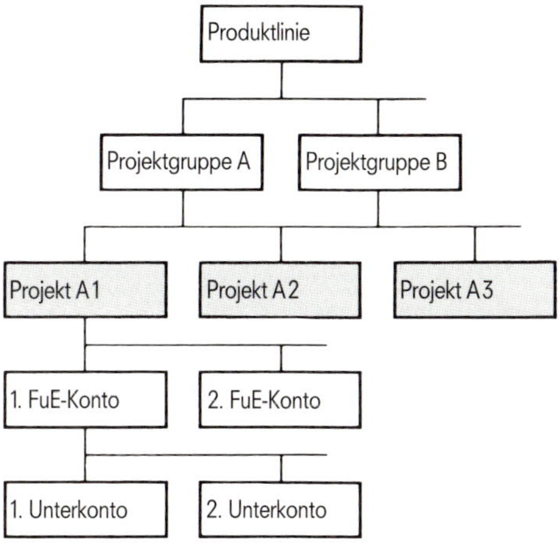

Bild 3.14
Anbindung der Konten an die Projektgliederung

zu, wenn Aufträge aus Kosten- und Wettbewerbsgründen sehr knapp kalkuliert werden.

Bei einer nicht streng auftragsbezogenen Strukturierung kann es zu einer Destrukturierung der Konten führen; sie äußert sich z. B. in folgenden Tendenzen:

- ▷ Nicht zusammengehörige Projektteile werden in einem einzigen Konto zusammengeworfen,
- ▷ zusammengehörende Teile werden auf viele Konten verteilt bzw.
- ▷ die Aufträge (die Arbeitsinhalte der Konten) werden verschwommen formuliert (so genannte »U-Boot«-Entwicklungen sind dann möglich),
- ▷ Projektanfang und -ende sind nicht klar definiert oder
- ▷ das einzelne Entwicklungsergebnis ist nicht angegeben.

Zusammenfassend ist festzuhalten: Die Struktur eines Projekts sollte abgestimmt und ausgewogen sein und als »Kontenplan« bzw. »Kontenkatalog« für das Projekt verbindlich festgelegt werden. Eine ständige aber sehr restriktive Fortschreibung eines solchen Kontenkatalogs ist erforderlich.

Hierarchische Kontenstruktur

Mit zunehmender Größe der Projekte steigt die Notwendigkeit überlegter Kontenstrukturierungen. Bei großen Entwicklungsvorhaben sollte man die Kontenstruktur zusätzlich auch in die hierarchische Projektgliederung einbinden. Dies ist nötig, damit für die unterschiedlichen hierarchischen Ebenen der Projektorganisation sowie für die Bereichsleitung maßgeschneiderte Informationen erstellt werden können.

Bild 3.14 gibt als Beispiel die hierarchische Gliederung der Projekte mit ihrer Kontenanbindung für die Entwicklung einer großen Produktlinie (Geschäftsfeld) wieder.

Zu einer bestimmten Produktlinie gehören mehrere »Projektgruppen«, die sich in die einzelnen Projekte gliedern. Den Projekten selbst sind mehrere Auftragskennzeichen als »FuE-Konten« zugeordnet, die sich wiederum in mehrere Unterkonten auf tieferen hierarchischen Ebenen unterteilen können.

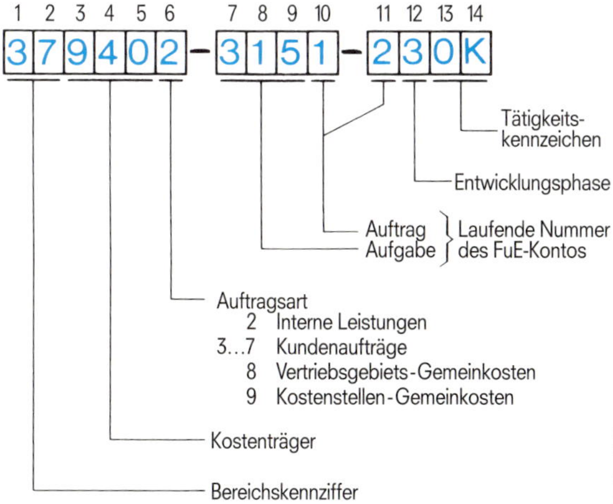

Bild 3.15
Aufbau eines Auftragskennzeichens (Beispiel)

Auftragskennzeichen

Wie der Name schon sagt, wird mit dem Auftragskennzeichen (AKZ) ein FuE-Auftrag innerhalb eines Projekts gekennzeichnet. Diese Kodierung kann zählende (laufende Nummer) und beschreibende (sprechende) Elemente enthalten. Das AKZ ist keine Schöpfung des Projektmanagements, sondern gängiges Hilfsmittel, mit dem unternehmensinterne Abwicklungs- und Leistungsprozesse nach den Regeln des Rechnungswesens gegliedert werden.

Bild 3.15 zeigt als Beispiel den Aufbau eines Auftragskennzeichens, wie es in mehreren Unternehmensbereichen der Siemens AG verwendet wird.

Hierbei kann die Belegung wie folgt aussehen: An den ersten beiden Stellen des AKZ ist der Geschäftsbereich ablesbar. Die Stellen 3 bis 5 enthalten den Kostenträger; in dem gezeigten Beispiel ist dies die Entwicklung. In der sechsten Stelle des AKZ ist die Auftragsart verschlüsselt; in der Entwicklung verwendet man die Auftragsarten »2« interne Leistungen und »9« Kostenstellen-Gemeinkosten. Die Stellen 7 bis 11 enthalten die laufende Nummer des AKZ, wobei der »Aufgabenbereich« hierarchisch dem »Auftrag« übergeordnet ist. In der zwölften Stelle ist die Entwicklungsphase verschlüsselt. Die Stellen 13 und 14 enthalten das Tätigkeitskennzeichen. Diese Kennzeichen werden u. a. zum Erfassen des Qualitätssicherungsaufwands verwendet (siehe Kap. 2.5.6). Entwicklungsphasen und Tätigkeitskennzeichen sind i. Allg. in den Entwicklungsprozessplänen festgelegt.

Neben dem AKZ-Aufbau 6-4-4 (»Münchner AKZ«) gibt es bei Siemens noch den Aufbau 5-1-4-6 (»Erlanger AKZ«).

Auch im Rahmen eines SAP-Verfahrenseinsatzes bietet sich eine ähnliche Klassifizierung der Auftragskennzeichen (CO-Innenaufträge oder PSP-Elemente) an.

Die Auftragskennzeichen der Projekte, also die FuE-Konten, werden in den bereits erwähnten Kontenplan bzw. Kontenkatalog aufgenommen, der ständig auf aktuellem Stand gehalten werden muss. In Bild 3.16 ist als Beispiel ein Ausschnitt aus einem solchen Kontenkatalog gezeigt, wie er in der Vermittlungstechnik verwendet wurde. Die Pflege des Kontenkatalogs eines Projekts ist Aufgabe des zuständigen Projektbüros oder einer dafür eingerichteten Stabsstelle (FuE-Büro).

Unterkonten nach einem Bildungsschema

Bei einer *vorgeleisteten* Entwicklung elektronischer Produktteile (Basisprojekte), die später bausteinartig in großen Anlagen (Kundenprojekte) eingesetzt werden, wird häufig die Produktstruktur der Kontenstrukturierung zu Grunde gelegt. Da das Produkt das Ergebnis einer Entwicklung darstellt, nennt man das eine »outputorientierte« Strukturierung. Lediglich für allgemeine Arbeiten und Dienstleistungen, denen oft konkretisierbare Ent-

Projekt 217	DIKO Digitaler Konzentrator
379402-3123-8xxx (217)	DIKO/SLM: Systemengineering
379402-3123-0xxx (217)	DIKO/SLM: Teilnehmersch. VS. 3.6
379402-3131-1xxx (217)	DIKO/SLM: Support Entw. SLM
379402-3164-9xxx (217)	DIKO/SLM: Projektmanagment
379402-3165-0xxx (217)	DIKO/SLM: Hardware VS. 3.6
379402-3165-1xxx (217)	IDKO/SLM: Zentr. Firmware VS. 3.6
379402-3165-6xxx (217)	DIKO/SLM: LT: GP-Software, VS. 3.6
379402-3165-8xxx (217)	DIKO/SLM: Integr., Testanl.-Nutzung VS. 3.6.
379402-3166-6xxx (217)	DIKO/SLM: Teilnehmersch. VS. 4.0
379402-3168-5xxx (217)	DIKO/SLM: LT: GP-Software, VS. 4.0
379402-3168-6xxx (217)	DIKO/SLM: Integr., Testanl.-Nutzung VS. 4.0
379402-3171-0xxx (217)	DIKO/SLM: Hardware VS. 4.0
379402-3171-1xxx (217)	DIKO/SLM: Zentr. Firmware VS. 4.0
379402-3195-5xxx (217)	DIKO/SLM: Handbücher

Bild 3.16
FuE-Kontenplan eines Projekts (Ausschnitt)

wicklungsergebnisse nicht zugeordnet werden können, sind dann noch – unabhängig von der Produktstruktur – eigene Konten festzulegen.

In der praktischen Durchführung stößt dieser methodische Ansatz zur Kontenstrukturierung jedoch an Grenzen, die nachfolgend erläutert werden: Stellt man an eine Strukturierung immer mehr und auch noch divergierende Anforderungen, so würde – wollte man alle Gesichtspunkte berücksichtigen – die Kontenstruktur immer detaillierter werden. Damit würde auch der Planungsaufwand stark ansteigen, da die Konten und damit die Auftragspapiere immer zahlreicher werden.

Um diesen Nachteil zu vermeiden, kann man folgenden Weg beschreiten:

▷ Geplant wird weiterhin nur auf (übergeordneter) Kontenebene, den FuE-Konten,
▷ der Iststundenaufwand wird aber auf einer Unterkontenebene erfasst und
▷ die Unterkonten werden aus den vorhandenen Sachnummern von den »Stundenschreibern« selbst gebildet.

Zur Stundenschreibung entnehmen die kontierenden Projektmitarbeiter nach den Regeln eines Bildungsschemas Teile der Sachnummern (der Produktteile) und bilden mit Hilfe dieser Fragmente die Unterkonten, auf die dann die aufgewendeten Arbeitsstunden im Kontierungsbeleg – der arbeitstäglich, wöchentlich oder monatlich zu erstellen ist – kontiert bzw. belastet werden.

Das Prinzip dieser »Selbstbildung« von Unterkonten wird in Bild 3.17 an einem Beispiel für den Quellcode einer Anlagen-Software gezeigt.

Der Begriff Unterkonto wurde deshalb gewählt, weil diese Konten den Auftragskennzeichen, d.h. den FuE-Konten, hierarchisch untergeordnet sind, so dass jedes Unterkonto einem bestimmten Auftragskennzeichen fest zugeordnet ist. Diese Zuordnung zwischen Unterkonto und FuE-Konto wird nach der erstmaligen Benutzung in einem Kontierungsbeleg vom Plausibilitierungsprogramm ausgefiltert und von den Bearbeitern im Projektbüro auf richtige Zuordnung überprüft. Die Zuordnung wird dann in einer Datei gespeichert und dient von da an als automatische Plausibilitierungshilfe für die Stundenkontierungsbelege.

Auf diese Weise helfen die Unterkonten, dass bei der Stundenberichterstattung irrtümlich verwendete Auftragskennzeichen sowie Erfassungsfehler mit maschineller Unterstützung leichter entdeckt werden können.

Das gezeigte Unterkonten-Bildungsschema bietet folgende Vorteile:

▷ Bei der Stundenkontierung muss der Bearbeiter nicht mehr über die Wahl des richtigen FuE-Kontos nachdenken, da das Unterkonto nach erstmaliger Definition durch den Projektmitarbeiter in dem Projektkostenverfahren fest dem zugehörigen FuE-Konto zugeordnet wird,

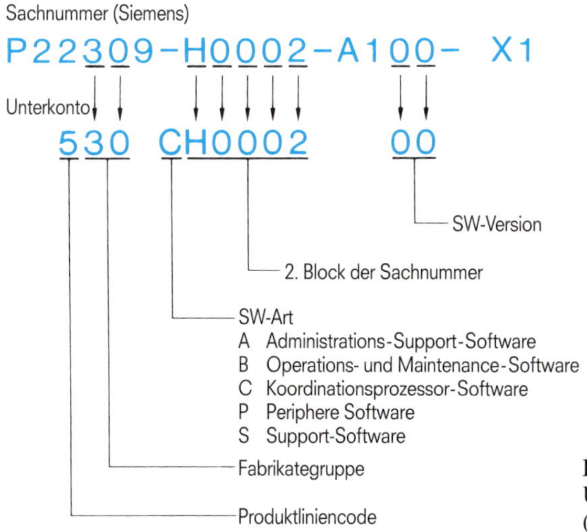

Bild 3.17
Unterkonten-Bildungsschema
(Beispiel aus der Vermittlungstechnik)

OSNR	Sachbegriff
3100	Dampfturbine
3101	Auslegung
3103	Anschluß-Stutzen, Kräfte, -Momente
3110	Dampfturbine-Hauptteile
3112	Kreislaufrechnungen, Wärmegrundschaltpläne
3118	Montage Dampfturbinen-Hauptteile
3119	Inbetriebsetzung Dampfturbinen-Hauptteile
3120	Dampfturbinen-Zubehör
3122	Wärmeschutzisolierung, Verschalung (auch für Lärmschutz)
3123	Schmierölversorgung, Steuerflüssigkeitssystem
3124	Entwässerungssystem
3125	Wellendichtungsdampfsystem
3126	Armaturen, Dampfsiebe, Ausblaseeinsätze
3127	Wellendrehvorrichtung
3128	Montage Dampfturbinen-Zubehör
3129	Inbetriebsetzung Dampfturbinen-Zubehör
3130	Kondensation
3131	Kondensatoren
3133	Umleiteinrichtung
3134	Zusatzwasser-Kondensateinleitung
3135	Evakuierung
3136	Kondensatförderung
3138	Montage Kondensation
3139	Inbetriebsetzung Kondensation
3140	Zusatzlieferungen zur Dampfturbine
3141	Ölablaß- und Reinigungsanlage
3142	SBF-Ablaß- und Reinigungsanlage
3144	Wasserabscheider-Zwischenüberhitzer
3146	Dampfentnahme für externe Verbraucher

Bild 3.18 Ordnungssystem für Unterkonten (Beispiel aus der Kraftwerktechnik)

- ▷ Abgrenzungsprobleme zwischen verschiedenen FuE-Konten werden weitgehend beseitigt und
- ▷ das Projektbüro muss sich keine Gedanken zur Strukturierung der Unterkonten machen, da die Struktur bereits in den Sachnummern verankert ist. Das Projektbüro muss diese Unterkonten nicht mehr durchnummerieren, aufzeichnen und an die Mitarbeiter weitergeben, wie dies z. B. bei Auftragskennzeichen nötig ist.

Ein Unterkontenschema eignet sich vor allem für das Gewinnen von Erfahrungs-, Qualitätssicherungs- und Produktivitätsdaten, weil die Unterkonten die technische Struktur zum Inhalt haben. Das Auftragskennzeichen verkörpert dagegen einen Entwicklungsauftrag meist in einer technischen Mischstruktur.

Unterkonten nach einem technischen Strukturkatalog

Unterkonten können allerdings auch auf der Basis eines vorgegebenen Strukturkatalogs fest definiert sein. In einem technischen Bereich wurde dazu ein »Ordnungssystem« festgelegt; es stellt ein vorbereitetes Verzeichnis der vorkommenden Anlagenteile und der zugehörigen Dienstleistungen dar (Bild 3.18). Es handelt sich dabei um eine für Anlagen dieser Technologie vorbereitete Strukturierung, in die dann konkrete Kundenprojekte eingefügt werden können.

Ein derartiges vorgefertigtes Verzeichnis bringt viele Vorteile in Kalkulation und Kostenverfolgung sowie beim Kostenvergleich unterschiedlicher Projekte; es wird in Zusammenarbeit mit den Fachabteilungen an zentraler Stelle im Unternehmen erstellt und ständig den technologischen Neuerungen der Anlagentechnik angepasst.

Kostenarten

Unter Kostenarten versteht man im betrieblichen Rechnungswesen die Unterteilung der Kosten nach der Art des Verbrauchs von Ressourcen und Leistungen, z. B. Personal-, Sach- und Kapitaleinsatzkosten. Die Kostenarten-Verzeichnisse (Kontenrahmen) sind für bestimmte Industriezweige bereits vor Jahrzehnten standardisiert worden. Diese standardisierten Kontenrahmen werden von den Unternehmen meist als Grobstruktur verwendet. Sie entwerfen darauf aufbauend ihre eigenen Kontenrahmen, die auf die Erfordernisse der Unternehmen abgestimmt sind. Kostenarten werden beispielsweise zur Untergliederung von Kostenstellen (Kap. 3.6.1) verwendet.

Wesentliche Kostenarten sind:

Personalkosten

- ▷ Gemeinkosten-Gehälter
- ▷ Gemeinkosten-Löhne
- ▷ Sozialkosten
- ▷ Erfolgsbeteiligungen
- ▷ Altersversorgung.

Personalabhängige Sachkosten

- ▷ Büromaterial
- ▷ Vervielfältigung
- ▷ Nachrichtenkosten (Telefon, Datenleitungen)
- ▷ Reisekosten Inland [1)]
- ▷ Reisekosten Ausland [1)].

Übrige Sachkosten

- ▷ Instandhaltung
- ▷ Energiekosten
- ▷ Bewirtung/Betreuung
- ▷ Werbungskosten [1)]
- ▷ Dienstleistung von Fremdpersonal [1)]
- ▷ Übersetzungsarbeiten [1)]
- ▷ EDV-Kosten (Rechnernutzung) [1)]
- ▷ Kostenstellenumlagen.

Kapitaleinsatzkosten

- ▷ Zinsen/Abschreibung/geringwertige Wirtschaftsgüter
- ▷ Mieten für Räume, Gebäude
- ▷ Mieten für Inventar
- ▷ Steuern und Versicherung.

Die mit [1)] markierten Kostenarten können – je nach ihrem Gewicht – in Kostenstellen oder als Kostenelemente in Projekten geführt werden. Diese Gliederung der Kostenarten enthält alle Kosten, die eng mit dem Arbeitsplatz des Entwicklers in Verbindung stehen; sie ist nicht projektspezifisch.

Die Kostenarten berücksichtigen vielfach die Anforderungen an die Gliederung und die Transparenz der Projekte nicht genügend. Daher wird auf die im betrieblichen Rechnungswesen übliche Gliederung nach Kostenarten bei der Kostenplanung von Projekten oft verzichtet. Stattdessen wird zur Projektkontrolle häufig (außerhalb der Kostenstellenrechnung) eine eigene projektbezogene Gliederung in *Kostenelementen* vorgenommen.

Kostenelemente

Unter Kostenelementen versteht man die Gliederung der Kosten von Projekten, die sich an technischen, arbeitsteiligen und/oder kalkulatorischen Gegebenheiten orientiert; sie ist sehr stark von der Art und dem Inhalt der Projekte geprägt.

Ein Kostenelement kann beispielsweise auch die Herkunft der Kosten (siehe Kap. 4.2.2) umschreiben, d. h. man kann damit erkennen, woher die ausgewiesenen Kosten kommen.

Diese Art der Kostengliederung ist für eine wirksame Projektkostenkontrolle unerlässlich.

Bei Projekten der Kommunikationstechnik wird beispielsweise im Entwicklungsbereich folgende Grobgliederung der Kostenelemente verwendet:

- ▷ Eigen- und Fremdpersonal,
- ▷ Nutzung von Rechen- und Testanlagen,
- ▷ Labormuster und Versuchsaufbauten,
- ▷ externe Dienstleistungen, Tools und Know-how,
- ▷ Schutzrechte (z. B. Patente),
- ▷ Anforderungsänderungen,
- ▷ Dokumentation und Marketing,
- ▷ Produktionshilfsmittel und -technologien,
- ▷ Forschung und Grundlagenentwicklung.

Eine solche Gliederung der Kostenelemente ist nicht immer frei gewählt; sie wird sich vielmehr den Kostenschwerpunkten der Projekte und der Aufbauorganisation des Unternehmens anpassen müssen.

Die Gliederung drückt oft auch die Arbeitsteilung zwischen unterschiedlichen technischen Gebieten aus. Als Beispiel dafür werden nachfolgend die Kostenelemente für das Errichten eines Kohlekraftwerks genannt:

- — Bauten,
- — Kessel und Feuerungstechnik,
- — Maschinenbau und Rohrleitungen,
- — Abgasreinigungsanlagen,
- — Turbosatz,
- — Generator,

— Starkstromanlagen,
— Leit-, Steuerungs- und Sicherungstechnik,
— Montage und Inbetriebsetzung.

Zusammenfassend ist festzuhalten, dass die Berichterstattung über die Kosten eines Projekts von der Güte und Tiefe seiner Strukturierung abhängt. Dabei ist die Strukturierung der FuE-Konten die Basis jeder Projektkosteninformation.

3.2 Aufwandsschätzung

3.2.1 Methodenüberblick

Die unterschiedlichen Ausgangsgrößen und Vorgehensweisen bei der Aufwandsschätzung für HW- und SW-Entwicklungsvorhaben haben in der Praxis zu zahlreichen Methoden geführt; sie unterscheiden sich sowohl in der Art der Quelldaten für die Aufwandsschätzung als auch in der Form der Ermittlung der Zieldaten. Als Zieldaten ergeben sich meist Schätzgrößen, wie Personalaufwand, Kosten oder Zeitdauer. Auch sind der Einsatzpunkt bezogen auf den Entwicklungsablauf sowie die jeweilige Einsatzbreite bei den einzelnen Methoden und Verfahren sehr unterschiedlich. Teilweise sind die vorgeschlagenen Methoden und die darauf aufbauenden Verfahren unternehmensspezifisch ausgerichtet und verfügen über keine wissenschaftliche Untermauerung.

Im Allgemeinen stellt eine Aufwandsschätzmethode einen funktionalen Zusammenhang zwischen bestimmten Produktgrößen (Mengengerüst) und den zu schätzenden Aufwänden bzw. Kosten – unter Berücksichtigung von Einflussgrößen – her (Bild 3.19); hierbei ist »funktional« nicht im streng mathematischen Sinn zu verstehen. Vielmehr kann jede

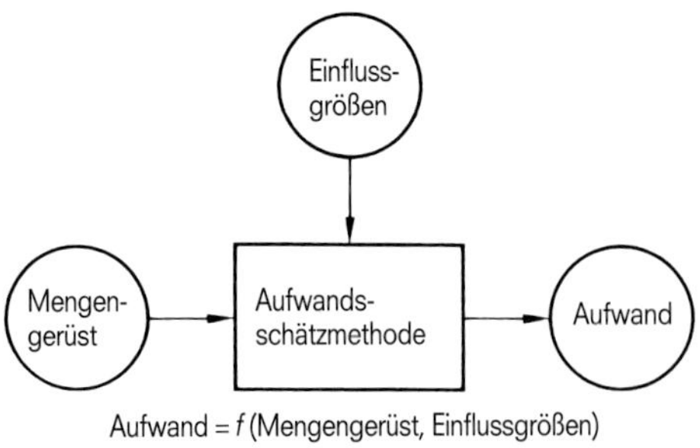

Bild 3.19 Prinzip einer Aufwandsschätzmethode

messbare Entwicklungsgröße, die in irgendeiner Weise mit dem Entwicklungsaufwand korreliert, zu einer Quellgröße einer Aufwandsschätzmethode gemacht werden.

In der Literatur werden die bestehenden Methoden teilweise sehr unterschiedlich klassifiziert. Trotzdem kann man sie drei grundlegenden Klassen entsprechend ihrer »inneren Funktionsweise« zuordnen:

I *Algorithmische Methoden*

▷ Parametrische Methoden
▷ Faktoren- bzw. Gewichtungsmethoden.

II *Vergleichsmethoden*

▷ Analogiemethoden
▷ Relationsmethoden.

III *Kennzahlenmethoden*

▷ Multiplikatormethoden
▷ Produktivitätsmethoden
▷ Prozentsatzmethoden.

I Algorithmische Methoden

Algorithmische Methoden bedienen sich zur Ergebnisermittlung immer einer Formel bzw. eines Formelgebildes, dessen Struktur und Konstanten empirisch und teilweise mit mathematischen Methoden, wie z. B. der Regressionsanalyse, bestimmt worden sind.

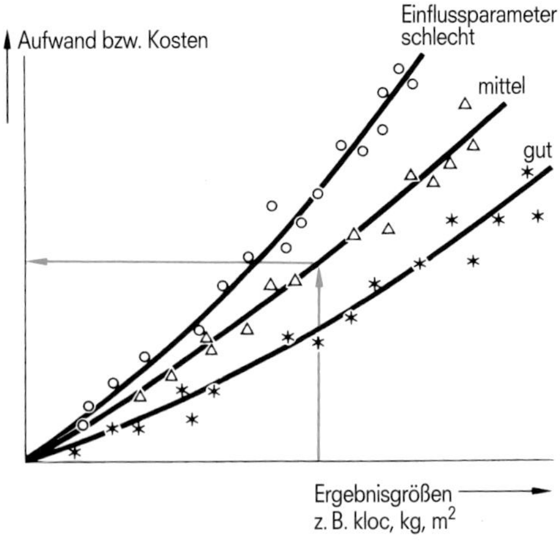

Bild 3.20
Algorithmische Methoden (Prinzipdarstellung)

Wie in Bild 3.20 angedeutet, wird auf Grund einer empirisch gefundenen Korrelation die Abhängigkeit des Aufwands (bzw. der Kosten) von einer bestimmten Ergebnisgröße als Kurvenverlauf dargestellt, aus dem dann für ein künftiges Entwicklungsvorhaben – unter Berücksichtigung bestimmter Einflussparameter – der zu erwartende Aufwand (bzw. die Kosten) abgeleitet werden kann.

$$A = f(M, E_i) \qquad (9)$$

A Personalaufwand
M Menge einer Ergebnisgröße
E_i Einflussfaktoren

Zu den algorithmischen Methoden gehören die beiden Gruppen der *parametrischen Schätzmethoden* und der *Faktoren- bzw. Gewichtungsmethoden;* wobei die Letzteren auch Elemente der Kennzahlenmethoden enthalten.

Parametrische Methoden

Bei parametrischen Methoden stellt man einen *formelmäßigen* Zusammenhang gemäß (9) zwischen einer messbaren Produktgröße – wie z. B. Gewicht (in kg) bei Hardware oder Befehlsanzahl (in kloc) bei Software – und dem dafür erforderlichen Aufwand an Personal und Zeit her. Dieser Zusammenhang kann auf Grund der Untersuchung einer möglichst großen Anzahl abgeschlossener Entwicklungsprojekte – die repräsentativen Charakter haben – und unter Anwendung entsprechender Regressionsanalysen gefunden werden. Zur Unterscheidung der Verschiedenartigkeiten sind spezielle Parameter als Einflussgrößen zu definieren, die einen verringernden oder einen vergrößernden Effekt auf die Ergebnisgrößen des Algorithmus haben. Auch hier können zum wertemäßigen Bestimmen der Einflussgrößen Korrelationsanalysen mit vorliegenden Erfahrungsdaten durchgeführt werden.

Als die schon klassischen parametrischen Schätzmethoden sind hier die SW-Aufwandsschätzmethode COCOMO (Constructive Cost Model) sowie die HW- und SW-Aufwandsschätzmodelle von PRICE (Programmed Review of Information for Costing and Evaluation) zu nennen; auf sie wird in den folgenden Kapiteln ausführlich eingegangen.

COCOMO-Methode

Die COCOMO-Methode [8, 9] von Boehm basiert auf der Untersuchung von rund 60 SW-Projekten, für die mit Hilfe der Regressionsanalyse unter Berücksichtigung von 15 Einflussgrößen ein formelmäßiger Zusammenhang zwischen der Programmgröße in kloc und dem Personalaufwand in MM hergestellt wurde (siehe Kap. 3.2.2). Hierbei kann man einerseits die geplante Produktstruktur und andererseits den bestehenden Projekttyp in die Aufwandsschätzung einbeziehen. Die Einflussgrößen gliedern sich in die Klassen:

▷ Produkt-Attribute,
▷ Computer-Attribute,
▷ Personal-Attribute und
▷ Projekt-Attribute.

Der ermittelte Aufwand bzw. die Kosten werden auf vorgegebene Entwicklungsphasen aufgeteilt. Weiterhin kann man eine »optimale« Entwicklungszeitdauer ermitteln.

PRICE-Schätzmodelle

PRICE umfasst eine ganze Familie von Kostenschätzmodellen für unterschiedliche Entwicklungsgebiete (HW-, SW-, Chip-Entwicklung) [102, 103, 104].

Mit PRICE H (siehe Kap. 3.2.3.1) z. B. kann man für den HW-Bereich eine Schätzung der voraussichtlichen Entwicklungs- und der Produktionskosten auf der Basis quantitativer (z. B. Gewicht, Menge, Volumen) und qualitativer Ausgangsgrößen (z. B. Komplexität der Elektronik und Mechanik) vornehmen. Auch hier ist der algorithmische Zusammenhang mit Hilfe von Regressionsanalysen gefunden worden.

Das für den SW-Bereich vorgesehene PRICE S (siehe Kap. 3.2.3.2) hat Ähnlichkeit mit der COCOMO-Methode. Abhängig von mehreren Einflussgrößen können hier die erforderlichen Entwicklungskosten phasenbezogen sowie die optimale Entwicklungsdauer aus der Programmgröße (gemessen in kloc) bestimmt werden.

SLIM-Methode

Bei der Methode SLIM (Software-Lifecycle-Management) von Putnam [54] wird der Lebenszyklus einer Entwicklung als Ganzes betrachtet, ohne dass auf die einzelnen Komponenten des zu entwickelnden Produkts näher einzugehen ist; sie wird deshalb auch als

Makroschätzmethode bezeichnet. Da die SLIM-Methode keine genauen Kenntnisse der produktinternen Strukturen voraussetzt, sondern nur von einigen Variablen ausgeht, ist es schon in sehr frühen Projektphasen für eine erste pauschale Aufwands- und Kostenbetrachtung einsetzbar.

Die SLIM-Methode geht von empirisch gefundenen Verteilungskurven für den Personaleinsatz bei Forschungs- und Entwicklungsprojekten aus. Putnam hat diese empirische Analyse bei rund 200 SW-Entwicklungsprojekten aus dem militärischen Bereich fortgeführt und hat für den Personaleinsatzverlauf eine Funktion abgeleitet:

$$A = 0{,}4 \times M^3 \times T_e^{\frac{1}{4}} \times C^{\frac{1}{3}} \qquad (10)$$

A Personalaufwand in MJ
M Befehlsanzahl in loc
T_e Entwicklungszeitdauer in Jahren
C Technologiekonstante.

Diese Gleichung zeigt einen Zusammenhang zwischen dem Personalaufwand einerseits und der Befehlsmenge, der Entwicklungszeitdauer sowie einem Faktor für den Technologiestand andererseits. Die Technologiekonstante C drückt aus, wie intensiv moderne Programmiertechniken und höhere Programmiersprachen genutzt werden, wie umfangreich die Programmierung im Dialog vorgenommen wird und wie gut das verwendete Rechnersystem für die Entwicklung verfügbar ist.

Die SLIM-Methode hat den Vorteil, dass sie in der Frühphase eines Projekts eingesetzt werden kann. Die Unsicherheit im Bestimmen der Systemgröße zu diesem Zeitpunkt und im Festlegen des Technologiestands ermöglicht aber keine überzeugenden Aufwandsschätzungen. Zudem werden personenspezifische und qualitätsorientierte Einflussfaktoren nicht berücksichtigt. Auch zur Aufwandsschätzung kommerzieller Software eignet sich diese Methode nicht, da dort sehr unterschiedlich geformte Lebenszykluskurven anzusetzen wären.

Jensen-Methode

Das SW-Schätzmodell von Randell W. Jensen baut auf dem Putnam-Modell auf, aber unter Einbeziehung von Einflussgrößen, ähnlich wie sie bei Boehm definiert worden sind. Im Gegensatz zur COCOMO-Methode unterscheidet sie nicht zwischen den einzelnen Entwicklungsphasen und berücksichtigt keine Produktstrukturierung (Makroebene). Abgeleitet aus dem SW-Produktlebenszyklus gemäß einer Rayleigh-Kurve wird ein formelmäßiger Zusammenhang zwischen dem Personalaufwand und der Befehlsmenge des geplanten SW-Produkts in Abhängigkeit einer Projekt/Problem-Komplexität und zweier Technologiekonstanten hergestellt:

$$A = 0{,}4 \cdot C_D{}^{0{,}4} \cdot \left(\frac{M}{C_{te}}\right)^{1{,}2} \qquad (11)$$

$$\text{mit} \quad C_{te} = \frac{C_{tb}}{\prod_{1}^{13} E_i}$$

A Personalaufwand in MJ
M Befehlsanzahl in loc
C_D Projekt/Problem-Komplexität
E_i Einflussfaktoren
C_{te} eff. Entwickler-Technologiekonstante
C_{tb} Basis-Technologiekonstante.

Die Technologiekonstanten werden wiederum aus dem Faktorenprodukt mehrerer Einflussgrößen gebildet. Im Gegensatz zu den Boehmschen Faktoren variieren diese nicht um den Normalwert von Eins, sondern sind alle größer als Eins. Jensen geht also von einem Mindestaufwand für den Entwicklungsaufwand aus, macht aber für die Quantifizierung der Faktoren keine näheren Angaben. Eine Bewährung des Jensen-Modells in der Praxis steht daher noch aus.

Das Jensen-Modell ermöglicht auch das Schätzen der voraussichtlichen Entwicklungszeit, die i. Allg. höhere Werte als das COCOMO-Modell ergibt und damit realistischer sind.

Faktoren- bzw. Gewichtungsmethoden

Basis aller Faktorenmethoden – häufig auch als Gewichtungsmethoden bezeichnet – ist ein Wertesystem von Faktoren und Gewichtungszahlen, die quantitativ den Einfluss bestimmter Kriterien auf den Aufwand bzw. die Kosten einer Entwicklungsaufgabe ausdrücken. Für das Bewerten dieser Einflussfaktoren werden sowohl subjektive (z. B. Komplexitätsgrad der Aufgabe) als auch objektive (z. B. Auswahl bestimmter Bedingungen) Kriterien herangezogen.

Faktoren- und Gewichtungsmethoden sind vornehmlich für SW-Entwicklungen formuliert worden, obwohl sie gleichermaßen auch für HW-Entwicklungen geeignet sind.

Hinsichtlich ihrer Klasseneinordnung stehen sie zwischen den algorithmischen Schätzmethoden und den Kennzahlenmethoden, denn sie arbeiten sowohl mit formelmäßigen Zusammenhängen als auch mit zu Kennzahlen verdichteten Erfahrungswerten.

IBM-Faktorenmethode

In einer schon älteren Faktorenmethode [24] werden folgende entwicklungsbestimmende Gewichtungsfaktoren definiert:

Gewichtungsfaktor G_1: Anzahl Formate bei Eingabe, Ausgabe und Änderung einer Programmkomponente
Gewichtungsfaktor G_2: Art der Programmverarbeitung (sprachabhängig)
Gewichtungsfaktor G_3: Problemkenntnisse der Programmierer
Gewichtungsfaktor G_4: Programmierfähigkeit der Programmierer
Gewichtungsfaktor G_5: Einfluss der projektintern und -extern verursachten Störungen auf den Arbeitsablauf.

Jeder dieser fünf Gewichtungsfaktoren wird in einer zweidimensionalen Auswahlmatrix für die jeweilige Programmkomponente bestimmt. Der Programmieraufwand in MT, der nicht dem Aufwand für den fachlichen Entwurf umfasst, wird ermittelt aus der Schätzgleichung

$$A = (G_1 + G_2) \times (G_3 + G_4). \qquad (12)$$

Für die voraussichtliche Programmierzeit T (in Tagen) ergibt sich

$$T = \frac{1}{n} \times A \times (1 + G_5) \qquad (13)$$

n Anzahl Mitarbeiter.

Besondere prozentuale Zuschläge zu diesem Wert sollen die Programmierzeit an die speziellen Projektgegebenheiten anpassen.

Surböck-Methode

Die Surböck-Methode stellt eine Erweiterung der vorgenannten Faktorenmethode für die dort nicht behandelten Frühphasen eines SW-Projekts dar; sie verwendet hierfür projektorientierte Faktorentabellen zum Bestimmen des Entwurfs- und Planungsaufwands.

Mit Hilfe dieser Tabellen werden Aufwandsfaktoren für die Studie (Orientierung) und die Systemplanung sowie Faktoren für die Parameter Komplexität und Vertrautheit mit dem Arbeitsplatz bestimmt. Durch diese Größen lässt sich dann der Aufwand für die Studie, die Systemplanung und die fachliche Realisierung ableiten. Der Aufwand für die DV-technische Realisierung wird dann nach der IBM-Faktorenmethode ermittelt.

ZKP-Methode

In Kap. 3.2.5 ist die der Surböck-Methode ähnliche Faktoren- und Gewichtungsmethode ZKP (Zeit-Kosten-Planung) näher beschrieben, welche auch von zwei Aufwandsfaktoren für die verschiedenen Dateien und die Verarbeitungsfunktionen ausgeht. Der benötigte Aufwand kann durch Problemkenntnis- und Problemerfahrungsfaktoren verringert oder vergrößert werden. Weitere Zuschlagsfaktoren für organisationsbedingte Mehraufwände, für allgemeine Verlustzeiten und eventuell für Programmänderungen vergrößern den Entwicklungsaufwand. Für den engen Bereich der kommerziellen SW-Entwicklung ist die ZKP-Methode eine leistungsfähige SW-Aufwandsschätzmethode, welche nicht von der Befehlsanzahl, sondern von aufgaben- und funktionsorientierten Kriterien ausgeht.

Hauptnachteil aller Faktoren- und Gewichtungsmethoden ist, dass sie nicht in der Frühphase eines Projekts, sondern erst nach vollständiger Definition der Produktstruktur einsetzbar sind. Auch sind die gefundenen Schätzwerte nur als Leitgrößen zu betrachten, da wegen der mangelnden Objektivität beim Bestimmen der Gewichtungsfaktoren eine große Unsicherheit der Schätzergebnisse besteht.

II Vergleichsmethoden

Vergleichsmethoden basieren nicht auf einem formel- bzw. zahlenmäßigen Zusammenhang

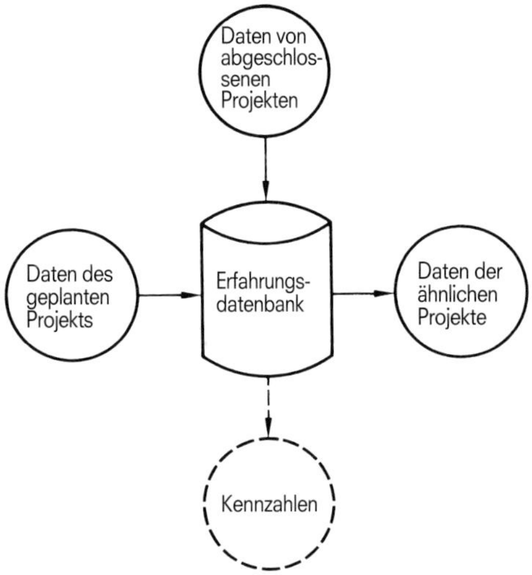

Bild 3.21
Vergleichsmethode (Prinzipdarstellung)

zwischen geplanter Produktgröße und dafür notwendigem Entwicklungsaufwand; diese Methoden versuchen vielmehr, einen Bezug zwischen vergangenen Entwicklungen und einer geplanten Entwicklung herzustellen. Hierzu bedienen sich die Vergleichsmethoden Erfahrungsdaten abgeschlossener Entwicklungsobjekte unter Verwendung entsprechender Vergleichskriterien. Daher benötigen alle Vergleichsmethoden eine irgendwie geartete Erfahrungsdatenbank, d.h. sie setzen das systematische Sammeln und Speichern von aussagekräftigen Erfahrungsdaten abgeschlossener Projekte voraus. Vergleichsmethoden sind sowohl für SW- als auch für HW-Entwicklungen einsetzbar und haben den großen Vorteil, dass sie bereits in der Frühphase eines Entwicklungsprojekts genutzt werden können.

Bild 3.21 zeigt die Prinzipdarstellung einer derartigen, für die Aufwandsschätzung eingerichteten Erfahrungsdatenbank, die darüber hinaus auch zu weiteren statistischen Auswertungen (Kennzahlen) dienen kann. Durch Vergleich der Daten des geplanten Projekts mit denen abgeschlossener Projekte erhält man – meist in einer Rangfolge – die Daten ähnlicher Projekte aus der Datenbank.

Zu den Vergleichsmethoden zählen die *Analogie-* und die *Relationsmethoden*.

Analogiemethoden

Für den Vergleich mit abgeschlossenen Entwicklungsprojekten zieht man bei den Analogiemethoden Vergleichskriterien heran, mit denen eine entsprechende Aussage über die »Ähnlichkeit« von Entwicklungsobjekten möglich ist. Es soll aus einer Menge z.T. sehr unterschiedlicher Projekte dasjenige gefunden werden, dessen Leistungsprofil mit dem des geplanten Projekts am besten übereinstimmt. Anhand des so ausgewählten Projekts können dann Analogieschlüsse auf das künftige Projektvorhaben hinsichtlich Aufwand, Kosten und Zeit angestellt werden.

EDB-Methode

Für die Beschreibung eines solchen Leistungsprofils gibt es vielfältige Ansätze. Eine sehr gängige Methode ist der Aufbau einer Erfahrungsdatenbank (EDB), wobei die entscheidenden Merkmale abgeschlossener Projekte als Deskriptoren in einer Retrieval-Datenbank abgespeichert werden. Zusätzlich bietet sich eine formalisierte Beschreibung des Leistungsprofils anhand einer Merkmalsleiste an. In Kap. 3.2.6 wird auf ein EDB-Verfahren näher eingegangen.

Die Deskribierung kann sich sowohl auf das ganze Projekt als auch auf Teile eines Projekts beziehen. Im letzteren Fall steigt natürlich die »Trefferquote« ganz erheblich, da man ja mehr ähnliche Teilprodukte als ähnliche Gesamtprodukte hat. Die Wiedergewinnung wird über einen natürlich-sprachlichen Suchdialog mit boolescher Verknüpfung von Deskriptoren erreicht, mit der die zu einem geplanten Entwicklungsvorhaben »ähnlichsten« Projekte ausfindig gemacht werden. Der Projektleiter kann mit diesen einen Vergleichsschluss auf die voraussichtlichen Kosten und das erforderliche Personal machen.

Funktionswertmethode

In einem gewissen Maße muss auch die (bei IBM entwickelte) Funktionswertmethode (Function-Point-Method) zu den Analogiemethoden gezählt werden, da hier auf funktionaler Ebene eine Systematisierung im Beschreiben eines Anwendersoftware-Systems versucht wird, um so eine Vergleichbarkeit abgeschlossener SW-Projekte zu erreichen. Wie in Kap. 3.2.4 näher beschrieben, wird bei dieser Methode das zu realisierende System in seine Funktionsstruktur zerlegt und ein Funktionswert (»function-points«) durch eine detaillierte Zählung der Ein- und Ausgabedaten, der Abfragen, der Datenbestände sowie der Referenzdaten (nur lesend) ermittelt. Die einzelnen Funktionsmengen werden entsprechend ihrem Schwierigkeitsgrad klassifiziert, gewichtet und summiert. Mit diesem Wert und unter Berücksichtigung bestimmter Einflussgrößen kann man dann in einer Funktionswertkurve den voraussichtlichen Entwicklungsaufwand ablesen. Die Funktionswertkurve muss auf der Basis von Erfahrungswerten aus vergangenen Projekten abgeleitet und aufgezeichnet werden. Von entscheidender Bedeutung bei dieser Methode ist natürlich die richtige Definition und Zählung der »Funktionen«.

Hauptmangel aller Schätzverfahren, die auf der Analogiemethode basieren, ist die meist zu geringe Anzahl von Vergleichsobjekten in der Erfahrungsdatenbasis; außerdem sind diese häufig nicht aktuell genug.

Data-Point-Methode

Für die Aufwandsschätzung von Softwareprodukten, die in Sprachen der 4. Generation (4GI-Sprachen) geschrieben sind, wird von Harry M. Sneed eine Data-Point-Methode vorgeschlagen [58].

Im Gegensatz zur Function Point Methode, die vom Umfang des Datenflusses (Menge der Ein-/Ausgaben, Abfragen, Datenbestände etc.) und der Anzahl der Schnittstellen ausgeht, wird bei der Data-Point-Methode der Aufwand allein von der Datenmenge, d. h. der Menge der einzelnen Datenelemente abgeleitet. Bei der Data-Point-Methode stehen nicht die Funktionen, sondern die Informations- und Nachrichtenobjekte im Vordergrund.

Informationsobjekte sind die einzelnen Datenobjekte, die in einer *Datenobjekt-Tabelle* nacheinander spezifiziert werden (Anzahl Attribute, Anzahl Schlüssel, Ein/Ausgabe-Kriterium, Integrationsgrad, Änderungsrate). Die Nachrichtenobjekte umfassen die Masken, Listen und Schnittstellen; auch sie werden in einer *Nachrichtenobjekt-Tabelle* nacheinander spezifiziert (Anzahl Felder, Anzahl Sichten, Ein/Ausgabe-Kriterium, Komplexität, Änderungsrate). Entsprechend ihrer Spezifizierung werden nach einem vorgesehenen Muster für die einzelnen Kriterien »Data-Points« vergeben. Die Summe dieser »Data-Points« werden dann – ähnlich wie bei der COCOMO-Methode – einer Qualitäts- und Einflussfaktorengewichtung unterzogen, so dass ein höherer oder kleinerer Wert herauskommt; mit diesem wird aus einer Produktivitätstabelle (ähnlich der Funktionswertkurve) der voraussichtliche Aufwandswert entnommen.

Relationsmethoden

Relationsmethoden sind den Analogiemethoden sehr ähnlich; wie bei diesen werden abgeschlossene Entwicklungsvorhaben mit dem Neuen verglichen. Der Unterschied liegt in der Vorgehensweise beim Projektevergleich; dieser bleibt dem Aufwandsschätzer nicht mehr allein überlassen, sondern wird auf Grund relativierender Formalismen unterstützt.

Das im Kap. 3.2.6 beschriebene EDB-Verfahren bietet derartige Unterstützungen beim algorithmischen Vergleich von Indikatorenleisten, die Ähnlichkeitskriterien der gespeicherten Entwicklungsprojekte enthalten. Hierbei wird jedem Projekt eine längere Indikatorenleiste zugeordnet, in der mögliche Merkmalsausprägungen belegt oder nicht belegt sind. Diese Indikatoren werden mit Zusatzinformationen ebenfalls in der Datenbank gespeichert. Mit Hilfe von Mustererkennungsroutinen können dann bei Bedarf die »ähnlichsten« Projekte automatisch wieder herausgefiltert werden. Die Relevanz der so gefundenen Projekte zum Ableiten von Erkenntnissen für das neue Projekt kann auch hier letztendlich nur der Aufwandsschätzer beurteilen.

III Kennnzahlenmethoden

Wie die Vergleichsmethoden erfordern die Kennzahlenmethoden das systematische Sammeln projekt- und produktspezifischer Messdaten abgeschlossener Entwicklungsvorhaben. Diese Messdaten werden allerdings nicht zum Vergleich von Projekten herangezogen, sondern aus ihnen leitet man aussagekräftige Kennzahlen ab, die zum Bewerten von Schätzgrößen geplanter Entwicklungsprojekte verwendet werden können.

Drei Methodengruppen sind hier von besonderer Bedeutung:

▷ Multiplikatormethoden
▷ Produktivitätsmethoden
▷ Prozentsatzmethoden.

Multiplikatormethoden

Ähnlich den parametrischen Methoden gehen die Multiplikatormethoden von einer Produktgröße (z. B. loc) aus. Im Gegensatz zu jenen wird aber bei den Multiplikatormethoden eine einfache lineare Abhängigkeit zwischen den Schätzgrößen (z. B. Aufwand, Kosten) und der Produktgröße angenommen, so dass sich z. B. der Aufwand bzw. die Kosten eines Entwicklungsvorhabens durch die simple Multiplikation der Ergebnisgröße mit einer einzigen Kennzahl ergibt. Solche Kennzahlen sind:

▷ Gesamtkosten je Anweisungszeile,
▷ Testzeit je Anweisungszeile,
▷ RZ-Kosten je Mann-Monat,
▷ Entwicklungskosten je Gewichtseinheit,
▷ Aufwand je Logikfunktion.

Abhängig von bestimmten Einflussparametern können die Werte dieser Kennzahlen variieren (Bild 3.22); sie sind in einer speziellen Faktorentabelle zusammengefasst.

Bereits die einfache Multiplikation des voraussichtlichen Personalaufwands mit dem empirisch gefundenen Quotienten RZ-Kosten je Mann-Monat stellt eine Kennzahlenmethode zur Schätzung der Rechenzeitkosten dar.

Wolverton-Methode

Die erstmals von Wolverton vorgeschlagene Multiplikatormethode für SW-Entwicklungen [63] berücksichtigt den Neuigkeits- und Schwierigkeitsgrad der SW-Entwicklung sowie den Typ der zu entwickelnden Software.

Einerseits wird unterschieden zwischen Modifikations- und Neuentwicklungen jeweils mit den drei Schwierigkeitseinstufungen leicht, mittel und schwierig. Andererseits kann man eine Einordnung in folgende SW-Kategorien vornehmen:

▷ Steuerprogramme,
▷ Eingabe-/Ausgabeprogramme,
▷ Programme zur Datenaufbereitung,
▷ Rechenprogramme (Algorithmen),
▷ Programme zur Datenverwaltung bzw.
▷ zeitkritische Programme.

Gemäß allen Kombinationen dieser beiden Einteilungen hat Wolverton empirisch die zugehörigen Kennzahlen »Kosten je Anweisung« ermittelt und in einer Matrix zusammengestellt. Sind nun die Kosten eines geplanten SW-Systems zu schätzen, so muss es in seine Bestandteile zerlegt und gemäß der Matrixeinteilung eingeordnet werden. Die jeweils für die einzelnen Programme bzw. Module zu schätzende Anweisungszahl multipliziert man mit dem zugehörigen Faktor. Die Summe ergibt dann die voraussichtlichen Personalkosten. Abhängig von der Anweisungszahl sind dann noch prozentual (bis zu 11%) die Zusatzkosten für Projektmanagement zu addieren.

Die durch die Analyse von Projektdaten abgeschlossener Entwicklungsvorhaben gefundenen Kennzahlen »Kosten je Ergebniseinheit« müssen allerdings bei der Multiplikatormethode laufend aktualisiert werden, da sie sonst ihre Aussagekraft schnell verlieren.

Für eine erste grobe Schätzung kann die Multiplikatormethode sicherlich einen guten An-

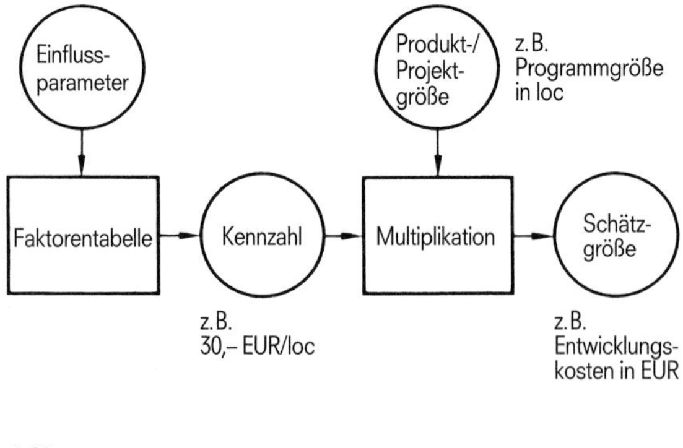

Bild 3.22
Multiplikatormethode (Prinzipdarstellung)

haltswert geben; für fundiertere Aufwandsschätzungen ist sie dagegen zu ungenau.

Produktivitätsmethoden

Produktivitätsmethoden zur Aufwandsschätzung sind den Multiplikatormethoden sehr ähnlich. Bei ihnen geht man allerdings nicht von den Kosten je Ergebniseinheit, sondern von der Produktivität aus. Diese »Produktivitätsfaktoren« ergeben sich aus dem erbrachten Ergebnis dividiert durch den hierfür nötigen Aufwand (z. B. kloc/MM) und müssen ebenfalls aus den Projektdaten abgeschlossener Entwicklungsvorhaben als Durchschnittswerte abgeleitet werden. Laufende Anpassung an neue Gegenwartswerte ist meist nicht notwendig, da man normalerweise von einer unveränderten Produktivität ausgehen kann. Dies ist sicherlich immer dann der Fall, wenn die gleiche Entwicklerqualifikation und die gleiche Entwicklungsmethodik vorliegt. Erst bei Einsatz z. B. völlig neuer Entwicklungsmethoden und -werkzeuge wird sich die Produktivität ändern und eine Angleichung der Produktivitätsfaktoren erforderlich machen.

Auch bei den Produktivitätsmethoden gibt es einfache und komplexe Ausprägungen. Bei den einfachen Methoden wird durch Division der gemessenen Ergebnisgröße (z. B. Anweisungszahl, Dokumentationsseiten) mit einem entsprechenden Produktivitätsfaktor der erforderliche Entwicklungsaufwand ermittelt.

$$A = \frac{M}{P} \cdot \prod E_i \qquad (14)$$

A Aufwand
M Ergebnismenge
P Produktivität
E_i Einflussfaktoren.

Bei komplexeren Methoden stehen ganze Tabellen von Produktivitätsfaktoren zur Verfügung, aus denen unter besonderer Berücksichtigung der speziell vorliegenden Entwicklungsmerkmale der zutreffende Produktivitätsfaktor gewählt werden muss. Durch entsprechende Division der Ergebnisgröße ergibt sich auch hier der Entwicklungsaufwand, aus dem durch Umrechnen mit den aktuellen Stundensätzen die Personalkosten bestimmt werden können.

Walston-Felix-Methode

Als eine bekannte Produktivitätsmethode für die SW-Aufwandsschätzung ist die von Walston und Felix [60] zu nennen. Hier ist versucht worden, den unterschiedlichen Einfluss auf die Produktivität auf Grund spezieller Projektbedingungen und Produktanforderungen zu berücksichtigen. Anhand der Untersuchung von Vergangenheitsdaten und entsprechenden Regressionsanalysen wird der Verlauf eines Produktivitätsindex angegeben, der das Schätzen der voraussichtlichen Produktivität ermöglichen soll. Im Einzelnen werden anhand von 29 Einflussgrößen mit Hilfe einer Produktivitätstabelle jeweils Produktivitätsvariable ($\hat{=}$ Differenz zwischen minimaler und maximaler Produktivität) bestimmt, die dann über eine Formel einen »Produktivitätsindex« festlegen; mit diesem kann in einem Produktivitätsdiagramm die anzunehmende Produktivität abgelesen werden. Teilt man nun die angenommene Anweisungszahl durch diese Produktivität, so erhält man den wahrscheinlichen Personalaufwand.

Boeing-Methode

Bei der Boeing-Methode, welche ebenfalls eine Aufwandsschätzmethode für Software ist, wird von unterschiedlichen Produktivitätsfaktoren ausgegangen, die den einzelnen Programmieraktivitäten beim Erstellen eines SW-Programms zugeordnet sind. Je SW-Kategorie wird die Anweisungszahl geschätzt und mit der spezifischen Produktivität multipliziert. Den hieraus ermittelten Aufwand teilt man dann entsprechend einer Prozentsatzmethode auf die einzelnen Entwicklungsphasen auf. Mit Hilfe besonderer Korrekturfaktoren können schließlich diese Aufwandswerte an die im Einzelfall vorliegenden Projektspezifika angepasst werden.

Aron-Methode

Auch der Methodenvorschlag von Aron [1] geht beim Bestimmen des Programmieraufwands von einer Produktivitätskennzahl aus. Die Größe dieser Produktivität hängt bei dieser Methode von der Programmierschwierigkeit und der Projektdauer ab. Besteht das zu entwickelnde SW-System aus Teilen unterschiedlichen Schwierigkeitsgrads, so werden die Teilmengen mit entsprechend unterschiedlichen Produktivitätsfaktoren multipliziert.

Die Qualität von Produktivitätsmethoden steht und fällt mit der Qualität der Produktivitätsdefinition und ihrer Messbarkeit. Da eine wirklich allgemein anerkannte Definition der Produktivität im FuE-Bereich noch nicht gefunden ist, bleiben die existierenden Produktivitätsmethoden für die Aufwandsschätzung umstritten.

Prozentsatzmethoden

Prozentsatzmethoden sind keine eigenständigen Aufwandsschätzmethoden, sondern übertragen im Rahmen einer *partiell* vorgenommenen Aufwandsschätzung gefundene Teilergebnisse auf noch nicht geschätzte Bereiche des Entwicklungsprozesses (Bild 3.23).

$$A_j = g \cdot A_i \qquad (15)$$

A_i Aufwand der Phase i
A_j Aufwand der Phase j
g Prozentwert.

Hierbei sind folgende Varianten möglich:

▷ Aufwände und Kosten, die durch eine Istdatenerfassung für die erste Phase des Entwicklungsprozesses ermittelt worden sind, werden auf die übrigen (künftigen) Entwicklungsphasen extrapoliert.
▷ Aufwände und Kosten, die in Summe durch ein anderes Schätzverfahren ermittelt wurden, werden auf die einzelnen Entwicklungsphasen verteilt.
▷ Übertragung von Kostenrelationen auf andere Kostenelemente auf Grund des Gesamtaufwands, der durch eine andere Schätzmethode ermittelt worden ist.

Die verwendeten Prozentsatzreihen müssen sich allerdings auf ähnliche Entwicklungsbereiche beziehen, weil sonst unsinnige Verteilungen abgeleitet werden würden.

Im Kap. 3.2.7 sind einige aus der Praxis empirisch abgeleitete Prozentsatzreihen für die SW-Entwicklung angegeben. Obwohl Prozentsatzmethoden sowohl für den SW- als auch für den HW-Entwicklungsprozess in gleicher Weise anwendbar sind, mangelt es bei der HW-Entwicklung häufig noch an einer systematischen Sammlung von Erfahrungsdaten, so dass hier keine abgesicherten Prozentsatzreihen vorliegen.

Schließlich sei noch erwähnt, dass Prozentsatzmethoden sich auch gut für die phasenbezogene Aufteilung der Entwicklungsdauer eignen (siehe auch Bild 3.42 in Kap. 3.2.7).

Einordnung der Aufwandsschätzmethoden

Basierend auf den vorgenannten Methoden sind für die verschiedenen Einsatzgebiete in der HW- und SW-Entwicklung zahlreiche Aufwandsschätzverfahren teilweise mit Rechnerunterstützung (Großrechner oder Personal Computer) realisiert worden. Häufig sind sie allerdings nicht nur einer einzigen Methode zuzuordnen, sondern nutzen mehrere Methodenansätze. Entsprechend der Art der Ausgangsgrößen lassen sich die genannten Methoden wie folgt einteilen:

Ausgangsbasis	*Methodenklasse*
Funktionen	→ funktionsorientiert
Entwicklungsphasen	→ prozessorientiert
Produktergebnisgrößen	→ produktorientiert
Projektmerkmale	→ projektorientiert

In Tabelle 3.1 sind einige bekannte und mit Erfolg eingesetzte Aufwandsschätzmethoden entsprechend ihrer Methodenklasse eingeordnet (eine exakte Einordnung ist nur bedingt möglich).

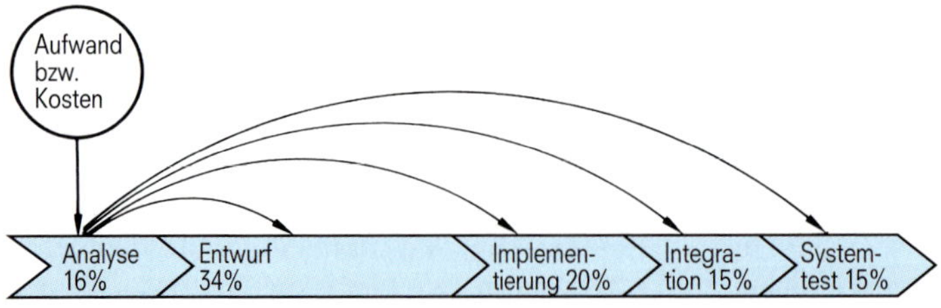

Bild 3.23
Prozentsatzmethode
(Werte aus einer nachrichtentechnischen Entwicklung)

Tabelle 3.1 Einordnung der Aufwandsschätzmethoden

Methodenklasse	Funktions-orientiert	Prozess-orientiert	Produkt-orientiert	Projekt-orientiert
Algorithmische Methoden	▷ ZKP ▷ IBM-Faktorenmethode	▷ SLIM	▷ COCOMO ▷ PRICE S ▷ PRICE H ▷ Jensen-Methode	▷ Surböck-Methode
Vergleichs-methoden	▷ Funktions-wertmethode			▷ EDB
Kennzahlen-methoden		▷ Prozent-satzmethoden ▷ Boeing-Methode	▷ Wolverton-Methode ▷ Walston-Felix-Methode ▷ Aron-Methode	

Einsatzzeitpunkt

Wegen der unterschiedlichen Arten der Ausgangs- und Einflussgrößen haben die einzelnen Aufwandsschätzmethoden (bzw. -verfahren) auch sehr verschiedene Einsatzzeitpunkte innerhalb des Entwicklungsprozesses. Schätzmethoden, die bereits genauere Angaben über das geplante Entwicklungsvorhaben benötigen, wie z. B. eine detaillierte Aufgliederung in die späteren Systemkomponenten, können verständlicherweise erst in einer vorangeschrittenen Planungsphase genutzt werden. Die Schätzergebnisse sind dann natürlich auch viel genauer als die von Methoden, die schon in einer Frühphase, d. h. auf der Basis eines noch sehr unsicheren Mengengerüsts, eingesetzt werden können. Abhängig vom Zeitpunkt der vorzunehmenden Aufwands- (bzw. Kosten-)Schätzung muss die Wahl der geeignetsten Methode getroffen werden.

In Bild 3.24 ist – bezogen auf den allgemeinen Entwicklungsablauf – der früheste Einsatzzeitpunkt der hier vorgestellten Aufwandsschätzmethoden bzw. zugehörigen Verfahren aufgezeigt. Wie aus dieser Darstellung zu ersehen ist, kann nur eine Erfahrungsdatenbank-orientierte Methode bereits in der Phase des Projektanstoßes sinnvoll als Aufwandsschätzmethode eingesetzt werden. Alle anderen Methoden benötigen ein gewisses Maß planerischer Vorarbeiten, um die notwendigen Vorgaben für die Aufwandsschätzung machen zu können. Viele Methoden können sogar erst nach dem Systementwurf angewandt werden, zu einem Zeitpunkt also, zu dem bereits die gesamte Systemstruktur und deren Aufgliederung in die einzelnen HW- und SW-Teile festliegen.

Weitere Methoden

Neben den genannten Methoden gibt es noch solche, die mehr die Vorgehensweisen bei der Aufwands- und Kostenschätzung als eine generelle Methode kennzeichnen:

- ▷ Bottom-up-Methode,
- ▷ Top-down-Methode,
- ▷ Expertenbefragung.

Bottom-up-Methode

Bei einer Bottom-up-Methode betrachtet man aus der gesamten Aufgabenmenge eines Entwicklungsvorhabens einen kleinen repräsentativen Ausschnitt, für den in einer ausführlichen Untersuchung eventuell mit Unterstützung einer speziellen Aufwandsschätzmethode der voraussichtliche Aufwand bestimmt wird. Durch Übertragen auf das gesamte Vorhaben wird der Gesamtaufwand extrapoliert. Die Methode von Aron ist hierfür ein sehr bekanntes Beispiel.

Top-down-Methode

Entsprechend umgekehrt ist die Vorgehensweise bei einer Top-down-Methode, bei der man von einer Gesamtschätzung sukzessiv auf Einzelschätzungen übergeht. Ausgehend vom laufenden Verfeinern einer Produktstruktur wird die Kosten- und Aufwandsschätzung auf immer detailliertere Ebene vorangetrieben.

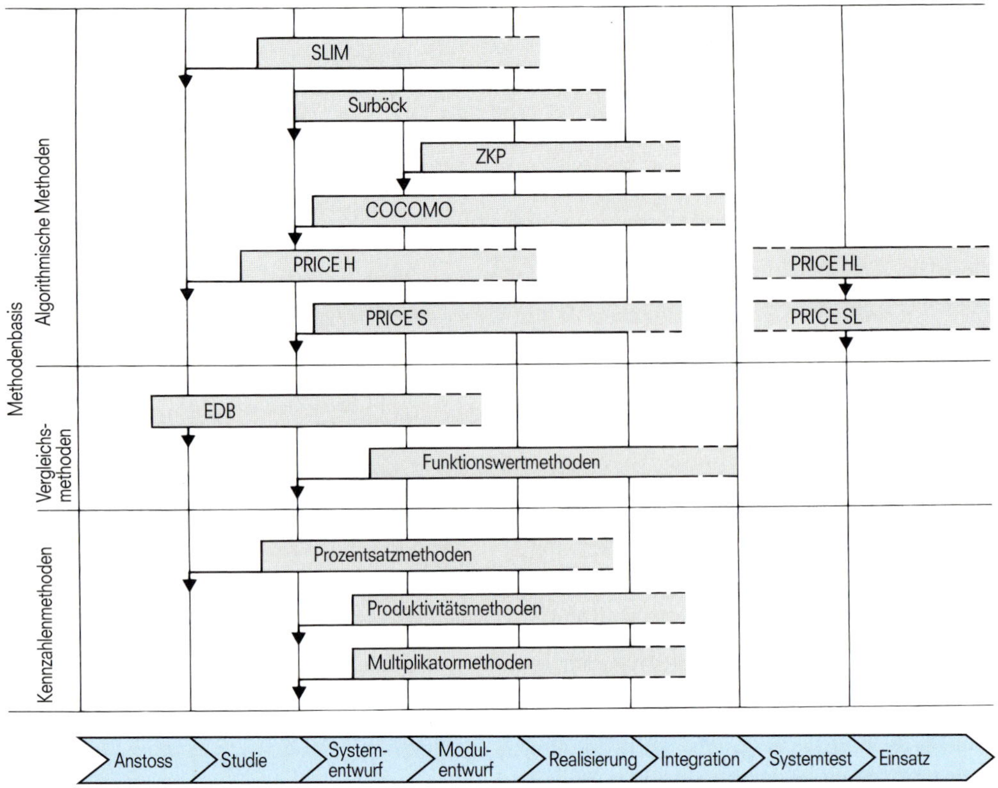

Bild 3.24 Einsatzzeitpunkte von Aufwandsschätzmethoden bzw. -verfahren

Zuerst erstellt man für das Gesamtvorhaben eine grobe Pauschalschätzung, z.B. mit der Produktivitäts- oder Multiplikatormethode. Später, bei Vorliegen ausführlicher Strukturkenntnisse können dann genauere Schätzungen mit anderen Aufwandsschätzmethoden durchgeführt werden.

Expertenbefragung

Bei der Expertenbefragung führen Einzelschätzungen von Experten entweder über eine »arithmetische Durchschnittsbildung« oder eine »diskutierte Abstimmung« zu offiziellen Planwerten. Die Einzelschätzung des jeweiligen Experten sollte hierbei natürlich auch durch spezielle Aufwandsschätzmethoden unterstützt und nicht allein durch das »Gefühl« bestimmt werden. In Kapitel 3.2.8 wird auf diese Form der Aufwandsschätzung, zu der auch die *Schätzklausur* und die *Delphi-Methode* gehören, näher eingegangen.

3.2.2 Methode COCOMO

Die Methode COCOMO ist eine parametrische Aufwandsschätzmethode für SW-Entwicklungsvorhaben [8]; sie hat weltweit große Beachtung gefunden und wird wegen ihrer leichten Erlernbarkeit und Anwendbarkeit in vielen Firmen der EDV-Branche und bei Softwarehäusern auch heute noch – in abgewandelter Form – eingesetzt.

Zentrale Ausgangsgröße bei der COCOMO-Methode ist die geschätzte Anzahl der »Delivered Source Instructions« (DSI), d.h. der »lines of code« (loc) eines SW-Produkts. Da der aufwandsbeeinflussende Effekt der verwendeten Programmiersprache implizit durch Einflussparameter berücksichtigt wird, bezieht sich die Zählung der DSI bzw. loc auf jede Art von Programmiersprachen; allerdings zählen zu diesen Quellcodezeilen nicht die Kommentar- und Dokumentationszeilen in einem Programm. Aus dieser vorzugebenden Produktgröße werden, unter Berücksichtigung von 15 Einflussparametern, den »Kostentreibern«, drei Grundgrößen ermittelt:

▷ Entwicklungsaufwand in Mann-Monaten
▷ Entwicklungskosten in Währungseinheit
▷ Entwicklungszeit in Monaten.

Modellvarianten

Abhängig von der Detaillierung einer Aufwandsschätzung gibt es drei Modellansätze:

▷ Grundmodell (Basic Model)
▷ Zwischenmodell (Intermediate Model)
▷ Detailmodell (Detail Model).

Beim *Grundmodell* wird die zu entwickelnde Software als Block ohne irgendeine strukturelle und zeitliche Unterteilung betrachtet. Den Entwicklungsaufwand errechnet man über eine Grundgleichung, ohne dass irgendwelche Einflussparameter in die Aufwandsbestimmung miteinbezogen werden. Hier wird also davon ausgegangen, dass jeder Quellbefehl gleich schwer bzw. leicht zu generieren ist.

Das *Zwischenmodell* berücksichtigt dagegen bereits die 15 von Boehm vorgeschlagenen Einflussparameter, allerdings ohne Differenzierung nach Entwicklungsphasen. Dieses Schätzmodell ist daher nicht mehr rein parametrisch, weil in die Bestimmung der Einflussgrößen rechnerisch nicht belegbare Expertenerfahrungen einfließen. In diesem Modellansatz ist eine Untergliederung der Software gemäß einer Produktstruktur nicht vorgesehen.

Beim *Detailmodell* ist demgegenüber eine dreistufige Produktstrukturierung der geplanten Software möglich, so dass die Einflussparameter auf die einzelnen Komponenten einen unterschiedlichen Einfluss haben können. Zusätzlich sind die Einzelparameter phasenorientiert, d. h. ihre Zahlenwerte variieren in den einzelnen Entwicklungsphasen.

Rechenformeln

Der benötigte Entwicklungsaufwand A_{grund} in MM wird errechnet nach der Grundgleichung:

$$A_{\text{grund}} = C_1 \times M^{C_2}. \qquad (16)$$

M Befehlsmenge in kloc
C_1, C_2 Konstanten.

Bei COCOMO bilden 12 MM ein MJ mit 1824 Arbeitsstunden.

Die errechneten Werte werden beim Zwischen- und Detailmodell durch den Benutzer von COCOMO weiter verfeinert mit der optionalen Angabe von Einflussparametern, den »Kostentreibern«, so dass sich als »realer« Aufwand ergibt:

$$A_{\text{real}} = A_{\text{grund}} \times \prod_{1}^{15} E_i \qquad (17)$$

E_i Kostentreiber.

Die benötigte Entwicklungszeit in Monaten ist:

$$T = C_3 \times A^{C_4}. \qquad (18)$$

Die Faktoren C_1 und C_3 sowie die Exponenten C_2 und C_4 sind bei COCOMO abhängig von der Modellvariante und dem Entwicklungsmodus vorgegeben (Tabelle 3.2).

Entwicklungsmodus

Die drei Entwicklungsmodi bestimmen den SW-Projekttyp und sagen aus, inwieweit die Produkt- und die Produktionsumgebung bekannt, teilweise bekannt bzw. unbekannt sind; sie können wie folgt charakterisiert werden:

Einfache SW-Entwicklung

▷ Es ist eine stabile Entwicklungsumgebung vorhanden.
▷ Die Innovation in Architektur und Funktionen des SW-Produkts sind minimal.

Tabelle 3.2 COCOMO-Konstanten

Entwicklungs-modus	C_1'	C_1''	C_2	C_3	C_4
Einfache SW-Entwicklung (organic mode)	2,40	3,20	1,05	2,50	0,38
Mittelschwere SW-Entwicklung (semidetached mode)	3,00	3,00	1,12	2,50	0,35
Komplexe SW-Entwicklung (embedded mode)	3,60	2,80	1,20	2,50	0,32
	C_1' für Grundmodell C_1'' für Zwischen- und Detailmodell				

- ▷ Das SW-Produkt ist klein.
- ▷ Die Schnittstellen zu anderen Systembestandteilen und anderen Systemen sind gering und stabil.
- ▷ Auf den Fertigstellungstermin wird wenig Druck ausgeübt.

Mittelschwere SW-Entwicklung

- ▷ Diese liegt zwischen der einfachen und komplexen SW-Entwicklung.

Komplexe SW-Entwicklung

- ▷ Ständige Innovation ist zu erwarten.
- ▷ Das SW-Produkt ist integraler Bestandteil eines größeren HW/SW-Systems mit inflexiblen Schnittstellen.
- ▷ Die Anforderungen an die Verfügbarkeit des SW-Produkts sind hoch.
- ▷ Die Entwicklung erfolgt innerhalb eines engen Termin- und Kostenrahmens.

Entwicklungsphasen

Das COCOMO-Modell kennt fünf Phasen im SW-Entwicklungsprozess:

▷ Studie	PR (Plans and requirements)
▷ Systementwurf	PD (Produkt design)
▷ Programmentwurf	DD (Detailed design)
▷ Codierung und Einzeltest	CUT (Code and unit test)
▷ Integration und Systemtest	IT (Integration and test)

Da zur Aufwandsschätzung nach der COCOMO-Methode die Studienphase bereits abgeschlossen sein muss, liegt diese Phase außerhalb des Modells, d.h. der für diese Phase notwendige Aufwand addiert sich zu den nach COCOMO ermittelten Aufwänden der anderen vier Phasen. Weiterhin werden bei der Zeitschätzung nach COCOMO die beiden Phasen für Programmentwurf sowie Codierung und Einzeltest zu einer gemeinsamen Phase zusammengefasst:

▷ Programmierung PG (Programming).

Die von Boehm vorgenommene prozentuale Aufwandsverteilung auf die 5 Phasen PR, PD, DD, CUT und IT ist in Tabelle 3.25 angegeben, die prozentuale Zeitaufteilung auf die 4 Phasen PR, PD, PG und IT in Tabelle 3.26. Wie dort zu ersehen ist, hängen die Aufwands- und Zeitverteilungen einerseits vom Entwicklungsmodus und andererseits von der jeweiligen Programmgröße ab. Hierbei sind fünf Größenordnungen definiert:

▷ Kleine Programme (small)	2000 loc
▷ Kleine bis mittlere Programme (intermediate)	8000 loc
▷ Mittelgroße Programme (medium)	32000 loc
▷ Große Programme (large)	128000 loc
▷ Sehr große Programme (very large)	512000 loc

Kostentreiber

Als Einflussparameter definiert Boehm 15 Kostentreiber, die den Grundaufwand entsprechend ihrer Ausprägung entweder verringern oder vergrößern; sie werden in vier Attributklassen eingeordnet:

Produkt-Attribute

RELY	Benötigte SW-Zuverlässigkeit
DATA	Umfang der Datenbasis
CPLX	Komplexität des Produkts

Computer-Attribute

TIME	Nutzung der verfügbaren Ausführungszeit
STOR	Nutzung des verfügbaren Speicherplatzes
VIRT	Änderungshäufigkeit der Systembasis
TURN	Bearbeitungszyklus

Personal-Attribute

ACAP	Analysefähigkeit der Mitarbeiter
AEXP	Erfahrung der Mitarbeiter in dem Aufgabengebiet
PCAP	Programmierfähigkeit der Mitarbeiter
VEXP	Erfahrung der Mitarbeiter in der Systemumgebung
LEXP	Erfahrung der Mitarbeiter in der Programmiersprache

Projekt-Attribute

MODP	Verwendung moderner Entwicklungsmethoden
TOOL	Verwendung von SW-Tools
SCED	Anforderung an die Entwicklungszeit

Die Ausprägung dieser Attribute wird mit der Einstufung in eine der folgenden sechs Kategorien bestimmt:

- ▷ extrem hoch (extra high)
- ▷ sehr hoch (very high)
- ▷ hoch (high)
- ▷ normal (nominal)
- ▷ niedrig (low)
- ▷ sehr niedrig (very low)

Jedes Prädikat nimmt attribut- und phasenbezogen einen Wert kleiner/größer Eins an. Das Prädikat »normal« entspricht immer dem Wert 1. Das rechnerische Produkt dieser 15 ausgewählten Werte geht dann in die Grundgleichung (17) ein. In Tabelle 3.3 ist die von Boehm vorgeschlagene Wertebelegung dieser Kostentreiber aufgeführt. Die Quantifizierung ist auf Grund einer Expertenbefragung nach der Delphi-Methode ermittelt worden. Diese COCOMO-spe-

Tabelle 3.3 Wertebelegung der COCOMO-Kostentreiber

Produkt-Attribute

		PD	DD	CUT	IT
RELY	very high	1,30	1,30	1,30	1,70
	high	1,10	1,10	1,10	1,30
	nominal	1,00	1,00	1,00	1,00
	low	0,90	0,90	0,90	0,80
	very low	0,80	0,80	0,80	0,60
DATA	very high	1,20	1,10	1,10	1,30
	high	1,10	1,05	1,05	1,15
	nominal	1,00	1,00	1,00	1,00
	low	0,95	0,95	0,95	0,90
CPLX	extra high	1,65	1,65	1,65	1,65
	very high	1,30	1,30	1,30	1,30
	high	1,15	1,15	1,15	1,15
	nominal	1,00	1,00	1,00	1,00
	low	0,85	0,85	0,85	0,85
	very low	0,70	0,70	0,70	0,70

Computer-Attribute

		PD	DD	CUT	IT
TIME	extra high	1,65	1,55	1,55	1,95
	very high	1,30	1,25	1,25	1,40
	high	1,10	1,10	1,10	1,15
	nominal	1,00	1,00	1,00	1,00
STOR	extra high	1,55	1,45	1,45	1,85
	very high	1,20	1,15	1,15	1,35
	high	1,05	1,05	1,05	1,10
	nominal	1,00	1,00	1,00	1,00
VIRT	very high	1,20	1,25	1,30	1,40
	high	1,10	1,12	1,15	1,20
	nominal	1,00	1,00	1,00	1,00
	low	0,95	0,90	0,85	0,80
TURN	very high	1,02	1,05	1,20	1,30
	high	1,00	1,00	1,10	1,15
	nominal	1,00	1,00	1,00	1,00
	low	0,98	0,95	0,70	0,90

Personal-Attribute

		PD	DD	CUT	IT
ACAP	very high	0,55	0,75	0,75	0,70
	high	0,75	0,90	0,90	0,85
	nominal	1,00	1,00	1,00	1,00
	low	1,35	1,15	1,15	1,20
	very low	1,80	1,35	1,35	1,50
AEXP	very high	0,75	0,80	0,85	0,85
	high	0,87	0,90	0,92	0,92
	nominal	1,00	1,00	1,00	1,00
	low	1,20	1,15	1,10	1,10
	very low	1,40	1,30	1,25	1,25
PCAP	very high	1,00	0,65	0,65	0,65
	high	1,00	0,83	0,83	0,83
	nominal	1,00	1,00	1,00	1,00
	low	1,00	1,20	1,20	1,20
	very low	1,00	1,50	1,50	1,50
VEXP	high	0,90	0,90	0,90	0,90
	nominal	1,00	1,00	1,00	1,00
	low	1,05	1,05	1,15	1,15
	very low	1,10	1,10	1,30	1,30
LEXP	high	1,00	0,98	0,92	0,92
	nominal	1,00	1,00	1,00	1,00
	low	1,00	1,05	1,10	1,10
	very low	1,02	1,10	1,20	1,20

Projekt-Attribute

		PD	DD	CUT	IT
MODP	very high	1,00	0,90	0,80	0,65
	high	1,00	0,95	0,90	0,83
	nominal	1,00	1,00	1,00	1,00
	low	1,00	1,05	1,10	1,20
	very low	1,05	1,10	1,25	1,50
TOOL	very high	0,95	0,90	0,80	0,70
	high	0,98	0,95	0,90	0,85
	nominal	1,00	1,00	1,00	1,00
	low	1,00	1,02	1,15	1,20
	very low	1,02	1,05	1,35	1,45
SCED	very high	1,15	1,15	1,05	1,05
	high	1,10	1,10	1,00	1,00
	nominal	1,00	1,00	1,00	1,00
	low	1,00	1,15	1,15	1,10
	very low	1,10	1,25	1,25	1,25

zifische Wertebelegung kann auf der Basis eigener Erfahrungsdaten und eines entsprechenden Kalibrierungsprogramms – wie z. B. das in Kap. 5.3.4 angeführte PC-Programm SIKAL – auf die eigene Entwicklungsumwelt angepasst werden. So könnte man z. B. die Personal-Attribute etwas höher und die Computer-Attribute etwas niedriger bewerten.

Tabelle 3.4 enthält die Einzelnen von Boehm verwendeten Kostentreiber mit den einzelnen Prädikaten und einer kurzen Erläuterung. Zudem sind einige Beispiele aus den verschiedenen SW-Bereichen zum besseren Verständnis angegeben.

Nicht einbezogene Einflussparameter

Folgende Einflussparameter sind in das COCOMO-Modell nicht aufgenommen worden:

— SW-Anwendungsbereich,
— »Höhe« der Programmiersprache (Sprachniveau),
— Änderungshäufigkeit der Anforderungen,
— Personalfluktuation,
— Qualität des Projektmanagements,
— Qualität der Kundenkontakte,
— Umfang der Dokumentation,
— Hardware-Konfiguration,
— Restriktionen durch Datenschutz und Datensicherheit,
— Anzahl Funktionen.

Bei einigen dieser Einflussparameter hatte es sich ergeben, dass Überlappungen mit anderen Kostentreibern existieren; bei anderen, dass nur ein kleiner, zu vernachlässigender Kostentreiber-Effekt vorhanden ist. Einige sind dagegen von großer Bedeutung, wie z. B. die Management-Qualität, mussten aber wegen mangelnder Bewertungsmaßstäbe außerhalb der Modellbetrachtung bleiben.

Der COCOMO-Ansatz betrachtet nur die Personalaufwände; er berücksichtigt nicht zusätzliche Kosten wie RZ-Kosten, Reisekosten oder Materialkosten.

Modifikationsentwicklung

Das COCOMO-Modell bietet auch die Möglichkeit, die Aufwandsbeeinflussung von *Modifikationsentwicklungen* zu berücksichtigen. Bei einer Neuentwicklung werden bekanntlich der gesamte Entwurf und der gesamte Code neu erstellt sowie das gesamte System integriert; dagegen werden bei einer Modifikationsentwicklung meist nur bestimmte Prozentanteile von diesen Arbeiten ausgeführt. Durch Angabe eines adäquaten Prozentwerts kann die Anzahl der loc eines zu modifizierenden SW-Teils entsprechend korrigiert werden. Folgende drei Prozentsätze sind definiert:

▷ Prozentsatz für notwendige Änderung am Design (%DMOD)
▷ Prozentsatz für notwendige Änderung am Code (%CMOD)
▷ Prozentsatz des zusätzlichen Aufwands für Integration (%IMOD).

Tabelle 3.4 COCOMO-Kostentreiber

Kostentreiber	Bedeutung	Beispiele
Produkt-Attribute		
RELY – Benötigte SW-Zuverlässigkeit		
	als Folge von SW-Fehlern:	
very high	Risiko für Menschenleben	Kernreaktor-Steuerung, bemannte Raumfahrt, militärische Kontroll- und Kommando-Systeme
high	Großer finanzieller Verlust	NC-Software (große Stückzahlen), System für Stimmkartenzählung bei Aktionärsversammlung
nominal	Mäßiger, wiederbringbarer Verlust	Betriebl. Grunddatenhaltung, Auftragsabwicklungsverfahren, Compiler für Systementwicklung (z. B. CHILL), Vermittlungssoftware (z. B. EWSD)
low	Geringer, leicht wiederbringbarer Verlust	Technische Grunddatenverfahren, Compiler für Anwendersoftware (z. B. COBOL)
very low	Leichte Unbequemlichkeit	Texteditoren (z. B. EDT), Aufwandsschätzverfahren (z. B. SICOMO)

Tabelle 3.4
COCOMO-Kostentreiber (Fortsetzung)

Kostentreiber	Bedeutung	Beispiele
DATA – Umfang der Datenbasis (Datenmenge, die das Programm verarbeitet und gleichzeitig im Zugriff hat)		
	Datenbasis D in Bytes, Programmgröße P in loc	
very high	$1000 \geqq D/P$	Datenbanksysteme (z. B. UDS), technische Grunddatenverfahren, CHILL-Compiler
high	$100 \leqq D/P < 1000$	PC-Datenbanksysteme (z. B. dBase)
nominal	$10 \leqq D/P < 100$	Dateiaufbereiter (z. B. EDT)
low	$D/P < 10$	PASCAL-Compiler, Rechenprogramme
CPLX – Komplexität des Produkts (Steuerstruktur)		
extra high	Dynam. Prioritätensteuerung, Mikrocode	Memory-Task-Management eines Betriebssystems
very high	Reentrant rekursiver Code, Interrupt Handler	Transaktionsmonitore (z. B. UTM)
high	tief geschachtelte Prozeduren, Module, Daten	Compiler, Programmgeneratoren
nominal	Leichte Schachtelung, wenige Module, Entscheidungstabellen	Übliche Anwendersoftware
low	Geringe Schachtelungstiefe, einfache Datenstrukturen	Aufwandsschätzverfahren (z. B. SICOMO)
very low	Geradeaus-Programmierung	EDT-Prozeduren, SINET-Prozeduren

Kostentreiber	Bedeutung	Beispiele
Computer-Attribute		
TIME – Nutzung der verfügbaren Ausführungszeit (in % der vorhandenen Verarbeitungsgeschwindigkeit)		
extra high	95%	Memory-Task-Management eines Betriebssystems
very high	85%	Vermittlungssoftware (z. B. EWSD)
high	70%	Technische Grunddatenverfahren
nominal	50% und weniger	Anwenderprogramme im BS2000, PC-Programme
STOR – Nutzung des verfügbaren Speicherplatzes (in % des verfügbaren Hauptspeichers)		
extra high	95%	Speicherplatzprobleme! SW auf 64 k-Mikrocomputer, SW auf EWSD-Rechner
very high	85%	SW für SME
high	70%	Betriebssysteme auf PC (z. B. MS-DOS)
nominal	50% oder weniger	Alle SW im BS2000, übliche SW auf PC

Tabelle 3.4
COCOMO-Kostentreiber (Fortsetzung)

Kostentreiber	Bedeutung	Beispiele	
VIRT – Änderungshäufigkeit der Systembasis			
	größere/ kleinere Änderungen:		
very high	alle 2 Wochen/ alle 2 Tage	›Systembasis‹ ist die Basis, auf die das zu entwickelnde SW-System aufsetzt	
high	alle 2 Monate/ wöchentlich		
nominal	alle 6 Monate/ alle 2 Wochen		
low	alle 12 Monate/ monatlich	zu entw. SW	Systembasis
		Betriebssystem	Rechner-HW
		Datenbanksystem	Rechner-HW + Betriebssystem
		DB-Anwendung	HW + BS + DMS
TURN – Bearbeitungszyklus			
	durchschnittliche Antwortzeit nach einer Fehlerkorrektur:		
very high	mehr als 12 Stunden	SW für PROM's (Firmware)	
high	zwischen 4 und 12 Stunden	Prozessrechner	
nominal	weniger als 4 Stunden	BS2000-Rechner	
low	Dialogbetrieb	Personal Computer	

Kostentreiber	Bedeutung	Beispiele
Personal-Attribute		
ACAP – Analysefähigkeit der Mitarbeiter		
very high	90%	fast »Genie«
high	75%	
nominal	55%	Durchschnitt
low	35%	
very low	15%	»Trauriger Fall«
AEXP – Erfahrung der Mitarbeiter in dem Aufgabengebiet		
very high	durchschn. 12 Jahre oder mehr	»Alter Hase«
high	durchschn. 6 Jahre	
nominal	durchschn. 3 Jahre	
low	durchschn. 1 Jahr	
very low	durchschn. 4 Monate und weniger	Anfänger
PCAP – Programmierfähigkeit der Mitarbeiter		
very high	90%	fast »Genie«
high	75%	
nominal	55%	Durchschnitt
low	35%	
very low	15%	»Trauriger Fall«
VEXP – Erfahrung der Mitarbeiter in der Systemumgebung		
high	durchschn. 3 Jahre oder mehr	»Alter Hase«
nominal	durchschn. 1 Jahr	
low	durchschn. 4 Monate	
very low	durchschn. 1 Monat und weniger	Anfänger

Tabelle 3.4
COCOMO-Kostentreiber (Fortsetzung)

Kostentreiber	Bedeutung	Beispiele
LEXP – Erfahrung der Mitarbeiter in der Programmiersprache		
high	durchschn. 3 Jahre oder mehr	»Alter Hase«
nominal	durchschn. 1 Jahr	Durchschnitt
low	durchschn. 4 Monate	
very low	durchschn. 1 Monat und weniger	Anfänger

Projekt-Attribute

MODP – Verwendung moderner Entwicklungsmethoden		
very high	Allgemeine Routine	Konsequente Verwendung modernster Methoden (SW-Fabrik)
high	Meist gute, übliche Methodik	
nominal	Teilweise gute Methodik	Normales SW-Haus
low	Beginnend und probierend	
very low	Keine Methodik	»SW-Friseur«

Kostentreiber	Bedeutung	Beispiele
TOOL – Verwendung von SW-Tools		
very high	Durchgängige CASE-Umgebung	Noch fernes Ziel!
high	Gute Großrechner-Unterstützung	BS2000-Umwelt
nominal	Gute Klein-, bzw. geringe Großrechner-Unterstützung	PC-Umwelt, Prozessrechner
low	Geringe Kleinrechner-Unterstützung	SME
very low	Geringe Mikroprozessor-Unterstützung	Mikroprozessor
SCED – Anforderung an die Entwicklungszeit (in % der normalen Entwicklungszeit)		
very high	160%	Großzügige Terminstellung
high	130%	Leichte Verlängerung
nominal	100%	Normale Terminstellung
low	85%	Kurze Terminstellung
very low	75%	Äußerst enger Termin

%DMOD gibt den Prozentsatz der Modifikation an, der am Design der betreffenden SW-Komponente vorgenommen werden muss, um die neuen Leistungsmerkmale zu erfüllen bzw. die veränderte Umgebung zu beherrschen. %CMOD definiert äquivalent dazu den Prozentsatz der Modifikationen am Code. %IMOD bestimmt den notwendigen Aufwand für die Integration der modifizierten Software in das Gesamtprodukt im Vergleich zum normalerweise anfallenden Aufwand.

Hierbei kann der jeweilige Prozentwert nicht nur Werte unter 100, sondern auch Werte über 100 annehmen, wenn z. B. ein bestehendes Subsystem in wesentlichen Teilen erweitert werden muss. Auch kann der Integrationsaufwand höher als beim ursprünglichen Produkt sein, wenn z. B. ein SW-Produkt auf eine neue, wesentlich komfortärmere Hardware übertragen werden soll.

Wie in Bild 3.25 dargestellt, werden aus der Gesamtbefehlsmenge DSI mit den vorgenannten Prozentsätzen die wirklich notwendige Befehlsanzahl, die *evaluierten* EDSI (Evaluated Delivered Source Instructions) errechnet.

Der Zusatzaufwand zur »Planung der Modifikation« wird in einem weiteren Parameter CPI (Conversion Planning Increment) berücksichtigt, der folgende Werte annehmen kann:

CPI 0 Keine Modifikation (≙ Neuentwicklung).
1 Einfacher Termin- und Abnahmeplan.
2 Detaillierter Terminplan erforderlich, Test- und Abnahmepläne sind zu erstellen.
3 Zusätzlich zu 2 ist eine einfache Analyse des vorhandenen Designs, des Codes und der Daten erforderlich.
4 Zusätzlich zu 3 ist die Dokumentation zu ändern.
5 Zusätzlich zu 4 ist eine umfangreiche Dokumentation zu ändern.

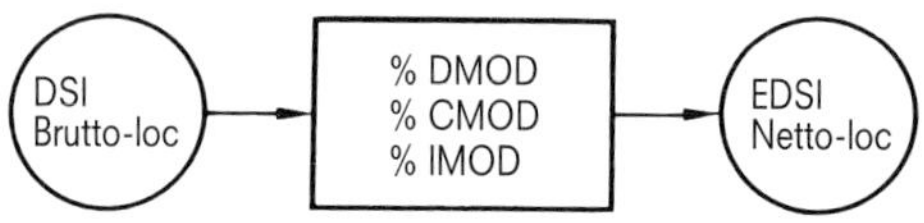

Bild 3.25 Modifizierte loc

Datenbasis von Boehm

Die einzelnen Parameter und Einflussgrößen sind auf Basis von 63 SW-Projekten aus unterschiedlichen SW-Bereichen abgeleitet worden. Die untersuchten Projekte waren in amerikanische Entwicklungsumgebungen eingebettet und sind heute z. T. veraltet.

Tabelle 3.5 zeigt die verwendete Projektdatenbasis mit Angabe

▷ der Aufwandsmultiplikatoren der Kostentreiber (extra high ≙ 6 bis very low ≙ 1, Reihenfolge wie in Tabelle 3.3),
▷ des Entwicklungsmodus (Mode) (komplex ≙ 3 bis einfach ≙ 1),
▷ der Programmgröße in Anzahl loc,
▷ des entstandenen Entwicklungsaufwands A in MM und
▷ der eingetretenen Entwicklungsdauer T in Monaten.

Die Statistik nach Tabelle 3.6 gibt darüber hinaus einige relevante Merkmale der für das COCOMO-Modell verwendeten SW-Projekte wieder, und zwar hinsichtlich

▷ Entwicklungsmodus,
▷ Anwendungsbereich,
▷ Entwicklungsjahr,
▷ HW-Konfiguration und
▷ Programmiersprache.

Die Tabelle enthält außer den Projektanzahlen noch eine Angabe zur Produktivität, gemessen in loc/MM. Wie aus den Werten zu ersehen ist, sind die jeweiligen Bandbreiten recht groß.

Verfahrensrealisierungen

Basierend auf der COCOMO-Methode sind mehrere Aufwandsschätzverfahren entwickelt worden, so auch das auf einem Personal Computer ablauffähige Verfahren SICOMO (Siemens Software Cost Model Tool) (siehe Kap. 6.3.3); es enthält nicht nur alle drei Modellvarianten vom Grundmodell bis hin zum Detailmodell, sondern erlaubt eine beliebig tiefe Gliederung der Produktstruktur, für deren einzelne Produktteile eine spezifische Aufwands- und Kostenschätzung vorgenommen werden kann. Mit Hilfe eines benutzerfreundlichen Eingabedialogs ist es möglich, die Kompo-

Tabelle 3.5 COCOMO-Projektdaten

Nr.	Aufwandsmultiplikatoren	Mode	loc	*A*	*T*
1	2 5 1 3 4 4 4 2 2 2 2 3 1 2 4	3	113000	2040	48
2	2 5 2 3 4 3 4 3 4 3 4 4 2 3 3	3	249000	1500	36
3	3 5 2 3 3 2 3 4 5 4 4 4 4 4 3	2	132000	243	15
4	1 5 1 3 3 2 3 2 4 1 3 4 1 3 4	1	46000	240	36
5	2 2 3 3 3 2 3 3 3 4 4 4 1 3 3	1	16000	33	9
6	1 3 2 3 5 3 3 1 3 1 4 4 1 2 3	1	4000	43	12
7	1 3 3 3 3 2 2 3 3 3 4 4 4 4 3	1	6900	8	4
8	4 2 5 6 6 5 3 5 4 3 1 1 2 2 2	3	22000	1075	30
9	4 2 5 5 4 4 3 4 3 4 2 2 4 3 3	3	30000	423	18
10	5 2 5 4 6 3 4 4 5 4 4 3 3 3 3	3	18000	321	30
11	5 2 5 4 6 3 4 4 5 4 4 3 3 3 3	3	20000	218	24
12	4 2 5 4 4 3 3 4 5 4 3 4 4 3 2	3	37000	201	12
13	4 2 5 4 4 4 3 5 3 5 2 3 5 3 3	3	24000	79	10
14	4 2 6 5 6 4 3 4 3 5 2 2 2 1 1	2	3000	73	12
15	5 2 5 5 4 4 2 4 2 4 1 1 4 3 1	3	3900	61	15
16	5 3 5 5 6 3 2 4 3 4 3 3 3 3 3	3	3700	40	10
17	5 3 5 5 6 3 2 4 5 4 3 3 3 3 3	3	1900	9	6
18	4 5 4 5 5 3 4 4 3 3 3 3 1 2 2	3	320000	11400	72
19	4 4 3 4 5 2 3 5 4 3 3 3 4 4 3	3	966000	6600	40
20	5 4 5 4 5 4 4 5 5 3 2 2 1 3 2	2	287000	6400	51
21	3 5 4 4 5 2 2 4 3 3 3 3 4 4 3	3	252000	2455	60
22	4 3 3 5 4 3 3 4 5 4 4 3 4 3 1	3	109000	724	16
23	4 3 3 4 4 3 3 4 5 4 4 3 3 3 1	3	75000	539	16
24	2 3 2 4 4 3 2 3 1 3 2 4 5 5 3	2	90000	453	28
25	4 5 5 4 4 3 2 4 3 4 2 3 5 4 2	3	38000	523	39
26	3 3 2 4 4 4 4 4 3 4 2 3 4 2 2	3	48000	387	19
27	4 2 4 5 5 3 2 3 3 3 3 3 5 2 2	3	9400	88	12
28	4 4 5 4 5 4 4 4 3 4 2 2 2 2 3	1	13000	98	20
29	2 3 3 3 3 3 3 3 1 4 3 3 4 4 1	2	2140	7,3	2
30	2 3 3 3 3 3 3 3 1 4 3 3 4 4 1	2	1980	5,9	2
31	5 4 3 5 6 4 4 4 5 4 2 2 3 3 3	3	50000	1063	24
32	2 4 2 3 3 3 3 5 5 3 3 3 2 2 3	2	261000	702	24
33	5 4 5 5 6 4 3 4 5 4 4 3 4 4 3	3	40000	605	24
34	4 4 3 4 3 3 2 3 3 3 3 3 4 2 1	3	22000	230	12
35	1 2 5 4 5 4 3 3 4 3 2 3 1 1 3	3	13000	82	10
36	2 4 2 3 3 2 2 2 3 2 4 4 3 4 4	2	12000	55	12
37	2 2 1 3 4 3 3 4 5 4 3 3 3 3 3	1	34000	47	24
38	3 3 4 3 3 2 2 5 4 3 4 4 5 4 3	1	15000	12	5
39	3 3 4 3 3 2 3 5 5 5 3 4 4 2 3	1	6200	8	9
40	3 2 5 3 3 3 2 4 5 2 3 3 2 3 3	1	2500	8	9
41	2 2 3 3 3 2 2 3 5 5 4 4 4 4 3	1	5300	6	5
42	2 3 3 3 4 2 4 4 3 3 4 4 5 4 4	1	19500	45	8,1
43	3 3 3 3 5 2 4 4 3 3 4 4 3 3 4	1	28000	83	14,1
44	2 3 3 4 5 2 4 3 3 3 4 4 2 3 4	1	30000	87	13,9
45	2 3 3 3 4 2 4 3 3 3 4 4 3 4 4	1	32000	106	12,3
46	2 3 3 3 4 2 4 3 3 4 4 4 3 3 4	1	57000	126	16,1
47	1 2 5 3 3 2 2 5 5 5 2 2 2 3 4	1	23000	36	22,2
48	2 2 2 3 3 2 3 2 4 2 4 4 2 3 4	2	311000	1272	44
49	3 3 2 3 3 3 2 5 3 5 2 3 5 4 3	2	91000	156	18
50	4 3 3 5 5 3 2 4 3 4 2 3 3 3 3	3	24000	176	12
51	2 3 3 3 3 3 5 2 3 1 3 4 1 2 4	1	10000	122	34
52	2 2 2 3 4 4 3 3 3 3 2 2 1 2 3	1	8200	41	14
53	2 2 4 4 5 5 3 5 3 5 2 2 3 2 2	2	5300	14	6
54	3 2 3 3 4 4 2 3 5 3 3 4 4 2 3	1	4400	20	7
55	2 2 1 3 3 2 2 4 5 2 4 4 2 3 3	1	6300	18	12
56	4 2 5 5 5 3 3 4 4 3 2 2 2 2 2	3	27000	958	24
57	3 2 4 4 5 5 3 3 3 3 2 2 2 2 1	3	15000	237	24
58	5 2 5 6 5 3 3 5 5 5 4 4 4 3 3	3	25000	130	12
59	3 2 4 4 4 3 2 3 3 3 3 3 4 3 3	1	21000	70	16
60	4 2 5 4 4 3 3 4 2 4 2 2 2 2 2	1	6700	57	12
61	3 2 4 3 3 2 2 4 3 4 4 3 5 3 3	1	28000	50	10
62	2 2 5 4 4 4 3 4 5 5 1 1 4 1 3	2	9100	38	14
63	3 2 4 3 3 3 2 5 5 4 3 3 5 3 3	3	10000	15	4

Tabelle 3.6 Merkmale der COCOMO-Projekte

	Projekt-anzahl	Produktivität in loc/MM
Gesamt	63	20 bis 1250
Entwicklungsmodus		
einfach	23	82 bis 1250
mittel	12	41 bis 583
komplex	28	20 bis 667
Anwendungsbereich		
Kommerzielle SW	7	55 bis 862
Steuerungs-SW	10	20 bis 304
Mensch-Maschine-SW	13	28 bis 336
Wissenschaftliche SW	17	47 bis 1250
Support-SW	8	82 bis 583
System-SW	8	28 bis 667
Entwicklungsjahr		
1964-69	3	113 bis 775
1970-74	14	20 bis 485
1975-79	46	41 bis 1250
HW-Konfiguration		
Großrechner	31	28 bis 1250
Mittlere Datentechnik	7	114 bis 583
Kleinrechner	21	20 bis 723
Mikroprozessoren	4	41 bis 379
Programmiersprache		
FORTRAN	24	28 bis 883
COBOL	5	55 bis 862
Jovial	5	45 bis 583
PL/1	4	93 bis 1250
PASCAL	2	336 bis 560
Andere höhere Programmiersprachen	3	124 bis 300
Assembler	20	20 bis 667

nentenstruktur eines geplanten SW-Systems zu definieren. Hierbei kann während des Strukturaufbaus beliebig zwischen den einzelnen Komponenten hin und her positioniert werden, um Produkt- und Einflussgrößen einzugeben.

3.2.3 Verfahren PRICE

Das Verfahren PRICE (*P*rogrammed *R*eview of *I*nformation for *C*osting and *E*valuation) ist nicht ein einzelnes Verfahren, sondern umfasst eine ganze Familie rechnergestützter Aufwandsschätzverfahren, die von RCA seit 1962 nacheinander auf Grund umfassender Erfahrungsdatensammlungen für verschiedene Entwicklungsgebiete entwickelt worden sind [102,

103, 104]. In Tabelle 3.7 sind die bisher erstellten Aufwandsschätzverfahren aufgeführt.

Das Verfahren PRICE H gilt als Erstes für die Kostenschätzung von HW-Entwicklungen und deren Fertigungen. Vornehmlich in Bereichen der Luft- und Raumfahrttechnik wie auch in militärischen Bereichen der Funk- und Radartechnik wurde dieses Verfahren auf der Basis entsprechender Erfahrungsdaten aufgebaut.

Darauf folgte die Ausweitung des Verfahrens mit PRICE HL für den gesamten Lebenszyklus eines HW-Produkts. In gleicher Weise kamen später die beiden Verfahren PRICE S und PRICE SL für den SW-Entwicklungsbereich hinzu. Als derzeit letztes Verfahren wurde PRICE M für die Mikrochip-Entwicklung und -Produktion entwickelt.

Darüber hinaus stehen einige Hilfsprogramme zur Verfügung, wie z.B. PRICE A zum tabellarischen und grafischen Aufbereiten von Kostenverteilungen, PRICE D zum Durchführen von Regressionsanalysen und PRICE SZ zum Bestimmen der Anweisungszahl bei SW-Programmen anhand funktionaler Angaben.

Diese Aufwands- und Kostenschätzmodelle werden bei einer großen Anzahl Firmen und Behörden in den USA produktiv eingesetzt. Vor allem im militärischen Bereich war dort das Ausweisen der Kosten durch ein PRICE-Schätzmodell für viele Angebotsersteller Pflicht gewesen. Ein Auftraggeber kann nämlich die für ein geplantes Entwicklungsprojekt eingeholten Angebote erheblich besser miteinander vergleichen, wenn die jeweiligen Aufwandsschätzungen nach gleichem Schema (Mengengerüst, Einflussparameter) vorgenommen werden.

Tabelle 3.7 Verfahrensfamilie PRICE

Bezeichnung	Aufwandsschätzverfahren für
PRICE H	Entwicklung und Produktion von Hardware
PRICE HL	Instandhaltung von Hardware (HW-Lebenszykluskosten)
PRICE S	Entwicklung von Software
PRICE SL	Wartung von Software (SW-Lebenszykluskosten)
PRICE M	Entwicklung und Produktion von Mikrochips

Das Grundprinzip der PRICE-Schätzmodelle ähnelt dem aller parametrischen Aufwandsschätzmodelle: Anhand ausgewerteter Vergangenheitsprojekte sowie aussagekräftiger Einflussparameter wird mit Hilfe entsprechender Regressionsanalysen ein mathematischer Zusammenhang zwischen relevanten Produktergebnisgrößen und dem benötigten Aufwand (bzw. den Kosten) hergestellt. Durch laufende Kalibrierung bringt man diese empirisch gefundenen Schätzgleichungen immer wieder auf einen aktuellen Stand.

Für die eigenständige Nutzung der PRICE-Verfahren zur HW- und SW-Aufwandsschätzung und die notwendige Kalibrierung auf die bereichseigene Entwicklungsumwelt wurden mehrere Ausbildungskurse angeboten. Der Besuch entsprechender, teilweise mehrwöchiger Kurse sowie eine längere Einarbeitungs- und Erprobungszeit ist für ein produktives Arbeiten mit den Verfahren Voraussetzung. Auch benötigt man für die Verfahrenskalibrierung eine längere Zeit, bis eine akzeptable Anpassung der Einflussparameter an die bereichsspezifischen Erfordernisse erreicht wird.

3.2.3.1 HW-Schätzmodell PRICE H

Das Schätzmodell PRICE H [102] dient zum Schätzen der Entwicklungs- und/oder Produktionskosten von HW-Geräten bzw. -Systemen; es eignet sich im Wesentlichen für:

▷ Funk und Radar,
▷ Luft- und Raumfahrt,
▷ Universalrechner,
▷ Prozessrechner,
▷ Vermittlungsanlagen.

Für die Mikroelektronik ist das Modell ungeeignet; hierfür steht PRICE M [103] zur Verfügung.

Vor einer erstmaligen Kostenschätzung muss das PRICE H-Modell normalerweise an die bereichsspezifische Entwicklungsumwelt angepasst werden. Hierzu müssen zu einer ausreichend großen Anzahl abgeschlossener Entwicklungs- und Produktionsvorhaben die entsprechenden PRICE-Parameter mit den zugehörigen Kosten vorliegen.

Der Kalibrierungslauf wird mit einem besonderen PRICE-Modul ECIRP (PRICE rückwärts gelesen) vorgenommen, wo – in umgekehrter Reihenfolge – die Kosten und die Produktgrößen als Eingabedaten dienen. Als Ausgabe erhält man dann die entsprechenden Komplexitätsdaten, die die Basis für die Kostenschätzung neuer Produkte liefern.

Eingabeparameter

Zum Durchführen einer Schätzung benötigt das Modell mehrere Eingabeparameter, von denen allerdings viele durch Standardwerte vorbelegt sind. Der Anwender hat die Möglichkeit, diese bei Bedarf entsprechend seiner eigenen Vorstellungen zu verändern. Die wesentlichen Eingabeparameter sind nachstehend mit ihrer PRICE-spezifischen Kennzeichnung aufgeführt:

Physikalische Parameter

▷ Gesamtgewicht	WT
▷ Gewicht der Mechanik/ Struktur	WS
▷ Gesamtvolumen	VOL
▷ Dichte der Elektronik	WECF
▷ Einsatzumgebung	PLTFM

Quantitative Parameter

▷ Herzustellende Stückzahl	QTY
▷ Zu entwickelnde Prototypenanzahl	PROTOS
▷ Losrate pro Monat	RATOOL
▷ Stückzahlfaktor	PIF

Zeitliche Parameter

▷ Entwicklungsbeginn	DSTART
▷ Prototyp-Fertigstellung	DFPRO
▷ Entwicklungsende	DLPRO
▷ Produktionsbeginn	PSTART
▷ Erste Produktauslieferung	PFAD
▷ Produktionsende	PEND
▷ Bezugsjahr für Kostensätze	YRECON
▷ Bezugsjahr für Technologie	YRTECH

Qualitative Parameter

▷ Entwurfskomplexität	ECMPLX
▷ Fertigungskomplexität Elektronik	MCPLXE
▷ Fertigungskomplexität Mechanik	MCPLXS
▷ Mechanische Zuverlässigkeit	MREL
▷ Elektronische Zuverlässigkeit	EREL

Entwicklungsparameter

▷ Entwurfswiederholung Mechanik	DESRPS
▷ Entwurfswiederholung Elektronik	DESRPE
▷ Neuentwicklungsanteil Mechanik	NEWST
▷ Neuentwicklungsanteil Elektronik	NEWEL
▷ Mehraufwand für Prototypenentwicklung	PROSUP

Integrationsparameter

▷ Wiederholungsfaktor	QTYNHA
▷ Integrationsfaktor Mechanik	INTEGS
▷ Integrationsfaktor Elektronik	INTEGE
▷ HW/SW-Integrationsfaktor	HSINT

Zusätzliche Parameter

▷ Tool- und Testunterstützung für die Entwicklung	DTLGTS
▷ Tool- und Testunterstützung für die Produktion	PTLGTS

Physikalische Parameter

Die Parameter WT (Weight) und WS (Weight of mechanical/structural) geben einerseits das Gesamtgewicht und andererseits das Gewicht für die mechanischen Anteile in lbs oder in kg an. Das Gewicht für den Anteil der Elektronik entspricht der Differenz dieser beiden Parameter.

Zum Elektronikanteil gehört im Sinn von PRICE H nur die reine Elektronik, also Baugruppen, Steuergeräte, Bildschirm etc. Versorgende Teile der Elektronik wie Netzgeräte, Transformatoren, Elektromotoren oder Steckerleisten werden in ihrer Gesamtheit dem Mechanikteil zugerechnet, für den daher der Begriff »mechanical/structural« gewählt worden ist.

Für die Gewichtsangabe von Gehäusen bietet PRICE H empirisch gefundene Auswahltabellen, deren Werte auf die eigenen Erfordernisse angepasst werden können.

Die Parameter VOL (Volume) für das Gesamtvolumen und WECF (Weight of Electronics/Cubic foot) für die Elektronikdichte gehen nicht in die Kostenrechnung ein, sondern dienen nur als Prüfwerte. Für die Angabe der Elektronikdichte wird eine Auswahltabelle angeboten. Statt dieses Parameters kann auch ein äquivalenter für den elektronischen Volumennutzanteil (USEVOL) angegeben werden.

Der Parameter PLTFM (Platform) kennzeichnet das Einsatzgebiet, wie z.B. stationärer oder mobiler Einsatz bzw. Einsatz in der Luft- oder Raumfahrt. Mit diesem Parameter wird also u.a. eine Aussage hinsichtlich der zu planenden Zuverlässigkeit des zu entwickelnden Geräts gemacht. Zur Wertebestimmung steht ebenfalls eine Auswahltabelle zur Verfügung, die auch entsprechend modifiziert werden kann.

Quantitative Parameter

Mit dem Parameter QTY (Production Quantity) wird die zu produzierende Gesamtstückzahl und mit dem Parameter PROTOS (Prototypes) die zu entwickelnde Prototypenanzahl angegeben. Im Gegensatz zur Stückzahl darf der Wert für die Prototypenanzahl ein Dezimalwert sein, wenn z.B. nur einige Teile als Prototyp entwickelt werden.

Mit dem fakultativen Parameter RATOOL (Rate/Month Tooling) kann die monatliche Losgröße für eine »Folge-Produktion« angegeben werden; er beeinflusst im Wesentlichen die Kosten für die Fertigungsverfahren.

Der Parameter PIF (PRICE Improvement Factor) bestimmt die Steigung einer Kurve, in welcher die Abhängigkeit zwischen Stückzahl und Einsatzstückkosten festgelegt ist. Der Parameter PIF wird mathematisch wie ein Lernfaktor behandelt, hat aber einen anderen Ausgangspunkt als die industrielle Lernkurve; er kann hier als Stückzahlfaktor bezeichnet werden. Der von der Gesamtstückzahl QTY abhängende PIF-Wert kann einer PRICE-Tabelle entnommen werden.

Zeitliche Parameter

Die Parameter DSTART (Development Start) und PSTART (Production Start) müssen als Beginnzeitpunkte für die Entwicklung und für die Produktion immer angegeben werden. Die Parameter DFPRO (First Prototype Complete) und DLPRO (Development Complete) als Termine für ersten Prototyp und für Entwicklungsende sind ebenso fakultativ wie die Parameter PFAD (First Article Delivery) und PEND (Production Complete) als Termin für erste Produktauslieferung und für Produktionsende. Werden sie nicht angegeben, so wird ein PRICE H-interner Zeitverlauf für Entwicklung und Produktion angenommen.

Mit den Parametern YRECON (Year of Economics) und YRTECH (Year of Technology) können Bezugsjahre einerseits für die Kostensätze und andererseits für den Technologiestand der Entwicklungs- und Produktionsverfahren zur Berücksichtigung eines speziellen Rationalisierungsverlaufs angegeben werden. Wird z.B. eine Entwicklung und Produktion mit Verfahren durchgeführt, deren Technologiestand noch nicht »State of the art« ist, dann führt dieser Umstand zu einer Kostenanhebung; entsprechend umgekehrt verhält es sich bei einer voll beherrschten Technologie. Zur Bestimmung des Technologiestandes sind verfahrensintern Technologiekurven vorhanden, deren Verlauf von den Parametern PLTFM und MCPLX abhängen. Für die Inflationsraten sowie den Umrechnungsfaktor von US-$ in EUR ist eine spezielle Tabelle erforderlich.

Qualitative Parameter

Die drei Komplexitätsparameter ECMPLX (Engineering Complexity), MCPLXE (Manufacturing Complexity Electronics) und MCPLXS (Manufacturing Complexity Mechanical/Structural) sind neben der Angabe des voraussichtlichen Gerätegewichts die wichtigsten und für die Kostenrechnung ausschlaggebensten Parameter beim PRICE H-Verfahren.

Für die Bestimmung der qualitativen Einflussparameter, der Entwurfskomplexität ECMPLX und der Fertigungskomplexitäten MCPLXE und MCPLXS, stellt der PRICE H-Anbieter Auswahltabellen mit empirisch gefundenen Werten zur Verfügung. In einer dieser Auswahltabellen wird die Entwurfskomplexität abhängig vom Schwierigkeitsgrad der Entwurfsaufgabe sowie vom Erfahrungsstand des eingesetzten Personals bestimmt. Für das Bestimmen der Fertigungskomplexitäten werden zwei weitere Auswahltabellen[1)] genutzt – eine für elektronische und eine für mechanische Produktteile. Auch hier wird der Komplexitätswert mit Hilfe einer Matrixzuordnung bestimmt, wobei die Abhängigkeiten einerseits die generellen Systemklassen (wie z. B. Grundtechnik, Luftfahrt, Raumfahrt) und andererseits die einzelnen Geräteklassen (wie z. B. Antennen, Optik und Motoren auf der mechanischen Seite sowie Empfänger, Sender und Verstärker auf der elektronischen Seite) sind. Der Parameter ECMPLX beeinflusst nur die Entwicklungskosten; dagegen gehen die beiden Parameter MCPLXE und MCPLXS sowohl in die Entwicklungs- als auch Produktionskosten ein.

Die Parameter MREL (Mechanical Reliability) und EREL (Electronic Reliability) stellen lineare Multiplikatoren für den durch das Verfahren berechneten Zuverlässigkeitswert MTBF (Mean Time between Failures) dar.

Entwicklungsparameter

Mit den Entwicklungsparametern DESRPS (Design Repeat Mechanical/Structural) und DESRPE (Design Repeat Electronics) können Wiederholungsfaktoren für den Mechanik- und Elektronikentwurf für den Fall angegeben werden, dass redundante Hardware wie z. B. Zwillingssteuerungen oder mehrere identische Flachbaugruppen vorhanden sind. Demgegenüber geben die Parameter NEWST (New Structure) und NEWEL (New Electronics) an, inwieweit ein gänzlich neuer Entwurf in Hinblick früherer Entwicklungen gemacht werden muss.

Mit dem Parameter PROSUP (Prototype Activity) kann ein Multiplikator für die Prototypenkosten angegeben werden, wenn besondere kostenintensive Maßnahmen für die Prototypenentwicklung notwendig sind.

[1)] Die erwähnten Tabellen enthalten Richtwerte für amerikanische Verhältnisse. Der deutsche Anwender muss diese Werte nach seinen Bedingungen mit Hilfe des Kalibrierungsprogramms ECIRP ermitteln.

Integrationsparameter

Mit den Integrationsparametern QTYNHA (Quantity/Next Higher Assembly), INTEGS (Integration Factor Structural) und INTEGE (Integration Factor Electronic) können aufwandsbeeinflussende Faktoren angegeben werden, die durch die Integration mehrerer Systemteile (z. B. Gerätekoffer) bedingt sind. Der Parameter HSINT (HW/SW-Integration) ermöglicht darüber hinaus einen Integrationsfaktor für das Einbinden von Software.

Zusätzliche Parameter

Mit den Parametern DTLGTS (Development Tooling & Test Equipment) und PTLGTS (Production Tooling & Test Equipment) können kostentreibende Faktoren für die Tool- und Testausrüstung innerhalb der Entwicklung bzw. der Fertigung angegeben werden.

Eingabeformular

Bild 3.26 ist das Eingabeformular von PRICE H für die Übernahme der vorstehend angeführten Eingabedaten; es kann für die nachfolgend erläuterten Nutzungsmodi 1, 2, 6 und 7 genutzt werden. Für die anderen Modi stehen andere Eingabeformulare zur Verfügung. Für die Eingabe spezieller »globaler Variablen« – sie sind zu Beginn der Verfahrensanwendung zu bestimmen – dient ebenfalls ein eigenes Eingabeformular. Zu den globalen Variablen gehören z. B. Angaben zur Überlappung der Prototypenherstellung und Angaben zur optimalen Verteilung des Personaleinsatzes.

Nutzungsmodi

Für das Verfahren PRICE H gibt es mehrere unterschiedliche Nutzungsmodi; sie unterscheiden sich in ihrem Einsatzfall sowie im Spektrum ihrer Eingabe- und Ausgabedaten.

Modus	Einsatzfall
1	Kostenschätzung für elektromechanische Produkte
2	Kostenschätzung für rein mechanische Produkte (z. B. Antennen, Fahrzeuge, Schalter)
3	Integrationskostenschätzung bei gekauften Komponenten

PRICE Input Data Worksheet **Basic Modes**

File name: ____________
Sheet____of ____________

Title: **Date:**

General A	Production Quantity QTY	Prototypes PROTOS	Weight WT	Volume VOL	Mode HW/SW Integration MODE • HSINT	
General B	Quantity/Next Higher Assembly QTYNHA	NHA Integration Electronic INTEGE	Factors Structural INTEGS	Specification Level PLTFM	Economic Base YRECON	Year of Technology YRTECH
Mechanical/ Structural	Structure Weight WS	Manufacturing Complexity MCPLXS	New Structure NEWST	Design Repeat DESRPS	Mechanical Reliability MREL	
Electronics	WE Per Ft³ / Volume Fraction WECF / USEVOL	Manufacturing Complexity MCPLXE	New Electronics NEWEL	Design Repeat DESRPE	Electronic Reliability EREL	
Development	Development Start DSTART	1st Prototype Complete DFPRO	Development Complete DLPRO	Engineering Complexity ECMPLX	Tooling & Test Equip DTLGTS	Prototype Activity PROSUP
Production	Production Start PSTART	First Article Delivery PFAD	Production complete PEND	PRICE-Improvement Factor PIF	Tooling & Test Equip. PTLGTS	Rate/Month Tooling RATOOL
Actual Cost Data (Mode 7 only)	Average Unit AUCOST	Production Total PTCOST	Prototypes PRCOST	Development Total DTCOST		

Notes:

MODE DESCRIPTION
1 ELECTRONIC ITEM
2 MECHANICAL ITEM
6 MODIFIED ITEM
7 ECIRP

RCA

Bild 3.26 PRICE H-Eingabeformular

4 Integrationskostenschätzung bei beigestellten Komponenten
5 Integrationskostenschätzung für Gesamtsystem
6 Modifikationskostenschätzung für gekaufte und beigestellte Komponenten
7 Kalibrierungsprogramm ECIRP
8 Einbindung von Zusatzkosten (z. B. Einsatzunterstützung, Einsatzerprobung, Software)
9 Folgelosberechnung.

Gemäß den unterschiedlichen Eingabedaten gibt es für diese Nutzungsmodi entsprechende Eingabeformulare bzw. unterschiedliche Eingabefelder. Bei dem Modus 7 wird z. B. für die Kalibrierung eine zusätzliche Zeile in dem vorstehend gezeigten Eingabeformular (Bild 3.26) mit den festgestellten Kostenangaben ausgefüllt. Dafür entfällt in diesem Modus die sonst obligatorische Angabe der Fertigungskomplexitäten MCPLXE und MCPLXS, die stattdessen im Kalibrierungslauf als Ergebnis anfallen.

PRICE H ermöglicht – über die eigentliche Aufgabe der Aufwandsschätzung hinaus – weitergehende Auswertungen und Simulationen mit den Hauptausgabegrößen, so z. B. für die Frage: Was muss getan werden, damit ein kürzestmöglicher Termin erreicht wird? PRICE H bietet somit auch Hilfen für eine allgemeine Termin-Kosten-Optimierung.

Berechnungsmethode

Für das Berechnen der erforderlichen Entwicklungs- und Produktionskosten bedient sich PRICE H zahlreicher (interner) Formeln, deren Darlegung den Rahmen dieses Kapitels sprengen würde.

Weiter unten ist in Bild 3.29 die wichtigste Ausgabeliste von PRICE H gezeigt. Wie dort zu ersehen ist, sind die Grundgrößen für die Ausgabe die tätigkeitsorientierte Aufstellung der Entwicklungs- und Produktionskosten, welche sich jeweils aus *Ingenieurleistungen* (Engineering) und *Fertigungsleistungen* (Manufacturing) zusammensetzen. Diese unterteilen sich wiederum in einzelne Tätigkeitsbereiche.

Ingenieurleistungen

Kosten für

- ▷ Zeichnungstätigkeiten (DRAFTING)
- ▷ Entwurfstätigkeiten (DESIGN)
- ▷ Systemtechnik (SYSTEMS)
- ▷ Projektmanagement (PROJECT MGMT)
- ▷ Dokumentation (DATA)

Fertigungsleistungen

Kosten für

- ▷ Produktion (PRODUCTION)
- ▷ Prototypenerstellung (PROTOTYPE)
- ▷ Werkzeuge und Prüfgeräte (TOOL-TEST EQ)

Berechnung der Entwicklungskosten

Bild 3.27 veranschaulicht, welche einzelnen Einflussfaktoren in die Berechnung der jeweiligen Kostenkomponenten für das Bestimmen der Entwicklungskosten einbezogen werden. Weiterhin ist die gegenseitige Abhängigkeit der einzelnen Kostenkomponenten angedeutet.

Wie ersichtlich, ist das Bestimmen des Zeichenaufwands eine wichtige Aktivität beim Berechnen der Entwicklungskosten. Der Umfang der Zeichnungstätigkeiten beeinflusst nämlich mehr oder weniger alle anderen Kostenkomponenten der Ingenieurleistungen. Da das Berechnen des Zeichenaufwands vor allem vom Gewicht und von der Komplexität des geplanten Geräts bzw. Systems abhängt, sind letztendlich diese beiden zu schätzenden Größen die kritischen Ausgangsgrößen bei der Aufwands- und Kostenschätzung mit dem Modell PRICE H. Die Genauigkeit der Gewichts- und Komplexitätsangaben bestimmt daher entscheidend die Qualität des Schätzergebnisses.

Als die wesentlichen Einflussfaktoren für die Berechnung der Entwicklungskosten sind zu nennen:

- ▷ Gewicht des Geräts (bzw. Systems),
- ▷ Entwurfskomplexität,
- ▷ Fertigungskomplexität,
- ▷ Prototypenanzahl,
- ▷ Technologiestand,
- ▷ Terminsituation.

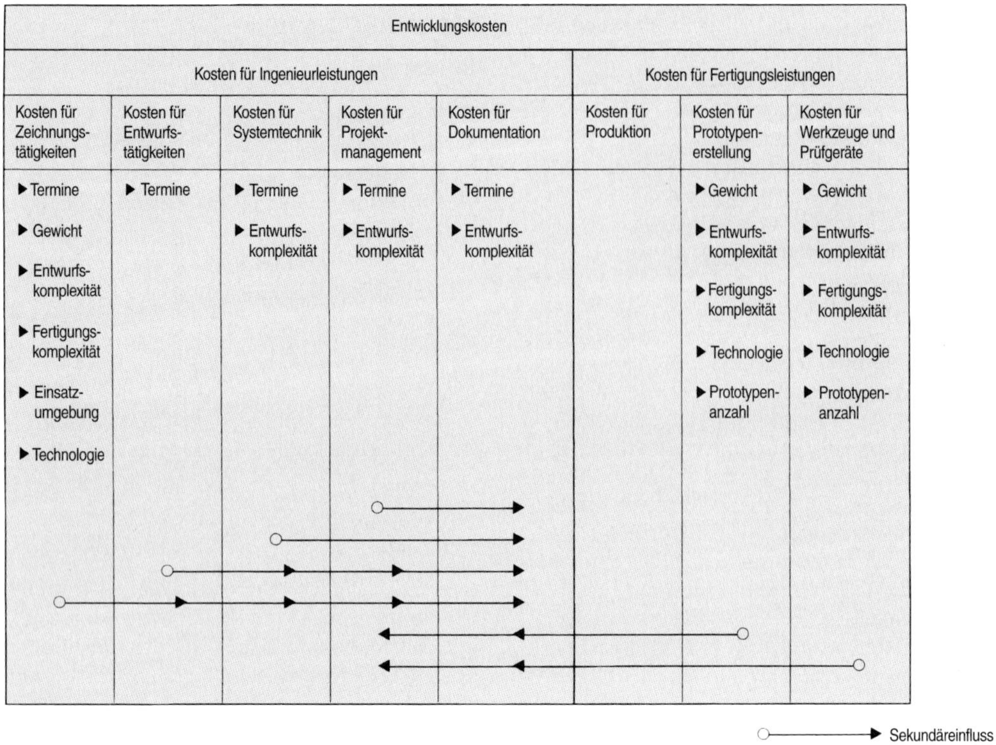

Bild 3.27 Einflussfaktoren bei der Entwicklungskostenberechnung

Berechnung der Produktionskosten

Bild 3.28 zeigt den Berechnungsgang für das Bestimmen der Produktionskosten. Auch hier sind noch Kosten für die Zeichnungserstellung, für den Entwurf und für die Systemtechnik anzusetzen, die alle auf Grund nicht zu vermeidender nachträglicher Änderungswünsche an die Entwicklung anfallen.

Als die entscheidenden Einflussfaktoren für die Produktionskosten sind hier zu nennen:

▷ Gewicht des Geräts (bzw. Systems),
▷ Fertigungskomplexität,
▷ Stückzahl,
▷ Stückzahlfaktor,
▷ Technologiestand,
▷ Terminsituation.

Ausgabedatenblatt

Bild 3.29 veranschaulicht schließlich ein Ausgabedatenblatt mit den wichtigsten Berechnungsdaten des PRICE H-Verfahrens; es enthält neben der Wiederauflistung einiger relevanter Eingabeparameter eine matrixstrukturierte Aufteilung der Entwicklungskosten (Development) und Produktionskosten (Production) auf die einzelnen Tätigkeitsarten mit der grundsätzlichen Unterteilung nach Ingenieurleistungen (Engineering) und Fertigungsleistungen (Manufacturing).

Zusätzlich enthält dieses Blatt noch einige vom Verfahren errechnete Angaben, wie z. B. die mechanische Dichte und den Wert für die Zuverlässigkeit *MTBF;* errechnete Werte sind mit * gekennzeichnet. Als Letztes wird eine Kostenvarianz angegeben, d. h. Minimal- und Maximalwerte der Entwicklungs- und Produktionskosten, die nach der Modellrechnung eintreten können.

Einsatzfeld

Das Verfahren PRICE H kann sehr gut in der Frühphase einer HW-Produktentwicklung eingesetzt werden, da man bereits mit wenigen Produkt- und Einflussgrößen in relativ kurzer Zeit eine brauchbare Kosten- und Aufwandsschätzung vornehmen kann. Es darf aber nicht die einzige Quelle für das Bestimmen der Planwerte darstellen, jedoch als erster Messstab kann PRICE H ein sehr nützliches Instrument sein. PRICE H ist allerdings nicht an alle Anwendungsbereiche der Elektrotechnik ausreichend angepasst. Auch mangelt es an einer ausreichenden Berücksichtigung qualitätssichernder Maßnahmen in Entwicklung und Produktion; dies kann aber mit einer entsprechenden Kalibrierung verbessert werden.

Häufig wurde beklagt, dass sich das Verfahren PRICE H für den Einzelnen wie eine »black box« darstellt, da nur die Dienstleistung seitens der Firma RCA zur Verfügung stand und die »Verfahrensinterna« dem Benutzer unbekannt blieben. Dies kann aber auch von Vorteil sein; das *Nichtwissen* um die internen Algorithmen verhindert nämlich eine gewollte oder auch ungewollte Manipulation bei der Angabe der Einflussgrößen; die Schätzung wird dadurch insgesamt erheblich objektiver.

3.2.3.2 SW-Schätzmodell PRICE S

Das Schätzmodell PRICE S [104] dient zum Schätzen der Entwicklungskosten von SW-Produkten bzw. SW-Systemen; es wurde weltweit von vielen Unternehmen für die Aufwands- und Kostenschätzung eingesetzt, und zwar auf folgenden Gebieten der SW-Entwicklung:

- ▷ Betriebssysteme,
- ▷ Informationssysteme,
- ▷ Bürokommunikationssoftware,
- ▷ kommerzielle DV-Verfahren,
- ▷ Sicherungssoftware,
- ▷ Simulationsprogramme,
- ▷ Software für die Raumfahrt.

PRICE S eignet sich sowohl für Programmsysteme, wie Compiler und Generatoren, als

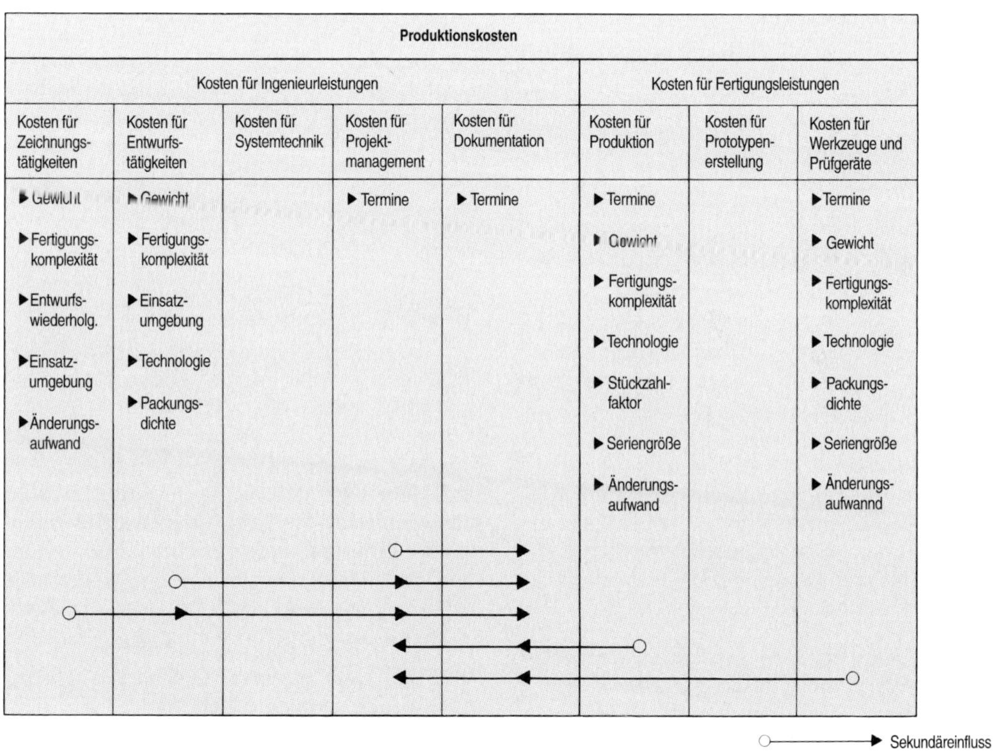

Bild 3.28 Einflussfaktoren bei der Produktionskostenberechnung

```
            - - - PRICE HARDWARE MODEL METRIC - - -
                      ELECTRONIC  ITEM

INPUT FILENAME:            07-MAY-85 14:11        GLOBAL FILENAME:
                             (185071)         ESCALATION FILENAME:   RT84/2

TEST LIS

 PRODUCTION QUANTITY     10000     UNIT WEIGHT      12.00    MODE              1
 PROTOTYPE QUANTITY       5.000    UNIT VOLUME      25.00    QUANTITY/NHA      0

UNIT PROD COST    6.92                              MONTHLY PROD RATE 586.50

PROGRAM COST(DM1000)        DEVELOPMENT        PRODUCTION        TOTAL COST
   ENGINEERING
      DRAFTING                   311.                 0.              311.
      DESIGN                    1264.                 0.             1264.
      SYSTEMS                    437.                 -               437.
      PROJECT MGMT               405.              3560.             3966.
      DATA                       186.               982.             1168.
        SUBTOTAL(ENG)           2604.              4542.             7146.

   MANUFACTURING
      PRODUCTION                   -              69177.            69177.
      PROTOTYPE                  368.                 -               368.
      TOOL-TEST EQ                60.              3059.             3119.
        SUBTOTAL(MFG)            427.             72236.            72664.

        TOTAL COST              3031.             76779.            79810.

DESIGN FACTORS      ELECTRONIC MECHANICAL    PRODUCT DESCRIPTORS
  WEIGHT               2.400◆     9.600        ENGINEERING COMPLEXITY  2.000
  DENSITY              0.960◆     0.384◆       PROTOTYPE SUPPORT       1.0
  MFG. COMPLEXITY      7.400      5.720        PROTO SCHEDULE FACTOR   0.250◆
  NEW DESIGN           1.000      1.000        ELECT VOL FRACTION      0.100
  DESIGN REPEAT        0.000      0.000        PLATFORM                1.200
  ENGINEERING CHANGES  0.000      0.000        YEAR OF TECHNOLOGY      1985◆
  HW/SW INTEG. LEVEL   0.0                     RELIABILITY FACTOR      1.0
  INTEGRATION LEVEL    0.0        0.0          MTBF(FIELD)              4053◆

 SCHEDULE          START                FIRST ITEM           FINISH
     DEVELOPMENT   FEB 85     ( 19)     AUG 86◆    (  7)     MAR 87◆    ( 26)
     PRODUCTION    JUL 87     (  9)     MAR 88◆    ( 17)     AUG 89◆    ( 26)

 SUPPLEMENTAL INFORMATION
   ECONOMIC BASE                185           TOOLING & PROCESS FACTORS
   ESCALATION                  0.00             DEVELOPMENT TOOLING        1.00◆
   T 1 COST                   23.14◆            PRODUCTION TOOLING         1.00◆
   AMORTIZED UNIT COST         7.68◆            RATE TOOLING                  0
   DEV COST MULTIPLIER         1.00◆            PRICE IMPROVEMENT FACTOR 0.880
   PROD COST MULTIPLIER        1.00◆            UNIT LEARNING CURVE       0.902◆

 COST RANGES                DEVELOPMENT        PRODUCTION        TOTAL COST
       FROM                     2675.             65751.            68426.
       CENTER                   3031.             76779.            79810.
       TO                       3584.             93457.            97041.
```

Bild 3.29 PRICE H-Ausgabedatenblatt

auch für hochkomplexe Realzeitsysteme, wie Prozess- und Radarsteuerungen. Auch kann es für alle Programmiersprachen, von den maschinen- bis hin zu den problemorientierten, verwendet werden.

Das PRICE S-Verfahren gliedert den Entwicklungsprozess in drei Phasen, nämlich:

▷ Entwurf,
▷ Implementierung,
▷ Integration und Test.

In das Schätzmodell nicht einbezogen werden die Frühphasen für das Festlegen der System- und der Programmanforderungen. Für die Einsatz- und Betreuungsphase des SW-Produkts bzw. -Systems steht das Schätzmodell PRICE SL (SW-Lifecycle) zur Verfügung.

PRICE S kann in einem besonderen Ablaufmodus auch ausschließlich für die Entwicklungsphase »Integration und Test« eingesetzt werden; dies bietet sich dann an, wenn mehrere SW-Komponenten – jeweils in getrennten

Projekten entwickelt – zu einem System zu integrieren sind und hierfür eine gesonderte Aufwandsschätzung vorgenommen werden soll.

Eingabeparameter

Wie bei PRICE H werden für die einzelnen Berechnungsgänge in PRICE S mehrere Eingabeparameter benötigt, deren Angabe z. T. obligatorisch ist, aber auch fakultativ sein kann, wenn die vorgegebenen Standardwerte akzeptiert werden. Die wichtigsten Eingabeparameter für PRICE S sind mit ihren verfahrensspezifischen Abkürzungen nachstehend aufgeführt:

Quantitative Parameter

▷ Anzahl der Maschinenbefehle	INST

Qualitative Parameter

▷ Verteilung der datentechnischen Aufgaben	Mix (MDAT, …)
▷ Anwendungscharakteristik	APPL
▷ Entwicklungsleistungsfähigkeit	RESO
▷ HW-Restriktionen	UTIL
▷ Einsatzumgebung	PLTFM
▷ Projektkomplexität	CPLX

Zeitliche Parameter

▷ Beginn der Entwurfsphase	DSTART
▷ Ende der Entwurfsphase	DEND
▷ Beginn der Implementierungsphase	ISTART
▷ Ende der Implementierungsphase	IEND
▷ Beginn der Test- und Integrationsphase	TSTART
▷ Ende der Test- und Integrationsphase	TEND

Einsatzmittelparameter

▷ Personalkostensatz für Entwurfsphase	DCOST
▷ Personalkostensatz für Implementierungsphase	ICOST
▷ Personalkostensatz für Test- und Integrationsphase	TCOST
▷ Personalvorrat für Entwurfsphase	DMAX
▷ Personalvorrat für Implementierungsphase	IMAX
▷ Personalvorrat für Test- und Integrationsphase	TMAX

Entwicklungsparameter

▷ Nutzung vorhandenen Entwurfs	NEWD
▷ Modifikationsverteilung	New Design (DDAT, …)
▷ Nutzung vorhandenen Codes	NEWC
▷ Modifikationsverteilung	New Code (CDAT, …)

Schnittstellenparameter

▷ Arten Geräteschnittstellen	Interface Types (TDAT, …)
▷ Anzahl Geräteschnittstellen	Interface Quantities (QDAT, …)

Zusätzliche Parameter

▷ Alternative Größenangaben	Sizing Data (FUNCT, …)
▷ Verfahrenstechnische Angaben	Supplemental Information (YEAR, …)

Quantitative Parameter

Der Parameter INST (Instructions) entspricht der Anzahl abzuliefernder ausführbarer Befehle auf Maschinenebene. Werden Programmiersprachen auf einer höheren Sprachebene verwendet, so muss man die Anzahl Quellcodezeilen (LOC) – im Gegensatz zum COCOMO-Schätzmodell – entsprechend expandieren:

$$\text{INST} = \text{EXPAN} \times \text{LOC} \tag{19}$$

Für den Expansionsfaktor EXPAN liefert PRICE abhängig von den verwendeten Programmiersprachen Erfahrungswerte (Tabelle 3.8).

Qualitative Parameter

Der Parameter APPL (Application) beschreibt – bezogen auf die datentechnische Verarbeitung – die Charakteristik des zu entwickelnden SW-Produkts bzw. -Systems. Für das Bestimmen seines Wertes wird eine prozentuale Aufteilung auf folgende sieben datentechnische Aufgabenbereiche (Mix-Elemente) vorgenommen:

- ▷ Data Storage and Retrieval — MDAT
- ▷ Online Communications — MONL
- ▷ Real Time Command and Control — MREA
- ▷ Interactive Operations — MINT
- ▷ Mathematical Operations — MMAT
- ▷ String Manipulation — MSTR
- ▷ Operating Systems — MOPR.

Einen weiteren Aufgabenbereich (MAPP8) kann der Anwender frei wählen. PRICE gibt für diese Aufgabenbereiche jeweils einen Gewichtungsfaktor vor, welcher – multipliziert mit der spezifischen Prozentverteilung – dann ein Gesamtgewicht für die Anwendungscharakteristik ergibt. Falls keine prozentuale Aufteilung der datentechnischen Aufgaben möglich ist, kann dieser Wert für den Parameter APPL auch unmittelbar als Gesamtgewicht angegeben werden, da PRICE S nur mit diesem Mischwert weiterarbeitet.

Tabelle 3.8 Expansionsfaktor EXPAN

Programmiersprache	Durchschnittlicher Expansionsfaktor EXPAN
Assembler	1
COBOL	3
UNIX-C	3
CHILL	3,1
PASCAL	4
FORTRAN	5,5
BASIC	6
ALGOL	10
PL/1	10
APL	15

Mit dem Parameter RESO (Resource) wird die »Leistungsfähigkeit« der Entwicklungsumwelt in die Aufwandsschätzung einbezogen; er stellt eine Art »Projekt-Produktivität« dar und hängt von den zur Verfügung stehenden Ressourcen ab:

- ▷ Qualifikation der Mitarbeiter,
- ▷ Erfahrung der Mitarbeiter,
- ▷ Produktivitätsausbringung,
- ▷ Rechnerkapazität und -ausstattung,
- ▷ Laborkapazität und -ausstattung,
- ▷ Methoden, Werkzeuge und Hilfsmittel,
- ▷ »Overhead« der Projektbeteiligten, etc.

Dieser Parameter muss vor der erstmaligen Nutzung von PRICE S für den jeweiligen Entwicklungsbereich speziell bestimmt werden. Hierzu steht das bereits o. a. PRICE-Kalibrierungsprogramm ECIRP zur Verfügung.

Der Parameter UTIL (Utilization) bewertet die HW-Restriktionen, die entweder durch die Rechnerzykluszeit oder durch die Speicherkapazität bestehen können; er gibt die prozentuale Auslastung dieser beiden Kriterien an. Überschreitet er in einer der beiden Größen den Wert von 50% wesentlich, so sind beim Programmentwurf entsprechend aufwendigere Maßnahmen erforderlich. In der nachrichtentechnischen Entwicklung sind z. B. Werte im Bereich 0,6 bis 0,8 üblich.

Mit dem Parameter PLTFM (Platform) werden Anwendungsgebiet und Einsatzumgebung des geplanten SW-Produkts bzw. -Systems in die Schätzung einbezogen; er umfasst Einflussgrößen wie

- ▷ Betriebssicherheit,
- ▷ Zuverlässigkeit,
- ▷ Testumfeld,
- ▷ Portabilität,
- ▷ Strukturierung und
- ▷ Dokumentation.

Auch hier liefert PRICE S eine eigene Auswahltabelle für die Wertbestimmung dieses Parameters. Die Skala reicht von rein kommerziellen Einsatzfällen bis hin zu solchen mit hoher Verflechtung, wie Kommunikationssysteme, militärische Führungssysteme und Systeme für die Weltraumfahrt.

Der Parameter CPLX (Complexity) charakterisiert die spezifischen Gegebenheiten der Projektumwelt und setzt sich aus einem Grundparameter und drei Zusatzparametern zusammen. Die Zusatzparameter unterteilen sich noch in mehrere Einzelparameter.

▷ Grundwert für spezifische Projektumwelt	Grund-CPLX
▷ Personalqualifikation	P1-CPLX
▷ Vertrautheit mit der Aufgabe	P2-CPLX
▷ Komplikationsfaktor	P3-CPLX.

Grundwert sowie Gesamtwert werden durch einen entsprechenden Kalibrierungslauf ermittelt. Die Differenz ist durch den Anwender auf die Einzelparameter entsprechend aufzuteilen. Für diese stehen entsprechende Auswahltabellen zur Verfügung. Der sich ergebende Gesamtparameter wirkt nicht nur auf den Aufwand bzw. die Kosten ein; er ist vielmehr vor allem auch ein Maß für die zeitbeeinflussenden Eigenschaften der Projektumwelt.

Zeitliche Parameter

Die Eingabe des Parameters DSTART (Design Start) als Angabe des Beginntermins der Entwurfsphase ist obligatorisch; alle weiteren Termin-Parameter sind fakultativ und können teilweise oder vollständig angegeben werden. Wird nur der Beginntermin angegeben, so rechnet PRICE mit einer internen Entwicklungszeitkurve, deren Verlauf der Anwender mit der Tabelle CTABLE auf seine eigenen Erfordernisse anpassen kann. Die zusätzliche Angabe von weiteren Terminen für Beginn und Ende der einzelnen (PRICE-)Entwicklungsphasen führt grundsätzlich zu einer Kostenerhöhung, da sowohl kürzere als auch spätere Termine immer zu einer Erhöhung des Entwicklungsaufwands führen.

Einsatzmittelparameter

Mit den Parametern DCOST (Design Cost), ICOST (Implementation Cost) und TCOST (Test and Integration Cost) werden die Kostensätze für das Personal in den einzelnen Phasen festgelegt. Sollen diese sich in den Phasen nicht unterscheiden, so genügt nur die Angabe bei DCOST. Ist demgegenüber eine Differenzierung der Kostensätze nach den PRICE-Tätigkeitsarten gewünscht, so ist dies durch die explizite Definition einer hierfür eingerichteten Tabelle ATABLE möglich; hierin können also die Kostensätze phasen- *und* tätigkeitsartorientiert eingegeben werden.

Die Parameter DMAX (Design Max.), IMAX (Implementation Max.) und TMAX (Test and Integration Max.) kennzeichnen Restriktionen im Personaleinsatz; mit diesen kann der je Phase zur Verfügung stehende Personalvorrat angegeben werden. Eine derartige Restriktion führt immer zu einer Kosten- bzw. Zeitdauererhöhung.

Entwicklungsparameter

Mit den Parametern NEWD (New Design) und NEWC (New Code) wird bei Modifikationsentwicklungen der Wiederverwendungsgrad der vorliegenden Designunterlagen bzw. des vorliegenden Codes berücksichtigt. Der Wert 1 kennzeichnet dabei eine Neuentwicklung; Wert 0 würde eine vollständige Übernahme ohne Arbeitsaufwand bedeuten. Statt dieser pauschalen Angabe eines Wertes zwischen 0 und 1 kann, ähnlich wie beim Bestimmen des Parameters APPL, auch eine spezifische Prozentverteilung auf die einzelnen datentechnischen Aufgabenbereiche der »Mix-Elemente« vorgenommen werden. Hierzu dienen die New Design- und New-Code-Parameter:

Datentechnischer Aufgabenbereich	Nutzungsverteilung Design	Nutzungsverteilung Code
Data Storage and Retrieval	DDAT	CDAT
Online Communications	DONL	CONL
Real Time Command and Control	DREA	CREA
Interactive Operations	DINT	CINT
Mathematical Operations	DMAT	CMAT
String Manipulation	DSTR	CSTR
Operating Systems	DOPR	COPR
(frei definierbar)	DAPP8	CAPP8

Schnittstellenparameter

Die fakultativen Schnittstellen-Parameter (Interface Types und Interface Quantities) charakterisieren Menge und Vielfalt der auftretenden Schnittstellen in der geplanten Software; sie beziehen sich auf die schon oben erwähnten technischen Aufgabenbereiche, allerdings nur auf die ersten vier:

Datentechnischer Aufgabenbereich	Anzahl Schnittstellenarten	Anzahl Schnittstellen
Data Storage and Retrieval	TDAT	QDAT
Online Communications	TONL	QONL
Real Time Command and Control	TREA	QREA
Interactive Operations	TINT	QINT

Bei den drei weiteren Aufgabenbereichen ist die Schnittstellenbetrachtung nicht von Bedeutung.

Zusätzliche Parameter

Mit den Sizing Data-Parametern können alternative Produktgrößenangaben zur Anzahl Maschinenbefehle (INST) vorgenommen werden. Insgesamt vier Möglichkeiten gibt es bei PRICE S zur Angabe der Produktgröße:

1. Anzahl Maschinenbefehle	INST
2. Anzahl Quellcodezeilen	SOURCE und EXPAN
3. Anzahl Funktionen	FUNCT
4. Angabe der »Strukturdichte«	STRU und LEVEL.

Die erste Möglichkeit ist die gängigste Form der Produktgrößenangabe, d.h. die Angabe der Anzahl Maschinenbefehle, die normalerweise nicht der Anzahl Quellcodezeilen entspricht. Für die Angabe der Quellcodezeilen steht die zweite Möglichkeit zur Verfügung, bei der mit dem EXPAN-Faktor die »Höhe« der verwendeten Programmiersprache berücksichtigt wird (siehe Tabelle 3.8). Bei der dritten Möglichkeit wird die Programmgröße nicht anhand der Befehlsmenge, sondern der Anzahl »Funktionen« des geplanten Systems angegeben. Als Funktion zählt hier jeder Strukturblock in einer SW-Produktstruktur, also auch der, der sich auf höherer Ebene befindet. Bei der vierten Möglichkeit wird die Produktgröße durch eine »Strukturdichte« angegeben; diese ist im Vergleich zu einer entsprechenden Anzahl abgeschlossener SW-Entwicklungen abzuleiten.

Der Parameter CAP (Capacity) wird nur bei der »Design-to-Cost«-Rechnung benötigt; er kennzeichnet den verfügbaren Speicherplatz, gemessen in Anzahl Maschinenbefehle. Der Quotient aus den Parametern INST und CAP ergibt den Parameter UTIL (HW-Restriktionen).

Werden bei der »Design-to-Cost«-Rechnung für die Parameter UTIL und CAP gleichzeitig Werte angegeben, so wird vom Verfahren der »restriktivere« Wert genommen.

Die verfahrenstechnischen Parameter (Supplemental Information) haben folgende Bedeutung:

Mit dem Parameter YEAR wird das Bezugsjahr für das Berücksichtigen der Inflationsrate und einer Währungskurve angegeben.

Parameter MULT (Multiplier) dient dem generellen prozentualen Aufschlag auf alle Kosten- und Aufwandsangaben, so dass ein fester Gewinn eingeplant werden kann.

Der Parameter ESC (Escalation) gibt die jährliche, inflationsbedingte Preissteigerung an, falls nicht bereits in der Tabelle RTABLE die jahresbezogenen Inflationsraten festgelegt sind.

Der Parameter TARCST (Target Cost) wird nur bei Kalibrierungsläufen verwendet; mit ihm werden die aufgelaufenen Kosten abgeschlossener SW-Projekte eingegeben.

Der Parameter INTEG (Integration) gibt den Integrationsgrad bei mehrteiligen SW-Systemen an; seine Angabe ist für den separaten Schätzlauf zum Bestimmen des erforderlichen Integrationsaufwands notwendig.

Interne Tabellen

Neben diesen Parametern kann durch den Benutzer die Wertebelegung interner Tabellen, die PRICE für den Berechnungsgang benötigt, festgelegt werden. Folgende Tabellen sind hier zu nennen:

ATABLE	Kostensätze	(Cost Multiplier Globals)
CTABLE	Entwicklungszeitkurve	(Curve Control Globals)
DTABLE	Deskriptoren	(Descriptor Globals)

GTABLE	Programmkonstanten	(Programm Constants)
RTABLE	Inflationsraten	(Inflation Rate Factors).

Eingabeformular

Die sechs wichtigsten Fragestellungen für die Parametereingabe in das PRICE S-Schätzmodell sind:

Wie groß?	Parameter INST
Welche Art?	Parameter APPL, Mix
Wer macht es?	Parameter RESO
Welche HW-Einschränkungen?	Parameter UTIL
Wo genutzt?	Parameter PLTFM
Wie schwierig?	Parameter CPLX

Für die Eingabe der Parameter in PRICE S wird das Formular (Bild 3.30) verwendet.

Nutzungsmodi

PRICE S kann, wie bereits angedeutet, in drei Modi genutzt werden:

▷ Aufwands- und Kostenschätzung
▷ »Design-to-Cost«-Rechnung
▷ Kalibrierung.

Aufwands- und Kostenschätzung

Im Rahmen der normalen Aufwands- und Kostenschätzung wird von der voraussichtlichen Produktgröße (z. B. Anzahl Maschinenbefehle) unter Berücksichtigung der produkt- und projektbezogenen Einflussparameter algorithmisch auf die erforderlichen Kosten bzw. den Personalaufwand geschlossen. In dieser Nutzungsform gleicht PRICE S einem anderen parametrischen Aufwandsschätzverfahren für Software, nämlich COCOMO (siehe Kap. 3.2.2).

Die Aufwands- und Kostenschätzung ist sowohl in einer vereinfachten, als auch in einer detaillierten Form durchführbar. Bei der vereinfachten Form werden nur die Parameter

INST	APPL	RESO	PLTFM	CPLX
	NEWD	NEWC	DSTART	TEND

bewertet, wobei je Parameter auch nur Gesamtwerte anzugeben sind. Bei der detaillierten Form werden darüber hinaus die Parameter APPL, NEWD und NEWC entsprechend den datentechnischen Aufgabenbereichen ausführlicher bestimmt und zusätzlich die Beginn- und Endtermine der einzelnen Entwicklungsphasen sowie die Parameter für die Einsatzmittel und die Schnittstellen berücksichtigt.

»Design-to-Cost«-Rechnung

Bei der »Design-to-Cost«-Rechnung wird quasi der umgekehrte Schluss einer Aufwands- und Kostenschätzung vorgenommen. Ausgangspunkt der Betrachtung ist hier der für eine Entwicklung zur Verfügung stehende Kostenbetrag, von dem man – ebenfalls unter Berücksichtigung derselben Einflussparameter – auf eine für diesen Kostenbetrag *produzierbare* Produktgröße, d. h. Anweisungszahl schließt. Hier ist also die Frage zu stellen, wie viele kloc für einen vorgegebenen Geldbetrag produziert werden kann. Die »Design-to-Cost«-Betrachtung eignet sich sehr gut für überschlägige Kalkulationen in Fällen, in denen der Entwicklungsetat einer starren Begrenzung unterliegt, und man feststellen will, wie viel »Software« dafür entwickelt werden kann.

Kalibrierung

Mit dem dritten Nutzungsmodus ist ein Kalibrieren des Verfahrens auf die bereichseigenen Erfordernisse möglich. Eingabegrößen sind hier sowohl die Kosten (Target Cost) als auch die Maschinenbefehle (INST), die beide anhand abgeschlossener SW-Entwicklungen ermittelt werden müssen. Weiterhin sind die Parameter APPL, UTIL und PLTM einzugeben. Ergebnis dieser Kalibrierung sind dann die projektbezogenen Parameterwerte für RESO und CPLX.

Bild 3.31 zeigt die Nutzungsmodi von PRICE S mit den erforderlichen Eingaben (E) und den errechenbaren Ausgaben (A).

Ausgabedatenblatt

Für die Ergebnisdarstellung liefert PRICE S mehrere umfassende Ausgaben. Bild 3.32 gibt ein PRICE S-Ausgabedatenblatt für eine gängige Aufwandsschätzung wieder. Dieses Datenblatt gliedert sich in sechs Abschnitte.

Im ersten Abschnitt (DESCRIPTORS) sind die Haupteingabedaten des Eingabeformulars wieder aufgeführt, d. h. so weit sie eingegeben worden sind. Wo sie fakultativ sind, können sie auch durch das Verfahren selbst berechnet worden sein; dies ist dann mit einem * gekennzeichnet.

Der zweite Abschnitt (COSTS) enthält die wesentlichen Ausgabedaten des Verfahrens. Die Kosten sind entsprechend den drei PRICE S-Entwicklungsphasen tätigkeitsorientiert aufge-

PRICE S™ Input Data Worksheet

Filename: ____________

Page ______ of ______

Project Title									
Project Category									
Descriptors	Instructions INST	Application APPL	Resource RESO	Utilization UTIL	Platform PLTFM	Complexity CPLX	New Design NEWD	New Code NEWC	
Schedule	Design Start DSTART	Design End DEND	Implementation Start ISTART	Implementation End IEND	Test and Integ. Start TSTART	Test and Integ. End TEND			
Resource Constraints	Design Cost DCOST	Design Max. DMAX	Implementation Cost ICOST	Implementation Max. IMAX	Test and Integ. Cost TCOST	Test and Integ. Max. TMAX			
Mix	Data Storage & Retrieval MDAT	On-Line Communica. MONL	Real Time Com. & Ctrl. MREA	Interactive Operations MINT	Mathematical Operations MMAT	String Manipulation MSTR	Operating Systems MOPR	User Application MAPP8	User Application APPL8
New Design	DDAT	DONL	DREA	DINT	DMAT	DSTR	DOPR	DAPP8	
New Code	CDAT	CONL	CREA	CINT	CMAT	CSTR	COPR	CAPP8	
Interface Types	TDAT	TONL	TREA	TINT					
Interface Quantities	QDAT	QONL	QREA	QINT					
Sizing Data	Function FUNCT	Structure STRU	Level LEVEL	Capacity CAP	Source SOURCE	Expansion Ratio EXPAN			
Supplemental Information	Year YEAR	Multiplier MULT	Escalation ESC	Target Cost TARCST	Integration INTEG				
Program Constants	GTABLE =								

Notes:

11/85

RCA

Bild 3.30 PRICE S-Eingabeformular

	Produkt-bezogene Parameter	Projekt-bezogene Parameter	Produkt-größe	Projekt-kosten
Aufwands- und Kostenschätzung	E	E	E	A
»Design-to-Cost«-Rechnung	E	E	A	E
Kalibrierung	E	A	E	E

Bild 3.31
Nutzungsmodi von PRICE S

E Eingabe
A Ausgabe

listet. Als Tätigkeitsarten verwendet PRICE S folgende Gruppierung:

- ▷ Systemengineering,
- ▷ Programmierung,
- ▷ Konfigurationskontrolle/ Qualitätssicherung,
- ▷ Dokumentation und
- ▷ Programmmanagement.

Die zeitlichen Daten und die Einsatzmitteldaten sind im dritten Abschnitt (SCHEDULE AND CONSTRAINTS) aufgeführt. Auch hier sind Werte, die nicht explizit eingegeben wurden, durch das Verfahren berechnet und durch ein * hervorgehoben.

Im vierten Abschnitt (APPLICATION CATEGORIES) ist die funktionale Aufteilung der zu entwickelnden Software gemäß den datentechnischen Aufgabenbereichen aufgeführt. Entsprechend dieser Gliederung sind auch die o.a. Entwicklungsparameter für den Wiederverwendungsgrad bereits vorliegender Entwurfsunterlagen und Codeteile (New Development) sowie die Schnittstellenangaben (Hardware Interfaces) angegeben.

Der fünfte Abschnitt enthält die alternativen Größenangaben (SIZING DATA) und die verfahrenstechnischen Angaben (SUPPLEMENTAL INFORMATION) des Eingabeformulars, die teilweise auch hier durch PRICE S ermittelt worden sind.

Im letzten Abschnitt (SCHEDULE GRAPH) ist schematisch ein Balkendiagramm aufgeführt, das die zeitliche Lage der Entwicklungsphasen wiedergibt.

Weitere Ausgaben

Als weitere Ausgaben und Auswertungen, die sich in der praktischen Anwendung sehr bewährt haben, sind zu nennen:

- ▷ Sensitivitätsanalyse für »Anwendungscharakteristik – Anzahl Maschinenbefehle«,
- ▷ Sensitivitätsanalyse für »Entwicklungsleistungsfähigkeit – Projektkomplexität«,
- ▷ Zeitanalyse (Schedule Effect Summary),
- ▷ Fortschrittsanalyse (Monthly Progress),
- ▷ phasenbezogene Auslastungsberechnung (Resource Allocation Profiles).

Bild 3.33 zeigt das Beispiel einer Sensitivitätsanalyse für die beiden Parameter RESO (Entwicklungsleistungsfähigkeit) und CPLX (Projektkomplexität).

Mit einer Standardabweichung der vorgegebenen Werte nach oben und unten für diese beiden Parameter ergibt sich eine 3×3-Matrix, deren Einzelfelder jeweils die zugehörigen Wertepaare »Projektkosten und Aufwand« enthalten. Man erkennt in dieser transparenten Darstellung sehr eindrucksvoll die Auswirkungen von Veränderungen eines Parameters in der einen oder anderen Richtung. Die Standardabweichung kann der Anwender in der Tabelle DTABLE individuell verändern.

3.2.4 Funktionswertmethode

Funktionsorientierte Vergleichsverfahren für die Aufwandsschätzung basieren häufig auf der Funktionswertmethode, auch als *Function-Point-Method* bekannt; sie werden derzeit vornehmlich im Rahmen von SW-Entwicklungen eingesetzt. Die Methode selbst wurde ursprünglich von Allan J. Albrecht ausgearbeitet und ist in Deutschland von IBM für Anwendersoftware-Entwicklungen weiterentwickelt worden [87]. Bei Vorliegen entsprechender Vergleichsdaten aus abgeschlossenen Entwicklungsprojekten kann sie aber leicht auf andere Einsatzbereiche adaptiert werden.

Eine Funktionswertmethode ist bei einem Projekt erst dann anwendbar, wenn alle Produkt-

```
                         --- PRICE SOFTWARE MODEL ---

          DATE 19-MAR-86           TIME 16:14            FILENAME:H30
                                    (186055)
H30                                                                        ST

DESCRIPTORS
  INSTRUCTIONS   193200        APPLICATION      7.00        RESOURCE      2.80
  UTILIZATION      0.80        PLATFORM         1.00        COMPLEXITY    1.35
  NEW DESIGN       1.00                                     NEW CODE      1.00

COSTS IN MAN-MONTHS                  DESIGN         IMPL         T & I        TOTAL
  SYSTEMS ENGINEERING                  243.          23.          147.         414.
  PROGRAMMING                           42.         105.           74.         221.
  CONFIG CONTROL, Q/A                   42.          33.           91.         166.
  DOCUMENTATION                         31.           9.           31.          71.
  PROGRAM MANAGEMENT                    33.          10.           19.          62.
    TOTAL                              392.         180.          360.         933.

SCHEDULE AND CONSTRAINTS                         DESIGN          IMPL          T & I
  START WORK                                     NOV 84        APR 85*       SEP 85*
  END WORK                                       JAN 86*       JUL 86*       JUL 87*
  COST PER MAN-MONTH( 182 DM     )             10500.00      10500.00      10500.00
  MAXIMUM MAN-MONTHS PER MONTH                      0.0           0.0           0.0

APPLICATION CATEGORIES            NEW DEVELOPMENT           HARDWARE INTERFACES
                  MIX             DESIGN          CODE       TYPES        QUANTITY
  DATA S/R        0.00            0.00            0.00        0              0
  ONLINE COMM     0.00            0.00            0.00        0              0
  REALTIME C&C    0.00            0.00            0.00        0              0
  INTERACTIVE     0.00            0.00            0.00        0              0
  MATHEMATICAL    0.00            0.00            0.00       ***            ***
  STRING MANIP    0.00            0.00            0.00       ***            ***
  OPR SYSTEMS     0.00            0.00            0.00       ***            ***

SIZING DATA
  FUNCTIONS           2147U*      STRUCTURE     DATEX-P: PARITAETSFEHLER
0.00        LEVEL            0.00
  CAPACITY               0      SOURCE               0         EXPANSION     0.00

SUPPLEMENTAL INFORMATION
  ECONOMIC BASE        182*     MULTIPLIER        1.000        ESCALATION    0.000
  TARGET COST           0.      INTEGRATION       0.00         ESC EFFECT    1.00*

                                 SCHEDULE GRAPH
NOV 84                                                                     JUL 87
************* DESIGN *************
             ************* IMPLEMENT *************
                         ****************** TEST & INTEGRATE ******************
```

Bild 3.32 PRICE S-Ausgabedatenblatt

```
                         SENSITIVITY DATA
                     (RESOURCE - COMPLEXITY)

                               COMPLEXITY

              1.500                  1.600                  1.700
       ...........................................................
       :                    :                    :                    :
       :  COST       215.   :  COST       226.   :  COST       236.   :
 2.400 :                    :                    :                    :
       :  MONTHS     11.5   :  MONTHS     12.3   :  MONTHS     13.2   :
R      :                    :                    :                    :
E      :....................:....................:....................:
S      :                    :...................:                    :
O      :  COST       228.   :: COST       239. ::  COST       250.   :
U 2.500 :                   ::                 ::                     :
R      :  MONTHS     11.5   :: MONTHS     12.4 ::  MONTHS     13.3   :
C      :                    ::.................::                     :
E      :....................:....................:....................:
       :                    :                    :                    :
       :  COST       241.   :  COST       253.   :  COST       265.   :
 2.600 :                    :                    :                    :
       :  MONTHS     11.6   :  MONTHS     12.5   :  MONTHS     13.4   :
       :                    :                    :                    :
       :....................:....................:....................:
```

Bild 3.33
Sensitivitätsanalyse

anforderungen vollständig vorliegen, wenn also die Funktionen des geplanten SW-Anwendersystems klar und vollständig umrissen werden können. In diese funktionale Betrachtung ist das System als Ganzes einzubeziehen; das Beurteilen auf Modul- oder Programmebene würde falsche Ergebnisse bringen. Da die Betrachtung ausschließlich aus der Benutzersicht erfolgen sollte, empfiehlt es sich, die Aufwandsschätzung durch Entwickler und künftige Benutzer gemeinsam vornehmen zu lassen.

Prinzip

Basis der Aufwandsschätzung mit der Funktionswertmethode sind nicht produktspezifische Ergebnisdaten eines SW-Programms, wie die Anweisungszahl (kloc) oder die Dokumentationsmenge (DIN-A4-Seiten), sondern die *funktionsbezogene* Bewertung von fünf ausgewählten Funktionsbereichen des geplanten Gesamtsystems unter Berücksichtigung mehrerer Einflussparameter. Der zu schätzende Aufwand hängt damit von dem funktionalen Umfang des SW-Anwendersystems ab und von dessen Schwierigkeitsgrad. Die zu betrachtenden *Funktionsbereiche* sind in Bild 3.34 dargestellt.

Die sich aus den Anforderungen an das geplante SW-Anwendersystem ergebenden Funktionen – auch als »Geschäftsvorfälle« bezeichnet – werden also den folgenden fünf Datengruppen zugeordnet:

- ▷ Eingabedaten
- ▷ Ausgabedaten
- ▷ Abfragedaten
- ▷ Datenbestände
- ▷ Referenzdaten.

Ziel der nachstehend beschriebenen Bewertung der einzelnen Funktionsbereiche ist quasi die »Zählung« aller Funktionen, die für das zu realisierende Anwendersystem erforderlich sind. Das zu planende System wird entsprechend den vorgenannten Funktionsbereichen funktional gegliedert und in seine Elementarfunktionen unterteilt. Hierbei steht die spätere DV-Realisierung noch im Hintergrund, so dass allein die Anforderungen aus Benutzersicht von Bedeutung sind. Den jeweiligen Komplexitätsgrad der Funktionen (einfach, mittel, komplex) bewertet man mit einer ent-

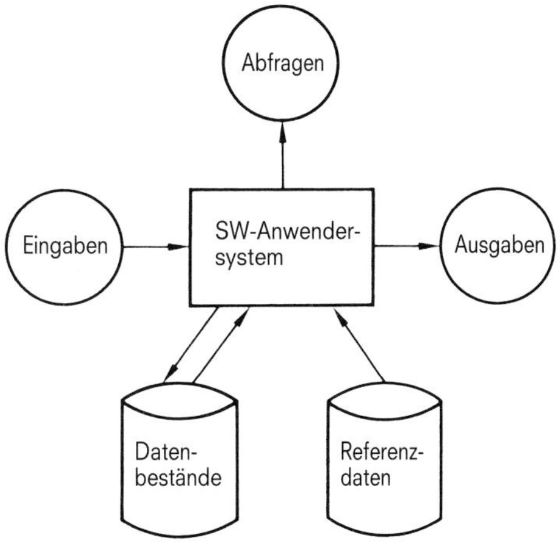

Bild 3.34 Funktionsbereiche

sprechenden Gewichtung: Je Funktionsbereich werden die einzelnen Funktionen nach ihrer Schwierigkeit geordnet; diese sich dabei ergebenden Funktionsmengen sind dann mit einem Gewichtungsfaktor zu multiplizieren, der für jeden Komplexitätsgrad und für jeden Funktionsbereich unterschiedlich ist (siehe die weiter unten angegebenen Tabellen). Die Addition der so gebildeten Produkte über alle Funktionsbereiche ergibt dann die *Funktionszahl FZ* des Systems.

$$FZ = \sum_{j=1}^{5} \sum_{i=1}^{3} (M \times G)_{ji} \qquad (20)$$

i: drei Komplexitätsgrade
j: fünf Funktionsbereiche

FZ Funktionszahl
M Funktionsmenge
G Gewicht

Diese Funktionszahl – variiert durch einen *Einflussgrad EG* (degree of influence) – bestimmt schließlich den *Funktionswert F* des Systems, d.h. dessen bewertete »Function Points«. Der Einflussgrad wird aus den Bewertungen mehrerer Einflussparameter, die auf die Entwicklung einen wesentlichen Einfluss besitzen, gebildet:

$$EG = C_1 + C_2 \times \sum_{i=1}^{n} E_i. \qquad (21)$$

EG Einflussgrad
E_i Einflussfaktor

Hierbei sind C_1 und C_2 Normierungskonstanten. Es ergibt sich damit für den Funktionswert:

$$F = FZ \times EG. \qquad (22)$$

F Funktionswert

Der so ermittelte Funktionswert des geplanten Systems wird mit Funktionswerten bereits realisierter Systeme verglichen, für die Aufwandszahlen vorliegen. Aus diesem Vergleich lässt sich so auf den zu erwartenden Aufwand für das neue System schließen.

Üblicherweise wird auf der Grundlage solcher Vergleichsdaten und mit Hilfe entsprechender statistischer Verfahren eine Kurve abgeleitet, die den Zusammenhang zwischen Funktionswert und voraussichtlichem Aufwand wiedergibt (Bilder 3.36 und 3.37).

Bewertung der Eingaben

Für das Bewerten des Funktionsbereichs Eingaben werden die einzelnen Dateneingaben gezählt, die in das geplante Anwendersystem gehen. Zu den Dateneingaben gehören z. B.:

— Dialogeingaben,
— Eingaben mit Belegleser,
— Eingaben mit Magnetbändern oder Disketten,
— Dateneingaben über Schnittstellen.

Zu zählen ist jede Eingabe, die entweder eine eigene Verarbeitung zur Folge hat oder ein eigenes Format besitzt. Transaktionen, wie z. B. Hinzufügen, Modifizieren und Löschen werden daher mehrfach gezählt, auch wenn die Bildschirmmasken gleich aufgebaut sind. Unterschiedliche Benutzer-Menüs sind dagegen als einzelne Eingaben zu zählen. Masken, die sowohl für die Eingabe als auch für die Ausgabe genutzt werden, zählen nur einmal – und zwar als Ausgabe. Allgemein ist festzuhalten, dass alle Eingabefunktionen, die auf dieselbe Verarbeitungslogik zugreifen, nur einmal gezählt werden dürfen.

Die einzelnen Dateneingaben müssen gemäß ihrer Komplexität, d. h. Schwierigkeit, nach Kriterien der Tabelle 3.9 klassifiziert werden.

Bewertung der Ausgaben

Alle von dem Anwendersystem erstellten Ausgaben werden als Datenausgaben gezählt und gewichtet. Hierzu gehören z. B.:

— Bildschirmausgaben,
— Listenausgaben,
— Formulardrucke,
— Grafiken (z. B. mit Plotter),
— Ausgaben auf Mikrofiche und COM,
— dezentrale Druckerausgaben,
— Ausgaben auf Magnetband oder Diskette,
— Datenausgaben über Schnittstelle.

Als jeweils einzelne Datenausgaben zählen alle Dialog- oder Batchausgaben, sobald sich ihre Formate in irgendeiner Form unterscheiden oder aus einer unterschiedlichen Verarbeitung stammen. Auch Fehlerprotokolle werden zu den Ausgabedaten gerechnet und müssen je unterschiedlichen Formats einzeln gezählt werden.

Bei den Ausgabedaten nimmt man die Klassifizierung nach Kriterien gemäß Tabelle 3.10 vor.

Bewertung der Abfragen

Gezählt wird jede Abfrage, die wohl ein Suchen, aber keine Änderung in einem Datenbestand erfordert und deren Ergebnis dem Benutzer am Terminal zur Verfügung steht. Jede unterschiedliche Suchmaske wird daher gezählt; einzelne Abfragen in einer Endbenutzersprache gelten aber nicht als zu zählende Abfragen.

Auch Abfragen, die viele Verarbeitungsschritte zur Folge haben, wie z. B. Zugreifen auf mehrere Daten, Zwischenspeichern, Sortieren etc., fallen nicht in diesen Funktionsbe-

Tabelle 3.9 Gewichtung der Eingaben

Komplexitätsgrad	Einfach	Mittel	Komplex
Anzahl unterschiedlicher Datenelemente	1 bis 5	6 bis 10	mehr als 10
Eingabeprüfung	formal	formal, logisch	formal, logisch, DB-Zugriff
Anforderungen an die Bedienerführung	gering	normal	hoch
Cursor-Handhabung	einfach	mittel	schwierig
Gewicht	3	4	6

reich, sondern gelten – entsprechend unterteilt – als Dateneingaben bzw. Datenausgaben.

Insbesondere zählen zu den Abfragen:

— Auswahlmasken,
— Abfragemasken,
— Suchmasken.

Zur Klassifizierung werden die in Tabelle 3.11 aufgeführten Kriterien herangezogen.

Bewertung der Datenbestände

Als Datenbestand zählt jeder Bestand, der im Rahmen des Anwendersystems zu pflegen (Update) oder zu sichern (Datensicherung) ist. Es müssen also nicht nur die dem Nutzer direkt zugänglichen, sondern auch die für den gesicherten Ablauf des Systems notwendigen Dateien einzeln gezählt werden; hierbei ist jede logische Datengruppe, die im System verwendet wird, zu zählen.

Beispiele für derartige Datenbestände sind:

— Stammdateien,
— logische Datengruppe in einer Datenbank,
— Sicherungsdateien,
— Ergebnisdateien,
— Abrechnungsdateien,
— Schnittstellendaten.

Temporäre Dateien, wie Zwischenspeicherungsdateien, Sortierdateien und sonstige Hilfsdateien werden nicht gezählt. Bereits existierende Datenbestände sind dabei generell mit dem Komplexitätsgrad »einfach« zu bewerten.

Zur Klassifizierung dienen die in Tabelle 3.12 angegebenen Kriterien.

Tabelle 3.10 Gewichtung der Ausgaben

Komplexitätsgrad	Einfach	Mittel	Komplex
Medium	Liste	Liste	Liste, Formular
Anzahl Spalten	1 bis 6	7 bis 15	mehr als 15
Gruppenwechsel	1	2 bis 3	mehr als 3
Unterschiedliche Datenelemente (bei Schnittstellenausgaben)	1 bis 5	6 bis 10	mehr als 10
Dateizugriffe	wenige	mehrere	viele
Datenelemente druckaufbereiten	keine	einige	viele
Performance-Anforderungen	gering	mittel	hoch
Gewicht	4	5	7

Tabelle 3.11 Gewichtung der Abfragen

Komplexitätsgrad	Einfach	Mittel	Komplex
Anzahl unterschiedlicher Suchbegriffe	1	2	mehr als 2
Logische Eingabeprüfung	leicht	mittel	schwer
Anforderungen an die Bedienerführung	gering	normal	hoch
Cursor-Handhabung	einfach	mittel	schwierig
Gewicht	3	4	6

Bewertung der Referenzdaten

Zu den Referenzdaten zählen alle Dateien, die das geplante Anwendersystem als Informationsträger benötigt. Dies sind Dateien, die nicht komplett verarbeitet, sondern nur zum Bereitstellen von Informationen genutzt werden. Referenzdaten sind also Datenbestände, die für andere Anwendungen erstellt wurden und daher einen niedrigeren Integrationsgrad haben. Als solche Referenzdaten sind zu nennen:

— Abfragetabellen (z. B. Fehlerkatalog),
— Dateien nur zum Lesen,
— Steuertabellen,
— Formulardateien.

Gezählt werden nicht die Dateien, die das System selbst für den eigenen Ablauf (z. B. Warteschlangentabellen, Sprungleisten) erstellt.

Die Klassifizierung erfolgt unterschiedlich, je nachdem, ob es sich bei der Referenzdatei um eine »Read-Only«-Datei (R) oder um eine ein- bzw. mehrdimensionale Tabelle (T) handelt (Tabelle 3.13).

Einflussfaktoren

Nach Zählung der Funktionen und der Klassifizierung gemäß den Komplexitätsgraden

»einfach«, »mittel« und »komplex« wird das gesamte Aufwandsumfeld des zu entwickelnden Anwendersystems durch entsprechende Einflussfaktoren bestimmt. Diese bewertet man nach folgender Skala:

0 Kein Einfluss
1 Gelegentlicher Einfluss
2 Mäßiger Einfluss
3 Mittlerer Einfluss
4 Bedeutsamer Einfluss
5 Starker Einfluss.

Was als Einflussparameter von Bedeutung ist, hängt letztendlich von der spezifischen Entwicklungsumgebung ab. Deshalb muss neben dem Sammeln einer genügend großen Anzahl abgeschlossener Entwicklungsprojekte, die für den betreffenden Entwicklungsbereich repräsentativ sind, auch ein spezifischer Katalog der relevanten Einflussparameter erstellt werden.

In Tabelle 3.14 ist – als Beispiel – ein solcher Katalog aufgeführt, dessen Parameter im Rahmen von Anwendersoftware-Entwicklungen Einfluss auf die Höhe des Entwicklungsaufwands haben.

Wie der Katalog zeigt, können die Werte der einzelnen Einflussfaktoren auch in einer größeren Spanne als von 0 bis 5 schwanken; dieses ist dann angebracht, wenn der betreffende Einflussparameter von besonderer Bedeutung ist.

Tabelle 3.12 Gewichtung der Datenbestände

Komplexitätsgrad	Einfach	Mittel	Komplex
Anzahl unterschiedlicher Datenelemente	1 bis 20	21 bis 40	mehr als 40
Anzahl Schlüsselbegriffe/ Satzarten	1	2	mehr als 2
Datenbestand vorhanden (keine Neuarchitektur)	ja	–	nein
Implementierte Datenbestandsstruktur wird verändert	nein	ja	–
Gewicht	7	10	15

Tabelle 3.13 Gewichtung der Referenzdaten

Komplexitätsgrad		Einfach	Mittel	Komplex
Anzahl unterschiedliche Datenelemente	R T	1 bis 20 1 bis 5	21 bis 40 6 bis 10	mehr als 40 mehr als 10
Anzahl Schlüsselbegriffe/ Satzarten	R	1	2	mehr als 2
Dimension	T	1	2	mehr als 2
Gewicht		5	7	10

Die Summe der hier beschriebenen Einflussbewertungen schwankt zwischen dem Minimalwert 0 und dem Maximalwert 60. Dieser Summenwert wird gemäß der Beziehung (21) normiert.

$$EG = 0{,}7 + 0{,}01 \times \sum_{1}^{10} E_i \qquad (22a)$$

So ergibt sich eine maximale Schwankung von $\pm 30\%$. Mit diesem Einflussgrad wird die oben ermittelte Funktionszahl multipliziert. Das Ergebnis ist dann der Funktionswert (bewertete »Function-Points«) entsprechend Gleichung (22).

Bild 3.35 stellt ein Rechenblatt für die manuelle Auswertung dar, welches hier beispielhaft ausgefüllt wurde. Zur vereinfachten Bedienung werden auch PC-unterstützte Hilfsmittel eingesetzt, wie z. B. das Verfahren FPM (siehe Kap. 6.3.3).

Funktionswertkurve

Mit dem Funktionswert kann nun in einer *Funktionswertkurve* der voraussichtliche Aufwandswert für das Realisieren des betrachteten SW-Anwendersystems entnommen werden. Bild 3.36 veranschaulicht eine für den Bereich Anwendersoftware ermittelte Funktionswertkurve, die auf 25 ausgewerteten Projekten basiert. Die Entwicklungsumgebung war hierbei charakterisiert durch

▷ DV-Verfahren für internen Einsatz,
▷ zentrale Projektorganisation,
▷ Programmiersprache PL/1,

Tabelle 3.14 Einflussparameter-Katalog

	Einflussparameter	Spanne des Einflussfaktors
1	Es besteht eine Verflechtung mit anderen Verfahren.	0 bis 5
2	Verwaltung bzw. Verarbeitung der Daten wird dezentral durchgeführt.	0 bis 5
3	Entwurf und Implementierung werden durch eine hohe Transaktionsrate beeinflusst.	0 bis 5
4	Schwierige und komplexe Rechenoperationen (z. B. Simulationen) werden notwendig sein (doppelte Bewertungsspanne!).	0 bis 10
5	Umfangreiche Kontrollroutinen zum Sicherstellen einer ordnungsgemäßen Verarbeitung der Daten sind notwendig.	0 bis 5
6	Zahlreiche Ausnahmeregelungen in der Anwendung, die technisch und organisatorisch bedingt sind, werden erforderlich sein (doppelte Bewertungsspanne!).	0 bis 10
7	Schwierige, komplexe Logik (z. B. gleichzeitige Verknüpfung von unterschiedlichen logischen Datengruppen) liegt vor.	0 bis 5
8	Prozentualer Anteil der Wiederverwendbarkeit der zu entwickelnden Programme.	bis 10% = 0 10 bis 20% = 1 20 bis 30% = 2 30 bis 40% = 3 40 bis 50% = 4 über 50% = 5
9	Für Datenbestandskonvertierungen sind bei Entwurf und Implementierung besondere Maßnahmen zu ergreifen.	0 bis 5
10	Für den späteren Benutzer sind besondere Erleichterungen für die Bedienung und den Änderungsdienst (z. B. variable Abfragemöglichkeiten, parametergesteuerte Benutzertabellen) vorzusehen.	0 bis 5

▷ sehr gute SW-Technologie (Methoden, Tools) und
▷ durchschnittliche Personalqualifikation.

Bild 3.37 gibt eine Funktionswertkurve wieder, wie sie im Rahmen der Entwicklung von Rationalisierungsverfahren Anwendung fand, allerdings auf Basis anderer Einflussparameter.

Methodenanpassung

Voraussetzung für das Ermitteln solcher Funktionswertkurven ist immer die Analyse abgeschlossener Entwicklungsvorhaben, die für den jeweiligen Bereich repräsentativ sind. Dabei wird einerseits der benötigte Entwicklungsaufwand und andererseits der zugehörige Funktionswert bestimmt. Bei ausreichender Anzahl von Wertepaaren »Aufwand/Funktionswert« ist dann mit einer entsprechenden Mittelung ein aussagefähiger Kurvenverlauf abzuleiten.

Die Gültigkeit derartiger Funktionswertkurven sollte durch Abgleich mit neuen abgeschlossenen Entwicklungsprojekten geprüft und der Kurvenverlauf ggf. auf veränderte Entwicklungsumwelten angepasst werden. Der laufende Kalibrierungseffekt durch sofortige Aufnahme von Funktionswerten neu abgeschlossener Projekte ist als besonderer Vorteil der Funktionswertmethode hervorzuheben.

Neben dem Kalibrieren einer Funktionswertkurve bietet es sich an, die Methode auch in anderen Teilen an entwicklungsspezifische Gegebenheiten anzupassen. Hierzu zählen die Veränderung der

▷ Gewichtungsfaktoren,
▷ Komplexitätsgrade,
▷ Funktionsklassifikationen,
▷ Funktionsbereiche,
▷ Spanne der Einflussfaktoren,
▷ Einflussparameter sowie
▷ Einflussgrad- Normierung.

In der Praxis hat es sich gezeigt, dass zu einer sinnvollen Methodenanpassung nur geringfügige Änderungen notwendig sind; schon eine entwicklungsspezifische Definition der Einflussparameter reicht häufig völlig aus.

Eingaben	16	einfach	× 3	= 48
	22	mittel	× 4	= 88
	7	komplex	× 6	= 42
Ausgaben	3	einfach	× 4	= 12
	20	mittel	× 5	= 100
	12	komplex	× 7	= 84
Abfragen	2	einfach	× 3	= 6
	5	mittel	× 4	= 20
	1	komplex	× 6	= 6
Datenbestände	–	einfach	× 7	= –
	2	mittel	×10	= 20
	9	komplex	×15	= 135
Referenzzahlen	–	einfach	× 5	= –
	5	mittel	× 7	= 35
	–	komplex	×10	= –
Summe (≙ Funktionszahl)				= 596
Einflussfaktoren	1. Verflechtung mit anderen Verfahren			= 1
	2. Dezentrale Datenverwaltung			= 0
	3. Transaktionsrate			= 2
	4. Schwierige Rechenoperationen			= 6
	5. Umfangreiche Kontrollverfahren			= 2
	6. Zahlreiche Ausnahmeregelungen			= 3
	7. Komplexe Logik			= 5
	8. Wiederverwendung in anderen Verfahren			= 0
	9. Datenbestandskonvertierungen			= 0
	10. Benutzerbedienung			= 2
Summe Einflussfaktoren				= 21
Einflussgrad = 0,7 + 0,01 · Σ Einflussfaktoren				= 0,91
Funktionswert = Funktionszahl · Einflussgrad				= 542

Bild 3.35 Rechenblatt Funktionswertmethode

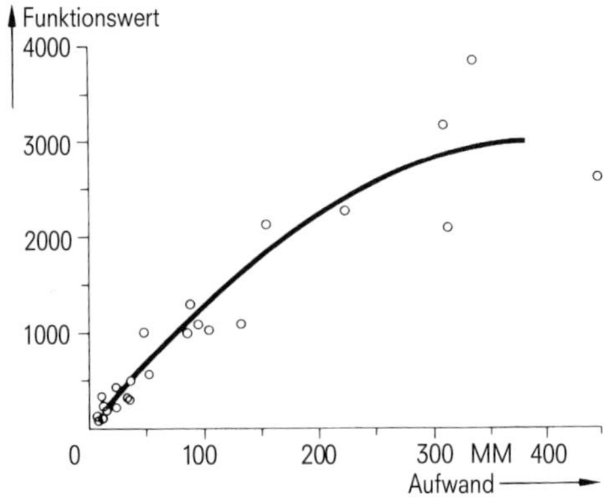

Bild 3.36
Funktionswertkurve für Anwendersoftware-Systeme (Quelle: IBM)

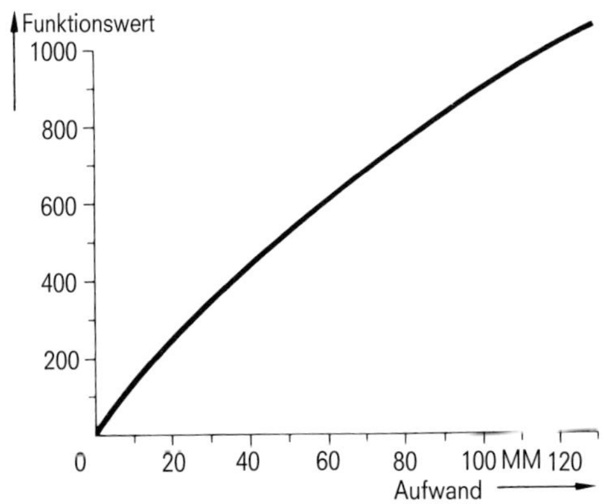

Bild 3.37
Funktionswertkurve für Rationalisierungsverfahren (Quelle: Siemens)

Funktionswertmethode für HW-Entwicklungen

Das Übertragen des Methodenprinzips in funktionsorientierte Vergleichsverfahren zur Aufwandsschätzung bei HW-Entwicklungen ist denkbar. Man muss allerdings eine funktionsumfassende Definition von *Funktionsbereichen* in der spezifischen HW-Entwicklung erreichen. Solche Funktionsbereiche könnten z. B. für eine elektrotechnische Geräteentwicklung sein:

— Steuerwerk,
— Speichereinheit,
— Benutzungsoberfläche,
— Stromversorgung, etc.

HW-Funktionsbereiche sind aber so zu definieren, dass innerhalb dieser Bereiche einzelne Funktionen auch *gezählt* werden können. Die Klassifizierung nach den drei vorgenannten Komplexitätsgraden könnte man übernehmen, wobei die Kriterien entwicklungsspezifisch formuliert werden müssten. Die zugehörigen Gewichtungen wären empirisch abzuleiten.

Das Definieren sinnvoller Einflussparameter und das Bestimmen einer HW-Funktionswertkurve wäre dann nur noch eine Sache der Auswertung durchgeführter HW-Entwicklungen.

3.2.5 Verfahren ZKP

Als funktionsorientiertes Kennzahlenverfahren für die SW-Aufwandsschätzung dient seit Jahren das Verfahren ZKP (Zeit-Kosten-Planung), das auf der Faktorenmethode aufbaut [47].

ZKP benötigt zunächst keine eigenen Erfahrungsdaten, da es Kennzahlen enthält, die bereits von einer repräsentativen Projektmenge abgeleitet worden sind; es ist gut einsetzbar für kleine und mittlere SW-Entwicklungsvorhaben, besonders in der Anwendersoftware-Entwicklung. In bestimmten Fällen kann es auch in der betriebssystemnahen SW-Entwicklung für die Aufwandsschätzung herangezogen werden. Bei SW-Großprojekten entstehen Probleme wegen des nicht leicht berücksichtigbaren Aufwands für den dort gesteigerten Anteil für Projektmanagement, Produktverwaltung und Qualitätssicherung. Im nicht kommerziellen Bereich der SW-Entwicklung, z.B. für Mikroprogrammierung, sind die vorhandenen Einflussgrößen und die zugehörigen Kennzahlen nicht adäquat.

Voraussetzung für die Anwendung des ZKP-Verfahrens ist das Vorliegen eines genügend detaillierten Feinkonzepts sowie eine vollständige Bausteingliederung des geplanten SW-Programms bzw. -Systems. Die Aufwandsschätzung mit diesem Verfahren umfasst also nur den Entwicklungsaufwand mit Beginn des DV-Grobkonzepts; die Anfangsphasen für Studie und Systementwurf müssen abgeschlossen sein.

Kennzahlen und Rechenformel

Die zur Verfügung stehenden Kennzahlen des ZKP-Verfahrens sind den folgenden Parametern zugeordnet:

- ▷ Aufwand für Dateien A_D
- ▷ Aufwand für Verarbeitung A_V
- ▷ Einflussfaktor für Problemkenntnisse E_K
- ▷ Einflussfaktor für Programmiererfahrung E_E
- ▷ Zuschlagsfaktor für Organisation Z_O
- ▷ Zuschlagsfaktor für Verlustzeiten Z_{V1}, Z_{V2}
- ▷ Zuschlagsfaktor für Programmänderung. Z_{P1}, Z_{PS}

Mit Hilfe gewichteter Kennzahlen wird der Programmieraufwand für die Ein-/Ausgabedateien sowie für die Verarbeitungsfunktionen je Programmbaustein (SW-Modul von 1000 bis 1500 Befehlen) ermittelt. Dieser Grundaufwand kann durch die beiden *Kenntnis-* und *Erfahrungsfaktoren* verringert oder vergrößert werden. Die restlichen drei *Zuschlagsfaktoren* bewirken schließlich eine multiplikative Erhöhung dieses Aufwands.

Als Formel für das Ermitteln des geschätzten Aufwands, gemessen in Mann-Tagen (MT), gilt:

$$A_{\text{ges}} = \overbrace{(A_D + A_V)}^{①} \times \overbrace{(E_K + E_E)}^{②} \times \underbrace{\times (1 + Z_O) \times (1 + Z_{V1})}_{③}. \quad (23)$$

① Grundaufwand
② Einflussfaktoren
③ Zuschlagsfaktoren

Für den Fall von *Programmänderungen,* die bei Weiterentwicklungen, größeren Pflegeaufgaben oder Anpassungsarbeiten bei übernommener Software entstehen, ist ein Zusatzaufwand hinzuzurechnen:

$$A_{\text{ges}} = (A_D + A_V) \times (E_K + E_E) \times \times ((1 + Z_O) \times (1 + Z_{V1}) + Z_P). \quad (24)$$

Zuschlag für Programmänderungen. (→ Z_P)

Für die Terminrechnung kann man diesen (Netto-)Aufwand nicht heranziehen, da für die gesamte Entwicklungszeit noch zusätzlich Fehlzeiten, wie Schulung, Urlaub, Krankheit, Fluktuation etc. berücksichtigt werden müssen. Deshalb geht man für die Terminrechnung von folgendem Bruttoaufwand aus:

$$A_{\text{brutto}} = (A_D + A_V) \times (E_K + E_E) \times \times ((1 + Z_O) \times (1 + Z_{V1} + + Z_{V2}) + Z_P). \quad (25)$$

Z_{V2} Zuschlag bei Terminrechnung
Z_P Zuschlag nur bei Programmänderung

Nach Division dieses Bruttoaufwands durch die verfügbare Personalkapazität (in Anzahl Mitarbeiter) erhält man die voraussichtliche Entwicklungszeit (in Tagen).

In Tabelle 3.15 sind die Grenzwerte der einzelnen Faktoren, die den Grundaufwand

$(A_D + A_V)$ verringern oder vergrößern, aufgeführt.

Parameterbestimmung

Das Bestimmen der einzelnen Parameter wird nachstehend anhand von ZKP-Originaltabellen kurz erläutert; die Schrittangabe bezieht sich auf das Bild 3.38.

Aufwand für Dateien (Schritt 1)

Bezogen auf die in Tabelle 3.16 angegebenen Dateiarten werden die geplanten Ein- und Ausgaben gezählt und mit ihren jeweiligen Gewichten multipliziert. Das Gewicht kennzeichnet den Schwierigkeitsgrad der Dateiart und hängt von der Anzahl der Formate und Datenfelder sowie deren Aufbau (einfach, kompliziert, variabel) ab. Die Summe der so gewichteten Dateianzahlen ergibt dann den Dateiaufwandswert A_D.

Die Positionen »Kriterienbank« und »Terminal- erste Maske« werden natürlich nur einmal gezählt. Bei der Position »Datenbank« ist zu bedenken, dass diese aus mehreren Dateien bestehen kann.

Dieser Zählungsvorgang mit Gewichtung ähnelt der bei der in Kap. 3.2.4 beschriebenen Funktionswertmethode.

Aufwand für Verarbeitung (Schritt 2)

Gemäß der in Tabelle 3.17 angegebenen Aufstellung werden die einzelnen auftretenden Verarbeitungsfunktionen mit einem Größenkriterium für den Aufwand (»Aufwandsstufe«) bewertet. Für die einzelnen Aufwandsarten der Funktionsbereiche

- ▷ Datenbewegung,
- ▷ Prüfungen,
- ▷ Tabellenverarbeitung,
- ▷ arithmetische Operationen und
- ▷ Programmsteuerung

ergeben sich Summenwerte, mit denen in einer speziellen Kennzahlentabelle (Tabelle 3.17) fünf Gewichte ermittelt werden. Die Summe dieser Gewichte entspricht dann dem Verarbeitungsaufwandswert A_V. Die in der Tabelle aufgefundenen Gewichte sollten durch getrenntes Einschätzen der o. a. Funktionsbereiche in die Gewichtskategorien gering, mittel und schwer kontrolliert werden.

Tabelle 3.15
Grenzwerte der ZKP-Einflussfaktoren

Einflussfaktor	minimal	maximal
E_K	0,10	2,00
E_E	0,75	4,00
$1 + Z_O$	1,10	2,50
$1 + Z_{V1}$	1,05	1,30
$1 + Z_{V1} + Z_{V2}$	1,25	1,65
Z_{P1}	0,50	1,00
Z_{Ps}	0,10	0,30

Faktor für Problemkenntnisse (Schritt 3)

Das Verhältnis der bei den Mitarbeitern vorhandenen Problemkenntnisse zu den für die Programmrealisierung erforderlichen Kenntnissen wird mit dem Faktor E_K ausgedrückt; er kann Werte in der Spanne von 0,1 bis 2,0 annehmen. Dies bedeutet – abhängig vom fachlichen Know-how – eine Aufwandsreduzierung um 90% bzw. eine Aufwandsvergrößerung um das Doppelte (Tabelle 3.18).

Faktor für Programmiererfahrung (Schritt 4)

Hier gibt es zwei Varianten für das Bestimmen der speziellen Programmiererfahrung der be-

Tabelle 3.16 Dateiaufwandswert A_D

Datei	Schwierigkeitsgrad	
	ein Format/ einfacher Aufbau/ wenig Datenfelder	mehrere Formate/ komplizierter oder variabler Aufbau/viele Datenfelder
Magnetband	0,5 bis 0,9	1,0 bis 1,5
Magnetplatte, sequentiell	0,5 bis 0,9	1,0 bis 1,5
Magnetplatte, indexsequentiell	1,0 bis 1,4	1,5 bis 1,9
Kriterienbank	1,0 bis 1,4	1,5 bis 1,9
Datenbank	1,2 bis 1,9	2,0 bis 2,5
Terminal (Masken mit Maskengenerator		
– erste Maske	1,0 bis 1,5	–
– Folgemasken	1,0 bis 0,3	–
Listen	0,2 bis 0,9	1,0 bis 1,5

Aufwandsstufe	
Kein Aufwand	0
Aufwand gering	1
Aufwand mittel	2
Aufwand groß	3
Aufwand ungewöhnlich groß	4

Aufwandsart	Aufwandsstufe	Summe je Aufwandsart
Zwischenbereiche aufbauen		
Löschroutinen von Datenfeldern, Tabellen		
Verdichten von Daten		
Selektieren/ Umformatieren		
Sortierbereiche aufbauen		
Ausgabebereiche aufbauen		
Datenbewegung		
Plausibilitätsprüfungen		
Grenzwertprüfungen		
Formatprüfungen		
Prüfungen		
Tabellen füllen		
Tabellen lesen		
Technik des direkten Zugriffs und damit verbundenes Subskribieren		
Tabellenverarbeitung		
Addition/Subtraktion		
Multiplikation/Division		
weitere Rechenarten		
Arithmetische Operationen		
Aufteilung der Funktionen in Steuer-, Teil- und Unterprogramme		
Gruppenwechsel		
Wiederanlaufroutinen		
Programmverbindungen		
Programmsteuerung		

Summe	Datenbeweg.	Prüfungen	Tabellenver.	Arithm. Operat.	Progr. steuer.	Gewichtskategorie
0	0,10	0,10	0,10	0,10	0,10	gering
1	0,20	0,53	0,70	0,37	0,37	
2	0,30	0,96	1,30	0,64	0,64	
3	0,40	1,40	1,90	0,90	0,90	
4	0,50	1,50	2,00	1,00	1,00	mittel
5	0,64	2,10	2,80	1,47	1,32	
6	0,78	2,70	3,60	1,94	1,64	
7	0,92	3,30	4,40	2,40	1,96	
8	1,06	3,90	4,50	2,50	2,28	
9	1,20	4,00	5,25	3,00	2,60	
10	1,34	4,83	6,00	3,50	2,90	
11	1,48	5,66	6,75	4,00	3,00	schwer
12	1,62	6,50	7,50	4,50	3,38	
13	1,78	–	–	–	3,76	
14	1,90	–	–	–	4,14	
15	2,00	–	–	–	4,52	
16	2,15	–	–	–	4,90	
17	2,30					
18	2,45					
19	2,60					
20	2,75					
21	2,90					
22	3,05					
23	3,20					
24	3,50					

Datenbewegung	
Prüfungen	
Tabellenverarbeitung	
Arithmetische Operationen	
Programmsteuerung	
A_V =	

Tabelle 3.17 Verarbeitungsaufwandswert A_V

teiligten Mitarbeiter. Bei der ersten Variante wird eine Kennzahl abhängig von der durchschnittlichen Anzahl *Praxisjahre* angegeben (Tabelle 3.19).

Bei der zweiten Variante werden die für bestimmte Programmiertätigkeiten erreichten *Fertigkeiten* bewertet. Auch hier betrachtet man bei einer Entwicklungsgruppe den Durchschnittswert der Mitarbeiter. Der bei beiden Varianten ermittelte Faktor E_E kann Werte in der Spanne von 0,75 bis 4,0 annehmen, also zu einer 25% Aufwandsreduzierung bis zu einer vierfachen Aufwandsvergrößerung führen.

Tabelle 3.18 Problemkenntnisfaktor E_K

Erforderliche Problemkenntnisse	Vorhandene Problemkenntnisse		
	keine/geringe	einige	viele
geringe	0,75	0,25	0,10
einige	1,25	0,75	0,25
viele	2,00	1,25	0,75

Zuschlag für Organisation (Schritt 5)

Aufwandsarten, die durch besondere Aktivitäten im Rahmen der Prozessorganisation bzw. durch spezielle Vorleistungen auftreten, sind mit einem Organisationszuschlagsfaktor Z_O zu

Tabelle 3.19 Programmierverfahrensfaktor E_E

VARIANTE 1 (PRAXISJAHRE)

Programmierpraxis in strukturierter Programmierung, Benutzung von Programmierkonventionen	Gewicht
Programmierer (über 2 Jahre Praxis)	0,75 bis 1,50
Programmierer (bis zu 2 Jahren Praxis)	2,00 bis 3,00
Programmier-Anfänger (bis zu 1 Jahr Praxis)	3,50 bis 4,00

VARIANTE 2 (ERREICHTE FERTIGKEIT)

Tätigkeit	Erreichte Fertigkeit				Gewicht	Produkt = Fertigkeit × Gewicht
	hoch = 3	normal = 2	gering = 1	fehlt = 0		
▷ Programmierlogik ausarbeiten					4	
▷ dto. beschreiben					4	
▷ codieren					3	
▷ Komponenten testen					3	
▷ System testen					4	
▷ Dokumentieren					3	
▷ Hantierungsvorschrift (für RZ) erstellen					1	
					Summe	

Summe in oberer Zeile dieser Tabellen aufsuchen

Summe	0 bis 5	6 bis 11	12 bis 16	17 bis 21	22 bis 25	26 bis 29	30 bis 33
E_E	4,00	3,75	3,50	3,25	3,00	2,75	2,50

Summe	34 bis 36	37 bis 40	41 bis 44	45 bis 49	50 bis 54	55 bis 60	61 bis 66
E_E	2,25	2,00	1,75	1,50	1,25	1,00	0,75

berücksichtigen. Gemäß Tabelle 3.20 wird der entsprechende Prozentsatz ermittelt, der additiv auf den Gesamtaufwand wirkt.

In der Gesamtrechnung nimmt dieser Organisationszuschlag eine Wertespanne von 1,1 bis 2,5 ein; er bewirkt also stets eine Steigerung und zwar von mind. 10% bis zum 2½fachen des Aufwands für den jeweiligen Programmbaustein.

Zuschlag für Verlustzeiten (Schritt 6 und 7)

Mit diesem Zuschlagsfaktor werden die *Störeinflüsse* innerhalb des Projektablaufs in die Aufwandsschätzung einbezogen. Hierbei unterscheidet man zwischen solchen Verlustzeiten, die projektbezogen entstehen und sich auf Aufwand und Zeitdauer auswirken, und solchen, die vom Projekt unabhängig erscheinen und sich nur auf die Projektdauer auswirken. Zu den projektbezogenen Verlustzeiten gehören z.B. Ausfallzeiten des Rechners, Überbelegung der zur Verfügung stehenden Terminals, Präsentationsvorbereitungen sowie (flankierende) Besprechungen und Vorträge, die unmittelbar mit dem Projekt zusammenhängen. Projektunabhängige Verlustzeiten sind dagegen Aus- und Weiterbildungszeiten, Krankheit und Urlaub, Mitarbeit an anderen Projekten, allgemeine Beratungstätigkeiten, Personalwechsel u.Ä. Tabelle 3.21 gibt für die Bestimmung der Prozentsätze Werte an.

Die beiden Zuschlagsfaktoren Z_{V1} und Z_{V2} wirken in der Gesamtrechnung immer aufwands- bzw. zeiterhöhend, d.h. ihre normierten Werte liegen im Bereich 1,05 bis 1,30 bzw. 1,20 bis 1,35 – also 5% bis 30% mehr Aufwand und Zeit wegen projektbezogener Verlustzeiten bzw. 20% bis 35% längere Projektdauern auf Grund projektunabhängiger Verlustzeiten.

Zuschlag für Programmänderungen (Schritt 8)

Mit diesem Zuschlagsfaktor werden SW-technologische Aspekte in die Rechnung einbezogen, wenn man vorhandene Software ändern will – es sich also um eine Modifikationsentwicklung handelt.

Entsprechend den beiden Fällen für lineare und strukturierte Programmierung ergeben sich gemäß der Auswahltabelle 3.22 die Prozentwerte für diesen Zuschlagsfaktor Z_P, der

Tabelle 3.20
Organisationszuschlagsfaktor Z_O

Aufwandsart	Aufwandsstufe
Phasenorganisaton Konventionen festlegen Einarbeitung in fachl. Grob-/Feinkonzept DV-technische Systemanalyse Einarbeitung in bestehende SW Unvorhergesehene fachliche Änderungen Testdaten erstellen Unterstützung der Datenübernahme	
Summe	

Summe	0	1 bis 3	4	5 bis 7	8	9 bis 11	12	13 bis 15
Z_O in %	10	11 bis 19	20	21 bis 29	30	31 bis 39	40	41 bis 49

Summe	16	17 bis 19	20	21 bis 23	24	25 bis 27	28	29 bis 32
Z_O in %	50	51 bis 74	75	76 bis 99	100	101 bis 124	125	126 bis 150

in einer Spanne von 50% bis 100% bei linearer Programmierung (Z_{Pl}) und von 10% bis 30% bei strukturierter Programmierung (Z_{Ps}) liegt. Selbstverständlich ist dieser Zuschlagsfaktor bei gut strukturierten Programmen erheblich kleiner; d.h. der Aufwand für eine Modifikation ist geringer.

Ergebnisblatt

Das Rechenblatt für die Zeit-Kosten-Planung zeigt Bild 3.38. Zeile 13 gibt das Ergebnis der Terminrechnung wieder und Zeile 14 das Ergebnis der Aufwandsrechnung. Nach Angabe der entsprechenden Stundensätze können

Tabelle 3.21
Verlustzuschlagsfaktoren Z_{V1} und Z_{V2}

Zeitaufwand für Verlustzeiten innerhalb des Auftrags

Aufwandsart	Aufwandsstufe
Fehlende Maschinenzeit/Systemausfall Keine freien Terminals Wartezeit auf Gesprächspartner Verwaltung für das Projekt Sonstiges für das Projekt (Vorträge, Besprechungen)	
Summe	

Summe	0	1 bis 2	3 bis 4	5 bis 6	7 bis 8	9 bis 10	11	12	13	14
Z_{V1} in %	5	6	7	8	9	10	12	14	16	18

Summe	15	16	17	18	19	20	
Z_{V1} in %	20	22	24	26	28	30	

Zeitaufwand für Verlustzeiten außerhalb des Auftrags
(nur für Terminrechnung)

Aufwandsart	Aufwandsstufe
Schulung (aktiv, passiv) Urlaub Mitarbeit an anderen Projekten Krankheit/Kur Personalwechsel	
Summe	

Summe	1 bis 10	11	12	13	14	15	16	17	18	19	20
Z_{V2} in %	20	21,5	23	24,5	26	27,5	29	30,5	32	33,5	35

Tabelle 3.22 Programmänderungszuschlagsfaktoren Z_{Pl} und Z_{Ps}

Aufwandsart	Kriterien	Gewicht	Wert
Dokumentation	gut – mittel – schlecht	2 – 4 – 6	
Auskünfte vom Ersteller/ bisherigen Pfleger	nicht nötig | teilweise erhältlich | nicht erhältlich	0 – 2 – 3	
Tooleinsatz	möglich – teilweise – nicht	1 – 2 – 4	
Aufbau unüblich	nein – teilweise – gänzlich	0 – 1 – 2	
Sprache unüblich	nein – teilweise – gänzlich	0 – 1 – 2	
BS-System/-Version unüblich	nein – teilweise – gänzlich	0 – 2 – 4	
Hardware unüblich	nein – teilweise – gänzlich	0 – 1 – 2	
Redesign erfolgt	nein – teilweise – erheblich	0 – 2 – 4	
Testdaten	vorhanden – teilweise – nicht	0 – 2 – 4	
Fachliches/DV-techn. Problem	leicht – mittel – schwer	2 – 4 – 6	
		Summe	

Alternative	Summe	5	9	13	17	21	25	29	33	37
Fall »linear«	Z_{Pl} in %	50	56	62,5	69	75	81	87,5	94	100
Fall »strukturiert«	Z_{Ps} in %	10	12,5	15	17,5	20	22,5	25	27,5	30

schließlich die voraussichtlichen Kosten berechnet werden. Das Ergebnisblatt ist für jeden einzelnen Programmbaustein des geplanten SW-Systems einzeln auszufüllen. Die Summierung aller Einzelergebnisse ergibt dann den gesamten Personalaufwand bzw. die Gesamtkosten des Projekts.

Im unteren Abschnitt des ZKP-Ergebnisblatts können die notwendigen Testkosten durch einen MM-bezogenen Faktor aufgeführt werden, die dann ebenfalls in die Gesamtprojektkosten eingehen. Diese DVA-Aufwandsfaktoren müssen einmal jährlich durch Auswertungen des angefallenen Rechenzeitbedarfs bei den vergangenen SW-Entwicklungen ermittelt bzw. aktualisiert werden.

Einsatzfeld

ZKP zeichnet sich durch leichte Erlernbarkeit aus, weil es ausführliche Auswahltabellen und ein einfach auszufüllendes Ergebnisblatt anwendet. Der Anwender muss allerdings DV-Kenntnisse haben, die fachliche Aufgabe voll durchdrungen haben und über genügend Kenntnisse der organisatorischen Einbettung des Projekts verfügen.

Die Kennzahlen in den o.a. Auswahltabellen sind außerdem an einer ganz bestimmten Entwicklungsumwelt orientiert; sie ist gekennzeichnet durch:

- ▷ Entwicklung innerhalb eines SW-Prozessplans,
- ▷ Programmierung in COBOL,
- ▷ Ablauf auf Siemens-EDV,
- ▷ Testbetrieb im Betriebssystem BS2000 bzw. MVS.

In einer anderen Entwicklungsumwelt müssten die Kennzahlen durch Auswertung ausreichend vorliegender Erfahrungsdaten auf diese übertragen werden.

Zur Rechnerunterstützung ist für das ZKP-Verfahren das interaktive Tool SCHATZ entwickelt worden (siehe Kap. 6.3.3). Mit diesem Werkzeug können alle notwendigen Angaben entsprechend den vorgenannten Arbeitsschritten maskenorientiert eingegeben werden; die Auswertung und Durchrechnung geschieht dann automatisch. Außerdem wird die gesamte Aufwandsschätzung in einer übersichtlichen Form dokumentiert.

3.2.6 EDB-Verfahren

Wie bereits erwähnt, kann eine Erfahrungsdatenbank (EDB) auch als Vergleichsverfahren zur Aufwandsschätzung genutzt werden. Neben der allgemeinen Erfahrungssicherung (siehe Kap. 5.3.3) kann ein EDB-Verfahren den Projektplaner beim Bestimmen des voraussichtlichen Aufwands für ein geplantes Projekt anhand vergleichbarer Projekte unterstützen. In einigen Entwicklungsbereichen der Anwender- und Systemprogrammierung sind derartige EDB-Verfahren in unterschiedlichen Ausprägungen bereits realisiert und werden dort teilweise sehr erfolgreich eingesetzt.

Voraussetzung für einen ergiebigen Projektevergleich ist das Vorhandensein einer entsprechend großen und umfassenden Vergleichsbasis, d.h. die Erfahrungsdatenbank muss über

Aufwandsschätzung/Ergebnisblatt

Je Baustein

Berechnung des Zeitbedarfs und der Kosten für DV-Grobkonzept, Programmierung und Test
Verrechnungssätze und DV-Faktoren aus Vorbereitungsblatt 1, Ergebnisse aus Schritt 1 - 9 eintragen

I. Personal: Termin-Rechnung, Aufwandsrechnung, Kosten

Baustein:
Projektname:
Projekt-Nr.:
Vermerke:

Zeile	Berechnungsschritte	von Schritt	Faktor	MT	DM
	Programmierung				
1	Dateien	1			
2	Verarbeitung	2			
3	Problemkenntnisse	3			
4	Programmiererfahrung	4			
5	Zeile 1 und 2 addieren				
6	Zeile 3 und 4 addieren				
7	Zeile 5 und 6 multiplizieren		→		
	Organisation		Prozent		
8	Zeile 7 mal Prozentsatz	5			
	Verlustzeiten				
9	Zeile 7 und 8 addieren		Prozent		
10	Zeile 9 mal Prozentsatz	6			
11	Nur für Termin-Rechnung: Zeile 9 mal Prozentsatz	7			
	Programmänderung				
12	Nur bei Programm-Änderung: Zeile 7 mal Prozentsatz	8			
	Ergebnis der Terminrechnung				
13	Zeile 9 - 12 addieren		Verrechn.-Satz DM		
	Ergebnis der Aufwandsrechnung				
14	Zeile 9, 10 und 12 addieren und mit Verrechnungssatz multiplizieren				
15	Phasenabgrenzung: Zeile 13 - 14 ./. 9 % = Phase Realisierung 1 (bei Bedarf)		Termin: / Aufwand:		

II. DV-Anlage: RZ-Kosten

MT (Zeile 14) dividieren durch 20, ganzzahlig in Spalte MM in Zeile A und/oder B - D eintragen.
Multiplikation von MM mit Faktor und mit Verrechnungssatz (= Spalte DM).

Zeile	Berechnungsschritte	MM	Faktor	MM mal Faktor	Verrechn.-Sätze DM	DM
	Testkosten					
A	BS1000			h		
B	BS2000-LOGON			h		
C	BS2000-CPU			sec		
D	BS2000-PAM-Seiten			S.		
E	Zeile A - D addieren					

III. Gesamtkosten = Zeile 14 (DM) und Zeile E addieren

Erstellt am: durch:

Bild 3.38
Ergebnisblatt ZKP-Verfahren

genügend viele Daten aus abgeschlossenen Projekten verfügen. Hierzu müssen die verschiedenen Produkt- und Projektdaten ausgewählter Projekte, die eine bestimmte Größe haben und von besonderem Interesse sind, systematisch gesammelt und für den rechnergestützten Vergleich in einem Datenbanksystem entsprechend aufbereitet werden.

Wie Bild 3.39 verdeutlicht, kann in einer Vergleichsabfrage durch einen Koinzidenzvergleich zwischen den Vergleichsmerkmalen der abgeschlossenen Projekte und denen des geplanten Projekts eine Rangliste der »ähnlichsten« Projekte erstellt werden. Ausführliche Projektinformationen über die gefundenen Projekte dienen dann dem Projektplaner als Grundlage beim Bestimmen des Mengengerüsts sowie des voraussichtlichen Aufwands für das geplante Entwicklungsvorhaben.

Vergleichsmerkmale

Ausgangsbasis für die Dateneingabe sind bei einem EDB-Verfahren i. Allg. die Projektberichte, die allerdings in ihrer Gesamtheit nicht mit abgespeichert werden. Aus diesen und weiteren Projektunterlagen werden alle projektbeschreibenden Merkmale herausgezogen. Folgende Merkmalsgruppen kann man dabei unterscheiden:

- ▷ Projekteinordnung,
- ▷ Aufgaben,
- ▷ Projektmessdaten,
- ▷ Produktmessdaten,
- ▷ Einflussgrößen.

Die Merkmale zu den ersten vier Gruppen werden als *verbale* oder *formale* Deskriptoren in das verwendete Datenbanksystem eingegeben. So gehören z. B. zu dem Merkmal *Projekteinordnung* Begriffe wie Neuentwicklung, Weiterentwicklung, Modifikationsentwicklung, Redesign und Wartung. Zu dem Merkmal *Aufgaben* zählen bei SW-Projekten Begriffe wie technisch-wissenschaftliches Programm, Stücklistenverfahren, Compiler, Editor etc. Die *Projekt-* und *Produktmessdaten* umfassen u. a. Angaben zum Projektaufwand, zu den Entwicklungskosten, zur Projektdauer, zur Anzahl eingesetzter Mitarbeiter, zu den erbrachten Ergebnisgrößen sowie Angaben zur Produktivität.

Die Merkmale der letzten Gruppe können natürlich auch durch verbale Deskriptoren niedergelegt werden; es bietet sich hier allerdings eine spezielle Methode der Merkmalsverschlüsselung zum Aufbau einer »Indikatorenleiste« an.

Indikatorenleiste

Indikatorenleisten, auch als *Faktorenleisten* bezeichnet, dienen bei einem EDB-Verfahren zur formalen Ähnlichkeitsbestimmung und zur Risikoanalyse; sie enthalten im weitesten Sinne die relevanten Einflussgrößen von Projekten in verschlüsselter Form, d. h. die Ausprägungen der jeweiligen Einflussparameter sind als Ja/Nein-Aussagen bzw. als Auswahlantworten auf entsprechende »Einflussfragen« verfahrensintern in einer Zahlenreihe gespeichert. Mit diesen Indikatorenleisten wird dann eine Ähnlichkeitsbestimmung nach dem Prinzip der größten Übereinstimmung durchgeführt, d. h. die aktuelle Indikatorenbelegung (des geplanten Projekts) wird mit den in der

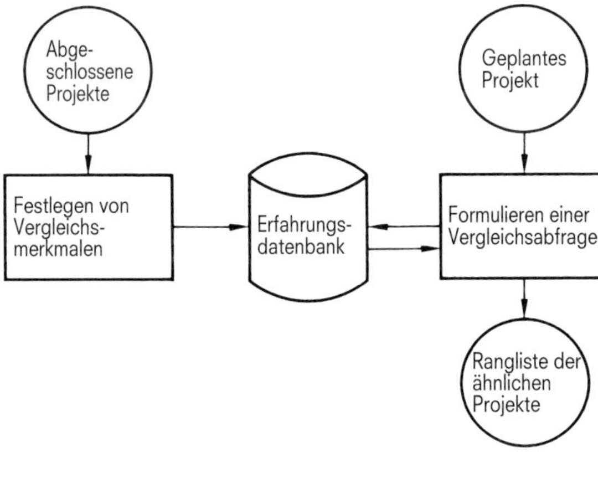

Bild 3.39
Vergleichsabfrage mit einem EDB-Verfahren

Erfahrungsdatenbank gespeicherten Indikatorenbelegungen verglichen und deren jeweiliger »Abstand« berechnet; dieser ist schließlich Maßstab für die Ähnlichkeit verschiedener Projekte.

Die Indikatorenleiste wird auf der Basis eines für jedes Projekt gesondert zu beantwortenden Fragenkatalogs erstellt, der nach den Ausprägungen der relevanten Einflussparameter fragt. Ein Fragenkatalog zur Risikoanalyse kann dabei folgende Fragenkomplexe umfassen:

Qualität der Produktdefinition, z. B.:

- ▷ Anforderungen nach Richtlinie erstellt?
- ▷ Anwenderanforderungen unterschrieben?
- ▷ Anwenderanforderungen geändert?

Umfang und Komplexität der Aufgabe, z. B.:

- ▷ Anzahl der verschiedenen Datenelemente groß?
- ▷ Mehrere Fachgebiete umfassend?
- ▷ Neuartige Lösung notwendig?

Erfahrungsstand der Mitarbeiter, z. B.:

- ▷ Erfahrung im Fachgebiet?
- ▷ Erfahrung in der Programmiersprache?
- ▷ Kenntnisse im Tooleinsatz?

Entwicklungsumgebung, z. B.:

- ▷ Neue Methoden und Werkzeuge?
- ▷ »Harmonische« Projektmannschaft?
- ▷ Unterauftragnehmer vorhanden?

Qualität des Produkts, z. B.:

- ▷ Besondere Wartungsfreundlichkeit notwendig?
- ▷ Besondere Benutzerfreundlichkeit gefordert?
- ▷ Besonderes Zeitverhalten gegeben?

Jede Antwort auf eine Einflussfrage wird mit einem Gewichtsfaktor versehen, welcher – in einer maximalen Spanne von 0 bis 3 – die jeweilige Bedeutung des Merkmals kennzeichnet. Die Gewichte sind so zu vergeben, dass bei höherem Gewicht eine höhere »Problematik« in dem betreffenden Merkmal vorliegt.

Je Fragenkomplex wird das Verhältnis von der Summe der den ausgewählten Ausprägungen (≙ Fragenbeantwortung) zugeordneten Gewichte zur größtmöglichen gesamten Gewichtssumme des Fragenkomplexes gebildet. Dieser als Prozentzahl ausgedrückte Wert wird als *Risikoklasse* bezeichnet und bringt zum Ausdruck wie risikobehaftet das Projekt war bzw. sein wird – und ermöglicht so auch eine *Risikoanalyse* von Projekten.

$$RK = \frac{\Sigma G_\mathrm{i}}{\max.\ \Sigma G_\mathrm{i}} \times 100 \qquad (26)$$

RK Risikoklasse in %
G_i Gewichtsfaktoren.

Können alle Fragen im positiven bzw. im für das Projekt optimalen Sinn beantwortet werden, so ergibt sich für das »Risiko« der minimale Wert von 0%; im umgekehrten Fall – also bei generell negativer Beantwortung – ergibt sich der maximale Wert von 100% (welcher damit das höchste Risiko für das geplante Projekt ausdrückt).

In Bild 3.40 ist ein Ausschnitt aus einem Fragenkatalog mit dem Fragenkomplex »Erfahrungsstand der Projektmitarbeiter« wiedergegeben, wie er in einem EDB-Verfahren für den Anwendersoftware-Bereich genutzt wurde.

Wie ersichtlich, wird es z. B. als wesentlich kritischer angesehen, wenn kein Einziger der Projektmitarbeiter die DV-Architektur beherrscht (Gewicht = 3), als wenn kein Einziger die einzusetzende Hardware kennt (Gewicht = 2).

Vergleichsabfrage

Ein erster grober Ähnlichkeitsnachweis wird durch die Angabe beschreibender Merkmale als Deskriptoren in einer Suchfrage erreicht. Hierbei kann man normalerweise alle Retrievalfunktionen des verwendeten Datenbanksystems nutzen – also z. B. das Boolesche Verknüpfen von Suchbegriffen sowie das dialogunterstützte »Browsing«, d. h. das »Herumschnüffeln« in den gespeicherten Informationen zum Finden ähnlicher Entwicklungsprojekte.

Weiterhin kann für das geplante Entwicklungsvorhaben die zugehörige Wertebelegung der Indikatorenleiste festgelegt werden, indem man die einzelnen Einflussfragen beantwortet und die Indikatorenwerte (Gewichte) ermittelt. Mit Hilfe entsprechender algorithmischer Vergleichsroutinen des EDB-Verfahrens werden die gespeicherten Projektobjekte in der Reihenfolge der geringsten Abstände ihrer Indikatorenleisten zu der vorgegebenen Leiste ausgegeben. Der EDB-Benutzer kann nun anhand der ähnlichsten Projekte Analogieschlüsse für das geplante Projekt vornehmen und Aussagen hinsichtlich der unterschiedlichen Projekt- und Produktparameter machen.

Eine Erfahrungsdatenbank, die neben dem deskriptiven Vergleich auch die Möglichkeit des algorithmischen Vergleichs mit Hilfe besonderer Indikatorenleisten enthält, eignet sich also hervorragend zum gezielten *Projektevergleich,* durch den dann Vergleichszahlen für eine Aufwandsschätzung zur Verfügung stehen. Die Effizienz eines solchen Vergleichsverfahrens steigt dabei ganz erheblich mit Anzahl und Aktualität der gespeicherten Projekte; dies erfordert allerdings einen kontinuierlichen Aufbau- und Pflegeaufwand für die Erfahrungsdatenbank (als *knowledge base*).

3.2.7 Prozentsatzmethoden

Aufwandsschätzverfahren, die die Prozentsatzmethode anwenden, zählen eigentlich nicht zu den eigenständigen Verfahren, da sie – ausgehend von vorliegenden Werten, die entweder durch ein anderes Aufwandsschätzverfahren ermittelt wurden oder als Istdaten angefallen sind – nur eine prozentuale *Übertragung* von Aufwandswerten vornehmen.

Es gibt zwei Vorgehensweisen. Bei der ersten Vorgehensweise wird versucht, auf der Basis einer anderen Aufwandsschätzmethode den Aufwand für eine bestimmte Entwicklungsphase – die nicht eine Anfangsphase im Entwicklungsprozess sein muss – zu schätzen.

Erfahrungsstand der Projektmitarbeiter

- Hat das Projekt für jedes Fachgebiet mindestens 1 Mitarbeiter, der das Fachgebiet beherrscht und dessen Probleme aus einem anderen Projekt kennt?
  ja ○ (0)
  nein ○ (3)
- Hat das Projekt mindestens 1 Mitarbeiter, der die vorgesehene DV-Architektur beherrscht und deren Probleme aus einem anderen Projekt kennt?
  ja ○ (0)
  nein ○ (3)
- Für wieviel einzusetzende Werkzeuge hat das Projekt nicht mindestens 1 Mitarbeiter, der aus anderen Projekten Erfahrungen damit besitzt?
  keines ○ (0)
  1 ○ (1)
  2 ○ (2)
  mehr als 2 ○ (3)
- Haben mehr als die Hälfte aller Programmierer mindestens 2 Jahre Erfahrung mit der Hauptprogrammiersprache?
  ja ○ (0)
  nein ○ (1)
- Hat das Projekt mindestens 1 Mitarbeiter, der die einzusetzende HW aus einem anderen Projekt kennt?
  ja ○ (0)
  falls nein:
  Die erforderliche Lernzeit dafür liegt unter 3 Wochen ○ (1)
  Die erforderliche Lernzeit dafür liegt über 3 Wochen ○ (2)
- Hat das Projekt mindestens 1 Mitarbeiter, der die einzusetzende SW (z. B. Standard-SW) aus einem anderen Projekt kennt?
  ja ○ (0)
  falls nein:
  Die erforderliche Lernzeit dafür liegt unter 3 Wochen ○ (1)
  Die erforderliche Lernzeit dafür liegt über 3 Wochen ○ (2)
- Hat das Projekt mindestens 1 Mitarbeiter, der aus einem anderen Projekt Erfahrungen bzgl. der vorgesehenen HW/SW-Konfiguration hat?
  ja ○ (0)
  falls nein:
  Die erforderliche Lernzeit dafür liegt unter 3 Wochen ○ (1)
  Die erforderliche Lernzeit dafür liegt über 3 Wochen ○ (2)

Punktsumme: ____________

Prozentanteil von 16 Punkten: ____________

Bild 3.40 Fragenkatalog für eine Indikatorenleiste (Ausschnitt)

Der Schätzwert wird dann entsprechend einer vorliegenden Prozentverteilung auf die anderen Phasen übertragen, so dass sich dann durch Aufsummieren der Gesamtaufwand ergibt.

Bei der zweiten Vorgehensweise wird mit der Entwicklung erst einmal begonnen und nach Abschluss der ersten Phase der angefallene Aufwand als Istwert festgestellt; dieser ist dann entsprechend der Prozentverteilung auf die nachfolgenden Phasen zu extrapolieren.

Prozentsatzmethoden unterstützen auf diese Weise auch die Überwachung des Entwicklungsprozesses, da bei Abschluss jeder einzelnen Phase eine zusätzliche Kontrolle der Aufwands- und Zeitdaten möglich ist. Mit dieser Methode lässt sich sehr gut feststellen, ob man im Trend oder außerhalb vom Trend liegt und evtl. besondere Steuerungsmaßnahmen getroffen werden müssen.

Bei Prozessabläufen, die in häufigen Schleifen und nicht in mehr oder weniger sequenziellen Folgen durchlaufen werden, sind Prozentsatzmethoden zur Aufwandsschätzung allerdings kaum einsetzbar.

Die Prozentsatzmethode erfordert das Vorliegen eines klar definierten Entwicklungsprozessplans, für dessen einzelne Phasen entsprechende Erfahrungsdaten ermittelt worden sind. Hierfür eignen sich am besten die bekannten Grundgrößen eines Projekts:

▷ Personalaufwand,
▷ Kosten und
▷ Zeitdauer.

Es können also neben phasenorientierten Aufwands- und Kostenverteilungen auch phasenorientierte Aufteilungen des Zeitbedarfs abgeleitet werden.

Phasenorientierte Aufwandsverteilungen

Prozentsatzmethoden sind vornehmlich für die phasenorientierte Aufteilung des Entwicklungsaufwands abgeleitet worden, und hier i. Allg. nur für SW-Entwicklungsprozesse, obwohl die Methode auch für die HW-Entwicklung anwendbar ist.

Der Grund für das Fehlen von Prozentwerten für Aufwandsverteilungen in der HW-Entwicklung liegt vor allem darin, dass dort selten – trotz eingeführter HW-Prozessorganisationen – die Stundenaufschreibung *phasenbezogen* vorgenommen wird; dieses ist aber Voraussetzung zum Ableiten von Erfahrungswerten für phasenorientierte Aufwandsverteilungen.

Tabelle 3.23 zeigt einige Prozentverteilungen für spezielle SW-Entwicklungen. Die einzelnen Phasenanteile, auch wenn sie in ihrem Inhalt vergleichbar sind, hängen sehr stark vom Typ der SW-Entwicklung ab. So sind für den Test während der Implementierung bei einer kommerziell orientierten Verfahrensentwicklung etwa 25% des Gesamtaufwands anzusetzen; hingegen muss bei einer SW-Entwicklung von Privaten Kommunikationsnetzen (Business Switching Networks) für die »gleiche« Tätigkeitsart fast 40% des Aufwands veranschlagt werden.

Auch innerhalb eines geschlossenen Entwicklungsbereichs besteht teilweise eine beachtliche Bandbreite der Aufwandsverteilungen, wie es eine Untersuchung im OI-Bereich gezeigt hat (Bild 3.41). Hier wich z. B. bei technischen Verfahrensentwicklungen der Gesamtprozentwert für die Planungsphasen bis zu 15% von dem Richtwert ab. Man sollte daher immer – sobald entsprechende Erfahrungswerte vorliegen – den bestehenden Richtwert an die eigene Entwicklungsumwelt anpassen.

In Tabelle 3.24 sind entsprechende SW-Aufwandsverteilungen aus anderen Firmen aufgeführt. Auch hier sind teilweise beachtliche Unterschiede – bedingt durch die unterschiedlichen Entwicklungsarten – festzustellen. So wird bei den ersten beiden Firmen für alle Testaktivitäten zusammen 50% bis 60% des Gesamtentwicklungsaufwands eingeplant, dagegen bei den beiden übrigen ein erheblich geringerer Anteil.

Wie die Aufwandsverteilungen in den Tabellen verdeutlichen, hängt die phasenorientierte Aufteilung des Entwicklungsaufwands entscheidend

▷ vom Entwicklungsgebiet,
▷ vom Projekttyp und
▷ von der Größe des Entwicklungsvorhabens ab.

Daher hat Boehm im Rahmen des COCOMO-Modells [8] seine Untersuchungen zur Aufwandsverteilung bei SW-Projekten auch abhängig von einem Entwicklungsmodus (einfach, mittelschwer, komplex) und der Programmgröße vorgenommen. Tabelle 3.25 enthält die hierbei gefundenen Prozentwerte, wobei für die Programmgröße fünf Klassen gebildet worden sind.

Phasenorientierte Aufteilung des Zeitbedarfs

Die Aufteilung der Zeitdauer für die jeweiligen Phasen ist normalerweise nicht deckungsgleich mit der Aufteilung des Personalaufwands oder auch der Projektkosten, da für die Planung und den Entwurf relativ mehr Zeit benötigt wird und erst in den Schlussphasen der Implementierung ein relativ höherer Aufwand anfällt, so dass in den Realisierungsphasen meist mehr Personal je Zeiteinheit involviert ist als in den Planungsphasen.

Diese Verschiebung der aufwandsbezogenen und der zeitbezogenen Prozentanteile ist im Bild 3.42 verdeutlicht. Als Beispiel ist hier wieder die SW-Erstellung innerhalb der Entwicklung von Öffentlichen Vermittlungssystemen (Carrier Switching Networks) zugrunde gelegt. Allerdings ist die Anteilsverschiebung zwischen Aufwand und Zeit in den Anfangsphasen bei vielen Projekten häufig viel größer als hier gezeigt, da die Projektplanung oft mit zu geringen Ressourcen begonnen wird und erst beim Projektfortschritt – wenn sich bereits terminliche Engpässe abzeichnen – ausreichende Personalkapazität zur Verfügung gestellt wird.

Analog zu den phasenorientierten Aufwands- und Kostenverteilungen innerhalb der COCOMO-Methode wurde für diese auch eine prozentuale Verteilung der Entwicklungszeit auf die Phasen abgeleitet, wiederum unter Berücksichtigung des Entwicklungsmodus und der Programmgröße. Wie aus der Aufstellung in Tabelle 3.26 erkennbar, wurden die Phasen Programmentwurf, Codierung und Einzeltest zu einer Phase – Programmierung – zusammengefasst.

Tabelle 3.23 Aufwandsverteilungen für SW-Entwicklungen bei Siemens

Software-Entwicklung für								
Verfahrensentwicklung			Private Kommunikationsnetze		Öffentliche Vermittlungssysteme		Anwendersoftware	
Phase			Phase		Phase		Phase	
Proj.-Vorschlag	Vorstudie	5%	Systementwurf	10%	Analyse	15%	Entwurf	50%
Planungsphase I	Fachliches Grobkonzept	10%	Programmentwurf und Codierung	37%	Entwurf	28%	Programmierung	18%
Planungsphase II	Fachliches Feinkonzept	20%	Test während Implementierung	38%	Implementierung	27%	Test	32%
	DV-Grobkozept	5%	Systemintegration und Systemtest	15%	Verbundtest	15%		
Realisierungsphase I	DV-Feinkonzept	15%			Systemtest	15%		
	Programmierung	10%						
	Test	25%						
Realisierungsphase II	Probebetrieb	10%						

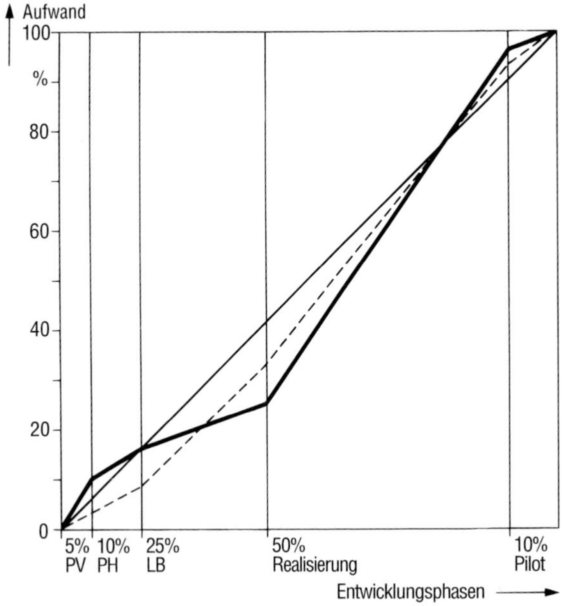

Bild 3.41
Bandbreite von Aufwandsverteilungen (Beispiel OI-Verfahren)

Tabelle 3.24 Aufwandsverteilungen für SW-Entwicklungen in verschiedenen Unternehmen

Unternehmen 1			Unternehmen 2		Unternehmen 3		Unternehmen 4	
Phase			Phase		Phase		Phase	
Anforderungsdefinition		7,9%	Anforderungsdef.	5%	Pflichtenheft	8%	Voranalyse	5%
Systemdesign	extern	6,3%	Design und Spezifikation	25%	Leistungsbeschreibung	18%	Methoden und Verfahren	18%
	intern	5,8%	Codierung	10%	Schnittst.- u. Datenbeschr.	4%	Systemspezifikation	27%
Programmentwicklung	Detailentwurf	11,9%	Modultest	25%	Detailspezifikation	16%	Programmierung	30%
	Codierung	13,1%	Integration und Test	25%	Codierung und Formaltest	20%	Benutzerorganisation	12%
	Komponententest	24,3%	Systemtest	10%	Logik- und Integrationstest	21%	Einführung	8%
	Integrationstest	13,1%			Abnahmetest und Produktübergabe	13%		
Systemtest und Demonstration		11,6%						
Benutzerdokumentation		6,0%						

Aus den Aufwandsverteilungen (Tabelle 3.25) und den Zeitverteilungen (Tabelle 3.26) lassen sich folgende Aussagen ableiten:

- ▷ Je kleiner und einfacher das Entwicklungsvorhaben ist, desto höher ist der prozentuale Anteil an Zeit und Aufwand für Aktivitäten in den Realisierungsphasen (Programmierung, Integration und Test).
- ▷ Je größer und komplexer das Entwicklungsvorhaben ist, desto höher ist der prozentuale Anteil an Zeit und Aufwand für Aktivitäten in den Planungsphasen (Studie, Systementwurf).
- ▷ Die Schwankungsbreiten sind bei der Aufwandsverteilung geringer als bei der Zeitverteilung.

Gemittelte Aufwandsverteilungen

Als grobe Faustregel für die prozentuale Aufteilung des Personalaufwands auf die drei großen Entwicklungsabschnitte Entwurf, Programmierung und Test bei einer SW-Entwicklung ergibt sich in einer Mittelwertbildung über alle wichtigen Prozentsatzmethoden das Zahlentripel 40-20-40. Mit Hilfe einer verbesserten Qualitätsplanung sollte allerdings durch einen vermehrten Aufwand beim Entwerfen künftig ein verringerter Aufwand für das Testen erforderlich sein – Ziel ist hier das Zahlentripel 45-20-35.

	derzeit %	angestrebt %
Entwurf	40	45
Programmierung	20	20
Test	40	35

Bei SW-Entwicklungen ist sicherlich ein entscheidendes Kriterium für eine Mittelwertbildung von verschiedenen Aufwandsverteilun-

Tabelle 3.25 Aufwandsverteilung (nach Boehm)

Entwicklungsmodus	Entwicklungsphase	Programmgröße: sehr klein	klein	mittel	groß	sehr groß
Einfache SW-Entwicklung	Studie	6	6	6	6	6
	Systementwurf	15	15	15	15	15
	Programmentwurf	25	23	23	22	22
	Codierung/Einzeltest	39	38	35	34	34
	Systemintegration/-test	15	18	21	23	23
Mittelschwere SW-Entwicklung	Studie	7	7	7	7	7
	Systementwurf	16	16	16	16	16
	Programmentwurf	25	24	23	22	21
	Codierung/Einzeltest	34	32	31	29	27
	Systemintegration/-test	18	21	23	26	29
Komplexe SW- Entwicklung	Studie	7	7	7	7	7
	Systementwurf	17	17	17	17	17
	Programmentwurf	26	25	24	23	22
	Codierung/Einzeltest	30	28	26	24	22
	Systemintegration/-test	20	23	26	29	32

Tabelle 3.26 Zeitverteilung (nach Boehm)

Entwicklungsmodus	Entwicklungsphase	Programmgröße: sehr klein	klein	mittel	groß	sehr groß
Einfache SW-Entwicklung	Studie	9	10	11	11	
	Systementwurf	17	17	17	17	
	Programmentwurf	58	53	49	45	
	Codierung/Einzeltest					
	Systemintegration/-test	16	20	23	27	
Mittelschwere SW-Entwicklung	Studie	14	15	17	18	19
	Systementwurf	21	21	22	22	23
	Programmentwurf	48	44	39	36	32
	Codierung/Einzeltest					
	Systemintegration/-test	17	20	22	24	26
Komplexe SW- Entwicklung	Studie	19	22	24	26	29
	Systementwurf	24	25	26	27	27
	Programmentwurf	39	34	30	26	23
	Codierung/Einzeltest					
	Systemintegration/-test	18	19	20	21	21

Werte in % Programmgröße: sehr klein 2 kloc, klein 8 kloc, mittel 32 kloc, groß 128 kloc, sehr groß 512 kloc

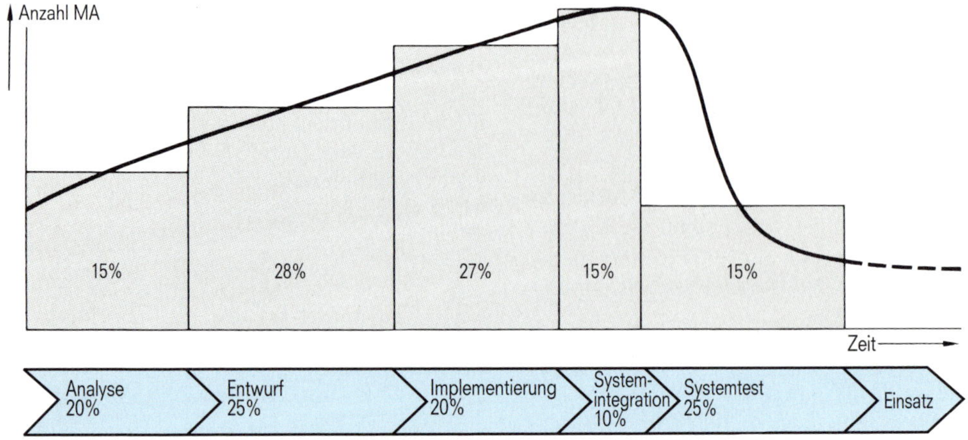

Bild 3.42 Prozentualer Aufwand und Zeitbedarf (Beispiel Vermittlungssysteme)

gen inwieweit die zu entwickelnde Software den Charakter einer *Verfahrenssoftware,* einer *Produktsoftware* oder einer *Systemsoftware* hat. Dieses Merkmal ist deshalb auch für die Klassenbildung in der Tabelle 3.27 herangezogen worden; die Tabelle enthält eine grobe Mittelung über die verschiedenen vorliegenden prozentualen Verteilungen mit der Unterscheidung, ob die zu betrachtende Software mehr System-, Produkt- oder Verfahrenscharakter hat. Im Einzelfall können größere Abweichungen von diesen Durchschnittswerten auftreten.

Großer Unsicherheitsfaktor bei dieser Aufwandsschätzmethode ist die in der Praxis ungenaue Abgrenzung der einzelnen Entwicklungsphasen, besonders dann, wenn kein Netzplan vorliegt. Das Zuordnen von Arbeitsabschnitten bzw. Arbeitspaketen zu einer Phase ist in vielen Fällen nicht eindeutig möglich. Auch ist häufig die Berücksichtigung von allgemeinen Aktivitäten wie Projektmanagement, Qualitätssicherung und Verwaltungsaufgaben unklar.

Im Rahmen von Restschätzungen, also im fortgeschrittenen Stadium einer Projektrealisierung, kann das Heranziehen prozentualer Aufwands- und Kostenverteilungen, aber auch von Zeitverteilungen eine große Unterstützung darstellen; dies allerdings nur, wenn die Entwicklung konsequent nach einem Prozessplan durchgeführt wird.

Zum Ableiten von Kennzahlen für eine Prozentsatzmethode ist Voraussetzung, dass die Aufwandserfassung, also die Stundenkontierung durch die Entwickler *phasenorientiert* vorgenommen wird, indem man die Stundenangaben jeweils mit dem zutreffenden Phasenkennzeichen versieht. Kann die Phasenkennzeichnung hierbei aus einem Netzplan abgeleitet werden, so sind die ermittelten Prozentverteilungen natürlich wesentlich exakter, als wenn der Entwickler das zutreffende Phasenkennzeichen immer wieder frei auswählen muss.

Bei der Implementierung von Standard-Software, wie z.B. SAP R/3, ORACLE, BAAN können Prozentsatz-Schätzmethoden in der

Tabelle 3.27
Gemittelte Aufwandsverteilungen für SW-Entwicklungen

Phase	*System-charakter*	*Produkt-charakter*	*Verfahrens-charakter*
Studie	12	7	10
Systementwurf	18	14	16
Programm-entwurf	14	21	20
Codierung	14	19	12
Einzeltest	13	21	19
System-integration	15	9	11
Systemtest	14	9	12

o.a. Form nicht angewendet werden, da es hier keine phasenorientierte Aufwandsverteilungen gibt.

3.2.8 Expertenbefragungen

Trotz der Bedeutung der analytischen Schätzmethoden und -verfahren ist und bleibt die Schätzung durch den Entwickler die ausschlaggebende Schätzaussage. Aufwands- und Kostenschätzverfahren können den Entwickler und den Projektleiter beim Festlegen der Planvorgaben für das Entwicklungsprojekt nur unterstützen.

Analytische Schätzmethoden haben ein mehr produktbezogenes Vorgehen, da die Schätzobjekte primär aus der *Produktstruktur* abgeleitet werden. Expertenbefragungen sind dagegen mehr arbeitspaketbezogen, weil sie bei der Definition von Schätzobjekten hauptsächlich von der *Projektstruktur* ausgehen. Sind Produkt- und Projektstruktur einander zuordenbar, so ergänzen sich diese beiden Vorgehensweisen in besonderem Maße beim Abgleichen der Schätzergebnisse.

Zum Befragen von Experten gibt es mehrere Möglichkeiten; sie unterscheiden sich in Systematik und Umfang der Einbindung von Experten. Die Formen von Expertenbefragungen sind (Bild 3.43):

- ▷ Einzelschätzung
- ▷ Mehrfachbefragung
- ▷ Delphi-Methode
- ▷ Schätzklausur.

Expertenbefragungen stellen – bei Vorhandensein eines ausreichenden Erfahrungsschatzes – für alle Arten von Entwicklungsprojekten eine adäquate Schätzmethode dar; besonders bei »inhomogenen« Entwicklungen, wie bei stark HW- und SW-gemischten Projekten oder bei Vertriebs- und Projektierungsprojekten, sind Expertenbefragungen (in systematisierter Vorgehensweise) häufig der einzige gangbare Weg, um zu gesicherten Schätzwerten zu kommen.

Einzelschätzung

Die Einzelschätzung ist immer noch die häufigste Form einer Expertenbefragung. Bei ihr legt ein einzelner Entwickler, Entwicklungsgruppenleiter oder Projektleiter für ein bestimmtes Arbeitsvolumen allein die Schätzwerte hinsichtlich Aufwand, Dauer und Kosten fest. Handelt es sich um einen erfahrenen Fachmann – der bereits mehrere ähnliche Entwicklungsaktivitäten durchgeführt hat – dann haben die vorgeschlagenen Schätzwerte i.Allg. eine hohe Genauigkeit. Anderenfalls können die ermittelten Schätzwerte sehr neben dem künftigen Istwert liegen. Gründe hierfür sind:

- ▷ mangelnde Fachkenntnisse,
- ▷ mangelnde Plandurchdringung,
- ▷ Übersehen von Aufgabenteilen,
- ▷ vergangenheitsbedingte »Vorurteile«,
- ▷ Überschätzen der eigenen Produktivität,
- ▷ Unterschätzen der Schwierigkeiten und
- ▷ »opportune« Schätzungen.

Die Einzelschätzung leidet naturgemäß an einer gewissen Einseitigkeit beim Bestimmen der einzubeziehenden Randparameter; sie unterliegt keiner Kontrolle auf Richtigkeit.

Mehrfachbefragung

Im Gegensatz zur Einzelschätzung wird bei einer Mehrfachbefragung – vor der endgültigen Abgabe eines abgestimmten Schätzwertes – eine mehr oder weniger große Gruppe von Experten zurate gezogen. Die Experten sollten möglichst aus unterschiedlichen organisatorischen Richtungen kommen, um so weitgehend unabhängige Schätzaussagen zum geplanten Vorhaben zu erhalten; sie sollten sich sowohl in ihrem Erfahrungsstand als auch

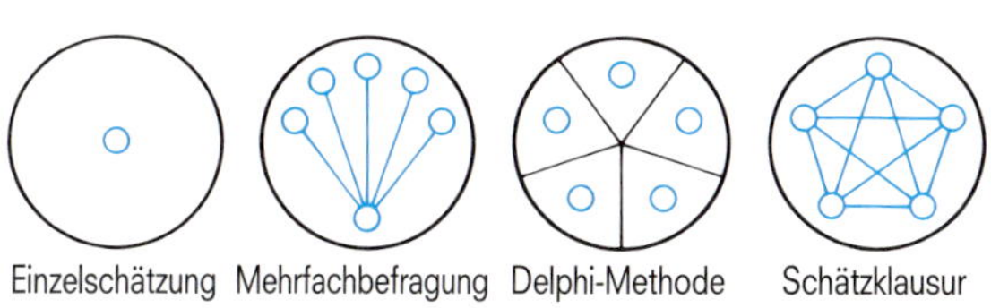

Bild 3.43
Formen der Expertenbefragungen

in der ausführenden Tätigkeit voneinander unterscheiden.

Ziel einer Aufwandsschätzung durch eine Mehrfachbefragung ist also, möglichst viele Meinungen von verschiedenen Experten zu den zu schätzenden Entwicklungsobjekten zu erhalten. Mit Hilfe einer Durchschnittsbildung der einzelnen Schätzwerte gelangt man zu einer Art *Repräsentativschätzung,* die meist der (künftigen) »Wahrheit« näher kommt als eine isolierte Einzelschätzung. Mit einer Mehrfachbefragung wird daher fast immer eine Verringerung des Vorhersagefehlers erreicht.

Für die Durchschnittsbildung bieten sich als Möglichkeiten an:

▷ arithmetischer Mittelwert,
▷ Mittelwert aus Minimal- und Maximalwert,
▷ arithmetischer Mittelwert ohne Extremwerte.

Im ersten Fall werden alle abgegebenen Schätzwerte gleichwertig behandelt und aus diesen der arithmetische Mittelwert (Summe geteilt durch Anzahl) gebildet. Bei der zweiten Vorgehensweise betrachtet man nur den Minimal- und den Maximalwert und ermittelt aus diesen beiden das Mittel. Im letzten Fall geht man umgekehrt vor; die Extremwerte werden beiseite gelassen und von den übrig bleibenden Werten wird der arithmetische Mittelwert gebildet.

Es kann auch sinnvoll sein, einen »systematischen Fehler« zu berücksichtigen. Ein solcher Fehler kann auftreten, wenn auf Grund von empirischen Untersuchungen erkannt wurde, dass alle Schätzungen z.B. auf Grund eines Nichtbeachtens gewisser Grundleistungen, wie Verwaltung, Projektmanagement, Sonderaufgaben usw. immer wieder um einen bestimmten Wert zu niedrig oder zu hoch lagen; dieser Differenzwert kann dann auf den ermittelten Durchschnittswert pauschal aufgeschlagen werden.

Delphi-Methode

Die Aufwandsschätzung nach der Delphi-Methode basiert auch auf der Befragung mehrerer Experten; allerdings wird hier ein streng systematischer Weg eingeschlagen. Die Delphi-Methode ist eine (personelle) Aufwandsschätzmethode, die in ihrer ersten Form schon sehr früh in den 40er-Jahren entwickelt wurde (erstmals in [18] beschrieben) und seitdem in vielen Unternehmen Anwendung gefunden hat.

Es werden folgende Formen unterschieden:

▷ Standard-Delphi-Methode
▷ Breitband-Delphi-Methode.

Bei beiden Methoden führen die einbezogenen Experten ihre Schätzung anonym durch und geben diese anonym ab. Die Breitband-Delphi-Methode – als Erweiterung der Standard-Delphi-Methode – schließt allerdings ein, dass das zusammengefasste Ergebnis untereinander diskutiert wird.

Standard-Delphi-Methode

Die Ablaufschritte bei der Standard-Delphi-Methode sind:

1. Der Koordinator erläutert jedem Experten einzeln die Entwicklungsaufgabe und händigt ihm ein Schätzformular aus.
2. Die einzelnen Experten füllen getrennt voneinander diese Schätzformulare aus. Hierbei dürfen sie mit dem Koordinator fachlich korrespondieren, aber eine Diskussion zwischen den Experten ist nicht gestattet.
3. Der Koordinator fasst die einzelnen Schätzungen mit Begründungen in einem Formular zusammen, welches den Experten erneut vorgelegt wird.
4. Jeder Experte überarbeitet daraufhin seine eigene Schätzung noch einmal, wieder anonym zu seinen Kollegen.
5. Dieser Prozess wird solange wiederholt, bis eine ausreichende Annäherung zwischen den einzelnen Schätzungen erreicht worden ist.
6. Der Durchschnittswert der hinreichend angenäherten Schätzwerte stellt schließlich das Schätzergebnis dar.

Breitband-Delphi-Methode

Die Breitband-Delphi-Methode ist dadurch gekennzeichnet, dass zu Beginn und zwischen jeder Interaktion gemeinsame Sitzungen abgehalten werden, in denen die Schätzaufgaben und das Zwischenergebnis der vorausgegangenen Schätzrunde miteinander diskutiert wird.

Folgende Schritte werden bei der Breitband-Delphi-Methode durchlaufen:

1. Der Koordinator erläutert jedem Experten einzeln die Entwicklungsaufgabe und händigt ihm ein Schätzformular aus.
2. Vom Koordinator wird eine Sitzung einberufen, in der die Experten miteinander unter Moderation des Koordinators die zu erstellende Aufwandsschätzung diskutieren.
3. Anschließend füllt jeder Experte getrennt die Schätzformulare aus.
4. Der Koordinator fasst die einzelnen Schätzaussagen in einem Formular zusammen, begründet die Angaben und Unterschiede allerdings nicht. Das Formular wird wieder an alle Experten verteilt.
5. Der Koordinator arrangiert wieder eine Sitzung, in der vor allem die großen Abweichungen einzelner Schätzungen diskutiert werden.
6. Daraufhin überarbeitet jeder Experte seine eigene Schätzung wieder anonym zu seinen Kollegen.
7. Dieser Prozess wird solange – iterativ – durchlaufen, bis sich eine ausreichende Annäherung der (anonymen) einzelnen Schätzungen ergeben hat.
8. Der aus diesen einzelnen Schätzungen abgeleitete Durchschnittswert stellt schließlich das Schätzergebniss dar.

Es zeigt sich allerdings, dass bei mehr als drei Iterationen das Ergebnis meist nicht besser wird.

Als Nachteil ist bei beiden Formen der Delphi-Methode der große Zeitbedarf für das Durchführen der Schätzung zu sehen. Hinzu kommt, dass bei der Standard-Methode die notwendige vollständige Anonymität des beteiligten Experten nicht immer gewahrt bleiben kann.

Schätzklausur

Die Schätzklausur verwendet wie die Delphi-Methode eine streng systematisierte Vorgehensweise. Im Gegensatz zu dieser enthält die Schätzklausur allerdings *gruppendynamische* Aspekte – die Experten schätzen also nicht anonym, sondern gemeinsam in einem *Kollektiv*.

Eine Schätzklausur wird in drei nacheinander ablaufenden Abschnitten durchgeführt:

▷ Vorbereitung
▷ Durchführung
▷ Nachbereitung.

Vorbereitung

In der Vorbereitung werden die Produkt- und Projektstrukturpläne in ausreichender Detaillierung gemeinsam ausgearbeitet. Hierbei ist besonders auf Vollständigkeit und Konsistenz dieser Strukturpläne zu achten, da diese die Grundlage für die gesamte weitere Schätzung darstellen. Zudem wird die Aufgabenstellung sowie das gemeinsame Vorgehen in den künftigen Klausursitzungen diskutiert.

Im Einzelnen müssen im Vorbereitungsabschnitt festgelegt werden:

▷ Größen der zu schätzenden Projektparameter (Aufwandsgröße, Jahresstundenanzahl, Art der Durchschnittsbildung etc.),
▷ Definition der Projektumgebung (Programmiersystem, Testsystem, Werkzeuge etc.),
▷ Protokollwesen der Schätzklausur (Sofort-Protokoll, Dokumentation der Schätzergebnisse etc.),
▷ Entwurf eines Schätzformulars (vorhandenes oder neues).

Durchführung

Der Durchführungsabschnitt umfasst die eigentliche Schätzung. Ausgangspunkt sind die im Projektstrukturplan definierten einzelnen Arbeitspakete. Um nicht jedes einzelne Arbeitspaket einer eigenen Schätzung unterziehen zu müssen, bietet es sich an, nur einen *Referenzkomplex* einer detaillierten fachlichen Untersuchung und einer genauen Aufwandsschätzung zu unterziehen und dieses Einzelergebnis durch Analogieschluss auf die anderen Projektteile zu übertragen. Diese *Bottom-up-Vorgehensweise* läuft in folgenden Schritten ab:

1. Das System wird in Komplexe gegliedert und nach Größe und Komplexität zu Gruppen geordnet (siehe Bild 3.44).
2. Ein ausgewählter Referenzkomplex wird mit großer Genauigkeit geschätzt.
3. Die Aufwände der anderen (acht) Komplexgruppen werden unter Bezug auf den Referenzkomplex geschätzt (Mehr- bzw. Minderaufwand).

4. Die entsprechende Multiplikation der jeweiligen Komplexanzahl mit dem zugehörigen Aufwandswert und die anschließende Addition ergibt den Gesamtaufwand des Vorhabens.

Mit dem Durchführen der Schätzklausur sind neben dem Moderator und Protokollführer der Projektleiter sowie mehrere Experten als Schätzer betraut. Bei den Experten sollte möglichst die Hälfte projektneutral ausgewählt sein.

Liegen die Einzelschätzwerte sehr weit auseinander, dann müssen zwischen den betreffenden Schätzern in Rede und Gegenrede die Gründe für die abgegebenen Schätzungen dargelegt werden. So lässt sich feststellen, an welchen Punkten eventuell von unterschiedlichen Annahmen ausgegangen worden ist. Abweichend von der Delphi-Methode läuft die anschließende Überarbeitung der individuellen Schätzungen nicht anonym, sondern offen ab. Aber auch hier wird versucht, in mehreren Interaktionen – die vielleicht mit einer zusätzlichen Detaillierung der Arbeitspakete einhergehen – eine hinreichende Annäherung der Einzelschätzwerte zu erreichen. Mit einer entsprechenden Durchschnittsbildung einigt man sich schließlich auf einen gemeinsamen Schätzwert.

Nachbereitung

In der Nachbereitung wird eine erste grobe Projektplanung zum Nachweis der Machbarkeit des Projekts erstellt. Das Ergebnis dieses Nachbereitungsabschnitts ist etwa einem Projektvorschlag gleichzustellen. Hierbei gibt es folgende Schritte:

1. Die arbeitspaketorientierten Aufwandsschätzwerte werden den Funktionsbereichen und Entwicklungsphasen zugeordnet.
2. Die vorliegende Aufwandsschätzung wird mit Hilfe anderer Verfahren, wie algorithmische Vergleichs- oder Kennzahlenverfahren plausibilitiert.
3. Die Arbeitspakete werden in einen Balkenplan oder einen Grobnetzplan eingeordnet.
4. Die Einsatzmittel (Personen, Maschinen, Geldmittel) werden entsprechend eingeplant.
5. Eine Risikobewertung wird durchgeführt.

Nach einer Schätzklausur können die geschätzten Aufwandswerte mit den entsprechenden Verrechnungssätzen bewertet werden und in eine Projektkalkulation (Vorkalkulation) einfließen.

Eine konsequent durchgeführte Schätzklausur ist relativ aufwendig. Als Durchschnittswerte haben sich hierbei für Projekte der Größenordnung von 20 bis 50 MJ folgende Werte ergeben:

für Vorbereitung: 5 Tage à 2 MA = 10 MT
für Durchführung: 2 Tage à 5 MA = 10 MT
für Nachbereitung: 3 Tage à 2 MA = 6 MT.

Anzahl	Aufwand in MT	Größe: klein	mittel	groß	Summierung in MT
Komplexität	gering	4 / 8 MT	3 / 12 MT	2 / 15 MT	32 + 36 + 30 = 98
	mittel	1 / 10 MT	2 / 15 MT	2 / 20 MT (Referenzkomplex)	10 + 30 + 40 = 80
	hoch	0 / 15 MT	2 / 20 MT	1 / 25 MT	0 + 40 + 25 = 65
				Gesamtaufwand	243 MT ≙ 11 MM

Referenzkomplex

Bild 3.44
Referenzmatrix für Schätzklausur

Hieraus ergibt sich also ein Gesamtaufwand von etwa 26 MT.

Neben dem Finden eines »treffsicheren« Schätzergebnisses hat diese Form der Expertenbefragung aber noch einige weitere Vorteile, die mehr unter dem *gruppendynamischen* Aspekt gesehen werden müssen:

- ▷ Alle Produkt- und Projektprobleme werden gemeinsam herausgearbeitet, d. h. alle Eventualitäten werden offen durchgespielt.
- ▷ Es wird eine gemeinsame Definitionsbasis für Produkt und Projekt erarbeitet, hinter der später alle stehen.
- ▷ Planaufwand und voraussichtliche Projektdauer werden gemeinsam und nachvollziehbar ermittelt, so dass man diese Planangaben später auch gemeinsam trägt.
- ▷ Management und Projektteam erhalten die innere Sicherheit für die Machbarkeit des Projekts.

Eine Aufwandsschätzung nach dem Prinzip der Schätzklausur birgt auf Grund der »Face-to-Face«-Diskussion allerdings auch die Gefahr des Mitläufereffekts in sich. Ist nämlich der Moderator bzw. der Projektleiter in der Klausursitzung zu dominant, so kann durch ihn ein das Schätzergebnis verfälschender Einfluss nicht ausgeschlossen werden.

Gegenüberstellung der Formen von Expertenbefragungen

Tabelle 3.28 bringt eine Gegenüberstellung der Formen von Expertenbefragungen mit Vor- und Nachteilen sowie Einsatzschwerpunkten.

Tabelle 3.28
Gegenüberstellung der Formen von Expertenbefragungen

Merkmal \ Form der Expertenbefragung	Einzelschätzung	Mehrfachbefragung	Delphi-Methode	Schätzklausur
Genauigkeit des Schätzergebnisses	ungenau	genau	sehr genau	sehr genau
Aufwand für Schätzung	gering	mittel	groß	sehr groß
Zeitdauer für Schätzung	gering	mittel	groß	sehr groß
Anonymität der einzelnen Schätzung	–	ja	ja	nein
Kommunikation zwischen den Experten	–	nein	teils	ja
Mitläufereffekt	–	nein	kaum	ja
Identifikation mit Schätzergebnis	eventuell	gering	mittel	groß
Sinnvoller Einsatz bei	Kleine Projekte	Mittlere Projekte	Große Projekte	Große Projekte

3.3 Netzplantechnik

Die Netzplantechnik (NPT) als Hilfsmittel zum Analysieren, Beschreiben, Planen, Kontrollieren und Steuern von Projektabläufen stellt eine bewährte Methode für das Projektmanagement dar. Bereits in den frühen 50er Jahren sind die ersten DV-unterstützten Verfahren entstanden. Bei Projekten, bei denen zahlreiche Mitarbeiter mehrerer Abteilungen über eine lange Projektdauer mit der Ausrichtung auf ein gemeinsames Projektziel koordiniert und gesteuert werden müssen, hat sich die Netzplantechnik als die einzige Möglichkeit gezeigt, Termine, Aufwände, Kosten und Einsatzmittel konsistent zu planen und zu überwachen.

Heutige Entwicklungsprojekte im Bereich der Elektrotechnik zeichnen sich bekanntlich durch eine hohe Innovationsrate aus. Die Projekte nehmen an Komplexität zu und erreichen teilweise sehr große Dimensionen im Entwicklungsaufwand, wie es sich z. B. bei digitalen Vermittlungssystemen oder Megabit-Speicherchips zeigt. Die Vielfalt der hierbei zu beherrschenden HW- und SW-Technologien erfordert eine verstärkte Spezialisierung der Entwickler und damit eine weitere Arbeitsteilung im Entwicklungsbereich. Wegen der anhaltenden Innovation steigt aber auch der Termindruck für die Entwicklung; ein Jahr zu spät am Markt kann den Misserfolg des Produkts bedeuten. In vielen Produktbereichen gilt da nicht mehr der alte Satz: als Zweiter gestartet und als Erster durchs Ziel gegangen. Wie Untersuchungen von McKinsey auch zeigen, erhält rechtzeitige Fertigstellung einer Produktentwicklung einen viel größeren Stellenwert als bisher.

Untersucht man die Gründe für die immer wieder auftretenden, z.T. beachtlichen Termin- und Kostenüberschreitungen, so stellt man sehr häufig fest, dass die Netzplantechnik nicht oder nur mangelhaft angewendet wurde. Selbstverständlich gewährleistet das Anwenden der Netzplantechnik nicht automatisch den Projekterfolg; sie versteht sich nur als Werkzeug des Projektmanagements; denn ein guter Projektleiter kann durch keine Methode und durch kein DV-Verfahren ersetzt werden. Ein Netzplan, der unvollständig ist oder falsche Angaben enthält, der nicht lesbar ist und zu falschen Interpretationen führt, der nicht aktuell ist und damit nicht mehr das wirkliche Projektgeschehen widerspiegelt, verliert zwangsläufig seine Aussagekraft für die Projektleitung.

Die Netzplantechnik ist in all ihren Methodenausprägungen universell einsetzbar, unabhängig von der Größe des Projekts, von der Dauer, von der Anzahl der Projektbeteiligten und auch unabhängig von dem Projektinhalt. Einsatzfälle findet man in allen Bereichen des Bauwesens, des Maschinen- und Anlagenbaus, der chemischen und elektrotechnischen Industrie. Zusammenfassend lässt sich festhalten:

- ▷ Die Netzplantechnik zwingt zur systematischen Aufgabengliederung des gesamten Projektvolumens.
- ▷ Die Netzplantechnik ermöglicht eine vollständige und konsistente Beschreibung des Projektgeschehens.
- ▷ Mit der Netzplantechnik wird eine transparente Darstellung des Projektablaufs erreicht.
- ▷ Mit Hilfe der Netzplantechnik können Engpässe hinsichtlich Terminen, Kosten und Einsatzmittel rechtzeitig erkannt werden.
- ▷ Die Netzplantechnik fördert die Zusammenarbeit der beteiligten Enwicklungsstellen.

3.3.1 Methodenüberblick

Die Netzplanmethoden lassen sich nach unterschiedlichen Aspekten einteilen. Eine ablaufbezogene Unterscheidung ist die Folgende:

- ▷ Methoden für deterministische Projektabläufe
- ▷ Methoden für stochastische Projektabläufe.

Bei Netzplanmethoden, die *deterministische* Projektabläufe beschreiben, sind die Abläufe vorherbestimmbar, d.h. alle im Netzplan dargestellten Wege werden zur Realisierung des Projekts durchlaufen. Zu dieser Methodengruppe gehören CPM, PERT und MPM.

Die zweite Methodengruppe umfasst Netzplanmethoden für Projekte, die über *probabilistische* bzw. *stochastische* Ablaufstrukturen verfügen. In diesen Strukturen können bei den Ereignissen bzw. Vorgängen – abhängig von Wahrscheinlichkeitswerten – mehrere Möglichkeiten für den weiteren Projektablauf ausgewählt werden. Bei der Projektdurchführung sind daher nicht alle Wege – wie bei einem deterministischen Projektablauf – zu durchlaufen, sondern es können einige Zweige ausgelassen werden. Einen solchen Netzplan bezeichnet man als *Entscheidungsnetzplan* (EPT).

Beispiele für solche Entscheidungsnetzplantechniken (ENPT) sind die Methoden GERT (Graphical Evaluation and Review Technique) und GAN (Generalized Activity Networks) sowie die Evaluationsnetztechnik auf Basis der Petri-Netze.

Für technische und betriebliche Abläufe haben sich die determinierten Zeitmodelle durchgesetzt.

In Bild 3.45 sind die formalen Elemente einiger dieser Netzplanformen dargestellt.

Elemente eines Netzplans

Die Elemente eines Netzplans sind:

- ▷ Vorgänge,
- ▷ Ereignisse und
- ▷ Anordnungsbeziehungen (AOB).

Ein *Vorgang* stellt ein »zeiterforderndes« Geschehen im Projektablauf dar, welches über einen definierten Anfang und über ein definiertes Ende verfügt. Ein *Ereignis* kennzeichnet demgegenüber einen definierten und damit beschreibbaren Zustand im Projektablauf. *Anordnungsbeziehungen* stellen darüber hinaus die personellen, fachlichen und terminlichen Abhängigkeiten zwischen den einzelnen Vorgängen her.

Gemäß den beiden möglichen funktionalen Elementen »Ereignis« und »Vorgang« kann man die unterschiedlichen Netzplanmethoden zusätzlich unterteilen in:

▷ ereignisorientierte Netzplanmethoden und
▷ vorgangsorientierte Netzplanmethoden.

Die formalen Darstellungssymbole in einem Netzplan sind – wie Bild 3.46 zeigt – Rechtecke, Kreise (auch Ovale) und Pfeile:

▷ Rechtecke und Kreise dienen als Verknüpfungselemente und werden als *Knoten* bezeichnet.
▷ Pfeile sind die Verbindungselemente zwischen den Knoten.

Die Vorgänge können nun sowohl den Knoten als auch den Pfeilen zugeordnet werden; Ereignisse sind dagegen nur als Knoten darstellbar.

Darstellungsformen deterministischer Netzpläne

Entsprechend diesen Möglichkeiten der Zuordnungen von Netzplanelementen zu Darstellungssymbolen unterscheidet man bei der Netzplandarstellung drei Formen:

▷ Ereignisknoten-Netzplan (EKN)
▷ Vorgangsknoten-Netzplan (VKN)
▷ Vorgangspfeil-Netzplan (VPN).

Bei einem Ereignisknoten-Netzplan werden vorwiegend *Ereignisse* beschrieben und als *Knoten* eines Netzes dargestellt. Die Verbindungspfeile dieser Knoten stellen die Tätigkeiten dar, die notwendig sind, um von dem einen Ereignis zu dem Anderen zu gelangen. Die Pfeile kennzeichnen also die Zeitabstände zwischen jeweils zwei Ereignissen. Das bekannteste EKN-Verfahren ist PERT (Program Evaluation and Review Technique); es ist in Kap. 3.3.3 näher erläutert.

In einem Vorgangsknoten-Netzplan werden vorwiegend *Vorgänge* beschrieben und als *Knoten* dargestellt. Eine wesentliche Erweiterung entsteht durch Einbeziehen der logischen Abhängigkeiten, indem die Verbindungspfeile der Knoten die Anordnungsbeziehungen für die Vorgänge bestimmen. MPM (Metra Potential Method) ist in Kap. 3.3.4 beschrieben. Da es das verbreiteste VKN-Verfahren im europäischen Bereich ist, wird die Methode MPM in allen folgenden Kapiteln bei netzplanbezogenen Beschreibungen herangezogen.

Beim Vorgangspfeil-Netzplan werden – wie beim VKN – vorwiegend *Vorgänge* beschrieben; diese sind aber *als Pfeile* in dem Netz dargestellt. Eine Anordnungsbeziehung zwischen Ende und Anfang von zwei aufeinander folgenden Vorgängen ist wegen der unmittelbaren Abhängigkeit nicht darstellbar. Die Knoten fungieren damit als Ereignisse. CPM (Critical Path Method) ist hierfür die bekann-

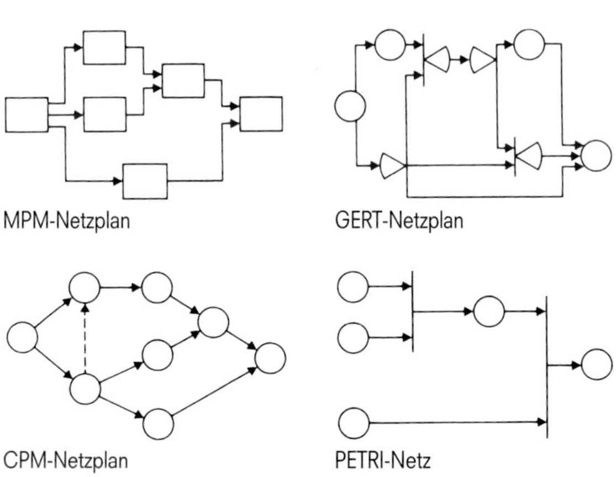

Bild 3.45
Formale Elemente eines Netzplans
links: deterministische Netzpläne
rechts: Entscheidungsnetzpläne

teste Methode, auf welche im Kap. 3.3.2 näher eingegangen wird.

Bild 3.46 stellt diese drei Netzplanarten in ihren Grundelementen gegenüber. DIN 69900, Teil 2 [59] enthält einige Angaben zur grafischen und tabellarischen Darstellung der verschiedenen Netzplanarten.

Neben den Netzplanmethoden PERT, MPM und CPM gibt es noch eine große Anzahl hiervon abgeleiteter Methoden.

Die Netzplanmethoden PDM (Precedence Diagramming Method) und PPS (Projekt-Planungs- und Steuerungssystem) sind vom MPM abgeleitet. PDM wird vor allem in IBM-Rechenprogrammen verwendet. PPS, das die VKN-, VPN- und EKN-Methoden umfasst, wird besonders im raum- und luftfahrttechnischen Bereich eingesetzt. PROJACS (Project Analysis and Control System) ist ein modernes, von IBM entwickeltes PM-Verfahren, welches mit Vorgangsknoten- und Vorgangspfeil-Netzplänen arbeitet.

Entscheidungsnetzpläne

Entscheidungsnetzplantechniken wendet man an, wenn der Projektablauf nicht eindeutig festliegt, sondern das Projektziel auf mehreren unterschiedlichen Wegen erreicht werden kann. Hängt nämlich das weitere Vorgehen bei einem erreichten Projektzustand von bestimmten äußeren Einflüssen ab, so ist ein deterministischer Ablauf nicht mehr gegeben. Dies ist z.B. der Fall, wenn wechselnde Markteinflüsse (Ergebnisse von Meinungsumfragen, politische, wirtschaftliche oder technologische Veränderungen, etc.) in den Projektablauf so einbezogen werden müssen, dass z.B. auf Grund der aktuell vorliegenden Marktsituation alternative Wege zu beschreiten sind.

Entscheidungsnetzplantechniken haben gegenüber den anderen Netzplantechniken folgende zusätzliche Möglichkeiten:

- ▷ Logische Verknüpfung von Vorgängen,
- ▷ Entscheidungsweichen für alternative Abläufe,
- ▷ Schleifenbildung von Vorgängen,
- ▷ Berücksichtigung von Wahrscheinlichkeitswerten und Zufallsvariablen im Netzplanablauf.

Ein Entscheidungsnetzplan wird damit auf einem nicht vorher bestimmbaren Weg durchlaufen. Bei wiederholtem Durchlauf können sich also unterschiedliche Vorgangsabläufe ergeben.

Ähnlich wie bei den deterministischen Netzplantechniken ist bei den Entscheidungsnetzen auch eine Unterscheidung nach Entscheidung*sereignissen* und Entscheidungs*vorgängen* möglich.

Das bekannteste Verfahren, welches mit Entscheidungsereignissen arbeitet, ist das bereits erwähnte Verfahren GERT, bei dem die Pfeile den Vorgängen und die Knoten den Ereignissen entsprechen [52]. Sowohl für den Eingang als auch für den Ausgang eines Knotens kann man eine Entscheidungsmöglichkeit bestimmen. Für den Ausgang ist hierbei eine deterministische oder eine probabilistische Auswahl möglich für den Eingang sind disjunk-

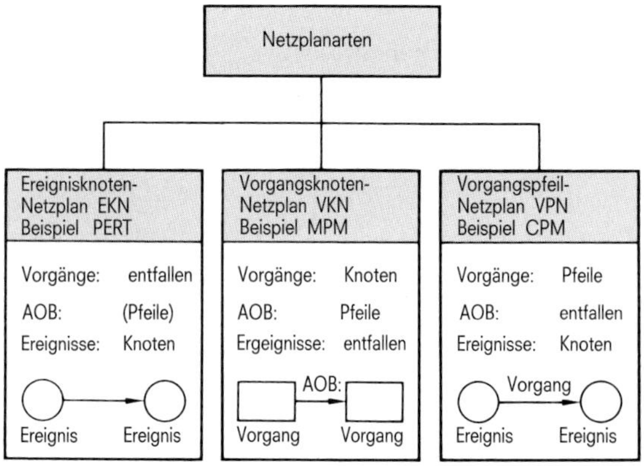

Bild 3.46
Netzplanarten (deterministisch)

tive und konjunktive Auswahlen erlaubt. Bild 3.47 zeigt alle möglichen Ereignisvarianten eines GERT-Netzplans. Weitere Erläuterungen sind in [17] zu finden.

Stochastische Projektabläufe können aber auch mit Vorgangsknoten-Entscheidungsnetzen dargestellt werden. Diese Netze enthalten neben normalen (deterministischen) Vorgängen auch Entscheidungsvorgänge, die auf Grund ihres eigenen Ergebnisses den weiteren Ablauf steuern. Ein Entscheidungsvorgang bestimmt also selbst, welcher Nachfolger als Nächster durchgeführt werden soll.

Vor allem bei Forschungs- und Marketingprojekten sind stochastische Ablaufstrukturen vorherrschend, so dass hier die Anwendung von Netzplantechniken wünschenswert wäre, die alternative Abfolgen zulassen. Die schwere Handhabbarkeit von Entscheidungsnetzen steht aber einer größeren Verbreitung dieser Form von Netzplantechnik noch entgegen.

Die Nutzung von Entscheidungsnetzen hat allerdings einen erneuten Anstoß aus der Informatik erhalten. Abgeleitet von den Petri-Netzen werden dort so genannte *Evaluationsnetze* definiert; diese ermöglichen im Rahmen der Petri-Netztechnologie das einfache und elegante Beschreiben stochastischer Abläufe. Mit Hilfe der bekannten Petri-Entscheidungsprozeduren (Zustände, Transitionen) können komplexe, ablauflogische Zusammenhänge dargestellt werden, ohne dass komplizierte Darstellungssymbole, wie z. B. bei einem GERT-Netz zu erfinden sind. Inwieweit allerdings solche Evalutionsnetze einer rechnerunterstützten Termindurchrechnung und Einsatzmittelberechnung zugänglich gemacht werden können, muss die künftige Entwicklung auf diesem Gebiet noch zeigen.

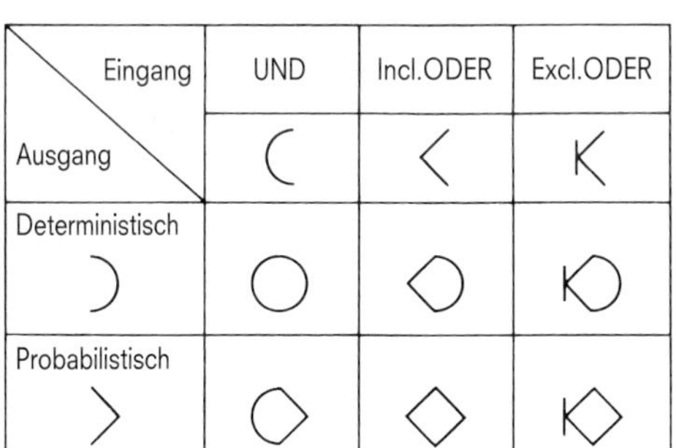

Bild 3.47
Ereignisvarianten eines GERT-Netzplans

3.3.2 Vorgangspfeil-Netzplan (CPM)

Die Netzplanmethode CPM (Critical Path Method) hat wohl als Erste, basierend auf einem Vorgangspfeil-Netzplan (VPN), breiteren Einsatz gefunden; sie wurde 1957 in den USA gemeinsam vom Chemiekonzern E.I., du Pont de Nemours & Co. und der Sperry Rand Corporation entwickelt. Anfänglich wurde sie hauptsächlich für die Planung von Investitionsvorhaben und Wartungsarbeiten eingesetzt. 1961 entstanden weitere CPM-Varianten, so die Verfahren CPS (Critical Path Scheduling) und CPPS (Critical Path Planning und Scheduling) bzw. für eine integrierte Kosten- und Zeitplanung das Verfahren LESS (Least Cost Estimating and Scheduling).

Die Netzplanmethode CPM ist im angelsächsischen Bereich, besonders in den USA, sehr verbreitet; so werden z. B. alle Netzpläne in der Luft- und Raumfahrttechnik dort mit CPM-Verfahren erstellt.

Netzplanelemente

Der CPM-Netzplan stellt einen vorgangsorientierten Netzplan dar. Die Tätigkeiten sind jeweils durch einen Pfeil symbolisiert. Die Abhängigkeiten zwischen diesen Vorgangspfeilen werden nicht gesondert ausgewiesen, da Ende und Anfang eines Pfeils unmittelbar aufeinander folgen. Bei CPM wird vorausgesetzt, dass die Vorgänge lückenlos aufeinander folgen, also keine zeitlichen Überlappungen möglich sind. Der Pfeil übernimmt damit auch die Information der Anordnungsbeziehungen, die immer Ende-Anfang-Beziehungen sind. Jeder Vorgangspfeil wird von zwei Knoten eingegrenzt, welche die Funktion von Ereignissen haben. Hierbei können folgende Knotenformen unterschieden werden:

- ▷ Anfangsknoten
- ▷ Endknoten
- ▷ Startknoten
- ▷ Zielknoten
- ▷ Sammelknoten
- ▷ Verzweigungsknoten.

Anfangsknoten und Endknoten begrenzen einen normalen Vorgangspfeil. Bei einem Startknoten mündet kein Vorgangspfeil ein, und von einem Zielknoten geht kein Vorgangspfeil mehr weiter. In einen Sammelknoten münden mehrere Vorgangspfeile ein, und aus einem Verzweigungsknoten treten mehrere Vorgangspfeile aus. Die Knoten kennzeichnen die Anfangs- und Endergebnisse von Tätigkeitsabläufen und haben den Charakter von Meilensteinen. Daher wird die CPM-Netzplandarstellung gerne bei Meilensteinabläufen verwendet.

Netzplandarstellung

In Bild 3.48 ist ein Beispiel für ein Vorgangspfeilnetz gezeigt. Die Benennungen der Vorgänge werden üblicherweise oberhalb der Pfeile und die Vorgangsdauern unterhalb der Pfeile eingetragen. Die einzelnen als Kreise dargestellten Knoten werden durchnummeriert, so dass jeder Vorgang eindeutig durch das Nummernpaar der beiden begrenzenden Knoten identifizierbar ist. Eine gesonderte Vorgangsnummerung erübrigt sich damit.

Weiterhin sind in den Knotenkreisen die Frühest- und Spätesttermine für die Vorgänge aufgenommen. Entsprechend einer *Vorwärts-* und *Rückwärtsrechnung* (siehe Kap. 3.3.5) ergeben sich die Pufferwerte. In der Vorwärtsrechnung werden alle Frühesttermine durch schrittweises Aufaddieren der Vorgangsdauern bestimmt. Ausgehend von dem dabei ermittelten Endtermin werden bei der Rückwärtsrechnung durch schrittweises Subtrahieren die Spätesttermine der einzelnen Vorgänge errechnet. Die Differenz aus Frühesttermin und Spätesttermin bildet jeweils den Zeitpuffer eines Vorgangs. Die von Projektanfang bis zum Projektende durchgehende Vorgangskette, die nur Vorgänge mit einem Puffer von Null enthält, kennzeichnet den »kritischen Pfad«. Terminverschiebungen von Vorgängen, die auf dem kritischen Pfad liegen, wirken sich voll auf den Endtermin des Gesamtprojekts aus.

Einen Sonderfall stellen in einem Vorgangspfeil-Netzplan die *Scheinvorgänge* dar. Scheinvorgangspfeile – häufig als gestrichelte Pfeile gezeichnet – sind Vorgänge mit einer Dauer Null und dienen – in Ermangelung einer expliziten Darstellungsmöglichkeit von Anordnungsbeziehungen – zur Zeitsynchronisation der Anfangs- bzw. Endknoten von Vorgangspfeilen. Durch das Einführen von Scheinvorgängen (siehe Beispiel Vorgang 2–3

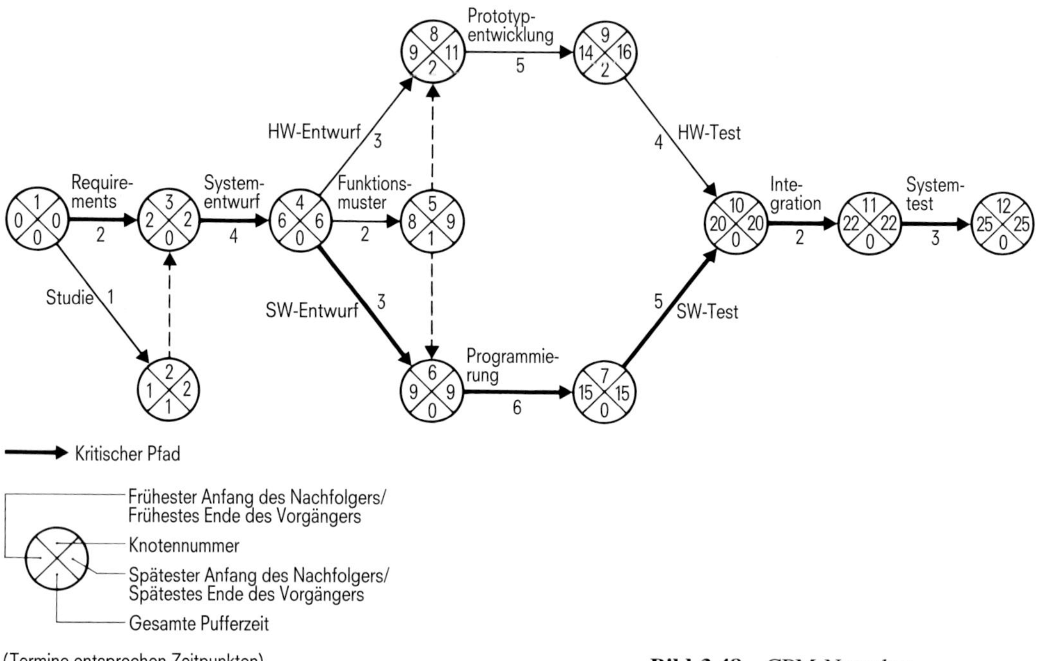

(Termine entsprechen Zeitpunkten)

Bild 3.48 CPM-Netzplan

im Bild 3.48) können parallel laufende Aktivitäten in ihrem Anfang oder in ihrem Ende gleichgeschaltet werden.

3.3.3 Ereignisknoten-Netzplan (PERT)

Die Netzplanmethode PERT (Program Evaluation and Review Technique) [33] ist die bekannteste Form für eine Ereignisknoten-Netzplantechnik (EKN); sie wurde fast gleichzeitig mit CPM Ende der 50er-Jahre in den USA bei dem damaligen Raketenprojekt POLARIS erstmalig in großem Umfang eingesetzt; dies bewirkte, dass das bereits technologisch zurückliegende Projekt durch eine straffere Koordination der militärischen Stellen mit den zivilen Auftragnehmern erheblich beschleunigt werden konnte. In der Folge entstanden mehrere PERT-ähnliche Verfahren, z. B. PEP (Program Evaluation Procedure), die sich aber gegen PERT nicht durchsetzen konnten. Zu dem ursprünglichen PERT, dem »Zeiten-PERT«, kam später das »Kosten-PERT« (PERT-COST) hinzu, das eine explizite Beziehung zwischen Kosten und Netzplan herstellt. Das »Zeiten-PERT« ist etwa mit dem Terminberechnungsteil, und das »Kosten-PERT« mit dem Einsatzmittelplanungsteil des Netzplanverfahrens SINET zu vergleichen.

Netzplanelemente

Der PERT-Netzplan stellt einen ereignisorientierten Netzplan dar, d. h. die Tätigkeiten ($\hat{=}$ Vorgänge) werden durch ein Vor- und ein Nachereignis bestimmt. In Bild 3.49 ist beispielhaft ein solcher Netzplan dargestellt. Die Kreise kennzeichnen die Ereignisse, die Pfeile die Tätigkeiten.

Die Tätigkeit bzw. der Vorgang tritt bei einem PERT-Netzplan in seiner Bedeutung stark zurück. Ausschlaggebend sind die den Vorgang begrenzenden Ereignisse: das Vorgängerereignis und das Nachfolgerereignis, die den Charakter von Meilensteinen einnehmen. Dem Pfeil wird der Zeitabstand zwischen diesen beiden Ereignissen zugeordnet.

Drei-Zeiten-Schätzung

Das herausragende Merkmal von PERT ist die *Drei-Zeiten-Schätzung*. Im Gegensatz zu allen anderen Netzplantechniken ist hier die Schätzung der Tätigkeitsdauer nicht mit *einem* Wert belegt, sondern mit *drei* Zeitangaben:

- ▷ Optimistische Zeit T_o
- ▷ Wahrscheinliche Zeit T_w
- ▷ Pessimistische Zeit T_p.

Die optimistische Zeit T_o bezeichnet die Schätzung der kürzestmöglichen Zeitdauer für eine Tätigkeit, wenn alles »bestens« und mit »viel Glück« abläuft. Die Schätzung der normal üblichen Zeitdauer für eine Tätigkeit ergibt die wahrscheinliche Zeit T_w. Zum Bestimmen der pessimistischen Zeit T_p wird angenommen, dass beim Durchführen der betreffenden Tätigkeit alles »schief« läuft.

Aus diesen drei Zeitwerten wird nach einer Wahrscheinlichkeitsdichteverteilung (Beta-Verteilung) eine mittlere erwartete Zeit T_m berechnet:

$$T_m = \frac{T_o + 4\,T_w + T_p}{6}. \tag{27}$$

Es werden also keine festen Zeitdauern für die einzelnen Tätigkeiten angenommen, sondern sie variieren in einem bestimmten Bereich. Dadurch wird man dem Umstand gerecht, dass besonders bei Forschungsprojekten die benötigten Zeitdauern meist nicht exakt vorhersagbar sind.

Netzplandarstellung

Die Termindurchrechnung geschieht ähnlich wie bei CPM und MPM durch Vor- und Rückwärtskumulieren der mittleren erwarteten Zeiten. In dem Netzplanbeispiel Bild 3.49 sind die auf diese Art ermittelten Werte für die frühestmöglichen Termine t_F und die spätestmöglichen Termine t_S für die einzelnen Ereignisse angegeben. Als kritischer Pfad ist hier der Pfad zu erkennen, der die längste (aufaddierte) Zeitdauer hat und dessen Ereignisse alle eine Pufferzeit ($t_S - t_F$) von Null haben.

Die Benennung der Ereignisse wird bei einem PERT-Netzplan möglichst in den Kreis oder besser in ein Oval mit einer eindeutig identifizierenden Ereignisnummer eingetragen. Oberhalb der Verbindungspfeile gibt man die drei Werte der Zeitschätzung und unterhalb der Pfeile den berechneten mittleren Zeitwert an.

Dadurch, dass kein Zwang zu einer verpflichtenden Einzel-Zeit-Schätzung besteht, erreicht man bei einem PERT-Netzplan eine ehrlichere und realistischere Terminbeurteilung. Allerdings liegt wohl der entscheidende Nachteil von PERT in dem beachtlichen Aufwand für das Aktualisieren der (dreimal so vielen) Zeitschätzwerte.

Folgende Grundregeln für den Aufbau eines PERT-Netzplans sind zu beachten:

- ▷ Jede Tätigkeit muss mindestens je ein Vor- und Nachereignis haben.
- ▷ Keine Tätigkeit kann begonnen werden, bevor das Vorereignis eingetreten ist.
- ▷ Parallele Tätigkeiten sind durch Einbinden von Scheintätigkeiten (mit Dauer Null) zu vermeiden.
- ▷ Unabhängige Tätigkeiten sollen unabhängig dargestellt werden.
- ▷ Schleifen sind unzulässig.

Mit Hilfe des Kosten-PERT werden thematisch zusammengehörende Tätigkeiten zu Kosten-Arbeitspaketen zusammengefasst und jeweils mit einer Verrechnungsnummer versehen. Bezogen auf diese Nummer kann man dann mit DV-Unterstützung Plankosten und anfallende Istkosten gegenüberstellen. Nach verschiedenen Sortier- und Selektionskriterien können dann Kosten- und Terminübersichten gewonnen werden.

PERT unterstützt nicht die Multiprojektplanung, da mit PERT keine Kapazitäts- und Auslastungsplanung möglich ist.

Der Begriff PERT-Diagramm wird heutzutage häufig auch für Netzplandarstellungen verwendet, die keine Zeitwahrscheinlichkeiten enthalten.

3.3.4 Vorgangsknoten-Netzplan (MPM)

Die jüngste der drei Netzplanmethoden ist MPM (Metra-Potential-Methode); sie hat einen Vorgangsknoten-Netzplan (VKN) als Grundlage; entwickelt wurde sie von der französischen Beratungsfirma SEMA. Da diese Firma zu der Unternehmensgruppe METRA INTERNATIONAL gehörte und die entwickelte Netzplanmethode zur Wegbestimmung

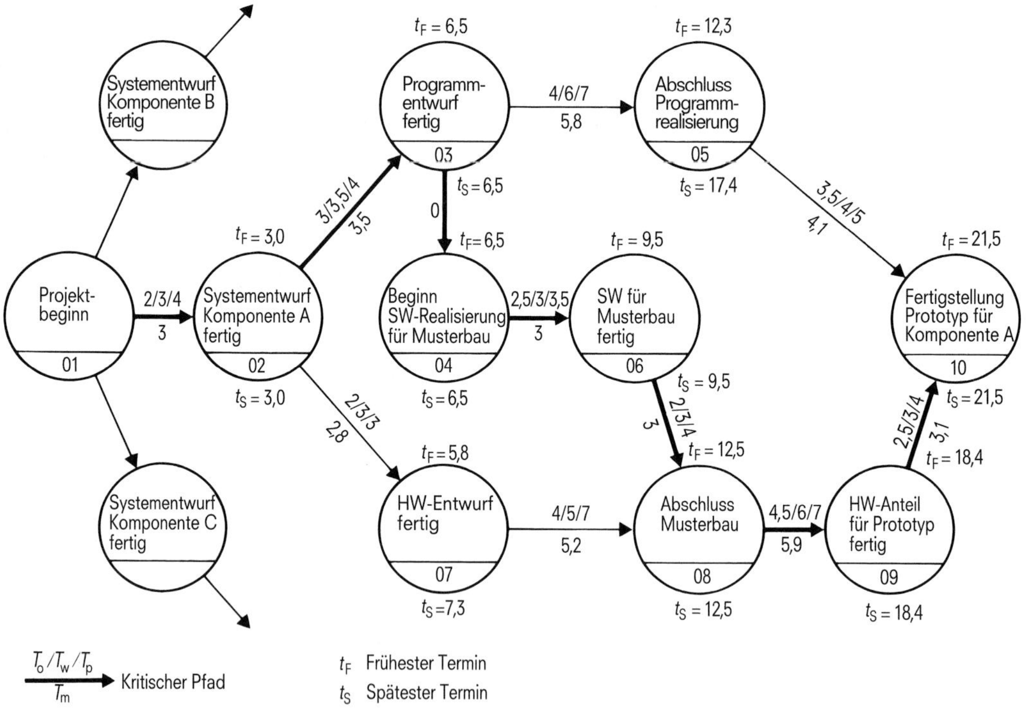

Bild 3.49 PERT-Netzplan

ein besonderes mathematisches Lösungsverfahren – den Potenzial-Algorithmus – verwendete, kam der Name Metra-Potential-Methode zu Stande.

MPM wurde zuerst in der Kraftwerkstechnik und in der Bauindustrie angewendet und stellt das Ausgangsverfahren für alle später entstandenen VKN-Verfahren dar. Inzwischen hat MPM in allen FuE-Bereichen, besonders bei größeren Entwicklungsprojekten Eingang gefunden und zumindest im europäischen Bereich die beiden anderen Netzplanmethoden CPM und PERT stark zurückgedrängt. Daher wird in diesem Buch bei Netzplananwendungen hauptsächlich von MPM ausgegangen.

Netzplanelemente

Bei MPM werden in einem Vorgangsknoten-Netz die Tätigkeiten bzw. Vorgänge als Kästen dargestellt, die Verbindungspfeile symbolisieren die Anordnungsbeziehungen (AOB) zwischen diesen Vorgängen. Explizite Ereignisse treten somit in einem Vorgangsknoten-Netzplan nicht auf. Meilenstein-Ereignisse müssen als eigene Vorgänge mit einer Null-Dauer deklariert werden.

Entsprechend der Ablauffolge der einzelnen Vorgänge in einem Vorgangsknoten-Netz gibt es die folgenden Arten von Vorgängen:

- ▷ Vorgänger (-Vorgang)
- ▷ Nachfolger (-Vorgang)
- ▷ Startvorgang
- ▷ Zielvorgang
- ▷ Alleinvorgang.

Ein Vorgänger (-Vorgang) ist im logischen Ablauf unmittelbar *vor* einem bestimmten Vorgang, ein Nachfolger (-Vorgang) ist im logischen Ablauf unmittelbar *nach* diesem Vorgang angeordnet. Ein Startvorgang kennzeichnet den ersten Vorgang im logischen Ablauf, der selbst keinen Vorgänger hat. Der Zielvorgang ist der letzte Vorgang im logischen Ablauf und besitzt daher keinen eigenen Nachfolger. Der Alleinvorgang stellt eine Aktivität dar, die nicht in den logischen Projektablauf eingebunden ist, und verfügt weder über einen Vorgänger noch über einen Nachfolger.

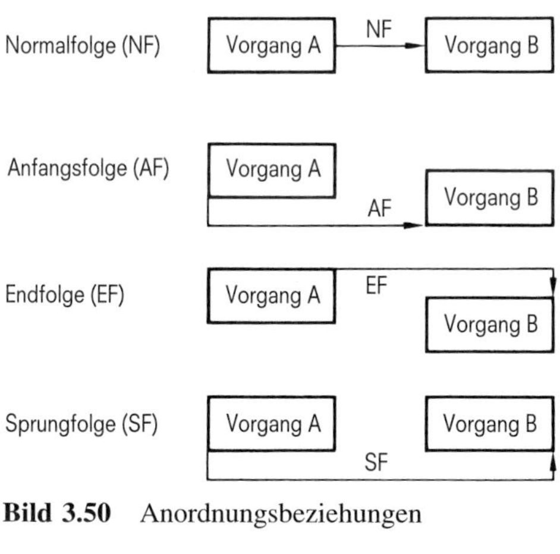

Bild 3.50 Anordnungsbeziehungen

Anordnungsbeziehungen

Innerhalb der MPM-Netzplanmethode ist es möglich, vier Formen einer Anordnungsbeziehung zu definieren, die sich in Art und Zeitdauer der Überlappung der Vorgänge unterscheiden:

- ▷ Normalfolge (NF)
- ▷ Anfangsfolge (AF)
- ▷ Endfolge (EF)
- ▷ Sprungfolge (SF)

Bild 3.50 stellt diesen Sachverhalt dar.

Die *Normalfolge* ist die übliche Folge zweier (serieller) Vorgänge, bei denen das Ende des ersten Vorgangs mit dem Anfang des zweiten Vorgangs verbunden ist, so dass sie sich bei positivem Zeitabstand – nicht überlappen. Die Normalfolge ist eine Ende-Anfang-Beziehung. Bei einer *Anfangsfolge* sind die Anfänge der beiden Vorgänge, die damit überlappt (teilparallel) sein können, miteinander verbunden. Die Anfangsfolge ist also eine Anfang-Anfang-Beziehung. Bei einer *Endfolge* sind die Enden der beiden Vorgänge entsprechend verknüpft; es handelt sich um eine Ende-Ende-Beziehung. Die *Sprungfolge* kennzeichnet einen Spezialfall, bei dem das Ende des Nachfolger-Vorgangs mit dem Anfang des Vorgänger-Vorgangs verbunden ist. Sie ist damit eine Anfang-Ende-Beziehung und wird hauptsächlich zum Definieren von Maximalabständen verwendet.

Zeitabstände von Anordnungsbeziehungen

Für alle vier Anordnungsbeziehungen können die Zeitabstände auf zwei Arten angegeben werden:

▷ Minimal- bzw. Mindestabstände
▷ Maximal- bzw. Höchstabstände.

Minimalabstände – auch als Mindestabstände bezeichnet – kennzeichnen z. B. bei einer Normalfolge einen Zeitwert, der mindestens vergehen muss, bevor der Nachfolger-Vorgang begonnen werden darf. Maximalabstände dagegen bestimmen zeitliche Abstände, die nicht überschritten werden dürfen. Bei einer Normalfolge bedeutet dies z. B., dass der Nachfolger-Vorgang niemals später als der angegebene Zeitwert begonnen werden darf. Maximalabstände bestimmen damit eine Begrenzung bei Überschreiten von Minimalabständen. In der Praxis begnügt man sich bei der Angabe von Zeitabständen meist mit Minimalwerten, da Maximalabstände mit Hilfe von Schleifenkonstruktionen (z. B. Normalfolge mit Sprungfolge) formuliert werden müssen.

Als Kennzahl für die Vernetzung eines Netzplans (Netzdichte) wird die Verflechtungszahl υ angegeben:

$$\upsilon = \frac{n_{\text{AOB}}}{n_{\text{Vorgang}} - 1} \tag{28}$$

n_{AOB} Anzahl Anordnungsbeziehungen
n_{Vorgang} Anzahl Vorgänge.

Bei $\upsilon = 1$ handelt es sich um einen sequenziellen Ablauf. Die Praxis hat gezeigt, dass die Verflechtungszahl den Wert 2 nicht überschreiten sollte.

Anhand zweier Vorgänge, die in dem einen Fall seriell und in dem anderen Fall teilparallel verlaufen, werden im Bild 3.51 die Möglichkeiten der Anordnungsbeziehungen mit ihren jeweiligen Zeitabständen in der Gegenüberstellung zu einem Balkendiagramm aufgezeigt. Die Zeitabstände werden in definierten Zeiteinheiten, wie z. B. Tage, Wochen oder auch Monate, angegeben. Wie ersichtlich, kann ein bestimmter Zeitabstand bei einer Überlappung oder einer Folge von zwei Vorgängen durch alle vier Anordnungsbeziehungen ausgedrückt werden, wobei die Zeitabstände von überlappenden Vorgängen bei Normalfolgen immer negative Werte annehmen.

So umfangreich sich bei der MPM-Netzplanmethode auch die Möglichkeiten zum Formulieren von Anordnungsbeziehungen mit ihren unterschiedlichen Zeitabständen darstellen, so vorsichtig muss doch mit ihnen beim Aufbau eines Netzplans umgegangen werden. Ein Rechnerprogramm ist wohl in der Lage, ein sehr komplexes Vorgangsknoten-Netz durchzurechnen und dabei alle möglichen Anordnungsbeziehungen mit zahlreichen unterschiedlichen Zeitabständen zu berücksichtigen; der Netzplan muss aber für den Projektplaner grafisches Planungsinstrument bleiben, und dieser verliert bei einer Überladung von »trickreichen« Anordnungsbeziehungen schnell seine Übersichtlichkeit. Eine sachrichtige Modifikation des Netzplans ist bei einer zu stark vernetzten Struktur dann nicht mehr möglich.

Netzplandarstellung

Bild 3.52 zeigt einen Netzplan in der MPM-Darstellung, hierbei wurde das Beispiel des Kap. 3.3.2 benutzt, welches dort in der CPM-Darstellung ausgeführt wurde. Aus jedem dort aufgeführten Vorgangspfeil wird in der MPM-Darstellung ein Vorgangskästchen, welches im Wesentlichen die gleichen Daten enthält wie der Knotenkreis in dem CPM-Netzplan.

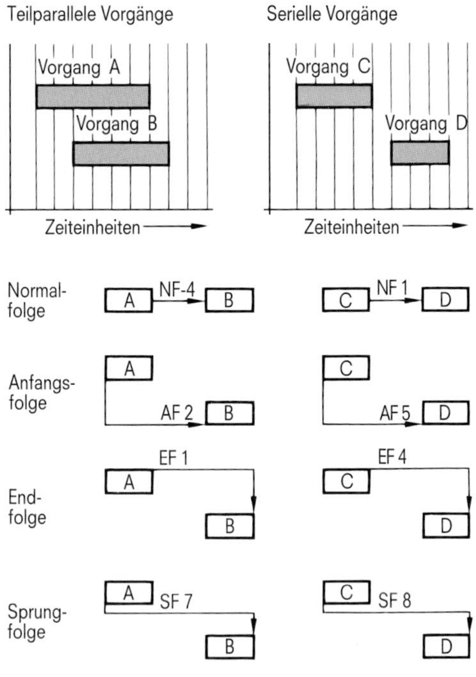

Bild 3.51
Möglichkeiten von Anordnungsbeziehungen

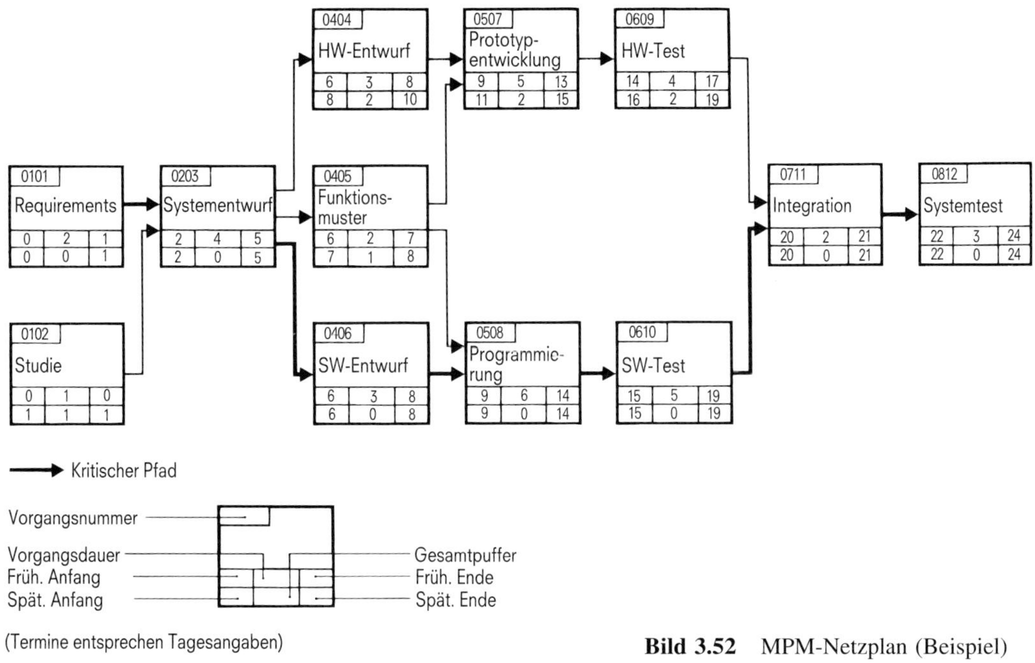

Bild 3.52 MPM-Netzplan (Beispiel)

Die Frühest- und Spätesttermine sowie die Pufferzeiten sind in ähnlicher Form wie bei der CPM-Methode zu bestimmen, indem durch eine Vorwärtsrechnung die Frühesttermine und durch eine Rückwärtsrechnung die Spätesttermine ermittelt werden. Es sind allerdings die – bei der CPM-Methode nicht vorhandenen – Anordnungsbeziehungen in ihrer jeweiligen Art und ihren Zeitabständen zusätzlich zu beachten. So böte sich z.B. bei dem Vorgang 0405 »Funktionsmuster« in dem gezeigten Beispiel an, eine Ende-Ende-Beziehung zu den benachbarten Vorgängen 0404 und 0406 mit einem Zeitabstand von 1 aufzubauen, so dass also das »Funktionsmuster« mindestens die Zeiteinheit 1 eher fertig sein muss als der »HW-Entwurf« oder der »SW-Entwurf«. Entsprechend würden sich einige Termine bei der Durchführung verändern.

In den folgenden beiden Kapiteln wird auf die Darstellung und Durchrechnung von Vorgangsknoten-Netzplänen gemäß der MPM-Netzplanmethode näher eingegangen.

3.3.5 Termindurchrechnung

Mit der Termindurchrechnung eines Netzplans werden die Netzplan-Vorgänge – unter Berücksichtigung der gegenseitigen Abhängigkeiten – zeitlich eingeordnet. Ausgangsbasis sind die jeweiligen Dauern der Vorgänge und eventuell gesetzte Fixtermine. Neben der Festlegung der gesamten Terminlage werden noch die einzelnen *Pufferzeiten* der Vorgänge sowie die *kritischen Pfade* ermittelt.

Die Termindurchrechnung läuft in zwei Rechnungsgängen ab, der *Vorwärts-* und der *Rückwärtsrechnung*. Ihr Ergebnis ist die Bestimmung der Anfangstermine und Endtermine aller Netzplan-Vorgänge. Bei den Anfangs- und Endterminen muss zwischen frühester und spätester Terminlage unterschieden werden, so dass ein für einen Vorgangsknoten-Netzplan signifikanter Termin-Quadrupel entsteht:

- ▷ Frühester Anfangszeitpunkt *(FAZ)*
- ▷ Spätester Anfangszeitpunkt *(SAZ)*
- ▷ Frühester Endzeitpunkt *(FEZ)*
- ▷ Spätester Endzeitpunkt *(SEZ)*.

Der Unterschied zwischen frühestem und spätestem Zeitpunkt eines Vorgangs liegt in der Vernetzung und gegenseitigen Abhängigkeit der Vorgänge begründet. Hierdurch kann ein Vorgang mit definierter Dauer früher und später zur Ausführung kommen; der Vorgang verfügt dann über einen Zeitpuffer.

Zeitvorgaben

Voraussetzung für die Termindurchrechnung eines Vorgangsknoten-Netzplans sind allerdings bestimmte Zeitvorgaben für die einzelnen Vorgänge. Diese Zeitvorgaben können als Dauern, als Zeitpunkte oder auch als fixe Termine vorgegeben werden (Bild 3.53). Insgesamt sind fünf Varianten möglich:

1 Vorgangsdauer allein
2 Vorgangsdauer und fixer Anfangstermin
3 Vorgangsdauer und fixer Endtermin
4 Fixer Anfangs- und fixer Endtermin
5 (Nicht fixer) Anfangs- und Endzeitpunkt.

Die einzelnen Netzplanverfahren erlauben meist nicht alle diese Varianten. So sind bei dem PM-Verfahren MS Project nur die ersten drei Varianten möglich, bei der Netzplankomponente des Projektplanungs- und -steuerungsverfahrens REPROPLIK dagegen können alle fünf Varianten genutzt werden.

Insgesamt kann man zwischen

▷ einer dauerorientierten und
▷ einer terminorientierten

Zeitvorgabe unterscheiden. Zur *dauer*orientierten Zeitvorgabe gehören die Varianten 1, 2 und 3; bei dieser ist immer die Angabe einer Vorgangsdauer – gezählt in realen Arbeitstagen des vorliegenden Kalenders – notwendig. Bei einer *termin*orientierten Zeitvorgabe, zu der die Varianten 4 und 5 gehören, erübrigt sich die explizite Angabe einer Zeitdauer, da diese wegen der Vorgabe von zwei Zeitpunkten bzw. Fixterminen vom Verfahren automatisch ermittelt wird. Bei der Variante 5 werden die vorgegebenen Zeitpunkte nur zum Berechnen der Dauern genutzt, bei der anschließenden Termindurchrechnung werden sie nicht mehr benötigt.

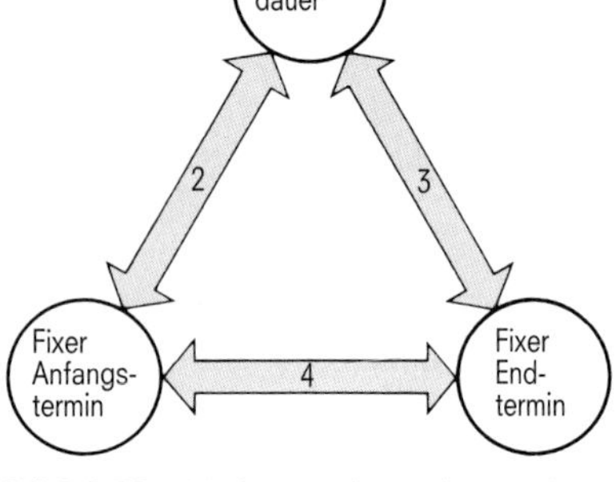

Bild 3.53 Varianten der Zeitvorgaben

Vorwärtsrechnung

Zum Bestimmen der frühesten Zeitpunkte bzw. Termine dient der erste Rechnungsgang, die Vorwärtsrechnung, – auch *progressive Zeitrechnung* genannt. Bei der Vorwärtsrechnung wird von dem Anfangszeitpunkt des Startvorgangs ausgegangen. Durch Addition mit dessen Dauer erhält man den frühesten Endzeitpunkt für diesen Startvorgang, der gleichzeitig – unter Berücksichtigung entsprechender Zeitabstände – die frühesten Anfangszeitpunkte für die Nachfolger-Vorgänge des Startvorgangs bestimmt. Addiert zur jeweiligen Vorgangsdauer ergeben sich die zugehörigen frühesten Endzeitpunkte dieser Nachfolger-Vorgänge. Diese bestimmen wiederum die frühesten Anfangszeitpunkte von deren Nachfolger-Vorgängen usw., bis diese Durchrechnung, die auf Grund der vernetzten Struktur iterativ abläuft, zu einem frühesten Endzeitpunkt für den Zielvorgang führt. Bild 3.54 zeigt ein einfaches Beispiel für die Vorwärtsrechnung bei einem Sammelknoten, wobei mehrere Vorgänge einen gemeinsamen Nachfolger haben.

Das Ergebnis einer derartigen iterativen Vorwärtsrechnung ist die Bestimmung aller frühesten Zeitpunkte nach folgendem Formelpaar:

Vorwärtsrechnung

$$FAZ_\chi = \max(FEZ_\upsilon) + 1 \qquad (29)$$
$$FEZ_\chi = FAZ_\chi + T_\chi - 1$$

υ Vorgänger von χ
T_χ Dauer von χ

Rückwärtsrechnung

In einem zweiten Rechnungsgang, der Rückwärtsrechnung – auch *retrograde Rechnung* genannt – werden die spätesten Zeitpunkte bzw. Termine bestimmt. Bei der Rückwärtsrechnung ist von dem spätesten Endzeitpunkt des Zielvorgangs auszugehen; dieser kann entweder als Fixtermin oder durch die Projektdauer vorgegeben sein. Ist beides nicht der Fall, so wird der durch die Vorwärtsrechnung ermittelte früheste Endzeitpunkt gewählt und mit dem spätesten Endzeitpunkt gleichgesetzt. Durch Subtraktion der Dauer des Zielvorgangs vom Endzeitpunkt ergibt sich der späteste Anfangszeitpunkt dieses Vorgangs, der gleichzeitig unter Berücksichtigung eventueller Zeitabstände der Anordnungsbeziehungen die spätesten Endzeitpunkte seiner Vorgänger bestimmt. Deren späteste Anfangszeitpunkte ergeben sich wiederum durch Subtraktion der jeweiligen Vorgangsdauern von diesen Endzeitpunkten. Auch hier läuft der Rechnungsgang wegen der vernetzten Struktur iterativ ab und wird so lange fortgeführt, bis der Startvorgang erreicht, d. h. dessen spätester Anfangszeitpunkt bestimmt worden ist.

Bild 3.55 zeigt ein Beispiel für die Rückwärtsrechnung bei einem Verzweigungsknoten, bei dem mehrere Vorgänge von einem einzigen Vorgänger ausgehen.

Ergebnis der Rückwärtsrechnung ist die Bestimmung aller spätesten Zeitpunkte nach dem folgenden Formelpaar:

Rückwärtsrechnung

$$SEZ_\chi = \min(SAZ_n) - 1 \qquad (30)$$
$$SAZ_\chi = SEZ_\chi - T_\chi + 1$$

n Nachfolger von χ
T_χ Dauer von χ

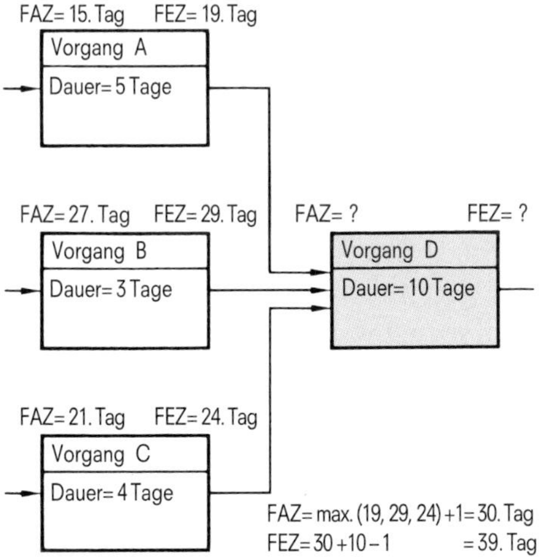

Bild 3.54 Vorwärtsrechnung

Konsistenz eines Netzplans

Nach Abschluss der Vorwärts- und der Rückwärtsrechnung liegt für jeden Vorgang das bereits erwähnte Termin-Quadrupel vor,

Zeitpunkte:
FAZ, SAZ, FEZ, SEZ bzw.

Termine:
FAT, SAT, FET, SET.

Ist der Netzplan »zeitkonsistent«, treten also keine negativen Puffer auf, so muss die Terminrechnung folgende Zeitbeziehungen für alle Vorgänge ergeben haben:

Zeitkonsistenter Netzplan:
$SAZ \geq FAZ$
$SEZ \geq FEZ.$

Anderenfalls ist der Netzplan nicht zeitkonsistent, d. h. es gibt Vorgänge, deren Dauer nicht mehr in die Zeitspanne der errechneten Termine für Anfang und Ende passen. Der Netzplan muss in einem solchen Fall überarbeitet werden, sei es durch Verändern von Vorgangsdauern, durch Ändern von Anordnungsbeziehungen oder durch Ändern von Fixterminen. Negative Puffer entstehen allein durch die Vorgabe von Fixterminen. Sind solche Fixtermine nicht vorhanden, ergibt sich immer ein zeitkonsistenter Netzplan.

Gesamte und freie Pufferzeit

Als Puffer werden bei einem Netzplan die Zeitintervalle bezeichnet, in denen die Vor-

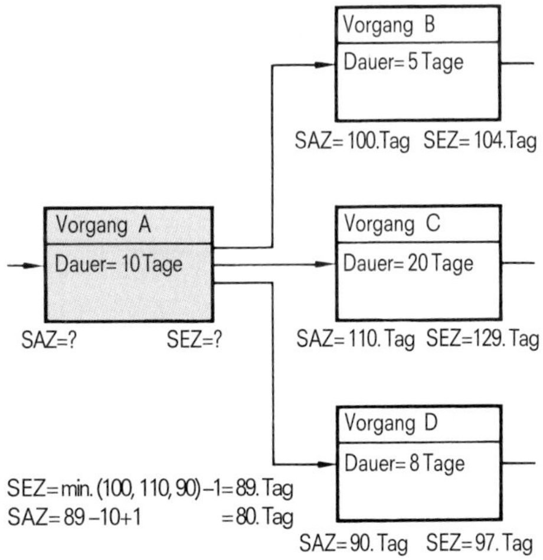

Bild 3.55 Rückwärtsrechnung

gänge unter bestimmten Voraussetzungen verschoben werden können.

Die *gesamte Pufferzeit* $T_{GP,\chi}$ eines Vorgangs wird definiert als Differenz der spätesten und frühesten Zeitpunkte (entweder Anfangs- oder Endzeitpunkte), d.h.:

$$T_{GP,\chi} = SAZ_\chi - FAZ_\chi = SEZ_\chi - FEZ_\chi. \quad (31)$$

Diese Gesamtpufferzeit muss bei jedem Vorgang eines Netzplans stets größer oder gleich Null sein, sonst ist der Netzplan zeitinkonsistent. Ist die gesamte Pufferzeit eines Vorgangs gleich Null, so ist dieser *kritisch,* d.h., die tatsächlich eintretende Zeitdauer für diesen Vorgang darf auf keinen Fall die einmal geschätzte Dauer überschreiten, weil es sonst zu einem mehr oder weniger großen »Terminplatzen« im gesamten Entwicklungsablauf kommt. Eine positive gesamte Pufferzeit kennzeichnet eine Zeitreserve für die Tätigkeitsdauer eines Vorgangs, die allerdings nicht grundsätzlich voll ausschöpfbar ist, weil es bei einem vollständigen Verschieben des Vorgangs innerhalb seiner gesamten Pufferzeit zu einer Kettenreaktion von Verschiebungen seiner Vorgänger oder Nachfolger kommen kann.

Dieser Sachverhalt ist in dem Bild 3.56 beispielhaft veranschaulicht. Wird hier der Vorgang A, der rechnerisch über eine T_{GP} von sechs Tagen verfügt, voll auf seinen spätesten Endzeitpunkt gelegt, so kann der Vorgang C erst kurz vor seinem spätesten Anfangszeitpunkt begonnen werden; er ist damit fast zu einem kritischen Vorgang geworden. Der Vorgang A kann also unbedenklich, d.h. ohne Auswirkungen auf seine Nachfolger, nur bis zum Zeitpunkt des frühesten Anfangs einer seiner Nachfolger verschoben werden. Diese Zeitdifferenz, die als Zeitreserve für einen Vorgang frei zur Verfügung steht, wird als *freie Pufferzeit* T_{FP} bezeichnet und errechnet sich nach der Formel

$$T_{FP,\chi} = \min(FAZ_n) - FEZ_\chi - 1 \quad (32)$$

n Nachfolger von χ.

Da die freie Pufferzeit mit Hilfe der frühesten Zeitpunkte einer Vorwärtsrechnung bestimmt wird, findet man auch die Bezeichnung freie Vorwärtspufferzeit T_{FVP}.

Die freie Pufferzeit ist immer kleiner als die gesamte Pufferzeit. Das Ausnützen der freien

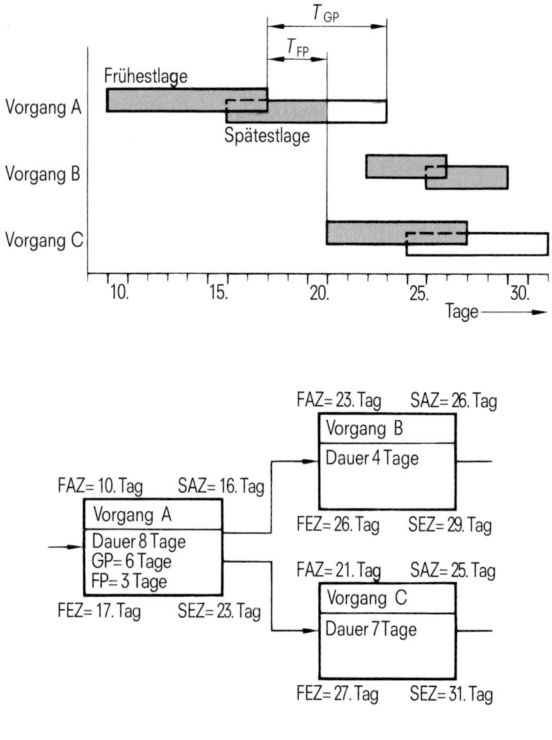

Bild 3.56 Gesamte und freie Pufferzeit

Pufferzeit für einen Vorgang tangiert also nicht seine Nachfolger; dagegen zwingt das Ausnützen der gesamten Pufferzeit diese teilweise in deren Spätestlage und macht sie daher »kritisch«.

Kritischer Pfad

Werden keine Fixtermine gesetzt, so gibt es bei jedem Netzplan – beginnend bei einem Startvorgang und endend bei einem Zielvorgang – einen geschlossenen Weg von Vorgängen, die alle kritisch sind, bei denen also die gesamten und damit auch die freien Pufferzeiten gleich Null sind; diesen Weg bezeichnet man als kritischen Pfad.

Werden allerdings Fixtermine gesetzt, so können insgesamt drei Fälle auftreten:

- ▷ Nicht kritischer Pfad → Positive Puffer
- ▷ Kritischer Pfad → Puffer gleich Null
- ▷ Überkritischer Pfad → Negative Puffer

Ein überkritischer Pfad kann nur als ein temporärer Planungszwischenstand angesehen werden, da er irreale Planvorgaben enthält.

Es können natürlich auch mehrere kritische Pfade auftreten, auch Teilketten von kritischen Vorgängen sind möglich; man spricht dann von kritischen Unternetzen. Besondere Aufgabe eines DV-gestützten Netzplanverfahrens ist das Ausweisen dieser kritischen Vorgänge und Pfade.

Neuerdings wird eine strengere Form des kritischen Pfads empfohlen, die sogenannte »Critical Chain« (vereinfacht mit *Kritische Kette* übersetzt). Die Critical-Chain-Methode wurde von Goldratt in seinem 1997 erschienenen Buch vorgestellt [30]. Beim kritischen Pfad werden nur die zeitlichen Abhängigkeiten zwischen den Vorgängen des Netzplans berücksichtigt, dagegen bezieht die Critical-Chain-Methode zusätzlich die Verfügbarkeit der Ressourcen, vornehmlich des Personals, in die Netzplandurchrechnung mit ein. Auf diese Weise wird eine effektivere Auslastung des Personals erzwungen, so dass die Fertigstellung von Projekten in deutlich kürzeren Zeiten als bei der Kritischen-Pfad-Methode möglich sein soll.

Weitere Pufferzeiten

Außer den beiden vorgenannten gängigen Pufferzeiten gibt es noch weitere Pufferzeiten, die zum differenzierten Beurteilen einer Netzplan-Konfiguration herangezogen werden können:

- ▷ Unabhängige Pufferzeit (T_{UP})
- ▷ Freie Rückwärtspufferzeit (T_{FRP})
- ▷ Bedingte Pufferzeit (T_{BP})
- ▷ Bedingte Rückwärtspufferzeit (T_{BRP}).

Die *unabhängige Pufferzeit* eines Vorgangs kennzeichnet den möglichen Verschiebungszeitraum, wenn alle Vorgänger ihre spätesten Zeitpunkte und alle Nachfolger ihre frühesten Zeitpunkte einnehmen. Sie berechnet sich nach der Formel

$$T_{UP,\chi} = \min(FAZ_n) - \max(SEZ_v) - (T_\chi + 1) \quad (33)$$

n Nachfolger von χ
v Vorgänger von χ
T_χ Dauer von χ.

Die *freie Rückwärtspufferzeit* ist die Zeitspanne, in der ein Vorgang, bezogen auf seine späteste Lage, in die späteste Lage seiner Vorgänger verschoben werden kann; sie ist das Pendant zur freien (Vorwärts-)Pufferzeit, welche sich ja aus den frühesten Lagen ergeben hat. Die freie Rückwärtspufferzeit berechnet sich nach der Formel

$$T_{FRP,\chi} = SEZ_\chi - \max(SEZ_v) - (T_\chi - 1) = SAZ_\chi - \max(SEZ_v) - 1. \quad (34)$$

Die *bedingte (verfügbare) Pufferzeit* wird aus der Differenz der gesamten und der freien Pufferzeit gebildet und kennzeichnet den über den freien Puffer hinausgehenden Verschiebungszeitraum, wenn alle Nachfolger eines Vorgangs ihre späteste Lage einnehmen. Diese Größe gibt also die Zeitdifferenz zwischen dem theoretischen Maximalpuffer T_{GP} und dem »auf jeden Fall zur Verfügung stehenden« Puffer T_{FP} an, die damit dem Terminplaner eventuell noch zur Disposition steht. Die bedingte verfügbare Pufferzeit leitet sich ab wie folgt:

$$T_{BP,\chi} = T_{GP,\chi} - T_{FP,\chi}. \quad (35)$$

Als *bedingte Rückwärtspufferzeit* eines Vorgangs wird die Differenz zwischen gesamter Pufferzeit und der freien Rückwärtspufferzeit dieses Vorgangs bezeichnet. So wie die freie

Rückwärtspufferzeit symmetrisch zur freien (Vorwärts-)Pufferzeit steht, so ist die bedingte Rückwärtspufferzeit symmetrisch zur bedingten (Vorwärts-)Pufferzeit zu sehen. Sie kennzeichnet den über den freien Rückwärtspuffer hinausgehenden Verschiebungszeitraum, wenn alle Vorgänger eines Vorgangs x ihre früheste Lage einnehmen. Die bedingte Rückwärtspufferzeit leitet sich ab wie folgt:

$$T_{BRP,\chi} = T_{GP,\chi} - T_{FRP,\chi}. \quad (36)$$

Bild 3.57 verdeutlicht die Lagen der unabhängigen Pufferzeiten sowie der Vorwärts- und Rückwärtspufferzeiten.

Alle hier aufgeführten Formelzusammenhänge zum Ableiten der unterschiedlichen Pufferzeiten beziehen sich auf Vorgänge, deren Abhängigkeiten in einem Netzplan *Normalfolgen* sind. Eine transparente Darstellung der einzelnen Puffer bei Vorgängen mit anderen Anordnungsbeziehungen ist auf die gezeigte Weise nicht mehr möglich.

3.3.6 Einsatzmittelberechnung

Die Netzplantechnik hat außer ihrer Aufgabe als grafisches Planungsinstrument vor allem das Ziel – unter Zuhilfenahme eines DV-gestützten Verfahrens – den Netzplan nach bestimmten Planungsgrößen »durchzurechnen«. Neben einer Termindurchrechnung, wie sie im vorangegangenen Kapitel beschrieben wurde, ermöglicht die Netzplantechnik auch das Durchrechnen des Netzplans nach den Einsatzmitteln.

Zu den Einsatzmitteln gehören:

▷ vorhandene Arbeitskräfte,
▷ budgetierte Finanzmittel und
▷ benötigte Betriebsmittel.

Das Durchrechnen eines Netzplans nach seinen Terminen mit dem Bestimmen des kritischen Pfads ist sicher die häufigste Nutzungsform. Aber auch die Kapazitätsberechnung im Rahmen einer Einsatzplanung anhand eines Netzplans findet immer mehr Anhänger. Der Netzplan bildet damit die Brücke zwischen Terminplanung, Einsatzmittelplanung und Kostenplanung und führt so zu einer integrierten Projektplanung.

Als Einsatzmittel können in diesem Zusammenhang sehr unterschiedliche Komponenten definiert werden. Im Einzelnen hängt dies von den Erfordernissen des jeweiligen Projekts ab. Beispiele für Einsatzmittel sind:

▷ Personal,
▷ Personalbudget,
▷ RZ-Budget,
▷ Rechenzeiten,
▷ Anlagenbelegungszeiten,
▷ Budget für Musterbau,
▷ Material,
▷ Räumlichkeiten.

Es können allerdings als Einsatzmittel auch solche definiert werden, welche sich wohl

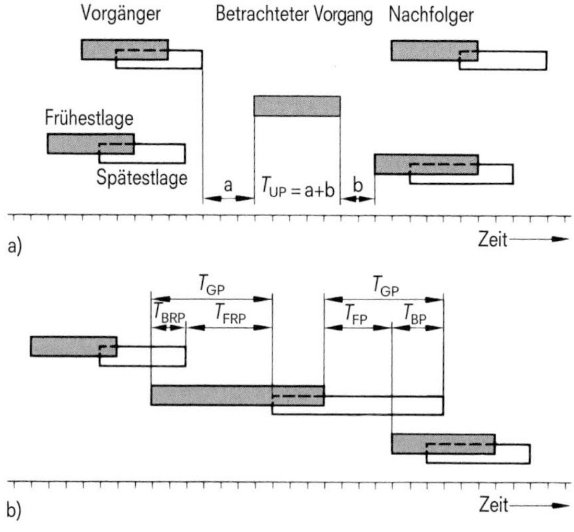

a) unabhängige Pufferzeit T_{UP}
b) Vorwärts- und Rückwärtspufferzeiten

Bild 3.57 Weitere Pufferzeiten

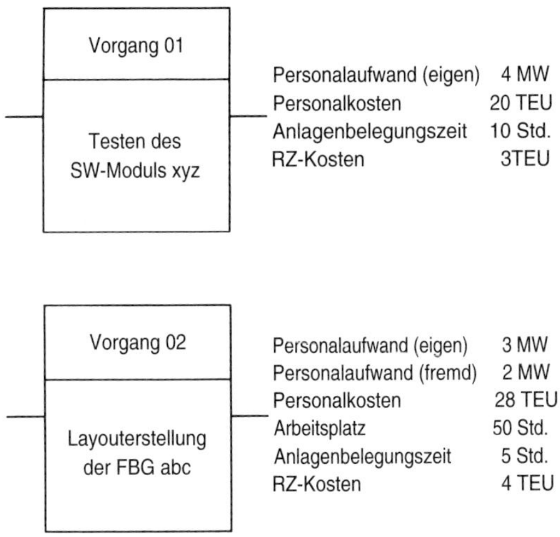

Bild 3.58
Einsatzmittel von Vorgängen (Beispiel)

nicht in der Art aber in der Zugehörigkeit unterscheiden, z. B.:

▷ Personal der Dienststelle A,
▷ Personal der Dienststelle B,
▷ Personal der Dienststelle C.

So kann man eine organisationsbezogene Personalauslastungsberechnung durchführen, auch wenn die einzelnen Netzplanvorgänge nicht jeweils einer einzigen Dienststelle zuordenbar sind, aber ein (unnötiges) dienststellen-orientiertes Aufsplitten der Vorgänge vermieden werden soll.

Bedarfsplanung

Vor Beginn einer Einsatzmittelberechnung werden den einzelnen Arbeitspaketen, den Netzplanvorgängen, die erforderlichen Bedarfsmengen der jeweiligen Einsatzmittel zugeordnet (Bild 3.58).

Eine Plausibilitierung zwischen einzelnen Einsatzmitteln wird vom Netzplanverfahren normalerweise nicht durchgeführt. Es liegt also außerhalb der Einsatzmittelberechnung, ob z. B. das jeweilige Verhältnis zwischen Personalaufwand und Personalkosten *stimmig* ist. Manche Verfahren bieten über die Angabe von Kostenfaktoren die Möglichkeit der impliziten Berechnung der Kosten aus den Leistungen.

Bedarfsaufsummierung

Wenn die Termindurchrechnungen zu einem konsistenten Netzplan geführt haben, werden die einzelnen Bedarfsmengen der Netzplanvorgänge im Rahmen einer Einsatzmittelberechnung zeitgerecht aufaddiert.

Hierbei kann man das Einplanen der jeweiligen Einsatzmittel eines Netzplanvorgangs bezogen auf die Vorgangsdauer unterschiedlich vornehmen. Die Menge des Einsatzmittels fällt entweder an

▷ zu Beginn des Vorgangs oder
▷ am Ende des Vorgangs oder
▷ verteilt über die Vorgangsdauer.

So müssen z. B. Materialien meist in ihrer gesamten Menge bereits zu Beginn eines Vorgangs vorliegen, Rechnungen von Unterauftragnehmern werden dagegen frühestens am Ende eines Vorgangs gestellt und das Personal steht i. Allg. über die gesamte Vorgangsdauer gleichverteilt zur Verfügung.

Außerdem kann für den Zeitpunkt des Bedarfsanfalls noch zwischen frühestem und spätestem Beginn bzw. zwischen frühestem und spätestem Ende unterschieden werden. Damit ergeben sich sechs Einplanungsmöglichkeiten des Bedarfs eines Einsatzmittels. In Bild 3.59 ist mit einem einfachen Beispiel dargelegt, wie die Einzelbedarfsmengen zum Gesamtbedarf aufsummiert werden. Die Bilder 3.59 a) und b) zeigen die Aufsummierung bei Gleichverteilung über die Vorgangsdauern jeweils zu frühester und spätester Terminlage. Die Bildteile c) und d) veranschaulichen die entsprechenden Aufsummierungen, wenn der gesamte Bedarf jeweils zum frühesten Beginn bzw. zum frühesten Ende anfällt. Bei Bedarfsanfall zur spätesten Terminlage gilt eine analoge Darstellung.

Manche Netzplanverfahren, wie z. B. das PC-Verfahren Acos Plus 1 (siehe Kap. 6.32), ermöglichen die »Überblendung« der beiden Auslastungsverläufe a) und b) in einer einzigen Darstellung.

Einplanungskalender

Zum Aufsummieren dient ein eigener Einsatzmittelkalender, d. h. für jedes einzelne Einsatzmittel wird – zumindest temporär – ein eigener Kalender eröffnet; dieser umfasst alle realen Arbeitstage, an denen das zugehörige Einsatzmittel benötigt werden *könnte*. Bei der in Bild 3.59 gezeigten Bedarfsaufsummierung wird entsprechend der Bedarfseinplanung sukzessiv für jeden Tag der jeweilige Bedarf an dem betreffenden Einsatzmittel bestimmt.

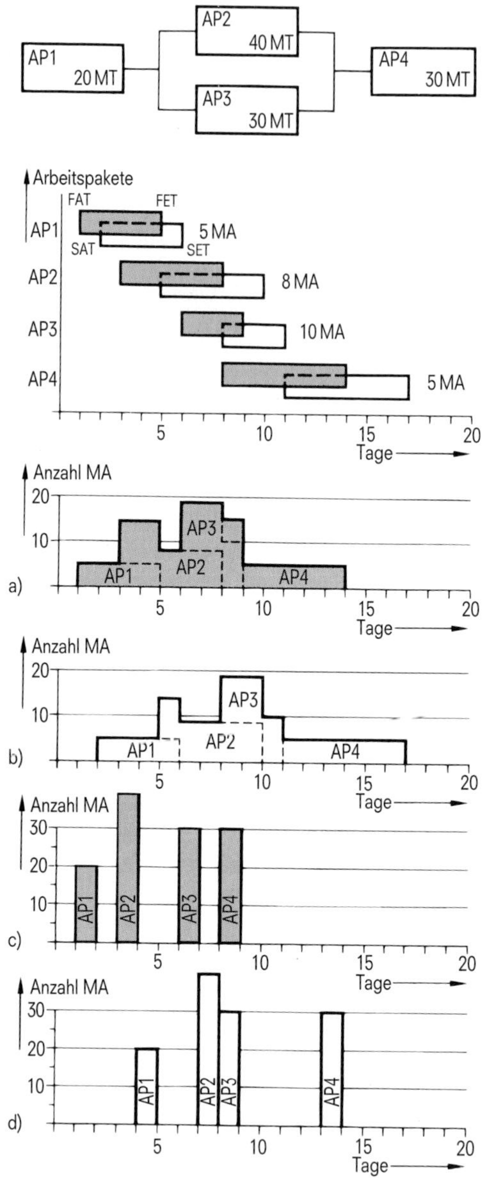

a) bei Gleichverteilung und frühesten Terminen
b) bei Gleichverteilung und spätesten Terminen
c) bei Gesamtanfall zum frühesten Beginn
d) bei Gesamtanfall zum frühesten Ende

Bild 3.59 Bedarfsaufsummierung

Weiterhin wird in diesem Einsatzmittelkalender je Arbeitstag der (nach Plan) vorhandene Vorrat des betreffenden Einsatzmittels notiert. Aus diesem »Datenkranz« lassen sich dann entweder Auslastungsdiagramme oder Gesamtübersichten des Einsatzmittel*bedarfs* zum Einsatzmittel*vorrat* generieren.

Bedarfsoptimierung

Unter Berücksichtigung der Abhängigkeiten der Netzplanvorgänge kann eine Bedarfsopti-

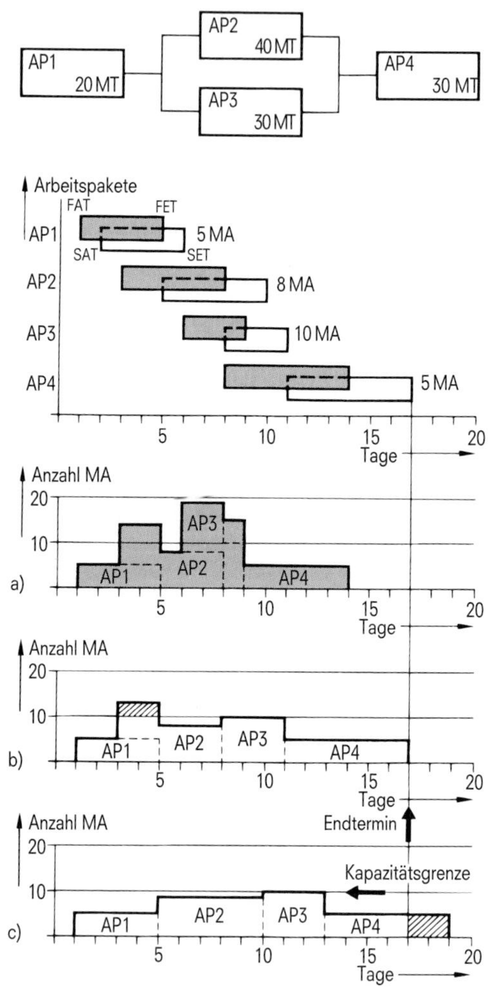

a) ohne Optimierung (früheste Termine)
b) termintreue Optimierung
c) kapazitätstreue Optimierung

Bild 3.60 Bedarfsoptimierung

mierung nach zwei Gesichtspunkten vorgenommen werden:

▷ termintreue Bedarfsoptimierung,
▷ kapazitätstreue Bedarfsoptimierung.

Mit der *termintreuen* Bedarfsoptimierung versucht man, die einzelnen Vorgänge innerhalb ihrer jeweiligen Zeitpuffer so zu verschieben, dass eine möglichst gleichmäßige Auslastung erreicht wird. Bei dem oben aufgeführten Beispiel ergibt sich die in Bild 3.60 b) gezeigte Verteilung. Dadurch, dass die beiden ersten Arbeitspakete (APl und AP2) zu ihren frühesten Terminen beginnen und die beiden anderen (AP3 und AP4) in ihre späteste Terminlage verschoben werden, gelangt man zu einer egalisierten Auslastung, d.h. zu einer Glättung (Smoothing) des Bedarfsverlaufs.

Ein weiteres Nivellieren, z.B. auf die 10 MA-Grenze, ist dann nur noch mit der *kapazitätstreuen* Bedarfsoptimierung möglich, bei der allerdings meist die Termine so verändert werden, dass entweder der Anfangs- oder der Endtermin zu verschieben ist. Im Teil c) des Bildes 3.60 ist dies beispielhaft angedeutet. Bei dieser Form der Einsatzmittelberechnung legt man die Termine der Netzplanvorgänge unter Einhaltung aller Anordnungsbeziehungen so fest, dass zu keiner Zeit der Bedarf den Vorrat an Einsatzmitteln übersteigt; gleichzeitig wird eine möglichst kurze Projektdauer angestrebt.

3.4 Arbeitsplanung

3.4.1 Aufgabenplanung

Voraussetzung für jede Terminplanung ist eine vollständige Aufgabenplanung, in der die durchzuführenden Aufgaben unter Berücksichtigung aller zeitlichen, personellen und fachlichen Randbedingungen festgelegt und spezifiziert werden.

Prozesskette der Arbeitsplanung

Ausgangsbasis für die Aufgabenplanung ist der *Projektstrukturplan.* Die Aufgabenplanung selbst bildet wiederum die Grundlage für die *Ablaufplanung,* welche das Ergebnis der Terminplanung erbringt.

Will man für die Terminplanung einen Netzplan einsetzen, so werden innerhalb der Aufgabenplanung aus den Arbeitspaketen des Projektstrukturplans die Netzplanvorgänge gebildet und in einer *Vorgangssammelliste* zusammengefasst. Von diesen Vorgängen leitet man dann die einzelnen Aufgaben für die Entwicklungsmannschaft ab. Ohne Netzplantechnik entfällt dieser Teil, und die Aufgaben wer-

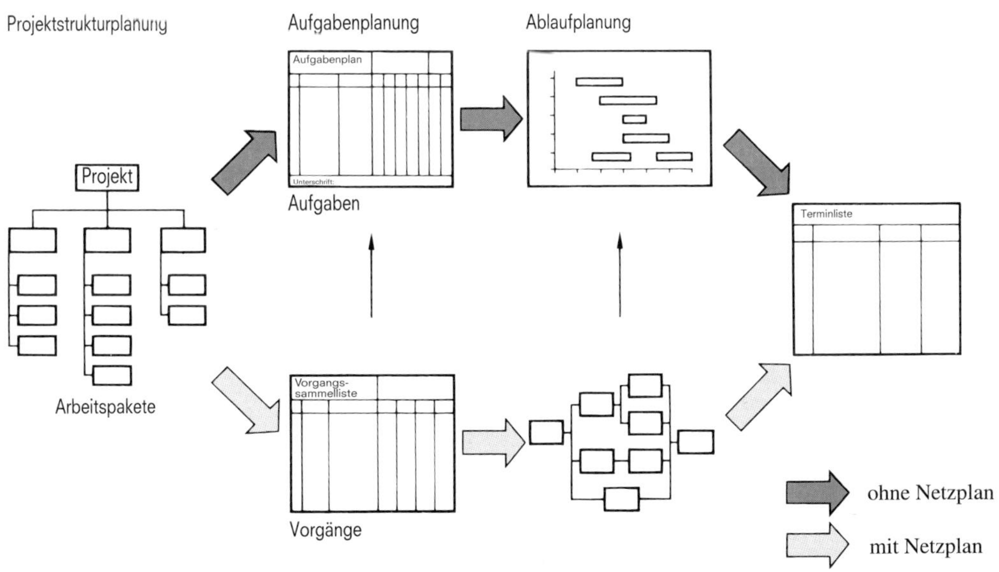

Bild 3.61 Prozesskette der Arbeitsplanung

den unmittelbar von den Arbeitspaketen des Projektstrukturplans abgeleitet.

Auch bei der Ablaufplanung gibt es dieses unterschiedliche Vorgehen – in dem einen Fall mit Hilfe eines Netzplans und in dem anderen Fall mit einem herkömmlichen Balkenplan. In beiden Fällen mündet das Ergebnis in eine Terminliste, die in einer Gesamtaufstellung alle Aufgaben terminlich fixiert.

Projektstrukturplanung, Aufgabenplanung und Ablaufplanung bilden damit eine geschlossene Prozesskette innerhalb der Projektplanung (Bild 3.61).

Um die Schwerpunkte dieser drei Planungsabschnitte für eine Arbeitsplanung zu verdeutlichen, sind deren Hauptinhalte an dieser Stelle noch einmal aufgeführt.

Projektstrukturplanung:

▷ Sammeln aller durchzuführenden Aktivitäten,
▷ Anordnen in einer hierarchischen Struktur,
▷ Definieren der Arbeitspakete.

Aufgabenplanung:

▷ Vollständiges Aufzählen aller Aufgaben (bzw. Vorgänge) auf Basis der Arbeitspakete,
▷ Ermitteln der relevanten Projektdaten dieser Aufgaben (Bearbeiter, Aufwand, Terminvorstellung),
▷ Aufzeigen der logischen Abhängigkeiten.

Ablaufplanung:

▷ Einplanen der Aufgaben (bzw. Vorgänge) in einen zeitlichen Ablauf,
▷ Bestimmen der Beginn- und Endtermine der Aufgaben (bzw. Vorgänge),
▷ Festlegen von Zäsurpunkten (z. B. Meilensteine).

Arbeitspaketdefinition

Mit dem Erarbeiten der Projektstruktur wird das Entwicklungsvolumen bekanntlich auf eine Detaillierungsebene gebracht, auf der Arbeitspakete in einer »sinnvollen« Größe definierbar sind. Was eine »sinnvolle« Arbeitspaketgröße hierbei ist, hängt natürlich von der Größe des Gesamtprojekts ab. Handelt es sich um Großprojekte von mehreren zigmillionen EUR Entwicklungskosten, so sollten die Arbeitspakete in ihrem Personalaufwand nicht kleiner als 2 Mann-Monate sein; bei kleineren Entwicklungsprojekten kann die Größe der Arbeitspakete dagegen schon kleiner sein; aber auch hier sollte möglichst eine Mindestgröße von 1 Mann-Woche eingehalten werden.

Bild 3.62 zeigt den Verlauf der durchschnittlichen Arbeitspaketgröße in MM, abhängig von den Entwicklungskosten in Mio. EUR. Die Werte können im Einzelfall abweichen, je nachdem, wie intensiv die Mitarbeiterbezogenheit bei der Festlegung der Arbeitspakete wirksam ist.

Beim Projektstrukturplan bleiben i. Allg. terminliche, personelle und organisatorische Ge-

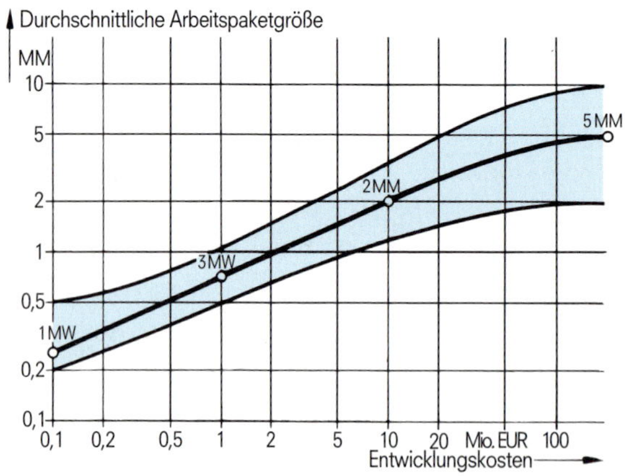

Bild 3.62
Durchschnittliche Arbeitspaketgröße abhängig von den Entwicklungskosten

Aufgabenplan

Projekt: MINKA
Projektleiter: Burgert
Org. Einheit: KOA
Stand: 3.4.99

Nr.	Aufgabe	Mitarbeiter	Dienststelle	Aufwand in MM	Dauer in Monaten	abhängig von	Voraussetz. für	Termine Beginn	Termine Ende
1	Aufbau VORKA-Datei	Hr. Sicker	KOA 13	4	4			1.4.99	
2	EKZ/TKZ-Aufriss PRODAT	H. Rupp, Sicker	KOA 13	5	4	4	8	1.6.99	1.10.99
3	Kostenabzugsprogramm	Hr. Hoffmann	KOA 42	2	2		8	1.4.99	
4	Erweiterung Stundenkontierung	Hr. Bernsdorff	KOA 42	2	2		2	1.6.99	
5	Plandateneingabe	Hr. Sicker	KOA 13	1	1			1.8.99	
6	COCOMO-Transformation	N.N		≈1,5					
7	Dialogerweiterung MINKA	Hr. Hoffmann	KOA 42	2,5	3		7		
8	Liste MINKA	Fr. Krumbholz	KOA 13	2	2	2,3			1.12.99
9	Liste Projektzusammenstellung	N.N.		2		8			31.12.99
10	Liste Messdaten	N.N.		2		8			31.12.99

Unterschrift: (Projektleiter) Burgert

Bild 3.63 Aufgabenplan (Muster)

sichtspunkte meist noch unberücksichtigt. Erst mit Aufstellen eines Aufgabenplans werden diese Kriterien in die Überlegungen der Terminplanung einbezogen.

Aufgabenanalyse

Im Rahmen einer *Aufgabenanalyse* werden die einzelnen Aufgaben entweder von den Arbeitspaketen des Projektstrukturplans unmittelbar oder von den hieraus gebildeten Vorgängen abgeleitet. Bei kleineren Projekten und bei Projekten, die ohne Netzplanverfahren laufen, sollte man möglichst wegen der Übersichtlichkeit eine 1:1-Zuordnung zwischen Arbeitspaketen und Aufgaben einhalten. Im Übrigen ist sowohl eine Komprimierung als auch eine weitere Detaillierung gemäß Bild 3.70 denkbar.

Für die Aufgabenanalyse sind folgende Fragenkomplexe zu klären:

▷ Welche Aufgaben sind durchzuführen (Ableitung aus dem Projektstrukturplan)?
▷ Wer soll diese Aufgaben im Einzelnen durchführen (Mitarbeitereinsatzplanung)?
▷ Welcher Aufwand ist für die jeweiligen Aufgaben notwendig (Ergebnis der Aufwandsschätzung)?
▷ Wann sollen die einzelnen Aufgaben begonnen werden und wann beendet sein (Angabe von Wunschterminen)?
▷ Welche fachlichen Voraussetzungen erfordern die einzelnen Aufgaben und für welche nachfolgenden Aufgaben sind sie selbst fachliche Voraussetzung (prozessimmanente Abhängigkeiten)?

Das Ergebnis einer solchen Aufgabenanalyse fließt in einen *Aufgabenplan* ein; er kann die in Bild 3.63 dargestellte Form haben. Hierin sind in einer sachlich begründeten Folge die einzelnen Aufgaben aufgezählt mit Angabe Mitarbeiter, Zeitdauer, Terminvorstellung und logische Abhängigkeiten. Die endgültigen Termine werden erst in dem Ablaufplanungsschritt der Terminplanung festgeschrieben.

Regeln für die Aufgabenspezifizierung

Beim Spezifizieren der Aufgaben sind einige Regeln zu beachten. Im Wesentlichen sind dies:

▷ Aufgaben sollten nicht phasenüberschreitend definiert werden.
▷ Bereichsüberschreitende Aufgaben sind zu vermeiden; besser ist eine zusätzliche Aufgabenteilung.
▷ Jede Aufgabe kann wohl mehrere Bearbeiter, sollte aber immer nur einen Verantwortlichen haben.
▷ Der Realisierungsaufwand einer Aufgabe sollte nicht kleiner als 1 MW und nicht größer als 5 MM sein.
▷ Eine Aufgabenplanung sollte vollständig sein, und sei es mit Hilfe von »Platzhaltern«.

- ▷ Jede Aufgabe muss in ihrem Arbeitsvolumen genau beschrieben werden.
- ▷ Allgemeine projektbegleitende Tätigkeiten, wie Projektverwaltung, Projektdokumentation, Hilfsdienste, sollte man als eigene Aufgabe definieren.

Terminbeschleunigung

Innerhalb einer Aufgabenplanung können bereits die ersten, gezielten Überlegungen für eine Terminbeschleunigung angestellt werden. Hierzu sind die einzelnen Aufgaben einem »Tuning«, d. h. einer Optimierung der Planungsparameter zu unterziehen. Sowohl fachliche und personelle als auch prozessurale Aspekte sollten in einer systematischen Untersuchung berücksichtigt werden. Gerade der prozessurale Aspekt, d. h. das Erkennen von möglichen *parallel* durchzuführenden Aufgaben, ist der große »Geheimtipp« für jede Terminbeschleunigung.

Das Ausreizen von Parallelitäten in der Projektdurchführung wird leider noch viel zu wenig praktiziert. Zu sehr denkt man beim Abarbeiten von Entwicklungsaufgaben in sequenziellen Abläufen. Gerade hier kann ein sehr großer Beitrag zur Reduzierung von Entwicklungsdurchlaufzeiten erbracht werden.

Im Einzelnen sind folgende Möglichkeiten für eine Terminbeschleunigung zu erwägen:

- ▷ paralleles Durchführen von Aufgaben,
- ▷ veränderter Mitarbeitereinsatz,
- ▷ Aufstocken der vorgesehenen Personalkapazität,
- ▷ (zeitlich begrenztes) Ansetzen von Über- bzw. Mehrstunden,
- ▷ Vergabe von Aufgaben an Unterauftragnehmer (intern oder extern),
- ▷ Kaufen von Entwicklungsteilen statt Eigenentwicklung (»make or buy«),
- ▷ Verbessern der Qualifikation des einzusetzenden Personals,
- ▷ sinnvolles Beschränken der Leistung des geplanten Produkts durch eine Wertanalyse (WA) usw.

3.4.2 Terminplanung

Der Balkenplan bzw. das Balkendiagramm (auch als Gantt'sches Balkendiagramm, Balkennetzwerk, Transplan bezeichnet) ist das älteste und verbreiteste grafische Hilfsmittel für das Einplanen von Aufgaben in einen Zeitablauf. Wegen seiner einfachen Erstellbarkeit und Übersichtlichkeit wird der Balkenplan in allen Planungsabschnitten eines Projekts eingesetzt. Zu seinen Vorzügen zählen:

- ▷ universelle Anwendbarkeit,
- ▷ simple technische Voraussetzungen (Papier, Bleistift),
- ▷ leichte Erlernbarkeit,
- ▷ große Übersichtlichkeit,
- ▷ beliebiger Planungshorizont und
- ▷ flexible Einsatzanpassung.

Diesen Vorteilen einer Balkenplanung stehen allerdings bei einer *manuellen* Erstellung auch mehrere Nachteile gegenüber; diese sind u. a.:

- ▷ Eignung nur für kleinere Projekte (bei größeren Projekten nur für Grobübersichten),
- ▷ umständliche Aktualisierungsmöglichkeiten,
- ▷ fehlende Erkennbarkeit von Zeitreserven,
- ▷ bedingt mögliche Anbindung einer Einsatzmittelplanung,
- ▷ geringe Möglichkeiten der Darstellung von Abhängigkeiten sowie
- ▷ begrenzte verfahrenstechnische Unterstützung.

Gegenüber einer Netzplandarstellung hat ein Balkenplan aber vor allem den enormen Vorteil, dass er die einzelnen Aktivitäten – bezogen auf die Zeitachse – in eine zeitgerechte Anordnung bringt; dies vermag eine Netzplandarstellung nur in einem sehr eingeschränkten Maße. Balkenplanung und Netzplanung können sich daher sinnvoll ergänzen.

Darstellungsformen

Balkenpläne bzw. -diagramme sind sowohl für allgemeine Planungszwecke als auch für eine gemeinsame Planung und Kontrolle von Terminen einsetzbar. Hierbei kann man zwei Grundprinzipien im Auftragen der Aufgaben und der ausführenden Personen bzw. Stellen unterscheiden. Es handelt sich um den personenbezogenen Balkenplan und den aufgabenbezogenen Balkenplan (Bild 3.64).

Beim *personenbezogenen Balkenplan* sind alle Mitarbeiter (ohne Doppelaufzählung) auf der Vertikalen aufgeführt, so dass man auf einen Blick erkennt, welche (alle) Aufgaben

z. B. der Mitarbeiter Scholz durchzuführen hat. Man erkennt in dieser Darstellungsform allerdings nicht so leicht, wer z. B. alles am Aufgabenpaket APl noch mitarbeitet. Hierfür ist dann die inverse Darstellung, nämlich der *aufgabenbezogene Balkenplan* besser geeignet; bei diesem sind auf der Vertikalen die einzelnen Aufgabenpakete aufgetragen und auf dem zugehörigen Balken die ausführenden Personen bzw. Stellen. Hier ist allerdings schwer zu erkennen, an welchen Aufgaben der Mitarbeiter Scholz insgesamt sonst noch beteiligt ist.

Die Wahl der Darstellungsform hängt also davon ab, welches Kriterium das wichtigere ist: die Personenbezogenheit oder die Aufgabenbezogenheit.

In vielen Fällen bietet es sich an, den einzelnen Balken in dem Diagramm weitere Angaben zur Information beizufügen. Solche Zusatzinformationen können sein:

▷ Aufwand (z. B. in MW, MM oder MJ),
▷ Kosten (z. B. in EUR, TEU),
▷ benötigte Einsatzmittel,
▷ Kontenzuordnung,
▷ zugehörige Organisationseinheit,
▷ Teilprojekt-Nr.,
▷ Einsatzort usw.

Varianten von Balkenplänen

Ausgehend von den Möglichkeiten in der Balkendarstellung gibt es folgende Varianten von Balkenplänen:

▷ Einfacher Balkenplan
▷ Kombinierter Balkenplan
▷ Vernetzter Balkenplan.

Einfacher Balkenplan

Bei einem »einfachen« Balkenplan ist der Zeitbalken als einfacher Strichbalken mit eindeutigem Anfang und eindeutigem Ende geformt (Bild 3.64).

Kombinierter Balkenplan

Bei einem »kombinierten« Balkenplan enthalten die Balken mehrere kombinierte Aussagen und Informationen, die durch entsprechende Symbolgebung unterscheidbar gemacht werden (Bild 3.65).

In dem ersten Beispiel sind die Terminangaben der Balken in den Terminkategorien einer Netzplandurchrechnung vorgenommen worden:

FAT frühester Anfangstermin
SAT spätester Anfangstermin
FET frühester Endtermin
SET spätester Endtermin.

Durch entsprechende Strichelung kann ein Balken in mehrere Bereiche gegliedert werden, so dass gut zu erkennen ist, in welchem Zeitintervall die betreffende Aufgabe – unter gewissen Voraussetzungen – im Projektverlauf verschiebbar ist. Die Zeitdifferenz zwischen den beiden Anfangsterminen (FAT, SAT) bzw. den beiden Endterminen (FET,

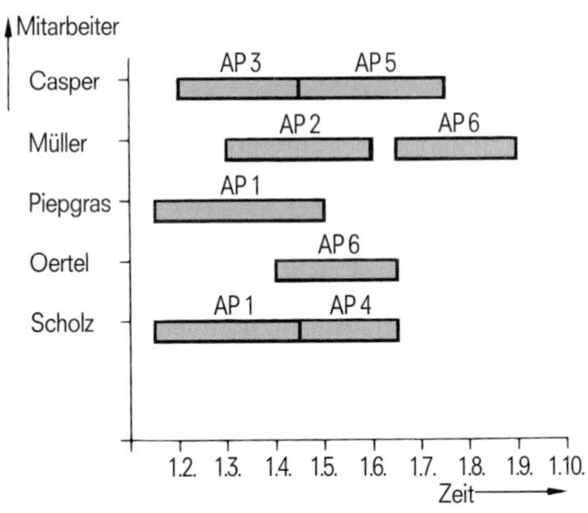

Personenbezogener Balkenplan

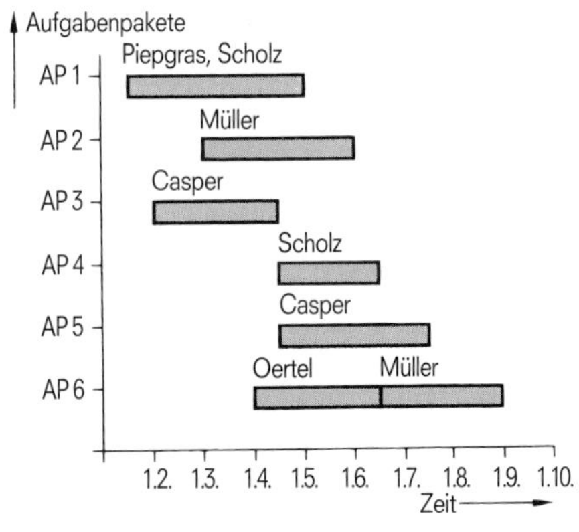

Aufgabenbezogener Balkenplan

Bild 3.64 Grundprinzip der Balkenplanung

SET) drückt bekanntlich den gesamten Puffer des Arbeitspakets aus.

Das zweite Beispiel enthält die Angabe der Fertigstellungsgrade der einzelnen Arbeitspakete. Hierzu führt man die Balken bei Projektbeginn als leeres, schmales (langes) Rechteck auf, das dann entsprechend dem fortschreitenden Fertigstellungsgrad z. B. geschwärzt wird. Kennzeichnet man durch eine Linie den aktuellen Betrachtungszeitpunkt, so entsteht ein sehr guter Überblick über den momentanen Fertigstellungsgrad und damit über den Projektfortschritt.

Einige rechnergestützte Netzplanverfahren (wie z. B. SINET, MS Project) können ihre Balkendiagramm-Ausgaben bereits mit derartigen Zusatzschraffuren für die Zeitpuffer bzw. den Fertigstellungsgrad versehen. Auch sind Kombinationen der beiden vorgenannten Darstellungsformen möglich.

Vernetzter Balkenplan

Bei einem »vernetzten« Balkenplan werden die Abhängigkeiten zwischen den einzelnen Aktivitäten mitaufgenommen, wobei man sich aus Gründen der Übersichtlichkeit meist auf die generellen Abhängigkeiten beschränken muss. Diese Vorgehensweise wird auch als Transplantechnik bezeichnet.

Es gibt mehrere Möglichkeiten, Aufgabenvernetzungen in einen Balkenplan einzubringen. So werden z. B. bei der *PLANNET-Methode* die Balken ähnlich einem CPM-Netzplan angeordnet, allerdings unter strenger Einhaltung des Zeitrasters auf der horizontalen Achse (Bild 3.66). Solche Balkenpläne lassen sich manuell oder mit Hilfe von Netzplanverfahren automatisch erzeugen. Wie in dem aufgeführten Beispiel zu sehen ist, müssen die Balken jener Aufgaben, die in einem parallelen Ablauf zu anderen stehen und früher abgearbeitet werden, durch eine Pufferkennzeichnung (z. B. mit einer gestrichelten Linie) zeitsynchronisiert werden.

Aber auch ohne diese Zeitsynchronisierung kann man die logischen Abhängigkeiten der einzelnen Aufgabenpakete bei einem gewöhnlichen Balkenplan angeben, indem die betreffenden Balken mit Strukturlinien verbunden werden.

In Verbindung mit SINET (Kap. 6.2.1) kann man über den Programmbaustein BARCAD einen solchen vernetzten Balkenplan erstellen. Dieses Programm erstellt entweder über einen Plotter oder über einen grafischen Arbeitsplatz ein Balkendiagramm, welches die Vorgänge als Balken enthält und deren Anordnungsbeziehungen durch entsprechende Verbindungslinien darstellt. Bei Verwendung eines grafischen Arbeitsplatzes ist es auch möglich, interaktiv im Dialog diesen Balkenplan zu modifizieren und die vorgenommenen Änderungen an die SINET-Vorgangsnetzdatei zu leiten. Folgende besondere Merkmale zeichnen dieses Verfahren aus:

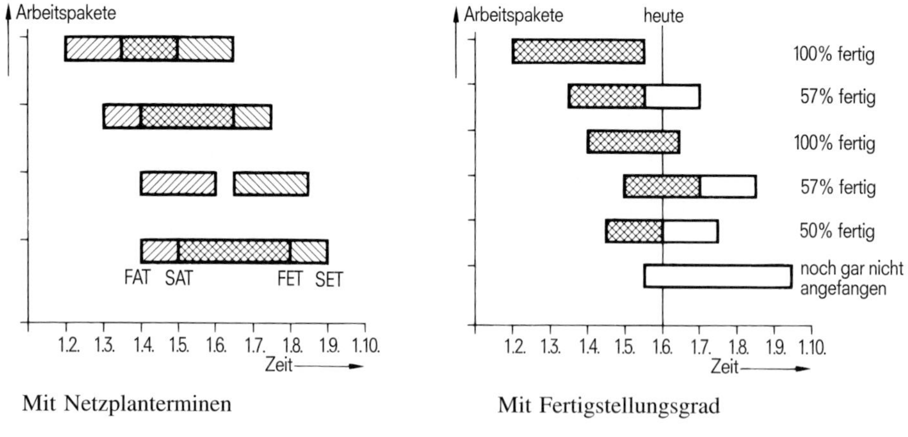

Mit Netzplanterminen

Mit Fertigstellungsgrad

Bild 3.65 »Kombinierte« Balkenpläne

- ▷ Einzelne Vorgänge können bei der Balkendiagramm-Ausgabe unterdrückt werden.
- ▷ Meilensteinvorgänge (Dauer gleich Null) werden als Pfeile dargestellt.
- ▷ Der Fertigstellungsgrad kann mit einer geeigneten Schraffur angegeben werden.
- ▷ Vielfältige Verkleinerungen und Vergrößerungen sind möglich.
- ▷ Mehrere Schriftgrößen stehen zur Verfügung.
- ▷ Es kann zwischen einer platzoptimalen und einer termingenauen Balkenanordnung gewählt werden.
- ▷ Beschriftungen sind an allen vier Bildrändern möglich.
- ▷ Der Balken kann mit eigenen Symbolen dargestellt werden.
- ▷ Unwichtige Anordnungsbeziehungen werden unterdrückt.

Bild 3.67 zeigt einen solchen mit BARCAD aufgebauten Balkenplan

Ein vernetzter Balkenplan vereinigt damit die Vorteile des einfachen Balkenplans – die *zeitgerechte* Darstellung der Aufgabenpakete – mit denen eines Netzplans, der die *Verknüpfung* der Aktivitäten aufzeigt.

Erstellen von Balkenplänen

Wie bereits angedeutet, können Balkenpläne bei fast allen DV- und PC-gestützten Netzplanverfahren aus einem vorhandenen Vorgangsnetz abgeleitet werden. Hierbei kann man bei den meisten Verfahren alle drei Varianten eines Balkenplans erzeugen. Es ist also sowohl das automatische Erzeugen einfacher und kombinierter Balkenpläne als auch – mit entsprechender grafischer Zusatz-Software – das Generieren vernetzter Balkenpläne möglich.

Für das manuelle Erstellen von Balkenplänen bietet der Markt eine große Anzahl praktischer Planungshilfsmittel an:

- ▷ Schreibtafeln,
- ▷ Magnettafeln,
- ▷ Stecktafeln.

Bei diesen Hilfsmitteln ist als besonderer Vorteil die leichte Veränderbarkeit hervorzuheben. Nachteilig ist, dass man die Balkenpläne nicht vervielfältigen kann. Deshalb sind so erstellte Balkenpläne nur an Stellen sinnvoll einsetzbar, an denen *generelle* Planungsaktivitäten – wie z. B. in einem Projektbüro – durchgeführt werden.

3.4.3 Einsatz eines Netzplanverfahrens

Das zeitliche Einplanen einer größeren Anzahl Arbeitspakete ist ohne grafisches Instrumentarium nicht möglich. Balkenplan und Netzplan sind hierbei die aussagekräftigsten Darstel-

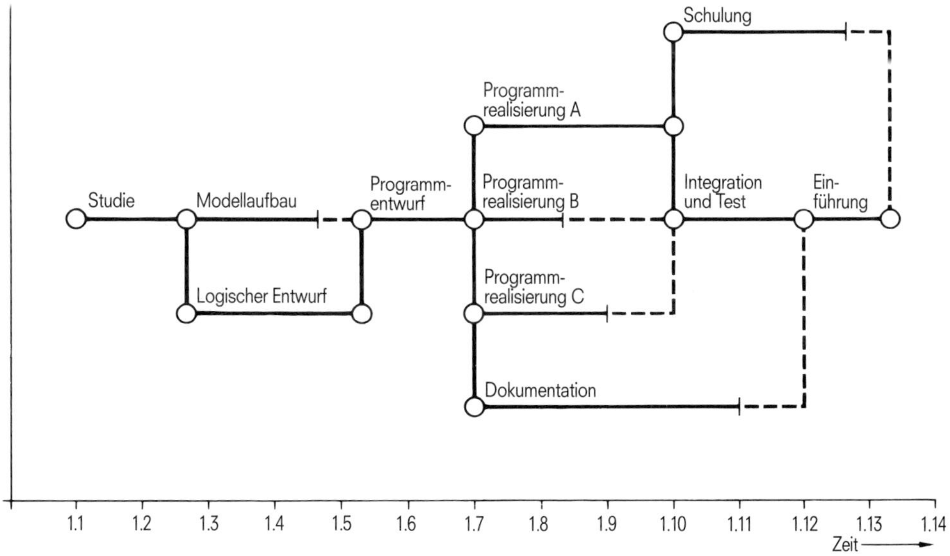

Bild 3.66 PLANNET-Balkenplan

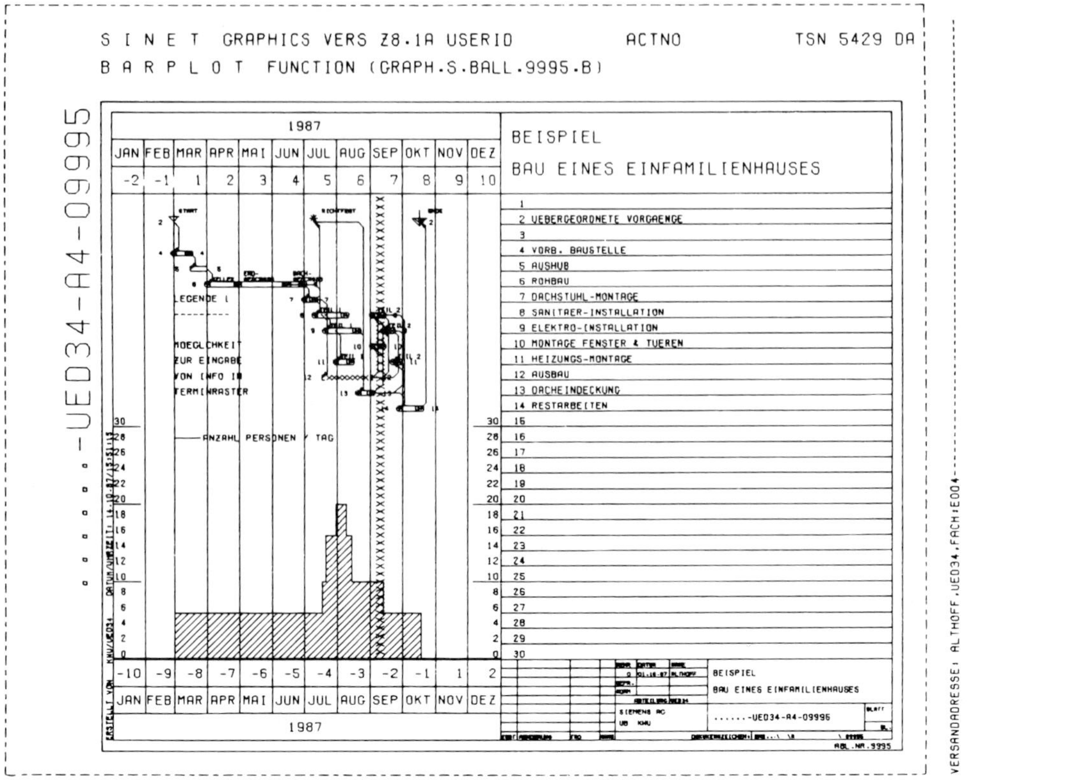

Bild 3.67 Vernetzter Balkenplan (mit BARCAD erstellt)

lungsformen für die terminliche Arbeitspaketeinplanung.

Den Balkenplan bzw. den Netzplan kann man bekanntlich auch immer rein manuell erstellen, d.h. sowohl der Balken- als auch der Netzplan wird – ausgehend von einer »Leer-Unterlage« sukzessiv mit aufgabenbezogenen Eintragungen belegt. Hierbei kann diese Unterlage ein vorbereitetes Leerformular in Form eines Balkenplan- bzw. Netzplanvordrucks oder eine entsprechend ausgelegte Planungstafel oder gleich die Eingabemaske eines PC-Netzplanverfahrens sein. Allen Formen derartiger Erstellungen ist gemeinsam, dass allein der Projektplaner bestimmt, welche Aufgaben in den Plan aufgenommen, geändert oder gelöscht werden. Aktualisierungsgrad und Konsistenz dieses »Datenbestands« werden nur durch ihn bestimmt und verantwortet.

Die *manuelle* Terminplanung ist bei kleineren Entwicklungsprojekten von nicht mehr als 50 Aufgaben i. Allg. ausreichend. Enthält das Projekt erheblich mehr Aufgabenpakcte, so gibt es Probleme hinsichtlich einer rationellen Durchführung der Terminplanung:

▷ Ein Optimieren der Termine ist nicht möglich; ein unnötig später Endtermin ist die Folge.
▷ Der reibungslose Ablauf ist nicht gesichert, da die Abhängigkeiten nicht vollständig berücksichtigt werden können; nicht beabsichtigte Wartezeiten von Tätigkeiten resultieren daraus.
▷ Projektrelevante Tätigkeiten werden übersehen; spätere Um- und Neuplanungen sind dann erforderlich.
▷ Der Aufwand für das Aktualisieren der Projektpläne steigt so stark an, dass Unterlassungen auftreten können; die Qualität der Projektplanung leidet dadurch.
▷ Die Terminplanung veraltet leicht; die Projektführung arbeitet nicht mehr mit »realen« Projektdaten.

- ▷ Die (Plan-)Datenbasis für die nachfolgende Projektkontrolle ist unvollständig und nicht aktuell, so dass die späteren Kontrollmaßnahmen mangelhaft sein werden.

Verfahrensunterstützte Terminplanung

Den Mängeln einer manuellen Terminplanung kann nur mit einem DV- oder PC-gestützten Netzplanverfahren begegnet werden. Erst durch Einsatz eines solchen Verfahrens wird die Netzplantechnik für das Projektmanagement zu einem wirkungsvollen projektbegleitenden Planungs- und Steuerungsinstrumentarium. Allerdings verlangt jedes DV- oder PC-gestützte Verfahren das Einhalten bestimmter Konventionen, die die Projektbeteiligten zur Disziplin beim Abgeben von Plandaten zwingt. Wegen dieser Zwänge wird von der Entwicklerseite häufig das Netzplanverfahren kritisiert.

Rechnerunterstützte Netzplanverfahren haben – trotz aller Kritik – viele Vorteile:

- ▷ hohe Verarbeitungsgeschwindigkeit in der Termindurchrechnung und Einsatzmittelberechnung,
- ▷ hoher Vermaschungsgrad, d.h. zahlreiche Vorgangsabhängigkeiten sind möglich,
- ▷ optimale Nutzung von Pufferzeiten für frühestmöglichen Endtermin,
- ▷ kaum eine Obergrenze in der Anzahl Netzplanvorgänge,
- ▷ mannigfaltige Netzplanauswertungen und -ausgaben,
- ▷ leichte Modifikation von Netzplänen,
- ▷ automatische Plausibilitierung der Daten.

Art des Verfahrenseinsatzes

Betreibt man die Netzplantechnik nur sehr eingeschränkt, so ist der dezentrale Einsatz auf einem Personal Computer sicherlich die rationellste Art. Wird dagegen die Netzplantechnik bei einem Großprojekt im vollen Umfang genutzt, so bietet sich – bei Vorhandensein eines zentralen Projektbüros – der zentrale Einsatz auf einem Großrechner an. Häufig liegt aber die richtige Lösung in der Mitte, d.h. in der verteilten Datenverarbeitung – in der aufgabenteiligen »Symbiose« Personal Computer und Zentralrechner.

Bei einem solchen integrierten Verfahrensverbund kann man eine Aufgabenteilung zwischen *Zentrale* und *Dezentrale* praktizieren (Bild 3.68). Auf der dezentralen Seite werden in den einzelnen Entwicklungsgruppen jeweils gruppeneigene Netzpläne in mehreren Planungsdurchgängen erarbeitet, ohne dass die (doch umständliche) Zentrale benötigt wird. Für diesen allerersten Abschnitt einer Netzplanung bieten sich vornehmlich PC-gestützte Netzplanverfahren (siehe hierzu Kap. 6.2.5 und 6.3.2) als die einfacheren und flexibleren Instrumente an. Nach Abschluss dieser dezentralen, gruppenspezifischen Netzplanerstellung müssen die Daten dann in das Zentralverfahren überführt werden, weil nur dort ein terminlichen Gesamtüberblick zu ermitteln ist. Hierbei können sich notwendige Veränderungen in den übernommenen Einzelnetzplänen herausstellen. Die Abwicklung des zentralen Netzplanverfahrens wird – allein wegen der auftretenden Datenmenge – am besten auf einem Großrechner vorgenommen. Die vorstehend beschriebene »föderalistische« Vorgehensweise weist einige besondere Vorteile auf:

- ▷ Der »Vorplanungsprozess« bleibt anonym in der Entwicklungsgruppe.
- ▷ Das »Durchspielen« von mehreren gruppenspezifischen Planungsvarianten läuft

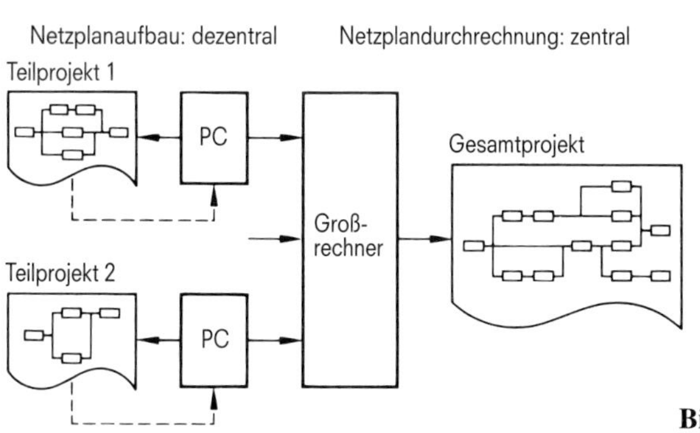

Bild 3.68 Integrierter Verfahrenseinsatz

Tabelle 3.29 Intensität des NP-Verfahrenseinsatzes

Projektgröße	Sehr kleine Projekte <3 MA	Kleine Projekte 3–10 MA	Mittlere Projekte 10–50 MA	Große Projekte 50–150 MA	Sehr große Projekte >150 MA
Art des Einsatzes	manuell	manuell oder PC-Verfahren	PC- oder DV-Verfahren	DV-Verfahren	DV-Verfahren
Anzahl der Netzplanvorgänge	<50	<200	<1000	<2000	>2000
Termindurchrechnung	sinnvoll	erforderlich	erforderlich	erforderlich	erforderlich
Einsatzmittelberechnung	–	–	sinnvoll	erforderlich	erforderlich
Netzplanstrukturierung	–	sinnvoll	erforderlich	erforderlich	erforderlich
Aktualisierungsintervall – Gesamtnetzplan – Teilnetzpläne	 2 Wochen –	 3 Wochen –	 1 Monat 2 Wochen	 2 Monate 1 Monat	 3 Monate 1 Monat

auf Grund der PC-Unterstützung besonders schnell und effektiv ab.

▷ Das Projektbüro wird vom Bereinigen der vielen anfänglichen »Dateninkonsistenzen« beim Netzplanaufbau entlastet.

▷ Der terminliche »Gesamtüberblick« über das Projekt ist durch das zentrale Verfahren weiterhin gesichert.

▷ Der Personal- und Betriebsmitteleinsatz wird im Rahmen einer »Multiprojektplanung« durch das zentrale Verfahren optimiert.

▷ Teure Programmläufe auf dem Großrechner werden durch den PC-Einsatz erheblich verringert.

Intensität des Verfahrenseinsatzes

Die Intensität, mit der ein Netzplanverfahren eingesetzt wird, muss sich natürlich nach den jeweiligen Projektgegebenheiten richten. Ausschlaggebend ist hierbei die Größe des Entwicklungsprojekts. In Tabelle 3.29 ist – abhängig von der Projektgröße – aufgezeigt, inwieweit ein Netzplanverfahren genutzt werden sollte. Die Angaben können nur als allgemeine Empfehlungen gelten, die im Einzelfall abweichen mögen, besonders dann, wenn vom Auftraggeber erhöhte Anforderungen an die Projektplanung und -kontrolle gestellt werden.

3.4.4 Netzplanaufbau

Der Aufbau eines Netzplans für eine umfassende Termin- und Einsatzmittelplanung stellt einen wichtigen und kreativen Planungsprozess dar, der i. Allg. rekursiv abläuft. Mitunter sieht man den hierfür erforderlichen, nicht geringen Aufwand allein in der Umständlichkeit und der mangelnden Ergonomie des verwendeten Rechnerverfahrens begründet; dabei wird aber häufig übersehen, dass das vollständige Durchdringen eines geplanten Entwicklungsvorhabens mit der Definition eindeutig beschriebener Arbeitspakete sowie deren richtiger zeitlichen Einordnung immer einen entsprechend hohen Arbeitsaufwand erfordert.

Bild 3.69 veranschaulicht das grundsätzliche Vorgehen beim Aufbau eines Netzplans. In der Praxis und bei Einsatz spezieller DV- oder PC-gestützter Netzplanverfahren sind natürlich manche Arbeitsschritte in abgewandelter bzw. erweiterter Form durchzuführen.

Planungsabschnitt A
Definition der Vorgänge

Arbeitsschritt A1
Projektstrukturplan

Ausgangsbasis für jede Projektplanung sollte bekanntlich der Projektstrukturplan (siehe Kap. 3.1.2) sein. Mit seiner Erstellung sind alle Arbeitspakete definiert, die für das Durchführen des Projekts und damit für die Realisierung der zu entwickelnden Produkte bzw. Systeme notwendig sind. Die Überleitung von den Arbeitspaketen in die Vorgänge ist – abhängig von der Mächtigkeit der Arbeitspakete sowie den beabsichtigten durchschnittlichen Vorgangsgrößen – nach drei Vorgehensweisen möglich. Es handelt sich hierbei um die Detaillierung, Gleichsetzung oder Komprimierung (Bild 3.70).

Bei der *Detaillierung* erreicht man, dass die Netzplanvorgänge feiner unterteilt werden als die Arbeitspakete im Projektstrukturplan. Dies kann erforderlich sein, wenn man ein bestimmtes Arbeitspaket z. B. auf unterschiedliche Organisationseinheiten aufteilen will, um sie netzplantechnisch getrennt behandeln zu können. Eine Arbeitspaket-Detaillierung kann auch angebracht sein, wenn im Rahmen einer Systementwicklung an mehreren Ausbaustufen oder Systemversionen parallel gearbeitet wird.

Mit der *Gleichsetzung* wird jedes Arbeitspaket des Projektstrukturplans zu einem Vorgang im Netzplan überführt. Diese Vorgehensweise ist die übersichtlichste, weil eine eindeutige Verankerung des Projektstrukturplans im Netzplan möglich ist, so dass dieser aus dem Netzplan automatisch abgeleitet werden kann.

Die *Komprimierung* mehrerer Arbeitspakete zu einem Netzplanvorgang wird vorgenommen, wenn man z. B. aus Kostengründen nur eine globale Netzplanüberwachung vornehmen will. Die Terminkontrolle der einzelnen Arbeitspakete des Projektstrukturplans muss dann allerdings »manuell« geschehen.

Gemischte Vorgehensweisen sind nicht empfehlenswert, da sie die Übersichtlichkeit der Zuordnung Projektstrukturplan – Netzplan stark mindern. Vorgänge im Netzplan sind

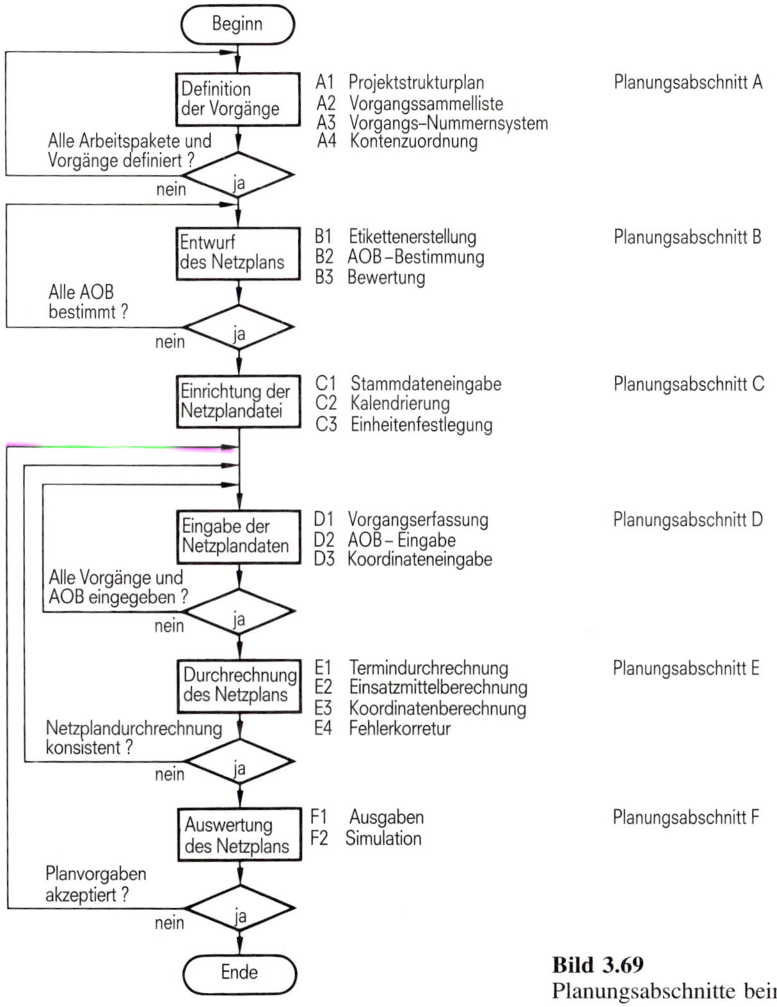

Bild 3.69
Planungsabschnitte beim Netzplanaufbau

dann in der Projektstruktur nicht zu lokalisieren, und umgekehrt können die Arbeitspakete des Projektstrukturplans häufig nicht mehr vollständig den Netzplanvorgängen zugeordnet werden.

Arbeitsschritt A2
Vorgangssammelliste

Die aus dem Projektstrukturplan abgeleiteten Vorgänge werden in einer »Vorgangssammelliste« – auch als Vorgangsliste bezeichnet – aufgenommen und mit einer kurzen, informativen Vorgangsbenennung versehen. Diese Liste dient nur für den erstmaligen Aufbau eines Netzplans; sie nimmt auch die noch festzulegende Vorgangsnummer und die Kontenzuordnung der Vorgänge auf. Als erste Angaben enthält eine Vorgangssammelliste je Vorgang:

▷ Vorgangsbezeichnung,
▷ Vorgangsnummer und
▷ Projektstrukturzuordnung.

Weiterhin kann diese Liste noch folgende Angaben aufnehmen:

▷ Kontenzuordnung,
▷ Produktstruktur-Zuordnung,
▷ organisatorische Zuordnung,
▷ Einsatzmitteldaten,
▷ Termine,
▷ Vorgangsdauer und
▷ prozessurale Merkmale.

Die Vorgangssammelliste stellt ein Arbeitspapier während der Aufgabenplanung dar und wird nach Vorliegen des konsistenten Netzplans nicht mehr benötigt. Der Einsatz eines Texteditors, z.B. auf einem PC, kann für den Aufbau und das Verwalten einer Vorgangssammelliste sehr rationell sein.

Arbeitsschritt A3
Vorgangs-Nummernsystem

Bei Anwendung eines rechnergestützten Netzplanverfahrens muss für das Identifizieren den Vorgängen eine eindeutige Nummer zugeordnet werden. Da DV-Verfahren i. Allg. sehr leistungsfähige Selektions- und Sortierfunktionen enthalten, ist es empfehlenswert, ein projektspezifisches *klassifizierendes* Nummernsystem zu definieren, an Stelle einer simplen Zählnummer. So ist man später in der Lage, nach den unterschiedlichsten Auswahlkriterien Auswertungen aus der Netzplan-Datenbasis vorzunehmen. Die Wahl des Nummernsystems hängt natürlich von der Projektart, der Prozessorganisation sowie der gesamten Projektumwelt ab. Deshalb können hier nur Beispiele für die individuelle Definition eines Nummernsystems gegeben werden (Bild 3.71).

Beim Festlegen der Gesamtstellenanzahl müssen einerseits die verfahrensbedingten Gren-

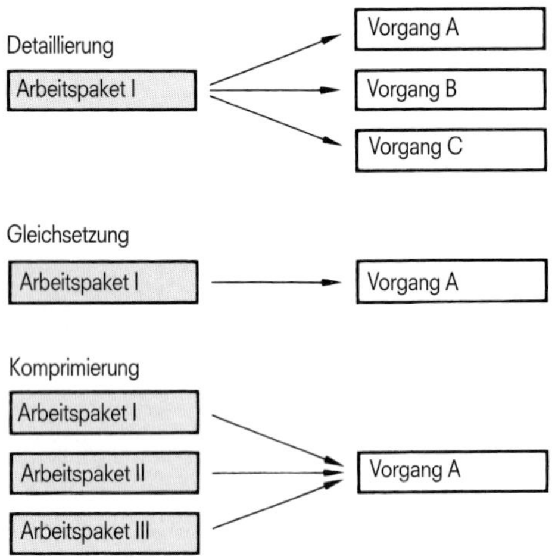

Bild 3.70 Überleitung Arbeitspaket → Vorgang

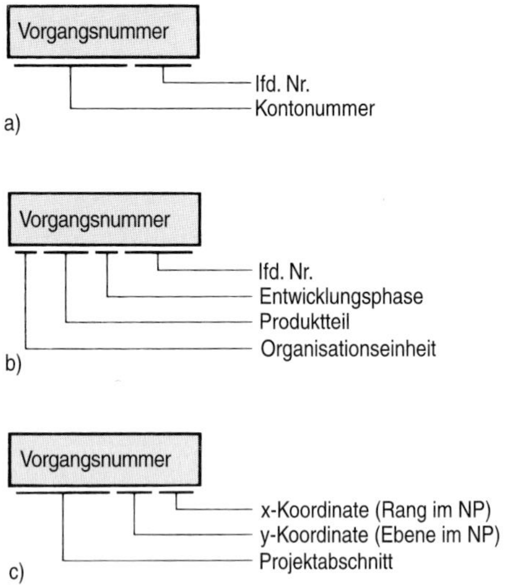

Bild 3.71 Beispiele für Vorgangsnummerung

zen und andererseits die wahrscheinliche Nummern-Inanspruchnahme des jeweiligen Kriteriums berücksichtigt werden. Außerdem geben manche Projektplanungs- und -steuerungsverfahren in ihrem Netzplanteil die Nummernstruktur für die Vorgänge vor (z.B. Abteilung, Projekt, Phase, lfd. Nr.).

Arbeitsschritt A4
Kontenzuordnung

Ist mit dem Netzplan auch eine integrierte Aufwands- und Kostenplanung vorgesehen, so müssen die Netzplanvorgänge den vorhandenen Konten zugeordnet werden. Hierdurch erreicht man, dass während der Projektdurchführung Entwicklung und FuE-Kaufmannschaft von »denselben Dingen« sprechen; Plandaten und auch Istdaten sind damit auf dieselben Tätigkeitsobjekte beziehbar. Die Kontenzuordnung, die sogar mehrstufig sein kann (z.B. FuE-Konten und Unterkonten), kann entweder implizit in der Vorgangsnummer enthalten sein (wie bei Beispiel a) in Bild 3.71) oder explizit als Zusatzinformation beigegeben werden. Häufig korrespondieren zugeordnete Unterkonten mit den Produktteilen im Produktstrukturplan und die FuE-Konten mit Teilprojekten. Der Netzplan ist damit die ideale Datenbasis für die Verbindung zwischen Projektstruktur und Produktstruktur.

In Bild 3.72 ist der im ersten Planungsschritt vorgenommene Übergang vom Projektstrukturplan zum Netzplan schematisch dargestellt.

Planungsabschnitt B
Entwurf des Netzplans

Ein Netzplan besteht bekanntlich aus Vorgängen, die in ihrem zeitlichen Ablauf logisch voneinander abhängen. Für das Bestimmen dieser Anordnungsbeziehungen (AOB) hat es

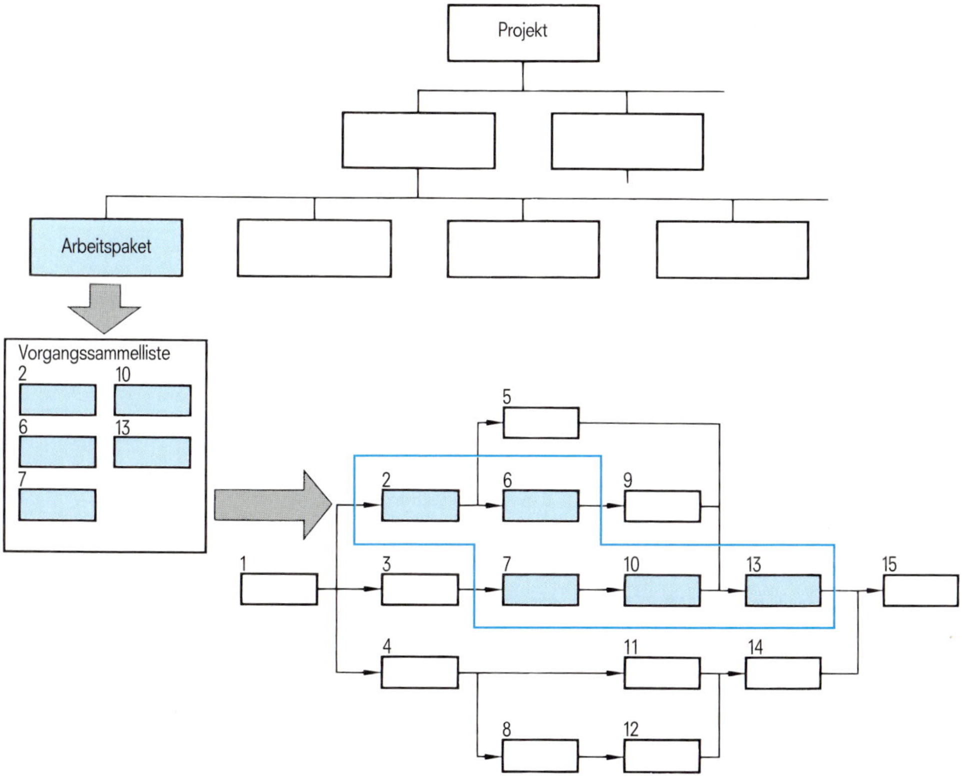

Bild 3.72
Planungsabschnitt Vorgangsdefinition

sich bei großen Netzplänen in der Praxis als sinnvoll erwiesen, den ersten Entwurf grafisch und manuell auf *Planungswänden* vorzunehmen. Die heute verfügbaren Bildschirme sind meist viel zu klein, um einen Netzplan mit einer großen Anzahl Vorgänge in seiner Gesamtheit darzustellen; allein eine »Fenster-« oder eine »Zoom-Technik« ist hier auch nicht ausreichend. Als praktikables Hilfsmittel bietet sich deshalb – weiterhin – die großflächige Plantafel bzw. Planungswand an.

Arbeitsschritt B1
Etikettenerstellung

In diesem ersten Arbeitsschritt des zweiten Planungsabschnitts müssen die in der Vorgangssammelliste erfassten Vorgänge auf *Etikettträger* übertragen werden; diese können entweder mit einer Magnetschicht bzw. einer wiederverwendbaren Klebschicht versehen oder als normale Papieretiketten an eine entsprechende Wandunterlage angeheftet werden (Bild 3.73).

Vorgangsetiketten dürfen nicht zu groß sein, da sonst beim Entwurf des Vorgangsnetzes die Planungsfläche schnell überladen und unübersichtlich wird. Für das Erstellen derartiger Vorgangsetiketten kann man auch das eingesetzte Netzplanverfahren heranziehen, wenn dieses in der Lage ist, leere »Vorgangskästchen« auszudrucken, die dann als Etiketten verwendet werden können.

Arbeitsschritt B2
AOB-Bestimmung

Liegen schließlich alle Vorgänge als beschriftete Etiketten vor, so werden sie in ihrer ungefähren zeitlichen Anordnung von links nach rechts auf der Planungswand angeordnet. Anschließend rückt man sie unter der »gedanklichen« Berücksichtigung der logischen Abhängigkeiten so hin, dass bei Eintragen der Verbindungspfeile möglichst wenig Überschneidungen auftreten, trotzdem aber thematisch zusammengehörende Vorgänge beisammen bleiben. Auch muss hierbei möglichst der zeitliche Ablauf von links nach rechts erhalten bleiben. Dieser Strukturierungsprozess ist in mehreren Durchgängen durchzuführen, da man i. Allg. die optimale Anordnung der Vorgänge nicht auf Anhieb findet. Was in diesem Zusammenhang als optimal zu gelten hat, hängt entscheidend von den individuellen Ansprüchen der jeweiligen Netzplaner ab. Abhängigkeiten zwischen Vorgängen können dabei aus sehr unterschiedlichen Gründen erforderlich sein:

- ▷ technische Gründe,
- ▷ personelle Zwänge,
- ▷ Kostengesichtspunkte,
- ▷ organisatorische Gegebenheiten oder
- ▷ Auflagen vom Auftragnehmer.

Nach dem grundsätzlichen Festlegen der Anordnungsbeziehungen müssen zu diesen die *Art* der Anordnungsbeziehungen sowie die

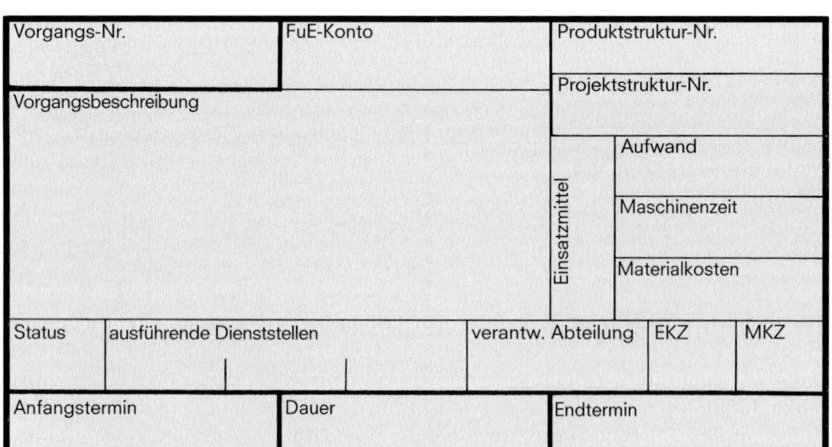

Bild 3.73 Vorgangsetikette (Beispiel)

Zeitabstände bestimmt werden. Für das manuelle Beschriften der AOB-Pfeile bieten sich folgende Abkürzungen an:

NF	Normalfolge	oder	EA	Ende-Anfang-Beziehung
AF	Anfangsfolge	oder	AA	Anfang-Anfang-Beziehung
EF	Endefolge	oder	EE	Ende-Ende-Beziehung
SF	Sprungfolge	oder	AE	Anfang-Ende-Beziehung

Diesen Abkürzungszeichen werden die jeweiligen Zeitwerte für die Minimal- bzw. Maximalabstände angefügt.

In der Praxis tritt häufig der Konflikt auf, ob ein zeitbestimmendes Geschehen als Vorgang oder als Zeitabstand einer Anordnungsbeziehung deklariert werden soll. Die Darstellung als Vorgang ist dann zu wählen, wenn dem Geschehen Einsatzmittel (Personal, Maschinen, Material) zugeordnet werden sollen. Anderenfalls bietet sich die Verwendung einer Anordnungsbeziehung an, da hierdurch der Netzplan weniger umfangreich wird.

Ziel ist jedenfalls, zu einer Vorgangsanordnung zu kommen, bei der der Netzplan eine starke grafische Aussagekraft besitzt und so zu einem effizienten Planungsinstrument für das Projektmanagement wird. Je besser dieses Ziel erreicht wird, desto leichter hat man es mit der späteren Netzplanaktualisierung.

Arbeitsschritt B3
Bewertung

Die bis jetzt definierten und in einen Entwicklungsablauf eingeordneten Vorgänge müssen nun in diesem Arbeitsschritt *bewertet* werden; hierzu gehört das Bestimmen folgender Angaben:

▷ Entwicklungsaufwand,
▷ Entwicklungsdauer,
▷ Sach- und Betriebsmittel,
▷ Termine.

Die Schätzung des für den einzelnen Vorgang notwendigen Entwicklungsaufwands ist sicher sehr risikobehaftet; sie wird wesentlich verlässlicher, wenn man eine der in den Kapiteln 3.2 aufgeführten Aufwandsschätzmethoden anwendet.

Die Qualität der Schätzung der zugehörigen Entwicklungsdauer – für die von einigen Aufwandsschätzverfahren auch ein Leitwert errechnet wird – hängt entscheidend von dem verfügbaren Personal, von den zur Verfügung stehenden Testanlagen sowie von eventuell notwendigen Materiallieferungen ab. Die (zumindest gedankliche) Zuordnung der einzelnen Personen mit ihrer jeweiligen Qualifikation und Leistungsfähigkeit zu den Vorgängen bestimmt letztendlich die einzuplanende Entwicklungsdauer.

Die Kapazitätsangabe der unterschiedlichen Sach- und Betriebsmittel, wie Rechen- und Maschinenzeiten sowie Materialien, ist auf Grund von Erfahrungsdaten meist leichter vorzunehmen.

Falls der Projektablauf es erfordert, müssen noch für besondere Vorgänge Terminvorgaben gemacht werden, sei es als absolut fixe oder nur als Wunsch-Termine. Die Letzteren dienen bei der späteren Termindurchrechnung als Leitwerte, die möglichst einzuhalten sind, aber auch – falls dies aus Konsistenz- oder Optimierungsgründen erforderlich ist – verändert werden können.

Planungsabschnitt C
Einrichtung der Netzplandatei

Arbeitsschritt C1
Stammdateneingabe

Bei Einrichten einer Netzplandatei sind grundsätzliche Angaben zum Projekt zu machen, damit den späteren Netzplanausgaben und -auswertungen informative Angaben beigegeben werden können. Hierzu gehören u. a.:

▷ Name der Netzplandatei,
▷ Projektname,
▷ Benennungen der Teilprojekte,
▷ Name des Planungsverantwortlichen,
▷ Benennung des Netzplans,
▷ Benennungen der Teilnetzpläne,
▷ Organisationszugehörigkeit.

Beschreibende Angaben in der Stammdatei sind meist fakultativ, können daher auch noch später eingegeben werden. Identifizierende

Angaben müssen dagegen zu Beginn einer Netzplandurchrechnung vollständig vorliegen, weil anderenfalls Zuordnungsprobleme auftreten können.

Arbeitsschritt C2
Kalendrierung

Ein Netzplanverfahren rechnet intern wohl mit Zeiteinheiten wie Stunden, Tagen, Wochen oder Monaten, allerdings in einer absoluten Zählung. Für den Projektplaner ist aber die Einordnung dieser Zeiteinheiten in den üblichen Kalender wichtig, da er seine Zeitplanung nur in diesem Zeitraster mit seinen Wochenenden, Feiertagen, Urlauben, Betriebsschließungen etc. vornehmen kann. Daher ist es erforderlich, den Rechner von diesen kalenderspezifischen Daten in Kenntnis zu setzen; diesen Arbeitsschritt beim Einrichten einer Netzplandatei nennt man *Kalendrierung*. Das Zuordnen zu einem Kalender kann es sogar erforderlich machen, mehrere unterschiedliche Arbeitskalender zu definieren, z.B. wenn ein Projekt sich auf Aktivitäten im Inland (gregorianischer Kalender) und im Ausland (islamischer Kalender) bezieht oder wenn bei einem inländischen Projekt die in den einzelnen Bundesländern z.T. unterschiedlichen Feiertagsregelungen zu berücksichtigen sind. Im Rahmen einer Kalendrierung werden u.a. folgende Freizeiten festgehalten:

- ▷ Freie Wochentage (z.B. Sonntag)
- ▷ Feste Feiertage (z.B. 3. Oktober)
- ▷ Variable Feiertage (z.B. Ostern)
- ▷ Betriebsschließungstage (z.B. Heiligabend)
- ▷ Betriebsurlaub (z.B. »Fenstertage«).

Das Festlegen derartiger Freizeiten ist meist nicht in einem einmaligen Schritt zu Beginn des Projekts möglich, da z.B. Fenstertage als Betriebsschließungstage für Folgejahre meist noch nicht feststehen.

Arbeitsschritt C3
Einheitenfestlegung

Abhängig von der jeweiligen Projektgröße können bei den späteren Netzplanausgaben und -auswertungen unterschiedliche Einheiten für Zeit, Aufwand und Kosten erwünscht sein:

- ▷ Stunden, Tage, Monate für die Zeit
- ▷ Mann-Stunden, Mann-Wochen, Mann-Monate für den Aufwand
- ▷ EUR, TEU für die Kosten.

Es sind stets sinnvolle Einheiten zu wählen, weil sonst falsche Genauigkeiten vorgespiegelt oder wesentliche Zusammenhänge verschleiert werden. So sollte man z.B. für die Wahl einer adäquaten Zeiteinheit 0,5 bis 2% der Projektgesamtdauer wählen. Im Folgenden sind einige Empfehlungen für die Wahl der optimalen Zeiteinheit zusammengestellt:

Projektgesamtdauer	*Gewählte Zeiteinheit*
mehrere Jahre	Monat
ein Jahr	Woche
ein Halbjahr	Tag
einige Wochen	Stunde

Planungsabschnitt D
Eingabe der Netzplandaten

Arbeitsschritt D1
Vorgangserfassung

Die Vorgangserfassung für die Netzplandatei wird von fast allen rechnergestützten Verfahren im Dialog unterstützt, d.h. alle Netzplandaten, die den Vorgang beschreiben, sind in Bildschirmmasken eingebbar. Bei geringen Vorgangsmengen kann diese maskenorientierte Erfassung unmittelbar von Mitarbeitern der Planungsgruppe selbst vorgenommen werden; für sie sind die vollständig ausgefüllten Vorgangsetiketten eine geeignete Eingabeunterlage. Sind dagegen große Mengen von Vorgängen durch Hilfskräfte einzugeben und auch die Vorgangsetiketten nicht vollständig vorhanden bzw. unvollständig ausgefüllt, so ist es angebracht, die Vorgangsdaten nach dem Papierentwurf des Netzplans in spezielle *Erfassungsformulare* zu übertragen, von denen sie dann durch eingespieltes Datenerfassungspersonal in die Netzplandatei überführt werden: Das Bild 3.74 zeigt als Beispiel ein derartiges Vorgangserfassungsformular.

Welche Angaben für jeden Vorgang einzugeben sind, hängt außer von den Projektgegebenheiten vom Funktionsumfang des verwendeten Netzplanverfahrens ab. Die nachstehende Aufstellung kann daher nur Möglichkeiten wiedergeben:

Vorgangstexte	Vorgangsbenennung Zusatzinformationen
Zuordnungen	Vorgangsnummer FuE-Konto Unterkonto Produktstruktur Projektstruktur
Termine/Dauer	möglichst einzuhaltender Anfangs- bzw. Endtermin fixer Anfangs- bzw. Endtermin Vorgangsdauer
Einsatzmittel	Personalaufwand Maschinenbelegungszeiten Materialkosten
Status-kennzeichen	Startvorgang Zielvorgang Alleinvorgang
Organisations-angaben	ausführende Dienststelle verantwortliche Abteilung Auftraggeber
Entwicklungs-merkmale	Entwicklungsart Entwicklungsphase Tätigkeitsart Meilenstein-Kennzeichen Systemkennzeichen

Arbeitsschritt D2
AOB-Eingabe

Anschließend an die vorgangsspezifischen Angaben müssen die durch den Netzplanentwurf definierten Anordnungsbeziehungen mit ihren jeweilig geplanten Zeitabständen eingegeben werden. Im Einzelnen sind hierbei festzulegen:

- ▷ Vorgänger,
- ▷ Nachfolger,
- ▷ Art der Anordnungsbeziehung sowie
- ▷ Minimal- bzw. Maximalabstände.

Verfahrenstechnisch kann die Eingabe der Anordnungsbeziehungen auf zwei unterschiedliche Weisen geschehen:

- ▷ AOB-Eingabe in einem eigenen Modus,
- ▷ AOB-Eingabe bei der Vorgangsdefinition.

Im ersten Fall werden die Anordnungsbeziehungen jeweils als Paar eines Vorgängers und

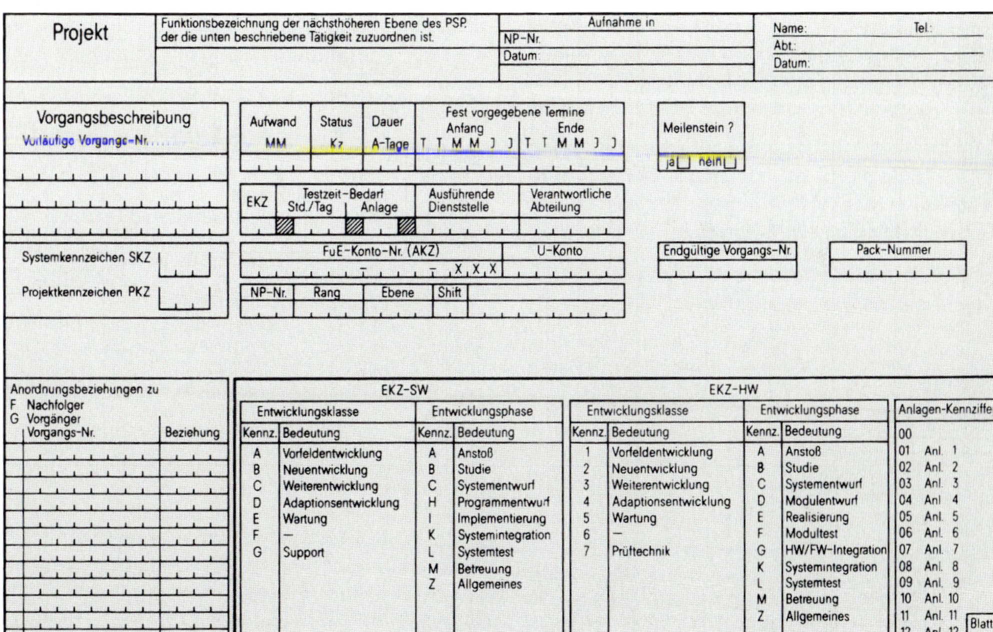

Projekt

Funktionsbezeichnung der nächsthöheren Ebene des PSP, der die unten beschriebene Tätigkeit zuzuordnen ist.

Aufnahme in
NP-Nr.
Datum:

Name: Tel.:
Abt.:
Datum:

Vorgangsbeschreibung
Vorläufige Vorgangs-Nr.

Aufwand MM	Status Kz	Dauer A-Tage	Fest vorgegebene Termine Anfang T T M M J J	Ende T T M M J J

Meilenstein ? ja nein

EKZ	Testzeit-Bedarf Std./Tag	Anlage	Ausführende Dienststelle	Verantwortliche Abteilung

FuE-Konto-Nr. (AKZ)	U-Konto
– – X X X	

Endgültige Vorgangs-Nr.

Pack-Nummer

Systemkennzeichen SKZ

Projektkennzeichen PKZ

NP-Nr.	Rang	Ebene	Shift	

Anordnungsbeziehungen zu
F Nachfolger
G Vorgänger

Vorgangs-Nr.	Beziehung

EKZ-SW

Entwicklungsklasse

Kennz.	Bedeutung
A	Vorfeldentwicklung
B	Neuentwicklung
C	Weiterentwicklung
D	Adaptionsentwicklung
E	Wartung
F	–
G	Support

Entwicklungsphase

Kennz.	Bedeutung
A	Anstoß
B	Studie
C	Systementwurf
H	Programmentwurf
I	Implementierung
K	Systemintegration
L	Systemtest
M	Betreuung
Z	Allgemeines

EKZ-HW

Entwicklungsklasse

Kennz.	Bedeutung
1	Vorfeldentwicklung
2	Neuentwicklung
3	Weiterentwicklung
4	Adaptionsentwicklung
5	Wartung
6	–
7	Prüftechnik

Entwicklungsphase

Kennz.	Bedeutung
A	Anstoß
B	Studie
C	Systementwurf
D	Modulentwurf
E	Realisierung
F	Modultest
G	HW/FW-Integration
K	Systemintegration
L	Systemtest
M	Betreuung
Z	Allgemeines

Anlagen-Kennziffer

00	
01	Anl. 1
02	Anl. 2
03	Anl. 3
04	Anl 4
05	Anl. 5
06	Anl. 6
07	Anl. 7
08	Anl. 8
09	Anl. 9
10	Anl. 10
11	Anl. 11
12	Anl. 12

Blatt

Bild 3.74 Vorgangserfassungsformular (Beispiel)

eines Nachfolgers definiert und in das Verfahren eingegeben. SINET-realisierte Verfahren sowie das PC-Verfahren Acos Plus 1 sind Beispiele für diese Vorgehensweise.

Bei einigen Verfahren können dagegen entweder nur die Vorgänger oder nur die Nachfolger zu einem Vorgang explizit angegeben werden; (wie z.B. bei MS Project); bei anderen sind sowohl Vorgänger als auch Nachfolger explizit angebbar.

Arbeitsschritt D3
Koordinateneingabe

Die geografische Anordnung der Vorgangskästchen in dem grafischen Netzplan kann bei den meisten Verfahren automatisch mittels eines Optimierungsalgorithmus vorgenommen werden. Die Praxis zeigt aber, dass die *automatische Platzierung* meist nicht den erwünschten Effekt bringt, besonders wenn nach Netzplanaktualisierungen unveränderte Vorgänge unkontrolliert ihren Platz wechseln. Ein bestimmter Entwickler muss dann immer wieder von neuem »seine« Vorgänge im Netzplan suchen. Deshalb wird meist – falls das DV-Verfahren es erlaubt – eine durch den Projektplaner fest definierte Platzierung der einzelnen Vorgangskästchen gewählt. Hierzu ist für jeden Vorgang die x- und y-Koordinate im künftigen Netzplan anzugeben. Seine x-Koordinate wird als *Rang* und seine y-Koordinate wird als *Ebene* bezeichnet, wie Bild 3.75 verdeutlicht.

Die Nummern für Rang und Ebene sollten bei der Ersteingabe in dekadischen Sprüngen eingegeben werden, damit man später zusätzliche Kästchen leichter einfügen kann.

Weiterhin muss – wenn eine Netzplangliederung beabsichtigt ist – jedem Vorgang eine Teilnetzplan-Nummer zugeordnet werden, die bestimmt, zu welchem Teilnetzplan der betreffende Vorgang bei späteren Netzplanausgaben gehört. Diese Nummer kann ebenfalls klassifizierende Merkmale enthalten, also z.B. den Netzplan in einen HW-, einen SW- und einen Orgware-Anteil gliedern.

Planungsabschnitt E
Durchrechnung des Netzplans

Nach Eingabe aller Vorgangsdaten und Anordnungsbeziehungen ist mit dem eingesetzten Verfahren eine erste Durchrechnung des Netzplans vorzunehmen, um diesen auf seine Konsistenz zu überprüfen. Drei Durchrechnungen sind hierbei zu durchlaufen:

▷ die Termindurchrechnung
▷ die Einsatzmittelberechnung
▷ die Koordinatenberechnung.

Arbeitsschritt E1
Termindurchrechnung

Dieser Arbeitsschritt umfasst die terminliche Vorwärts- und Rückwärtsrechnung des Netzplans. Unter Berücksichtigung der gesetzten Termine, der festgelegten Dauern und der definierten Anordnungsbeziehungen werden die Anfangs- und Endtermine der einzelnen Vorgänge ermittelt (siehe Kap. 3.3.5).

Sind die Netzplandaten formal nicht korrekt, so bricht das Verfahren die Durchrechnung vorzeitig ab oder es gibt eine entsprechende Warnung aus. Dagegen kann die Prüfung der fachlichen Richtigkeit erst mit entsprechenden Netzplan-Ausgaben im nächsten Planungsabschnitt vorgenommen werden.

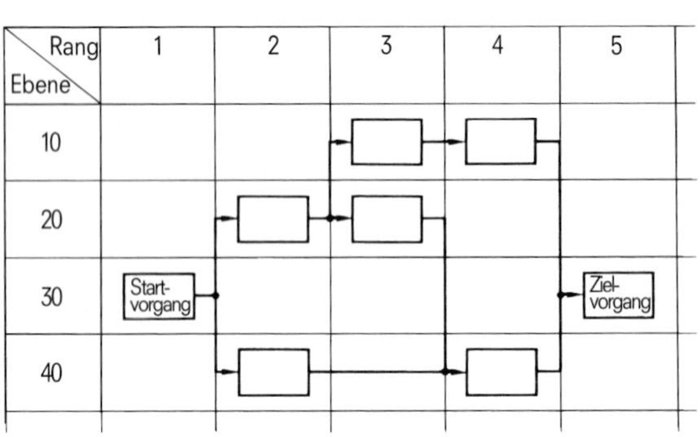

Bild 3.75
Rang und Ebene bei einem Netzplan

Arbeitsschritt E2
Einsatzmittelberechnung

Mit der Einsatzmittelberechnung wird der zeitliche Bedarfsverlauf der jeweiligen Einsatzmittel berechnet. Hierbei sind die den einzelnen Vorgängen zugeordneten Bedarfsmengen in den zugehörigen Einsatzmittelkalender aufzunehmen und dort aufzusummieren. Als Ergebnis erhält man je Einsatzmittelkalender und damit je Einsatzmittel einen Summenverlauf des benötigten Bedarfs (siehe Kap. 3.3.6).

Arbeitsschritt E3
Koordinatenberechnung

Falls man die Platzierung der einzelnen Vorgangskästchen in dem grafischen Netzplan nicht manuell durch Angabe der x- und y-Koordinaten vornimmt, kann in diesem Arbeitsschritt eine automatische Koordinatenberechnung für die grafische Aufbereitung des Netzplans angestoßen werden. Abhängig von Randparametern wird in einem Rechnungslauf eine möglichst optimale Platzierung der einzelnen Vorgangskästchen unter Berücksichtigung aller Anordnungsbeziehungen angestrebt.

Die Optimierungsvorgaben sind hierbei:

- ▷ möglichst »zeitnatürliche« Vorgangsfolge (d. h. von links nach rechts),
- ▷ möglichst wenig Kreuzungen von Anordnungsbeziehungspfeilen und
- ▷ möglichst wenig beanspruchte (Zeichen-)Fläche.

Durch die automatische Platzierung kann allerdings nicht erreicht werden, dass thematisch zusammengehörende Vorgänge im grafischen Netzplan auch örtlich beisammen bleiben, da es für die sachliche »Nähe« von Vorgängen keine Optimierungskriterien gibt. Wegen dieser Nachteile ist eine manuelle Platzierung häufig der automatischen vorzuziehen.

Arbeitsschritt E4
Fehlerkorrektur

Bei allen drei Durchrechnungen können Fehler aufgedeckt werden, und zwar fachliche und formale. Solche Fehler können – wie bereits erwähnt – zu einem Abbruch des Rechnungslaufs führen oder nur eine Warnung zur Folge haben. Hier sind zu erwähnen:

Bei der *Termindurchrechnung:*

- ▷ fehlende Vorgangsdauer,
- ▷ fehlende Terminangabe,
- ▷ Vorgangsstatus entspricht nicht den Anordnungsbeziehungen (z. B. Zielvorgang hat einen Nachfolger),
- ▷ gesetzter Termin führt zu negativem Puffer,
- ▷ Arbeitszeitkalender umfasst nicht den Projektzeitraum,
- ▷ gesetzter Termin ist nicht in dem Arbeitszeitkalender enthalten,
- ▷ Vorgangsnetz enthält Schleife.

Bei der *Einsatzmittelberechnung:*

- ▷ Einsatzmittelkalender enthält nicht alle Projekttage,
- ▷ Summenbedarf bzw. -vorrat übersteigt die zulässige Grenze.

Bei der *Koordinatenberechnung:*

- ▷ mehrere Vorgänge liegen auf demselben Platz,
- ▷ vollständige Darstellung nicht möglich (z. B. nicht ausreichend Platz für mehrere AOB-Pfeile).

Leistungsfähige Netzplanverfahren machen in den Terminlisten und Vorgangsübersichten besondere Hinweise an den Stellen, die noch inkonsistente Sachverhalte enthalten; diese unterstützen den Projektplaner beim Aufdecken auch der sachlogischen Fehler.

Nach entsprechender Korrektur der Netzplan-Eingabedaten ist eine erneute Durchrechnung des Netzplans vorzunehmen. Die Arbeitsschritte E1 bis E4 müssen so lange wiederholt werden, wie noch Inkonsistenzen im Netzplan enthalten sind.

Planungsabschnitt F
Auswertung des Netzplans

Arbeitsschritt F1
Ausgaben

Weisen die einzelnen Netzplandurchrechnungen schließlich keine Inkonsistenz mehr auf, so können die Neztplanauswertungen, die das DV-Verfahren ermöglicht, gestartet und ausgegeben werden. Zu den Netzplanauswertungen gehören vor allem:

- ▷ Terminlisten,
- ▷ Vorgangsdatenübersichten,
- ▷ Balkendiagramme,
- ▷ Auslastungsdiagramme,
- ▷ Projektstrukturpläne,
- ▷ grafische Teil- und Gesamtnetzpläne sowie
- ▷ Projektstatuslisten.

Die Projektbeteiligten sollten nun mit den jeweils für sie relevanten Planinformationen aus dem Netzplan versorgt werden. Es ist also für eine gezielte, d. h. selektive Informationsverteilung im Rahmen eines PM-Berichtwesens durch das Projektbüro zu sorgen.

Arbeitsschritt F2
Simulation

Am Ende des Netzplanaufbaus liegt ein sowohl formal als auch sachlogisch richtiger Netzplan vor; trotzdem braucht dieser noch nicht die endgültige Planbasis für die künftige Projektdurchführung zu sein. Einerseits können andere Planvorgaben für das Projekt in verschiedener Hinsicht günstiger sein, andererseits sind andere noch günstigere Ablauffolgen möglich. Gerade an dieser Stelle treten die Vorteile eines rechnergestützten Netzplanverfahrens besonders stark hervor, da man verschiedene Simulationen möglicher künftiger Arbeitsabläufe ohne großen Aufwand durchführen kann.

Bei der ersten Form einer Simulation verändert man einzelne Planvorgaben so, dass gezielt auf ganz bestimmte Projektparameter eingewirkt wird. Beispielsweise ist durch

- ▷ Aufheben von Fixterminen,
- ▷ Verändern von Vorgangsdauern,
- ▷ Herausnehmen von Vorgängen oder
- ▷ Verschieben von Anordnungsbeziehungen

ein optimaler Ablauf erreichbar, der zu einer besseren Auslastung des eingesetzten Personals oder zu einem früheren Projekt-Endtermin führt. Auch ist auf diese Weise das »Durchspielen« mehrerer kritischer Wege möglich, so dass man zu einem insgesamt weniger kritischen Ablauf gelangt.

Die zweite Simulationsform nutzt die Optimierungsmöglichkeiten durch Verschieben der Vorgänge innerhalb ihrer Zeitpuffer. Das Ergebnis ist eine bessere Auslastung der Einsatzmittel, besonders des Personals. Diese Bedarfsoptimierung kann – wie bereits in Kap. 3.3.6 kurz erläutert – von zwei unterschiedlichen Vorgaben ausgehen:

termintreue Bedarfsoptimierung,
kapazitätstreue Bedarfsoptimierung.

Bei der termintreuen Bedarfsoptimierung richtet sich der Simulationslauf nach einem fixen Endtermin aus; bei der kapazitätstreuen wird eine maximale Obergrenze (Vorrat) eingehalten.

Die Simulation mehrerer Netzplanvarianten ist auch ein ausgezeichnetes Mittel innerhalb der *Krisenplanung,* die ja das Ziel hat, durch Vorabbetrachtung möglicher Krisen Lösungswege im Voraus aufzuzeigen.

3.4.5 Netzplanstrukturierung

Projekte, die mit Hilfe der Netzplantechnik geplant und überwacht werden sollen, haben meist eine so komplexe Struktur in ihrer fachlichen und organisatorischen Umwelt, dass der Gesamtnetzplan sehr schnell einen für das Projektmanagement nicht mehr überschaubaren Umfang annehmen kann. Solche Netzpläne arten dann bei der grafischen Wiedergabe leicht zu überdimensionalen »Tapetenflächen« aus, die an Aussagekraft stark verlieren. Außerdem erhält ein spezieller Nutzer nicht mehr die für ihn relevanten Ausschnitte, sondern muss sich mit dem gesamten Netzplanumfang abplagen. Ein einzelner Netzplan, der seine Übersichtlichkeit behalten soll, darf daher nicht viel mehr als hundert Vorgänge auf einem Blatt (bzw. Bogen) Papier ausweisen.

Eine ausführliche Untersuchung in den 80er Jahren hat bestätigt, dass die Anzahl Netzplanvorgänge normalerweise mit der Projektgröße ansteigt – trotz größer werdender Arbeitspakete. Ausgehend von dieser Erkenntnis ist in Bild 3.76 dargestellt, wie die Anzahl der Netzplanvorgänge, abhängig von den Projektkosten auf EUR-Basis, für Entwicklungsvorhaben in der Elektrotechnik ansteigt.

Als Durchschnittswert kann hier der Wert von etwa 50 Vorgängen je 1 Mio. EUR Projektkosten angesehen werden; es ergibt sich damit für einen Vorgang ein Durchschnittsaufwand von 2 MM. Wie das Diagramm zeigt, liegt bei

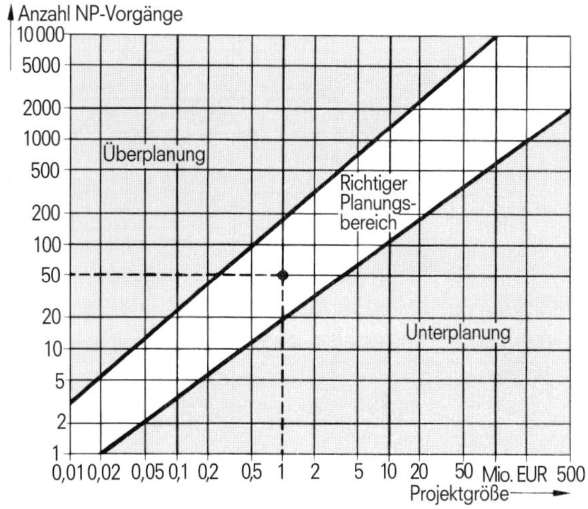

Bild 3.76
Anzahl Netzplanvorgänge abhängig von der Projektgröße

kleineren Vorgangsmengen eine »Unterplanung« und bei größeren eine »Überplanung« vor. Der sehr breite Übergangsbereich sagt allerdings aus, dass die Wahl der optimalen Vorgangszahl sehr projektspezifisch ist.

Auch sollte man berücksichtigen, dass die Anzahl Vorgänge eines Netzplans während dessen Lebenszyklus schwankt. Wie weiter unten noch erläutert wird, können geplante Vorgänge aufgespalten oder wieder gelöscht sowie abgeschlossene Vorgänge zusammengefasst werden.

Für das Erreichen einer optimalen Vorgangsanzahl je Einzelnetzplan ist es daher fast immer erforderlich, sich gleich zu Beginn des Netzplanaufbaus eine projektadäquate Netzplanstrukturierung zu überlegen. Hierfür bieten sich, abhängig von den jeweiligen Erfordernissen, mehrere Möglichkeiten an:

- ▷ Netzplanunterteilung
- ▷ Netzplanverdichtung
- ▷ Vorgangsreduktion
- ▷ Meilenstein-Netzpläne
- ▷ Standardnetzpläne.

Netzplanunterteilung

Werden die Entwicklungsaktivitäten in großen Entwicklungsbereichen mit einem Netzplan gesteuert, so können leicht einige tausend Vorgänge entstehen; eine grafische oder listenförmige Gesamtdarstellung dieser Vorgänge ist meist aber nicht erforderlich. Stattdessen muss man Netzplaninformationen nach Gliederungsprinzipien, die vom betreffenden Entwicklungsbereich vorgegeben sind, selektiv ausweisen können. Die Gesamtheit der Vorgänge lässt sich nach mindestens einem der folgenden Gesichtspunkte unterteilen:

- ▷ Organisationsorientierte Unterteilung
- ▷ Projektorientierte Unterteilung
- ▷ Technikorientierte Unterteilung.

Bei einer *organisationsorientierten* Netzplanunterteilung muss der Auszug eines Teilnetzplans aus der gesamten Vorgangsmenge so möglich sein, dass eine bestimmte Organisationseinheit (z.B. eine Laborgruppe) nur die von ihr bearbeiteten Netzplanvorgänge ausgewiesen erhält. Auswahlkriterium wäre hierbei die organisationsbezogene Nummer des Teilnetzplans (siehe hierzu das Bild 3.77).

Werden innerhalb eines Bereichs die Entwicklungsaktivitäten in mehreren Projekten durchgeführt, bietet sich eine *projektorientierte* Gliederung der Vorgangsgesamtmenge an. Unterscheidungsmerkmal ist dann das Projektkennzeichen (PKZ).

Schließlich kann die Vorgangsgesamtmenge auch *technikorientiert* unterteilt werden, weil z.B. die unterschiedlichen Entwicklungsarbeiten eindeutig bestimmten Systemen oder Systemteilen zuzuordnen sind. Hier erhält jeder Vorgang ein bestimmtes Systemkennzeichen

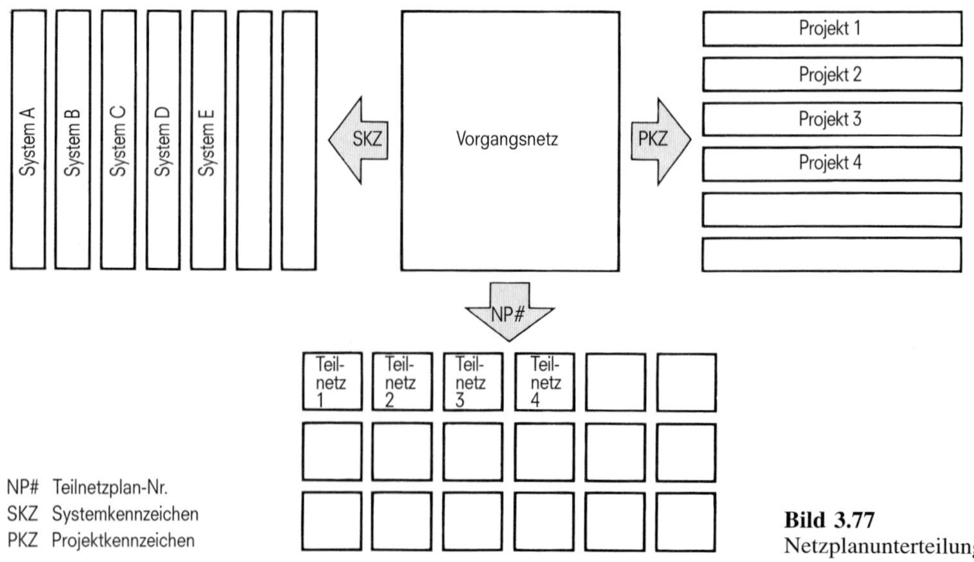

Bild 3.77
Netzplanunterteilung

(SKZ), wodurch eine systemtechnische Netzplangliederung möglich wird.

Sowohl die organisationsorientierte Unterteilung in Teilnetzen als auch die Verwendung eines Projektkennzeichens zum projektorientierten Unterteilen ist eine wichtige Voraussetzung für eine *Multiprojektplanung* mit Hilfe der Netzplantechnik. Alle den einzelnen Vorgängen zugeordneten Projektdaten, wie Termine, Aufwände und Kosten können dadurch auf einfache Weise organisations- und projektbezogen, aber auch gesamtbezogen ausgewertet werden.

Wünschenswert ist, dass alle drei Gliederungsgesichtspunkte bei ein und derselben Vorgangsgesamtmenge gleichzeitig anwendbar sind. Dieses wurde z.B. bei dem Projektplanungs- und -steuerungsverfahren REPROPLIK erreicht.

Netzplanverdichtung

Für das Beurteilen des Projektgeschehens anhand von Netzplandaten gibt es bei einem Projekt Informationsnutzer auf allen hierarchischen Ebenen einer Organisation. Sowohl der einzelne Entwickler will wissen, welche Vorgänge er zu bearbeiten hat und zu welchen anderen (fremden) Vorgängen diese in besonderer Abhängigkeit stehen als auch die Leitung will den Projektstand anhand des Netzplans erfahren und beurteilen können. Der entscheidende Unterschied liegt darin, dass der Entwickler über eine begrenzte Vorgangswahl sehr detaillierte Information erhalten will, dagegen ein Bereichsleiter über die Gesamtheit eine globale Übersicht benötigt.

Es muss daher möglich sein, das Projektgeschehen sowohl auf einer ausführlichen und damit umfangreichen Detailebene darzustellen; zusätzlich aber muss eine *Verdichtung* der Netzplaninformationen nach »oben« erreichbar sein (Bild 3.78).

Auf der Detailebene ist die Gesamtheit der Netzplanvorgänge vorhanden, die in Teilnetzausgaben den Entwicklern zugeführt werden; einen Gesamtauszug erhält höchstens das Projektbüro. Auf den höheren Netzplanebenen müssen diese Vorgänge nach bestimmten Kriterien verdichtet werden können, um sie in kompakteren Netzplandarstellungen den oberen Leitungskreisen zur Verfügung zu stellen. Teilweise werden diese auf höherer Ebene verdichteten Vorgänge auch als »Blockvorgänge« bezeichnet.

Entscheidend bei einer solchen Netzplanhierarchie ist, dass beim Verdichten die logischen Abhängigkeiten, die Termine und die Einsatzmittelangaben für die akkumulierten Vorgänge

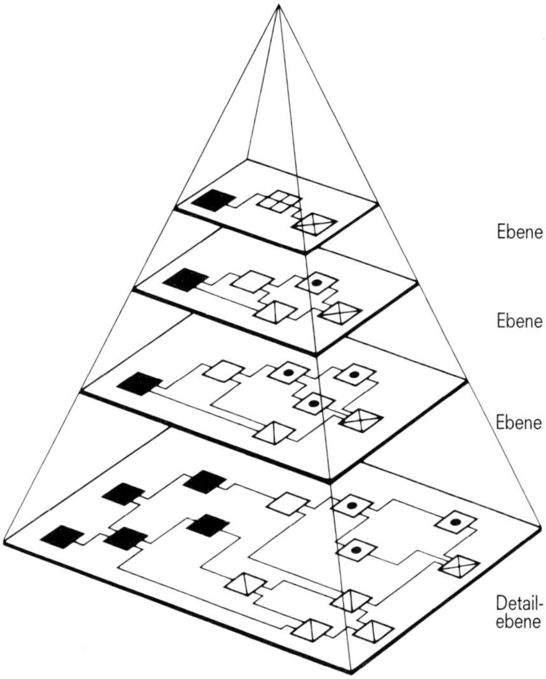

Bild 3.78 Netzplanverdichtung

automatisch ermittelt werden, damit auf jeder Ebene »durchrechenbare« Netzpläne entstehen. Mit vertretbarem Aufwand kann dieses natürlich nur ein DV-gestütztes Netzplanverfahren schaffen. Auch muss das Verfahren das Einhalten der Datenkonsistenz zwischen den einzelnen Netzplanebenen bei punktuellen Änderungen gewährleisten, da die Änderungen eventuell Folgeänderungen in anderen Ebenen verursachen.

Vorgangsreduktion

Netzpläne zu Beginn eines Projekts umfassen eine meist noch geringe Anzahl größerer Vorgänge; diese werden normalerweise erst im Laufe des Projektfortschritts aufgespalten. Hierbei kann dann – besonders bei mehrjährigen Großprojekten – das Problem auftreten, dass für die Gesamtmenge der Vorgänge die Speicherkapazität nicht mehr ausreicht, die durch den Adressraum des eingesetzten DV-Verfahrens gegeben ist. Daher ist es wünschenswert, dass abgeschlossene Vorgänge entsprechend höherer Verdichtungsebenen zu Summenvorgängen zusammengefasst werden. Diese Vorgehensweise bezeichnet man als *Vorgangsreduktion.*

Wie Bild 3.79 zeigt, hat man sowohl in der Projektvergangenheit als auch in der Projektzukunft »umfassendere« Vorgänge, d. h. vergangene Vorgänge sind bereits reduziert und künftige Vorgänge sind noch nicht detailliert worden. Die Summe der Vorgänge auf der Detailebene kann damit in ihrer Gesamtanzahl in etwa konstant gehalten werden; ein »Platzen« des Speichervolumens wird vermieden.

Die Reduktion von Vorgängen ist auch angebracht, wenn die Detailliertheit abgeschlossener Vorgänge nicht mehr von Bedeutung ist und einen unnötigen Datenballast darstellt. Eine Reduktion führt wohl zur Löschung von Einzelinformationen, bewahrt aber wegen der entsprechenden Kumulierung die Gesamtinformation.

Meilenstein-Netzpläne

Bei Entwicklungsvorhaben, die streng nach einem Entwicklungsprozessplan abgewickelt

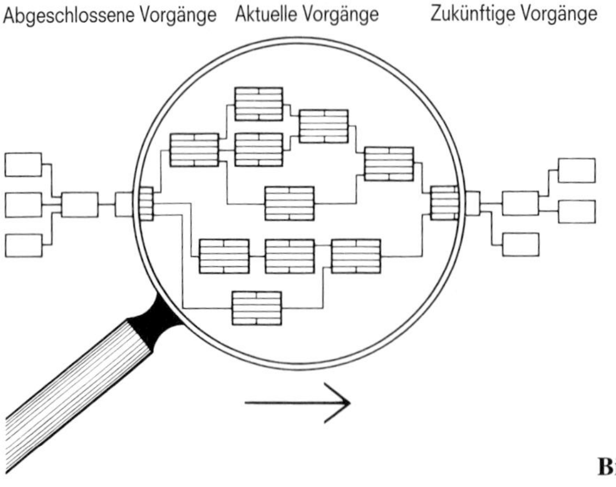

Bild 3.79 Vorgangsreduktion

werden, legt man häufig Meilensteine fest, an denen zu festen (Meilenstein-)Terminen klar definierte (Meilenstein-)Ergebnisse vorliegen müssen. Das Projektmanagement kann dann die Projektkontrolle ganz auf diese Meilensteine ausrichten. Das Überwachen von einzelnen Vorgängen tritt hierbei in den Hintergrund; entscheidend ist nur noch die Ergebnisabfrage an den Meilensteinen.

Meilensteine stellen genau genommen keine Vorgänge, sondern Ereignisse dar, die eigentlich in einem Vorgangsknoten-Netzplan nicht vorkommen. Durch Vergabe eines Meilensteinkennzeichens (MKZ) können aber ausgewählte Vorgänge zu »Meilensteinvorgängen« deklariert werden. Da Meilensteinvorgänge die Vorgangsdauer Null haben müssten, wählt man sinnvollerweise die kleinstmögliche Zeiteinheit für die »Meilensteindauer«.

Durch entsprechende Extraktion solcher Meilensteinvorgänge erhält man einen *Meilenstein-Netzplan,* der auch hierarchisch aufgebaut sein kann (Bild 3.80). Ein Meilenstein-Netzplan ist also kein komprimierter Netzplan auf einer höheren Verdichtungsstufe, sondern ein Netzplan mit sinnvollen Einschnürungen an geplanten Zäsurpunkten, eben den Meilensteinen.

Standardnetzpläne

Enthält ein großes Entwicklungsvorhaben mehrere ähnlich verlaufende Entwicklungsabschnitte oder treten in einem Entwicklungsbereich immer wieder ähnliche Entwicklungsabläufe auf, so wäre es nicht rationell, beim Erstellen der einzelnen Netzpläne immer wieder bei »Adam und Eva« anzufangen. Es bietet sich in solchen Fällen an, in einer einmaligen Vorarbeit für diese ähnlichen, sich öfter wiederholenden Entwicklungsabschnitte *Standardnetzpläne* zu entwerfen; diese müssen im aktuellen Fall auf das vorliegende Entwicklungsobjekt angepasst und anschließend zu Gesamtnetzplänen zusammengefasst werden. Bild 3.81 veranschaulicht ein solches Vorgehen.

In einem ersten Schritt trifft man eine Auswahl der für bestimmte Projektteile in Frage kommenden Standardnetzpläne. Im zweiten Schritt werden diese Standardnetzpläne auf die speziellen Projektgegebenheiten adaptiert; hierzu sind nicht zutreffende Vorgänge zu streichen, fehlende Vorgänge hinzuzufügen und die entsprechenden Abhängigkeiten richtig zu stellen. In einem dritten Schritt werden für all die Projektteile, für die kein adäquater Standardnetzplan zur Verfügung steht, eigene spezifische Teilnetzpläne entworfen. Schließlich integriert man im letzten Arbeitsschritt die adaptierten Standardnetzpläne und die spezifischen Teilnetzpläne zu einem *Rahmennetzplan.*

Bekannte Beispiele für solche Vorgehensweisen bei der Netzplanerstellung aus Standardnetzplänen sind die Termin- und Einsatzmittelplanung bei Bauprojekten oder bei produkt-

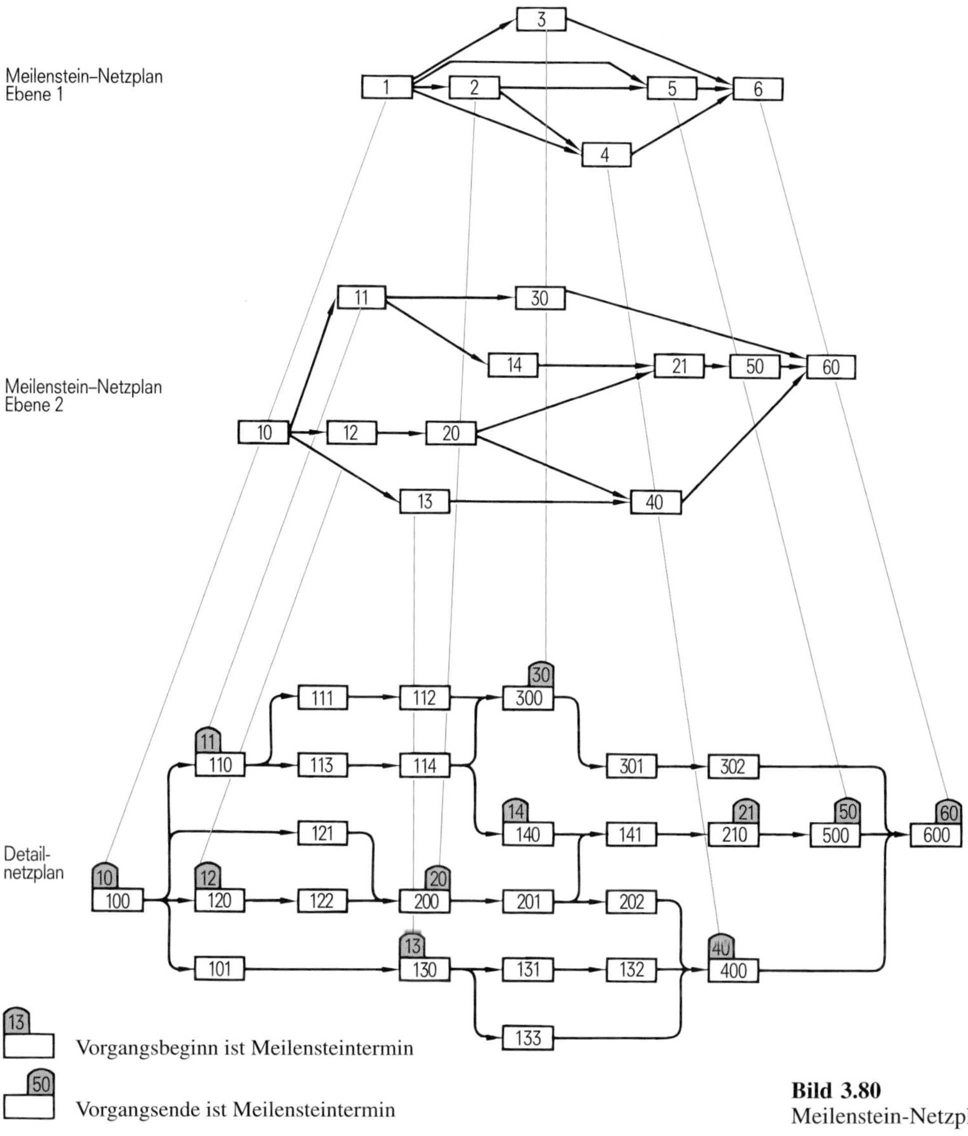

Bild 3.80
Meilenstein-Netzplan

nahen Entwicklungen in Gerätewerken. In FuE-nahen Bereichen finden – wegen der dort sehr stark ausgeprägten Innovationen – Standardnetzpläne kaum eine breitere Anwendung.

3.5 Einsatzmittelplanung

Die Aktivitäten in einem Projekt beanspruchen in jedem Fall Einsatzmittel. Aufgabe der Einsatzmittelplanung ist nun einerseits eine Bedarfsvorhersage zu geben und andererseits durch Aufzeigen von Engpässen und Leerläufen eine Einsatzoptimierung zu erreichen. Zu den Einsatzmitteln gehören im strengen Sinn:

- ▷ Geldmittel,
- ▷ Personal und
- ▷ Betriebsmittel (Maschinen, Materialien).

Das Einsatzmittel *Geld* wird im Rahmen der Kostenplanung (Kap. 3.6) und Kostenkontrolle (Kap. 4.2) behandelt. Das vorliegende Hauptkapitel geht deshalb nur auf die beiden anderen Einsatzmittel, Personal und Betriebsmittel, näher ein.

Zum Einsatzmittel *Personal* gehören alle für das Projekt eingesetzten Personen, sowohl die eigenen Mitarbeiter als auch das Personal fremder Dienststellen bzw. externer Consultant-Häuser. Ihr Einsatz wird innerhalb der »Personaleinsatzplanung« hinsichtlich ihrer personellen Auslastung optimiert.

Das Einsatzmittel *Betriebsmittel* umfasst alle nicht-monetären und nicht-personellen Einsatzmittel, also Rechenanlagen, Testanlagen, Prüfsysteme etc. sowie alle für die Produktrealisierung notwendigen Materialien. Ihr Einsatz wird innerhalb der »Betriebsmitteleinsatzplanung« optimiert.

Weiterhin kann man bei den Einsatzmitteln noch unterscheiden, ob sie

▷ »verzehrbar« oder
▷ »nicht verzehrbar«

sind. *Verzehrbare* Einsatzmittel sind vor allem Geld und Materialien, die nur einmal genutzt werden können und dann nicht mehr zur Verfügung stehen. Die *nicht verzehrbaren* Einsatzmittel sind wohl zeitlich auch nur einmal verfügbar, können dagegen aber nach einer Nutzung wieder voll verwendet werden. Hier ist allein die zeitliche Beanspruchung die Verfügbarkeitsgrenze. Zu den nicht verzehrbaren Einsatzmitteln gehören neben den Arbeitskräften auch Maschinen und Räumlichkeiten mit ihren jeweiligen Benutzungszeiten.

Besondere Bedeutung im Rahmen einer Einsatzmittelplanung hat die *Multiprojektplanung,* bei der die Einsatzmittel, vor allem Personal und Maschinen, unter mehreren (meist kleineren) Projekten im Zeitablauf optimal aufgeteilt werden müssen. Gerade bei einer durchgängigen Multiprojektplanung kann man projektspezifische Über- und Unterdeckungen von Einsatzmitteln so ausgleichen, dass ein positiver Einfluss auf die gesamte Entwicklungskostenbilanz sowie Entwicklungszeit entsteht. Auch können anhand mehrerer Vari-

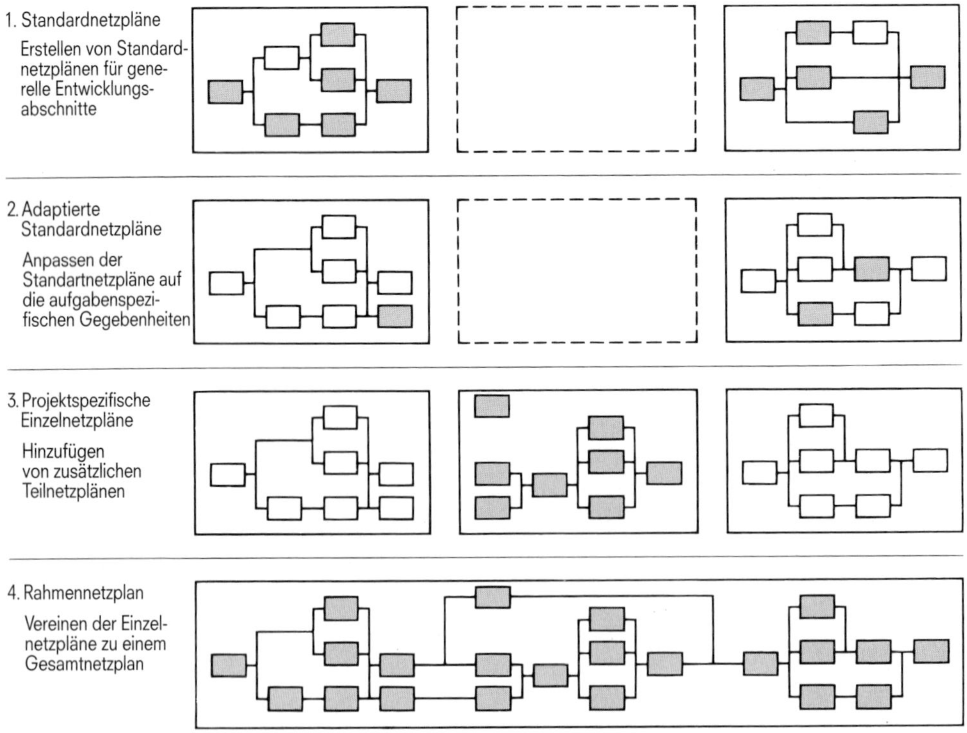

Bild 3.81 Standardnetzpläne

anten der Einsatzmittelbelegung *Plansimulationen* durchgeführt werden, um so die günstigste Konstellation herauszufinden.

Selbst wenn Aufgaben- und Terminplanung in einem Projekt funktional und zeitlich in Ordnung sind und auch die Kostenplanung keine Probleme mehr aufwirft, kann dem Projekt trotzdem die Realisierungsbasis fehlen, wenn nämlich die für die Projektdurchführung notwendigen Einsatzmittel nicht zeitgerecht vorhanden sind. Arbeitspakete, die z. B. in einem Netzplan zeitlich nicht kritisch sind, können durch Fehlen eines bestimmten Einsatzmittels *kapazitätskritisch* werden. Es gibt also nicht nur einen zeitkritischen Pfad, sondern auch einen kapazitätskritischen Pfad in einem Ablaufplan. Eine Einsatzmittelplanung – manchmal auch als *Mittelverwendungsplanung* bezeichnet – soll diese kapazitätskritischen Abschnitte im Projektablauf aufzeigen.

Aufgabe jeder Einsatzmittelplanung ist daher, die erforderlichen Arbeitskräfte, Maschinen und Materialien möglichst auslastungsoptimal auf die einzelnen Projektaufgaben (bzw. Projekte) zu verteilen. Eine umfassende Einsatzmittelplanung ist deshalb auch ein Mittel zur Produktivitätssteigerung insgesamt sowie zur allgemeinen Durchlaufzeitverkürzung im Entwicklungsbereich.

3.5.1 Einsatzplanung des Personals

Innerhalb der Einsatzmittelplanung ist die Personaleinsatzplanung am wichtigsten, da das eingesetzte Personal das wertvollste Einsatzmittel sowohl hinsichtlich Kosten als auch Qualifikation darstellt.

Im Rahmen der Terminplanung eines Projekts werden die einzelnen Arbeitspakete wohl in einen logischen und zeitlich richtigen Ablauf gebracht, aber über die Durchführbarkeit unter Berücksichtigung des zur Verfügung stehenden Personals ist mit diesen Terminplänen keine Aussage möglich. Daher müssen in eine die Terminplanung begleitende Personalplanung folgende Aspekte einbezogen werden:

- ▷ Qualifikation des Personals,
- ▷ verfügbare Personalkapazität,
- ▷ zeitliche Verfügbarkeit,
- ▷ örtliche Verfügbarkeit und
- ▷ organisatorische Zuordnung.

In der Personaleinsatzplanung wird noch immer zu sehr in »Köpfen« gedacht, ohne die jeweils vorhandenen Qualifikationen und Verfügbarkeiten ausreichend zu berücksichtigen. So kann ein sehr guter Prüftechniker nicht von heute auf morgen die Arbeiten eines Systemdesigners übernehmen. Oder ein einzelner Entwickler kann nicht zur selben Zeit zwei Arbeiten gleichzeitig ausführen. Auch ist ein Entwickler am Standort A nicht so ohne weiteres an einem weit entfernt liegenden Standort B einsetzbar. Zudem können organisatorische Abteilungsgrenzen ebenfalls gewisse Hemmnisse beim Personaleinsatz verursachen.

Zur Einordnung der benötigten Qualifikationen im zeitlichen Projektablauf bietet sich das in Bild 3.82 beispielhaft dargestellte Projekt-Mitarbeiterprofil an. In einer Tabelle werden – bezogen auf Monatsscheiben – die notwendigen Mitarbeiteranzahlen mit entsprechender Qualifikation aufgeführt.

Phase	Definition		Entwurf			Realisierung			Erprobung		Einsatz
Projektmonat / Qualifikation	1.	2.	3.	4.	5.	6.	7.	8.	9.	10.	11.
Manager	1	1	1	1	2	2	2	2	3	3	1
Systemarchitekt	2	3	4	6	5	3	3	3	2	2	
Anwendungsdesigner	2	3	3	4	5	3	2	1			
HW-Entwickler	1	1	2	4	6	8	10	10	8	6	2
SW-Entwickler	1	1	2	4	6	10	12	12	10	10	3
QS-Experte	1	1	2	2	2	3	3	3	3	3	1
Schulungskraft		1			1					2	4
Gesamte Anzahl	8	11	14	21	27	29	32	31	26	26	11

Bild 3.82 Projekt-Mitarbeiterprofil

Die Personaleinsatzplanung hat insgesamt die Aufgabe, einen optimalen Personaleinsatz über die gesamte Projektlaufzeit herbeizuführen; es sollen möglichst keine Überlastungen und keine zu geringen Auslastungen einzelner Personengruppen auftreten (Assignment-Management, siehe Kap. 3.5.4). Natürlich müssen hierbei die vom Auftraggeber gewünschten Termine voll berücksichtigt werden. Die Terminanforderungen bilden fast immer die entscheidende Ausgangsbasis aller Überlegungen für das Optimieren des Personaleinsatzes. Man kann dabei zwei Situationen unterscheiden:

1. Der Termin ist von der Auftraggeberseite festgelegt. Die Frage heißt dann: Welche Personalkapazität in welcher zeitlichen Belegung ist erforderlich?
2. Das zur Verfügung stehende Personal liegt auf der Auftragnehmerseite fest. Die Frage heißt hier: Welches ist der früheste Fertigstellungstermin bei optimalem Personaleinsatz?

Im ersten Fall spricht man von einer termintreuen, im zweiten Fall von einer kapazitätstreuen Einsatzplanung.

Es gibt aber noch eine weitere – vereinfachte – Vorgehensweise, bei der die Terminbetrachtung nicht explizit einbezogen und das zur Verfügung stehende Personal nur auf die Projektaufgaben verteilt wird. Auf diese Vorgehensweise wird am Schluss des Kapitels noch kurz eingegangen.

Bei der Personaleinsatzplanung werden mehrere Schritte durchlaufen. Es sind dies:

- ▷ Ermitteln des Vorrats,
- ▷ Errechnen des Bedarfs,
- ▷ Gegenüberstellen Bedarf und Vorrat sowie
- ▷ Optimieren der Personalauslastung.

Ermitteln des Vorrats

Beim Bestimmen der (verfügbaren) Personalkapazität, des »Vorrats« befindet man sich häufig in einer Konfliktsituation, da diese Aktivität

- ▷ qualifikationsgerecht,
- ▷ zeitgerecht oder auch
- ▷ pauschaliert

durchgeführt werden kann.

Die *qualifikationsgerechte* Vorratsbetrachtung geht auf die jeweilige Eignung des zur Verfügung stehenden Personals ein, ohne die zeitliche Verfügbarkeit zu berücksichtigen. Dagegen geht man bei der *zeitgerechten* Vorratsbetrachtung von auf die Zeit bezogenen Personalkapazitäten aus, ohne wiederum die jeweiligen Qualifikationen besonders zu betrachten. Bei der *pauschalierten* Vorratsbetrachtung wird allein die vorhandene Gesamtkapazität zugrunde gelegt – reduziert um statistische Mittelwerte für Fehl- und Ausfallzeiten.

Ziel muss die »ganzheitliche« Vorratsbetrachtung sein, bei der sowohl die Qualifikation des Personals als auch die zeitliche Verfügbarkeit ausreichend in die Einsatzplanung einbezogen wird.

Qualifikationsgerechte Vorratsbestimmung

Bei der qualifikationsgerechten Vorratsbetrachtung teilt man das zur Verfügung ste-

Personalvorrat	8	30	40	5	10	
Qualifikation / Projektaufgaben	Systemdesigner	HW-Entwickler	SW-Entwickler	Organisator	Hilfskraft	Eingeplantes Personal
Systementwurf	7	2	2	4	10	25
Funktionsmuster	2	30	10	2	8	52
Prototyp	2	30	30	2	5	69
Prüfsystem	1	20	15	2	5	43
Vorserienmodell	–	10	10	4	10	34

Bild 3.83 Zuordnung gemäß Qualifikation (Beispiel)

hende Personal in Gruppen gleicher Qualifikation (Skills) ein und ordnet es gemäß dieser Eignungsgruppierung unter Berücksichtigung der geografischen und organisatorischen Gegebenheiten den einzelnen Projektaufgaben zu. Bild 3.83 zeigt eine hierfür verwendbare Zuordnungsmatrix. Eine große Hilfe kann hier auch der Einsatz einer »Skills-Datenbank« sein, in der die Qualifikationsprofile der Mitarbeiter gespeichert sind (siehe Kap. 3.5.4).

Beim Bestimmen des für die einzelnen Projektaufgaben verfügbaren Personals darf man das Personal nicht als »sterile« Kopfzahl sehen, vielmehr muss die individuelle Einbettung in den Projektablauf berücksichtigt werden; auch ist die zeitliche Komponente in die Überlegungen einzubeziehen. Solange ein Mitarbeiter für eine bestimmte Projektaufgabe eingeteilt und dafür tätig ist, kann dieser eben nicht mit einer weiteren Projektaufgabe beschäftigt werden. Auch aus diesem Grund ist die Nutzung eines Netzplanverfahrens sehr hilfreich, weil der gesamte zeitliche Ablauf des Projektgeschehens dann transparenter dargestellt wird.

Zeitgerechte Vorratsbestimmung

Damit gelangt man zu einer zeitgerechten Vorratsbetrachtung, innerhalb der zuerst festgestellt werden muss, welche Personalkapazität je Zeiteinheit (z. B. je Monat) überhaupt realisierbar ist. Hierbei muss selbstverständlich beachtet werden, dass die Mitarbeiter nicht die theoretische Zeit von 52 Wochen mit fünf Wochentagen je sieben bis acht Arbeitsstunden im Jahr (reduziert um die gesetzlichen Feiertage) zur Verfügung stehen sondern der gesamte Zeitvorrat reduziert werden muss wegen:

▷ Neueinstellungen,
▷ Kündigungen,
▷ Pensionierungen,
▷ Versetzungen,
▷ Teilzeitarbeit oder
▷ Arbeitszeitverkürzungen.

Als Ergebnis erhält man den *Brutto-Vorrat* je Zeiteinheit; hiervon müssen noch bestimmte Fehl- und Ausfallzeiten abgezogen werden; hierzu zählen:

▷ krankheits- und unfallbedingte Ausfallzeiten,
▷ Mutterschutzzeiten,
▷ Tarif- bzw. Vertragsurlaube,
▷ tarifbedingte Verfügungstage,
▷ Sonder- und Jubiläumsurlaube,
▷ Bildungsurlaube,
▷ Firmenverschickungen sowie
▷ Wege- und Sozialzeiten.

Ausbildungszeiten gehören nicht in diese Gruppe der (nicht produktiven) Fehl- und Ausfallzeiten. Ausfallzeiten, die durch Krankheit oder Unfall entstehen, können naturgemäß nicht zeitbezogen sein. Hier muss ein auf die gesamte Zeit verteilter Pauschalwert in

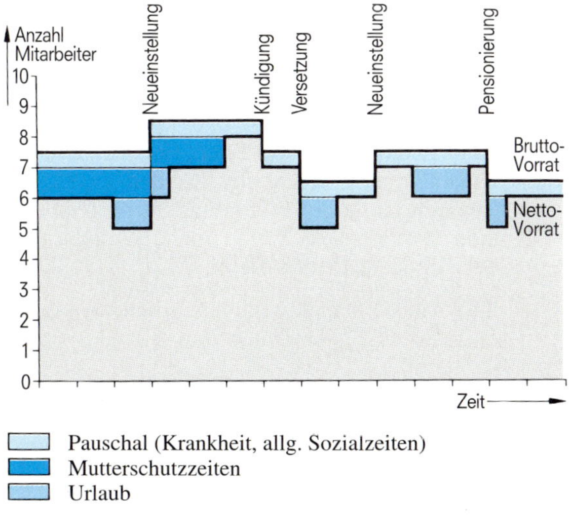

Bild 3.84 Ermittlung des Vorrats

die Rechnung eingehen. Bei Abzug all dieser Zeiten von dem Brutto-Vorrat erhält man schließlich den *Netto-Vorrat* je Zeiteinheit (Bild 3.84).

Weiterhin ist bei den o.a. Fehl- und Ausfallzeiten noch zwischen beeinflussbaren und nicht beeinflussbaren Zeiten zu unterscheiden. So sind Mutterschutzzeiten nicht verschiebbar, aber Urlaubszeiten können verlegt werden.

Pauschalierte Vorratsbestimmung

Das Ermitteln des Netto-Vorrats ist bei einfachen Projektumwelten auch in einer pauschalierten Form möglich. Hier werden die Fehl- und Ausfallzeiten als pauschaler Wert von der theoretischen Gesamtarbeitszeit abgezogen. Bewährt hat sich bei dieser Abzugsrechnung entweder das Reduzieren der Arbeitsmonate je Jahr *(Monats-Rechnung: Monat bleibt ganz)* oder das Reduzieren der Arbeitsstunden je Monat *(Jahres-Rechnung: Jahr bleibt ganz).*

Werden z.B. folgende Zeitabzüge im Durchschnitt angesetzt

6 Wochen Urlaub sowie
2 Wochen Fehl- und Ausfallzeiten,

so dass im Durchschnitt 10 Monate Arbeitszeit im Jahr übrig bleiben, dann ergibt sich bei einer 37-Stundenwoche für die durchschnittliche »projekt-produktive« Jahresleistung eines Mitarbeiters:

Abzugsrechnung 1 (Monats-Rechnung)

10 MM im Jahr
bei etwa 154 Arbeitsstunden im Monat
d.h. 154 MStd $\hat{=}$ 1 (Brutto-)MM
1 MJ $\hat{=}$ 10 (Brutto-)MM;

Abzugsrechnung 2 (Jahres-Rechnung)

12 MM im Jahr
bei etwa 128 Arbeitsstunden im Monat
d.h. 128 MStd $\hat{=}$ 1 (Netto-)MM
1 MJ $\hat{=}$ 12 (Netto-)MM.

Bei der ersten Art der Abzugsrechnung ist vorteilhaft, dass durch eine Kommaverschiebung jede Aufwandszahl in die entsprechende Personalzahl umgewandelt werden kann. Dieser Vorteil geht allerdings verloren, wenn für Fehl- und Ausfallzeiten ein größerer Abzug in die Rechnung eingeht. Bei der zweiten Art bleibt der 12-Monat-Bezug auf ein Jahr erhalten. Größere Abzüge für Fehl- und Ausfallzeiten schlagen sich hier in ein Reduzieren der durchschnittlichen Arbeitsstunden je Monat nieder.

In der Praxis können auch Mischformen der beiden vorgenannten Abzugsrechnungen auftreten, wenn z.B. einerseits die Relation 10 MM im Jahr gewünscht ist (Monats-Rechnung), andererseits aber ein weiterer Abzug für nicht direkte projektbezogene Tätigkeiten wie Aus- und Weiterbildung, Sonderaufgaben sowie allgemeine Verwaltungsaufgaben von der monatlichen Bruttostundenanzahl vorgenommen wird (Jahres-Rechnung).

Wenn x die Anzahl MM im Jahr und y die Anzahl Std. im MM ist, ergeben sich folgende grundsätzliche Varianten von Abzugsrechnungen:

1. mit $x = 12$ ist $y <$ durchschn. Std./Monat
2. mit $x = 10$ ist $y \simeq$ durchschn. Std./Monat
3. mit $y =$ durchschn. Std./Monat ist $x < 12$, wobei $x \cdot y =$ Jahresstundenanzahl ist.

Produktive Arbeitstage

Allen Abzugsrechnungen zur pauschalierten Vorratsbestimmung ist gemeinsam das Ableiten der durchschnittlichen Stundenanzahl, die ein Mitarbeiter »produktiv« für das Projekt zur Verfügung steht. Es lässt sich daher ein Produktivanteil (in %) wie folgt definieren:

$$PA = \frac{S_{\text{netto}}}{S_{\text{brutto}}} \times 100 \qquad (37)$$

PA Produktivanteil in %
S_{netto} Netto-Stundenanzahl je Zeiteinheit
S_{brutto} Brutto-Stundenzahl je Zeiteinheit,

wobei sich die Netto-Stundenanzahl je Zeiteinheit aus der Brutto-Stundenanzahl je Zeiteinheit durch Abzug der für den jeweiligen Bereich gültigen Durchschnittswerte für Fehl- und Ausfallzeiten sowie sonstige nicht projektbezogene Zeiten ergibt.

Die Anzahl der produktiven Arbeitstage in einem Jahr C_{prod} errechnet sich zu:

$$C_{\text{prod}} = C_{\text{ges}} - C_{\text{fehl}} + C_{\text{über}} \qquad (38)$$

mit

C_{ges} Gesamtanzahl Arbeitstage im Jahr
C_{fehl} Fehl- und Ausfallzeiten (statistischer

Mittelwert in Tagen)

$C_{über}$ Überstunden (statistischer Mittelwert in Tagen).

Damit ergibt sich – abhängig von der wöchentlichen Arbeitszeit – für die Gesamtstunden in einem Jahr S_{ges}:

$$S_{ges} = C_{ges} \times S_T \qquad (39)$$

mit

$$S_T = \frac{S_W}{5} \text{ (bei 5-Tage-Woche)}$$

S_T Stunden je Arbeitstag

S_W Stunden je Arbeitswoche,

sowie für die Anzahl der produktiven Arbeitsstunden in einem Jahr S_{prod}:

$$S_{prod} = C_{prod} \times S_T. \qquad (40)$$

Tabelle 3.30 enthält – bei Annahme von 250 Arbeitstagen im Jahr und 42 Tagen für Fehl- und Ausfallzeiten – für unterschiedliche Wochenarbeitszeiten die gesamten und die produktiven Stunden in einem Jahr, die monatlichen Brutto- und Netto-Stundenanzahlen sowie die jeweils erbringbare Anzahl von Brutto-MM (einer 35-Stunden-Woche) im Jahr. Dieser Wert ist bei Einplanung von Mitarbeitern mit unterschiedlicher Wochenar-

Anzahl Wochenstunden S_W Std./Woche	Anzahl Tagesstunden S_T Std./Tag	Gesamt-Jahresstunden S_{ges} Std./Jahr	Produktiv-Jahresstunden S_{prod} Std./Jahr	mtl. Bruttostundenanzahl (Brutto-MM) Std./Monat	mtl. Netto-Stundenanzahl (Netto-MM) Std./Monat	Anzahl Brutto-MM/Jahr (bez. auf 35-Std.-Wo.)
40	8,0	2000	1664	166	139	11,4
39	7,8	1950	1622	162	135	11,1
38	7,6	1900	1581	158	132	10,9
37	7,4	1850	1539	154	128	10,6
36	7,2	1800	1498	150	125	10,3
35	**7,0**	**1750**	**1456**	**146**	**121**	**10,0**
34	6,8	1700	1414	141	118	9,7
33	6,6	1650	1373	137	114	9,4
32	6,4	1600	1331	133	111	9,1
31	6,2	1550	1290	129	107	8,9
30	6,0	1500	1248	125	104	8,6
29	5,8	1450	1206	121	101	8,3
28	5,6	1400	1165	116	97	8,0
27	5,4	1350	1123	112	94	7,7
26	5,2	1300	1082	108	90	7,4
25	5,0	1250	1040	104	87	7,1
24	4,8	1200	998	100	83	6,9
23	4,6	1150	957	96	80	6,6
22	4,4	1100	915	92	76	6,3
21	4,2	1050	874	87	73	6,0
20	4,0	1000	832	83	69	5,7
19	3,8	950	790	79	66	5,4
18	3,6	900	749	75	62	5,1

Tabelle 3.30
Brutto- und Netto- Stundenanzahl abhängig von der Wochenarbeitszeit
Annahme:
C_{ges} = 250 Tage/Jahr
C_{fehl} = 42 Tage/Jahr
$C_{über}$ = 0

Tabelle 3.31 Anzahl Brutto-MM/Jahr (C_{ges} = 250 Tage)

C_{fehl} [Tage]	38	40	42	44	46	48	50	52	54	56	58
Brutto-MM/Jahr	10,2	10,1	10,0	9,9	9,8	9,7	9,6	9,5	9,4	9,3	9,2

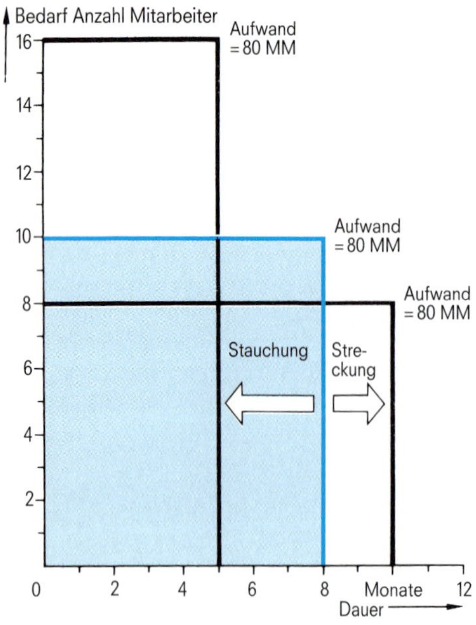

Bild 3.85 Äquivalenz des Bedarfs

beitszeit zu berücksichtigen. Ist eine einheitliche Umrechnung von MStd in MM erforderlich (z.B. innerhalb eines DV-Verfahrens), dann muss ein anteilsbezogener Mittelwert für die mtl. Brutto-Stundenanzahl abgeleitet werden (letzte Spalte der Tabelle 3.30). Tabelle 3.31 gibt in Abhängigkeit der Fehl- und Ausfallzeiten die jeweilige Anzahl der Brutto-MM im Jahr an.

Errechnen des Bedarfs

Im zweiten Schritt der Personaleinsatzplanung muss die benötigte Personalkapazität, d.h. der Bedarf, errechnet werden. Wie in Bild 3.85 vereinfacht gezeigt, steht die für ein bestimmtes Arbeitspaket benötigte Personalkapazität in einem unmittelbaren Verhältnis zu der Dauer, die für diese Projektaufgabe eingeplant wird. So ist z.B. – rein rechnerisch – ein Arbeitsvolumen von 80 MM mit 8 Mitarbeitern in 10 Monaten oder mit 10 Mitarbeitern in 8 Monaten zu bewältigen. Natürlich kann diese *Streckung* bzw. *Stauchung* nicht beliebig groß gemacht werden, da es vom Aufwand her immer eine (theoretisch) optimale Personalstärke für ein Projekt gibt (siehe hierzu Bild 2.12).

Der Personalbedarf jeder Projektaufgabe wird also auf der Basis des geschätzten Gesamtaufwands aus der geplanten Dauer abgeleitet:

$$D = \frac{A}{T} \tag{41}$$

D Bedarf in Anzahl Mitarbeiter (MA)
A Aufwand in Mann-Monaten (MM)
T Dauer in Monaten (M).

Im Hinblick auf die o.a. Abzugsrechnungen ergibt sich die formelmäßige Erweiterung:

Bedarf in MA (nach Monats-Rechnung)

$$D = \frac{A_{\text{brutto}}}{T} \times \frac{1}{PA} \tag{42}$$

A_{brutto} Aufwand in Brutto-MM
T Dauer in Monaten
PA Produktivanteil in % gemäß (37);

Bedarf in MA (nach Jahres-Rechnung)

$$D = \frac{A_{\text{netto}}}{T} \tag{43}$$

A_{netto} Aufwand in Netto-MM

Dieser Sachverhalt soll an einem einfachen Zahlenbeispiel erläutert werden. Ausgegangen wird von einem in 14 Zeitmonaten (M) zu erbringenden Gesamtaufwand von 20000-Mann-Stunden (MStd). Der Produktivanteil soll gemäß dem Zahlenbeispiel der vorgenannten Abzugsrechnungen bestimmt werden.

Monats-Rechnung:

$$A_{\text{brutto}} = \frac{20\,000 \text{ MStd}}{154 \text{ Std/M}} = 129{,}87 \text{ Brutto-MM}$$

$$PA = \frac{10 \text{ M/J}}{12 \text{ M/J}} \text{ bzw. } \frac{128 \text{ Std/M}}{154 \text{ Std/M}} = 0{,}831$$

$$D = \frac{129{,}87 \text{ Brutto-MM}}{14 \text{ M}} \times \frac{1}{0{,}831} =$$

$$= 11{,}16 \text{ MA}$$

Jahres-Rechnung:

$$A_{\text{netto}} = \frac{20\,000 \text{ MStd}}{128 \text{ Std/M}} = 156{,}25 \text{ Netto-MM}$$

$$D = \frac{156{,}25 \text{ Netto-MM}}{14 \text{ MM}} = 11{,}16 \text{ MA.}$$

Wie das Beispiel zeigt, ergibt sich bei beiden Rechnungen eine Bedarfskopfzahl, die die Fehl- und Ausfallzeiten gleichermaßen berücksichtigt; bei der Monats-Rechnung geschieht dies durch Einbeziehen der Kennzahl Produktivanteil und bei der Jahres-Rechnung durch Verwenden der Netto-Mann-Monate. (Rundungsungenauigkeiten in der Berechnung des Produktivanteils können zu einer geringfügigen Abweichung der Werte beim Bedarf führen.)

Im Einzelfall kann es auch erforderlich sein, eine Netto-Bedarfskopfzahl zu bestimmen, die die genannten Fehl- und Ausfallzeiten nicht impliziert, weil z. B. diese in einem Ablaufplan explizit ausgewiesen werden.

Wegen dieser einfachen Zusammenhänge erlauben alle gängigen Netzplanverfahren – in denen normalerweise für jedes Arbeitspaket die jeweilige Dauer mit dem zugehörigen Aufwand vorliegt – entsprechende, vollständige Bedarfsberechnungen, die außer der gleichmäßigen Verteilung auch die zeitlich unterschiedliche Inanspruchnahme von Einsatzmitteln ermöglichen (siehe Kap. 3.3.6). Ohne eine derartige Verfahrensunterstützung muss für jede Projektaufgabe der geschätzte Entwicklungsaufwand (bei gleichmäßiger Verteilung) durch die geplante Entwicklungsdauer dividiert werden. Der sich ergebende Bedarf ist dann – bezogen auf die zugehörige Dauer – in ein dem Bild 3.83 analoges Zeitdiagramm einzutragen. Durch sukzessives Addieren der einzelnen »Bedarfsblöcke« gelangt man dann zu einer Hüllkurve, die dem über der Zeit aufgetragenen Gesamtbedarf entspricht.

Gegenüberstellen Bedarf und Vorrat

Im nächsten Schritt der Personaleinsatzplanung wird schließlich der ermittelte Bedarf dem Vorrat gegenübergestellt. Hierbei ist die Unterteilung der Kapazitätskurven nach unterschiedlichen Gesichtspunkten möglich, nämlich

- ▷ projektorientiert,
- ▷ organisationsorientiert oder
- ▷ themenorientiert.

In Bild 3.86 sind diese drei Formen der Bedarfsunterteilung in einer Kapazitätsauslastungsübersicht dargestellt.

Eine Auslastungsbetrachtung, die sowohl qualifikations- als auch zeitgerecht ist, erfordert erheblich mehr Vorarbeiten, da die Bedarfsermittlung nicht nur zeitbezogen je Projektaufgabe, sondern auch noch gegliedert nach den einzelnen Tätigkeitsarten vorgenommen werden muss. Bild 3.87 zeigt vereinfacht eine solche *ganzheitliche* Betrachtung für die beiden Qualifikationsgruppen HW-Entwickler und SW-Entwickler. Wie ersichtlich, liegt – obwohl der Gesamtbedarf den Gesamtvorrat zu keiner Zeit überschreitet – doch zeitweise ein *Personalengpass* auf Grund der unterschiedlichen Qualifikationen vor.

In den abgebildeten Einsatzkurven ist unten jeweils eine Grundlastlinie zu sehen. Eine dadurch symbolisierte Grundlast liegt vor, wenn der (nur produktive Arbeitszeiten umfassende) Netto-Vorrat dem Projekt nicht voll zur Verfügung steht. Als Grundlasten sind anzusehen:

- ▷ Aus- und Weiterbildungszeiten,
- ▷ Lehrtätigkeiten,
- ▷ Leitungsaktivitäten,
- ▷ allgemeine Verwaltungsarbeiten,
- ▷ »Ausleih«-Arbeiten und
- ▷ sonstige nicht projektbezogene Arbeiten.

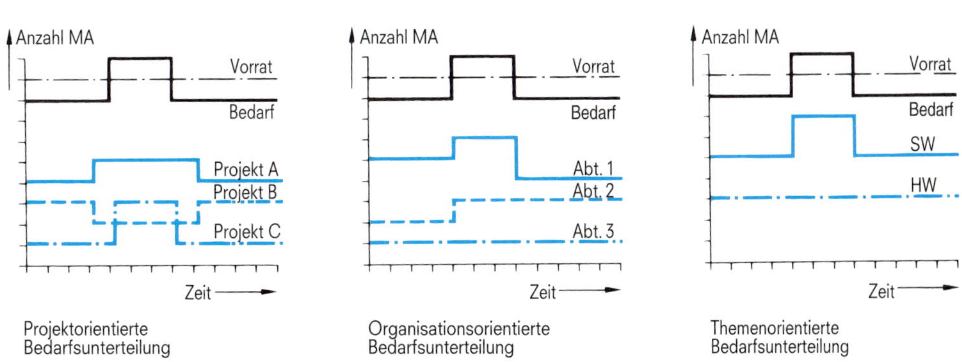

Bild 3.86 Unterteilung des Bedarfs

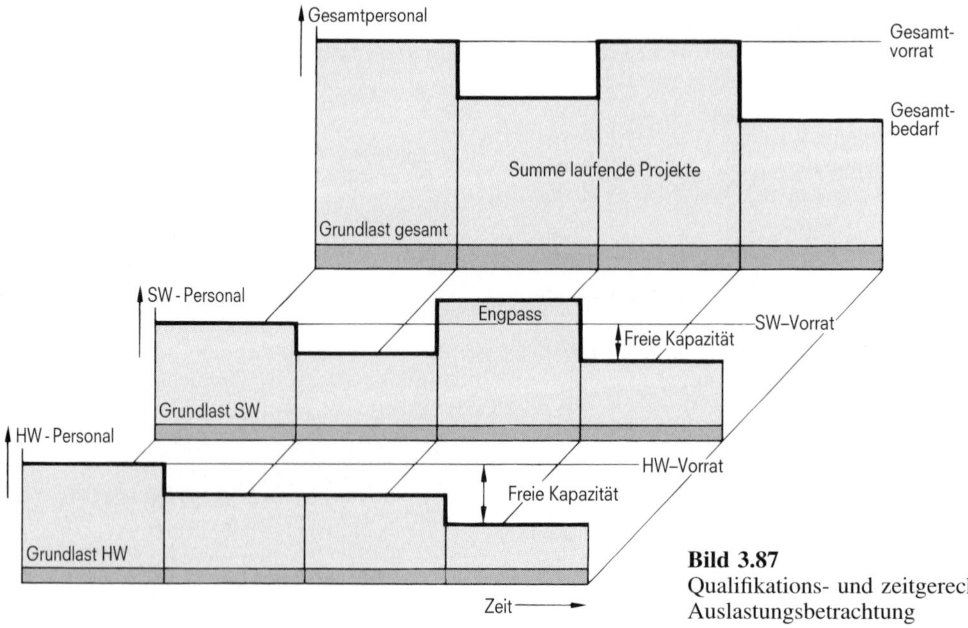

Bild 3.87
Qualifikations- und zeitgerechte Auslastungsbetrachtung

Diese Grundlasten lassen sich teilweise zeitbezogen (z. B. Aus- und Weiterbildungszeiten) und teilweise nur pauschal (z. B. allgemeine Verwaltungsarbeiten) einplanen.

Optimieren der Personalauslastung

Im letzten Schritt der Personaleinsatzplanung bemüht man sich um das Optimieren der ermittelten Personalauslastung. Hierbei wird versucht, nichtkritische Arbeitspakete aus Überlastbereichen in Bereiche mit geringer Auslastung zu verlegen. Dies ist natürlich nur dann möglich, wenn es der Entwicklungsablauf technologisch und organisatorisch zulässt. Ob das der Fall ist, kann allein aus dem Belastungsverlauf nicht ersehen werden, denn dazu gehört die genaue Kenntnis der einzelnen Arbeitspakete in ihren fachlichen und personellen Abhängigkeiten. Auch hier kann der Einsatz eines Netzplanverfahrens sehr hilfreich sein, da automatische Optimierungsläufe – mit Wahlmöglichkeit zwischen termin- und kapazitätstreuer Einsatzmittelbelegung – durchgeführt werden können (Bild 3.88).

Bei der *termintreuen* Auslastungsoptimierung werden unter Einhaltung der logischen Ab-

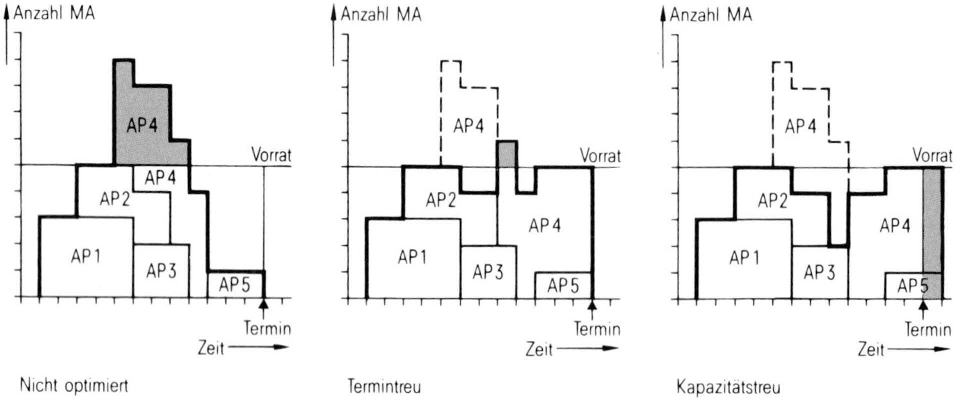

Bild 3.88 Termin- und kapazitätstreue Auslastungsoptimierung

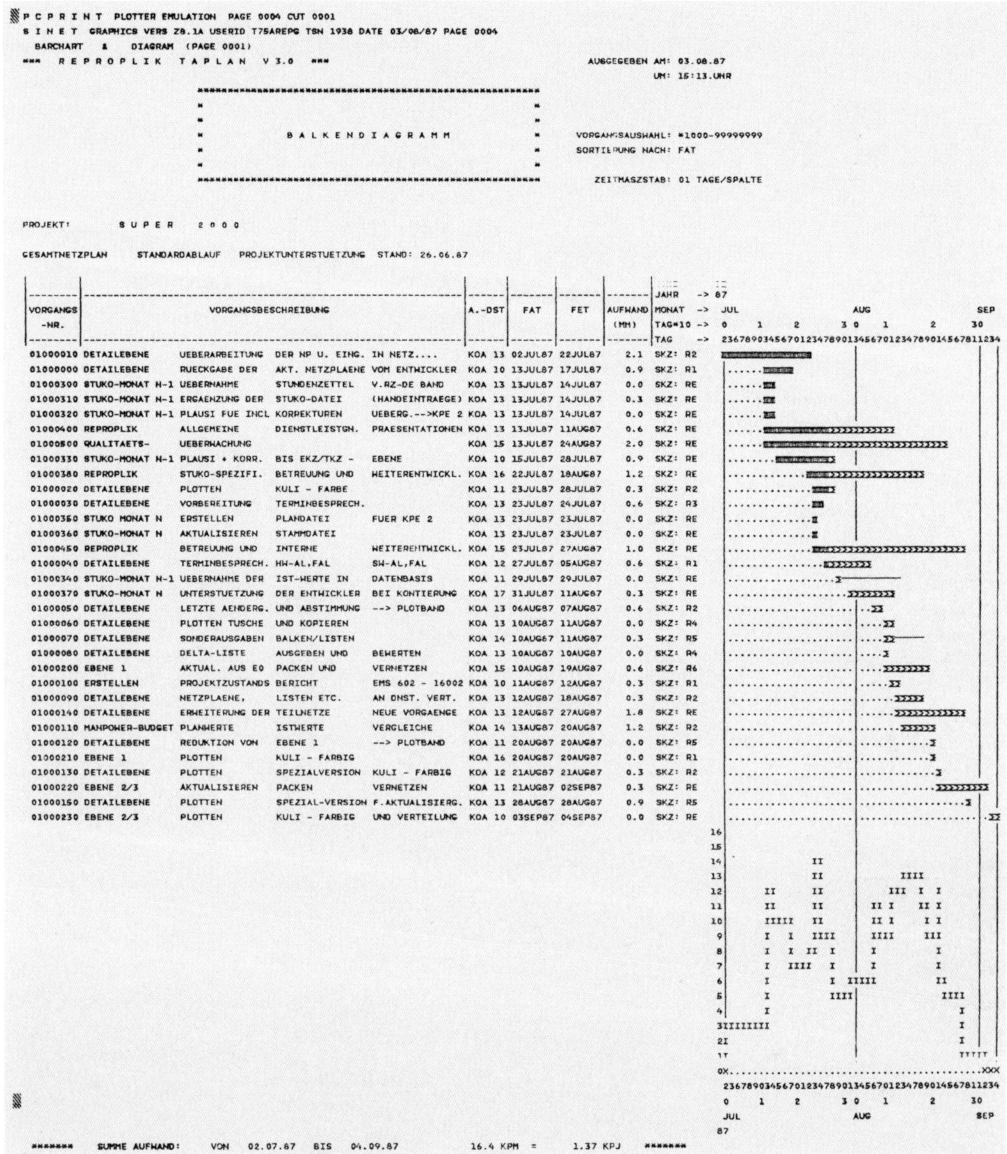

P C P R I N T PLOTTER EMULATION PAGE 0004 CUT 0001
S I N E T GRAPHICS VERS Z8.1A USERID T75AREPG TSN 1938 DATE 03/08/87 PAGE 0004
BARCHART & DIAGRAM (PAGE 0001)
*** R E P R O P L I K T A P L A N V 3.0 ***

AUSGEGEBEN AM: 03.08.87
UM: 15:13.UHR

B A L K E N D I A G R A M M

VORGANGSAUSWAHL: *1000-99999999
SORTIERUNG NACH: FAT
ZEITMASZSTAB: 01 TAGE/SPALTE

PROJEKT: S U P E R 2 0 0 0

GESAMTNETZPLAN STANDARDABLAUF PROJEKTUNTERSTUETZUNG STAND: 26.06.87

VORGANGS-NR.	VORGANGSBESCHREIBUNG				A.-DST	FAT	FET	AUFWAND (MM)	
01000010	DETAILEBENE	UEBERARBEITUNG	DER NP U. EING.	IN NETZ....	KOA 13	02JUL87	22JUL87	2.1	SKZ: R2
01000000	DETAILEBENE	RUECKGABE DER	AKT. NETZPLAENE	VOM ENTWICKLER	KOA 10	13JUL87	17JUL87	0.9	SKZ: R1
01000300	STUKO-MONAT N-1	UEBERNAHME	STUNDENZETTEL	V.RZ-DE BAND	KOA 13	13JUL87	14JUL87	0.0	SKZ: RE
01000310	STUKO-MONAT N-1	ERGAENZUNG DER	STUKO-DATEI	(HANDEINTRAEGE)	KOA 13	13JUL87	14JUL87	0.3	SKZ: RE
01000320	STUKO-MONAT N-1	PLAUSI FUE INCL	KORREKTUREN	UEBERG.-->KPE 2	KOA 13	13JUL87	14JUL87	0.0	SKZ: RE
01000400	REPROPLIK	ALLGEMEINE	DIENSTLEISTGN.	PRAESENTATIONEN	KOA 13	13JUL87	11AUG87	0.6	SKZ: RE
01000500	QUALITAETS-	UEBERWACHUNG			KOA 15	13JUL87	24AUG87	2.0	SKZ: RE
01000330	STUKO-MONAT N-1	PLAUSI + KORR.	BIS EKZ/TKZ -	EBENE	KOA 10	15JUL87	28JUL87	0.9	SKZ: RE
01000380	REPROPLIK	STUKO-SPEZIFI.	BETREUUNG UND	WEITERENTWICKL.	KOA 16	22JUL87	18AUG87	1.2	SKZ: RE
01000020	DETAILEBENE	PLOTTEN	KULI - FARBE		KOA 11	23JUL87	28JUL87	0.3	SKZ: R2
01000030	DETAILEBENE	VORBEREITUNG	TERMINBESPRECH.		KOA 13	23JUL87	24JUL87	0.6	SKZ: R3
01000350	STUKO MONAT N	ERSTELLEN	PLANDATEI	FUER KPE 2	KOA 13	23JUL87	23JUL87	0.0	SKZ: RE
01000360	STUKO-MONAT N	AKTUALISIEREN	STAMMDATEI		KOA 13	23JUL87	23JUL87	0.0	SKZ: RE
01000450	REPROPLIK	BETREUUNG UND	INTERNE	WEITERENTWICKL.	KOA 15	23JUL87	27AUG87	1.0	SKZ: RE
01000040	DETAILEBENE	TERMINBESPRECH.	HW-AL,FAL	SW-AL,FAL	KOA 12	27JUL87	05AUG87	0.6	SKZ: R1
01000340	STUKO-MONAT N-1	UEBERNAHME DER	IST-WERTE IN	DATENBASIS	KOA 11	29JUL87	29JUL87	0.0	SKZ: RE
01000370	STUKO-MONAT N	UNTERSTUETZUNG	DER ENTWICKLER	BEI KONTIERUNG	KOA 17	31JUL87	11AUG87	0.3	SKZ: RE
01000050	DETAILEBENE	LETZTE AENDERG.	UND ABSTIMMUNG	--> PLOTBAND	KOA 13	06AUG87	07AUG87	0.6	SKZ: R2
01000060	DETAILEBENE	PLOTTEN TUSCHE	UND KOPIEREN		KOA 13	10AUG87	11AUG87	0.0	SKZ: R4
01000070	DETAILEBENE	SONDERAUSGABEN	BALKEN/LISTEN		KOA 14	10AUG67	11AUG87	0.3	SKZ: R5
01000080	DETAILEBENE	DELTA-LISTE	AUSGEBEN UND	BEWERTEN	KOA 13	10AUG87	10AUG87	0.0	SKZ: R4
01000200	EBENE 1	AKTUAL. AUS E0	PACKEN UND	VERNETZEN	KOA 15	10AUG87	19AUG87	0.6	SKZ: R6
01000100	ERSTELLEN	PROJEKTZUSTANDS	BERICHT	EMS 602 - 16002	KOA 10	11AUG87	12AUG87	0.3	SKZ: R1
01000090	DETAILEBENE	NETZPLAENE,	LISTEN ETC.	AN DNST. VERT.	KOA 13	12AUG87	18AUG87	0.3	SKZ: R2
01000140	DETAILEBENE	ERWEITERUNG DER	TEILNETZE	NEUE VORGAENGE	KOA 13	12AUG87	27AUG87	1.8	SKZ: RE
01000110	MANPOWER-BUDGET	PLANWERTE	ISTWERTE	VERGLEICHE	KOA 14	13AUG87	20AUG87	1.2	SKZ: R2
01000120	DETAILEBENE	REDUKTION VON	EBENE 1	--> PLOTBAND	KOA 11	20AUG87	20AUG87	0.0	SKZ: R5
01000210	EBENE 1	PLOTTEN	KULI - FARBIG		KOA 16	20AUG87	20AUG87	0.0	SKZ: R1
01000130	DETAILEBENE	PLOTTEN	SPEZIALVERSION	KULI - FARBIG	KOA 12	21AUG87	21AUG87	0.3	SKZ: R2
01000220	EBENE 2/3	AKTUALISIEREN	PACKEN	VERNETZEN	KOA 11	21AUG87	02SEP87	0.3	SKZ: RE
01000150	DETAILEBENE	PLOTTEN	SPEZIAL-VERSION	F.AKTUALISIERG.	KOA 13	28AUG87	28AUG87	0.9	SKZ: R5
01000230	EBENE 2/3	PLOTTEN	KULI - FARBIG	UND VERTEILUNG	KOA 10	03SEP87	04SEP87	0.0	SKZ: RE

******* SUMME AUFWAND: VON 02.07.87 BIS 04.09.87 16.4 KPM = 1.37 KPJ *******

Bild 3.89 Balken-/Auslastungsdiagramm

hängigkeiten und der gesetzten Termine die Vorgänge so gelegt, dass ohne Überschreiten des Endtermins ein gleichmäßiger Verlauf der Auslastungskurve erreichbar ist. Bei der *kapazitätstreuen* (oder exakter »vorratstreuen«) Auslastungsoptimierung wird die Summenkurve sogar – falls irgendwie möglich – unter einen vorgegebenen Vorratswert gedrückt, wobei allerdings der Endtermin hinausgeschoben werden kann.

Balken-/Auslastungsdiagramm

Auslastungsdiagramme, wie die weiter oben gezeigten, eignen sich isoliert nur sehr bedingt für eine Aussage über einen optimalen Personaleinsatz, da in diesen keine Angaben über die dahinter stehenden Arbeitspakete und deren Termine enthalten sind. Nur in Verbindung mit weiteren Projektplänen und -berichten bringen diese Diagramme den gewünschten Effekt.

Als besonders nützlich hat sich daher das in Bild 3.89 wiedergegebene, mit einem Netzplanverfahren erstellte Balken-/Auslastungsdiagramm erwiesen. Hier wird neben der Auflistung von Arbeitspaketen – denen noch allgemeine Projektinformationen beigefügt sind – ein Balkendiagramm als Zeitplan angehängt und unter diesem wiederum ist zeitgerecht, d. h. mit derselben Zeitachse, ein Auslastungsdiagramm angeordnet. Der Projektleiter kann damit auf einem Blatt die gesamte Termin- und Auslastungssituation sofort überblicken. Bei jeder im Auslastungsdiagramm angezeigten Überlastung bzw. zu geringen

Personaleinsatzmatrix													
Gruppenleiter:	Oertel							**Berichtsmonat**			**3 .99**		
Dienststelle:	SBS IS 83							**Geschäftsjahr**			99/00		
Projekte	**Cons**		**eigene Mitarbeiter**					**Ist** (in MM)			**Plan**		
	Joswig	Heer	Brosig	Büttner	Kramer	Silken	Sasgen	fremd	eigen	gesamt	akt.	%-abs.	%-ant.
Plan-Vorrat	**9,6**	**0,0**	**4,5**	**9,0**	**9,0**	**6,0**	**9,0**	9,6	37,5	47,1		50,0	100,0
	Istwerte (in Std)												
MORAN			367	350	245			0,0	6,1	6,1	**12,0**	51	101
ELIAS				320	265			0,0	3,7	3,7	**8,5**	44	87
LEIK						174	386	0,0	3,5	3,5	**10,0**	35	71
MARGI	655				85			4,1	0,5	4,7	**7,0**	67	134
PAUS						160	286	0,0	2,8	2,8	**8,5**	33	66
Verwaltung					55	46		0,0	0,6	0,6	**1,0**	64	128
Ausbildung				32	24	40	16	0,0	0,7	0,7	**1,0**	71	142
Summe Ist	4,1	0,0	2,3	4,4	4,3	2,7	4,4	4,1	18,0	22,2	48,0	46	92
Korrektur Vorrat		3,0			−1,5			3,0	−1,5	1,5	Std.satz eigen:		140,0
Rest-Vorrat	**5,5**	**3,0**	**2,2**	**4,6**	**3,2**	**3,3**	**4,6**	8,5	18,0	26,4	Std.satz fremd:		120,0
	Planwerte (in MM)										**Rest**	Diff	**Kosten**
MORAN			2,1	2,0	1,8			0,0	5,9	5,9	**5,9**	0,0	131
ELIAS		2,5		2,3				2,5	2,3	4,8	**4,8**	0,0	98
LEIK	1,8					2,2	2,5	1,8	4,7	6,5	**6,5**	0,0	138
MARGI	1,9				0,4			1,9	0,4	2,3	**2,3**	0,0	45
PAUS	1,8	0,5				0,9	2,0	2,3	2,9	5,2	**5,7**	0,5	108
Verwaltung				0,2		0,2		0,0	0,4	0,4	**0,4**	0,0	9
Ausbildung			0,1	0,1			0,1	0,0	0,3	0,3	**0,3**	0,0	7
Rest	0,0	0,0	0,0	0,0	1,0	0,0	0,0						
				Summe				8,5	16,9	25,4	25,8	0,4	
				Summe Ist + eingeplant				12,6	34,9	47,6			
Anzahl MA								**Cons**	**eigen**	**ges.**	**Bedarf**	**fehlt**	
MM je MA:	9,5		9,4					**1,3**	**3,7**	5,0	5,1	**0,1**	

Bild 3.90 Personaleinsatzmatrix (in EXCEL erstellt)

Auslastung kann er leicht in dem darüber stehenden Balkendiagramm die angesprochenen Arbeitspakete mit den betrauten Mitarbeitern herauslesen und daraus entsprechende Schlussfolgerungen ziehen.

Personaleinsatzmatrix

Liegt für die Personaleinsatzplanung kein Netzplan vor und sollen wegen der Vereinfachung die zeitlichen Abhängigkeiten nicht berücksichtigt werden, so lässt sich mit der in Bild 3.90 dargestellten Personaleinsatzmatrix auch eine richtige Verteilung des zur Verfügung stehenden Personals auf die einzelnen Projektaufgaben erreichen.

Die Matrix ist in zwei Felder unterteilt: Das obere Feld nimmt die Ist-Aufwandswerte (in Stunden), das untere Feld die Restplanwerte (in MM) auf. Auf der horizontalen Achse sind die am Projekt beteiligten Dienststellen mit ihrem jeweiligen Personalvorrat aufgetragen. Die Vertikalen beider Felder enthalten die einzelnen Projektaufgaben. Im oberen Feld sind in den Projektzeilen die Gesamt-Planwerte, im unteren Feld sind die Restplanwerte der Projekte aufgeführt. Durch das systematische Aufteilen der Personalkapazitäten auf die Projektaufgaben wird durch iteratives Vorgehen eine möglichst vollständige Personalbelegung angestrebt. Das Ziel ist also, einerseits eine möglichst 100% Auslastung der verfügbaren Personalkapazitäten, d.h. keine Überlastung bzw. keine zu geringe Auslastung, andererseits eine möglichst 100%-Deckung im Personalbedarf bei den einzelnen Projektaufgaben zu erreichen.

Da die hier erläuterte Personaleinsatzmatrix i. Allg. nur in mehreren Durchläufen zum gewünschten Ergebnis führt, bietet sich an dieser Stelle eine PC-Unterstützung an. Die auf Personal Computer vorhandenen Tabellenkalkulationsprogramme (z. B. EXCEL) ermöglichen den leichten Aufbau solcher Personaleinsatzmatrizen mit einer anschließenden, schnellen Datenmanipulation (siehe hierzu Kap. 6.3.1).

3.5.2 Einsatzplanung der Betriebsmittel

Die für ein Projekt einzuplanenden Betriebsmittel lassen sich – wie bereits erwähnt – gemäß ihrer »Beständigkeit« in zwei Gruppen unterteilen:

▷ »Nicht verbrauchbare« Betriebsmittel, deren Nutzung zeitlich begrenzt ist; hierzu zählen z. B.
Rechenzentren,
Testanlagen,
CAD-Arbeitsplätze,
SW-Entwicklungsarbeitsplätze,
NC- bzw. CNC-Maschinen,
Prüfsysteme und -automaten, aber auch
Transportmittel,
Räumlichkeiten und
Lagerflächen.

▷ »Verbrauchbare« Betriebsmittel, die nach der Nutzung nicht mehr zur Verfügung stehen; Beispiele hierfür sind
Bauelemente,
Labormaterial,
Werkstattmaterial,
Datenträger und
Büromaterial.

Welche Betriebsmittel für ein Entwicklungsprojekt im Einzelnen wichtig sind, hängt natürlich vom jeweiligen Entwicklungstyp ab. Beispielsweise sind innerhalb einer Betriebssystem-Entwicklung Betriebsmittel, wie Rechenzentren und SW-Arbeitsplätze sehr wesentlich und daher vornehmlich einzuplanen; dagegen tritt bei einer Entwicklung im Funk- und Radarbereich das Einplanen der Belegung von mehr HW-bezogenen Betriebsmitteln, wie NC-Maschinen und CAD-Arbeitsplätzen, in den Vordergrund.

Eine Betriebsmitteleinsatzplanung sollte nur dann vorgenommen werden, wenn die Gefahr von Engpässen einzelner, für das Projekt relevanter Betriebsmittel besteht. Anderenfalls sollte man auf sie verzichten, da sie für das Projektmanagement doch eine große, zusätzliche Arbeitsbelastung bedeutet.

Die Methoden und Werkzeuge für die Betriebsmitteleinsatzplanung sind denen für die Personaleinsatzplanung sehr ähnlich, teilweise sogar identisch. Daher wird bei den unterstützenden Rechenverfahren häufig kein Unterschied zwischen diesen beiden Bereichen der Einsatzmittelplanung gemacht.

Bei der Einsatzplanung für Betriebsmittel gibt es unterschiedliche Vorgehensweisen:

Schichtplan — Testwoche: 26. bis 31 — Schichtplanung: Frenzer

Dienststelle \ Testwoche	26	27	28	29	30	31		
EK 11	2.	1.	6.	2.	5.	4.		
EK 12	3.	2.	1.	6.	2.	5.		
EK 13	4.	3.	2.	1.	6.	2.		
EK 21	5.	4.	3.	2.	1.	6.		
EK 22	2.	5.	4.	3.	2.	1.		
EK 23	6.	2.	5.	4.	3.	2.		
PU	1.	6.	2.	5.	4.	3.		

Nutzungszeiten

1.	6 bis 9 Uhr	4.	13 bis 15 Uhr
2.	9 bis 11 Uhr	5.	15 bis 18 Uhr
3.	11 bis 13 Uhr	6.	18 bis 20 Uhr

Bild 3.91 Schichtplan (Beispiel)

▷ Vorratseingeschränkte Einsatzplanung
▷ Bedarfsbezogene Einsatzplanung
▷ Freie Einsatzplanung.

Vorratseingeschränkte Einsatzplanung

Bei der *vorratseingeschränkten* Einsatzplanung liegt ein bestimmter, nicht vergrößerbarer Vorrat eines Betriebsmittels vor, der in einer zeitlichen Folge auf mehrere Nutzer möglichst »gerecht« aufzuteilen ist. Zu vorratseingeschränkten Betriebsmitteln gehören z. B. die vorhandenen Testanlagen, Prüfautomaten, Transportmittel oder Räumlichkeiten, wenn deren Inanspruchnahme von vornherein als stark eingeschränkt angesehen werden muss. Da es günstige und weniger angenehme Nutzungszeiten im Laufe eines Arbeitstags bzw. einer Arbeitswoche gibt, muss die Aufteilung über abwechselnde Nutzungsschichten vorgenommen werden. Hierzu eignet sich am besten ein *Schichtplan* (Bild 3.91).

In die Rasterfelder wird ein Kennzeichen für die vorgesehene »Schicht« eingetragen. So kann jeder Projektbeteiligte auf einen Blick erkennen, wer zu welcher Zeit das betreffende Betriebsmittel nutzen wird. Durch die rollierende Zeitversetzung der einzelnen Belegungen wird außerdem eine gerechte Verteilung der günstigen und der weniger günstigen Zeiten erreicht.

Bedarfsbezogene Einsatzplanung

Die *bedarfsbezogene* Einsatzplanung geht primär nicht von einem beschränkten Vorrat aus; bei ihr wird vielmehr zuerst festgestellt, welcher Bedarf an bestimmten Betriebsmitteln zu welchen Zeiten im Einzelnen besteht. Am Anfang steht also die Bedarfsermittlung, die manuell oder DV-gestützt vorgenommen werden kann. Bei der manuellen Bedarfsermittlung ist für jedes Arbeitspaket oder Teilprojekt der entsprechende Bedarf, bezogen auf seinen Einsatzzeitraum, aufzuschreiben und in eine Gesamtdarstellung zu bringen. Hierfür ist bei großen Projekten eine Unterstützung durch ein Netzplanverfahren kaum zu umgehen. Innerhalb eines Netzplans können nämlich den einzelnen Arbeitsvorgängen die Bedarfsmengen der einzelnen Betriebsmittel beigefügt werden. Das Netzplanverfahren kann daraufhin eine Bedarfssummierung über alle Vorgänge, verteilt auf die Zeit, automatisch durchführen. Zudem können alle Varianten einer Selektion nach Organisationseinheiten, Auftragskennzeichen und ähnlichen Ordnungskriterien genutzt werden.

Bei dieser Form der Betriebsmitteleinsatzplanung gelten dieselben Möglichkeiten und Einschränkungen wie bei einer Personaleinsatzplanung mit Hilfe der Netzplantechnik, d. h. es kann auf Wunsch eine termintreue oder eine kapazitätstreue Durchrechnung der Bedarfsmengen mit Anpassung der terminlichen Einordnung der Netzplanvorgänge angestoßen werden.

Die *termintreue* Durchrechnung bedeutet das Einhalten der gesetzten Termine, vor allem der Endtermine; die Vorgänge werden aber innerhalb ihrer Pufferzeiten so verschoben, dass eine Optimierung des Betriebsmittelbedarfsverlaufs zu Stande kommt, also möglichst wenig ausgeprägte Bedarfsspitzen auftreten.

Die *kapazitätstreue* Durchrechnung hat – wie bereits in Kap. 3.3.6 näher erläutert – dagegen als Prämisse das strikte Einhalten einer obersten Vorratsmenge. Falls erforderlich, können sich hierbei sogar die Endtermine verschieben.

Manche Netzplanverfahren, wie z. B. solche, die mit SINET realisiert wurden, ermöglichten eine Einsatzplanung beliebig vieler Betriebsmittel. Bild 3.92 zeigt ein einfaches Beispiel mit drei unterschiedlichen Betriebsmitteln:

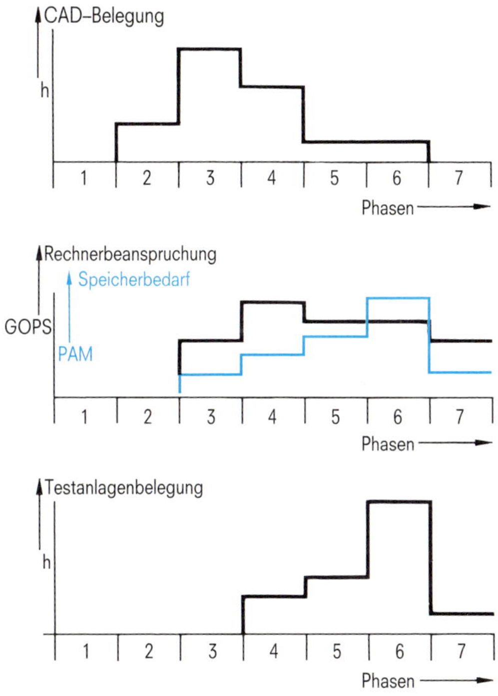

1 Studie
2 Systementwurf
3 Programm-/Schaltungsentwurf
4 Realisierung
5 Systemintegration
6 Systemtest
7 Einsatz

Bild 3.92 Bedarfsbezogene Einsatzplanung

▷ CAD-Arbeitsplätze,
▷ Entwicklungsrechner und
▷ Testanlagen.

Sehr deutlich zeigt sich hier die Phasenabhängigkeit der einzelnen Betriebsmittel. In den Anfangsphasen eines Projekts werden die entwurfsorientierten Betriebsmittel wesentlich stärker in Anspruch genommen, in den Endphasen die testorientierten Betriebsmittel.

Die beiden Größen für die erforderliche Rechnerkapazität, die Anzahl Rechenoperationen je Zeiteinheit (GOPS, Giga Operationen pro Sekunde) und der Umfang des Speicherbedarfs (PAM-Seiten) sind außerdem wichtige Planungsgrößen für die Investitionsplanung eines Rechenzentrums, bei der man sich anhand dieser Werte rechtzeitig mit entsprechenden Investitionen auf einen eventuell höheren Bedarf einstellen muss.

Freie Einsatzplanung

Wenn ein Betriebsmittel in einem jederzeit ausreichenden Maß zur Verfügung steht, so besteht keine Gefahr allgemeiner Engpässe, auch nicht einer punktuellen Überlastung. In diesen Fällen ist die Einsatzplanung gemäß einer *freien* Belegung möglich, d. h. jeder Aspirant trägt sich in einen Belegungsplan (Bild 3.93) ein, und zwar zum nächstmöglichen Zeitpunkt.

Dem Belegungsplan unterliegt das bekannte Warteschlangenprinzip FIFO (first in, first out). Anforderungen an ein Betriebsmittel werden in der Reihenfolge der Beantragungen erfüllt, d. h. wer zuerst kommt, wird auch zuerst bedient. Zusätzlich können noch einige Spielregeln für diese freie Belegung aufgestellt werden, um »Vordrängler« oder »Sicherheitsbeleger« einzuschränken:

▷ Jeder Berechtigte darf nur eine bestimmte Menge belegen.
▷ Jeder Berechtigte darf je Zeiteinheit (z. B. Woche) nur einmal belegen.
▷ Jeder Berechtigte darf beliebig häufig belegen, aber aktuell nur einmal im Belegungsplan eingetragen sein, d. h. erst nach Ablauf darf er wieder belegen.

Hierbei ist es sinnvoll, für besondere »Notfälle« eine gewisse (allgemeine) Reserve im Belegungsplan von vornherein einzuplanen.

3.5.3 Einsatzplanung bei Multiprojekten

Von Multiprojektplanung – auch Mehrprojektplanung genannt – ist dann die Rede, wenn sich mehrere Projekte ein bestimmtes Einsatzmittel (z. B. den Mitarbeiter Klugmann) oder einen beschränkten Vorrat eines bestimmten Einsatzmittels (z. B. 10 Entwicklungsarbeitsplätze) *teilen* müssen. In beiden Fällen sind die Einsatzplanungen der Projekte nicht mehr unabhängig voneinander möglich; eine Planabstimmung der vorhandenen Ressourcen mit Prioritätenvergabe ist erforderlich. Auch müssen im Rahmen der Multiprojektplanung bei Start eines neuen Projekts dessen (neue) Plandaten mit der bisherigen Projektplanung der laufenden Projekte abgeglichen werden und in diese einfließen.

Beim abgestimmten Einplanen können sehr unterschiedliche Gesichtspunkte bedeutsam sein, wie z. B.:

▷ Ganz bestimmte Personen sollen zeitparallel in mehreren Projekten mitarbeiten.
▷ Eine feste Kopfzahl ist als Summe für mehrere Projekte vorgegeben und soll nun auf diese sinnvoll aufgeteilt werden.
▷ Ein vorgegebenes Budget steht für eine bestimmte Anzahl Projekte zur Verfügung; dieses soll sachgerecht auf die einzelnen Projekte aufgeteilt werden.
▷ Eine beschränkte Menge eines bestimmten Betriebsmittels, z. B. Testanlagen, Arbeitsplätze oder Rechenzeiten ist vorhanden, die unter einer bestimmten Anzahl Projekte »gerecht« verteilt werden soll.

Mitarbeiterbezogene Einsatzplanung

Sind Mitarbeiter gleichzeitig für mehrere Projekte tätig, so wird bei der mitarbeiterbezogenen Einsatzplanung deren Arbeitskraft (100%) prozentual auf die einzelnen Projekte aufgeteilt (Bild 3.94).

Über zeitsynchrones Aufsummieren solcher Mitarbeiter-Kapazitätsaufteilungen erhält man – bezogen auf ein Zeitraster – die für die einzelnen Projekte verfügbaren Personalkapazitäten. Dieser projektspezifische Vorrat kann nun z. B. den aus Einzelnetzplänen der Projekte ableitbaren Bedarfswerten gegenübergestellt werden und dort zu Korrekturen führen.

Eine sehr einfache Methode für eine mitarbeiterbezogene Multiprojektplanung ist auch die in Bild 3.114 angegebene Mitarbeitereinsatzmatrix. Dort werden nämlich namensbezogen die Mitarbeiter auf die einzelnen Projekte aufgeteilt, wobei ebenfalls zu versuchen ist, einen optimalen Abgleich zwischen dem verfügbaren Personalvorrat und dem Personalbedarf der einzelnen Projekte zu erreichen.

Entscheidend ist bei dieser Form der Personaleinsatzplanung, dass primär von der personellen Zuordnung zu den einzelnen Projekten und nicht von deren allgemeinen Personalbedarfswerten (Kopfzahl) ausgegangen wird.

Vorratsbezogene Einsatzplanung

Bei dieser Form der Einsatzplanung steht ein beschränkter Vorrat bestimmter Einsatzmittel für mehrere Projekte zur Verfügung, der mög-

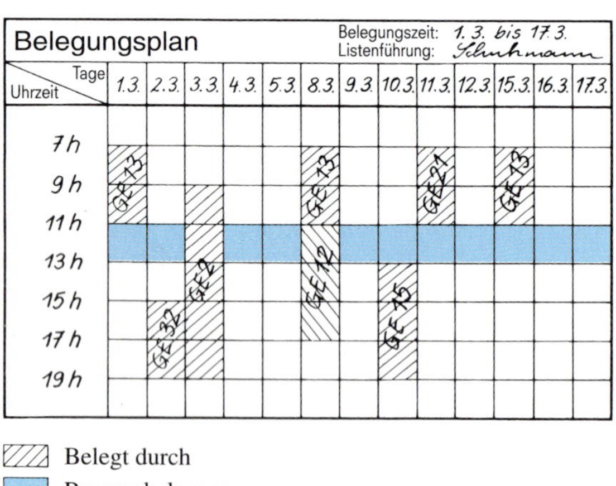

Bild 3.93 Belegungsplan (Beispiel)

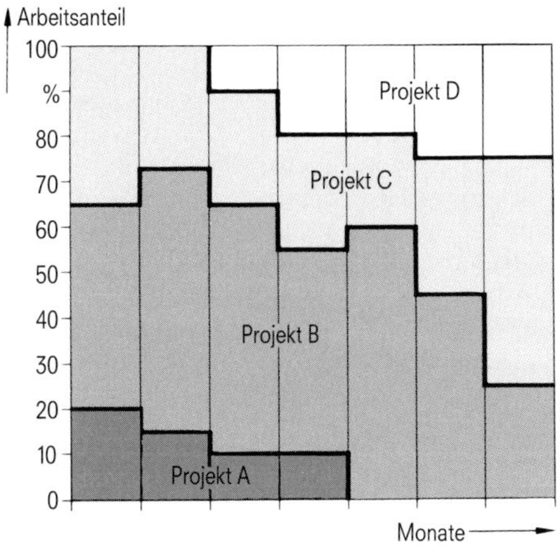

Bild 3.94 Mitarbeiterbezogene Einsatzplanung

lichst gerecht auf die einzelnen Projekte aufgeteilt werden soll. Hierbei können die Routinen der Einsatzmittelberechnung eines rechnergestützten Netzplanverfahrens gute Dienste leisten.

Als Erstes muss man hier eine *Engpassanalyse* vornehmen, indem die Einzelprojekte einer getrennten Einsatzmittelberechnung (Bild 3.95) unterzogen werden. Die sich ergebenen Einzel-Histogramme des Einsatzmittelbedarfs werden anschließend in eine Summendarstellung überführt. Dem sich hierbei ermittelten Gesamtbedarf kann man nun dem verfügbaren Gesamtvorrat in der bekannten Weise einer Einsatzmittelplanung gegenüberstellen. Wichtig ist hierbei, eine »gerechte« Rückführung auf die Einzelprojekte sicherzustellen, falls eine Beschränkung im Vorrat das Reduzieren des Bedarfs erzwingt.

Es stellt sich nun die Frage, welches Projekt in seinem Bedarf gekürzt werden soll. Es ist daher im Rahmen einer Prioritätenbetrachtung abzuwägen, welche Entwicklungsaufgabe den größten geschäftlichen Erfolg verspricht. Themenfremde Aufgaben erfordern längere Einarbeitungszeiten und ergeben möglicherweise Qualitätseinbußen, falls diese Aufgabe ein Erstlingswerk auf dem neuen Gebiet darstellt. Auch ist zu prüfen, ob ein späterer Termin akzeptiert oder eine andere Entwicklungsgruppe beauftragt werden kann, die zwar ausgelastet, aber doch geeigneter für die betreffende Entwicklungsaufgabe ist. Hierbei kann man häufig erst durch mehrmaliges Durchlaufen der obigen Planungsschritte eine optimale Einsatzmittelaufteilung erreichen.

Die in Bild 3.95 vorgestellte Vorgehensweise bei einer Multiprojektplanung lässt sich bei einem rechnergestützten Netzplanverfahren sehr gut mit den Möglichkeiten der *Teilnetzplantechnik* realisieren. Dabei werden die Projekte in getrennten Teilnetzplänen (Low Level Network) durchgeplant und auf einer höheren Netzplanebene (High Level Network) zusammengeführt.

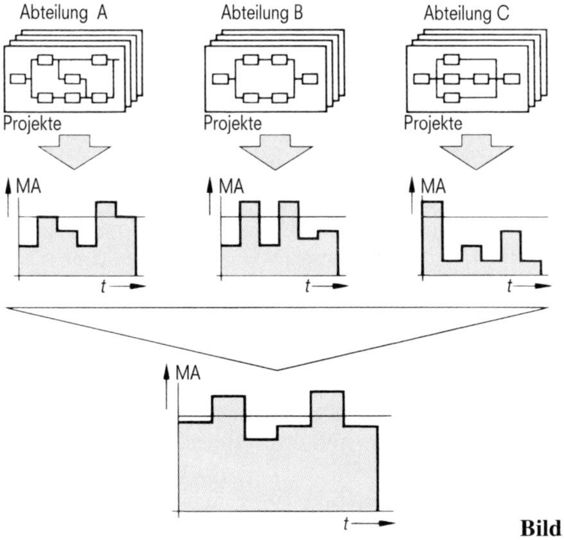

Bild 3.95 Vorratsbezogene Einsatzplanung

3.5.4 Wissensmanagement

Zur optimalen Nutzung der Ressource »Wissen« werden häufig noch viel zu wenig Anstrengungen unternommen, obwohl man mit einem konsequenten Wissensmanagement (knowledge management) einen entscheidenden Wettbewerbsvorteil für ein Unternehmen erringt. Das hieraus schöpfbare Potenzial lässt sich am besten mit dem alten Satz: »*Wenn Siemens wüsste, was Siemens alles weiß* ...« charakterisieren. Wissensmanagement ist mittlerweile zu einer strategischen Aufgabe des Managements geworden; ein Unternehmen kann es sich nicht mehr leisten, das »Rad« zum wiederholten Mal zu erfinden.

Bausteine des Wissensmanagements

Zum Wissensmanagement gehören die unterschiedlichsten Aspekte; auch hat sich hier noch keine einheitliche Nomenklatur und Begriffsdefinition durchgesetzt. Nach [53] kann man Wisssensmanagement in folgende Wissenbausteine gliedern:

▷ Wissen identifizieren
▷ Wissen erwerben
▷ Wissen entwickeln
▷ Wissen (ver)teilen
▷ Wissen nutzen
▷ Wissen bewahren.

Wissensidentifikation behandelt die Frage: Wo ist welches Wissen in einem Unternehmen zu finden? Wissenstransparenz erfordert einen beachtlichen Aufwand, schließlich muss durch Abfragen, Interviews, Eingaben in DV-Informationssysteme usw. eine umfangreiche und unternehmensweite Wissenserfassung vorgenommen werden. Beispiele für solche Erfassungsmedien sind Skills-Datenbanken, Expertenverzeichnisse, Wissenskarten und Aufbau von Erfahrungsdatenbanken (engl. Knowledge Base). In Skills-Datenbanken werden detaillierte Qualifikationsprofile der Mitarbeiter gespeichert. Expertenverzeichnisse geben Auskunft über besonders qualifizierte Mitarbeiter mit Angaben über deren spezielles Expertenwissen. Wissenskarten sind grafische Verzeichnisse und Aufstellungen von Wissensträgern, Wissensbeständen, Wissensquellen, Wissensstrukturen oder Wissensanwendungen innerhalb eines Unternehmens. Erfahrungsdatenbanken enthalten die »gemachten Erfahrungen« von abgeschlossenen Projekten. Relevante Projektdaten von erfolgreichen und auch nicht erfolgreichen Projekten sind in ihnen gespeichert.

Ist das im Unternehmen vorhandene Wissen für die erfolgreiche Projektdurchführung nicht ausreichend vorhanden, ist eine *Wissenserwerbung* notwendig. Fehlendes Wissen wird im Wesentlichen durch Einkauf externen Wissens (Experten, Studien etc.) erworben, über Lizenzen anderer Firmen eingekauft oder durch Eingehen von Allianzen (Knowledge Links) eingebracht. Hierbei ist es häufig sehr schwierig, das derart erworbene Wissen ins eigene Unternehmen zu integrieren, weil fremde Experten häufig abgelehnt werden oder Studien ungelesen bleiben.

Wissensentwicklung ist das gezielte Produzieren von bisher intern noch nicht vorhandenen Fähigkeiten; primär wird dieses durch FuE-Aktivitäten in den Forschungs- und Entwicklungsabteilungen erreicht. Aber auch durch eine ganzheitliche Mitarbeiterschulung muss das eigene Wissen im Rahmen einer strategischen Schulungsplanung (siehe weiter unten) gefördert und erweitert werden. Deshalb steht die Steigerung der Kreativität und individueller Problemlösungsfähigkeiten an erster Stelle der Wissensentwicklung.

Vorhandenes bzw. erworbenes Wissen kommt in einem Unternehmen allerdings erst durch eine durchgängige *Wissensverteilung* und *Wissensteilung* zur vollen Wirkung. Arthur Andersen hat hierfür folgenden inhaltlichen Zusammenhang aufgestellt:

$$\text{Wissen} = (\text{Mitarbeiter} + \text{Informationen})^{\text{Wissensteilung}};$$

er meint, dass Wissen sich ergibt als Resultat aus der Summe Mitarbeiter und Informationen potenziert mit der Wissensteilung, d.h. also, Wissen steigt natürlich mit der Anzahl der Mitarbeiter und der Informationen, wird aber erst durch Wissens(ver)teilung entscheidend erhöht.

Wesentliches Element der Wissens(ver)teilung ist der Transfer von »Best Practices« innerhalb eines Unternehmens. Mit einem »Best Practices-Sharing« wird die Übertragung von erfolgreichen Praktiken und Methoden des einen Bereichs eines Unternehmes in andere weniger erfolgreiche Bereiche angestrebt. Auf diese Weise soll das meist sehr kostenaufwändige »Wiedererfinden des Rades« vermieden werden. Informationsinseln und Wissensmonopole müssen in einem Unternehmen so durchlässig sein, dass das gesamte Know-how eines Unternehmens allen Mitarbeitern jederzeit zur Verfügung steht. Erfahrungsdatenbanken sind hierfür eine ausgezeichnete Basis.

Vorhandenes Wissen muss aber auch genutzt werden; deshalb ist *Wissensnutzung* ein wichtiger Aspekt des Wissensmanagements. Möglichkeiten zur Förderung der innerbetrieblichen Nutzung von Wissen sind die Einrichtung von Informationstagungen, von Informationsbörsen, von Diskussionsforen im Intranet sowie der Zugriff über Intranet auf das QM-Handbuch, auf das Entwicklungshandbuch und auf allgemeine Projektinformationen. Überhaupt ist der Einsatz des Intranets auf allen Ebenen der unternehmensinternen Kommunikation ein hervorragendes Mittel zur Wissensnutzung. Das Intranet wird immer mehr zu einem unternehmensweiten Kommunikationsforum, aus dem die Mitarbeiter einerseits alle notwendigen Informationen abrufen und andererseits eigenes Wissen und eigene Erfahrungen absetzen können. Ziel der Wissensnutzung muss die Ausschöpfung des gesamten Synergiepotenzials eines Unternehmens sein.

Wissensbewahrung ist schließlich der abschließende Baustein im Wissensmanagement. Im Rahmen der Projektdurchführung entsteht immer neues Wissen; dieses zu bewahren ist von größter Wichtigkeit. Hilfsmittel und Methoden hierfür sind Erfahrungsdatenbanken (siehe auch Kap. 5.3) sowie das systematische Verfassen und Speichern von Erfahrungsberichten abgeschlossener Projekte (Vorzeigeprojekte, Erzeugen von »Assets«). Eine große Gefahr des Verlusts von Wissen bedeuten heutzutage allerdings die Ausgliederung einzelner Entwicklungsgebiete sowie das Outsourcing von ganzen Aktivitätsbereichen.

Wissensmanagement findet man – wie bereits erwähnt – heute in sehr unterschiedlichen Erscheinungsformen und Ausprägungen. Im Folgenden sind einige Komplexe praktizierten Wissensmanagements näher aufgezeigt:

- ▷ Operationsmanagement
- ▷ Assignment-Management
- ▷ Skills-Management
- ▷ Strategische Schulungsplanung
- ▷ Benchmarking
- ▷ Erfahrungssicherung.

Operationsmanagement

Unter Operationsmanagement versteht man im engeren Sinne das optimierende Management der Personalressourcen zum optimalen Einsatz in einem Multiprojektgeschäft. Zum Beispiel in der Consulting- und Softwarebranche werden – zeitverschoben – laufend eine Vielzahl von unterschiedlich großen Projekten geplant und durchgeführt, die ähnliche oder auch sehr unterschiedliche Personalqualifikationen erfordern. Hier ist es von größter Bedeutung zu jedem Zeitpunkt (nämlich dann, wenn ein Auftrag ansteht) eine ausreichende Personalkapazität mit der gewünschten Qualifikation umgehend zur Verfügung zu haben; ansonsten ist man gezwungen, den Auftrag abzuweisen.

Primäre Aufgabe eines Operationsmanagements ist dabei das Setzen von Prioritäten bei *konkurrierenden* Personalanforderungen, wenn also besonders qualifizierte Spezialisten gleichzeitig für zwei oder mehrere Projekte benötigt werden. In solchen Konfliktsituationen muss die Kundenbedeutung für das Gesamtgeschäft genau betrachtet werden, um zu einer gesamtunternehmerischen Entscheidung zu kommen. Das kann heißen, dass das weniger priorisierte Projekt weniger qualifizierte Mitarbeiter zugeordnet bekommt oder dass externe Consulting-Kräfte eingekauft werden müssen, es kann aber auch heißen, dass der weniger wichtige Auftrag nicht angenommen werden kann.

Mit einem entscheidungskräftigen Operationsmanagement wird erreicht, dass der Personaleinsatz in Projekten primär nach der jeweiligen Kundenbedeutung für das Unternehmen und nicht nach den Eigeninteressen einzelner Projekte ausgerichtet wird.

Assignment-Management

Das Assignment-Management hat die Aufgabe, unter Berücksichtigung der geforderten Fähigkeiten (Skills) in den anstehenden Projekten einen optimalen Einsatz des zur Verfügung stehenden Personals zu gewährleisten; es unterstützt damit – häufig als Teil eines Operationsmanagements – die qualifikationsgerechte Einsatzplanung im Rahmen einer Multiprojektplanung.

Eine große Hilfe kann hier eine erweiterte Skills-Datenbank (siehe weiter unten) sein, die neben den Qualifikationen der Mitarbeiter auch deren Verfügbarkeit enthält. Allerdings besteht immer das Problem der genügenden Aktualität der gespeicherten Qualifikationsprofile und der Angaben hinsichtlich der personenbezogenen Verfügbarkeiten. Häufig werden auch von den Personalabteilungen »Personalbörsen« eingerichtet, die Auskunft über freie Mitarbeiter geben. Eine weitere Möglichkeit ist die Einrichtung eines Informationsdienstes über E-Mail in Form eines internen Internet-basierten Stellenmarktes, mit dessen Hilfe über Angebot von verfügbaren Mitarbeitern und Nachfrage nach freien Kapazitäten der unternehmensweite Ressourcenausgleich bewerkstelligt wird. Kann auf derartige Tools nicht zurückgegriffen werden, bleibt dem Assignment-Manager nichts anderes übrig, als durch gezielte Abfragen in den Abteilungen nach geeigneten freien Ressourcen zu suchen.

Mit einem Assignment-Management wird ein optimaler Einsatz des Personals unter Berücksichtigung der individuellen Qualifikationen erreicht, was zu einer Vollauslastung und insgesamt zu einer Produktivitäts- und Qualitätssteigerung führt. Vollauslastung bedeutet eben auch durchgehende Verrechenbarkeit des eingesetzten Personals und damit maximales Geschäftsergebnis.

Skills-Management

Basis eines Skills-Managements ist eine »Skills-Datenbank«, die die Qualifikationsprofile (Skills) aller Mitarbeiter nach einem einheitlichen Bewertungsraster enthält. Über diese Qualifikationsprofile kann man bei einer Personalanforderung in der Datenbank gezielt nach Mitarbeitern mit einer gewünschten Qualifikation recherchieren.

Im Qualifikationsprofil werden alle fachlichen Kenntnisse, Fähigkeiten und Erfahrungen eines Mitarbeiters in ihrer spezifischen Ausprägung festgehalten. In der Tabelle 3.32 sind als Beispiel ausschnittsweise einige wesentliche Qualifikationsbereiche aus der IT-Branche aufgeführt.

Die personenbezogene Ausprägung der jeweiligen Qualifikationskategorie kann z. B. entsprechend der drei Bewertungsstufen »Grundkenntnisse«, »gute Kenntnisse« und »Experte« vorgenommen werden. Neben diesen Qualifikationen werden vom Mitarbeiter noch Angaben zu seiner Ausbildung und Berufserfahrung sowie Angaben zu Projekten, in denen er bisher mitgearbeit hat, gespeichert.

Folgende Ziele strebt man u. a. mit einer Skills-Datenbank an:

- ▷ gezieltere Personalbeschaffung (staffing) in einem Multiprojekt-Unternehmen,
- ▷ Steigerung der Produktivität durch qualifizierteren Personaleinsatz,
- ▷ Informationsbasis für eine strategische Schulungsplanung,
- ▷ Unterstützung bei einer innovationsausgerichteten Personalplanung.

Abfragen in der Skills-Datenbank können zu jeder Zeit von dem dazu autorisierten Personenkreis gestartet werden. Die Abfrage besteht in der üblichen Form einer Aufzählung (boolesches Und) der geforderten Skills mit der gewünschten Ausprägung. Bei einer zu großen Trefferanzahl kann fortsetzend eine entsprechende Einschränkung, d. h. Verschärfung der Suchfrage, vorgenommen werden. Der jeweilige Mitarbeiter erfährt anschließend über ein dann gesetztes Kennzeichen, dass er in eine Skill-Suche einbezogen wurde.

Damit die Einrichtung einer Skills-Datenbank auch den gewünschten Erfolg bringt, müssen einige wesentliche Voraussetzungen gegeben sein:

- — Jeder Mitarbeiter muss verpflichtet sein, seine Skills in die Datenbank einzugeben,
- — nach jedem Projektabschluss müssen die Skills der Mitarbeiter aktualisiert werden,
- — in jeden Personalbeschaffungsprozess ist grundsätzlich die Skills-Datenbank einzubeziehen,
- — die Skills-Belegung muss Bestandteil der offiziellen Mitarbeitergespräche sein.

Tabelle 3.32 Skills-Katalog (Auszug)

Methoden & Tools

- Prozessorganisation
- Systementwicklungsmethoden
  - Methoden/konventionell
  - Methoden/OO-Technologie
  - Tools/konventionell
  - etc.

Branchenspezifisches Know-how

- Industrie
  - Grundlagen
  - Markt
  - Konkurrenz
  - Trends
  - Produkte
  - etc.
- Handel
- Banken
- Versicherungen
- etc.

Produktkenntnisse

- Industrie
  - Grundlagen
    - Markt
    - Konkurrenz
    - Trends
  - Produkte
  - etc.

Berufliche Fachkenntnisse

- Betreiberdienste
- Projektmanagement
  - PM-Methoden & Tools
  - Projektgröße
  - Vertragsmanagement
  - etc.
- Organisationsplanung
- Qualitätsmanagement
- Personalführung
- etc.

Sprachenkenntnisse

- Englisch
- Französisch
- etc.

Der Aufbau einer personenbezogenen Skills-Datenbank erfordert auf jeden Fall eine Betriebsvereinbarung mit dem Betriebsrat.

Strategische Schulungsplanung

Die Aus- und Weiterbildung der Mitarbeiter geschieht viel zu häufig auf Grund der momentan anstehenden Erfordernisse in einem Projektablauf, so dass meist die angestrebte Qualifizierung erst sehr spät (teilweise zu spät) Wirkung zeigen kann. Eine effektive Schulungsplanung erfordert deshalb eine vorausschauende Planung der Aus- und Weiterbildungsmaßnahmen der Mitarbeiter gemäß deren persönlichen Qualifizierungspotenzialen.

Ausgehend von den vorhandenen Qualifikationen der Mitarbeiter wird in einer *strategischen Planung* festgelegt, welche Qualifikationen bei den einzelnen Mitarbeitern erweitert bzw. zusätzlich aufgebaut werden sollen (siehe Bild 3.96). In einer strategischen Schulungsplanung wird also das IST dem SOLL der einzelnen Mitarbeiterqualifikationen unter Berücksichtigung der von der Abteilung angestrebten Skills gegenübergestellt; auf Basis dieser Planungsgrundlage werden dann konkrete Schulungsmaßnahmen, wie Kurse, Seminare, autodidaktische Weiterbildung, Training-on-the-Job etc. beschlossen. Die strategische Schulungsplanung richtet sich dabei nicht nach dem Qualifikationsbedarf der laufenden Projekte sondern vornehmlich nach den strategisch zu erwartenden Projekten.

Benchmarking

Eine häufig praktizierte Methode zur Standortbestimmung innerhalb eines Wissensmanagements ist das *Benchmarking,* das «Lernen vom Besten». Nach [12] kann man Benchmarking definieren als den kontinuierlichen Prozess, die eigenen Produkte, Systeme, Dienstleistungen und Praktiken gegen den stärksten Mitbewerber oder die Firmen zu messen, die als Industrieführer angesehen werden. Benchmarking kann aber nicht nur gegenüber fremden Firmen durchgeführt werden, sondern auch gegenüber anderen (erfolgreicheren) Bereichen innerhalb eines Unternehmens. Dabei spielt nicht das Messen an anderen, sondern das Lernen von anderen die entscheidende Rolle.

Ein Benchmarking wird in folgenden Schritten durchgeführt:

Strategischer Schulungsplan

Abteilung: MHB SIS 44
Datum: 3. Januar 2000

Legende
✪ Experte ☆ Vertiefung
❍ Kenntnisse ✖ Schulung
? event. Schulung

Skills	BS			Sprachen					Oberflächen						Datenbanken						Datennetze				Standard-SW									Applikationen			
Mitarbeiter	BS2000	UNIX	Windows NT	Assembler	SPL	COBOL	PASCAL	C++	Centura	NewEra	Visual Basic	FHS//DOORS	Dialog-Builder	ADILOS	UDS	SESAM	INFORMIX	ORACLE	SQLBase	ACCESS	UTM	Novell	TCP/IP	Internet/HTML	SAP R/2 allg.	SAP R/3 allg.	SAP CO	SAP PS	SAP HR	SAP MM	SAP SD	SAP Cats	ABAP/4	Word-Form./Dok.	EXCEL-Makros	Lotus-Notes	Doc-To-Help
Gruppe 1																																					
Bindeballe, Fr.	✪		?	❍		✪						✪	✪		✪						✪					?									?		
Gödtel	✪	☆	?		❍	✪		?		✖							✪	?			✪			✖		❍											
Joswig	✪				✪	✪						?	?		❍						✪					?								?			
Mann, Fr.	✪	❍	?		✪	✪									❍	✪					✪					?								?	?		
Gruppe 2																																					
Kasper, Fr.	❍	✪				❍		❍	✪			✪		✪			☆		✪	❍			❍			❍							❍			❍	
Oertel	✪	✖				✪		✖						❍				✖			✪				❍	?	?	?					✪				
Swodinsky		✖						✖	❍								✖					❍	❍	?		☆	☆	☆					☆				
Gruppe 3																																					
Brosig		❍	✖																		✪			✖		✖	✖	✖					❍				
Helm	✪	❍				✪		❍	❍								❍				✪			✖		☆	❍	☆	✖				☆				
Kramer, Fr.	✪	❍				✪									❍		❍				✪			☆		✪	☆	✪		❍	?	✖	☆				
Sasgen		?	✖						☆					❍	❍		?		☆	✖	✪	☆		✖		✖		☆					☆		❍		
Silkenstedt	✪	?	✖			✪					❍	✪				✪	?	?		✪	✪					❍	❍	❍					✖	✪	❍		❍
Abteilungsziel	✪	✪	✪	❍	✪	✪	❍	✪	✪	❍	❍	✪	❍	❍	✪	❍	✪	❍	✪	✪	✪	✪	❍	✪	❍	✪	✪	✪	❍	❍	❍	❍	✪	✪	✪	❍	❍
Maßnahmen		☆	✖				?	✖		✖							☆	✖		☆		☆		☆		☆	☆	☆	✖		?	✖	☆		✖		

Bild 3.96 Strategischer Schulungsplan

- ▷ Festlegung der zu untersuchenden Prozesse bzw. Funktionsbereiche
- ▷ Auswahl der Benchmarking-Partner
- ▷ Festlegung der einzubeziehenden Vergleichsdaten
- ▷ Durchführung der Analysephase
- ▷ Bewertung der Analyseergebnisse
- ▷ Implementierung der gewonnenen Erkenntnisse.

Letztendlich soll durch ein Benchmarking, also den Vergleich mit einem Besseren, Wissen von anderen «abgeguckt» und in die eigene Organisation eingebracht werden.

Erfahrungssicherung

Die Sicherung von Erfahrungen, die in früheren Projekten gemacht worden sind, ist für ein erfolgreiches Wissensmanagement von entscheidender Bedeutung; denn nur aus dem Lernen und Weiterentwickeln von bereits vorhandenem Wissen gelangt man zu einem verbesserten Know-how-Stand. Erst der Aufbau von Erfahrungsdatenbanken, in denen alle relevanten Projektparameter von abgeschlossenen Projekten in Verbindung mit textlichen Erfahrungsberichten gespeichert sind, führt zu einer wesentlichen Verbreiterung der Wissensbasis und ermöglicht damit eine effizientere Durchführung von neuen Projekten (siehe hierzu auch Kap. 5.3.3). Modernes Wissensmanagement in einem Entwicklungsbereich sollte deshalb bei Abschluss eines jeden Projekts, egal ob dieses erfolgreich oder weniger erfolgreich geführt wurde, die Aufnahme von Erfahrungsdaten in eine Projektdatenbank geradezu erzwingen.

3.6 Kostenplanung

Letzter wesentlicher Abschnitt der Projektplanung ist die Kostenplanung; sie ist ein sehr »kritischer« Abschnitt, weil sie sich einerseits auf Daten aus der technischen Planung und andererseits auf Daten aus der kaufmännischen Planung abstützt, die gemeinhin nicht deckungsgleich sind. Die technische Planung hat vornehmlich das technische Entwicklungsziel im Auge; die kaufmännische Planung betrachtet dagegen die wirtschaftliche Gesamtheit eines Entwicklungsbereichs. Hieraus sich ergebende Konflikte sind im gegenseitigen Anerkennen der jeweiligen Probleme gemeinschaftlich zu lösen.

Auch sollte man verstärkt eine ganzheitliche Kostenbetrachtung durch Einbeziehen aller Kosten des gesamten Produktlebenszyklus – von der Produktidee bis hin zur Produktstreichung – vornehmen. Diese *Lebenszykluskosten* (Life-Cycle-Cost/LCC, Lebenswegkosten) umfassen neben den reinen Anschaffungskosten (Entwicklungs-, Fertigungs- und Vertriebskosten) auch die Folgekosten beim späteren Betriebseinsatz (Betriebs-, Wartungs- und evtl. Stilllegungskosten), wobei die Nachfolgekosten einen beachtlichen Anteil annehmen können (siehe Bild 5.5). Ziel des Konzepts der Lebenszykluskostenbetrachtung ist die kostenwirksame Optimierung der *Produktgesamtkosten.*

Ausgangsbasis für eine transparente Kostenplanung ist in jedem Fall die vollständige Aufgabenplanung der einzelnen Arbeitspakete. Mit einer projektumfassenden *Vorkalkulation* sollten möglichst in einer Vollkostenrechnung alle direkten und indirekten Kosten für das Projekt erfasst werden. Das Einrechnen der unterschiedlichen Formen von Gemeinkosten ist naturgemäß sehr problematisch. Ein Teil dieser Kosten ist bereits in die Stundenverrechnungssätze eingearbeitet; andere Kostenelemente müssen zusätzlich pauschal umgelegt werden. Auch künftige Kostensteigerungen durch Inflation und Gehaltserhöhungen sind zu berücksichtigen.

Die eigentliche Kostenplanung umfasst zwei Aspekte: die *FuE-Budgetierung* und die *FuE-Planung.* Die FuE-Planung ergibt sich aus der Aufwandsplanung auf der fachlichen Ebene der Projekte; aus ihr entstehen die für das jeweilige Projekt erforderlichen Kosten, d. h. die geforderten Geldmittel. Inwieweit diesen entsprochen werden kann, ergibt sich erst aus der Abstimmung mit der FuE-Budgetierung, bei der – ausgehend von dem Wirtschaftsplan des betreffenden Entwicklungsbereichs – über eine Geschäftsfeldgliederung eine projektbezogene Zuteilung von Budgets abgeleitet wird. Reicht der zugeteilte Budgetrahmen für das Projekt nicht aus, so muss entweder der FuE-Plan zurückgenommen werden oder – falls dies sachlich oder betrieblich nicht möglich ist – sind innerhalb der FuE-Budgetierung die Prioritäten zu verschieben.

3.6.1 Kostenrechnung im Rechnungswesen

Da die Projektkostenüberwachung einerseits einen Großteil ihrer Daten aus dem *Rechnungswesen* erhält und andererseits auch Daten an dieses wieder weiterleitet, soll an dieser Stelle kurz auf die Schnittstellen zum Rechnungswesen eingegangen werden.

Wertefluss zwischen Rechnungswesen und Projektkostenüberwachung

Wie das Bild 3.97 zeigt, werden – außer den Kosten des eigenen Personals – die Istkosten meist aus Abrechnungsverfahren des Rechnungswesens (z. B. SAP R/3) übernommen. Die Kosten des eigenen Personals werden über eine vom Rechnungswesen getrennte Stundenkontierung ermittelt. Auch die Vorgabe von Planwerten findet in der Projektkostenrechnung losgelöst vom Rechnungswesen statt. An das Rechnungswesen werden demgegenüber zur Weiterverrechnung und Buchung ensprechend aufbereitete Daten weitergegeben.

Neben den Teilgebieten Finanzbuchhaltung, Planungsrechnung und betriebswirtschaftliche Statistik umfasst das Rechnungswesen auch eine *Kostenrechnung.* Diese auf ein ganzes Unternehmen ausgerichtete RW-Kostenrechnung hat drei Betrachtungsfelder:

was? → Kostenart
wo? → Kostenstelle
wofür? → Kostenträger

Die Kostenrechnung für die Projektüberwachung ist dagegen primär auf Projekte ausgerichtet und hinsichtlich der Kostenbetrachtung vielschichtiger; sie hat die Fragen zu beantworten:

was? → Kostenelement
wo? → Kostenverursacher
wofür? → Projektaufgabe
woher? → Kostenherkunft
wohin? → Kostenempfänger
wie? → Tätigkeitsart
wann? → Projektphase

RW-Kostenrechnungsmethoden

Die Kostenrechnung im Rechnungswesen hat die Aufgabe, den Wertefluss in einem Unternehmen in seiner Struktur und in seinem Ablauf transparent darzustellen, um durch Gegenüberstellen mit entsprechenden Vorgabewerten aus der Wirtschaftsplanung und Budgetierung zu einer aussagekräftigen Kostenbeurteilung zu gelangen.

Kostentransparenz setzt voraus, dass die Kosten entsprechend einer sinnvollen Gliederung erfasst und ausgewertet werden; dies erfordert natürlich einen mehr oder weniger großen Aufwand. Deshalb ist es wichtig, bestimmte Grundsätze für eine optimale Kostenrechnung einzuhalten; hierzu zählen:

▷ Die Kostenrechnung muss wirtschaftlich sein, d. h. die Detaillierung darf nur so fein sein, wie es wirklich notwendig ist.
▷ Die Kostenwerte müssen hinsichtlich ihrer Art, ihrer Verursachung und ihres zeitlichen Anfalls zuordenbar sein.
▷ Die Kostenwerte müssen hinsichtlich ihres Inhalts und des Betrachtungszeitraums vergleichbar sein.
▷ Die Kostenwerte müssen aktuell sein.

Wie oben erwähnt, ist die Kostenrechnung im Rechnungswesen nach den drei Zielkriterien Kostenart, Kostenstelle und Kostenträger aus-

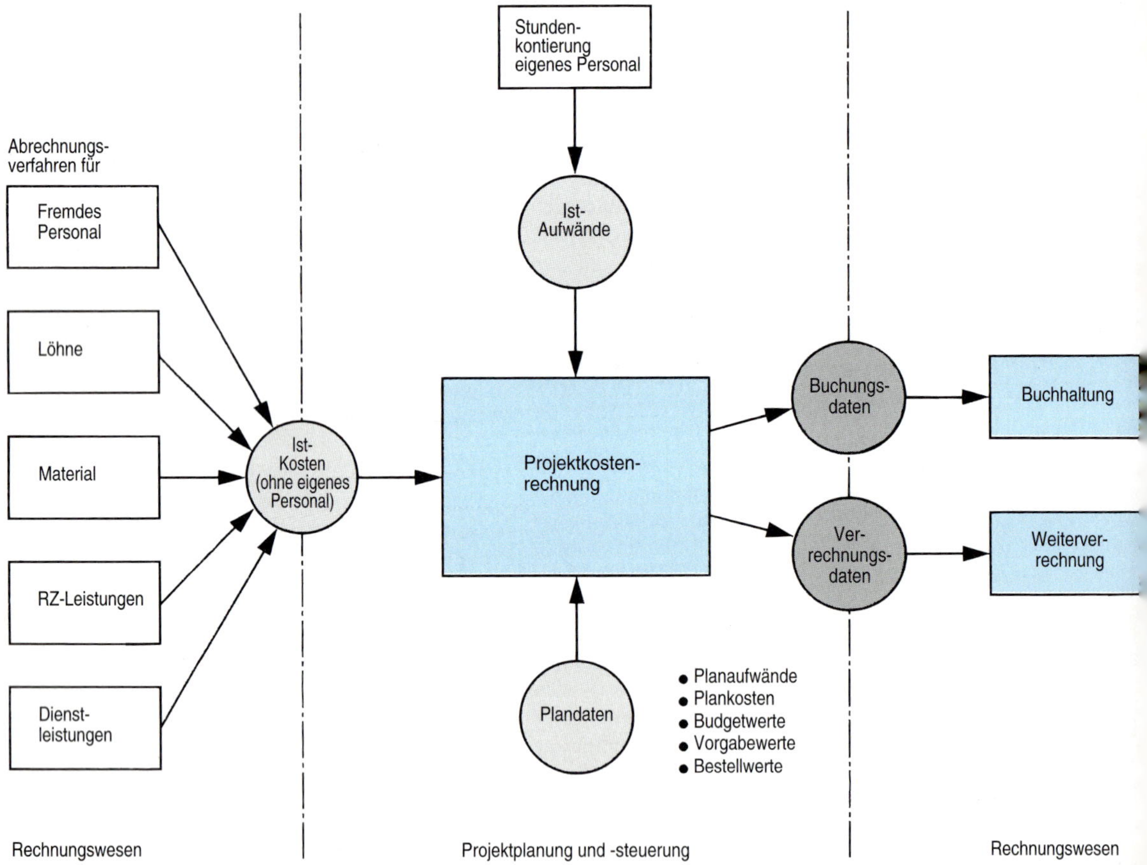

Bild 3.97 Wertefluss zwischen Rechnungswesen und Projektkostenüberwachung

gerichtet. Entsprechend unterscheidet man drei Methoden der RW-Kostenrechnung:

- ▷ Kostenartenrechnung
- ▷ Kostenstellenrechnung
- ▷ Kostenträgerrechnung.

In Bild 3.98 ist das Zusammenwirken dieser Kostenrechnungsmethoden aufgezeigt.

Kostenartenrechnung

Aufgabe der Kostenartenrechnung ist das Planen künftiger Kosten sowie das Erfassen angefallener Kosten nach einem vorgegebenen Kostenartenkatalog. Kostenwerte werden gebildet durch Bewertung von zu leistenden Mengen bzw. geleisteten Mengen in Abhängigkeit der jeweiligen Konstenart:

$$K = M \times u \qquad (44)$$

K Kostenwert
M Menge an Leistungseinheiten
u Preis der Leistungseinheit (Kostenart)

Unabhängig davon, ob es sich dabei um die Analyse von Plankosten oder von Istkosten handelt, bezieht sich hier eine Kostenanalyse immer auf diese vier Grundkomponenten: Art, Menge, Preis und Wert. Eine Veränderung in der einen Komponente kann durch Veränderung einer anderen wieder ausgeglichen werden; z. B. kann ein Kostenwert bei einer größeren Menge durch eine Preisreduzierung erhalten bleiben.

Die Gliederung der Kosten in Kostenarten geschieht nach betriebswirtschaftlichen Gesichtspunkten. Im Folgenden sind die in einem *Kostenstellenblatt* (Bild 3.99) enthaltenen Kostenarten aufgeführt:

Personalkosten

- — Gemeinkosten Löhne
- — Gemeinkosten Gehälter
- — Sozialkosten
- — Erfolgsbeteiligung
- — Altersversorgung
- — Schulungskosten

Sach- und Dienstleistungskosten

- — Instandhaltung
- — Energiekosten

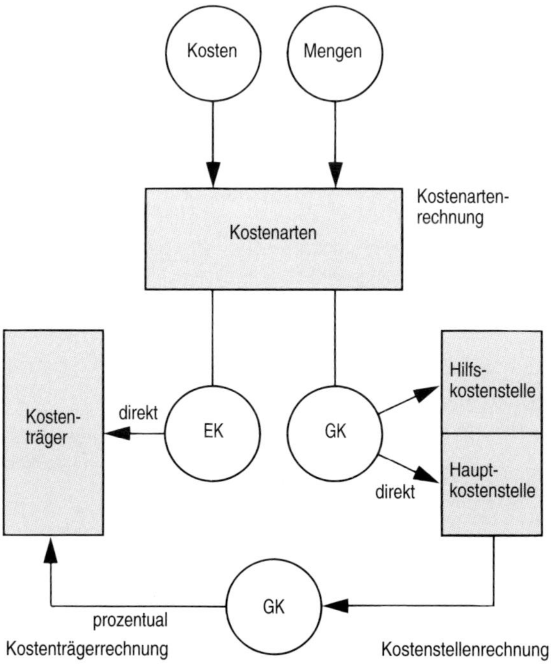

EK Einzelkosten
GK Gemeinkosten

Bild 3.98
Zusammenwirken der drei RW-Kostenrechnungsmethoden

— Mehrkosten vor/nach Ablieferung
— FuE-Kosten
— Hilfsmaterial
— Reisekosten Inland
— Reisekosten Ausland
— Bewirtung, Geschenke
— Nachrichtenkosten
— Transport-, Umzugskosten
— Büromaterial
— Lichtpauserei, Vervielfältigung
— Werbekosten
— Abwicklung/Pflege interner DV-Verfahren
— Entwicklung bereichsinterner Software
— Pflege bereichsexterner Software
— Einsatzmaterial
— Dienstleistungen von Fremden

Kapitaleinsatzkosten

— Kalkulatorische Abschreibungen
— Kalkulatorische Zinsen
— Kalkulatorische Wagnisse
— Mieten, Pachten
— Steuern, Versicherungen

Das Erfassen der Kosten hängt von der jeweiligen Kostenart ab; so werden z. B. die Personalkosten, wie Löhne, Gehälter und Personalnebenkosten, durch die monatliche Lohn- und Gehaltsabrechnung ermittelt, Materialkosten durch den bewerteten Verbrauch mittels Materialentnahmescheine sowie Energie-, Instandhaltungs- und sonstige Kosten durch entsprechende Rechnungsschreibung. Das Feststellen der kalkulatorischen Kosten ist dagegen schwierig; zu diesen zählen:

▷ kalkulatorische Abschreibungen,
▷ kalkulatorische Zinsen und
▷ kalkulatorische Wagnisse.

Mittels *kalkulatorischer Abschreibungen* wird der Werteverlust der eingesetzten Maschinen und Anlagen in der Kostenrechnung ausgedrückt. Hierbei wird nicht von der handels- und steuerbilanziellen Abschreibung ausgegangen, sondern man verteilt den Anschaffungswert eines technischen Geräts auf die tatsächlich zu erwartende Nutzungsdauer, die wegen der voranschreitenden Innovation kleiner sein kann als die technische Lebensdauer (z. B. beim PC: 3 Jahre). Auch kann es sinnvoll sein, als Basis nicht den ursprünglichen Anschaffungswert, sondern den gegenwärtigen Wiederbeschaffungswert zu nehmen; dazu muss der Anschaffungswert anhand von Preisindizes, die das Statistische Bundesamt offiziell veröffentlicht, hochgerechnet werden.

Mit *kalkulatorischen Zinsen* wird der Zinsverlust des eingesetzten Kapitals berücksichtigt, welches ja anderweitig – z. B. bei einer Bank gut angelegt – beachtliche Zinserträge erbringen würde. Erst wenn das Betriebsergebnis mehr erbringt als diese »möglichen Zinsen«, hat sich die Investition »gelohnt« (siehe hierzu auch Kap. 2.3.4, Geschäftswertbeitrag). Die kalkulatorischen Zinsen ergeben sich durch Multiplikation des betriebsnotwendigen Kapitals, welches zinstragend eingesetzt werden könnte, mit einem kalkulatorischen Zinssatz, der banküblich und langfristig gilt.

Die *kalkulatorischen Wagnisse* stellen einen Durchschnittsbetrag für zu erwartende, nicht durch Versicherungen abgesicherte Verluste dar, die bei Anlagen und Beständen (z. B. Ausfall, Zerstörung, Diebstahl) sowie durch Gewährleistungen und sonstige betriebliche und vertriebliche Mehrkosten (z. B. Ausschuss, Konkurs, Auf- und Abwertung von Geldwährungen) auftreten können. Dieser Durchschnittsbetrag wird auf Basis von Erfahrungswerten bei eingetretenen Wagnissen vergangener Jahre ermittelt.

Kostenstellenrechnung

Die Kostenplanung und -kontrolle der Gemeinkosten in einem Unternehmen wird mit der Kostenstellenrechnung vorgenommen; hierzu ist eine Gliederung des Unternehmens in Kostenbereiche und *Kostenstellen* sowie eine verursachungsgerechte Zuordnung der Gemeinkosten auf diese notwendig. Wie später noch gezeigt wird, ist diese Form der Gemeinkostenbetrachtung Voraussetzung für die nachfolgende Kostenträgerrechnung.

Die Bildung von Kostenbereichen und Kostenstellen kann nach unterschiedlichen Gesichtspunkten vorgenommen werden:

— nach organisatorischen Gesichtspunkten,
— nach räumlichen Gesichtspunkten sowie
— nach verrechnungstechnischen Gesichtspunkten.

Anzustreben ist immer eine Kostenstellengliederung nach organisatorischen Einheiten, wie z. B. nach Verantwortungsbereichen oder Unternehmensfunktionen. Räumliche Gegebenheiten (mehrere Funktionen einer Außenstelle) oder verrechnungstechnische Erfordernisse (Zusammenfassung aller Raumkosten) können dieser Leitlinie entgegenstehen. Für jede Kostenstelle wird ein Verantwortlicher zum *Kostenstellenleiter* ernannt.

Die Überrechnung der Gemeinkosten aus der Kostenartenrechnung auf die einzelnen Kostenstellen wird mit dem *Betriebsabrechnungsbogen* (BAB) vorgenommen. Im Betriebsabrechnungsbogen sind zeilenweise die Kostenarten (nur Gemeinkosten) und spaltenweise die Kostenstellen angeordnet. Je Kostenstelle kann hieraus eine Kostenübersicht erzeugt werden, die – erweitert mit entsprechenden Vorgabe- und Auflaufwerten – das bekannte Kostenstellenblatt bildet (Bild 3.99).

******* Kostenstellenergebnisbericht ******* **Seite..** 1

Planversion........................ PV Budget
Verantwortl. Kostenstelle/Gruppe...
Verantwortlicher..................
Berichtsmonate.................... 001 - 011 1999 **Stand**....06.09.1999 / 16:37:47

BAB	KoART/Gruppe	Ist (akt. BM)	Ist (kum.)	Plan (kum.)	Abw (%)
01	Umsatz außerhalb	0,00	0,00	0,00	0,00
02	Umsatz innerhalb	0,00	0,00	0,00	0,00
03	**Umsatz gesamt**	**0,00**	**0,00**	**0,00**	**0,00**
04	Energie	0,00	0,00	0,00	0,00
05	Büromat., Vervielfältigung	3.492,30	21.609,46	11.000,00	96,45
06	Werbung	0,00	0,00	8.250,00	100,00-
07	Instandhaltung	1.869,90	14.292,44	4.583,33	211,84
08	RZ-Ablauf	9.104,82	170.246,28	119.166,67	42,86
09	Datenleitungen Telekom Ges.	0,00	0,00	0,00	0,00
10	Software, übr. DV-Kosten	0,00	0,00	27.500,00	100,00-
11	Dienstlstg., Beratung	0,00	43.011,12	14.666,67	193,26
12	Einsatzmat. bei RZ m. LV	0,00	0,00	0,00	0,00
13	sonst.Mat.-u.Diensteistung	187,10	2.247,33	3.666,67	38,71-
14	**Se.Mat.-und Dienstleistungen**	**14.654,12**	**251.406,63**	**188.833,34**	**33,14**
15	Gehälter (Löhne)	187.080,50	1.976.008,39	2.198.166,67	10,11-
16	EB, BGE	23.000,00	208.420,99	249.333,33	16,41-
17	Sozialversicherung	29.904,71	335.430,53	348.333,33	3,70-
18	Altersversorgung	11.826,94	123.613,43	122.833,33	0,64
19	sonstiger Personalaufwand	4.954,71	63.087,30	45.833,33	37,65
20	**Se.Personalkosten**	**256.766,86**	**2.706.560,64**	**2.964.499,99**	**8,70-**
21	Raumkosten	18.836,00	159.723,00	165.000,00	3,20-
22	Mieten für Geräte	0,00	0,00	0,00	0,00
23	Leasing	0,00	0,00	0,00	0,00
24	Steuern, Versicherungen	141,96	212,86	0,00	0,00
25	Handelsrechtl. Abschreib.	6.615,00	78.860,25	72.416,67	8,90
26	Kalkulatorische Zinsen	0,00	0,00	0,00	0,00
27	sonstige Kapitalkosten	25,86-	137,27-	0,00	0,00
28	**Se.Kapitalkosten,Steuern,Ver**	**25.567,10**	**238.658,84**	**237.416,67**	**0,52**
29	Reisekosten	1.677,19	9.436,03	27.500,00	65,69-
30	Bewirtung u. Geschenke	122,71	1.720,44	4.583,33	62,46-
31	Nachrichtenübermittlung	3.357,92	39.881,24	18.333,33	117,53
32	Ant. Kosten v. Anderen	14.378,83	158.167,13	173.250,01	8,71-
33	übrige sonstige Kosten	5.735,00	8.490,95	9.166,67	7,37-
33A	Aus-u.W-bildg./Sonst.Perko	1.250,63	59.499,91	45.833,33	29,82
34	Aufw.verr./Aufw.kürz.aus 69	0,00	544,00-	0,00	0,00
35	**Se.Sonstige Kosten**	**26.522,28**	**276.651,70**	**278.666,67**	**0,72-**
36	**Se.Aufwand 1 -eigenverantw.-**	**323.510,36**	**3.473.277,81**	**3.669.416,67**	**5,35-**
37	Zentralumlagen	5.717,25	68.524,75	62.889,75	8,96
38	**SeGesamtaufwand**	**329.227,61**	**3.541.802,56**	**3.732.306,42**	**5,10-**
39	Umlagen innerh. SL aus	0,00	0,00	0,00	0,00
40	Verr. innerh. SL aus	469.269,60-	4.652.694,53-	4.024.350,00-	15,61
41	Verr. innerh. SL aus	0,00	0,00	0,00	0,00
42	**Se.Aufwand brutto**	**140.041,99-**	**1.110.891,97-**	**292.043,58-**	**280,39**
43	**Se.Aufwand(netto)**	**140.041,99-**	**1.110.891,97-**	**292.043,58-**	**280,39**
44	**Operatives Ergebnis (Kl.5,6,**	**140.041,99-**	**1.110.891,97-**	**292.043,58-**	**280,39**
45	Investitionszulage	0,00	0,00	0,00	0,00
46	Sonst. betriebl. Erträge	0,00	0,00	0,00	0,00
47	Sonst. betriebl. Aufwendung	0,00	16.650,00	11.000,00	51,36
48	Währungsgewinne	0,00	0,00	0,00	0,00
49	Währungsverluste	0,00	0,00	0,00	0,00
50	**Operatives Ergbenis (Kl.8)**	**0,00**	**16.650,00**	**11.000,00**	**51,36**
51	**Operatives Ergebnis gesamt**	**140.041,99-**	**1.094.241,97-**	**281.043,58-**	**289,35**
52	**darin eigenverantw.**	**145.759,24-**	**1.162.766,72-**	**343.933,33-**	**238,08**
53	**Gesamtleistung**	**469.269,60-**	**4.652.694,53-**	**4.024.350,00-**	**15,61**

Bild 3.99
Kostenstellenblatt

Man unterscheidet zwei Arten von Kostenstellen:

- ▷ Hilfskostenstellen und
- ▷ Hauptkostenstellen.

Hilfskostenstellen dienen als »Vorkostenstellen« zur Sammlung von nicht unmittelbar zuordenbaren Kosten, wie Raumkosten, Kosten für Personalbüro usw., sie werden in einem nachfolgenden Schritt nach einem vorgegebenen Verteilungsschlüssel auf die Hauptkostenstellen verteilt. Zur Schlüsselung wird entweder ein Wertschlüssel (z. B. Gehaltssumme, Umsatzanteile) oder ein Mengenschlüssel (z. B. Kopfzahl, Raumfläche) herangezogen. Bei den Hilfskostenstellen unterscheidet man noch allgemeine und besondere Hilfskostenstellen. Allgemeine Hilfskostenstellen (z. B. Raumkosten) geben die auf ihr gesammelten Kosten an alle anderen ab, die besonderen Hilfskostenstellen (z. B. Reparaturwerkstatt) nur an einige andere Kostenstellen.

Hauptkostenstellen sind die Kostenstellen, in die letztendlich alle Gemeinkosten – sowohl die direkt als auch die über Hilfskostenstellen mittelbar zuordenbaren – münden; sie sind damit »Endkostenstellen«. Die auf ihnen gesammelten Gemeinkosten werden anschließend über entsprechende Bezugsgrößen auf die einzelnen Kostenträger aufgeteilt.

Kostenträgerrechnung

Mit der Kostenträgerrechnung soll eine verursachungsgerechte Zuordnung der Kosten erreicht werden. Wie in Bild 3.98 gezeigt, werden bestimmte Kosten, die Einzelkosten, den Kostenträgern direkt, dagegen die Gemeinkosten über die Kostenstellenrechnung den Kostenträgern prozentual über geeignete Schlüssel zugeordnet. Als Einzelkosten zählen z. B. die Fertigungslöhne (F1-Lohn) und die Fertigungsmaterialien.

Unter Kostenträgern versteht man hier die erstellten *Leistungseinheiten,* d. h. die erzeugten Produkte, die ausgeführten Aufträge bzw. die erbrachten Dienstleistungen.

Gemäß der Art der Kostenzuordnung gibt es:

- ▷ die Kostenträgerstückrechnung und
- ▷ die Kostenträgerzeitrechnung,

wobei man noch Vollkostenrechnung und Teilkostenrechnung unterscheiden muss.

Bei der *Kostenträgerstückrechnung,* im Rechnungswesen auch kurz als Kalkulation bezeichnet, werden die Selbstkosten eines Erzeugnisses ermittelt und diese Stückkosten dann dem Stückpreis (Preis am Markt) gegenübergestellt, um dadurch Aussagen sowohl zur Preisbildung als auch zu Preisbeurteilung machen zu können. Für das Bestimmen der Selbstkosten gibt es drei Kalkulationsmethoden:

- ▷ Divisionskalkulation,
- ▷ Äquivalenzziffernkalkulation und
- ▷ Zuschlagskalkulation.

Die *Divisionskalkulation* bietet sich an, wenn nur eine Produktart erzeugt wird; hier ergeben sich die Stückkosten durch Division der Gesamtkosten durch die Menge der Erzeugnisse. Die *Äquivalenzziffernkalkulation* wird eingesetzt, wenn es sich um die Herstellung von ähnlichen Produkten (»Sortenfertigung«) handelt. Mit Äquivalenzziffern, die als Verhältniszahlen die Kostenunterschiede der einzelnen Erzeugnisgruppen (»Sorten«) ausdrücken, werden die Gesamtkosten auf die Erzeugnisse verteilt. Die richtige Festlegung dieser Äquivalenzziffern muss man allerdings immer wieder anhand genauer Selbstkostenbetrachtungen überprüfen. Bei Fertigungen mit sehr unterschiedlichen Produkten wird die *Zuschlagskalkulation* herangezogen; bei dieser werden die zuordenbaren Kosten den einzelnen Erzeugnisgruppen direkt und die unterschiedlichen Gemeinkosten über prozentuale Zuschläge zugerechnet. Die Summe aus Materialkosten und Fertigungslohn sowie Material- (MGK) und Fertigungsgemeinkosten (FGK) bilden die Herstellkosten (HK); diese wiederum – mit den Vertriebs- (VtrGK), den Verwaltungs- (VGK) und den Entwicklungsgemeinkosten (EGK) beaufschlagt – ergeben die Selbstkosten.

In der *Kostenträgerzeitrechnung* werden – bezogen auf einen Abrechnungszeitraum – die Gesamtkosten eines Kostenträgers den erreichten Umsätzen gegenübergestellt. Hierbei ist von Bedeutung, inwieweit die durch die vorgenannten Zuschlagssätze ermittelten Gemeinkostenarten durch die tatsächlich entstandenen Gemeinkosten abgedeckt sind; man spricht dann von einer GK-Überdeckung oder von einer GK-Unterdeckung. Ein solcher Ge-

meinkostenunterschied kann sehr verschiedene Gründe haben:

— Erbrachte Leistung liegt über bzw. unter der Normalleistung,
— Zuschlagssätze entsprechen nicht der Struktur des Fertigungsprozesses,
— Preisentwicklung ist nicht wie geplant verlaufen,
— unvorhergesehene Mengen- und Wertabweichungen sind eingetreten.

In bestimmten Fällen (Ermitteln von Preisuntergrenzen, Optimieren von Herstellprozessen) ist es notwendig, statt einer Vollkostenrechnung eine Teilkostenrechnung vorzunehmen. Bei einer Teilkostenrechnung werden mittels einer Deckungsbeitragsrechnung einem Erzeugnis nur die Kosten zugerechnet, die von diesem unmittelbar verursacht worden sind. Man unterscheidet deshalb die leistungsabhängigen (LAK) von den bereitschaftsabhängigen Kosten (BAK). Als Deckungsbeitrag wird die Differenz zwischen dem Marktpreis und den leistungsabhängigen Kosten bezeichnet.

3.6.2 Projektkalkulation

Die zunehmende Durchdringung aller elektrotechnischer Produktbereiche mit Elektronik hat zu veränderten Entwicklungs- und Fertigungsstrukturen geführt. Einerseits hat dies bekanntlich eine Verschiebung der HW- und SW-Anteile in den Produkten gebracht, andererseits enthalten die Produktkosten durch laufende Rationalisierung bei der Fertigung neuer Produkte ständig steigende Anteile an Entwicklungskosten (siehe Bild 1.1). Hierdurch rückt die »quellengerechte« Kalkulation im Entwicklungsbereich stärker in den Vordergrund. Alle Anstrengungen auf diesem Gebiet münden in ein Konzept der gesamtheitlichen *FuE-Projektkalkulation* – gesamtheitlich deshalb, weil sie vom Entwicklungsbeginn bis hin zum Entwicklungsende den Entwicklungsprozess »kalkulatorisch« begleiten soll. Allerdings ist die FuE-Projektkalkulation keine Lebenszykluskostenbetrachtung, da die Kosten für den späteren Produktiveinsatz außer Betracht bleiben.

Kalkulationsabschnitte

Die Projektkalkulation gliedert sich in drei aufeinander folgende Kalkulationsabschnitte:

▷ Vorkalkulation
▷ Mitkalkulation
▷ Nachkalkulation.

Diese Abschnitte, die in sich mehrfach durchlaufen werden können, bilden zusammen mit einer Aufwandsschätzung und einer Erfahrungsdatensammlung einen geschlossenen Kreislauf (Bild 3.100).

Vorkalkulation

In der Vorkalkulation (VORKA) wird das (Plan-) Mengengerüst hinsichtlich Personalaufwände, Entwicklungskosten und Produktergebnismengen festgelegt. Die voraussichtlichen Produktgrößen (z.B. Anzahl Befehle, Anzahl Logikfunktionen, Gerätegewicht) sind hierbei die Vorgaben für die Aufwandsschätzung, die die Planwerte Aufwand und Kosten für die Vorkalkulation liefert. Dieser Kalkulationsabschnitt wird in der Praxis mehrmals durchlaufen, bevor man sich auf die Zielgrößen des Projekts geeinigt hat.

Mitkalkulation

Die Mitkalkulation (MITKA) stellt das kontrollierende Glied dieser meist prozessorientierten Kostenplanung und -überwachung dar. Ihre Aufgabe ist das laufende Gegenüberstellen der eingetretenen Aufwands- und Kostenwerte mit den entsprechenden vorkalkulierten Planwerten. Die Mitkalkulation entspricht damit dem bekannten Plan/Ist-Vergleich innerhalb der Projektkontrolle mit der Konsequenz, dass diese in derselben Struktur wie die Vorkalkulation vorgenommen wird.

Nachkalkulation

Die Nachkalkulation (NACHKA) ist quasi die letzte Mitkalkulation, die damit die endgültigen Istwerte der kalkulierten Projektgrößen festschreibt. Hierzu kommt jetzt allerdings die Gegenüberstellung mit den erreichten Produktgrößen, die mit Hilfe von Zählroutinen aus Produktbibliotheken o.Ä. zu ermitteln sind (siehe auch Kapitel 5.2.1). Innerhalb der Nachkalkulation werden also alle kalkulationsrelevanten Produkt- und Projektgrößen in einem einheitlichen Schema gegenübergestellt und einer *Projektkostenanalyse* unterzogen; gleichzeitig leiten sich aus der Nachkalkulation Erfahrungsdaten ab, die – falls vorhanden – in eine Erfahrungsdatenbank einfließen. Erfahrungsdaten selbst bilden wiederum die Basis für eine Kalibrierung der bei Projektbeginn verwendeten Aufwandsschätzverfahren, so dass diese bei künftigen Projekten bessere Schätzergebnisse liefern. Hiermit schließt sich der Kreislauf der Projektkalkulation.

Werden die Vor-, Mit- und Nachkalkulation nach einem gemeinsamen Kalkulationsschema gemäß einer einheitlichen Kalkulationsstruktur durchgeführt, so spricht man von einer *strukturierten* Kalkulation bzw. einer *integrierten* Kalkulation. Der große Vorteil einer solchen strukturierten Kalkulation ist, dass alle Projekte in einem Entwicklungsbereich zu Beginn (Vorkalkulation), während (Mitkalkulation) und am Ende (Nachkalkulation) kostenmäßig nach demselben Muster »durchleuchtet« werden. Auf diese Weise ist ein berechtigter Kostenvergleich sowohl zwischen einzelnen Projektteilen als auch zwischen einzelnen Projekten möglich.

Kalkulationsstruktur

Ziel der Vorkalkulation ist, schon in frühen Entwicklungsstadien eines Projekts fundierte Kostenaussagen als Grundlage für die Preisbildung und die Planung der Entwicklungskapazitäten und der Entwicklungskosten eines Bereichs zu erhalten; d.h., für die vertraglichen Vereinbarungen sollen die betriebswirtschaftlichen Rahmendaten (Angebotswert, Projektergebnis etc.) ermittelt werden.

Voraussetzung für eine solche, aussagekräftige Vorkalkulation ist allerdings das transparente produkt- und prozessorientierte Strukturieren des geplanten Entwicklungsvorhabens.

Einerseits müssen überschaubare *kalkulationsrelevante Teileinheiten* gebildet werden, die weder zu groß noch zu klein sind. Die optimale Größe hängt hierbei natürlich sehr entscheidend von der Entwicklungsstruktur ab. Handelt es sich um Entwicklungsgroßprojekte, wie z.B. in der Anlagen- und Systemtechnik, so gelten andere Kostengrenzen für eine vernünftige Teileinheitenbildung als in Entwicklungsbereichen mit vielen und kleinen Entwicklungsvorhaben, wie z.B. im Gerätebau. Als Leitgröße für kalkulationsrelevante Teileinheiten kann aber gelten:

200 TEU	bei großen Projekten und
50 TEU	bei kleinen Projekten.

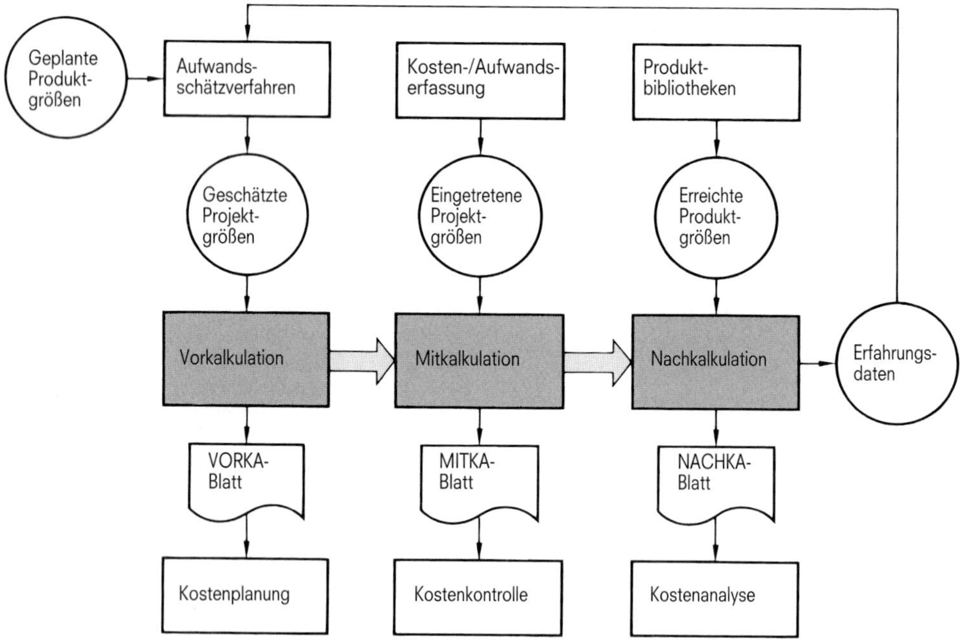

Bild 3.100 Kreislauf der Projektkalkulation

Andererseits muss eine Struktur gewählt werden, die einen rechenbaren Zusammenhang zwischen Kalkulationsstruktur und Mengengerüst herstellt. Nur so ist ein kostenmäßiges Bewerten von Produktergebnismengen in der späteren Nachkalkulation möglich.

Die Gliederung der kalkulationsrelevanten Teileinheiten sollte sich daher weitgehend nach der Produktstruktur richten, weil auch hier die Produktstruktur den gemeinsamen Zuordnungsrahmen für die angebundene Verfahrenswelt darstellt. In der späteren Projektdurchführung werden ja schließlich die Istwerte der Entwicklungskosten durch eingehende Rechnungen bzw. Weiterverrechnungen und durch eine Stundenkontierung ermittelt. Beide Erfassungsquellen beziehen sich dabei meist auf die jeweilige Produktstruktur. Soll also bei der nachfolgenden Mitkalkulation ein Plan/Ist-Vergleich möglich sein, so muss die Teileinheitenbildung der Vorkalkulation bereits die Strukturierung der künftigen Kosten- und Stundenerfassung berücksichtigen.

Neben dem Strukturieren nach Teileinheiten sind häufig Strukturierungen nach weiteren Gesichtspunkten gewünscht; hierzu zählen:

▷ Kostenelemente,
▷ Kostenverursacher,
▷ Entwicklungsphasen,
▷ Tätigkeitsarten etc.

Bild 3.101 zeigt das Beispiel eines solchen »Kalkulationswürfels«, der eine weitere Untergliederung der Teileinheiten nach Kostenelementen und Entwicklungsphasen veranschaulicht. Hierbei sind die einzelnen Kostenelemente bereichsspezifisch festzulegen und die Phasenkennzeichen müssen entsprechend der eingeführten Entwicklungsprozesspläne definiert werden.

Kalkulationsschema

Nach dem Festlegen der Teileinheiten sind diese entsprechend der Prozessstruktur zu kalkulieren. Mit Unterstützung geeigneter Aufwandsschätzmethoden und -verfahren werden die für einzelne Teileinheiten notwendigen Personalaufwände – strukturiert nach Phase und (eventuell) nach Tätigkeitsart – geschätzt und in ein einheitliches *Kalkulationsschema* aufgenommen. Hierbei bewertet man die in MM oder MJ geschätzten Aufwände mit den entsprechenden Kostensätzen und rechnet sie in Kostenwerte (TEU) um. In dem Kalkulationsschema werden neben den phasen- und tätigkeitsartbezogenen Personalkosten noch weitere Kostenelemente aufgenommen. Hierzu gehören phasenbeziehbare Kostenanteile wie

— Musterbaukosten,
— SW-Käufe und
— Rechenzeitkosten.

Weiterhin gibt es Kostenanteile, die nicht auf eine einzelne Entwicklungsphase beziehbar sind:

— allgemeine Projektverwaltungskosten,
— Reisekosten,
— Zusatzkosten für Consultants,
— Qualitätssicherungskosten und
— allgemeine auftragsspezifische Dienstleistungen.

Soll für die entsprechende kalkulationsrelevante Teileinheit eine *Vollkostenrechnung* vorgenommen werden, so sind neben den auftragsspezifischen Kostenanteilen auch noch Kostenanteile hinzuzurechnen, die nicht auftragsspezifisch anfallen. Hierzu gehören u. a.

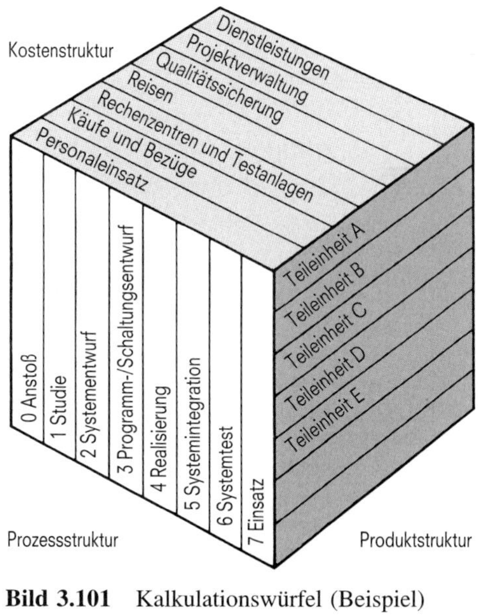

Bild 3.101 Kalkulationswürfel (Beispiel)

— Kostenanteil für allgemeine Toolentwicklung,
— Kostenanteil für die Grundlagenentwicklung und
— allgemeine Gemeinkostenanteile.

Schließlich kann für das Ermitteln der gesamten *Entwicklungsselbstkosten* noch ein Risikozuschlag berücksichtigt werden. In Bild 3.102 ist beispielhaft ein Kalkulationsschema aufgeführt, wie es in seiner Grundstruktur Anwendung in Entwicklungsbereichen der Kommunikations- und Nachrichtentechnik gefunden hat.

Verfahrensunterstützung

Da Vorkalkulationen in einer interaktiven und »rollierenden« Vorgehensweise erstellt werden, bietet sich für das Arbeiten mit dem Kalkulationsschema eine Verfahrensunterstützung auf einem PC an. Dabei wird im ersten Schritt eine Aufstellung aller zu einem Projekt gehörenden Teileinheiten vorgenommen. Anschließend bietet der PC für jede kalkulationsrelevante Teileinheit ein leeres Kalkulationsblatt an. Dieses kann entsprechend dem Planungsfortschritt nach und nach mit den einzelnen Daten der Vorkalkulation gefüllt, durchge-

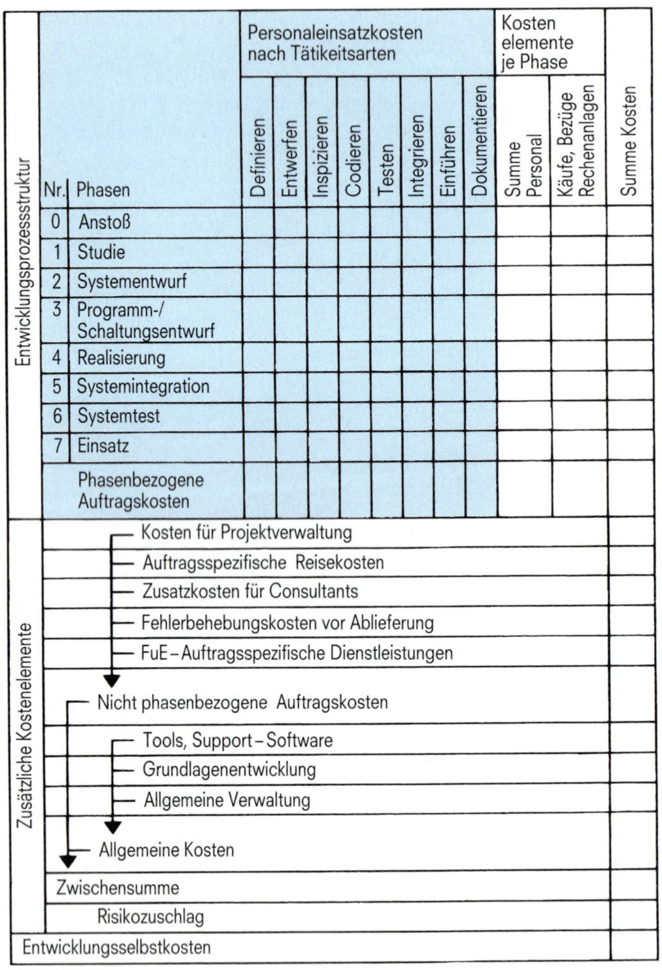

Struktur der Personaleinsatzkosten

Bild 3.102 Kalkulationsschema

Kalkulationsblatt									GJ: 99/00	
Allgemeine Angaben	Projektname:			JTW2000-Umstellung						
	Angebots-Nr.: 40942					PSP: D-4712-01				
Leistungsinhalt		Menge Normal Std.	Menge Über-Std.	Reisezeit	Plan-Kostensatz	Listenpreis *)	Kundenpreis Normal-Std.	Kundenpreis Über-Std.	Summe Aufwand Normal- und Über-Std.	Summe Angebot/ Auftrag
Festpreis	0,00	Std.	Std.	Std.	Euro/Std.	Euro/Std.	Euro/Std.	Euro/Std.	Euro	Euro
Eigenes Personal										
o S1 Assistenz		0	0	0	38,00	41,00	0,00	0,00	0	0
o S2 Programmierung/Abwicklung		500	0	0	60,00	65,00	64,00	0,00	30.000	32.000
o S3 Fachberatung/SW-Entwicklung		750	50	30	75,00	83,00	79,00	83,00	61.125	64.585
o S4 Org-Beratung/SW-Engineering		200	30	20	85,00	95,00	91,00	95,00	20.400	21.960
o S5 Projektleit./Prozessberatung		150	20	20	95,00	108,00	103,00	103,00	17.100	18.540
o S6 IT-Projektleitung		0	0	0	120,00	132,00	0,00	0,00	0	0
		0	0	0	0,00		0,00	0,00	0	0
Summe Eigenpersonal:		**1.600**	**100**	**70**					**128.625**	**137.085**
Consultant-Leistung										
o C1 Assistenz		0	0	0	0,00	41,00	0,00	0,00	0	0
o C2 Programmierung/Abwicklung		0	0	0	0,00	65,00	0,00	0,00	0	0
o C3 Fachberatung/SW-Entwicklung		0	0	0	0,00	83,00	0,00	0,00	0	0
o C4 Org-Beratung/SW-Engineering		350	0	50	74,00	95,00	91,00	95,00	27.750	34.125
o C5 Projektleit./Prozessberatung		0	0	0	0,00	108,00	0,00	0,00	0	0
o C6 IT-Projektleitung		0	0	0	0,00	132,00	0,00	0,00	0	0
		0	0	0	0,00		0,00	0,00	0	0
Summe Consulting-Leistung		**350**	**0**	**50**					**27.750**	**34.125**
Zuleistung anderer Abteilungen							PSP:			
o S1 Assistenz		0	0	0	0,00	41,00	0,00	0,00	0	0
o S2 Programmierung/Abwicklung		0	0	0	0,00	65,00	0,00	0,00	0	0
o S3 Fachberatung/SW-Entwicklung		830	0	0	75,00	83,00	79,00	83,00	62.250	65.570
o S4 Org-Beratung/SW-Engineering		0	0	0	0,00	95,00	0,00	0,00	0	0
o S5 Projektleit./Prozessberatung		0	0	0	0,00	108,00	0,00	0,00	0	0
o S6 IT-Projektleitung		0	0	0	0,00	132,00	0,00	0,00	0	0
		0	0	0	0,00		0,00	0,00	0	0
Summe Kalkulation Zuleistungen							0,00	0,00	0	0
Summe Zuleistungen anderer Abtlg.		**830**	**0**	**0**					**62.250**	**65.570**
Leistungen Consulting (Gesamtpreis)					Zuschlag in %		0		0	0
Fremdleistung		Zuschläge für			Zuschlag in %		0		0	0
RZ-Kosten		Sonstige Kosten			Zuschlag in %		0		5.000	5.500
Lizenzkosten		und			Zuschlag in %		10		900	900
sonst. projektspez. Leistung		projektspezifische			Zuschlag in %		0		0	0
sonst. projektsp. Leistungszuschlag		Leistungen			verrechenbar: j/n		j		0	0
Reisekosten					verrechenbar: j/n		j		1.500	1.500
Zwischensumme									226.025	244.680
Zuschläge für (nur bei Festpreis)									0	
o Gewährleistung									0	
o Generalunternehmer									10	
o sonst. Risiken									0	
o Finanzierung/Währung									0	
Gesamt (1)									**226.035**	**244.680**
Preisnachlass					Abzug in %		2			–4.894
Gesamt (2)		2.780	100	120	Summe n. Listenpreis: **254.800**				**226.035**	**239.786**

***) Preise gemäß Preisliste vom:** **3. Januar 2000**

Kapazitätsermittlungen sind getrennt hiervon zu erstellen

Zuschläge für Teamassistenten, QB etc. sind in der Leistungsart (s. o.) zu berücksichtigen

kalkuliertes Projektergebnis	in Euro	**13.751**
	in % vom geplanten Umsatz	**5,7%**
	Abweichung vom Listenpreis in %:	**–5,9%**

erstellt:	**freigegeben:**
Datum/Unterschrift/ Projektleiter	Datum/Unterschrift kaufm. Controller

Bild 3.103 Kalkulationsblatt (mit Zahlenbeispiel)

rechnet und jeweils bei Bedarf wieder ausgedruckt werden (Bild 3.103).

Bei Entwicklungsbeginn werden die Vorkalkulationswerte aus dem PC-Verfahren in die vorhandenen Kostenüberwachungsverfahren, die gemeinhin auf Großrechner oder als Client/Server-Anwendungen ablaufen, als Plandaten übernommen. Nimmt man nun die einsetzende Istdatenerfassung (Rechnungsschreibung, Stundenkontierung etc.) entsprechend der vorliegenden Kalkulationsstruktur vor, so ist es möglich, die anfallenden Istdaten den Vorkalkulationswerten in einem Plan/Ist-Vergleich direkt gegenüberzustellen.

Bei Projektabschluss wird schließlich das Nachkalkulationsblatt erzeugt, welches ähnlich dem Mitkalkulationsblatt aufgebaut ist, zusätzlich aber noch positionsgerecht die Produktergebnismengen aufnehmen kann.

3.6.3 FuE-Budgetierung und -Planung

Jedes auf technischem Gebiet arbeitende Unternehmen wird je nach seinen Geschäftszielen und seiner Ertragskraft zur Zukunftssicherung einen bestimmten Etat je Geschäftsjahr für Forschung und Entwicklung (FuE) zur Verfügung stellen. Die marktstrategisch richtige Verteilung dieser zur Verfügung stehenden Entwicklungsgelder auf die unterschiedlichen FuE-Projekte ist Aufgabe der FuE-Budgetierung und FuE-Planung.

Hierbei stehen sich FuE-Budgetierung und FuE-Planung diametral gegenüber. Während die FuE-Budgetierung eine »Top-down«-Planvorgabe aus Sicht des Entwicklungsmanagements darstellt, ist die FuE-Planung am jeweiligen Bedarf der Entwickler orientiert und damit »bottom-up« ausgerichtet (Bild 3.104).

FuE-Budgetierung

Unter Budgetierung versteht man die zweckgebundene Zuweisung von Etats und Ressourcen für einen definierten Zeitraum. Die Notwendigkeit der Budgetierung resultiert letztlich aus dem Grundprinzip des Wirtschaftens in einem Unternehmen, wonach – um Verluste zu vermeiden – die Kosten nicht größer werden dürfen als die Erlöse. Diese Maxime kommt auch beim Erstellen des *Wirtschaftsplans,* der die Basis für die Budgetierung ist, zur Anwendung.

Als Teil der Geschäftspolitik ist es Aufgabe der Unternehmensleitung, für die FuE-Vorhaben die Höhe der verfügbaren Budgets als Vorgaben festzulegen. Die FuE-Budgetierung erfolgt »top-down« in mehreren Schritten. Zuerst wird unter Berücksichtigung der Geschäfts-, Markt- und Wettbewerbsituation im Rahmen der jährlichen Wirtschaftsplanung festgelegt, wie hoch das Gesamt-Budget für den FuE-Bereich sein soll; dieses wird dann auf die einzelnen Geschäftsfelder entsprechend der marktstrategischen Erfordernisse aufgeteilt. Bei entsprechender Unternehmensgröße können weitere Budgetaufteilungen notwendig sein, z. B. nach Geschäftsgebieten oder Entwicklungsbereichen.

Das Budget besteht i. Allg. aus vorgegebenen Finanzmitteln und Personalkopfzahlen für das laufende und eventuell für das darauf folgende Geschäftsjahr. Eine Budgetvorgabe gilt somit für einen Zeitraum von höchstens zwei Jahren, ist also kurz- bis mittelfristig angelegt.

Je nachdem, ob die FuE-Aufgaben primär einer Organisationseinheit oder organisationsüberschreitend einem Projekt zugeordnet werden können, werden die Budgets auf unterster Ebene

- ▷ organisationsbezogen (Kostenstellen) oder
- ▷ projektbezogen (Kostenträger)

vorgegeben.

Organisationsbezogene Budgets werden häufig vorgesehen, wenn es sich um kleinere Entwicklungsaufgaben handelt, die in ihrer Gesamtheit innerhalb einer Organisationseinheit durchgeführt werden, und vor allem sind sie für allgemeine und projektübergreifende Aufgaben gebräuchlich, wie

- ▷ Administrationsaufgaben (z. B. Verfahrensabwicklung, Netzplan-Büro),
- ▷ Dienstleistungsaufgaben (z. B. Qualitätssicherung) und
- ▷ Stabsfunktionen (z. B. Berichterstattung, FuE-Controlling).

Projektbezogene Budgets kommen dagegen bei größeren Entwicklungsaufgaben zur Anwendung, bei denen die unterschiedlichen

Ressourcen und Aktivitäten in einem Projekt zusammengefasst und organisationsüberschreitend durchgeführt, koordiniert und terminlich abgestimmt werden müssen.

Fehlt für die Planung und Ausführung eines neuen Entwicklungsvorhabens ein Budget, so muss in Form eines Budgetantrages die Möglichkeit bestehen, ein solches nachträglich zu beantragen. Fehlen dabei Budgetmittel für ein dringendes Vorhaben, so müssen gegebenfalls die bereits für andere Entwicklungsvorhaben zugewiesenen Budgetmittel unter Änderung der Prioritäten umgeschichtet werden; ansonsten muss bis zum Erstellen des nächsten Wirtschaftsplanes mit dem Vorhaben gewartet werden.

Die zugeteilten Budgets bilden den Rahmen für die nachfolgende FuE-Planung. Für die FuE-Planer müssen die Budgets so weit aufgeteilt werden, dass sie die Grenzen für ihre Planung erkennen können. »Projektbudgets« sind dafür besonders gut geeignet.

Eine wichtige Voraussetzung der Wirksamkeit jeder Budgetierung ist die Möglichkeit, das Einhalten der Budgets jederzeit überprüfen zu können. Ziel einer guten Budgetsteuerung muss sein, dass zu jedem Zeitpunkt sofort ablesbar ist, wie weit die vorgegebenen Teilbudgets bereits ausgeschöpft bzw. noch Reserven enthalten sind. Um diesen Überblick und genügend Beweglichkeit innerhalb des Gesamtbudgets zu haben, benötigt man ein transparentes, flexibles und rechnergestütztes Budgetierungs- und Planungssystem.

Transparent heißt hier, dass dieses System rasch in der Lage sein muss, den jeweiligen Stand der Budgetierung, Budgetausschöpfung und Planung in Form einer geschlossenen Darstellung zu zeigen; unter flexibel ist hier zu verstehen, dass es auf einen veränderten Mittelbedarf rasch angepasst werden kann. Die Ausgabenkontrolle muss bereits bei der (externen) Auftragserteilung einsetzen, da nur zu diesem Zeitpunkt eine Einflussnahme möglich ist. Der alleinige Vergleich zwischen Plankosten und den angefallenen Kosten ist dafür nur bedingt geeignet; er versagt besonders bei diskontinuierlichem Kostenanfall, z. B. bei Musterbauaufträgen und in Fällen, bei denen zwischen Auftragserteilung und dem Kostenzugang ein längerer Zeitraum liegt. Aus diesen Gründen stellt eine geschlossene Fortschreibung der *Bestellwerte* eine notwendige Unterstützung für eine wirksame Budgetkontrolle dar (siehe hierzu Kap. 4.2.4).

FuE-Planung

Unter der FuE-Planung versteht man das Beplanen von Aufwänden und Kosten der einzelnen Projekte im FuE-Bereich eines Unternehmens. Entsprechend seiner Projektstruktur wird das geplante Entwicklungsprojekt in seine einzelnen Aufgabenpakete zerlegt, für die dann genaue Aufwands- und Kostenschätzungen durchgeführt werden. Auf Projektebene werden die ermittelten Schätzwerte zum (erforderlichen) FuE-Plan zusammengeführt. Hierbei ist es erforderlich, Reserven z. B. für Innovationsinitiativen vorzusehen.

Die FuE-Planung ist an den Rahmen der vorgegebenen Budgets gebunden. Im Idealfall entspricht der benötigte FuE-Plan dem zur Verfügung stehenden Projektbudget (Bild 3.103). Meist steht allerdings weniger Geld als benötigt zur Verfügung, d. h. der FuE-Plan ist größer als das vorgegebene FuE-Budget. In diesem Fall muss entweder der »bottom-up« geplante Bedarf gekürzt oder der »top-down« vorgegebene Etat – eventuell zu Lasten anderer Projektbudgets – erhöht werden. Wenn Budgetmittel für neue Entwicklungsvorhaben ganz fehlen, sind entsprechende Budgetanträge zu stellen, die im Rahmen der verfügbaren Ressourcen und unter Berücksichtigung der Prioritäten bedient werden.

Die FuE-Planung umfasst alle geplanten FuE-Projekte, deren Entwicklung gerade läuft oder im Planungszeitraum begonnen werden soll.

Abgleich zwischen FuE-Budgetierung und FuE-Planung

Wie in Bild 3.104 dargestellt, muss die FuE-Budgetierung mit der FuE-Planung abgeglichen werden, d. h. die für die einzelnen Projekte vorgesehenen Budgets müssen den Werten aus der Bedarfsplanung, d. h. der FuE-Planung entsprechen. Allerdings stimmen im ersten Planungsdurchgang die Projektbudgets meist nicht mit den durch die Bedarfsplanung ermittelten Kosten- und Aufwandswerten überein. Nur im Idealfall ist die FuE-Bedarfsplanung eines Projekts kleiner oder gleich

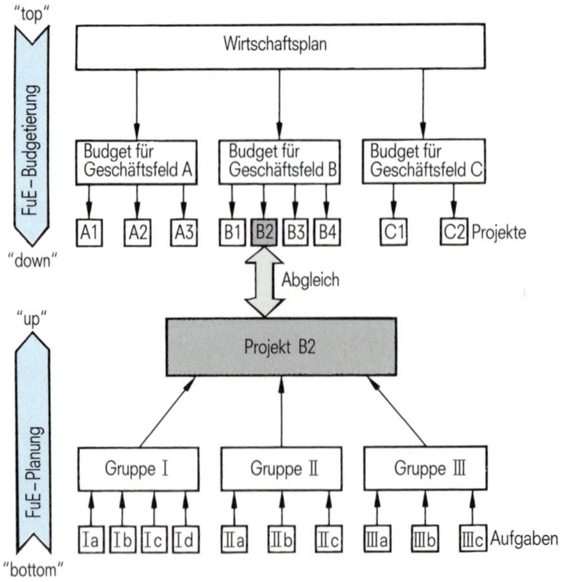

Bild 3.104
FuE-Budgetierung und FuE-Planung

dem verfügbaren Budget, in der Regel aber übertrifft die Bedarfsplanung die vorgesehenen Budgets. Ein Abgleich zwischen FuE-Budgetwert und FuE-Planwert kann dann nur erreicht werden entweder durch Senkung des erforderlichen Bedarfs auf Grund geeigneter Rationalisierungs- und/oder Produktivitätssteigerungsmaßnahmen oder durch eine Budgeterhöhung über eine Prioritätenveränderung zu Lasten anderer Budgets; anderenfalls muss eine Streckung des Entwicklungsaufwandes mittels einer entsprechenden Terminverschiebung oder eine Rücknahme des gesetzten Entwicklungsziels vorgenommen werden.

Der beschriebene Budgetierungsvorgang erfordert in der Praxis häufig mehrere Planungsdurchläufe, bis schließlich ein stimmiger Abgleich zwischen den FuE-Budgetwerten und den FuE-Planwerten erreicht worden ist.

Planungsablauf

In Bild 3.105 ist der zeitliche Ablauf der Wirtschaftsplanung, aus der die FuE-Budgetierung abgeleitet wird, und der FuE-Planung veranschaulicht; zu erkennen ist die Wechselwirkung zwischen der Wirtschaftsplanung und den daraus abgeleiteten FuE-Budgets einerseits sowie der Projektplanung und dem ermittelten Bedarf (= FuE-Plan) andererseits.

Der FuE-Jahresplanungsablauf orientiert sich an den Terminen der Wirtschaftsplanung. Rechtzeitig vor dem Überarbeiten der Wirtschaftsplanung wird die abgestimmte Bedarfsermittlung der Entwicklungsstellen im Rahmen der Projektplanung abgegeben. Der Wirtschaftsplan weist die für die Entwicklung verfügbaren Mittel in den einzelnen Planjahren aus. Damit ist die Vorgabe eines Entwicklungsbudgets für das laufende und das nachfolgende Geschäftsjahr möglich.

3.6.4 Lebenszykluskosten

Ausgelöst durch die intensive Diskussion der Problematik der hohen Nachfolgekosten bei militärischen sowie bei luft- und raumfahrttechnischen Projekten in den Sechzigerjahren wurde in den USA im verstärkten Maße die Forderung einer ganzheitlichen Lebenszykluskosten-Betrachtung erhoben. Mit Lebenszykluskosten (LZK), auch als *Lebenswegkosten* oder *Life-Cycle-Cost* (LCC) bekannt, bezeichnet man die Summe aller Kosten, die in dem gesamten Lebenszyklus eines Produkts, eines Systems bzw. einer Anlage anfallen [64]. Hierzu zählen also nicht nur die reinen Anschaffungskosten, sondern auch die häufig viel größeren Nutzungskosten, zu denen die Einführungs-, die Betriebs-, die Instandhaltungs-

und die Stilllegungskosten gehören. Z. B. bei militärischen Systemen verhalten sich die Anschaffungskosten zu den Nutzungskosten vielfach wie 1:3, ähnlich verhält es sich auf anderen, zivilen Produktgebieten. Innerhalb der Nutzungskosten können die als Letztes anfallenden Stilllegungskosten sogar beachtliche Ausmaße annehmen; der Lebenszyklus von Kernkraftwerken ist hierfür ein bekanntes Beispiel.

Für einen Kunden sind daher bei seiner Kaufentscheidung nicht mehr allein die einmaligen Kosten für die Anschaffung ausschlaggebend, sondern auch die später anfallenden Kosten für die Nutzung; ihm geht es vor allem um eine Gesamtwirtschaftlichkeit (user economics).

Die Betrachtung der Lebenszykluskosten eines Produkts wird als *Konzept der Lebenszykluskosten* bezeichnet und hat das Ziel, eine Optimierung der Gesamtkosten im Lebensweg eines Produkts zu erreichen. Gesucht sind (meist technische) Maßnahmen an geeigneten Stellen (z. B. in der Entwicklung), deren direkter Kostenmehraufwand geringer ist als die damit erreichte Kostenreduzierung an anderen Stellen (z. B. im Einsatz). So kann mit einer Lebenszykluskosten-Betrachtung z. B. die Wirtschaftlichkeit einer Entwicklungsmaßnahme zur Zuverlässigkeitserhöhung wegen niedrigerer Instandhaltungskosten nachgewiesen werden. In der Kostenplanung geht man daher gegenwärtig weg von der isolierten Preisminimierung hin zur Kostenoptimierung im Gesamtlebenslauf eines Produkts durch Steigerung der Anfangskosten mit dem Ziel, die Folgekosten stärker zu senken.

Innerhalb der Produktplanung können Lebenszykluskosten-Betrachtungen alternativer Produktlösungen eine große Hilfe sein, da man durch Aufzeigen des Kostenverlaufs über den gesamten Lebenszyklus das zu präferierende Produkt treffsicherer auswählen kann (Break-Even-Analyse). Häufig ist das in der Entwicklung billigere Produkt in der Gesamtkostenbilanz das teuere Produkt.

Phasen des Lebenszyklus

Der Lebenszyklus umfasst neben den Erstellungsphasen, wie Definition, Entwurf, Realisierung, Erprobung und Produktion, auch die Einsatzphasen, wie Einführung, Betrieb und Stilllegung (siehe hierzu auch Bild 2.4).

In Anlehnung an den im Bild 3.1 gezeigten Sachverhalt kann auch für die Lebenszykluskosten gesagt werden, dass die Kostenfestlegung zu einem viel früheren Zeitpunkt stattfindet als der wirklich eingetretene Kostenanfall. Deshalb muss zur effektiven Reduktion der Lebenszykluskosten schon frühzeitig – möglichst in den ersten Planungsphasen eines

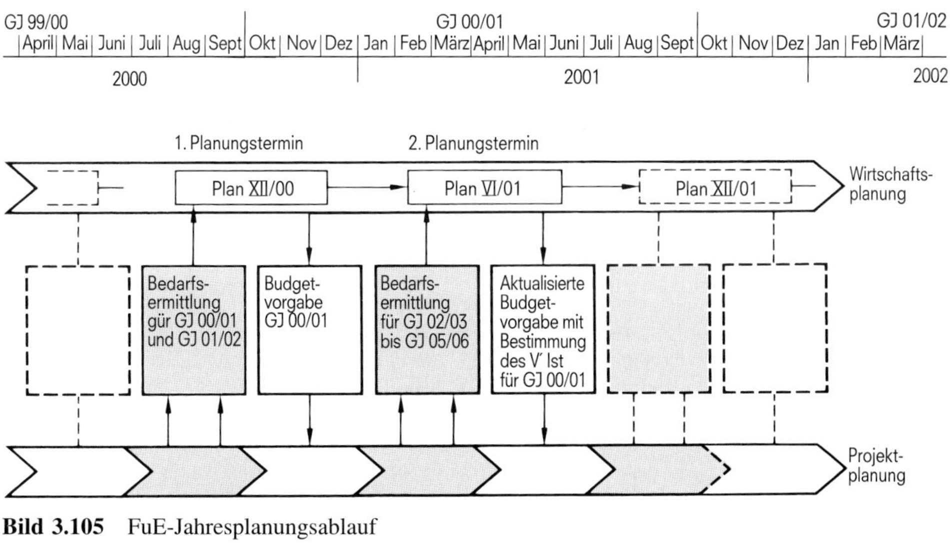

Bild 3.105 FuE-Jahresplanungsablauf

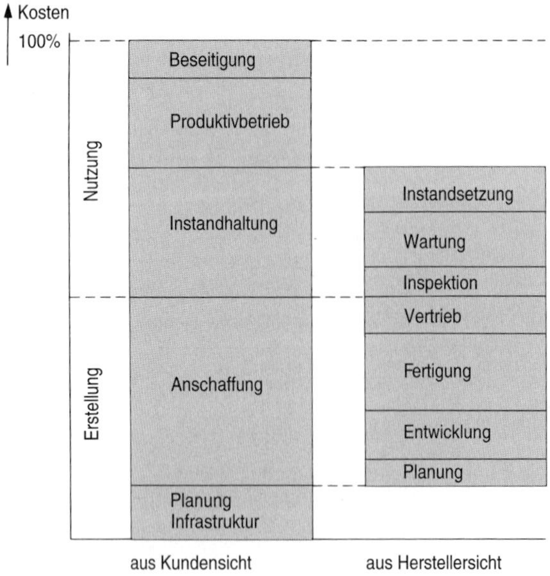

Bild 3.106
Kostenbestandteile im Lebenszyklus eines Produkts

Entwicklungsvorhabens – eine gezielte LZK-Planung vorgenommen werden. Zu späteren Zeitpunkten bieten sich natürlich weitere Maßnahmen an, wie z. B. entsprechende LZK-Reviews bei Änderungen von Rahmenbedingungen.

Kostenbestandteile

Die Kostenbestandteile in diesem Lebenszyklus unterscheiden sich je nach Sicht des Kunden und des Herstellers (siehe Bild 3.106). Mit den Anschaffungskosten müssen alle Kosten für Planung, Entwicklung, Fertigung und Vertrieb (mit angemessenem Gewinn) abgedeckt werden; die Instandhaltung umfasst die Kosten für Inspektion (Feststellung und Beurteilung des Istzustands), Wartung (Bewahrung des Sollzustands) und Instandsetzung (Wiederherstellung des Sollzustands). Für den Kunden kommen die Kosten für die Planung seiner Infrastruktur, für den Produktivbetrieb und für die spätere Beseitigung hinzu.

Weiterhin muss man zwischen den Lebenszykluskosten eines Produkts (als Menge von einzelnen Exemplaren) und den Lebenszykluskosten eines Exemplars eines solchen Produkts unterscheiden. Im ersten Fall sind alle Kosten zu betrachten, die mit der Planung, Entwicklung, Fertigung und Vertrieb aller voraussichtlich oder tatsächlich abgesetzten Exemplare eines Produkts anfallen; im zweiten Fall betrachtet man nur die Kosten, die bei der Erstellung und Verwendung eines einzigen Exemplars des Produkts auftreten. In einer gesamtheitlichen Lebenszyklusbetrachtung sind sowohl die produkt-spezifischen als auch die exemplar-spezifischen Lebenszykluskosten einzubeziehen.

Kosteneinflussgrößen

Grundlage für die Optimierung von Lebenszykluskosten ist die genaue Kenntnis der Kosteneinflussgrößen sowohl in der Erstellungsphase als auch in der Nutzungsphase eines Produkts. Zu den Kosteneinflussgrößen, auch als Kostentreiber bezeichnet, zählen neben technologischen auch soziale Einflussgrößen.

Technologische Einflussgrößen:

— Stückzahl (Lernkurve)
— Einfachheit bzw. Komplexität des Systems
— Verfügbarkeit
— Qualität der Bauteile
— Mittlerer Ausfallabstand *(MTBF)*
— Mittlere Ausfalldauer *(MTTR)*
— Testaufwand (HW/SW)
— Anzahl SW-Fehler
— Eingangsprüfung der Bauteile
— Endprüfung des Produkts
— Diagnoseeinrichtungen

— Redundanz im System (aktiv, passiv)
— Montierbarkeit.

Soziale Einflussgrößen:

— Qualifikation der Entwickler
— Schulung des Bedienungspersonals
— Qualifikation des Wartungspersonals
— Motivation des Bedienungs- und Wartungspersonals
— Verbesserungsvorschlagswesen.

Die gegenseitigen Abhängigkeiten der einzelnen Einflussgrößen und deren Auswirkungen auf die unterschiedlichen Kostenelemente sollten mittels eines Wirkungsdiagramms transparent dargestellt werden.

LZK-Maßnahmen

Mit dem Aufzeigen der unterschiedlichen Wirkungsketten »Einflussgröße – Kostenelement« lassen sich geeignete Maßnahmen zum Optimieren der Lebenszykluskosten ableiten; diese sollten so früh wie möglich eingeleitet werden. Hierbei kann es sogar von Vorteil sein, die Mittel für frühe Phasen zu erhöhen, um eine entsprechende Kostenreduktion in den teueren Folgephasen zu erreichen.

LZK-Maßnahmen lassen sich nach ihrer Wirkungsweise in drei Gruppen unterteilen:

▷ *Deterministischer Zusammenhang*
Wirkung auf LZK als exakter Zahlenwert vorhersagbar, z. B. durch Verwenden von Baugruppen mit geringerer Ausfallrate

▷ *Stochastischer Zusammenhang*
Wirkung auf LZK als Zahlenwert nur ungefähr vorhersagbar, z. B. durch Erhöhen der Anzahl der Prototypen

▷ *Tendenzieller Zusamenhang*
Wirkung auf LZK nur qualitativ vorhersagbar, z. B. durch Verbessern der Ablauforganisation.

Das PM-Merkblatt 20 enthält einige Beispiele für mögliche Maßnahmen zum Reduzieren der Lebenszykluskosten. Wie dort ersichtlich kann es zum Senken der Lebenszykluskosten von Vorteil sein auch »negative« technische Maßnahmen vorzusehen, wie z. B. die Verminderung der Bauteilequalität oder das Einschränken von Leistungsmerkmalen.

3.7 Risikomanagement

Nach dem Bundesgesetz zur Kontrolle und Transparenz im Unternehmensbereich (KonTraG, seit 1.5.98 in Kraft) ist die Leitung eines jeden Unternehmens verpflichtet, ein Überwachungssystem zur Früherkennung gefährdeter Entwicklungen einzurichten (§ 91), welches auch auf die Risiken künftiger Entwicklungen eingeht (§ 289). Unter Risikomanagement ist in diesem Sinne die systematische Vorgehensweise zu verstehen, um potenzielle Risiken zu identifizieren, zu bewerten sowie hierauf aufbauend entsprechende Maßnahmen zur Risikoverhütung bzw. -minderung zu ergreifen. Ziel des Risikomanagements ist dabei nicht die Vermeidung aller potenziellen Risiken sondern die Schaffung von Handlungspielräumen, die ein bewusstes Eingehen von Risiken auf Grund einer umfassenden Kenntnis der Risiken und Risikozusammenhänge ermöglichen. Risikomanagement ist zugleich auch Chancenmanagement.

3.7.1 Risikomanagement-Prozess

Der Risikomanagement-Prozess gliedert sich in folgende Abschnitte (Bild 3.107):

▷ Risikoanalyse
  – Risikoidentifikation
  – Risikobewertung

▷ Risikoabsicherung
  – Maßnahmenplanung
  – Maßnahmenbewertung
  – Risiko-Controlling

▷ Risikoeintrittsmanagement
  – Störungsmanagement
  – Krisenmanagement
  – Katastrophenmanagement.

Wie das Bild 3.106 zeigt, liegen die Prozessschritte Risikoidentifikation, Risikobewertung und Risikoabsicherung vor dem eigentlichen Risikoeintritt. Erst nach Eintritt eines Risikos tritt ein Störungsmanagement, ein Krisenmanagement oder ein Katastrophenmanagement in Aktion, je nachdem, ob es sich um eine leicht zu behebende Störung (z. B. SW-Fehler), um einen schwerwiegenden Notfall (z. B. Total-Rechnerausfall) oder sogar um eine Katastrophe handelt (z. B. Brand). Katastrophenfälle werden allerdings i. Allg. im Rahmen des Projekmanagements nicht betrachtet. Für das

Krisenmanagement von möglichen Notfällen muss dagegen im Rahmen des Projektmanagements eine eigene Notfallplanung erarbeitet werden.

3.7.2 Risikoanalyse

Risikoidentifikation

Im ersten Schritt des Risikomanagements müssen die möglichen Risiken für das Projektumfeld identifiziert werden, d. h. in einer Risikoanalyse wird untersucht, was alles im Projektverlauf »schief« gehen kann. Unter einem Risiko ist hierbei das Ausmaß zu verstehen, mit dem die Erreichung geschäftlicher und technischer Ziele und die Umsetzung geschäftlicher Strategien durch negative Ereignisse oder Handlungen bzw. Unterlassungen innerhalb und außerhalb des Projektumfeldes gefährdet sind. Da die geschäftlichen Ziele bereits einen gewissen Teil des Chancenpotenzials vorwegnehmen, umfasst die Risikodefinition somit nicht nur ein reines Verlustrisiko, sondern auch die Nichtausnutzung des Chancenpotenzials (Chancenmanagement).

Bei der Risikoidentifikation in großen Organisationsbereichen muss häufig zuallererst eine Einschränkung des Untersuchungsfeldes vorgenommen werden. Zur Auswahl der relevanten Organisationseinheiten bietet sich die Fehlerbaumanalyse (FTA, Failure Tree Analysis) an; mit ihr wird – bezogen auf die einzelnen Organisationseinheiten – die Frage »Wie lange dauert es, bis der Prozess in dieser Einheit bei einer Störung still steht?« beantwortet. Organisationseinheiten, bei denen ein be-

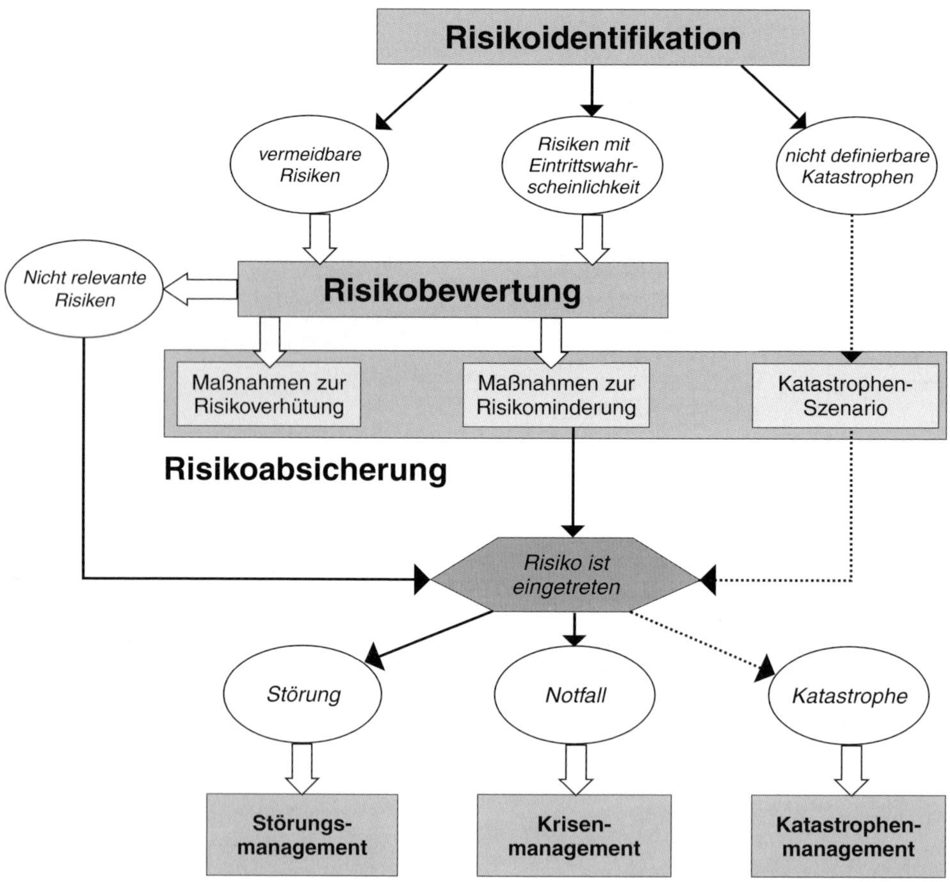

Bild 3.107 Prozess des Risikomanagements

stimmter Schwellwert überschritten wird, kommen in die engere Wahl.

Zur systematischen Auflistung aller potenziellen Risikoquellen bieten sich unterschiedliche Methoden an:

▷ Fragebogen bzw. Risiko-Checkliste,
▷ Prozess-Mapping,
▷ Risikomatrix oder
▷ Risikoanalyse-Workshop.

Eine sehr einfache Methode ist die Verwendung von vorbereiteten *Fragebögen* bzw. *Risiko-Checklisten*, die für den untersuchten Bereich alle möglichen Risiken auflistet. Die meist mehreren Befragten bestimmen dann unabhängig voneinander, welche Risiken zutreffen und von welcher Relevanz diese sind. Durch Zusammenführen der einzelnen Fragebögen erhält man so einen Gesamtüberblick der potenziellen Risiken. Im Beiheft ist als PM-Merkblatt 21 eine solche Checkliste aufgeführt.

Mit einem *Prozess-Mapping* sollen die kritischen Geschäftsprozesse gezielt herausgearbeitet werden. Bei dieser Methode werden mittels eines Relationengitters (siehe Kap. 3.8.1) zu den einzelnen Prozessschritten die Beteiligten, die benötigten Ressourcen, die genutzten Systeme mit ihren Datenein- und -ausgaben einzeln aufgeführt. Auf diese Weise kann man einen Geschäftsprozess sehr transparent darstellen, so dass der Gesamtprozess einer detaillierten Risikobetrachtung zugänglich gemacht wird.

Als sehr hilfreich hat sich auch die Identifikation von Risiken mittels einer *Risikomatrix* erwiesen. In einer solchen Matrix werden die für das betrachtete Problemumfeld benötigten Ressourcen und Leistungen (x-Achse) den vorhandenen Prozessen (y-Achse) gegenübergestellt. In den Kreuzungsfeldern der Matrix werden die möglichen Risiken mit einer ersten Gewichtung eingetragen.

Besonders gut haben sich *Risikoanalyse-Workshops* zur Identifikation von Risiken bewährt, da hier im gemeinschaftlichen Vorgehen eines Teams – ähnlich einem Brainstorming – die potenziellen Risiken eines Bereichs ermittelt und ihre Relevanz herausgearbeitet werden können. Dabei bietet es sich an, zuerst eine Risiko-Abfrage über Fragebögen oder Risikomatrix durchzuführen, um dann in einem anschließenden Workshop die relevanten Risiken eingehender zu behandeln.

Abhängig von ihrem jeweiligen Wirkungsbereich lassen sich die möglichen Risiken in *Risikokategorien* einordnen:

▷ Markt- und Branchenrisiken,
▷ Management-Risiken,
▷ Prozessrisiken,
▷ Produktrisiken,
▷ Personalrisiken,
▷ finanzielle und rechtliche Risiken.

Die folgende Auflistung von speziellen *Risikoarten* verdeutlicht das breite Spektrum von Risiken, die in eine Risikoanalyse einbezogen werden müssen:

Markt- und Branchenrisiken, d.h. Risiken durch

— Technologiewandel bzw. Produktinnovationen,
— Einbruch des Marktwachstums bzw. Preisverfall,
— verändertes Kundenverhalten,
— neue oder geänderte Gesetze bzw. Vorschriften.

Management-Risiken, d.h. Risiken durch

— ungenügende Verfügbarkeit von Entwicklungstools und Technologien,
— nicht produktgerechte bzw. ineffiziente Produktionsstruktur,
— Unter-/Überauslastung der eigenen Kapazitäten,
— nicht marktorientierte Geschäftsfeldplanung,
— ungeeignete Vertriebskanäle,
— unklar gegliederte Aufbauorganisation,
— fehlendes Wissensmanagement.

Produktrisiken, d.h. Risiken durch

— ungenügende Produktqualität,
— fehlerhafte Funktionen,
— falsche oder fehlerhafte Ergebnisse,
— zeitaufwändige Fehlerbehebung.

Prozessrisiken, d.h. Risiken durch

— nicht zeit- und marktgerechte Produktentwicklung,
— mangelnde Effizienz der FuE-Aktivitäten,

— ungenügende Produktivität in der Fertigung,
— unzureichende Definition, Steuerung und Organisation der Geschäftsprozesse,
— ungeeignete Prozesse zur Analyse des Kundenverhaltens,
— zu langsame Entscheidungsstrukturen und -abläufe,
— ungenügende IuK-Infrastruktur,
— ineffizientes Kostenmanagement,
— unzureichendes Projektmanagement,
— Verlust oder Manipulation von Daten bzw. Datensystemen (IT-Risiko).

Personalrisiken, d.h. Risiken durch

— Nichtverfügbarkeit qualifizierter Mitarbeiter,
— Verlust von wichtigen Mitarbeitern,
— gestörtes Verhältnis zwischen Mitarbeitern und Vorgesetzten,
— die Haftung gegenüber Mitarbeitern bzw. Dritten (Arbeitsunfälle, Umweltschäden).

Finanzielle und rechtliche Risiken, d.h. Risiken durch

— Wechselkursschwankungen (Währungsrisiko),
— Veränderung der Kapitalmarktzinsen (Zinsrisiko),
— verspätete Erfüllung von Forderungen bzw. eines Forderungsausfalls (Kreditrisiko),
— ungeeignete Lieferantenauswahl,
— unklare Vertragsausgestaltung (Vertragsrisiken),
— Garantie- oder Gewährleistungsansprüche,
— ungenügenden Schutz von Know-how (Patentschutz),
— Änderung des rechtlichen/bilanziellen/steuerlichen Umfelds.

Risikobewertung

Die im Rahmen der Risikoidentifikation aufgelisteten Risiken müssen dann entsprechend der Auswirkung des möglichen Schadens (Sachschaden, Personenschaden, Image-Schaden, Produktschaden etc.) unterschieden und abhängig von der Höhe des Schadens *priorisiert* werden. Eine Priorisierung kann geschehen durch:

▷ Rangfolge nach Relevanz,
▷ relative Gewichtung,
▷ Gefährdungskategorie,
▷ potenzielle Schadenshöhe,
▷ Eintrittswahrscheinlichkeit in Prozent.

Bei der ersten Priorisierungsart werden die erkannten Risiken entsprechend ihrer Bedeutung in eine zahlenmäßige Reihenfolge (1, 2, 3, usw. oder hoch, mittel, niedrig) gebracht, bei der *relativen Gewichtung* wird versucht, die Risiken in einer Skala z.B. von 1 bis 10 gegenseitig zu gewichten. Mit Angabe einer *Gefährdungkategorie* werden Risiken entsprechend dem Grad des möglichen Schadens (wie z.B. Schaden für Leben und Gesundheit, Image-Schaden, nur finanzieller Schaden etc.) klassifiziert. Unter der *potenziellen Schadenshöhe* versteht man den möglichen finanziellen Schaden, der bei Eintritt des Notfalls zu verzeichnen ist. Die Multiplikation aus *Eintrittswahrscheinlichkeit* und potenzieller Schadenshöhe bildet einen Wert, der besonders gut als Maßstab zur Bewertung von Risiken genommen werden kann.

Als grundsätzlicher Bewertungsmaßstab eines Risikos dient die Kenngröße »Risikogehalt«, diese wird ermittelt aus:

$$RG = \sqrt{\frac{w^2 + K_{pot}^2}{2}} \qquad (45)$$

RG Risikogehalt (ohne Dimension)
w Eintrittswahrscheinlichkeit in %
K_{pot} potenzielle Schadenshöhe in TEU

Zur Risikobewertung werden sehr unterschiedliche Methoden herangezogen:

— Fehlerbaum-Methode,
— Ausfalleffektanalyse,
— ABC-Analyse,
— Entscheidungsmatrix,
— Entscheidungsbaum.

Bei der bereits erwähnten *Fehlerbaum-Methode* werden Risikoidentifikation und Risikobewertung in einem gemeinsamen Arbeitsschritt durchgeführt. Der zu betrachtende Gesamtprozess wird entsprechend seiner organisatorischen Struktur bis auf seine Basis-Prozesse unterteilt (z.B. Produktion in Lagerhaltung / Fertigungssteuerung / Montage und Auslieferung in Warenannahme / Eingangsprüfung etc.). Auf allen Ebenen dieses Baums ist nun die Frage zu beantworten, welche Zeit bei einem Fehlerfall verstreichen kann, bis es zum Totalausfall für den jeweiligen Prozessknoten kommt (Überlebenszeit). Alle Prozessknoten, deren Überlebenszeit einen bestimmten Schwellwert unterschreiten, werden einer näheren Risikobeurteilung unterzogen.

Die *Ausfalleffektanalyse* (FMEA-Failure-Mode Effect Analysis) ermöglicht einerseits eine Risikoidentifikation bei Prozessabweichungen in technischen Verfahren und andererseits eine Bewertung der damit verbundenen technischen Risiken. Potentielle Abweichungen werden nach Eintrittswahrscheinlichkeit, Bedeutung und Wahrscheinlichkeit der Fehlerentdeckung gemäß einem strukturierten Schema bewertet. Die sich daraus bildende Kennzahl »Risiko-Prioritätszahl« wird dann zur Priorisierung von Vorsorge- bzw. Fehlerbehebungsmaßnahmen herangezogen.

Die in Kap. 6.5.4 beschriebenen Entscheidungstechniken, wie *ABC-Analyse*, *Entscheidungsmatrix* und *Entscheidungsbaum*, können auch sehr gut zur Auswahl der wichtigsten Risiken eingesetzt werden.

Alle bewerteten Risiken werden schließlich mit ihrem ermittelten Risikopotenzial in eine Risikotabelle aufgenommen. Eine Risikotabelle enthält im einfachsten Fall die Spalten: Risikoquelle, zuständiger Bereich, Eintrittswahrscheinlichkeit, potenzielle Schadenshöhe, vorhandene Vorsorgestrategie und kann wie der in Kap. 3.7.4 (Bild 3.109) gezeigte Risikomanagement-Plan aufgebaut sein.

Um das Risikopotential *ganzer* Projekte miteinander vergleichen zu können, muss man einen allgemein gültigen Abfragekatalog möglicher Risikoquellen zur Verfügung haben; dieser kann ähnlich dem auf Seite 205 für eine Risikoanalyse aufgeführten Fragenkatalog oder dem PM-Merkblatt 21 zur Analyse von Entwicklungsrisiken aufgebaut sein. Bei entsprechender Bewertung bzw. Gewichtung (0 = kein Risiko, höhere Zahl = höheres Risiko) kann gemäß Formel (26) die *Risikoklasse* eines Projektes bestimmt werden. Projekte in einer höheren Risikoklasse sind risikobehafteter.

3.7.3 Risikoabsicherung

Die Risikoabsicherung umfasst die Schritte:

▷ Maßnahmenplanung,
▷ Maßnahmenbewertung,
▷ Risiko-Controlling.

Maßnahmenplanung

Unter Berücksichtigung ihrer Relevanz (Eintrittswahrscheinlichkeit, Schadenshöhe etc.) müssen im Rahmen einer Maßnahmenplanung für die einzelnen Risiken Maßnahmen zur Beseitigung von erkannten Defiziten (Risikoverhütung) sowie Vorsorgemaßnahmen (Risikominderung) erarbeitet werden. Solche Vorsorgemaßnahmen können technischer, personeller oder logistischer Natur sein.

Technische Vorsorgemaßnahmen:

- Ersatzgeräte, Standby-Ressourcen beschaffen,
- Notstromaggregate installieren,
- vollständige Datensicherungen (Recovery) vornehmen,
- Notbetriebsverfahren vorbereiten,
- Qualitätssicherung intensivieren.

Personelle Vorsorgemaßnahmen:

- erhöhter Bereitschaftsdienst,
- durchgängige Vertreterregelungen,
- zusätzlicher Personaleinsatz.
- Abstimmung mit Kunden und Lieferanten.

Logistische Vorsorgemaßnahmen:

- vorzeitige Erhöhung der Produktbestände,
- Erhöhung der Lieferbestände (Fertigungsmaterial, Ersatzteile u. Ä.),
- Erhöhung der Lieferantenzahl (Second Source),
- Absicherung der Kommunikationswege (E-Mail, Handy u. Ä.),
- alternative Transportwege.

Zwei Stoßrichtungen sind bei der Maßnahmenplanung zu unterscheiden:

▷ Risikoverhütung
▷ Risikominderung.

Risikoverhütungs-Maßnahmen sind präventive Maßnahmen zum Reduzieren der Eintrittswahrscheinlichkeit von Störungen, z. B.

Maßnahmen-Bewertung					**Projekt:** **Notfallplan:**		**Verantwortlicher:** **Datum:**		Seite: 1
Nr.	**Risikoquelle**	**Auswirkung**	**Bewertung**		**Potentiel. Schaden**	**Mögliche Maßnahmen**	**Kosten für Maßn.**	**Rest-schaden**	**Gesamt-wirkung**
			Eintritts-wahrschein-lichkeit	Kosten für Total-Ausfall				Restkosten x Eintrittswahrsch.	
			% (1)	in TEU (2)	in TEU (1)*(2)=(3)		in TEU (4)	in TEU (5)	in TEU Σ (3)−(4)−(5)
1	Störung der Steuerung	reduzierte Ausbringung	5,0	30,0	1,5	rasche Instandsetzung sicherstellen (Personalvorhalt)	3,0	1,0	11,5
		Maschinen-/ Anlagenschaden	5,0	200,0	10,0	Crash-sichere Anlage ausführen	130,0	1,5	−116,0
		Produktschaden, Verwurf	5,0	80,0	4,0	erste Inbetriebnahme überwachen	1,0	1,5	13,0
						Ersatzsteuerung bereitstellen	25,0	2,0	−11,5
	Summe				15,5				
2	Ausfall der Materialzufuhr								

Bild 3.108 Maßnahmen-Bewertungsmatrix (Ausschnitt)

durch verstärktes Testen der eingesetzten Hard- und Software oder durch Ausbau der verfügbaren Ressourcen. *Risikominderungs-Maßnahmen* sind korrektive Maßnahmen zum Reduzieren der negativen Auswirkungen bei eingetreten Störungen, z. B. durch vorübergehend veränderte Arbeitsabläufe, durch erhöhten Bereitschaftsdienst oder durch Bereitstellung von Ersatzverfahren (Notbetrieb).

Wie weiter unten näher erläutert wird, gehört die Notfallvorsorge im Rahmen einer Notfallplanung auch zu dieser Maßnahmengruppe. Spezielle Notfallplanungen sind für unternehmensbedeutsame Verfahrens- und Systemeinführungen bzw. bei Inbetriebnahmen von Großanlagen oder bei großräumigen Dienstleistungs- und Betreiberaktivitäten durchzuführen.

Maßnahmenbewertung

Die Wirtschaftlichkeit ist bei der Maßnahmenauswahl ein wichtiges Entscheidungskriterium, da z. B. eine Vorsorgemaßnahme genauso viel kosten kann wie die Beseitigung des nur eventuell verursachten Schadens. Es ist daher erforderlich, vor Durchführung von Maßnahmen zur Risikoverhütung bzw. -minderung eine genaue monetäre Abwägung der vorgeschlagenen Maßnahmen vorzunehmen.

Zur Maßnahmenbewertung sind unterschiedliche Vorgehensweisen möglich. Eine sehr gute Methode zur Maßnahmenbewertung ist die SHA-Methode (Siemens-Hazard-Analyse). Bild 3.108 zeigt das Rechenschema zu dieser Methode. In diesem Rechenblatt werden zu allen aufgeführten Risikoquellen die möglichen Schadensauswirkungen mit ihrer Eintrittswahrscheinlichkeit und ihren eventuellen Schadenshöhen eingetragen. Anschließend werden je Risikoquelle die möglichen Maßnahmen zur Risikoabsicherung mit ihren Durchführungskosten der erreichbaren Gesamtwirkung in der Schadensminimierung gegenübergestellt. Die Maßnahme mit dem größten »Effekt«, d. h. diejenige mit den geringsten Vorsorgekosten im Vergleich zu dem potenziellen Schaden, wird ausgewählt; in dem gezeigten Beispiel wäre das die Maßnahme zur gezielten Überwachung der Erst-Inbetriebnahme.

Nach Einschätzung des Restrisikos und der Kostenschätzung für die Maßnahmen ist dann eine Entscheidung zu treffen, welche Maßnahmen letztendlich zur Risikoabsicherung durchzuführen sind.

Bei alternativen bzw. konkurrierenden Vorsorgemaßnahmen kann die Auswirkung auf Eintrittswahrscheinlichkeit und potenzielle Schadenshöhe auch mit einer Sensitivitätsanalyse dargestellt werden. Hierzu werden an den Achsen einer Sensitivitätsmatrix (ähnlich wie in Bild 3.33) die möglichen Vorsorgemaßnahmen mit ihren Kosten aufgeführt und in den Matrixfeldern werden die erreichbaren Schadensreduktionen mit ihren veränderten Eintrittswahrscheinlichkeiten aufgetragen.

Risiko-Controlling

Zur Überwachung der durchzuführenden Maßnahmen und ihrer Wirksamkeit hinsichtlich Risikoverhütung und Risikominderung sollte eine Kontroll- und Steuerungsinstanz eingerichtet werden. Mit der Einrichtung eines »Risk Review Boards« (RRB) wird ein *präventives* Risikomanagement erreicht, indem die Risiken eines Projektes – zu Beginn oder auch während des Projekts – systematisch hinsichtlich Prozesskonformität, technischer Machbarkeit, Wirtschaftlichkeit, Realisierungsrisiken etc. untersucht werden. Ziel ist es, die ursprünglich geplanten Projektparameter (Zeit, Kosten, Qualität) konsequent abzusichern.

Eine Risikoanalyse sollte daher bereits in der Angebotsphase im Rahmen der Vertragsprüfung beginnen und während des gesamten Projekts weiterlaufen. In Kap. 4.1.4 ist eine spezielle Form der Termin-Risikoanalyse aufgeführt, die während der Projektdurchführung zum Einsatz kommt. Insbesondere bei Großprojekten, die für das Unternehmen von großer Bedeutung sind, sollte das Risikomanagement während der gesamten Projektlaufzeit wirksam sein.

Weiterhin ist eine regelmäßige Risikoberichterstattung, die alle Leitungsebenen anspricht, einzuführen, da mit ihr eine wesentliche Verbesserung der Entscheidungsqualität und Verkürzung der Reaktionszeiten bei auftretenden Störungen erreicht wird.

Nach Inkrafttreten des KonTraG-Gesetzes wurden SW-Tools entwickelt und werden jetzt auf dem Markt angeboten, die ein durchgängiges Risikomanagement in all seinen Abschnitten – beginnend bei der Risikoidentifikation bis hin zum Risiko-Controlling – gewährleisten. Diese Tools verwalten die identifizierten Business- und Projektrisiken in einer Risiko- und Wissensdatenbank, zeichnen die jeweilige Risikoentwicklung auf und unterstützen die Kommunikation beim Risikomanagement.

3.7.4 Notfallplanung

Als Notfall wird ein Störungsfall bezeichnet. der das Ausmaß einer normalen Störung erheblich überschreitet, so sehr, dass bei Eintritt der Störung mit einem erheblichen finanziellen Schaden oder einem großen Image-Schaden für das Unternehmen gerechnet werden muss.

Im Rahmen einer umfassenden Notfallplanung müssen daher Vorsorgen getroffen werden, um den Schaden bei einem eingetretenen Notfall zu minimieren und den fehlerfreien Betriebszustand so schnell wie möglich wiederherzustellen.

Notfalldefinition

Mögliche Notfälle (*Notfallszenarien*), für die eigene Notfallplanungen vorzunehmen sind, werden auf Basis einer kombinierten Risiko- und Maßnahmenbewertung definiert. Als Entscheidungsunterlage hat sich das in Bild 3.109 gezeigte Tableau bewährt.

Wie aus dem dargestellten Beispiel zu ersehen ist, sind für minder bewertete Risiken keine Notfallplanungen, häufig sogar keine Vorsorgemaßnahmen notwendig. Nur bei höher bewerteten Risiken, d. h. bei einer entsprechend hohen potenziellen Schadenshöhe sind Vorsorgemaßnahmen und eine Notfallplanung vorzusehen. Es kann allerdings auch angebracht sein, eine Notfallplanung vorzunehmen, obwohl Vorsorgemaßnahmen aus Kostengründen nicht eingeleitet wurden.

Bei zeitgleich auftretenden Risiken kann es sinnvoll sein, mehrere generisch typische Risikofälle in gemeinsame Notfallszenarien zu bündeln; auf diese Weise können diverse Notfallmaßnahmen in einem gemeinsamen Notfallplan aufgenommen werden.

Ferner muss untersucht werden, bei welchen Notfällen fremde Kompetenzen zuständig sind und eingebunden werden müssen (z. B. Strom, Verkehr, Telefon). Auch muss erkannt werden, in welcher Vernetzung Störungen zueinander

Risikomanagement-Plan						**Ansprechpartner:** Zellner **Telefon:** 4796				**Abt.:** SBS SIS 44 **Datum** 07.12.99	
Risikoidentifizierung			**Risikoeinschätzung vor Maßnahmen**			**Vorsorgemaßnahmen**		**Risikoeinschätzung nach Maßnahmen**		**Entscheidung**	
Nr.	Risikoquelle	Gefährdungskategorie	Auswirkung in TEU	Eintrittswahrscheinlichkeit in %	Risikokosten in TEU	Maßnahmen	Kosten der Maßnahmen in TEU	Eintrittswahrscheinlichkeit in %	Risikokosten in TEU	Maßnahmen ja/nein	Notfallplan ja/nein
1	Programmfehler, die im Systemtest nicht erkannt worden sind	d	200	10%	20	zusätzlicher Pilottest	80	5%	10	nein	nein
2	Totalausfall des Rechenzentrums	c, d	2'000	4%	80	Ausweich-RZ einrichten	50	1%	20	ja	nein
3	Zerstörung der gesamten Datenbank	b, c, d	10'000	3%	300	Aufbau einer Schatten-Datenbank	300	0,5%	50	ja	ja
4	plötzliche Krankheit von Know-how-Trägern	d	800	8%	64	Einsatz und Einarbeitung zusätzlichen Personals	500	2%	16	nein	nein
5	Ausfall von eingeplanten Lieferungen (Fremdprodukte)	c, d	3'000	5%	150	Einbindung von alternativen Lieferanten	100	1%	30	ja	nein
6											
		a Schaden für Leben und Gesundheit b existenzieller bzw. Image-Schaden c Schaden für ganzen Geschäftsprozess d finanzieller Schaden									

Bild 3.109 Risikomanagement-Plan

stehen können, da sich einfache Störfälle über einen »Domino-Effekt« zu großen Notfällen aufschaukeln können: z. B. ein PC fällt aus, der einen Fertigungsautomaten ansteuert, dieser bleibt daraufhin stehen, so dass schließlich die ganze Fertigung gestoppt werden muss.

Notfallorganisation

Die Notfallorganisation bildet die organisatorische Rahmenplanung für den Fall eines eingetretenen Notfalls; sie umfasst die Komplexe:

- ▷ Notrufzentrale,
- ▷ Bereitschaftsdienst,
- ▷ Notfallmanagement-Team.

Für den Zeitraum des möglichen Auftretens von Notfällen muss eine *Notrufzentrale* eingerichtet werden, diese kann eine einfache Telefon-Hotline oder bei größeren Verfahrens-/Systemeinführungen sogar ein richtiges Call Center mit entsprechend kompetenten Beratungspersonal sein. Notfallszenarien können sogar die Einrichtung eines Lagezentrums für ein zentral gesteuertes Krisenmanagement erforderlich machen.

Für das Zeitfenster von eventuell eintretenden Notfällen muss ein *Bereitschaftsdienst* organisiert werden; dieser muss eventuell auch an Sonn- und Feiertagen bereit stehen und kann z. B. Urlaubssperren für die einzelnen Wissensträger zur Folge haben, vielfach genügt aber auch nur eine generelle häusliche Bereitschaft (abrufbar über Handy). Mit diesem Bereitschaftsdienst soll erreicht werden, aufgetretene Störungen oder Schadensfälle umgehend zu beseitigen bzw. entsprechende Notverfahren (Notbetrieb) einzurichten.

Das *Notfallmanagement-Team* nimmt als Krisenstab die Aufgabe des Krisenmanagements wahr, d. h. interne und externe Dienste bei der Beseitigung des Notfalles zu koordinieren, die betroffenen Stellen (Kunden, Geschäftspartner, Mitarbeiter, Führungskräfte, Öffentlichkeit) im Rahmen eines Eskalationsmanagements zu informieren, eigenverantwortlich Entscheidungen zu treffen und ggf. betroffenen Mitarbeitern Weisungen zu erteilen.

Notfallvorsorge

Für die fixierten Notfälle sollten Vorsorgemaßnahmen rechtzeitig eingeplant werden; mit ihnen soll der verursachte Schaden beim Auftreten des Notfalls so gering wie möglich gehalten werden. Da Notvorsorgemaßnahmen präventive Maßnahmen sind, erscheint deren Kostenaufwand bei Nichteintreten des Notfalls im Nachhinein als unnötig. Es ist also auch hier eine genaue Kostenabwägung zwischen erforderlichem Aufwand und erreichbarer Verringerung der Risikohöhe vorzunehmen.

Zu den Notvorsorgemaßnahmen gehören neben dem Aufbau einer Notfallorganisation, dem Erstellen eines Notfallhandbuchs und der prophylaktischen Vorbereitung eines Notbetriebs alle im Rahmen der Maßnahmenplanung priorisierten Vorsorgemaßnahmen technischer, personeller und logistischer Natur.

Für besonders unternehmenskritische Notfall-Szenarien empfiehlt es sich, entsprechende *Notfallübungen* mit dem eingeplanten Personal unter Einbindung in die vorgesehene Notfallorganisation durchzuführen. Ziel solcher Notfallübungen ist es, festzustellen, inwieweit die festgelegten Maßnahmen funktionieren und ausreichen, um eventuell noch Verbesserungen an diesen vornehmen zu können.

Bei großer Eintrittswahrscheinlichkeit von besonders kritischen Notfällen kann es zudem erforderlich sein, buchhalterisch ausreichende *Rückstellungen* für eine eventuelle spätere Schadensdeckung einzustellen.

Notfalldurchführungspläne

Für jeden priorisierten Notfall muss eine eigene Notfallplanung erarbeitet und in einem Notfalldurchführungsplan (oder kurz Notfallplan) dokumentiert werden. Notfalldurchführungspläne enthalten detallierte Informationen zu dem einzelnen Notfall mit genauen Maßnahmen, die bei Eintritt des betreffenden Notfalls vorzunehmen sind.

Ein Notfalldurchführungsplan enthält i. Allg. folgende Abschnitte:

— Notfallbeschreibung,
— Geltungs- und Wirkungsbereich,
— Inventarisierung,
— Übersicht spezieller Vorsorgemaßnahmen,
— Übersicht möglicher Fehlerszenarien,
— Maßnahmenkataloge,
— Eskalationsregeln.

Die *Notfallbeschreibung* enthält Angaben zur Störungserkennung und -verifizierung; hier wird genau beschrieben, bei welchen Anzeichen und Merkmalen der betreffende Notfall als »eingetreten« zu bezeichnen ist. Ferner muss der *Geltungs- und Wirkungsbereich* des erstellten Notfalldurchführungsplans festgelegt werden.

Häufig ist auch eine genaue *Inventarisierungsübersicht* hilfreich, die alle HW- und SW-Komponenten des für einen Notfall betrachteten Systems oder Verfahrens auflistet. Des Weiteren sind alle für den betrachteten Notfall speziell durchgeführten *Vorsorgemaßnahmen* aufzulisten.

Da der Eintritt des betreffenden Notfalls unterschiedliche Ursachen haben kann und damit unterschiedliche Maßnahmen zur Beseitigung erforderlich sind, ist es notwendig, alle möglichen *Fehlerszenarien* durchzudenken und hierfür entsprechende Maßnahmenkataloge zu erstellen. Diese *Maßnahmenkataloge* enthalten Anweisungen, wie man sich bei Eintritt des Notfalls zu verhalten hat und welche Maßnahmenschritte zur Notfallbehandlung, -umgehung und -beseitigung vorzunehmen sind. Hier muss z. B. auch festgehalten werden, unter welchen Umständen externe Hilfen, wie Polizei oder Feuerwehr einbezogen werden müssen.

Die *Eskalationsregeln* haben die Aufgabe, die Informations- und Meldewege festzulegen, die nach Eintritt eines Notfalls zu bedienen sind. Mit ihnen wird festgelegt, welche Toleranzzeiten für welche Fehler akzeptierbar sind und welche Meldeschwellen existieren, d. h. wer muss wann in der Hierarchie bei welchem eingetretenen Notfall informiert werden. Bei kleineren, schnell zu behebenden Fehler genügt es meist, die zuständigen Wissensträger für die sofortige Fehlerbeseitigung einzuschalten; bei Notfällen, die vielleicht das gesamte Image eines Unternehmens beschädigen können, muss dagegen die Geschäftsführung umgehend informiert werden, damit diese eine entsprechende Meldung an die Presse und Medien veranlassen kann.

Notfallhandbuch

Das Notfallhandbuch ist die zentrale Planungsunterlage einer durchgängigen Notfallvorsorge. Im Notfallhandbuch wird zum einen festgelegt, wie die Zuständigkeiten und Verantwortungen bei einem eingetretenen Notfall geregelt sind, ab wann ein Notfall eintritt und mit welcher Priorität Systeme und Anlagen im Notfall zu behandeln sind und zum anderen enthält das Notfallhandbuch alle durchgeführten Notfallvorsorgemaßnahmen und erstellten Notfalldurchführungspläne.

Ein Notfallhandbuch umfasst damit folgende Kapitel:

▷ Notfallkonzept
▷ Notfallorganisation
▷ Notfallvorsorgemaßnahmen
▷ Notfalldurchführungspläne
▷ Anlagen.

Das erste Kapitel beschreibt ganz allgemein das *Notfallkonzept*; es legt den Geltungs- und Wirkungsbereich des Notfallhandbuchs fest, weiterhin enthält es allgemeine Angaben zum Vorgehen bei der Risikoanalyse sowie eine Auflistung der priorisierten Notfälle mit grundsätzlichen Überlegungen zu den vorgesehenen Notfallmaßnahmen. Schließlich wird der Verteilerkreis und die Lagerorte des Notfallhanduchs festgelegt.

Das Kapitel *Notfallorganisation* enthält – wie oben beschrieben – eine detaillierte Zusammenstellung aller Instanzen und Personen, die für die Erstellung und Aktualisierung der Notfallpläne sowie deren Abwicklung bei Eintreten eines Notfalls benötigt werden, einschließlich Beschreibung von Rolle, Verantwortung und Befugnissen sowie Angaben zur Verfügbarkeit und Erreichbarkeit des involvierten Personenkreises. Weiterhin sind in diesem Kapitel die für den eingetretenen Notfall vorgesehenen Kommunikations- und Meldewege ausführlich zu beschreiben.

Das Kapitel *Notfallvorsorgemaßnahmen* enthält die detaillierte Zusammenstellung aller technischen und organisatorischen Vorsorgemaßnahmen, die im Rahmen der allgemeinen Notfallplanung getroffen worden sind.

Das Kapitel *Notfalldurchführungspläne* enthält die einzelnen Notfalldurchführungspläne für die im Notfallhandbuch definierten Notfälle.

In den *Anlagen* werden diverse Übersichten, wie Formulare, Personen-/Adressverzeichnisse, Organisations-/Arbeitspläne, Terminlisten und Einsatzpläne beigefügt.

Das Notfallhandbuch muss im Notfall leicht zugänglich und immer auf aktuellem Stand sein, deshalb ist es wichtig, einen offiziellen Pflegeverantwortlichen zu benennen. Auch sollte es unbedingt in Papierform vorliegen, da im Notfall die verwendeten elektronischen Geräte nicht funktionsfähig sein könnten.

3.8 Projektpläne

Die gesamte Planung eines Projekts schlägt sich letztendlich in Projektplänen nieder; sie dokumentieren die Projektplanung. Da Projektpläne stets den aktuellen und gültigen Planungsstand des Projekts widerspiegeln müssen, unterliegen sie einem unterschiedlich starken Änderungsgeschehen. Dies bedeutet natürlich nicht, dass die Pläne bei jeder geringfügigen Abweichung vom Ist-Stand zu ändern sind; eine Anpassung ist nur angebracht, wenn der betreffende Plan in dem vorliegenden Umfang nicht mehr den Realitäten entspricht.

Es gibt zahlreiche Projektpläne, die sich in Informationszusammenstellung und -komprimierung sehr unterscheiden. Der Versuch, allgemein gültige Standard-Projektpläne zu schaffen, ist bisher gescheitert. Die Anforderungen aus den unterschiedlichen Entwicklungen an Struktur und Inhalt der Projektpläne variieren zu stark. Formell können die verwendeten Projektpläne aber folgenden drei Teilbereichen der Projektplanung zugeordnet werden:

▷ Projektpläne für Organisation und Strukturierung

▷ Projektpläne für Durchführung

▷ Projektpläne für Termine, Aufwände und Kosten.

In Tabelle 3.33 sind die wichtigsten Projektpläne mit Angabe der jeweils betrachteten Plangrößen sowie den möglichen Darstellungsformen alphabetisch aufgeführt. (Reine *Produktpläne,* wie Anforderungskatalog, Spezifikation, etc. sind nicht mit aufgenommen worden.) Die Aufstellung enthält neben einigen Synonymen auch Pläne, die mehr einem Überbegriff für eine (nicht festlegbare) Anzahl von einzelnen Projektplänen entsprechen; diese sind dann nicht näher erläutert.

Tabelle 3.33 Projektpläne

Bezeichnung	Plangrößen	Darstellung	Beschreibung	Erläuterung in
Ablaufplan			Überbegriff für Projektablaufpläne wie Balkenplan, Balkendiagramm, Netzplan etc.	
Aktionsplan			(siehe Projektdurchführungsplan)	
Anlagen-strukturplan	– Anlagenteile – Anzahlen	– Liste – Matrix – Baum	Zeigt auf, welche technischen Komponenten innerhalb eines Systems bzw. einer Anlage bezogen auf die technologischen Abschnitte wie oft vorkommen; entspricht etwa der Produktstruktur.	
Arbeitsplan	– Mitarbeiter – Aufgaben	– Liste – Baum	Umfasst alle Mitarbeiter in ihrer linienorganisatorischen Einordnung mit ihren Aufgabenverantwortlichkeiten; ähnlich einem Organisationsplan.	Kap. 3.8.1
Auditplan	– Audits – Termine – Teilnehmer	– Liste	Aufstellung aller in einem festen Zeitraum geplanten Audits. (auch Inspektionsplan genannt)	Kap. 4.4.5
Aufgabenplan	– Aufgaben – Mitarbeiter – Aufwände – Termine – Abhängigkeiten	– Liste	Zählt alle Aufgaben mit den zugehörigen Projektdaten auf, wobei einige Angaben noch nicht endgültig sind (z.B. Wunschtermine).	Kap. 3.4.1; Bild 3.63
Aufwandsplan	– Aufwände – Arbeitspakete – Organisationseinheiten	– Liste – Diagramm	Enthält arbeitspaket- oder organisationsbezogen die einzelnen Planaufwände.	Kap. 3.8.3; Bild 3.115
Ausbildungsplan	– Mitarbeiter – Kurse – Termine – Orte	– Liste – Balken	Enthält die für die einzelnen Mitarbeiter vorgesehenen Ausbildungsmaßnahmen (z.B. Kurse) mit Zeitangaben.	Kap. 3.8.2; Bild 3.112
Balkenplan/ -diagramm	– Mitarbeiter – Arbeitspakete – Zeitangaben	– Diagramm	Enthält über die Zeit aufgetragen die einzelnen Mitarbeiter oder Arbeitspakete.	Kap. 3.4.2; Bild 3.64
Bedarfsplan			(siehe Einsatzmittelplan)	

Tabelle 3.33 (Fortsetzung)

Bezeichnung	Plangrößen	Darstellung	Beschreibung	Erläuterung in
Belegungsplan	– Beleger – Termin	– Tabelle	Ordnet Termine den belegenden Einheiten zu	Bild 3.93
Berichtsplan	– Projektberichte – Verteiler – Termine	– Liste	Legt die Informationswege der Projektberichterstattung fest.	Kap. 3.8.2; Bild 4.73
Dokumentationsplan	– Dokumente – Termine – Verfasser	– Liste	Legt die geplanten Projekt- und Produktdokumente mit Terminangaben fest.	Kap. 3.8.2
Einsatzmittelplan	– Mitarbeiter – Maschinen – Kosten – Zeit	– Liste – Diagramm	Enthält über die Zeit aufgetragen alle für das Projekt notwendigen Einsatzmittel (z.B. Personal, Maschinen, Kosten).	Kap. 3.5.1; Bilder 3.91 bis 3.93
Erfahrungssicherungsplan	– Erfahrungen – Erfahrungsträger – Adressaten	– Liste – Text	Zeigt die zu dokumentierenden Erfahrungen mit den Erfahrungsträgern und den künftigen Adressaten auf.	Kap. 5.3
Inbetriebnahmeplan	– Maßnahmen – Kümmerer – Termine	– Liste – Text	Umfasst die Betriebsplanung und listet alle erforderlichen Maßnahmen für die Inbetriebnahme auf (Anlagenkonfiguration, Anwenderschulung, Einführungsplanung etc.).	
Inspektionsplan	– Inspektionsobjekte – Termine – Teilnehmer	– Liste – Balken	Enthält mit Angabe der Termine und der Teilnehmer alle zu inspizierenden Ergebnisobjekte.	Kap. 3.8.2
Kapazitätsplan			(siehe Einsatzmittelplan)	
Katastrophenplan	– Katastrophen – Maßnahmen – Kümmerer	– Liste – Text	Ein dem Krisenplan benachbarter Projektplan, mit dem die bei Katastrophen durchzuführenden Maßnahmen untersucht werden.	Kap. 3.8.2
Know-how-Sicherungsplan			(siehe Erfahrungssicherungsplan)	
Kommunikationsplan	– Projektbeteiligte – Kommunikationsarten – Intensitäten	– Liste – Relationsgitter – Graph	Zeigt die Kommunikationsbeziehungen der am Projekt Beteiligten auf.	Kap. 3.8.2 Bild 3.113
Konfigurationsmanagementplan	– KM-Methoden – KM-Verfahren – Maßnahmen	– Matrix – Text	Zeigt alle Methoden, Verfahren und Maßnahmen auf, die für das Konfigurationsmanagement geplant sind.	Kap. 6.1
Kontaktplan			(siehe Kommunikationsplan)	
Kontenplan	– Konten – Unterkonten – Verantwortliche	– Liste – Baum	Enthält in geordneter Form alle Konten und Unterkonten eines Projekts oder mehrerer Projekte.	Kap. 3.1.3; Bild 3.16

Tabelle 3.33 (Fortsetzung)

Bezeichnung	Plangrößen	Darstellung	Beschreibung	Erläuterung in
Kostenplan	– Kostenelemente – Kosten – Zeit	– Liste – Diagramm	Zeigt über die Zeit aufgetragen die geplanten Kosten für bestimmte Kostenelemente geordnet nach Arbeitspaketen, Verursachern, Organisationseinheiten etc.	Kap. 3.6.3; Bild 3.115
Krisenplan	– Krisen – Maßnahmen – Kümmerer	– Liste – Text	Weist die bei angedachten Krisen durchzuführenden Maßnahmen aus.	Kap. 3.7.4 Kap. 3.8.2
Meilensteinplan	– Meilensteine – Termine – Verantwortliche	– Liste – Balken – Netz	Enthält die Projektmeilensteine mit deren Terminen.	Kap. 3.5.4; Bild 3.80
Mitarbeitereinsatzplan	– Mitarbeiter – Arbeitspakete	– Liste – Matrix	Zeigt den Einsatz der einzelnen Mitarbeiter bezogen auf die Arbeitspakete auf.	Kap. 3.8.2; Bild 3.90, 3.114
Netzplan	– Vorgänge – Abhängigkeiten – Termine	– Liste – Netz	Enthält alle Vorgänge und deren Abhängigkeiten im zeitlichen Ablauf.	Kap. 3.3.1; Bild 3.48, 3.49, 3.52
Notfallplan	– Notfälle – Maßnahmen – Beteiligte	– Liste – Text	Enthält Angaben zur Notfalldefinition, -organisation, -vorsorge und -durchführung	Kap. 3.7.4
Personaleinsatzplan	– Personal – Teilprojekte – Zeit	– Liste – Diagramm – Balken – Matrix	Zeigt – bezogen auf die Teilprojekte – den Personaleinsatz über die Projektzeit auf und ist damit ein Einsatzmittelplan.	Kap. 3.5.1; Bilder 3.89, 3.90
Personalplan			(siehe Personaleinsatzplan)	
Phasenplan			Überbegriff für alle Planungsinformationen, die zu einer bestimmten Phase vorliegen.	
Produktstrukturplan	– Produktteile	– Liste – Baum	Enthält alle Teile des geplanten Produkts bzw. Systems in einer hierarchischen Anordnung.	Kap. 3.1.1; Bild 3.4
Projektdurchführungsplan			Überbegriff für alle der Projektdurchführung dienenden Planungsinformationen.	
Projektorganigramm			(siehe Projektorganisationsplan)	
Projektorganisationsplan	– Organisationseinheiten – Projektbeteiligte – Gremien	– Liste – Baum – Matrix	Enthält alle Projektbeteiligten bzw. am Projekt beteiligten Organisationsstellen in einer (meist) hierarchischen Anordnung.	Kap. 2.4.1; Bilder 2.42 bis 2.45
Projektplan			Überbegriff für alle Planungsinformationen, die über das gesamte Projekt bzw. Teile des Projekts vorliegen.	

Tabelle 3.33 (Fortsetzung)

Bezeichnung	Plangrößen	Darstellung	Beschreibung	Erläuterung in
Projektsteckbrief	– Projektparameter – Projektbeteiligte – Termine	– Liste	Enthält alle wesentlichen Angaben zu einem Projekt in Kurzform.	Kap. 5.3.3
Projektstrukturplan	– Arbeitspakete	– Liste – Baum	Enthält alle Arbeitspakete eines Projekts in einer hierarchischen Anordnung.	Kap. 3.1.2; Bilder 3.9 bis 3.13
Projektzeitplan			(siehe Terminplan)	
Prozessorganisationsplan	– Phasen – Meilensteine – Tätigkeitsarten – Baselines – Zäsuren	– Liste – Graph	Gliedert den Entwicklungsablauf in einzelne Phasen und Prozessschritte mit Definition von Tätigkeitsarten und Standard-Meilensteinen.	Kap. 2.5.1; Bilder 2.59 bis 2.61 Tab. 2.11
Prozessplan			(siehe Prozessorganisationsplan, wird teilweise auch synonym zum Ablaufplan verwendet)	
Qualifikationsplan	– Personal – Qualifikationen	– Liste – Balken – Matrix	Stellt eine Erweiterung zum Personaleinsatzplan dar, der zu dem benötigten Personal noch die jeweils benötigten Qualifikationen aufzeigt.	Kap. 3.5.1; Bild 3.82, 3.83
Qualitätsmanagementplan		– Liste – Text	Beschreibt die Organisation, die Standards, Verfahren und Werkzeuge, die Prozesse und Indikatoren des Qualitätsmanagements; ähnlich dem Qualitätssicherungplan.	Kap. 4.4.1
Qualitätssicherungsplan			Überbegriff für alle Planungsinformationen im Rahmen der Qualitätssicherung.	Kap. 3.8.2; Tab. 3.34
Qualitätsprüfplan			(siehe Inspektionsplan und Testplan)	
Reviewplan			(siehe Inspektionsplan)	
Risikomanagementplan	– Risiken – Bewertung – Maßnahmen	– Liste – Matrix	Auflistung aller möglichen Projektrisiken mit Nennung geeigneter Vorsorgemaßnahmen.	Kap. 3.7.4; Bild 3.109
Schulungsplan	– Anwender – Kurse – Termine – Orte	– Liste – Balken – Matrix	Enthält die für die Anwender vorgesehenen Schulungsmaßnahmen (z.B. Kurse) mit Zeitangaben.	Kap. 3.8.2; Bild 3.112, 3.96
Terminplan	– Arbeitspakete – Termine – Verantwortliche	– Liste – Balken	Enthält die durchzuführenden Arbeitspakete mit Angaben von Termin, Zeitdauer und Zuständigkeit.	Kap. 3.8.3; Bild 3.116
Testplan	– Testfall – Termine	– Liste – Balken	Enthält mit Angabe der Termine alle geplanten Testfälle.	Kap. 3.8.2
Zeitplan			(siehe Terminplan)	

Tabelle 3.33 (Fortsetzung)

Bezeichnung	Plangrößen	Darstellung	Beschreibung	Erläuterung in
Zulieferungsplan	– Leistungen – Zulieferer – Zeit	– Liste – Balken – Matrix	Zeigt über die Zeit aufgetragen alle geplanten Projektzulieferungen (z.B. Consultant-Leistungen, Dienstleistungen von anderen Dienststellen).	Kap. 3.8.2
Zuordnungsplan	– Objekte	– Matrix – Relationengitter	Mit ihm können beliebige Objekte in ihrer gegenseitigen Zuordnung dargestellt werden.	Kap. 3.8.1; Bild 3.111
Zuständigkeitsplan			(siehe Aufgabenplan)	

Wie ersichtlich, können fast alle Projektpläne u. a. als Liste dargestellt werden. Die grafische Darstellung dient meist nur dem besseren, visuellen Eindruck und einer dadurch erreichbaren, vergrößerten Übersichtlichkeit des Planungsfeldes; dagegen umfasst die Liste i. Allg. ein größeres Zahlenvolumen je Flächeneinheit. Liste und Grafik sollten also nicht als konkurrierende Alternativen, sondern als sich ergänzende Darstellungsformen angesehen werden. In Fällen, in denen eine transparente Darstellung der Plansituation erforderlich ist, sollte die grafische Form gewählt werden; kommt es dagegen auf die exakte Werteinformation an, sollte die Listenform zur Verfügung stehen.

Als Varianten der Darstellungsform werden hier gesehen:

— Liste (auch Tabelle)
— Diagramm (auch Kurvenverlauf)
— Balkendarstellung (bzw. Balkendiagramm)
— Baum(-struktur)
— Netz(-struktur)
— Matrixdarstellung
— Relationengitter
— Graph (freie grafische Darstellung)
— Text (verbale Beschreibung).

3.8.1 Projektpläne für Organisation und Strukturierung

Als erste grundlegende Aktivität innerhalb der Projektplanung gilt das Organisieren und Strukturieren der verschiedenen Planinhalte und Planobjekte. Die Ergebnisse dokumentieren sich wiederum in entsprechenden Projektplänen.

Folgende Projektpläne finden innerhalb dieses Teilbereichs der Projektplanung Anwendung:

▷ Arbeitsplan
▷ Kontenplan
▷ Produktstrukturplan
▷ Projektorganisationsplan
▷ Projektsteckbrief
▷ Projektstrukturplan
▷ Prozessorganisationsplan
▷ Qualifikationsplan
▷ Zuordnungsplan.

Die Projektpläne dieser Gruppe legen die Projekt- und Prozessorganisation sowie die technische, aufgabenmäßige und kaufmännische Strukturierung fest.

Arbeitsplan

Der Arbeitsplan ist eigentlich ein Linienorganisationsplan; er zeigt alle Mitarbeiter in ihrer linienorganisatorischen Einordnung. Zusätzlich zu einem normalen Organisationsplan enthält aber ein Arbeitsplan noch in detaillierter Aufzählung die einzelnen Aufgabengebiete und Zuständigkeiten der Mitarbeiter sowie Angaben für die Kommunikation mit diesen (z. B. Ortsangaben, Telefon, Telefax, E-Mail, etc.).

Wegen der häufigen Änderungen der Aufgabenzuordnungen und der Kommunikationswege unterliegen Arbeitspläne einem kürzeren Aktualisierungsturnus als die offiziellen Organisationspläne.

Kontenplan

Unter einem Kontenplan – teilweise auch *Kontenkatalog* genannt – versteht man die Aufstellung aller FuE-Konten für ein oder mehrere Entwicklungsvorhaben. Hierbei ist eine lineare Kontenaufteilung aber auch eine hierarchisch gegliederte Kontenstruktur mit Ober- und Unterkonten möglich.

Jedes im Kontenplan definierte FuE-Konto präsentiert ein fest umrissenes Auftragsvolumen und besitzt eine eindeutige Identifikationsnummer, häufig als Auftragskennzeichen (AKZ) bezeichnet. Alle Personalaufwände, die bei dem eigenen Personal durch die bekannten Stundenkontierungsbelege erfasst werden, sowie alle anfallenden Kosten, die durch Rechnungsschreibung oder interne Verrechnung ausgewiesen werden, sind diesen FuE-Konten zugeordnet. Sie stellen damit gewissermaßen die Konten einer »internen Buchhaltung« für das FuE-Vorhaben dar. Kap. 3.1.3 geht auf die Kontenstrukturierung näher ein.

Produktstrukturplan

Der Produktstrukturplan (PdSP) enthält – hierarchisch angeordnet – alle Teile, aus denen das zu entwickelnde Produkt bestehen wird. Hierzu gehören sowohl die neu zu entwickelnden Teile als auch solche, die aus früheren Entwicklungen stammen oder zugekauft werden müssen. Hierbei muss eindeutig geklärt sein, wer für die Beistellung der jeweiligen Produktteile verantwortlich ist – sei es durch Entwicklung, Übernahme oder Kauf. Der Produktstrukturplan fungiert als eine Art »Architekturplan« für die gesamte Produktentwicklung.

Für die Aufbereitung von Produktstrukturplänen gibt es die grafische Darstellung und die Listenform. Die grafische Darstellung wird meist unmittelbar aus ersten Übersichtsbildern des zu entwickelnden Produkts bzw. Systems übernommen, wobei die einzelnen Produktteile i. Allg. als Kästchen in einer Baumstruktur angeordnet sind. Schon bei kleineren Systemen kann jedoch die benötigte Fläche über das übliche Kopiermaß hinausreichen und dann schwerfällig in der Vervielfältigung und Verbreitung werden. Die Listenform ist wesentlich hantierungs- und auch änderungsfreundlicher; außerdem bietet sie die Möglichkeit, Zusatzinformationen für unterschiedliche Anwendungszwecke mitaufzunehmen.

In Kap. 3.1.1 wurde das Thema Produktstruktur näher behandelt, wo auch in Bild 3.4 ein grafisches Beispiel für einen Produktstrukturplan aus dem Entwicklungsbereich für Nebenstellen-Vermittlungssysteme aufgeführt ist.

Projektorganisationsplan

Der Projektorganisationsplan (POP) – auch als *Projektorganigramm* bezeichnet – stellt den Organisationsplan für das Projekt dar; er enthält alle internen und externen Projektbeteiligten in ihrer jeweiligen Zuordnung. Da ein Projekt in seiner Laufzeit begrenzt ist, hat der Projektorganisationsplan ebenfalls einen temporären Charakter.

In diesem Plan sind neben den fachlichen auch die weisungsbedingten Zuordnungen enthalten; nicht berücksichtigt werden i. Allg. die disziplinarischen Abhängigkeiten. Daher kann er in der hierarchischen Rangfolge von dem (statischen) Organisationsplan des Unternehmensbereichs erheblich abweichen, sowohl bezüglich der Ebenenzuordnung als auch bezüglich der Bereichszuordnung der einzelnen Mitarbeiter. Der Projektorganisationsplan enthält damit auch Mitarbeiter, die – außerhalb des Projekts – zu völlig unterschiedlichen Organisationseinheiten gehören oder rangmäßig auf völlig anderer Stufe stehen.

Der Projektorganisationsplan zeigt unmissverständlich auf, wer im Rahmen eines Projekts wofür zuständig und verantwortlich ist, und verdeutlicht damit die unterschiedlichen Kommunikations- und Entscheidungspfade innerhalb eines Projekts.

In Kap. 2.4.1 werden die einzelnen Formen der Projektorganisation anhand einiger Bilder (2.42 bis 2.45) vorgestellt.

Projektsteckbrief

Der Projektsteckbrief enthält alle wesentlichen Angaben zu einem Projekt, d. h. eine Kurzbeschreibung des Projekts, eine Aufstellung aller wichtigen Projektbeteiligten auf Auftraggeber- und Auftragnehmerseite (Projektleiter, Kunde), den Leistungsumfang des zu erstellenden Produkts bzw. Systems, eventuell eine grobe Auflistung der Produkt-/Systemteile, die entscheidenden Projektparameter Budget und Termine, besondere Vertragsmodalitäten (Gewährleistung) sowie grundsätzliche Angaben zur Projektdurchführung (Prozessorganisation, Risikomanagement, Qualitätssicherung, Konfigurationsmanagement). Die äußere Form kann tabellarischer oder auch textlicher Natur sein.

Projektstrukturplan

Der Projektstrukturplan (PjSP bzw. PSP) stellt in grafischer oder in listenmäßiger Form die Projektstruktur dar; er enthält – meist in hierarchischer Anordnung – alle Arbeitspakete eines Projekts, deren Abarbeiten für die Projektrealisierung und zur Erfüllung des Projektziels notwendig ist. Der Projektstrukturplan ist der zentrale Projektplan für den gesamten Projektablauf. Alle anderen Projektpläne und späteren Projektberichte müssen auf die Strukturelemente dieses Plans mehr oder weniger beziehbar sein.

In Kap. 3.1.2 ist eingehend die Projektstrukturierung behandelt. Dort sind mit den Bildern 3.9 bis 3.12 die verschiedenen Typen von Projektstrukturplänen aufgezeigt; Bild 3.13 gibt darüber hinaus einen Projektstrukturplan in Listenform wieder.

Zum leichteren visuellen Unterscheiden eines Projektstrukturplans von einem Produktstrukturplan bietet es sich an, die in Bild 3.110 angedeutete Zeichenkonvention für die grafische Darstellung der genannten Strukturpläne einzuhalten. Bei dieser Darstellungsregel wird die Produktstruktur immer mit schrägen Verbindungslinien und die Projektstruktur immer mit waagerechten bzw. senkrechten Verbindungslinien gezeichnet. Der Vorteil besteht darin, dass man allein von der äußeren Form her sofort erkennen kann, ob es sich um einen Produktstrukturplan oder um einen Projektstrukturplan handelt.

Prozessorganisationsplan

Der Prozessorganisationsplan – auch als *Prozessplan* (PP) bezeichnet – verdeutlicht, wie der für das Projekt zu durchlaufende Entwicklungsprozess organisiert werden soll. Der Prozessorganisationsplan enthält neben der Beschreibung der einzelnen Entwicklungsphasen und der Definition von Tätigkeitsarten auch die Festlegung von Zäsurpunkten, wie z.B. Phasenabschnittszäsuren, Meilensteine und Entwicklungslinien. Weiterhin legt er die an den einzelnen Zäsurpunkten vorzulegenden Entwicklungsergebnisse fest und bestimmt die Entscheidungsinstanzen für den Entwicklungsablauf. Die gesamte Planung und Durchführung des Projekts ist nach diesem Prozessorganisationsplan auszurichten.

Mitunter wird der Prozessorganisationsplan fälschlicherweise auch als Phasenplan oder Meilensteinplan bezeichnet; Letztere haben aber andere Planinhalte. So ist der *Phasenplan* eigentlich als Überbegriff zu sehen für alle in einer bestimmten Phase vorhandenen Pla-

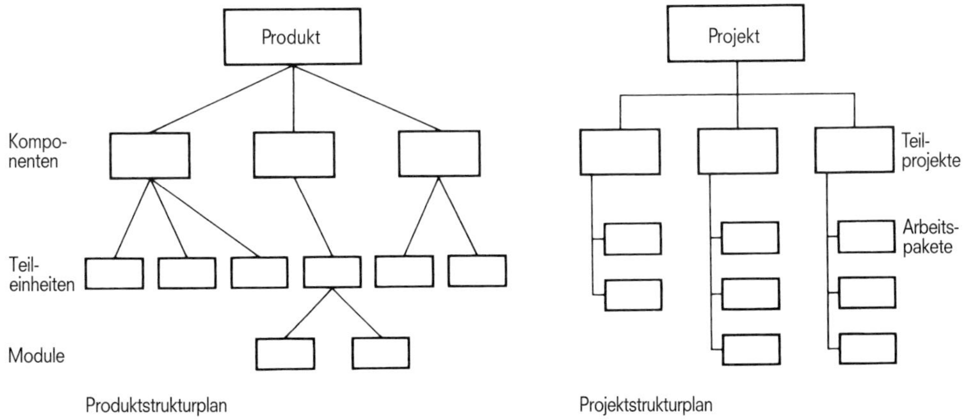

Bild 3.110 Zeichenkonvention für Produkt- und Projektstruktur

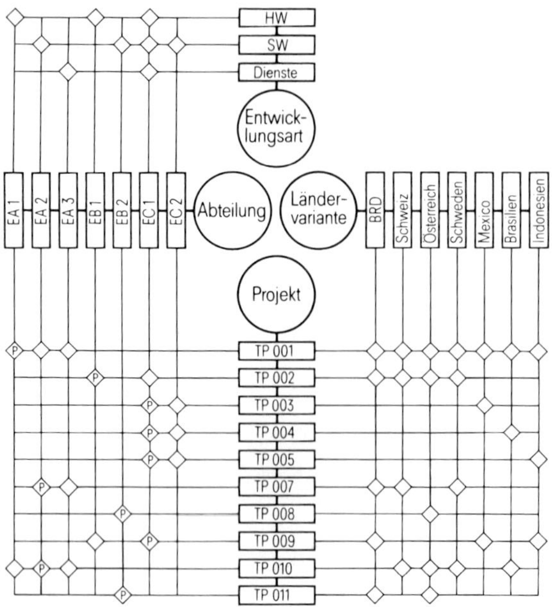

◇ Zutreffende Zuordnung
Ⓟ Projektverantwortung

Bild 3.111 Relationengitter (Beispiel)

nungsinformationen; dabei kann er z.B. Termin- und Kostenpläne, Qualitätssicherungspläne, Aufgabenpläne etc. umfassen. Der *Meilensteinplan* enthält dagegen i.Allg. den Terminplan für die einzelnen Meilensteine eines Projekts.

Auf die Formen einer Prozessorganisation wird in den Kap. 2.5.1 bis 2.5.4 ausführlich eingegangen. Dort sind auch einige Beispiele für die grafische Darstellung von Prozessorganisationsplänen mit den zugehörigen Definitionen wiedergegeben.

Qualifikationsplan

In einem Qualifikationsplan wird mit einem tabellarischen Schema aufgeführt, welche personellen Qualifikationen für eine geplante Projektdurchführung benötigt werden. Hierzu werden in der Waagerechten einer Tabellendarstellung die verschiedenen erforderlichen Qualifikationen und in der Senkrechten die einzelnen Projektkomponenten oder Prozessabschnitte aufgetragen. In den Schnittpunkten der Tabelle werden dann die benötigten Personenanzahlen eingetragen. In Bild 3.82 ist beispielhaft ein solcher Qualifikationsplan aufgeführt.

Zuordnungsplan

In jedem Abschnitt einer Projektplanung ist es immer wieder notwendig, unterschiedliche Projekt- und Produktparameter in ihrer gegenseitigen Zuordnung darzustellen. Hierzu dienen Zuordnungspläne, in denen diese Zuordnungen definiert werden, wie z.B.:

- ▷ Welche Produktteile werden in welchen Teilprojekten von welchen Dienststellen realisiert?
- ▷ Welche Unterauftragnehmer sind in welcher Entwicklungskategorie für welche Teilprojekte tätig?
- ▷ Wie arbeiten die einzelnen Abteilungen in welchen Teilprojekten den verschiedenen Produktvarianten zu?
- ▷ Welche Auftragskennzeichen werden von welchen Abteilungen für welche Aufgabengebiete in Anspruch genommen?

Die herkömmliche Darstellungsform solcher Zuordnungspläne ist die Tabellen- bzw. Matrixform; mit ihr lassen sich sehr gut zwei bis drei Zuordnungsparameter darstellen. Sind mehr als drei Parameter zuzuordnen – was in der Personaleinsatzplanung und in der Multiprojektplanung häufig vorkommt –, so ist dies nicht mehr in einer gewöhnlichen zweidimensionalen Matrix möglich. Für diese Fälle kann eine Darstellungsform aus der SW-Technologie genutzt werden: das *Relationengitter* (Bild 3.111). In einer geeigneten Anordnung werden die einzelnen Parameterobjekte durch ein Liniennetz verbunden. Bei zutreffender Zuordnung wird der Linienkreuzungspunkt mar-

Kursplanung **SBS IS 83** **Stand:20.07.97**

Name	Kurs	Gebiet	Termin	Tage	Status	GJ 94/95	GJ 95/96	GJ 96/97	GJ 97/98
Heer	Basis1	Org	28.10.-31.10.96	4					
	ADILOS	BS2000	17.02.-19.02.97	3	-				
	R/3-B-SA	SAP	15.07.-16.07.97	2	-			9	
					-				
Schmidt	UTM-GEA	BS2000	29.06.-02.07.93	4	-				
	UDS-SQL	BS2000	15.11.-16.11.95	2	-				
	UDS-AWL-DML	BS2000	25.04.-06.05.95	10	-	12			
	FHS-DOORS	BS2000	10.07.-11.07.96	2	-		2		
	R/3-B-SA	SAP	15.07.-16.07.97	2	-				
	R/3-B-DD	SAP	22.07.-24.07.97	3	b				
	R/3-B-ABAP	SAP	16.09.-20.09.97	5	a			10	
Döding	SINIX-AW	SINIX	05.11.-09.11.94	5	-				
	R/3-B-SA	SAP	16.01.-17.01.95	2	-	7			
	UNIX-KOMP	BS2000	13.02.-17.02.95	5	-				
	R/3-B-DD	SAP	15.05.-17.05.96	3	-				
	RS010	SAP	28.08.-01.09.96	5	x				
	RS310	SAP	25.09.-29.09.96	5	-		12		
	RS311	SAP	26.02.-01.03.97	5	-			5	
Kuhlmann	UTM-AW	BS2000	17.04.-27.04.95	9	-	9			
	UTM-UPD 3.1	BS2000	05.03.-07.03.96	3	-				
	WSE-B52	BS2000	15.04.-19.04.96	5	-		8		
	SQL-EIN	BS2000	15.02.-16.02.97	2	-				
	EMB-SQL	BS2000	26.05.-27.05.97	2	-			4	
	Centura	PC	21.03.-23.03.98	3	p				3
Feil	ADILOS	BS2000	02.06.-04.06.94	3	-				
	BS2SDF-P	BS2000	21.07.-23.07.94	3	-				
	LEASY	BS2000	21.03.-25.03.95	5	-	5			
	SQL Windows	PC	10.01.-13.01.96	4	-		4		
	R/3-B-SA	SAP	15.04.-16.04.97	2	-				
	R/3-B-DD	SAP	24.04.-26.04.97	3	-				
	R/3-PS-EIN	SAP	26.08.-29.08.97	4	b				
	R/3-PS-KO	SAP	09.09.-11.09.97	3	b				
	R/3-B-ABAP	SAP	16.09.-20.09.97	5	a			17	
	R/3-CO-KST	SAP	14.10.-16.10.97	3	a				
	R/3-CO-IA	SAP	17.10.-18.10.97	2	p				5
Tippner	COBOL-ERG	BS2000	26.04.-27.04.94	2	-2				
	UDS-AW-DML	BS2000	25.04.-06.05.95	10	-	10			
	FHS-DOORS	BS2000	10.07.-11.07.96	2	-		2		
	R/3-B-SA	SAP	15.07.-16.07.97	2	-				
	R/3-PS-EIN	SAP	26.08.-29.08.97	4	b				
	R/3-PS-KO	SAP	09.10.-11.10.97	3	a			6	3

Gruppenleiter: .... Dienststellenleiter : ....

Status: p = geplant, a = angemeldet, b = bestätigt, - = besucht, x = storniert

Bild 3.112 Ausbildungsplan

kiert; dabei kann diese Markierung noch Zusatzinformationen aufnehmen, wie in dem gezeigten Beispiel die Angabe der Projektverantwortung.

Ein Relationengitter bringt also mehrere Objektmengen in eine relationale grafische Darstellung. Der Zeichenaufwand für ein Relationengitter ist allerdings nicht unerheblich, deshalb eignet es sich auch nur in freier Skizzenform oder bei Zuordnungsdarstellungen, die von zentraler Bedeutung sind und nicht laufend geändert werden müssen.

3.8.2 Projektpläne für Durchführung

Die Projektdurchführungsplanung befasst sich mit den einzuplanenden Maßnahmen, die für das optimale Durchführen des Projekts erforderlich sind; sie baut auf den Projektplänen für Organisation und Strukturierung auf und legt die personellen, informationstechnischen und qualitätssichernden Voraussetzungen für die Zielerreichung der Termine, Aufwände und Kosten fest.

Für die Projektdurchführung können folgende Projektpläne erstellt werden:

▷ Ausbildungsplan
▷ Berichtsplan
▷ Dokumentationsplan
▷ Einsatzmittelplan
▷ Inspektionsplan
▷ Kommunikationsplan
▷ Krisenplan
▷ Mitarbeitereinsatzplan
▷ Notfallplan
▷ Qualitätssicherungsplan
▷ Risikomanagementplan
▷ Schulungsplan
▷ Testplan
▷ Zulieferungsplan.

Ausbildungsplan

In einen Ausbildungsplan werden alle Ausbildungsmaßnahmen aufgenommen, die in dem Projekt für die einzelnen Mitarbeiter vorgesehen sind. Neben den Mitarbeiternamen enthält er die Kurse, Seminare, Messebesuche etc., die jeweiligen Termine, die Zeitdauern sowie weitere administrative Angaben.

Bild 3.112 zeigt als Beispiel einen solchen, auf einem PC erstellten Ausbildungsplan.

Die Gestaltung solcher Ausbildungspläne kann sich natürlich voll auf die projektspezifischen Erfordernisse ausrichten. Ein Ausbildungsplan sollte aber stets aktuell sein. Hierzu muss er in größeren Zeitabständen – in einer offiziellen Planungsrunde – neu überdacht und ggf. überarbeitet werden; denn neue Erkenntnisse im Laufe des Projekts führen evtl. auch zu neuen Wissensanforderungen an die Mitarbeiter, die z. T. durch zusätzliche Ausbildungsmaßnahmen erfüllt werden können. Mangelnde Wissensbasis kann leicht zu einer (unnötigen) Terminverzögerung führen.

Berichtsplan

Der Berichtsplan legt die im Rahmen des Projekts vorgesehene Form und Verteilung der Berichterstattung fest; er bestimmt einerseits die Auswahl der künftigen Projektberichte und – falls von den eingesetzten DV-Verfahren nicht vorgegeben – deren Inhalt und äußere Form; andererseits enthält er den jeweiligen Verteilerkreis der einzelnen Projektberichte mit Angabe der Verteilhäufigkeit. Hierbei kann die Länge der Berichtszeiträume stark variieren und hängt wesentlich von der Art der Projektberichte ab; manche müssen mindestens einmal monatlich (z. B. Terminlisten), andere dagegen – die auf einer höheren Ebene komprimierte Informationen enthalten – nur alle halbe Jahre verteilt werden.

Mit dem Erstellen eines Berichtsplans will man erreichen, dass möglichst keine Informationslücken bei der späteren Projektberichterstattung auftreten. Es soll sichergestellt werden, dass die Projektberichte nur derjenige bekommt, der sie im Rahmen einer erfolgreichen Projektdurchführung wirklich benötigt, dabei ist zu vermeiden, dass Personen mit unnötigen, d. h. zu vielen Informationen belastet werden.

Eine standardisierte äußere Form eines Berichtsplans gibt es nicht; als Anregung kann aber das in Bild 4.73 gezeigte Beispiel eines Berichtsplans dienen.

Dokumentationsplan

Der Dokumentationsplan ist der Gesamtplan für die zu erstellende technische Dokumentation; er enthält Angaben über:

▷ die Dokumentationsordnung (wie),
▷ die Dokumentationsobjekte (was),
▷ die Dokumentationsersteller (wer),
▷ das Dokumentationsmedium (womit) und
▷ die Termine (wann).

Die *Dokumentationsordnung* legt bekanntlich fest, in welcher äußeren Form und in welcher Struktur Dokumente zu erstellen sind. Normalerweise sind solche Dokumentationsordnungen in den zuständigen Entwicklungshandbüchern vorgegeben und ausführlich beschrieben. Liegt ein solches Entwicklungshandbuch nicht vor, dann muss die Festlegung der Dokumentationsordnung innerhalb des Dokumentationsplans nachgeholt werden.

Das Festlegen der *Dokumentationsobjekte* führt zur Aufstellung der für die einzelnen Produktteile auszuarbeitenden Dokumentationen, wie Leistungsbeschreibung, Spezifikationen, Hantierungsvorschrift usw.

Als *Dokumentationsersteller* müssen in dem Dokumentationsplan neben den Autoren, die späteren »Reviewer« sowie ein evtl. einzuschaltender Übersetzerdienst festgehalten werden.

Der Dokumentationsplan sollte möglichst auch das zu verwendende *Dokumentationsmedium* festlegen, d.h. welches PC-System, welches Textsystem mit Versionsangabe, welche Dokumentationsvorlagen (Templates) und welche Dateienordnung.

Existiert für die Dokumentation kein eigener *Terminplan*, so kann der Dokumentationsplan die eingeplanten Fertigstellungstermine der einzelnen Dokumentationsobjekte mitaufnehmen.

Einsatzmittelplan

Aus dem Einsatzmittelplan – manchmal auch als *Bedarfsplan* bezeichnet – ist der geplante Einsatz der Einsatzmittel ersichtlich. Hierbei werden unter Einsatzmittel bekanntlich das einzusetzende Personal, die für die Entwicklung notwendigen Betriebsmittel sowie die verfügbaren Finanzmittel verstanden. Der Einsatzmittelplan berücksichtigt allerdings meist nur die ersten beiden Einsatzmittel (siehe hierzu die Kap. 3.5.1 und 3.5.2), da die Finanzmittel in einem eigenen Budget- oder Kostenplan abgehandelt werden; er enthält also das geplante Personal bzw. die benötigten Betriebsmittel (-zeiten) bezogen auf ein definiertes Arbeitsvolumen (z.B. Teilprojekt, Arbeitspaket) in einer zeitlichen Zuordnung.

Der Einsatzmittelplan kann in seiner äußeren Ausprägung sehr unterschiedlich gestaltet sein. Als Liste enthält er im Wesentlichen eine Aufstellung der geplanten Einsatzmittel mit Zeitpunkt und Dauer. Als Treppenkurve gestaltet, kann darüber hinaus die jeweilige Auslastung mit Bezug auf einen Vorratswert ausgewiesen werden (siehe Bild 3.86).

Der Personaleinsatzplan wird häufig mit dem *Mitarbeitereinsatzplan* vermischt. An dieser Stelle soll kurz eine Unterscheidung dieser beiden Projektpläne gegeben werden. Der Mitarbeitereinsatzplan enthält, wie später noch näher erläutert wird, die namentliche Zuordnung der Mitarbeiter zu den einzelnen Projektaufgaben; der Personaleinsatzplan ist dagegen ein Einsatzmittelplan und zeigt allein die zeitliche Zuordnung des Personals insgesamt zu den Projektaufgaben sowie die personelle Auslastung in ihrem zeitlichen Gesamtverlauf. Mit einem Mitarbeitereinsatzplan wird im Hinblick auf die anstehenden Aufgaben vornehmlich eine mitarbeiterbezogene Zuordnung vorgenommen; der Personaleinsatzplan strebt – ebenfalls im Hinblick auf die durchzuführenden Aufgaben – dagegen zeitbezogen eine Personalauslastungsoptimierung an.

Ein Personaleinsatzplan sollte auch die Qualifikation des Personals berücksichtigen. Hierfür kann ein *Qualifikationsplan* nützlich sein, in dem die zur Verfügung stehenden Qualifikationen den geforderten gegenübergestellt werden (siehe auch Bild 3.82).

Inspektionsplan

Der Inspektionsplan – auch als Auditplan bezeichnet – enthält alle Inspektionen, die im Lauf der Durchführung des Projekts für die Sachfortschrittskontrolle und die Qualitätssicherung vorgenommen werden sollen. Zu jeder geplanten Inspektion – und hierzu gehören auch die bekannten »Reviews« – sind folgende Angaben zu machen:

▷ Untersuchungsobjekte,
▷ Inspektionsteilnehmer,
▷ Termine,
▷ Berichtsempfänger.

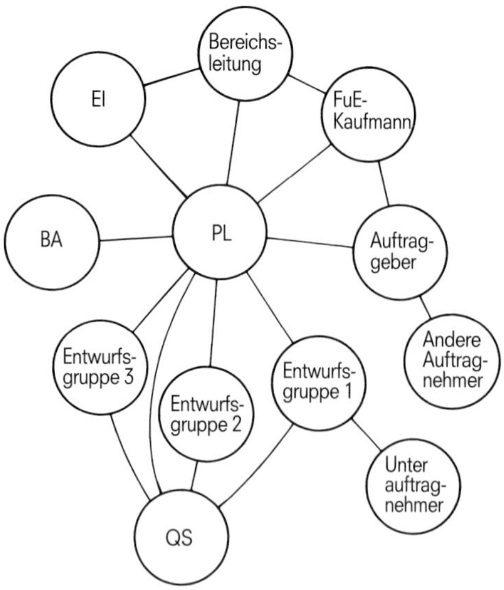

PL Projektleitung
EI Entscheidungs-instanz
BA Beratungsausschuss
QS Qualitätssicherung

Bild 3.113 Kommunikationsgraph

Kap. 4.4.2 befasst sich ausführlich mit dem Durchführen von Inspektionen, d.h. mit dem Prüfen der Entwurfsdokumente.

Eine standardisierte äußere Form des Inspektionsplans gibt es nicht; meistens verwendet man die tabellarische Aufstellung der durchzuführenden Inspektionen.

Kommunikationsplan

Bei großen, bereichsüberschreitenden Entwicklungsprojekten kann der Kreis der Kontaktpartner so umfangreich werden, dass für eine optimale Kommunikation eine eigene Planung (Projektumfeldanalyse) notwendig ist. Die Kommunikation darf hier nicht dem Zufall überlassen bleiben, stattdessen muss mit Erstellen eines Kommunikationsplans – auch als *Kontaktplan* bezeichnet – bereits in der Projektplanung die Basis für einen lückenlosen Informationsaustausch innerhalb und außerhalb des Projekts geschaffen werden.

Der Kommunikationsplan umfasst die (offiziellen) Kommunikationswege zwischen den einzelnen internen und externen Projektbeteiligten. Im Gegensatz zum Berichtsplan enthält er auch all die Informationskanäle, auf denen (ohne spezielle Projektberichte) nur benachrichtigt und informiert werden muss. Ansonsten kann er diesem ähnlich aufgebaut sein.

Wie beim Berichtsplan soll mit Erstellen eines Kommunikationsplans ein gezielter und organisierter Informationsfluss erreicht werden, um so das häufig verhängnisvolle »Ich hab' nichts gewusst« zu vermeiden.

Eine standardisierte Darstellungsform für einen Kommunikationsplan gibt es nicht; es bietet sich das einfache listenmäßige Aufschreiben der Kommunikationspartner mit der jeweiligen Informationsart an. Sollen nur die Zusammenhänge der einzelnen Kommunikationspartner aufgezeigt werden, kann man auch eine Graphendarstellung verwenden. In Bild 3.113 ist ein derartiger *Kommunikationsgraph* wiedergegeben, der auch als *Kommunigramm* bezeichnet wird.

Krisenplan

Der Krisenplan – auch als *Krisenmanagementplan* bekannt – enthält alle vorstellbaren Krisen und Notfälle, die während der Projektdurchführung auftreten könnten, sowie die für die jeweiligen Krisen vorgesehenen Maßnahmen zur Krisenbewältigung.

Bei manchen Projekten wird hierbei noch zwischen Krisenplan und *Katastrophenplan* unterschieden, wobei Krise als »vorhersehbares« und damit einkalkulierbares Negativereignis und Katastrophe als »nicht vorhersehbares« Ereignis auf Grund höherer Gewalt definiert ist. Im Gegensatz zu einer Krise kennzeichnet eine Katastrophe eine Wende zum Schlechten, nach der es nicht mehr so ist, wie es vorher war. Katastrophenpläne haben für das Projektmanagement normaler Entwicklungsprojekte in der Industrie nur geringe praktische Bedeutung, können aber z.B. bei der Sicherung der Produktdokumentation von Bedeutung sein.

Zu jeder im Krisenplan aufgeführten Krisensituation sollte neben den dann vorzusehenden Maßnahmen die möglichen Ursachen sowie eine Wahrscheinlichkeitsaussage für das Auftreten des betreffenden Notfalls angegeben werden. Vor allem muss die Krisenplanung die Stellvertretungsfrage beantworten, damit von vornherein geklärt ist, wer im Notfall (»Ziegelstein«-Frage) für wen einspringt (siehe auch Kap. 3.7.4).

Mitarbeitereinsatzmatrix					Personal-Netto-Vorrat	10	5	10	8	10	
Planungszeitraum: GJ 99/00					eingeplant	7	5	9	8	10	
Dienststelle: F GE 13 Datum: 04.09.99 (Aufwandszahlen in MM)					Auslastung	-3		-1			
Plan	genehmigt	eingeplant	Deckung	Projekte \ Mitarbeiter		Hr. Adam	Fr. Eva	Hr. Huber	Hr. Maier	Hr. Theobald	
15	15	15		Projekt A		4		5		6	
20	18	12	-6	Projekt B			5		7		
10	10	10		Projekt C		3		2	1	4	
5	5	2	-3	Projekt D				2			
				⋮							

Bild 3.114 Mitarbeitereinsatzmatrix

Insgesamt leistet die Krisenplanung, manchmal auch als Crash-Management bezeichnet, einen Beitrag zur Planabsicherung und zur Risikobewertung, weil durch das Erstellen eines Krisenplans systematisch untersucht wird, an welchen Stellen in einem Projektablauf etwas schief gehen kann und wie dem dann beizukommen ist. Wer auf eine Krise vorbereitet ist, meistert sie sicher wesentlich leichter, als derjenige, der von einer solchen überrascht wird. Jedes größere Projekt sollte daher in seiner Projektplanung als Vorbeugungsmaßnahme auch eine Krisenplanung im Rahmen eines Risikomanagements (Kap. 3.7) enthalten.

Mitarbeitereinsatzplan

Der Mitarbeitereinsatzplan enthält die namentliche Zuordnung der Mitarbeiter zu den Teilaufgaben eines Projekts. Als darstellerisches Hilfsmittel kann hierfür die *Mitarbeitereinsatzmatrix* (kurz MA-Einsatzmatrix) genutzt werden; diese stellt das eingeplante Personal namentlich den einzelnen Projektteilen mit den zugehörigen Planaufwänden gegenüber.

Die zur Verfügung stehende Kapazität wird individuell je Mitarbeiter ermittelt: Mitarbeiterbezogen wird die vertraglich vereinbarte Gesamtarbeitszeit durch die nicht produktiven Zeiten, wie »Sozialzeiten« (Kuren, durchschnittliche Krankheitszeiten) und Weiterbildungszeiten (Schulungskurse, Bildungsurlaub) vermindert. Auf diese Weise können in einer sehr übersichtlichen Form die wirklich verfügbaren Kapazitäten auf die geplanten Tätigkeiten unter besonderer Berücksichtigung der persönlichen Arbeitszeiten der einzelnen Mitarbeiter (halbtags, 30-Stunden-Woche etc.) zugeteilt werden.

In Bild 3.114 ist eine einfache Mitarbeitereinsatzmatrix dargestellt. Eine detaillierte, mit einem PC-Tabellenkalkulationsprogramm (Excel) erstellte Mitarbeitereinsatzmatrix ist im Bild 3.90 wiedergegeben.

Besonders bei kleineren Projekten mit einer begrenzten Anzahl Mitarbeiter hat sich die Verwendung einer solchen Mitarbeitereinsatzmatrix für die Mitarbeitereinsatzplanung als sehr vorteilhaft gezeigt.

Der Mitarbeitereinsatzplan kann auch als Liste wiedergegeben werden; es fehlt dann aber die leichte Kontrollmöglichkeit der vollen Abdeckung sowohl der durch die Mitarbeiter zur Verfügung stehenden als auch der durch die Projektaufgaben erforderlichen Kapazitäten.

Notfallplan

Ein Notfallplan – oder genauer Notfalldurchführungsplan – umfasst alle Informationen, die zur Bewältigung eines spezifizierten Notfalls erforderlich sind. Hierzu gehören die genaue Beschreibung des Notfall-Szenariums, die vollständige Aufstellung der involvierten Geräte, Personen und Software, die getroffenen Vorsorgemaßnahmen, die möglichen Fehlerquellen, die jeweils ausgearbeiteten Maßnahmenkataloge sowie die festgelegten Regeln für das Eskalationsmanagement bei Eintritt des Notfalls. Die äußere Form eines Notfalldurchführungsplans kann entsprechend der Größe und Komplexität des potentiellen Notfalls vielgestaltig sein und besteht meist aus mehreren Teilen.

Qualitätssicherungsplan

Der Qualitätssicherungsplan, kurz QS-Plan genannt, umfasst i. Allg. mehrere Projektpläne für die drei Bestandteile der Qualitätssicherung (Qualitätsplanung, Qualitätslenkung und Qualitätsprüfung); er enthält in entsprechender Detaillierung zu den einzelnen QS-Aspekten die durchzuführenden QS-Maßnahmen mit Zuständigkeiten und Terminen.

Zur Gesamtdarstellung aller QS-Maßnahmen eignet sich sehr gut die in Tabelle 3.34 gezeigte Matrixform eines Produkt-QS-Plans, wie er in einem Entwicklungsbereich für Kommunikationsendgeräte Anwendung gefunden hat. Wie der Name bereits andeutet, sind die zu den einzelnen Qualitätsmerkmalen durchzuführenden QS-Maßnahmen auf den zeitlichen Ablauf des Produktprozesses bezogen. Dabei wird unter mehreren Nachweisstufen und Nachweisarten unterschieden. In einem zusätzlichen Matrixteil ist die Zuständigkeit – mit Unterscheidung in Durchführungsverantwortung und Mitarbeit – festgehalten.

Wird in den Produktprozess der gesamte Lebenszyklus des Produkts eingebunden, dann kann zur entwicklungsbezogenen Darstellung von Fertigungs- und Vertriebsplanungsaktivitäten in ähnlicher Form vorgegangen werden – mit dem Unterschied, dass man auf der Senkrechten der Matrix alle relevanten Fertigungs- bzw. Vertriebsaspekte aufträgt.

Risikomanagementplan

In einem Risikomanagementplan werden alle potenziellen Risiken eines Geschäftsprozesses einer Risikoabschätzung unterzogen; dabei werden die einzelnen Risiken fixiert, priorisiert und gemäß der voraussichtlich eintretenden Schadenshöhe bewertet. Aufwendungen für mögliche Vorsorgungsmaßnahmen werden derart in die Betrachtung mit einbezogen, dass sie nur bei entsprechender »Rentabilität« zur Ausführung kommen. In Bild 3.109 ist ein Tabellenschema für einen solchen Risikomanagementplan dargestellt.

Schulungsplan

Der Schulungsplan ist ähnlich dem Ausbildungsplan aufgebaut, betrachtet aber nicht die Ausbildungsmaßnahmen für die einzelnen Projektmitarbeiter, sondern umfasst die Schulungsmaßnahmen, die für den Produkt- bzw. Systemeinsatz beim Kunden notwendig sind. Zu diesen Schulungsmaßnahmen gehören neben Wartungs- und Installationskursen vor allem anwenderorientierte Einweisungen und Schulungen.

Der Schulungsplan soll sicherstellen, dass alle erforderlichen Schulungsmaßnahmen auf der Seite des künftigen Anwenders *rechtzeitig* eingeleitet werden, damit bei Produktauslieferung bzw. Systeminstallation keine Einsatzverzögerungen auf Grund mangelnder Bedienungs- und Nutzungskenntnisse auftreten. Leider wird häufig viel zu spät an die Schulung der späteren Anwender gedacht, so dass z. B. eine Anlage, die endlich fertig gestellt ist, evtl. eine Zeit lang nutzlos herumsteht, weil sie niemand bedienen kann.

Eine standardisierte Form eines Schulungsplans gibt es nicht; er kann aber ähnlich dem in Bild 3.112 angegebenen Ausbildungsplan gestaltet werden. Bild 3.96 zeigt das Schema eines strategischen Schulungsplans.

Testplan

Analog zu dem Inspektionsplan, der alle »Papiertest«-Aktivitäten enthält, umfasst ein Testplan alle vorgesehenen »Maschinentest«-Aktivitäten. Zu den Testobjekten (z. B. SW-Programmmodule, HW-Prototypen) werden die geplante Testumgebung (Testrahmen, Antiprodukt) mit ihren Testdaten sowie die Testdurchführenden und -verantwortlichen mit Angabe der Zeitpunkte im Entwicklungsprozess angegeben.

Funktional kann bei einer technischen Entwicklung immer nur ein begrenzter Teil getestet werden, da ein vollständiges Durchtesten i. Allg. zu einem enormen Aufwand führen würde. Eine gute Testplanung soll daher gewährleisten, dass einerseits die richtigen Dinge getestet werden und andererseits der notwendige Testaufwand in einem tragbaren Rahmen bleibt.

Für den Testplan gibt es keine standardisierte Form. Kap. 4.4.3 befasst sich mit der Fehlerbehebung durch entsprechende Testaktivitäten.

Zulieferungsplan

Der Zulieferungsplan enthält alle personellen und materiellen Zulieferungen für ein Entwicklungsvorhaben, die von Stellen außerhalb des zuständigen Entwicklungsbereichs bezogen werden. Als wesentliche *personelle* Zulieferungen sind die Consultant-Leistungen und als wesentliche *materielle* Zulieferungen sind der Kauf von Software sowie die Musterbau-Aufträge zu nennen. Gerade auf Grund von Wirtschaftlichkeitsüberlegungen (make or buy) nehmen bei vielen Entwicklungsprojekten die Zulieferungen häufig einen hohen Anteil ein.

Ein Zulieferungsplan enthält im Wesentlichen Angaben zu:

- ▷ Zulieferungsobjekt,
- ▷ Zulieferer,
- ▷ Lieferdatum und
- ▷ Zustände.

Eine standardisierte Darstellungsform gibt es nicht; die Listenform ist hier allerdings angebracht.

3.8.3 Projektpläne für Termine, Aufwände und Kosten

Die Projektpläne für diesen Teilbereich der Projektplanung legen das Mengengerüst für die Hauptprojektgrößen Termin, Aufwand und Kosten fest; sie enthalten die zeitlichen, personellen und finanziellen Zielgrößen für die gesamte Projektdurchführung und sind damit die Bezugsbasis für die Projektkontrolle, d.h. sie fließen in alle späteren Plan/Ist-Vergleiche und Plan/Plan-Vergleiche ein.

Folgende Projektpläne sind in diesem Zusammenhang von Bedeutung:

- ▷ Aufgabenplan
- ▷ Aufwandsplan
- ▷ Balkenplan
- ▷ Kostenplan
- ▷ Meilensteinplan
- ▷ Netzplan
- ▷ Terminplan.

Aufgabenplan

Der Aufgabenplan stellt das Bindeglied zwischen der Projektstrukturplanung und der Terminplanung dar. Aus dem Projektstrukturplan werden die einzelnen Arbeitspakete als Aufgaben in den Aufgabenplan aufgenommen. Hierbei ist ein direktes Übernehmen, Komprimieren oder Aufgliedern der Arbeitspakete des Projektstrukturplans möglich. Die so definierten Aufgaben werden im Aufgabenplan einerseits personell und organisatorisch zugeordnet und andererseits mit Aufwand und Zeitdauer bewertet; weiterhin enthält er die gegenseitigen Abhängigkeiten. Der Aufgabenplan bildet damit die Grundlage für die anschließende Aufwands- und Terminplanung, bei der die im Aufgabenplan aufgeführten Aufgaben in ihrem zeitlichen Ablauf festgelegt werden.

Kap. 3.4.1 befasst sich näher mit der Aufgabenplanung. Dort ist auch mit Bild 3.63 ein Beispiel für einen Aufgabenplan wiedergegeben.

Aufwandsplan

Unter einem Aufwandsplan versteht man die Aufstellung aller Aufgabenpakete mit der jeweiligen Angabe des geplanten Personalaufwands in MStd, MW, MM oder MJ. Der Aufwandsplan gibt damit eine Gesamtübersicht über die einzelnen »Aufwandspositionen« eines Projekts. Die Aufgabenpakete können hierbei nach unterschiedlichen Ordnungskriterien angeordnet werden, d.h. nach ausführenden Dienststellen, nach Teilprojekten, nach Auftragnehmern usw. Häufig erstellt man den Aufwandsplan auch in Verbindung mit dem Terminplan, so dass zu den einzelnen Aufgabengruppen gleich die Beginn- und Endtermine angegeben sind. Weiterhin können je Aufgabenpaket zusätzliche Informationen, wie organisatorische Zuständigkeit und kontenmäßige Zuordnung, in den Aufwandsplan aufgenommen werden. Bei entsprechender Anordnung der Tabellenspalten kann Platz reserviert bleiben für das spätere Eintragen der Istaufwände, so dass man den Aufwandsplan dann als Projektbericht für den Plan/Ist-Vergleich der Personalaufwände nutzen kann.

Tabelle 3.34 Produkt-QS-Plan

Produkteigenschaften und ihre Ausprägungen	Entwicklungsphasen: Spezifikation	Systementwurf	Prinzipmuster	HW/SW-Entwurf	Funktionsmuster	Komponententest	HW-/SW-Implementierung	Integration Prototyp	Systemtest Prototyp	Vorserienfertigung	Systemtest Vorserie	Feldtest	Serienfertigung	Q-Nachweisart: Review/Gutachten	Analyse/Berechnung	Test/Messung	Statistische Auswertung
1 Grundsätzliche Systemmerkmale																	
1.1 Produktstruktur (Versionen, Varianten)	A	P				N1			N2			N3		N1		N2, 3	
1.2 Design		A	P	N1				N2						N1, 2			
1.3 Ergonomie	A		P			N1		N2			N3	N4		N1–3		N2–4	
1.4 Leistungsmerkmale	A	P				N1			N2		N3	N4				N1–4	
1.5 Funktionsabläufe	A	P				N1			N2		N3	N4		N1		N2–4	
1.6 Technologie		A	P				N							N			
2 Funktionsfähigkeit																	
2.1 Toleranzen mechanisch			A	P	N1		N2				N3				N1,2	N2, 3	N3
2.2 Toleranzen elektrisch			A	P	N1		N2				N3				N1,2	N3	N3
2.3 Schaltungsregeln			A		N1		N2								N1,2	N2	
2.4 Belastung der Bauelemente			A		N1			N2			N3				N1–3	N1–3	N3
2.5 Beständigkeit von Einstellungen			A	P		N1		N2			N3				N1–3	N1–3	N3
2.6 Qualifizierte Bauelemente		A	P	N1			N2			N3							
2.7 Lebensdauer der Bauelemente		A	P			N1		N2			N3				N1	N2, 3	N2, 3
2.8 Qualifiziertes Verbrauchsmaterial		A	P	N1			N2			N3							
2.9 Kompatibilität		A	P			N1		N2			N3					N1–3	
2.10 Fehlerfortpflanzung		A				N1		N2							N1, 2	N1, 2	
2.11 Wärmehaushalt		A	P			N1		N2			N3				N1–3	N1–3	
2.12 Umwelteinflüsse	A	P				N1		N2			N3		N4			N1–4	
2.13 Elektromagnetische Verträglichkeit	A	P				N1		N2			N3		N4			N1–4	
2.14 SW-Korrektheit		A				N1	N2	N3	N4		N5	N6		N1–4		N3–6	N1–6
2.15 SW-Effizienz		A	P			N1		N2	N3					N1–3		N1–3	
2.16 Programm- und Arbeitsspeicherreserve		A	P					N							N		
2.17 Datensicherung		A	P			N1		N2			N3					N1–3	
2.18 Störungsverhalten (HW +SW)		A	P			N1			N2		N3			N1		N1–3	
3 Erfüllung gesetzlicher/normativer Auflagen																	
3.1 Produktsicherheit	A	P				N1		N2			N3		N4	N1		N2–4	
3.2 Emissionswerte	A	P				N1		N2			N3		N4			N1–4	
3.3 Anwendungs-Arbeitsplatzgerechtheit	A	P				N1		N2					N3	N1		N2–3	
4 Serienfertigungsreife																	
4.1 Wirtschaftliche Fertigbarkeit			A		N1			N2		N3			N4	N1	N2–4	N2–4	N2–4
4.2 Automatisierungsgerechtheit			A		N1		N2			N3				N1	N2–3		
4.3 Prüfbarkeit			A	P		N1				N2			N3	N1	N1–2	N3	N3
5 Transport und Lagerfähigkeit																	
5.1 Klimatische Bedingungen	A	P1				P2		N1			N2		N3			N1–3	
5.2 Mechanische Beanspruchung	A	P1				P2		N1			N2		N3			N1–3	
5.3 Lager- und Transportzeit	A					P		N1			N2		N3			N1–3	
6 Zuverlässigkeit																	
6.1 Beanspruchungsprofile	A	P			N										N		
6.2 Brauchbarkeitsdauer	A	P			N1		N2		N3						N1–3		
6.3 Ausfallraten (HW)	A	P			N1		N2		N3		N4	N5	N6		N1–3	N4–6	N4–6
6.4 Störungsraten (HW + SW)	A	P										N					N
7 Auspackqualität																	
7.1 Prüfschlupf	A	P											N			N	N
7.2 Ausfälle beim Transport	A	P1				P2		N1			N2		N3		N1–3	N1–3	
7.3 Alterungsbedingte Ausfälle	A	P			N1		N2		N3		N4		N5		N1–3	N4, 5	N4, 5
8 Servicefreundlichkeit																	
8.1 Kunden-Service-Dokumentation		A	P				N1		N2			N3		N1,2		N3	
8.2 Service-Konzept		A	P					N1				N2		N1	N1	N2	

Zuständigkeit											
Vertrieb			Entwicklung			Fertigung			Kundendienst		
Anforderung	Planung	Nachweis	Anforderung	Planung	Nachweis	Anforderung	Planung	Nachweis	Anforderung	Planung	Nachweis

D	M		M	D	D1, 2		M			M	D3
M	M	M1, 2	D	M	D1, 2						
D	M	M1–4	M	D	D1–3						D4
D	M		M	D	D1–3						D4
D	M		M	D	D1–3						D4
M			D	D	D		M				

			D	D	D1,2	M	M	D3			
			D	D	D1,2	M	M	D3			
			D		D1,2						
			D		D1–3						
			D	D	D1–2			D3			
			D	D	D1,M	M	M	D2, 3			
			D	D	D1–3						
			D	D	D1,M	M	M	D2, 3			
			D	D	D1, 2			D3			
			D		D1, 2						
			D	D	D1–3						
D			M	D	D						
D			M	D	D						
			D		D1–5						D6
			D	D	D1–3						
			D	D	D						
M			D	D	D1–3						
			D	D	D1–3				M		

D			M	D	D1, M					M	D2–4
D			M	D	M1–4					M	D1–4
M			D	D	D1, 2						D3

			M		D1, M	D		D2–4			
			M		D1, M	D		D2, 3			
			M	D	D1, M	D	M	D2, 3			

D			M	D1	D1, M		D2	D2, D3			
D			M	D1	D1, M		D2	D2, D3			
D			M	M	M1–3		D	D1–D3,			

D			M	D	D						
D			M	D	D1–3						
D			M	D	D1–3			D4, 6			D5
D			M	D	M						D

D			M	D	M		M	D			
D			M	D1	D1, 2		D2	D3			
D			M	D1	D1–3			D4,5			

D			M	D	M1–3				M	M	D1–3
D			M	D	D1, M				M	M	D2

Q-Nachweisstufen

A Anforderung
P… Planung (Detaillierung der Anforderung)
N… Nachweis der Realisierung von Anforderungen

Aufgabenzuweisung

D Durchführung bei Nachweisstufen
M Mitarbeit bei Nachweisstufen

Als Darstellungsform für einen Aufwandsplan wird i. Allg. die Listenform gewählt. Bild 3.115 zeigt einen über mehrere Jahre gehenden Aufwandsplan, der zu den Personalaufwänden noch die zusätzliche Kostenpositionen für Rechenzeiten und Materialkäufe enthält. Dieser kombinierte Aufwands- und Kostenplan ist einem bei Siemens eingesetzten Projektkostenverfahren entnommen.

Balkenplan

Die grafische Darstellung des Termin- und Aufwandsplans wird am besten mit einem Balkenplan – häufig als *Balkendiagramm* bezeichnet – vorgenommen. Mit der Länge der einzelnen Balken sind die Zeiten für das Abarbeiten der Aufgaben, also deren Beginn- und Endtermine festgelegt. Mit einer entsprechenden Zusatzinformation auf den Balken kann der geplante Mitarbeiter- oder Personaleinsatz angegeben werden, entweder durch die explizite Namensangabe von Mitarbeitern oder durch Angabe des notwendigen Aufwands.

Der Balkenplan ist wohl das meistverbreitete und genutzte grafische Planungsmittel im Rahmen der Projektplanung. Obwohl die gegenseitigen Abhängigkeiten im Balkendiagramm nur schwer darstellbar sind, zieht man den Balkenplan wegen seiner Übersichtlichkeit und strengen zeitlichen Einordnung häufig einem Netzplan vor. Netzplanverfahren erlauben allerdings fast immer das Generieren eines (informationsgleichen) Balkenplans. Wird ein solches Netzplanverfahren aber nicht eingesetzt und sollen Daten aus vorgelagerten Verfahren trotzdem in einem Balkendiagramm dargestellt werden, so bieten sich vielfältige Grafikhilfsmittel auf Personal Computer an (siehe Kap. 6.3.4).

Kap. 3.4.2 beschäftigt sich näher mit der Balkenplanung; dort sind auch einige grafische Beispiele für Balkenpläne bzw. -diagramme aufgezeigt.

Kostenplan

In der äußeren Struktur dem Aufwandsplan recht ähnlich, werden in einem Kostenplan den einzelnen Arbeitspaketen – allerdings meist aggregiert zu entsprechenden Kontenpositionen – die geplanten Kosten zugeordnet.

Aufwands- und Kostenplan

Entwicklungsbereich: *GE 13* Anlagenprojekt: *Anlage B* Datum: *13.04.2002* Seite: *3*

Teilprojekt	Auftragnehmer		Gesamt	Geschäftsjahre (Planwerte) 01/02	02/03	03/04	04/05	05/06
19071979-11 RDB Steuerwerk	SOF A1	MJ	14,4	1,4	3,4	4,5	2,8	2,3
	MB E1	MJ	11,3	2,4	4,4	2,6	1,5	0,4
	MB E2	MJ	21,0	3,4	4,7	5,1	4,5	3,3
	MB E3	MJ	15,3	2,5	3,4	4,6	3,4	1,4
	Personaleinsatz	TEU	6.200	970	1.590	1.680	1.220	740
	Rechenkosten	TEU	771	45	134	253	164	175
	Material	TEU	1.359	256	375	375	255	98
	Gesamtkosten	TEU	8.330	1.271	2.099	2.308	1.639	1.013
07121976-09 MSB Peripherie	SOF A1	MJ	6,4	0,7	1,3	2,6	1,4	0,4
	SOF A2	MJ	14,7	2,1	4,4	2,6	2,4	3,2
	MB E1	MJ	13,4	2,4	2,4	3,6	2,4	2,6
	MB E4	MJ	5,4	1,3	1,6	1,1	0,9	0,5
	Personaleinsatz	TEU	3.990	650	970	990	710	670
	Rechenkosten	TEU	624	143	134	157	105	85
	Material	TEU	541	96	125	127	95	98
	Gesamtkosten	TEU	5.155	889	1.229	1.274	910	853
04121941-09 JJB Adapter	SOF A2	MJ	3,2	0,5	0,8	0,9	1,0	0
	MB E2	MJ	4,7	1,3	1,4	1,6	0,4	0
	MB E3	MJ	9,5	3,5	3,4	2,6	0	0

Fortsetzung nächste Seite

Bild 3.115 Aufwands- und Kostenplan (Beispiel)

Die Konten können alphanumerisch, nach Organisationseinheiten oder nach Aufgabengebieten bzw. Teilprojekten gegliedert sein. Die Kosten werden hierbei meist nach den vorliegenden Kostenelementen (wie z. B. eigene und fremde Personalkosten, Material- und RZ-Kosten etc.) unterteilt.

Auf die Kostenplanung und die unterschiedlichen Kostenelemente wird in dem Kap. 3.6 näher eingegangen.

Meilensteinplan

In einem Meilensteinplan sind alle relevanten Planinformationen zu den Meilensteinen eines Projekts aufgeführt; hierzu gehören vor allem:

- ▷ Meilensteinbezeichnung,
- ▷ Meilensteintermin,
- ▷ Phasenzuordnung,
- ▷ organisatorische Zuständigkeit und
- ▷ (evtl.) Zuordnung zu Netzplanvorgängen.

Der Meilensteinplan ist genau genommen der Terminplan für die aus der Arbeitspaketmenge besonders ausgewählten Meilensteine; daher bietet sich auch hier als Darstellungsform die Liste oder das Balkendiagramm an. Die Anordnung der Reihenfolge der einzelnen Meilensteine kann sehr unterschiedlich vorgenommen werden, nämlich entweder nach einem alphanumerischen Sortierkriterium oder nach der Phasenzugehörigkeit oder aber nach der zeitlichen Reihenfolge der Meilensteintermine. Im letzteren Fall erhält man eine Art »Fahrplan« für die spätere Terminkontrolle.

Will man auch die projektbedingten Abhängigkeiten in den Meilensteinplan mit einbeziehen, so ist die Netzplantechnik einzusetzen. Der Meilensteinplan wird dann ähnlich einem Netzplan aufgebaut, wobei bei einem Vorgangsknotennetz die Meilensteine als (zeitverbrauchende) Vorgänge und bei einem Vorgangspfeilnetz diese als Ereignisse definiert werden. Mit Bild 3.80 ist ein derartiger *Meilenstein-Netzplan* wiedergegeben.

Wird das Projekt vornehmlich nach Meilensteinen gesteuert, stellt der Meilensteinplan den Generalplan für das Projektmanagement dar.

Netzplan

Der Netzplan umfasst bekanntlich alle Aufgaben (≙ Vorgänge) bzw. Meilensteine (≙ Ereignisse) in einer grafischen Darstellung, wobei die einzelnen Aufgaben bzw. Meilensteine entsprechend ihren fachlichen und personellen Abhängigkeiten bzw. Zuordnungen miteinander vernetzt sind. Hierbei ist in horizontaler Richtung etwa die Zeitachse zu sehen, d. h. ganz links steht der Startvorgang bzw. das Startereignis und ganz rechts der Zielvorgang bzw. das Zielereignis.

In den Symbolen der Ablaufelemente eines Netzplans werden alle für dieses Element vorhandenen Plandaten angegeben, also z. B. für den einzelnen Vorgang

- ▷ die Plantermine (Beginn und Ende),
- ▷ der Planaufwand,
- ▷ die organisatorische Zuordnung sowie
- ▷ die fachliche Zuordnung zur Produkt- und Projektstruktur.

Der Netzplan umfasst die gesamten Planinformationen eines Projekts; er ist Termin-, Aufwands- und Balkenplan in einem, enthält zusätzlich aber noch die logischen Abhängigkeiten zwischen den einzelnen Aufgaben.

In den Hauptkapiteln 3.3 und 3.4 wird die Netzplanung ausführlich behandelt. Dort sind auch grafische Beispiele für Netzpläne aufgeführt.

Terminplan

Der Terminplan enthält alle Aufgaben (und/oder Meilensteine) mit ihren Planterminen; er gibt detailliert darüber Auskunft, welche Aufgaben aktuell zu welchem Termin von wem erledigt werden müssen. Im Einzelnen sollte ein Terminplan enthalten:

- ▷ Aufgabenbezeichnung,
- ▷ Meilensteinkennzeichnung,
- ▷ Termin (evtl. ursprünglich und aktuell),
- ▷ organisatorische Zuständigkeit und
- ▷ kontenmäßige Zuordnung.

Als Terminplan versteht man im engeren Sinne die listenförmige Aufstellung obiger Plandaten; natürlich hat ein Balkenplan bzw. -diagramm und ein Meilensteinplan auch den Charakter eines Terminplans.

*** R E P R O P L I K   T A P L A N   V 3.0 *** — SEITE: 0001

T E R M I N L I S T E

AUSGEGEBEN AM: 03.08.87
UM: 15:11 UHR

VORGANGSAUSWAHL: *
SORTIERUNG NACH: VORGANGS-NR.

PROJEKT: S U P E R   2 0 0 0

GESAMTNETZPLAN   STANDARDABLAUF   PROJEKTUNTERSTUETZUNG   STAND: 26.06.87

VORGANGS-NR.	VORGANGSBESCHREIBUNG	UNTERKONTO	A.-DST	V.-ABT	FAT	FET	PUFFER	NP#	KOORDIN. X	KOORDIN. Y
1000000	DETAILEBENE RUECKGABE DER AKT. NETZPLAENE VOM ENTWICKLER	1000000	KOA 10	KOA1	13JUL87	17JUL87	0	099	0010	0040
1000010	DETAILEBENE UEBERARBEITUNG DER NP U. EING. IN NETZ....	1000000	KOA 13	KOA1	02JUL87	22JUL87	0	098	0020	0040
1000020	DETAILEBENE PLOTTEN KULI - FARBE	1000200	KOA 11	KOA1	23JUL87	28JUL87	0	099	0030	0040
1000030	DETAILEBENE VORBEREITUNG TERMINBESPRECH.	1000000	KOA 13	KOA1	23JUL87	24JUL87	0	098	0040	0040
1000040	DETAILEBENE TERMINBESPRECH. HW-AL,FAL SW-AL,FAL	1000000	KOA 12	KOA1	27JUL87	05AUG87	0	099	0050	0040
1000050	DETAILEBENE LETZTE AENDERG. UND ABSTIMMUNG --> PLOTBAND	1000200	KOA 13	KOA1	06AUG87	07AUG87	0	098	0060	0040
1000060	DETAILEBENE PLOTTEN TUSCHE UND KOPIEREN	1000200	KOA 13	KOA1	10AUG87	11AUG87	0	098	0070	0060
1000070	DETAILEBENE SONDERAUSGABEN BALKEN/LISTEN	1000000	KOA 14	KOA1	10AUG87	11AUG87	5	098	0070	0050
1000080	DETAILEBENE DELTA-LISTE AUSGEBEN UND BEWERTEN	1000000	KOA 13	KOA1	10AUG87	10AUG87	0	098	0070	0070
1000090	DETAILEBENE NETZPLAENE, LISTEN ETC. AN DNST. VERT.	1000000	KOA 13	KOA1	12AUG87	18AUG87	0	098	0080	0055
1000100	ERSTELLEN PROJEKTZUSTANDS BERICHT EMS 602 - 16002	1000000	KOA 10	KOA1	11AUG87	12AUG87	0	099	0080	0070
1000110	MANPOWER-BUDGET PLANWERTE ISTWERTE VERGLEICHE	1000000	KOA 14	KOA1	13AUG87	20AUG87	0	098	0090	0080
1000120	DETAILEBENE REDUKTION VON EBENE 1 --> PLOTBAND	1000200	KOA 11	KOA1	20AUG87	20AUG87	0	099	0080	0040
1000130	DETAILEBENE PLOTTEN SPEZIALVERSION KULI - FARBIG	1000200	KOA 12	KOA1	21AUG87	21AUG87	0	099	0090	0040
1000140	DETAILEBENE ERWEITERUNG DER TEILNETZE NEUE VORGAENGE	1000000	KOA 13	KOA1	12AUG87	27AUG87	0	098	0100	0040
1000150	DETAILEBENE PLOTTEN SPEZIAL-VERSION F.AKTUALISIERG.	1000000	KOA 13	KOA1	28AUG87	28AUG87	0	099	0110	0040
1000200	EBENE 1 AKTUAL. AUS E0 PACKEN UND VERNETZEN	1000000	KOA 15	KOA1	10AUG87	19AUG87	0	099	0070	0030
1000210	EBENE 1 PLOTTEN KULI - FARBIG	1000000	KOA 16	KOA1	20AUG87	20AUG87	0	099	0080	0030
1000220	EBENE 2/3 AKTUALISIEREN PACKEN VERNETZEN	1000000	KOA 11	KOA1	21AUG87	02SEP87	0	099	0090	0030
1000230	EBENE 2/3 PLOTTEN KULI - FARBIG UND VERTEILUNG	1000000	KOA 10	KOA1	03SEP87	04SEP87	0	099	0100	0030
1000300	STUKO-MONAT N-1 UEBERNAHME STUNDENZETTEL V.RZ-DE BAND	1000100	KOA 13	KOA1	13JUL87	14JUL87	0	099	0020	0080
1000310	STUKO-MONAT N-1 ERGAENZUNG DER STUKO-DATEI (HANDEINTRAEGE)	1000100	KOA 13	KOA1	13JUL87	14JUL87	0	099	0030	0080
1000320	STUKO-MONAT N-1 PLAUSI FUE INCL KORREKTUREN UEBERG.-->KPE 2	1000100	KOA 13	KOA1	13JUL87	14JUL87	0	099	0040	0080
1000330	STUKO-MONAT N-1 PLAUSI + KORR. BIS EKZ/TKZ - EBENE	1000100	KOA 10	KOA1	15JUL87	28JUL87	0	099	0050	0080
1000340	STUKO-MONAT N-1 UEBERNAHME DER IST-WERTE IN DATENBASIS	1000100	KOA 11	KOA1	29JUL87	29JUL87	10	099	0060	0080
1000350	STUKO MONAT N ERSTELLEN PLANDATEI FUER KPE 2	1000100	KOA 13	KOA1	23JUL87	23JUL87	0	099	0030	0055
1000360	STUKO-MONAT N AKTUALISIEREN STAMMDATEI	1000100	KOA 13	KOA1	23JUL87	23JUL87	0	099	0030	0070
1000370	STUKO-MONAT N UNTERSTUETZUNG DER ENTWICKLER BEI KONTIERUNG	1000100	KOA 17	KOA1	31JUL87	11AUG87	0	099	0040	0060
1000380	REPROPLIK STUKO-SPEZIFI. BETREUUNG UND WEITERENTWICKL.	1000100	KOA 16	KOA1	22JUL87	18AUG87	0	099	0060	0090
1000400	REPROPLIK ALLGEMEINE DIENSTLEISTGN. PRAESENTATIONEN	1000000	KOA 13	KOA1	13JUL87	11AUG87	0	099	0020	0030
1000450	REPROPLIK BETREUUNG UND INTERNE WEITERENTWICKL.	1000000	KOA 15	KOA1	23JUL87	27AUG87	0	099	0030	0030
1000500	QUALITAETS- UEBERWACHUNG	1000000	KOA 15	KOA1	13JUL87	24AUG87	0	099	0020	0020

Bild 3.116 Terminplan, erstellt durch Netzplanverfahren

Wird die Terminplanung mit der Netzplantechnik durchgeführt, so kann die Listenform eines Terminplans sehr einfach aus dem Netzplan unmittelbar generiert werden, wobei numerisches Sortieren nach der Vorgangsidentifikation oder Ordnen nach organisatorischen und kontenmäßigen Kriterien leicht möglich ist. Auch bietet sich eine Anordnung entsprechend der »Terminnähe« an, d. h. die unmittelbar bevorstehenden Termine stehen zuerst und die späteren sind am Ende der Liste angeordnet. Im Rahmen der Terminkontrolle können dann beim Gegenüberstellen zum aktuellen Zeitpunkt die kritischen Termine leichter herausgesehen werden.

In Bild 3.116 ist eine aus einem Netzplanverfahren generierte Terminliste wiedergegeben.

4 Projektkontrolle

Ohne planungskonforme Kontrolle ist ein zielorientiertes Vorgehen nicht möglich. Erst das laufende Überwachen des Projektstands führt zu Erkenntnissen, auf Grund derer man projektsteuernde Maßnahmen zum Optimieren des Entwicklungsablaufs ergreifen kann.

Im Rahmen der Projektkontrolle werden daher die einzelnen Projektparameter in ihren angefallenen Istwerten den durch die Projektplanung vorgegebenen Planwerten – in einem regelmäßigen Beobachtungsturnus – gegenübergestellt und unter Berücksichtigung der abgelaufenen Projektzeit beurteilt. In die Kontrolle sind alle quantifizierbaren Projektgrößen wie Zeit, Aufwand und Kosten, wenn möglich auch quantifizierbare Leistungsmerkmale einzubeziehen. Je kleiner dabei die zu betrachtenden Arbeitseinheiten sind, desto größer wird wohl der Kontrollaufwand, aber desto gezielter – und damit frühzeitiger – kann eine Abweichung von bestehenden Planvorgaben erkannt werden. *Frühzeitiges* Erkennen von Planabweichungen und Aufzeigen von Abweichungstendenzen ist die Voraussetzung für eine wirkungsvolle Projektsteuerung.

Bild 4.1 veranschaulicht die Bedeutung des rechtzeitigen Erkennens einer sich abzeichnenden Planabweichung der jeweiligen Kontrollgröße; es zeigt: Je früher man Planabweichungen erkennt und steuernde Maßnahmen einleitet, desto größer sind die Chancen, dass diese Maßnahmen noch rechtzeitig, d. h. ohne Plankorrekturen, wirksam werden.

Mit der Projektplanung wurde die Plandatenbasis für alle Abschnitte der Projektkontrolle geschaffen; adäquat hierzu muss nun die Istdatenbasis gestaltet werden. So ist für die Terminkontrolle ein umfassendes *Rückmeldewesen* und für die Aufwands- und Kostenkontrolle eine detaillierte *Stundenkontierung* und *Kostenerfassung* notwendig. Innerhalb der *Sachfortschrittskontrolle* steht das Ermitteln des Fertigstellungsgrads im Vordergrund; mit ihm kann ein »Arbeitswert« berechnet werden, der ein Maß für die erbrachte Arbeitsleistung darstellt und eine Schätzung der Restaufwände und -kosten sowie der Restzeiten ermöglicht. Das anforderungsgerechte Einhalten des technischen Inhalts einer Entwicklung erreicht man durch eine projektbegleitende *Qua-*

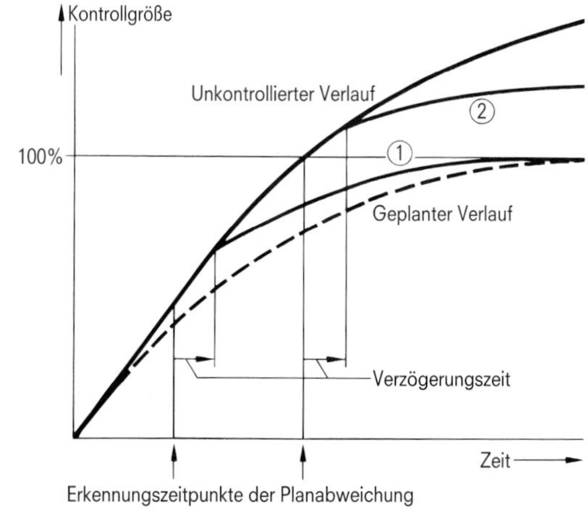

Bild 4.1
Rechtzeitiges Erkennen einer Planabweichung
① rechtzeitig ② zu spät

litätssicherung, die bei der Prüfung der ersten Entwurfsdokumente einsetzt und sich bis hin zur Prüfung der endgültigen Realisierungsergebnisse erstreckt.

Eine allgemeine Absicherung der Projektkontrolle wird durch Systematik und Durchgängigkeit der *Projektdokumentation* erreicht; hierbei ist eine (offiziell eingeführte) Dokumentationsordnung sehr hilfreich. Die Ergebnisse der Projektkontrolle fließen schließlich in Projektberichte ein, die zielgenau und aktuell mit Hilfe eines nutzerorientierten *PM-Berichtswesens* zu verteilen sind.

Die Analyse der durch die Projektkontrolle aufgedeckten Abweichungen bzw. erkannten Abweichungstendenzen führt zum Ausarbeiten geeigneter Maßnahmen für die Projektsteuerung; diese können sehr unterschiedlich sein. Die einfachste – für das Erreichen des Projektziels aber immer ungünstigste – Maßnahme ist das simple Anpassen der Planvorgaben an die neue Projektsituation, also z. B. Verschieben der Termine, Heraufsetzen des Budgets, Ausweiten des Mitarbeiterstandes oder Reduzieren des Aufgaben- bzw. Leistungsvolumens. Es muss aber innerhalb der Projektsteuerung dem allgemeinen Gesetz von Parkinson »Work expands to fill the available volume« entgegengewirkt werden. Anzustreben sind daher immer Steuerungsmaßnahmen, die die Planerreichung ohne Änderung der Planeckdaten sichern. Dies ist z. B. durch verbesserte Motivation der Mitarbeiter, durch Anheben der Qualifikation oder durch Ändern der Prozessablauffolgen möglich; Letzteres führt allerdings leicht zu einer Risikoerhöhung, da ja i. Allg. vom optimalen Arbeitsablauf abgewichen werden muss.

Projektkontrolle bedeutet letztendlich immer das Vergleichen einer vorliegenden Projektsituation – dokumentiert durch Istwerte der einzelnen Projektparameter – mit einem früher geplanten Zustand – dokumentiert durch entsprechende Planwerte. Abweichungen können begründet sein einerseits durch Mängel im Projektablauf (Planwerte sind richtig) oder durch falsche Prämissen bei der Planvorgabe (Istwerte sind richtig). Ist also ein Aktualisieren der Durchführungsplanung im Rahmen der bestehenden Zielvereinbarung nicht möglich, so muss man diese den Erfordernissen anpassen; hierbei muss aber die Projektsteuerung die Auswirkung der getroffenen Maßnahmen auf andere Projekte berücksichtigen.

4.1 Terminkontrolle

Innerhalb der Projektplanung zeigt der Terminplan den gesamten Terminaufriss des Projekts; dort hat er die Aufgabe, alle Einzelaktivitäten eines Entwicklungsvorhabens im terminlichen Zusammenwirken transparent und konsistent darzustellen.

Der Terminplan hat aber auch in dem darauf folgenden Projektabschnitt, in der Projektdurchführung, eine weitere entscheidende Aufgabe und zwar für die Terminkontrolle. Durch laufendes Beobachten der Terminsituation und Vergleichen der Planwerte mit den Istwerten wird die Entscheidungsgrundlage für eine wirksame terminliche Projektsteuerung geschaffen. Voraussetzung für eine wirkungsvolle Terminkontrolle ist aber die konsequente Aktualisierung der Plantermine. Ohne regelmäßiges und rechtzeitiges Rückmelden der aktuellen Terminsituation durch den Entwickler an das Projektmanagement ist keine effiziente Terminkontrolle in Form von terminlichen Plan/Ist-Vergleichen und Termintrendanalysen möglich.

4.1.1 Rückmeldewesen

Im Rahmen eines (Termin-)Rückmeldewesens sollen die Entwickler dem Projektmanagement den unmittelbaren, aktuellen Terminstand der laufenden Entwicklungsaktivitäten berichten. Für jedes noch nicht abgeschlossene Arbeitspaket muss in einem festen Turnus angegeben werden, ob

- ▷ der Termin gehalten wird,
- ▷ der Termin nicht gehalten werden kann,
- ▷ der Termin vorverlegt werden kann.

Solche Aussagen dürfen natürlich noch nicht automatisch zu einer Terminkorrektur führen, sondern das Projektmanagement kann erst auf Grund der Gesamtsicht der Einzelterminaussagen aller Arbeitspakete des Projekts zu einer Terminentscheidung gelangen. Meist können Terminverzögerungen *einzelner* Arbeitspakete leicht aufgefangen werden, ohne dass der Termin des gesamten Projekts gefährdet wird.

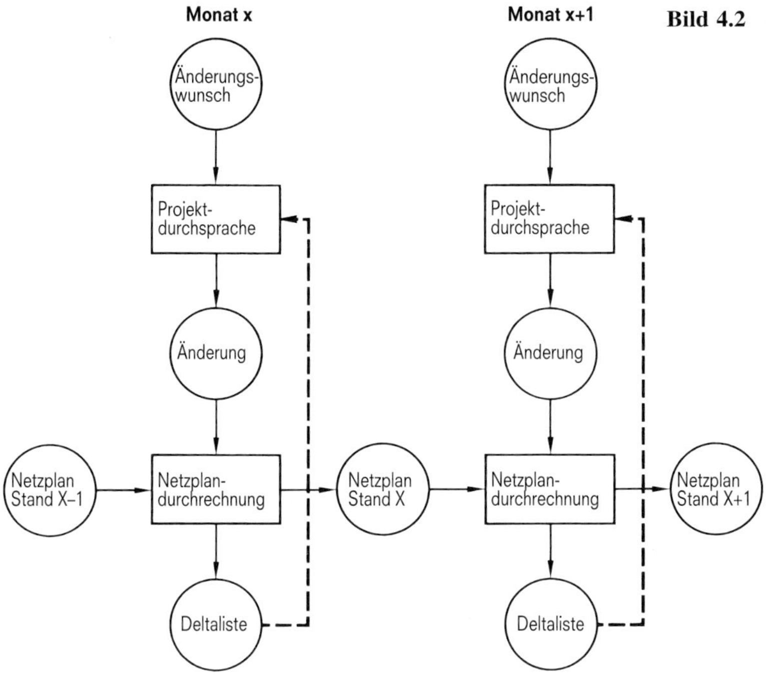

Bild 4.2 Aktualisierungsrhythmus

Auch kann man Terminengpässe häufig noch durch zusätzliches Personal mildern, so dass die Plantermine nicht verändert werden müssen. Nur wenn alle Möglichkeiten einer *termininvarianten* Projektsteuerung ausgeschöpft sind, muss – als letztes Mittel – zu einer Terminanpassung, d.h. meist zu einer Terminverschiebung für das Gesamtprojekt, gegriffen werden.

Rückmeldeablauf

Das Erfassen der Terminsituation darf allerdings nicht ein Zufallsprozess sein, sondern die Rückmeldung des aktuellen Terminstandes muss in geregelten Bahnen ablaufen. Daher ist das Installieren eines offiziellen Rückmeldewesens so notwendig; es muss sicherstellen, dass *alle* Tätigkeitsbereiche eines Projekts erfasst werden und keine Lücken in der Terminberichterstattung entstehen. Als wesentliche Punkte müssen in einem Rückmeldewesen definiert sein:

▷ Wer meldet wem?
▷ In welchem Zeitrhythmus muss gemeldet werden?
▷ Welche Daten zu welchen Arbeitspaketen müssen gemeldet werden?
▷ Wie werden die gemeldeten Daten aufbereitet?

Bild 4.2 veranschaulicht das Schema für den Rückmeldeablauf bei einer Terminkontrolle mit Netzplan.

Wie hier zu ersehen ist, wird ein Änderungswunsch bez. eines Plantermins (z.B. eine Terminverschiebung) nicht gleich in den Netzplan übernommen, sondern bei einer Projektdurchsprache in die Gesamtterminbetrachtung des Projekts einbezogen. Erst das abgestimmte Ergebnis dieser Terminbesprechung findet Eingang in den Netzplan. Auch kann das Ergebnis der Netzplandurchrechnung eine erneute Projektdurchsprache erforderlich machen.

Häufig wird es von Nutzen sein, Terminengpässe oder – bei Netzplänen – sogar *negative* Zeitpuffer für eine gewisse Zeit bestehen zu lassen, um nicht durch zu frühes Aufheben des Termindrucks einem *Aktivitätsnachlassen* der Entwickler Vorschub zu leisten. Das Projektmanagement muss allerdings in solchen Fällen die bestehenden kritischen (z.T. sogar irrealen) Termine ganz besonders aufmerksam im Auge behalten. Eine Terminaktualisierung wird erst im allerletzten Augenblick vorge-

Rückmeldeliste	**Werk:**	WG E	**Projektbezeichnung:**	Steuerelement für B57-Aggregat	**Seite: 1**
	Empfänger:	PMO 1	**Projektleiter:**	Dr. Joswig	
	erstellt:	03.01.00	**Dienststelle:**	E GE 13	

	Bezeichnung Ansprechpartner Gerät/Baugr./U-Baugr. FuE-Antrag	**Dauer Plan**	**Rest** (in Wochen)	**Plan-Termine FAT**	**FET**		**Rückmeldedaten der beteiligten Dienststellen** (Aufwand in MT)					
3008	Schaltungsentw. B57					Dienststelle	E ST 13	E ST 15	E ST 16	....	....	....
	Dr. Joswig	5	*F*	15.11.99	17.12.99	Soll-Aufwand	10	6	12	....	....	....
	01 / 57 / 00					Ist-Aufwand	11	6	11	....	....	....
	334					Rest-Aufwand	*0*	*0*	*0*	....	....	....
3010	Schaltkreis B13					Dienststelle	E GE 11	E GE 12	....	....	....	....
	Hr. Oertel	4	....	06.12.99	13.01.00	Soll-Aufwand	20	10	....	....	....	....
	01 / 57 / 13					Ist-Aufwand	15	7	....	....	....	....
	334					Rest-Aufwand	*5*	*4*	....	....	....	....
3020	Schaltkreis B18		....			Dienststelle	E GE 11	E GE 12	....	....	....	....
	Hr. Oertel	6		06.12.99	28.01.00	Soll-Aufwand	25	20	....	....	....	....
	01 / 57 / 18					Ist-Aufwand	17	15	....	....	....	....
	334					Rest-Aufwand	*10*	*8*	....	....	....	....
3020	FM-Entwurf B13					Dienststelle	E GE 13	E GE 15	E GE 16	....	....	....
	Hr. Zellner	7	....	10.01.00	25.02.00	Soll-Aufwand	50	25	30	....	....	....
	01 / 57 / 13					Ist-Aufwand	0	0	0	....	....	....
	334					Rest-Aufwand	*50*	*25*	*30*	....	....	....
3030	Simulation B13					Dienststelle	E TF 13	E GE 11	E GE 12	E GE 13	....	....
	Hr. Scholz	4	....	17.02.00	15.03.00	Soll-Aufwand	10	5	5	5	....	....
	01 / 57 / 13					Ist-Aufwand	0	0	0	0	....	....
	334					Rest-Aufwand	*10*	*5*	*5*	*5*	....	....
						Dienststelle	....	....	....	....	....	....
			....			**Soll-Aufwand**	....	....	....	....	....	....

Bild 4.3 Rückmeldeliste

nommen, wenn eine Termineinhaltung durch keine irgendwie gestaltete Maßnahme mehr erreichbar erscheint.

Rückmeldeliste

Es liegt nahe, das Berichtswesen – z. B. durch Formulare – zu »institutionalisieren«, so dass auf persönliche und telefonische Abfragen, die selten vollständig sind, verzichtet werden kann. Eine solche *Rückmeldeliste* sollte folgende Angaben enthalten:

▷ Projekt- bzw. Teilprojektbezeichnung,
▷ Arbeitspakete (Benennung, Identifikation),
▷ Dienststelle und Verantwortlicher,
▷ Berichtsdatum,
▷ aufgetretene Terminänderungen,
▷ Grund der Terminänderungen,
▷ evtl. Restaufwandsschätzungen.

Es bietet sich an, in die Liste die notwendigen Fertigmeldungen von Arbeitspaketen aufzunehmen. Ein gesondertes Formular für die Meldung von Fertigstellungsterminen erübrigt sich dann.

Die Rückmeldelisten können auch Angaben für die angefallenen Aufwände der Arbeitspakete aufnehmen. Diese erweiterte Nutzung ist dann angebracht, wenn im betreffenden Entwicklungsbereich keine separate Aufwandserfassung über ein eigenes Stundenkontierungsverfahren im Einsatz ist.

Wird die Terminplanung von einem DV- bzw. PC-Verfahren unterstützt, so können Rückmeldelisten mit Vorab-Informationen vom Rechner erzeugt werden. Auf diese Weise erhält jede Entwicklungsgruppe eine nur sie betreffende Arbeitspaketliste mit entsprechenden Zusatzinformationen, in die der Entwickler nur noch seine Terminvorstellungen und evtl. Aufwandszahlen einzutragen hat. Durch ein solches Rückmeldewesen erreicht man einen hohen Grad an Vollständigkeit, da alle Mitarbeiter in einem festen Rhythmus bez. aller Arbeitspakete regelmäßig abgefragt werden. Bild 4.3 zeigt das Beispiel einer rechnererstellten Berichtsliste.

Eines der ersten Projektplanungs- und -steuerungsverfahren, das die Terminkontrolle mit der Netzplantechnik in einen festen Monatsrhythmus eingebettet hat, war das Verfahren REPROPLIK, welches für die Projektsteuerung im Kommunikationsbereich von Siemens eingesetzt war. Die Netzplanaktualisierung wurde hier nicht in beliebigen (meist viel zu großen) Zeitabständen, sondern in vom Projektmanagement fest vorgegebenen Zeitabständen vorgenommen.

4.1.2 Aktualisierung des Netzplans

Wenn in einem Projekt die Netzplantechnik eingesetzt wird, dann darf das Projekt nicht *neben* dem Netzplan, sondern muss *mit* ihm geführt werden. Grundvoraussetzung ist hierfür, dass der Netzplan für das gesamte Projekt immer aktuell gehalten wird; d. h. möglichst in einem festen Rhythmus (z. B. monatlich) sollte man die Daten des Netzplans auf den neuesten Stand bringen. So wie es in allen Entwicklungsbereichen bereits selbstverständlich geworden ist, monatlich eine Stundenaufschreibung durchzuführen, so sollte es auch selbstverständlich sein, die Terminerfassung in einen festen Turnus einzubinden. Nicht-aktuelle Netzpläne sind Makulatur und haben keinen Wert als Führungsinstrumentarium.

Terminbesprechungen

Liegen alle Änderungswünsche der Entwickler zum Netzplanstand vor, so sind diese in einen Gesamtzusammenhang zu bringen und in Projektstatusbesprechungen zu diskutieren. Nicht jedem Wunsch – besonders dem nach Terminverschiebung – darf automatisch entsprochen werden, da sonst der Endtermin des gesamten Projekts schnell umgestoßen ist.

Schlüsselfrage bei Terminbesprechungen ist immer die Überlegung bzw. Entscheidung, ob ein Einzeltermin in jedem Fall gehalten werden *muss* oder aber verschoben werden *kann*.

Ein gefährdeter Termin kann gehalten werden z. B. durch

- ▷ Einsatz von zusätzlichem Personal,
- ▷ temporäres Erhöhen der Arbeitszeit (Mehr- oder Überstunden, Urlaubsverschiebung),
- ▷ verbesserten Tool- und Methodeneinsatz,
- ▷ Optimieren der Arbeitsabläufe oder
- ▷ Abstriche im Leistungsumfang.

Das Verschieben eines Termins wird entweder durch Verlängern von Vorgangsdauern oder durch unmittelbares Verlegen von gesetzten Terminen erreicht und kann notwendig sein, wenn

- ▷ Personalmangel (Krankheit, Fluktuation) entstanden ist,
- ▷ sich qualitative Schwächen des Entwicklungspersonals zeigen,
- ▷ unvorhergesehene Schwierigkeiten bei der Lösung der Entwicklungsaufgabe aufgetreten sind,
- ▷ sich die Aufwandsschätzung als unrealistisch herausgestellt hat,
- ▷ neue, nicht bedachte Abhängigkeiten zu berücksichtigen sind oder
- ▷ zusätzliche Funktions- und Leistungsanforderungen zu erfüllen sind.

Ergebnis solcher regelmäßig abzuhaltender Terminbesprechungen ist schließlich das Herausstellen derjenigen Arbeitspakete, deren Planvorgaben in irgendeiner Weise zu ändern sind. Zu derartigen Planänderungen, die eine terminliche Auswirkung haben können, zählen bei einem Netzplanvorgang die Änderung

- ▷ des Beginn- und Endtermins,
- ▷ der Vorgangsdauer,
- ▷ des Personalaufwands,
- ▷ der Personalzuordnung,
- ▷ der Zuordnung von Betriebsmitteln,
- ▷ der Abhängigkeiten und
- ▷ der Zuständigkeit und Verantwortung.

Terminaktualisierung

Für das Übernehmen der aktuellen Terminsituation gibt es zwei Möglichkeiten; dies ist in Bild 4.4 anhand eines einfachen Balkendiagramms veranschaulicht. Bei der ersten Möglichkeit werden zum Aktualisierungsstichtag die alten Plantermine der einzelnen Vorgänge (erst einmal) bestehen gelassen; durch entsprechende Kennzeichnung trägt man den jeweiligen Fertigstellungsstand ein. Der Vorteil liegt darin, dass man einerseits auf einen Blick erkennt, welche Vorgänge in Plan oder außer Plan sind, und andererseits die Plantermine für einen längeren Zeitraum einen statischen Charakter erhalten. Bei der zweiten Möglichkeit werden demgegenüber zu jedem Aktualisierungsstichtag alle Vorgänge entsprechend ihrem Fertigstand »vor- oder zurückgerückt«,

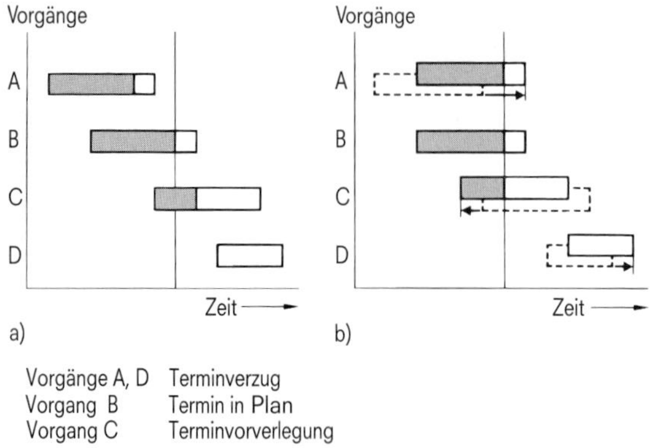

a) Ohne Änderung der Plantermine
b) Mit Änderung der Plantermine

Bild 4.4 Arten der Terminaktualisierung

d. h. alle Plantermine werden umgehend an die aktuelle Terminsituation angepasst. Hier liegt der Vorteil in der immer aktuellen Gesamttermindurchrechnung; dies schwächt aber das Beharren und Einhalten von Einzelterminen. In der Praxis hat es sich für ein Projektbüro häufig als vorteilhaft erwiesen, beide Möglichkeiten der Terminaktualisierung parallel zu nutzen.

Als sehr wichtig hat es sich für das Verkürzen von Entwicklungsdurchlaufzeiten gezeigt, besonders diejenigen Vorgänge aufmerksam zu beobachten, deren Abarbeitung unmittelbar den Beginn nachfolgender Vorgänge bestimmt. Diese *kritischen* Vorgänge sollten in jedem Fall durch entsprechende Kennzeichnung hervorgehoben werden.

Reorganisation des Netzplans

Neben der Änderung von Plandaten eines Netzplans ist es häufig auch erforderlich, den Netzplan in seiner Ausdehnung an den Projektfortschritt anzupassen. Einerseits werden laufend Arbeitspakete abgeschlossen und andererseits entstehen immer neue Netzplanvorgänge. Die fortschreitende Detaillierung in der Projektstruktur führt dazu, dass später vorgesehene (große) Arbeitspakete im Laufe der Zeit in kleinere definiertere Arbeitspakete »aufgesplittet« werden. Bei langlaufenden Projekten kann es dann – von der Vorgangszahl her – zu einer Überladung des Netzplans und damit zur Unübersichtlichkeit des Projektgeschehens kommen. Deshalb ist es sinnvoll, im gleichen Maße wie immer neue Vorgänge »geboren« werden, abgeschlossene Vorgänge wieder zu umfassenderen Vorgängen zu *vereinen,* ohne dass die inzwischen angefallenen Projektdaten verloren gehen.

Durch dieses parallele Splitten und Reduzieren von Vorgängen wird erreicht, dass die Gesamtmenge der Vorgänge in einem Netzplan etwa konstant bleibt (siehe Bild 3.79). Dies ist für Großprojekte sehr bedeutsam, da hier auf der untersten Netzplanebene Vorgangsmengen auftreten, die an die Grenze der Speicherrestriktionen des verwendeten Netzplanverfahrens kommen können.

Das Reduzieren von Netzplanvorgängen erreicht man durch »Packen« von Vorgängen. Hierbei werden Vorgänge, die in einem bestimmten Zusammenhang stehen, zu gemeinsamen Vorgängen zusammengefasst. Als Kriterien für eine Zusammenfassung können z. B. dienen:

- ▷ gemeinsamer Aufgabenkomplex,
- ▷ gemeinsames Teilprojekt,
- ▷ gemeinsame Organisationseinheit,
- ▷ gemeinsamer Meilenstein oder
- ▷ gemeinsame Entwicklungsphase.

In Bild 4.5 sind zwei Möglichkeiten sinnvollen Packens von Vorgängen dargestellt. In den dem Netzplan zugehörigen Vorgangsnetzdateien müssen entsprechend diesen Vorgangszusammenfassungen auch die Plan- und

Istdaten zusammengefasst werden; hierbei gehen natürlich Detailinformationen verloren, welche allerdings bei Verwenden einer separaten Projektbibliothek erhalten bleiben würden.

Darstellung von Terminverschiebungen

Sind alle verabschiedeten Planänderungen und Vorgangsreorganisationen (Splitten, Reduzieren) in den Netzplan eingebracht, so ergibt sich auf Grund einer Netzplandurchrechnung die neue Terminsituation des Projekts. Für die weitere Terminkontrolle ist es nun sehr vorteilhaft, wenn das Netzplanverfahren einen automatischen Vergleich des alten mit dem neuen Netzplanstand ermöglicht und in einer transparenten Darstellung die relevanten Plandifferenzen ausweist. So kann man mit SINET-Netzplanverfahren Delta-Balkendiagramme (Bild 4.6) für die Gegenüberstellung von unterschiedlichen Netzplanständen erzeugen.

Wie aus Bild 4.6 zu ersehen ist, werden die Termine der Vorgänge zweier verschiedener Planstände – jeweils mit eigenen Balken – gegenübergestellt, wobei der aktuellere Planbalken gemäß der Terminverschiebungsart »gepfeilt« ist. Zudem wird in einer eigenen Spalte durch Pfeile angedeutet, ob es sich um eine Terminverschiebung nach vorn oder nach hinten handelt. Auch ist der neue errechnete Zeitpuffer angegeben. Hier hat es sich – wie bereits erwähnt – für das Projektmanagement als opportun gezeigt, auch mit *negativen* Puffern zu arbeiten. Durch das Bestehenlassen von derartigen (irrealen) Negativpuffern bleibt für die betroffenen Entwicklungsgruppen ein erhöhter *Termindruck* bestehen, der die Wahrscheinlichkeit erhöht, dass ein gefährdeter Termin doch noch – zumindest teilweise – gehalten wird. Würde dieser punktuelle Termindruck von vornherein vom Entwickler fern gehalten werden, so wird kaum noch eine Termineinhaltung erreichbar sein. Erst, wenn nicht mehr die geringste Chance besteht, muss eine Terminangleichung vorgenommen werden.

4.1.3 Terminlicher Plan/Ist-Vergleich

Grundlage jeder effizienten Terminkontrolle ist der laufende Plan/Ist-Vergleich der Termine, d. h. die Gegenüberstellung der Plantermine mit den eingetretenen bzw. mit den voraussichtlichen Fertigstellungsterminen (Fertigtermine). Im Gegensatz zu den Plan/Ist-Vergleichen anderer Projektgrößen, wie beim Personalaufwand oder bei den Entwicklungskosten, handelt es sich innerhalb des terminlichen Plan/Ist-Vergleichs bei den Istwerten eigentlich um *voraussichtliche* Istwerte. Dies ist auch der Grund dafür, dass das Feststellen der Terminsituation im Rahmen einer Terminkontrolle so viele Unsicherheitsfaktoren in sich birgt. Im Allgemeinen werden die (voraussichtlichen) Isttermine in bestimmten Zeitabständen abgefragt; dabei gibt es die in Bild 4.7 aufgeführten Fälle.

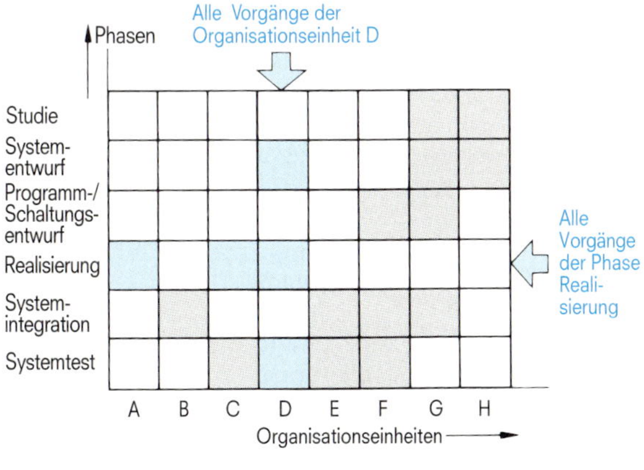

Bild 4.5 Packen von Netzplanvorgängen

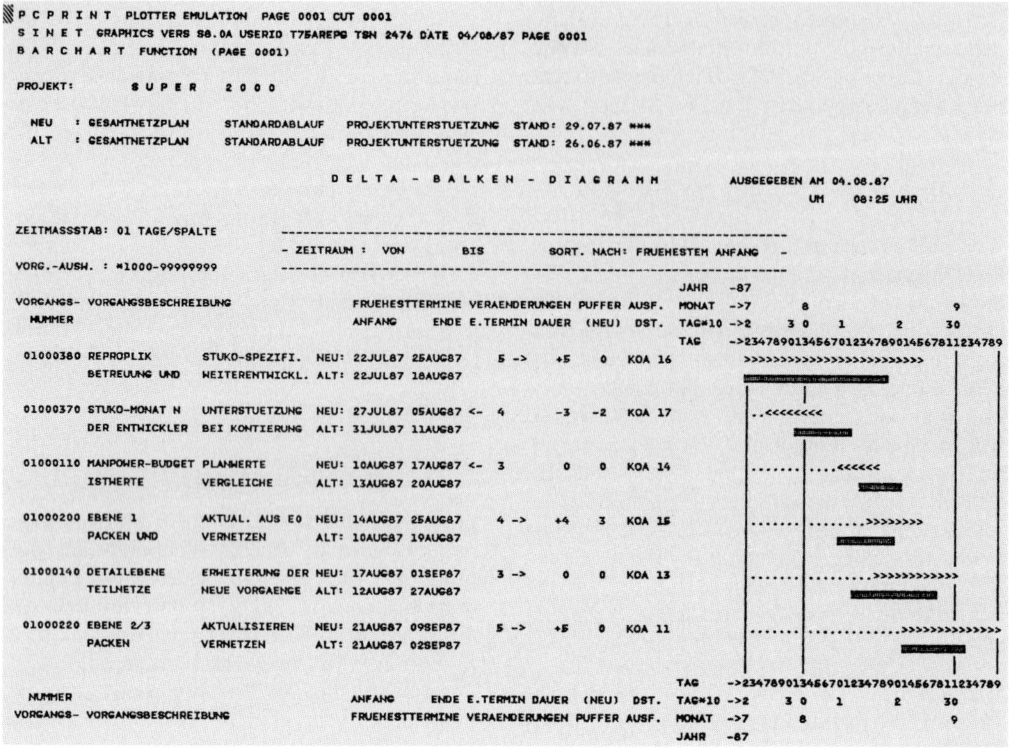

Bild 4.6 Termindifferenz-Darstellung (Beispiel SINET)

Terminzustand	Abfragezeitpunkt	
	nach Plantermin	vor Plantermin
Termin-unter-schreitung	▸ Fertigmeldung vor Plantermin erfolgt.	▸ Fertigmeldung erfolgt. ▸ Fertigmeldung noch nicht erfolgt, aber voraussichtlich wird Fertigstellung vor Plantermin liegen.
Termin-einhaltung	▸ Fertigmeldung zum Plantermin erfolgt.	▸ Fertigmeldung noch nicht erfolgt, aber voraussichtlich wird Fertigtermin zum Plantermin vorliegen.
Terminüber-schreitung	▸ Fertigmeldung noch nicht erfolgt. ▸ Fertigmeldung erfolgt, aber Fertigtermin liegt nach Plantermin.	▸ Fertigmeldung noch nicht erfolgt, aber voraussichtlich wird Fertigtermin nach Plantermin vorliegen

Plantermin ≙ gepl. Fertigtermin

Bild 4.7 Terminvergleich

Terminübersichten

Da eine detaillierte Projektstruktur zwangsläufig dazu führt, dass in einem Projekt sehr viele Einzeltermine (der einzelnen Arbeitspakete) zu überwachen sind, müssen für eine praktikable Terminkontrolle klare Terminübersichten mit den für die Projektleitung relevanten Terminen zur Verfügung stehen. Neben allgemeinen Terminübersichtslisten, die die Termine aller Arbeitspakete enthalten, sind daher *Rückstandsübersichten* bzw. *Negativlisten* sehr vorteilhaft, die nur Arbeitspakete mit kritischen Terminen enthalten. Zu diesen zählen:

▷ Termine, die bereits überschritten sind und
▷ Termine, die wahrscheinlich nicht eingehalten werden können.

Neben der Übersicht aller überschrittenen Einzeltermine ist also auch das explizite Kennzeichnen gefährdeter Termine in Form einer »Frühwarnung« notwendig.

Sehr nützlich für das Erstellen solcher Rückstandsübersichten im Rahmen des Plan/Ist-Vergleichs von Projektterminen ist auch hier ein netzplangestütztes Projektführungssystem. Hier liegen alle Einzeltermine und Fertigmeldungen in einer zentralen Datenbasis vor, so dass durch einfaches Auswerten alle aktuellen Terminabweichungen aufgezeigt werden können. So enthielt z. B. die Projektstatusliste des Projektplanungs- und -steuerungsverfahrens REPROPLIK, welches in Entwicklungsbereichen der Kommunikationstechnik sehr erfolgreich im Einsatz war, solche Kennzeichnungen bereits überschrittener Termine sowie Frühwarnvermerke bei gefährdeten Terminen (Bild 4.8).

Bei einer »manuellen« Terminüberwachung ist es kaum zu vermeiden, dass man kritische Terminsituationen zu spät als solche erkennt und dann nicht mehr rechtzeitig in das Projektgeschehen steuernd eingreifen kann. Ein Verzug des Gesamttermins oder eine besondere »Crash-Aktion« ist dann häufig die Folge.

Liegt kein Netzplan zur Terminkontrolle vor, so müssen zumindest in einem regelmäßigen Berichtsturnus die voraussichtlichen Fertigstellungstermine aller Arbeitspakete systematisch notiert und aufmerksam beobachtet werden. Nur auf diese Weise besteht eine Chance, sich anbahnende Terminverzüge noch so rechtzeitig zu erkennen, dass diese durch geeignete Steuerungsmaßnahmen (Personalaufstockung, Überstunden, Funktionsabstriche etc.) wirkungsvoll eingeschränkt werden können.

Plantreue

Bekanntlich wird im Rahmen einer Entwicklungsplanung- und -steuerung für die »Leistungsgrößen«, d. h. für Ergebnisgrößen wie Funktionsumfang, Verfügbarkeit, Qualität etc. eine *Maximierung* angestrebt, wogegen man für die »Lastgrößen«, wie Termin, Kosten und Aufwand eine *Minimierung* erreichen möchte. Für die aktuelle Planerfüllung dieser Größen während des Projektablaufs bieten sich zwei unterschiedliche Kennzahlen beim Gegenüberstellen der Istwerte (bzw. voraussichtlichen Istwerte) zu den Planwerten an.

Bei *Leistungsgrößen* (Maximierung):

$$PT_{\text{Leistung}} = \frac{Y_{\text{V'Ist}}}{Y_{\text{Plan}}} \times 100 \qquad (46)$$

PT_{Leistung} Plantreue einer Leistungsgröße in %
$Y_{\text{V'Ist}}$ Voraussichtlicher Istwert
Y_{Plan} Planwert;

Projektstatusliste

Blatt: 1

Projekt: Verfahrenseinführung LIMON
Stichtag: 12. April 2002
Druckdatum: 14. April 2002

Abteilung: K OA 13
Projektleiter: Kabicenko
Controller: Haase

Vorgangs-Nr.	Vorgangsbesschreibung	Terminvorgabe FAT	Terminvorgabe FET	Puffer	Aktuell FET	Terminstatus	Plan-Aufwand	Delta-Aufwand	Ist aufgel.	Ist vorauss.	Abweich. %
0047110	Planung und Vorbereitung	30.07.01	21.12.01		21.12.01	Fertig in Plan	78	0	77	77	-1
0047120	Vorbereitung im SAP-Testsystem	15.10.01	04.12.01		14.12.01	Fertig mit Verzug	35	3	40	40	5
0047130	Realisierung im SAP-System	05.12.01	31.05.02	0	28.06.02	Verzug !!!	122	20	145	156	10
0047140	Systemtest	03.05.02	31.07.02		31.07.02	in Plan	62	2	0	64	0
0047160	Dokumentationserstellung	02.01.02	31.07.02	10		offen !!!	65	0	40		
0047150	Abnahme durch QMS	01.08.02	08.08.02		08.08.02	in Plan	5	0	0	5	0
0047170	Anwenderschulung	05.08.02	30.08.02	10		offen !!!	18	2	0		
0047180	Umstellung vor-/nachgel. Verfahren	01.08.02	01.10.02		01.10.02	in Plan	42	10	0	52	0
0047190	Umsetzung Produktivdaten	16.09.02	18.10.02		18.10.02	in Plan	20	5	0	25	0
0047200	Produktivbetrieb auf Basis LIMON	28.10.02	31.12.02		31.12.02	in Plan	45	0	0	45	0
0047210	Projektabschlussarbeiten	02.12.02	31.12.02		31.12.02	in Plan	10	0	0	10	0

Bild 4.8 Projektstatusliste

	Voraussichtlicher Istwert kleiner als Planwert	Voraussichtlicher Istwert größer als Planwert
Plantreue bei Leistungsgrößen	unter 100%	über 100%
Plantreue bei Lastgrößen	über 100%	unter 100%

Bild 4.9 Wertebereich der Plantreue

bei *Lastgrößen* (Minimierung):

$$PT_{\text{Last}} = \left(2 - \frac{Y_{\text{V'Ist}}}{Y_{\text{Plan}}}\right) \times 100 \qquad (47)$$

PT_{Last} Plantreue einer Lastgröße in %

Erreicht wird durch diese unterschiedliche Quotientenbildung, dass angestrebte Planüberschreitungen bei zu maximierenden Leistungsgrößen und angestrebte Planunterschreitungen bei zu minimierenden Lastgrößen in beiden Fällen zu »Plantreue«-Werten von über 100% führen; entsprechend umgekehrte Plannichterfüllungen führen zu Werten unter 100% (Bild 4.9).

Termintreue

Als hilfreicher Kontrollindex zum Beurteilen der Terminsituation eines Projekts eignet sich daher der arithmetische Durchschnittswert der terminlichen Plantreue-Quotienten aller Aufgabenkomplexe bzw. Teilprojekte. Dieser Index wird als Termintreue des Gesamtprojekts bezeichnet und leitet sich ab wie folgt:

$$TT_{\text{TP}} = \frac{T_{\text{Plan}} - T_{\Delta}}{T_{\text{Plan}}} \times 100 \qquad (48)$$

TT_{TP} Termintreue eines Teilprojekts in %
T_{Plan} Geplante Dauer
T_{Δ} Terminverzug nach (50),

und damit

$$TT_{\text{ges}} = \frac{\sum TT_{\text{TP}}}{n_{\text{TP}}} \qquad (49)$$

TT_{ges} Termintreue des Gesamtprojekts in %
n_{TP} Anzahl Teilprojekte:

hierbei gilt für den Terminverzug:

$$T_{\Delta} = T_{\text{V'Ist}} - T_{\text{Plan}} \qquad (50)$$

$T_{\text{V'Ist}}$ Voraussichtliche Dauer

In Bild 4.10 ist der Verlauf der Termintreue bezogen auf das Verhältnis der voraussichtlichen Dauer zur geplanten Dauer aufgetragen.

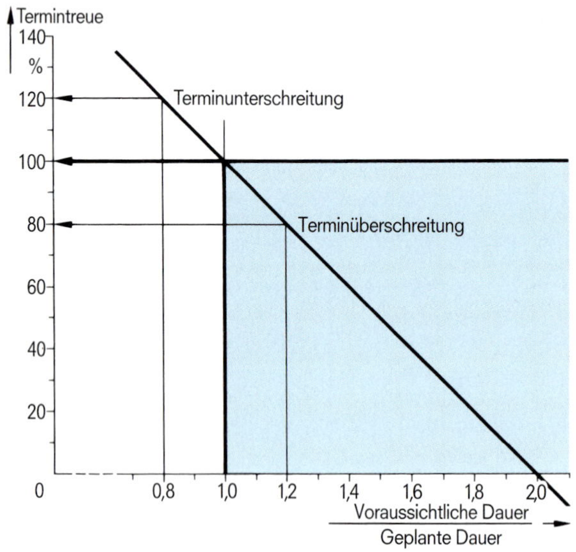

Bild 4.10 Diagramm Termintreue

Die Termintreue nimmt hiernach einen Wert >100% an, wenn die voraussichtlichen Dauern (durchschnittlich) kleiner als die geplanten Dauern sind, wenn also eine Terminunterschreitung vorliegt. Bei einer (durchschnittlichen) Terminüberschreitung nimmt die Termintreue Werte <100% an. Ziel der Projektführung muss damit sein, den Wert 100% zu erreichen, wenn möglich zu überschreiten.

4.1.4 Termintrendanalysen

Der Plan/Ist-Vergleich von Projektterminen darf besonders bei mehrjährigen Entwicklungsvorhaben nicht das alleinige Hilfsmittel zur Terminkontrolle bleiben. Das statisch betrachtete Ereignis einer einmaligen Terminverzögerung eines bestimmten Arbeitspakets ist häufig nicht sehr aussagekräftig, da bei mehrjährigen Vorhaben eine singuläre Terminverschiebung i. Allg. den Gesamttermin nicht gefährden sollte. Anderenfalls ist von Anbeginn terminlich zu eng geplant und es sind zu kleine Zeitpuffer in den Terminplan eingebaut worden.

Handelt es sich dagegen um ein Arbeitspaket, das bereits häufiger in seinem Plantermin verschoben werden musste, so ist mit Recht zu befürchten, dass weitere Terminverzögerungen folgen werden, die in ihrer Kumulierung tatsächlich zu einem Gesamtterminverzug führen können. Es ist also sehr wichtig, einen *Plan/Plan-Vergleich* einzelner Arbeitspakettermine vorzunehmen, um so zu einer allgemeinen Termintrendaussage zu gelangen.

Meilenstein-Trendanalyse

Trendanalysen lassen sich im Grunde für jedes mit einem Termin belegte Arbeitspaket durchführen; am besten eignen sich hierfür hervorhebenswerte und projektentscheidende Arbeitsvorgänge bzw. -ereignisse, wie z. B. die Meilensteine in einem Entwicklungsablauf. Solche »Meilenstein-Trendanalysen« (MTA) setzt man bereits in vielen Entwicklungsbereichen sehr erfolgreich ein; allerdings werden sie auch heute noch meist nur manuell erstellt und nicht von den eingesetzten Projektführungssystemen erzeugt. Als sehr übersichtliche grafische Form hat sich die in Bild 4.11 gezeigte Darstellungsart durchgesetzt.

Auf der waagerechten Achse des Dreiecksrasters wird der Berichtszeitraum von links nach rechts aufgetragen, der mindestens die Zeitspanne vom Aufgabenbeginn bis einiges über den spätesten Endtermin der zu betrachtenden Arbeitspakete umfassen muss (es gibt auch MTA-Diagramme, bei denen der Berichtszeitraum auf der Diagonale aufgetragen wird). Die senkrechte Achse enthält dieselbe Zeiteinteilung von unten nach oben als Planungszeitraum. Wie aus dem Bild zu erkennen ist, werden nun die Termine für bestimmte Meilen-

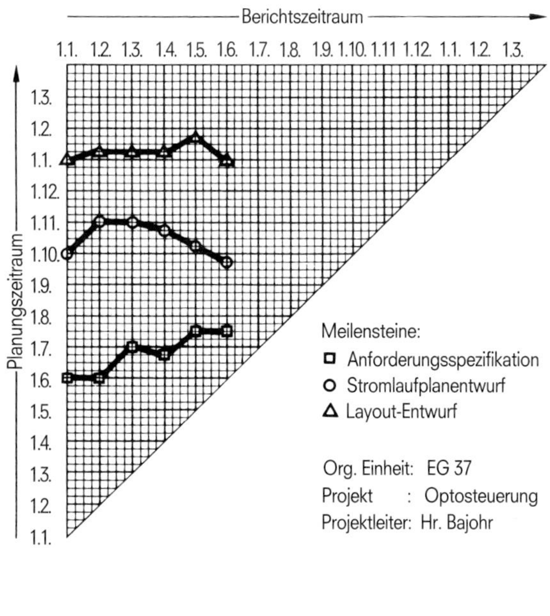

Bild 4.11
Meilenstein-Trendanalyse als Dreiecksraster

steine, die durch Symbole unterschieden sind, laufend und möglichst in periodischer Folge aktualisiert. Jede Aktualisierung führt zu einer neuen Eintragung, so dass für jeden betrachteten Meilenstein ein Polygonzug entsteht, der so zu bewerten ist:

Waagerechter Verlauf:	Termin wird eingehalten.
Ansteigender Verlauf:	Termin wird überschritten.
Fallender Verlauf:	Termin wird unterschritten.

Jede Abweichung vom waagerechten Verlauf stellt eine Terminabweichung dar, die in einem Beiblatt näher zu erläutern und zu begründen ist.

Aus dem Beispiel nach Bild 4.11 kann also abgelesen werden, dass

- ▷ das Arbeitspaket Anforderungsspezifikation (□) voraussichtlich eine Terminverschiebung erfahren wird,
- ▷ das Arbeitspaket Stromlaufplanentwurf (○) wahrscheinlich früher fertig wird und
- ▷ das Arbeitspaket Layout-Entwurf (△) fast im Plan ist.

Hat der Kurvenzug die 45°-Begrenzungslinie erreicht, so ist das Arbeitspaket abgeschlossen und der entsprechende Meilenstein damit erreicht.

Beispiele vom MTA-Kurvenverläufen

Im praktischen Einsatz der MTA-Diagramme können typische Kurvenverläufe beobachtet werden, die gewisse Grundaussagen zur Terminsituation eines Projekts zulassen. In Bild 4.12 sind einige solche markante MTA-Kurvenverläufe dargestellt.

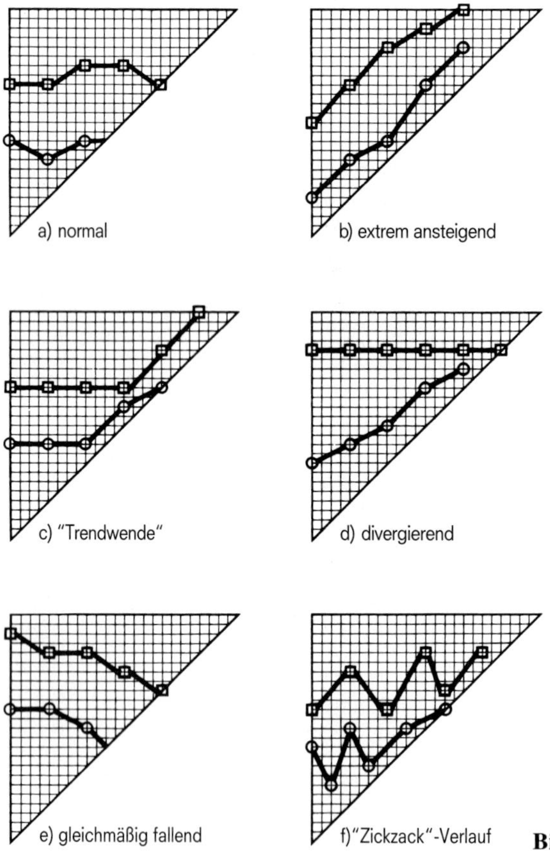

Bild 4.12 Beispiele von MTA-Kurvenverläufen

Die gezeigten MTA-Kurvenverläufe lassen folgende Interpretationen zu:

a) *Normaler Verlauf*

Dies ist ein typischer Kurvenverlauf bei »normaler« Projektdurchführung. Geringen Terminverschiebungen nach oben stehen auch solche nach unten gegenüber. Mit großer Wahrscheinlichkeit wird der Gesamttermin gehalten.

b) *Extrem ansteigender Verlauf*

Hier wurden laufend viel zu optimistische Terminaussagen gemacht – sei es bewusst oder auf Grund einer generellen Unterschätzung des Aufgabenvolumens. Der Endtermin des Projekts wird sich ganz erheblich verzögern.

c) *Trendwende-Verlauf*

Bis kurz vor den jeweils geplanten Fertigstellungsterminen wurde bei allen Aufgaben eine Terminerfüllung prognostiziert. Erst gegen Ende werden fast schlagartig erhebliche Terminverschiebungen angekündigt. Es mangelt hier an einer frühzeitigen realistischen Terminaussage; ein rechtzeitiger Steuerungseingriff wurde damit unmöglich gemacht.

d) Divergierender Verlauf

Verlaufen unterschiedliche, aber fachlich voneinander abhängige Arbeitspakete in ihren Terminaussagen stark divergierend, so liegt der Verdacht nahe, dass eine der Tendenzen nicht realistisch ist. Die Trendanalyse muss daher insgesamt überarbeitet werden.

e) *Gleichmäßig fallender Verlauf*

Weisen alle Arbeitspakete laufend eine Terminvorverlegung auf, so muss angenommen werden, dass von Anbeginn mit zu großen Sicherheitspuffern geplant wurde. Die zuständigen Terminplaner müssen angehalten werden, künftig realistischere Aussagen zu machen.

f) *Zickzack-Verlauf*

Verlaufen alle Kurvenzüge in einem sich wiederholenden Zickzack, so zeugt dies von einer erheblichen Unsicherheit in den jeweiligen Terminaussagen. Damit ist auch die Aussage zum Gesamttermin als äußerst unsicher anzusehen.

Aus dem Verlauf der MTA-Kurvenzüge kann also ein *Trend* für die weitere Terminentwicklung abgelesen werden, der im Rahmen der Terminkontrolle ein rechtzeitiges Eingreifen des Projektmanagements ermöglicht.

Als besondere Vorteile einer grafisch unterlegten Termin-Trendanalyse haben sich herausgestellt:

- ▷ manuell durchführbare Methode einer terminlichen Trendanalyse,
- ▷ übersichtliche Darstellung der Terminentwicklung von Arbeitspaketen und Meilensteinen,
- ▷ rechtzeitiges Erkennen von Terminengpässen bei periodisch durchgeführter Aktualisierung,
- ▷ geringer Aufwand für Erlernen und Anwenden der Methode,
- ▷ Erhöhung des Terminbewusstseins, da die MTA unmittelbar von den Entwicklern selbst ausgefüllt wird sowie
- ▷ gutes Kommunikationsmittel zwischen allen Projektbeteiligten.

Neben dieser grafischen Dreieck-Matrixform der MTA ist natürlich auch eine listenförmige Darstellung möglich.

Meilenstein-Signalliste

Auch die im Rahmen eines SINET-basierten Netzplanverfahrens erzeugte Meilenstein-Signalliste (Bild 4.13) ist eigentlich eine Meilenstein-Trendanalyse, da hier ebenfalls Plantermine gegenübergestellt werden, allerdings nur der *ursprüngliche* Plantermin und der *aktuelle* Plantermin. Zu einer Linie werden auch nicht die Plantermine *eines* Meilensteins, sondern die Plantermine *aller* Meilensteine zu einem bestimmten Zeitpunkt zusammengefasst. Auf diese Weise kann sehr schön die Tendenz einer eventuellen Planabweichung des Gesamtprojekts verdeutlicht werden.

Bietet sich die Möglichkeit, eine Meilenstein-Trendanalyse über ein eingesetztes Projektführungssystem automatisch zu erzeugen, nicht an, so kann man zur grafischen Darstellung auch das Punktediagramm eines PC-Grafikprogramms (z. B. Excel) heranziehen.

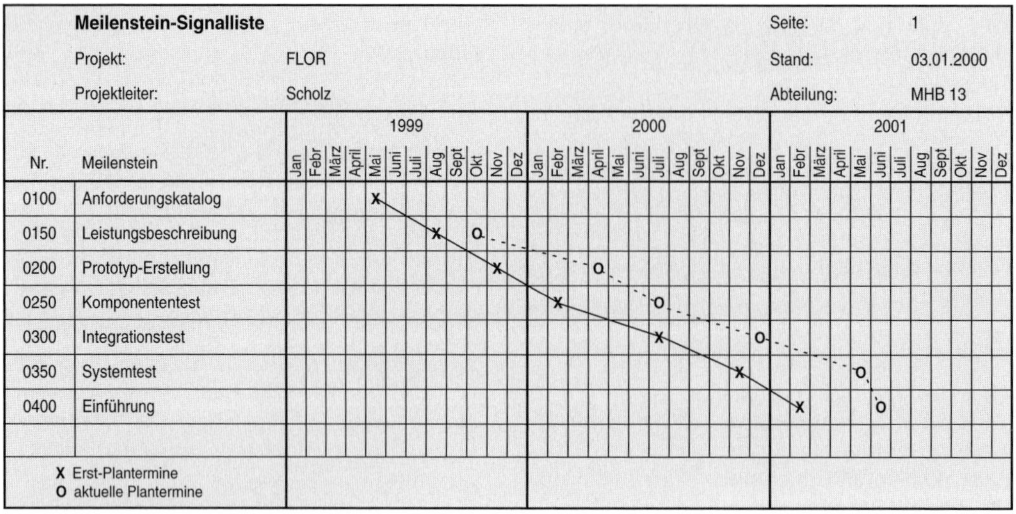

Bild 4.13 Meilenstein-Signalliste

Bei dieser Diagrammdarstellung müssen lediglich die beiden Koordinaten mit demselben Zeitraster belegt und die aus einer Wertedatei erzeugten Punkte manuell durch entsprechende Linienzüge verbunden werden.

Termin-Risikoanalyse

Um dem steigenden Termindruck im Entwicklungsbereich begegnen und die Terminrisiken im gesamten Projektablauf besser beurteilen zu können, ist eine Methode zur Analyse komplexer Terminrisikosituationen entwickelt worden. Ziele dieser Termin-Risikoanalyse sind

- ▷ das Verbessern der *Termintreue* bei risikobehafteten Projekten,
- ▷ das rechtzeitige Erkennen und richtige Bewerten von *Terminrisiken* sowie
- ▷ das Festlegen von geeigneten Maßnahmen zur *Terminsicherung*.

Ausgehend von einem Ablaufplan der einzelnen Arbeitspakete – möglichst in Form eines Netzplans – werden Arbeitspakete mit hohem Terminrisiko fixiert und eingehend beschrieben. Für diese Risikoschwerpunkte bewertet man dann die Einzelrisiken mit ihrem möglichen Terminverzug (bezogen auf das Arbeitspaket und auf das Gesamtprojekt) sowie der Eintrittswahrscheinlichkeit. In einem »Extremszenario« wird der günstigste sowie der ungünstigste Fall für die Termineinhaltung herausgearbeitet.

Anschließend werden für alle möglichen Kombinationen von Einzelrisiken die Eintrittswahrscheinlichkeit und die Endterminverschiebung für das Gesamtprojekt berechnet. Die erhaltenen Werte sind in ein Koordinatensystem einzutragen und ergeben das »statische Terminrisikoprofil« des Projekts zu einem bestimmten Berichtszeitpunkt. Die Fläche unter der Kurve ist ein Maß für die Höhe des momentanen Gesamtterminrisikos. Das statische Terminrisikoprofil dient also dem Beurteilen der Terminrisikosituation eines Projekts zu einem bestimmten Berichtszeitpunkt und unterstützt dadurch das Festlegen geeigneter Maßnahmen für den Risikoabbau.

Werden außerdem zu einer bestimmten Eintrittswahrscheinlichkeit über die einzelnen Berichtszeitpunkte hinweg die entsprechenden Werte der Endterminverzüge als Kurve aufgetragen, so erhält man das »dynamische Terminrisikoprofil«. Der Anstieg oder der Abfall der Kurve zeigt an, inwieweit die prognostizierten (bzw. nicht prognostizierten) Risiken eingetreten sind und die eingeleiteten Maßnahmen erfolgreich waren. Das dynamische Terminrisikoprofil dient zum Verfolgen der Terminrisikoentwicklung über den gesamten Projektverlauf und ist damit ein weiteres Hilfsmittel für eine effiziente Terminkontrolle.

4.2 Aufwands- und Kostenkontrolle

Neben der Terminkontrolle ist im Rahmen der Projektkontrolle das Überwachen der Personalaufwände und der Entwicklungskosten von großer Bedeutung. Hierbei richtet der Projektleiter sein Augenmerk mehr auf den Aufwand, der Entwicklungskaufmann dagegen mehr auf die Kosten. Beide Kontrollfunktionen müssen sich ergänzen. Voraussetzung dafür ist ein gemeinsames Erfassen der Aufwände und der Kosten. Die Aufwandserfassung wird gemeinhin durch eine Stundenaufschreibung der einzelnen Entwickler erreicht und die Kostenerfassung durch die eingesetzten Kostenüberwachungsverfahren, die auch die Weiterverrechnung von Kosten vornehmen. Werden Entwicklungsbereiche als Ertragszentren (Profit Center) geführt, dann kommt der Ergebnisermittlung eine besondere Bedeutung zu.

Für beide Überwachungsorgane – Projektleitung und FuE-Kaufmannschaft – bilden die Plan/Ist-Vergleiche auf den unterschiedlichen Gliederungs- und Betrachtungsebenen die Grundlage für eine effektive Projektsteuerung. Hierbei sollten auch die Möglichkeiten der Trendanalysen auf Basis von Plan/Plan-Vergleichen genutzt werden.

4.2.1 Aufwandserfassung

Voraussetzung für jede Aufwands- und Kostenkontrolle ist das »entwicklungsadäquate« Erfassen des Personalaufwands, d.h. eine regelmäßige und vollständige Stundenaufschreibung entsprechend der Produkt- und Projektstruktur und – wenn möglich – auch entsprechend der Prozessstruktur. Dieser Stundenkontierung kommt gerade in personalintensiven Entwicklungsbereichen große Bedeutung zu, da die Projektkosten hier in erster Linie von den bekanntlich hohen Personalkosten bestimmt werden.

Wegen des großen Datenumfangs, der insgesamt bei einer Stundenkontierung anfällt, ist eine praktikable Aufwandserfassung i. Allg. nur mit Hilfe eines DV-Verfahrens möglich. Schon bei mehr als 50 kontierenden Mitarbeitern bedeutet die »manuelle Buchführung« über die aufgewendeten Stunden einen nicht zu vertretenden Verwaltungsaufwand.

Aufgabe eines jeden Stundenkontierungsverfahrens ist das Erfassen des Personalaufwands bezogen auf ein bestimmtes Arbeitspaket. Kontieren müssen i. Allg. alle Entwickler und projektzuarbeitenden Hilfskräfte, die in einem Angestelltenverhältnis stehen. Fremdkräfte, wie Consultants, Praktikanten etc., können unter gewissen Voraussetzungen und unter Berücksichtigung des Arbeitnehmerüberlassungsgesetzes (AÜG) auch in die Stundenaufschreibung einbezogen werden; sie sind allerdings getrennt auszuweisen. Bei Führungskräften und allgemeinen Bürokräften verzichtet man meist auf eine Stundenaufschreibung, da eine unmittelbare Aufwandszuordnung zu den einzelnen Projekten und Konten nur schwer möglich ist. Ihr Stundenaufwand wird dann in den Stundenverrechnungssatz der betreuten Entwickler eingearbeitet (siehe Kap. 4.2.2).

Für eine aussagekräftige *Projektkalkulation* besteht zudem die Forderung einer Detaillierung des Personalaufwands nach

- ▷ Arbeitspaketen,
- ▷ Meilensteinen,
- ▷ Entwicklungsphasen und
- ▷ Tätigkeitsarten.

Auch sollte über die Zuordnung der Arbeitspakete einerseits im Projektstrukturplan bzw. – falls ein solcher eingesetzt wird – im Netzplan und andererseits im Produktstrukturplan eine Differenzierung des Aufwands möglich sein nach

- ▷ Organisationseinheiten (ausführende und verantwortliche Stellen),
- ▷ Projekten bzw. Teilprojekten,
- ▷ Konten bzw. Unterkonten sowie
- ▷ Produktteilen.

Stundenkontierungsbeleg

Unabhängig vom verwendeten DV-Verfahren kann ein allgemein gültiger Stundenkontierungsbeleg definiert werden, der alle o. a. Anforderungen erfüllt und noch Raum für weitere Projektinformationen lässt.

Der in Bild 4.14 dargestellte Beleg enthält – neben den im Kopf und Fuß enthaltenen administrativen Angaben – Kontierungsdaten in der Gruppierung:

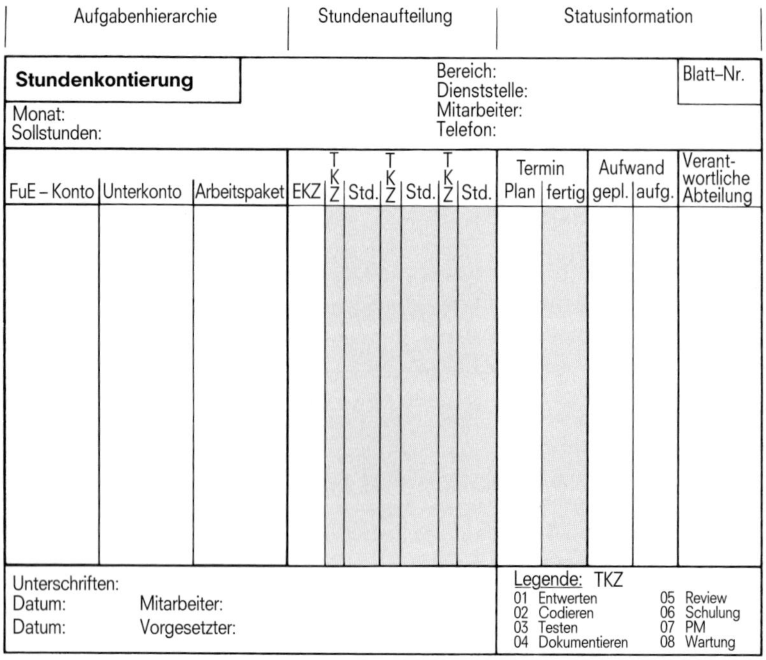

Bild 4.14 Stundenkontierungsbeleg

- ▷ Aufgabenhierarchie,
- ▷ Stundenaufteilung und
- ▷ Statusinformationen.

Die Aufgabenhierarchie umfasst die meist monohierarchische Unterteilung der Entwicklungsobjekte in mehrere Ebenen wie z. B. in

- ▷ FuE-Konten,
- ▷ Unterkonten und
- ▷ Arbeitspakete.

Bezogen auf das einzelne Arbeitspaket müssen die Stunden in einem festen Berichtsrhythmus notiert werden. Hierbei ist die Stundenaufteilung nach Entwicklungsphasen (EKZ) und Tätigkeitsarten (TKZ) für eine tragfähige Erfahrungssicherung sehr vorteilhaft. Zur allgemeinen Information der einzelnen Entwickler bietet es sich schließlich an, jeder Aufgabenposition in dem Stundenkontierungsbeleg gezielt einige Projektdaten wie

- ▷ Plantermin,
- ▷ Planaufwand und
- ▷ (aufgelaufener) Istaufwand

als Zusatzinformation beizugeben.

Der ausgefüllte Stundenkontierungsbeleg ist vom Mitarbeiter zu unterschreiben und von dessen unmittelbarem Fachvorgesetzten – i. Allg. dem zuständigen Gruppenleiter – gegenzuzeichnen. Diese Unterschriften sind notwendig einerseits, weil besonders bei öffentlichen Auftraggebern der unmittelbare Aufwandsnachweis aus originalen Stundenkontierungsbelegen häufig gefordert wird, und andererseits, weil während der Belegübernahme bei einer fehlerhaften Eintragung der Urheber eventuell direkt angesprochen werden muss.

Netzplangesteuerte Stundenkontierung

Damit für den einzelnen Entwickler das detaillierte Aufteilen seines Aufwands bei der (meist) monatlichen Stundenaufschreibung nicht zu einer unnötigen Mehrbelastung ausartet, sollten wesentliche Zuordnungen bereits vorher in seinem Stundenkontierungsbeleg automatisch vorgegeben sein; dies ist vor allem dann möglich, wenn die Stundenkontierung mit einem Netzplanverfahren verbunden wird.

Die hierfür notwendigen Informationen liegen nämlich im Wesentlichen alle in einem Netzplan vor:

- ▷ An welchen Arbeitspaketen der Entwickler nach Plan tätig sein müsste,
- ▷ in welchen Entwicklungsphasen die Arbeitspakete abgearbeitet werden,
- ▷ welcher Organisationseinheit die Arbeitspakete zugeordnet sind,
- ▷ zu welchen Teilprojekten die Arbeitspakete gehören,
- ▷ auf welche Konten bzw. Unterkonten die Arbeitspakete sich beziehen und
- ▷ für welche Produktteile die Arbeitspakete notwendig sind.

Deshalb hat es sich in Entwicklungsbereichen, in denen die Netzplantechnik eingesetzt wird, bewährt, die Stundenkontierung »netzplangesteuert« vorzunehmen mit dem Ziel, den kontierenden Mitarbeiter von allen mühseligen Überlegungen der richtigen Kontenwahl, Arbeitspaketauswahl und Phasenzuordnung zu entlasten (Bild 4.15).

Bei einer netzplangesteuerten Stundenkontierung braucht der einzelne Entwickler in seinem – vom Verfahren generierten – Kontierungsbeleg nur noch die von ihm aufgewendeten Stunden den aufgeführten Arbeitspaketen beizufügen; diese Stunden brauchen dann – falls gewünscht – vom Entwickler nur noch gemäß den vereinbarten Tätigkeitsarten unterteilt zu werden.

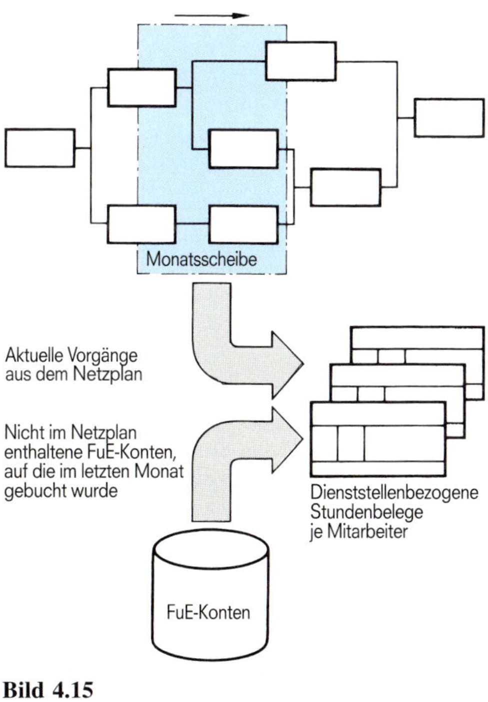

Bild 4.15
Netzplangesteurte Stundenkontierung

Es ist darüber hinaus auch möglich, Stundenaufwände für Arbeitspakete einzutragen, an denen nach Plan nicht gearbeitet hätte werden dürfen, weil sie entweder schon abgeschlossen sein sollten oder noch gar nicht eingeplant sind.

Der erste Fall eröffnet die Möglichkeit des automatischen Erfassens von Qualitätskosten; denn jede Aktivität für bereits abgeschlossene Vorgänge entspricht einem Aufwand für Fehlerbehebung. Der zweite Fall löst eine Nachfrage beim Entwickler durch das Projektbüro aus, das über die endgültige Datenübernahme zu entscheiden hat.

Bei einer Netzplananbindung erübrigt sich auch die explizite Angabe der Entwicklungsphasenkennzeichen (EKZ) durch den Entwickler, da man diese bereits den Arbeitspaketen beim Netzplanaufbau vorgeben kann. Werden außerdem die Arbeitspakete so detailliert, dass sie nicht nur einer Phase sondern auch noch eindeutig einem Tätigkeitskennzeichen (TKZ) zuordenbar sind, könnte auch das TKZ im Stundenkontierungsbeleg ebenfalls automatisch angedruckt werden. Die Tätigkeitsart entspräche dann einer Vorgangsart.

Da ein Entwickler häufig auch an Projekten arbeitet, die wegen ihrer geringen Größe nicht mit einem Netzplan geführt werden, muss es möglich sein, im Kontierungsbeleg Entwicklungskonten anzugeben, die zu nicht netzplanüberwachten Projekten gehören. Zur Erleichterung können dabei all die Konten aus der Projektdatenbasis »angedruckt« werden, auf die bereits im vergangenen Monat gebucht wurde.

Dialogorientierte Stundenkontierung

Unabhängig von der Nutzung von Netzplanverfahren wird in Bereichen, die eine hohe Durchdringung mit netzfähigen Endgeräten (z.B. Großrechner-Terminals, PCs, Arbeitsplatzsysteme) aufweisen, bereits eine *dialogorientierte* Stundenkontierung vorgenommen. Nicht mehr das Belegformular, sondern die

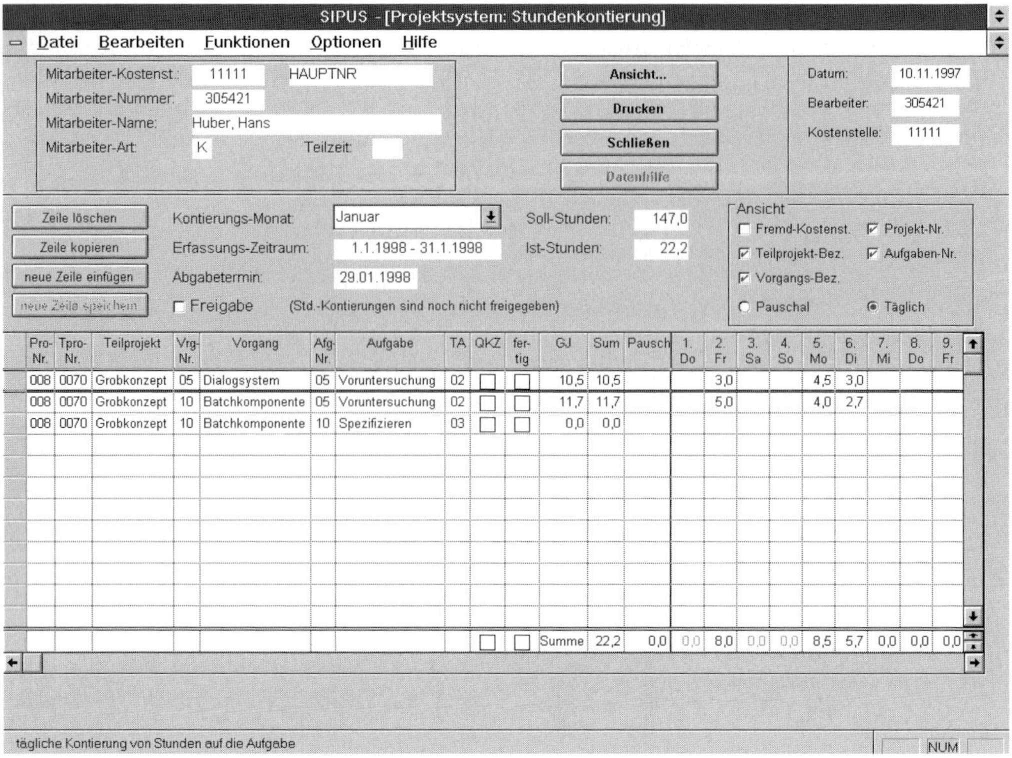

Bild 4.16 Dialog-Kontierungsmaske (Verfahren SIPUS)

Bildschirmmaske eines entsprechenden DV- bzw. PC-gestützten Verfahrens ist dann das Eingabemedium für die Aufwandserfassung (siehe Bilder 4.16 und 6.9).

Im Gegensatz zur *Belegkontierung,* die normalerweise in einem monatlichen Rhythmus abgewickelt wird, ist eine *Dialogkontierung* täglich möglich. Hierbei muss allerdings durch das Verfahren gesichert sein, dass möglichst keine fehlerhaften und unsinnigen Daten aufgenommen werden – eine leistungsfähige »Sofortplausibilitierung« ist daher für eine solche (permanente) Dialogkontierung Grundvoraussetzung. Der Übergang von der Belegkontierung zur Dialogkontierung hat wesentliche Vorteile:

- ▷ genauere Stundenkontierung wegen täglicher Eingabemöglichkeiten,
- ▷ kürzere Durchlaufzeiten und damit aktuellere Projektinformationen,
- ▷ weniger Rückfragen durch das Projektbüro wegen der Sofortplausibilitierung bei der Eingabe,
- ▷ allgemeine Entlastung des Projektbüros auf Grund vereinfachter Kontierungsabläufe sowie
- ▷ bessere Einbindung der Entwickler in die Projektberichterstattung.

Ein Stundenkontierungsverfahren, das diese dezentrale Aufwandserfassung im Dialog ermöglicht, kann natürlich auch dahin ausgebaut werden, dass es für diejenigen Mitarbeiter, die über kein eigenes Eingabegerät verfügen, die Stundenbelege in üblicher Form ausdruckt und nach entsprechender Ausfüllung wieder aufnimmt.

Auch in Entwicklungsbereichen, in denen – aus rechtlichen Gründen (z. B. Preisprüfung bei öffentlichen Auftraggebern) – der *unterschriebene* Stundenbeleg unverzichtbar ist, kann man eine dialogorientierte Stundenkontierung einführen, wenn vom Verfahren in einem festgelegten Turnus mitarbeiter- oder gruppenbezogene Stundenbelege mit den im Dialog erfassten Kontierungen automatisch erzeugt und den Betreffenden zur Unterschrift vorgelegt werden können.

Vielfach wird bereits die Dialogstundenkontierung über Internet bzw. Intranet durchgeführt, wie z. B. bei dem Projektsteuerungsverfahren SIPUS (siehe Kap. 6.2.2).

Qualität der Stundenaufschreibung

Die Stundenaufschreibung sollte generell der einzelne Entwickler selbst vornehmen und nicht der Vorgesetzte; dieses Vorgehen gewährleistet eine genauere und vollständigere Aufwandserfassung.

Nicht selten wird seitens der Entwickler über den hohen Aufwand für das monatliche Ausfüllen des Stundenkontierungsbelegs geklagt. Dem muss man gegenüberstellen, dass es bei dieser Tätigkeit um das richtige aufgaben- und kontenmäßige Aufteilen von monatlichen Personalkosten in der Größenordnung von 10 bis 15 TEU je Mitarbeiter geht – und dafür kann ein Zeitaufwand von 10 bis 20 min im Monat nicht zu hoch erscheinen.

Die Qualität der Stundenaufschreibung wird von drei Kriterien bestimmt:

▷ Genauigkeit
▷ Vollständigkeit
▷ Ehrlichkeit.

Die *Genauigkeit* der Eintragungen wird wesentlich verbessert durch Einbinden der Kontenstruktur in einen Netzplan, weil dadurch eine Plausibilitierung der kontierten Arbeitspakete mit den Netzplandaten möglich ist und als Folge Kontierungen auf falsche Arbeitspakete und damit auf falsche Konten erheblich verringert werden. Ohne eine solche Netzplananbindung ist normalerweise ein beachtlicher Aufwand für die manuelle fachliche Prüfung der Stundenkontierungsbelege erforderlich.

Die *Vollständigkeit* wird ebenfalls durch eine netzplangesteuerte Kontierung erheblich verbessert; sehr vorteilhaft wäre hierbei auch der verfahrenstechnische Anschluss an ein Zeiterfassungsverfahren (mit den bekannten Chipkarten), weil hierdurch eine automatische Plausibilitierung der eingegebenen Stunden mit der mitarbeiterspezifischen Sollstundenzahl erreicht werden kann. Anderenfalls können sich über einen längeren Zeitraum und über einen größeren Bereich doch bemerkenswerte Stundendifferenzen aufbauen, deren Fehlerursachen nachträglich nicht mehr oder nur sehr schwer lokalisierbar sind. Allerdings hat die Anbindung an ein Gleitzeitverfahren auch seine Probleme, da dieses zu den vereinbarten Übergabezeitpunkten nicht zwangsläufig den aktuellen Stundensaldo der Mitarbeiter enthält – häufig stehen individuelle Meldungen wie Kernzeitentnahmen, Korrekturstunden und Urlaubstage noch aus.

Eine gewisse Unsicherheit bei der Stundenkontierung liegt naturgemäß in der *Ehrlichkeit* der Aufschreibung; sie wird ganz entscheidend vom Verhalten der Leitung beeinflusst. Da die aufgeschriebenen Stunden die Basis für jeden Plan/Ist-Vergleich darstellen, könnte man meinen, dass dieser Vergleich vom Vorgesetzten außer zur Projektbeurteilung auch zur Mitarbeiterbeurteilung herangezogen wird. Obwohl die Aufwandszahlen keine Leistungs- und Verhaltensdaten darstellen, sollte man immer daran denken:

> Wo Sanktionen wegen einer Planabweichung drohen, besteht zwangsläufig die Gefahr der Manipulation.

Hat also der einzelne Entwickler auf Grund des zahlenmäßigen Plan/Ist-Vergleichs nicht mit persönlichen Nachteilen zu rechnen, dann wird insgesamt ehrlicher kontiert. Es sollten also die »magischen 100%« nicht die Messlatte für eine Personalbeurteilung sein, sonst erhält die Projektleitung nur »geschönte« Daten, und es kann nicht gesteuert werden, wo gesteuert werden müsste.

Häufig kann man auch ein bewusstes »Zu viel Kontieren« auf einzelne, noch nicht ausgeschöpfte Projektkonten beobachten; dieses Kontieren nach dem »Tragfähigkeitsprinzip« beeinträchtigt natürlich jede zielorientierte Projektkontrolle.

4.2.2 Kostenerfassung

Kosten des eigenen Personals

Das vorangegangene Kapitel hat gezeigt, wie durch Stundenkontierung der Arbeitsaufwand der Mitarbeiter den einzelnen Projekten bzw. deren Konten zuzuordnen ist. Die so erfassten Stunden werden nach Eingabe, Plausibilitierung und evtl. Berichtigung zunächst je Auftragskonto zusammengefasst. In einem weiteren Verfahrensschritt werden dann die kontierten Stunden mit *internen Stundenverrechnungssätzen* multipliziert; man nennt diesen Vorgang auch »Bewertung«. Auf diese Weise werden die Kosten des eigenen Personals gebildet.

Interner Stundenverrechnungssatz

Kostenstellen sind strukturell an die Organisation angepasste »Abrechnungsbezirke«, auf denen man die Kosten des Eigenpersonals einschließlich deren Arbeitsplatzkosten sammelt (siehe auch Kap. 3.6.1).

Welche Kostenarten auf Kostenstellen gesammelt werden, wird in jedem Unternehmen durch das Rechnungswesen einheitlich festgelegt.

Typische Kostenstellen der Entwicklung enthalten z. B. folgende Kostenarten:

- Personalkosten,
- Sozialkosten (Urlaubsgeld, Sozialbeiträge etc.),
- Arbeitsplatzkosten inkl. Abschreibungen für Investitionen (Räume, Möbel, Büromaschinen, Heizung, Strom etc.),
- Reise-/Bewirtungskosten,
- Kommunikationskosten (Telefon, Hauspost etc.) und
- arbeitsplatzbezogene Dienstleistungskosten (Instandhaltung, Reinigung etc.).

Diese Kosten der Kostenstellen, sie werden auch Dienststellengemeinkosten (DGK) genannt, müssen nun möglichst verursachungsgerecht den einzelnen Projekten zugeordnet werden. Als einfachste Lösung hat sich hier eine statistische *Überrechnung* mit Hilfe der geleisteten Stunden ergeben, mit der man die Kosten der Kostenstellen in die *Kostenträgerrechnung* überträgt, ohne die Kosten auf den Kostenstellen zu verändern. Für die Überrechnung ist je Kostenstelle – oder für mehrere Kostenstellen gemeinsam – ein Stundenverrechnungssatz zu bilden. Manchmal bildet man auch, um unterschiedliche Personalqualifikationen vor allem beim Verkauf von Ingenieurleistungen berücksichtigen zu können, mehrere Stundenverrechnungssätze.

Eine solche Verteilung mit einem Stundenverrechnungssatz ist naturgemäß weniger verursachungsgerecht als eine direkte Kostenzuordnung zu den Projekten. Beispielsweise sind Kosten für die Rechnernutzung bei Entwicklungsarbeiten prinzipiell über Kostenstellen oder direkt über die Projekte erfassbar. Es wäre falsch, würde man Rechenkosten, die einem Projekt eindeutig zurechenbar sind, primär auf einer Kostenstelle erfassen, da man davon ausgehen darf, dass diese Kosten nur in seltenen Fällen proportional sind zu den »Produktivstunden«, die als Schlüssel für die Überrechnung auf Projekte verwendet werden.

Für das Errechnen der Stundenverrechnungssätze gilt der Zusammenhang:

$$VS_{\text{Std}} = \frac{\Sigma B_{\text{i}}}{S_{\text{prod}}} \qquad (51)$$

VS_{Std} interner Stundenverrechnungssatz
B_{i} Jahresbudget einer Kostenstelle
S_{prod} produktiv geleistete Stunden im Jahr.

Im Nenner stehen die für Projekte je Jahr geleisteten (produktiven) Stunden der kontierenden Mitarbeiter, die den Kostenstellen angehören, deren Budgets im Zähler stehen. Die für Projekte je Jahr geleisteten Stunden, die *Jahresstundenanzahl,* nennt man gelegentlich auch »Netto-Stundenschlüssel«; Ausfallzeiten und Stunden, die für allgemeine (nicht projektspezifische) Arbeiten aufgewendet wurden, enthält er nicht. Der Quotient aus den gesamten Kostenstellenkosten und den »Produktivstunden« ergibt damit den internen Stundenverrechnungssatz, häufig auch als Plankostensatz bezeichnet (siehe hierzu auch Kap. 4.2.6).

Kalkulationsschema

Die mittlere Kopfzahl der kontierenden Mitarbeiter (ausgedrückt in Mann-Jahren bzw. KP-Jahren) errechnet sich aus der geplanten durchschnittlichen Anzahl Mitarbeiter abzüglich dem Anteil von nicht kontierenden Mitarbeitern, z. B. Führungskräfte und Sekretariatskräfte. In der Zurechnung zu den nicht kontierenden Mitarbeitern gibt es in der Praxis große Unterschiede; dies sollte bei einem Vergleich von Stundensätzen beachtet werden.

Die durchschnittlich geleisteten Stunden/Jahr ohne Ausfallzeiten und allgemeine Arbeiten errechnen sich unter Berücksichtigung tarif- und arbeitsvertraglicher Regelungen aus den kalendarisch möglichen Jahresarbeitsstunden nach dem im Bild 4.17 angegebenen Kalkulationsschema.

Auf Grund der unterschiedlichen tarifvertraglichen Regelungen variieren die auf Projekte verrechenbaren Stunden/Jahr in einzelnen Ländern ganz beachtlich; so ist bei Entwicklungsaufträgen im Ausland von folgender durchschnittlicher *Produktiv-Jahresstundenanzahl* je kontierender Mitarbeiter auszugehen (Stand 2000):

- ▷ USA etwa 1904 Stunden/Jahr
- ▷ Österreich etwa 1650 Stunden/Jahr
- ▷ Schweiz etwa 1780 Stunden/Jahr
- ▷ Schweden etwa 1552 Stunden/Jahr

zum Vergleich

- ▷ Deutschland etwa 1560 Stunden/Jahr.

Tabelle 3.30 in Kap. 3.5.1 enthält in Abhängigkeit der Wochenarbeitszeit die unterschiedlichen Gesamt- und Produktiv-Jahresstundenanzahlen für Deutschland.

Kosten des fremden Personals

Bei großen Projekten ist der Anteil der Kosten für fremde Mitarbeiter (z. B. Consultantkräfte)

Stand Dezember 1999	Vorraussichtliches Ist 2000	Plan 2001
Kalendertage	366 Tage	365 Tage
– Sonntage und Samstage	104 Tage	104 Tage
– Feiertage	10 Tage	10 Tage
Vertragliche Arbeitszeit	252 Tage	251 Tage
– Fehlzeiten (Urlaub)	30 Tage	30 Tage
Anwesenheitszeit netto	222 Tage	221 Tage
Anwesenheitszeit netto [1])	1643 Std.	1635 Std.
+ Überstunden/Jahr	16 Std.	14 Std.
Anwesenheitszeit brutto	1659 Std.	1649 Std.
– Ausbildung	40 Std.	38 Std.
– Weiterbildung	40 Std.	40 Std.
– Sonstiges (Krankheit, Gemeinkosten-Aufträge)	100 Std.	100 Std.
Produktivzeit je kont. Mitarbeiter	1479 Std.	1471 Std.
x durchschnittlich kontierende Mitarbeiter	1000 MA	1000 MA
Produktivzeit gesamt	1479000 Std.	1471000 Std.
Brutto-Gemeinkosten des Kalkulationsbereichs	145 Mio. EUR	150 Mio. EUR
– direkt verrechenbare Kosten	14 Mio. EUR	17 Mio. EUR
+ Risikozuschlag (3% der Netto-Gemeinkosten)	4 Mio. EUR	4 Mio. EUR
Im Stundensatz abzudeckende Kosten	135 Mio. EUR	137 Mio. EUR
Im Stundensatz abzudeckende Kosten / Produktivzeit gesamt	= 91 EUR	93 EUR
	Stundenverrechnungssätze	

[1]) Bei einer 37-Stunden-Woche

Bild 4.17
Kalkulationsschema für Stundenverrechnungssätze (Beispiel)

im Vergleich zu den Kosten des eigenen Personals oft erheblich. In diesen Fällen ist es besonders wichtig, auch den externen Kostenzugang ständig zu analysieren.

Externe Kosten werden i. Allg. durch eingehende Rechnungen belastet, die einer genauen Prüfung unterzogen werden müssen. Man unterscheidet dabei die sachliche und die rechnerische Prüfung. Die rechnerische bzw. kaufmännische Prüfung der Rechnungsbeträge, die heute überwiegend nur noch stichprobenartig gemacht wird, ist eine einfache Nachrechnung. Bei der sachlichen Prüfung müssen alle eingehenden Rechnungen vom Auftraggeber inhaltlich geprüft werden, ob die Verrechnungshöhe – verglichen mit den erbrachten Leistungen – angemessen, plausibel und auftragsgemäß ist.

Die zu prüfenden Rechnungen unterscheiden sich nach der Art des zugrunde liegenden Vertragsverhältnisses:

- ▷ Abrechnung nach Aufwand (Stunden- oder Aufmaßabrechnung) oder
- ▷ Abrechnung auf Grund von Werkverträgen.

Abrechnung nach Aufwand

Bei der Abrechnung nach Aufwand wird der Stundenverbrauch des Auftragnehmers, so wie er durch Stundenschreibung der dortigen Mitarbeiter anfällt, direkt (meist monatlich) dem Auftraggeber in Rechnung gestellt. Reisekosten und die Kosten für die Nutzung von Rechnern sind ebenso an den Auftraggeber zu verrechnen.

Der Stand der vom Auftragnehmer erbrachten Leistungen kann dabei zu den entstandenen Kosten nicht immer in Beziehung gebracht werden; jedoch ist eine Aussage zur Plausibilität meist möglich. Allerdings ist hier eine gesicherte Sachfortschrittskontrolle (siehe Kap. 4.3) besonders schwierig, weil es dem Auftraggeber kaum möglich ist, gezielt in die beim Auftragnehmer laufenden Projektarbeiten Einblick zu nehmen.

Diese Methode der Abrechnung nach Aufwand wird deshalb vor allem innerbetrieblich und zwischen verbundenen Unternehmen praktiziert.

Abrechnung auf Grund von Werkverträgen

Bei dieser Abrechnungsform wird eine vorher definierte Leistung zu einem Festpreis im Rahmen eines *Werkvertrags* abgerechnet. Unter »Werk« versteht man in diesem Zusammenhang die zu liefernde Gesamtleistung.

Die Abrechnung bei Werkverträgen ist bezüglich der gelieferten Leistung zwar einfacher nachvollziehbar, das Definieren eines »Werks« ist bei technisch-wissenschaftlicher Zusammenarbeit im Bereich der Forschung und Entwicklung jedoch oft schwierig. Das kommt daher, dass solche Arbeiten, vor allem hinsichtlich der Resultate häufig nur unzureichend beplant werden können.

Entwicklungsarbeiten kann man heute über Unternehmensgrenzen hinweg nur noch in Form von Werkverträgen vergeben, weil die erlaubte max. 12-monatige Beschäftigung auf Grund des Arbeitnehmerüberlassungsgesetzes (AÜG) gemessen an der Einarbeitungszeit häufig zu kurz wäre. Um ein Werk, also einen Auftrag der zur Lieferung eines konkreten Arbeitsergebnisses verpflichtet, an einen Dritten erteilen zu können, bedarf es einer sehr präzisen Aufgabendefinition.

Zusätzliche Entwicklungskosten

Unter den zusätzlichen Entwicklungskosten sind alle »Nicht-Personalkosten« zu verstehen; zu ihnen zählen Kosten für:

- ▷ Maschinennutzung,
- ▷ Formen- und Musterbau,
- ▷ Materialbezüge und
- ▷ sonstige Dienstleistungen.

Kosten für Maschinennutzung

Für technische Entwicklungen werden zahlreiche maschinelle Einrichtungen eingesetzt, deren Nutzung man häufig mit einer entsprechenden Miete abgelten wird. Vor allem bei der Entwicklung von HW/SW-Systemen ist der intensive Einsatz von Rechnern und Testanlagen notwendig.

Diese Anlagen besitzen häufig technische Hilfsmittel, mit deren Hilfe die verbrauchte Rechenleistung automatisch erfasst wird (z. B. Rechner-Abrechnungsverfahren RAV). Bei Großrechnern sind dies Abrechnungsverfahren, die mit Hilfe von Arbeitsschlüsseln (die der Bearbeiter in das System eingibt) die Kosten für die Nutzung automatisch auf dem Wege der Weiterverrechnung den Projekten belasten.

Kosten für Formen- und Musterbau

Der Aufwand für Formen- und Musterbau ist gerade in der Entwicklung hochwertiger Produkte zu einem wesentlichen Kostenfaktor geworden. Als Aufwand fallen vor allem Lohn- und Maschinenkosten ins Gewicht. Sie werden, wie in Werkstätten üblich, durch Lohn- und Abrechnungsbelege, die mit entsprechenden Gemeinkostenzuschlägen noch beaufschlagt sind, erfasst.

Kosten für Materialbezüge

Bei der Entwicklung elektronischer Komponenten werden sowohl Materialien benötigt, die direkt in das Produkt eingehen, als auch Hilfsmaterialien, damit Programme, Daten und die Dokumentation gespeichert werden können. Damit solche Materialien schnell verfügbar sind, sind sie in »Handläger« mit *Materialbezugszettel* sofort abholbar. Die Materialbezugszettel bewertet man mit den Kosten der bezogenen Materialien und belastet sie den Konten bzw. der Kostenstelle des Empfängers.

Kosten für sonstige Dienstleistungen

Elektronische Geräte müssen auch unter extremen Klima- und Umweltbedingungen fehlerfrei und ausfallsicher funktionieren. Um dies zu gewährleisten, ist das Produkt im Entwicklungsstadium zahlreichen Tests zu unterwerfen. Für diese Prüfungen gibt es auf dem Markt oder in größeren Unternehmen spezielle Testlabors und Erprobungsstellen, deren Dienstleistungen in Anspruch genommen werden können.

4.2.3 Weiterverrechnung von Kosten

In hochtechnologischen Entwicklungen ist ein hohes Maß an Arbeitsteilung erforderlich. Ingenieure und Naturwissenschaftler unterschiedlicher Fachrichtungen müssen kooperieren, damit neue Technologien und die darauf basierenden Produkte entwickelt werden können. Um diese breit gefächerte Zusammenarbeit effizient zu gestalten, müssen die Kosten für die einzelnen Arbeitsbeiträge in den Projekten verursachungs- bzw. nutzungsgerecht belastet werden. Hierzu wird in größeren Unternehmen – als Teil des Rechnungswesens – eine Weiterverrechnung von Kosten über Organisationsgrenzen vorgenommen.

Die auf einer Kostenstelle originär auflaufenden Kosten – z. B. Gehälter der Angestellten – werden durch die Weiterverrechnung entlastet und den Projekten, für die die Leistung erbracht wurde, in gleicher Höhe wieder belastet.

Ertragszentren verrechnen »echte« – meist beaufschlagte – Kosten an den jeweiligen Auftraggeber; es handelt sich hier um eine Umsatzverrechnung, bei der möglichst ein Ergebnis auf der Auftragnehmerseite erzielt werden muss.

Kostenzentren werden von den auf einen Entwicklungsauftrag aufgelaufenen Kosten durch Weiterverrechnung entlastet und die Projekte, für die die Leistung erbracht wurde, werden in gleicher Höhe wieder belastet; es handelt sich hier also um eine reine Weiterverrechnung von Kosten, bei der kein Ergebnis zu erwirtschaften ist.

In beiden Fällen werden im Rahmen der Verrechnung bzw. Weiterverrechnung Kosten nach bestimmten Verrechnungsmodalitäten von einer abgebenden Auftragsnummer auf eine oder mehrere empfangende Auftragsnummern umgebucht. Hierbei handelt es sich nicht um eine Buchung im Sinne des Rechnungswesens; Letztere erfolgt durch Weitergabe der Daten an die zuständigen Rechnungswesen-Verfahren.

Verrechnungsarten

Folgende Verrechnungsarten kann man unterscheiden:

- ▷ die Verrechnung fester Kostenbeträge (Einzel- oder Festpreisverrechnung),
- ▷ die Verrechnung nach angefallenen Aufwänden (Aufwandsverrechnung),
- ▷ die Verrechnung nach anteiligen Planwerten (Planverrechnung).

Bei einer *Einzelverrechnung* wird ein einzelner EUR-Betrag, der unabhängig vom angefallenen Aufwand ist, gezielt an einen Kostenempfänger verrechnet. Einzelverrechnungen können zusätzlich zu einer Aufwands-, Plan- bzw. Festpreisverrechnung vorgenommen werden.

Bei einer *Aufwandsverrechnung* werden den einzelnen Kostenempfängern in einem regelmäßigen – meist monatlichen – Turnus die jeweils angefallenen Kosten (Personal- und sonstige Kosten) verrechnet.

Diese Verrechnungsarten können als *Saldenverrechnung* durchgeführt werden. Im Rahmen einer Saldenverrechnung werden hierbei immer gemäß der seit dem letzten Verrechnungslauf angefallenen Aufwände verrechnet, d.h. bei der monatlichen Weiterverrechnung wird jedes Mal geprüft, was der jeweilige Empfänger gemäß Verteilungsschlüssel zu diesem Zeitpunkt insgesamt zu tragen hat und wie viel ihm bereits verrechnet worden ist; nur der Differenzbetrag zu diesem Saldo – und das kann ggf. auch eine Gutschrift sein – wird dem Empfänger belastet bzw. gutgeschrieben. Die Saldenverrechnung erlaubt es daher, dass der zugrunde liegende Verteilungsschlüssel während des Geschäftsjahres in seiner Zusammensetzung bzw. Aufteilung geändert und mit Gültigwerden des neuen Schlüssels eine Verrechnung mit veränderten Modalitäten durchgeführt wird.

Eine *Planverrechnung* ist nur in Organisationseinheiten sinnvoll, die als Kostenzentren und nicht als Ertragszentren geführt werden. Bei einer Planverrechnung wird nicht nach dem angefallenen Aufwand und den aufgetretenen Kosten verrechnet, sondern der jeweilige Verrechnungsbetrag wird nach einem anteiligen Planwert ermittelt. Die Planverrechnung kann sich wie bei der Aufwandsverrechnung über einen Kostenverteilungsschlüssel (KVS) auf mehrere Empfänger beziehen; auch hier wird sie als Saldenverrechnung durchgeführt.

Bei einer *Festpreisverrechnung* werden den einzelnen Kostenempfängern in einem regelmäßigen – meist monatlichen – Turnus der monatliche Anteil des vereinbarten Gesamt-Festpreises verrechnet. Die Festpreisverrechnung wird als Saldenverrechnung durchgeführt.

Verrechnungsschlüssel

Werden die angefallenen Projektkosten nur an einen Auftraggeber verrechnet, spricht man von einer *direkten* Weiterverrechnung; werden

Anwender		Anzahl Entwickler		Nutzungsanteil		Nutzerschlüssel	
Bereich	Installation	absolut	prozentual %	Installation %	Entwickler %	Installation %	Anwender %
A	A 1	270	6,2	4,0	3,7	7,7	24,3
	A 2	420	9,7	4,0	5,8	9,8	
	A 3	200	4,6	4,0	2,8	6,8	
B	B 1	730	16,9	4,0	10,1	14,1	28,1
	B 2	120	2,7	4,0	1,6	5,6	
	B 3	320	7,4	4,0	4,4	8,4	
C	C 1	1700	39,3	4,0	23,6	27,6	33,4
	C 2	130	3,0	4,0	1,8	5,8	
D	D 1	350	8,1	4,0	4,9	8,9	14,2
	D 2	90	2,1	4,0	1,3	5,3	
Summe		4330	100,0	40,0	60,0	100,0	100,0

Bild 4.18
Ableitung eines Nutzerschlüssels (Beispiel)

sie dagegen mittels eines bestimmten Verteilungsschlüssels an mehrere Auftraggeber bzw. Kostenverursacher verrechnet, so handelt es sich um eine *anteilige* (indirekte) Weiterverrechnung.

Die Verteilerschlüssel für diese Weiterverrechnungen sind entsprechend der Nutzungsverhältnisse festzulegen. In der Praxis verwendet man Verteilerschlüssel, die z. B. nach einem (oder mehreren) der folgenden Kriterien abgeleitet werden:

— Anzahl Installationen,
— Anzahl Benutzer,
— Anzahl Transaktionen,
— Anzahl Terminals,
— Umfang des Datenvolumens,
— Umlage nach Wertschöpfungsanteilen, usw.

Auch Mischformen sind möglich. Wenn diese Aufteilung nach logischen Prinzipien versagt, bleibt oft als einfache und unbürokratische Methode nur eine Schätzung.

Ein Beispiel für solche Verteilungsschlüssel ist die Verrechnung der Grundlagen- und Vorfeldentwicklung an die geschäftsführenden Bereiche in einem Unternehmen. Dort kommt dann vielfach ein *Wertschöpfungsschlüssel* zur Anwendung. Als Wertschöpfung bezeichnet man die Differenz zwischen erbrachter Leistung und Zukauf. Dieser Verteilungsschlüssel geht von der Annahme aus, dass ein Geschäftsbereich mit einer großen Wertschöpfung auch an der Grundlagenentwicklung wesentlich mehr partizipiert.

In Bild 4.18 ist als Beispiel die Ableitung eines solchen Nutzerschlüssels für ein intern eingesetztes Anwenderverfahren aufgezeigt. Hierbei werden zwei Kriterien herangezogen; ein Anteil (im Beispiel 40%) wurde in gleichen Teilen auf die einzelnen Installationen umgelegt, und der Rest (im Beispiel 60%) wurde in Relation zur Anzahl der vom Verfahren bedienten Entwickler auf die Anwender verteilt.

Verrechnungswege

Bei DV-gestützter Kontenführung und Buchung läuft der Prozess der Weiterverrechnung prinzipiell ebenso ab wie bei manuellen Buchungen. Die Weiterverrechnungen werden beleglos und über DV-Verfahren abgewickelt. Der schematische Ablauf der Weiterverrechnung ist im Bild 4.19 dargestellt. In der Praxis bedeutet dies, dass Kostenpositionen, die weiterzuverrechnen sind, in Form von Datensätzen in einem zentralen »Pool« abgelegt werden. Sobald der Pool von den Kosten abgebenden Stellen vollständig geladen ist, werden die Daten nach Empfänger sortiert und anschließend in einem »Belastungslauf« an die Kostenempfänger verteilt. Die Belastungsdatensätze gelangen nun in die Abrechnungsverfahren der empfangenden Bereiche. Jeder Belastungsdatensatz wird parallel

▷ der *Geschäftsbuchhaltung* nach Kostenarten, Geschäftszweigen und z. T. nach Kostenstellen sowie
▷ der *Projektkostenerfassung* und dort den entsprechenden Projektkonten

belastet.

Die Projektkostenerfassung könnte man – entsprechend ihrer Funktion – als »Projektbuchhaltung« bezeichnen. Um Verwechslungen zu vermeiden, wählt man dafür aber andere Bezeichnungen.

Eine Geschäftsbuchhaltung ist kostenstellen- und kostenartenorientiert; dagegen ist die Projektkostenerfassung im Wesentlichen auftragsorientiert und häufig nach eigenen Kostenelementen gegliedert.

Dieser Prozess der Weiterverrechnung im Unternehmen mit Hilfe von zentralen Pools läuft meist in monatlichen Abständen. Der Abrechnungszyklus fällt mit dem Abschluss der Geschäftsbuchhaltungen zusammen, so dass die beiden o. g. Buchungskreise zu diesem Zeitpunkt aufeinander abgestimmt werden müssen. Solche Abstimmungen sind erforderlich, um auftretende Buchungs- und Übertragungsfehler eliminieren zu können; in voll integrierten Verfahrenslandschaften (wie SAP R/3) entfallen diese jedoch.

Im Bild 4.19 sind zwei Verrechnungsvorgänge dargestellt, die den Ablauf anhand von zwei Beispielen erläutern: Im ersten Vorgang wird eine Entwicklungsleistung eines externen Auftragnehmers in Höhe von 1 Mio. EUR dem Bereich A belastet. Die Belastung kommt in diesem Fall in Form einer Rechnung, die mehrere Kostenelemente enthalten kann. In-

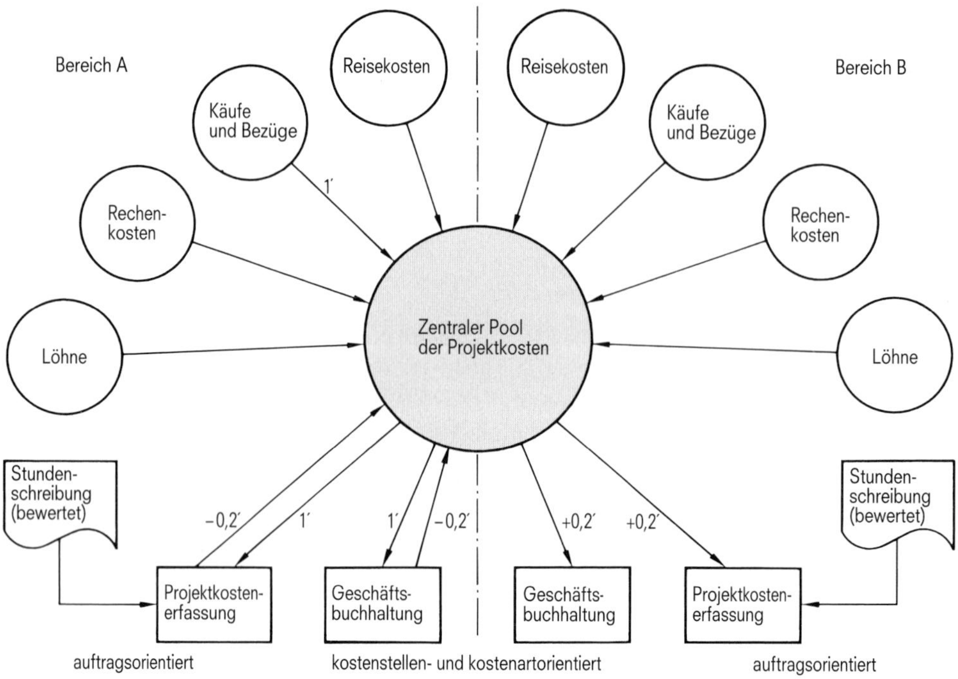

Bild 4.19 Schematischer Ablauf der Weiterverrechnung (mit Zahlenbeispiel)

nerhalb des Unternehmens wird die Rechnung automatisch über den Pool belastet. Gehört der Auftragnehmer nicht dem Unternehmen an, so läuft diese »Belastung« in Form einer Rechnung ein, die nach Überprüfung zur »Zahlung angewiesen« wird.

Der zweite Verrechnungsvorgang zeigt eine Belastung von 0,2 Mio. EUR des Bereichs A an den Bereich B. Die Belastung kann beispielsweise deshalb nötig sein, weil der Bereich A für den Bereich B Entwicklungsleistungen erbracht hat, die 0,2 Mio. EUR gekostet haben. In diesem Fall erfolgt die Weiterverrechnung beleglos über den zentralen Pool. Der weiterzuverrechende Betrag wird auf der Seite des Bereichs A sowohl innerhalb der Projektkostenerfassung als auch der Geschäftsbuchhaltung ausgebucht und auf der Seite des Bereichs B entsprechend belastet.

4.2.4 Plan/Ist-Vergleich für Aufwand/Kosten

Tragendes Element einer jeden Aufwands- und Kostenkontrolle ist das Gegenüberstellen der *geplanten* Aufwands- und Kostenwerte zu dem *angefallenen* Aufwand bzw. den *aufgelaufenen* Kosten. Mit diesem Vergleich sollen die kostenkritischen Teile des Projekts aufgezeigt werden, deren nähere Untersuchung dann zu entsprechenden Steuerungsmaßnahmen durch das Projektmanagement führt (Bild 4.20).

Ein solcher laufender Plan/Ist-Vergleich kann prinzipiell auf zwei Ebenen durchgeführt werden:

- ▷ Kostenvergleich auf FuE-Budgetebene bzw.
- ▷ Aufwandsvergleich auf Projektebene.

Ein Plan/Ist-Vergleich für ein FuE-Budget hat – stark vereinfacht – das Aussehen gemäß Bild 4.21; hierbei ist der Plan/Ist-Vergleich nicht nur in TEU, sondern auch in Mann-Jahre (MJ) bzw. Mann-Monate (MM) ausgewiesen. Das Ausweisen der MJ und MM auch bei einem Budget-Plan/Ist-Vergleich ist vor allem in Entwicklungsbereichen sinnvoll, in denen Personalkosten einen sehr hohen Anteil des FuE-Budgets ausmachen.

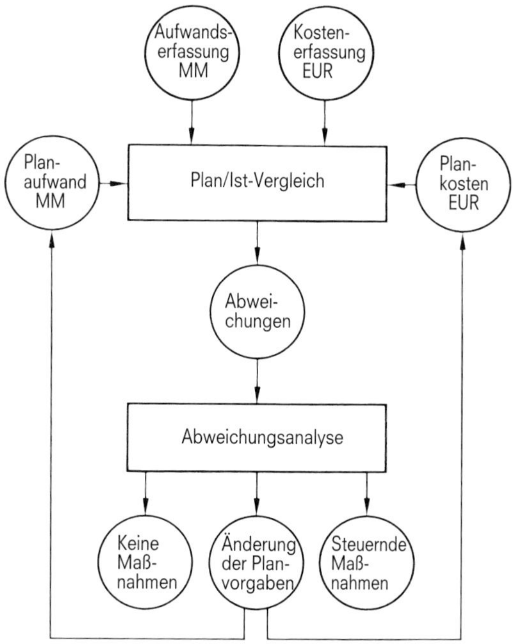

Bild 4.20
Ablauf der Aufwands- und Kostenkontrolle

Wird der Plan/Ist-Vergleich für die Kosten nach einem festen Kalkulationsschema mit entsprechender Gliederung nach Aspekten der Produkt- und Prozessstruktur (siehe Kap. 3.6.1) aufgestellt, dann spricht man häufig auch von einer *Mitkalkulation.*

Der Projektleiter trägt i. Allg. nicht die unmittelbare Verantwortung für das (gesamte) FuE-Budget; für ihn spielt die Budgetkontrolle deshalb nur eine sekundäre Rolle. Primär interessiert er sich für den Plan/Ist-Vergleich der (Personal-)Aufwände auf Projektebene, weil diese in seiner unmittelbaren Verantwortung liegt.

Beim Erstellen eines Plan/Ist-Vergleichs der Aufwände bzw. Kosten müssen mehrere Aspekte berücksichtigt werden:

▷ In welcher Gliederung sollen die Planwerte den Istwerten gegenübergestellt werden?
▷ Auf welchen Ebenen soll ein Aufwands- und Kostenvergleich vorgenommen werden?
▷ Wie werden bereits eingegangene Verpflichtungen (Obligo) als Bestellwert behandelt?
▷ Wie wird die Terminsituation im Rahmen der Kostenkontrolle berücksichtigt?
▷ Wie wird der Sachfortschritt in die Kostenkontrolle einbezogen?

Vergleichsmöglichkeiten

Im Projektverlauf werden die Istwerte üblicherweise in einem gleichmäßigen Turnus registriert, nicht täglich sondern in 14-tägigem oder monatlichem Abstand; sie kennzeichnen den augenblicklichen Zustand des Projekts. Die Planwerte dagegen sind vorab festgelegt und beziehen sich auf den geplanten Endzustand des Projekts. Daraus ergibt sich eine Diskrepanz im direkten Größenvergleich des angefallenen Ist und des zu erreichenden Plans. Für den Plan/Ist-Vergleich der Aufwands- bzw. Kostenwerte bieten sich nämlich mehrere Möglichkeiten der Gegenüberstellung an:

Kostenelement		Plan im GJ	Plan anteilig	Ist aufgelaufen	Abweichung in %
SW-Entwicklung	TEU	3000	1500	1350	−10,0
	MJ/MM	11/10	5/09	5/02	−10,1
HW-Entwicklung	TEU	1600	800	1000	+25,0
	MJ/MM	8/00	4/00	4/06	+12,5
Summe	TEU	4600	2300	2350	+ 2,2
FuE-Budget	MJ/MM	19/10	9/09	9/08	− 0,9

Bild 4.21
Plan/Ist-Vergleich eines FuE-Budgets (Beispiel, stark verkürzt)

▷ Absoluter Plan/Ist-Vergleich
▷ Linearer Plan/Ist-Vergleich
▷ Aufwandskorrelierter Plan/Ist-Vergleich
▷ Plankorrigierter Plan/Ist-Vergleich.

Absoluter Plan/Ist-Vergleich

Beim absoluten Plan/Ist-Vergleich wird der aktuelle Istwert dem (absoluten) Endplanwert gegenübergestellt, also der aktuelle Istwert mit den 100% des geplanten Endzustandes verglichen. Man liegt damit naturgemäß über einen längeren Zeitraum grundsätzlich unter dem 100%-Plan. Dieses »unter Plan« kann aber irrtümlich sein, da ein eventuelles Überschreiten der 100%-Planlinie immer erst gegen Projektende eintritt und die Planüberschreitung kurvenmäßig erst dann erkennbar wird (Bild 4.22, a). Dieses lange »unter 100% Liegen« führt meist zu einer falschen Sicherheit in der Kostenbeobachtung. Besonders wenn man dem Plan/Ist-Vergleich in der Listenform ausweist, kann eine drohende Kostenüberschreitung leicht zu spät erkannt werden. Deshalb bietet es sich an, den Istwert nicht nur dem Gesamtplanwert, sondern einem *anteiligen* Planwert gegenüberzustellen.

Linearer Plan/Ist-Vergleich

Man kommt zu einem linearen Plan/Ist-Vergleich, wenn der anteilige Planwert in einem linearen Verlauf über die Zeit dargestellt wird (Bild 4.22, b). Dies ist dann möglich, wenn man davon ausgehen kann, dass die Kosten gleichmäßig über die Zeit verteilt anfallen werden. Der in Bild 4.21 gezeigte (verkürzte) Plan/Ist-Vergleich eines FuE-Budgets nutzt z.B. diese Gegenüberstellung zum anteiligen Plan. Fallen aber die Kosten vermehrt erst in

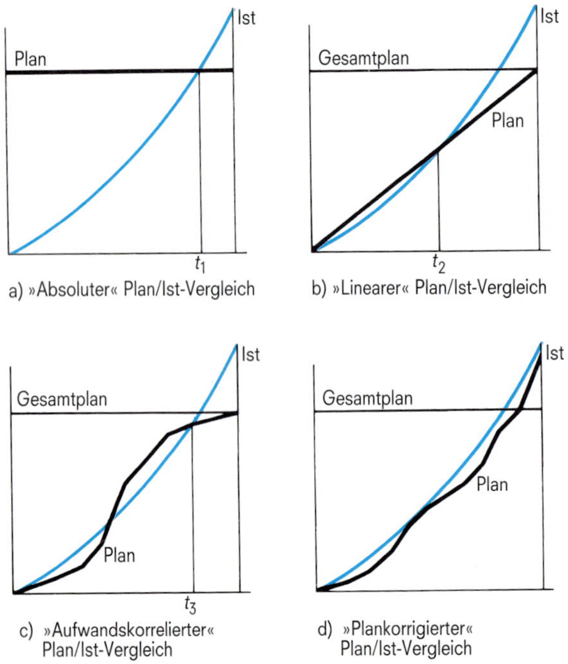

▷ Bis zum Zeitpunkt t_1 hat man das sichere Gefühl, dass man »im Plan« ist, da man ja unter 100% liegt.

▷ Bis zum Zeitpunkt t_2 glaubt man auch anteilig »unter Plan« zu sein – und fängt eventuell an, großzügiger zu werden.

▷ Bis zum Zeitpunkt t_3 glaubt man, dass man den Plan eingefangen hat, und übersieht den großen Nachlauf der Rechnungsstellungen.

Bild 4.22 Formen des Plan/Ist-Vergleichs

der zweiten Projekthälfte an – wie es häufig in der Praxis wegen des verstärkten Personaleinsatzes in der Realisierungsphase und wegen der zeitverschobenen Rechnungsschreibung der Fall ist –, so sieht der Plan/Ist-Vergleich auch in dieser Form in der Anfangszeit des Projekts viel positiver aus, als er in Wirklichkeit ist. Ein hieraus resultierendes zu »großzügiges« Kostenverhalten kann dann die Ursache für eine spätere Kostenüberschreitung sein (Bild 4.22, b).

Aufwandskorrelierter Plan/Ist-Vergleich

Liegt ein Netzplan vor, so ist eine »Aufwandskorrelierung« des Plan/Ist-Vergleichs möglich. Hierbei wird – angelehnt an eine aus dem Netzplan errechenbare Aufwandsverteilung – der Gesamtplanwert über die Zeit verteilt (Bild 4.22, c). Man erhält so eine realistischere Plankostenverteilung, die häufig nach einer leichten S-Kurve verläuft, da zu Projektbeginn – während der Planungsphase – noch nicht so viel Aufwand beansprucht wird, mit Projektfortschritt aber ein überproportionaler Anstieg des Aufwands zu verzeichnen ist. Der »beschönigende« Einfluss einer verzögerten Rechnungsschreibung, die bekanntlich zu einem vermehrten Kostenanfall gegen Projektende führt, wird allerdings auch mit dieser Form des Plan/Ist-Vergleichs nicht abgefangen.

Plankorrigierter Plan/Ist-Vergleich

Beim plankorrigierten Plan/Ist-Vergleich werden nicht nur die Istwerte laufend erfasst, son-

FuE - Kostenbericht   **Bereich:**   **MH 42**

Gesamtübersicht

Geschäftsjahr: 99/00
Berichtszeitraum: Okt 99   Feb 00

Produktlinie	von / bis	Bisherige Kosten (Anfang – Feb 00)	cost to complete (Mrz 00 – Planende)	laufendes Geschäftsjahr: Ist	laufendes Geschäftsjahr: Plan	Ist in % vom Plan
RAV	TDM	14.381,1	13.330,1	1.435,0	2.643,0	54,3%
	MJ / MM	58 / 7	54 / 4	5 / 9	10 / 8	
KENIA	TDM	1.425,3	4.627,0	3.470,0	4.627,0	75,0%
	MJ / MM	5 / 9	18 / 9	14 / 2	19 / 0	
NERAM	TDM	20.074,2	1.498,2	586,0	1.498,2	39,1%
	MJ / MM	82 / 0	6 / 1	2 / 5	6 / 1	
EKUAH	TDM	5.591,8	2.546,1	735,0	1.577,1	46,6%
	MJ / MM	23 / 0	10 / 5	3 / 0	6 / 5	
AGNI	TDM	80,0	0,0	0,0	0,0	0,0%
	MJ / MM	0 / 4	0 / 0	0 / 0	0 / 0	
REKLOV	TDM	8.842,2	20.419,8	2.190,5	6.033,2	36,3%
	MJ / MM	36 / 1	83 / 3	9 / 0	24 / 7	
NELLE	TDM	637,0	256,0	245,0	92,0	266,3%
	MJ / MM	2 / 7	1 / 0	1 / 0	0 / 5	
AMRI	TDM	1.671,4	0,0	550,0	0,0	
	MJ / MM	7 / 3	0 / 3	2 / 7	0 / 0	
AGLEH	TDM	42.468,9	44.266,1	4.498,5	12.341,9	36,4%
	MJ / MM	173 / 4	180 / 9	18 / 5	50 / 5	
PAUS	TDM	3.063,0	153,0	0,0	40,0	0,0%
	MJ / MM	12 / 6	0 / 7	0 / 0	0 / 3	
Gesamt	TDM	98.234,9	87.096,3	13.710,0	28.852,4	47,5%
	MJ / MM	404 / 5	359 / 0	58 / 4	120 / 7	

Bild 4.23 FuE-Kostenbericht

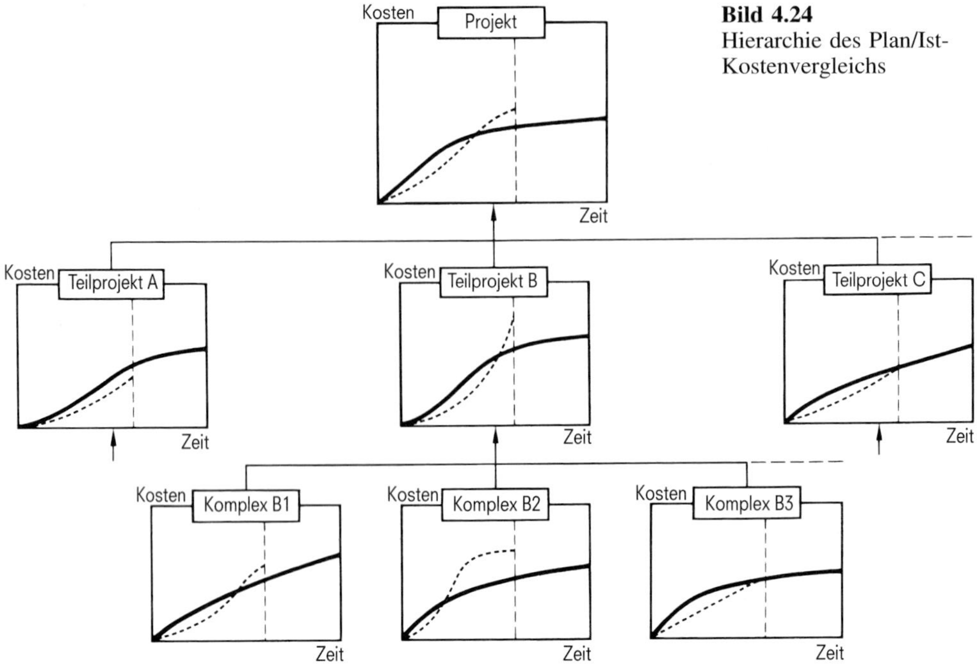

Bild 4.24
Hierarchie des Plan/Ist-Kostenvergleichs

dern auch die Planwerte durch eine laufende Restaufwands- bzw. Restkostenschätzung korrigiert (Bild 4.22, d). Zu jedem Istwert sind die geschätzten Restkosten in Differenz zu dem ursprünglichen Gesamtplan aufzutragen. Auf diese Weise erhält man sicherlich den besten Überblick über die tatsächliche Kostensituation des Projekts. Laufende Restaufwands- bzw. Restkostenschätzungen sind aber in der Praxis sehr aufwendig, so dass diese Form des Plan/Ist-Vergleichs selten angewendet wird.

Neben der *grafischen* Darstellung des Plan/Ist-Vergleichs wird in der Praxis vor allem die *Liste* zum Gegenüberstellen der einzelnen Plan- und Istwerte verwendet; sie hat den Vorteil des besonders großen Informationsumfangs (viel Zahlenmaterial je Flächeneinheit) und der großen Exaktheit der Einzelwerte. Auch können einige Zusatzinformationen und unterstützende Auswertungen aufgenommen werden. Hierzu gehört vor allem der prozentuale Abweichungswert Ist zu Plan in %. Wie schon gezeigt, hat es sich als vorteilhaft erwiesen, wenn dieser Wert einerseits als prozentuale Abweichung vom absoluten Plan und andererseits als prozentuale Abweichung vom anteiligen Plan ausgewiesen wird.

Als ein einfaches Beispiel für einen solchen tabellarischen Plan/Ist-Vergleich ist in Bild 4.23 der Kostenbericht eines DV-gestützten Kosteninformationssystems gezeigt; er wird in der Berichterstattung für das Entwicklungsmanagement eingesetzt.

Hierarchie des Plan/Ist-Kostenvergleichs

Die Plan- und Istkosten sollten besonders bei großen Entwicklungsvorhaben nicht auf *einer* Detaillierungsebene allein gegenübergestellt werden; vielmehr sind diese gemäß der Produktstruktur auf mehreren Ebenen unterteilt gegenüberzustellen. Die Kostenkontrolle beginnt an der Basis; d. h. bereits auf der unteren Teileinheitenebene ist eine Kostenbetrachtung erforderlich. Diese einzelnen Plan/Ist-Kostenvergleiche müssen dann bis auf die oberste Ebene akkumulierbar sein, so dass man auf der Produktebene eine Gesamtaussage zu den Projektkosten machen kann. Eine derartige *»Bottom-up«-Kostenkontrolle* ist die beste Basis für eine gezielte *»Top-down«-Kostensteue-*

rung. Bild 4.24 zeigt einen solchen hierarchischen Aufbau von Plan/Ist-Vergleichen.

Bestellwertfortschreibung

In den bestehenden Kostenüberwachungs- und -verrechnungsverfahren werden die Kosten vornehmlich aus der Stundenkontierung, der Rechnungsschreibung und der Kostenübernahme (z. B. Reisekosten, Rechenzeitkosten) aus vorgelagerten Verfahren ermittelt. Sowohl die Stundenkontierung als auch das »Accounting« der Rechenzeiten geschieht in einem relativ aktuellen Rhythmus; dagegen unterliegt die Sammlung von Kosten, die durch die Abrechnung externer Entwicklungsleistungen entstehen, häufig einer erheblichen Zeitverschiebung. Finanzielle Verpflichtungen, die bei einem Projekt bereits eingegangen worden sind, für die aber noch keine Rechnungen vorliegen, bleiben in den meisten Kostenüberwachungsverfahren bis zum endgültigen Rechnungseingang unberücksichtigt. Ergebnis dieses verspäteten Einbuchens von Rechnungen ist, dass häufig in der ersten Projekthälfte schon beachtliche Kosten durch entsprechende Auftragsvergaben verursacht werden, diese aber in den aktuellen Plan/Ist-Kostenvergleichen überhaupt nicht erscheinen. Erst gegen Projektende gehen die einzelnen Rechnungen vermehrt ein und zum Schluss entsteht ein »Rattenschwanz« von Kostenbelastungen. In ähnlicher Form wirkt das »September- bzw. Dezemberwunder« der Verrechnung von Gemeinkosten gegen Ende eines Geschäftsjahres. Der Projektleitung wird zu Beginn eine zu positive Kostensituation vorgetäuscht, so dass der übliche Plan/Ist-Vergleich zu einer Farce werden kann.

Abhilfe kann eine *Bestellwertfortschreibung* – häufig auch Obligo-Fortschreibung genannt – schaffen. Bei dieser registriert man die einzelnen Aufträge kostenmäßig nicht erst nach Eingang der Rechnung, sondern notiert sie bereits zum Zeitpunkt der Vergabe als »Obligo«, d. h. als Kosten, die eigentlich schon aufgetreten sind. Das Projektmanagement erhält mit einer derartigen Bestellwertfortschreibung immer einen vollständigen Überblick über den Stand der bereits angefallenen Kosten sowie der eingegangenen Verpflichtungen, die noch zu Kosten führen. Z. B. kann in einem SAP R/3-System mittels des Bestellwesen-Moduls MM eine Ausweisung des Obligos auf PSP-Elemente der Projektstruktur erreicht werden.

In Bild 4.25 ist ein Kostenverlauf mit und ohne Bestellwertfortschreibung vereinfacht dargestellt. Hieraus geht hervor, dass eine Planabweichung bei einer Bestellwertfortschreibung viel eher erkannt wird (Zeitpunkt t_1) als eine solche ohne Bestellwertfortschreibung (Zeitpunkt t_2). Das gemeinsame Aufzeigen der Plan- und Istkosten mit dem Bestellwert und dem freigegebenen Budget führt dabei zu einer erheblich besseren Transparenz der Kostenkontrolle.

Terminorientierte Kostenkontrolle

Der Kostenverlauf darf in einem Projekt nicht isoliert von den anderen Projektparametern betrachtet werden, d. h., er ist im Zusammenhang mit der gesamten Terminsituation und dem Fertigstellungsgrad zu sehen. Eine von der Terminsituation losgelöste Kostenkontrolle kann nämlich leicht zu falschen Aussagen führen, z. B. wenn eine Kostenüberschreitung (durch einen vorgezogenen Sachfortschritt) bewusst in Kauf genommen wurde, um eine Terminunterschreitung zu erreichen, oder wenn eine Kostenunterschreitung durch definierten Wegfall von Leistungsmerkmalen

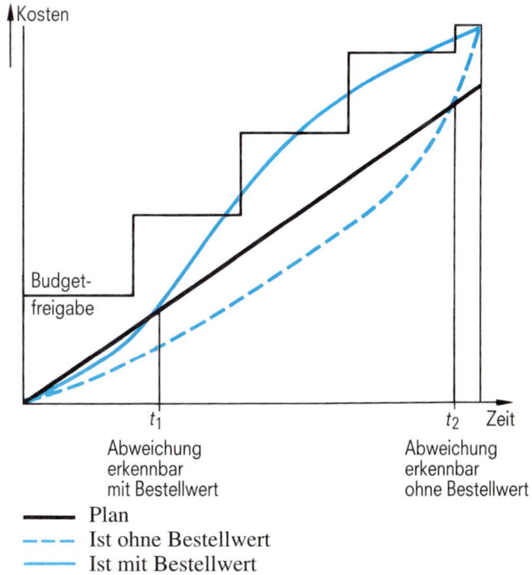

Bild 4.25 Bestellwertfortschreibung

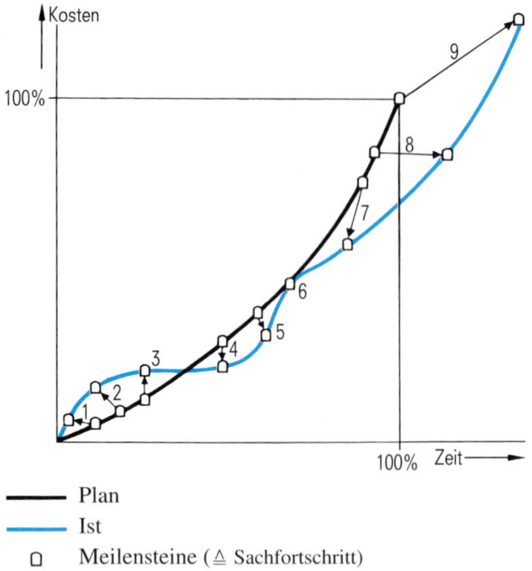

Bild 4.26 Kosten-Termin-Diagramm

entstanden ist. Deshalb sollte sich die Kostenüberwachung auch an den *Terminen* und dem erreichten *Sachfortschritt* orientieren.

Kosten-Termin-Diagramm

Für eine solche »kombinierte« Kostenkontrolle, die also terminorientiert vorgeht, bietet sich das in Bild 4.26 dargestellte »Kosten-Termin-Diagramm« an, welches eine *Kosten-Termin-Analyse* zu ausgewählten Meilensteinen und damit zu definierten Sachfortschrittspunkten ermöglicht.

In dem gezeigten Kurvenverlauf sind alle Kombinationen von Kosten- und Terminsituationen, die in einem Projekt an den einzelnen Meilensteinen auftreten können, beispielhaft angegeben. Hierbei sind folgende »Wanderungsrichtungen« der Meilensteine denkbar:

1 Planmäßige Kosten bei Terminunterschreitung
2 Kosten über Plan bei Terminunterschreitung
3 Kosten über Plan bei Termineinhaltung
4 Kosten unter Plan bei Termineinhaltung
5 Kosten unter Plan bei Terminverzug
6 Kosten und Termin plangerecht
7 Kosten unter Plan bei Terminunterschreitung
8 Planmäßige Kosten bei Terminverzug
9 Kosten- und Terminüberschreitung.

Das Kosten-Termin-Diagramm muss normalerweise manuell auf der Basis von Daten erstellt werden, die aus den projektunterstützenden Verfahren abzuleiten sind. Wird allerdings ein integriertes Projektführungssystem eingesetzt, bei dem also Termin- *und* Kostenüberwachung verfahrenstechnisch gemeinsam ablaufen, dann ist auch das automatische Erstellen einer Kosten-Termin-Analyse in der aufgezeigten Form möglich.

Termin-Kosten-Barometer

Zur Kurzdarstellung der Termin-Kosten-Situation für die Teilkomplexe eines Projekts kann man in einer Projektberichterstattung das in Bild 4.27 skizzierte Piktogramm eines »Termin-Kosten-Barometers« verwenden.

In dieser Darstellung werden die aktuellen und die vorangegangenen Termin- und Kostenabweichungen auf den Wert 100% »normalisiert« und einander gegenübergestellt. Die beiden Kennzahlen für den Termin- und den Kostenvergleich sind wie folgt definiert:

$$TV = \frac{T_{V'Ist}}{T_{Plan}} \times 100 \qquad (52)$$

TV Terminvergleich in %
$T_{V'Ist}$ Voraussichtliche Gesamtdauer
T_{Plan} Plandauer;

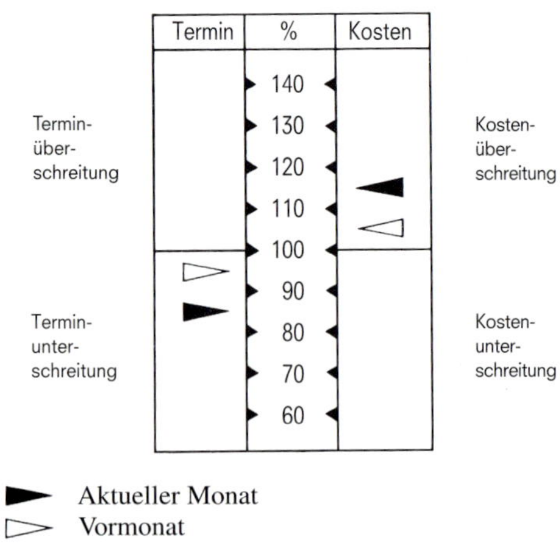

Bild 4.27 Termin-Kosten-Barometer

$$KV = \frac{K_{V'Ist}}{K_{Plan}} \times 100 \qquad (53)$$

KV Kostenvergleich in %
$K_{V'Ist}$ Voraussichtliche Istkosten
K_{Plan} Plankosten.

Das in Bild 4.27 enthaltene Zahlenbeispiel drückt im Gegenüberstellen zum Vormonat bez. der Termine eine Verbesserung und bez. der Kosten eine Verschlechterung aus.

Sachfortschrittsorientierte Kostenkontrolle

Soll der Sachfortschritt in die Kostenkontrolle einbezogen werden, so ist eine Bewertung des jeweils erreichten Fortschrittstands erforderlich.

Der Wert einer erbrachten Arbeit wird durch den »Arbeitswert« – in Kap. 4.3.3 näher erläutert – ausgedrückt. Unter dem Arbeitswert versteht man den geplanten Kostenwert für die tatsächlich erbrachte Arbeitsleistung; d. h., definierten Arbeitsergebnissen (z. B. zu einem bestimmten Meilenstein) ordnet man die äquivalenten Plankosten zu. Wird diese Größe in den Plan/Ist-Vergleich einbezogen, so erhält man eine Bewertungsgrundlage für die jeweils angefallenen Istkosten (Bild 4.28).

Abweichungsanalyse

Größere Abweichungen im Plan/Ist-Vergleich sind auf ihre Ursachen hin zu analysieren. Hierbei können Informationen aus anderen Projektplänen und -berichten, wie z. B. Terminpläne, Funktionsmerkmallisten und Fehlermeldungen, die eventuell bereits die »Schieflage« des Projekts aufzeigen, sehr hilfreich sein. In anderen Fällen können Abweichungen auch völlig unvorbereitet auftreten.

Wichtiges Qualitätsmerkmal eines Kosteninformationssystems ist, dass eine Abweichungsanalyse schnell und mit geringem personellen Aufwand durchführbar ist. Hierbei bieten sich mehrere Wege an:

▷ *Telefonische Rückfrage beim PM-Büro*; dort wird ein DV-Liste über einen Dialog angestoßen, deren Ausdruck an den Projektleiter (mit der Hauspost) gesandt wird. Dieser Weg ist schlecht, da die Wartezeit mehrere Tage beträgt.

▷ *Einsichtnahme in eine detaillierte Projektliste*, die alle wichtigen Kostenelemente enthält und die dem Projektleiter als Information zu seinem Projekt regelmäßig geliefert wird.
Dies ist der bessere Weg. Die Analyse ist mit vorhandenen Unterlagen schnell möglich; es besteht aber ein hoher Aufwand an Listenerzeugung und -verteilung.

▷ Der Projektleiter kann am *Bildschirm im Dialog* den Ursachen der Abweichung nachgehen.
Hier handelt es sich um den optimalen Weg; allerdings erfordert er ein umfassendes Kosteninformationssystem mit entsprechender Dialogabfrage.

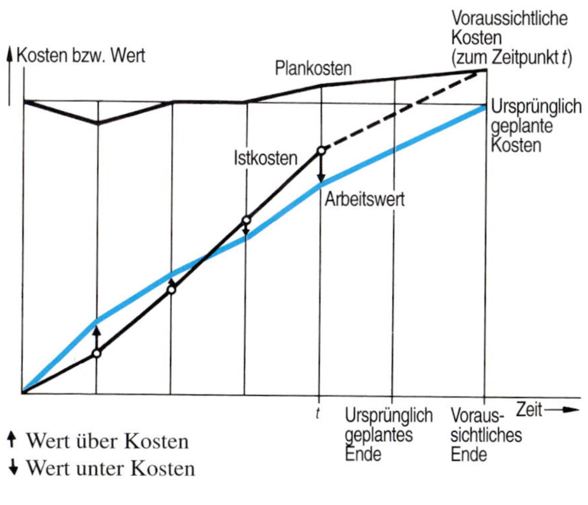

Bild 4.28 Arbeitswert-Kosten-Verlauf

Steuernde Maßnahmen und Planänderungen

Werden beim Plan/Ist-Vergleich von Aufwand und Kosten eines Projekts Abweichungen festgestellt, so kann man zunächst über steuernde Maßnahmen versuchen, die Projektsituation zu verbessern. Auf die möglichen *korrektiven Maßnahmen,* wie z.B. Erhöhen der Motivation, Beseitigen von Konflikten oder Verbessern der Qualifikation, soll an dieser Stelle nicht näher eingegangen werden, da sie bei fast jedem Projekt anders zu bewerten sind.

Greifen korrektive Maßnahmen im Projektablauf nicht, dann besteht als letzte Möglichkeit zum Korrigieren einer Plan/Ist-Abweichung das *Ändern der Planwerte* selbst. Hierdurch können allerdings die ursächlichen Probleme, die zur Abweichung führten, nicht gelöst werden.

Minderkosten kommen häufig dadurch zu Stande, dass wegen fehlender oder an einem anderen Projekt noch gebundener Ressourcen die Arbeiten am Projekt nicht planmäßig begonnen werden konnten.

Mehrkosten sollten nur dann zulässig sein, wenn der Projektinhalt sich erhöht hat, z.B. durch einen Zusatzauftrag des Kunden im Rahmen des bestehenden Projekts, oder wenn auf Grund falscher Vorgaben ein zu geringer Ansatz in der Vorkalkulation gemacht wurde. Erwartete Mehrkosten, die bei Aktualisierung der Planung zu Planerhöhungen führen, müssen sehr genau begründet, d.h. die Ursachen für die Mehrkosten genannt werden. Dies ist vor allem bei Kundenprojekten leicht einzusehen, weil Mehrkosten das Projektergebnis um einen Betrag in gleicher Höhe verschlechtern, wenn durch die Mehrkosten der Umsatz nicht gleichzeitig gesteigert werden kann.

Planerhöhungen im Budget sollten nur in bestimmten zeitlichen Abständen zulässig sein. Üblich ist ein jährlicher, halbjährlicher oder aber auch vierteljährlicher Turnus. Deshalb bietet es sich in Plan/Ist-Vergleichslisten auch an, *zwei* Planwerte, nämlich den (beständigeren) Budgetplanwert neben dem aktuellen Arbeitsplanwert – mit entsprechender Angabe der prozentualen Abweichungen –, gemeinsam auszuweisen.

4.2.5 Trendanalysen für Aufwand/ Kosten

Wie weiter oben bereits erläutert, werden bei der Aufwands- und Kostenkontrolle mit Hilfe eines Plan/Ist-Vergleichs den ursprünglichen oder auch den aktualisierten Planwerten die angefallenen Istaufwände bzw. Istkosten gegenübergestellt. Ziel dieses Vergleichs ist, Rückschlüsse hinsichtlich der Aufwands- und Kostensituation des Projekts zu ziehen. Im Gegensatz zu einem solchen, mehr *statischen* Vergleich stehen die Trendanalysen, die einem »Plan/Plan-Vergleich« entsprechen und damit einen mehr *dynamischen* Vergleich darstellen. Nicht die momentane Istgröße ist hier das entscheidende Vergleichskriterium, sondern aus dem wertmäßigen Verlauf der regelmäßig aktualisierten Plangrößen wird eine Extrapolation in die Projektzukunft unternommen, die Antwort auf die Frage »Wohin geht das Projekt?« geben soll. Grundgedanke dieser anderen Betrachtungsweise ist die Überlegung, dass eine punktuelle Plan/Ist-Abweichung normalerweise noch keine Gefährdung der Projektrahmendaten darstellen darf, dagegen eine immer wieder auftretende – wenn auch geringfügige – Planverschiebung in ihrer Summierung eine erhebliche Projektgefährdung bedeuten kann.

Daher sollte man neben einem Plan/Ist-Vergleich immer auch eine *Trendanalyse,* also einen Plan/Plan-Vergleich der relevanten Projektgrößen vornehmen.

Für eine Trendanalyse sind allerdings zwei Voraussetzungen notwendig:

- ▷ Alle Planstände in einem Projektablauf müssen aufbewahrt und
- ▷ die Planwerte müssen laufend – möglichst in periodischer Folge – aktualisiert werden.

Im letzteren Fall ist also in regelmäßigen Abständen eine *Restaufwands-* bzw. *Restkostenschätzung* durchzuführen. Hierbei kann – besonders bei einer Restaufwandsschätzung – das konsequente Anwenden der Netzplantechnik eine große Hilfe sein. Gibt es nämlich einen Netzplan in einem DV-gestützten Verfahren für das gesamte Projekt und wird dieser regelmäßig in seinen einzelnen Planaufwänden aktualisiert, so lassen sich die Gesamtplanaufwände für eine Trendanalyse sehr leicht aus den verschiedenen Netzplanständen ableiten. Beispielsweise erlaubte die Projektdatenbasis des Verfahrens REPROPLIK das automatische Generieren einer *Aufwandstrendanalyse* (ATA), allerdings nur in einer tabellarischen Darstellung.

Aufwands- bzw. Kostentrendanalyse

Da die eigentliche Analyse des Trends, d.h. die Extrapolation in die Zukunft naturgemäß der Mensch selbst übernehmen muss, ist es am besten, den Verlauf der einzelnen Planwerte grafisch darzustellen. Verbreitet ist die Matrixform nach Bild 4.29, die sowohl für eine *Aufwands-* (ATA) als auch für eine *Kostentrendanalyse* (KTA) verwendet werden kann.

Wie in dem Bild zu erkennen ist, gibt es drei grundsätzliche Trendaussagen, die aus dem extrapolierten Kurvenverlauf einer Aufschreibung laufend aktualisierter Planwerte abgeleitet werden können:

Ansteigender Trend, d.h. mit einem weiteren Anstieg des Aufwands bzw. der Kosten ist im weiteren Projektverlauf zu rechnen (○),

Haltender Trend, d.h. die Aufwands- bzw. die Kostenziele werden im weiteren Projektverlauf wahrscheinlich eingehalten (△),

Abfallender Trend, d.h. die ursprünglich gemachten Planansätze für Aufwand bzw. Kosten werden voraussichtlich unterschritten (□).

Kosten-/Meilenstein-Trendanalyse

Wird auch bei dem Plan/Plan-Vergleich eine »integrierte« Kosten-Terminkontrolle beabsichtigt, so bietet es sich an, die grafische Darstellung der Kostentrendanalyse mit der einer Termintrendanalyse zu verbinden. Voraussetzung ist hierbei, dass ein gemeinsamer Maßstab für die Zeitachse gewählt wird. Bild 4.30 zeigt eine solche gemeinsame Darstellung der Kostentrendanalyse mit einer Meilenstein-Trendanalyse.

Bei dieser kombinierten *Kosten-/Meilenstein-Trendanalyse* (KMTA) werden die einzelnen Meilensteine sowohl in ihren sich verändernden Planterminen als auch den zugehörigen Plankosten verfolgt. In dem gezeigten Beispiel konnte der Aufgabenkomplex 1 wohl kostengerecht fertig gestellt werden, aber mit einer Terminüberschreitung. Der Aufgabenkomplex 3 entwickelt sich in beiden Projektparametern plangerecht, dagegen ist für den Komplex 2 sowohl eine Kosten- als auch Terminüberschreitung zu erwarten. In der Praxis hat es sich häufig als schwierig herausgestellt, einem bestimmten Meilenstein – zu dem wohl der jeweils aktuelle Plantermin bekannt ist – auch alle geplanten Kosten zuzuordnen. Der

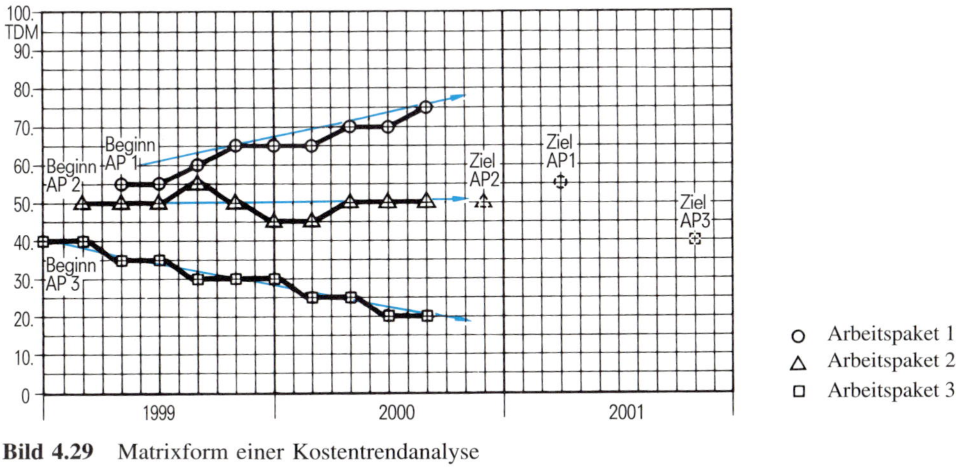

Bild 4.29 Matrixform einer Kostentrendanalyse

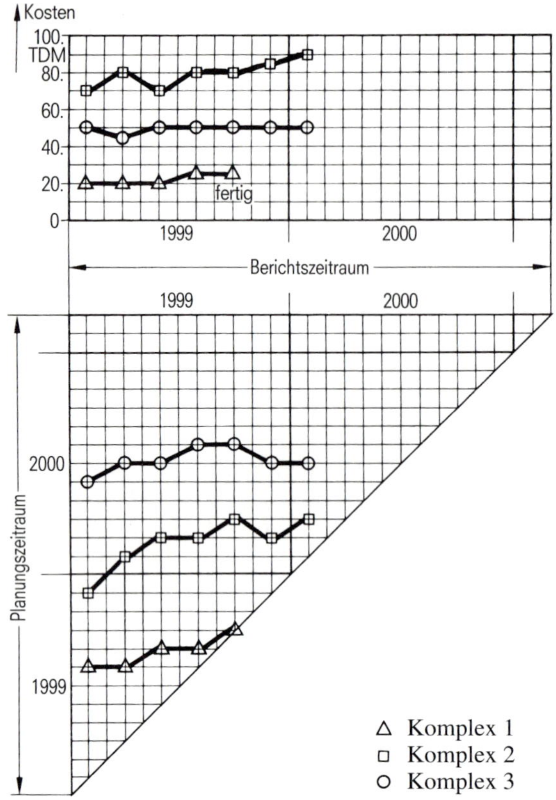

Bild 4.30 Kombinierte Kosten-/Meilenstein-Trendanalyse

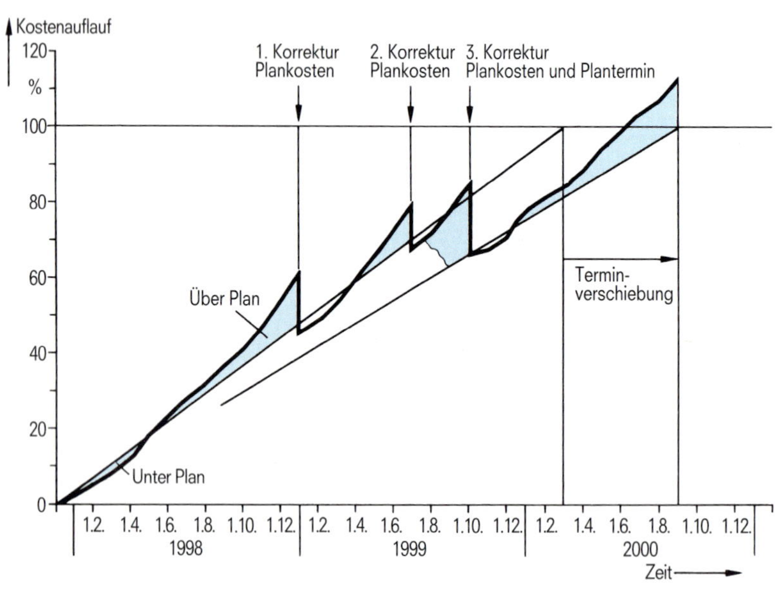

Bild 4.31 »Prozentuale« Kostentrendanalyse

Grund hierfür liegt darin, dass die Kostenstrukturierung meist keinen Bezug auf die Meilensteingliederung nimmt. Dieses Problem kann dadurch beseitigt werden, indem sowohl die Kostenstrukturierung als auch die Meilensteinplanung die *Produktstruktur* als gemeinsame Grundlage nehmen.

»Prozentuale« Kostentrendanalyse

Wie bereits erwähnt, ist eine regelmäßige Aufwands- bzw. Kostenschätzung (Gesamt oder Rest) Voraussetzung für die Planverfolgung innerhalb einer Trendanalyse. Sind in einem Entwicklungsprojekt solche Schätzungen nicht durchführbar, so ist eine Trendüberwachung auch in einer anderen Form möglich. Hierzu sind zumindest die Istwerte regelmäßig zu erfassen, die mit dem vorgegebenen Planwert einen prozentualen *Auflauf* des Aufwands bzw. der Kosten ergeben.

$$AA \text{ bzw. } KA = \frac{Y_{\text{Ist}}}{Y_{\text{Plan}}} \times 100 \qquad (54)$$

AA Aufwandsauflauf
KA Kostenauflauf
Y_{Ist} Istwert der Projektgröße
Y_{Plan} Planwert der Projektgröße.

Dieser Wert, über der Zeit aufgetragen, ergibt bei entsprechender Extrapolation ebenfalls eine Trendaussage. Es müssen hierbei allerdings eventuelle Plankorrekturen des Aufwands bzw. der Kosten sowie auch Terminkorrekturen entsprechend berücksichtigt werden. In Bild 4.31 ist eine solche »prozentuale« Kostentrendanalyse gezeigt.

4.2.6 Ergebnisermittlung

Große Entwicklungsprojekte werden meist im Rahmen eines FuE-Budgets des Entwicklungsbereichs eines Unternehmens abgewickelt und nach den Vorgaben eines *Kostenzentrums* geführt. Hier werden, wie in Kap. 2.4.1 bereits erläutert, allein die Kosten gemäß ihren Plan- und Istwerten betrachtet und auf Planerfüllung überwacht. Der Gewinn der erbrachten Produkte, Systeme oder Anlagen wird in den Vertriebsabteilungen (z.B. im Account Office) ausgewiesen, die dafür die in den Entwicklungsabteilungen entstandenen Kosten zu tragen haben.

In verstärktem Maße, besonders im IT-Geschäft, werden die Entwicklungsabteilungen bereits als eigene *Ertragszentren* (Profit Center) organisiert. Hier wird jede organisatorisch eigenständige Entwicklungsabteilung betriebswirtschaftlich als separate Kostenstelle mit einer Haben- und einer Sollseite geführt. Da die Projekte aber meist wegen des verteilten Know-hows über mehrere Abteilungen und damit über mehrere Kostenstellen abgewickelt

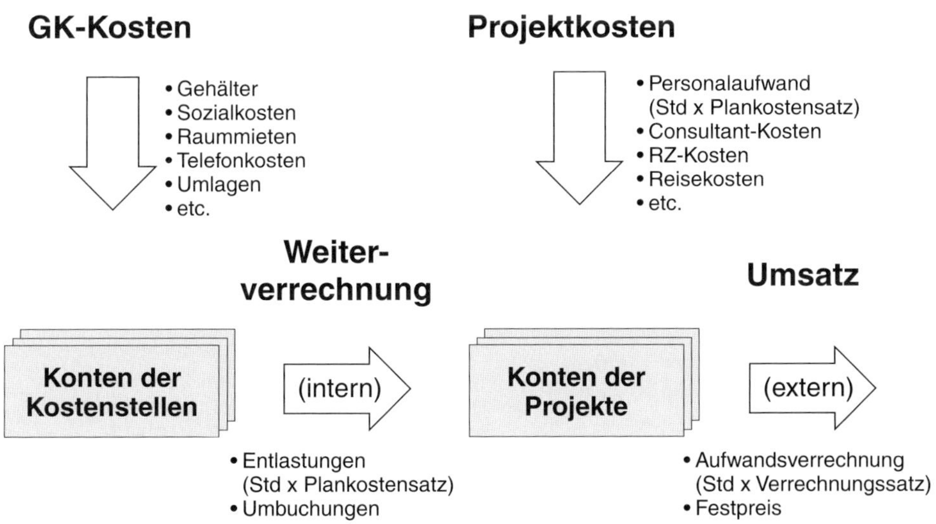

Bild 4.32 Gemeinkosten und Projektkosten

werden, arbeiten Mitarbeiter, die zu verschiedenen Kostenstellen gehören, häufig an ein und demselben Projekt. Aus diesem Grunde wird die Kosten-/Ergebnisdarstellung »zweidimensional« vorgenommen (siehe Bild 4.32).

Einerseits werden die *Gemeinkosten* (GK) der Abteilungen auf deren Kostenstellen-Konten zusammengeführt und andererseits werden die projektbezogenen Kosten auf »Projektkonten«, z. B. den Elementen der Projektstrukturen, gesammelt. Zu den Gemeinkosten zählen die Gehälter und die damit verbundenen Sozialkosten aller zur Abteilung bzw. Kostenstelle gehörenden Mitarbeiter, unabhängig davon in welchem Projekt sie mitarbeiten, sowie die »materiellen« Kosten der Abteilung, wie Raummieten, Telefon, Investitionen, allgemeine Umlagen etc.

In die *allgemeinen Umlagen* fließen anteilig die Kosten für den »Overhead« eines Unternehmens, also die Kosten für das Top-Management, für die Personalabteilung, für die Finanzbuchhaltung, für die Kantinenbewirtschaftung und für alle anderen Zentralabteilungen. Es können auch die Kosten für die so genannten *Fehlleistungen* einfließen soweit sie einem Projekt oder einer Kostenstelle nicht direkt zuordenbar sind; hierzu zählen z. B. die Fehlerbehebungskosten nach Ablieferung von Produkten bzw. Systemen, Kosten für unentgeltliche Nachbesserungen, sonstige Gewährleistungskosten, Konventionalstrafen, Aufwendungen für nicht produktiv eingesetztes Personal, Angebotskosten für entgangene Aufträge sowie Kosten für abgebrochene Entwicklungs- oder Vorleistungsprojekte.

Als *Projektkosten* gelten alle für dieses Projekt angefallenen Personalleistungen, unabhängig von der Kostenstellenzugehörigkeit der Projektmitarbeiter sowie alle sonstigen projektbeziehbaren Kosten, wie Consultant-Kosten, RZ-Kosten, Reisekosten. Der projektbezogene Personalaufwand wird durch die mitarbeiterbezogene Stundenkontierung ermittelt, indem die Stundenanzahl mit dem sogenannten Plankostensatz multipliziert wird.

Mit diesem Wert wird nun nicht nur das jeweilige Projektkonto *belastet*, sondern auch die Kostenstelle des betreffenden Mitarbeiters *entlastet*. Auf diese Weise der internen Weiterverrechnung werden alle Kosten, die einen »produktiven Gegenwert« haben, von den Kostenstellen auf die Projekte übergerechnet. Kostenstellen von Abteilungen, deren Mitarbeiter alle gemäß ihrer Sollstundenzahl produktiv in Projekten – egal ob in Projekten der eigenen Abteilung oder fremder Abteilungen – arbeiten, entlasten sich damit auf Null; es bleiben dann keine Kosten auf der Kostenstelle stehen. Teilweise können auch Kostenumbuchungen von einer Kostenstelle auf andere Kostenstellen stattfinden, wie z. B. bei der gemeinsamen Nutzung von Räumen und Sekretariaten. Entlastet sich die Kostenstelle insgesamt höher, kann dies sogar zu einem Ergebnis der Kostenstelle führen, dem *GK-Ergebnis.*

Der Plankostensatz einer Kostenstelle wird gemeinhin zu Beginn eines Geschäftsjahres ermittelt und zwar mittels Division der geplanten Gemeinkostensumme der Kostenstelle einer Abteilung mit den geplanten produktiven Stunden der zur Abteilung gehörenden Mitarbeiter.

$$KS_{\mathrm{Plan}} = \frac{K_{\mathrm{GK}}}{S_{\mathrm{prod}}} \tag{55}$$

KS_{Plan} Plankostensatz
K_{GK} Gemeinkosten einer Kostenstelle
S_{prod} Produktivstunden aller Mitarbeiter

Die Verrechnung an den externen Auftraggeber, die *Umsatzlegung*, wird direkt von den Projektkonten vorgenommen; dies geschieht entweder über eine Aufwandsverrechnung oder über einen vorab vereinbarten Festpreis. Bei der Aufwandsverrechnung werden die auf das Projekt kontierten Stunden, unabhängig der Kostenstellenzugehörigkeit mit einem Verrechnungsssatz, der normalerweise über dem (gemittelten) Plankostensatz der beteiligten Kostenstellen liegt, multipliziert und dem Auftraggeber mit eventuellen Zusätzen, wie RZ-Kosten und Reisekosten in Rechnung gestellt. Ein Festpreis muss so kalkuliert sein, dass er höher liegt als die angefallenen Projektkosten. Die Differenz zwischen dem in Rechnung gestellten Umsatzwert und den Projektkosten bildet dann das *Projektergebnis.* Sowohl die Plankostensätze als auch die Verrechnungssätze können je nach Leistungskategorie (Assistenzkraft, Sachbearbeiter, Projektleiter, Berater etc.) unterschiedlich hoch kalkuliert werden, was natürlich die Ergebnisermittlung etwas komplizierter macht.

Für die Ergebnisermittlung einer Abteilung werden deren GK-Ergebnis und die Projektergebnisse aller zur Abteilung gehörenden Projekte zum Gesamtergebnis der Abteilung addiert. Liegt der ehemals ermittelte Plankostensatz nahe bei dem letztendlich vorhandenen Personalkostensatz, so wird das Abteilungsergebnis im Wesentlichen auf den Projekten ausgewiesen.

$$\begin{aligned} E_{GK} &= U_{int} - K_{GK} \\ E_P &= U_{ext} - K_P \\ E_{ges} &= E_{GK} + E_P \end{aligned} \tag{56}$$

E_{GK} Gemeinkosten-Ergebnis
E_P Projektergebnis
E_{ges} Gesamtergebnis
K_{GK} Gemeinkosten
K_P Projektkosten
U_{int} Weiterverrechnung (intern)
U_{ext} Umsatz (extern).

Aufwandserfassung

Mitarbeiter	Kostenstelle	Plan-kostensatz EUR/Std.	Kontierte Stunden			
			Projekt A Kst. 8105	Projekt B Kst. 8105	Projekt C Kst. 4796	Mehr/Minder Stunden
Meier	8105	80,–	300 Std.	800 Std.	600 Std.	+ 100 Std.
Huber	8105	80,–	200 Std.	1400 Std.	–	
Schmidt	8105	80,–	–	400 Std.	1200 Std.	
Scholz	4796	90,–	–	600 Std.	1000 Std.	
Weber	4796	90,–	400 Std.	–	1000 Std.	./. 200 Std.

Ergebnisrechnung Kostenstelle 8105

Gehälter	210.000
Mieten	24.000
Sonstiges	150.000
Summe GK	384.000
Entlastung	392.000
GK-Ergebnis	+ 8.000 ☺

Projekt A	
Umsatz	90.000
Kosten	76.000
Ergebnis	+ 14.000 ☺

Projekt B	
Umsatz	260.000
Kosten	262.000
Ergebnis	./. 2.000 ☹

GK-Ergebnis	+ 8.000
Proj.-Erg. A	+ 14.000
Proj.-Erg. B	./. 2.000
Abt.-Ergebnis	+ 20.000 ☺

Ergebnisrechnung Kostenstelle 4796

Gehälter	150.000
Mieten	18.000
Sonstiges	120.000
Summe GK	288.000
Entlastung	270.000
GK-Ergebnis	./. 18.000 ☹

Projekt C	
Umsatz	343.000
Kosten	324.000
Ergebnis	+ 19.000 ☺

GK-Ergebnis	./. 18.000
Proj.-Erg. C	+ 19.000
Abt.-Ergebnis	+ 1.000 😐

☺ positives Ergebnis
😐 schwaches Ergebnis
☹ negatives Ergebnis

Bild 4.33 Rechenmodell

Der Grundgedanke dieser »zweidimensionalen« Kosten-/Ergebnisausweisung ist der, einerseits die *Produktivität* einer Kostenstelle und andererseits die *Profitabilität* der Projekte transparent darzustellen. Es ist also zum einen klar zu erkennen, ob in einer Kostenstelle alle Mitarbeiter produktiv in Projekten, d.h. kontierend mitarbeiten, und zum anderen zeigt sich sehr deutlich, welche Projekte gewinnbringend sind und welche nicht.

Das Rechenmodell in Bild 4.33 soll dieses anhand eines einfachen Zahlenbeispiels nochmal veranschaulichen. Wie aus dem Beispiel zu ersehen ist, haben die Mitarbeiter der Kostenstelle 4796 einen recht hohen Plankostensatz von 90,– EUR/Std. und bei der produktiven Auslastung der Mitarbeiter dieser Kostenstelle (Sollstundenzahl 1600 Std.) fehlen zudem 200 Stunden; dies führt dazu, dass das gute Projektergebnis des Projekts C durch das negative GK-Ergebnis der Kostenstelle wieder aufgezehrt wird. Dagegen kann die Kostenstelle 8105 das negative Projektergebnis im Projekt B durch ein gutes GK-Ergebnis und ein gutes Projektergebnis im Projekt A voll ausgleichen, so dass noch ein akzeptables Gesamtergebnis erreicht wird. Quintessenz bei dieser Ergebnisbetrachtung müssen Überlegungen zur Kostensenkung in der Kostenstelle 4796 sein, und es muss angestrebt werden, künftig keine Projektaufträge mit Renditeaussichten wie beim Projekt B anzunehmen.

Für einen Projektleiter, der Projekte in einem ertragsorientierten Entwicklungsbereich zu leiten hat, entsteht damit eine zusätzliche wichtige Projektmanagement-Aufgabe, die Aufgabe des Ergebnis-Controllings. Projekte müssen hier nicht nur in dem vorgesehenen Kostenrahmen liegen, die geplanten Termine einhalten, die vereinbarte Leistung und Qualität bringen, sondern die Projekte müssen auch ein ausreichendes Ergebnis erwirtschaften.

4.3 Sachfortschrittskontrolle

Neben den beiden Hauptpfeilern der Projektsteuerung, der Terminkontrolle und der Aufwands-/Kostenkontrolle, steht die Sachfortschrittskontrolle. Obwohl sie für eine effiziente Projektführung eigentlich die zentrale Kontrollmaßnahme darstellt, ist eine solche im Entwicklungsbereich häufig nur schwer erreichbar.

Dies liegt daran, dass im Gegensatz zur Termin-, Aufwands- und Kostenkontrolle für die Sachfortschrittskontrolle keine geeigneten Messgrößen vorliegen; es gibt eben keine »Maßeinheit« für den Sachfortschritt. Eine Überwachung des Sachfortschritts ist daher auch nur auf *mittelbarem* Weg möglich. Kernfrage bei einer Sachfortschrittskontrolle ist immer, ob zu den aufgewendeten Kosten die äquivalente Leistung vorliegt, also ob z.B. bei 50%-Kosten- bzw. Aufwands-»Verbrauch« auch 50%-Leistung erbracht worden ist.

Bei einer Sachfortschrittskontrolle ist – streng genommen – zu unterscheiden zwischen der

- ▷ Kontrolle des *Produkt*fortschritts und der
- ▷ Kontrolle des *Projekt*fortschritts.

Produktfortschritt und Projektfortschritt hängen zwar eng zusammen, unterscheiden sich aber in ihrem Betrachtungsfeld und ihren Kenngrößen; auch ist eine Berührung mit der Qualitätssicherung gegeben.

Mit *Produktfortschritt* wird der voranschreitende Grad der Zielerreichung technischer Daten angesprochen, also inwieweit man z.B. die geplante Speicherdichte eines Speichermediums oder die angestrebte Bandbreite eines Übertragungssystems erreicht hat. Daneben wird im Rahmen der Qualitätssicherung geprüft, ob einerseits bestimmte Entwurfsdokumente zu ausgewählten Zeitpunkten vollständig und richtig vorliegen (Inspektion) und andererseits die erbrachten Realisierungsergebnisse den geforderten Leistungsmerkmalen entsprechen (Test).

Beim *Projektfortschritt* betrachtet man dagegen den Verlauf typischer Projektparameter, wie Termine, Aufwände und Kosten in ihrer jeweiligen Planerfüllung; hier steht also die Frage nach dem Fertigstellungsgrad im Vordergrund. Ein sehr guter Ansatz zur Projektfortschrittskontrolle stellt eine *Arbeitswertbetrachtung* dar; bei dieser wird zu einem Stichtag der Wert der erbrachten Arbeit, der Arbeitswert, in seinem Verhältnis zu den anteiligen Plankosten und den zum Stichtag aufgelaufenen Istkosten analysiert.

Jede Fortschrittskontrolle setzt letztendlich fundierte *Restschätzungen* voraus, also Aufwands- bzw. Kostenschätzungen für den noch zu leistenden »Entwicklungsrest« sowie Schätzungen für die noch erforderliche Entwicklungszeit. Hierbei treten allerdings zwei signifikante Probleme auf, nämlich die eindeutige Definition des »Entwicklungsrests« und die treffsichere Schätzung des hierfür notwendigen Aufwands, der Kosten und der Dauer. Trotz fehlender messbarer Größen für den Sachfortschritt bieten sich einige (sekundäre) *Kontrollindizes* für die Projektkontrolle an.

Das Überwachen des Produkt- und Projektfortschritts dient insgesamt zur Feststellung des jeweiligen Produkt- bzw. Projektstatus und bildet damit eine wichtige Voraussetzung für eine wirkungsvolle Qualitätssicherung.

4.3.1 Produktfortschritt

Das Überwachen des Produktfortschritts stellt im Gegensatz zur Projektfortschrittsüberwachung und Qualitätssicherung eine inhaltliche Kontrolle des erreichten Entwicklungsstandes dar. Es stehen also nicht die Fragen »wie viel ist fertig« bzw. »ist es fehlerfrei realisiert worden« im Vordergrund, sondern die Frage »wieweit sind die Leistungsmerkmale *schon* erreicht«. Das Feststellen des Produktfortschritts, d.h. des Entwicklungsfortschritts ist damit nur auf Basis des genauen technischen Wissens der bestehenden Leistungs- und Funktionsanforderungen und der inneren Struktur des zu entwickelnden Produkts bzw. Systems möglich; es liegt deshalb i. Allg. auch nicht im direkten Aufgabenbereich des Projektmanagements, sondern in der Entwicklung selbst. Trotzdem wird an dieser Stelle kurz auf Aspekte und Möglichkeiten der Produktfortschrittskontrolle eingegangen.

Messbare Produktgrößen

Wie bei jeder Sachfortschrittskontrolle ist auch beim Überwachen des Produktfortschritts die *Messbarkeit* aussagerelevanter Produktgrößen entscheidend. Leistungsmerkmale können sich einerseits in eindeutigen physikalischen oder statistisch bestimmbaren Größen niederschlagen, wie z.B.:

- Frequenzbandbreite von Funk- und Radargeräten,
- elektrische Leistung von Motoren,
- Verlustleistung bei elektronischen Schaltungen,
- Durchsatzrate bei Schaltgeräten,
- Zugriffszeiten bei SW-Programmen,
- Durchsatzrate bei Datenbanksystemen,
- Verfügbarkeit von HW/SW-Systemen usw.

Andererseits drücken sich Leistungsmerkmale auch in nicht exakt bestimmbaren Eigenschaften aus, wie z.B.

- Ergonomie,
- Wartbarkeit,
- Portabilität,
- Langlebigkeit,
- Sicherheit usw.

Die Letzteren können natürlich nicht in ihrem »Fortschritt« gemessen werden; sie sind im Rahmen der Qualitätssicherung auf ihren *Erfüllungsgrad* zu prüfen.

Produktfortschritt-Diagramm

Leistungsmerkmale, die als Produktgrößen eindeutig messbar sind, können also hinsichtlich ihres technischen Fortschritts projektbegleitend kontrolliert werden. Ein sehr einprägsames Beispiel kann die Raumfahrt liefern; so stellen bei der Entwicklung einer Rakete die Größen Schubkraft und Nutzlast wichtige, aber konkurrierende Leistungsmerkmale dar (Bild 4.34).

Wie das Bild verdeutlicht, ist es nicht selten, dass aus technischen Gründen die Stärke der Schubkraft nicht wie gewünscht erreicht wer-

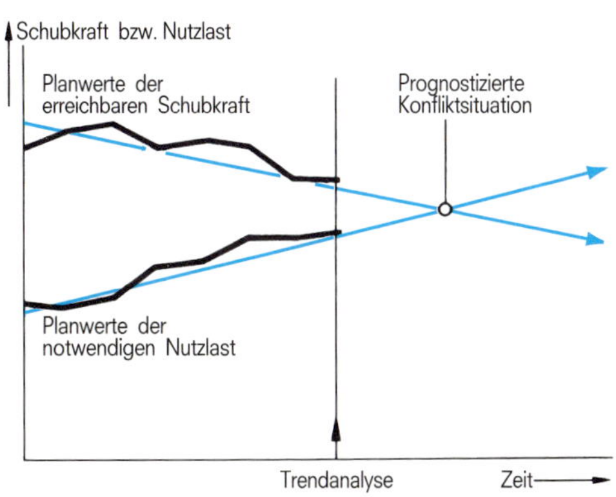

Bild 4.34
Produktfortschritt-Diagramm
(Beispiel Raketenentwicklung)

den kann, wobei die Nutzlastanforderungen auf Grund immer neuer, nicht vorherzusehender technischer Zusatzanforderungen sogar noch steigen. Hier muss also rechtzeitig die divergierende Tendenz der beiden Größen aufgezeigt werden, um Maßnahmen entweder für das Reduzieren der Nutzlast oder für das Steigern der Schubkraft einzuleiten.

In ähnlicher Weise können auf anderen Entwicklungsgebieten technische Größen, die das Produkt »diametral« bestimmen, einer vergleichenden Fortschrittsüberwachung in Form eines *Produktfortschritt-Diagramms* unterzogen werden. Beispiele für solche gegenläufigen (messbaren) Leistungsmerkmale sind:

Benutzeradressraum	– Systemadressraum
Anzahl Bauelemente	– Leiterplattenfläche
Anzahl Teilnehmer	– Antwortzeiten
Zugriffszeiten	– Speichervolumen
Motorleistung	– Benzinverbrauch.

Funktionsmatrix

Bei der Entwicklung komplexer HW- und SW-Systeme sind meist keine singulären technischen Größen vorhanden, die eine gesamtheitliche Aussage zum jeweiligen Produktfortschritt erlauben. Hinzu kommt, dass große Systementwicklungen häufig in parallelen Prozessabläufen auf mehrere Systemversionen (bzw. Varianten) ausgerichtet sind – d.h., gleichzeitig wird in denselben Systemteilen an mehreren Versionen gearbeitet.

Als ein sehr gutes Hilfsmittel zur Produktfortschrittskontrolle solcher versionsüberlappten Systementwicklungen hat sich das Erstellen einer systemumfassenden »Funktionsmatrix« gezeigt, in der das System bezogen auf die unterschiedlichen Versionen nicht in seinen technischen, sondern in seinen funktionalen Teilen aufgegliedert wird. Die eine Matrixachse zählt also die Systemversionen und die andere die Systemfunktionen auf. Die belegten Matrixfelder enthalten die zu realisierenden Systemteile, jeweils in deren eigenen Versionszählung.

Durch entsprechendes Kennzeichnen der bereits realisierten Funktionen kann der Produktstatus einer bestimmten Systemversion aufgezeigt und damit deren Produktfortschritt nachgewiesen werden. Die Anzahl realisierter Funktionen ist hier also das Maß für den Produktfortschritt.

Eine solche Funktionsmatrix wird am sinnvollsten innerhalb eines Konfigurationsmanagementsystems aufgebaut und verwaltet; hierdurch sind Konsistenz und Aktualität der Funktionsmatrix gesichert.

4.3.2 Projektfortschritt

Beim Überwachen des Projektfortschritts steht an zentraler Stelle die Frage nach dem jeweiligen *Fertigstellungsgrad* der durchzuführenden Entwicklungsarbeiten. So wichtig diese Frage für das Projektmanagement ist, so schwierig ist deren Beantwortung.

Ganz allgemein definiert sich der Fertigstellungsgrad so:

$$FG = \frac{A_{\text{fertig}}}{A_{\text{ges}}} \tag{57}$$

FG Fertigstellungsgrad
A_{fertig} fertiges Arbeitsvolumen
A_{ges} gesamtes Arbeitsvolumen.

Das Problem beim Bestimmen des Fertigstellungsgrades liegt im Fixieren des fertigen Arbeitsvolumens, dem Bestimmen also, was nun *tatsächlich* fertig ist. Allein das subjektive Beantworten durch die einzelnen Entwickler führt kaum zu brauchbaren Aussagen (Bild 4.35). Der Entwickler bewertet nämlich den erreichten Fertigstellungsgrad seiner Aufgaben oft zu hoch. Bis kurz vor Erreichen des geplanten Endtermins wird dadurch eine Planerfüllung suggeriert, obwohl in Wirklichkeit der Plan bereits unterschritten ist. Nicht selten sind dann für die restlichen 10% Arbeit mehr als 40% Zeit notwendig. Die Gründe für solche Fehleinschätzungen sind vielfältig; als die Wesentlichen sind hier zu nennen:

- ▷ Der Aufwand für die noch zu leistende Arbeit wird erheblich unterschätzt.
- ▷ Der Anteil der bereits erbrachten Leistung wird überschätzt.
- ▷ Schwierigkeiten in der Zukunft werden entweder nicht erkannt oder verharmlost.
- ▷ Bereits eingetretene (terminliche) Planüberschreitungen werden verdrängt.
- ▷ Drängen der Leitung beeinträchtigt die »Realitätstreue« der Entwickleraussagen.

Für das Bestimmen des Fertigstellungsgrades eines Projekts und damit für die Kontrolle des Projektfortschritts sind also weitere objektivierbare Sachverhalte heranzuziehen. Hierbei gibt es mehrere Vorgehensweisen, die jeweils ihre Vor- und Nachteile haben:

▷ Relativer Fertigstellungsgrad
▷ Absoluter Fertigstellungsgrad
▷ Prozessbezogener Fertigstellungsgrad.

Relativer Fertigstellungsgrad

Wird der Fertigstellungsgrad eines Arbeitspakets allein durch Beantworten der Frage »zu welchem Prozentsatz ist das Arbeitspaket fertig« bestimmt, so handelt es sich um einen *relativen* Fertigstellungsgrad. Setzt man die mit dieser Fragestellung ermittelten Prozentwerte der einzelnen Arbeitspakete in Relation zu deren Arbeitsvolumina, so kann hieraus ein prozentualer Gesamt-Fertigstellungsgrad des Projekts errechnet werden (Beispiel a)).

Beispiel a)

Arbeitspaket 1	3 MM	30% fertig	→	0,9 MM
Arbeitspaket 2	4 MM	70% fertig	→	2,8 MM
Arbeitspaket 3	7 MM	40% fertig	→	2,8 MM
Projekt	14 MM	46% fertig	←	6,5 MM

Die entscheidende Unsicherheit in dieser relativen Bestimmung des Fertigstellungsgrades liegt in dem oben angeführten »Fast-schon-fertig«-Syndrom.

Absoluter Fertigstellungsgrad

Zum Bestimmen des *absoluten* Fertigstellungsgrades wird nicht mehr die »analoge« Fragestellung »wie viel Prozent«, sondern die »binäre« Fragestellung »fertig oder nicht fertig« verwendet. Es gilt also nur noch die (objektivere) Aussage, ob ein Arbeitspaket ganz fertig – eventuell durch ein offizielles Abnahmeverfahren bestätigt – oder noch nicht fertig ist. Wie weit ein bereits begonnenes Arbeitspaket schon fertig ist, interessiert hierbei nicht mehr. Ist das Projekt in genügend kleine Arbeitspakete unterteilt und verfügen diese in etwa über gleich große Arbeitsvolumina, so kann durch Gegenüberstellen der (ganz) fertigen und der noch nicht fertigen Arbeitspakete ein absoluter Fertigstellungsgrad des Projekts ermittelt werden (Beispiel b)).

Beispiel b)

n Arbeitspakete	insges. 20 MM	fertig	→ 29%
m Arbeitspakete	insges. 50 MM	nicht fertig	→ 71%
Projekt	70 MM	29% fertig	↵

Beispiel c)

10 Arbeitspakete	x MM	fertig	→ 25%
30 Arbeitspakete	y MM	nicht fertig	→ 75%
Projekt	$x + y$ MM	25% fertig	↵

Bei Beispiel b) wurden für das Bestimmen des absoluten Fertigstellungsgrades die Arbeitsvolumina der Arbeitspakete zu Grunde gelegt, wobei genau genommen noch zwischen Ist- und Planwerten zu unterscheiden wäre. In Beispiel c) ist die Unsicherheit der Planwerte

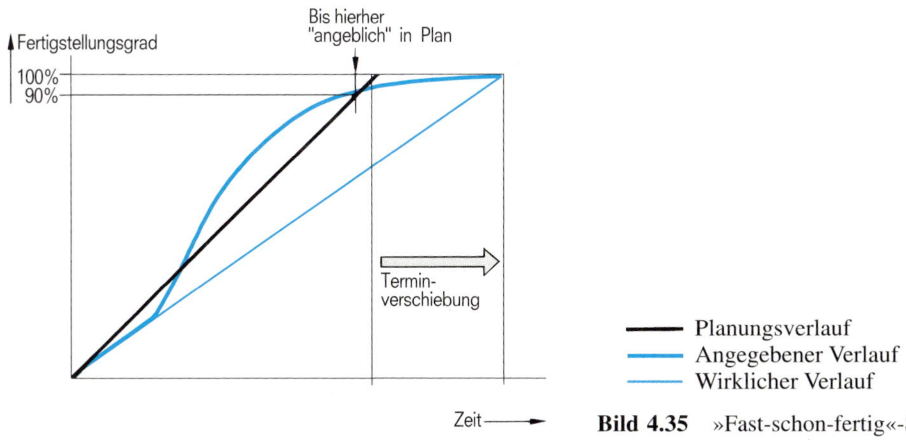

Bild 4.35 »Fast-schon-fertig«-Syndrom

herausgenommen, da für den Rechnungsgang die reine Anzahl fertiger Arbeitspakete herangezogen wurde. In dem letzteren Fall müssen allerdings genügend viele Arbeitspakete in etwa gleicher Größe vorhanden sein, weil sonst ein falscher Bezug entstehen kann.

Liegt ein Netzplan vor, in welchem die Arbeitspakete als Vorgänge definiert sind, so kann der absolute Fertigstellungsgrad auch automatisch vom Netzplanverfahren ermittelt werden. Da ein Netzplanverfahren zwischen abgeschlossenen, in Arbeit befindlichen und noch nicht begonnenen Vorgängen unterscheiden kann, ist darüber hinaus auch eine gemischte Bestimmung des Fertigstellungsgrades möglich, wie Beispiel d) zeigt.

Beispiel d)

n	Arbeits-pakete	insges. 50 MM	100% fertig →	33%
m	Arbeits-pakete	insges. 20 MM	32% fertig →	4%
l	Arbeits-pakete	insges. 80 MM	0% fertig →	0%
Projekt		150 MM	37% fertig	↵

Hierin ist der Fertigstellungsgrad für die in Arbeit befindlichen Vorgänge relativ bestimmt und dem Prozentwert der bereits fertigen Arbeitspakete hinzugerechnet worden.

Prozessbezogener Fertigstellungsgrad

Ein *prozessbezogener* Fertigstellungsgrad wird nicht durch einen Prozentwert ausgedrückt, sondern durch eine prozessbezogene Aussage hinsichtlich der erreichten und offiziell abgenommenen Meilensteine. Bei dieser Vorgehensweise ist es allerdings unerlässlich, den gesamten Entwicklungsprozess in klar definierte Standard-Meilensteine zu untergliedern, wie es z. B. bei der in Kap. 2.5.4 behandelten Prozessorganisation der Fall ist. Hier besitzt jeder Standard-Meilenstein eine allgemein gültige Bezeichnung mit einem eindeutig definierten Sachinhalt, wie z. B.

- ▷ A30 Leistungsbeschreibung,
- ▷ T34 Integrationsgetestetes Funktionsmuster,
- ▷ B70 Lieferfreigabe Serie.

Im Projektfortschrittsbericht ist dann nicht mehr der numerische Wert für den Fertigstellungsgrad von Bedeutung, sondern die Auflistung der erreichten (und abgenommenen) Meilensteine des Entwicklungsprozesses.

Als ein sehr praktisches und doch einfaches Hilfsmittel hat sich bei einer meilensteinorientierten Sachfortschrittskontrolle die Meilenstein-Trendanalyse erwiesen (siehe hierzu Kap. 4.1.4); bei dieser wird in einer grafischen Darstellung systematisch der terminliche Trend in der Fertigstellung der einzelnen Meilensteine aufgezeigt, aus dem dann auf den weiteren Projektfortschritt geschlossen werden kann.

Grafische Darstellung

Für das grafische Darstellen des Fertigstellungsgrades einzelner Arbeitspakete bietet

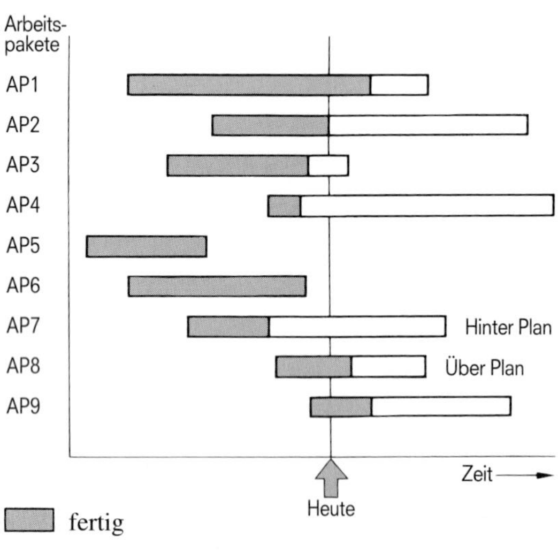

Bild 4.36
Angabe des Fertigstellungsgrades im Balkendiagramm

sich das Balkendiagramm an, in dem die einzelnen Balken für die Arbeitspakete entsprechend ihrer Fertigstellung z. B. »geschwärzt« sind (Bild 4.36). So erhält man mit Orientierung an einer aktuellen Tageslinie (Stichtag, Zeitlot) einen guten Überblick über den Projektfortschritt.

Verfügt das Projektführungssystem über eine Eingabemöglichkeit des Fertigstellungsgrades, dann kann die Schwärzung der Balken auch das Verfahren übernehmen, wie z. B. bei MS-Project (siehe Kap. 6.2.5). Hierbei sind zwei Varianten, wie im Bild 4.4 gezeigt, möglich, nämlich ohne und mit Änderung der Plantermine; bei der zweiten Variante werden die Balken so verschoben, dass die »Schwärzungen« alle genau am Stichtag enden.

4.3.3 Arbeitswertbetrachtung

Der Sachfortschritt in einem Projekt lässt sich wesentlich genauer durch die Betrachtung des »Wertes« einer geleisteten Arbeit, den *Arbeitswert* beurteilen; rechnerisch entspricht er den geplanten Kosten der bis zum Stichtag tatsächlich erbrachten Arbeitsleistung, das sind die Kosten, die z. B. beim Erreichen eines bestimmten Meilensteins laut Plan dafür hätten anfallen dürfen.

Bestimmen des Arbeitswerts

Der Verlauf des Arbeitswerts wird am besten durch das definierte Erreichen einzelner Meilensteine oder durch die Fertigstellung einer festgelegten Anzahl Arbeitspakete bestimmt. Der Schnittpunkt der Horizontalen durch die Planposition eines Meilensteins bzw. einer Arbeitspaketmenge mit der Vertikalen durch den Fertigstellungszeitpunkt des Meilensteins bzw. der Arbeitspaketmenge ergibt den zugehörigen Arbeitswert (Bild 4.37).

Hierbei sind die einzelnen Größen wie folgt definiert:

Anteilige Plankosten $K_{A'Plan}$ =
geplante Kosten für die geplante Arbeitsleistung

Aufgelaufene Istkosten K_{Ist} =
angefallene Kosten für die tatsächliche Arbeitsleistung

Arbeitswert W =
geplante Kosten für die tatsächliche Arbeitsleistung.

Beim gezeigten Kurvenverlauf des Arbeitswerts wird davon ausgegangen, dass keine neuen Aufgaben auf Grund zusätzlicher Anforderungen hinzugekommen sind und der angesetzte Gesamtplanwert realistisch erscheint. Der Arbeitswert überschreitet daher auch nicht den Wert des Gesamtplans (Budget); der Endpunkt des voraussichtlichen Arbeitswertverlaufs kann allerdings den geplanten Endtermin sowohl unter- als auch überschreiten.

Der Arbeitswert wird also allein von der terminlichen Situation, d. h. vom Fertigstellungsgrad definierter Arbeitsmengen, bestimmt. Der Verlauf der Istkosten hat unmittelbar kei-

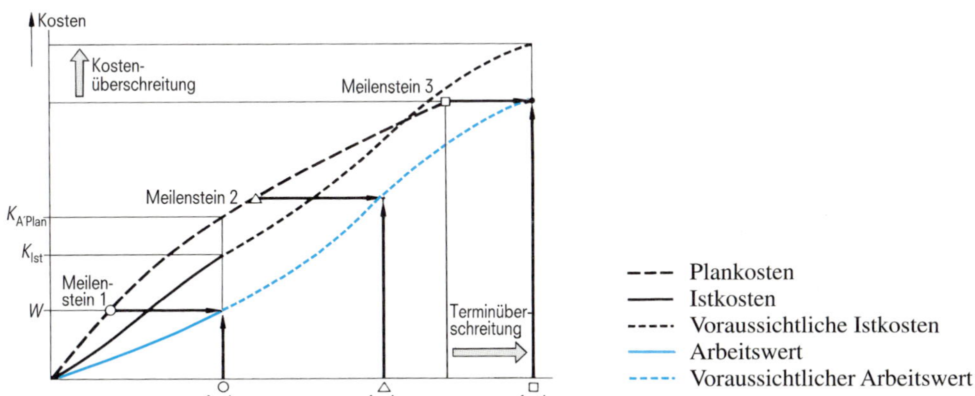

Bild 4.37 Bestimmen des Arbeitswerts

nen Einfluss auf den Arbeitswert; diese müssen für das Bestimmen des Arbeitswerts daher auch nicht bekannt sein, wohl aber für das Beurteilen des Projektfortschritts.

Für die (voraussichtlichen) Istkosten ist ab dem Stichtag natürlich jeder Verlauf denkbar, am nahe liegendsten ist allerdings ein paralleler Verlauf zur Arbeitswertkurve. In diesem Fall werden die bestehenden Restarbeiten gemäß ihren ursprünglichen Plankosten nur terminlich neu eingeordnet; d. h. für den weiteren Verlauf ist von der bisher bestehenden Kostenabweichung auszugehen.

Der in Bild 4.37 gezeigte Kurvenverlauf führt an dem eingetragenen Stichtag zu folgender Aussage: Bezogen auf den geplanten Kostenverlauf liegt eine (momentane) Kostenunterschreitung vor; bezogen auf den Arbeitswert dagegen eine Überschreitung.

Bewertungszahlen

Mit Hilfe des Arbeitswerts können *Bewertungszahlen* abgeleitet werden, die einerseits eine Aussage über die prozentuale Kostenabweichung (cost variance) und andererseits eine Aussage über die prozentuale Terminabweichung (schedule variance) ermöglichen; sie sind wie folgt definiert:

Kosten-Bewertungszahl in %:

$$Q_\mathrm{K} = \frac{W - K_\mathrm{Ist}}{K_\mathrm{Ist}} \times 100; \qquad (58)$$

Termin-Bewertungszahl in %:

$$Q_\mathrm{T} = \frac{W - K_\mathrm{A'Plan}}{K_\mathrm{A'Plan}} \times 100. \qquad (59)$$

Beide Bewertungszahlen können einen positiven wie auch einen negativen Wert annehmen.

Ein positiver Wert kennzeichnet einen guten Projektfortschritt (Kosten unter Plan bzw. Termin vor Plan), wogegen ein negativer Wert einen schlechten Projektverlauf (Kosten über Plan bzw. Termin hinter Plan) andeutet. In dem ersten Fall ist eine größere Arbeitsleistung erbracht worden, als diese den aufgelaufenen Istkosten bzw. den anteiligen Plankosten entspricht; im anderen Fall ist eine geringere Arbeitsleistung zu verzeichnen.

Hinsichtlich einer eventuellen Kostenüber- oder -unterschreitung bzw. einer möglichen Terminverkürzung oder -verlängerung zeigt Tabelle 4.1 alle Varianten der Vorzeichen dieser beiden Bewertungszahlen.

Als zwei besonders interessante Sonderfälle seien die in Bild 4.36 gezeigten Konstellationen näher erläutert. Weicht der Arbeitswert von den Istkosten nicht ab, nimmt also die Kosten-Bewertungszahl Q_K den Wert Null an, dann tritt keine Kostenunter- oder -überschreitung auf; höchstens eine Terminkorrektur kann erforderlich werden. In diesem Fall sind alle bisherigen Meilensteine bzw. Arbeitspakete kostengerecht abgewickelt worden (Bild 4.38, a).

Verläuft dagegen der Arbeitswert gemäß den Plankosten – nimmt die Termin-Bewertungszahl Q_T den Wert Null an – dann liegt Termineinhaltung bei eventueller Kostenunter- oder -überschreitung vor. Hier sind dann die Meilensteine bzw. Arbeitspakete termingerecht abgearbeitet worden (Bild 4.38, b).

Leistungsindizes

Für das Beurteilen des Sachfortschritts auf Basis des Arbeitswerts können außerdem zwei Leistungsindizes (zu einem bestimmten Stichtag) definiert werden:

Kosten-Leistungsindex

$$I_\mathrm{KW} = \frac{K_\mathrm{Ist}}{W}; \qquad (60)$$

Termin-Leistungsindex

$$I_\mathrm{TW} = \frac{K_\mathrm{A'Plan}}{W}. \qquad (61)$$

Tabelle 4.1
Vorzeichen der Bewertungszahlen Q_K und Q_T

Termin / Kosten	Vor Plan		In Plan		Hinter Plan	
Unter Plan	+	+	+	0	+	−
In Plan	0	+	0	0	0	−
Über Plan	−	+	−	0	−	−
	↑ Q_K	↑ Q_T				

\+ Positiver Wert
0 Wert gleich Null
− Negativer Wert

Diese Leistungsindizes bezeichnet man auch – in reziproker Form – als »Cost Performance Index« und »Schedule Performance Index«.

Der Kosten-Leistungsindex sagt aus, inwieweit der (bisher erbrachte) Arbeitswert die (bisher aufgelaufenen) Istkosten unter- oder überschreitet; er ist damit ein Maß für die Kostentreue. Demgegenüber ist der Termin-Leistungsindex ein Maß für die Termineinhaltung, indem der Quotient Plankosten/Arbeitswert gebildet wird. Dies ist deshalb möglich, weil eine Kostenüberschreitung bei gleichem Leistungsvolumen und gleichen Einsatzmitteln eine adäquate Terminverschiebung zur Folge hat. Auch hierzu sei auf das Bild 4.38 verwiesen, das diesen Sachverhalt verdeutlicht.

Nehmen die Leistungsindizes Werte <1 an, so handelt es sich um einen guten Projektfortschritt; bei Werten >1 liegt ein schlechter Projektverlauf vor.

Die Leistungsindizes werden immer zu einem Stichtag festgelegt; gewisse Schwankungen können dabei von einem zum anderen Stichtag auftreten. Unterzieht man mehrere nacheinander gemessene Werte einer Regressionsanalyse, so ergibt sich eine Werteglättung und damit aussagekräftigere Leistungsindizes.

Rechenblatt zur Arbeitswertbetrachtung

In der Praxis nimmt man die Arbeitswertbetrachtung nicht unmittelbar für das gesamte Projekt vor, sondern es werden i. Allg. die Arbeitswerte mit den zugehörigen Bewertungszahlen und Leistungsindizes für einzelne Aufgabenkomplexe – eventuell in einer zusätzlichen Strukturierung – bestimmt und dann auf Projektebene entsprechend verdichtet. Bild 4.39 zeigt ein Rechenblatt zur Arbeitswertbetrachtung, wie es auf einem Personal Computer mit Hilfe eines Tabellenkalkulationsprogramms leicht zu erstellen ist. Die Arbeitswerte werden hier durch Multiplikation der Gesamtplankosten mit den Fertigstellungsgraden der einzelnen Arbeitspakete (siehe Kap. 4.3.2) errechnet.

Aus dem Rechenblatt sind einige Erkenntnisse leicht abzulesen:

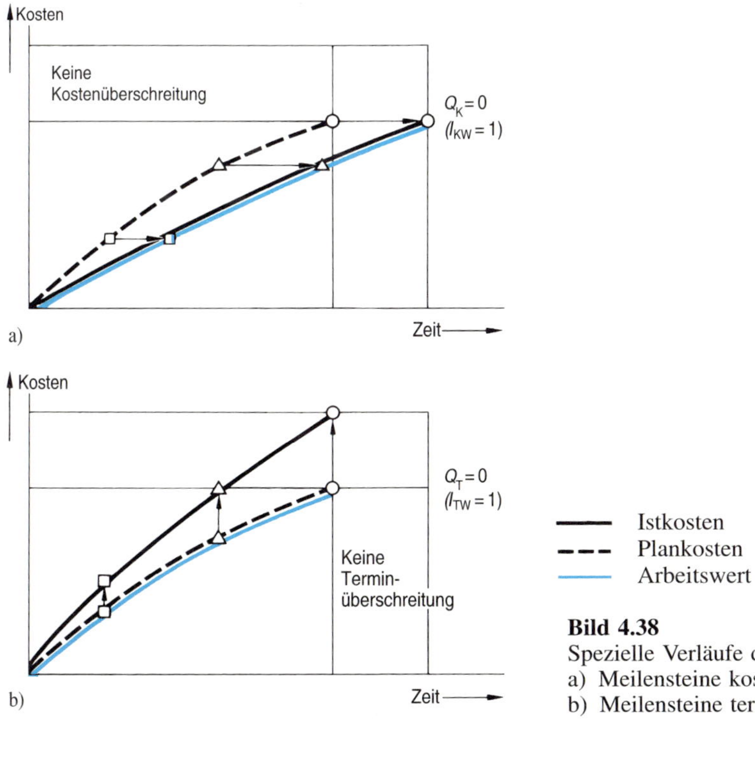

Bild 4.38
Spezielle Verläufe des Arbeitswerts
a) Meilensteine kostengerecht
b) Meilensteine termingerecht

▷ Das zu 10% fertige Arbeitspaket AP 3 ist wohl terminlich in Plan ($Q_T = 0$), weist aber bereits eine sehr hohe Kostenüberschreitung ($Q_K = -25{,}0$) auf.

▷ Das Arbeitspaket AP 5 ist mit einer Kosten- sowie einer Terminunterschreitung (beide Bewertungszahlen positiv) fertig geworden.

▷ Beim Arbeitspaket AP 6 ist eine beachtliche Kostenunterschreitung ($Q_K = +20{,}0$), allerdings eine voraussichtliche Terminüberschreitung ($Q_T = -14{,}3$) zu verzeichnen.

▷ Das Arbeitspaket AP 8 konnte nicht kostengerecht fertig gestellt werden ($Q_K = -10{,}7$).

▷ Das Arbeitspaket AP 9 hat seinen Endtermin bereits erreicht, obwohl es erst zu 90% fertig ist.

▷ Das gesamte Projekt weist sowohl eine Kostenüberschreitung ($Q_K = -5{,}6$) als auch eine Terminüberschreitung ($Q_K = -6{,}2$) auf.

Anzumerken ist bei diesem Beispiel, dass die Kosten-Bewertungszahl Q_K im Prinzip jeden negativen und positiven Wert bei Abschluss eines Aufgabenkomplexes annehmen kann. Die Termin-Bewertungszahl Q_T kann dagegen nur einen von Null ungleichen Wert annehmen, solange der Aufgabenkomplex noch nicht abgeschlossen ist (Stichtag liegt vor Zeitpunkt der Fertigstellung). Ist der Aufgabenkomplex dann aber fertig, so nimmt die Bewertungszahl Q_T den Wert Null an, falls eine Terminüberschreitung vorliegt – unabhängig von deren Größe (siehe im Beispiel das AP 8); bei einer Terminunterschreitung bleibt allerdings Q_T auf seinem letzten (positiven) Wert stehen (im Beispiel das AP 5). Diese gewisse Inkonsequenz liegt darin begründet, dass die anteiligen Plankosten und der jeweilige Arbeitswert den ursprünglichen Gesamtplan gemäß Definition nicht überschreiten können. Die Bewertungszahl Q_T macht also primär eine Aussage über die noch zu erwartende Terminerfüllung und nicht über die eingetretene Termintreue.

Das Vorgesagte gilt in gleicher Weise für den Termin-Leistungsindex; auch hier wird bei Fertigstellung höchstens ein Wert von Eins eingenommen.

4.3.4 Restschätzungen

Drei Möglichkeiten von Restschätzungen im Rahmen der Sachfortschrittskontrolle gibt es:

▷ Restaufwandsschätzung
▷ Restkostenschätzung
▷ Restzeitschätzung.

Aufgabenkomplex	Gesamt-Plankosten in TEU	Fertigstellungsgrad in %	Arbeitswert in TEU	Aufgelauf. Istkosten in TEU	Anteilige Plankosten in TEU	Bewertungszahlen Q_K in %	Q_T in %	Leistungsindizes I_{KW}	I_{TW}
AP 1	20	100	20	22	20	– 9,1	0	1,10	1,00
AP 2	50	70	35	40	38	– 12,5	– 7,9	1,14	1,09
AP 3	30	10	3	4	3	– 25,0	0	1,33	1,00
Teilprojekt A	100	58	58	66	61	– 12,1	– 4,9	1,14	1,05
AP 4	30	0	0	0	0	–	–	–	–
AP 5	14	100	14	13	13	+ 7,7	+ 7,7	0,93	0,93
AP 6	20	30	6	5	7	+ 20,0	– 14,3	0,83	1,17
AP 7	26	50	13	15	16	– 13,3	– 18,8	1,15	1,23
Teilprojekt B	90	37	33	33	36	0	– 8,3	1,00	1,09
AP 8	25	100	25	28	25	– 10,7	0	1,12	1,00
AP 9	40	90	36	34	40	+ 5,9	– 10,0	0,94	1,11
Teilprojekt C	65	94	61	62	65	– 1,6	– 6,2	1,02	1,07
Projekt	255	60	152	161	162	– 5,6	– 6,2	1,06	1,07

Ermittelte Werte zu einem bestimmten Stichtag

Bild 4.39 Rechenblatt Arbeitswertbetrachtung (mit Zahlenbeispiel)

Restaufwands-/Restkostenschätzung

Mit einer Restaufwandsschätzung soll während des Projekts der am Ende des Projekts zu erwartende Gesamtaufwand prognostiziert werden. Kaum zu trennen von einer Restaufwandsschätzung ist die Restkostenschätzung, da – bei sonst unveränderten Projektparametern – Aufwandsänderungen i. Allg. unmittelbar in Kostenänderungen übertragbar sind; deshalb werden diese beiden Restschätzungen hier gemeinsam behandelt.

Für das Bestimmen des Restaufwands bzw. der Restkosten sind zwei Vorgehensweisen möglich:

▷ Zukunftsbezogene Aufwands- bzw. Kostenbestimmung
▷ Vergangenheitsbezogene Aufwands- bzw. Kostenbestimmung.

Zukunftsbezogene Aufwands- bzw. Kostenbestimmung

Bei der *zukunftsbezogenen* Bestimmung werden ohne unmittelbare Berücksichtigung der vergangenen Gegebenheiten und Vorkommnisse die Aufwände bzw. Kosten für die noch nicht erledigten, in der Zukunft liegenden Entwicklungsaufgaben ermittelt. Voraussetzung ist hierbei das klare und eindeutige Definieren des *noch abzuarbeitenden* Arbeitsvolumens; dieses ist naturgemäß am genauesten an Zäsurpunkten, wie Phasen- und Meilensteinabschlüssen einzugrenzen. Diese Form der Restaufwandsschätzung kommt damit im Endeffekt einer Aufwandsschätzung gleich, wie sie in der Frühphase der Projektplanung bereits stattgefunden hat, nur dass jetzt genauere und gesichertere Grunddaten für die Schätzung vorliegen.

Restaufwandsschätzungen dürfen sich aber nicht darin erschöpfen, dass die Entwickler »schnell mal« abgefragt werden, vielmehr ist eine vollständige und detaillierte Aufwandsschätzung durchzuführen. Hierbei sollte man dieselben Methoden und Verfahren wie zu Projektbeginn einsetzen. Auch kann es sinnvoll sein – besonders bei größeren Entwicklungsabschnitten –, erneut Schätzklausuren durchzuführen.

Beim Einsatz von Aufwandsschätzverfahren ist es allerdings für das Bestimmen des Restaufwands meist praktischer, die Schätzung auf das Gesamtvolumen auszudehnen und von dem ermittelten Gesamtaufwand einfach den bisher aufgelaufenen Aufwand abzuziehen, als die Schätzung allein auf die noch nicht fertigen Aufgabenkomplexe anzusetzen. Der Restaufwand A_{Rest} ergibt sich dann aus der Subtraktion des geschätzten (voraussichtlichen) Gesamtaufwands $A_{\text{V'Ist}}$ und des bereits aufgelaufenen Aufwands A_{Ist}:

$$A_{\text{Rest}} = A_{\text{V'Ist}} - A_{\text{Ist}}\,. \qquad (62)$$

Die Restaufwandsschätzung kann auch als reine Restkostenschätzung (cost-to-complete) vorgenommen werden, wenn die Kosten die aussagekräftigere Größe für den Sachfortschritt darstellen. Dort, wo z. B. ein erheblicher Anteil für den Musterbau anfällt, ist die Betrachtung der Restkosten also sinnvoller.

Vergangenheitsbezogene Aufwands- bzw. Kostenbestimmung

Bei der *vergangenheitsbezogenen* Bestimmung wird nicht das künftige, sondern das *vergangene* Arbeitsvolumen betrachtet und von diesem auf das noch zu bewältigende Volumen extrapoliert. Hier steht die Frage im Vordergrund: Welchen »Wert« stellt die bisher erbrachte Arbeit dar, also die Bestimmung des Arbeitswertes (siehe Kap. 4.3.3). Weil jeder Extrapolation eines ermittelten Kurvenverlaufs eine Annahme hinsichtlich des zu erwartenden weiteren Verlaufs der Größen zugrunde liegt, kann es keine allgemein gültige Formel für die Restaufwands- bzw. Restkostenschätzung geben.

In der Praxis geht man von den in Bild 4.40 gezeigten, vereinfachten Kostenverläufen aus, d. h., sowohl für die Plan- und Istkosten als auch für den Arbeitswert wird ein linearer Anstieg angenommen.

In dem gezeigten Kosten-Zeit-Diagramm sind zum Stichtag drei kumulierte Kostenwerte eingetragen:

▷ aufgelaufene Istkosten K_{Ist},
▷ anteilige Plankosten $K_{\text{A'Plan}}$ sowie
▷ der bisher erbrachte Arbeitswert W.

Wie leicht nachvollziehbar ist, kann für die (voraussichtlichen) Restkosten folgender Zusammenhang abgeleitet werden:

$$\frac{K_{Rest} + K_{Ist}}{K_{Ist}} = \frac{K_{Plan}}{W};$$

$$K_{Rest} = \frac{K_{Ist}}{W} \times K_{Plan} - K_{Ist};$$

$$K_{Rest} = I_{KW} \times (K_{Plan} - W), \qquad (63)$$

wobei I_{KW} der *Kosten-Leistungsindex* ist:

$$I_{KW} = \frac{K_{Ist}}{W}.$$

Die Differenz aus Gesamtplankosten und dem zum Stichtag vorliegenden Arbeitswert multipliziert mit dem Kosten-Leistungsindex ergibt somit die Restkosten. Durch weitere Addition der aufgelaufenen Istkosten erhält man die voraussichtlichen Istkosten (estimated cost at completion):

▷ $K_{V'Ist} = K_{Ist} + K_{Rest}$
▷ $K_{V'Ist} = K_{Ist} + I_{KW} (K_{Plan} - W)$
▷ $K_{V'Ist} = I_{KW} \times K_{Plan}$.

Die voraussichtlichen Gesamtkosten ergeben sich damit aus den (ursprünglichen) Gesamtplankosten multipliziert mit dem Kosten-Leistungsindex. Nimmt z.B. der Kosten-Leistungsindex Werte >1 an – sind also die Istkosten zum Stichtag größer als der zugehörige Arbeitswert –, so ist mit einer Kosten*über*schreitung zu rechnen; bei Werten <1 tritt voraussichtlich eine Kosten*unter*schreitung ein.

Anzumerken ist hier, dass sich in dem linearen strahlenförmigen Verlauf der Istkosten und des Arbeitswerts bis hin zum Arbeitsende die Annahme eines Beibehaltens des Kosten-Leistungsindex (derselbe »Schlamperei-Faktor«) verbirgt.

Restzeitschätzung

Für *Restzeitschätzungen* gilt Ähnliches wie für Restaufwands- und Restkostenschätzungen, weil in den meisten Fällen beide Projektgrößen eng zusammenhängen. So führt z.B. das Nichtausschöpfen eines vorgegebenen Budgets – bei sonst unveränderten Projektparametern – zwangsläufig zu einer Terminverschiebung. Auch kann bekanntlich eine Terminverkürzung durch einen vermehrten Geldmitteleinsatz erzwungen werden. Allerdings gibt es keinen generellen Zusammenhang zwischen diesen beiden Projektgrößen. Deshalb muss man i.Allg. eine Restzeitschätzung getrennt von der Restkosten- bzw. Restaufwandsschätzung vornehmen. Manche Aufwandsschätzverfahren unterstützen auch die Restzeitschätzung; so ermöglichen z.B. PRICE (Kap. 3.2.3) und SICOMO (Kap. 6.3.3) das zeitliche Zuordnen des geschätzten Entwicklungsaufwands und damit das Bestimmen der Entwicklungszeit.

Linearer Kostenverlauf

Bei entsprechenden Annahmen der künftigen Kostenverläufe in einem Projekt kann ein for-

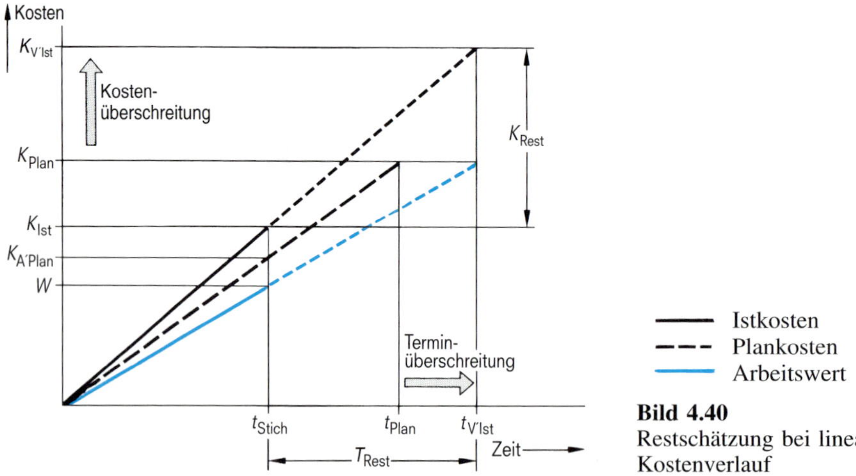

Bild 4.40
Restschätzung bei linearem Kostenverlauf

melmäßiger Zusammenhang für die restliche Entwicklungszeit eines definierten Aufgabenkomplexes abgeleitet werden. Bei gleichen Annahmen, wie sie dem Bild 4.40 zu Grunde liegen, ergibt sich die voraussichtliche Restzeit T_{Rest} aus den folgenden beiden Beziehungen:

$$\frac{T_{Rest} + t_{Stich}}{t_{Stich}} = \frac{K_{Plan}}{W};$$

$$\frac{t_{Plan}}{t_{Stich}} = \frac{K_{Plan}}{K_{A'Plan}}$$

und dem *Termin-Leistungsindex*

$$I_{TW} = \frac{K_{A'Plan}}{W};$$

$$T_{Rest} = I_{TW} \times t_{Plan} - t_{Stich}. \qquad (64)$$

Die voraussichtliche Restzeit T_{Rest} ist also die Differenz aus dem geplanten, mit dem Termin-Leistungsindex multiplizierten Endtermin und dem Stichtag.

Bei Addition der bisher vergangenen Zeit erhält man den voraussichtlichen Endtermin $t_{V'Ist}$:

$$t_{V'Ist} = t_{Stich} + T_{Rest}$$
$$t_{V'Ist} = I_{TW} \times t_{Plan}. \qquad (65)$$

Die voraussichtliche Entwicklungszeit ist damit formelmäßig ähnlich zu beschreiben wie die voraussichtlichen Entwicklungskosten, nämlich Planwert mal Leistungsindex. Nimmt der Termin-Leistungsindex Werte >1 an – sind also die anteiligen Plankosten zum Stichtag größer als der zugehörige Arbeitswert –, so ist mit einem Terminverzug zu rechnen; bei Werten <1 stellt sich wahrscheinlich eine Terminunterschreitung in entsprechender Höhe ein.

Beliebiger Kostenverlauf

Kann man für den bisherigen Verlauf nicht von den in Bild 4.40 gemachten (linearisierenden) Voraussetzungen ausgehen, sondern liegt ein unbekannter Verlauf der Plan- und Istkosten sowie der Arbeitswerte bis zum Stichtag vor, dann bietet sich die in Bild 4.41 dargestellte Betrachtungsweise an.

Hier ermittelt man zum Stichtag einen Termin-Leistungsindex, ohne eine Aussage über den bisherigen Verlauf der den Index bestimmenden Arbeitswerte machen zu müssen. Für den weiteren Verlauf, d. h. für den Rest sowohl der anteiligen Plankosten als auch des Arbeitswerts, wird ein linearer Verlauf mit gleich bleibendem Termin-Leistungsindex angenommen, so dass für diesen Teil derselbe formelmäßige Ansatz wie im vorangegangenen gemacht werden kann. Es ergibt sich daher:

$$T_{Rest} = I_{TW}\,(t_{Plan} - t_{Stich}) \qquad (66)$$

und für den voraussichtlichen Endtermin:

$$t_{V'Ist} = t_{Stich} + T_{Rest}$$
$$t_{V'Ist} = t_{Stich} + I_{TW}\,(t_{Plan} - t_{Stich}). \qquad (67)$$

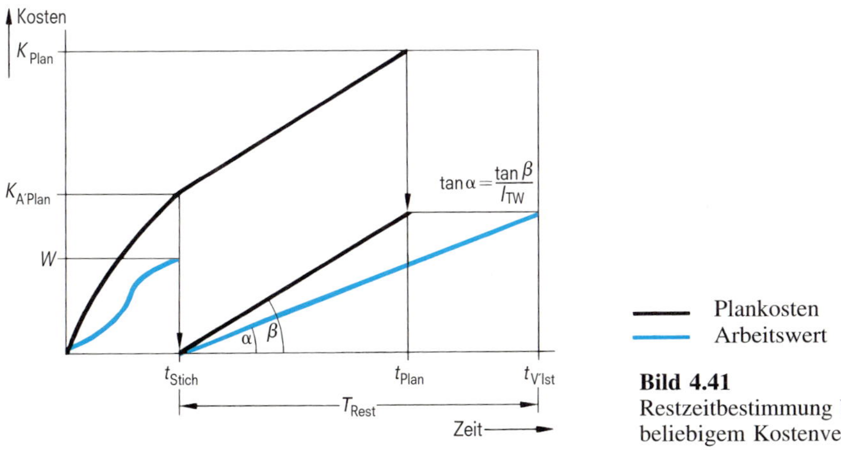

Bild 4.41
Restzeitbestimmung bei (bisher) beliebigem Kostenverlauf

Im Vergleich zu den Formeln (64) und (65) bei von Anbeginn linearem Verlauf ergeben sich hier kleinere Werte für die voraussichtliche Restzeit und den Endtermin. Dies ist darin begründet, dass alle terminverändernden Dinge nach dem Stichtag unberücksichtigt bleiben (weil über diese ja keine Aussage möglich ist), sondern nur angenommen wird, dass ab Stichtag mit demselben terminlichen Leistungsindex der Rest der Arbeiten abläuft.

Soll/Ist-Vergleich von Restschätzungen

Restaufwands-, Restkosten- und Restzeitschätzungen greifen in ihrer Kontrollwirkung erst im fortgeschrittenen Stadium eines Projekts; sie sollten deshalb erst dann vorgenommen werden, wenn entweder bereits

- ▷ 50% des Gesamtaufwands oder
- ▷ 50% der Gesamtkosten oder
- ▷ 50% der Projektdauer

erreicht sind. Zu einem wesentlich früheren Zeitpunkt wäre der notwendige Aufwand für eine Restschätzung in Hinblick auf die dann noch geringe Aussagekraft nicht zu rechtfertigen.

Da Restschätzungen allerdings nur Prognosen und damit Planaussagen sind, müssen diese zu gegebener Zeit überprüft werden, d.h. also, dass dann eine erneute Restschätzung erforderlich ist. Es empfiehlt sich daher, Restschätzungen – natürlich nur in einem vertretbaren Umfang – während der Restlaufzeit des Projekts *wiederholt* durchzuführen. Hierbei ist es sinnvoll, einen Soll/Ist-Vergleich der abgegebenen Restschätzungen vorzunehmen. Bild 4.42 zeigt beispielhaft einen Verlauf von zu verschiedenen Zeitpunkten durchgeführten Restaufwandsschätzungen. Als Sollverlauf für den jeweiligen Restaufwand wird ein linearer Verlauf angenommen.

Wie ersichtlich, wird durch jede neue Restaufwandsschätzung zwangsläufig auch die Schätzung für den voraussichtlichen Gesamtaufwand aktualisiert:

$$A_{\mathrm{V'Ist},\,n} = A_{\mathrm{Rest},\,n} + A_{\mathrm{Ist},\,n}\,. \qquad (68)$$

$A_{\mathrm{V'Ist},\,n}$ vorraussichtlicher Gesamtaufwand zum Zeitpunkt t_n

$A_{\mathrm{Ist},\,n}$ aufgelaufener Aufwand zum Zeitpunkt t_n

$A_{\mathrm{Rest},\,n}$ geschätzter Restaufwand zum Zeitpunkt t_n

Aus der Aufzeichnung der Plankorrekturwerte $A_{\mathrm{V'Ist},\,n} - A_{\mathrm{V'Ist},\,n-1}$ ist schließlich ein Trend der Restaufwandsschätzungen abzulesen, der eine Sicherheitsaussage hinsichtlich weiterer Restaufwandsschätzungen ermöglicht.

4.3.5 Kontrollindizes

Für das objektive Beurteilen des Projektfortschritts hat es sich als zweckmäßig erwiesen, die Hauptprojektgrößen durch entsprechende Quotientenbildung zu relativieren, um dadurch aussagekräftige »Kontrollindizes« zu erhalten. Einerseits kann das Verhältnis des

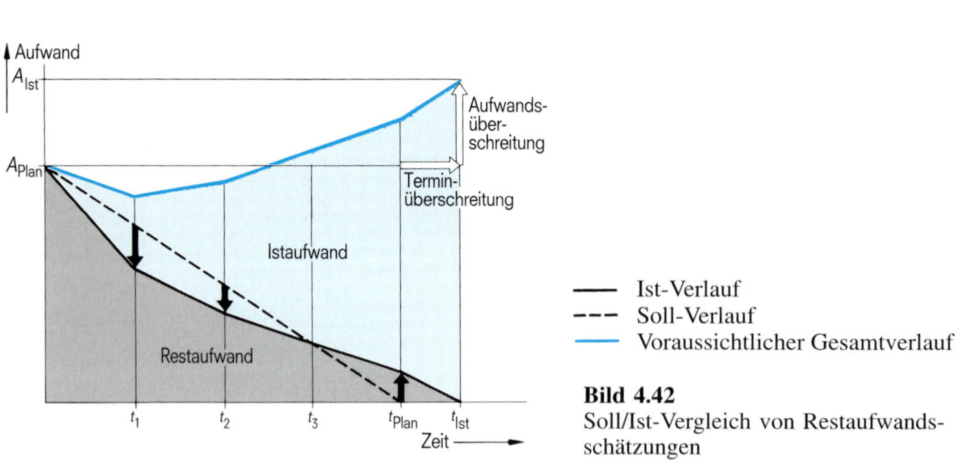

Bild 4.42
Soll/Ist-Vergleich von Restaufwandsschätzungen

Quotienten der Istwerte zweier Projektgrößen zu dem Quotienten der zugehörigen Planwerte gebildet werden; es stellt dann einen »Abweichungsindex« dar. Andererseits kann auch ausschließlich der Quotient einer einzigen Projektgröße zur Bildung eines Kontrollindex herangezogen werden. Betrachtet man hierbei die Projektgröße in ihren unterschiedlichen Aktualitätsständen (z. B. alter Plan, neuer Plan), so handelt es sich um einen »Vergleichsindex«. Wird schließlich eine der beiden Projektgrößen zur Indexbildung eigens neu bewertet, so wird von einem »Leistungsindex« gesprochen.

Im Gegensatz zu Kennzahlen (Erfahrungsdaten) werden Kontrollindizes aus sich noch verändernden Projektgrößen – also während der Projektdurchführung – gebildet. Zu jedem neuen Stichtag nehmen daher die Kontrollindizes i. Allg. andere Werte an.

Bei einem Indexwert <1 liegt ein guter Projektfortschritt vor, das Projekt ist also »in Plan« bzw. »über Plan«. Dagegen ist bei einem Indexwert >1 ein schlechter Projektfortschritt gegeben, das Projekt ist also »unter Plan«.

Nachstehende Kontrollindizes bieten sich an:

Abweichungsindizes	– Termin/Aufwand-Index – Termin/Kosten-Index
Vergleichsindizes	– Planaufwand-Index – Plankosten-Index – Plantermin-Index – Fertigstellungs-Index
Leistungsindizes	– Kosten-Leistungsindex – Termin-Leistungsindex

In Hinblick auf die Gegebenheiten realer Projektumwelten lassen sich natürlich weitere Indizes bilden, die den Projektfortschritt vielleicht sogar besser und genauer kennzeichnen können. Wichtig ist nur, dass überhaupt Kontrollindizes formuliert und genutzt werden. Als *Frühwarnindikatoren* sind Kontrollindizes für den Projektleiter von großem Vorteil, da sie eine rechtzeitig einwirkende Projektsteuerung unterstützen.

Abweichungsindizes

Abweichungsindizes setzen die Plan/Ist-Abweichungen zweier Projektgrößen ins Verhältnis und ermöglichen so eine Aussage zum Projektfortschritt.

Termin/Aufwand-Index

Der Termin/Aufwand-Index bildet sich aus dem Verhältnis des Quotienten für die aufgelaufenen Istwerte von Aufwand und Zeit zu dem Quotienten der voraussichtlichen Gesamtwerte; er drückt damit aus, wie viel des nach Plan zur Verfügung stehenden Aufwands wirklich benötigt worden ist.

$$I_{TA} = \frac{A_{Ist}/T_{Ist}}{A_{Plan}/T_{V'Ist}} \tag{69}$$

I_{TA} Termin/Aufwand-Index
A_{Ist} aufgelaufener Istaufwand
A_{Plan} geplanter Gesamtaufwand
T_{Ist} aufgelaufene Zeit
$T_{V'Ist}$ voraussichtliche Gesamtdauer

Die Maßeinheiten müssen natürlich korrespondieren, so dass sich diese herauskürzen und der Index dimensionslos wird.

Die Größe »voraussichtliche Gesamtdauer« ist beim Berechnen dieses Kontrollindex jedes Mal neu zu bestimmen – ist also nicht mit der ursprünglich geplanten Gesamtdauer gleichzusetzen. Genau genommen steckt in dem Verhältnis Ist-Dauer zu voraussichtliche Gesamtdauer das Verhältnis Ist-Sachfortschritt zu Plan-Sachfortschritt.

Termin/Kosten-Index

Der Termin/Kosten-Index wird ähnlich wie der Termin/Aufwand-Index gebildet, nur dass an Stelle des Personalaufwands die Kosten zu betrachten sind; er ist also das Verhältnis des Quotienten für die aufgelaufenen Istwerte von Zeit und Kosten zu dem Quotienten der voraussichtlichen Gesamtwerte und drückt damit aus, wie viel von den nach Plan zu verbrauchenden Kosten wirklich verbraucht worden sind.

$$I_{TK} = \frac{K_{Ist}/T_{Ist}}{K_{Plan}/T_{V'Ist}} \tag{70}$$

I_{TK} Termin/Kosten-Index
K_{Ist} aufgelaufene Istkosten
K_{Plan} geplante Gesamtkosten

Auch hier muss die Größe »voraussichtliche Gesamtdauer« aktuell bestimmt werden, da sich in ihr der jeweilige Projektfortschritt verbirgt.

Bild 4.43 zeigt grafisch die mögliche Wertebelegung dieser beiden Kontrollindizes.

Wie aus dem Diagramm zu ersehen ist, liegt ein »guter« Verlauf des Projektfortschritts bezogen auf das Verhältnis Aufwand/Zeit bzw. Kosten/Zeit vor, wenn der entsprechende Kontrollindex unterhalb der Diagonale liegt. Liegt er darüber, so ist der Projektverlauf kritisch und es besteht die Gefahr, dass das Projekt in den Projektgrößen Aufwand bzw. Kosten bezogen auf den Sachfortschritt eine Planüberschreitung erfährt.

Beispiele

50% der geplanten Gesamtdauer sind verstrichen und

a) 70% des geplanten Gesamtaufwands sind bereits verbraucht, d.h.

$$I_{TA} = \frac{0,7}{0,5} = 1,4$$

Schlechter Projektfortschritt.

b) 50% des geplanten Gesamtaufwands sind verbraucht, d.h.

$$I_{TA} = \frac{0,5}{0,5} = 1.$$

Projekt ist »in Plan«, guter Projektfortschritt.

c) 30% des geplanten Gesamtaufwands sind erst verbraucht, d.h.

$$I_{TA} = \frac{0,3}{0,5} = 0,6.$$

Sehr guter Projektfortschritt.

Vergleichsindizes

Vergleichsindizes setzen, wie bereits erwähnt, die Plan- und Istwerte nur jeweils eines Projektparameters ins Verhältnis. Eine Aussage zum Sachfortschritt kann – mit Ausnahme des Fertigstellungs-Index – daher auch nur im Verbund mit anderen Vergleichsindizes gemacht werden.

Planaufwand-Index

Der Planaufwand-Index setzt einen neu ermittelten (Gesamt-)Planaufwand zu dem vormals

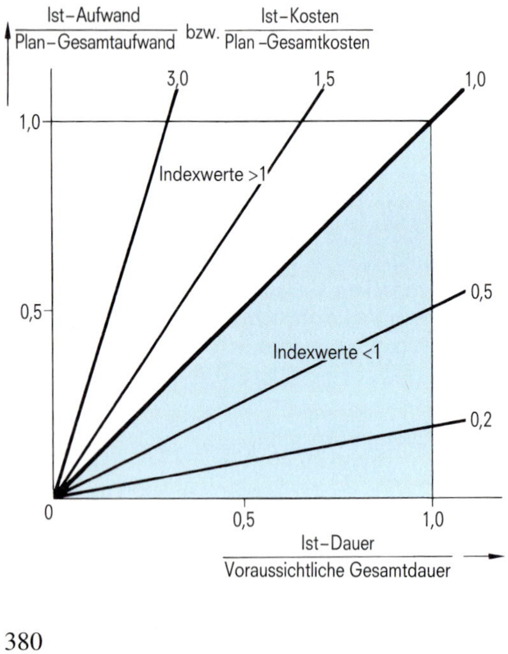

Bild 4.43
Abweichungsindizes Termin/Aufwand und Termin/Kosten

ermittelten (Gesamt-)Planaufwand ins Verhältnis; er ist ein Maß für die »Planfestigkeit« und bringt den Trend bei einer revolvierenden Aufwandsschätzung zum Ausdruck.

$$I_A = \frac{A_{\text{Plan, neu}}}{A_{\text{Plan, alt}}} \tag{71}$$

Bei Indexwerten <1 liegt ein positiver Trend vor, bei Werten >1 ist ein Ansteigen in der Schätzung und damit eine Planunsicherheit festzustellen.

Dieser Vergleichsindex enthält nur eine mittelbare Aussage hinsichtlich des Sachfortschritts, d. h. solange der ausgewiesene Aufwand in unmittelbarer Relation zur erbrachten Arbeit steht.

Plankosten-Index

Ähnlich dem vorgehenden ist der Plankosten-Index definiert; er gibt den Trend in der Kostenschätzung und damit die Plansicherheit in der Kostenbetrachtung wieder.

$$I_K = \frac{K_{\text{Plan, neu}}}{K_{\text{Plan, alt}}} \tag{72}$$

Bei diesem Vergleichsindex wird der »Kostenverbrauch« in einem unmittelbaren Verhältnis zur erbrachten Arbeit gesehen, so dass dieser ebenfalls nur eine mittelbare Aussage zum Sachfortschritt bringt.

Plantermin-Index

Auch für die Terminaussage kann ein Vergleichsindex gebildet werden, der Plantermin-Index; er drückt den Trend in der Terminentwicklung aus.

$$I_T = \frac{T_{\text{Plan, neu}}}{T_{\text{Plan, alt}}} \tag{73}$$

Kann die vergangene Zeitdauer als Äquivalent der erbrachten Arbeit gesehen werden, so eignet sich dieser Vergleichsindex für eine (mittelbare) Aussage zum Sachfortschritt.

Fertigstellungs-Index

Der Fertigstellungs-Index ist definiert als Verhältnis des geplanten zum tatsächlichen Fertigstellungsgrads. Hierbei kann z. B. die Anzahl fertig gestellter Arbeitspakete oder Vorgänge eines Netzplans als Maßgröße dienen, wenn die Arbeitspakete bzw. Netzplanvorgänge von etwa gleicher Größe, d. h. Arbeitsumfang sind. Dann gilt:

$$I_{\text{fertig}} = \frac{n_{\text{Plan}}}{n_{\text{fertig}}} \tag{74}$$

n_{Plan} Anzahl geplant fertige Arbeitspakete
n_{fertig} Anzahl wirklich fertige Arbeitspakete

Auch hier liegt bei Werten <1 ein guter, und bei Werten >1 ein schlechter Projektfortschritt vor.

Weist das Projekt eine sehr detaillierte Aufgabenteilung auf – sind also die Arbeitspakete relativ klein –, so hat dieser Kontrollindex sicher die größte Aussagekraft zum jeweils erreichten Sachfortschritt.

Leistungsindizes

Bei einer Projektkostenbetrachtung kann neben dem Ermitteln der aufgelaufenen (Ist-)Kosten auch das Bewerten der bisher erbrachten Arbeit von Bedeutung sein.

Der Arbeitswert W entspricht – wie in Kap. 4.3.3 näher erläutert – den geplanten Kosten der tatsächlichen Arbeitsleistung und ist ein Maß für den Wert der zu einem Stichtag erbrachten Arbeit. In seinem jeweiligen Verhältnis zu den am betreffenden Stichtag anteiligen Plankosten bzw. aufgelaufenen Istkosten können Leistungsindizes formuliert werden, die Kontrollindizes für den Sachfortschritt des Projekts darstellen.

Kosten-Leistungsindex

Der Kosten-Leistungsindex wird nach (60) definiert:

$$I_{KW} = \frac{K_{\text{Ist}}}{W}.$$

Beide Größen, aufgelaufene Istkosten und Arbeitswert müssen naturgemäß in derselben Einheit angegeben werden.

Werte <1 kennzeichnen einen guten Projektfortschritt, da der »Wert« der erbrachten Arbeit die aufgelaufenen Kosten übersteigt. Entsprechend umgekehrt verhält es sich bei Werten >1; hier sind mehr Kosten verbraucht, als Arbeit erbracht worden ist.

Der Kosten-Leistungsindex wird auch in seinem reziproken Verhältnis verwendet und dann als *Cost Performance Index* (CPI) bezeichnet.

Termin-Leistungsindex

Der Termin-Leistungsindex wird nach (61) definiert:

$$I_{\mathrm{TW}} = \frac{K_{\mathrm{A'Plan}}}{W}.$$

Dieser allein von Geldwerten bestimmte Kontrollindex macht eine Aussage über die aktuelle Terminabweichung, indem von der Erkenntnis ausgegangen wird, dass eine kostenmäßige Planabweichung – bei unveränderten Projektgegebenheiten – zwangsläufig zu einer entsprechenden Terminabweichung führt.

Ist also der Arbeitswert geringer als die anteiligen geplanten Kosten anzusetzen, so nimmt dieser Kontrollindex Werte >1 an, was einen schlechten Projektfortschritt kennzeichnet und umgekehrt.

Der Termin-Leistungsindex wird in seinem reziproken Verhältnis als *Schedule Performance Index* (SPI) bezeichnet.

4.4 Qualitätssicherung

Bei der Entwicklung von HW- und SW-Produkten mit hohen Zuverlässigkeitsanforderungen ist die *Sicherung der Produktqualität* über den ganzen Entwicklungsprozess hinweg von größter Bedeutung und ist ein wichtiger Bestandteil des Projektmanagements. Vielfach wird heute die Effizienz der Qualitätssicherung für ein Produkt in einem Unternehmen vom Kunden bereits als Bewertungskriterium für die spätere Produktqualität herangezogen. Bei Produkten mit hohem Risiko für Umwelt und Menschenleben (Kernkraftwerke, Flugzeuge) nimmt die Qualitätssicherung einen beträchtlichen Umfang am gesamten Entwicklungsaufwand ein.

Die Qualitätseigenschaften werden in der Fachsprache *Qualitätsmerkmale* genannt. Jedes Produkt besitzt entsprechend seinem Verwendungszweck, seinen Anforderungen und seinem Einsatzrisiko Qualitätsmerkmale mit entsprechender Ausprägung. Für technische Produkte gelten folgende wichtige Qualitätsmerkmale:

- ▷ Zuverlässigkeit
- ▷ Funktionserfüllung
- ▷ Benutzungsfreundlichkeit
- ▷ Wartungsfreundlichkeit
- ▷ Umweltfreundlichkeit
- ▷ Übertragbarkeit
- ▷ Effizienz.

Diese Qualitätsmerkmale kann man nach bestimmten Ausprägungen weiter untergliedern; so kann das Qualitätsmerkmal Zuverlässigkeit z. B. unterteilt werden in

- ▷ Korrektheit,
- ▷ Robustheit,
- ▷ Verfügbarkeit usw.

Aus dieser Betrachtung ist ersichtlich, dass je Produkt entsprechende Qualitätsmerkmale und ihre Ausprägungen festzulegen sind. Unterstützend wirken dabei die Standarddefinitionen nach DIN 55350, Teil 11 [71], und weitere betrieblich orientierte Festlegungen wie z. B. die Siemens-Norm SN 77350, Teil 1.

Mit der Prüfung der Qualitätsmerkmale hinsichtlich der vorgegebenen Ausprägung wird die Qualität gesichert. Die Sicherung der Produktqualität muss schon von Beginn eines Entwicklungsprozesses an erfolgen, weil nur so ihre Effektivität gewährleistet ist. Dabei ist das Sichern nach folgenden beiden Blickwinkeln vorzunehmen:

- ▷ Validation – entwickle ich das *richtige* Produkt?
- ▷ Verifikation – entwickle ich das Produkt *richtig?*

Beim Sichern der Qualität eines Produkts müssen sich diese beiden Betrachtungsweisen gegenseitig abwechseln. Einmal müssen die Anforderungsdefinition und der Entwurf in ihren Zielen bestätigt (Validation), zum anderen muss die Vollständigkeit der Ziele geprüft werden (Verifikation). Wie wichtig Planungs- und Ausführungsqualität in jeder Phase der Entwicklung sind, verdeutlicht Bild 4.44. Der dort dargestellte »Qualitätskreis« bringt zum Ausdruck, dass in allen Folgephasen nur ma-

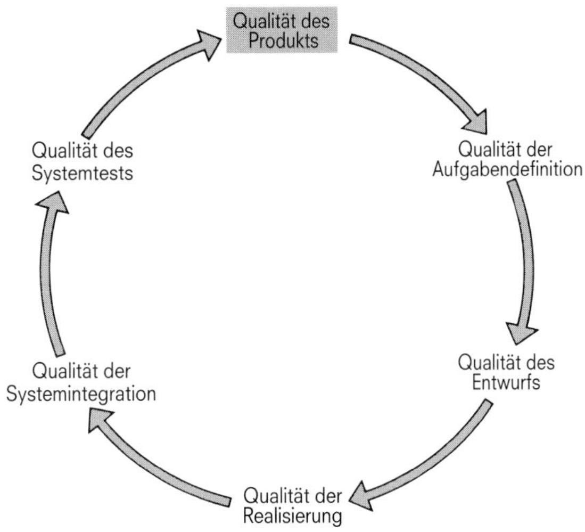

Bild 4.44
Qualitätskreis

ximal die Qualität erreicht werden kann, die in den vorausgegangenen Phasen erzielt wurde. Dies ist leicht zu verstehen, denn was nützt ein guter Entwurf, wenn die Verfügbarkeit des Produkts unzureichend definiert war, die evtl. eine Doppelung der Hardware voraussetzt.

Der Begriff Qualität bezieht sich daher nicht nur auf einsetzbare Produkte, sondern auch auf die Zwischenprodukte. DIN 55350, Teil 11, definiert den Begriff Qualität wie folgt:

> Beschaffenheit einer Einheit bezüglich ihrer Eignung, festgelegte und vorausgesetzte Erfordernisse zu erfüllen.

Bei Qualitätsbetrachtungen können solche *Einheiten* sein:

Ergebnisse von Tätigkeiten und Prozessen (materielle und immaterielle Produkte) sowie die Tätigkeiten oder Prozesse selbst (z.B. Dienstleistungen, Consulting).

Bild 4.45 verdeutlicht die wesentlichen Bestandteile der Qualitätssicherung im Rahmen eines durchgehenden Qualitätsmanagements.

Die Aufteilung verdeutlicht, dass die Qualitätssicherung für ein Produkt nicht von einer Stelle aus betrieben werden kann, sondern

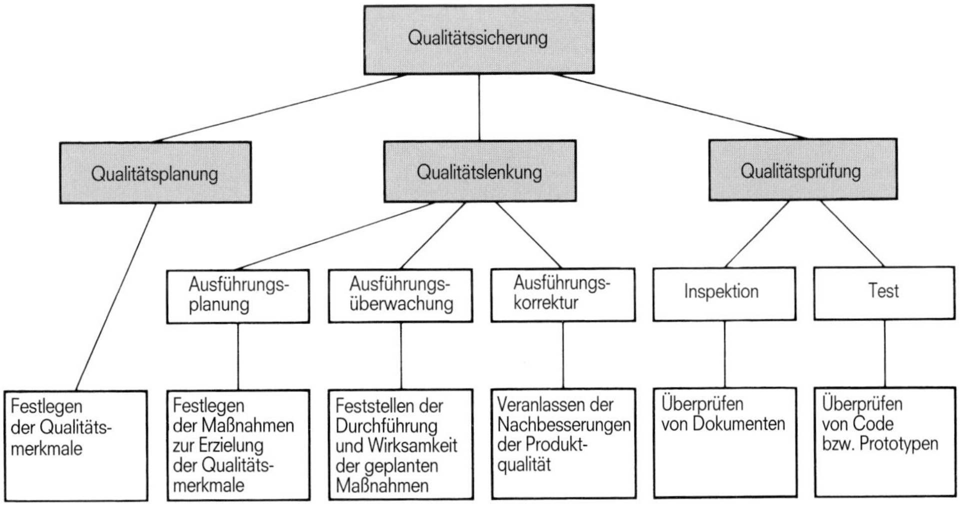

Bild 4.45 Bestandteile der Qualitätssicherung

dass sich alle an der Entwicklung Beteiligten mit Qualität zu befassen haben. Dabei muss der Grundsatz gelten: Qualität kann nicht *erprüft,* sondern muss *entwickelt* werden. Die Qualitätssicherung ist ferner in jedem Bereich auf dessen Erfordernisse auszulegen und zu betreiben. Es wird daher nicht *eine* Qualitätssicherung im Unternehmen geben, sondern es wird eine Qualitätssicherung z.B. für die Entwicklung, für die Fertigung, für den Vertrieb und für den Kundenservice geben. Jeder derartige Bereich hat seine eigene Qualitätssicherung festzulegen und durchzuführen.

In den folgenden Kapiteln werden die Themen

▷ Qualitätsplanung und -lenkung,
▷ Prüfung der Entwurfsdokumente und
▷ Prüfung der Realisierungsergebnisse

eingehend behandelt.

4.4.1 Qualitätsplanung und -lenkung

Die Qualitätssicherung beginnt mit dem Festlegen der Qualitätsmerkmale (Qualitätsplanung) und der organisatorischen Maßnahmen für das Erreichen der Qualitätsziele (Qualitätslenkung). Beide Aspekte bilden die Voraussetzungen für die Prüfung der Qualität, wobei die Qualitätsmerkmale das »was« und die organisatorischen Maßnahmen das »wie« der Prüfung darstellen.

Qualitätsplanung

Die Qualitätsplanung umfasst das Festlegen von Qualitätsmerkmalen für das Produkt bzw. System; sie ist Voraussetzung für die spätere Qualitätsprüfung.

Bei der Anforderungsdefinition für ein Produkt sind die Qualitätsmerkmale mit ihren Ausprägungen gleichberechtigt mitzubetrachten und im Pflichtenheft aufzuführen. Bei größeren Systemen kann für die übergreifenden Qualitätsmerkmale sogar ein eigenes Pflichtenheft notwendig sein.

Auch bei den Qualitätsmerkmalen gibt es Verfeinerungen und Aufteilungen auf niedrigere Konfigurationseinheiten, wie z.B. Prozessoreinheit oder Programmkomplex. Entsprechend der Entwurfsverfeinerung des Systems sind daher die jeweils relevanten Qualitätsmerkmaldetails mit einzubeziehen. Häufig sind die Qualitätsmerkmale zu verfeinern, die sich auf das Verbrauchs- und Zeitverhalten auswirken. Aus der Summe der Einzelverhalten muss dann auf das Gesamtverhalten geschlossen werden.

Für das Festlegen der Qualitätsziele sind zu den früher genannten Qualitätsmerkmalen entsprechende quantitative Aussagen zu ermitteln. Wo dies nicht exakt möglich ist, müssen qualitative Erläuterungen gegeben werden, die eine klare Aussage über das Verhalten wiedergeben. Die Unterschiede zwischen *qualitativen* und *quantitativen* Qualitätsmerkmalen sollen zwei Beispiele verdeutlichen:

Beispiel 1: Quantitatives Qualitätsmerkmal

Qualitätsmerkmal »Zuverlässigkeit«

— Verfügbarkeit: max. Ausfallzeit 30 min/Jahr
— Prozessdauer je Aufgabe: max. 2 s
— automatische Wiederanlaufdauer: max. 30 s.

Beispiel 2: Qualitatives Merkmal

Qualitätsmerkmal »Übertragbarkeit«

Es ist geplant, das SW-System auf den drei Betriebssystemen A, B und C sowie in verschiedenen Sparten einzusetzen.

— Betriebssystemspezifische Anteile sind in eigenen Modulen unterzubringen.
— Das System wird in den Sparten X, Y, Z eingesetzt. Die spartenorientierten Aufgaben sind herauszuarbeiten und in jeweils spezifischen SW-Anteilen zu realisieren.

In Beispiel 1 sind die Werte bereits exakt für die Qualitätsziele vorgegeben. Anders im Beispiel 2; hier müssen die system- und einsatzorientierten Anteile erst ermittelt werden, das in den weiteren Analysen und Entwurfstätigkeiten möglich wird. Jedoch die Vorgabe ist eindeutig und verständlich.

Qualitätslenkung

Die Qualitätslenkung befasst sich mit den organisatorischen Festlegungen für das Erreichen qualitativ hochwertiger Produkte. Es handelt sich hierbei um drei Abschnitte, nämlich (Bild 4.45):

▷ Ausführungsplanung,
▷ Ausführungsüberwachung und
▷ Ausführungskorrektur.

Ausführungsplanung

Unter diesem Begriff verbirgt sich eine Vielfalt von Entwicklungskonventionen, z. B. für

▷ Prozessorganisation,
▷ Entwicklungsorganisation und Zuständigkeiten,
▷ Qualitätssicherungsplan,
▷ Qualitätsziele,
▷ Produktdokumentation,
▷ Inspektionen (Reviews),
▷ Qualitätsaudits,
▷ Konfigurationsmanagement,
▷ Fehlermeldungswesen und Fehlerbehebung,
▷ Änderungsverfahren (Change-Request-Verfahren),
▷ Qualitätsbericht-Erstellung,
▷ Werkzeuge und Entwicklungsmethoden.

Je nach Größe der Entwicklungsabteilungen und -bereiche sind dafür ausführliche Richtlinienwerke nötig. Häufig existieren für den Gesamtbereich Rahmenrichtlinien für die Qualitätssicherung, die durch spezifische Richtlinien für die bestimmten Entwicklungsprojekte zu detaillieren und zu ergänzen sind (QS- bzw. QMS-Handbuch).

Darüber hinaus sind in der Projektdokumentation alle wichtigen Festlegungen und QS-Informationen projektspezifisch zu führen.

▷ Prozessorganisation

Der Entwicklungsprozessplan stellt, wie im Hauptkapitel 2.5 beschrieben, den phasenorientierten Ablauf der Entwicklung dar. Jeder Phase sind entsprechende Tätigkeiten und Ergebnisse zugeordnet (Meilensteine). »Baselines« an jedem Phasenende erlauben eine Synchronisation der einzelnen Entwicklungstätigkeiten.

▷ Entwicklungsorganisation und Zuständigkeiten

Meist wird die Entwicklungsorganisation durch den Organisationsplan dargestellt (z. B. Aufteilung in Entwicklung, Projektmanagement, Qualitätssicherung, Prüf- und Testabteilungen, kaufmännische Aufgaben). Die Zuständigkeiten für ein Projekt sowie alle projektspezifischen Beziehungen werden im Rahmen der Projektorganisation festgelegt und geregelt (siehe Hauptkapitel 2.4).

▷ Qualitätssicherungsplan

Der Qualitätssicherungsplan (QS-Plan) bildet die aktuelle Festlegung der Zuständigkeiten, Maßnahmen und Verfahren zur Qualitätssicherung für ein Projekt (siehe Beispiel in Tabelle 3.34 auf Seite 318).

▷ Qualitätsziele

Der Aufbau eines Qualitätssicherungssystems im Sinne eines TQM erfordert die Definition von Qualitätszielen sowohl auf bereichsübergreifender Ebene als auch im einzelnen Projekt. Auch die ISO 9001 verlangt das Aufstellen von Qualitätszielen auf allen Ebenen eines Unternehmens (siehe Kap. 4.4.5). Qualitätsziele können sehr unterschiedlich ausgerichtet sein, sollten aber immer quantifizierbar und damit »messbar« sein; im Folgenden einige Beispiele für solche Qualitätsziele:

— Die Kundenzufriedenheit soll sich um 2 Punkte verbessern.
— Die Fehlererkennungsrate soll in der Testphase um 8 % gesteigert werden.
— Die Produktivität soll in der Fertigung um 5 % erhöht werden.
— Die Ausfallzeit der Baugruppe XYZ soll im Jahr eine Stunde kleiner sein.
— Die durchschnittliche DLZ soll um 25 % verkürzt werden.
— Die Anzahl der Reviews soll sich verdoppeln.

▷ Richtlinien für Produktdokumentation

Dazu gehören die Dokumentationsregeln und das Gliederungsschema für die Produktdokumentation. Im Entwicklungsbereich haben sich für die Produktdokumentation u. a. folgende Dokumente, teilweise aufeinander aufbauend, etabliert:

— Anforderungskatalog
— Pflichtenheft (Requirement Specification)
— Leistungsbeschreibung (Functional Specification)
— Entwurfsspezifikation
— Inline-Dokumentation der Primärprogramme
— HW-Spezifikationen

— HW-Fertigungs- und Prüfunterlagen
— Anwenderdokumentation

Die ersten drei der o.a. Dokumente zur Produktdefinition (Anforderungskatalog, Pflichtenheft, Leistungsbeschreibung) sind in den Kap. 2.2.1 bis 2.2.3 näher erläutert.

▷ Inspektionen (Reviews)

Inspektionen bzw. Reviews bilden statische Prüfverfahren für Produktdokumente. Diese werden in Kap. 4.4.2 ausführlicher behandelt.

▷ Qualitätsaudits

Mit Hilfe von Qualitätsaudits werden die ordnungsgemäßen Anwendungen der Qualitätssicherungs-Richtlinien überprüft. Weitere Einzelheiten siehe Kap. 4.4.5.

▷ Konfigurationsmanagement

Das Konfigurationsmanagement dient dem Ziel, während der gesamten Lebensdauer eines Produkts dessen Aufbau und dessen Bestandteile überschaubar und kontrollierbar zu halten. I.Allg. gehört zum Konfigurationsmanagement auch das Fehlermeldungswesen (näheres siehe Hauptkapitel 6.1).

▷ Fehlermeldungswesen und Fehlerbehebung

Zwischen dem Anwender (Kunden) und Hersteller ist ein Verfahren festzulegen, das die Fehlermeldungen und Stellungnahmen seitens des Herstellers sowie die Fehlerbehebung regelt. In diesem Verfahren sollte auch eine Unterscheidung der Fehler in der Priorität ihrer Behebung enthalten sein. Dadurch ist eine bessere vertragliche Regelung möglich, wie schnell die Fehler jeweils behoben werden müssen, z.B. kurzfristig in der eingesetzten Version oder in einer Folgeversion. Häufig reichen dafür zwei Prioritätseinstufungen: kritische und einfachere Fehler (siehe hierzu auch Kap. 6.1.2).

▷ Änderungsverfahren

Neben dem Beseitigen von Fehlern wünscht sich der Anwender im Allgemeinen laufend Verbesserungen im Betriebsablauf oder auch funktionale Erweiterungen. Für diese Anforderungen ist zwischen Anwender und Hersteller ein Vorgehen festzulegen, wie der Anwender solche Anforderungen anmelden kann, wie sie beim Hersteller bewertet werden und wie das Einplanen für die Realisierung erfolgt (siehe hierzu auch Kap. 2.2.4). In den kundenspezifischen Verträgen ist dafür dann auch die Behandlung der Verrechnung von solchen Anforderungen zu definieren.

▷ Qualitätsbericht-Erstellung

Ein Qualitätsbericht sollte innerhalb eines Entwicklungsprojekts regelmäßig erstellt werden; er dient der laufenden Information der Projektleitung über die durchgeführten QS-Maßnahmen und die erreichte Qualität des Produkts (Soll/Ist-Vergleich).

▷ Werkzeuge und Entwicklungsmethoden

Für jedes Projekt sind die einzusetzenden Werkzeuge (Arbeitsplatzsysteme, SW-Tools, CAD-Verfahren, Testsysteme etc.) festzulegen. Da in der Entwicklung großer Systeme die Support-Software (einschl. CAD-Software) eine wichtige Stellung einnimmt, ist es notwendig, auch dafür die zu verwendenden Versionen für die einzelnen Projekte festzulegen. Ein ungeplanter Versionswechsel der Support-Software kann zu erheblichen Irritationen in der Entwicklung führen. Bei Entwicklungen von Folgeversionen eines Produkts sind diesen jeweils eigene Support-SW-Versionen zuzuordnen (Toolset-Version).

Bezüglich der Entwicklungsmethoden müssen klare Vorgaben vorhanden sein. Es sind hierbei die grafischen Darstellungsmethoden festzulegen, die zur Dokumentation benutzt werden. Ferner sind Prinzipien für die Produktentwicklung einzuführen, z.B. Structured Analysis (SA), Structured Design (SD), Information Hiding bei Software, Modul- und Prozedurgrößen, Dokumentation in den SW-Modulen und Generierungsprinzipien. Ähnliche Festlegungen müssen für die HW-Entwicklung geschaffen werden, wobei die Fertigungsmöglichkeiten und eine Reihe weiterer Standards zu berücksichtigen sind.

Ausführungsüberwachung

Wie bei den übrigen Projektvorgängen ist auch für die Qualitätsprüfung eine Überwachung nach folgenden Gesichtspunkten vorzunehmen:

▷ Sind alle geplanten qualitätssichernden Maßnahmen durchgeführt worden?

- ▷ Sind bei der Durchführung der QS-Maßnahmen Probleme entstanden, die noch eine Leitungsentscheidung erfordern?
- ▷ Haben sich in der Durchführung der qualitätssichernden Maßnahmen Schwächen gezeigt, die für die Zukunft beseitigt werden sollen; welche Korrekturmaßnahmen sind daraus abzuleiten?

Ausführungskorrektur

Als Reaktion der Überwachungsergebnisse sind bei Bedarf *Korrekturmaßnahmen* einzuleiten. Solche können z. B. sein:

- ▷ Es ist für die konsequentere Durchführung der QS-Maßnahmen zu sorgen bzw. sind ausstehende nachzuholen.
- ▷ Ausstehende Leitungsentscheidungen müssen herbeigeführt werden.
- ▷ Für ein bestimmtes Thema ist eine »Qualitätsgruppe« mit definierten Zielen einzurichten.
- ▷ Standardformulare für die Projektdokumentation sind zu überarbeiten.

4.4.2 Prüfung der Entwurfsdokumente

Das ingenieurmäßige Entwickeln von HW- und SW-Systemen erfordert eine laufende Prüfung der jeweils zu den entsprechenden Meilensteinen vorgegebenen Zwischenergebnisse. Voraussetzung für das Vermeiden von Realisierungsfehlern sind naturgemäß fehlerfreie Entwurfsunterlagen. Diese auf Richtigkeit und Vollständigkeit zu prüfen, ist die erste Aufgabe der Qualitätsprüfung. Dieses gilt nicht nur für Hardware, sondern auch im selben Maße für Software. Bild 4.46 zeigt das rapide Ansteigen von SW-Fehlerkosten, wenn Fehler nicht früh genug entdeckt werden. Ein analoger Verlauf gilt naturgemäß auch bei HW-Fehlerkosten.

Wie in dem Bild ersichtlich, hängt die Höhe der Fehlerbehebungskosten – kurz Fehlerkosten genannt – vom Zeitpunkt der Fehlererkennung ab. Die Fehlerkosten steigen dabei exponentiell an, so dass eine Fehlerbeseitigung in der Einsatzphase »4 bis 100«-mal mehr kostet als zu Beginn der Analysephase. Bei der Entwicklung von HW- und SW-Systemen sind daher entsprechende Prüfungen in Form von Inspektionen bzw. Reviews (Vieraugenprinzip) der Zwischenergebnisse vorzunehmen. Dabei müssen neben den festgelegten Qualitätsmerkmalen auch interne Herstellungsmethoden mit berücksichtigt werden.

Die Wirksamkeit der Inspektionen z. B. bei einer SW-Entwicklung zeigt Bild 4.47; hier können also $^2/_3$ der Fehler gefunden werden. Damit ist auch die Forderung erfüllt, Fehler frühzeitig zu entdecken, um die Fehlerkosten niedrig zu halten.

Formen für die Prüfung von Entwurfsdokumenten

Für die Prüfung von Entwurfsdokumenten werden in der Literatur und im allgemeinen Sprachgebrauch unterschiedliche Begriffe verwendet:

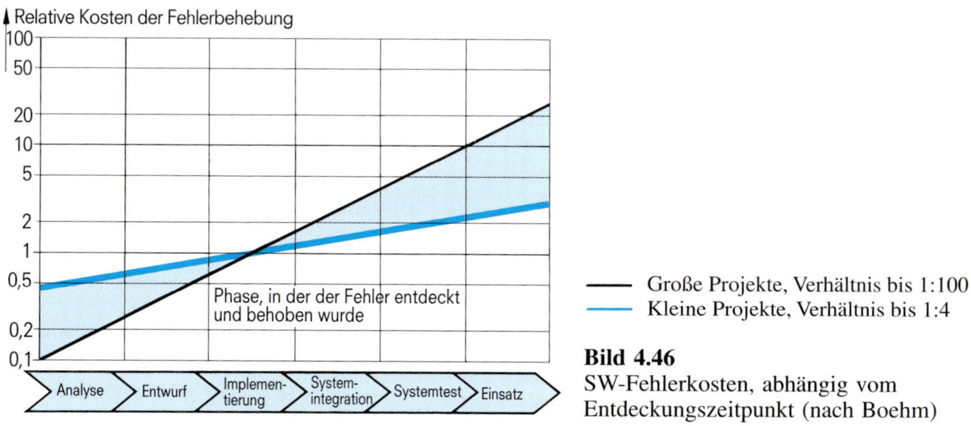

Bild 4.46
SW-Fehlerkosten, abhängig vom Entdeckungszeitpunkt (nach Boehm)

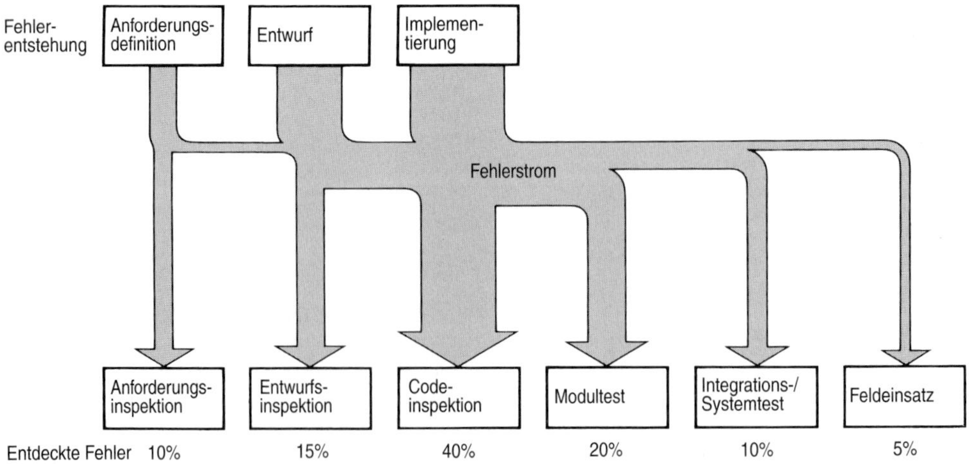

Bild 4.47 Entdeckung von Fehlern durch Inspektionen

- ▷ Inspektion
- ▷ Review
- ▷ Structured Walk Through (SWT)
- ▷ Development Design Control (DDC).

Diese Begriffe haben im Wesentlichen dasselbe Ziel, wobei in der organisatorischen Vorgehensweise Unterschiede bestehen:

Inspektion/Review

Die Begriffe Inspektion und Review sind weitgehend synonym und in der Vorgehensweise gleich. Gegebenenfalls verbirgt sich hinter dem Begriff Review eine geringere Teilnehmerzahl, wie z.B. beim »Code Review«. Ausschlaggebend ist dabei, dass die Inspektion eine offizielle Bestätigung des Inhalts des Prüfobjekts darstellt, die sowohl für den zuständigen Entwickler bzw. Projektleiter gilt. Deshalb müssen als Inspektionsteilnehmer kompetente Personen eingeladen werden, um bei Einwendungen über deren Relevanz entscheiden zu können.

Structured Walk Through

Structured Walk Through oder kurz Walk Through sollen dem Entwickler ein fachliches Gespräch unter gleichgestellten Kollegen, womöglich auch aus anderen Dienststellen, ermöglichen. Dabei sollten bei diesem Gespräch aus psychologischen Gründen keine Vorgesetzten beteiligt sein. Solche Gespräche sind für den Entwickler sicher von großem Nutzen und sollten in der Regel vor einer offiziellen Inspektion stattfinden.

Development Design Control

Hinter diesem Begriff verbirgt sich eine Vorgehensweise, in der Prüfergebnisse in Form von Kommentaren eingeholt werden; sie wird daher auch »Inspektion in Kommentartechnik« genannt. Der Vorteil dieser Form einer Inspektion liegt in der erweiterten Teilnehmerzahl, von der Kommentare eingeholt werden können. Das gemeinsame Gespräch entfällt hierbei.

Bei größeren Entwicklungsprojekten und bestimmten Entwurfsunterlagen (z.B. Pflichtenheft, Leistungsbeschreibung) hat sich eine kombinierte Vorgehensweise als zweckmäßig erwiesen. Dabei wird zuerst das Prüfobjekt in Kommentartechnik über einen erweiterten Teilnehmerkreis geprüft; an die Auswertung dieser Ergebnisse schließt dann ein Inspektionsgespräch in einem ausgewählten kleineren Kreis an.

Durchführung von Inspektionen

Inspektionen bzw. Reviews laufen nach einem festgelegten Schema ab mit folgenden Schritten:

- ▷ Einladung
- ▷ Vorbereitungsgespräch
- ▷ Vorbereitungszeitraum

- ▷ Inspektionsgespräch
- ▷ Nachbearbeitung.

Bei der Inspektion in Kommentartechnik ist statt dem Inspektionsgespräch die Auswertung der eingegangenen Kommentare durch den Entwickler und den verantwortlichen Veranstalter (Moderator) der Inspektion durchzuführen.

Die auf die einzelnen Schritte bezogenen Tätigkeiten werden nachstehend erläutert:

Einladung

Der Entwickler bestimmt mit seinem Vorgesetzten bzw. dem zuständigen Qualitätsbeauftragten den Moderator, die Teilnehmer der Inspektion sowie Ort, Zeit und das Prüfobjekt. Die zu überprüfenden Unterlagen werden dem Einladungsschreiben beigefügt. Die Inspektionsteilnehmer für die einzelnen Prüfobjekte sind bei kleineren Projekten i. Allg. namentlich schon bei Projektbeginn festgelegt. Bei größeren Projekten können anfangs nur die einzuladenden Abteilungen oder Bereiche festgelegt werden. Innerhalb dieser Abteilungen bzw. Bereiche sind für die einzelnen Prüfobjekte dann die Inspektionsteilnehmer zu benennen.

Vorbereitungsgespräch

Bei Einladung von Inspektionsteilnehmern, die wenig Kenntnisse von dem Sachthema des Prüfobjekts haben, ist vorab eine Einweisung in das Thema zu empfehlen. Hierbei sind Funktionen, externe Schnittstellen, Entwurfsentscheidungen, Logik und Abhängigkeiten darzustellen.

Vorbereitungszeitraum

Die eingeladenen Teilnehmer versuchen – jeder für sich – das Prüfobjekt zu verstehen und nach den Prüfkriterien zu untersuchen. Fehler oder mögliche Missinterpretationen sind dabei zu kennzeichnen und mit den nötigen Anmerkungen oder Korrekturen zu versehen. Eindeutige Fehler oder eindeutigere Formulierungen sind dem Entwickler außerhalb des Inspektionsgesprächs mitzuteilen. Diskussionswürdige Aspekte sind bei dem Inspektionsgespräch vorzubringen, um über deren Relevanz entscheiden zu können.

Inspektionsgespräch

Der Entwickler oder Moderator erläutert zu Beginn des Inspektionsgesprächs kurz die wesentlichen Aspekte des Prüfobjekts und versucht, darüber mit den Teilnehmern Einverständnis herbeizuführen. Anschließend wird das zu prüfende Entwicklungsdokument Seite für Seite nach wesentlichen Anmerkungen der Teilnehmer abgefragt. Diese Anmerkungen werden bei Bedarf kurz auf Relevanz diskutiert und ggf. in das Inspektionsprotokoll aufgenommen. Dabei empfiehlt sich, die Einträge im Inspektionsprotokoll nach folgenden Gesichtspunkten zu kennzeichnen:

- ▷ *Beschluss,* Einigung auf die alternative Vorgehensweise.
- ▷ *Auflage,* den beschriebenen Punkt weiter zu untersuchen und erneut einer Beschlussfassung vorzulegen (durch wen, bis wann).
- ▷ *Feststellung* oder *Anregung,* die für die laufende Phase nicht relevant ist, zu einem späteren Zeitpunkt jedoch eine Aussage erwartet wird (wo, wann).

Bei einer Inspektionssitzung ist es nicht zweckmäßig, Lösungsvorschläge im Detail zu diskutieren; dies ist Angelegenheit der Nachbearbeitung. Entstehen dabei Lösungsvorschläge, die in Richtung Konzeptänderung oder -erweiterung tendieren und eine Entscheidung einer höheren Kompetenzebene erfordern, so ist das im Inspektionsprotokoll besonders zu vermerken.

Als Hilfe für die Prüfer sind Checklisten für die einzelnen Prüfobjekte zu erstellen, nach deren Gesichtspunkten diese zu betrachten sind. Ein Beispiel hierfür ist im Beiheft zu finden.

Inspektionssitzungen sollten zwei bis drei Stunden nicht überschreiten. Bei Bedarf ist ein neuer Termin für die Fortsetzung zu vereinbaren.

Das Inspektionsprotokoll sollte von den Reviewteilnehmern unterschrieben werden.

Werden in der Inspektionssitzung auf Grund besonderer Vorschläge neue Untersuchungen von Lösungen gefordert, so kann eine Wiederholung der Inspektion notwendig sein.

Bei einem *Structured Walk Through* erläutert der Entwickler den Inhalt des Prüfobjekts durchgehend, und die Review-Teilnehmer stellen dazu kritische Fragen. Ansonsten gilt das für Inspektion Ausgeführte.

Bei einer *Inspektion in Kommentartechnik* sind durch den Entwickler und den Quasi-Moderator die eingegangenen Stellungnahmen auszuwerten. Dabei muss wiederum zwischen relevanten und unwesentlichen Kommentaren unterschieden werden. Die relevanten Kommentare sind in einem Protokoll niederzulegen und es ist jeweils anzugeben, wie dieser Kommentar in das Prüfobjekt einfließt. Den Prüfern ist dieses Protokoll als Ergebnis der Inspektion zukommen zu lassen. Ergeben sich bei der Auswertung Kommentare, die einer weiteren Klärung bedürfen, so gilt das erstellte Protokoll mit als Inspektionsgegenstand für eine neu durchzuführende Inspektionssitzung.

Nachbearbeitung

Auf Grund der im Inspektionsprotokoll festgehaltenen Fehler und Anmerkungen überarbeitet der Entwickler die geprüften Unterlagen. Diese Überarbeitung ist durch den Projektleiter oder einen anderen Verantwortlichen zu prüfen. Danach muss die Unterlage durch Unterschrift des Verantwortlichen freigegeben werden. Bei maschineller Abspeicherung ist der Verantwortliche zu nennen.

Bei dieser Nachbearbeitung sind evtl. entsprechende Vorschläge mit Sachkennern zu diskutieren und abzustimmen. In einigen Situationen kann sich dafür eine Wiederholung der Inspektion ergeben, sofern eine solche nicht von vornherein geplant war.

Aufwand für Inspektionen

Die Höhe des für Inspektionen notwendigen Aufwands kann sehr unterschiedlich sein; er hängt ab von den Erfahrungen der Teilnehmer mit Inspektionen, vom Vertrautheitsgrad mit dem Prüfobjekt sowie von Art und Umfang des Prüfobjekts. In der Literatur wird ein Aufwand zwischen 5 und 10% für Qualitätssicherung vom Gesamtaufwand der Entwicklung geschätzt.

Überschlägig kann für Inspektionen folgender Aufwand veranschlagt werden:

▷ Review eines Pflichtenhefts oder einer Spezifikation mit etwa 50 Seiten Text einschl. Grafikanteilen
  — Vorbereitung der Prüfer je drei bis vier Stunden
  — Inspektionssitzung etwa zwei bis drei Stunden.

  Bei einem Inspektionsteam von zehn Personen ergibt sich dafür ein Gesamtaufwand von 50 bis 60 Mannstunden.

▷ Für *Code Review* sind etwa 100 bis 125 loc/Std. ohne Kommentare (Noncommentary Source Statements) anzusetzen; beim Code Review sind drei bis vier Personen beteiligt.

Das Bild 4.48 zeigt, dass der gesamte Entwicklungsaufwand für ein SW-Projekt bei ei-

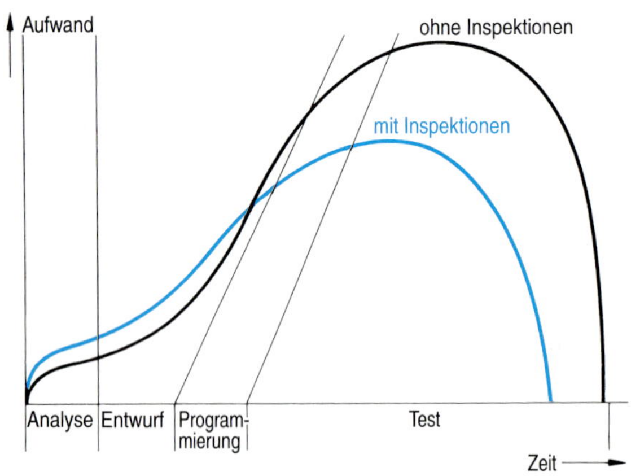

Bild 4.48
Verlauf des Entwicklungsaufwands mit und ohne Inspektionen

ner systematischen Qualitätssicherung niedriger bleibt als bei fehlender. Für ein HW-Projekt gilt ein ähnlicher Sachverhalt.

Methoden- und Verfahrensunterstützung

Ein wichtiger Aspekt beim Durchführen der Qualitätssicherung ist – auch aus wirtschaftlicher Hinsicht – die Unterstützung durch Werkzeuge. Obwohl für das Erstellen der Spezifikationen z. Z. nur wenige Werkzeuge verfügbar sind, stellt ihr Einsatz, z. B. GRAPES, ProMod oder Chestra doch eine hilfreiche Unterstützung dar. Günstig wirkt sich schon aus, wenn die Spezifikationen mit Grafiken stärker durchsetzt sind. Dafür kommen vor allem Datenfluss-, Hierarchie-Diagramme, SDL-Prozessdiagramme, Struktogramme und Entscheidungstabellen in Betracht. Diese Diagramme können dann im Rahmen einer Inspektion auf formale Richtigkeit überprüft werden.

Weitgehend mehr ist die Unterstützung durch Werkzeuge dort gegeben, wo formale Sprachen und Programmiersprachen eingesetzt werden können. So erlaubt bei der SW-Entwicklung besonders die Anwendung von Pseudo-Code schon frühzeitig in den Entwurfsphasen, einen Teil der Entwurfsergebnisse in eine formale Spezifikation zu überführen. Der besondere Vorteil von Pseudo-Code liegt darin, dass das jeweilige Ergebnis in demselben Dokument immer weiter verfeinert werden kann bis hin zum vollständigen Code. Damit ergibt sich auch eine aktuellere und vollständigere Dokumentation. In der vorgelagerten Entwurfsspezifikation kann sich bei dieser Vorgehensweise die Dokumentation auf die Schnittstellen, die über die betrachtete Entwurfseinheit hinausreichen, und die wesentlichen Struktur (Prozess, Modul, Prozedur) beschränken. Eine ähnliche Vorgehensweise bieten die SDL-Prozessdiagramme, wenn dafür ein Generator für das Umsetzen in Programmcode existiert.

In der HW-Entwicklung bieten CAD-Tools zahlreiche Unterstützungen beim Erstellen von Schaltplänen mit anschließender Simulation und Umsetzung in Leiterplatten-Layouts sowie beim Erstellen von Fertigungsunterlagen. Das Verwenden von Standardbauteile-Bibliotheken und Makroeinheiten (wiederkehrende geometrische Elemente) bildet weitere qualitätssichernde Unterstützung.

4.4.3 Prüfung der Realisierungsergebnisse

Das dynamische Testen – Prüfen des Objekts unter Simulations- oder realer Umgebung – dient zum Aufdecken von Fehlern und zum Nachweis für das richtige Einbringen der Anforderungen in das System.

Die Tests sind bei größeren Produkt- und Systementwicklungen in folgende Testphasen eingeteilt:

▷ Komponententest
▷ Integrationstest
▷ Systemtest
▷ Akzeptanztest (Abnahmetest).

Außerdem werden die Tests je nach Testobjekt in *Detailtest, Funktions-* und *Aufgabentest* unterteilt. Der Detailtest (White-Box-Test) bezieht sich bei Software auf Module, Prozeduren und Ablaufstrukturen, in denen der Test der einzelnen Zweige und Pfade das Testziel darstellt. Bei Hardware ist dies der Test der Funktionsmodule (eine Baugruppe oder mehrere Baugruppen) ggf. mit Firmware. Der Funktions- und Aufgabentest (Black-Box-Test) konzentriert sich auf Funktionen und Aufgaben (Leistungsmerkmale) des Gesamtsystems.

Komponententest

Eine Komponente umfasst in der Software Module oder Modulgruppen. Ein Modul besteht bei höheren Programmiersprachen, wie C++, PASCAL, CHILL und PL/l, aus einer Reihe Prozeduren. In der Hardware ist es meist eine Baugruppe (Module).

SW-Komponententest

Im Komponententest gilt es für die Software, die Funktionen der ausgewählten Einheiten zu testen. Als Qualitätsmaße für den Modultest gelten die Grade der Testabdeckung bezüglich *Ablauftest* (Anweisungs-, Zweig-, Pfadtest), *Bedingungstest* und *Datentest* (Normal-, Grenz- und Falschwerte).

Eine Testabdeckung nach den folgend beschriebenen Testabdeckungsgraden erbringt nur dann eine Qualitätsaussage, wenn sie auf bestimmte Programmeinheiten bezogen wird und über die Programmwege dieser Einheiten die Tests ausgeführt werden. Eine solche Einheit kann einen Prozess, eine Hauptprozedur mit hierarchischer Unterordnung von Elementarprozeduren oder eine Elementarprozedur darstellen (siehe Bild 4.51).

Anweisungstest

Der *Anweisungstest* bezieht sich auf den Test der Anweisungen (Statements), die bei den Testläufen (akkumulativ für mehrere Tests) tatsächlich ausgeführt worden sind (Anweisungsabdeckung).

Zweigtest

Der *Zweigtest* bezieht sich auf Tests von Programmwegen (-pfaden) der ausgewählten Einheit, womit die einzelnen Zweige (akkumulativ für mehrere Tests) erreicht werden (siehe Bild 4.49, durchgezogene Linien). Ein Zweig stellt den jeweiligen Ausgang einer IF-Anweisung dar. Bei Schleifenkonstruktionen sind es der Durchlauf durch den Schleifenkörper und der Negativfall, wo der Schleifenkörper nicht durchlaufen wird. Bei vielen Schleifenkonstruktionen wird eine Schleife mindestens einmal durchlaufen (z.B. DO M = 1 UNTIL N), dann besitzt der Test des Negativfalles keine Bedeutung, da durch einen Test bereits die Schleifenend-Bedingung mitgetestet wird.

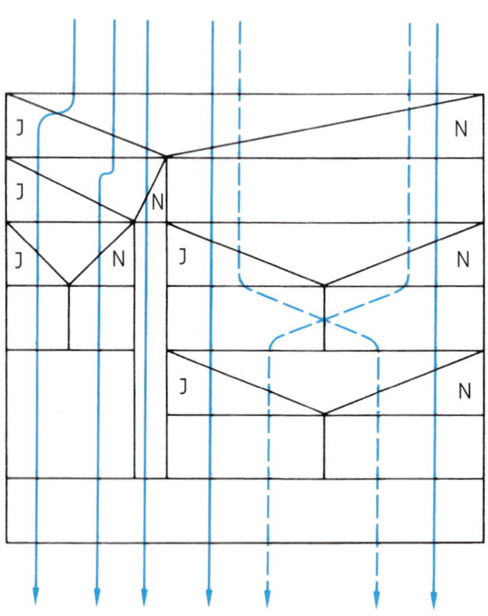

Bild 4.49 Schema für Zweig- und Pfadtest

Pfad- oder Allwegetest

Der *Pfadtest* stellt eine Erweiterung des Zweigtests für eine Testeinheit dar, wo die Kombinationen von Ausgängen als Testweg miteinbezogen werden (siehe Bild 4.49, gestrichelte Linien). In einfachen Konstruktionen kann dieser Test auch den Pfadtest abdecken. Der Pfadtest wird jedoch in der Literatur auf gesamte Programmeinheiten bezogen und bei Schleifen stellt jeder Durchlauf einen Pfad dar. Dadurch ist ein Pfadtest in der Praxis nie erreichbar. Aus diesem Grund kann hierfür der Begriff *Allwegetest* benutzt werden.

Bedingungstest

Mit dem Zweigtest werden die Einfachbedingungen (z.B. IF A = 1) abgedeckt. Wenn jedoch die Bedingungen UND- oder OR-Verknüpfungen enthalten (z.B. IF A = 1 AND B = 10), dann müssen die Bedingungskombinationen zusätzlich berücksichtigt werden. Diese *Bedingungstests* gelten in gleicher Weise für Schleifenbedingungen.

Datentest

Der *Datentest* dient zum Prüfen der Beziehungen der Daten untereinander, unabhängig davon, wie die Daten physisch oder datentechnisch angeordnet sind. Im Gegensatz zum Ablauftest, bei dem die Struktur des Programms durchleuchtet wird, ist beim Datentest der Datenfluss zu verfolgen. Dieses erfolgt mit repräsentativen Werten sowie mit Grenz- und Falschwerten.

Für das Ermitteln der einzelnen Programmwege magert man das Struktogramm auf die Verzweigungslogik ab und zeichnet die einzelnen Wege ein. Schleifenkonstruktionen (DO WHILE oder CYCLE) werden dabei, soweit sie dafür Bedeutung haben, in einen Ja-Nein-Zweig umgesetzt. Stehen Messwerkzeuge zur Ermittlung der Testabdeckung zur Verfügung, so können nach Ablauf der festgelegten Testfälle die noch nicht erreichten Zweige ermittelt und dann zusätzliche Testfälle dafür konstruiert werden.

In der Praxis lässt sich die Zweigabdeckung für den Modultest als einen sinnvollen Umfang der Testabdeckung fordern. Weitgehend sollen dabei die Bedingungstests mit berücksichtigt werden. Wird dieser Grad der Testabdeckung in der Praxis zu 90 bis 95% erreicht, so ist von einer sehr guten Testabdeckung zu sprechen.

Da eine Komponente zu ihrer Umgebung Schnittstellen besitzt, wird bei einem solchen Testobjekt ein Testrahmen benötigt; er setzt sich zusammen aus Testtreiber und Platzhalter. Mit Hilfe des *Testtreibers* werden die Funktionen des Testobjekts aktiviert. Die *Platzhalter* dienen zur Abdeckung der Schnittstellen, die das Testobjekt seinerseits benötigt (Bild 4.50).

Für das Durchführen des Tests ist eine Instrumentierung für das Testobjekt nötig, um den Testnachweis für die einzelnen Zweige zu erzeugen. Mit den heute verfügbaren symbolischen Testhilfen kann man z. B. bei SW-Teilen mit Hilfe eines Programmanalysators Protokollanweisungen für die symbolische Testhilfe erzeugen. Wird beim Testablauf eine solche Protokollanweisung erreicht, so setzt die Testhilfe entsprechende Daten in einer Datei ab. Ein Auswertungsprogramm für die erreichten Test-Protokollanweisungen erlaubt den Nachweis der beim Test erreichten Zweige und Pfade. Diese Teststatistiken erbringen gleichzeitig den Qualitätssicherungsnachweis, wie eingehend der Komponententest erfolgte.

Bei Software, die nicht für Universalrechner entwickelt wird, z. B. Prozessrechner-Software, Firmware, läuft der Modultest auf »Host-Rechnern« ab; auf diesen ist die Testunterstützung für solche Detailtests besser gegeben.

HW-Komponententest

In der Hardware umfasst der Komponententest meist eine Baugruppe und beim Chip-Entwurf einen Baustein. Eine solche Einheit wird bei Einsatz von CAD/CAE in zwei Stufen getestet, nämlich durch Simulation auf dem CAD-Arbeitsplatz und später durch Test mit der realen Einheit. Für die Simulation der Baugruppe liegt der Stromlaufplan zugrunde. Die Bauteile auf der Baugruppe werden entsprechend simuliert. Hierzu gibt es unterschiedliche Leistungsstufen der Simulationsprogramme, die im Einzelnen für ihren Einsatzzweck geprüft und ausgewählt werden müssen. Mikroprozessor-Bausteine erfordern für die Simulation der Baugruppe ein eigenes Simulationsverfahren, wofür die Bausteinhersteller z. T. »HW-Modellierer« bereitstellen.

Diese CAD-Simulationen bilden eine wirtschaftliche Testmethode, da die Simulation vor dem Layout-Auflösen durchführbar ist und somit Fehler im Stromlaufplan frühzeitig erkannt werden können. Entwurf und Simulation ergänzen sieh dabei.

Der Baugruppentest in realer Umgebung erfordert den Aufbau einer Testumgebung und/oder den Einbau in den originalen Baugruppenrahmen mit entsprechender Funktionsumgebung. Entsprechend der Testplanung sind die erforderlichen Tests durchzuführen, um alle Funktionen und Umgebungseigenschaften zu erproben. Wird die reale Baugruppe nach einem vorausgegangenen Simulationstest getestet, so kann man hier auf die eingehenden Logiktests teilweise verzichten. Wesentliche Testfälle bilden hier Schnittstellen, Zeitverhalten, Umgebungsbeeinflussung u. Ä. Enthalten die Baugruppen Firmware, so wird diese durch Test-Firmware ersetzt oder es wird die Original-Firmware verwendet.

Die Entwicklung von Bauteilen erfordert neben ihrer Funktionsabdeckung eine entsprechende Berücksichtigung der Belastbarkeit in

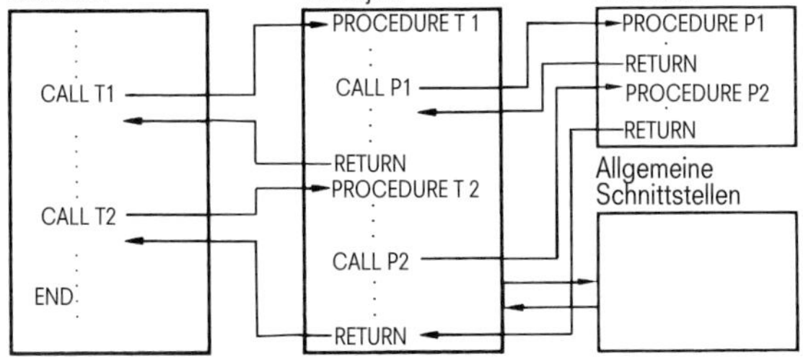

Bild 4.50
Schema für Testumgebung bei einem SW-Komponententest

ihrer Umwelt und Erfüllung einer bestimmten Lebensdauer. Zum Test dieser Merkmale werden die Bauelemente entsprechenden *Stresstests* (auch *Qualifikationstests* genannt) unterzogen, mit denen mechanische und thermische Grenzwerte des Bauteils ermittelt werden (Burn-in). Systematische Fehler von Bauteilen müssen dadurch mit einem i. Allg. zerstörenden Qualifikationstest erkannt werden. Je nach Technologie und Komplexität des Bauteils sowie vorhandenen Erfahrungen werden die Tests dafür festgelegt. Um zufälligen Fertigungsschwankungen bei Bauteilen vorzubeugen, müssen solche Tests stichprobenweise wiederholt werden.

Integrationstest

Beim Integrationstest werden die einzelnen SW-Module, Modulgruppen (Subsysteme) und HW- Funktionseinheiten zu einem Gesamtsystem zusammengebaut. Dieser Zusammenbau verläuft von der Produktstruktur her »bottom-up«, bei einer Schalenkonzeption von der inneren Schale ausgehend fortschreitend zum Gesamtsystem. Zur Durchführung des Integrationstests ist bei großen Systemen ein *Integrationsverantwortlicher* zu benennen, der diese Testphase steuert und koordiniert. Der Integrationstest erfolgt auf dem Zielsystem. Ist das Zielsystem nicht gleichzeitig Entwicklungssystem, so ist bis zu einem gewissen Grad eine Vorintegration auf dem »Host-System« ratsam. Neue oder geänderte Hardware wird in HW-Funktionseinheiten vorintegriert und dann in das Gesamtsystem mitintegriert.

Bei größeren Systemen empfiehlt es sich, den Integrationstest in mehreren festgelegten Schritten mit einem jeweils zugeordneten Funktionsumfang vorzunehmen. Jeder Integrationsschritt umfasst:

- ▷ den Hochlauf des jeweiligen Integrationsumfangs,
- ▷ die Schnittstellentests,
- ▷ die Funktionstests der Normalfälle,
- ▷ ggf. die Regressionstests bei Entwicklungserweiterungen sowie
- ▷ die Funktionstests der Sonderfälle.

Nach den jeweiligen *Funktionstests* der Normalfälle für einen Integrationsschritt können die Tests für den nächsten Integrationsschritt eingeleitet werden. Parallel dazu können *Regressionstests* und Tests für die Sonderfälle durchgeführt werden. Regressionstests dienen zum Funktionsnachweis nicht geänderter Funktionen.

Neben den oben erwähnten Integrationsschritten sind in nötigen Abständen »Korrektur-Versionen« für die einzelnen Integrationsschritte zu planen, bei denen jeweils die bisher gefundenen Fehler in den einzelnen Komponenten beseitigt sind.

Nach vollständiger Integration des Systems und mit hinreichenden Funktions- und Aufgabentests wird das System an das Systemtestteam – durch *Nachweistests* über hinreichende Funktionserfüllung und Stabilität – übergeben. Solche Nachweistests gibt das Systemtestteam vor und führt sie zusammen mit den Entwicklern durch. Die Software und Hardware wird dann in den Systemtest übernommen, wenn die Übernahmetests erfolgreich verlaufen sind.

Systemtest

Der Systemtest ist möglichst von einem Team durchzuführen, welches vom Entwicklungsteam unabhängig ist. Im Systemtest wird das System vornehmlich aus Anwendersicht getestet. Die Testkonfiguration muss qualitativ der HW/SW/FW entsprechen, wie sie beim Kunden zum Einsatz gelangt. Vor allem ist darauf zu achten, dass die funktional erweiterte HW/ FW mit dem aktuellen Ausgabestand im Testgeschehen vertreten ist. Es erweist sich als zweckmäßig, die geänderte Firmware (FW) aus den Primärprogrammen für den Systemtest erneut zu produzieren, damit volle Übereinstimmung zwischen Primärprogrammen und Objektcode im Mikroprozessor-Speicher (z. B. EPROM) gewährleistet wird.

Für den Systemtest ist ferner eine unerlässliche Voraussetzung, dass alle Primärprogramme und HW- Teile in der Verwaltung des Konfigurationsmanagements liegen, um so die Komponenten vor einer undefinierten Änderung zu schützen.

Der Systemtest umfasst vom Ziel her alle Leistungsmerkmale aus Anwendersicht mit folgenden Schwerpunkten:

- ▷ Test der Funktionen und Leistungsmerkmale,
- ▷ Test der Betreibbarkeit (Systemzugriffszeiten, Reaktionszeiten von Prozessen, Prozessverdrängung, Übereinstimmung mit der Kommandoliste),
- ▷ Test der Wartbarkeit (Einbringen von SW-Korrekturen, neuen Versionen oder HW-Änderungen),
- ▷ Überprüfung der Leistungskennwerte,
- ▷ Test der Stabilität des Systems (Dauer-, Last-, Abbruchtest) und
- ▷ Überprüfung der Anwenderdokumentation.

Das Ergebnis des Systemtests ist die hinreichende Funktionsfähigkeit des Systems zur Freigabe an den Anwender für den *Akzeptanztest.* Der Akzeptanztest kann sich aus zeitlichen Gründen mit dem fortgeschrittenen Systemtest überlappen.

Bei großen HW- und SW-Systemen ist zur zeitlichen Beschleunigung des Systemtests eine funktionale Unterteilung des Systems vorzunehmen und Systemtestgruppen verantwortlich zuzuordnen. Diese *Systemtestgruppen* können ihre Tests somit gleichzeitig durchführen. Ein *Systemtestkoordinator* sorgt dafür, dass das Testsystem in bestimmten Abständen aktualisiert wird und evtl. kritische Fehler rasch beseitigt werden.

Im Idealfall sollten beim Systemtest die gefundenen Fehler bei der Software auf Primärprogrammebene alle beseitigt werden. Bei der Hardware kann man in diesem Zeitrahmen nur vorübergehende Änderungen einbringen. Bei der Software lässt sich die Fehlerbeseitigung auf Primärprogrammebene leider in der Praxis aus zeitlichen Gründen nicht vollständig erreichen. Es muss daher eine mindestens zweistufige Fehlerqualifizierung für in jedem Fall sofort zu beseitigende und später zu beseitigende Fehler stattfinden (siehe auch Bild 5.2). Diese Fehlerqualifizierung soll nicht bedeuten, dass die weniger priorisierten Fehler während des Systemtests nicht zu beheben sind, sondern es soll den Systemtestern Schwerpunkte vorgeben, welche Fehler für die bevorstehende Kundenfreigabe auf jeden Fall zu beheben sind.

Damit die Projektleitung den Fortschritt des Systemtests beurteilen kann, ist mindestens monatlich ein *Fortschrittsbericht* durch den Systemtestkoordinator zu erstellen. Dieser Bericht enthält im Wesentlichen:

- ▷ Korrekturversion des Systems,
- ▷ Anzahl gefundene und behobene Fehler,
- ▷ Anzahl hochpriorisierte gefundene und behobene Fehler,
- ▷ Trendanalyse über gefundene und behobene Fehler,
- ▷ Umfang erfolgreich abgearbeiteter Testfälle,
- ▷ Testaufwandsbilanz und
- ▷ sonstige wesentliche Ereignisse und Risiken.

Ist der Systemtest von den einzelnen Systemtestgruppen erfolgreich durchgeführt, so werden die betroffenen Konfigurationselemente freigegeben. Anschließend daran wird das SW-System meist kundenorientiert produziert (aus den Primärprogrammen übersetzt) und mit festgelegten Regressionstests auf Funktionstüchtigkeit überprüft.

Daran schließt die Anwenderfreigabe an, die durch eine Freigabemitteilung (siehe auch Kap. 5.1.2) dokumentiert wird; diese enthält im Wesentlichen folgende Angaben:

- ▷ Systembezeichnung und Auflistung der enthaltenen HW- und SW-Komponenten (ggf. Verweis auf entsprechende Stücklisten),
- ▷ Art der Freigabe (Neufreigabe, Erweiterungsversion, behobene Fehler, neue Leistungsmerkmale),
- ▷ bestehende Einschränkungen,
- ▷ spezielle Bedienungshinweise zum Umgehen von noch bestehenden Fehlern und
- ▷ sonstige Hinweise zum Einsatz des Systems.

Zur besonderen Prüfung von Baugruppen und Geräten über ihre Einhaltung der Spezifikation bezüglich Umweltbelastung sind zusätzliche Testaufwendungen unter Stressbedingungen (Run-in) nötig. Diese Tests können umfassen: mechanische Beanspruchungen, elektromagnetisches Verhalten (EMV), Klimatests (Verändern der Umgebungstemperatur), Verhalten bei Erdbeben u. Ä. Solche Tests werden bei einer weitgehenden Neuentwicklung von Baugruppen und Geräten durchgeführt oder wenn von Kunden der Nachweis der Spezifikationswerte gefordert wird. Das Testobjekt muss bei diesen Tests entsprechende Funktionsfähigkeit besitzen und die Funktionen dabei ausführen. Klimatests mit entsprechenden Belastungen der Baugruppen und Geräte, z.B. durch An- und Abschalten, sind bei der Fertigung stichprobenweise oder generell vorzunehmen, um somit Fertigungsfehler rechtzeitig vor Kundenauslieferung zu erkennen.

Akzeptanztest (Abnahmetest)

Der *Akzeptanztest* liegt zeitlich in der Projektabschlussphase und wird vom Anwender verantwortet (siehe Kap. 5.1.1). Die Vorbereitung des Akzeptanztests unterstützt der Hersteller (Entwickler oder Service-Abteilung), der auch für ein schnelles Beheben kritischer Fehler sorgt.

Testfälle und Testdaten sind i.Allg. vom Anwender zu erstellen; dasselbe gilt für die Testplanung.

Nach Abschluss des Akzeptanztests ist vom Anwender ein Testbericht zu erstellen; dieser enthält auch Aussagen über die Übernahme durch den Anwender und ggf. mit welchen Auflagen für den Hersteller dies möglich ist.

Testplanung

Die Testplanung dient zum Festlegen nachstehend aufgeführter Aufgaben, Vorgehensweisen und Ziele bei der Testdurchführung in den einzelnen Testphasen:

- ▷ erforderliche Testkonfiguration Hardware und Software,
- ▷ Stufen der Testphase,
- ▷ jeweilige Voraussetzungen an getesteten Funktionen für die Teststufen,
- ▷ zu testende Leistungsmerkmale einschließlich aller Qualitätsanforderungen,
- ▷ zu testende Funktionen,
- ▷ zeitlicher Testablaufplan.

Das Ergebnis dieser Testplanung wird in einer *Testspezifikation* beschrieben. Solche Testspezifikationen sind normalerweise ab Integrationstest zu erstellen. Für die Komponententests kann sie entfallen, da hier das Testobjekt relativ klein ist.

Testspezifikation für Integrationstest

Für den Integrationstest entsteht eine Testspezifikation unter Leitung eines Integrationsverantwortlichen in Zusammenarbeit mit den zuständigen Verantwortlichen für die Leistungsmerkmale. Nachstehend wird ein Gliederungsbeispiel für den Integrationstest gegeben.

1. Aufgabenstellung
— Projektbezeichnung,
— Projektvarianten,
— Testziele (z.B. Test der neuen Leistungsmerkmale, Regressionstest, Lasttest, Wartbarkeit).

2. Testplan
— Integrationsschritte (allgemeine Beschreibung),
— Integrationsplan (zeitlicher Verlauf des Integrationstests).

3. HW- und SW-Konfigurationen
— HW-Konfiguration,
— SW-Konfiguration.

4. Allgemeine Testhinweise
— Einsatz von Support-SW-Version,
— Hinterlassen des Systems nach dem Test.

5. Ziele der einzelnen Integrationsschritte
— Voraussetzungen,
— Endzustand,
— Testabschnitte mit beteiligten Konfigurationseinheiten (Subsysteme).

6. Funktions-, Aufgaben- und Regressionstests
Je Testaufgabe sind folgende Angaben aufzuführen:
— Beschreibung der Testaufgabe,
— Funktionen (Testfälle),
— Kommandos und Masken,
— besondere Testvoraussetzungen,
— Testteam,
— Testzeitbedarf.

Testspezifikation für Systemtest

Beim Systemtest werden bei großen Systemen die Testaktivitäten nach unterschiedlichen Aufgaben und Funktionen auf Gruppen aufgeteilt; hier ist je Testgruppe eine Testspezifikation zu erstellen. Auch ist ein verantwortlicher Systemtestkoordinator zu installieren, der die Belange für die einzelnen Systemtestgruppen koordiniert und für einen vollständigen Systemtest sorgt. Für das Installieren des Systems ist eine *Installationsanleitung* zu erstellen, die während des Systemtests mitgetestet werden muss. Diese Anleitung ist von der Entwicklung oder einer Service-Abteilung zu erstellen. Nachstehend wird ein Gliederungsbeispiel für eine Systemtestspezifikation aufgezeigt:

1. Aufgabenstellung
— Projektbezeichnung,
— Projektvarianten,
— Testziele (z.B. neue Leistungsmerkmale, Lasttests, Wartbarkeit, Betreibbarkeit).

2. Testplan
— Aufteilung in Funktionseinheiten,
— zeitliche Darstellung der Testfolgen, nach Funktionseinheiten (Systemtestplan).

3. HW- und SW-Voraussetzungen
— Konfigurationselemente,
— Installationsparameter,
— verwendete Testanlagen.

4. Zuständigkeiten
— Systemtestkoordinator,
— Produktionsstelle,
— Systemtestgruppe.

5. Allgemeine Testhinweise
— besonderer Einsatz von Support-Software,
— Systemzustand nach den Tests,
— Vorgehen bei Fehlern,
— Testberichterstellung.

6. Unterlagen
— bereitgestellte Bedienungsanleitungen,
— Dateien,
— Projektunterlagen.

7. Funktions-, Aufgaben- und Regressionstests
Je Testaufgabe sind folgende Angaben aufzuführen:
— Beschreibung der Testaufgaben,
— Funktionen (Testfälle),
— Kommandos und Masken,
— besondere Testvoraussetzungen,
— Testzeitbedarf.

Die *Testspezifikation für den Akzeptanztest* ist vom betreffenden Anwender, ggf. unter Mitwirkung der Entwickler bzw. der Service-Abteilung zu erstellen.

Die Testspezifikationen müssen frühzeitig im Entwicklungsprozess erarbeitet werden, damit das Beschaffen der nötigen Testressourcen auch rechtzeitig möglich ist. Dies gilt besonders für den Integrations- und Systemtest. Testspezifikationen müssen ebenfalls einem Review unterzogen werden.

Testdurchführung

Die Testdurchführung umfaßt die Aktivitäten

▷ Testvorbereitung
▷ Testausführung
▷ Testauswertung.

Die *Testvorbereitung* schließt alle Testaktivitäten zum Vorbereiten der Testausführung ein.

Die *Testausführung* umfasst die Testaktivitäten, die zum dynamischen Testablauf am Testobjekt erforderlich sind (Ablaufprotokollierung, Ausführung am Testobjekt, Simulation der Testumgebung).

Zur *Testauswertung* zählen alle Testaktivitäten, die im Anschluss an die Testausführung zur Auswertung der Testergebnisse erforderlich sind (z.B. Ergebnisprüfung, Teststatistik erstellen, Fehlermeldungen erfassen, Fehler klären).

Auf die Testvorbereitung, soll im Nachfolgenden näher eingegangen werden; zu ihr gehören im Wesentlichen:

▷ Testfallermittlung,
▷ Testdatenerstellung,
▷ Vorbereiten des Testobjekts.

Testfallermittlung

Ein Testfall ist wie folgt definiert:

> Ein Testfall stellt die Menge der Eingabedaten dar, die bei der Testausführung eines Testobjekts zu genau festgelegten, gleichen Wirkungen führen.

Da eine Testfallermittlung sehr stark von dem Testobjekt abhängt, wird nach folgenden Testfallermittlungen unterschieden:

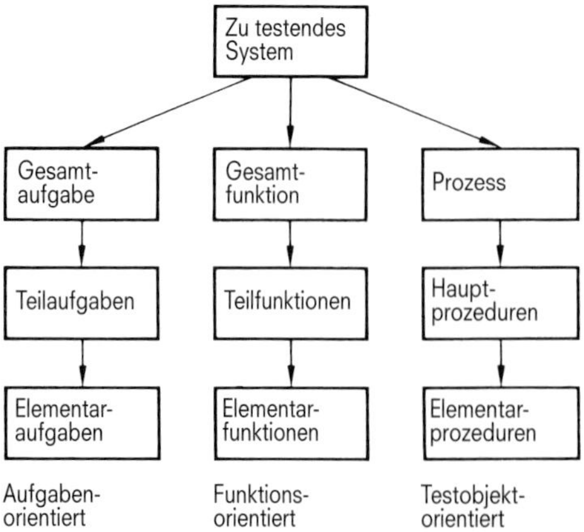

Bild 4.51 Hierarchie für Testfallermittlung

- ▷ aufgabenorientiert (Leistungsmerkmale),
- ▷ funktionsorientiert (Funktionseinheiten des Systems),
- ▷ testobjektorientiert (Modul, Prozedur).

Um ein Testobjekt weitgehend vollständig zu testen, muss das System entsprechend der Testphase und dem ihr zugeordneten Testfalltyp in die entsprechenden Hierarchieteile (Bild 4.51) zerlegt werden. Für die drei Testfalltypen sind in jeder Hierarchiestufe die erforderlichen Testfälle zu finden und zu definieren.

Diese Aufteilung der Testfallermittlung läßt sich nun vorzugsweise bestimmten Testphasen zuordnen (Tabelle 4.2).

Aufgabenorientierte Testfallermittlungen werden auf der Basis des Pflichtenhefts erstellt. Diese Ebene nimmt keine Rücksicht auf die Realisierung des Systems.

Funktionsorientierte Testfallermittlungen basieren auf den Inhalten der Leistungsbeschreibung. Neben problembezogenen Aspekten werden hier auch konstruktive Belange der Lösung mit einbezogen (z.B. Schnittstellen zwischen Funktionseinheiten, Test von spezifischen Elementarfunktionen).

Testobjektorientierte Testfallermittlungen leiten sich von der Struktur des Testobjekts ab. Daher muss die Struktur des Testobjekts, z.B. das Modul mit seinen Prozeduren, bekannt sein. Testfälle in diesem Sinn sind z.B. bei SW der Durchlauf eines Zweigs bzw. Pfads oder mehrerer Zweige bzw. Pfade einer Programmeinheit, eine Ablauffolge bestimmter Programmeinheiten oder die Ausführung einer Prozesskommunikation.

Tabelle 4.2 Testfallermittlung in den Testphasen

Testphase	Testfallermittlung		
	Aufgaben-orientiert	Funktions-orientiert	Testobjekt-orientiert
Komponentent.		×	×
Integrationstest	×	×	
Systemtest	×	×	
Akzeptanztest	×		

Testdatenerstellung

Testdaten sind Voraussetzung für das Durchführen von Tests. Beim Erstellen von Testdaten können folgende Methoden angewandt werden:

- ▷ Konstruktion von Testdaten auf Grund der Testfallerstellung und/oder
- ▷ Auswahl aus Originaldatenbeständen.

Die *Konstruktion* von Testdaten basiert, wie vorher beschrieben, auf dem Erstellen von Testfällen. Dabei sind Normal-, Grenz- und Falschwerte zu berücksichtigen. Die Testdaten erstellt man heute meist mit maschineller Abspeicherung, die durch geeignete Testdaten-, Erstellungs- und Verwaltungswerkzeuge unterstützt wird oder wofür allgemein verfügbare »Editoren« verwendet werden. Damit sind die Testdaten jederzeit für Testwiederholungen und Regressionstests heranzuziehen und auch einfach zu erweitern. Mit entsprechend verfügbaren Auswertungswerkzeugen lassen sich die Testergebnisse maschinell mit den Sollergebnissen vergleichen. Zu einem konstruktiv erstellten Testdatum gehört jeweils

- — das »Anreizdatum« (Daten, Kommando, manuelle Systemeingriffe) und
- — das daraus resultierende Soll-Ergebnis.

Die so erstellten Testdaten werden in einzelnen Dateien für bestimmte Testaufgaben zusammengefasst. Eine solche Datei ist mit einem Namen und einer Versions-Nr. zu versehen; sie sollte ein Element im Konfigurationsmanagement darstellen. Damit können

Testdatendateien erweitert und auch entsprechenden Entwicklungsversionen des Systems zugeordnet werden. Ein »Testdaten-Dateinormkopf« soll folgende Einträge enthalten:

- Dateiname und Version,
- Aufgabenbereich der Testdatei,
- Testvoraussetzungen und
- Bedienungshinweise für die Testdurchführung.

Danach folgen die Testfalldefinitionen mit den jeweils zugeordneten Testdaten.

Bei *Auswahl* von Testdaten aus vorhandenen Originaldatenbeständen muss ebenfalls ein Ergebnisvergleich möglich sein. Da diese Ergebnisprüfungen manuell meist zu aufwändig werden, ist für einen maschinellen Vergleich zu sorgen.

Vorbereiten des Testobjekts

Das Vorbereiten des Testobjekts hängt in Art und Umfang von der Testphase ab. Erforderliche Ressourcen dafür müssen schon bei der Testplanung in den frühen Entwicklungsphasen ermittelt und ihre Bereitstellung geplant werden.

Für den Modultest ist vor allem auf den Entwicklungsrechnern die nötige Support-Software bereitzustellen. Diese umfasst z. B. das Generieren der Testumgebung, die Simulation, das Verwalten von Testdaten, das Auswerten von Testergebnissen u. Ä.

Für den Verbund- und Systemtest muss die jeweils nötige HW- und SW-Konfiguration bereitgestellt werden. Die selbstentwickelte Software und Firmware ist in den nötigen Umfängen jeweils zu produzieren (Übersetzen und Binden) und die übrige System-Software ggf. zu generieren.

4.4.4 Zuverlässigkeitsbetrachtung

Für den Anwender eines Produkts bzw. Systems bildet die Zuverlässigkeit im Sinne *Verfügbarkeit* eine wichtige messbare Größe. Beeinflusst wird die Verfügbarkeit eines Systems, bestehend aus Hardware und Software, von einer Reihe Faktoren. Bei der Hardware spielt die Lebensdauer der Bauelemente eine wesentliche Rolle. Aber auch konstruktive Maßnahmen, z. B. Doppelsysteme von HW-Einheiten, Wiederanlaufmaßnahmen, Führung von gedoppelten Dateien auf unterschiedlichen Peripherieeinheiten usw., tragen wesentlich zur Minderung der Ausfallzeiten bei.

Bei der Hardware gibt es bereits standardisierte Berechnungsgrundlagen für die Ausfallzeiten bzw. Lebensdauer von Bauteilen und Baugruppen. Jedoch sind bei komplexen Systemen jeweils zusätzliche Vereinbarungen nötig, um zwischen Hersteller und Kunden gleiche Maßstäbe ansetzen zu können.

Ausfallberechnungen bei Hardware

Charakteristisch bei der konventionellen Ermittlung von HW-Ausfällen ist, dass sich das Ausfallverhalten im Wesentlichen auf die Lebensdauer (Verschleiß) der Bauteile und damit Baugruppen bezieht, die man durch entsprechende Algorithmen auf Produkte bzw. Systeme hochrechnen kann. Nicht betrachtet werden dabei logische Fehler oder Entwurfsfehler. Hierbei geht man davon aus, dass nach einer Einschwingphase in der Anwendung diese Fehler auch mit beseitigt sind. Statistisch wird hier die Ausfallrate mit der »Badewannenkurve« ausgedrückt (Bild 4.52).

Frühausfallphase

In dieser »Anfangsphase« weist die Ausfallrate eine fallende Tendenz auf. Grund dafür ist, dass in dieser Zeit konstruktive Fehler rasch erkannt und durch Korrekturen solche Ausfälle zukünftig vermieden werden. Mit Hilfe spezieller Vorbehandlungen der Bauteile durch »Burn-in-Tests« und der Baugruppen und Geräte durch »Run-in-Tests« lässt sich die Frühausfallphase wesentlich verkürzen.

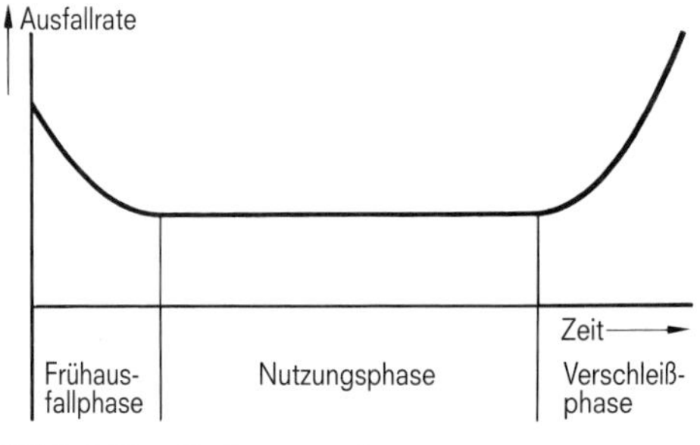

Bild 4.52 Badewannenkurve

Nutzungsphase

In dieser Phase kann die Ausfallrate als annähernd konstant angenommen werden. Eine Vermeidung dieser Ausfälle durch konstruktive Veränderungen ist kaum möglich.

Verschleißphase

In der Verschleißphase wird das Lebensdauerende der Bauelemente bzw. Baugruppen allmählich erreicht. Ausfälle kann man durch geeignete Wartungsstrategien eine Zeit lang verringern.

Ausfallrate

Die Zuverlässigkeit eines Bauteils wird durch die Ausfallrate λ (failure rate) ausgedrückt; sie bedeutet die Wahrscheinlichkeit, mit der ein zum Betrachtungszeitpunkt funktionierendes Element in der nächsten Zeiteinheit ausfällt. Die Einheit ist fit (failure in time), wobei

$$1 \text{ fit} = 10^{-9}\,\text{h}^{-1} \text{ ist,}$$

d. h. ein Ausfall in 10^9 Stunden. Ermittelt wird die Ausfallrate nach der Formel:

$$\lambda_{\text{test}} = \frac{r}{n \times t_b} \qquad (75)$$

λ_{test} im Test ermittelte Ausfallrate
r Anzahl Ausfälle
n Strichprobenumfang
t_b Testdauer.

Beispiel:

Bei einem Lebensdauerversuch über 500 h mit zwei Ausfällen unter 4000 Bauelementen beträgt die im Test ermittelte Ausfallrate:

$$\lambda_{\text{test}} = \frac{2}{4000 \times 500\,\text{h}} = 10^{-6}\,\text{h}^{-1};$$

umgerechnet in fit ergibt dies

$$\frac{10^{-6}}{10^{-9}\text{h}^{-1}} \text{ fit} = 1000 \text{ fit.}$$

Beim Ermitteln der Ausfallrate λ ist ein Zuschlag Δr anzusetzen, der zu einer »Vertrauensgrenze« führt:

$$\lambda = \frac{r + \Delta r}{n \times t_b}. \qquad (76)$$

Der Wert Δr hängt vom Wert r ab und wird über Faktoren festgelegt.

Mittlerer Ausfallabstand (MTBF)

Die Größe *MTBF* (Mean Time Between Failures) wird für reparierbare Geräte (Baugruppen und Geräteeinheiten) angesetzt. Sie gibt die mittlere Zeit zwischen zwei Geräteausfällen an.

$$MTBF = \frac{1}{\Sigma\lambda_i}. \qquad (77)$$

Beispiel:

Für einen Fernsehempfänger mit 500 Bauelementen, deren Ausfallrate im Mittel 30 fit beträgt, ergibt sich:

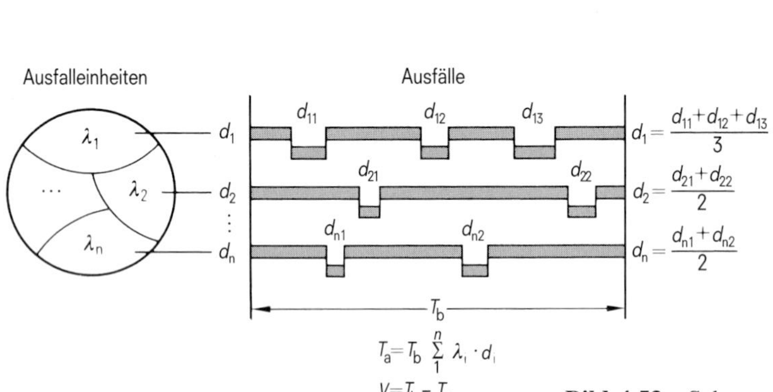

Bild 4.53 Schema der Ausfallzeit-Ermittlung

$$MTBF = \frac{1}{500 \times 30} \times 10^9\ \text{h} \approx$$

$\approx$ 67 000 h oder
$\approx$ 7,6 Jahre (1 Jahr = 8760 h).

Verfügbarkeit

Wichtig beim Bestimmen der Ausfälle ist die Zeit, in der ein Produkt bzw. System nicht verfügbar ist, wozu das Schema nach Bild 4.53 gilt.

Unter *Verfügbarkeit* V versteht man die Wahrscheinlichkeit, eine Baugruppe oder Einrichtung zu einem vorgegebenen Zeitpunkt in einem funktionsfähigen Zustand anzutreffen (Definition nach DIN 40 042). Es gilt:

$$V = \frac{MTBF}{MTBF + MDT} \qquad (78)$$

MDT Mean Down Time (mittlere Ausfallzeit).

Als *Nichtverfügbarkeit* l bezeichnet man die Wahrscheinlichkeit, dass eine Baugruppe oder Einrichtung im Betrachtungszeitpunkt gerade ausgefallen ist. l errechnet sich nach folgender Formel:

$$l = 1 - V = 1 - \frac{MTBF}{MTBF + MDT}$$

$$l = \frac{MDT}{MTBF + MDT}; \qquad (79)$$

mit $MDT = d$ und $MTBF = \frac{1}{\lambda}$

ergibt sich

$$l = \frac{d}{\frac{1}{\lambda} + d};$$

mit $d \ll MTBF$ bzw. $\frac{1}{\lambda}$

ergibt sich für die Nichtverfügbarkeit vereinfacht

$$l \approx \frac{d}{\frac{1}{\lambda}} = \lambda \times d. \qquad (80)$$

Die *mittlere gesamte Ausfallzeit* T_a ist die aufsummierte Ausfallzeit (mean accumulated time for unavailability), in der eine Baugruppe oder Einrichtung während einer festen Zeitspanne T_b (z. B. 1 Jahr, 10 Jahre) ausgefallen ist.

$$T_a = T_b \times \Sigma(\lambda_i \times d_i) = T_b \times \Sigma l_i. \qquad (81)$$

Beispiele:

$T_{a1} = l \times 8760$ h für 1 Jahr;
$T_{a10} = l \times 87\,600$ h für 10 Jahre.

In redundanten Systemen können sich mehrere Elemente (Baugruppen, Einrichtungen) gegenseitig aushelfen. Hier gilt für die Gesamtausfallzeit L:

$$L = \prod_{1}^{n} l_i \quad \text{oder} \quad L = l^n,$$

wenn alle $l_i = l$ sind. (82)

Bei einfachen redundanten Systemen helfen sich zwei gleiche Einrichtungen gegenseitig aus. Für diesen Fall gilt:

$$L = l^2 \quad \text{oder} \quad \lambda_g \times D = (\lambda \times d)^2,$$

wobei λ_g für *Ausfallrate je redundante Systemeinheit* gilt und für die *Ausfalldauer D* bei redundanten Systemen $\frac{d}{2}$ anzusetzen ist,

somit ergibt sich für $\lambda_g = 2d \times \lambda^2$. (83)

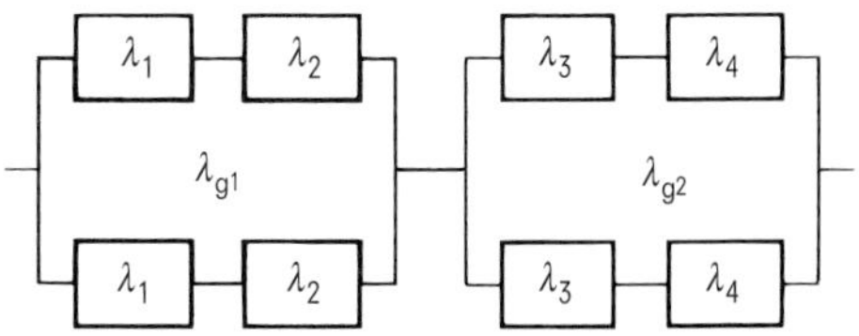

Bild 4.54 Berechnungsbeispiel

Berechnungsbeispiel für die in Bild 4.54 dargestellte Geräteanordnung:

$$\lambda_{g1} = 2d \times (\lambda_1 + \lambda_2)^2$$

$$\lambda_{g2} = 2d \times (\lambda_3 + \lambda_4)^2$$

$$\lambda_{ges} = \lambda_{g1} + \lambda_{g2}.$$

Berechnung von realen Ausfallzeiten

Für das Ermitteln von Ausfallzeiten und damit letztlich das Bestimmen der Verfügbarkeit eines Systems gelten üblicherweise folgende Festlegungen:

Ausfalldauer:

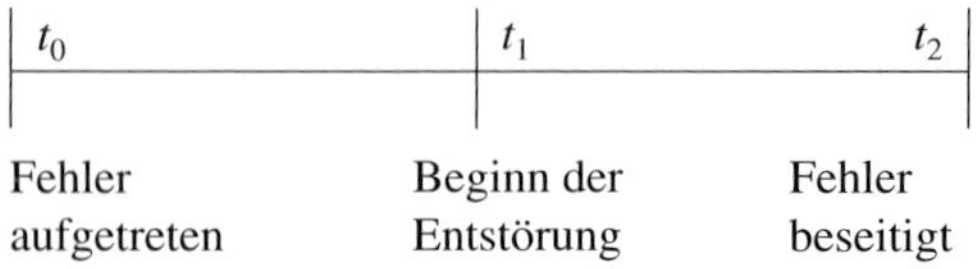

für die Ausfalldauer gilt:

$$T_a = t_2 - t_0$$

T_a Ausfalldauer
t_0 Ausfallbeginn
t_2 Ausfallende.

Die Ausfalldauer setzt sich zusammen aus der *Wegezeit* (Herbeiholen des Technikers) und der eigentlichen *Reparaturzeit.* Für die Wegezeit werden meist Regelzeiten festgelegt, um einheitliche Berechnungsmaßstäbe zu ermöglichen.

Ermitteln der gewichteten Ausfalldauer

Bei einem Totalausfall steht das gesamte System nicht mehr zur Verfügung. Teilausfälle beeinträchtigen jedoch nur den betroffenen Teil des Systems (z.B. bei Dialogsystemen, Vermittlungssystemen u.Ä.). Für die Berechnung der mittleren Verfügbarkeit wird daher der Anteil der ausgefallenen Einheiten zum Gesamtsystem berücksichtigt.

Für die *gewichtete Ausfalldauer* T_{ag} ergibt sich:

$$T_{ag} = T_a \times \frac{m_a}{m_g}. \tag{84}$$

T_{ag} gewichtete Ausfalldauer
T_a Ausfalldauer des anteiligen Bereiches
m_a Anzahl ausgefallene Einheiten
m_g Anzahl Einheiten des Gesamtsystems.

Die Verfügbarkeit eines Systems im realen Einsatz wird über die gewichtete Ausfalldauer ermittelt:

$$V = \frac{T_b - \sum_{i=1}^{n} T_{agi}}{T_b} \tag{85}$$

V Verfügbarkeit
T_b Beobachtungsdauer (Betriebszeit)
ΣT_{agi} Summe der gewichteten Ausfalldauer
n Anzahl bewerteter Ausfälle.

Beispiel:

Ein Terminalsystem mit 100 Terminals ist über Konzentratoren mit je 10 Terminals zusammengefasst. Der Regelbetrieb beträgt täglich 10 Stunden. Es sind in einem Monat vier Konzentratoren je 2 h ausgefallen. Für den Monat werden durchschnittlich 21 Arbeitstage angesetzt.

Rechnung:

$$V = \frac{\left(21 \times 10\ \text{h}\right) - \left(4 \times 2\ \text{h} \times \frac{10}{100}\right)}{21 \times 10\ \text{h}}$$

$$V = \frac{209{,}2}{210} = 0{,}996 \quad \text{oder} \quad 99{,}6\%.$$

Ausfallberechnung bei Software

Bei Software kann man für die Ausfallermittlung nicht nach dem gleichen Schema wie bei Hardware vorgehen. Ausfälle der Hardware werden bei der Voraussage ihrer Verfügbarkeit über ihre Verschleißerscheinungen gemessen. Bei Software gibt es solche Verschleißerscheinungen selbstverständlich nicht. Man berücksichtigt hier die Ausfälle, die durch logische Fehler zu Stande kommen.

Fehlerkategorien

Es ist zweckmäßig, für Software mindestens zwei Fehlerkategorien einzuführen, nämlich:

▷ Fehlerkategorie a)

Hier handelt es sich um Fehler, die zu einem Ausfall der Benutzung führen, wobei durch Wiederanlaufverfahren der Betrieb wiederhergestellt werden muss.

▷ Fehlerkategorie b)

Hierunter fallen Fehler, die die Anwendung einschränken oder im Betrieb hinderlich sind (z. B. ein Kommando arbeitet nicht in allen Einzelheiten richtig, durch andere Parameterkombination wird jedoch derselbe Effekt erzielt).

Ermitteln der SW-Ausfalldauer

Die Fehlerkategorie a) kann bei Software nicht so einfach als Voraussage ermittelt werden wie bei Hardware, da solche Dauerversuche nur in beschränktem Maße möglich sind. Außerdem werden solche Fehler bei Auftreten in Tests auch schnellstens beseitigt. Eine Aussage über die Verfügbarkeit lässt sich daher erst ermitteln, wenn statistische Werte über Ausfälle im echten Einsatz vorliegen oder von Erfahrungen ähnlicher Systeme ausgegangen werden kann. Das entbindet jedoch nicht davon, dass Zielwerte für eine derartige Verfügbarkeit festgelegt sein müssen. Die Berechnung dieser Ausfälle kann in einem einfachen Modell nach Formel (80) vorgenommen werden, wobei gilt:

$$L = \Sigma(\lambda_i \times d_i) \qquad (80\,a)$$

λ_i stellt dabei die unterschiedlichen Ausfallklassen dar, z. B. Recovery-Stufe 1 oder 2 usw.; λ_i kann dabei nach Formel (75) ermittelt werden.

d_i ist die zu λ_i zugehörige mittlere Dauer der Ausfallklasse.

Die Ausfalldauer T_a innerhalb eines Zeitraumes T ergibt sich mit

$$T_a = T \times L \quad \text{oder}$$
$$T_a = T \times \Sigma(\lambda_i \times d_i).$$

Bei einem hierarchisch aufgebauten System ist die gewichtete Ausfallzeit T_{agi} nach Formel (84) zu ermitteln.

Beispiel für Ausfallberechnung:

An zwei vergleichbaren Systemen (n = 2) traten in einem Jahr ($\hat{=}$ 8760 h) folgende Ausfälle auf:

Fehlerklasse 1: 30 Ausfälle mit d = 3 s
Fehlerklasse 2: 20 Ausfälle mit d = 5 s

$$\lambda_1 = \frac{30}{2 \times 8760\ \text{h}} = 0{,}00171\ \text{h}^{-1}$$

$$\lambda_2 = \frac{20}{2 \times 8760\ \text{h}} = 0{,}00114\ \text{h}^{-1}$$

$$T_{\text{a, jahr}} = 8760\ \text{h} \times$$
$$\times \left(\frac{30 \times 3\ \text{s}}{2 \times 8760\ \text{h}} + \frac{20 \times 5\ \text{s}}{2 \times 8760\ \text{h}} \right) = 95\ \text{s}.$$

Ein System hat somit eine Ausfalldauer von 95 s/Jahr.

Ermitteln der Restfehler

Die Fehlerkategorie b) wird durch das Maß für Restfehler bewertet. Restfehler sind die Fehler, die in der Software bei Auslieferung an den Kunden voraussichtlich noch vorhanden sind. Dies können bekannte und noch nicht erkannte Fehler sein.

Als Durchschnittswerte für Restfehler sind bei größeren Software-Systemen zu sehen:

Einsatz im 1. Jahr	1 Fehler/kloc,
davon bekannte Fehler bei Auslieferung	0,2 bis 0,5/kloc.

Bei den bekannten Fehlern dürfen keine Fehler der Kategorie a) enthalten sein. Die Forderung für diese Fehlerwerte tendiert nach niedrigeren Werten.

Die Restfehlerzahlen werden auf Grund der Fehlerstatistiken aus den Entwicklungsphasen Systemintegration und Systemtest ermittelt. Besser ist allerdings, die Fehlererfassung ab Beginn des Modultests vorzunehmen, weil damit zuverlässigere Restfehlerermittlungen möglich sind. Nach durchgeführten Fehlerstatistiken enthält Software nach fehlerfreier Kompilierung durchschnittlich 15 bis 25 Fehler je kloc (Anweisungen ohne Kommentarzeilen). Bei Softwareerweiterungen sind diese Werte auf die »Delta-loc« anzuwenden. Auf Grund dieser Erkenntnis wäre daher eine Fehlerzählung ab Code-Inspektion und Modultest sehr zweckmäßig, um nicht nur Restfehler genauer zu ermitteln, sondern auch den Grad des Austestens damit besser beurteilen zu können.

Ermitteln der Restfehler nach Vorausberechnung

Beim Ermitteln der Restfehlerzahl geht man davon aus, dass in einem SW-System während der Testphasen mehr Fehler beseitigt werden, als neue hinzukommen. Damit erhöht sich also die Zuverlässigkeit der Software ständig. Die mathematischen Modelle, mit denen diese Verbesserung der Zuverlässigkeit errechnet wird, bezeichnet man deshalb als *Zuverlässigkeits-Wachstums-Modelle* (reliability growth models). Mit Hilfe dieser Modelle lassen sich bezüglich der Fehlerentdeckungsrate Extrapolationen vornehmen und damit Voraussagen für die Gesamtfehlerzahl des SW-Systems gewinnen. Einschränkend dazu ist zu erwähnen, dass diese mathematischen Modelle erst vertrauenswürdige Aussagen erbringen, wenn eine entsprechende Anzahl entdeckter Fehler über eine gewisse Zeit vorliegt. Wie später in den Modellen dargestellt wird, enthalten diese Modelle keine Faktoren über Umfang des SW-Produktes (kloc) oder über Volumen des geplanten Testaufwands; sie gehen im Wesentlichen von entdeckten Fehlern über einen bestimmten Zeitraum aus. Für die Zeit können unterschiedliche Einheiten gelten, wie z. B.

— Kalenderzeit (Wochen, Monate),
— Testaufwand nach Personalaufwand,
— Anlagenteststunden,
— CPU-Zeit.

Nach bisheriger Erfahrung hat sich die Kalenderzeit als einfache Erfassungsgröße und auch als gut brauchbarer Berechnungsfaktor erwiesen.

In Bild 4.55 wird das Prinzip der Restfehlerermittlung verdeutlicht; bei der gemäß eines vorgegebenen Kurvenverlaufs die Restfehleranzahl zu einem gegebenen Zeitpunkt prognostiziert werden kann.

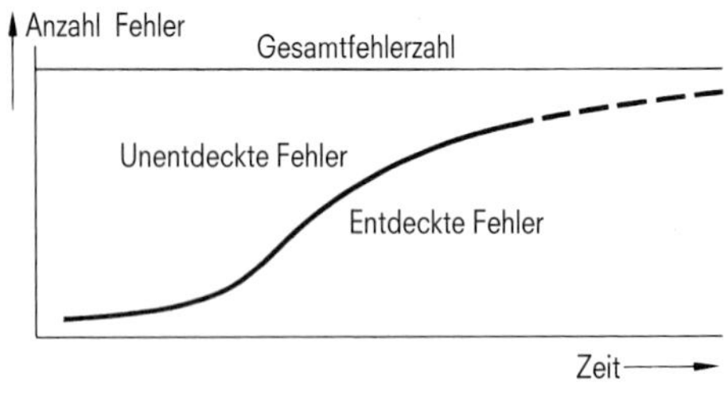

Bild 4.55 Prinzipbild für Restfehlerprognose

Mathematische Modelle

In der Literatur lässt sich eine Reihe von Prognose-Modellen über Restfehler-Ermittlung finden. Nachfolgend werden zwei Modelle gegenübergestellt, um einen Einblick in das Verhalten dieser Modelle zu geben. Vom Prinzip her gehen die Modelle von einer exponentiellen *Fehlerentdeckungsrate* aus. Die Fehlerentdeckungen verlaufen meist S-förmig. Deshalb enthalten diese mathematischen Modelle zusätzlich zu den Hauptparametern (wie Fehlerzahl und Zeit) noch ein bis zwei weitere Parameter, die eine bessere Kurvenanpassung erreichen lassen. Je nach gegebenem Kurvenverlauf für Fehlerentdeckung und Zeit korreliert daher das eine Modell besser als das andere.

Weibull-Modell (WEI):

Die Fehlerfunktion dafür lautet:

$$H(t) = N \times \left(1 - e^{-\left(\frac{t}{t_b}\right)^c}\right) \tag{86}$$

$H(t)$ Fehlerfunktion
N Gesamtfehlerzahl
t_b Zeitpunkt t, zu dem im Mittel 63% der vorhandenen Fehler N gefunden sein werden
c Parameter; für $c = 1$ erhält man als Spezialfall das reine exponentielle Modell; für $c > 1$ verläuft die Fehlerfunktion S-förmig.

Dieses Modell wird Weibull-Modell genannt, weil die Fehlerfunktion bis auf den multiplikativen Faktor N die Verteilungsfunktion der Weibull-Verteilung darstellt.

Zuverlässigkeitsmodelle, die auf Poisson-Prozessen beruhen, unterscheiden sich durch ihre Fehlerrate $h(t)$. Die Fehlerrate $h(t)$ bildet die Ableitung von $H(t)$ nach der Zeit t. Sie wird auch »Fehlerentdeckungsrate«, »Fehlerdichte« oder »rate of occurrence« genannt.

Die Fehlerrate $h(t)$ multipliziert mit einem Zeitintervall Δt gibt die Wahrscheinlichkeit an, dass in dem Zeitintervall mindestens 1 Fehler entdeckt wird.

Für das Weibull-Modell ist somit:

$$h(t) = N \times \frac{c}{t_b} \times \left(\frac{t}{t_b}\right)^{c-1} \times e^{-\left(\frac{t}{t_b}\right)^c}$$

$$N, t_b, c > 0 \qquad (87)$$

Delayed-S-Shaped Modell (DSS)

$$H(t) = N\left(1 - \left(1 + \frac{t}{t_b}\right) \times e^{-\left(\frac{t}{t_b}\right)}\right); \qquad (88)$$

Parameterbeschreibung wie Weibull-Modell; jedoch:

t_b Zeitpunkt t, zu dem im Mittel 27% der Fehler gefunden sind. Für $t = t_b$ besitzt die Fehlerrate ein Maximum; die Fehlerfunktion $H(t)$ ist S-förmig.

$$h(t) = N \times \frac{t}{t_b^2} \times e^{-\left(\frac{t}{t_b}\right)}; \qquad N, t_b > 0 \qquad (89)$$

Für die Anwendung der Modelle ist eine numerische Approximation nötig, die nur maschinell unterstützt möglich ist.

Gegenüberstellung der beiden Modelle

In der Praxis hat sich gezeigt, dass bei größeren SW-Systemen nach einem Kollektiv der Fehler ab 10 Monaten bei dem DSS-Modell vertrauenswürdige Prognoseergebnisse entstanden sind. Das Weibull-Modell flacht zu zeitig ab und unterbietet daher die reale Gesamtfehlerzahl zu früh. Bei einem Kollektiv von ca. 15 Monaten ergeben beide Modelle brauchbare Fehlerprognosen. Bei mittleren SW-Systemen entstehen etwa bei einem Kollektiv von Fehlern nach fünf bis sieben Monaten vertrauenswürdige Prognoseergebnisse. Von den Bildern 4.56 und 4.57, deren Ergebnisse aus einem größeren SW-System stammen, hat die Prognose über die Kalenderzeit mit dem DSS-Modell die realere Restfehlerzahl erbracht. Bei der Betrachtung dieser beiden Bilder wird auch deutlich, dass erhebliche Erfahrungen dazu beitragen müssen, um eine vertrauenswürdige Prognose auszuwählen. Dazu zählen auch Kenntnisse über den weiteren geplanten Testaufwand und

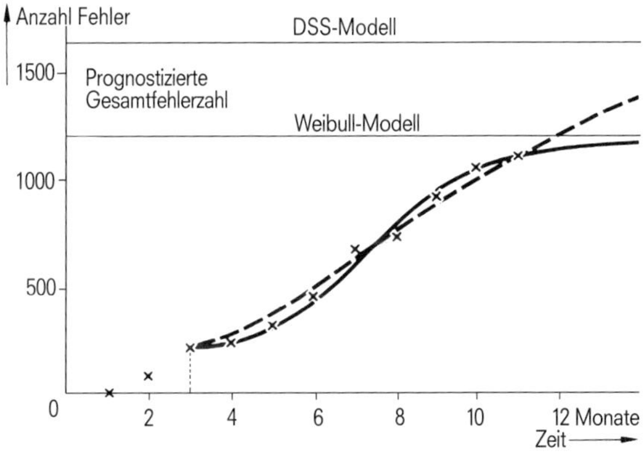

Bild 4.56
Restfehlerprognose nach Monaten

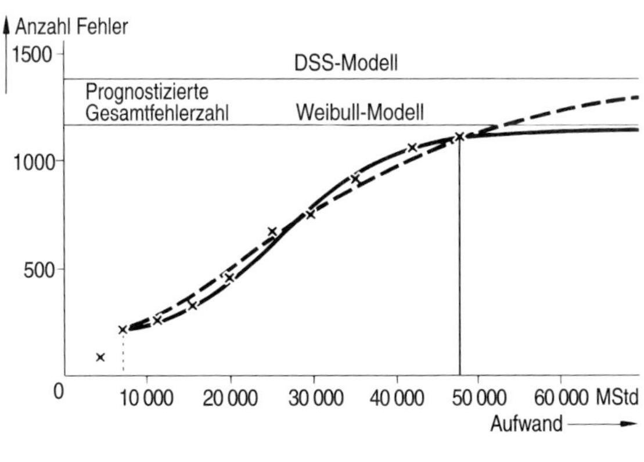

× Gemessene Werte
—— Weibull
– – – DSS

Bild 4.57
Restfehlerprognose nach Mann-Stunden

sonstige Teststrategien, die in die Berechnungsmodelle nicht eingehen.

Restfehlerprognosen dienen dazu, sich zu vergewissern, ob die geplante Grenze von Fehlern im SW-Produkt erreicht ist; sie geben keine Aussage, ob nicht doch noch kritische Fehler der Kategorie a) oder sonstige, besonders hinderliche Fehler enthalten sind. Je günstiger aber die Restfehlerzahl für das System liegt, desto wahrscheinlicher ist ein erfolgreicher Kundeneinsatz.

4.4.5 Überprüfung der Qualitätssicherung

Das Durchführen der organisatorischen Festlegungen zur Qualitätssicherung und ihre Wirksamkeit auf die Produktqualität ist von Zeit zu Zeit zu prüfen. Dabei sollen nicht nur die wesentlichen Unterschiede des realisierten Qualitätssicherungssystems (QSS) zu den organisatorischen Festlegungen ermittelt werden, sondern auch die Schwachstellen, die in dem Verfahren zur Qualitätssicherung liegen. Je nach Umfang solcher Untersuchungen kann dafür ein *Qualitätsaudit* – kurz Audit genannt – durchgeführt oder eine *Qualitätsgruppe* eingesetzt werden. Mit einem Qualitätsaudit wird das ordnungsgemäße Anwenden der eingesetzten Qualitätsverfahren überprüft; es dient also *nicht* zum Nachweis der Produktqualität sondern allein der Überprüfung des Qualitätssicherungssystems. Qualitätsgruppen haben darüberhinaus auch die Aufgabe die Produktqualität durch Optimierung der Prozessabläufe zu verbessern.

Zertifizierung nach ISO 9001

Im Rahmen der EU ist mit der Normengruppe ISO 9001 bis 9003 vor rund 20 Jahren eine Richtlinie entstanden, die eine Vorgabe für die zu prüfenden Qualitätsmerkmale gibt. Diese Normengruppe wurde im Dezember 2000 zur Norm EN ISO 9001:2000 zusammengefasst und aktualisiert (die Normen ISO 9000 und ISO 9004 blieben davon unberührt). Entspricht das Qualitätssicherungssystem eines Unternehmens diesen Vorgaben und wird dieses durch einen unabhängigen Prüfer, z.B. durch die DQS (Deutsche Gesellschaft zur Zertifizierung von Qualitätssicherungssystemen) bestätigt, erhält das betreffende Unternehmen für eine bestimmte Zeit (i. Allg. für drei Jahre) ein entsprechendes »ISO-Zertifikat«. Mit einem Zertifikat nach ISO 9001 wird bestätigt, dass ein Lieferant die vertraglich festgelegte Qualität seiner Produkte sicherstellen kann.

Für ein Unternehmen ist der Besitz eines solchen Zertifikats von sehr großer Bedeutung. So verpflichtet eine Richtlinie der EU-Kommission die öffentlichen Auftraggeber, in bestimmten Marktsektoren von ihren Lieferanten einen solchen Nachweis zu verlangen. Da die Norm die Lieferanten verpflichtet, von ihren Zulieferern den gleichen Nachweis zu fordern, wird der Besitz eines Zertifikats zur Vorbedingung für eine Vielzahl von Aufträgen und damit zur Voraussetzung, als Anbieter erfolgreich am Markt tätig sein zu können. Die Einführung und Durchsetzung eines QM-Systems in einer Organisation wird damit zu einer strategischen Aufgabe der Unternehmensleitung.

Die Norm ISO 9001 legt Anforderungen an das Qualitätssicherungssystem bzw. Qualitätsmanagementsystem (QM-System, QMS) eines Lieferanten von Produkten fest, deren Erfüllung der Lieferant gegenüber einem Auftraggeber oder einem Dritten (z.B. Zertifizierungsstelle) nachweisen können muss. Die Forderungen in der bisherigen Norm [80] waren nach den folgenden 20 Themen geordnet:

1. Verantwortung der Leitung
2. Qualitätssicherungssystem
3. Vertragsprüfung
4. Designlenkung
5. Lenkung der Dokumente und Daten
6. Beschaffung
7. Lenkung der vom Kunden beigestellten Produkte
8. Kennzeichnung und Rückverfolgbarkeit
9. Prozesslenkung
10. Prüfungen
11. Prüfmittelüberwachung
12. Prüfstatus
13. Lenkung fehlerhafter Einheiten
14. Korrektur- und Vorbeugungsmaßnahmen
15. Handhabung, Lagerung, Verpackung, Konservierung und Versand
16. Lenkung von Qualitätsaufzeichnungen
17. Interne Qualitätsaudits
18. Schulung
19. Wartung
20. Statistische Methoden.

Die inzwischen revidierte Norm ISO 9001:2000 [81] hat die Forderungen an das Qualitätsmanagementsystem in eine andere, hierarchisch aufgebaute Ordnung gebracht, wobei die *Prozessbezogenheit* und der *Bezug zum Kunden* stärker heraus gearbeitet worden ist. Die Vorteile eines prozessorientierten Vorgehens in der Entwicklung sind bereits in Kap. 2.5 ausführlich behandelt worden; der prozessorientierte Ansatz kann aber auch auf die gesamte Organisation eines Unternehmens ausgeweitet werden und muss dann in dem eingesetzten Qualitätsmanagementsystem seinen Niederschlag finden – und genau dies ist das Anliegen der ISO 9001:2000. In Bild 4.58 ist das in der ISO-Norm vorgestellte Modell eines prozessorientierten QM-Systems dargestellt; es hebt sowohl die entscheidende Rolle des Kundens bei der Festlegung der Anforderungen an ein Produkt hervor als auch die Wichtigkeit der Rückkopplung durch die Feststellung der Kundenzufriedenheit.

Die neue ISO 9001:2000 gliedert sich in folgende 23 Unterpunkte:

1. Qualitätsmanagementsystem
   1.1 Allgemeine Anforderungen
   1.2 Dokumentationsanforderungen

2. Verantwortung der Leitung
   2.1 Verpflichtung der Leitung
   2.2 Kundenorientierung
   2.3 Qualitätspolitik
   2.4 Planung
   2.5 Verantwortung, Befugnis und Kommunikation
   2.6 Managementbewertung

3. Management von Ressourcen
   3.1 Bereitstellung von Ressourcen
   3.2 Personelle Ressourcen
   3.3 Infrastruktur
   3.4 Arbeitsumgebung

4. Produktrealisierung
   4.1 Planung der Produktrealisierung
   4.2 Kundenbezogene Prozesse
   4.3 Entwicklung
   4.4 Beschaffung
   4.5 Produktion und Dienstleistungserbringung
   4.6 Lenkung von Überwachungs- und Messmitteln

5. Messung, Analyse und Verbesserung
   5.1 Allgemeines
   5.2 Überwachung und Messung
   5.3 Lenkung fehlerhafter Produkte

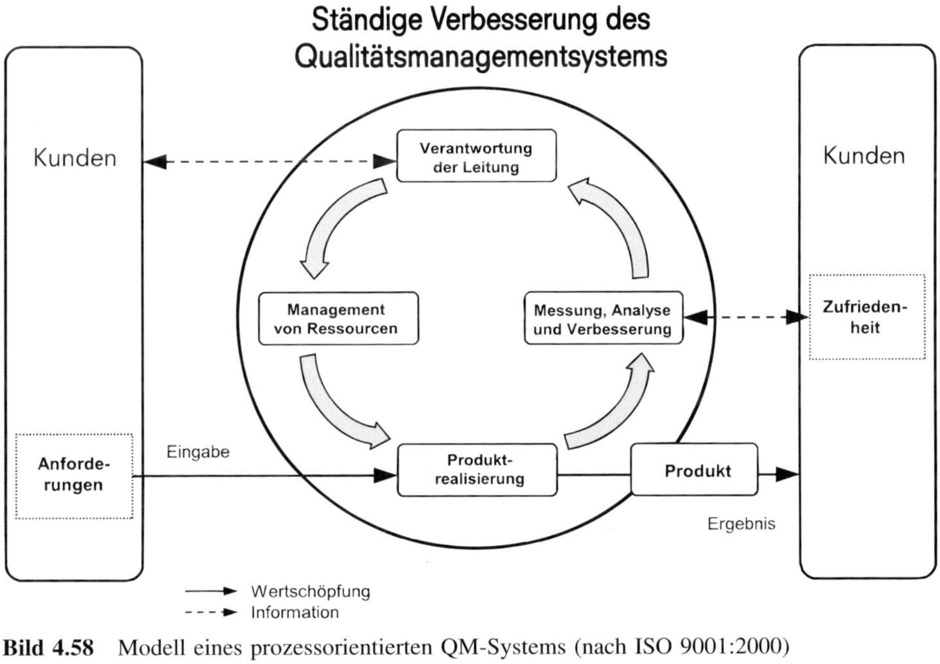

Bild 4.58 Modell eines prozessorientierten QM-Systems (nach ISO 9001:2000)

5.4 Datenanalyse
5.5 Verbesserung

Die vorgenannten Aspekte behandeln – in verkürzter und teilweise vereinfachter Form beschrieben – die im Folgenden aufgeführten Aktivitäten und Maßnahmen. Der in der ISO-Norm häufig verwendete Begriff »Organisation« umfasst alle mit der Erstellung von Produkten, Systemen und Anlagen sowie mit der Erbringung von Dienstleistungen befassten Bereiche eines Unternehmens. Des Weiteren stehen besonders die Aktivitäten Aufbau, Verwirklichung, Lenkung, Aufrechterhaltung, Verbesserung und Dokumentation im Vordergrund.

1. Qualitätsmanagementsystem

1.1 Allgemeine Anforderungen

Die Organisation muss entsprechend den Anforderungen der ISO-Norm ein Qualitätsmanagementsystem (QM-System) aufbauen, dokumentieren, verwirklichen, aufrechterhalten und dessen Wirksamkeit ständig verbessern; hierbei muss sie die für das QM-System erforderlichen Prozesse und deren Anwendung festlegen, absichern, überwachen und ständig verbessern.

1.2 Dokumentationsanforderungen

Die Organisation muss einerseits ein QM-Handbuch erstellen und aktuell halten und andererseits müssen vom QM-System geforderte Dokumente sowie alle sonstigen Q-Aufzeichnungen gelenkt, d.h. gesichert verwaltet werden. Die Dokumentation muss die Qualitätspolitik, die Qualitätsziele, das QM-Handbuch, alle prozessbestimmenden Dokumente sowie alle weiteren von dieser Norm geforderten Dokumente und Aufzeichnungen enthalten. Zudem ist ein Verfahren zur Dokumentationsverwaltung festzulegen, damit der fehlerfreie Umgang mit den Dokumenten und Aufzeichnungen (Kennzeichnung, Freigabe, Aktualität, Änderungen, Lesbarkeit, Verfügbarkeit, Verteilung etc.) sichergestellt ist.

2. Verantwortung der Leitung

2.1 Verpflichtung der Leitung

Die oberste Leitung muss ihre Verpflichtung zur Entwicklung und Realisierung des QM-Systems und zur ständigen Verbesserung der Wirksamkeit des QM-Systems nachweisen, indem sie die Wichtigkeit der Kundenzufriedenheit der Belegschaft vermittelt, eine einheitliche Qualitätspolitik vorgibt, die Festlegung von Qualitätszielen sicherstellt, Bewertungen und damit Verbesserungen des QM-Systems initiiert und für ausreichende Ressourcen sorgt.

2.2 Kundenorientierung

Die oberste Leitung muss sicherstellen, dass die Kundenanforderungen – mit dem Ziel der Steigerung der Kundenzufriedenheit – ermittelt und erfüllt werden (z. B. über Kundenbefragungen).

2.3 Qualitätspolitik

Die oberste Leitung muss sicherstellen, dass die Qualitätspolitik der Organisation angemessen ist, zur Erfüllung der Anforderungen und ständigen Verbesserung des QM-Systems verpflichtet, einen Rahmen zum Festlegen und Bewerten von Qualitätszielen vorgibt, der Organisation verständlich vermittelt wird und ständig auf ihre Angemessenheit überprüft wird.

2.4 Planung

Die oberste Leitung muss sicherstellen, dass einerseits messbare und mit der Qualitätspolitik übereinstimmende Qualitätsziele festgelegt werden und andererseits eine Planung des QM-Systems gemäß der ISO-Norm erfolgt und dessen Funktionsfähigkeit bei Änderungen aufrechterhalten wird.

2.5 Verantwortung, Befugnis und Kommunikation

Die oberste Leitung muss sicherstellen, dass die Verantwortungen und Befugnisse innerhalb der Organisation festgelegt und kommuniziert werden. Desweiteren muss ein Mitglied der Leitung zum QM-Beauftragten ernannt werden, der für die Realisierung der vom QM-System vorgegebenen Prozesse sorgt, die oberste Leitung ausreichend über den aktuellen Stand des QM-Systems (Verbesserungsmaßnahmen) informiert, das Bewusstsein hinsichtlich der Kundenzufriedenheit in der Organisation fördert und eine dauerhafte betriebsinterne Kommunikation hinsichtlich des QM-Systems anregt.

2.6 Managementbewertung

Die oberste Leitung muss das QM-System regelmäßig bewerten um dessen fortdauernde Eignung, Angemessenheit und Wirksamkeit sicherzustellen. Bewertungseingaben sind Audit-Ergebnisse, Kundenrückmeldungen, Prozessleistung und Produktkonformität, Stand der Vorbeugungs- und Korrekturmaßnahmen, Verbesserungsvorschläge und Änderungen am QM-System sowie Folgemaßnahmen aus vorangegangenen Managementbewertungen.

3. Management von Ressourcen

3.1 Bereitstellung von Ressourcen

Die Organisation muss die erforderlichen Ressourcen ermitteln und bereitstellen, um das QM-System zu realisieren und zu verbessern sowie die Kundenanforderungen zufriedenstellend zu erfüllen.

3.2 Personelle Ressourcen

Personal, das die Produktqualität beeinflussende Tätigkeiten ausführt, muss auf Grund einer angemessenen Ausbildung und Schulung dazu befähigt sein sowie über ausreichende Fertigkeiten und Erfahrungen verfügen. Hierzu muss die Organisation für eine genaue Bedarfsermittlung, für ausreichende Schulung und Weiterbildung und für entsprechende Kontrollmaßnahmen hinsichtlich der Wirksamkeit sorgen.

3.3 Infrastruktur

Die Organisation muss die zur Erfüllung der Produktanforderungen notwendige Infrastruktur (Gebäude, Versorgungseinrichtungen, Hard- und Software, unterstützende Dienstleistungen) in ausreichendem Maße zur Verfügung stellen.

3.4 Arbeitsumgebung

Die Organisation muss die zur Erfüllung der Produktanforderungen notwendige Arbeitsumgebung bereitstellen.

4. Produktrealisierung

4.1 Planung der Produktrealisierung

Die Organisation muss die Prozesse planen und entwickeln, die für die Produktrealisierung erforderlich sind. Hierbei müssen die Qualitätsziele, die Produktanforderungen, projekt- und prozessspezifische Notwendigkeiten, produktspezifische Kontroll- und Prüfkriterien sowie erforderliche Nachweisaufzeichnungen festgelegt werden.

4.2 Kundenbezogene Prozesse

Die Organisation muss alle Anforderungen an das Produkt ermitteln; hierzu zählen neben den primären Anforderungen seitens des Kunden auch solche die aus anderen Gründen (Sicherheit, Vorschriften, Gesetzen etc.) notwendig sind. Weiterhin müssen diese Anforderungen vor dem Eingehen einer Lieferverpflichtung bewertet werden, um sicherzustellen, dass die Produktanforderungen eindeutig definiert sind, kein Dissenz zwischen Vertragstext und vorher gemachten Vereinbarungen besteht und die Organisation auch in der Lage ist, alle Anforderungen zu erfüllen. Diese Vertragsprüfung muss dokumentiert sein. Schließlich muss die Organisation wirksame Regeln für die Kommunikation mit dem Kunden festlegen.

4.3 Entwicklung

Die Organisation muss die Entwicklung des Produkts planen und lenken (Entwicklungsphasen, prozessbezogene Kontrollmaßnahmen, Verantwortungen etc.). Des Weiteren müssen die Entwicklungseingaben (Funktions-, Leistungs- und andere wesentliche Anforderungen) geprüft und dokumentiert werden, die Entwicklungsergebnisse zu deren Verifizierung geeignet bereitgestellt werden, systematische Entwicklungsbewertungen vorgenommen werden und es muss eine Entwicklungsverifizierung (Entsprechen die Entwicklungsergebnissse den Entwicklungsvorgaben?) sowie eine Entwicklungsvalidierung (Erfüllt das Produkt die Kundenanforderungen?) durchgeführt werden. Bewertungen, Verifizierungen und Validierungen müssen dokumentiert werden, auch müssen Entwicklungsänderungen gekennzeichnet, beurteilt und aufgezeichnet werden.

4.4 Beschaffung

Die Organisation muss sicherstellen, dass die beschafften Produkte die festgelegten Beschaffungsanforderungen erfüllen, dazu muss sie die Lieferanten auf Grund deren Fähigkeiten auswählen und eine Verifizierung der beschafften Produkte festlegen und durchführen. Beschaffungsangaben müssen das zu beschaffende Produkt beschreiben hinsichtlich der Anforderungen an die Prozesse beim Lieferanten, an die Qualifikation des Lieferantenpersonals sowie an das beim Lieferanten eingesetzte QM-System.

4.5 Produktion und Dienstleistungserbringung

Die Organisation muss die Produktion und die Dienstleistungserbringung planen und durchführen (Produktmerkmale, Arbeitsanweisungen, Ausrüstung, Überwachungs- und Messmittel, Produktfreigabe) sowie die hierfür notwendigen Prozesse validieren. Die Prozessvalidierung muss die Fähigkeit der Prozesse zur Erreichung der geplanten Ergebnisse darlegen. Weiterhin muss das Produkt während der gesamten Produktrealisierung für Kontrollzwecke und zur Rückverfolgbarkeit mit geeigneten Mitteln (z.B. mit einem Konfigurationsmanagement) gekennzeichnet werden. Schließlich muss die Organisation sorgfältig mit dem in ihrem Lenkungsbereich befindlichen Eigentum des Kunden (hierzu zählt auch geistiges Eigentum) umgehen; sie muss für die Produkterhaltung bis zum Einsatz beim Bestimmungsort des Kunden sorgen.

4.6 Lenkung von Überwachungs- und Messmitteln

Die Organisation muss Prozesse einführen, um sicherzustellen, dass Überwachungen und Messungen durchgeführt werden können. Die Messmittel müssen regelmäßig kalibriert, verifiziert, ggf. nachjustiert und gegen Verstellungen und Beschädigungen gesichert werden; hierüber sind entsprechende Aufzeichnungen zu führen.

5. Messung, Analyse und Verbesserung

5.1 Allgemeines

Die Organisation muss die Überwachungs-, Mess-, Analyse- und Verbesserungsprozesse planen und verwirklichen, die für die Darlegung der Konformität des Produkts, für die Sicherstellung der Konformität des QM-Systems und für die ständige Verbesserung des QM-Systems notwendig sind.

5.2 Überwachung und Messung

Die Organisation muss die Kundenzufriedenheit als ein Maß für die Leistung des QM-Systems ständig überwachen. Hierzu músssen in geplanten Abständen interne Audits zur Feststellung der Konformität des QM-Systems stattfinden; weiterhin müssen geeignete Maßnahmen zur Überwachung und Messung der Prozesse und der Produktmerkmale durchgeführt werden. Gegebenenfalls müssen angemessene Korrekturmaßnahmen ergriffen werden.

5.3 Lenkung fehlerhafter Produkte

Die Organisation muss sicherstellen, dass ein Produkt, das die Anforderungen nicht erfüllt, entsprechend gekennzeichnet und gelenkt wird, um seinen unbeabsichtigten Gebrauch oder seine Auslieferung zu verhindern. Bei fehlerhaften Produkten müssen die Fehler entweder beseitigt oder es muss eine Sonderfreigabe vorgenommen werden. Aufzeichnungen über die Art von Fehlern und die erfolgten Behebungs- bzw. Folgemaßnahmen sind zu führen.

5.4 Datenanalyse

Die Organisation muss geeignete Daten ermitteln, erfassen und analysieren, um die Eignung und Wirksamkeit des QM-Systems nachzuweisen. Die Datenanalyse muss Angaben liefern über Kundenzufriedenheit, Erfüllung der Produktanforderungen, Prozess- und Produktmerkmale, Vorbeugungsmaßnahmen und Lieferanten.

5.5 Verbesserung

Die Organisation muss die Wirksamkeit des QM-Systems durch Einsatz der Qualitätspolitik, Qualitätsziele, Auditergebnisse, Datenanalyse, Korrektur- und Vorbeugungsmaßnahmen sowie Managementbewertung ständig verbessern. Hierzu ist ein Verfahren notwendig, welches die Bewertung aufgetretener Fehler, die Ermittlung von Fehlerursachen und potentiellen Fehlern, die Verhinderung eines neuen bzw. wiederholten Fehlerauftretens, die Ergebnisaufzeichnung und die Bewertung der ergriffenen Vorbeugungs- und Korrekturmaßnahmen ermöglicht.

Qualitätsaudits

Ein Qualitätsaudit dient dem Beurteilen der Einhaltung organisatorischer Festlegungen zur Qualitätssicherung sowie der Wirksamkeit dieser Festlegungen anhand objektiver Nachweise. Man unterscheidet hierbei zwischen *internen* und *externen* Audits.

Internes Audit

Das interne Audit ist ein Qualitätsaudit, das in Organisationseinheiten eines Betriebs für ein ausgewähltes Prüfobjekt unter Anleitung des Qualitätsbeauftragten von Mitarbeitern anderer Organisationseinheiten vorgenommen wird; es soll den objektiven Nachweis bringen, dass nach den gültigen Richtlinien des vorliegenden QMH gearbeitet wird, und es soll vorhandene Schwachstellen aufzeigen. Die Behebung der erkannten Mängel muss terminiert und dokumentiert werden.

Innerbetrieblich hat es sich bewährt, einen Bewertungskatalog für Audits aufzustellen, nach dem die Ergebnisse von durchgeführten internen Audits bewertet werden. Auf diese Weise können – im Vergleich zu früheren Audits – Verbesserungen (oder auch Verschlechterungen) in den einzelnen Entwicklungsbereichen aufgezeigt werden.

Die ISO-Norm schreibt als Teil des QSS die Durchführung solcher unternehmensinterner Audits vor; sie sind daher in regelmäßigen Abständen gemäß eines Audit-Plans durchzuführen und die entsprechenden Audit-Berichte beim nächsten externen Audit vorzulegen.

Externes Audit

Ein externes Qualitätsaudit wird in der Regel durch einen neutralen Prüfer einer staatlich anerkannten Zertifizierungsstelle vorgenommen; hierbei ist zu unterscheiden, mit welchem Ziel ein externes Audit durchgeführt werden soll:

- ▷ Zertifizierungs-Audit
- ▷ Überwachungs-Audit
- ▷ Re-Zertifizierungs-Audit.

Das Zertifizierungs-Audit wird zum Ersterwerb eines ISO-Zertifikats vorgenommen, das weniger aufwändige Überwachungs-Audit wird i. Allg. einmal im Jahr während der Laufzeit eines Zertifikats durchgeführt und das Re-Zertifizierungs-Audit dient zur Erneuerung der Gültigkeitsdauer eines Zertifikats und entspricht im Umfang dem anfänglichen Zertifizierungs-Audit.

Die Vorgehensweise ähnelt der eines internen Audits mit dem Unterschied, dass der Prüfer die zu auditierenden Projekte stichprobenweise *selbst* auswählt. Der Schwerpunkt je Projekt liegt dabei auf ebenfalls von dem Auditor ausgewählten Themen der Norm; es werden also nicht grundsätzlich alle 23 Punkte der ISO-Norm 9001:2000 einer Prüfung unterzogen. Die Arbeitsweise im Rahmen der Qualitätssicherung wird von dem Auditor im Gespräch mit Vorgesetzten und Mitarbeitern erfragt; sie muss auf Anforderung stets durch Projektunterlagen, z. B. Pläne, Berichte, Protokolle belegt werden können. Von Vorgesetzten und Mitarbeitern wird außerdem die Kenntnis der Qualitätsstrategie des Unternehmens, des für die jeweiligen Aufgaben relevanten Teiles des Regelwerks und der Voraussetzungen und Auswirkungen der eigenen Tätigkeit erwartet. Abweichungen und Unkenntnisse werden von dem Auditor für den Auditbericht dokumentiert und bewertet. Gravierende Mängel können zur Verweigerung des Zertifikats führen.

Planung des Audits

Interne Audits werden durch die Qualitätsstelle oder den Qualitätsbeauftragten des Bereichs geplant. Nach entsprechenden Terminplanungen werden diese mindestens vier Wochen vor dem beabsichtigten Durchführungstermin mit der Bereichsleitung abgestimmt.

Die Durchführung externer Audits ist mit einer angemessenen Frist anzukündigen.

Audit-Team

Die für ein Audit notwendige Anzahl mitwirkender Personen und ihre Auswahl hängt vom Umfang des Audits und von der Breite des erforderlichen Fachwissens ab. Meist setzt sich das *Audit-Team* aus drei bis fünf Personen zusammen. Bei internen Audits wird das

Team aus Personen der Qualitätsstelle und aus Mitarbeitern anderer Organisationseinheiten gebildet. Bei externen Audits setzt sich das Team aus dem externen Prüfer, dem zuständigen Qualitätsbeauftragten sowie Mitarbeitern, die in den zu auditierenden Themenkomplexen involviert sind, zusammen.

Die Mitglieder des Audit-Teams sollen folgende Voraussetzungen mitbringen:

▷ Vertrautheit mit der Methodik des Audits (ggf. vorherige Einweisung),
▷ Kenntnisse der QS-Richtlinien,
▷ Kenntnisse und Erfahrungen hinsichtlich der angewandten Arbeitsverfahren und Arbeitsmittel.

Das Audit-Team wird vom Qualitätsbeauftragten zusammengestellt und koordiniert; er bereitet das Audit vor, nimmt aktiv am Audit teil und ist für das Erstellen des Audit-Berichts verantwortlich.

Audit-Programm

Der Teamleiter stimmt das *Audit-Programm,* das vom Audit-Team zusammengestellt wurde, mit dem Leiter der einem Audit zu unterziehenden Organisationseinheit ab. Das Audit-Programm enthält:

▷ die Zusammensetzung des Audit-Teams,
▷ einen groben Zeitplan,
▷ die zugrunde liegenden Unterlagen,
▷ die zu »auditierenden« Themenkomplexe, die den sachlichen Rahmen des Audits vorgeben.

Durchführung des Audits

Einführungsgespräch

Das Einführungsgespräch dient zur Information aller am Audit beteiligten Personen über:

▷ Zielsetzung des Audits und die dem Audit zugrunde liegenden Unterlagen,
▷ zu »auditierende« Arbeitsabläufe, Arbeitsplätze und Unterlagen,
▷ mögliche Ergänzungen des Audit-Programms durch Festlegung weiterer anzusprechender Personen.

Allgemeine Überprüfung der QS-Maßnahmen

Die allgemeine Überprüfung der QS-Maßnahmen mit den betroffenen Personen soll den objektiven Nachweis erbringen, dass

▷ die zutreffenden QS-Maßnahmen bekannt sind und durchgeführt werden,
▷ die einzelnen Tätigkeiten übereinstimmend mit den QS-Richtlinien ausgeführt werden,
▷ die vorgeschriebenen QS-Maßnahmen lückenlos und zweckmäßig sind,
▷ formulierte Korrekturmaßnahmen durchgeführt sind.

Stichprobenartig werden zusätzlich zum allgemeinen Überprüfen der QS-Maßnahmen einzelne Arbeitsplätze, Arbeitsabläufe oder Unterlagen zur Untersuchung ausgewählt.

Als Ergebnisse der Befragungen sind *Abweichungen* vom Soll der QS-Anforderungen festzuhalten und möglichst präzise zu formulieren. Sind Feststellungen nicht eindeutig als Abweichung zu definieren, so sind sie als *Beobachtung* festzuhalten.

Audit-Bericht

Der Audit-Bericht soll die wesentlichen Punkte des Audits enthalten; er gilt vor dem Abschlussgespräch als Entwurf, nach dem Abschlussgespräch, ggf. nach Einbringen bestimmter Korrekturen, als verbindlich.

Ein Audit-Bericht enthält vor allem:

▷ Zusammenfassung mit den Angaben:
einbezogene Organisationseinheit,
Zeitraum des Audits,
Audit-Teammitglieder,
Grundlage des Audits, Bezugsobjekt,
wesentliche Audit-Ergebnisse,
Unterschriften der Teammitglieder,
▷ Einzelheiten der Abweichungen und Empfehlungen mit fortlaufender Nummerierung,
▷ sonstige Beobachtungen, die nicht eindeutig als Abweichung zu definieren sind,
▷ Zuständigkeiten für das Beseitigen der Abweichungen; diese Angaben müssen mit dem Leiter der »auditierten« Organisationseinheit vereinbart werden.

Abschlussgespräch

Das Abschlussgespräch informiert den Leiter und die Verantwortlichen der »auditierten« Organisationseinheit über die Ergebnisse des Audits. Als Unterlage zum Abschlussgespräch dient der Entwurf des Audit-Berichts; er ist schon vor dem Abschlussgespräch dem Leiter der betroffenen Organisationseinheit auszuhändigen.

Das Abschlussgespräch soll enthalten:

▷ Durchsprache des Audit-Berichts,
▷ Diskussion zu den Abweichungen und Empfehlungen,
▷ Festlegung der Termine und Verantwortlichen für die Durchführung der Korrekturmaßnahmen,
▷ Festlegung eines Termins für ein Folgegespräch über die eingeleiteten Korrekturmaßnahmen durch die »auditierte« Organisationseinheit.

Kritische Themenbereiche bei einem Audit

In einem System- oder Produktaudit werden Personen sowohl aus den Führungsebenen als auch aus den operativen Ebenen einbezogen und zu den unterschiedlichen Themenbereichen des vorliegenden Qualitätsmanagementsystems auditiert (befragt). Vorgesetzte werden vornehmlich zu den Themenbereichen Verantwortung der Leitung und des Qualitätssicherungssystems, sowie Schulung befragt; dagegen Projektleiter mehr zu Themenbereichen wie Vertragsprüfung und Design- und Prozesslenkung. Mitarbeiter der Sachbearbeiterebene werden häufig zu Themen wie Prüfmittel, Prüfstatus, Qualitätsaufzeichnungen u. dgl. hinterfragt.

Folgende Punkte haben sich bei durchgeführten Audits als besonders »kritikanfällig« und »mängelbehaftet« gezeigt:

1. Qualitätsmanagementsystem

Allgemeine und Dokumentationsanforderungen

— Hat jeder Mitarbeiter Zugang zum QM-Handbuch? Wird dieses auch genutzt?
— Ist eine Projektakte in Papierform oder in Dateiform aktuell vorhanden?
— Sind alle relevanten Entwicklungsdokumente eindeutig identifizierbar (Titel, Version, Status, Ersteller bzw. Verantwortlicher mit Unterschrift)?
— Liegt für diese Dokumente ein definierter Verteilerkreis vor? Ist dieser aktuell?
— Werden Datenschutz und Datensicherheit berücksichtigt? Wie?

2. Verantwortung der Leitung

Verpflichtung der Leitung

— Auf welche Weise hat die Leitung die Bedeutung eines QM-Systems propagiert?
— Sind von der Leitung quantifizierbare Qualitätsziele vorgegeben? Welche?
— Wird die Zielerreichung von der Leitung konsequent überprüft? Wie?

Kundenorientierung

— Werden Kundenbefragungen durchgeführt? Wann war die letzte?
— Welche Reaktionen bzw. Maßnahmen haben sich daraus ergeben?

Qualitätspolitik

— Auf welche Weise hat die Leitung die Qualitätspolitik des Unternehmens kommuniziert?
— Entsprechen die von der Leitung vorgegebenen Qualitätsziele der offiziellen Qualitätspolitik?

Planung

— Welche Qualitätsziele liegen seitens der Leitung vor? Sind diese quantifizierbar?

Verantwortung, Befugnis und Kommunikation

— Ist der QM-Beauftragte der Leitung bekannt?
— Gibt es Unklarheiten hinsichtlich der Projektverantwortungen?
— Erhalten die Mitarbeiter alle notwendigen Informationen rechtzeitig? Wie wird dieses abgesichert?

Managementbewertung

— Werden interne Audits durchgeführt? Wie häufig?
— Werden aus diesen Korrekturmaßnahmen abgeleitet?

— Wird die Prozessleistung und Produktkonformität gemessen? Und wie?

3. Management von Ressourcen

Bereitstellung von Ressourcen

— Stehen für das Projekt ausreichende Ressourcen (Personal, Geld, Material, Geräte) zur Verfügung?

Personelle Ressourcen

— Gibt es ein Skills-Management?
— Treten Qualifizierungsmängel beim eingesetzten Personal auf?
— Findet regelmäßig eine Weiterbildungsplanung für alle Mitarbeiter statt?
— Wie wird die Durchführung der Qualifizierungsmaßnahmen überwacht?

Infrastruktur

— Ist das IT-Umfeld (PC, Internet, Speicher etc.) ausreichend ausgestattet?
— Wie alt sind die eingesetzten PC?
— Welche reinen Verwaltungsarbeiten muss die Entwicklungsmannschaft ausführen?

Arbeitsumgebung

— Gibt es hinsichtlich der Arbeitsorte hindernde Einschränkungen bzw. Mängel?

4. Produktrealisierung

Planung der Produktrealisierung

— Sind Entwicklungsdokumente wie Leistungsbeschreibung, QS-Plan, Testplan, Designänderungen vorhanden und aktuell?
— Welche Kontroll- und Prüfkriterien sind festgelegt worden?

Kundenbezogene Prozesse

— Ist der Angebotsprozess für alle Beteiligten eindeutig festgelegt?
— Werden – vor Abschluss – Verträge und Vereinbarungen gezielt auf Machbarkeit, Ergebnisstärke und Terminsicherheit geprüft?
— Ist der kaufmännische Controller in die Vertragsprüfung einbezogen?
— Wird vor Vertragsabschluss immer eine Risikoanalyse vorgenommen?

Entwicklung

— Welche Kontrollmechanismen sind in der Prozessorganisation eingebunden?
— Finden Reviews statt? Für welche Entwicklungsabschnitte?
— Sind die Projektstammdaten angelegt, vollständig und aktuell?
— Ist ein aktueller Projektplan mit Terminen, Meilensteinen, Zuständigkeiten und Verantwortungen vorhanden?

Beschaffung

— Findet eine Verifizierung der beschafften Produkte statt?
— Wie geschieht die Abnahme von zugelieferten Produktteilen (Hard- und Software)?

Produktion und Dienstleistungserbringung

— Gibt es Arbeitsanweisungen für die Produktion? Wie sind diese dokumentiert?
— Ist ein Konfigurationsmanagement-Tool im Einsatz? Für alle Entwicklungsobjekte?
— Wird für alle Entwicklungsobjekte eine lückenlose Versionszählung praktiziert?
— Wie wird sichergestellt, dass geistiges Eigentum des Kunden nicht unbefugt verwendet wird?

Lenkung von Überwachungs- und Messmitteln

— Welche Überwachungs- und Messmittel sind im Einsatz?
— Wie oft werden diese – falls vorhanden – auf Korrektheit geprüft?

5. Messung, Analyse und Verbesserung

Allgemeines

— Gibt es Mechanismen zur Überwachung, Messung, Analyse und Verbesserung der Produktkonformität? Wo und wie werden diese eingesetzt?
— Gibt es welche für die Beurteilung der Prozesskonformität?

Überwachung und Messung

— Werden Kundenbefragungen durchgeführt? Für alle Produkte?
— Was wird bei internen Audits geprüft?
— Wird geprüft, ob die durch das QM-System vorgegebenen Prozesse effizient sind?

— Mit welchen Mitteln wird die Einhaltung der geplanten Produktmerkmale überwacht?

Lenkung fehlerhafter Produkte

— Werden alle gemeldeten Fehler eindeutig mit Datum, meldender Person etc. registriert?
— Wird eindeutig zwischen Fehlern und Änderungswünschen (Change Request) unterschieden?
— Wird die Fehlerbeseitigung lückenlos überwacht? Wie wird dieses dokumentiert?

Datenanalyse

— Werden Daten gesammelt um die Wirksamkeit des QM-Systems zu prüfen? Welche?

Verbesserung

— Werden Korrektur- und Vorbeugemaßnahmen regelmäßig erarbeitet? Wo dokumentiert?
— Wird die Durchführung von Korrektur- und Vorbeugemaßnahmen konsequent kontrolliert?

Qualitätsgruppen

Qualitätsgruppen (Quality Action Teams) stellen ein wirksames Mittel dar, innerhalb einer Organisationseinheit Abläufe, Arbeitsplätze, Methoden und Werkzeuge auf ihre Wirksamkeit zu untersuchen und daraus Verbesserungen zu erarbeiten. Auch ein in Entwicklung befindliches Produkt kann ein Objekt der Qualitätsgruppenarbeit sein, das es gilt, in seiner Struktur, Ausfallhäufigkeit, Einsatzvielfalt und dgl. zu optimieren.

Qualitätsgruppen bestehen im Allgemeinen aus vier bis acht Mitarbeitern, die zusammenkommen, um Schwachstellen aus dem eigenen Bereich zu analysieren und Korrekturmaßnahmen zu erarbeiten.

Vorgehen beim Einführen

Themen für Qualitätsgruppen können anlässlich einer Abteilungs- bzw. Dienststellenbesprechung festgelegt werden. Dazu ist je Thema ein Ansprechpartner zu benennen, der sich um geeignete Teilnehmer bemüht und die Gruppe zum Zusammentreffen der dazu gewonnenen Mitarbeiter führt. Beim ersten Treffen der Gruppe wird mit dem Vorgesetzten des Bereichs u. a. festgelegt:

▷ Zielsetzung, Aufgabenstellung und nötige Abgrenzung,
▷ Strukturierung von Teilaufgaben zur Vorbereitung für die nächsten Treffen,
▷ Häufigkeit der Treffen und Dauer,
▷ Auswahl der einzubeziehenden Fachexperten,
▷ Sprecher der Qualitätsgruppe.

Arbeitsweise

Bei den regelmäßigen Treffen arbeiten die Qualitätsgruppen selbstständig, wobei sich folgende methodische Vorgehensweise empfiehlt:

1. Probleme erkennen und aufgreifen,
2. Ursachen der Probleme ermitteln,
3. eigene Einflussmöglichkeiten feststellen,
4. Lösungen suchen und bewerten,
5. Korrekturmaßnahmen zielgerichtet festlegen sowie
6. Ergebnisse dokumentieren.

Das Ergebnis eines Zusammentreffens der Qualitätsgruppe ist in einem Protokoll festzuhalten. Hierdurch können sich Vorgesetzte und andere Stellen über den jeweiligen Arbeitsfortschritt informieren.

4.4.6 EFQM-Bewertungsmodell

Zur Würdigung und Auszeichnung der Leistungen von Unternehmen, die sich in ihrer Unternehmensführung besonders für die Förderung der Qualität engagieren, hat die EFQM (European Foundation for Quality Management) 1991 einen Europäischen Qualitätspreis – ähnlich dem Malcolm Baldridge Award in den USA – geschaffen; mit diesem »European Quality Award« (EQA) werden sich bewerbende europäische Unternehmen ausgezeichnet, die entsprechend dem EFQM-Bewertungsmodell die höchste Qualitätsbewertung erreichen. Ziel der EFQM ist es, die Wettbewerbsfähigkeit seiner derzeit über 750 Mitglieder aus den Bereichen Handel, Industrie und Öffentlicher Dienst zu steigern und durch die Auszeichnung Vorbilder für andere Unternehmen zu setzen [http://www.efqm.org].

Konzeption des EFQM-Modells

Das »EFQM-Modell für Excellence« umfasst eine offene Grundstruktur, da es zwangsläufig sehr unterschiedliche Vorgehensweisen gibt, um nachhaltig *Excellence* für ein Unternehmen zu erreichen. Im Rahmen dieses offen gehaltenen Ansatzes gibt es einige grundlegende Aspekte, auf denen die EFQM-Konzeption beruht und deren Erfüllung Vorausetzung für ein effizientes Managementsystem ist [85].

Ergebnisorientierung

Zur Ergebnisorientierung als Haupt-Maxime eines jeden Unternehmens ist es erforderlich, dass die Interessen aller relevanten Interessengruppen in ein ausgewogenes Verhältnis gebracht werden; zu diesen gehören alle Mitarbeiter, die Kunden, die Lieferanten, all diejenigen, die ein finanzielles Interesse an dem Unternehmen (z.B. Aktionäre) haben und schießlich die Gesellschaft im Allgemeinen.

Kundenorientierung

Über die Qualität von Produkten und Dienstleistungen entscheidet schlussendlich immer die Meinung des Kunden; daher müssen Kundenloyalität, Kundenbindung und damit der Marktanteil optimal auf die Bedürfnisse der bestehenden und der potentiellen Kunden ausgerichtet sein.

Führung und Zielkonsequenz

Nur wenn die Führungskräfte eines Unternehmens mit ihrem eigenen Verhalten in der Organisation Klarheit und Zielkonsequenz praktizieren, schaffen sie ein Umfeld, in dem die Organisation mit ihren Mitarbeitern überragende Leistungen erbringen kann.

Management von Prozessen und Informationen

Organisationen funktionieren effektiver, wenn alle im Unternehmen miteinander verknüpften Prozesse einheitlich verstanden und systematisch gemanagt werden und Entscheidungen über gegenwärtige Aktivitäten sowie geplante Verbesserungen auf Grund einer zuverlässigen Information und Kommunikation getroffen werden.

Mitarbeitereinsatz

Das volle Potential von Mitarbeitern wird am besten durch gemeinsame Werte und eine Kultur des Vertrauens und der Selbstverantwortung freigesetzt.

Kontinuierliches Lernen, Innovation und Verbesserung

Die Leistung eines Unternehmens wird maximiert durch ein konsequentes Wissensmanagement, das auf dem Management und dem Austausch von Wissen beruht und in eine Kultur kontinuierlichen Lernens, Innovation und Verbesserung eingebettet ist.

Aufbau und Pflege von Partnerschaften

Ein Unternehmen arbeitet effektiver, wenn mit allen Partnern (Kunden, Lieferanten, Geldgebern etc.) dauerhafte Beziehungen aufgebaut und gepflegt werden, die auf Vertrauen, Wissensaustausch und Integration beruhen.

Verantwortung gegenüber der Gesellschaft

Den langfristigen Interessen des Unternehmens und ihrer Mitarbeiter ist am besten gedient, wenn es ein ethisch korrektes Vorgehen praktiziert und die Erwartungen und Vorschriften der Gesellschaft im weitesten Sinne übertrifft.

In dem EFQM- Bewertungsmodell sind Kriterien zur »Messung« der Qualität definiert worden, die die Effizienz des im Unternehmen eingesetzten Qualitätsmanagementsystems (QMS) im Sinne eines »Total Quality Management« (TQM) bewerten.

Bewertungsmodell

Das EFQM-Bewertungsmodell gliedert sich in neun Bewertungsbereiche, die mit unterschiedlicher Gewichtung den Qualitätsmaßstab für ein Unternehmen setzen (siehe Bild 4.59). Es wurde 1999 hinsichtlich der Kriterieninhalte überarbeitet.

Die fünf Kriterien Führung, *Politik/Strategie, Mitarbeiter, Partnerschaften/Ressourcen* und *Prozesse* bilden die »Befähiger«-Kriterien und befassen sich damit, WIE das Unternehmen im Rahmen seines Qualitätsmanagements bei jedem Unterpunkt eines Kriteriums vorgeht;

dagegen bilden die vier Kriterien *kundenbezogene, mitarbeiterbezogene* und *gesellschaftsbezogene Ergebnisse* sowie *wichtige Ergebnisse der Organisation* die »Ergebnisse« – Kriterien und betrachten, WAS das Unternehmen mit seinen QM-Aktivitäten erreicht hat bzw. gegenwärtig erreicht. Zu den Unterpunkten der Befähiger-Kriterien sind Angaben über die Exzellenz des Vorgehens und das Ausmaß der Umsetzung des Vorgehens sowohl vertikal, d.h. quer durch alle Ebenen des Unternehmens, als auch horizontal, in allen Bereichen und Tätigkeiten zu machen. Für die Ergebnis-Kriterien sind Trend-Informationen zu den Leistungen des eigenen Unternehmens und denen der Konkurrenten sowie zu den eigenen Zielen anzugeben.

Kriterium 1: Führung (Leadership)

Das Befähiger-Kriterium *Führung* unterteilt sich in die Unterkriterien:

1a: Zweck und Ausrichtung des Unternehmens
1b: Persönliche Mitwirkung
1c: Bemühen um Kunden, Lieferanten und andere Organisationen
1d: Anerkennen von Mitarbeitererfolgen.

Bei diesem Bewertungskriterium wird die Frage gestellt, wie sehr die Führungskräfte die Mission, die Vision und die Werte des Unternehmens erarbeiten und fortentwickeln und damit als Vorbilder für eine »Kultur der Excellence« agieren, wie weit die Führungskräfte durch persönliche Mitwirkung sicherstellen, dass das Managementsystem des Unternehmens entwickelt, eingeführt und kontinuierlich verbessert wird, wie weit die Führungskräfte sich um Kunden, Partner und Vertreter der Gesellschaft bemühen um damit einen Beitrag für die Gesellschaft zu leisten und in welchem Umfang die Führungskräfte einerseits die Mitarbeiter des Unternehmens moti-

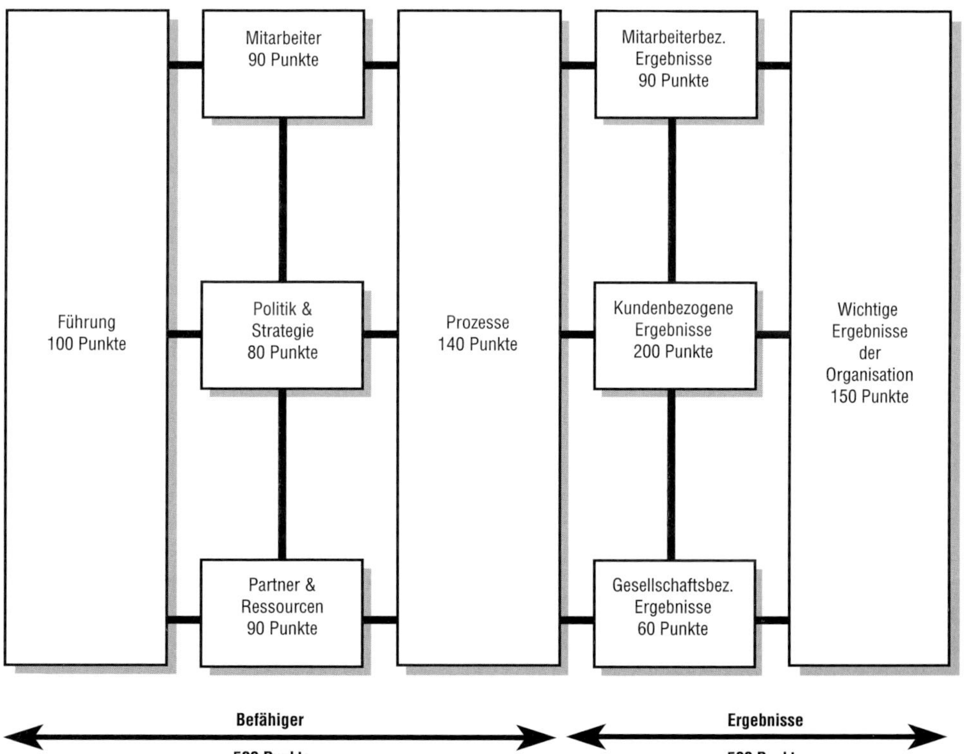

Bild 4.59 EFQM-Bewertungmodell

vieren und unterstützen und andererseits Anstrengungen und Erfolge der Mitarbeiter anerkennen und würdigen.

Kriterium 2: Politik und Strategie (Policy & Strategy)

Das Befähiger-Kriterium *Politik und Strategie* unterteilt sich in die Unterkriterien:

2a: Berücksichtigung von Interessengruppen
2b: Grundlagen und Quellen der Information
2c: Entwicklung, Überprüfung und Aktualisierung
2d: Umsetzung durch Schlüsselprozesse
2e: Kommunikation und Einführung.

Hier stehen die Fragen im Vordergrund, wie weit die Politik und Strategie des Unternehmens (Daseinszweck, Wertesystem, Leitbild etc.) den gegenwärtigen und zukünftigen Bedürfnissen und Erwartungen der verschiedenen Interessengruppen entsprechen und wie weit sie auf Informationen von Leistungmessungen, Marktuntersuchungen sowie lernorientierten und kreativen Aktivitäten beruhen. Weiterhin wird gefragt, wie die Politik und Strategie entwickelt, überprüft und nachgeführt wird, durch welche Strukturen der Schlüsselprozesse Politik und Strategie umgesetzt und wie diese kommuniziert und eingeführt werden.

Kriterium 3: Mitarbeiter (People)

Das Befähiger-Kriterium *Mitarbeiter* unterteilt sich in die Unterkriterien:

3a: Mitarbeiterressourcen planen, managen und verbessern
3b: Wissen und Kompetenzen ermitteln, ausbauen und aufrechterhalten
3c: Beteiligung und selbstständiges Handeln
3d: Dialog zwischen Mitarbeiter und Organisation
3e: Entlohnung, Anerkennung und Fürsorge für Mitarbeiter.

Hier wird der Umgang des Unternehmens mit seinen Mitarbeitern betrachtet, d.h. wie effektiv das Unternehmen das vorhandene Potential der Mitarbeiter freisetzt, um seine Geschäftstätigkeit ständig zu verbessern. Ansatzpunkte sind bei diesem Kriterium, wie die Mitarbeiterressourcen geplant, eingesetzt und verbessert werden, wie das Wissen und die Kompetenzen der Mitarbeiter festgestellt und weiterentwickelt werden (Skills-Management), wie stark die Mitarbeiter in Verbesserungsaktivitäten eingebunden sind und zum selbstständigen Handeln angehalten werden, wie effektiv mit den Mitarbeitern kommuniziert wird und auf welche Weise das Unternehmen Mitarbeiter entlohnt, anerkennt und in sozialer Hinsicht für die Mitarbeiter Vorsorge (Pensionen, Gesundheitsfürsorge, Kinderbetreuung etc.) leistet.

Kriterium 4: Partnerschaften und Ressourcen (Partnerships & Resources)

Das Befähiger-Kriterium *Partnerschaften und Ressourcen* unterteilt sich in die Unterkriterien:

4a: Externe Partnerschaften
4b: Finanzielle Ressourcen
4c: Gebäude, Einrichtungen und Material
4d: Technologie
4e: Informationen und Wissen.

Bei diesem Bewertungskriterium wird betrachtet, wie wirksam das Unternehmen seine Ressourcen zur Unterstützung der Unternehmenspolitik und -strategie einsetzt. Ansatzpunkte sind hier z.B. wie konsequent externe Partnerschaften strategisch und wertschöpfend in die Geschäftspolitik eingebunden werden, wie das Finanzmanagement zur Unterstützung von Politik und Strategie eingesetzt wird, wie effizient die vorhandenen Gebäude und Einrichtungen, das gesamte Anlagevermögen und die Lagerbestände optimiert und genutzt werden, wie die Zulieferkette verbessert wird, wie gut der ökologische Umgang mit Ressourcen (Wasser, Energie etc.) und das Recycling von Abfällen ist, wie neue Technologien zur Verbesserung von Prozessen und Systemen genutzt werden.

Kriterium 5: Prozesse (Processes)

Das Befähiger-Kriterium *Prozesse* unterteilt sich in die Unterkriterien:

5a: Gestaltung und Management der Prozesse
5b: Kundenorientierte Verbesserung
5c: Entwurf und Entwicklung der Produkte und Dienstleistungen
5d: Herstellung, Lieferung und Wartung
5e: Management und Vertiefung der Kundenbeziehungen.

Bei diesem Kriterium wird bewertet, wie intensiv und systematisch das Unternehmen seine Geschäftsprozesse identifiziert, überprüft und optimiert um eine kontinuierliche Verbesserung der Geschäftstätigkeit zu gewährleisten. Ansatzpunkte sind hier u. a. wie konsequent ein Prozessmanagement arbeitet, wie wirkungsvoll externe Erkenntnisse und Innovationen in die Verbesserung der eigenen Prozessabläufe (Change-Management) einfließen um Kunden und andere Interessengruppen in vollem Umfang zufriedenzustellen und die Wertschöpfung für diese zu steigern, inwieweit die Produkte und Dienstleistungen des Unternehmens anhand der Bedürfnisse und Erwartungen der Kunden entworfen und entwickelt werden, auf welche Weise die Produkte und Dienstleistungen hergestellt, geliefert und gewartet werden und wie intensiv die Kundenbeziehungen zur Förderung der Kundenzufriedenheit gepflegt werden (direkte Kundenkontakte, Beschwerdewesen, Kundenumfragen).

Kriterium 6: Kundenbezogene Ergebnisse (Customer Results)

Das Ergebnisse-Kriterium *Kundenbezogene Ergebnisse* unterteilt sich in die beiden Unterkriterien:

6a: Messergebnisse aus Sicht der Kunden
6b: Leistungsindikatoren.

Bei diesem Kriterium wird untersucht, welche Zufriedenheit die Kunden mit den Leistungen des Unternehmens haben. Ansatzpunkte ergeben sich hierbei einerseits durch die Beurteilung durch die Kunden selbst sowie andererseits durch die Anwendung von Messgrößen zu Aspekten wie allgemeines Image, Loyalität, Produkte und Dienstleistungen, Verkaufs- und Kundendienstleistungen.

Kriterium 7: Mitarbeiterbezogene Ergebnisse (People Results)

Das Ergebnisse-Kriterium *Mitarbeiterbezogene Ergebnisse* unterteilt sich in die beiden Unterkriterien:

7a: Messergebnisse aus Sicht der Mitarbeiter
7b: Leistungsindikatoren.

Hier wird betrachtet, was das Unternehmen im Hinblick auf die Zufriedenheit seiner Mitarbeiter leistet. Ansatzpunkte sind in den Bereichen Motivation (Aufstiegsmöglichkeiten, Mitwirkung, Anerkennung etc.) und Zufriedenheit (Zufriedenheit mit der Unternehmensführung, der Entlohnung, des Betriebsklimas etc.) zu sehen. Auch hier stehen die Beurteilung durch die Mitarbeiter sowie die Anwendung von Messgrößen im Vordergrund (erreichte Leistungen, Motivation und Beteiligung, Zufriedenheit, Dienstleistungen für die Mitarbeiter).

Kriterium 8: Gesellschaftsbezogene Ergebnisse (Society Results)

Das Ergebnisse-Kriterium *Gesellschaftsbezogene Ergebnisse* Verantwortung unterteilt sich in die Unterkriterien:

8a: Messergebnisse aus Sicht der Gesellschaft
8b: Leistungsindikatoren.

Bei diesem Kriterium wird betrachtet, was das Unternehmen im Hinblick auf die Erfüllung der Bedürfnisse und Erwartungen der Öffentlichkeit insgesamt leistet und wie die Gesellschaft das Unternehmen wahrnimmt. Ansatzpunkte sind hier z. B. das Verhalten als verantwortungsbewusster Mitbürger, die Mitwirkung in der Gemeinschaft des Standorts, Maßnahmen zur Vermeidung bzw. Verminderung von Belästigungen und Schäden infolge der Geschäftstätigkeit und während der Lebensdauer ihrer Produkte sowie Maßnahmen zur Schonung und nachhaltigen Bewahrung der Ressourcen (ökologische Aspekte).

Kriterium 9: Wichtige Ergebnisse der Organisation (Key Performance Results)

Das Ergebnisse-Kriterium *wichtige Ergebnisse der Organisation* unterteilt sich in die beiden Unterkriterien:

9a: Ergebnisse bei den Schlüsselleistungen
9b: Indikatoren für die Schlüsselleistungen.

Bei diesem Kriterium wird betrachtet, was das Unternehmen im Hinblick auf seine geplanten Betriebs- und Unternehmensergebnisse und die Bedürfnisse und Erwartungen aller finanziell am Unternehmen Beteiligten sowie bei der Verwirklichung seiner geplanten Geschäftsziele leistet. Messergebnisse für die Schlüsselleistungen des Unternehmens können abgeleitet werden aus Daten der Gewinn-

und Verlustrechnung, der Bilanz, der Mittelflussrechnung oder anderer relevanter kaufmännischer Größen (Marktanteil, Entwicklungszeiten, Erfolgsraten). Weitere operationelle Messergebnisse können für den Fertigungsbereich, für das Informationsmanagement, für das Lieferanten- und Materialwesen, für die Vermögensverwaltung oder für die Technologieförderung gebildet werden (u. a. Leistung, Durchlaufzeiten, Fehlerraten, Produktivität, Wertschöpfung aus Partnerschaften, Cash-Flow, Innovationsrate) und dienen als leistungsbezogene Indikatoren dazu, die erwarteten Ergebnisse der Leistungen des Unternehmens zu überwachen, zu verstehen, vorherzusagen und zu verbessern.

Durchführung der Bewertung

Wie in Bild 4.59 zu erkennen ist werden den einzelnen Bewertungskriterien gemäß ihrem jeweiligen Erfüllungsgrad Punkte zugeteilt; wobei für die Befähiger-Kriterien insgesamt max. 500 Punkte und für die Ergebnisse-Kriterien ebenfalls max. 500 Punkte vergeben werden können, insgesamt also 1000 Punkte. Das unterschiedliche Punktekontingent der einzelnen Kriterien bestimmt deren Wichtigkeit. So wird also der Kundenzufriedenheit mit max. 200 Punkten die größte Bedeutung beigemessen, demgegenüber ist das Kriterium Politik und Strategie mit maximal 80 Punkten von geringerer Bedeutung. Die Gewichtung der einzelnen Kriterien wurde 1991 als Ergebnis eines breit angelegten Abstimmungsprozesses in ganz Europa festgelegt. Diese Gewichtungen sind mittlerweile auf breiter Front akzeptiert und werden von der EFQM von Zeit zu Zeit überprüft.

Die weitere Bewertung der Unterkriterien wird nach der RADAR-Beurteilungsmethode (Results, Approach, Deployment, Assessment and Review) vorgenommen. Grundsätzlich hat jedes Teilkriterium innerhalb eines Kriteriums (bis auf wenige Ausnahmen) dieselbe Gewichtung. Jedes Unterkriterium eines Befähiger-Kriteriums wird – getrennt nach den beiden Aspekten *Vorgehen* und *Umsetzung* – in einer Skala von 0% bis 100% bewertet. Die Unterkriterien der Ergebnisse-Kriterien werden gleichermaßen allerdings nach den Aspekten *Gütegrad* und *Umfang* bewertet. Jedes Unterkriterium erhält damit (als Mittelwert der beiden Aspekte Vorgehen/Umsetzung bzw. Gütegrad/Umfang) einen Punktewert, der sich anteilig zur maximalen Punktezahl des betreffenden Hauptkriteriums ergibt. Wird z. B. das Unterkriterium *Anerkennen der Mitarbeitererfolge* des Hauptkriteriums *Führung* in seinem Vorgehen mit 30% und in der Umsetzung mit 40% bewertet, so ergibt sich für dieses Unterkriterium ein Mittelwert von 35%. Da das betreffende Hauptkriterium vier Unterkriterien besitzt, fallen maximal auf jedes Unterkriterium $^1/_4$ der für dieses Hauptkriterium angesetzten 100 Punkte; also entspricht die vorgenommene Bewertung von 35% einer anteiligen Punktezahl von 8,75.

Zur Unterstützung bei der Bewertung eines Kriteriums stehen häufig Bewertungstabellen (Scoring Guidelines) zur Verfügung; in diesen sind zu den Prozentbereichen 0%, 25%, 50%, 75%, 100% verbale Formulierungen für die jeweiligen Ausprägungen der Aspekte Vorgehen und Umsetzung bzw. Gütegrad und Umfang aufgeführt. Aus diesen Tabellen kann man also entnehmen, welche inhaltlichen Voraussetzungen gegeben sein müssen, damit für ein betrachtetes Kriterium ein bestimmter Erfüllungsgrad, d. h. Prozentwert anzusetzen ist.

Die Bewertung wird im Allgemeinen durch speziell ausgebildete Assessoren und/oder einem Team von einzelnen Bewertern durchgeführt. Nehmen mehrere Personen getrennte Bewertungen vor, so werden diese Bewertungen in einem *Konsensgespräch* gemittelt. Neben der Bewertung im Rahmen einer EFQM-Bewertung durch offizielle Assessoren kann auch eine unternehmensinterne Bewertung durch eigene entsprechend qualifizierte Kräfte im Rahmen eines »Self Assessments« durchgeführt werden.

Selbstbewertung (Self Assessment)

Eine Selbstbewertung ermöglicht einem Unternehmen, seine Stellung bezüglich eines TQM selbst zu überprüfen. Dazu wird eine Ist-Aufnahme des Unternehmens durchgeführt, die den Stand der Qualität an den EFQM-Kriterien misst und eventuelle Defizite aufzeigt. Folgende Schritte werden dabei durchlaufen:

1. Auswahl und Festlegen des Kriterienmodells, d.h. welche Kriterien in das »Assessment« einbezogen werden sollen.
2. Sammeln und Sichten der Nachweise.
3. Herausarbeiten von Unternehmenskennzahlen für die einzelnen Kriterien.
4. Feststellen von Stärken zu den einzelnen Kriterien.
5. Feststellen von Verbesserungsbereichen zu den einzelnen Kriterien.
6. Selbstbewertung für jeden zutreffenden Unterpunkt der Befähiger- und Ergebnisse-Kriterien.
7. Maßnahmen zur Absicherung der Stärken und Umsetzung von Verbesserungen.
8. Vergleiche mit »Best Practice«-Fällen.
9. Verfolgung der eingeleiteten Maßnahmen.

Das wichtigste Element einer Selbstbewertung ist das Herausarbeiten der Stärken und Schwächen in den durch das EFQM-Modell angesprochenen Geschäftsprozessen und den daraus abgeleiteten Korrektur- und Verbesserungsmaßnahmen. EFQM zur Selbstbewertung ist damit eine Analysemethode, um herauszufinden, wo ein Unternehmen steht, inwieweit es seine Ziele erreicht hat, wo seine Stärken liegen und was noch verbessert werden muss. Bei einer Bewerbung um den EQA werden derartige Selbstbewertungen durch die EFQM-Assessoren zur weiteren Analyse und Bewertung herangezogen.

Maßnahmen für »Best Practice» eines Unternehmens können z.B. folgende Ansätze sein:

Führung:
Entwicklung einer transparenten und überzeugenden Unternehmenspolitik mit einem Change Management bis auf Mitarbeiter-Ebene.

Politik & Strategie:
Einführung eines unternehmensweiten strategischen Planungsprozesses mit Performance-Bewertung aller Geschäftsfelder (Baselining).

Mitarbeiter:
Einsetzen von Personalinstrumenten, die auf die besonderen Spezifika des eigenen Geschäfts ausgerichtet sind (Skills-Management).

Partnerschaften und Ressourcen:
Optimierter Personaleinsatz mittels eines Wissensmanagements (Knowledge-Managements).

Prozesse:
Prozessorientiertes Qualitätsmanagement auf Basis eines einheitlichen Methodenrahmens für Vertrieb, Entwicklung, Fertigung und Betreuung.

Kundenbezogene Ergebnisse:
Einrichtung von Kundenzentren (Customer Support Center) mit begleitender projektspezifischer regelmäßiger Kundenbefragung.

Mitarbeiterbezogene Ergebnisse:
Wiederholende Mitarbeiterbefragungen mit konsequenter Verfolgung von eingeleitenen Verbesserungsmaßnahmen.

Gesellschaftsbezogene Ergebnisse:
Einrichtung einer Kontrollstelle für innerbetriebliche ökologische Sicherungsmaßnahmen (Umweltschutz, Recycling, Energiesparmaßnahmen etc.).

Wichtige Ergebnisse der Organisation:
Regelmäßige Performance Reviews mit instrumentalisiertem Kennzahlensystem (Scorecards).

Der Aufwand für die Durchführung einer regelmäßigen Selbstbewertung ist nicht unerheblich; die erreichbaren Leistungssteigerungen durch die abgeleiteten Verbesserungen für die Geschäftsprozesse des Unternehmens wiegen diesen investierten Aufwand aber voll auf, zudem ist eine Selbstbewertung nach dem EFQM-Modell eine ausgezeichnete Review-Maßnahme im Rahmen der ISO-Zertifizierung, welche ja regelmäßige Reviews bzw. interne Audits des QM-Systems vorschreibt. Die ISO-Norm 9000 hat ähnliche Zielsetzungen wie das EFQM-Modell, deckt aber nicht alle Kriterien ab und ist in einigen Kriterien nicht so weit reichend (siehe Bild 4.60). Für eine Bewerbung um den europäischen Qualitätspreis EQA ist die erfolgreiche Durchführung von solchen Selbstbewertungen unbedingte Voraussetzung.

Methoden der Selbstbewertung

Es bieten sich mehrere Methoden der Selbstbewertung an, die sich in dem zu erbringenden Arbeitsaufwand, der Gesamtdauer und dem Ergebnis unterscheiden:

- ▷ Selbstbewertung mittels Simulation einer Bewerbung um den EQA,
- ▷ Selbstbewertung mittels Standardformularen,
- ▷ Selbstbewertung mittels Matrixdiagrammen,
- ▷ Selbstbewertung in einem Workshop,
- ▷ Selbstbewertung mit Fragebögen,
- ▷ Selbstbewertung unter Einbezug von Kollegen.

Bei der *Selbstbewertung mittels Simulation einer Bewerbung um den EQA* wird unter der Leitung eines Teams geschulter Assessoren eine vollständige Bewerbungsdokumentation gemäß den Vorgaben des EFQM durchgeführt; d.h. alle Ebenen des Unternehmens werden in das Assessment eingebunden. Diese Vorgehensweise ist wohl die zeitaufwendigste und ressourcenintensivste, liefert allerdings auch das genaueste Bewertungsprofil.

Bei der *Selbstbewertung mittels Standardformularen* wird z.B. für jedes der 32 Unterkriterien ein Formular verwendet, welches im oberen Teil eine Beschreibung des Unterkriteriums enthält und relevante Ansatzpunkte auflistet und im unteren Teil die Angaben zu Stärken, Verbesserungsbereiche und Nachweise aufnimmt. Mit dieser Methode können sehr effektiv Verbesserungspotenziale aufgezeigt werden; sie liefert aber kein umfassendes Bild des Unternehmens im EFQM-Sinne.

Bei einer *Selbstbewertung mit Matrixdiagrammen* wird eine unternehmensspezifische Leistungsmatrix im Rahmen des EFQM-Modells für »Business Excellence« erstellt. Diese Leistungsmatrix besteht meist aus einer Reihe von Aussagen über erzielte Leistungen zu den neun EFQM-Beurteilungskriterien. Auf Basis dieser Matrix wird in einem vierstufigen Workshop-Ansatz (mit den Schritten Briefing, Einzelbeurteilung, Konsensfindung und Planung der Maßnahmen) eine Selbstbewertung durchgeführt. Diese Methode ist einfach in der Anwendung, liefert aber keine Liste der Stärken und Verbesserungsbereiche.

Bei der *Selbstbewertung in einem Workshop* ist das Führungsteam voll in die Bewertung eingebunden, d.h. neben ihrer Verantwortung für die Datenerhebung führt es die Bewertungsdiskussion im Workshop, vereinbart die Verbesserungsmaßnahmen und kontrolliert deren Umsetzung. Der Vorteil dieser Methode liegt in der gemeinsamen Meinungsbildung über die aktuelle Situation des Unternehmens und der besseren Identifikation des Managements mit den Ergebnissen der Selbstbewertung, allerdings ist eine unrealistische Punktebewertung nicht auszuschließen.

Eine *Selbstbewertung mit Fragebögen* ist – vorausgesetzt, dass entsprechende Fragebögen vorhanden sind – mit wenig Aufwand und sehr schnell durchzuführen. Einfache Frage-

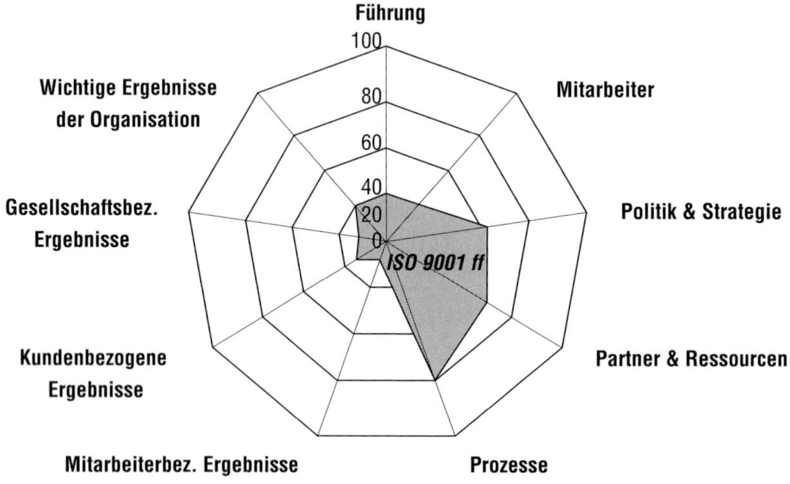

Bild 4.60 Abdeckung EFQM durch ISO 9001 ff

bögen enthalten nur simple Ja/Nein-Abfragen zu den einzelnen Unterkriterien des EFQM-Kriterienkatalogs, ausführlichere gehen dagegen näher auf die vorhandenen Stärken und möglichen Verbesserungspotenziale ein. Die EFQM bietet einen Multiple-Choice-Fragebogen zur Bestimmung der »Business Excellence« an. Ein Problem kann allerdings sein, dass mitunter nicht alle Fragen von den Mitarbeitern richtig verstanden werden.

Bei einer *Selbstbewertung unter Einbezug von Kollegen* werden geschulte Assessoren anderer Unternehmensbereiche in die Selbstbewertung einbezogen, so dass ein hohes Maß an Genauigkeit und Objektivität erreicht wird. Auch liefert diese Vorgehensweise eine umfassende Liste der Stärken und Verbesserungsbereiche, erfordert aber einen ähnlich hohen Aufwand wie eine Selbstbewerbung für eine EQA-Bewerbung.

Bewerbung um den EQA

Ein Unternehmen, welches sich um den Qualitätspreis EQA bewirbt, muss eine schrifliche Ausarbeitung (max. 75 Seiten) einreichen, welche u. a. eine Selbstbeurteilung nach den neun Kriterien des EFQM-Modells bedingt. Dieses Bewerbungsdokument wird der EFQM vor dem offziellen Abgabetermin (gegen Ende März jeden Jahres) übergeben. Maximal 3 Bereiche aus einem Unternehmen können sich gleichzeitig bewerben.

Die Bewertung, d. h. die Prozentvergabe wird von Managern und Qualitätsexperten aus ganz Europa vorgenommen, die durch die EFQM entsprechend ausgebildet worden sind. Es werden Teams von ca. sechs Assessoren gebildet, wobei sehr darauf geachtet wird, dass keine Interessenkonflikte zwischen den Assessoren und der einem bestimmten Team zugewiesenen Bewerbung auftreten. Innerhalb von 2 bis 3 Wochen wird die Bewerbung nach dem EFQM-Modell bewertet; die Assessoren berücksichtigen das Vorgehen des Bewerbers bei jedem Kriterium im Hinblick auf Stärken und Verbesserungspotenziale und vergeben schließlich eine Prozentpunktezahl. Während einer eintägigen Sitzung wird eine Team- und Konsens-Sichtweise bezüglich der Bewertung erarbeitet. Basierend auf dieser Konsens-Sichtweise entscheidet ein weiteres Team von sieben *Juroren* über die Besten unter den Bewerbern, den *Finalisten*. Die Juroren sind herausragende Persönlichkeiten aus allen Bereichen der europäischen Wirtschaft: ehemalige Generaldirektoren, Vorstandsdirektoren, Abteilungsleiter und Wirtschaftsprofessoren. Bei den Finalisten unter den Bewerbern erfolgt dann ein Vor-Ort-Besuch, bei dem geprüft wird, ob die Arbeitsvorgänge und deren Umsetzung innerhalb des Unternehmens mit dem Bewerbungsdokument übereinstimmen. Zudem will man die »Atmosphäre« in dem Unternehmen kennen lernen; dies ist von großer Bedeutung, falls diese Organisation als künftiger Modellbetrieb angesehen werden soll. Nach Abschluss des Vor-Ort-Besuchs erstellt das Team einen Abschlussbericht, auf dessen Basis die Juroren die endgültige Entscheidung treffen, wem eine Europäische Qualitätsauszeichnung (prize) vergeben werden soll. Der Beste unter diesen erhält dann den Europäischen Qualitätspreis (EQA); man unterscheidet also drei »Rangstufen«: *Finalist*, *Qualitätsauszeichnung* und *Award*. Die Bekanntgabe und das Überreichen der Auszeichnungen findet auf dem jährlichen EFQM-Forum statt.

Jeder Bewerber erhält einen Feed-back-Bericht, der die vom Team identifizierten Stärken und Verbesserungspotenziale priorisiert auflistet. Dieser Bericht ist für das jeweilige Unternehmen ein wertvoller Beitrag für anstehende Verbesserungsmaßnahmen, da er uneigennützig und von unabhängiger Seite erstellt worden ist.

In der Tabelle 4.3 sind die erreichten Werte der Kandidaten, die sich im Zeitraum 1992 bis 1994 um den EQA beworben haben, aufgeführt. (Lesebeispiel: Bei dem Kriterium Führung haben nur 4% der Bewerber eine Bewertung zwischen 70% und 80% erreicht.)

1997 wurde zum ersten Mal auch für kleine und mittlere Unternehmen ein Qualitätspreis (SME-Award, Small and Medium Enterprises) vergeben, für den ein reduziertes Bewertungsspektrum zu erfüllen ist. Inzwischen unterscheidet man bereits vier Kategorien:

- ▷ Großunternehmen,
- ▷ Selbstständige Einheiten von Großunternehmen,
- ▷ Organisationen im Öffentlichen Dienst,
- ▷ Kleine und mittlere Unternehmen.

Führung			9	27	28	20	11	4		
Politik & Strategie			10	13	36	17	16	5	1	
Mitarbeiterorientierung			6	13	35	27	11	6		
Ressourcen			4	10	31	22	22	7		
Prozesse			5	20	35	20	13	3	1	
Kundenzufriedenheit			14	20	25	14	19	4		
Mitarbeiterzufriedenheit			16	22	28	11	10	2		
Gesellsch. Verantwortung			10	29	22	18	5	4		
Geschäftsergebnisse			9	20	19	22	16	9		
Bewertung %	10	20	30	40	50	60	70	80	90	100

Tabelle 4.3 Bewertungsergebnisse der EQA-Bewerber der Jahre 1992, 1993 und 1994

4.4.7 Qualitätskosten

Die Angabe der Qualitätskosten ist eine wichtige Information für die Unternehmensführung. Das klare Definieren der Qualitätskostenelemente und deren eindeutiges Erfassen sind Voraussetzung für eine aussagefähige Analyse von Schwachstellen, um so die Entwicklungs- und Produktionskosten zu optimieren. Jedes Unternehmen strebt danach, die Qualität seiner Produkte oder sonstiger Marktleistungen mit minimalen Kosten zu erreichen. Die Anforderungen an Umweltschutz, hohe Verfügbarkeit der Produkte, Produkthaftpflicht u. Ä. stellen nicht nur Forderungen an die Produkte, sondern an alle unternehmerischen Tätigkeiten dar.

Bei den Qualitätsinformationen sind zwar Fehlerzahlen, Zuverlässigkeitswerte, Verfügbarkeit usw. vorherrschend, für kostenoptimale Entscheide müssen auch Kosteninformationen verfügbar sein, also auch Informationen über die Qualitätskosten.

Arten und Definition der Qualitätskosten

Die Qualitätskosten werden in

▷ Fehlerverhütungskosten,
▷ Prüfkosten sowie
▷ Fehler- und Ausfallkosten

unterteilt. Bild 4.61 zeigt den typischen Verlauf der einzelnen Qualitätskosten bezogen auf den Vollkommenheitsgrad eines Produkts.

Das Zuordnen der einzelnen Kostenelemente zu diesen drei Kostenkategorien ist nicht immer unstrittig. Es gibt Fälle, bei denen das Kostenelement einmal der einen und einmal der anderen Kostenkategorie zugeordnet werden kann. Die nachfolgend beschriebenen Zuordnungen stellen daher eine allgemeine Orientierung dar.

Fehlerverhütungskosten

Unter Fehlerverhütungskosten fallen alle *fehlerverhütenden* und *vorbeugenden* Maßnahmen zur Sicherung der Produktqualität. Die Kosten entstehen im gesamten Betrieb, angefangen von der Entwicklung über Fertigung und Vertrieb bis hin zur Inbetriebnahme. Folgende Kostenelemente können der Fehlerverhütung üblicherweise zugeordnet werden:

— Qualitätsplanung,
— Qualitätslenkung,
— Reviews von Entwurfsdokumenten,
— Prüfplanung,
— Kontrolle von Konstruktions- und Fertigungsunterlagen,
— Lieferantenbeurteilung,

— Erstellung technischer Liefer- und Abnahmebedingungen,
— Qualitätsaudits,
— Qualitätsvergleiche mit Wettbewerbern,
— Maßnahmen zur Qualitätsförderung.

Prüfkosten

Prüfkosten fallen beim *Durchführen von Qualitätsprüfungen* an Produkten an. Im HW-Fertigungsbereich ist diese Zuordnung weitgehend eindeutig, anders ist dies bei der Entwicklung. Hier herrscht z. T. Unsicherheit, inwieweit das Testen von HW-Prototypen oder von Software zu den Prüfkosten und damit zu den Qualitätskosten zu rechnen sind. Es versteht sich von selbst, dass zur Entwicklung Tests notwendig sind und im Allgemeinen auch vom Entwickler oder in seinem Auftrag durchgeführt werden. Daher empfiehlt es sich, Tests dann als Qualitätskosten zu betrachten, wenn sie den Kompetenzbereich der Entwicklung verlassen. Als sinnvolle Trennung erscheint hierfür, den Systemtest als Grenze für die Zuordnung zu Qualitätskosten zu sehen. Alle Tests, die vor dem Systemtest durchgeführt werden, zählen damit nicht zu den Qualitätskosten. Den Prüfkosten sind folgende Kostenelemente zuzuordnen:

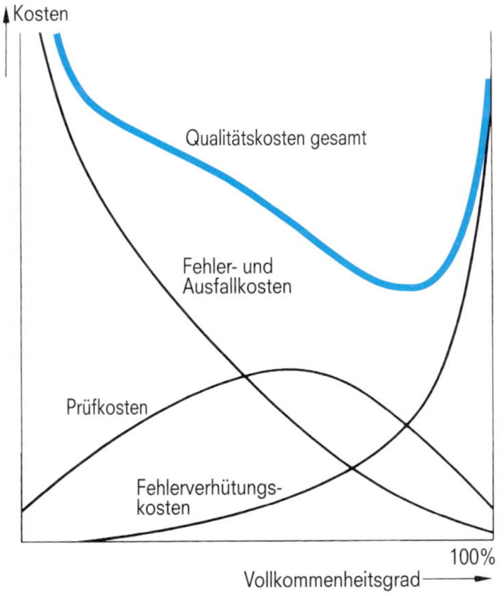

Bild 4.61
Aufteilung und Verlauf der Qualitätskosten

— Systemtests,
— Akzeptanztests,
— Wareneingangsprüfungen,
— Fertigungsprüfungen,
— Kundenabnahmeprüfungen,
— Laboruntersuchungen,
— Qualitätsgutachten,
— Mess- und Prüfmittelkosten,
— Instandhaltungskosten für Mess- und Prüfmittel,
— Dauer-, Last- und Wärmetests.

Fehler- und Ausfallkosten

Fehler- und Ausfallkosten entstehen durch Aufwendungen für das *Beseitigen von Fehlern,* für *Gewährleistungen* und *Erlösschmälerungen;* sie können nach dem Entdeckungsort in externe und interne Kosten aufgeteilt werden. Neben den Aufwendungen in Entwicklung und Fertigung gehören dazu auch die zuordenbaren Aufwendungen in Vertrieb und Service. Zu den Fehler- und Ausfallkosten sind folgende Kostenelemente zu rechnen:

— Fehlerbeseitigungen mit Beginn der Systemphase,
— Fehleranalysen,
— Einbringen von Korrekturversionen oder »Patches« beim Kunden,
— Wiederholungsprüfungen,
— Gewährleistungskosten,
— Produzentenhaftungskosten,
— Ausschusskosten,
— Nacharbeitskosten,
— Wertminderungen,
— Verwürfe,
— qualitätsbedingte Produktionsausfallzeiten.

Bei den Fehlerbeseitigungskosten muss noch unterschieden werden zwischen der Fehlerbehebung *vor* Auslieferung und der Fehlerbehebung *nach* Auslieferung.

Qualitätskostenerfassung

Für das Erfassen von Qualitätskosten wird vorausgesetzt, dass im Unternehmen eine Kostenarten-, Kostenstellen- und Kostenträgerrechnung vorhanden ist. Die Möglichkeit der Untergliederung der Kostenarten in weitere Kostenelemente ist die Voraussetzung für eine aussagefähige Qualitätskostenerfassung.

Qualitätskosten als Lenkungsinstrument erfordern eine andere Gliederung als die betrieblichen Kosten. In der Praxis liegen nur wenige Qualitätskostenelemente isoliert vor. In einigen Bereichen ist daher eine Verteilung mit Hilfe eines Schlüssels auf die Qualitätskosten nötig.

Als oberster Grundsatz sollte auch hier gelten, die Qualitätskosten in solcher Genauigkeit zu ermitteln, dass sie als Lenkungsinstrument verwendet werden können. Dazu ist eine Planung nötig, welche Erwartungen an die Analyse der Qualitätskosten zu stellen sind.

Im Entwicklungsbereich können mit Hilfe zusätzlicher Angaben über die Entwicklungsphasen und Tätigkeitsarten genauere Aufschlüsselungen erreicht werden. Aufgeteilt auf die einzelnen Qualitätskostenkategorien ergibt sich die in Tabelle 4.4 gezeigte Qualitätskostenzuordnung in den einzelnen Entwicklungsphasen.

Für die einzelnen qualitätssichernden Tätigkeiten sind jeweils klare Definitionen nötig, damit von den kontierenden Mitarbeitern die Zuordnung hinreichend genau möglich ist.

Unter *Wartung* wird im Entwicklungsbereich das Beseitigen von Definitions-, Entwurfs- und Programmier- bzw. Logikfehlern verstanden. Zur Wartung zählen nicht Leistungsmerkmalerweiterungen oder betriebliche und gesetzliche Anpassungen; diese sind den Entwicklungskosten hinzuzurechnen. Die übrigen Qualitätskosten im Entwicklungsbereich, wie z.B. Prüfplanung und Prüfmittelentwicklung für die Fertigung, Aufwendungen zur Qualitätslenkung, sind meist direkt über die Kostenstellen erfassbar.

Ungenau bleiben die Kostenzuordnungen hierbei für Rechnerkosten und sonstige Betriebsmittel, da bei der Entwicklung diese sowohl für Entwicklungsarbeiten als auch für Wartung benutzt werden. Hierfür ist im Allgemeinen eine anteilige Umrechnung vorzunehmen.

Im Fertigungsprozess ist das Zuordnen der Qualitätskosten für die wesentlichen Teile über Kostenstellen erreichbar. Aber auch dort gibt es überschneidende Tätigkeiten, die einmal mehr der Fehlerverhütung als der Prüfung zuzuordnen sind. Auch bei den Fehlerkosten ergibt sich eine Überschneidung mit den Prüfkosten, weil Fehleranalyse und Prüfung nicht immer von unterschiedlichen Personen vollzogen werden. Soweit das betriebliche Geschehen es erfordert, hinreichende Differenzierungen für die Qualitätskosten zu erreichen, ist die Angabe der Tätigkeitsart wirksam genug, um genauere Aufschlüsselungen zu erhalten (siehe auch Kap. 2.5.6).

Als Qualitätskosten in Vertriebs- und Serviceabteilungen sind besonders die Fehler- und Ausfallkosten eine wichtige Größe für die Lenkung der Produktqualität. Hierfür sind Erfassungsdaten ggf. nach Produktgruppe, Bauteil-Nr., SW- oder HW-Störung zu unterscheiden.

Tabelle 4.4
Qualitätskostenzuordnung im Entwicklungsbereich

Entwicklungsphase / Kostenkategorie	Analyse	Entwurf	Implementierung	Integration	Systemtest	Einsatz
Fehlerverhütungskosten (Inspektion)	×	×	×	×	×	
Prüfkosten (Test)					×	×
Fehler- und Ausfallkosten (Wartung)					×[1])	×

[1]) Fehleranalyse und -beseitigung durch Entwicklung

Qualitätskostenanalyse

Periodische Zusammenstellungen der Qualitätskosten bilden die Grundlage für die *Qualitätskostenanalyse*. Hiermit kann man Schwerpunkte und Ursachen der Qualitätskosten feststellen. Zunächst sind die Schwerpunkte der Qualitätskosten für die einzelnen Kostenelemente zu ermitteln. Davon ausgehend müssen die wesentlichen Ursachen für diese Kosten erforscht werden. Dazu sind weitere Statistiken über Fehlerzahlen, Systemausfälle, Anzahl Ausschussprodukte und dgl. mit heranzuziehen. Mit entsprechenden Analysemethoden, z. B. der ABC-Analyse, können die Kostenschwerpunkte rasch ermittelt werden, um die Ursachenanalyse gezielt vorzunehmen.

Von Fall zu Fall ist für die Ursachenanalyse eine »Qualitätsgruppe« einzusetzen. Dadurch werden auch gleichzeitig Vorschläge für Verbesserungen und Korrekturmaßnahmen erarbeitet.

Qualitätskostenkennzahlen

Als *Qualitätskostenkennzahlen* bezeichnet man Verhältniszahlen, die die Qualitätskosten mit betrieblichen Leistungskennzahlen in Beziehung bringen. Solche Zahlen, die im Zusammenhang mit den qualitätssichernden Maßnahmen betrachtet werden müssen, können für Kunden einen Maßstab für die Produktqualität ergeben. Gerade bei der Entwicklung größerer Systeme oder im Anlagenbau haben solche Werte mehr und mehr Bedeutung hinsichtlich der Produktqualität. Da der Kunde minimale *Lebenszykluskosten* (LCC) will, muss der Hersteller auch Kosten, die beim Kunden anfallen, mitbetrachten.

Qualitätskennzahlen sind z. B.:

▷ Verhältnis von Qualitätskosten bestimmter Qualitätskostenelemente zum Umsatz
▷ Verhältnis von Fehlerkosten zu Fertigungskosten
▷ Verhältnis von Fehlerkosten zu Entwicklungskosten
▷ Verhältnis von Wareneingangs-Prüfkosten zum Einkaufsvolumen.

Innerhalb eines Periodenvergleichs können Kostenverschiebungen gegenüber Vorperioden sichtbar gemacht werden; sie ermöglichen eine rasche Analyse der Auswirkungen eingeleiteter Verbesserungen oder sonstiger Maßnahmen.

Optimieren der Qualitätskosten

Wie bereits in Kapitel 4.4.2 ausgeführt, sind Fehler um so teurer, je später sie gefunden werden. Das Senken der Fehlerkosten muss durch Mehraufwand für die Fehlerverhütung und Prüfung erkauft werden. Es sind daher auch qualitätssichernde Maßnahmen auf ihre Wirtschaftlichkeit zu prüfen.

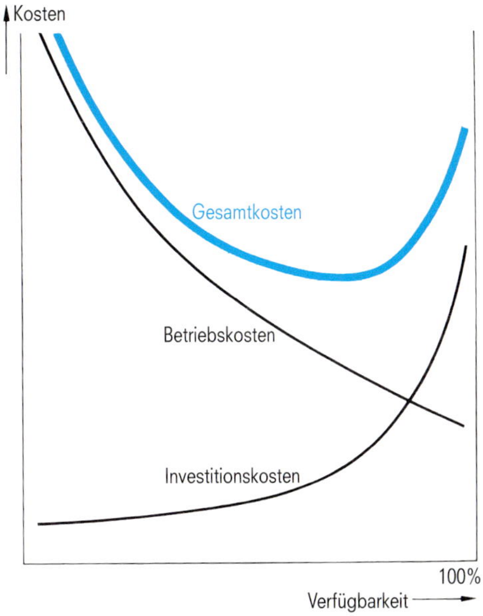

Bild 4.62
Gesamtkosten eines Produkts bzw.Systems in Abhängigkeit von der Verfügbarkeit

In der heutigen Betrachtung der Lebenszykluskosten sind für den Kunden nicht mehr nur niedrige Anschaffungskosten wichtig, sondern der Kunde will bei Berücksichtigung seiner Anforderungen minimale Gesamtkosten; somit betrachtet er gesamtheitlich die Kosten für Bereitstellung, Wartung, Betrieb und für die spätere Fehlerbeseitigung. Ihm geht es also um eine hohe *Gesamtwirtschaftlichkeit* der eingesetzten Produkte bzw. Systeme; diese kann in großem Umfang der Hersteller beeinflussen, weil er bei vorgegebenen Rahmenbedingungen Optimierungen in der Produktplanung und -entwicklung vornehmen kann. Bild 4.62 zeigt die Änderung der Gesamtkosten eines Produkts bzw. Systems abhängig von dem Qualitätsmerkmal Verfügbarkeit.

Diese Kostenbetrachtung veranschaulicht wiederum, wie wichtig es ist, in den frühen Entwicklungsphasen die Weichen für die Produkt- bzw. Systementwicklung richtig zu stellen. Ähnliches gilt für die Prüfungen bei der Fertigung, damit Fehler z. B. auf einer Baugruppe schon frühzeitig entdeckt werden.

4.5 Projektdokumentation

So wie die *Produkt*dokumentation die gesamten Arbeitsergebnisse einer Entwicklung präsentiert, so spiegelt die *Projekt*dokumentation das gesamte Projektgeschehen wider. Ohne eine vollständige, durchgängige und aktuelle Projektdokumentation – die alle Projektpläne und Projektberichte umfasst – kann ein Projektmanagement nicht wirkungsvoll arbeiten.

Voraussetzung für ein zielorientiertes Nutzen der Projektdokumentation ist aber eine praktikable *Dokumentationsordnung*. Neben dem Führen eines *Projekttagebuchs* bieten sich hierbei für den Aufbau von *Projektakten* – je nach Projektgröße und Einsatzbreite der Dokumentation – sehr unterschiedliche Ordnungsschemata an, die alle dieselbe Aufgabe haben, nämlich das Einordnen von Dokumenten und das Suchen nach Informationen zu erleichtern sowie den Verlust von Informationen zu verhindern.

4.5.1 Dokumentationsordnungen

Das Ergebnis einer Entwicklung umfasst neben dem Erstellen von Prinzipmustern, Funktionsmustern und Prototypen auf der HW-Seite sowie von fertig ausgetesteten Programmen und Modulen auf der SW-Seite auch die Dokumentation dieser Entwicklungsobjekte. Hierbei ist – wie bereits erwähnt – zu unterscheiden zwischen der Produktdokumentation und der Projektdokumentation. Neben einer vollständigen und konsistenten Dokumentation des Produkts gewinnt die Dokumentation des Projektgeschehens immer mehr an Bedeutung, da die Projektdokumentation ganz eindeutig eine wichtige Voraussetzung für ein effizientes Projektmanagement ist.

Die *Produktdokumentation* enthält alle technischen Unterlagen des herzustellenden Produkts, die zur Entwicklung und Fertigung sowie zum Einsatz und zur Betreuung des Erzeugnisses notwendig sind. Bei den technischen Unterlagen kann unterschieden werden, ob sie mehr *definierenden* oder mehr *beschreibenden* Charakter haben. Definierende technische Unterlagen dokumentieren das noch nicht existente Erzeugnis; hierzu zählen z.B. alle Entwicklungsunterlagen, die mit CAD-Verfahren erstellt worden sind. Beschreibende technische Unterlagen dokumentieren dagegen das mehr oder weniger bereits existente Erzeugnis; aufbauend auf den definierenden Unterlagen werden diese vornehmlich auf Bürosystemen – meist mit Grafikunterstützung – erstellt. Insgesamt muss bei der Produktdokumentation die größtmögliche Vollständigkeit angestrebt werden. Absolute Aktualität sollte hier selbstverständlich sein. Zur Produktdokumentation gehören Pflichtenhefte, Leistungsbeschreibungen, Spezifikationen, Programmlistings, Stromlaufpläne, Prüfunterlagen, Bauunterlagen, Arbeitsanweisungen, Bedienungsanleitungen und ähnliche von der Entwicklung erstellte Unterlagen.

Zur *Projektdokumentation* gehören demgegenüber Unterlagen für die Projektdefinition, für die Projektplanung, für die Projektkontrolle sowie für den Projektabschluss – also Unterlagen, die mehr das Projektgeschehen und den Projektablauf als das zu entwickelnde

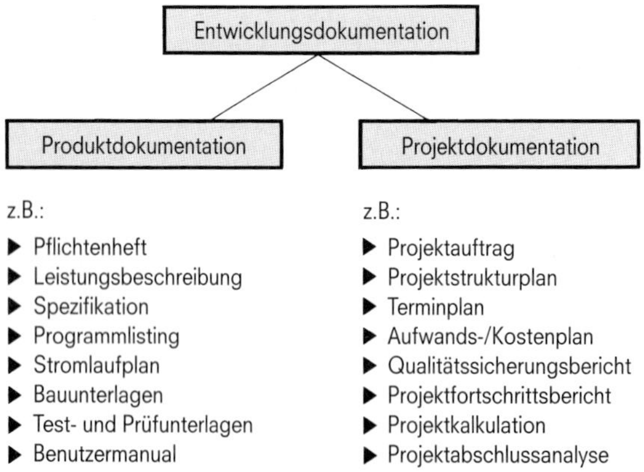

Bild 4.63 Entwicklungsdokumentation

Produkt beschreiben. Wie in Bild 4.63 angedeutet, umfasst die Projektdokumentation alle erstellten Projektpläne und Projektberichte.

Es gibt natürlich auch Unterlagen, die beiden Gruppen zugeordnet werden können, z. B. der Produktstrukturplan.

Dokumentationsnormen

Für die Entwicklungsdokumentation, besonders für den SW-Entwicklungsbereich hat der Normenausschuss Informationsverarbeitung (NI) im DIN bereits einige Dokumentationsnormen verabschiedet und herausgebracht. Hierzu zählen:

DIN 66230 Programmdokumentation
DIN 66231 Programmentwicklungsdokumentation
DIN 66232 Datendokumentation
DIN 6789 Dokumentationssystematik, Aufbau Technischer Erzeugnis-Dokumentationen.

DIN 66230 [72] beschreibt den Inhalt der Dokumentation von SW-Programmen. In sehr ausführlicher Form werden hier die einzelnen Positionen einer *Programmdokumentation* definiert und durch Beispiele erläutert. Ein Anhang stellt die systematische Gliederung eines Anwendungshandbuchs und eines datenverarbeitungstechnischen Handbuchs (DV-Handbuch) vor. Die Programmdokumentation nach dieser Norm entspricht damit einer vollständigen SW-Produktdokumentation.

Demgegenüber enthält die in DIN 66231 [73] beschriebene *Programmentwicklungsdokumentation* auch Teile aus einer Projektdokumentation. In dieser Norm werden Aufbau und Inhalt der einzelnen Bestandteile einer Programmentwicklungsdokumentation aufgezeigt, die in die vier Unterlagengruppen Auftrag, Systemunterlagen, Bewertungsunterlagen und Entscheidungsprotokoll eingeordnet werden. Auch hier ist der jeweilige Dokumentationsinhalt anhand von Beispielen sehr ausführlich erläutert.

DIN 66232 [74] beschreibt Aufbau und Inhalt einer *Datendokumentation* in Ergänzung zu den beiden vorstehenden Normen. Neben Begriffsdefinitionen enthält sie ein Formular für die Beschreibung von Datenobjekten.

DIN 6789 [75] hat das Ziel, den formalen Aufbau technischer Dokumentationen für Erzeugnisse zu vereinheitlichen. Es werden einerseits die einzelnen Teile einer Erzeugnisdokumentation definiert und ausführlich erläutert; andererseits wird ein Vorschlag für den strukturellen Aufbau der Dokumentation gemacht.

Ordnungsschemata

Die einzelnen Bestandteile einer Projektdokumentation können nach mehreren Gesichtspunkten geordnet werden. So bietet sich für die freie Beschreibung des Projektgeschehens das Führen eines »Projekttagebuchs« an; andererseits sind für die mehr formale Beschreibung in Form einer »Projektakte« zwei grundsätzlich verschiedene Ordnungsprinzipien möglich, die *hierarchische* Ordnung sowie die *Auswahl*ordnung. Bei einem hierarchischen

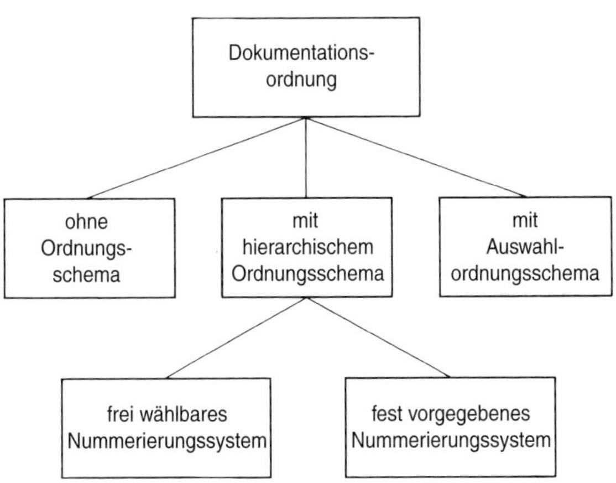

Bild 4.64
Möglichkeiten für die Dokumentationsordnung

Ordnungsschema kann außerdem das Nummernsystem entweder frei gewählt werden oder fest vorgegeben sein. In Bild 4.64 sind die Möglichkeiten einer Dokumentationsordnung zusammengestellt.

Dokumentationsschlüssel

Neben einem Nummernsystem für das gewählte Ordnungsschema, welches die »Registernummern« der Dokumentation vorgibt, ist meist noch ein eindeutiges Identifikationskriterium für jedes einzelne Dokument notwendig. Hierfür muss dann ein »Dokumentationsschlüssel« definiert werden; dieser kann sehr unterschiedlich aufgebaut sein und folgende Angaben enthalten:

▷ Dokumentationsart,
▷ Projektzugehörigkeit,
▷ Kennzeichen für die Entwicklungsphase,
▷ Zuordnung zum Projektstrukturplan,
▷ Zuordnung zum Produktstrukturplan,
▷ laufende Nummer,
▷ Dokumentationsstatus.

In Bild 4.65 ist ein aus der Entwicklungspraxis gewähltes Beispiel für die Definition eines Dokumentationsschlüssels wiedergegeben.

Wird in einem Entwicklungsbereich bereits ein genormtes Sachnummernsystem für die Benummerung von Erzeugnissen und Unterlagen verwendet, so sollte man dieses auch als Dokumentationsschlüssel einsetzen. Die Ausarbeitung eines zusätzlichen Nummernsystems sollte also möglichst vermieden werden.

Für die Identifikation von umfangreichen Dokumentationsobjekten wie z. B. Kundendokumentationen, Verfahrensbeschreibungen, Wartungshandbüchern hat sich in einigen Bereichen bereits die Verwendung eines Strichcodes (SC) gemäß dem bekannten »Barcode« durchgesetzt. Diese Unterlagenidentifikation ist aber nur angebracht, wenn ein maschinell optisches Lesen des Dokumentationsschlüssels gewünscht wird, wie z. B. in Fachbibliotheken.

Als Leitlinie für eine vollständige und nicht überladene Projektdokumentation sollte aber in allen Fällen gelten:

▷ so aktuell wie möglich,
▷ so umfangreich wie notwendig und
▷ stets mit identifizierbarem Stand.

Bei sehr großen Entwicklungsprojekten kann die Dokumentation einen solch großen Umfang annehmen, dass ein eigenes *Dokumentationsmanagement* eingerichtet werden muss; dieses umfasst dann ähnliche Funktionen für die Dokumentationen wie ein Konfigurationsmanagement für die Entwicklungsergebnisse – es kann sogar in diesem eingebunden sein.

Im Anhang 2 ist eine Projektdokumentation für SW-Projekte in Form einer *Projektakte* mit allen relevanten Projektdokumenten dargestellt.

Insgesamt darf die Projektdokumentation nicht zum Selbstzweck werden, sondern es ist nur der Grad Projektdokumentation zu erzeu-

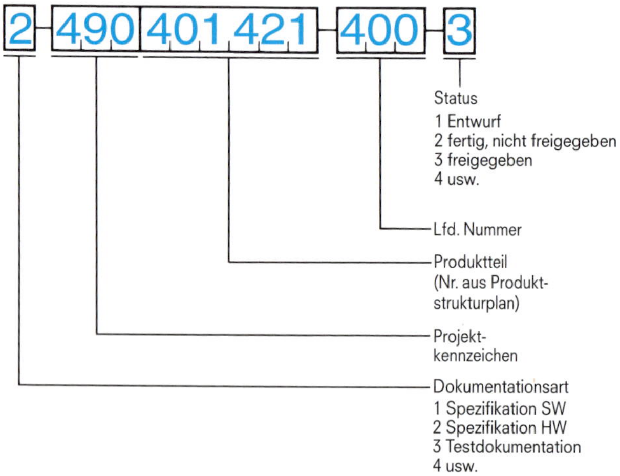

Bild 4.65
Dokumentationsschlüssel (Beispiel)

gen, der für eine effiziente Projektführung unerlässlich ist.

4.5.2 Projekttagebuch

Bei vielen durchgeführten Projekten hat es sich als sehr vorteilhaft erwiesen, das gesamte Projektgeschehen in einem »Projekttagebuch« festzuhalten. Hierbei ist das Aufschreiben relevanter Projektereignisse an keine äußere Form gebunden.

Die Eintragungen in das Projekttagebuch geschehen handschriftlich, am besten mit Kugelschreiber o. Ä., wobei auch beliebige manuelle Zeichnungen und Skizzen aufgenommen werden können. Es sollte alles, was für das Projekt irgendwie erwähnenswert ist, enthalten. Das Projekttagebuch hat die Funktion eines »Projekt-Logbuchs«.

Im Wesentlichen sollte eine Eintragung enthalten:

▷ Thema bzw. Ereignis als Stichwort und Überschrift,
▷ Datum (mit Wochentag),
▷ Uhrzeit (falls sinnvoll),

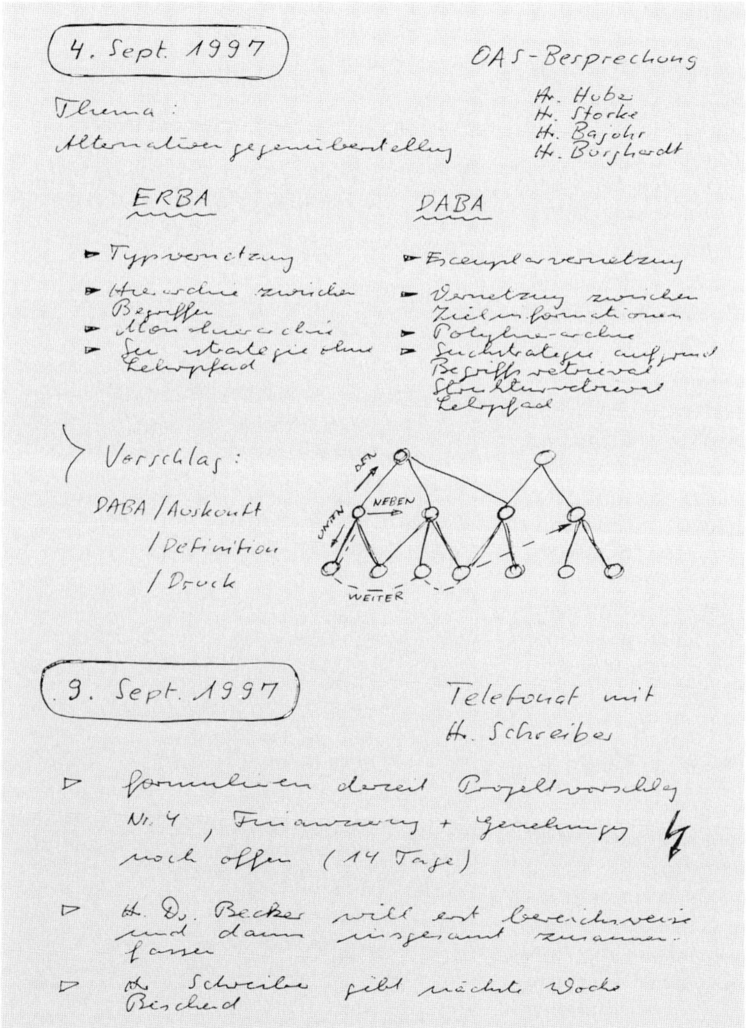

Bild 4.66 Projekttagebuch (Auszug)

▷ Ortsangabe (falls sinnvoll),
▷ Namen von Beteiligten,
▷ ausführliche Beschreibung,
▷ eventuell Skizzen.

Das Projekttagebuch muss aber auch einige formale Grundvoraussetzungen erfüllen: So sollte es gebunden (als Buch) vorliegen, um das Herausnehmen oder spätere Einfügen von Seiten zu verhindern. Zusätzlich bietet es sich an, die Seiten durchzunummerieren. Das Projekttagebuch soll also »nicht löschbare« Informationen enthalten, auch wenn sie sich später als wenig relevant, nicht aussagekräftig oder sogar unzutreffend erweisen.

Für das Führen eines Projekttagebuchs ist ein Mitglied der Projektgruppe zu ernennen; dieses nimmt dann die Eintragungen in das Tagebuch vor. Anderen Projektbeteiligten ist das eigenständige Eintragen auch erlaubt, wobei aber der Urheber der Eintragung zu vermerken ist. Das Projekttagebuch muss für jeden Interessierten einsehbar sein. Zurückhalten von Informationen ist nicht zulässig.

Als Beispiel ist in Bild 4.66 ein Seitenauszug aus einem solchen Projekttagebuch wiedergegeben.

Vieles, was zwischen Auftraggeber und Auftragnehmer abgesprochen werden muss und seinen Niederschlag nicht in irgendwelchen formalen Projektdokumenten und Protokollen findet, kann man in einem derartigen Projekttagebuch aufnehmen. Wenn später Unklarheiten oder Missverständnisse beim Beurteilen bestimmter Projektgegebenheiten auftreten, so kann das Projekttagebuch eine gute Unterstützung bieten beim Klären früher gemachter Vereinbarungen, die z. B. nur mündlich und telefonisch getroffen worden sind.

4.5.3 Projektakte mit hierarchischer Ordnung

Die Projektakte dient als zentrale Sammeleinrichtung für alle Projektdokumente; sie nimmt alle Projektpläne und Projektberichte in ihrem jeweils aktuellen Stand gemäß einem festen Ordnungsschema auf. Hierbei kann die Projektakte in Form von Büroordnern vorliegen oder als Datei(en) auf einem PC oder zentralen Server gespeichert sein. Nicht die Aufbewahrungsform ist ausschlaggebend, sondern das klar vorgegebene Ordnungsschema, nach dem die einzelnen Projektdokumente eindeutig abgelegt und schnell wiederauffindbar gemacht werden können. Natürlich ist auch die leichte Reproduzierbarkeit abgelegter bzw. abgespeicherter Projektdokumente sehr wichtig.

Für das Festlegen eines hierarchischen Ordnungsschemas gibt es zwei Vorgehensweisen: entweder wird das Nummernsystem für die Dokumentationsordnung projektspezifisch frei gewählt oder es ist ein (hierarchisch aufgebautes) Nummernsystem vorgegeben, in das die Dokumente einzuordnen sind. Hierbei hat es sich bewährt, die Kapiteleinteilung in einer Standard-Dokumentationsvorlage (Template) eines Textverarbeitungsprogrammes, wie MS Word abzulegen.

Fest vorgegebene Dokumentationsstruktur

In Bild 4.67 ist ein Auszug aus einer fest vorgegebenen Dokumentationsstruktur wiederge-

Klassifikations-Nr.	Dokumentationskomplex	Seite
1	**Auftragsdokumentation**	
1.1	**Auftragsunterlagen**	
1.1.1	Entwicklungsanträge/Änderungsanträge	
1.1.2	Anforderungen/Pflichtenheft	
1.1.3	Anregungen/Vorschläge	
1.1.4	Untersuchungsberichte	
1.2	**Produktbetreuungsunterlagen**	
1.2.1	Einführungsplan	
1.2.2	Schulungsplan	
1.2.3	Betreuungsplan	
1.2.4	Konfigurationsplan	
1.2.5	Überlassungsvereinbarungen	
1.2.6	Schriftverkehr	
1.2.7	Besprechungsprotokolle	
1.3	**Freigabe- und Änderungsunterlagen**	
1.3.1	Freigabemitteilung	
1.3.2	Freigabeprotokoll	
1.3.3	Übergabeprotokoll	
1.3.4	Änderungsmitteilung	
1.3.5	Programmänderungsprotokoll	
1.3.6	Programmnummernverzeichnis	
1.3.7	Abschlussberichte	
1.3.7.1	Prüfpass der Revision	
1.3.7.2	Testergebnis Abnahmetest	
1.3.7.3	Testergebnis Probebetrieb	

Bild 4.67
Fest vorgegebene Dokumentationsstruktur (Auszug)

geben, wie sie in einem Entwicklungsbereich für Anwendersoftware entworfen worden ist.

Bei einer fest vorgegebenen Dokumentationsstruktur sind die einzelnen Kapitel bzw. Register *vorab* – häufig in einer eigenen Dokumentationsrichtlinie – festgelegt und dabei auf einen theoretisch möglichen Maximalausbau ausgerichtet.

Hierbei kommt es natürlich vor, dass ein Register (≙ Klassifikationsnummer) keine Dokumente enthält und leer bleibt. Durch den Maximalanspruch kann ein solches Nummerngebäude leicht überladen und damit unübersichtlich werden, da viele Nummern wegen des Ordnungsprinzips »mitgeschleppt« werden müssen.

Die wesentlichen Vorteile einer fest vorgegebenen und hierarchischen Dokumentationsstruktur sind einerseits die Möglichkeit der *unmittelbaren Anwendung* – irgendein zusätzlicher Anpassungsaufwand ist also nicht notwendig –, andererseits die Gewähr der *Vollständigkeit* in der Dokumentation. In Entwicklungsbereichen mit vielen gleichartigen und gleichgroßen Projekten ist daher eine solche Dokumentationsstruktur empfehlenswert, da bei einer gleichförmigen Projektewelt nur vereinzelt überflüssige Kapitelnummern mitgeführt werden müssen.

Projektdatenbank

In Entwicklungsbereichen, in denen gleichzeitig eine Vielzahl von unterschiedlichen Projekten durchgeführt werden, bietet es sich im Rahmen eines Wissensmanagement-Konzepts an, alle relevanten Projektdaten der Projekte gemeinsam in eine bereichsübergreifende Projektdatenbank (Project Base) nach einheitlichem Ordnungsschema zu speichern und zur gegenseitigen Information und Kommunikation dem Projektmanagement und der Entwicklungsleitung zur Verfügung zu stellen. Die Aufbaustruktur der Projektdatenbank richtet sich streng nach den Vorgaben einer Standardprojektablage, d. h. alle Projektinformationen werden nach dem gleichen Muster in der Datenbank abgelegt. Auf diese Weise kann ein überzeugender Projektvergleich vorgenommen werden. Die Standardprojektablage kann z. B. für Software-Projekte ähnlich der im Anhang 2 aufgeführten Projektakte aufgebaut sein.

Als SW-Tool wird z. B. in einem Siemens-Bereich das Verfahren LiveLink sehr erfolgreich eingesetzt, welches in das unternehmensweite Intranet eingebunden ist. Als Vorteile einer derartigen Datenbank-gestützten Projektablage sind u. a. aufzuzählen:

- Aufbau und Inhalt sind für alle Projekte einheitlich,
- sie fördert die Vollständigkeit und Aktualität der Projektdaten,
- die Projektdokumentation kann rationell erstellt werden,
- sie ist konform mit Norm ISO 9001:2000,
- sie vermittelt Professionalität gegenüber Kunden.

Freie hierarchische Dokumentationsstruktur

In vielen Fällen bietet es sich an, das Nummernsystem projektbezogen zu wählen, d. h. projektspezifisch nur die wirklich benötigten Dokumentationskapitel zu definieren und dann in eine eigene hierarchische Ordnung zu bringen. Für diese Vorgehensweise ist in Bild 4.68 ein Beispiel wiedergegeben, wie es in der Praxis für die Durchführung kleinerer Entwicklungsprojekte verwendet wird.

Bei der freien hierarchischen Dokumentationsstruktur werden für jedes Projekt individuell die einzelnen Dokumentationskapitel definiert; es gibt also keine überflüssigen »Leer-Kapitel«.

Sehr vorteilhaft bei dem freien hierarchischen Nummernsystem sind Übersichtlichkeit und gute Anpassungsmöglichkeit an benutzerspezifische Strukturierungswünsche. Dies führt natürlich zwangsläufig dazu, dass jedes Projekt seine eigene Dokumentationsstruktur für die Projektakte hat. Beim Gegenüberstellen mehrerer Projekte ist dadurch der schnelle Vergleich einzelner Projektdokumente aus unterschiedlichen Projektakten schwierig. Auch können auf Grund der freien Wahl der hierarchischen Struktur leicht relevante Punkte bei der Projektakte übersehen werden. Das nachträgliche Einarbeiten fehlender Kapitel ist dann bei der hierarchischen Struktur immer unerfreulich.

DIN-Dokumentationssystematik

Schließlich sei noch auf DIN verwiesen. In der bereits weiter oben erwähnten DIN 6789

[58] wird eine Dokumentationssystematik für den Aufbau technischer Erzeugnis-Dokumentationen vorgeschlagen, die eine hierarchisch aufgebaute Dokumentationsgliederung im Sinn einer *Stücklistenordnung* vorgibt. Als Gliederungsebene enthält sie:

▷ Dokumenten-Hauptgruppe
▷ Dokumenten-Gruppe
▷ Dokument.

Dokument-Hauptgruppen sind innerhalb einer technischen Dokumentation z. B. die Bedienungsanleitungen, die Einzelteil- und Gruppenzeichnungen sowie die Schaltpläne.

In Bild 4.69 ist das Strukturbild für diese DIN-Dokumentationssystematik wiedergegeben.

Wie aus dem Bild ersichtlich, liegt jeder Dokumentationsebene eine *Dokumentenliste* vor, in der die einzelnen Dokumentationsobjekte der nächsten Ebene (Dokumente, Gruppen bzw. Hauptgruppen) explizit aufgeführt sind; sie fungiert als Art Inhaltsverzeichnis und stellt gewissermaßen die »Packliste« für die in ihr aufgeführten Dokumente dar. Das Überspringen einzelner Strukturstufen ist ausdrücklich vorgesehen.

Bei Großprojekten ist das hierarchische Ordnungsprinzip sicherlich der einzig sinnvolle Weg, um zu einer transparenten Strukturierung der Projektakte zu gelangen, die wegen der Projektgröße in diesen Fällen meist auch einen beachtlichen Umfang annimmt.

Handelt es sich dagegen um den Aufbau von Projektakten kleinerer Projekte und wird außerdem eine bequeme Vergleichbarkeit der unterschiedlichen Projektdokumentationen gewünscht, so bietet sich das Prinzip der Auswahlordnung an, wie sie im folgenden Kapitel beschrieben wird. Hier ist wohl ein festes Grundschema vorgegeben, aus dem aber durch gezieltes Ankreuzen eine »normierte«

1 Projektdefinition
1.1 Projektsteckbrief
1.2 Produktblatt
1.3 Projektorganisation
1.4 Antragsunterlagen
  1.4.1 Projektauftrag
  1.4.2 Aufwandsschätzung
  1.4.3 Wirtschaftlichkeitsnachweis
  1.4.4 Änderungsanträge
1.5 Entscheidungsunterlagen
  1.5.1 EI-Präsentationsunterlagen
  1.5.2 EI-Protokolle
  1.5.3 Prioritätenliste

2 Projektplanung
2.1 Arbeitspaketplanung
  2.1.1 Projektstrukturplan
  2.1.2 Arbeitspaketbeschreibung
  2.1.3 Phasen-/Meilensteinplanung
2.2 Terminplanung
2.3 Kostenplanung
  2.3.1 Kostenstruktur
  2.3.2 Kostenverteilung
2.4 Personalplanung
  2.4.1 Mitarbeitereinsatzplanung
  2.4.2 Aus- und Weiterbildung
2.5 Betriebsmittelplanung
  2.5.1 Investitionen
  2.5.2 Test-/Prüfanlagen
  2.5.3 Eingesetzte Werkzeuge/Verfahren
  2.5.4 Richtlinien/Auflagen
2.6 Qualitätsplanung
2.7 Krisenplanung

3 Projektkontrolle
3.1 Aufwands- und Kostenüberwachung
3.2 Terminüberwachung
3.3 Qualitätsüberwachung

4 Projektdurchführung
4.1 Projektberichte
  4.1.1 Monatsberichte
  4.1.2 Projektstatusberichte
  4.1.3 Inspektions-/Testberichte
4.2 Aufgabenbeschreibungen
  4.2.1 Mitarbeiterbezogene Aufgabenbeschreibungen
  4.2.2 Unteraufträge
4.3 Projektunterlagen
  4.3.1 Präsentationsunterlagen
  4.3.2 Aufwandserfassungsbelege
  4.3.3 Rechnungen
  4.3.4 Projekttagebuch
  4.3.5 Bibliotheksverzeichnis
  4.3.6 Verteilerkreise
4.4 Schriftwechsel
  4.4.1 Entscheidungsinstanz
  4.4.2 Beraterausschuss
  4.4.3 Anwender
  4.4.4 Sonstiger Schriftwechsel

5 Projektabschluss
5.1 Abnahme
  5.1.1 Freigabemitteilung
  5.1.2 Betreuungsvereinbarung
5.2 Abweichungsanalyse
5.3 Erfahrungsdaten
5.4 Projektauflösung

Bild 4.68 Freie hierarchische Dokumentationsstruktur (Beispiel)

Kapitelauswahl für die Projektakte vorgenommen werden kann.

4.5.4 Projektakte mit Auswahlordnung

In Entwicklungsbereichen, in denen mehr kleinere Projekte durchgeführt werden, hat es sich i. Allg. als zu aufwändig erwiesen, für jedes Projekt (und Produkt) ein eigenes Ordnungsschema für die Projektdokumentation (und für die Produktdokumentation) zu definieren. Bei den immer wiederkehrenden Überlegungen zum richtigen Gliedern einer Dokumentation wurden häufig einzelne Dokumentationspunkte übersehen, deren nachträglicher Einbau in ein hierarchisches Ordnungsschema dann kaum mehr möglich war. Auch war es ein Ärgernis, dass bestimmte Dokumentationsbestandteile in den einzelnen Dokumentationskompendien, wie Pflichtenhefte, Leistungsbeschreibungen und Benutzerbeschreibungen, unter unterschiedlichen Kapitelnummern in fast identischer Ausprägung aufgenommen werden mussten.

Für die vorgenannten Fälle bietet es sich an, die Projektakte nicht nach einem hierarchischen Ordnungsschema, sondern nach einer »Auswahlordnung« aufzubauen.

Prinzip der Auswahlordnung

Auswahlordnung bedeutet in diesem Zusammenhang, dass ein Grundschema als Maximalmenge der zu erstellenden Dokumentation für alle Projekte in einem abgeschlossenen Entwicklungsbereich vorgegeben ist. Zu den einzelnen Abschnitten einer Projektdokumentation, wie:

- ▷ Projektorganisation,
- ▷ Projektanforderungen,
- ▷ Projektplanung,
- ▷ Projektdurchführung,
- ▷ Qualitätssicherung,
- ▷ Schriftverkehr und
- ▷ Sonstiges (Anregungen, Präsentation, Schulung, Literatur)

werden alle (theoretisch) möglichen Dokumente in einem listenförmigen Verzeichnis aufgezählt. Aus dieser Maximalmenge wird durch Ankreuzen in einem zugehörigen *Auswahlverzeichnis* eine projektadäquate Untermenge gebildet. Dieses Auswahlverzeichnis

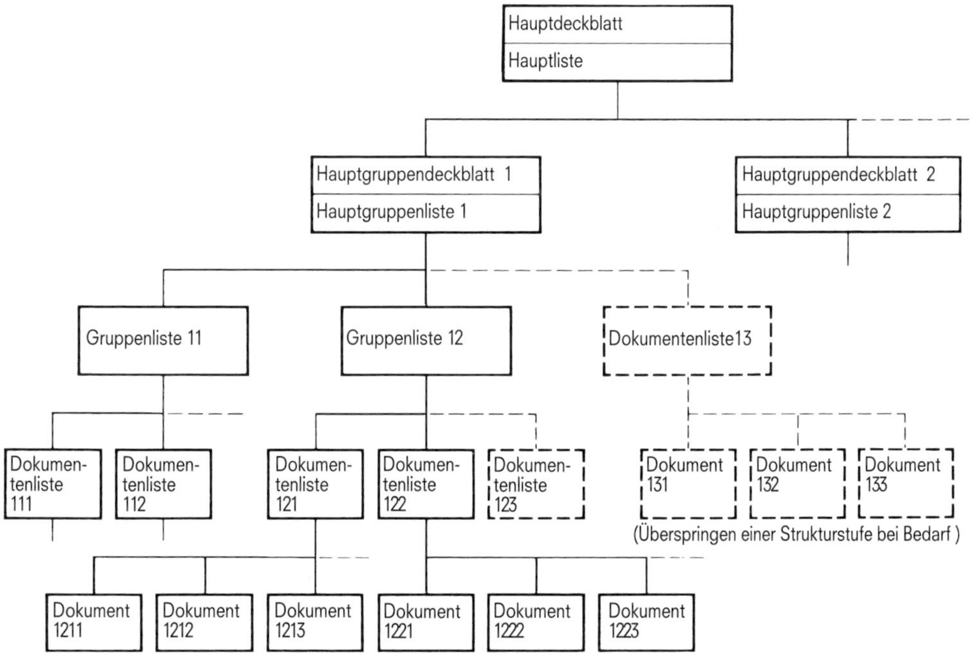

Bild 4.69 DIN-Dokumentationssystematik

übernimmt gleichzeitig die Funktion einer Checkliste, mit der die Vollständigkeit der spezifischen Dokumentationsauswahl überprüft werden kann; anhand des Übersichtsblatts erkennt man auf einen Blick, welche Dokumente für das vorliegende Projekt relevant sind und welche ausgespart wurden bzw. noch fehlen.

Beispiel eines Auswahlverzeichnisses

Bild 4.70 veranschaulicht ein solches Auswahlverzeichnis für Projektdokumente, wie es im Rahmen einer Dokumentationsordnung für Rationalisierungsprojekte im OI-Bereich unter der Bezeichnung DOKORD verwendet wurde. Die ausgewählten Dokumente sind mit x gekennzeichnet. Das Prinzip der hier gewählten Auswahlordnung ist – mit entsprechenden Anpassungen – in jedem anderen Entwicklungsbereich genauso sinnvoll einsetzbar.

Anwendungsspezifische Auswahlverzeichnisse

DOKORD umfasst neben dem gezeigten Ordnungsschema für die Projektdokumentation

Projekt-Dokumente

(x)	Projektblatt	A01	Projekt-organisation
(x)	Produktblatt	A02	
( )	Verteiler	A03	
(x)	Projektauftrag	A04	
(x)	Wirtschaftlichkeitsnachweis	A05	
( )	Entscheider- / Beraterprotokoll	A06	
( )	Unterauftrag	A07	
( )	Überlassungsvereinbarungen	A08	
( )	Betreuungsvereinbarungen	A09	
(x)	Freigabemitteilung / -Protokoll	A10	
( )	Projektbibliotheken	A11	
( )	Anwender-Anforderungen	A21	Projekt-anforderungen
(x)	Prioritätenliste	A22	
( )	Änderungsantrag / Fehlermeldung	A23	
(x)	Projektdurchführungsplan	A31	Projekt-planung
(x)	Projektmittelbedarf	A32	
( )	Betriebsmittelbedarf	A33	
( )	Krisenplan	A34	
(x)	Schulungsplan	A35	
(x)	Projektstatusbericht	A41	Projekt-durchführung
( )	Projekttagebuch	A42	
(x)	Aufwandserfassung	A43	
(x)	Kostenübersicht	A44	
( )	Installationsangaben	A45	
( )	Qualitätsanforderungen	A51	Qualität
(x)	Qualitätssicherung	A52	
( )	Kontroll- und Sicherungssystem	A53	
( )	Revisionsprüfpaß	A54	
(x)	Schriftverkehr / Besprechungsprotokoll	A61	Schriftverkehr
( )	Anregungen / Vorschläge (Zettelkasten)	A71	Anregungen
( )	Präsentations-Unterlagen	A81	Präsentation
( )	Schulungs-Unterlagen	A82	Schulung
( )	Literatur-Verzeichnis	A83	Literatur

				Sept. 1983 K OA 1 Ref	D O K O R D	A00
01		010983	Moe	SIEMENS AG	Projekt-Dokumente	1-

Bild 4.70
DOKORD-Auswahlverzeichnis

auch ein solches für die Produktdokumentation; bei diesem wird noch unterschieden zwischen den eigentlichen Produktdokumenten (Studie, Systemanforderungen, System- und Komponentenbeschreibung etc.) sowie den Review-, Test- und Optimierungsdokumenten.

DOKORD ist weitgehend hierarchiefrei und kann damit leicht an die jeweilige Produktstruktur und auch an die Projektstruktur angepasst werden (die Strukturen werden in den Dokumenten selbst abgebildet). Weiterhin gibt es keine Dokumentationen, die allein für bestimmte Zielgruppen (Entwicklung, Produktion, Vertrieb, Kundendienst) zu erstellen ist, was nicht ausschließt, dass einzelne Dokumente redaktionell überarbeitet werden müssen, wenn sie für eine bestimmte Zielgruppe noch nicht verständlich sind. Stattdessen gibt es nur noch *eine* Gesamtdokumentation, aus der man mit Hilfe spezieller zusätzlicher Auswahlverzeichnisse für bestimmte Zielgruppen Dokumentationszusammenstellungen anfertigen kann. Als solche anwendungsspezifische Auswahlverzeichnisse werden von DOKORD für SW-Entwicklungen die nachstehend aufgeführten vorgeschlagen. Selbstverständlich kann man darüber hinaus weitere benutzereigene Verzeichnisse definieren.

Auswahlverzeichnisse für Phasenabschlüsse

▷ Phasenabschluss für Projektvorschlag
▷ Phasenabschluss Planung I
▷ Phasenabschluss Planung II
▷ Phasenabschluss Realisierung I
▷ Phasenabschluss Realisierung II

Auswahlverzeichnisse für Konzepte

▷ Projektvorschlag
▷ Fachliches Grobkonzept
▷ Fachliches Feinkonzept
▷ DV-Grobkonzept
▷ DV-Feinkonzept

Auswahlverzeichnisse für Produktbeschreibungen

▷ System (logische Sicht)
▷ DV-System

Auswahlverzeichnisse für zielgruppenorientierte Dokumentationen

▷ Abwicklung
▷ Anwendung
▷ Betreuung
▷ DV-Komponenten-Entwicklung
▷ Modul-Entwicklung
▷ Interessenten
▷ Entscheider/Berater
▷ RZ-Bedarfsplanung
▷ Revision.

Diese anwendungsspezifischen Auswahlverzeichnisse enthalten neben den Produkt- und anderen Realisierungsdokumenten auch die erforderlichen Projektdokumente. So sind z. B. in den Auswahlverzeichnissen für die einzelnen Phasenabschlüsse verständlicherweise fast alle Projektdokumente vertreten. Hierbei ist die Dokumentationsordnung leicht an andere Phasenpläne (Meilensteine) anzupassen, da nur die entsprechenden Verzeichnisse ausgewechselt werden müssen.

Dokumentationszusammenstellung

Im Rahmen der DOKORD-Dokumentationsrichtlinie werden zu mehreren Einzeldokumenten Entwürfe für die äußere Form vorgestellt, sei es als Formular, als Vordruck oder nur als Grafikbeispiel. Diese Formvorschläge sind für die Anwendung der Dokumentationsordnung selbst allerdings nicht bindend.

Auch das eigentliche Erstellen der einzelnen Dokumente kann beliebig vorgenommen werden; sei es, dass man die Dokumente auf herkömmliche Weise manuell erstellt, oder aber, dass sie »maschinell« erzeugt werden (z. B. DV-Verfahren, Grafikarbeitsplatz).

Für das maschinelle Aufbereiten und Verwalten der Projekt- und Produktdokumentation stand im Rahmen von DOKORD auch ein DV-gestütztes Werkzeug zur Verfügung, mit dem die einzelnen Dokumente unmittelbar in der vorgeschlagenen Form erstellt, verwaltet und später auch wieder ausgegeben werden können.

Entsprechend dem Projekt- und Produktfortschritt füllt sich der jeweilige »Dokumentenpool«, der zu einem Gesamtverzeichnis gehört. Eine anwendungsspezifische Einzeldokumentation kann nun – im Prinzip zu jedem Zeitpunkt – gemäß dem zugehörigen Auswahlverzeichnis aus diesem Dokumentenpool *zusammengestellt* werden. In Bild 4.71 ist ein Beispiel für die Zusammenstellung einer Dokumentation zum Phasenabschluss »Realisierung I« dargestellt. Diese Phasenabschlussdokumentation enthält sowohl einige für den Phasenabschluss relevante Projektdokumente als auch Produkt- und Realisierungsdokumente, die zur Projektbeurteilung auf der Phasenentscheidungssitzung herangezogen werden.

Der Vorteil der Einheitlichkeit bei Projektakten mit solchen Auswahlordnungen wird natürlich mit einem Mangel an Übersichtlichkeit bei einer realen Ausprägung einer zielgruppenorientierten Dokumentation erkauft. Die Einzeldokumente müssen schließlich ohne gesonderte Anpassungen in jede Dokumentationszusammenstellung (z.B. Leistungsbeschreibung, Verfahrensbeschreibung, Benutzerbeschreibung) »hineinpassen«.

4.6 Projektberichterstattung

Grundvoraussetzung für eine optimale Projektdurchführung ist das transparente Aufbereiten der Projektinformationen und das gezielte Verteilen an alle Projektbeteiligten. Das Zuleiten der Projektinformationen darf nicht dem Zufall überlassen bleiben; in einem Projekt haben die Projektmitarbeiter und -beteiligten i. Allg. kaum Zeit für eine Informationssuche und geduldige Informationssammlung. Das jeweilige Informationsbedürfnis muss vielmehr möglichst automatisch – und vollständig – befriedigt werden, d. h. innerhalb der Informationshierarchie sind die strategische, die dispositive und die operative Ebene gleichermaßen nutzungsadäquat mit Informationen zu versorgen. Man spricht hier von *Informationsmanagement.* Die einzelnen Informationswege sind also sorgfältig zu planen und während der Projektdurchführung gezielt mit Projektinformationen zu beliefern. Das Informationssystem kann zwar personell betrieben werden; eine DV-Unterstützung ist aber sehr vorteilhaft, wenn man bei größeren und komplexen Projekten aus zahlreichen Daten und Fakten schnell eine benutzergerechte Informationsauswahl treffen und eine große Anzahl Projektbeteiligter beliefern muss. Auch die Möglichkeiten des Intranets eignen sich sehr gut zum aktuellen Bereitstellen von Projektinformationen.

Leider wird gerade bei der Projektberichterstattung noch viel zu viel manuell getätigt. Der Grund kann nicht darin liegen, dass geeignete Instrumentarien fehlen, sondern darin, dass man teilweise die einfache Veränderbarkeit von Projektinformationen bei manueller Berichterstattung nicht aufgeben möchte. Nur

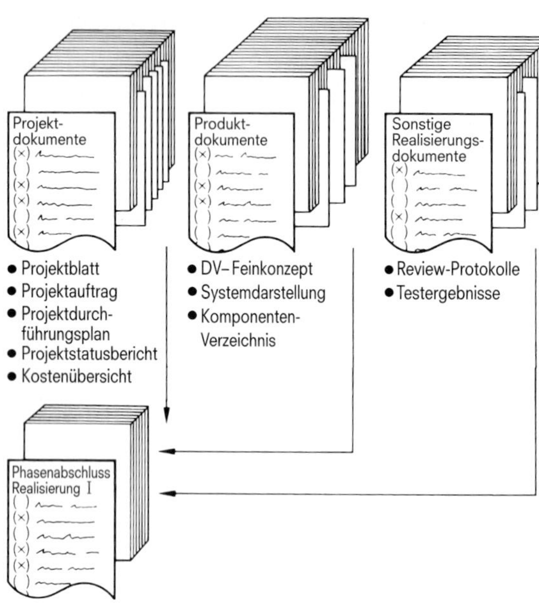

Bild 4.71
Zusammenstellen einer Einzeldokumentation

ein DV-gestütztes Projektführungssystem mit einer umfassenden Projektdatenbasis gewährleistet einen vollständigen, objektiven und nicht manipulierbaren Informationsfluss im Projekt.

4.6.1 PM-Berichtswesen

Das PM-Berichtswesen regelt und sichert den nutzungsgerechten Informationsfluss während des gesamten Projektablaufs. Hierzu sind alle Projektbeteiligten gemäß ihrer individuellen Informationsbedürfnisse einzubeziehen. Dieses Informationsmanagement muss damit:

- ▷ Informationswege aufzeigen,
- ▷ Informationsbedürfnisse feststellen,
- ▷ Informationskanäle festlegen und
- ▷ Berichtszeiträume bestimmen.

Mit dem PM-Berichtswesen wird i. Allg. das Projektbüro beauftragt, weil dort alle relevanten Informationen zusammenfließen und das Projektbüro die Informationen am rationellsten verteilen kann.

Informationswege

Es gibt interne und externe Projektbeteiligte, die als Informationsempfänger auf jeweils unterschiedliche Art an den Projektinformationen partizipieren wollen (Bild 4.72)

Zu den *projektinternen* Informationsempfängern gehören die Projektleitung und die Projektmitarbeiter, wobei die Letzteren nicht nur über ihren eigenen Projektausschnitt, sondern auch über den Gesamtprojektstand informiert werden sollten. Gute Informationen gerade in diesem Bereich fördert die Motivation ganz erheblich und steigert auch die Kooperationsbereitschaft.

Den *projektexternen* Projektbeteiligten gegenüber besteht eine besondere Informationspflicht, da einerseits beim Auftraggeber und bei der Bereichsleitung die endgültige Projektentscheidung liegt und andererseits die Partner und Unterauftragnehmer sowie die zentralen Dienstleistungsstellen nur auf Grund ausreichender Information dem Projekt effizient zuarbeiten können. Auch hier können sich Mängel in der Berichterstattung sehr nachteilig auf das Gesamtprojekt auswirken.

Informationsbedürfnisse

Das Informationsbedürfnis der Empfänger unterscheidet sich entsprechend ihrer Funktion im Projekt ganz erheblich voneinander und zwar in der

- ▷ Detaillierung,
- ▷ Vollständigkeit,
- ▷ Aktualität,
- ▷ Häufigkeit und
- ▷ Darstellungsform.

Die einzelnen Projektmitarbeiter benötigen z. B. viel detailliertere Projektinformationen als der obere Führungskreis, allerdings über einen kleineren Projektausschnitt als jener. Dem oberen Führungskreis müssen dagegen – stark verdichtete – Informationen über das Gesamtprojekt zur Verfügung stehen. Eng mit dem Detaillierungsgrad hängt die Vollständigkeit der Berichterstattung zusammen. Der Projektleiter benötigt eine lückenlose Aufzeichnung aller Projektparameter; demgegenüber genügen dem Auftraggeber z. B. einige globale Projektdaten. Auch in der Aktualität und Häufigkeit hat die Projektleitung die höchsten Ansprüche an die Projektberichterstattung. Die Form der Informationsdarstellung hängt ebenfalls stark von dem jeweiligen Nutzerkreis ab. Für mehr planerische Tätigkeiten auf höherer Ebene eignen sich besonders grafische Darstellungsformen; auf administrativen Ebenen sind ausführliche Listen und Tabellen wichtiger.

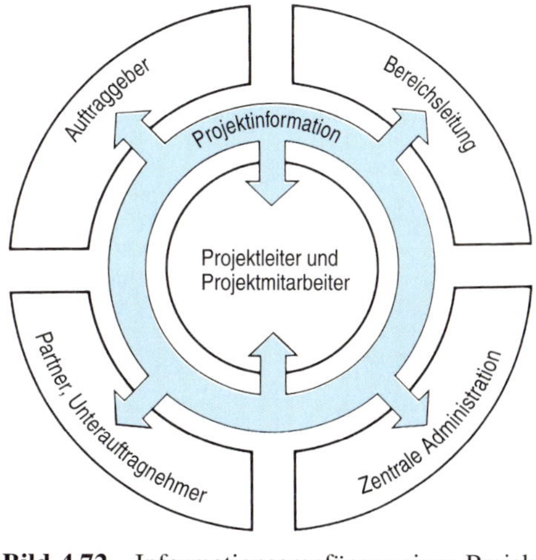

Bild 4.72 Informationsempfänger eines Projekts

Eine effiziente Projektberichterstattung muss auf diese Informationsanforderungen eingehen können; d.h. den Informationsempfänger soll die Information bereichern, nicht belasten.

Um dieses Ziel zu erreichen, muss bereits zu Projektbeginn für ein PM-Berichtswesen das jeweilige Informationsbedürfnis in einem *Berichtsplan* untersucht und festgelegt werden. Hierbei sind folgende Fragen zu klären:

- ▷ Wer benötigt Informationen?
- ▷ Welche Informationen werden benötigt?
- ▷ Wann werden diese benötigt?

Für die Definition eines solchen Empfängerkreises bietet sich der in Bild 4.73 dargestellte Berichtsplan an, in dem – bezogen auf die einzelnen Projektberichte und Empfängerkreise – der jeweilige Berichtszeitraum aufgeschrieben ist. Anhand eines solchen Berichtsplans kann jederzeit festgestellt werden, wer welche Projektberichte in welcher Zeitfolge erhalten soll. Ein Berichtsplan muss allerdings, wie jeder andere Verteilerkreis auch, regelmäßig aktualisiert werden. Das Informationsbedürfnis der einzelnen Projektbeteiligten kann einem Wandel während der Projektabläufe unterliegen, sowohl hinsichtlich der Berichtsart als auch der Berichtszeiträume.

Informationskanäle

Für die Projektberichterstattung gibt es drei Arten *Informationskanäle,* die sich in der technischen Ausprägung, der Durchführung und der Zuführungsverantwortung unterscheiden. Mit Zuführungsverantwortung ist hier die Verantwortung für die Informationsbeschaffung gemeint, d.h. »Bring-« bzw. »Holschuld« der Informationssender bzw. -empfänger (Tabelle 4.5).

Hierbei ist neben den *schriftlichen* und *mündlichen* Informationskanälen – in verstärktem Maße – die *Dialogausgabe*form von Projektführungs- und Managementinformationssystemen zu berücksichtigen. Projektberichte werden nämlich oft nicht nur als schriftliche Information erstellt, sondern stehen in einem Auskunftssystem jederzeit im Dialog über ei-

Berichtsplan

Projekt: Schaltzentrale 37 Datum: 3. 1.2000
Bereich: UBG E 3
PL: Eigri

Empfängerkreis			Projektberichte					
Name	Org.	Ort	Monatsbericht	Terminliste	MA-Einsatz	Kostenübersicht	MTA	
Projektleiter	E 31	Mch. G	mtl.	mtl.	mtl.	mtl.	mtl.	
Gruppenl. 1	E 311	Mch. G		mtl.			mtl.	
Gruppenl. 2	E 422	Mch. A	mtl.	mtl.	mtl.		mtl.	
Gruppenl. 3	E 312	Mch. G		mtl.			mtl.	
Bereichsleitg.	E 3	Mch. A		halbj.		halbj.	halbj.	
EA				quart.		quart.	quart.	
BA			mtl.					
Auftraggeber	JJ&Co		mtl.	halbj.		halbj.	halbj.	
Unterauftragnehmer 1				quart.				
Unterauftragnehmer 2				quart.				

Bild 4.73 Berichtsplan

nen Bildschirm zur Verfügung. Neben dem Vermeiden der aufwändigen und zeitraubenden Verteilung von Listen wird häufig mit einem solchen Auskunftssystem eine höhere Aktualität erreicht. Auch moderne Informationskanäle, wie E-Mail und Intranet werden im steigenden Maße für die Projektberichterstattung genutzt.

Fest eingebettet in ein PM-Berichtswesen sind nur die Informationskanäle, die einer »Bringschuld« unterliegen und damit in einen definierten und regelmäßigen Informationsfluss einbezogen werden können, also im Wesentlichen

- ▷ Projektberichte und
- ▷ Projektbesprechungen.

Projektberichtszusammenfassung

Im Rahmen eines offiziellen PM-Berichtswesens hat es sich als vorteilhaft gezeigt, zur Information der Bereichsleitung fest vorgegebene Projektzusammenfassungen zu erstellen. Ein solches »Standardpaket« von Projektberichten kann z. B. folgende Berichtsteile umfassen:

- ▷ Monatsbericht(e),
- ▷ Personalstand und -veränderungen,
- ▷ Teilprojektliste,
- ▷ Projektorganisation,
- ▷ Terminliste,
- ▷ Plan/Ist-Vergleich für Aufwand/Kosten,
- ▷ Trendanalysen,
- ▷ Qualitätsbericht,

Tabelle 4.5 Informationskanäle

Durchführungsform	Ausprägung	Zuführungsverantwortung	
		Bringschuld	Holschuld
Schriftlich	Bericht	×	
	Dokumentation	(×)	×
Im Dialog	Auskunft		×
	E-Mail	×	
	Intranet		×
Mündlich	Besprechung	×	(×)
	Vortrag		×

(×) teilweise

- ▷ Zulieferungsplan,
- ▷ Einsatzmittelplan,
- ▷ Abweichungsanalyse.

Dadurch, dass die Bereichsleitung eine immer wiederkehrende, gleiche Zusammenstellung definierter Projektberichte erhält, wird eine erstrebenswerte Kontinuität in der Berichterstattung erreicht. Der Informationsnutzer kann sich in die (immer gleiche) Form und Struktur der unterschiedlichen Projektberichte mit der Zeit so gut einlesen, dass dann projektkritische Teile kaum mehr übersehen werden.

Data-Warehouse

Wird eine Projektberichterstattung innerhalb eines Multiprojektbereichs gewünscht, die über sehr variable und flexible Auswertungsmöglichkeiten verfügen soll, so kann man dieses mit einer modernen Technologie der Datenorganisation, dem Data-Warehouse-Konzept, erreichen.

Das Data-Warehouse-Konzept ist ausgerichtet auf die *Datensammlung* aus mehreren Datenquellen, deren Datenbasen völlig verschieden aufgebaut sein können, und einer darauf aufsetzenden ganzheitlichen *Datenpräsentation*. Aus unterschiedlichen Dateien oder Datenbanken werden gezielt Projektinformationen nach vordefinierten Dimensionen in eine gemeinsame Datenbasis des Data Warehouse über die Schritte Datenextraktion, Transformation und Metadatenaufbau übernommen. Unter Dimensionen sind hier die unterschiedlichen Datenausrichtungen (wer, wo, wem, wann, was, wofür) zu verstehen; so könnte man z. B. bei einem Data Warehouse für eine Projektberichterstattung folgende Dimensionen festlegen: Zeit, Projektstruktur, Kundenstruktur, Kostenstellenstruktur, Organisationsstruktur. Die so organisierten Projektinformationen (Stundenaufwände, Projekteinzelkosten, Gemeinkosten, Verrechnungen, Scorecards etc.) stehen in einem beliebig drehbaren »Datenwürfel« für die unterschiedlichen Auskünfte und Auswertungen zur Verfügung; d. h. entsprechend der jeweils ausgewählten Dimension werden die gespeicherten Informationen präsentiert.

Wesentlicher Vorteil einer Data Warehouse-Lösung liegt in dem Wegfall bzw. der drastischen Reduzierung zeitaufwändiger und kostenintensiver Datenrecherchen für die vielfältigen Aufgaben im Rahmen des Projekt-Controllings. Bekannte SW-Produkte für Data Warehouse-Lösungen sind Essbase von Hyperion, Express von Oracle und BW (Business Information Warehouse) von SAP.

PM-Intranet-Portal

Neben dem Zugang zum Internet einschließlich des allgemeinen E-Mail-Verkehrs bietet sich für eine allumfassende Projektberichterstattung im besonderen Maße auch der Einsatz eines »PM-Intranet-Portals« innerhalb eines unternehmensweiten Intranets an. Über solch ein Informationsportal erhalten die Projektbeteiligten aller Hierarchieebenen – von der höchsten Management-Ebene bis hin zur untersten Ebene der einzelnen Sachbearbeiter – vollständigen Zugang zu den für ihren jeweiligen Aufgaben- und Verantwortungsbereich notwendigen Informationen.

Dabei können mittels entsprechender Befugnisse und Einteilung in Nutzerklassen über ein PM-Intranet-Portal unterschiedliche Funktionsbereiche abhängig von den vorhandenen hierarchischen Organisationsstrukturen abgesteckt werden. So sind z. B. folgende Nutzerklassen mit den aufgeführten Informationsgruppierungen denkbar:

Nutzerklasse *Controller, FuE-Kaufleute*

— Kostenstellenblätter, -berichte
— Projektübersichten
— Details der Kostenpositionen
— Bestellungen und Rechnungen.

Nutzerklasse *Vorgesetzte, Führungskräfte, Management*

— Reisebewilligungen
— Kostenstellenblatt
— Projektübersichten, -berichte
— Projektpläne
— Personalübersichten
— Personalbörse (freie Stellen)
— Qualifikationsprofile (Assignment-Management)
— Auskunft Projektdatenbank.

Nutzerklasse *Mitarbeiter*

— Eingabe der Stundenkontierungen
— Reiseanmeldungen, -abrechnungen
— Urlaubsanmeldungen
— Aufstellung der Telefon-/PC-Kosten
— Regeln/Vorgaben Entwicklungshandbuch
— Eingabe persönlicher Skills
— allgemeine Formulare
— Rundschreiben, Bekanntmachungen.

Nutzerklasse *Projektleiter, Teilprojektleiter*

— Eingabe/Pflege der Projektstammdaten
— Vertragsunterlagen
— Kontrolle der Stundenkontierungen
— Aufwände und Kosten
— Rechnungsschreibung
— Projektübersicht, -berichte
— Regeln/Vorgaben Entwicklungshandbuch
— Vorlagen für Projektpläne
— Eingabe/Pflege/Auskunft Projektdatenbank
— Eingabe/Auskunft Wissensdatenbank.

Die Vorteile eines allumfassenden Informationssystems innerhalb eines unternehmensweiten Intranets sind erheblich und überzeugend:

— größte Aktualität der PM-Informationen,
— gezielte und bedarfsorientierte Informationszuführung,
— breite Kommunikationsplattform,
— leichter, ortsunabhängiger Zugang zu den Informationen,
— gesicherte Informationsschranken (Datenschutz),
— Einbindung des gesamten Personals aller Hierarchiestufen,
— kostenoptimale Wissens- und Informationsverbreitung.

Eine Intranet-gestützte Projektberichterstattung ist damit ein wichtiger Beitrag zu einem effizienten und flexiblen Wissensmanagement in einem Entwicklungsbereich.

4.6.2 Projektberichte

Dokumentierte Projektinformation ist bekanntlich die Grundlage jeden Projektmanagements. Erst mit dem vollständigen Dokumentieren des gesamten Projektgeschehens kann die Projektleitung das Projekt im Sinn einer optimalen Zielerreichung planen, kontrollieren und steuern. Entsprechend den beiden großen Abschnitten in einem Entwicklungsprojekt

▷ Projektplanung und
▷ Projektkontrolle

werden die zugehörigen Projektunterlagen in *Projektpläne* und *Projektberichte* unterschieden (Bild 4.74).

Projektpläne enthalten ausschließlich Angaben für die Projektplanung. Dies heißt allerdings nicht, dass Projektpläne nur vor Beginn der eigentlichen Projektdurchführung erstellt werden. Auch während des Projekts entstehen Projektpläne, da i. Allg. die ursprüngliche Projektplanung immer wieder überarbeitet werden muss. In den Projektplänen sind normalerweise keine Istdaten vorhanden. Hierfür gibt es die Projektberichte, die zusätzlich Angaben über den Istzustand des Projekts enthalten, und daher erst während der Projektdurchführung anfallen. Projektberichte dienen unmittelbar zur Überwachung und Steuerung des Projekts.

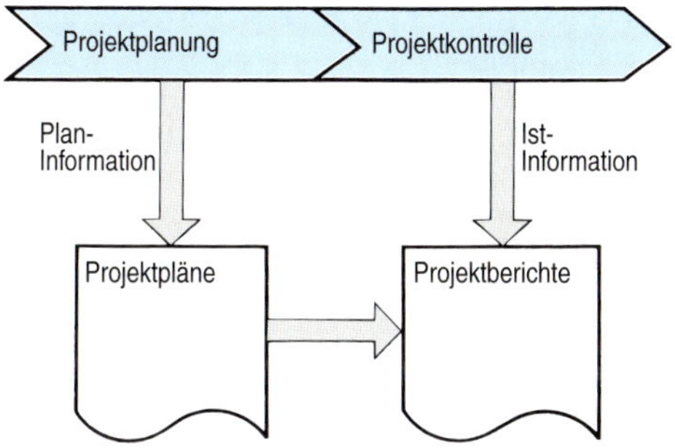

Bild 4.74 Projektpläne und Projektberichte

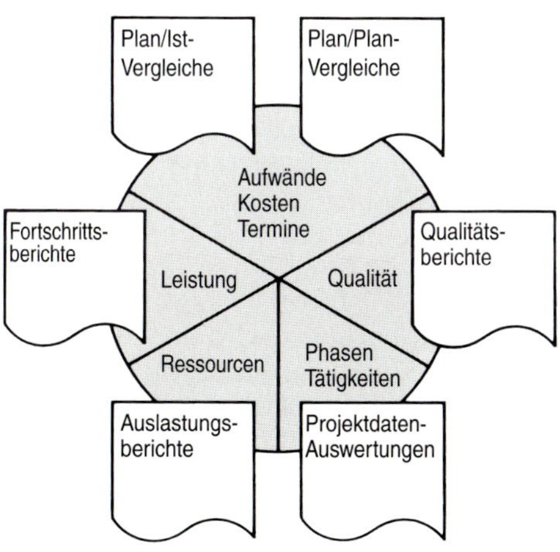

Bild 4.75 Arten von Projektberichten

Im Gegensatz zu den Projektplänen, für die sich teilweise schon allgemein gültige Bezeichnungen und Ausprägungen durchgesetzt haben (siehe Hauptkapitel 3.8), existieren für die Projektberichte zahlreiche Erscheinungsbilder mit beliebigen Aggregierungsstufen der angefallenen Projektdaten. Es ist aber, wie in Bild 4.75 dargestellt, eine gewisse Systematik entsprechend ihren hauptsächlichen Betrachtungsgrößen möglich.

Plan/Ist-Vergleiche

Plan/Ist-Vergleiche als *Statusberichte* sind sicher die wichtigsten Projektunterlagen zur Projektkontrolle. Plan/Ist-Vergleiche beziehen sich auf alle messbaren Projektdaten, im Wesentlichen aber auf:

▷ Termine (Terminberichte),
▷ Aufwände (Aufwandsberichte) und
▷ Kosten (Kostenberichte).

Darüber hinaus werden schon vereinzelt produktbezogene Ergebnisgrößen wie Befehlsanzahl, Anzahl Gatterfunktionen oder Anzahl Dokumentationsseiten in den Plan/Ist-Vergleich miteinbezogen. Wie in den Kapiteln 4.1.3 (Terminlicher Plan/Ist-Vergleich) und 4.2.4 (Plan/Ist-Vergleich für Aufwand/Kosten) bereits dargelegt, werden in den Plan/Ist-Vergleichen die vorgenannten Projektgrößen in ihren Istwerten – häufig in einer zeitlichen Aufteilung – den vorgegebenen Planwerten gegenübergestellt. Hierbei kann man für den Vergleich auch mehrere Formen von Planvorgaben heranziehen, z. B. ursprünglicher Plan oder letzter aktualisierter Plan. Die Gegenüberstellung der Plan- und Istwerte ist bei den Plan/Ist-Vergleichen also auf vielfältige Weise möglich. Wie in den vorgenannten Kapiteln erläutert, kann man den Plan/Ist-Vergleich

▷ absolut,
▷ linear,
▷ aufwandskorreliert oder
▷ plankorrigiert

durchführen. Beim *absoluten* Vergleich werden die anfallenden Istwerte dem Gesamtplanwert, bei den anderen Vergleichsarten dagegen jeweils anteiligen Planwerten gegenübergestellt. Hierbei ergeben sich die anteiligen Planwerte beim *linearen* Vergleich aus der linearen Aufteilung des Gesamtplanwerts auf die Projektlaufzeit; beim *aufwandskorrelierten* Vergleich werden die anteiligen Plankosten gemäß der zeitlichen Verteilung des Planaufwands angenommen; beim *plankorrigierten* Vergleich schließlich sind regelmäßig in festen Abständen Restaufwands- und -kostenschätzungen für das Festlegen des anteiligen Plans notwendig.

Auch müssen die zu vergleichenden Parameter entsprechend einer zielorientierten Reihenfolge ausgerichtet sein, d.h., es muss eine periodische Gliederung nach

- ▷ kritischen und
- ▷ unkritischen

Projektteilen möglich sein. Diese Trennung der »wichtigen« von den »weniger wichtigen« Abschnitten eines Plan/Ist-Vergleichs erleichtert ganz erheblich die Arbeit des Projektmanagements. Meist sind ja nur wenige Positionen in einem Plan/Ist-Vergleich kritisch. Würden diese irgendwo im Projektbericht stehen, so können diese von der Projektleitung leicht übersehen werden; stehen sie dagegen z.B. gleich am Anfang des Berichts, so fallen sie sofort ins Auge. Es hat sich sogar als vorteilhaft erwiesen, reine »Negativ-Listen« zu erstellen, in denen nur noch die Projektaufgaben enthalten sind, deren Termine nicht eingehalten werden können oder deren Kosten überschritten werden.

Plan/Plan-Vergleiche (Trendanalysen)

Plan/Plan-Vergleiche dienen einer *Trendanalyse* ausgewählter Projektparameter, bei der die im Projektverlauf abgegebenen Plankorrekturen in einer transparenten (meist grafischen) Darstellung aufgezeigt werden. Durch Extrapolieren von Planzuständen aus der Vergangenheit in die Zukunft ist eine Trendaussage über die weitere Entwicklung der betrachteten Plangrößen möglich. Es wird also nicht eine einzige Plankorrektur betrachtet; vielmehr betrachtet man den zeitlichen Verlauf eingetretener Plankorrekturen. Ziel dieser Analyse ist die Antwort auf die Frage:

- ▷ Wie geht es weiter?
- ▷ Wo landen wir mit unseren Planwerten?

Wie bei den Plan/Ist-Vergleichen sind die hauptsächlichen Betrachtungsgrößen von Plan/Plan-Vergleichen:

- ▷ Termine (Termintrendanalysen),
- ▷ Aufwände (Aufwandstrendanalysen) und
- ▷ Kosten (Kostentrendanalysen).

Die Meilenstein-Trendanalyse (MTA) ist als Termintrendanalyse für die Meilensteine wohl die bekannteste Form eines Plan/Plan-Vergleichs. In dieser Form einer Trendanalyse werden in regelmäßigen Zeitabständen (Berichtszeitpunkte) die voraussichtlichen Fertigstellungstermine ausgewählter Meilensteine des Projektablaufs bestimmt und in einer geeigneten Darstellungsform (z.B. Dreiecksraster in Bild 4.11) aufgetragen. Das Aufzeichnen der jeweils aktualisierten Planwerte ergibt einen Kurvenzug, aus dem man bei Vorliegen einer ausreichenden Anzahl Berichtszeitpunkte eine Prognose über den wahrscheinlichen Endtermin ableiten kann.

Auf ähnliche Weise können die Aufwands- und Kostenplanwerte fortlaufend aufgeschrieben und über eine Zeitachse aufgetragen werden (siehe Bild 4.29). Anhand des sich ergebenden Kurvenzuges ist dann genauso eine Voraussage hinsichtlich des wahrscheinlichen Gesamtaufwands bzw. der voraussichtlichen Kosten möglich. Im Gegensatz zur Termintrendanalyse, bei der die beiden Koordinaten dieselbe Maßeinheit haben (Meilensteintermine und Berichtszeitpunkte) und daher das bekannte Dreiecksraster verwendet werden kann, liegen bei Aufwands- und Kostentrendanalysen unterschiedliche Größen vor (Aufwand bzw. Kosten und Berichtszeitpunkte), so dass hier die grafische Darstellung nur als Histogramm möglich ist.

In den Kapiteln 4.1.4 (Termintrendanalysen) und 4.2.5 (Trendanalysen für Aufwand/Kosten) wird auf die Ausprägungen und die möglichen Darstellungsformen von Trendanalysen näher eingegangen.

Fortschrittsberichte

In Fortschrittsberichten wird der allgemeine Sachfortschritt von Projekten festgehalten. Inhalt, Form und Aktualität dieser Berichte hängen vor allem vom Adressatenkreis ab. In seiner einfachsten Form liegt ein Fortschrittsbericht als Monatsbericht vor; er ist in vielen Entwicklungsbereichen heute bereits Routine und umfasst normalerweise die Rubriken:

▷ Erreichte Ergebnisse
▷ Besondere Vorkommnisse
▷ Kritische Probleme
▷ Personalsituation.

Solche einfachen Fortschrittsberichte sollten von jeder größeren Entwicklungsgruppe in regelmäßigen Zeitabständen verfasst und gegenseitig an alle benachbarten Entwicklungsstellen verteilt werden. Sie haben damit – neben ihrer Hauptaufgabe der Projektberichterstattung – auch die Aufgabe der Querinformation in einem Entwicklungsbereich, welche wiederum zum Einschränken von Parallel- und Fehlentwicklungen auf Grund mangelnden Informationsstands notwendig ist.

Es gibt aber auch erheblich umfangreichere Fortschrittsberichte, die in ihrem Inhalt weit über den der üblichen Monatsberichte hinausgehen; sie enthalten in viel detaillierterer Form Angaben über den technischen Sachfortschritt der Produkt- bzw. Systementwicklung und umfassen bereits Teile einer Abweichungsanalyse über entwicklungstechnische Aspekte; diese nehmen damit den Charakter umfassender Entwicklungsberichte (Projektzusammenfassungen) an.

Qualitätsberichte

In Qualitätsberichten, auch Qualitätssicherungsberichte (QS-Bericht) genannt, werden alle durchgeführten Maßnahmen zur Qualitätsprüfung sowie die Ergebnisse zur Qualitätssicherung aufgeführt; sie enthalten einerseits eine Aufstellung aller Inspektionen und qualitätsorientierten Tests und Prüfungen sowie andererseits die hierbei gefundenen Erkenntnisse und die beschlossenen Abhilfen und Verbesserungen.

Wichtig ist, dass die Qualitätsberichterstattung schon sehr früh im Entwicklungsablauf einsetzt. Je früher nämlich qualitätssichernde Maßnahmen einsetzen, desto geringer werden die anfallenden Fehlerbehebungskosten sein. Auch gehört zu einer »lebenden« Qualitätssicherung deren stete Überprüfung; hierzu dienen die »Audits« (siehe Kap. 4.4.5), deren Ergebnisse auch in den Qualitätsberichten enthalten sein sollten.

Qualitätsberichte dienen also dem Management und den projektbeteiligten Entwicklungsstellen zum Nachweis einer wirkungsvoll durchgeführten Qualitätssicherung und der Einhaltung von Qualitätsmerkmalen.

Auslastungsberichte

Auslastungsberichte zeigen die aktuelle und künftige Auslastung der für das Entwicklungsprojekt in Anspruch genommenen Einsatzmittel bzw. Ressourcen auf; hierzu zählt die Auslastung von

▷ Personal (eigen/fremd),
▷ Rechenanlagen,
▷ Test- und Prüfanlagen,
▷ Software-Arbeitsplätzen,
▷ CAD-Arbeitsplätzen und
▷ Bürosystemen.

Unter Auslastung ist in diesem Zusammenhang das Gegenüberstellen von Bedarf und Vorrat eines bestimmten Einsatzmittels zu verstehen; dabei kann der Bedarf größer (Überlastung, -deckung) oder kleiner (Unterlastung, -deckung) als der Vorrat sein. Wird z. B. die Netzplantechnik eingesetzt, so kann die Bedarfsermittlung automatisch aus dem Netzplan heraus geschehen; anderenfalls muss der Bedarf durch Aufsummieren aus anderen Projektunterlagen ermittelt werden. Das Bestimmen des Vorrats ist dagegen meist einfacher.

Mit einem im festen Turnus erstellten Auslastungsbericht erreicht man, dass Überkapazitäten an Personal und mangelnde Auslastungen an Maschinen bzw. Überlastungen des Personals und der Maschinen frühzeitig erkannt werden. Durch das Aufzeigen von sich abzeichnenden Leerläufen oder Engpässen kann man meist noch rechtzeitig Maßnahmen zum Gegensteuern treffen.

Leider kommt es in der Projektpraxis noch häufig vor, dass plötzlich Mitarbeiter für eine bestimmte Zeit nicht ausgelastet sind und genauso unvermittelt in der Folgezeit Überstunden leisten müssen. Auch bei Maschinenzeiten kann dieser plötzliche Wechsel von Unterlast zu Überlast beobachtet werden. Folge dieser Fehlauslastungen sind dann Termin- und Aufwandsüberschreitungen. Nur eine regelmäßige und frühzeitige Auslastungsoptimierung der Einsatzmittel mit Hilfe von Auslastungsberichten kann hier einen Ausweg zeigen.

Hauptkapitel 3.5 (Einsatzmittelplanung) geht auf das Berechnen von Auslastungen näher ein.

Projektdaten-Auswertungen

Die in einer Projektdatenbasis niedergelegten Projektdaten können nach den unterschiedlichsten Gesichtspunkten ausgewertet werden. Das Aufzeigen aller Möglichkeiten würde den Umfang dieses Kapitels allerdings sprengen; deshalb seien hier nur ein paar besonders interessante Auswertungen aufgezählt, die sich auf die phasen- und tätigkeitsbezogene Aufwandsdarstellung beziehen:

▷ Personalaufwand je Entwicklungsphase,
▷ Kosten je Entwicklungsphase,
▷ Personalaufwand je Tätigkeitsart,
▷ Personalaufwand je Tätigkeitsart und Entwicklungsphase,
▷ Qualitätskosten prozessbezogen.

Nimmt man z.B. die Stundenkontierung entsprechend den eingeführten Entwicklungsphasen und einer definierten Unterteilung nach Tätigkeitsarten vor, so können die kumulierten Aufwände gemäß dieser Prozessstruktur aufgezeigt werden. Bild 4.76 zeigt den Aufbau einer solchen EKZ/TKZ-Aufwandsmatrix. Die Matrixfelder enthalten die EKZ/TKZ-bezogenen Aufwandswerte z.B. in MW. Die gezeigte EKZ/TKZ-Aufwandsmatrix hat Eingang in die FuE-Projektkalkulation (siehe Kap. 3.6.2) gefunden.

Mit dieser Art von Projektdaten-Auswertungen können außerdem Kennzahlen für die prozentuale Aufwandsverteilung auf die Entwicklungsphasen abgeleitet werden, die wiederum innerhalb eines Aufwandsschätzverfahrens auf Basis der Prozentsatzmethode (siehe Kap. 3.2.7) verwendbar sind. Projektberichterstattung trägt damit auch zur Erfahrungssicherung bei.

Werden in einer Prozessorganisation die Aktivitäten für die Qualitätssicherung als eigene Tätigkeitsart(en) ausgewiesen, so ist in ähnlicher Weise eine Qualitätskostenermittlung möglich. Bei entsprechender Definition der Tätigkeitsarten kann dann sogar zwischen Fehlerverhütungs- und Prüfkosten sowie Fehler- und Ausfallkosten unterschieden werden.

4.6.3 Grafische Informationsdarstellung

Zur Informationsdarstellung im Rahmen der Projektberichterstattung bieten sich bekanntlich zwei Formen an, die *grafische* und die *tabellarische* Darstellung. Beide Arten haben Vor- und Nachteile, so dass sie nicht konkurrieren, sondern sich ergänzen (Bild 4.77).

Der grafischen Darstellung hängt gelegentlich ein »Show-Effekt« an, was zu einer schiefen

Angaben in MW		Tätigkeitsart (TKZ)									
	Phase (EKZ)	Definieren	Entwerfen	Review	Codieren	Code-Review	Testen	Integrieren	Einführen	Dokumentieren	Summe je Phase
0	Anstoß	2									2
1	Studie	5	2							2	9
2	Systementwurf		8	2						2	12
3	Programm- oder Schaltungsentwurf		12	3						3	18
4	Implementierung				32	3				4	39
5	Verbundtest				1		13			1	15
6	Systemtest						11	4		1	16
7	Einsatz								2	2	4
Summe je Tätigkeitsart		7	22	5	33	3	24	4	2	15	115

Bild 4.76
Projektdaten-Auswertung nach Phasen und Tätigkeitsarten (EKZ/TKZ-Aufwandsmatrix)

Art der Darstellung	Vorteile	Nachteile
Tabellarische Informationsdarstellung	▶ Exakte Werte ▶ Hoher Informationsinhalt ▶ Einfache Aufbereitung ▶ Leichte Änderbarkeit	▶ Unübersichtlich (»Zahlenfriedhof«) ▶ Schwere Trennung Zwischen Wichtigem und Unwichtigem ▶ Abweichungen schwer erkennbar
Grafische Informationsdarstellung	▶ Transparent ▶ Informativ, aussagekräftig ▶ Geringer Aufwand bei manueller Skizzierung	▶ Ungenaue Wertangaben ▶ Probleme bei Informationskomprimierung ▶ Begrenzte Informationsmenge ▶ Großer Aufwand bei maschineller Aufbereitung

Bild 4.77
Vor- und Nachteile der beiden Informationsdarstellungen

Bewertung ihrer Vor- und Nachteile führen kann. Trotz aller Vorteile der grafischen Darstellung ist die Tabelle in der PM-Praxis nicht wegzudenken. Die grafische Darstellungsform ist besonders vorteilhaft in den planerischen Projektabschnitten; die tabellarische Form dagegen wird mehr im Bereich der Projektauswertung und -kontrolle genutzt.

Arten der Grafikdarstellung

Für die grafische Informationsdarstellung im Rahmen des Projektmanagements können sehr unterschiedliche Arten verwendet werden:

Diagramme

▷ Balkendiagramm
▷ Säulendiagramm
▷ Flächendiagramm
▷ Treppendiagramm
▷ Liniendiagramm
▷ Punktediagramm
▷ Kurvendiagramm.

Sondergrafiken

▷ Kreisgrafik (Kreisdiagramm)
▷ Dreiecksraster (Meilenstein-Trendanalyse)
▷ Keviat-Diagramm (Spinne).

Netze

▷ Instanzennetz
▷ Petri-Netz
▷ MPM-Netz
▷ CPM-Netz
▷ PERT-Netz.

Struktogramme

▷ Monohierarchische Strukturen
▷ Polyhierarchische Strukturen.

Freie Grafiken

▷ Relationengitter
▷ Schaubilder.

Bei den Diagrammen muss noch eine häufig benutzte Spezialform hervorgehoben werden, das Histogramm. Hier ist die eine der beiden Achsen (meistens die x-Achse) immer mit einem Zeitmaßstab belegt. Histogramme zeigen daher als Zeitdiagramme den zeitlichen Verlauf einer oder auch mehrerer Projektgrößen auf.

Bei Diagrammen bietet sich außer der zweidimensionalen eine dreidimensionale Darstellung an, die allerdings mehr eine »$2^1/_2$-dimensionale« ist, da hier mehrere zweidimensionale Diagramme hintereinander angeordnet werden. So erreicht man, dass die betrachteten Projektgrößen auf einem Blatt nach weiteren Parametern aufgegliedert werden, sei es durch eine Aufteilung oder durch eine zusätzliche Unterteilung (siehe Bild 3.87).

Eine ausdruckstarke Grafik, die z. B. über einer Excel-Sheet aufgebaut werden kann, ist das Keviat-Diagramm (siehe Bild 4.60); mit dieser Grafik – auch als Spinne bezeichnet – kann sehr gut ein Plan/Ist-Vergleich oder die Zielerreichung von mehreren Parametern in einem gemeinsamen Bild dargestellt werden.

In Bild 4.78 werden einige prägnante Beispiele aus der Projektpraxis gegeben, die als Anregung für eigene, fallspezifische Grafikentwürfe anzusehen sind.

Tabelle 4.6 gibt einen Überblick über die häufig genutzten grafischen Informationsdarstellungen. In der Spalte »Bezugs-Parameter« ist angegeben, auf welche Projektgrößen die jeweiligen Grafiken beispielsweise ausgerichtet sein können.

Standardgrafiken

Innerhalb einer ganzheitlichen und transparenten Projektberichterstattung bietet es sich an, allgemein gültige Grafikdarstellungen, d.h. *Standardgrafiken,* zu verwenden. Standardgrafiken haben den Vorteil, dass bestimmte Pro-

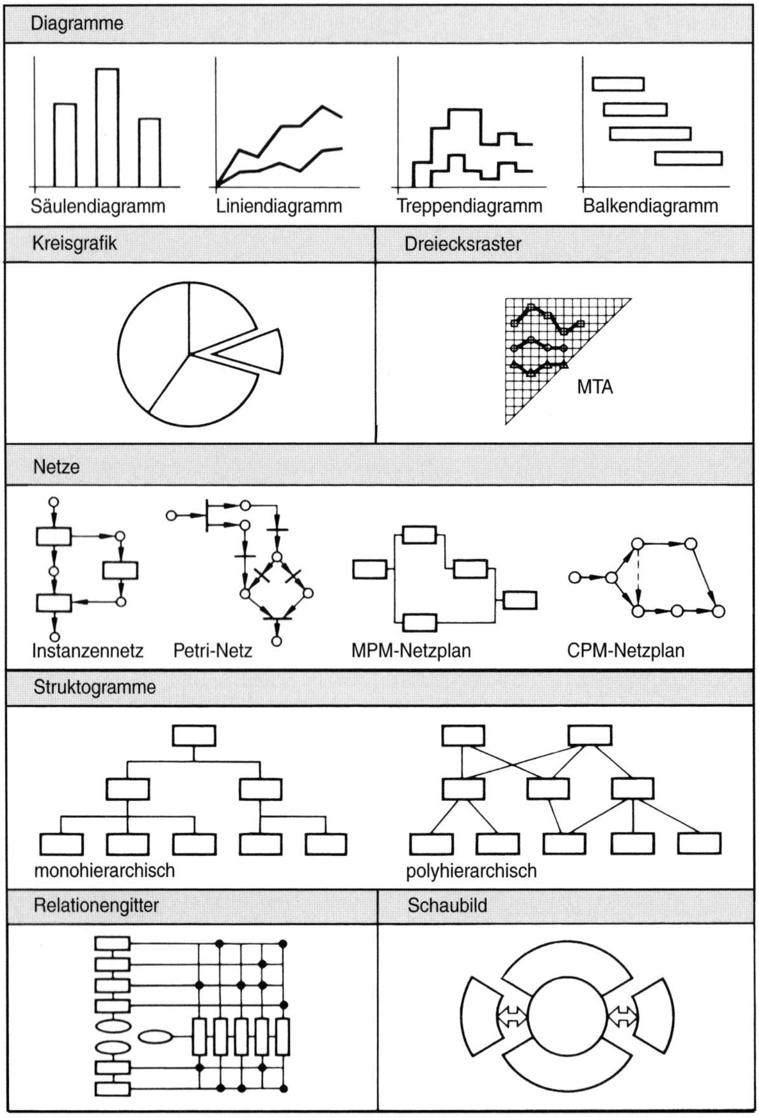

Bild 4.78
Arten der Grafikdarstellung

Tabelle 4.6 Beispiele von grafischen Informationsdarstellungen

Darstellung	Y-Achse	X-Achse	Bezugs-Parameter (z. B.)
Balkenpläne			
Terminplan	Arbeitspakete	Zeit	Mitarbeiter, Organisationseinheiten
Personaleinsatzplan	Personalkapazitäten	Zeit	Projekte, Organisationseinheiten
Mitarbeitereinsatzplan	Mitarbeiter	Zeit	Aufgaben
Auslastungspläne			
Personalauslastung	Aufwände	Zeit	Projekte, Organisationseinheiten
Multiprojektplanung	Summenaufwände	Zeit	Aufgabengebiete
Betriebsmittelauslastung	Betriebsmittelnutzung	Zeit, Anteile	Testanlagen
Plan/Ist-Vergleiche			
Sachfortschritt	Anzahl Arbeitspakete	Zeit	Teilprojekte
zeitlich	Aufwände, Kosten	Zeit	Teilprojekte
absolut	Aufwände, Kosten	Arbeitspakete	Teilprojekte
phasenorientiert	Aufwände	Phasen	Organisationseinheiten

Darstellung	Y-Achse	X-Achse	Bezugs-Parameter (z. B.)
Trendanalysen			
Aufwand	Aufwand	Berichtszeitraum	Projekte, Teilprojekte
Kosten	Kosten	Berichtszeitraum	Arbeitspakete, Organisationseinheiten
Termin	Plantermine	Berichtszeitraum	Arbeitspakete, Meilensteine
Netzpläne			
Detailnetzplan	Vorgänge	Zeit	Teilprojekte, Organisationseinheiten
Verdichteter Netzplan	Gruppenvorgänge	Zeit	Organisationseinheiten
Sondergrafiken			
EKZ-TKZ-Auswertung	Tätigkeitsorientierte Aufwände	Phasen	Projekte
Kreisgrafik	Anzahl Aufwände		Projekte, Aufgabengebiete
Strukturgrafiken			
Projektstrukturplan	Strukturebenen	Arbeitspakete	Teilprojekte
Produktstrukturplan	Strukturebenen	Produktteile	Produktkomponenten
Organigramm	Hierarchieebenen	Organisationseinheiten	Organisationsbereiche

jektparameter stets in derselben Form präsentiert werden, so dass man sich bei der Projektbeurteilung immer auf denselben Bildaufbau abstützen kann.

Liegen für alle Projekte bzw. Teilprojekte dieselben Standardgrafiken auch in einem regelmäßigen Berichtsturnus vor, so ergibt sich – nicht nur über die Projekte hinweg, sondern auch über die Zeit gesehen – eine sehr gute *Vergleichbarkeit* von Projektdaten.

Bild 4.79 veranschaulicht eine solche Standardgrafik für einen Projektbericht. Neben einem Plan/Ist-Vergleich des Personalaufwands und der Entwicklungskosten enthält der Bericht eine Sachfortschrittsaufzeichnung anhand der erledigten Arbeitspakete. Weiterhin ist zur Beobachtung der Terminsituation das Dreiecksraster der Meilenstein-Trendanalyse aufgenommen worden.

Diagrammverbindungen

Die aufgeführten Diagrammarten lassen sich zu Summen-Grafikbildern verbinden. Mit dieser Möglichkeit kann man dem Nachteil der

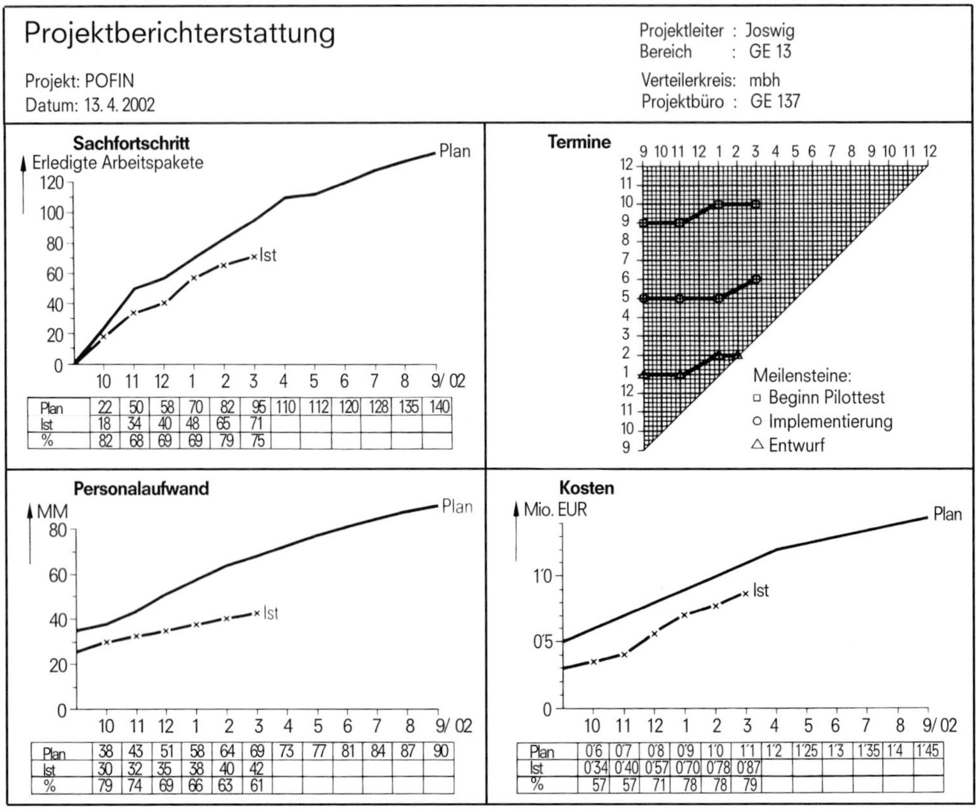

Bild 4.79 Standardgrafiken für einen Projektbericht

begrenzten Informationsmenge der Einzelgrafik entgegenwirken. So stellt der grafische Plan/Ist-Vergleich genau genommen bereits eine solche Diagrammverbindung dar.

Drei Vorgehensweisen sind möglich:

▷ Kombination von Diagrammen
▷ Kopplung von Diagrammen
▷ Schachtelung von Diagrammen mit anderen Grafiken.

Kombination von Diagrammen

Bei der Kombination wird z. B. ein Treppendiagramm mit einem Liniendiagramm überlagert, wobei der Zeitmaßstab für beide Kurvenverläufe derselbe ist. Die vertikal aufgetragene Einheit kann gleich sein; sie braucht es aber nicht. Bild 4.80 zeigt hierfür ein Beispiel, bei dem über die Zeit der Plan- und Istaufwand in MM sowie der hierauf bezogenen Prüf- und Entwicklungsanteil in h/Tag aufgetragen ist.

Beim Kombinieren von Diagrammen muss allerdings darauf geachtet werden, die »Summengrafik« nicht zu überladen – weil sonst die Übersichtlichkeit verloren geht. Da die meisten Plotter und auch bereits viele Grafikdrucker die Farbe nutzen können, ist die Farbkennzeichnung für die einzelnen Kurvenzüge sehr beliebt. Allerdings sollte jede Farbkennzeichnung mit einer Unterscheidung der Strichart einhergehen, da die Farbinformation beim Schwarzweiß-Kopieren verloren geht.

Kopplung von Diagrammen

Die Kopplung stellt eine Zwischenstufe der beiden anderen Verbindungsformen dar. Hier sind mehrere Diagramme aufgeführt, die (meist) übereinander angeordnet sind und über dieselbe Skalierung der horizontalen Achsen verfügen. Die vertikalen Achsen enthalten allerdings völlig andere Maßeinheiten. Häufig findet man Histogramme für unterschiedliche Projektgrößen auf diese Weise miteinander verbunden.

So zeigt Bild 3.89 eine Diagrammkopplung, bei der ein Balkendiagramm mit einem Auslastungsdiagramm und einer Terminliste verbunden wurde. Ausgehend von der Erkenntnis, dass die alleinige Information eines »Auslastungsgebirges« nicht viel bringt, ist es bei der genannten Grafik möglich, von einer auftretenden mangelnden Auslastung über die zeitliche Zuordnung auf die beteiligten Aufgabenkomplexe zu schließen. Erst dadurch wird die Projektleitung befähigt, geeignete Maßnahmen zum Glätten des Kapazitätsverlaufs vorzunehmen.

Schachtelung von Diagrammen mit anderen Grafiken

Bei der Schachtelung mehrerer Grafiken, die von unterschiedlicher Art sind, sollen bestimmte Projektgrößen auf einem Blatt nach unterschiedlichen Gesichtspunkten aufgezeigt werden. Auf diese Weise kann man gänzlich verschiedene Grafiken zum selben Themenbereich auf einem Blatt zusammenfassen. So ist z. B. in Bild 4.81 neben den Plan/Ist-Kurvenverläufen der Aufwände von drei Subsystemen zusätzlich die prozentuale Aufteilung der Gesamtkosten nach Kostenelementen als Kreisgrafik aufgeführt. Normalerweise kommen solche Grafiken durch »Zusammenkleben« von Einzelgrafiken zu Stande; moderne PC-Tools für Geschäftsgrafiken ermöglichen bereits das rechnerunterstützte Erstellen geschachtelter Grafiken.

Grafische Aufbereitung

Die Informationen, die grafisch aufbereitet werden sollen, stammen entweder aus der Datenbasis eines rechnergestützten Verfahrens oder aus einer allgemeinen (papierenen) Quelle. Die grafische Aufbereitung kann über das Verfahren oder über den Menschen gehen, wobei der Mensch sich eines grafischen Arbeitsplatzes bedienen kann. Damit ergeben sich drei Kanäle der *Informationszulieferung* und drei Möglichkeiten der *Grafikaufbereitung* (Bild 4.82).

So angenehm die Grafikaufbereitung unmittelbar aus der Datenbasis eines Projektführungssystems auch erscheinen mag, so problema-

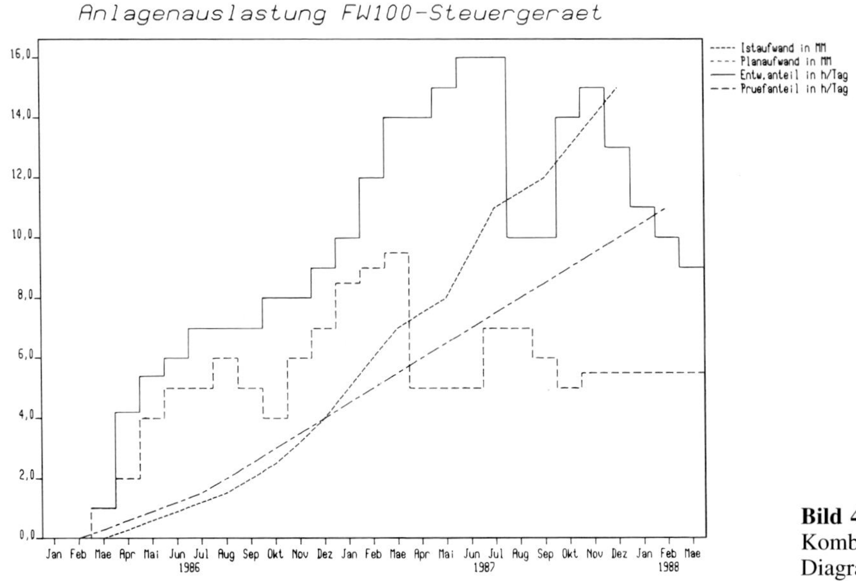

Bild 4.80
Kombiniertes Diagramm

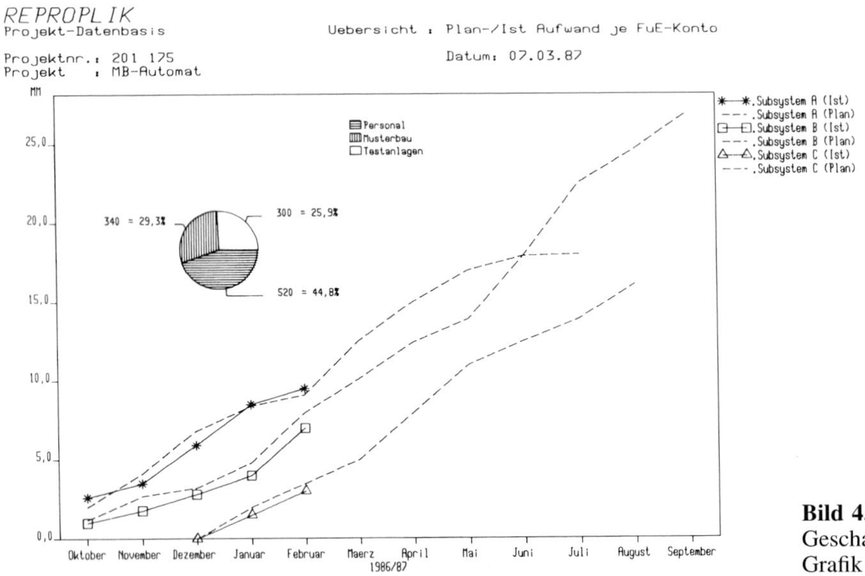

Bild 4.81
Geschachtelte Grafik

tisch ist sie doch in der Praxis. Hierfür gibt es folgende Gründe:

- ▷ Maximalwerte der Zeitachsen von Histogrammen sind nicht vorher bestimmbar.
- ▷ Anzahl der Säulengruppen bei Säulendiagrammen ist i. Allg. variabel.
- ▷ Maximale Anzahl der zu überblendenden Kurvenzüge bei Diagrammen kann nicht im Vorhinein angegeben werden.
- ▷ Die »Dynamik« (Minimal- und Maximalwert) der einzelnen Darstellungsgrößen ist zu groß, als dass generelle Darstellungsregeln gefunden werden könnten.
- ▷ Die »Betextung« der Grafiken ist variabel und unterschiedlich.
- ▷ Für das Optimieren der Platzierung von Strukturelementen lassen sich keine objektivierbaren Regeln aufstellen.
- ▷ Automatisches Verdichten bei zu großen Darstellungsvolumina ist nur teilweise möglich.

Hier ist anzumerken, dass die »vollautomatische« grafische Aufbereitung oft gar nicht er-

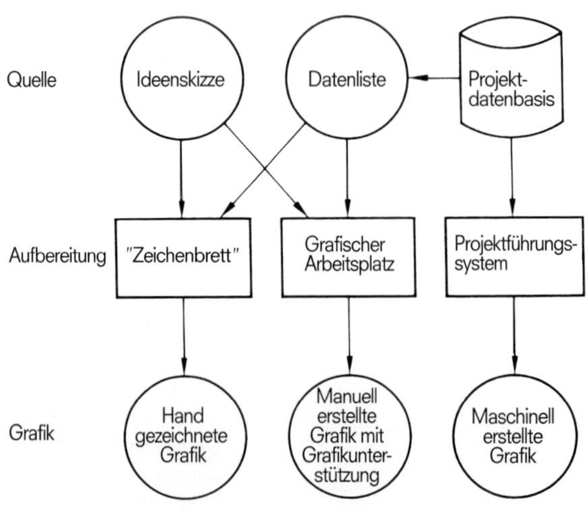

Bild 4.82
Möglichkeiten der Grafikaufbereitung

forderlich ist und deshalb auch nicht als das große Ziel angestrebt werden sollte. So ist z.B. bei äußerst stark komprimierten und kombinierten Grafikdarstellungen für das Top-Management eine Automatik nicht notwendig, da diese nur in größeren Zeitabständen verfügbar sein müssen.

Die Grafik spricht das Schönheitsempfinden des Menschen an, das kaum durch eine Maschine befriedigt werden kann. Daher ist sicher für die grafische Informationsaufbereitung der Weg über den Menschen mit Nutzung eines grafischen Arbeitsplatzes, d.h. eines Grafikterminals mit entsprechenden Grafikprogrammen (siehe Kap. 6.3.4), die richtige Vorgehensweise.

4.6.4 Projektbesprechungen

Projektbesprechungen dienen dem direkten Informationsaustausch beim Durchführen eines Projekts und bilden die Grundlage für eine gezielte Projektsteuerung bei auftretenden Schwierigkeiten im Entwicklungsablauf und daraus resultierenden Planabweichungen. Entsprechend ihrem Tagungsturnus gibt es:

- ▷ regelmäßige,
- ▷ ergebnisgesteuerte und
- ▷ ereignisgesteuerte Projektbesprechnungen.

Die Zeitpunkte dieser Besprechungen, auch als Projektstatussitzungen (PSS) bezeichnet, sind – bezogen auf den Projektablauf – in Bild 4.83 angegeben.

Regelmäßige Projektbesprechungen

Zu den regelmäßig durchgeführten Projektbesprechungen gehören vor allem Gruppenleiter- und Abteilungsleiterbesprechungen sowie teilweise auch Sitzungen der Entscheidungs-, Beratungs- und Steuerungsgremien. Hauptaufgaben sind dabei:

- ▷ Projektstatus feststellen,
- ▷ Abweichungen (Termin, Kosten, Aufwand und Sachfortschritt) fixieren,
- ▷ erforderliche Steuerungsmaßnahmen ausarbeiten,
- ▷ Verbesserungsmaßnahmen erarbeiten,
- ▷ Lösungskonzepte diskutieren,
- ▷ Kommunikation steigern,
- ▷ Informationslücken aufdecken,
- ▷ Missverständnisse beseitigen und
- ▷ Verbundenheit zum Projekt fördern (Motivationssteigerung).

Zu den wichtigsten, regelmäßig durchzuführenden Besprechungen zählen dabei die *Projektstatusbesprechungen;* sie sollen den Projektstatus insgesamt feststellen und an die Leitungsebenen weitergeben. Hierzu gehören einerseits das Darlegen des Entwicklungsstands in Form der technischen Leistungsdaten der Entwicklungsobjekte und andererseits das Darstellen der Termin- und Kostensituation anhand entsprechender Plan/Ist-Vergleiche und Trendanalysen. Vorteilhaft ist die offizielle Etablierung solcher Besprechungen als *Projektstatus-Entscheidungssitzungen* (PSES), wie sie in einigen Entwicklungsbereichen bereits zur Regel geworden sind.

Bei größeren bzw. überbereichlichen Entwicklungsvorhaben, bei denen eine verstärkte Querinformation zwischen den Projektgruppen besonders wichtig ist, hat es sich als vorteilhaft erwiesen, »Jour fixe« einzurichten; diese finden ebenfalls in regelmäßigem Turnus statt, nämlich wöchentlich, monatlich oder vierteljährlich. An diesen vorab festgelegten

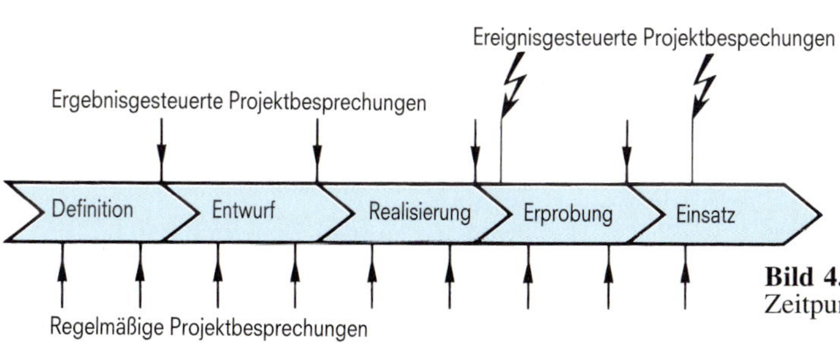

Bild 4.83
Zeitpunkte von Projektbesprechungen

Terminen treffen sich ausgewählte Vertreter der einzelnen Gruppen, erörtern die anstehenden Probleme und können so gemeinsam Lösungswege aufzeigen und auch beschließen.

Ergebnisgesteuerte Projektbesprechungen

Ergebnisgesteuerte Projektbesprechungen sind Besprechungen, die nicht einem festen Turnus unterliegen, sondern zu einem geplanten Zäsurpunkt bei Erreichen desselben stattfinden. Zu diesen gehören vor allem die *Phasen-* und *Meilenstein-Entscheidungssitzungen* (PES- bzw. MES-Sitzung), während der die Arbeitsergebnisse einer abgeschlossenen Entwicklungsphase oder das erreichte Ergebnis eines Meilensteins auf Zielerfüllung geprüft und beurteilt werden. In einer solchen Ergebnisabnahmesitzung müssen zu folgenden Themenbereichen Aussagen gemacht werden:

▷ Terminsituation nach Abschluss des behandelten Prozessabschnitts,
▷ Plan/Ist-Vergleich für Aufwand und Kosten,
▷ erreichte technische Ergebnisse in diesem Projektabschnitt,
▷ Qualitätsstand (QS-Maßnahmen, erkannte Mängel, etc.),
▷ erarbeitete Projekt- und Produktdokumentation,
▷ Personalsituation (Neueinstellung, Versetzung, Beförderung, etc.),
▷ Abweichungsanalyse bez. des durchlaufenen Prozessabschnitts sowie
▷ Planung des folgenden Prozessabschnitts.

Alle zur Entscheidung anstehenden Punkte sollten unbedingt in einer *Beschlussvorlage* zusammengefasst sein, damit gewährleistet ist, dass bei Sitzungsende keine Entscheidung übersehen wird und dann offen bleibt.

Bei *negativer* Beurteilung der Phasenergebnisse werden die für eine Mängelbeseitigung erforderlichen Maßnahmen diskutiert und eine Entscheidung bez. der durchzuführenden Aktivitäten herbeigeführt. Es kann dann auch der Abschluss der Phase bzw. das Erreichen des Meilensteins verweigert und Auflagen für eine erneute Ergebnisabnahme gemacht werden. Fällt die Ergebnisbeurteilung aber *positiv* aus, so wird die Entwicklungsphase offiziell für abgeschlossen bzw. der Meilenstein für erreicht erklärt und »grünes Licht« für den weiteren Ablauf im Entwicklungsprozess gegeben. Die in diesen Phasen- und Meilensteinabschlusssitzungen festgehaltenen Ergebnisse, formulierten Maßnahmen und getroffenen Entscheidungen müssen in einem offiziellen Phasen- bzw. Meilensteinabschlussprotokoll als Ergebnisnachweis festgehalten werden.

Die letzte ergebnisgesteuerte Projektbesprechung im Entwicklungsprozess ist die *Projektabschlusssitzung*. Dort wird das gesamte Projektergebnis vorgelegt und verabschiedet. In dieser Runde werden auch die Modalitäten für die Produktübergabe bestimmt sowie die Form der Projektabschlussanalyse und der Erfahrungssicherung behandelt und festgelegt; weiterhin wird die Projektauflösung eingeleitet.

Ergebnisgesteuerte Projektbesprechungen sind quasi die »Taktstellen« in einem Entwicklungsablauf, an denen – in offizieller Form – das Einhalten der Projekt- und Produktqualität überwacht wird. Mit der Möglichkeit, diese Zäsurpunkte nicht nur für Phasenabschlüsse, sondern auch für Meilensteinabschlüsse einzurichten, kann damit auch ein Prozessablauf »getaktet« werden, der nicht streng nach einem sequenziellen Phasenablauf, sondern in überlappender Form nach Meilensteinen ausgerichtet ist.

Ereignisgesteuerte Projektbesprechungen

Ereignisgesteuerte Projektbesprechungen werden immer dann einberufen, wenn ein besonderes, meist unvorhergesehenes Ereignis im Projektablauf eingetreten ist. Als derartige (ungeplante) Ereignisse sind hier zu nennen:

▷ Auftreten einer »Projektkrise«,
▷ sich abzeichnende erhebliche Planabweichungen (Termin, Kosten, Sachfortschritt),
▷ sich abzeichnende Qualitätsmängel,
▷ plötzlich eingetretene Personalprobleme,
▷ Auftreten von entwicklungstechnischen Sachproblemen,
▷ Probleme bei den Zulieferungen und Beistellungen,
▷ plötzlich veränderte Marktsituation.

Im Gegensatz zu den regelmäßigen und ergebnisgesteuerten Projektbesprechungen umfassen ereignisgesteuerte Projektbesprechungen einen variablen Teilnehmerkreis, d. h. sie setzen sich – ausgerichtet nach dem jeweils aufgetretenen Problem – aus immer wieder verschiedenen Personen zusammen. So ist z. B. bei der Behandlung technischer Sachprobleme die Anwesenheit des FuE-Kaufmanns nicht erforderlich, wogegen dieser bei der Diskussion von Kostenabweichungen anwesend sein sollte. Aufgabe des Projektleiters ist es, zu solchen Projektbesprechungen immer die »richtigen« Leute einzuberufen. Ereignisgesteuerte Projektbesprechungen haben also die primäre Aufgabe, auf ein unvorhergesehen eingetretenes Ereignis problemadäquat zu reagieren, d. h. nach Analyse der vorliegenden Situation entsprechende Maßnahmen zu beschließen und das weitere Vorgehen festzulegen.

In Tabelle 4.7 ist für eine Reihe von Projektbesprechungen angegeben, welcher *Teilnehmerkreis* jeweils einbezogen werden sollte. Eine zu große Teilnehmerzahl führt meist zu einem überhöhten Zeitaufwand und häufig auch zu einem begrenzten Ergebnis.

Wenn bei ereignisgesteuerten Projektbesprechungen – deren Teilnehmerkreis stark vom zu behandelnden Problemfeld abhängt – die einzuladenden Teilnehmer an mehreren Standorten sitzen, bietet es sich an – sofern die technischen Voraussetzungen vorhanden sind –, solche Ad-hoc-Projektbesprechungen als *Videokonferenzen* abzuhalten. Der Vorteil dieser Kommunikationsform liegt in der Zeitersparnis auf Grund vermiedener Anreisen.

Ergebnisprotokoll

Damit Projektbesprechungen nicht womöglich in ein unproduktives Gerede zerfließen, ist eine feste *Tagesordnung* mit klar definiertem Tagungsziel unbedingt erforderlich. Außerdem sollte eine »energische« Moderation der Sitzung gewährleistet sein.

Tabelle 4.7 Teilnehmerkreis von Projektbesprechungen

Teilnehmer \ Projektbesprechung	Projektversammlung	Gruppenleiterbesprechung	Abteilungsleiterbesprechung	Bereichsleiterbesprechung	Kaufm. Leitungskreis	Techn. Leitungskreis	El-Sitzung	BA-Sitzung	Projektstatusbesprechung	MEK-Sitzung	PES-Sitzung
Projektmitarbeiter	×	(×)						(×)		(×)	
Gruppenleiter	×	×					(×)	×	×	×	(×)
Projektleiter	×	×	×		(×)	(×)	×	×	×	×	×
Abteilungsleiter	(×)		×	(×)	(×)	(×)	×			(×)	×
Bereichsleiter				×	(×)	×			(×)		(×)
FuE-Kaufmann				×	×		×		×	(×)	(×)
Top-Management				(×)	×	×					
Auftraggeber							×	(×)	(×)	(×)	×
Unterauftragnehmer	(×)							(×)	×	×	×
Berater, Experten	(×)						(×)	×	(×)		

× Anwesenheit erforderlich
(×) Anwesenheit problemabhängig

Das Ausarbeiten eines *Besprechungsprotokolls* ist in jedem Fall erforderlich. Deshalb muss für jede Art Projektbesprechung neben einem geeigneten Moderator auch ein Protokollführer ernannt werden. Hierbei sollte das Protokoll nicht den Sitzungsverlauf minuziös beschreiben, sondern allein die konkreten Ergebnisse und Beschlüsse enthalten. Bei durchzuführenden Maßnahmen sollten der jeweilige »Kümmerer« und der hierfür geplante Termin angegeben werden.

Allgemein sollte ein Besprechnungsprotokoll folgende Angaben und Inhalte haben:

- ▷ Besprechungstermin,
- ▷ Beginn- und Ende,
- ▷ Besprechungsort,
- ▷ Anlass und Thema,
- ▷ Teilnehmer,
- ▷ Moderator,
- ▷ Protokollführer,
- ▷ Zur-Kenntnis-Verteiler,

An

Verteiler

Ergebnisprotokoll zur Besprechung

Eingangsvermerke

Veranstalter: BI OA 1 — Tel: 4796

Moderator: Schmidt

Protokollführer: Krause

Am(Tag)	dem	von-bis Uhr	Ort: Raum
Montag	15.2.99	8.00 - 11.00	Mch H,R. 1725 517

Thema / Zweck der Besprechung

Piloteinsatz von REPROPLIK bei BI TE

Teilnehmer:

Dienststelle/Standort	Name
BI TE 3	Hr. Huber
BI OA 1	Hr. Krause
BI KAE 2	Hr. Krüger
BI TE 2	Fr. Meier
BI TE 1	Hr. Müller
BI OA 1	Hr. Schmidt

Unterrichtete:

Dienststelle/Standort	Name
BI TE	Hr. Eder
BI KAE	Hr. Frank
BI OA	Hr. Höft

Ergebnis	Erledigung wer, wann
Nach einem Einführungsvortrag über das Verfahren REPROPLIK und dessen Einsatzmöglichkeiten bei BI TE durch Hr. Schmidt wurden in der anschließenden Diskussion drei Hauptpunkte für das weitere Vorgehen festgelegt:	
1. Anpassung des Selektierprogramms an die Schnittstelle des BI-Kostenverrechnungsverfahrens. BI OA erstellt hierfür eine entsprechende Spezifikation	BI OA 4/99
2. Monatliches Ablaufraster von REPROPLIK für BI-Belange abklären und neu festlegen.	BI OA 1, BI KAE 2 2/99
3. Vorgehensweise zum Aufbau des Produktstrukturplans in REPROPLIK, Zuordnung der Auftragskonten zum Produktstrukturplan und Erstellung des Netzplans festlegen	BI TE 2 3/99
In einer weiteren Sitzung sollen die Problemfelder Stammdatenaufbau, Listenverteilung und Anwenderschulung geklärt werden.	
Nächster Termin: 29.2.99, Einladung folgt.	

Unterschrift / Datum (Veranstalter)

Schmidt

Bild 4.84 Besprechungsprotokoll (Beispiel)

▷ Tagesordnung,
▷ Ergebniszusammenfassung sowie
▷ (evtl.) erläuternde Anhänge.

Für die Praxis hat es sich als vorteilhaft erwiesen, ein Formular für die Protokollierung einer Projektbesprechung zu verwenden (Bild 4.84). Auf Grund der vorgegebenen Form dieses Protokollformulars wird ein indirekter Zwang ausgeübt, nur das Wesentliche in das Protokoll aufzunehmen; die Versuchung zur »Vielschreiberei« wird hierdurch stark eingeschränkt.

4.6.5 Projektdatenbasis

Voraussetzung für eine durchgängige Projektberichterstattung ist das Vorhandensein einer konsistenten Projektdatenbasis, d. h. einer Datenbasis, die vollständig und aktuell alle während des Projektgeschehens anfallenden Projektdaten aufnimmt. In sie fließen alle *projektorientierten* Daten ein, wie die Plan- und Istaufwände und Termine der einzelnen Arbeitspakete sowie die detaillierten Plan- und Istkostenanteile. Auch sollten *produkt*orientierte Daten aus der Ergebnismessung, wie loc, DIN-A4-Seiten, physikalische Kenngrößen etc., aufgenommen werden können.

Quellen für derartige projekt- und produktorientierte Daten sind die drei Aktivitätsbereiche:

▷ Termin- und Aufwandsüberwachung,
▷ Produktrealisierung und
▷ kaufmännische Abwicklung.

Wie Bild 4.85 zeigt, fallen auf der Seite des Projektmanagements im Rahmen der Terminverfolgung und Aufwandsüberwachung zeitgebundene Projektdaten, auf der Seite der Produktrealisierung ergebnisorientierte Produktdaten und auf der Seite der FuE-Kaufmannschaft monetäre Projektdaten an.

Diese Projekt- und Produktdaten müssen aufeinander beziehbar sein, da sie sich ja alle auf dasselbe Projekt und dasselbe Produkt beziehen. In der Praxis ist dies aber leider nicht immer so. Wegen der meist unterschiedlichen organisatorischen Einbettung der vorgenannten drei Aktivitätsbereiche haben sich bei diesen eigene Vorgehensweisen für die Datensammlung und -behandlung herauskristallisiert, die zu Zuordnungsproblemen in der gesamtheitlichen Projektdatenbetrachtung führen. Hinzu kommt, dass als Folge der DV-Unterstützung in diesen Bereichen spezifische Verfahren entwickelt worden sind, die sich in ihrer Datenstruktur erheblich voneinander unterscheiden. Nicht selten sind benachbarte und sich teilweise sogar berührende Verfahren völlig isoliert realisiert und weiterentwickelt worden.

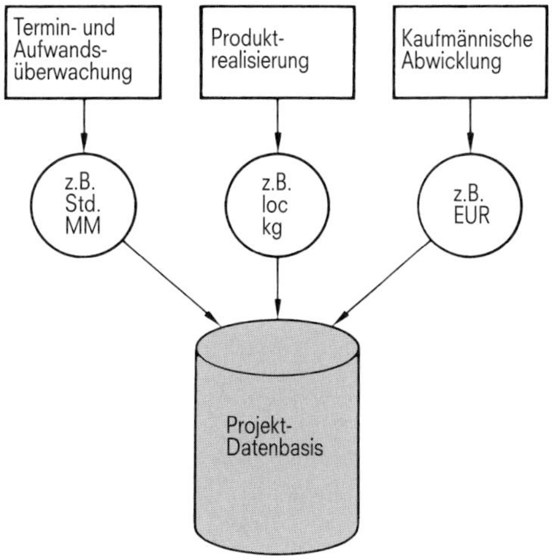

Bild 4.85 Quellen einer Projektdatenbasis

Die häufigsten Mängel einer solchen unkoordinierten Datenverwaltung sind daher Unterschiede hinsichtlich

▷ Portionierung der Arbeitspakete,
▷ Produktteilung,
▷ Planhorizont,
▷ Planwerten,
▷ Erfassungsturnus,
▷ Aktualisierungszustand,
▷ Vollständigkeit sowie
▷ Komprimierungsgrad.

Resultierend aus diesen Unterschieden in der jeweiligen Behandlung der Projekt- und Produktdaten kann man dann vielfach entsprechende Daten aus den unterschiedlichen Quellen nicht mehr zusammenführen. Z.B. kann die Produktgröße loc zu einem bestimmten Produktteil, dessen Kosten bekannt sind, nicht angegeben werden, weil die loc-Zählung sich nicht auf das (von der FuE-Kaufmannschaft definierte) Produktteil bezieht, sondern auf bestimmte Programmteile, für die es wiederum keine explizite Kostensammlung gibt; oder Aufwand und Kosten können nicht zuordnungsgerecht gegenübergestellt werden, weil Projektstruktur und Kontenstruktur nicht zusammenpassen. Oder für Arbeitspakete, deren Termine bekannt sind, können keine Kostenangaben gemacht werden.

Gemeinsame Produktstruktur

Hauptursache für eine solche unterschiedliche »Portionierung« sind die unterschiedlichen Betrachtungsweisen bei der fachlichen, terminlichen und kaufmännischen Strukturierung. Ein Kaufmann, dessen Blick auf das Endprodukt fixiert ist, nimmt zwangsläufig eine andere Portionierung in seiner Kontenstruktur vor als ein Entwickler, dessen Blick mehr auf die noch zu lösenden Aufgaben gerichtet ist. Projektstruktur und Kontenstruktur können und sollen auch nicht deckungsgleich sein; beiden gemeinsam sollte aber die *Produktstruktur* sein. Deshalb ist als ein erster Schritt zum Harmonisieren der unterschiedlichen Datenbasen die Einigung auf eine gemeinsame Produktstrukturierung in den eingesetzten Verfahren (Bild 4.86) zu sehen. Die Produktstruktur sollte für

▷ die Projektplanungs- und -steuerungsverfahren,
▷ die Produktverwaltungssysteme und
▷ die Kostenverrechnungsverfahren

gleichermaßen die zentrale Bezugsbasis darstellen. Bei einem Entwicklungsprojekt darf es nur »eine« Produktstruktur geben, da unterschiedliche Betrachtungsweisen in diesem Punkt im Grunde genommen unsinnig sind.

Gemeinsame Projektdatenbasis

Ziel muss daher eine *gemeinsame* Projektdatenbasis sein, weil nur mit ihr die volle Durchgängigkeit der gesamten Projektdaten – von der Arbeitsplanung bis hin zur FuE-Planung – gewährleistet ist. Es muss erreicht werden, dass

▷ Terminverfolgung,
▷ Aufwandserfassung,
▷ Kostensammlung und
▷ Ergebnismessung

ihre Plan- und Istdaten in denselben »Datentopf« geben; dies ist auch Voraussetzung für eine übergreifende Projektdaten-Auswertung innerhalb der Berichterstattung. Anderenfalls verbleibt eine auf isolierte Projektausschnitte aufsetzende Berichterstattung, die nur bruchstückhaft und einseitig Aussagen zulässt und darüber hinaus auch die Gefahr der Widersprüchlichkeit von Projektaussagen in sich birgt. So kann es z. B. passieren, dass die Kostenüberwachung noch »in Plan« ist, wogegen die Aufwands- und Terminüberwachung bereits eine Planüberschreitung verzeichnet.

In Bild 4.87 ist die Konfiguration für die in einer Projektüberwachung involvierten Ver-

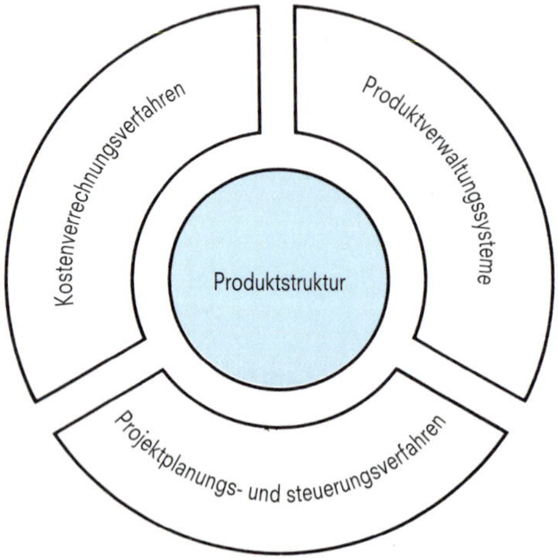

Bild 4.86 Produktstruktur als gemeinsame Basis

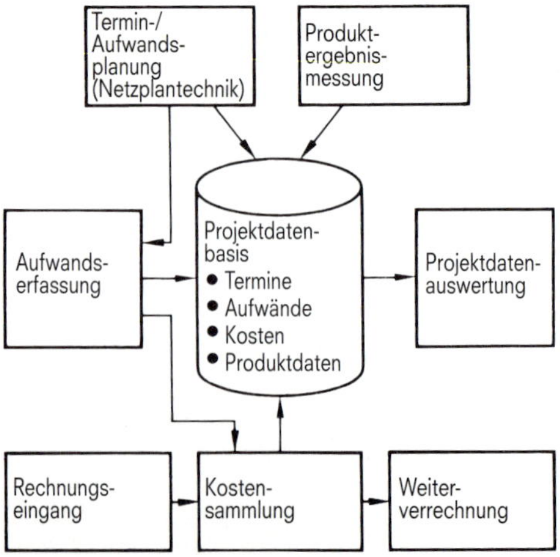

Bild 4.87 Gemeinsame Projektdatenbasis

fahren bei einer gemeinsamen Projektdatenbasis dargestellt. In Teilen sind solche Verfahrensintegrationen bereits realisiert, wie z. B. bei einem mit SAP R/3 durchgängig implementierten Projektplanungs- und -steuerungssystem oder einer als »Data Warehouse« konzipierten Projektdatenbasis, die aus unterschiedlichen Verfahren Projektinformationen für eine ganzheitliche Datenpräsentation zur Verfügung stellt (siehe hierzu Kap. 4.6.1).

Solche Verfahrensintegrationen können aber nur dann voll wirksam werden, wenn auch die einzelnen Ablauforganisationen für die jeweiligen Verfahrensabwicklungen aufeinander abgestimmt oder – besser noch – zusammengeführt werden. In der Praxis ist immer wieder zu beobachten, dass die ablauforganisatorischen Hemmnisse bei der Einführung einer gemeinsamen Datenbasis erheblich größer sind als die verfahrenstechnischen Integrationsprobleme.

Eine einheitliche Datenbasis kann auch ohne ein gemeinsames Datenbanksystem realisiert werden, nämlich durch Schaffen einer *neutralen Projektdatenschnittstelle.* Alle partizipierenden Verfahren müssen dann ihren Datenverkehr nach außen in der »Notation« dieser neutralen Schnittstellendefinition vornehmen. Auch hier wäre die Produktstruktur gemeinsames Identifikationsschema für den gesamten Datentransfer.

Besonders vorteilhaft ist eine gemeinsame Projektdatenbasis, wenn eine Erfahrungsdatenbank aufgebaut werden soll. Da gerade diese auf den übergreifenden Aspekt von Projektdaten verschiedener Projekte eingeht, ist die eindeutige Zuordenbarkeit der einzelnen Daten sehr wichtig beim Projektevergleich und beim Ableiten von Kennzahlen. In Kap. 5.3.3 wird auf den Aufbau einer Erfahrungsdatenbank näher eingegangen.

5 Projektabschluss

Mit dem Projektabschluss tritt das Projekt in seine Endphase. So wie es wichtig war, dass das Projekt in einer »definierten« Form begonnen und systematisch in der Projektplanung angegangen wurde, so wichtig ist auch ein geregelter und eindeutiger *Abschluss* des Projekts. Je nach Entwicklungsart stellt das Projektergebnis entweder ein an den Kunden auslieferbares Produkt bzw. eine realisierte Lösung (bei Software) oder ein in die Serienfertigung einmündendes Vorserienprodukt dar (bei Hardware).

Unabhängig davon sind bei Abschluss eines Entwicklungsprojekts folgende Aktivitäten erforderlich:

▷ Übergeben des Produkts an den Auftragnehmer,
▷ Durchführen einer Projektabschlussanalyse,
▷ Absichern der gesammelten Erfahrungen sowie
▷ Auflösen der Projektorganisation.

Mit der *Produktübergabe* an den Auftragnehmer bzw. dessen Beauftragten soll die Übergabeprozedur geregelt werden, d.h. die Form des Abnahmetests, die Erstellung von Übergabe-/Übernahmeprotokollen (Produktabnahmebericht) sowie die Vereinbarung von Nachfolgeverpflichtungen, wie Unterstützung bei einem Piloteinsatz bzw. bei einer Serienfertigungseinführung oder Übernahme von künftigen Wartungsaufgaben.

Eine *Projektabschlussanalyse* sollte einerseits eine gesamtheitliche Nachkalkulation, in der eine abschließende Gegenüberstellung der ursprünglichen Planvorgaben und der eingetretenen Istwerte ausgewählter Projekt- und Produktgrößen vorgenommen wird, umfassen und andererseits eine Abweichungsanalyse, die die Ursachen aufgetretener Abweichungen untersucht und mögliche Abhilfen (bei künftigen Projekten) aufzeigt. Sind zu Projektbeginn Wirtschaftlichkeitsuntersuchungen vorgenommen worden, so sind diese in einer analogen Wirtschaftlichkeitsanalyse nachzuprüfen.

Anschließend müssen die gesammelten *Erfahrungen gesichert* werden, damit das während des Projekts aufgebaute Wissen und die Erkenntnisse nicht verloren gehen. Hierzu sind projekt- und produktrelevante Erfahrungsdaten abzuleiten, die entweder in Kennzahlensysteme oder Erfahrungsdatenbanken einfließen. Außerdem ist auch eine Kalibrierung der verwendeten Schätzverfahren anzustreben.

Schließlich muss das Projekt mit der *Projektauflösung* zu seinem definierten Ende gebracht werden; hierbei muss man es in einer Projektabschlusssitzung für abgeschlossen erklären.

5.1 Produktabnahme

Am Ende einer Entwicklung steht die Produktabnahme.

Als Produkt ist das im Projektauftrag formulierte Entwicklungsergebnis zu verstehen; dieses kann sein:

▷ ein ausgetestetes Anwender-SW-Programm,
▷ ein pilotzutestendes DV-Verfahren,
▷ eine integrierte, ausgetestete Betriebssystemversion,
▷ ein Anwenderprogrammsystem für ein landesspezifisches Vermittlungssystem,
▷ ein fertigungsreifer HW-Prototyp,
▷ ein abgeschlossener Untersuchungsbericht,
▷ eine in Betrieb gehende Anlage,
▷ eine durchgeführte Projektierung oder
▷ ein dokumentierter Forschungsbericht.

Der erste Schritt der Produktabnahme ist der *Abnahmetest.* Hierbei kann es sich – abhängig von der Entwicklungsart – um einen Produkt-, einen Abschluss-, einen Akzeptanz- oder einen Pilottest handeln. Die Ergebnisse dieser Abnahmetests sind in Abnahmetest-Protokollen festzuhalten.

Nach dem Abnahmetest wird die Übergabe durch den Auftragnehmer und die Übernahme vom Auftraggeber ebenfalls durch entsprechende Protokolle geregelt, die in einen *Produktabnahmebericht* einfließen.

Schließlich sind Vorkehrungen und Vereinbarungen zu treffen, um eine eventuelle *technische Betreuung* des übergebenen Produkts während der künftigen Einsatzphase durch einzelne Entwicklungsstellen sicherzustellen. Bei DV-Verfahren für den internen Einsatz empfiehlt es sich, nach einer bestimmten Betriebszeit in einer »Nachkontrolle« zu prüfen, ob die in der Projektdefinition formulierten Anforderungen auch voll eingehalten worden sind (Post-Installation-Review).

5.1.1 Abnahmetest

Am Ende eines Entwicklungsvorhabens steht der Abnahmetest. Mit ihm stellt man fest, ob bzw. wie weit das geplante Entwicklungsziel erreicht worden ist. Entsprechend den sehr unterschiedlichen Arten der Entwicklungsvorhaben und ihrer unterschiedlichen Anbindung an Vertrieb und Fertigung kann man vier Formen des Abnahmetests unterscheiden:

Produkttest
Abnahmetest bei SW-Produktentwicklungen *ohne* anschließende Fertigung

Abschlusstest
Abnahmetest bei HW-Produktentwicklungen *mit* anschließender Fertigung

Akzeptanztest
Abnahmetest für fertig entwickelte *und* gefertigte HW/SW-Systeme bzw. Anlagen

Pilottest
Abnahmetest bei DV-Verfahrensentwicklungen.

In Bild 5.1 ist – stark vereinfacht – bei den o.a. Arten von Abnahmetests die Anbindung der Entwicklung an den Vertrieb und an die Fertigung sowie den Einsatzpunkt des Abnahmetests dargestellt.

Entwicklungen von *SW-Produkten* erfordern natürlich keine anschließende Fertigung, abgesehen vom Kopieren der Programmbänder; die SW-Produkte müssen allerdings meist noch »verkauft« werden. Am Ende solcher Entwicklungen steht der Produkttest, nach dem dann der Kundeneinsatz möglich ist.

Bei der Herstellung von *HW-Produkten* (eventuell mit geringen SW-Anteilen) stellen Entwicklung, Fertigung und Vertrieb exakt hintereinander ablaufende Prozessketten dar, die relativ klare Schnittstellen haben. An der Schnittstelle von Entwicklung zur Fertigung wird der (Entwicklungs-)Abschlusstest durchgeführt, dem anschließend die Fertigungsfreigabe folgt.

Bei der Entwicklung von *Anlagen* und *HW/SW-Systemen* verlaufen Entwicklung und Fertigung mehr oder weniger parallel, d.h. mit sinkendem Entwicklungs- und steigendem Fertigungsanteil gegen Ende des Erstellungsprozesses. Hier steht – nach Durchführung eines umfassenden Systemtests – als Abschluss der Akzeptanztest. Auch hier ist der Vertrieb dem Entwicklungs- und Fertigungsabschnitt vorge-

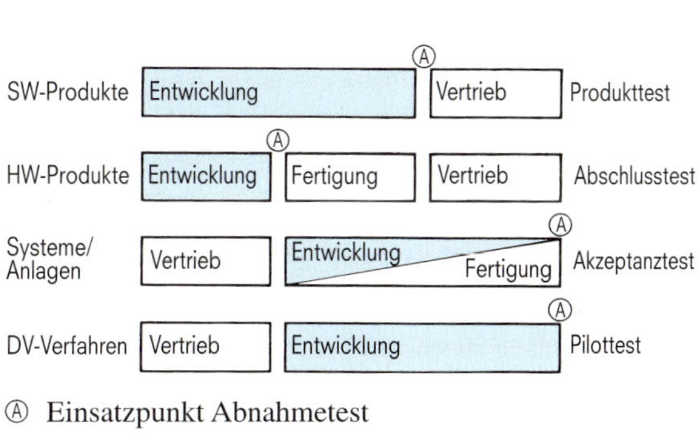

Bild 5.1 Arten von Abnahmetests

schaltet, d.h. die Anlage bzw. das HW/SW-System ist i.Allg. bereits bei Entwicklungsbeginn bestellt und damit verkauft worden.

Der Pilottest steht am Ende von *DV-Verfahrensentwicklungen,* die ebenfalls keine explizite Fertigung mehr benötigen; sie brauchen aber nicht mehr vertrieben zu werden, da sie bereits zu Projektbeginn »verkauft« worden sind.

Produkttest

Wie bereits erwähnt, ist bei Entwicklungen von SW-Produkten eine anschließende Fertigung nicht notwendig, da das Entwicklungsergebnis selbst das verkaufbare Erzeugnis darstellt. Meist ist ein vielfacher Einsatz des Produkts bei unterschiedlichen Kunden beabsichtigt – bei Kunden, deren spezifische Einsatzumgebung man oft gar nicht kennt. Daher sind für den Produkttest – als letzten Test in der langen Reihe vorausgegangener Tests (Modultest, Komponententest, Integrationstest) mit unterschiedlichen Testumgebungen – besonders strenge Maßstäbe anzusetzen. Im Produkttest müssen alle erdenklichen Kombinationen von Datentransfers und Transaktionen, die später irgendwo bei irgendeinem Anwender auftreten können, erprobt und geprüft werden.

Für das Simulieren dieser »Universalumwelt« ist für jedes Produkt ein leistungsfähiger *Testrahmen* erforderlich. Die hierin eingebundenen Testprogramme werden häufig als »Antiprodukt« bezeichnet. Das Antiprodukt hat dabei die Aufgabe, das eigentliche Produkt möglichst »aufs Kreuz zu legen«, um dadurch im Produkt noch enthaltene Fehler aufzudecken. Entwurf und Realisierung solcher Antiprodukte sollten sinnvollerweise organisatorisch getrennte Entwicklungsmannschaften übernehmen.

Folgende Fehlerbereiche müssen bei einem SW-Produkttest angesprochen werden:

▷ Funktionsvollständigkeit
▷ Belastbarkeit
▷ Ausfallsicherheit
▷ Erfüllung der SW-Qualitätsmerkmale
▷ Plausibilitierungsvollständigkeit
▷ Dokumentationsvollständigkeit
▷ Datenkonsistenzsicherheit.

Abschlusstest

Der Abschlusstest – auch als Device Verification Test (DVT) bezeichnet – ist am Ende einer Entwicklung durchzuführen, wenn ein HW-Produkt (eventuell mit SW-Anteilen) als *Prototyp* fertig ist und dieses in die Serienfertigung übergeleitet werden soll; er stellt den *Produkteignungstest* dar und entscheidet über die Fertigungsüberleitung, d.h. die Fertigungsfreigabe.

Dieser Test stellt neben der allgemeinen Funktionsfähigkeit auch die Leistungsgrenzen des entwickelten Produkts fest. Es wird aber nicht nur die Erfüllung der Kundenanforderungen, sondern auch die Herstellbarkeit und Wartbarkeit des Produkts untersucht.

Nachstehende Einzeltests werden dabei durchgeführt:

Leistungsmerkmaltest
Es wird geprüft, ob das Produkt die spezifizierten Leistungsmerkmale erbringt.

Geräteanschlusstest
Es wird untersucht, ob das Produkt an seinen Nahtstellen mit fremden anzuschließenden Produkten bzw. Systemen einwandfrei arbeitet.

Umwelttest
Es wird der gegenseitige Einfluss zur Umwelt auf der Basis von klimatischen, elektrischen, mechanischen, akustischen u.ä. Prüfungen untersucht und geprüft, ob die Umwelt nicht über zulässige Werte hinaus sowie umgekehrt das Produkt von der Umwelt nicht funktionsstörend beeinflusst wird.

Stresstest
Durch »Stresstests« werden die Leistungsgrenzen des Produkts ermittelt, um den Sicherheitsabstand zu den spezifizierten Werten erkennbar zu machen (Schockprüfung).

Typtest
Anhand des ersten Geräts, welches nach Serienunterlagen gefertigt wurde, wird der gesamte geplante Fertigungsprozess überprüft.

Fertigungsfreigabetest
Es wird überprüft, ob das Produkt überhaupt in der geforderten Funktions- und Fertigungsqualität wirtschaftlich gefertigt werden kann.

Alle während des Abschlusstests festgestellten Fehler, auch wenn sie nur vereinzelt aufgetreten sind, werden systematisch erfasst und hinsichtlich ihrer Ursachen und Auswirkungen untersucht. Fertigungsfreigabe ist nicht möglich, solange nicht Maßnahmen zum Beseitigen der Ursachen eines funktionsstörenden Mangels veranlasst sind. Der Abschlusstest stellt sicher, dass nur ausgereifte Produktentwicklungen in die Fertigung übergeleitet werden.

Akzeptanztest

Der Akzeptanztest wird dann durchgeführt, wenn es sich um ein HW/SW-System handelt, das in seiner spezifischen Ausprägung »einmalig« ist, d. h., für einen einzelnen Kunden entwickelt und gefertigt wurde, oder durch geringe Anpassungen auch bei verschiedenen Kunden eingesetzt werden kann. Hierzu gehören z. B. das Erstellen eines landesweiten Vermittlungssystems oder einer Walzstraßen-Steuerungsanlage. Die Bestandteile stammen wohl aus einer Serienfertigung, in seiner Gesamtheit stellt ein derartiges System oder eine solche Anlage aber eine maßgeschneiderte Entwicklung dar.

Bei diesem Test handelt es sich um den Abnahmetest eines fertigen Systems bzw. einer fertigen Anlage unter *kundenspezifischen* Bedingungen. Dem Akzeptanztest vorgeschaltet – allerdings noch auf der Seite des Herstellers – ist der System- bzw. Anlagentest, der als Abschluss des gesamten Erstellungsprozesses zu sehen ist.

Der Akzeptanztest liegt in der Verantwortung des Kunden bzw. künftigen Anwenders (Auftraggeber); er wird natürlich mit Unterstützung des Herstellers (Entwickler oder Kundendienstabteilung) vorbereitet; hierbei hat der Kundendienst die besondere Aufgabe der direkten Betreuung des Kunden und der schnellen Behebung kritischer Fehler.

Die Testfülle und Testdaten sollten vom Anwender erstellt werden. Dies gilt auch für die Testplanung.

Nach Abschluss des Akzeptanztests ist ein Testbericht vom Anwender zu erstellen und in den Produktabnahmebericht (Kap. 5.1.2) aufzunehmen; dieser enthält auch Aussagen zur Übernahme durch den Kunden, z. B. welche Auflagen für den Hersteller gelten.

Pilottest

Unter dem Pilottest versteht man vornehmlich einen Gesamttest bei größeren DV-Verfahren unter (echten) Einsatzbedingungen, der die volle Einsatzreife des Verfahrens bestätigen soll. Da kein besonderer Testrahmen und keine speziell hergerichteten Testdaten mehr zu Grunde gelegt werden, stellt der Pilottest den Probebetrieb und damit den *ersten Produktivlauf* des Verfahrens dar.

Für diesen ersten Einsatz muss ein Anwender ausgewählt werden, dessen Einsatzumfeld einerseits repräsentativen Charakter hat und andererseits auch möglichst viele Funktionsteile des zu »pilotierenden« Verfahrens anspricht.

Hierbei sind Vorkehrungen zu treffen, dass der Piloteinsatz bei noch vorhandenen und erst während des Testlaufs sichtbar werdenden Fehlern keine irreversiblen Schäden in der bestehenden Ablauforganisation des Anwenders anrichten kann. Bei Auftreten eines Fehlers muss sofortiges Rücksetzen in den (fehlerfreien) Vorzustand möglich sein. Mit entsprechendem Mehraufwand kann aber auch ein vollständiger Parallellauf des Verfahrens vorgenommen werden. Auftretende Fehler berühren dann den produktiven Ablauf nicht.

Der Pilottest dient weniger zum Aufzeigen von Programm- und Systemfehlern – diese sollten ja bereits im vorausgegangenen Systemtest eliminiert worden sein; er hat vielmehr die wichtige Aufgabe, das Verfahren in seiner künftigen Umwelt unter realistischen Bedingungen auf seine allgemeine »Performance« zu testen. Zeitverhalten und Benutzungsfreundlichkeit sind schließlich nicht in einer sterilen Testumwelt, sondern nur im echten Produktiveinsatz zu verifizieren.

Zuständigkeit für den Abnahmetest

Der Abnahmetest für ein Entwicklungsergebnis sollte möglichst von einer *entwicklungsunabhängigen* Stelle durchgeführt werden. Nur eine solche Stelle kann – neutral genug – das Entwicklungsergebnis auf seine Zielerfüllung ausreichend prüfen. Hier gilt der Grundsatz:

Niemand sollte für die Abnahme seiner eigenen Arbeit zuständig sein!

Als zuständige Stelle bietet sich die in den meisten Entwicklungsbereichen bestehende Qualitätssicherungsstelle an.

Zu den Aufgaben einer *Abnahmeteststelle* gehören neben der ordnungsgemäßen Durchführung der o. a. Tests auch die daraus sich ergebenden Aktivitäten wie z. B. das systematische Dokumentieren aller aufgetretenen Fehler. Folgende Tätigkeiten müssen hierbei wahrgenommen werden:

▷ Erfassen aller Fehler (auch nur einmal aufgetretener),
▷ Bewerten aller Fehler bez. ihrer Funktionsbeeinflussung,
▷ ausführliches Erläutern aller Fehler,
▷ Einleiten von Maßnahmen zur Fehlerursachenbeseitigung sowie
▷ Kontrolle der Fehlerbeseitigung.

Einzeltest		Erkannte Probleme		
		korrigiert	offen Prior.=1	offen Prior.>1
Lasttest				
01	Statischer Test	7		1
02	Dynamischer Test	2	1	1
03	Test Fehlerreaktionen	4	1	2
04	Geräteanschlusstest	1		1
05	Speichertest	2	1	
Fehlertest				
11	Ladetest	2		1
12	CPU-Testprogramme	1	1	2
13	Speicher-Testprogramme	3		2
Toleranzuntersuchung				
21	Baugruppentausch	1		
22	Temperaturtest	1		
23	Spannungstest			1
24	Frequenztest	1	1	2
Summe		25	5	13

Bild 5.2 Fehlerprotokoll (Beispiel)

Abnahmetest-Protokoll

Nach Durchführung des Abnahmetests ist ein *Protokoll* über die durchgeführten Einzeltests und die dabei gewonnenen Ergebnisse zu erstellen. Neben der ausführlichen Beschreibung der installierten Testumwelt und der vorgenommenen Testläufe müssen die aufgezeigten Fehler mit Ursachenanalyse vollständig aufgezählt werden.

Ein Beispiel für das Protokollieren und Bewerten der Fehler gibt Bild 5.2 für eine HW/SW-Produktentwicklung. Dort werden die erkannten Fehler (≙ Probleme) nach ihrer Bedeutung gruppiert und zwar nach

▷ bereits korrigierten Fehlern,
▷ bestehenden Fehlern der höchsten Priorität sowie
▷ bestehenden Fehlern geringerer Priorität.

Mit dieser Klassifizierung ist ein gezieltes Abarbeiten bei der anschließenden Fehlerbehebung möglich.

5.1.2 Produktabnahmebericht

Für die Produktabnahme ist ein Produktabnahmebericht zu erstellen; er regelt die *Übergabe* des Produkts durch den Auftragnehmer sowie die *Übernahme* durch den Auftraggeber. Im Allgemeinen gliedert sich der Produktabnahmebericht daher in zwei Teile:

▷ Produktübergabe und
▷ Produktübernahme.

Mit dem *Übergabeprotokoll* übergibt der Auftragnehmer das Produkt dem Auftraggeber; dieser überprüft es daraufhin nach seinen Erfordernissen auf Auftragserfüllung in Form einer Produktbegutachtung. Bei positivem Ergebnis dokumentiert der Auftraggeber dies mit einem *Übernahmeprotokoll.* Übergabe- und Übernahmeprotokoll können dabei jeweils in getrennten Papieren oder auch in einem gemeinsamen Papier enthalten sein. So wie der Projektantrag quasi den »juristischen Anfang« des Entwicklungsvorhabens darstellt, so ist der Produktabnahmebericht als das »juristische Ende« des Projekts anzusehen (Bild 5.3).

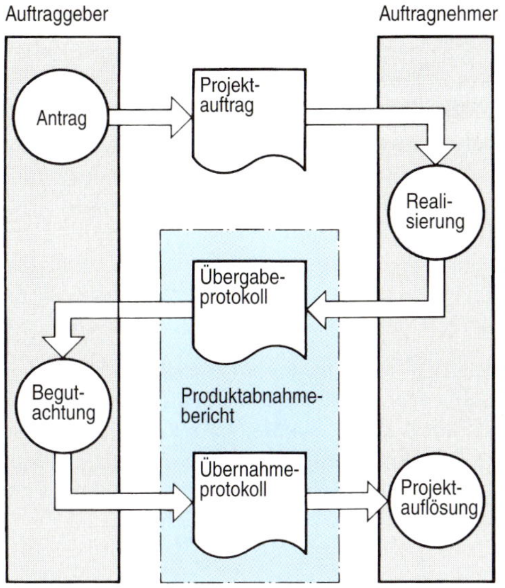

Bild 5.3 Produktübergabe

Übergabeprotokoll

Mit dem Übergabeprotokoll werden die Inhalte und Modalitäten der Produktübergabe für beide Auftragspartner verbindlich dokumentiert.

Das Übergabeprotokoll enthält Angaben zu den Punkten:

Übergabeobjekte wie

▷ Programme, Module,
▷ Systemdateien,
▷ Prototypen, Funktionsmuster,
▷ Baugruppen,
▷ CAD-Dateien mit Angaben zu Versionen bzw. Varianten.

Dokumentation wie

▷ Entwurfs- und Konstruktionsunterlagen,
▷ Bau- und Fertigungsunterlagen,
▷ Verfahrens- und Systembeschreibungen,
▷ Benutzerbeschreibungen sowie
▷ Wartungsunterlagen.

Leistungsmerkmale hinsichtlich

▷ Funktionsumfang,
▷ Qualitätseigenschaften,
▷ Einsatzumwelt und
▷ Prüfmöglichkeiten.

Übergabemodalitäten, d. h.

▷ Form der Produktübergabe,
▷ Verantwortlichkeiten,
▷ Abnahmefristen,
▷ Abnahmeunterstützung.

Produktbegutachtung

Mit Vorliegen des Übergabeprotokolls muss vom Auftraggeber das entwickelte Produkt begutachtet, d. h. es muss festgestellt werden, ob das gelieferte Produkt den im Auftrag (Produktvereinbarung, Projektauftrag, FuE-Antrag etc.) formulierten Anforderungen entspricht.

Der Inhalt solcher Produktbegutachtungen hängt natürlich von der Art des Entwicklungsobjekts ab. Bei der Prüfung von SW-Programmen sind völlig andere Kriterien von Bedeutung als bei reinen HW-Produkten. So werden in Produktbegutachtungen Untersuchungsfelder einbezogen wie:

▷ Vollständigkeit des Leistungsumfangs,
▷ Zweckmäßigkeit des konstruktiven Aufbaus,
▷ Zweckmäßigkeit der Bedienoberfläche,
▷ Fragen der Wartbarkeit (Zugänglichkeit, Unterlagen, Werkzeuge),
▷ Qualität der Dokumentation.

Alle nicht voll erfüllten Leistungsmerkmale werden in einer »Liste offener Mängel« festgehalten und bilden die Basis für vorzunehmende Korrekturen und Nachbesserungsarbeiten.

Auch hier zeigt es sich als sehr vorteilhaft, wenn der Auftraggeber (z. B. der Kunde oder der Vertrieb) möglichst eng in die Produktdefinition eingebunden war und laufend die Produktrealisierung verfolgen konnte. So ist er mit dem fertig gestellten Produkt bereits vertraut, wodurch die Produktbegutachtung zügig und sachbezogen ablaufen kann.

Übernahmeprotokoll

Zeigt die Produktbegutachtung keine gravierenden Mängel (blocking points) auf, so wird vom Auftraggeber bzw. von der abnehmenden Stelle (z. B. QS-Stelle) ein gesondertes Übernahmeprotokoll erstellt, welches die Funktion eines Freigabeprotokolls hat.

Das Übernahmeprotokoll sollte folgende Punkte ansprechen:

Übernahmeobjekte wie

▷ Programme, Module,
▷ Prototypen, Funktionsmuster,
▷ Baugruppen,
▷ CAD-Dateien,
▷ Bauunterlagen,
▷ allgemeine Beschreibungen usw.

Durchgeführte Prüfungen an

▷ Produktteilen und
▷ Dokumentationsteilen.

Festgestellte Mängel bei

▷ Produktteilen und
▷ Dokumentationsteilen.

Nachforderungen an den Auftragnehmer, z. B.

▷ offene Mängel,
▷ Fehlerbereinigungen,
▷ technische Änderungen,
▷ Dokumentationserweiterungen,
▷ Preiskorrekturen.

Abnahmeentscheidung mit

▷ Abnahmekommentar und
▷ Nachbesserungsfristen.

Entwicklungsart	Betreuungsaufgaben
SW-Produktentwicklung	▶ Übernahme von Wartungsverpflichtungen ▶ Vertriebsunterstützung
HW-Produktentwicklung	▶ Feldtest ▶ Überleitung in die Serienfertigung ▶ Variantenentwicklung
System-/Anlagenentwicklung	▶ Feldeinführung ▶ Modifikationsentwicklung ▶ System-/Anlagenbetreuung
DV-Verfahrensentwicklung	▶ Verfahrenspflege ▶ Weiterentwicklung ▶ Anwenderunterstützung

Bild 5.4
Aufgaben der Entwicklung nach Entwicklungsende

Je eindeutiger die Produktübergabe bzw. -übernahme in den begleitenden Protokollen beschrieben ist, desto geringer ist später die Gefahr von Missverständnissen und gegenseitigen Forderungserhebungen. Nach gängiger Rechtssprechung gilt ein Vereinbarungsgegenstand bereits als abgenommen, sobald der Kunde diesen *produktiv* nutzt – auch wenn der Kunde das Abnahmeprotokoll noch nicht unterschrieben hat (siehe hierzu auch Kap. 2.1.5).

Sollten – auf Grund aufgedeckter Mängel – Nachbesserungen durch den Auftragnehmer erforderlich sein, so kann eine *Teil-Übernahme* vereinbart werden. Für die (nachzuliefernden) Korrekturen und Zusätze gibt es dann eine weitere Übergabe-/Übernahmeprozedur.

5.1.3 Technische Betreuung

Rechtzeitig vor Projektende sind Überlegungen anzustellen, welche speziellen Vorkehrungen für die technische Betreuung des fertig gestellten Entwicklungsprodukts nach der Projektauflösung getroffen werden müssen. Mit Abschluss der Entwicklung ist bekanntlich der Lebenszyklus des entwickelten Produkts nicht zu Ende; vielmehr tritt es in einen neuen Lebensabschnitt ein. Häufig müssen für diesen Abschnitt technische Aufgaben auch von Teilen der bisherigen Entwicklungsgruppen übernommen werden; diese Arbeiten hängen stark von der Art des Entwicklungsprojekts ab (Bild 5.4).

SW-Produktentwicklung

Bei Abschluss einer SW-Produktentwicklung liegt i. Allg. ein ausgetestetes, fast fehlerfreies SW-Produkt vor, das nun auf den Markt gebracht wird. Die primäre Verantwortung geht daher auf eine Serviceabteilung über, die meist über eigene SW-Fachleute verfügt. Allerdings können diese oft die technische Verantwortung nicht voll übernehmen. Deshalb wird in vielen Fällen mit der (früheren) Entwicklungsabteilung ein (kostenpflichtiger) interner *Wartungsvertrag* abgeschlossen. Hierin ist genau geregelt, welche Aufgaben im Vertragsfall zu übernehmen sind, also z. B.:

▷ Fehlerbehebung nach Ablieferung,
▷ Anpassung an neue Betriebssystemversionen,

- ▷ Einbindung neuer Versionen von implementierter Standard- und Basissoftware,
- ▷ Optimierung der Benutzeroberfläche,
- ▷ Verbesserung der Ablaufeigenschaften,
- ▷ Anpassung an veränderte Ablauforganisationen.

In einem solchen Wartungsvertrag muss auch festgehalten werden, welche Mitarbeiter für die Ausführung der Arbeiten zur Verfügung stehen; dies ist besonders wichtig, da der Hauptteil der Projektmitarbeiter normalerweise nach Projektauflösung andere Aufgaben in neuen Projekten übernimmt.

Neben der Übernahme von Wartungsaufgaben wird von der SW-Entwicklung häufig auch eine gewisse Vertriebsunterstützung übernommen; besonders wenn das produktspezifische Fachwissen beim Vertrieb nicht voll vorhanden ist.

HW-Produktentwicklung

Eine reine HW-Produktentwicklung schließt im Gegensatz zur SW-Produktentwicklung mit einem ausgereiften Prototyp ab, der nun in die *Serienfertigung* übergeleitet werden muss. Zwischen Prototypenentwicklung und Serienfertigung liegt meist noch die *Vorserienfertigung;* sie stellt den eigentlichen Übergang von der Entwicklung zur Fertigung dar. In der Vorserie werden alle fertigungstechnischen Abläufe und Verfahren festgelegt und erprobt. Bei erfolgreichem Abschluss eines Feldtests, bei dem man mehrere Vorserienprodukte in echter Arbeitsumgebung testet, braucht dann nur noch auf den »Knopf gedrückt« zu werden, um das Produkt in Serie zu fertigen.

Der Übergang von der Entwicklung in die Fertigung kann nicht nur von Fertigungsfachleuten getragen werden; hier muss auch der Entwickler helfend miteingreifen. Für den Entwickler war das primäre Ziel das Erreichen der *Funktionsfähigkeit* des geplanten Produkts; beim Fertigungsfachmann dagegen steht die *Reproduzierbarkeit* des Produkts im Vordergrund. Der Prototyp muss daher häufig noch in einigen Punkten geändert werden. Dabei verändert er wohl nicht seine Funktion, er wird aber »fertigungsgerechter« gestaltet. Diese (notwendige) Zuarbeit durch die Entwicklung ist ebenfalls vertraglich klar zu regeln. Zum Beispiel kann man die erforderlichen Maßnahmen für die Fertigungseinführung innerhalb einer PV-F (Produktvereinbarung-Fertigung, siehe Kap. 2.1.4) festlegen.

Im weiteren Produktlebenszyklus können Weiterentwicklungsmaßnahmen zum Erstellen nachträglich gewünschter Produktvarianten erforderlich sein, die dann ebenfalls von der Entwicklung übernommen werden müssen.

System- bzw. Anlagenentwicklung

Eine System- bzw. Anlagenentwicklung enthält i. Allg. sowohl HW- als auch SW-Anteile und ist – bis auf bestimmte Basiskomponenten – kundenspezifisch. Besonders der SW-Teil ist in seiner Endausprägung auf einen ganz bestimmten Anwender ausgerichtet; z. B. in Bereichen der Vermittlungssystemtechnik wird dieser Teil als Anlagenprogrammsystem (APS) bezeichnet.

Gerade bei solchen anwenderspezifischen Entwicklungen sind die Entwicklungsarbeiten mit Abschluss des Projekts keineswegs zu Ende. Einerseits muss das Entwicklungspersonal die Feldeinführung intensiv unterstützten, andererseits ergeben sich nach einer gewissen Einsatzzeit weitergehende Modifikationsentwicklungen auf Grund neuer Anforderungen und Erweiterungswünsche des Anwenders.

Auch diese unerlässliche Einsatzunterstützung durch Personal der Entwicklung muss in Umfang, Aufwand und Dauer zwischen Vertrieb und Entwicklung vertraglich vor Auflösung des Projekts vereinbart werden und z. B. in einen Inbetriebnahmeplan einmünden.

Speziell im Großanlagenbau kann die den Lebenszyklus abschließende Stilllegungsphase von großer Bedeutung sein, da für diese rechtzeitig besondere Vorkehrungen zur Beseitigung und Entsorgung getroffen werden müssen.

DV-Verfahrensentwicklung

Bei dieser Entwicklungsart handelt es sich um die Entwicklung von DV-Verfahren vornehmlich für den internen Einsatz im Rahmen von Rationalisierungsprojekten. Gerade dic in einem Unternehmen intern eingesetzten DV-Verfahren unterliegen einem steten Wandel, der immer wieder Anpassungsentwicklungen zur Folge hat. Solche Verfahrensänderungen sind z. B. erforderlich bei:

— Veränderungen in der Aufbauorganisation,
— Veränderungen in der Ablauforganisation,
— neuen Betriebssystemversionen,
— zusätzlichem Anschluss (neuer) benachbarter Verfahren,
— Schnittstellenänderungen bei vorgelagerten bzw. nachgelagerten Verfahren,
— Optimierung von Bedienungs- und Ablaufeigenschaften,
— Funktionserweiterungen,
— neuen Auswertungen,
— Richtlinien- und Gesetzesänderungen.

Bei der Verfahrensbetreuung ist zu unterscheiden zwischen

▷ Wartung,
▷ Weiterentwicklung und
▷ Anwenderunterstützung.

Zur *Wartung* eines Verfahrens – d.h. zur Verfahrenspflege – gehören im Wesentlichen die Tätigkeitsfelder Fehlerbehebung und Umweltanpassung. Hierbei umfasst die Fehlerbehebung das unmittelbare Beseitigen von Programmfehlern, Hantierungs- und Dokumentationsmängeln. Zur Umweltanpassung gehören einerseits die Verfahrensanpassung an neue Versionen des Betriebssystems sowie der implementierten Standardsoftware (z.B. Datenbanksysteme, Maskengeneratoren, SAP-Module) und andererseits geringfügige Funktionsanpassungen, die durch Veränderungen in der jeweiligen Ablauforganisation notwendig geworden sind.

Eine umfassende *Weiterentwicklung* ist durchzuführen, wenn das Verfahren insgesamt ablauftechnisch oder technologisch verbessert werden soll oder gewichtige zusätzliche Anforderungen seitens der Anwender entstanden sind. Naturgemäß erfordert jedes »lebende« DV-Verfahren – wegen der Innovation in allen Bereichen eines Unternehmens – zwangsläufig eine laufende Weiterentwicklung. Ohne eine gezielte Weiterentwicklung »stirbt« ein DV-Verfahren langsam.

Zur *Anwenderunterstützung* zählen sowohl der Betrieb einer »Hotline« oder eines »Help Desk« bei auftretenden Problemen im Verfahrenseinsatz als auch die (sporadisch) notwendige Unterstützung der Anwender »vor Ort«. Da der eigentliche Verfahrensanwender häufig ein DV-Laie ist, ist er im besonderen Maß von den Verfahrensentwicklern im Anwenden des Verfahrens zu unterstützen. Alle notwendigen Aktivitäten zur Verfahrensbetreuung müssen zwischen der Anwenderabteilung und der verfahrensbetreuenden Stelle (meist der zuständigen OI-Stelle) entweder mit einem Wartungs- bzw. Pflegeauftrag oder einem neuen Projektauftrag für eine Weiterentwicklung vereinbart werden.

Schätzung des Wartungsaufwands

Die Schätzung des Entwicklungsaufwands für ein geplantes Entwicklungsvorhaben ist an sich schon nicht einfach; das Schätzen des Wartungsaufwands für die technische Betreuung eines Produkts ist noch viel schwieriger. Deshalb können häufig Wartungsverträge nur nach *Aufwandsverrechnung* und nicht auf der Basis eines *Festpreises* abgeschlossen werden.

Bei repräsentativen Untersuchungen in amerikanischen Firmen verschiedener Branchen wurden für den »Wartung/Entwicklungs-Quotienten«, d.h. für das Verhältnis der gesamten,

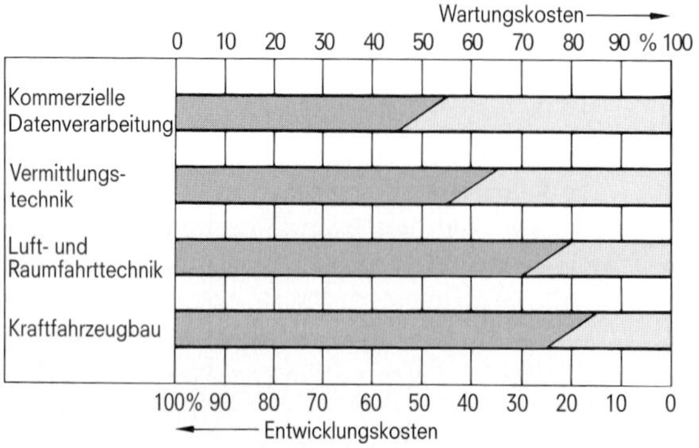

Bild 5.5
Wartung/Entwicklungs-Quotient

im Lebenszyklus anfallenden Wartungskosten zu den ursprünglichen Entwicklungskosten, die in Bild 5.5 aufgeführten Durchschnittswerte ermittelt.

So ergab sich z.B. für die kommerzielle EDV ein durchschnittliches Verhältnis der Wartungs- zu den Entwicklungskosten von 1:1. Dieser Wert kann aber nur als grober Richtwert für die Aufwandsschätzung der SW-Wartung dienen.

Für eine genauere entwicklungsspezifische Aufwandsschätzung des gesamten Lebenszyklus eines HW- oder eines SW-Produkts bieten sich Tools an, die ähnlich den Komponenten HL und SL von PRICE (siehe Kap. 3.2.3) funktionieren.

Das Verfahren PRICE HL diente zur Kostenschätzung des gesamten Lebenszyklus eines HW-Produkts. Mit ihm konnten die Kosten für die Instandhaltung von Hardware ermittelt werden.

Das Verfahren PRICE SL wurde für die Lebenszyklus-Kostenschätzung bei SW-Produkten eingesetzt.

5.2 Projektabschlussanalyse

Im Rahmen der Projektabschlussanalyse werden die ursprünglichen und die während des Projektablaufs aktualisierten Planvorgaben sowie die am Projektende erreichten Ergebnisse einander gegenübergestellt. Zu betrachten und zu bewerten sind hierbei im Wesentlichen die folgenden Projekt- und Produktgrößen:

- ▷ Aufwände und Kosten,
- ▷ Termine und Zeiten (Dauer),
- ▷ technische Leistungsgrößen,
- ▷ Wirtschaftlichkeitszahlen,
- ▷ Funktionsanforderungen,
- ▷ Qualitätsmerkmale.

Alle zahlen- und mengenmäßigen Größen sind innerhalb einer *Nachkalkulation* zu behandeln, die Wirtschaftlichkeitszahlen sollten in einer *Wirtschaftlichkeitsanalyse* auf ihre Zielerreichung geprüft werden und alle technischen und kaufmännischen Ergebnisse sind in einer *Abweichungsanalyse* einem Soll/Ist-Vergleich zu unterziehen.

Bei Vorhandensein einer Erfahrungsdatenbank besteht im Rahmen eines unternehmensweiten Wissensmanagements die Auflage und Verpflichtung, grundsätzlich für jedes abgeschlossene Projekt die formalen Eingabeblätter für die Erfahrungsdatenbank auszufüllen – kein Projektende ohne Eingabe der gesammelten Erfahrungen in die EDB sollte die Regel sein.

Die Ergebnisse der Projektabschlussanalyse (Nachkalkulation, Abweichungsanalyse, Wirtschaftlichkeitsanalyse) sollten zu einem *Projekterfahrungsbericht* zusammengefasst werden; dieser stellt dann den Abschlussbericht des Projekts dar.

5.2.1 Nachkalkulation

In der Nachkalkulation werden alle wesentlichen kaufmännischen Istdaten des Projekts zusammengetragen und den in der Vorkalkulation geschätzten Plandaten sowie den erreichten Produktergebnisgrößen gegenübergestellt. Hierzu gehören einerseits die Aufwands- und Kostenwerte der einzelnen Produktteile und andererseits die jeweils erbrachten (technischen) Ergebnismengen.

Kosten- und Leistungszuordnung

Eine sinnvolle Gegenüberstellung der Plan- und Istgrößen der angefallenen Kosten zu denen der erbrachten Leistung muss allerdings einen ausreichenden Detaillierungsgrad haben und in derselben Struktur der beiden vorangegangenen Kalkulationsabschnitte (Vorkalkulation, Mitkalkulation) erfolgen; anderenfalls würde eine Nachkalkulation an Aussagekraft stark verlieren. Die Detaillierung einer Projektkalkulation richtet sich üblicherweise nach der

- ▷ Kontenstruktur,
- ▷ Produktstruktur,
- ▷ Projektstruktur und
- ▷ Prozessstruktur.

Da sich die Kosten nach der Kontenstruktur gliedern und diese wiederum entweder der Produkt- oder der Projektstruktur angelehnt ist, können gravierende Probleme bei der Kosten- und Aufwandszuordnung zu den erbrachten Ergebnismengen auftreten. Der Grund liegt darin, dass die Aufwandserfassung vornehmlich nach der Projektstruktur und die Ergebnismengenbestimmung nach der Produktstruktur ausgerichtet ist. Dieser Umstand sollte aber keineswegs dazu führen, dass man die Projektstruktur zwanghaft der Produktstruktur angleicht; stattdessen ist eine sinnvolle Zuordnung der einzelnen Arbeitspakete (der Projektstruktur) zu den Produktteilen (der Produktstruktur) von Anbeginn anzustreben.

Auch das Zuordnen der vorgenannten Projektgrößen zur Prozessstruktur mit ihrer Unterscheidung nach Entwicklungsphasen und Tätigkeitsarten kann Schwierigkeiten aufwerfen; vor allem dann, wenn keine durchgängige, prozessorientierte Stundenaufschreibung vorgenommen werden konnte. Dies kann dazu führen, dass man auf den Tätigkeits- oder Phasenaufriss in einer Nachkalkulation ganz verzichten muss.

Kalkulationsstruktur

Insgesamt sollte man – wie bereits erwähnt – die Nachkalkulation analog der bei Vor- und Mitkalkulation verwendeten Kalkulationsstruktur erstellen. Die Unterteilung der dem Projekt direkt zuordenbaren Kostenelemente, wie

▷ Personalaufwände (eigen/fremd),
▷ Testanlagenkosten,
▷ Musterbaukosten,
▷ Consultantkosten und
▷ sonstige Käufe/Bezüge,

sollte daher die gleiche sein. Bei den zusätzlichen Kostenelementen, besonders den durch Gemeinkosten-Umlagen hinzukommenden Kostenanteilen, kann eine abweichende Gliederung sinnvoll sein. Zu ihnen gehören

▷ Reisekosten,
▷ Fehlerbehebungskosten nach Ablieferung,
▷ Kosten für allg. Tool- und Supportentwicklung,
▷ Kosten für Grundlagenentwicklung und
▷ Verwaltungskosten.

Die für eine Nachkalkulation notwendigen Formulare sollten bez. der Datenzuordnung im Druckbild ähnlich dem Vorkalkulationsblatt (siehe Beispiel in Bild 3.103) aussehen, da das gleiche Kalkulationsschema bei Vor-, Mit- und Nachkalkulation ganz erheblich die Transparenz und das Verständnis innerhalb einer durchgängigen Projektkalkulation fördert. Beim Nachkalkulationsblatt kommen allerdings weitere Spalten für die Angabe der entsprechenden Ergebnismengen (z. B. kloc, DIN-A4-Seiten) hinzu. Die Aufnahme dieser Ergebnisgrößen bildet die Grundlage für das Bilden projektbezogener *Kennzahlen.*

Aufgaben der Nachkalkulation

Bild 5.6 zeigt die der Nachkalkulation vorgelagerten und nachgelagerten Aufgabenbereiche.

Wie ersichtlich, gibt es drei Datenquellen für die Nachkalkulation:

▷ Aufwandsschätzung bzw. Vorkalkulation für die Ermittlung der *Plandaten,*
▷ Aufwands- und Kostenüberwachungsverfahren für die Erfassung der *Istdaten* sowie
▷ Auswertungsverfahren für die Ermittlung von *Ergebnisdaten.*

Je DV-gestützter hierbei die einzelnen Planungs-, Erfassungs- und Auswertungsverfahren sind, desto leichter und vollständiger erhält man den »Datenkranz«, der für eine aussagekräftige Nachkalkulation notwendig ist.

Die primäre Aufgabe von Nachkalkulationen liegt im Liefern von Daten für

▷ die *Projektbewertung* anhand der Plan/Ist-Vergleiche,
▷ die *Qualitätskostenauswertung* zum Bestimmen der einzelnen QS-Positionen und
▷ die *Messdatenermittlung* zur Erfahrungssicherung.

Nachkalkulationen abgeschlossener Entwicklungsvorhaben sind vor allem für das Überprüfen der wirtschaftlichen Tragfähigkeit der entwickelten Produkte notwendig. Nur durch ein vollständiges Einbeziehen aller Entwicklungskosten im Rahmen einer *Vollkostenrechnung* kann festgestellt werden, ob ein angebotener Produktpreis zu einer Unter- oder Überdeckung der Entwicklungskosten geführt hat. Die Nachkalkulation stellt damit auch eine Art Projektergebnisrechnung dar.

Mit Hilfe *prozessbezogener* Nachkalkulationen ist darüber hinaus auch leicht zu analysieren, in welchen Phasen und bei welchen Tätigkeiten der Entwicklung Ressourcen und Kapazitäten in starkem Maße gebunden sind. Die Daten der Nachkalkulation machen es dann möglich, zu erkennen, an welchen Stellen durch verbesserte Werkzeuge oder durch vermehrte Geräteinvestitionen die Entwick-

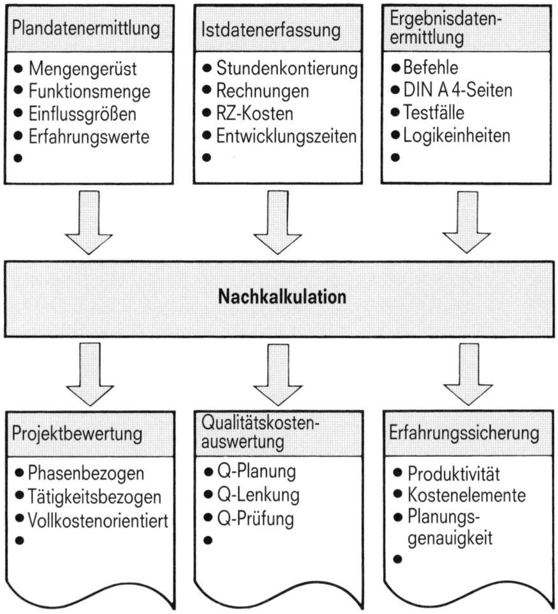

Bild 5.6 Umfeld der Nachkalkulation

lungsleistung gesteigert werden kann, ohne den Mitarbeitern dabei ein größeres Arbeitsvolumen aufzubürden. Bei diesen Überlegungen – Entwicklungsarbeiten mit intelligenten Mitteln besser und leichter zu bewältigen – sind die strukturierten Daten von Nachkalkulationen sehr hilfreich.

5.2.2 Abweichungsanalyse

Meist ergeben sich bei jeder Projektdurchführung Abweichungen von den ursprünglichen Annahmen. Eine exakt 100%ige Planerfüllung in *allen* Projekt- und Produktparametern ist sogar sehr unwahrscheinlich und kann kaum eine realistische Grundlage haben. Auftretende Planabweichungen sind i. Allg. die Folge nicht vorhersehbarer Ereignisse auf Grund personeller, technischer und organisatorischer Probleme. Der plötzliche Ausfall eines Mitarbeiters oder eine sich als nicht ausreichend erweisende Prüftechnik für eine neuartige Technologie oder eine von der Unternehmensleitung ausgelöste Umorganisation sind nicht im Voraus planbar. Untersuchungen von Planabweichungen dürfen also nicht allein unter dem Gesichtspunkt der Projektqualität gesehen werden, sondern vor allem auch als Lerneffekt, als Anregung zum »Bessermachen beim nächsten Mal«.

Deshalb sollte jeder Projektabschluss eine umfassende *Abweichungsanalyse* enthalten; in dieser werden alle aufgetretenen Plan/Ist-Abweichungen der relevanten Projekt- und Produktparameter festgestellt, untersucht und entsprechend bewertet. Normalerweise steht hierbei die Frage an erster Stelle, warum die ursprünglichen Planvorgaben nicht eingehalten wurden; es kann sich aber auch herausstellen, dass die festgestellten Istwerte berechtigt, dagegen die vorgegebenen Planwerte illusorisch gewesen sind. Das Ziel ist insgesamt das Ableiten von Maßnahmen und Lösungsansätzen für das *künftige* Vermeiden (bzw. Verringern) wesentlicher Abweichungen von Planvorgaben. Die Abweichungsanalyse stellt also als kritischer Rückblick eine Art »Manöverkritik« für das abgelaufene Entwicklungsprojekt dar.

Analyseablauf

Der Ablauf einer systematischen Abweichungsanalyse gliedert sich in die fünf Hauptschritte:

	Soll	Ist
Projektbezogen	Geplante Termine Geplante Aufwände Geplante Kosten Geplante Projektqualität	Eingetretene Termine Benötigte Aufwände Aufgelaufene Kosten Festgestellte Projektqualität
Produktbezogen	Geplante Ergebnismengen Spezifizierte Leistungsmerkmale Gesetzte Qualitätsziele	Vorliegende Ergebnismengen Realisierte Leistungsmerkmale Erreichte Qualitätseigenschaften

Bild 5.7 Abweichungsparameter

▷ Aufschreiben des Soll
▷ Aufschreiben des Ist
▷ Feststellen von Abweichungen
▷ Ermitteln der Ursachen
▷ Ausarbeiten von Maßnahmen.

Dabei erstreckt sich die Abweichungsanalyse im Wesentlichen auf die Parameter gemäß Bild 5.7.

Nach Aufschreiben der Soll- und Ist-Werte der in die Abweichungsanalyse einbezogenen Projekt- und Produktparameter und nach Feststellen markanter Abweichungen muss untersucht werden, welche personellen, technischen und organisatorischen Ursachen hierfür ausschlaggebend waren. Außerdem ist zu prüfen, inwieweit die jeweilige Abweichung vermeidbar oder nicht vermeidbar gewesen wäre. Hierbei muss man unterscheiden zwischen singulär aufgetretenen Abweichungen und solchen, die auf Grund eines grundsätzlichen Mangels im Projektablauf entstanden sind. Im ersten Fall hätte der Abweichung mit einer einzigen Maßnahme begegnet werden können; im zweiten Fall wären eventuell generelle Veränderungen in der Prozess- oder Projektorganisation notwendig gewesen. Die Frage nach der Vermeidbarkeit liefert den ersten Ansatz zum Ausarbeiten von Maßnahmen für eine verbesserte Projektqualität bei künftigen Projekten.

Die Übersicht nach Bild 5.8 enthält – gegliedert nach den vorgenannten Kriterien – einige typische Ursachen für Abweichungen von Projekt- und Produktparametern.

Abweichungsanalysebericht

Alle bei einer Abweichungsanalyse festgestellten Abweichungen werden mit ihren Ursachen und möglichen Vermeidungsmaßnahmen in einem *Abweichungsanalysebericht* zusammengefasst. Dieser sollte wie folgt aufgebaut sein:

Festgestellte Abweichungen, gegliedert nach

▷ projektbezogenen Parametern und
▷ produktbezogenen Parametern.

	Personelle Ursachen	Technische Ursachen	Organisatorische Ursachen
Vermeidbar	► Demotivation ► Mangelnde Ausbildung ► Missverständnisse ► Überlastung	► Planungsfehler ► Fehleranfälligkeit ► Unvollständige Testdaten ► Mangelnde Toolnutzung	► Engpässe bei RZ und Testanlagen ► Kompetenzgerangel ► Personelle Engpässe ► Probleme bei der Fertigungseinführung
Kaum Vermeidbar	► »Problemfälle« ► Fluktuation ► Mangelnde Fähigkeiten	► Performance-Probleme ► Überforderte Prüftechnik ► Neue Anforderungen ► Unsichere Systembasis (z. B. Betriebssystemmängel) ► Fehlender Support	► Wechselnder Zulieferant ► Prioritätenveränderungen ► Räumliche Aufteilung ► Termindruck
Nicht vermeidbar	► Krankheit ► Schwangerschaft ► Kündigung	► Technologische Grenzen ► Fehlerhafte Fremdteile ► Fehlende Bauteile	► Umorganisation auf höheren Geheiss ► Änderung der Verträge ► Konkurs eines Lieferanten

Bild 5.8 Ursachen für Planabweichungen

Ermittelte Ursachen, unterteilt nach

- ▷ personellen Ursachen,
- ▷ technischen Ursachen und
- ▷ organisatorischen Ursachen.

Abgeleitete Maßnahmen (Vorschläge), begründet durch

- ▷ falsche Vorgaben (d.h. Ist-Werte sind berechtigt) bzw.
- ▷ mangelnde Erfüllung (d.h. Soll-Werte sind berechtigt).

Der Abweichungsanalysebericht bildet ein wichtiges Beurteilungsdokument bei der Projektabschlusssitzung für die Projektauflösung; ggf. können aus diesem noch erforderliche Abschlussarbeiten abgeleitet werden. Ist im betreffenden Entwicklungsbereich eine Erfahrungsdatenbank vorhanden, so sollten die Kernaussagen der Abweichungsanalyse auf jeden Fall in dieses Informationssystem mit aufgenommen werden. Ausführliche Abweichungsanalysen sind sehr wertvoll innerhalb einer umfassenden Erfahrungssicherung.

5.2.3 Wirtschaftlichkeitsanalyse

Die Wirtschaftlichkeitsbetrachtung zu Beginn eines Projekts ist in vielen Bereichen schon ein fester Bestandteil der Projektdefinition geworden. Ohne Erfolg versprechende Ergebnisrechnung mit Nachweis einer ausreichenden Rendite bzw. ohne ausreichende Nutzenanalyse wird ein geplantes Vorhaben gar nicht erst begonnen. Eine Kontrolle der dort gemachten Angaben – im Rahmen einer offiziellen Wirtschaftlichkeitsanalyse zu Projektabschluss – fehlt dagegen in den meisten Fällen. Der Grund dafür liegt oft in der Befürchtung, dass die Zusagen und Annahmen, die in der bei Projektbeginn durchgeführten Wirtschaftlichkeitsprüfung gemacht worden sind, nicht eingehalten worden sind. Dabei ist jede Wirtschaftlichkeitsbetrachtung ohne spätere Ergebnisanalyse eigentlich sinnlos; sie hätte nur die Funktion einer »Augenwischerei«. Eine nachträgliche Kontrolle soll ja nicht das Ziel haben, irgend jemandem den »schwarzen Peter aufzuhalsen«, sondern Projektkontrollen haben die Aufgabe, eine Ursachenanalyse der meist begründeten Fehlplanungen und Projektfehler vorzunehmen mit dem alleinigen Ziel, diese bei späteren Projekten zu vermeiden.

Abweichungen von Wirtschaftlichkeitsprognosen haben daher auch sehr vielfältige und berechtigte Ursachen wie z.B.:

- ▷ erhöhte Entwicklungskosten auf Grund zusätzlicher Änderungswünsche,
- ▷ unvorhergesehene Preissteigerungen bei den Investitionen,
- ▷ geringere Personaleinsparung,
- ▷ geringer ausgefallene Materialeinsparungen,
- ▷ nicht erreichter Umsatz wegen erhöhten Konkurrenzdrucks,
- ▷ Preisverfall,
- ▷ verspätete Einsatzphase und dadurch verzögerter Beginn des Finanzmittelrückflusses.

Zudem müssen auch die im Zusammenhang mit dem Projekt entstandenen *Fehlleistungen* mit berücksichtigt werden; zu diesen zählen neben den Mehrkosten für zusätzliche Fehlerbehebungen vor und nach Ablieferung auch Aufwendungen für nicht eingeplante Crash-Aktionen beim Kundeneinsatz, für nicht vorhergesehene Nachbesserungen oder für nachträglich aufgetretene Mängel der Zulieferungen.

Eine Wirtschaftlichkeitsanalyse hat also vor allem die Aufgabe, derartige Abweichungsursachen aufzuzeigen und diese für künftige Wirtschaftlichkeitsbetrachtungen zu dokumentieren. Die Verpflichtung zur Wirtschaftlichkeitsanalyse bei Projektabschluss soll die Projektplaner natürlich auch dazu bewegen, bei Projektbeginn realistischere und weniger »geschönte« Wirtschaftlichkeitsrechnungen vorzulegen.

Wirtschaftlichkeitsanalysen lassen sich allerdings nur dann vernünftig durchführen, wenn von Anbeginn des Projekts die entsprechenden Projektdaten zielgerichtet aufgeschrieben werden. Anderenfalls müssten sie wieder auf freie und damit manipulierbare Annahmen aufsetzen.

Im Wesentlichen bieten sich hierbei als Vorgehensweisen an:

- ▷ Vergleich von Kennzahlen
- ▷ Analyse der Produktivitätssteigerung
- ▷ Nachrechnung der Wirtschaftlichkeit.

Vergleich von Kennzahlen

Können die wesentlichen Rationalisierungseffekte einer Wirtschaftlichkeitsbetrachtung in Kennzahlen ausgedrückt werden, so ist die Methode des *Kennzahlenvergleichs* für die Wirtschaftlichkeitsanalyse einfach und praktikabel zugleich. Es sollte sich hierbei allerdings um »harte« Kennzahlen handeln, d.h. die Messdaten für die Kennzahlenbildung sollten möglichst exakt messbar sein. Die »Anzahl SW-Funktionen« ist z.B. begrifflich nicht genau definierbar, daher auch nicht eindeutig zählbar. Dagegen ist die »Anzahl Befehle eines Programms« bei Definition einiger Randbedingungen sicher exakt feststellbar.

Als Kennzahlen für zu analysierende Einsparungseffekte sind nachstehend einige aufgeführt:

- ▷ erstellte loc je Mitarbeiter im Jahr,
- ▷ Zeitaufwand für Stromlaufplanerstellung je Flachbaugruppe,
- ▷ Bearbeitungszyklen je Komponente,
- ▷ Papiermenge im RZ je Monat,
- ▷ Belegmenge je Zeiteinheit,
- ▷ Personalstand je Monat,
- ▷ Wartungs- und Betreuungsaufwand im GJ.

Als Erstes sind zu Beginn eines Vorhabens, welches einer Wirtschaftlichkeitsprüfung unterzogen worden ist, die relevanten Kennzahlen in ihren Anfangswerten (Vorgabewerte) festzuhalten. Mit Abschluss des Vorhabens werden diese Kennzahlen in ihren eingetretenen Werten (Ergebniswerte) bestimmt und den Anfangswerten gegenübergestellt. Aus der Differenz kann man schließlich ermitteln, inwieweit anfänglich die Wirtschaftlichkeitsprognose richtig war. Die Wertebestimmung der Kennzahlen kann natürlich auch im Laufe des Vorhabens – eventuell sogar mehrmals – geschehen, um auf diese Weise eine frühzeitige Trendaussage hinsichtlich Erfüllung des Wirtschaftlichkeitsziels machen zu können. Wird also z.B. bei einem Investitionsvorhaben rechtzeitig durch einen entsprechenden Kennzahlenvergleich erkannt, dass der gewünschte Rationalisierungseffekt nicht erreichbar ist, so ist ein vorzeitiger Projektabbruch zum Vermeiden weiterer (unnützer) Kosten ratsam.

Analyse der Produktivitätssteigerung

Basiert eine Wirtschaftlichkeitsprognose im Wesentlichen auf Steigerungseffekten der *Produktivität,* die durch die eingesetzten Mittel für Tool-, Support- oder Verfahrensentwicklungen erreicht werden sollen, so bietet sich zur Wirtschaftlichkeitskontrolle eine Vorgehensweise der *prozessorientierten* Analyse der Produktivitätssteigerung an.

Zuerst muss für die Wirtschaftlichkeitsbetrachtung ein Analyseschema entworfen werden, in dem die prozentualen Einsparungseffekte geplanter Rationalisierungselemente auf die jeweiligen Tätigkeiten in den einzelnen Entwicklungsphasen aufgeführt sind. Bild 5.9 zeigt ein Beispiel für ein solches Analyseschema, wie es in ähnlicher Form in einigen Entwicklungsbereichen der Kommunikationstechnik verwendet wurde.

In diesem Beispiel handelt es sich um geplante Tool- und Support-Unterstützungen (Rationalisierungselemente) für die SW-Entwicklung von Vermittlungssystemen. Das Tätigkeitsprofil je Entwicklungsphase sollte unabhängig der möglichen Tool- und Support-Unterstützung definiert werden; es sollten also auch solche Tätigkeiten enthalten sein, für die keine zusätzliche Unterstützung angeboten werden kann. Weiterhin ist die einzelne Tätigkeitsart mit einem Gewicht entsprechend ihrem Aufwandsverhältnis zum Gesamtaufwand in der betrachteten Entwicklungsphase zu belegen – gemessen an den zum Betrachtungszeitraum (ohne die vorgesehene Rationalisierung) gültigen Kennzahlen.

In den Matrixfeldern werden die geplanten Aufwandseinsparungen für die jeweiligen Tätigkeiten bei Verwenden der entsprechenden neuen Entwicklungsunterstützung angegeben. Unter Berücksichtigung der Gewichtung der Tätigkeitsarten und der prozentualen Phasenaufwandsverteilung gelangt man schließlich zu einer relativen Einsparungsverteilung.

Zur Verdeutlichung sei folgendes Zahlenbeispiel aus dem Schema in Bild 5.9 herausgegriffen:

> Für den Einsatz eines grafischen Texteditors zum Spezifizieren in der Systementwurfsphase wird ein Einsparungspotenzial von 10% angenommen. Da die Spezi-

Rationalisierungselemente					SDL-Grafik	SDL-Analyse	Grafischer Texteditor	KM/Verwaltungs-support	Testfallsupport	Diagnosesupport für CHILL/SDL	Standard-DEBUD-Support	Testautomat für Sprachleistungs-merkmale	Einsparung	
Entwicklungsphase	EKZ	Tätigkeit	TKZ	Gewicht									gewichtet	relativ
Systementwurf 10%	SE	PD-Entwurf/Test	A	0,6	10%	10%							12%	
		KM/Verwaltung	B	0,1				20%					2%	
		Verbale Spezifikation	C	0,3			10%						3%	1,7%
Programmentwurf 40%	PE	ZD-Entwurf/Test	D	0,6	10%	10%							10%	
		KM/Verwaltung	B	0,1				10%					1%	
		CHILL-Entwurf	E	0,3			20%						6%	
		Verbale Spezifikation	C	0,1			10%						1%	7,2%
Implementierung 35%	IM	Testfallentwurf und Testrahmen	F	0,4					30%				12%	
		Fehlerkorrektur	G	0,4					10%		10%		8%	
		Testauswertung	H	0,1						10%			1%	
		KM/Verwaltung	B	0,1				10%					1%	7,7%
Systemintegration und -test 15%	ST	Testfallentwurf und Testrahmen	F	0,4					30%	15%			18%	
		Fehlerkorrektur	G	0,3					10%	10%	30%		15%	
		KM/Verwaltung	B	0,1			10%			10%			1%	
		Testdurchführung	J	0,2								30%	6%	6,0%

PD Prozedurdiagramm ZD Zustandsdiagramm

Bild 5.9 Analyseschema (Beispiel)

fikationstätigkeit in dieser Phase im Verhältnis zu den anderen mit einem Gewicht von 0,3 belegt wird (Gesamtgewicht je Phase immer 1), ergibt sich eine gewichtete Einsparung von 3%. Diese geht mit 0,3% in die Gesamteinsparung ein, weil die Phase Systementwurf wiederum nur 10% vom Gesamtprozess darstellt.

In einer projektbegleitenden Aufwandsanalyse muss nun seitens der Entwickler die Stundenkontierung phasen- und tätigkeitsartbezogen vorgenommen werden. Für das Kennzeichnen der Entwicklungsphasen muss ein EKZ (Entwicklungskennzeichen) und für die Tätigkeitsarten ein TKZ (Tätigkeitskennzeichen) vergeben sein. Im Vergleich zu bereits abgeschlossenen, vergleichbaren Entwicklungsvorhaben, deren Aufwände in gleicher Weise (EKZ- und TKZ-bezogen) erfasst sein müssen, ist schließlich feststellbar, ob die prognostizierten Einsparungen auch wirklich realisiert werden konnten.

Abweichungen von ursprünglich geplanten Produktivitätssteigerungen kann man dann sehr zielgerichtet einer Abweichungsanalyse unterziehen. Es kann also herausgefunden werden, warum z.B. eine bestimmte (neue) Tool-Unterstützung den gewünschten Rationalisierungseffekt gebracht und eine andere nicht zum erwünschten Erfolg geführt hat.

Nachrechnung der Wirtschaftlichkeit

Stehen zutreffende Kennzahlen nicht zur Verfügung oder ist eine prozessorientierte Analyse der Produktivitätsteigerung nicht möglich bzw. angebracht, so sollte wenigstens versucht werden, bei Abschluss von Projekten – für die zu Projektbeginn eine Renditerechnung vorgenommen worden ist – eine *Kontrollrechnung* der Wirtschaftlichkeit durchzuführen. Darin müssen allen ursprünglich gemachten Planzahlen entsprechende Istzahlen gegenübergestellt werden. Enthält das vorliegende Berichtssystem allerdings die in der Wirtschaftlichkeitsrechnung angegebenen Parameter nicht, so ist ein objektiver Nachweis von Istzahlen nur schwer zu erbringen. Die Gefahr der »planangepassten« Zahlenmanipulation ist dann sehr groß. Schwierigkeiten bereitet naturgemäß der Nachweis von

- ▷ eingesparten »anteiligen« Mitarbeitern,
- ▷ kürzeren Durchlaufzeiten in nachgeordneten Bereichen,
- ▷ gesteigerter Produktivität in »Kreativbereichen« sowie
- ▷ vermiedenen Mehrkosten beim nicht realisierten Alternativvorhaben.

Insgesamt müssen alle definierten Positionen des Finanzmittelbedarfs und des Finanzmittelrückflusses des wirtschaftlichen Produktplans bzw. der ursprünglichen Marginalrenditerechnung GJ-orientiert mit den eingetretenen Werten in die Kontrollrechnung einfließen; man muss also eine vollständige Wirtschaftlichkeitsrechnung – in derselben Struktur wie die ursprüngliche – vornehmen.

5.2.4 Kundenbefragung

Im Rahmen von qualitätssichernden Maßnahmen gemäß der ISO–Zertifizierung oder einer Selbstbewertung nach dem EFQM-Modell wird immer mehr die Befragung der Kunden hinsichtlich ihrer Kundenzufriedenheit gefordert. Eine solche Kundenbefragung sollte spätestens zum Projektabschluss durchgeführt werden.

Einer möglichst repräsentativen Auswahl aus dem Kundenkreis werden allgemeine und projektbezogene Fragen zur Kundenzufriedenheit gestellt. Solche Fragen können z. B. sein:

- ▷ Wie zufrieden sind Sie mit der Leistungserbringung?
- ▷ Wie zufrieden sind Sie mit der Einhaltung des vereinbarten Kostenrahmens?

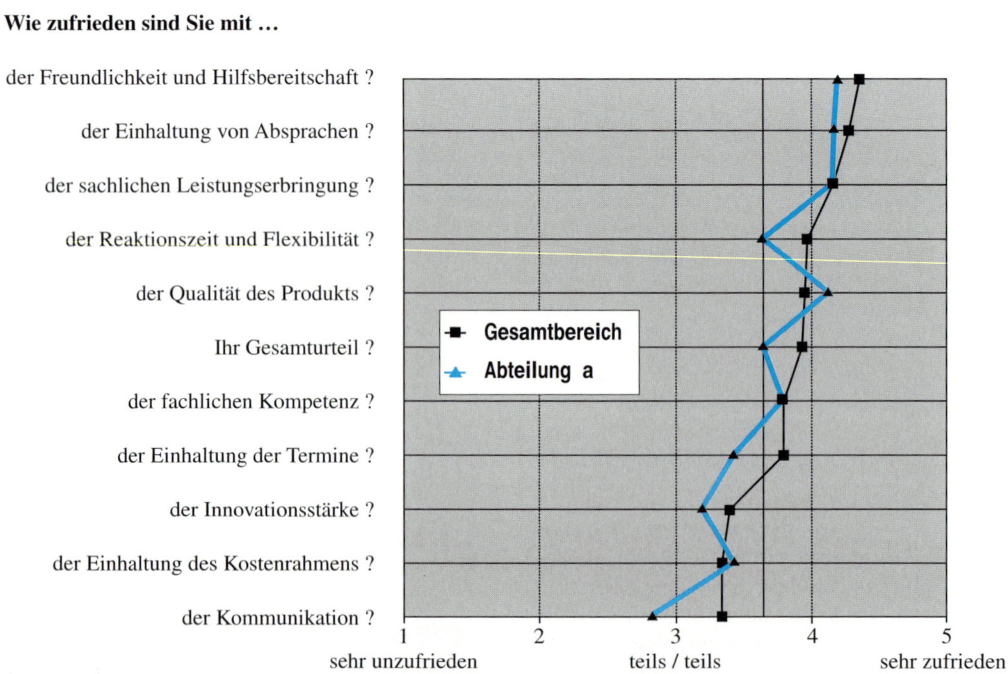

Bild 5.10 Ergebnisdarstellung Kundenbefragung (Beispiel)

- ▷ Wie zufrieden sind Sie mit der Einhaltung der vereinbarten Termine?
- ▷ Wie zufrieden sind Sie mit der Kompetenz unserer Mitarbeiter?
- ▷ Wie zufrieden sind Sie mit der Freundlichkeit unserer Mitarbeiter?
- ▷ Wie zufrieden sind Sie mit den Reaktionszeiten und der Flexibilität des Projektteams?
- ▷ Wie zufrieden sind Sie mit der Qualität?
- ▷ Wie ist Ihr Gesamturteil?
- ▷ Werden Sie uns weiterempfehlen?
- ▷ Würden Sie uns wieder einen Auftrag erteilen?

Die Beantwortung der Befragung geschieht i. Allg. nach einer Bewertungsskala von 5 bis 10 Stufen (»trifft voll zu« bis »trifft nicht zu« oder »sehr zufrieden« bis »sehr unzufrieden«).

Die Ergebnisse der Einzelbefragungen sind dann zusammenzuführen und einer kritischen Analyse zu unterziehen. Hierbei sind zum einen die Durchschnittswerte von Bedeutung und zum anderen müssen die »Ausreißer« einer genauen Analyse unterzogen werden. In Bild 5.10 ist eine solche Ergebnisdarstellung in einem Beispiel grafisch dargestellt; wie aus diesem Beispiel abzulesen ist, wurden die Aspekte Freundlichkeit, Hilfsbereitschaft, Absprachen, Leistungserbringung sehr gut bewertet, dagegen die Aspekte Kosteneinhaltung und Kommunikation mit dem Kunden eher weniger gut. Auch schneidet die Abteilung a insgesamt im Vergleich zum Gesamtbereich schlechter ab.

Wichtig ist es, herauszufinden, worin die Ursachen für weniger zufriedende Meldungen begründet sind; dies kann beim Kunden oder bei einem selbst liegen. Für Verbesserungspotenziale, die in die eigene Zuständigkeit fallen, sind zielorientierte Maßnahmenkataloge zu erstellen, deren Abarbeitung auf eine Verbesserung der Kundenzufriedenheit abzielen. Dies ist in einer späteren Wiederholung der Kundenbefragung zu verifizieren.

Mit der systematischen Wiederholung von Kundenbefragungen und der konsequenten Durchführung von Verbesserungsmaßnahmen wird eine kontinuierliche Steigerung der Kundenzufriedenheit angestrebt. Hohe Kundenzufriedenheit ist schließlich die Voraussetzung für ein prosperierendes Unternehmen.

5.3 Erfahrungssicherung

Wie in der Einführung erläutert, nehmen die Entwicklungskosten im Vergleich zu den reinen Fertigungskosten in hochtechnologischen Produktgebieten der Elektrotechnik einen immer größeren Betrag an. Bei der Software bestehen die Herstellkosten fast ausschließlich aus Entwicklungskosten, und bei der Hardware nehmen die Fertigungskosten auf Grund leistungsfähigerer CAM-Verfahren stetig ab.

Möglichkeiten, in der Entwicklung die Effizienz zu erhöhen, müssen also vermehrt ausgeschöpft werden. Hierzu gehören neben den Fortschritten auf dem CAD-Gebiet in Richtung eines integrierten CIM-Konzepts auch das verstärkte Aktivieren vorhandenen Wissens und erworbener Erkenntnisse. Gerade in großen Entwicklungsbereichen, bei denen das Gesamtwissen nicht mehr in einem einzelnen Kopf vorhanden, sondern auf Grund der interdisziplinären Arbeitsteilung sehr verteilt ist, muss ein besserer verfahrensunterstützter *Wissenstransfer* erreicht werden. Ziel muss also die verstärkte Erfahrungssicherung in der Entwicklung sein (siehe auch Kap. 3.5.4).

Grundlage jeder Erfahrungssicherung innerhalb eines Wissensmanagement ist das Sammeln von Erfahrungsdaten. Diese Erfahrungsdatensammlung findet ihre Nutzung auf den drei Anwendungsfeldern der Erfahrungssicherung:

- ▷ Aufwandsschätzverfahren,
- ▷ Kennzahlensysteme und
- ▷ Erfahrungsdatenbanken.

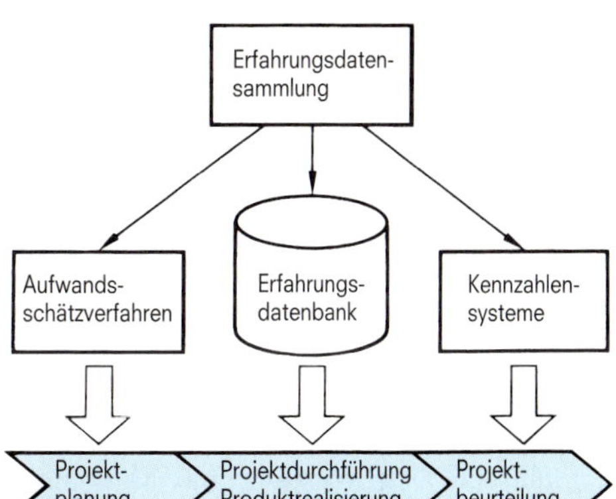

Bild 5.11
Anwendungsfelder der Erfahrungssicherung

Wie in Bild 5.11 dargestellt, haben diese ihre spezifischen Einsatzschwerpunkte in unterschiedlichen Phasen des Projektablaufs.

Neben dem Sammeln einzelner Erfahrungsdaten ist es für eine vollständige Erfahrungssicherung außerdem sehr vorteilhaft, auch allgemeine »erfahrungsfixierende« Beschreibungen zu erstellen. Hierzu kann man im Rahmen des Projektabschlusses einen *Projekterfahrungsbericht* anfertigen, in dem alle relevanten Erkenntnisse und Ereignisse des durchgeführten Entwicklungsvorhabens für spätere Interessenten zusammengefasst werden.

Damit die Erfahrungssammlung nicht dem Zufall überlassen bleibt, empfiehlt es sich – zumindest bei großen Entwicklungsprojekten – einen eigenen *Erfahrungssicherungsplan* (Know-how-Sicherungsplan) bereits im Rahmen der Projektplanung vorzusehen. Ein solcher Plan hat u.a. folgende Fragen zu behandeln:

- ▷ Wer ist für die Erfahrungssammlung verantwortlich?
- ▷ Wo wird relevantes Know-how zugewonnen?
- ▷ Wer sind die Erfahrungsträger?
- ▷ In welcher Form können die Erfahrungen dokumentiert werden?
- ▷ Wem sollen die dokumentierten Erfahrungen später zugänglich gemacht werden?
- ▷ Wie sollen die gesammelten Erfahrungen gespeichert bzw. archiviert werden?

5.3.1 Erfahrungsdaten

Das Sammeln von Erfahrungsdaten ist, wie bereits erwähnt, Voraussetzung für jede Erfahrungssicherung. Als Erfahrungsdaten für Produkt- und Systementwicklungen bieten sich zahlreiche produkt- und projektkennzeichnende Einzeldaten an, wobei zwischen *messbaren* Daten (Messdaten) und *beschreibenden* Daten (Merkmalsdaten) zu unterscheiden ist. Messdaten werden einerseits aus den Realisierungsergebnissen (Produktmessdaten) ermittelt und andererseits aus dem Projektgeschehen (Projektmessdaten) abgeleitet (Bild 5.12). Merkmalsdaten stellen keine mit Maßeinheiten versehene messbare Mengen dar, sondern sind entweder klassifizierende bzw. gewichtende Einflussgrößen – in Form von Faktoren, Kategorien u.Ä. – oder deskriptive Angaben, die meist verbaler Natur sind.

Kennzahlen – auch als Kenndaten bezeichnet – werden mit Hilfe entsprechender Rechenoperationen aus den produkt- und projektspezifischen Messdaten unter Einbeziehung der Merkmalsdaten, vornehmlich der Einflussgrößen, gebildet.

Produkt- und Projektmessdaten

Erfahrungsdaten, besonders Produkt- und Projektmessdaten, müssen zielorientiert gesammelt werden; d.h., es ist *vor* dem Sammeln von Erfahrungsdaten zu klären, für welches Anwendungsfeld der Erfahrungssicherung die Datensammlung gedacht ist, ob also für ein bestimmtes Aufwandsschätzverfahren (ASV) oder für ein definiertes Kennzahlensystem (KZS) oder für eine allgemeine Erfahrungsdatenbank (EDB) Daten gefunden werden sollen. So ist es z.B. für den Einsatz von SICOMO (Kap. 6.3.3) oder PRICE S (Kap. 3.2.3.2) überflüssig, die Anzahl Testfälle zu registrieren, da diese Verfahren hiermit nichts anfangen können; wie umgekehrt für ein Testdaten-Kennzahlensystem das Notieren der Anzahl Dokumentationsseiten nicht viel bringt.

In den Tabellen 5.1 und 5.2 sind die wichtigsten produkt- und projektspezifischen Messdaten für die HW- und SW-Entwicklung mit Bezug des Anwendungsfelds aufgeführt. Hierbei kann

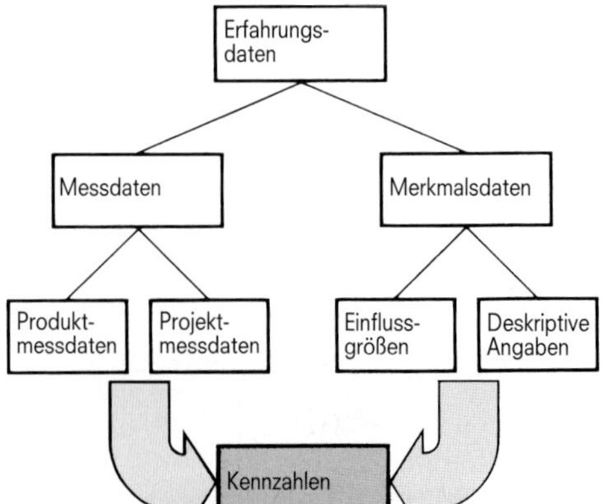

Bild 5.12 Unterteilung der Erfahrungsdaten

Tabelle 5.1 Produktmessdaten

Produktmessdaten								
Messgröße		Einheit	Entwicklung		Beispiel	Anwendungsfeld		
			HW	SW		ASV	KZS	EDB
1	Dokumentationsseite	Anzahl DIN A4	×	×	Anzahl Dokumentationsseiten, bezogen auf eine bestimmte Dokumentationsart		×	×
2	Anweisung	Anzahl kloc		×	Anzahl Anweisungen auf logischer oder DV-technischer Ebene	×	×	×
3	Prozedur	Anzahl		×	Anzahl Prozeduren eines SW-Programms			×
4	Speicherbedarf	PAM-Seite		×	Benötigter Speicherbedarf eines SW-Programms		×	×
5	Gewicht	kg	×		Elektronik- oder Mechanikgewicht eines Geräts	×	×	
6	Volumen	cm^3	×		Volumen eines elektronischen Geräts	×	×	
7	Fläche	cm^2	×		Fläche einer Leiterplatte		×	
8	Leistung	kW, MW kVA	×		Leistung eines elektrischen Geräts bzw. einer Anlage		×	×
9	Logikeinheit	Anzahl	×		Anzahl Gatterfunktionen einer Flachbaugruppe	×	×	×
10	Funktion	Anzahl	×	×	Anzahl Funktionen eines Geräts bzw. Systems	×		(×)
11	Systemmodul	Anzahl	×	×	Anzahl Module eines Systems (z.B. SW-Programme, -Module, HW-Baugruppen, Subsysteme)			×
12	Schnittstelle	Anzahl	×	×	Anzahl definierter Schnittstellen in einem System			×

man die aufgeführten Messdaten natürlich noch nach weiteren Kriterien gliedern, wie z. B.:

Dokumentationsseiten für	Pflichtenheft, Leistungsbeschreibung und Spezifikation.
Leistung in	Blindleistung und Wirkleistung.
Aufwand bei	Eigenpersonal und Fremdpersonal.
Kosten von	Personal, Musterbau, Rechen- und Testanlagen.

Einflussgrößen

Einflussgrößen, d. h. Größen von Einflussparametern, sollen die ja meist sehr unterschiedlichen Entwicklungsvorhaben in vergleichbare Gruppen einordnen. Es gibt eine sehr große Anzahl solcher Entwicklungsart-charakterisierender Einflussgrößen. Die Wahl der zu verwendenden Parameter hängt dabei entscheidend von den Zielen der beabsichtigten Erfahrungsdatensammlung ab, also von dem eingesetzten Aufwandsschätzverfahren, von dem verwendeten Kennzahlensystem oder von der Informationsstruktur der installierten Erfahrungsdatenbank.

Allgemein können die sich anbietenden Einflussgrößen wie folgt gegliedert werden:

- ▷ Anwendungsbezogene Einflussgrößen
- ▷ Produktbezogene Einflussgrößen
- ▷ Entwicklungsbezogene Einflussgrößen

Tabelle 5.2 Projektmessdaten

Projektmessdaten								
Messgröße		Einheit	Entwicklung		Beispiel	Anwendungsfeld		
			HW	SW		ASV	KZS	EDB
1	Aufwand	MStd MT MW MM MJ	×	×	Der für eine bestimmte Aufgabe geplante bzw. geleistete Personalaufwand	×	×	×
2	Kosten	EUR TEU	×	×	Die für eine bestimmte Aufgabe geplanten bzw. angefallenen Kosten	×	×	×
3	Dauer	Stunde Tag Woche Monat Quartal Jahr	×	×	Die für eine bestimmte Aufgabe geplante bzw. benötigte Zeit	(×)	(×)	×
4	Mitarbeiter	Anzahl	×	×	Anzahl der mit der Entwicklung beschäftigten Mitarbeiter		×	×
5	Fehler	Anzahl	×	×	Anzahl der in der Entwicklung gemachten SW- oder HW-Fehler		×	(×)
6	Testfall	Anzahl	×	×	Anzahl der in der Entwicklung definierten und durchgeführten Testfälle		×	(×)
7	Änderung	Anzahl	×	×	Anzahl der während einer Entwicklung durchgeführten Änderungen		×	(×)

▷ Projektbezogene Einflussgrößen
▷ Personalbezogene Einflussgrößen.

Unter *anwendungsbezogenen* Einflussgrößen sind solche zu verstehen, die den Einfluss auf die Entwicklung durch den Anwender, d. h. durch den Auftraggeber und dessen Umfeld charakterisieren. *Produktbezogene* Einflussgrößen kennzeichnen den Einfluss auf Grund produktspezifischer Anforderungen und einsatzbezogener Restriktionen. *Entwicklungsbezogene* Einflussgrößen umfassen Einflüsse aus der Entwicklungsumwelt, die durch die Qualität der Methoden und Hilfsmittel bestimmt werden. Zu den *projektbezogenen* Einflussgrößen gehören im Wesentlichen termin- und kostenrelevante sowie andere PM-spezifische Merkmale. Mit den *personalbezogenen* Einflussgrößen werden schließlich personalbeschreibende Kriterien wie Erfahrung, Fähigkeit und Motivation der Mitarbeiter angesprochen; hierbei beziehen sich die entsprechenden Faktoren i. Allg. auf den jeweiligen Durchschnitt einer ganzen Entwicklungsgruppe, sind also nicht personenbezogen.

Tabelle 5.3 gibt eine Übersicht der wesentlichen Einflussgrößen.

Deskriptive Angaben

Deskriptive Angaben sind vornehmlich für den *Projektevergleich* bei Erfahrungsdatenbanken wichtig, weil für diesen eine Projektähnlichkeit nicht allein auf Grund absoluter Zahlenwerte gefunden werden kann, sondern zusätzlich verbale Beschreibungsmerkmale notwendig sind. Zum Deskribieren abgeschlossener Entwicklungsvorhaben für die Erfahrungssicherung können mehrere Möglichkeiten genutzt werden:

- ▷ Formalisierte Merkmalsleiste
- ▷ Vorgegebener Deskriptorenkatalog
- ▷ Frei wählbare Merkmale.

Formalisierte Merkmalsleiste

Als Beispiel für eine formalisierte Merkmalsleiste ist die in Kap. 3.2.6 aufgeführte Indikatorenleiste eines EDB-Verfahrens zu nennen. In einer derartigen Indikatorenleiste sind über einen festgelegten Fragenkatalog (Bild 3.40) relevante Projektmerkmale als Ja/Nein-Aussagen abgelegt. Hierdurch wird die rechnergestützte Ähnlichkeitsuntersuchung erheblich vereinfacht, besonders, wenn die einzelnen Merkmale noch mit einem Gewicht versehen sind, welches die Bedeutung des jeweiligen Merkmals ausdrückt.

Vorgegebener Deskriptorenkatalog

Basis für einen Deskriptorenkatalog kann die unter [46] aufgeführte Beschreibungssystematik sein. Das genannte Buch enthält eine Sammlung von Begriffen aus dem betriebswirtschaftlichen Bereich für das Deskribieren von Dokumentationen elektrotechnischer Entwicklungen. Die aufgeführten Deskriptoren sind in ein hierarchisch aufgebautes Identifikationssystem eingeordnet, in welches leicht weitere anwenderspezifische Begriffe eingefügt werden können. Bild 5.13 zeigt einen kleinen Ausschnitt aus diesem Deskriptorenkatalog.

Frei wählbare Merkmale

Neben den vorgenannten deskriptiven Merkmalen, die aus einer definierten Begriffsmenge ausgewählt werden, können auch in »freier

Tabelle 5.3 Beispiele von Einflussgrößen

Anwendungsbezogene Einflussgrößen
▷ Vollständigkeit der Anforderungsdefinition
▷ Häufigkeit der Änderungswünsche
▷ Anzahl projektbeteiligte Stellen (extern, intern)
▷ Auflagen und Bedingungen des Auftraggebers
▷ Kommunikation Auftraggeber und Auftragnehmer
▷ Einsatzumgebung, Anwendungsgebiet

Produktbezogene Einflussgrößen
▷ Benötigte Zuverlässigkeit, Sicherheit
▷ Komplexität des Produkts
▷ Anforderungen an die Qualität
▷ Anforderungen an die Kompatibilität
▷ Anforderungen an die Dokumentation
▷ Anzahl externer Schnittstellen
▷ Umfang der Datenbasis
▷ HW-/SW-Kategorie
▷ Modifikationsanteile, Wiederholungsfaktor
▷ Abhängigkeit von anderen Produkten
▷ Einsatzbedingungen

Entwicklungsbezogene Einflussgrößen
▷ Änderungshäufigkeit der Entwicklungsbasis
▷ Nutzung der Entwicklungsmethoden
▷ Vorhandensein von Entwicklungstools
▷ Bearbeitungszyklus
▷ Computer-Restriktionen
▷ Unterstützung durch Test- und Prüfverfahren
▷ QS-Durchdringung
▷ Technologiestand

Projektbezogene Einflussgrößen
▷ Enge der Entwicklungszeit
▷ Enge des Entwicklungsetats
▷ Verfügbarkeit des Personals
▷ Entscheidungskraft der Leitung
▷ Arbeitsteiligkeit der Projektstruktur
▷ Qualität des Projektmanagements
▷ Einsatz von PM-Methoden und -Verfahren

Personalbezogene Einflussgrößen
▷ Erfahrung und Kenntnisse im Aufgabengebiet
▷ Erfahrung in der Entwicklungsumgebung
▷ Analysefähigkeit der Mitarbeiter
▷ Programmierfähigkeit der SW-Entwickler
▷ Realisierungsfähigkeit der HW-Entwickler
▷ Kommunikationsfähigkeit
▷ Durchsetzungsvermögen
▷ Grad der Motivation, Arbeitszufriedenheit
▷ Fluktuationsrate

Form« beschreibende Merkmale gewählt werden. Diese freien Merkmale dienen ebenfalls zur Ähnlichkeitsbestimmung von Entwicklungsprojekten; zu ihnen gehören z. B. Angaben wie:

Technisch-wissenschaftliche Deskription	
T1	Naturwissenschaft
T11	Mathematik
T12	Physik
T13	Sonstige Naturwissenschaften
T2	Technik
T21	Kerntechnik
T22	Elektrische Energietechnik
T23	Nachrichtentechnik
T24	Installationstechnik
T25	Medizinische Technik
T26	Verkehrstechnik
T27	Bautechnik
T28	Sonstige Technik
T3	Technische Stoffe
T31	Stoffeigenschaften
T32	Elektrowerkstoffe
T33	Hilfsstoffe
T34	Dämmstoffe
T35	Mechanische Werkstoffe
T4	Mess- und Regeltechnik
T41	Regelungstheorie
T42	Messung
T43	Steuerung
T44	Regelung
T5	Bauelemente und Maschinenaggregate
T51	Bauelemente und Elektrotechnik
T52	Bauelemente von Maschinen
T6	Maschinensteuerung
T61	Verarbeitungsgebiet
T62	Verarbeitungsform
T7	Datenverarbeitung
T71	Hardware
T711	Digitalrechner
T7111	Großrechner
T7112	Mittlere Datentechnik
T7113	Kleinrechner
T7114	Minicomputer
T7115	Personal Computer
T712	Analogrechner
T713	Hybridrechner
T714	Rechnerperipherie

Bild 5.13 Deskriptorenkatalog (Ausschnitt)

- ▷ Stichworte aus der Kurzbeschreibung,
- ▷ Projektklassifikation,
- ▷ Qualitätsangaben,
- ▷ Entwicklungsangaben,
- ▷ Dokumentationsangaben.

Solche freien Merkmale umfassen im Wesentlichen Angaben zum Projekt; sie stellen also die Kurzbeschreibung des betreffenden Projekts in einer Erfahrungsdatenbank dar.

Kennzahlen

Kennzahlen werden, wie bereits erwähnt, durch arithmetische Operationen aus der Kombination von Produkt- und Projektmessdaten abgeleitet, wobei die Einflussgrößen für die notwendige Klassifizierung sorgen.

Das Einbeziehen projektorientierter Einflussgrößen wird als *Normalisierung* bezeichnet; berücksichtigt man zusätzlich Einflussgrößen der allgemeinen Entwicklungsumgebung, so bedeutet dies eine *Standardisierung*. Normalisierte Kennzahlen haben also eine projektspezifische Aussage, standardisierte Kennzahlen enthalten eine projektübergreifende Bedeutung (Scorecards).

Kennzahlen erfüllen im Projektablauf sehr unterschiedliche Aufgaben:

Bei der *Projektplanung*
werden Kennzahlen als Basisdaten für die Aufwandsschätzung verwendet.

Bei der *Projektdurchführung*
dienen Kennzahlen als Analyse- und Vergleichsdaten für die Projektkontrolle (Zeit- und Quervergleich).

Beim *Projektabschluss*
werden Kennzahlen als Leitwerte für die Abschlussanalyse sowie für die Leistungs- und Produktivitätsmessung benötigt.

Wegen der Vielfalt produkt- und projektbezogener Messgrößen und Einflussgrößen in der elektrotechnischen Entwicklung können zwar fast beliebig viele Kennzahlen gebildet werden; jedoch haben die meisten – besonders für sich allein – nur eine geringe Aussagekraft und daher kaum praktische Bedeutung. Die folgenden Tabellen enthalten eine Auswahl häufig formulierter Kennzahlen in der SW- und HW-Entwicklung; sie sind unterteilt in

- ▷ Produktorientierte Kennzahlen (A-Kennzahlen) Tab. 5.4
- ▷ Projektorientierte Kennzahlen (B-Kennzahlen) Tab. 5.5
- ▷ Prozessorientierte Kennzahlen (C-Kennzahlen) Tab. 5.6
- ▷ Netzplanorientierte Kennzahlen (D-Kennzahlen) Tab. 5.7
- ▷ Betriebswirtschaftliche Kennzahlen (E-Kennzahlen) Tab. 5.8

Bei den gezeigten Übersichten wird außerdem noch zwischen »harten« und »weichen« Kennzahlen unterschieden. Eine harte Kennzahl ist dadurch gekennzeichnet, dass sie – im Gegensatz zu einer weichen Kennzahl – »exakt« messbar ist. In der Praxis gibt es natürlich einen Graubereich zwischen exakter und nicht exakter Messbarkeit. Eine harte Kennzahl ist z. B. die Produktivitätsgröße loc/MM, da beide Ausgangsgrößen genau gemessen werden können. Dagegen stellt die Angabe Schnittstellen je Modul eine weiche Kennzahl dar, da deren eine Ausgangsgröße nicht mehr genau gezählt werden kann, denn naturgemäß bestehen Definitionsschwierigkeiten bei der Messgröße Anzahl Schnittstellen.

Die hier vorgestellte Kennzahlenauswahl kann als Basis für den Aufbau eines eigenen Kennzahlensystems dienen. Hierbei muss darauf hingewiesen werden, dass mehrere der aufgeführten Kennzahlen unterschiedlich ausgeprägt sein können; so kann z. B. die Kennzahl Planabweichung sich auf die Zeit, die Kosten, den Aufwand o. Ä. beziehen. Auch sollten bei einer prozentualen Quotientenbildung die absoluten Werte der Zähler und Nenner nicht verschwinden, da die Kennzahlen sonst an Aussagekraft einbüßen.

Bei den einzelnen Messgrößen für die Kennzahlenbildung muß noch zwischen

- ▷ Punktgrößen und
- ▷ Raumgrößen

unterschieden werden. »Punktgrößen« sind Messgrößen, die sich auf einen Stichtag beziehen, wie z. B. Anzahl der Mitarbeiter zum Schlusstag eines Geschäftsjahres. »Raumgrößen« beziehen sich dagegen auf einen breiten Zeitraum, z. B. erbrachte Ergebnismenge in einem bestimmten Geschäftsjahr. Es sollte bei einer Kennzahlenbildung möglichst keine Mischung dieser beiden Messgrößentypen vorkommen.

Tabelle 5.4 Produktorientierte Kennzahlen

Kennzahlen			Einheit	Art
A1	Komplexität	$= \frac{\text{Anzahl Schnittstellen}}{\text{Produktteile}}$	Anzahl/Modul	w
A2	Dichte	$= \frac{\text{Anzahl Teile oder Funktionen}}{\text{Volumen oder Fläche}}$	Anzahl/cm^2	h,w
A3	Änderungsquote	$= \frac{\text{Anzahl Änderungen}}{\text{Ergebnismenge}}$	Anzahl/kloc	w
A4	Fehlerquote	$= \frac{\text{Anzahl Fehler}}{\text{Ergebnismenge}}$	Anzahl/ Gatterfunktionen	h,w
A5	Testdeckungsgrad	$= \frac{\text{Durchgeführte Testfälle}}{\text{Mögliche Testfälle}}$	dimensionslos	w
A6	Testanlagennutzung	$= \frac{\text{Testanlagenaufwand}}{\text{Gesamtanzahl Mitarbeiter}}$	MM/MA	h
A7	Zuverlässigkeit	$= \frac{\text{Ausfälle}}{\text{Zeit}}$	Anzahl/Monat	h
A8	Erfüllungsgrad	$= \frac{\text{Erfüllte Anforderungen}}{\text{Zugesagte Anforderungen}}$	dimensionslos	w

Tabelle 5.5 Projektorientierte Kennzahlen

Kennzahlen			Einheit	Art
B1	Produktivität	$= \frac{\text{Ergebnismenge}}{\text{Gesamtaufwand}}$	kloc/MJ	h
B2	Planabweichung	$= \frac{\text{Istwert} - \text{Planwert}}{\text{Planwert}} \cdot 100$	%	h
B3	Plantreue (Leistungsgröße)	$= \frac{\text{Istwert}}{\text{Planwert}} \cdot 100$	%	h
B4	Plantreue (Lastgröße)	$= \left(2 - \frac{\text{Istwert}}{\text{Planwert}}\right) \cdot 100$	%	h
B5	Fremdanteil	$= \frac{\text{Fremde Mitarbeiter}}{\text{Gesamtanzahl Mitarbeiter}} \cdot 100$	%	h
B6	Kostenanteil	$= \frac{\text{Kosten eines Kostenelements}}{\text{Gesamtkosten}} \cdot 100$	% je Kosten-element	h
B7	Produktivanteil	$= \frac{\text{Produktivstunden}}{\text{Gesamtstunden}} \cdot 100$	%	h
B8	Betriebsmittel-verbrauch	$= \frac{\text{Verbrauchsmenge}}{\text{Zeit}}$	GOPS/Monat	h
B9	Betriebsmittelkostenbedarf	$= \frac{\text{Betriebsmittelkosten}}{\text{Gesamtaufwand}}$	TEU/MM	h
B10	Fehlerbehebungslaufzeit	$= \frac{\text{Summe Fehlerlaufzeiten}}{\text{Gesamtanzahl Fehler}}$	MT/Fehler	h
B11	QS-Kostenanteil	$= \frac{\text{QS-Kosten}}{\text{Gesamtkosten}} \cdot 100$	%	h
B12	Tooleinsatz	$= \frac{\text{Tool-Investitionen}}{\text{Gesamtanzahl Mitarbeiter}}$	TEU/MA	h
B13	Overhead-Anteil	$= \frac{\text{Nichtprojektbezogene Kosten}}{\text{Gesamtkosten}} \cdot 100$	%	w
B14	PM-Anteil	$= \frac{\text{Mitarbeiter für Projektmanagement}}{\text{Gesamtanzahl Mitarbeiter}} \cdot 100$	%	h
B15	Fluktuationsquote	$= \frac{\text{Anzahl der Ab- und Zugänge}}{\text{Durchschnittlicher Mitarbeiterstand}} \cdot 100$	% je Jahr	h
B16	Qualifikationsstand	$= \frac{\text{Summe aller Ausbildungszeiten}}{\text{Gesamtanzahl Mitarbeiter}}$	Jahre/MA	h
B17	Erfahrungsstand	$= \frac{\text{Summe aller Praxiszeiten}}{\text{Gesamtanzahl Mitarbeiter}}$	Jahre/MA	w

Tabelle 5.6 Prozessorientierte Kennzahlen

Kennzahlen			Einheit	Art
C1	Aufwandsmäßiger Phasenaufriss	$= \frac{\text{Aufwand einer Phase}}{\text{Gesamtaufwand}} \cdot 100$	% je Phase	h
C2	Aufwandsmäßiger Tätigkeitsaufriss	$= \frac{\text{Aufwand einer Tätigkeit}}{\text{Gesamtaufwand}} \cdot 100$	% je Tätigkeitsart	h
C3	Zeitlicher Phasenaufriss	$= \frac{\text{Dauer einer Phase}}{\text{Gesamtdauer}} \cdot 100$	% je Phase	h
C4	Zeitlicher Tätigkeitsaufriss	$= \frac{\text{Dauer einer Tätigkeit}}{\text{Gesamtdauer}} \cdot 100$	% je Tätigkeitsart	h
C5	LCC-Struktur	$= \frac{\text{Kosten eines LCC-Abschnitts}}{\text{Kosten eines anderen LCC-Abschnitts}}$	dimensionslos	h
C6	Phasenbezogene Fehlerquote	$= \frac{\text{Fehlermeldungen in einer Phase}}{\text{Ergebnismenge in der Phase}}$	$\frac{\text{Anz. Fehler B30-B70}}{\text{kdloc}}$	w

Tabelle 5.7 Netzplanorientierte Kennzahlen

Kennzahlen			Einheit	Art
D1	Aufgliederung	$= \frac{\text{Anzahl Vorgänge}}{\text{Projektkosten}}$	Anzahl/TEU	h
D2	Netzdichte (Verflechtungszahl)	$= \frac{\text{Anzahl Abhängigkeiten}}{\text{Netzplanvorgänge} - 1}$	Anzahl/Vorgang	h
D3	Terminenge	$= \frac{\text{Anzahl zeitkritischer Vorgänge}}{\text{Gesamtanzahl Vorgänge}} \cdot 100$	%	h
		$= \frac{\text{Dauer zeitkritischer Vorgänge}}{\text{Gesamtdauer Vorgänge}} \cdot 100$	%	h
D4	Pufferweite	$= \frac{\text{Gesamter Puffer eines NP-Pfads}}{\text{Gesamtdauer des NP-Pfads}}$	dimensionslos	h

Tabelle 5.8 Betriebswirtschaftliche Kennzahlen

Kennzahlen			Einheit	Art
E1	FuE-Umsatz-Anteil	$= \frac{\text{FuE-Kosten}}{\text{Umsatz}} \cdot 100$	%	h
E2	Umsatzeinbuße	$= \frac{\text{Umsatzminderung}}{\text{Terminverschiebung}}$	TEU/Monat	w
E3	Kosten/Leistungs-Verhälntnis (Kosteneinheitswert)	$= \frac{\text{FuE-Kosten}}{\text{Ergebnismenge}}$	TEU/kloc	h
E4	Kosten/Nutzer-Verhältnis	$= \frac{\text{Kosten}}{\text{Anzahl Nutzer}}$	TEU/Kontierende	h
E5	Änderungskostenanteil	$= \frac{\text{Änderungskosten}}{\text{Gesamtkosten}} \cdot 100$	%	w
E6	Wartungs/ Entwicklungs-Quotient	$= \frac{\text{Wartungskosten}}{\text{Entwicklungskosten}}$	dimensionslos	h
E7	Marginalrendite (Interner Zinsfuß)		%	w
E8	Wirtschaftlichkeitskennzahl	$= \frac{\text{Umsatz}}{\text{Selbstkosten}}$	dimensionslos	h
E9	Betreuungsdichte	$= \frac{\text{Mitarbeiter Betreuungsstelle}}{\text{Mitarbeiter Betreuungsbereich}}$	dimensionslos	h
E10	Personalkostenproduktivität	$= \frac{\text{Personalkosten} + \text{Ergebnis}}{\text{Personalkosten}}$	dimensionslos	h
E11	Billability	$= \frac{\text{verrechnete Leistung}}{\text{produktiv kontierte Leistung}}$	dimensionslos	h
E12	Produktivierungsfaktor	$= \frac{\text{prod. kontierter Aufwand}}{\text{Anzahl MA (rechn. Durchschnitt)}}$	MM/MA	h

Wie bereits angedeutet, kann eine einzelne Kennzahl für sich allein eine verzerrende Aussage haben, wie z. B. der bloße Zahlenwert 100 DIN-A4-Seiten des Mitarbeiters Meier. Kennzahlen führen nur dann zu einer sinnvollen Aussage, wenn sie als »Datenkranz«, d. h. auf einer höheren, kumulierten Ebene betrachtet werden. So kann z. B. der Vergleich der beiden Kennzahlen »x DIN-A4-Seiten je Mitarbeiter im Organisationsbereich A« gegenüber »y DIN-A4-Seiten je Mitarbeiter im Organisationsbereich B« bei vergleichbaren Entwicklungsaktivitäten zu einer relevanten Aussage führen.

Erfahrungsaussagen können also nur durch mehrere Kennzahlen gestützt werden; anderenfalls wird Einseitigkeit riskiert und damit Fehlinterpretation und falsche Schlussfolgerungen.

Echte Kennzahlen müssen über bestimmte Eigenschaften verfügen; hierzu zählen:

- ▷ Quantifizierbarkeit,
- ▷ Erhebbarkeit,
- ▷ Vergleichbarkeit,
- ▷ Relevanz und
- ▷ Aktualität.

Kennzahlen, für die es keinen »Maßstab« gibt, oder Kennzahlen, die nicht erhoben werden können oder keine vergleichenden Gegenüberstellungen zulassen oder keine Aussagekraft mehr besitzen, weil sie einen überholten Stand kennzeichnen, sind für eine Projektauswertung oder -beurteilung nutzlos, wenn nicht sogar schädlich. »Schein-Kennzahlen« haben schon zu so manchem Fehlurteil in einem Unternehmen geführt.

In den Tabellen 5.9 und 5.10 sind für den SW-Entwicklungsbereich einige Produktivitätskennzahlen bzw. Kennzahlen des Betriebsmittelkostenbedarfs für Rechenzeiten angegeben. Die aufgeführten Werte können nur als grobe Leitwerte dienen; im Einzelnen kommt es immer auf die spezielle Entwicklungsumgebung an, die geprägt wird durch die Qualifikation der Mitarbeiter, die Durchdringung mit Methoden und Werkzeugen sowie die Komplexität der Entwicklungsvorhaben.

Tabelle 5.9
Betriebsmittelkostenbedarf für Rechenzeiten

SW-Gebiet	RZ-Kosten je Mann-Jahr (Stand: 2000)	Anteil von Personalkosten
Entwicklung von		
Produktsoftware	20 TEU/MJ	18%
Vermittlungssoftware	26 TEU/MJ	23%
Interne DV-Verfahren	17 TEU/MJ	15%
Pflege von		
Technische DV-Verfahren	12 TEU/MJ	10%
Betriebswirtsch. DV-Verfahren	13 TEU/MJ	12%

Tabelle 5.10
Produktivitätskennzahlen (SW-Entwicklung bei 100 kloc)

Allgemeine Erfahrungswerte für	
Anwenderprogramme	5,0 kloc/MJ (COBOL)
Betriebssysteme	1,0 kloc/MJ (SPL)
Vermittlungssysteme	1,3 kloc/MJ (CHILL) 0,8 kloc/MJ (Assembler)
Luft- und Raumfahrt	1,0 kloc/MJ (SPL)
COCOMO (Kostentreiber → nominal)	
Einfache SW-Entwicklung	2,7 kloc/MJ
Mittelschwere SW-Entwicklung	2,1 kloc/MJ
Komplexe SW-Entwicklung	1,5 kloc/MJ
ARON-Untersuchung (Projektdauer → mittellang)	
Leichte SW-Entwicklung	6,0 kloc/MJ
Mittelschwere SW-Entwicklung	3,0 kloc/MJ
Schwere SW-Entwicklung	1,5 kloc/MJ

5.3.2 Kennzahlensysteme

Um sicherzustellen, dass ermittelte Kennzahlen auch voll nutzbar sind, dürfen sie nicht willkürlich und abhängig von temporären Intensionen Einzelner festgelegt und gesammelt werden. Dies erreicht man am besten dadurch, dass sie in ein definiertes und fest umrissenes Kennzahlensystem eingeordnet werden.

Kennzahlensysteme sind die Basis für jedes FuE-Bewertungssystem. Durch das eindeutige Definieren von Kennzahlen und deren klares Einbetten in eine Systematik wird ein aussagekräftiger Vergleich über die einzelnen Bereichsgrenzen eines Unternehmens hinaus möglich. Hat dagegen jeder Bereich seinen eigenen »Topf« von willkürlich festgelegten Kennzahlen, so sind Gegenüberstellungen von Entwicklungsdaten und überbetriebliche Strukturvergleiche mit der Absicht, gezielte Verbesserungen in den Prozessabläufen vorzunehmen, natürlich nicht mehr möglich.

Bei Kennzahlensystemen unterscheidet man

▷ Kennzahlen-Netzsysteme,
▷ Kennzahlen-Hierarchiesysteme und
▷ Kennzahlen-Ordnungssysteme.

Kennzahlen-Netzsysteme

In Kennzahlennetzen sind die Kennzahlen durch Rechenvorschriften miteinander *vernetzt,* d.h. ausgehend von einer vorgegebenen Ergebnis- oder Leistungsmenge (exogene Variable) werden über Kennzahlen anderer Größen (abhängige Variable) abgeleitet. Entsprechend definierten Rechenvorschriften für solche »Input-Output-Beziehungen« können dabei abhängige Variable auch von mehreren exogenen Variablen bestimmt werden.

Da Kennzahlen-Netzsysteme für das Projektmanagement im FuE-Bereich derzeit keine

Bedeutung haben, sei hier auf die Literatur verwiesen.

Kennzahlen-Hierarchiesysteme

In Kennzahlen-Hierarchiesystemen – auch als »Rechensysteme« oder arithmetische Kennzahlensysteme bezeichnet – sind die Kennzahlen ebenfalls durch definierte Rechenvorschriften voneinander ableitbar; sie sind allerdings nicht in einer vernetzten Struktur, sondern als *Hierarchie* angeordnet. Ihr Vorteil liegt darin, dass durch die streng monohierarchische Abhängigkeit eine eventuell unberechtigte Abgrenzung von Kennzahlen verhindert wird. Als eine der bekanntesten Kennzahlenhierarchien gilt das von Du Pont vorgeschlagene Kennzahlensystem (Bild 5.14).

Dieses Kennzahlensystem ist für den betriebswirtschaftlichen Bereich definiert worden. Andere, wie z. B. Diebold oder ZVEI, haben – aufsetzend auf diesem System – eigene Kennzahlenhierarchien abgeleitet.

Das Du-Pont-Kennzahlensystem geht von einer Hauptkennzahl »Eigenkapital-Rentabilität in %« aus, die als *Spitzenkennzahl* bezeichnet wird. Die untergeordneten Kennzahlenebenen werden nach festen Auflösungsregeln bestimmt. So wird die vorgenannte Spitzenkennzahl in die beiden Kennzahlen »Kapitalumschlag« und »Ertragsrentabilität« aufgelöst; umgekehrt ergibt die Multiplikation dieser beiden Kennzahlen wiederum die Spitzenkennzahl »Eigenkapital-Rentabilität in %«.

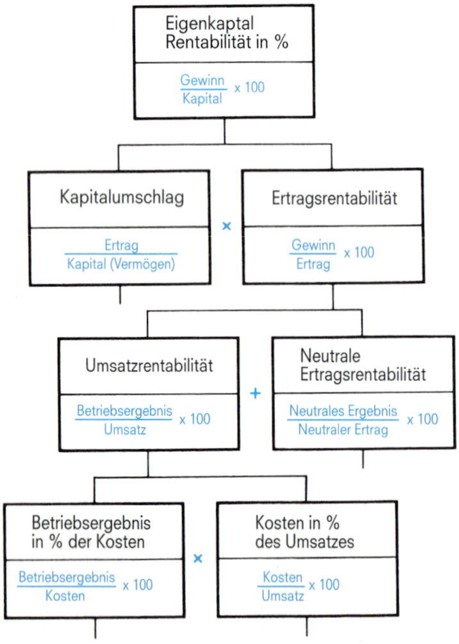

Bild 5.14
Kennzahlen-Hierarchiesystem (Beispiel Du Pont)

Als rein formale Auflösungsregeln bei solchen Kennzahlen-Hierarchiesystemen bieten sich alle gängigen Rechenvorschriften an, so die Addition, Subtraktion, Multiplikation und Division. Die Gliederung auf den unteren Ebenen sollte sinnvollerweise nach organisatorischen und funktionalen Gesichtspunkten geschehen, wie es in dem von Diebold [97] vorgeschlagenen Kennzahlensystem (Bild 5.15) praktiziert wird.

Auch vom ZVEI ist ein derartiges hierarchisch aufgebautes Kennzahlensystem für den betriebswirtschaftlichen Bereich definiert worden [112]; es enthält im Wesentlichen Kennzahlen zu den Themenbereichen:

- ▷ Wachstumsanalyse,
- ▷ Analyse der Eigenkapital-Rentabilität,
- ▷ Analyse der Ertragskraft und
- ▷ Analyse des Risikos.

Alle Kennzahlen-Hierarchiesysteme erwecken den Eindruck, analytisch aussagekräftiger und treffsicherer zu sein als nicht derart aufgebaute Systeme; dies ist allerdings nur teilweise richtig. Hierarchische Kennzahlensysteme zwingen zwar zu strenger Logik und arithmetischer Ordnung und verbessern damit die formale Transparenz; sie bleiben jedoch relativ starr, d. h. mehr rückschauend und registrierend. Die Extrapolationsmöglichkeit zum Ableiten künftiger wirtschaftlicher bzw. organisatorischer Veränderungen kann nur mit einer Methode erreicht werden, die Funktions- und fachliche Ablaufkenntnisse voraussetzt.

Kennzahlen-Ordnungssysteme

In Kennzahlen-Ordnungssystemen sind die einzelnen Kennzahlen nicht mehr auf Grund eines geschlossenen Schemas vorgegebener Rechenvorschriften voneinander ableitbar; vielmehr sind sie hier nach einem *gemeinsamen* Aspekt zusammengestellt worden. Solche Gruppierungen von Kennzahlen können – wie

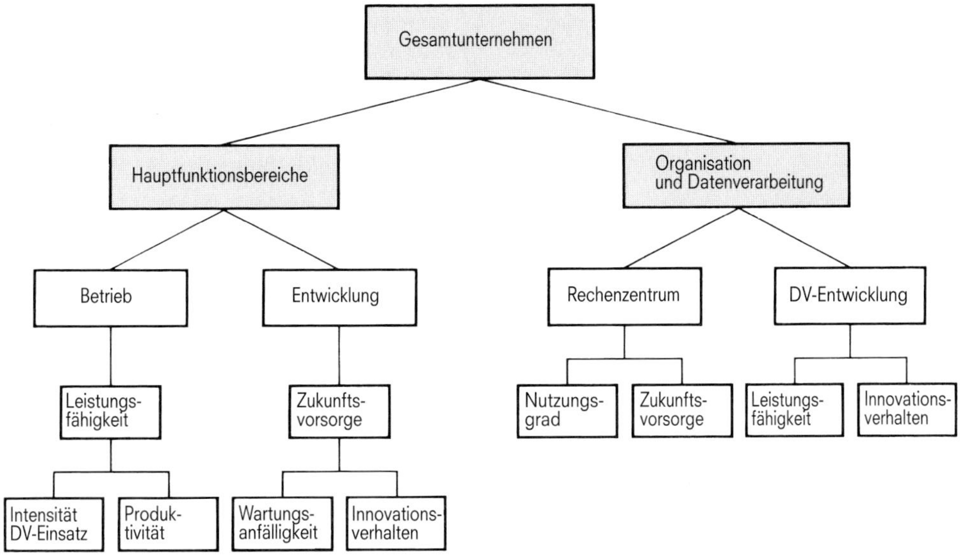

Bild 5.15 Struktur und Aussagebereiche des Diebold-Kennzahlensystems (DKS)

die folgenden Beispiele es zeigen – funktions- oder problembezogen sein:

Funktionsbezogene Ordnungssysteme für

- ▷ FuE-Projektkalkulation,
- ▷ Qualitätssicherung im FuE-Bereich,
- ▷ FuE-Bereich,
- ▷ Fertigungsvorbereitung,
- ▷ Personalwesen.

Problembezogene Ordnungssysteme für

- ▷ Effizienzbetrachtung der OI-Arbeit,
- ▷ DLZ-Reduzierung,
- ▷ Lagerbestandsoptimierung,
- ▷ Optimierung der Lieferbereitschaft (Logistik).

Bei Siemens sind mehrere Konzepte erarbeitet worden, die Kennzahlen zur Funktions- und Prozessanalyse in den einzelnen Bereichen des Unternehmens enthalten. Darüber hinaus hat man ein Modell für ein Kennzahlensystem in der SW-Entwicklung vorgestellt, welches auf Grund einer Expertenbefragung im Hause entstanden ist; es umfasst Kennzahlen für die einzelnen Funktionsbereiche einer SW-Projektentwicklung:

- ▷ Projektleitung,
- ▷ Projektplanung,
- ▷ Projektüberwachung,
- ▷ Projektsteuerung,
- ▷ Produktplanung,
- ▷ Produktüberwachung und -steuerung.

Die Erhebbarkeit eindeutiger und aktueller Daten bei vertretbarem Aufwand zur Kennzahlenbildung sowie die Aussagefähigkeit bzw. Analysekraft der so gebildeten Kennzahlen bedürfen allgemein noch einer Erprobung in der Praxis.

Als Beispiel für ein Kennzahlen-Ordnungssystem ist nachstehend ein Kennzahlensystem für die FuE-Projektkalkulation angegeben, bei dem einzelne Messgrößen aus der SW-Entwicklung in eine Zuordnung zu den Entwicklungsphasen und den verschiedenen Tätigkeitsarten gebracht worden sind (Bild 5.16).

Werden die Ergebnismengen aus diesem Ordnungssystem mit den zugehörigen Kosten und Aufwänden korreliert, können projektspezifisch und auch projektübergreifend für die FuE-Projektkalkulation sehr unterschiedliche Kennzahlen abgeleitet werden, die sich in drei Kategorien einordnen lassen:

Aufwandsverteilungen

- ▷ phasenorientierte Aufteilung der Kosten bzw. Aufwände,

▷ phasenorientierte Aufteilung der Entwicklungsdauer,
▷ tätigkeitsorientierte Aufteilung der Aufwände.

Kostenrelationen

▷ Verhältnis RZ-Kosten zu Gesamtkosten,
▷ Verhältnis QS-Kosten zu Gesamtkosten,
▷ Verhältnis PM-Kosten zu Gesamtkosten.

Produktivitäten

▷ Aufwand bzw. Kosten je Programmbefehl,
▷ Aufwand bzw. Kosten je Dokumentationsseite,

Phasen	Produktmessgrößen (Anzahl)	Tätigkeitsarten							
		Definieren	Entwerfen	Inspizieren	Codieren	Produzieren	Testen	Dokumentieren	Nacharbeiten
Analyse	Anforderungen	x	x	x					
	DIN-A4-Seiten des Anforderungskatalogs							x	
Entwurf	Subsysteme	x		x		x			
	Prozedurdiagramme		x	x	x				
	Zustandsdiagramme		x	x	x				
	DIN-A4-Seiten der Systemspezifikation							x	
Implementierung	Befehle				x				
	Funktionen					x			
	Testfälle						x		
	DIN-A4-Seiten der Benutzerdokumentation							x	
Verbundtest	Subsysteme			x		x			
	Testfälle						x		
	Fehler								x
Systemtest	Anforderungen			x			x		
	Testfälle						x		
	Fehler						x		
Einsatz	DIN-A4-Seiten der Kundendokumentation							x	
	Fehler								x

Bild 5.16
Kennzahlen-Ordnungssystem
(Beispiel FuE-Projektkalkulation)

▷ Aufwand bzw. Kosten je Fehlerbehebung,
▷ Aufwand bzw. Kosten je Testfall,
▷ erzeugte Programmbefehle je Mitarbeiter,
▷ erstellte Dokumentationsseiten je Mitarbeiter,
▷ Anzahl Logikfunktionen je Mitarbeiter.

Aufbau eines Kennzahlensystems

Der Aufbau eines in sich schlüssigen Kennzahlensystems ist ein nicht leichtes Unterfangen.

Einerseits muss vorher geklärt sein, für wen und für was die Kennzahlen genutzt werden sollen, andererseits muss gleichzeitig auch die Erhebbarkeit der betreffenden Kennzahlen gesichert sein. Aus einem umfassenden Zeit- und Quervergleich in repräsentativen Bereichen müssen deshalb Leitwerte abgeleitet werden, die ein »Wertemodell« des betrachteten Funktions- bzw. Aufgabengebiets ergeben.

Im Einzelnen sind zum Aufbau eines Kennzahlensystems mehrere Arbeitsschritte zu durchlaufen; hierzu gehören:

Festlegen der Ziele des geplanten Kennzahlensystems

▷ Art des Aufgabenbereichs,
▷ Art des Nutzerkreises.

Ausarbeiten der Kennzahlenkonzeption

▷ Art der Messgrößen und -einheiten,
▷ Art der Kennzahlensystematik,
▷ Art der Ableitungsregeln.

Realisieren des Kennzahlensystems

▷ Klären der Zuständigkeiten,
▷ Festlegen der Datenquellen,
▷ Ermitteln der Basisgrößen,
▷ Ableiten der Kennzahlen,
▷ Sicherstellen der Eindeutigkeit.

Nach Aufbau eines solchen Kennzahlensystems muss man für laufende Aktualisierung der Kennzahlen sorgen, weil diese sonst auf Grund der hohen Innovationsrate vieler Entwicklungsbereiche schnell ihre Aussagekraft verlieren. Auch müssen die ausgewählten Kennzahlen kommentierbar sein, damit sie nicht nur als nackte Zahlen verwendet werden.

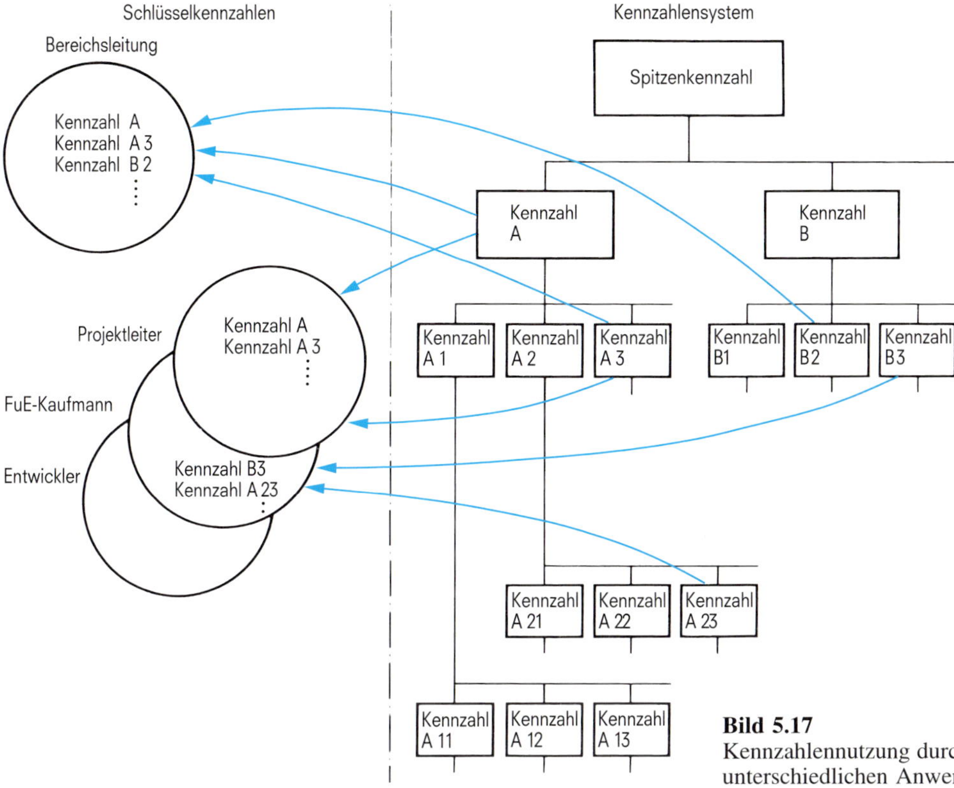

Bild 5.17
Kennzahlennutzung durch die unterschiedlichen Anwender

Nutzung der Kennzahlen

Der Nutzungsgrad der Kennzahlen eines Kennzahlensystems ist naturgemäß für die einzelnen Anwender sehr unterschiedlich. Jeder spezielle Anwenderbereich hat zudem nur ein Interesse an bestimmten Ausschnitten bzw. Untermengen des Gesamtkennzahlensystems. Bild 5.17 veranschaulicht dies am Schema eines Kennzahlen-Hierarchiesystems.

Die Bereichsleitung hat z. B. ein besonderes Interesse an »generellen« Kennzahlen (Scorecards), einschließlich der Spitzenkennzahlen des Systems; dagegen sind die ausführenden Bereiche eines Unternehmens mehr an Einzelkennzahlen der tieferen Ebenen interessiert. Diese anwenderspezifisch ausgewählten Kennzahlen werden als *Schlüsselkennzahlen* bezeichnet.

5.3.3 Erfahrungsdatenbank

Eine systematische Erfahrungsdatensammlung, die auch über ein genügend umfangreiches Datenvolumen verfügt, erfordert eine eigene Datenbank und damit ein DV-gestütztes System zur Speicherung von Erfahrungsdaten. Zurzeit gibt es noch wenige Realisierungsfälle von Erfahrungsdatenbanksystemen. Der Grund hierfür liegt meist nicht in der mangelnden DV-technischen Verfahrensrealisierung; vielmehr liegt das Hauptproblem in der Schaffung einer adäquaten *Infrastruktur* im Entwicklungsbereich, die für eine gezielte Erfahrungssicherung notwendig ist. Dort müssen nämlich sowohl die Möglichkeiten als auch die Bereitschaft in allen zuständigen Bereichen (Entwicklung, Projektmanagement und FuE-Kaufmannschaft) vorhanden sein, die erforderlichen Daten zur Verfügung zu stellen. Das bedeutet eine gewisse Offenbarung, besonders dann, wenn aus den Daten auch Effizienz- und Produktivitätsaussagen abgeleitet werden können.

Aus pragmatischen Gründen ist es nicht sinnvoll, die für ein Projekt vorliegenden Daten und Unterlagen in ihrer Gesamtheit in der Datenbank abzuspeichern; man sollte zusätzlich immer auch das Medium *Aktenordner* nutzen. So ist es z. B. nicht notwendig, umfangreiche Projektpläne und ausführliche Projektberichte magnetisch zu speichern; ein übersichtliches Ablagesystem mit Aktenordnern für diese Unterlagen ist völlig ausreichend.

Bild 5.18 zeigt die Struktur einer Erfahrungsdatenbank in Verbindung mit einem solchen Ordnersystem.

Eine Erfahrungsdatenbank (engl. knowledge base) hat im Rahmen der Erfahrungssicherung und des Wissensmanagements mehrere Aufgaben:

- ▷ Aufwandsschätzung
- ▷ Produktivitätsbetrachtung
- ▷ Projektbeurteilung
- ▷ Wissenstransfer.

Die *Aufwandsschätzung* wird dadurch unterstützt, dass der Vergleich eines geplanten Entwicklungsvorhabens mit abgeschlossenen, in der Erfahrungsdatenbank gespeicherten Projekten eine Aussage bez. der voraussichtlichen Kosten und des einzuplanenden Personalaufwands erlaubt. Eine Erfahrungsdatenbank kann daher – in Form eines Vergleichsverfahrens – auch direkt als Aufwandsschätzverfahren genutzt werden (siehe Kap. 3.2.6), wobei von den Projektdaten abgeschlossener Projekte auf künftige Projekte geschlossen wird.

Produktivitätsbetrachtungen werden durch das Gegenüberstellen von Produktergebnisgrößen (z. B. Anzahl Dokumentationsseiten, Befehle, Logikeinheiten) und dem jeweils dafür angefallenen Entwicklungsaufwand erreicht. Auf diese Weise können Kennzahlen zur Effizienzbeurteilung im Entwicklungsbereich abgeleitet werden. Produktivitätskennzahlen sind immer eine gute Basis für das Erarbeiten von Maßnahmen zur Produktivitätssteigerung.

Mit den gespeicherten Erfahrungsdaten sind darüber hinaus auch allgemeine *Projektbeurteilungen* nach unterschiedlichsten Gesichtspunkten, wie

- ▷ Projektqualität,
- ▷ Projektrisiken und -fehler,
- ▷ Methoden- und Tooleinsatz,
- ▷ Planungsgenauigkeit,
- ▷ Realisierungsprobleme und
- ▷ Güte der Qualitätssicherung

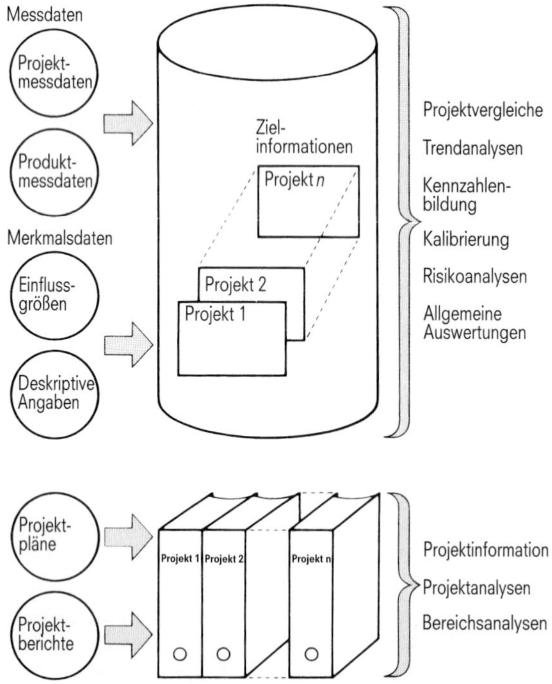

Bild 5.18
Erfahrungsdatenbank mit Ordnersystem

möglich. Ziel solcher Projektbeurteilungen ist das Gewinnen von Erkenntnissen, die helfen, die Qualität einer (künftigen) Projektführung zu verbessern und die Durchlaufzeiten in der Entwicklung zu verkürzen.

Schließlich werden durch die umfangreiche Sammlung projekt- und produktbezogener Daten in der Erfahrungsdatenbank der notwendige *Wissenstransfer* innerhalb eines Unternehmens (Synergieeffekt) entscheidend gefördert und der Nachweis von Know-how-Trägern unterstützt. Voraussetzung hierfür ist allerdings die leichte Zugänglichkeit der für die Entwickler relevanten Informationen, die u. a. durch den dezentralen Zugriff in einem Kommunikationsverbund möglich wird.

Ausgehend von diesen Aufgaben gibt es sehr unterschiedliche *Nutzer* einer Erfahrungsdatenbank:

▷ Projektleiter,
▷ Entwickler,
▷ FuE-Kaufleute,
▷ Bereichsleiter,
▷ Spezialisten für Aufwandsschätzmethoden usw.

Klassen von Erfahrungsdatenbanken

Man kann zwei Klassen von Erfahrungsdatenbanken unterscheiden:

▷ Technische Erfahrungsdatenbanken
▷ Betriebswirtschaftliche Erfahrungsdatenbanken.

Technische Erfahrungsdatenbanken

Eine technische Erfahrungsdatenbank enthält im Wesentlichen Informationen, die die rein *technischen* Aspekte von Entwicklungsvorhaben beleuchten – neben allen messbaren Ergebnisgrößen der entwickelten Produkte gehören dazu auch allgemeine entwicklungstechnische und technologische Merkmale. Sowohl Produktmessgrößen wie z.B. Anzahl Gatterfunktionen, Anzahl Programmbefehle und Anzahl Dokumentationsseiten sind hier von Bedeutung als auch deskriptive Angaben zur Entwurfs- und Realisierungsmethodik, zur Qualitätssicherung sowie zum geplanten und zum realisierten Anforderungs- und Funktionsprofil der Entwicklungsvorhaben. Empfehlenswert für eine standardisierte Vorgehensweise in der technischen Beschreibung von Erfahrungsobjekten ist der Aufbau einer allgemein gültigen Merkmalsliste, die alle möglichen Merkmalskriterien auf die relevanten Begriffe beschränkt.

Für die kaufmännische Beurteilung sind den gespeicherten Erfahrungsobjekten i. Allg. die hauptsächlichen Projektmessdaten, wie Termin-, Aufwands- und Kostendaten, beigegeben; sie ermöglichen – in ihrer Gegenüberstellung zu den wichtigsten Produktmessgrößen – das Gewinnen aussagekräftiger Produktivitätskennzahlen.

Der Schwerpunkt der Anwendung technischer Erfahrungsdatenbanken liegt naturgemäß im Entwicklungsbereich, dort, wo man – durch Rückgriff auf vergangene Entwicklungsprobleme – schneller zu Lösungskonzepten von neuen Entwicklungsaufgaben kommen will. Technische Erfahrungsdatenbanken sind daher ein wichtiges Instrument zur Steigerung der Synergie in einem Großunternehmen.

Betriebswirtschaftliche Erfahrungsdatenbanken

Im Gegensatz zur technischen Erfahrungdatenbank enthält die betriebswirtschaftliche Erfahrungsdatenbank vor allem *kaufmännische* Informationen. Ausschlaggebend sind hier die Aufwands- und Kostendaten in ihrem zeitlichen Ablauf (z.B. Geschäftsjahres- oder Quartalsscheiben) sowie in der thematischen Aufteilung, d.h. in ihrer Zuordnung zu den einzelnen Kostenelementen und Kostenverursachern. Häufig ist auch eine Zuordnung der Aufwände und Kosten zu den Entwicklungsphasen und den unterschiedlichen Tätigkeitsarten von Bedeutung.

Für eine entwicklungsbezogene Interpretation der gespeicherten betriebswirtschaftlichen Daten sollten die einzelnen Erfahrungsobjekte möglichst mit einem datenbankeinheitlichen Katalog von Einflussparametern bewertet werden, um so eine Vergleichbarkeit unterschiedlicher Entwicklungsinhalte zu erreichen. Ein solcher Parameterkatalog umfasst Angaben sowohl zum Projekt- als auch zum Produktumfeld und ähnelt darin den Parameterkatalogen der einschlägigen Aufwandsschätzverfahren.

Technische Angaben finden sich in einer betriebswirtschaftlichen Erfahrungsdatenbank nur wenige; es bietet sich an, einige wesentliche Produktmessdaten, wie z. B. Programmumfang bei Software oder eine Messzahl für den Funktionsumfang bei Hardware in die Datenbank aufzunehmen. Mit Hilfe dieser Ergebnisgrößen und der zugehörigen Aufwandsgrößen können dann auch hier Angaben zur Entwicklungsproduktivität gemacht werden.

Betriebswirtschaftliche Erfahrungsdatenbanken finden ihre hauptsächliche Nutzung sinngemäß im Bereich der FuE-Kaufmannschaft. Die Daten in einer solchen Datenbank unterstützen den FuE-Kaufmann sowohl beim Erstellen des Wirtschaftsplans als auch beim FuE-Controlling, können aber auch für die Projektleitung bei der Projektplanung sehr hilfreich sein.

Informationsstrukturen

Sehr wichtig beim Realisieren einer DV-gestützten Erfahrungsdatenbank ist neben der technischen bzw. betriebswirtschaftlichen Ausrichtung das Festlegen einer anwendungsgerechten *Informationsstruktur,* da diese Struktur die Auswahl des zu verwendenden Datenbanksystems entscheidend mitbestimmt. Die Informationsstruktur kann hierbei

▷ projektorientiert,
▷ produktorientiert oder
▷ teileorientiert

sein.

Projektorientiert heißt, dass in einem Informationsobjekt der Datenbank, dem Erfahrungsobjekt (EO) alle relevanten Daten eines abgeschlossenen Projekts zusammengefasst sind, wohingegen bei einer *Produktorientierung* das Erfahrungsobjekt auf das Produkt selbst ausgerichtet ist, und zwar unabhängig von der vorhandenen Projektegliederung. Projektorientiert sind in erster Linie die betriebswirtschaftlichen Erfahrungsdatenbanken, produktorientiert dagegen meist die technischen Erfahrungsdatenbanken.

Bei einer *teileorientierten* Informationsstruktur entsprechen die Erfahrungsobjekte den einzelnen Produktteilen (Module, Baugruppen etc.). Der Zusammenhang mit dem Produkt bzw. dem Projekt wird über datenbanktechnische Verkettungsmöglichkeiten (z. B. relationale Beziehungen) vorgenommen. Die teileorientierte Informationsstruktur ist sicher nicht nur für die Verfahrensrealisierung wie auch die Erfahrungsdatensammlung die aufwändigste, sondern für die Erfahrungssicherung insgesamt auch die anspruchsvollste und aussagekräftigste Form einer Erfahrungsdatenbank.

Schwierig bei einem funktionierenden EDB-System ist das Feststellen der *Ähnlichkeit* von Projekten bzw. von Projektteilen, also das Finden von ähnlichen Erfahrungsobjekten. Einerseits muss die gewählte Informationsstruktur dieser Ähnlichkeitsbestimmung entgegenkommen und andererseits muss das verwendete Datenbanksystem über entsprechende Auswahlmechanismen für die Ähnlichkeitssuche verfügen. Als besonders geeignet haben sich hierfür Informations-Retrieval-Systeme, wie z. B. GOLEM gezeigt, die in einem gewissen Maße relationale Datenstrukturen zulassen und über leistungsfähige Suchalgorithmen verfügen.

Es gibt Ansätze, eine Erfahrungsdatenbank auch als *Expertensystem* zu entwerfen, aber von einer Realisierung ist man hier noch weit entfernt. Auch existieren Überlegungen, eine Erfahrungsdatenbank in ein übergreifendes Management-Information-System (MIS) einzubinden; aber hier ist man ebenfalls über die konzeptionelle Phase nicht hinausgekommen.

Beispiel einer betriebswirtschaftlichen Erfahrungsdatenbank

Nachstehend wird die teileorientierte Informationsstruktur einer betriebswirtschaftlichen Erfahrungsdatenbank vorgestellt, wie sie im Rahmen der FuE-Projektkalkulation konzipiert worden ist.

Das Beispiel in Bild 5.19 zeigt zwei Ebenen von Erfahrungsobjekten, deren Abschnitte sich in Inhalt und Format stark unterscheiden. Die erste Ebene umfasst die allgemeinen Projektinformationen (Projekt-EO), die zweite die Informationen der zugehörigen Teileinheiten (Teileinheit-EO). Durch gegenseitigen Vermerk der Identifizierungsbegriffe (Projektnummer bzw. Teileinheitennummer) wird der strukturelle Zusammenhang in der Datenbank hergestellt.

Folgende Abschnittsgliederung haben die beiden Arten der Erfahrungsobjekte:

Projekt-EO	*Teileinheit-EO*
Projektsteckbrief	Teileinheitbeschreibung
Mess- und Kenndaten	Projektdatenstatistik
Projekteinflussparameter.	Schätzeinflussparameter.

Als Erfahrungsobjekt auf der Teileinheitenebene in dem hier verwendeten Sinn ist jede in sich abgeschlossene Schätzeinheit eines Entwicklungsvorhabens zu sehen, wie:

▷ Elemente einer Produktstruktur (Produktteile),
▷ Elemente einer Projektstruktur (Projektaufgaben) oder
▷ Elemente einer Kontenstruktur (kalkulationsrelevante Einheiten).

Projektsteckbrief

Der Projektsteckbrief enthält die wesentlichen projektbeschreibenden Angaben, wie z. B.

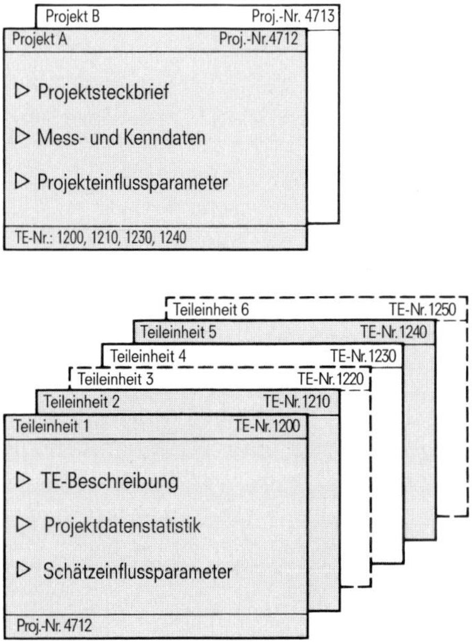

---- Teileinheit noch nicht abgeschlossen

Bild 5.19 Teileorientierte Informationsstruktur

▷ Projektnummer
▷ Projektname
▷ Projektkurzbeschreibung
▷ Projektstatus
▷ Projektbeginn und -ende
▷ Projektleiter
▷ Entwicklungsverantwortung
▷ Entwicklungsart
▷ Liste der HW- und SW-Kategorien
▷ Ablageverweis Projektakte
▷ Liste der Teileinheiten.

Mess- und Kenndaten

Alle Mess- und Kenndaten dieses Abschnitts der Projekt-EO sind projektbezogen, bilden damit Durchschnittswerte für die untergeordneten Teileinheiten. Folgende Auswahl zu Mess- und Kenndaten wurde getroffen:

▷ Plan- und Istaufwand des Projekts
▷ Plan- und Istkosten des Projekts
▷ Plan- und Istdauer des Projekts
▷ Plan- und Istkosten je Kostenelement.
▷ Zeitlicher Phasenaufriss (Prozentverteilung)
▷ Aufwandsmäßiger Phasenaufriss (Prozentverteilung)
▷ Aufwandsmäßiger Tätigkeitsaufriss (Prozentverteilung).
▷ Prozentualer Anteil Qualitätsaufwand
▷ Prozentualer Anteil PM-Aufwand
▷ Prozentualer Anteil Dokumentationsaufwand
▷ Durchschnittliche Mitarbeiterzahl.

Projekteinflussparameter

Für die Vergleichbarkeit bewertet man die unterschiedlichen Projekte nach einem allgemeinen Katalog von Einflussparametern. Als Skala wurden fünf Stufen vorgeschlagen mit Begriffen ähnlich denjenigen der COCOMO-Methode (siehe Kap. 3.2.2) von »sehr niedrig« bis »sehr hoch«. Folgende Parameter wurden ausgewählt:

Projekteigenschaften:
▷ Stabilität des Anforderungsprofils
▷ Anzahl projektbeteiligte Stellen
▷ Enge der Entwicklungszeit
▷ Enge des Entwicklungsetats
▷ Verfügbarkeit des Personals
▷ Arbeitsteiligkeit der Projektstruktur
▷ Einsatz von PM-Methoden und -Verfahren

Produkteigenschaften:
- ▷ Benötigte Zuverlässigkeit
- ▷ Komplexität des Produkts
- ▷ Anzahl externer Schnittstellen
- ▷ Kompatibilität
- ▷ Modifikationsanteil
- ▷ Gewünschter Benutzerkomfort
- ▷ Einsatzbedingungen
- ▷ Dokumentationsanforderungen
- ▷ Qualitätsanforderungen

Produktionseigenschaften:
- ▷ Nutzung von Entwicklungsmethoden
- ▷ Vorhandensein von Entwicklungstools
- ▷ Bearbeitungszyklus
- ▷ QS-Durchdringung
- ▷ Technologiestand
- ▷ Verfügbarkeit Test- und Prüfanlagen
- ▷ Restriktionen der Entwicklungsbasis

Personaleigenschaften:
- ▷ Analysefähigkeit der Mitarbeiter
- ▷ Erfahrung in dem Aufgabengebiet
- ▷ Programmierfähigkeit der SW-Entwickler
- ▷ Realisierungsfähigkeit der HW-Entwickler
- ▷ Erfahrung in der Entwicklungsumgebung.

Teileinheitbeschreibung

Dieser Kopfabschnitt der Teileinheit-EO umfasst Begriffe, die die jeweilige Teileinheit vor allem in ihrem technischen Aspekt beschreibt; als solche sind hier enthalten:

Projektdatenstatistik — Berichtsmonat: April

Projekt-Nr.:	41241	Anfangstermin		Projektleiter:	Hr. von der Helm
Projekt-Bez.	Modul JMR	Endetermin		Abteilung:	MHB SIS 44
FuE-Auftrags-Nr.	JJ-19475				

Mengengerüst				
Ist-Werte:	Anzahl loc.	- - - - -	Anzahl Dokumentationsseiten:	- - - - -
Plan-Werte:	Anzahl loc:	- - - - -	Anzahl Dokumentationsseiten:	- - - - -

Personal (in Std.) Phase / Tätigkeitsarten	Analyse eigen	Analyse fremd	Entwurf eigen	Entwurf fremd	Implementierung eigen	Implementierung fremd	Verbundtest eigen	Verbundtest fremd	Systemtest eigen	Systemtest fremd	Systembetreuung eigen	Systembetreuung fremd	Gesamt in Std.	Gesamt %
Konzipieren	150												150	3%
Spezifizieren			250										250	5%
Bauunterlagen erstellen			350	250									600	13%
Inspizieren	15		80		50								145	3%
Prototyp erstellen					850	450	100						1400	30%
Prüfunterlagen erstellen			80		160	250							490	11%
Testen			60				350	100	250	50			810	17%
Einführen											50	200	250	5%
Dokumentieren	20		60	40	70	50	30	20	30	10	20	10	360	8%
Koordinieren	20		20		50		40		30		20		180	4%
Summe Ist in Std.	205	0	900	290	1180	750	520	120	310	60	90	210	4635	100%
in %	4%		26%		42%		14%		8%		6%			
Richtwert	5%		25%		35%		15%		10%		10%			

Kosten (in TEU)	Eigenes Personal	Fremdes Personal	Reisekosten	Testanlagen-Kosten	Löhne	Käufe und Bezüge	Gesamtkosten
Istkosten in TEU	272.425	107.250	35.000	125.000	28.000	48.000	615.675
Plankosten in TEU	280.000	100.000	40.000	130.000	30.000	40.000	620.000
Abweichung	−3%	7%	−13%	−4%	−7%	20%	−1%

Bild 5.20 Projektdatenstatistik

- ▷ Teileinheitnummer
- ▷ Bezeichnung der Teileinheit
- ▷ Kurzbeschreibung der Teileinheit
- ▷ Status der Teileinheit
- ▷ Strukturmerkmale
- ▷ Übergeordnetes Projekt
- ▷ HW/SW-Kategorie
- ▷ Verwendete Entwicklungswerkzeuge
- ▷ Freie Deskriptoren.

Projektdatenstatistik

Der Abschnitt Projektdatenstatistik nimmt in formatierter Form alle projekt- und produktspezifischen Messdaten für die Teileinheit auf, wobei die Projekt- und Produktmessdaten am besten in einem Matrixschema angeordnet werden (Bild 5.20). Zu den Messdaten in einer Projektdatenstatistik gehören – entsprechend detailliert – vor allem:

- ▷ phasen- und tätigkeitsbezogener Aufriss des Personalaufwands,
- ▷ Entwicklungskosten, gegliedert nach Kostenelementen,
- ▷ Abweichungsanalyse (Plan/Ist-Vergleich),
- ▷ Entwicklungstermine sowie
- ▷ Mengenangaben zu Ergebnisgrößen.

Wie die Darstellung zeigt, werden hier die Istwerte des Personalaufwands sowohl phasen- als auch tätigkeitsbezogen angegeben, die Planwerte als Richtwerte dagegen nur phasenbezogen. Die Kosten – gegliedert nach Kostenelementen – sind für das Erfahrungsobjekt summarisch enthalten, weil eine phasenbezogene Aufgliederung in der Praxis nur sehr schwer möglich und auch von geringer Relevanz ist.

Die produktspezifischen Messdaten sind als Mengengerüst vorangestellt. Die Projekttermine (Plan und Ist) sind ebenfalls enthalten.

	Entwicklungsanfang	Entwicklungsende
Schätzaufwand Schätzdauer	45 MM 15 M	50 MM 19 M
Kostentreiber	4245532 23333522	4345543 23333532

Tabelle 5.11
Einflussparameter bei der Methode COCOMO (Beispiel)

Schätzeinflussparameter

In dem Abschnitt Schätzeinflussparameter werden – falls eine Aufwandsschätzmethode eingesetzt wurde – die zugehörigen methodenspezifischen Einflussparameter für die betrachtete Teileinheit niedergelegt, möglichst in ihren Plan- und Istausprägungen, d. h., die Ausprägungen der Einflussparameter *vor* Entwicklungsbeginn und *nach* Entwicklungsabschluss. Da die Wahl der Einflussparameter von der jeweiligen Aufwandsschätzmethode abhängt, ist die Datenformatierung dieses Informationsabschnitts an die verwendete Aufwandsschätzmethode gebunden. Zudem muss dieser Abschnitt auch mehrfach auftreten dürfen, da eventuell mehrere Aufwandsschätzungen nach unterschiedlichen Methoden durchgeführt worden sind.

An dieser Stelle ist als Beispiel die Formatierung der Parameter bei Verwenden der COCOMO-Methode angegeben (Tabelle 5.11). Die Ausprägungen der Kostentreiber sind der Einfachheit halber in eine positionsgerechte Ziffernleiste (1 ≙ very low, 6 ≙ extra high) verschlüsselt worden.

Mit Hilfe des Abspeicherns solcher (methodenspezifischer) Daten und durch das anschließende Gegenüberstellen von ursprünglich angenommenen zu eingetretenen Größen sollen Erfahrungen in der Beurteilungsgenauigkeit von Einflussparametern, wie Produktkomplexität, Projektqualität, Mitarbeiterqualifikation etc. gesammelt werden.

Alle Angaben in den vorgenannten Informationsabschnitten sind »aspektiert«, d. h. sie alle stehen mit Angabe eines Aspektnamens im Direktzugriff des Datenbanksystems, können damit in eine logisch verknüpfte Suchfrage einbezogen werden. Es sind so Suchfragen möglich, wie z. B. »Suche alle Erfahrungsobjekte, die mit PRICE H geschätzt wurden und zum Entwicklungsgebiet Radartechnik gehören und Neuentwicklungen sind«. Durch die relationale Verknüpfung der Erfahrungsobjekte beider Ebenen sind auch Suchstrategien von einer Ebene zur anderen möglich.

Verfahrenseinbettung

Erfahrungsdatenbanken werden mit den notwendigen projekt- und produktspezifischen

Daten i. Allg. aus sehr unterschiedlichen Entwicklungsplanungs- und -steuerungsverfahren gespeist, d. h. aus

- ▷ Verfahren für die Projektführung,
- ▷ Kostenverrechnungsverfahren,
- ▷ Konfigurationsmanagement-Systemen,
- ▷ Aufwandsschätzverfahren usw.

Hinzu kommen noch rechnerunabhängige Informationsquellen, wie Projektdokumentationen in Form von Projektplänen und Projektberichten.

Soll eine Erfahrungsdatenbank als Datenbanksystem auf einem Rechner realisiert werden, so sind zwei Vorgehensweisen der Verfahrenseinbettung möglich:

- ▷ Separiertes EDB-System
- ▷ Integriertes EDB-System.

Das *separierte EDB-System* steht eigenständig neben allen anderen Entwicklungsplanungs- und -steuerungsverfahren und erhält über personelle oder DV-technische Schnittstellen die erforderlichen Daten. Der Vorteil liegt in der Unabhängigkeit von den datenliefernden Verfahren; auf diese Weise können die unterschiedlichsten Entwicklungs- (und Verfahrens-) Umwelten ohne Anpassungsprobleme und ohne »Automatismen« – also rein intellektuell überwacht – Erfahrungsdaten in das EDB-System einspeisen.

Das *integrierte EDB-System* wird nicht als eigenständiges Datenbanksystem realisiert, sondern in das Bibliothekensystem eines der vorhandenen PM-Verfahren eingebunden. So kann z. B. die Projektbibliothek eines Projektplanungs- und -steuerungsverfahrens oder die Objektbibliothek eines KM-Systems um die entsprechende Erfahrungsdatenbasis erweitert werden. Vorteilhaft sind hier die einfache Verfahrensrealisierung und die gesicherte Datenkonsistenz; man ist allerdings voll abhängig von dem vorgelagerten Verfahren. Verfahrensfremde Erfahrungsdaten sind nur schwer – wenn überhaupt – in ein so realisiertes EDB-System einzubringen.

Ein nicht zu unterschätzendes Problem bei einer Erfahrungsdatenbank ist die *Aktualität.* Einerseits werden z. B. gespeicherte Kostenwerte normalerweise nicht inflationsbereinigt, andererseits veraltern – gerade in hoch innovativen Entwicklungsbereichen – die gesammelten Erfahrungen auf Grund neuer Entwicklungsmethoden, neuer Entwicklungswerkzeuge und neuer Technologien mitunter sehr schnell und können für den Erfahrungsaustausch dann nachteilige Folgen haben; rechtzeitiges Aussondern überholter Erfahrungsobjekte ist daher sehr wichtig. Hier bietet sich der Aufbau von »Schattendatenbanken« an, in die alle über einen längeren Zeitraum nicht angesprochenen Erfahrungsobjekte transfe-

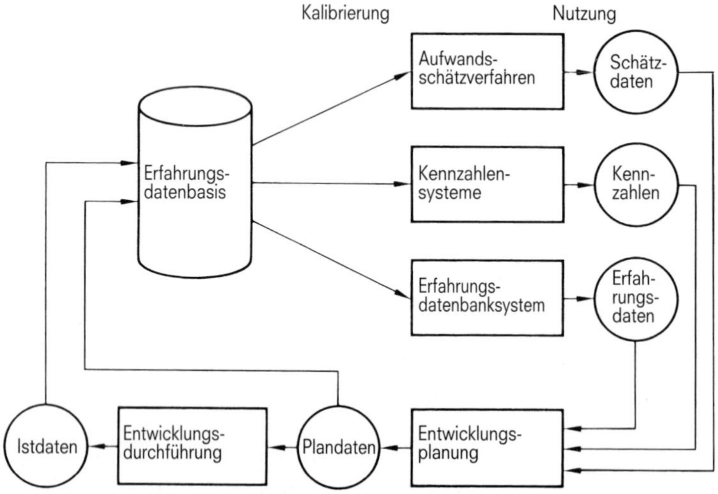

Bild 5.21 Kalibrieren der Erfahrungsdatenbasis

riert werden; dort können sie einer besonderen Beurteilung hinsichtlich der weiteren Verwendung unterzogen werden.

5.3.4 Kalibrierung

Für eine aussagekräftige Erfahrungsdatensammlung ist es unerlässlich, die Erfahrungsdatenbasis ständig zu erneuern und für die spezifischen Belange des jeweiligen Entwicklungsbereichs anzupassen. Das zeit- und projektadäquate Anpassen von Erfahrungsdaten bezeichnet man als »Kalibrierung«; sie ist bei jeder Art Erfahrungsdatensammlung durchzuführen, unabhängig davon, ob es sich um ein Aufwandsschätzverfahren, ein Kennzahlensystem oder um eine Erfahrungsdatenbank handelt (Bild 5.21).

Das Kalibrieren der Erfahrungsdatenbasis hat die Bedeutung eines »Eichens« von Mess- und Kenndaten, also eines Angleichen an die aktuellen und realen Gegebenheiten des betreffenden Entwicklungsbereichs.

Kalibrierung von Aufwandsschätzverfahren

Das Kalibrieren einer Erfahrungsdatenbasis ist sehr wichtig bei Aufwandsschätzverfahren, besonders bei denen, die auf einer algorithmischen Methode basieren. Streng genommen sollte ein Aufwandsschätzverfahren ohne Kalibrierung der Datenbasis gar nicht angewendet werden, da die Schätzergebnisse zu ungenau sein können.

Das Kalibrieren bei einem Aufwandsschätzverfahren kann man auch als Umkehrung des Schätzablaufs ansehen (Bild 5.22).

Eingegeben werden bei einer *Schätzung* bekanntlich die geplanten Produktgrößen (d.h. das Mengengerüst) und die angenommenen Ausprägungen ausgewählter Einflussgrößen. Als Ergebnis erhält man die voraussichtlichen Projektgrößen für Aufwand, Kosten oder Dauer. Demgegenüber wird bei einer *Kalibrierung* umgekehrt verfahren. Eingegeben werden die Ergebniswerte, also Aufwands-, Kosten- bzw. Zeitangaben, sowie die erreichten Produktgrößen abgeschlossener Entwicklungsvorhaben, und weiterhin die bestehenden Ausprägungen der zugehörigen Einflussparameter. Mit entsprechenden Routinen eines Kalibrierungsverfahrens (z.B. Regressionsanalysen) gleicht man sowohl den verwendeten Algorithmus (Formel, Kurvenverlauf) des Aufwandsschätzverfahrens als auch die Werteskalen der einzelnen Einflussparameter an die neuen Erfahrungsdaten an. Mit jedem neuen Kalibrierungslauf werden die entsprechenden Aufwandsverfahren »erfahrener«, d.h. treffsicherer bei künftigen Schätzungen.

Nur wenige Schätzverfahren bieten von vornherein eigene Kalibrierungsverfahren an, wie

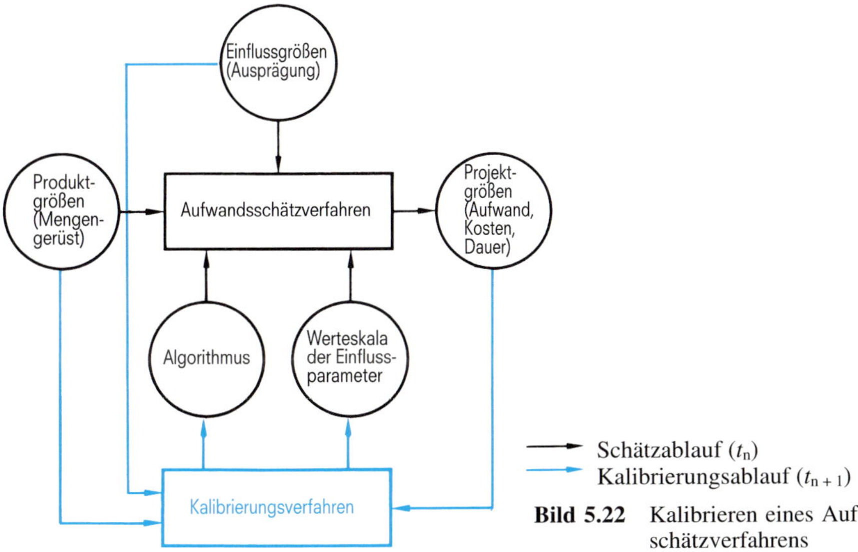

Bild 5.22 Kalibrieren eines Aufwandsschätzverfahrens

PRICE (Kap. 3.2.3) und SICOMO (Kap. 6.3.3). Bei Vorliegen von Erfahrungsdaten werden z. B. bei PRICE mit der Kalibrierungsroutine ECIRP (PRICE rückwärts) die einzelnen HW- und SW-Schätzverfahren an die anwenderspezifischen Gegebenheiten der vorliegenden Entwicklungsumgebungen angepasst. Nur so sind projektadäquate Schätzungen durchführbar.

Bei anderen Verfahren ist das verwendete Modell ganz auf einen speziellen Entwicklungsteilbereich ausgerichtet, wie z. B. das ZKP-Verfahren (Kap. 3.2.5), so dass sich dort spezielle Kalibrierungen erübrigen. Einige Verfahren, wie z. B. das in Kap. 6.3.3 beschriebene Funktionswertverfahren, benötigen wohl eine Kalibrierung, bieten hierfür aber keine eigene Unterstützung.

Kalibrierung von Kennzahlensystemen

Kennzahlensysteme müssen naturgemäß laufend aktualisiert und an die Gegebenheiten des jeweiligen Entwicklungsgebiets angepasst werden. Produktivitätszahlen, qualifikationsbezogene Stundensätze, Phasenkostenaufteilungen etc. ändern sich bekanntlich im Laufe der Zeit. So muss z. B. die Kennzahl RZ-Kosten/MA jedes Jahr neu ermittelt werden, da sich häufig die Entwicklungsumgebung inzwischen verbessert hat.

Nur durch konsequentes und regelmäßiges wiederholtes Ermitteln der für die Kennzahlenbildung nötigen Messdaten ist die Aussagekraft von Kennzahlen aufrechtzuerhalten.

Zum Kalibrieren von Kennzahlen dienen dieselben Algorithmen und Routinen wie für die Bildung der Kennzahlen selbst.

Kalibrierung von Erfahrungsdatenbanksystemen

Bei einer Erfahrungsdatenbank erfolgt die Kalibrierung in Form einer Aktualitätspflege der zu speichernden Projektdaten. Auf Grund einer gezielten Projektauswahl wird erreicht, dass in die Erfahrungsdatenbank nur Daten einfließen, die für den Anwendungskreis auch zeit- und projektadäquat sind. Bereichsfremde Erfahrungsdaten werden gar nicht in die Datenbank aufgenommen und überholte Daten zu gegebener Zeit wieder eliminiert oder in eine Schattendatenbank überführt. Aus dieser Sachlage heraus ist es vorteilhaft, zwischen dem Erfahrungsdatenbanksystem und den vorgelagerten Projektplanungs- und -steuerungsverfahren eine personelle Schnittstelle (Erfahrungsdatenbank-Beauftragter) einzurichten, damit Erfahrungsdaten vor Eingabe in die Erfahrungsdatenbank entsprechend selektiert werden. Die Qualität einer Erfahrungsdatenbank wird also von der Informationsfülle *und* der Aktualität des Datenbestands bestimmt.

Beispiel der Kalibrierung eines Aufwandsschätzverfahrens

An dieser Stelle soll als Beispiel für die Kalibrierung von Aufwandsschätzverfahren auf das Kalibrieren des im Hause eingesetzten Verfahrens SICOMO – welches auf dem Boehmschen Modell COCOMO aufbaut (siehe auch Kap. 6.3.3) – näher eingegangen werden. Die Erfahrungsumwelt des Modellansatzes von Boehm ist bekanntlich gekennzeichnet durch:

- ▷ Projektumwelt des Softwarehauses TRW (Thompson-Ramo-Wolldridge),
- ▷ Spezifika der amerikanischen Arbeitsumwelt sowie
- ▷ SW-Technologiestand der »siebziger-Jahre«.

Es ist leicht einzusehen, dass die von Boehm abgeleiteten Werte für heutige, für deutsche und für eigene SW-Projekte nicht die besten Erfahrungsdaten darstellen. Eine anwendungsbezogene Kalibrierung auf Grundlage des von Boehm vorgeschlagenen Algorithmus ist also erforderlich. Zum Kalibrieren des SICOMO-Verfahrens bietet sich die Änderung folgender Parameter an:

- ▷ Konstanten der Schätzgleichungen
- ▷ Quantifizierung der Einflussgrößen
- ▷ Auswahl der Einflussgrößen
- ▷ Einteilung in Entwicklungsphasen
- ▷ Definition der Projekttypen.

Zum Kalibrieren der ersten beiden Parameter muss eine repräsentative Menge eigener Projekte vorhanden sein. Mit deren Projektdaten wird eine Regressionsanalyse durchgeführt und eine neue Wertebelegung der Konstanten- und Einflussgrößen abgeleitet. Als Werkzeug wurde die PC-Kalibrierungsroutine SIKAL (SICOMO-Kalibrierungsprogramm) verwendet.

Die drei weiteren Parameter müssen auf »intellektuellem« Wege an die Anwenderspezifika angepasst werden. Einerseits kann eine andere Auswahl der von Boehm vorgeschlagenen Einflussgrößen opportun sein; so könnte z. B. die Einflussgröße »Änderungshäufigkeit der Systembasis« von untergeordneter Bedeutung, dagegen der »Motivationsgrad« der Mitarbeiter von erheblich höherer Relevanz für den anzusetzenden Projektaufwand sein. Weiterhin ist es sicher für jeden Entwicklungsbereich vorteilhaft, wenn das verwendete Aufwandsschätzverfahren den bereichseigenen Prozessplan »kennt« und nicht eine unscharfe Transformation von den Boehmschen Phasen durchgeführt werden muss. Und schließlich ist auch eine andere Projekttyp-Definition als die von Boehm vorgenommene denkbar.

Das erwähnte SIKAL-Kalibrierungsverfahren benötigt für jedes abgeschlossene Projekt folgende Angaben:

- ▷ Anzahl der kloc
- ▷ Aufwand in MM
- ▷ Entwicklungszeit in Monaten
- ▷ Ausprägungen der 15 Einflussgrößen
- ▷ Projekttyp (mode).

Neben diesen Projektdaten ist dem Verfahren eine *Erstquantifizierung* der Einflussgrößen vorzugeben. In dem sich anschließenden SIKAL-Kalibrierungslauf wird dann eine Neubestimmung der Konstanten der sechs SICOMO-Schätzgleichungen (für die drei Projekttypen jeweils eine Aufwands- und eine Zeitgleichung) sowie eine *Neuquantifizierung* der Einflussgrößen vorgenommen. Das Neubestimmen der Gleichungskonstanten und das Quantifizieren läuft unter Nutzung der Regressionsanalyse in einem interaktiven Prozess ab. Das Ergebnis der Quantifizierung kann wegen des (häufig) beschränkten Bestands an Projektdaten zu widersinnigen Sachverhalten führen; so könnte z. B. der Aufwandsmultiplikator bei steigender Analysefähigkeit der Mitarbeiter nicht kleiner – wie es logisch wäre –, sondern größer sein. Diese sachlich begründeten »Wertetrends« kann man allerdings in einer nachfolgenden Behandlung in die Wertetabelle einarbeiten. In Tabelle 5.12 ist – mit Ausweisung der relativen Abweichung des Schätzwertes vom Istwert – das mit SIKAL erreichbare Ergebnis für eine Projektdatenbasis mit 60 Projekten aus dem Anwendersoftware-Bereich angegeben.

Rel. Abweichung des Schätzaufwands vom Istaufwand in %	Anteil der Projekte in %		
	COCOMO nach Boehm	SICOMO kalibriert (ohne Zwang)	SICOMO kalibriert (mit Zwang)
± 0,05	7,14	41,07	30,36
± 0,10	23,21	71,43	60,71
± 0,15	32,14	85,71	80,36
± 0,20	42,86	94,64	96,43
± 0,30	75,00	100,00	100,00
± 0,40	87,50	100,00	100,00
± 0,50	92,86	100,00	100,00

Tabelle 5.12
Ergebnisbetrachtung einer Kalibrierung (auf Basis von 60 Projekten)

Wie aus der Darstellung zu ersehen ist, ergibt sich für ein kalibriertes SICOMO eine erheblich höhere Treffergenauigkeit als bei einem ausschließlich auf Projektdaten von Boehm basierenden Verfahren. Diese Treffergenauigkeit sinkt allerdings bei einer nachträglichen Korrektur der Quantifizierung (mit Zwang) auf Grund sachlich begründeter »Wertetrends« wieder etwas.

5.4 Projektauflösung

Zu einem definierten Projektabschluss gehört die »Auflösung« des Projekts. *Projektgründung* und *Projektauflösung* bestimmen damit die beiden Begrenzungszeitpunkte der Projektlebensdauer.

Zu den für eine Projektauflösung erforderlichen Aktivitäten zählen:

- ▷ das Durchführen offizieller Abschlusssitzungen aller Projektgremien,
- ▷ das Verteilen des Projektabschlussberichts an die projektbeteiligten Stellen sowohl auf der Auftragnehmer- als auch Auftraggeberseite,
- ▷ das Überleiten des Projektpersonals auf neue Aufgaben sowie
- ▷ das Auflösen aller projekteigenen Ressourcen.

Abschlusssitzungen

Alle bestehenden Projektgremien, wie Entscheidungsinstanzen, Beratungsausschüsse und spezielle Arbeitskreise, sind jeweils zu *Schlusssitzungen* einzuberufen, auf denen die Entwicklungsergebnisse, eventuell mit einer Abweichungsanalyse, vorgestellt werden. Hierbei sollte man eine möglichst vollständige Teilnahme aller Mitglieder anstreben, um spätere Einsprüche von Nichtanwesenden zu vermeiden. Diese abschließende Projektpräsentation muss u. a. folgende Tagesordnungspunkte umfassen:

▷ Vorstellung der Projektergebnisse,
▷ Vergleich der realisierten Leistungsmerkmale mit dem Anforderungskatalog bzw. Pflichtenheft,
▷ Gegenüberstellung der geplanten mit den erreichten Terminen,
▷ Gegenüberstellung der Plan- und Istwerte von Aufwand und Kosten in entsprechender Detaillierung,
▷ Darstellung der durchgeführten QS-Maßnahmen und des erreichten Qualitätsstands,
▷ Analyse der aufgetretenen Projektschwierigkeiten und Planabweichungen,
▷ Vorstellung projektspezifischer Kennzahlen (z. B. Produktivitäts- und Wirtschaftlichkeitsdaten),
▷ Vorlage eines Personalüberleitungs- und eines Ressourcen-Verwertungsplans.

Auch sollten in diesen Abschlusssitzungen besondere Leistungen einzelner Projektmitarbeiter entsprechend hervorgehoben und gewürdigt werden.

Schließlich sind die durchgeführten bzw. noch durchzuführenden Abschlussaktivitäten im Rahmen der Projektauflösung zu erläutern.

In der Schlusssitzung der zuständigen Entscheidungsinstanz muss dann das offizielle Ende des Projekts beschlossen und verkündet werden.

Projektabschlussbericht

Alle relevanten Projektabschlussdaten bezüglich

▷ Fertigstellungs- und Übergabetermin,
▷ Personalaufwand,
▷ Entwicklungskosten,
▷ Produktergebnis und
▷ Qualität

müssen in einem Abschlussbericht zusammengefasst werden; er enthält i. Allg. auch einen kurzen Projekterfahrungsbericht sowie Erläuterungen zu den Aktivitäten, die dem Entwicklungsende folgen werden. Hierzu gehört z. B. das Übernehmen der Pflege eines SW-Produkts durch zuständige Entwicklungsstellen oder das Unterstützen bei der Fertigungseinführung eines HW-Produkts durch einzelne Entwickler.

Der Projektabschlussbericht muß allen (leitenden) Projektbeteiligten zukommen. Als Empfänger gelten

▷ Auftraggeber,
▷ Auftragnehmer,
▷ FuE-Kaufmann/-frau,
▷ Mitglieder des Entscheidungsgremiums,
▷ Mitglieder der Beratungsgremien und
▷ Mitglieder der Steuerungsgremien.

Personalüberleitung

Handelt es sich um eine Projektgruppe, die nach Projektabschluss auf Grund der vorgegebenen Projektorganisation nicht zusammen bleiben soll, so sind die Projektmitarbeiter auf andere Projekte oder in die bestehende Linienorganisation überzuleiten. Dies muss selbstverständlich sehr behutsam und vor allem zum richtigen Zeitpunkt geschehen. Wird z. B. zu früh mit der »Personaldiskussion« begonnen, so kann diese einen irreversiblen Schaden für das gesamte, noch nicht abgeschlossene Projekt hervorrufen. Ein zu später Personalabbau kann dagegen zu der Situation führen, dass das Projekt eigentlich schon längst abgeschlossen ist, ein großer Teil des Personals aber noch kein neues Betätigungsfeld hat und damit auch keiner neuen Kostenstelle zugeordnet ist, so dass das (fertige) Projekt immer noch Kosten verursacht.

Für eine optimale Personalüberleitung ist es empfehlenswert, rechtzeitig einen *Überleitungsplan* auszuarbeiten; dieser sollte folgende mitarbeiterbezogene Kriterien berücksichtigen:

- ▷ Fähigkeiten und Qualifikationen,
- ▷ persönliche Wünsche und Ambitionen,
- ▷ gehaltliche und rangliche Einstufungen,
- ▷ mögliche Förderungsmaßnahmen sowie
- ▷ Versetzungsfristen.

In Teilpunkten – besonders bei notwendigen Versetzungen – muss ein solcher Personalüberleitungsplan rechtzeitig mit dem Betriebsrat abgesprochen und eventuell von ihm genehmigt werden.

Bei der Überleitung von einem abgeschlossenen Großprojekt auf neue Tätigkeitsfelder kann es sogar erforderlich sein, ein eigenes Change-Management zur Vorbereitung auf die neue »Projektkultur« einzurichten.

Ressourcenauflösung

Zu den projekteigenen Ressourcen gehören in diesem Zusammenhang:

- ▷ Planungsinstrumentarien,
- ▷ Geräte, Terminals etc.,
- ▷ Arbeitsplatzrechner, -drucker,
- ▷ Test- und Prüfanlagen,
- ▷ Möbel und Arbeitsräume.

Grundlage einer gezielten Ressourcenauflösung ist die Bestandsaufnahme aller dem Projekt »zugeeigneten« Sachmittel. Die Auflösung selbst ist auf zwei Wegen möglich: der unentgeltlichen Überlassung (z.B. von Räumen) oder der geldlichen Veräußerung (z.B. von Computern zum Buchwert). In einem »Verwertungsplan« sollten alle wesentlichen Sachmittel mit ihrer geplanten Verwertung aufgeführt werden; insgesamt enthält ein solcher Plan Angaben zu:

- ▷ Sachmittelbezeichnung,
- ▷ Inventar-Nummer,
- ▷ Buchwert,
- ▷ Verwertungsform,
- ▷ Abnehmer,
- ▷ alte und neue Kostenstelle sowie
- ▷ alter und neuer Aufstellungsort,
- ▷ Übergabezeitpunkt.

Tabelle 5.13
Probleme bei der Projektauflösung

Form der Projekt-organisation	Gremien-abschluss	Personal-über-leitung	Res-sourcen-auflösung
Linien-organisation	gering	–	–
Reine Projekt-organisation	–	ja	ja
Matrix-Projekt-organisation	gering	teilweise	ja
Auftrags-Projekt-organisation	–	teilweise	–
Einfluss-Projekt-organisation	gering	–	teilweise

Der Verwertungsplan ist sehr sorgfältig und vollständig auszuarbeiten.

Abhängigkeit von der Projektorganisation

Der Umfang der hier beschriebenen Maßnahmen zur Projektauflösung hängt stark von der jeweiligen Form der vorhandenen Projektorganisation ab. In Tabelle 5.13 ist dies für die drei Problemkreise Gremienabschluss, Personalüberleitung und Ressourcenauflösung dargestellt.

Wie ersichtlich, stellen z.B. bei einer Projektauflösung innerhalb der Linienorganisation die Personalüberleitung und die Ressourcenauflösung überhaupt kein Problem dar; dagegen können diese beiden Komplexe bei der reinen Projektorganisation und teilweise auch bei der Matrixorganisation von erheblicher Brisanz sein. Auch hier zeigt sich, dass eine Auftrags-Projektorganisation insgesamt die geringsten Probleme mit der Projektauflösung hat.

6 Projektunterstützung

Die Anwendung der EDV zur Projektunterstützung im Rahmen des Projektmanagements ist heute selbstverständlich.

In der Vergangenheit sind zahlreiche Verfahren zur Projektunterstützung entstanden, die zum größten Teil nicht universell anwendbar, sondern jeweils aus der Entwicklungspraxis heraus konzipiert und realisiert worden sind. Trotzdem sind diese Verfahren wegen ihrer z. T. sehr großen Funktionsbreite auch in weiteren Bereichen mit Erfolg einsetzbar. Deshalb sollte man bei der Absicht, ein Verfahren neu einzuführen – und bevor ein eigenes entwickelt wird – stets prüfen, ob ein in einem anderen Bereich eingesetztes Verfahren nicht genutzt oder zumindest adaptiert werden kann.

Zu den PM-Verfahren gehören einerseits Konfigurationsmanagementsysteme für die *produktbezogenen* Informationen sowie andererseits Verfahren der Projektführung für die *projektbezogenen* Informationen.

Konfigurationsmanagementsysteme sollen die in einem Projekt anfallenden Entwicklungsergebnisse – auf Basis einer klaren Strukturierung und Identifikation der Produkt- bzw. Systemeinzelteile – aufnehmen und verwalten; darüber hinaus übernehmen sie das gesamte Änderungswesen für die Produkt- bzw. Systementwicklung. Das Konfigurationsmanagement zieht sich dabei durch alle Projektphasen. Der Einsatz von KM-Systemen empfiehlt sich i. Allg. nur bei größeren Entwicklungsprojekten; Teilfunktionen des Konfigurationsmanagements sollten allerdings schon bei kleineren Projekten genutzt werden.

PM-Verfahren im engeren Sinn sind Verfahren für die Projektführung; zu ihnen zählen die technisch orientierten Projektplanungs- und -steuerungsverfahren sowie die mehr kaufmännisch orientierten Kostenerfassungs- und -verrechnungsverfahren. Bei fortgeschritteneren Verfahrenskonzepten sind beide »Verfahrenswelten« miteinander gekoppelt oder sogar vereint, so dass eine Durchgängigkeit in der Termin- und Kostenüberwachung erreicht wird.

Neben dem Einsatz von auf Großrechnern oder in einer Client/Server-Architektur ablaufenden Verfahren für die Projektführung bieten sich – vielfach als zusätzliche Unterstützung oder als Ersatz für diese – PM-Hilfen auf dem PC an. Teilweise gibt es für PCs bereits sehr leistungsfähige Netzplanverfahren und andere Spezialprogramme, wie Aufwandsschätzverfahren und Programme zur Wirtschaftlichkeitsberechnung. Auch Textverarbeitungsprogramme, Tabellenkalkulationsprogramme und Grafikprogramme können eine große Hilfe beim Projektmanagement sein.

Selbstverständlich ist die Einführung eines neuen Verfahrens gut vorzubereiten; d. h., alle erforderlichen Einführungsmaßnahmen müssen rechtzeitig geplant und vereinbart werden, wobei die Abstimmung mit dem Betriebsrat sehr wichtig ist, ebenso das Schulen der betroffenen Mitarbeiter. Für den optimalen Verfahrenseinsatz kann vorteilhaft sein, vorab eine gezielte *PM-Untersuchung* in dem betroffenen Entwicklungsbereich durchzuführen, um Schwächen in den bestehenden Prozessabläufen aufzudecken.

6.1 Konfigurationsmanagement

Konfigurationsmanagement (KM) ist eine zentrale Aufgabe des Projektmanagements; es legt die Abwicklungsschritte eines Projekts als Folge kontrollierter Änderungen auf Basis gesicherter Arbeitsergebnisse fest.

Grundprinzip des Konfigurationsmanagements ist, Entwicklungsprozesse als *Änderungsprozesse* mit definierten Arbeitsergebnissen aufzufassen. Dies setzt voraus, dass

— die Arbeitsweise in einem Projekt streng *ergebnisorientiert* ist,
— die Arbeitsergebnisse versionsgenau *identifizierbar* sind und
— durchzuführende Änderungen durch formalisierte Änderungsanforderungen *dokumentiert* sind.

6.1.1 Allgemeines

Ein leistungsfähiges Konfigurationsmanagement verlangt daher Methoden, Werkzeuge und Zuständigkeiten, um

— Projektergebnisse festzulegen und zu identifizieren,
— geplante Änderungen kontrolliert zu steuern,
— unbeabsichtigte Änderungen zu vermeiden sowie
— alle Arbeitsergebnisse zu dokumentieren und zu archivieren.

Die Komplexität von großen Entwicklungsprojekten steigt ständig, da einerseits die zu lösenden Aufgaben immer häufiger unterschiedliche Fachdisziplinen verknüpfen und andererseits die einzubindende HW und SW immer komplizierter wird. Aus dieser Tendenz erwachsen folgende Probleme:

▷ Mengenproblem
▷ Konsistenzproblem
▷ Änderungsproblem
▷ Lebensdauerproblem.

Mengenproblem

Das arbeitsteilige Abwickeln großer Projekte mit zahlreichen Einzelaufgaben und entsprechend vielen Teilergebnissen erlaubt, die Projektdauer durch Parallelarbeit zu verkürzen und die Überschaubarkeit von Systemen durch Modularisierung zu verbessern. Die Verwaltung der vielen Einzelergebnisse verursacht ein beachtliches Mengenproblem.

Konsistenzproblem

Die im Laufe eines Projekts erarbeiteten Ergebnisse treten in unterschiedlichen Erscheinungsformen und Versionen auf. Unterschiedliche Erscheinungsformen von Entwicklungsergebnissen entstehen nacheinander in den Planungs- und Realisierungsphasen. Unterschiedliche Versionen von Ergebnissen kommen durch laufende Änderungen und Korrekturen zu Stande. Da die Ergebnisse eine gemeinsame Aufgabe erfüllen sollen, stehen sie in vielfältiger Weise untereinander in Beziehung. Dies bewirkt ein Konsistenzproblem hinsichtlich widerspruchsfreier und zueinander passender Entwicklungsobjekte.

Änderungsproblem

Auf jeden Entwicklungsprozess wirken von außen Änderungseinflüsse ein. Sie haben ihre Ursache in aufgetretenen Qualitätsmängeln, Veränderungen der Projektumwelt und in neuen Erkenntnissen aus dem Entwicklungs- und Nutzungsbereich z. B. durch neue Anforderungen. Änderungseinflüsse zielen auf die Modifikation bereits vorliegender Arbeitsergebnisse bzw. die Veränderung der Projektziele ab. Die vielfältigen Abhängigkeiten der Arbeitsergebnisse erlauben jedoch keine isolierten Änderungen. Hieraus ergibt sich das Änderungsproblem, das Änderungen, die in einer Entwicklungsphase auftreten, auf im Prinzip abgeschlossene Phasen rückkoppelt; d. h. bereits festgeschriebene Arbeitsergebnisse sind zu ändern.

Lebensdauerproblem

Die hohen Entwicklungskosten erzwingen bei komplexen HW/SW-Systemen den Mehrfacheinsatz von Teil- und Endergebnissen sowie eine lange Lebensdauer für den SW-Anteil. Die damit erforderliche Wartung der Systeme über große Zeiträume führt zum Lebensdauerproblem. Die kontinuierliche Weiterentwicklung für unterschiedliche Einsatzbedingungen – nicht nur Fehlerbehebung – muss auch bei Wechsel von Mitarbeitern und bei Organisationsänderungen sichergestellt sein. Sollten rechtliche Verpflichtungen bestehen, kann das Lebensdauerproblem noch erheblich verschärft werden.

Änderungsanforderungen

Gegenstand des Konfigurationsmanagements sind alle Arbeitsergebnisse, die in dokumentierter Form während des Projektablaufs entstehen. Hierunter fallen Planungs- und Entscheidungsdokumente in gleicher Weise wie Spezifikationen und Realisierungsergebnisse, aber auch alle Änderungsanforderungen, mit deren Hilfe Probleme, Fehler und Änderungswünsche hinsichtlich der Arbeitsergebnisse beschrieben werden.

Änderungsanforderungen spielen im Rahmen des Konfigurationsmanagements eine besondere Rolle, da sie die Ursachen für das gesamte Änderungsgeschehen in einem Projekt dokumentieren.

Um den unterschiedlichen Charakter von Änderungsanforderungen zu berücksichtigen, können diese wie folgt klassifiziert werden:

▷ Funktionsanforderungen,
▷ Änderungsanträge und
▷ Fehlermeldungen.

Funktionsanforderungen bzw. Änderungsanträge beschreiben den Wunsch, neue Funktionen in ein Produkt oder System einzubringen bzw. bestehende Funktionen zu ändern (Change Requests). Fehlermeldungen beschreiben ein erkanntes Fehlverhalten eines Produkts oder Systems in der Anwendungswelt bzw. im Entwicklungsablauf gegenüber seiner Beschreibung.

Konfigurationsbegriff

IEEE Standard Glossary [90] definiert den Konfigurationsbegriff im Sinne des Konfigurationsmanagements für DV-Systeme wie folgt:

1. Die Anordnung eines Rechnersystems oder Netzwerks, wie sie durch ihre Natur, Anzahl und Hauptmerkmale der enthaltenen funktionalen Einheiten definiert ist. Insbesondere kann sich der Begriff Konfiguration auf eine HW- oder SW-Konfiguration beziehen.
2. Die Anforderungen, der Entwurf und die Realisierung einer speziellen Version eines Systems oder einer Systemkomponente.
3. Die funktionalen und/oder physikalischen Eigenschaften eines HW/SW-Systems, wie sie in der technischen Dokumentation dargestellt und im realisierten Produkt verwirklicht sind.

Sinngemäß läßt sich diese Definition auf Arbeitsergebnisse beliebiger Projekte übertragen, d.h., eine Konfiguration

— definiert funktionale Einheiten, die aus vielen Einzelelementen bestehen können,
— beschreibt die zugehörigen Entwicklungsergebnisse versionsgenau und
— führt zu definierten Produkt- bzw. Systemversionen.

Grundfunktionen

Die bestimmenden Eigenschaften des Konfigurationsmanagements ergeben sich aus den vier Grundfunktionen:

▷ Konfigurationsbestimmung
▷ Änderungssteuerung
▷ Änderungsüberwachung
▷ Änderungsverwaltung.

Konfigurationsbestimmung

Ohne eindeutig definierte Konfigurationen kann ein Konfigurationsmanagement nicht wirken.

Für ein zu entwickelndes Produkt oder System sind

— die Konfigurationen zu bestimmen und mit einem eindeutigen Namen zu identifizieren,
— ihr Inhalt und ihre Eigenschaften zu beschreiben sowie
— die vorhandenen oder zu erwartenden Arbeitsergebnisse aufzulisten.

Konfigurationen wirken in einem Produkt oder System in vielfältiger Weise zusammen; sie können daher selbst Bestandteil von Konfigurationen sein und bilden insgesamt eine komplexe *Konfigurationsstruktur.*

Änderungssteuerung

Die Änderungssteuerung beruht auf dem Gedanken, einen Entwicklungsprozess als ständigen *Änderungsprozess* aufzufassen, der in jedem Schritt auf definierten Vorgaben aufsetzt und definierte Arbeitsergebnisse liefert, die selbst wiederum Vorgaben für Nachfolgeschritte werden.

Die Änderungssteuerung des Konfigurationsmanagements hat die Aufgabe, die ständigen Änderungsanforderungen, mit denen ein Projekt unausweichlich konfrontiert wird, über alle Entwicklungsphasen hinweg methodisch zu beherrschen. Sie setzt voraus, dass die Ursachen für Änderungen als formale Änderungsanforderungen eindeutig benannt und beschrieben werden, d. h., dass sie selbst als Objekte des Konfigurationsmanagements zu behandeln sind.

Änderungsüberwachung

Einen wichtigen Beitrag zur Qualitätssicherung in einem Projekt leistet die Änderungsüberwachung; sie schließt formale wie auch inhaltliche qualitätssichernde Maßnahmen ein.

Als formale Maßnahmen gelten das Feststellen der Vollständigkeit der zu behandelnden Änderungsanforderungen, der herzustellenden Konfigurationen und der zugehörigen Dokumentation.

Inhaltliche Maßnahmen umfassen den Nachweis der Übereinstimmung von Arbeitsergebnissen mit den spezifizierten Vorgaben und die Kontrolle der Genauigkeit der zu den Konfigurationen gehörenden Dokumentation.

Inhaltliche qualitätssichernde Maßnahmen erfordern i. Allg. erheblichen Prüfaufwand, verbunden mit hohen Anforderungen an die technischen Prüfeinrichtungen sowie an das Know-how der Prüfer. Um sicherzugehen, dass sie nicht unterbleiben, sollten sie daher aus der Änderungsüberwachung ausgeschlossen werden und Aufgabe anderer Entwicklungsfunktionen, z. B. Systemtest oder Prüffeld, bleiben, die dafür bessere Voraussetzungen bieten. Das Konfigurationsmanagement kann jedoch für diese Entwicklungsfunktionen auf Basis von Konfigurationen eine gesicherte Arbeitsgrundlage zur Verfügung stellen.

Änderungsverwaltung

Für ein wirksames Konfigurationsmanagement ist eine möglichst DV-unterstützte Änderungsverwaltung erforderlich. Innerhalb eines Projekts hat sie die Aufgabe, nach den Prinzipien des Konfigurationsmanagements alle anfallenden Arbeitsergebnisse aufzuzeichnen und daraus die für Planungs-, Entscheidungs- und Durchführungsprozesse notwendigen Informationen abzuleiten und in geeigneter Weise darzustellen.

Zu den Grundsätzen einer ordnungsgemäßen Änderungsverwaltung gehören die eindeutige *Identifikation* und die *Unverletzlichkeit* der aufgezeichneten Daten. Daher sind Arbeitsergebnisse vom Zeitpunkt ihrer Gültigkeit an so festzuhalten, dass sie weder unabsichtlich noch absichtlich geändert werden können. Gültige Arbeitsergebnisse können somit nur durch Erzeugen einer neuen, d. h. weiteren Version der gespeicherten Daten geändert werden. Dieser Grundsatz erlaubt nicht nur, das gesamte Änderungsgeschehen jederzeit nachzuvollziehen, er sichert auch die Revisionssicherheit von Arbeitsergebnissen.

Ordnung ist bei einer komplexen Produkt bzw. Systementwicklung nur mit einem leistungsfähigen Werkzeug zum Archivieren der Arbeitsergebnisse sicherzustellen. Soweit möglich sollten alle Arbeitsergebnisse in einer DV-geführten *Objektbibliothek* abgelegt werden. Arbeitsergebnisse, die sich dieser Art der Speicherung entziehen, z. B. HW-Teile, komplexe technische Zeichnungen oder Dokumente von Zulieferern, sind durch einen Platzhalter mit beschreibenden Informationen in der Objektbibliothek zu vertreten.

6.1.2 Beispiel eines KM-Tools

Das im Folgenden dargestellte PC-Tool unterstützt alle Aktivitäten, die im Rahmen eines durchgehenden Konfigurationsmanagements für Projekte zur Pflege und Weiterentwicklung von DV-Verfahren erforderlich sind, und deckt die in der ISO 9001 festgelegten KM-Maßnahmen (siehe Kap. 4.4.5) ab. Es gewährleistet die Konsistenz im Änderungsmeldungswesen und sichert die Überleitung in eine konsequente Versionsplanung.

Bild 6.1 zeigt den Eröffnungsbildschirm des KM-Tools, über den die verschiedenen Funktionen eines Konfigurationsmanagements aufgerufen werden können; er enthält die Funktionskomplexe:

- ▷ Problemmeldung
- ▷ Beantragung von Change Requests
- ▷ Fehlermeldung
- ▷ Definition und Verwaltung von Arbeitspaketen
- ▷ Erstellung der Testunterlagen
- ▷ Verwaltung der Review-Protokolle
- ▷ Versionsplanung
- ▷ Versionsfreigabe
- ▷ Stammdatenverwaltung.

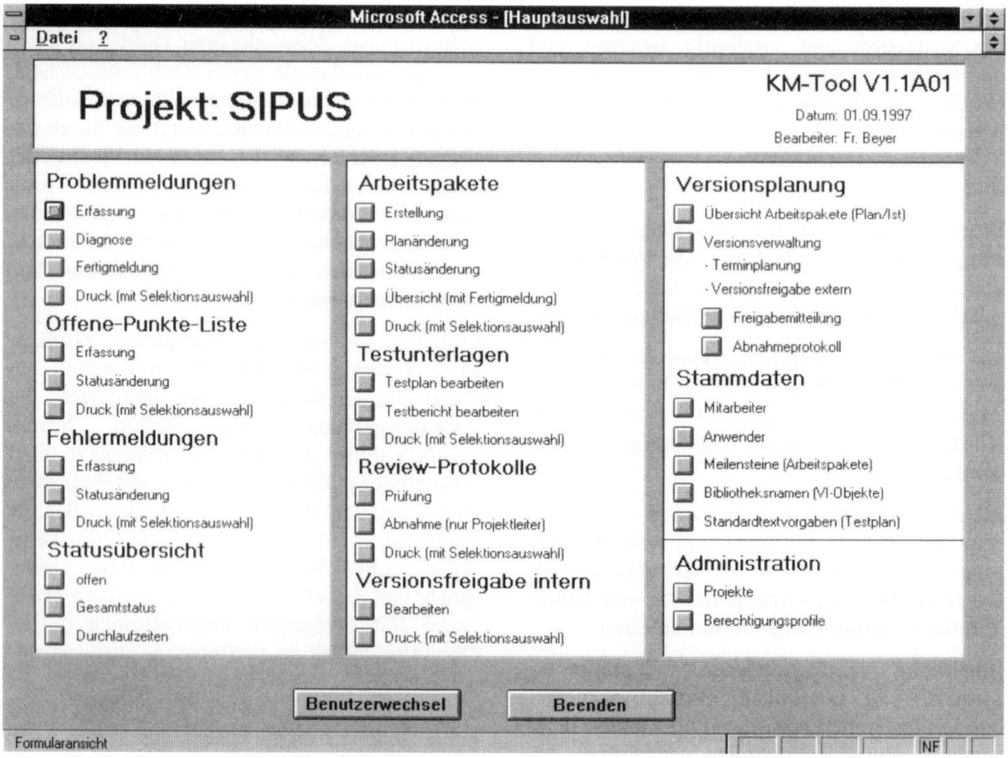

Bild 6.1 Eröffnungsbildschirm des KM-Tools

Bei Pflege- und Weiterentwicklungsprojekten ist die lückenlose Registrierung und kontrollierte Abarbeitung von Problemmeldungen, die während des Betriebes eines DV-Verfahrens auf Anwenderseite entstehen, von größter Bedeutung für eine möglichst reibungslose Verfahrensabwicklung. Problemmeldungen können drei unterschiedliche Ursachen haben; sie können begründet sein in:

▷ Bedienungsfehlern,
▷ Programmfehlern oder
▷ Funktionsmängeln bzw. -lücken.

Bei einem *Bedienungsfehler* (seitens des Anwenders) kann das Problem meist durch einen »klugen Hinweis« des Verfahrensbetreuers behoben werden. Bei einem *Programmfehler* muss dagegen immer ein Eingriff in die bestehende Software gemacht werden; dieser kann u. U. erhebliche Aufwände verursachen, da häufig nach der Fehlerfindung und -behebung zwangsläufig eine umfangreiche Testfolge (Komponenten-, System- und Integrationstest) durchlaufen werden muss. Ein erkannter *Funktionsmangel* bzw. eine aufgedeckte *Funktionslücke* kann nur durch eine Weiterentwicklungsmaßnahme, einen »Change Request«, beseitigt werden; auch dieser kann einen großen Entwicklungsaufwand erfordern, deshalb ist ein solcher Änderungsantrag immer einer besonderen Genehmigungsprozedur zu unterziehen.

In Bild 6.2 ist der prinzipielle Ablauf von der Problemmeldung bis zur (eventuell notwendigen) Überarbeitung der Versionsplanung dargestellt.

Nachdem eine Problemmeldung in das KM-Tool aufgenommen worden ist und eine automatisch vergebene Registriernummer erhalten hat, muss das angemeldete Problem einer Diagnose im Rahmen der *Problemanalyse* unterzogen werden; hierbei sind folgende Diagnosefälle möglich:

▷ Fehler nicht nachvollziehbar
▷ Fehler in Anwenderdaten (Bedienungsfehler)

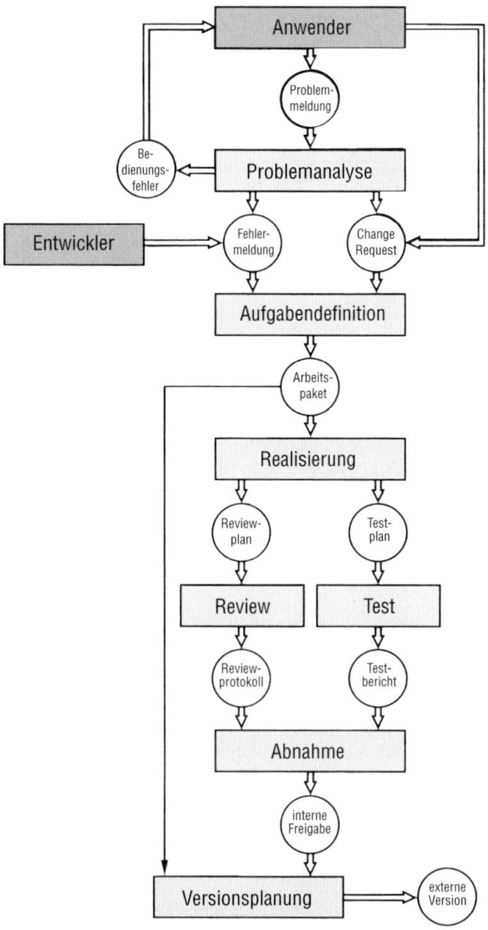

Bild 6.2 Problemmeldungsprozess

▷ Programm-/Systemfehler
▷ Funktionserweiterung (Change Request)
▷ Sonstige Ursache.

Ist der *Fehler nicht nachvollziehbar,* so muss die Problemmeldung zurückgestellt werden. Handelt, es sich um einen *Fehler in den Anwenderdaten,* so liegt er in einem Bedienungsfehler begründet, der künftig durch eine fehlerfreie Bedienung seitens des Anwenders zu vermeiden ist. Beim Diagnosefall *Programm-/ Systemfehler* wird automatisch eine Fehlermeldung erzeugt, beim Diagnosefall *Funktionserweiterung* wird ein Change Request für die Offene-Punkte-Liste mit Status »Vorschlag« generiert. Das KM-Tool vergibt hierbei den Fehlermeldungen bzw. Change Requests eindeutige Identifikationsnummern.

So wie Fehlermeldungen von den Entwicklern direkt eingegeben werden dürfen, können Change Requests auch von den Anwendern direkt beantragt werden.

Fehlermeldungen müssen von der Projektleitung, Change Requests von der Entwicklungsleitung zur Realisierung genehmigt werden. Im Rahmen der *Aufgabendefinition* werden zu einer freigegebenen Fehlermeldung bzw. einem genehmigten Change Request die notwendigen Arbeitspakete definiert; hierzu gehören

▷ Aufgabenbeschreibung,
▷ Detaillierung in Teilaufgaben (Meilensteine),
▷ Beginn- und Endetermine für die Teilaufgaben,
▷ Verantwortlichkeiten für die Teilaufgaben und
▷ Versionszuordnung.

Fehlermeldungen haben den Status: erfasst, genehmigt, in Arbeit oder fertig. Change Requests haben den Status: vorgeschlagen, genehmigt, in Arbeit, zurückgestellt oder fertig. Wie zu erkennen ist, können nur Change Requests zurückgestellt werden; Fehlermeldungen müssen naturgemäß auf jeden Fall bearbeitet werden.

Im Laufe der *Arbeitspaket-Realisierung* werden bei Erreichen einzelner Meilensteine vom KM-Tool die entsprechenden Reviews initiiert sowie ggf. eine Testplanung angestoßen. In den einzelnen Reviews werden die Ergebnisse der fertig gestellten Teilaufgaben (Meilensteinergebnisse) auf Fehlerfreiheit, Vollständigkeit und Konsistenz abgefragt; dabei festgestellte Abweichungen sind in den Review-Protokollen festzuhalten. Geprüfte Review-Protokolle müssen vom Projektleiter abgenommen werden; hierbei besteht die Möglichkeit der Abnahme oder der Anforderung auf Nachkorrektur. Sind Nachkorrekturen notwendig, wird vom System automatisch ein wiederholendes Review initiiert, das wieder den Zyklus Prüfung/Abnahme durchlaufen muss.

Soll das Ergebnis einer Teilaufgabe einem Test unterzogen werden, wird ein Testplan generiert, in dem allgemeine und objektbezogene Testvorgaben für alle zu testenden Testobjekte einzutragen sind. Häufig verwendete

Versionsplanung			Projekt: SIPUS	
Register 6: Arbeitsplanung				
Verteiler:				
				Seite 1 von 1
Version	Status	Inhalt	T50 Plan Ist	B70 Plan Ist
V7.0A	F	OPL-103	31.05.1996 31.05.1996	30.09.1996 10.06.1996
V7.0B	F	OPL-120, OPL-121, OPL-122, OPL-123, OPL-128, OPL-129, OPL-130, OPL-131	27.09.1996 27.09.1996	01.10.1996 01.10.1996
V7.0C	F	OPL-132, OPL-134, OPL-136	24.10.1996 24.10.1996	30.10.1996 30.10.1996
V7.0D	F	OPL-124, OPL-135, OPL-137, OPL-141, OPL-142, OPL-144,OPL-145, OPL-146, OPL-148, OPL-149, OPL-150, FNR-45, FNR-46, FNR-47, FNR-48, FNR-49, FNR-50, FNR-51, FNR-52, FNR-53	13.12.1996 13.12.1996	17.12.1996 17.12.1996
V7.1	A	OPL-133, OPL-138, OPL-139, OPL-151, FNR-54, FNR-55	06.03.1997	10.03.1997

Bild 6.3 Versionsplanung

Formulierungen für die allgemeinen Testvorgaben, wie z. B. Testumgebung, können über die Stammdatenverwaltung in einer Tabelle abgelegt werden. Nach Testdurchführung jedes im Testplan definierten Testobjektes muss die Beseitigung des Fehlers vom zuständigen Bearbeiter im KM-Tool bestätigt werden. Nach erfolgreichem Testabschluss wird der Testbericht erstellt.

Review-Protokolle und Testberichte bilden dann die Basis für die *Abnahme* der Arbeitspaket-Ergebnisse. Ein Arbeitspaket kann nur als fertig gemeldet werden, wenn

- ▷ alle zugehörigen Teilaufgaben (Meilensteine) fertig gemeldet,
- ▷ alle Testobjekte freigegeben und
- ▷ alle Review-Protokolle abgenommen sind.

Die *Versionsplanung* beginnt mit dem Planen der Arbeitspakete, dem Bestimmen der zu bearbeitenden Software-Komponenten und dem Festlegen von Meilenstein-Terminen. Nach Fertigmeldung der Arbeitspakete werden die zugehörigen Komponenten *intern* freigegeben; nach Freigabe aller betroffenen Komponenten wird die *externe* Freigabe von neuen Programm- bzw. Systemversionen vorgenommen und die entsprechende Freigabemitteilung und das Abnahmeprotokoll automatisch ausgegeben. Bild 6.3 zeigt eine vom KM-Tool erstellte Übersicht der geplanten Versionen mit den zugehörigen Fehlermeldungen (FNR) bzw. Change Requests (OPL) sowie den geplanten und den eingetretenen Terminen.

Auf Wunsch können Statistiken ausgegeben werden, so z. B. die Anzahl aller noch anstehender offener Problem- und Fehlermeldungen oder die erreichten Durchlaufzeiten, d. h. die durchschnittlichen Bearbeitungszeiten für die Problem- und Fehlermeldungen.

Das hier beschriebene KM-Tool arbeitet mit einer Windows-Oberfläche in Access-Technologie. Die verwendeten Begriffe, wie Change-Request, Offene-Punkte-Liste, usw. können in einem Customizing anwenderspezifisch festgelegt werden. Das gezielte Einschränken des KM-Funktionsumfangs ist mittels gestaffelter Zugriffsrechte für den Administrator, die Projektleiter und Mitarbeiter möglich.

6.1.3 Organisatorische Voraussetzungen

Das Einführen eines Konfigurationsmanagements muss projektadäquat geplant werden, da die Randbedingungen für die Projekte sehr unterschiedlich ausfallen. Solche Randbedingungen werden durch die Projektziele, das Projektumfeld und die verfügbaren Mittel gesetzt.

Akzeptanz und Funktionsfähigkeit des Konfigurationsmanagements setzen klare Begriffsdefinitionen voraus:

▷ Was sind Entwicklungsobjekte, welche Objekttypen gibt es?
▷ Wie werden Versionen bezeichnet?
▷ Was sind Konfigurationen, wie werden sie gebildet?
▷ Was sind Fehlermeldungen, Änderungsmeldungen und Funktionsanforderungen?

Zudem müssen die Abläufe und Aufgaben in einem Konfigurationsmanagement für alle Projektbeteiligten eindeutig festgelegt werden, d. h.:

▷ Es ist die Wirkungsweise des Konfigurationsmanagements in den unterschiedlichen Entwicklungsphasen festzulegen, z. B. in welchen Phasen wirken die Konfigurationsbestimmung, die Änderungssteuerung, die Änderungsüberwachung und die Änderungsverwaltung?
▷ Es sind alle Arbeitsergebnisse zu bestimmen, die der Änderungsverwaltung des Konfigurationsmanagements unterliegen sollen. Hierbei muss ebenfalls festgelegt werden, wie externe Zulieferungen in das Konfigurationsmanagement einzubeziehen sind.
▷ Es sind die Aufgaben zu definieren, die die unterschiedlichen Entwicklungsfunktionen im Rahmen des Konfigurationsmanagements wahrzunehmen haben. Hierbei sollte auch der Auftraggeber sowie externe Zulieferer in das Konfigurationsmanagement einbezogen werden.

Legt man eine Aufbauorganisation gemäß Bild 6.4 zu Grunde – sie ist in der versionsorientierten Systementwicklung häufig anzutreffen –, so lassen sich die KM-Funktionen etwa wie folgt einordnen:

Projektleitung

Die Projektleitung steuert im Rahmen des Konfigurationsmanagements die Entwicklung mit Hilfe des Change Control Board (CCB).

Systemplanung

Die Systemplanung legt im Rahmen der Konfigurationsbestimmung die Grundstrukturen für Konfigurationen fest und nimmt die Änderungssteuerung wahr.

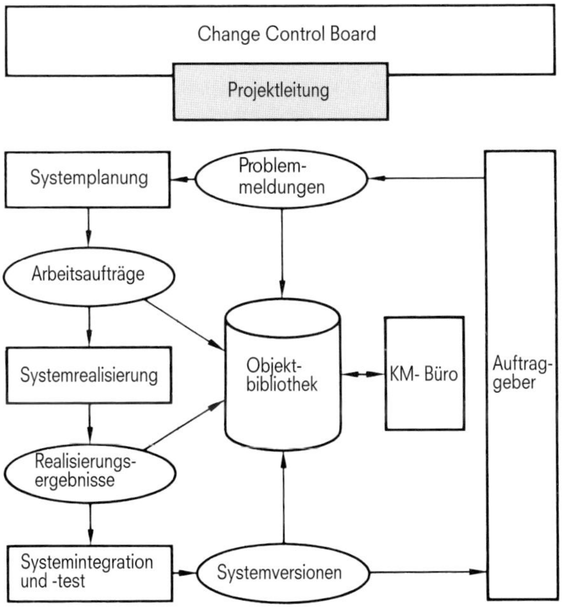

Bild 6.4
KM-Funktionen im Entwicklungsablauf

Projektklasse		1	2	3	4	5
	Projektgröße / Projekttyp	sehr klein (<3MA)	klein (3 bis 10 MA)	mittel (10 bis 50 MA)	groß (50 bis 150 MA)	sehr groß (>150 MA)
A	Grundlagen-entwicklung	○	◔	◑	◕	
B	Entwicklung von Mustern	○	◔	◑		
C	Entwicklung von Produkten	◑	◑	◕	●	
D	Entwicklung von Systemen	◑	◑	◕	●	●
E	Betreuung von Verfahren	◑	◑	◕		
F	Modifikations-entwicklung	◑	◑	◕	●	●

○ Einführen Objektbibliothek
◔ Zusätzlich Einführen von Konfigurationen
◑ Zusätzlich Melde- und Berichtswesen
◕ Zusätzlich Auftragssteuerung und -überwachung
● Vollständiges Konfigurationsmanagement

Tabelle 6.1 Einsatz von KM-Maßnahmen

Systemrealisierung

Die Systemrealisierung verantwortet im Rahmen der Konfigurationsbestimmung die versionsgenauen Inhalte der Konfigurationen. Im Übrigen wird die Systemrealisierung durch die Änderungssteuerung gesteuert.

Systemintegration und -test

Die Instanz Systemintegration und -test nimmt die Rolle der Änderungsüberwachung wahr.

KM-Büro

Das KM-Büro ist der Sachwalter des Konfigurationsmanagements und untersteht direkt der Projektleitung, um notwendige KM-Maßnahmen verbindlich verabreden zu können. Seine Schwerpunktaufgabe ist die Änderungsverwaltung.

Qualitätssicherung

Die Qualitätssicherung ist kein Träger von KM-Funktionen. Sie ist jedoch Nutznießer der durch das Konfigurationsmanagement verfügbaren Informationen, die Qualitätsstände und Schwachstellen erkennen lassen.

In Tabelle 6.1 werden in Abhängigkeit von den (in Kap. 1.3 definierten) Projektklassen Empfehlungen für das Einführen von KM-Verfahren gegeben.

Es ist wünschenswert, das Konfigurationsmanagement bereits mit Projektbeginn als eine der ersten Maßnahmen einzuführen, vor allem, um die Vollständigkeit der Projektinformationen sicherzustellen. Nachträgliches Einführen von KM-Maßnahmen erfordert immer einen höheren Aufwand.

Konfigurationsmanagement verändert die Arbeitsgewohnheiten des Entwicklungspersonals, wobei grundsätzlich Akzeptanzschwellen zu überwinden sind. Die Projektleitung muss daher durch eindeutige Entscheidungen die Einführung des Konfigurationsmanagements fördern.

6.2 Verfahren für die Projektführung

6.2.1 Überblick

Tabelle 6.2 zeigt in einer Gesamtübersicht bei Siemens eingesetzte Verfahren für die Projektführung mit einer Klassifizierung, für die folgende Merkmalsgruppen herangezogen wurden:

▷ Plandaten
▷ Istdaten
▷ Funktionen
▷ Techniken.

Bei den »Plandaten« und »Istdaten« wurde unterschieden, inwieweit Termine, Personalaufwände und Betriebsmittel, wie Maschinenzeiten und Materialien, sowie Kosten gemäß ihrer Plan- und Istwerte jeweils bearbeitet werden können.

Bei den »Funktionen« sind fünf Funktionsbereiche herausgestellt, die für die Verfahren besondere Bedeutung haben.

Bei den »Techniken« sind ebenfalls einige relevante Merkmale herausgegriffen, nämlich ob das Verfahren überwiegend batch- oder dialogorientiert ist, ob es auf einem Großrechner oder als Client/Server-Anwendung läuft und ob es in einen Verfahrensverbund einbezogen werden kann.

Um den Rahmen des Buches nicht zu sprengen, wird auf die einzelnen Verfahren, die adaptiert auch in anderen Unternehmen eingesetzt werden könnten, nur in komprimierter Form eingegangen; wegen ihres exemplarischen Charakters werden die Verfahren SIPUS (Kap. 6.2.2), PAUS (Kap. 6.2.3), SAP R/3 PS (Kap. 6.2.4) und MS Project (Kap. 6.2.5) ausführlicher behandelt.

EPISTEL

EPISTEL (Erfassungs-, Planungs- und Informationssystem für Entwicklungsleistungen) wurde in Entwicklungsbereichen der *Kommunikations- und Nachrichtentechnik* eingesetzt zum Erfassen, Überwachen und Weiterverrechnen der Entwicklungskosten mit detaillierter Gliederung nach leistenden Stellen. Als Kostenelemente werden ausgewiesen der eigene und der fremde Personaleinsatz, die Rechenkosten, die Löhne und das Material bzw. die gekauften Leistungen.

Zum Erfassen des eigenen Personalaufwands dienen sowohl verfahrensgenerierte Stundenkontierungsbelege als auch Erfassungsmasken im Dialog, wobei nach der Dateneingabe eine automatische kostenmäßige Bewertung der Stunden vorgenommen wird. Direkt zu übernehmen sind die monatlichen Kosten für fremdes Personal und alle weiteren Sachkosten aus vorgelagerten Arbeitsgebieten, wie z. B. des Rechnungswesens. Die Weiterverrechnung an fremde Kostenträger läuft innerhalb eines Verfahrensverbunds automatisch ab.

Tabelle 6.2 Verfahren für die Projektführung

Merkmale	Plandaten				Istdaten				Funktionen					Techniken				
Verfahren für die Projektführung	Termine	Personalaufwand	Betriebsmittel	Kosten	Termine	Personalaufwand	Betriebsmittel	Kosten	Netzplanung	Einsatzmittelplanung	Multiprojektplanung	Kosten/Umsatz	Weiterverrechnung	Verfahrensverbund	batchorientiert	dialogorientiert	Mainframe	Client/Server
EPISTEL		×		×		×		×		(×)			×	×		×	×	
MINIPLAN	×	×	×		×	×			×	×	×					×		×
MS Project	×	×	(×)	(×)	×				×	×	(×)	(×)				×		×
PAC	×	×	×	×	×	×	×	×	×	×	×			(×)		×	×	
PAUS	(×)	×		×		×		×				×	×	×		×		×
SAP R/3 PS	×	(×)	×	×	×	(×)	×	×	×			×	×	×		×		×
SINET-STD.	×	×	×		×				×	×				(×)		×	×	
SIPUS	×	×			×	×			×	×	(×)			×		×		×

(×) teilweise

Die auf Auftragsebene (AKZ, FuE-Konto) erfassten Kosten ermöglichen unterschiedliche Auswertungen der Entwicklungskosten nach Organisationseinheiten, Projekten und Projektgruppen, Entwicklungsaufgaben und leistenden Stellen. Eine große Anzahl von Listenauswertungen steht dem Anwender fakultativ zur Verfügung, d.h. die Listenausgabe kann jederzeit, entsprechend den spezifischen Bedürfnissen, angestoßen werden.

EPISTEL verfügt über eine dialogorientierte Auskunftskomponente, die nach unterschiedlichen Auswahl- und Suchkriterien Informationen über alle Plan- und Istdaten aus der Datenbasis dem Benutzer am Terminal zur Verfügung stellt. Auch der gesamte Prozess der FuE-Planung wird mit einer eigenen Planungskomponente im Dialog unterstützt. EPISTEL berücksichtigt besonders die Belange einer projektorientierten Entwicklungsplanung und -steuerung.

MINIPLAN

MINIPLAN ist *branchenneutral* und dient zur Planung und Steuerung von Projekten hinsichtlich der Termine und der Kapazitäten auf Basis der Netzplantechnik; es läuft auf einem Rechner der mittleren Datentechnik.

Alle Eingaben, wie Plan- und Rückmeldedaten, sind im Dialog möglich. Hierfür ist eine einfach aufgebaute Bedienerführung verfügbar; allerdings kann man Rückmeldedaten auch über eine Dateischnittstelle übernehmen. Rückgemeldet werden können neben Terminen und Kapazitäten auch Ist- und Reststunden; dies ermöglicht einen Plan/Ist-Vergleich und Aussagen über den aktuellen Restaufwand der Projekte. Der Planungshorizont umfasst vier Jahre.

Die Vergabe von Prioritätsstufen auf Auftragsebene erlaubt es, die Abarbeitungsreihenfolge der einzelnen Projekte zu beeinflussen. MINIPLAN kann als Client/Server-System eingesetzt werden. Über Berechnungscodes wird dem Anwender eine (individuelle) Benutzermatrix mit den nutzbaren Funktionen zugeordnet. An diese Berechtigungscodes lassen sich auch Aufträge und Aufgaben koppeln. Auf diese Weise können die einzelnen Nutzer ihre Planung auf eigenen Terminals nicht nur überwachen, sondern auch selbstständig durchführen (dezentrale Planung). Für Planspiele steht eine Simulationsfunktion zur Verfügung, die es ermöglicht, vor dem Hintergrund der aktuellen Kapazitätsbelegung Änderungen vorzunehmen oder neue Projekte einzugeben, ohne dabei die bestehenden Plandaten zu verändern (Multiprojektplanung).

Die Auswertungen können wahlweise im Dialog- oder im Batch-Betrieb angefordert werden. Es gibt neben Balkenplänen und Kapazitätsauslastungsdiagrammen Termin- und Aufwandsüberwachungslisten. Die Listen können nach unterschiedlichen Kriterien über Schlüsselfelder sortiert, selektiert und verdichtet werden. Auch zum Archivieren stehen entsprechende Funktionen zur Verfügung.

PAC

PAC (Project-Analysis and -Control) ist ein integriertes Verfahren zur Planung, Kontrolle und Steuerung von Terminen, Kosten und Einsatzmitteln für *Projekte unterschiedlicher Ausprägung;* es ermöglicht das Überwachen einer unbegrenzten Anzahl Projekte auf bis zu vier Projektebenen; hierdurch ist eine Multiprojektplanung möglich. Der Planungshorizont umfasst fünf Jahre.

Das enthaltene Netzplanverfahren basiert auf der MPM-Methode. Die Planung geht bis auf Mitarbeiterebene herunter.

Mit Hilfe leistungsfähiger Selektier- und Sortierungsmöglichkeiten kann man Standardberichte und individuelle Ausgaben als Listen, Diagramme oder Managementgrafiken erstellen. Auswertungen sind nach unterschiedlichsten Gesichtspunkten möglich (Mitarbeiter, Mitarbeitergruppen, Abteilungen, Projekt, Teilprojekt, Kapazitätsgruppen etc.). Für Planungs- und Steuerungsaufgaben sind Alternativberechnungen möglich, z.B. welche terminlichen Auswirkungen ergeben sich bei veränderten Kapazitätszuordnungen. Der Benutzerdialog wird durch eine einfache Bedienerführung in Menütechnik unterstützt.

SINET

SINET (System für interaktive Netzplantechnik) ist ein Netzplan-Implementierungsverfahren der Siemens AG [107], welches auf Großrechnern läuft und in vielen Großprojekten sehr erfolgreich eingesetzt wurde; so z. B. bei der HICOM-Entwicklung oder beim ICE-Bahnstreckenbau.

SINET umfasst eine sehr leistungsfähige Implementierungsprache von mehr als 70 Funktionsanweisungen, mit der man entwicklungsspezifische Netzplanverfahren realisieren kann. SINET ist also im eigentlichen Sinne kein eigenständiges Netzplan-Standardverfahren sondern ein »Interpreter« zur Erstellung von netzplangestützten Projektplanungs- und -steuerungsverfahren. Allerdings sind mit der SINET-Anweisungssprache mehrere Netzplan-Standardverfahren implementiert worden, so z.B. die Verfahren SINET STANDARD.EST und REPROPLIK.

Das Spektrum der Funktionsanweisungen umfasst Anweisungen für die Termindurchrechnung, die Netzplanauswertung und die Einsatzmittelberechnung. Für die Termindurchrechnung gibt es Anweisungen zur Vor- und Rückwärtsrechnung, Pufferbestimmung, Vorgangsabarbeitung sowie zur Wege- und Schleifensuche; für die Netzplanauswertung Anweisungen zum Bearbeiten von Balkendiagrammen, Terminlisten und Netzplänen; für die Einsatzmittelberechnung Anweisungen zum Ein- und Ausplanen von Einsatzmitteln und zur Optimierung und Nivellierung. Weiterhin stellt SINET vielfältige Funktionsanweisungen für den Aufbau der Netzplan-Datenbasis sowie für die Datenverwaltung und -manipulation.

Die Kapazitätsgrenzen solcher SINET-Verfahren sind sehr weit gesteckt. In einer Termindurchrechnung können bis zu 5000 Vorgänge mit bis zu 1000 Vorgängern und Nachfolgern je Vorgang einbezogen werden. Darüberhinaus gibt es praktisch keine weiteren Einschränkungen.

Alle erforderlichen Planungsschritte, wie das Ermitteln der Anfangs- und Endtermine jeder einzelnen Tätigkeit, das Aufzeigen von Zeitreserven (Pufferzeiten), das Einplanen von Bedarf und Vorrat an Einsatzmitteln (Sach- und Geldmittel) sowie das Berichtswesen werden von SINET voll abgedeckt. Die Leistungsmerkmale sind wie folgt gekennzeichnet:

- ▷ alle Formen der Vorgangsverknüpfung,
- ▷ kapazitäts- und termintreue Einsatzmittelplanung,
- ▷ Planunterlagen als Balkendiagramm, Auslastungsdiagramm und grafischer Netzplan,
- ▷ zentrale Projektdatenbasis für beliebige Auswertungen.

Das SINET-Verfahren ist als Standard-Anwendung auf UNIX und MS-DOS migriert worden (Verfahren SIPRO).

6.2.2 Projektplanungs- und -steuerungsverfahren SIPUS

SIPUS (Siemens Planungs- und Steuerungssystem) ist ein Projektplanungs- und -steuerungsverfahren [110], welches in mehreren Entwicklungsabteilungen für SW-Großprojekte sehr erfolgreich im Einsatz ist. Als Client/Server-Anwendung ist es dem Projektsystem von SAP R/3 für die Stundenkontierung und das Aufwands-Controlling vorgeschaltet (siehe Bild 6.5); es kann aber auch als Stand-alone-Verfahren eingesetzt werden. SIPUS unterstützt:

- ▷ die personenbezogene Stundenkontierung der eigenen und fremden Mitarbeiter,
- ▷ eine Projekt- und Aufgabenstrukturierung unterhalb der PSP-Elemente des SAP-Projektsystems,
- ▷ die mitarbeiter- und aufgabenbezogene Aufwandsplanung sowie
- ▷ die Stundenauswertung nach auftrags-, personen- und prozessbezogenen Kriterien.

Im Projektsystem PS (siehe Kap. 6.2.4) laufen im Rahmen eines gesamtheitlichen Projektkosten-Controllings auf Basis der in PS definierten Projektstrukturen (PSP) alle projektbezogenen Kosten zusammen. Die aus dem SIPUS-Verfahren übernommenen Personalstunden des eigenen Personals werden mit den Kostenstellen-eigenen Stundensätzen bewertet und als Personalkosten ausgewiesen. Die sonstigen Kosten für Fremdpersonal, Material, Käufe und sonstige Bezüge werden über die in der SAP-Komponente FI verbuchten Rechnungen ausgewiesen.

Projekt- und Aufgabenstrukturierung

Im SAP-Projektsystem ist eine Strukturierung bis auf beliebig viele Ebenen möglich; allerdings erfordern der Aufbau eines PSP-Elements und die Pflege der zugehörigen Stammdaten sowie die notwendigen Angaben im Customizing einen nicht unerheblichen Aufwand, so dass es nicht ratsam ist, in dem SAP-Verfahren Projektstrukturen mit Tausenden von PSP-Elementen aufzubauen. Stattdessen ist es von Vorteil, im SAP-Projektsystem PSP-Elemente nur auf der kaufmännischen Ebene der Kostensammlung zu definieren, auf der die Rechnungen eingehen. Weitere Projektuntergliederungen werden deshalb – direkt durch den Projektleiter – in dem vorgeschalteten SIPUS-Verfahren vorgenommen.

In SIPUS ist eine vierstufige Projekt- und Aufgabenstrukturierung möglich. Ein SIPUS-Projekt untergliedert sich zunächst in Teilprojekte; den Teilprojekten werden Vorgänge zugeordnet, die wiederum aus Aufgaben bestehen. Auf unterster Ebene werden die Mitarbeiter den Aufgaben zugeordnet. Auf Ebene der Teilprojekte kann der Projektleiter erlauben, dass auch andere Mitarbeiter weitere Unterstrukturen (Vorgänge und Aufgaben) aufbauen und ändern dürfen. Ein oder mehrere SIPUS-Teilprojekte werden dem Auftrag in SAP (= PSP-Element) zugeordnet. In SIPUS können Teilprojekte, die in SAP noch keinem PSP-Element zugeordnet sind, mit Dummy-PSP-Elemente geführt werden. Sobald für einen solchen Dummy-Auftrag ein PSP-Element in SAP R/3 eingerichtet ist, können die inzwischen auf diesem Auftrag angefallenen Aufwände ins SAP-Projektsystem jederzeit übertragen werden.

Bild 6.6 zeigt das Beispiel einer Projektstruktur, bestehend aus Teilprojekten, Vorgängen,

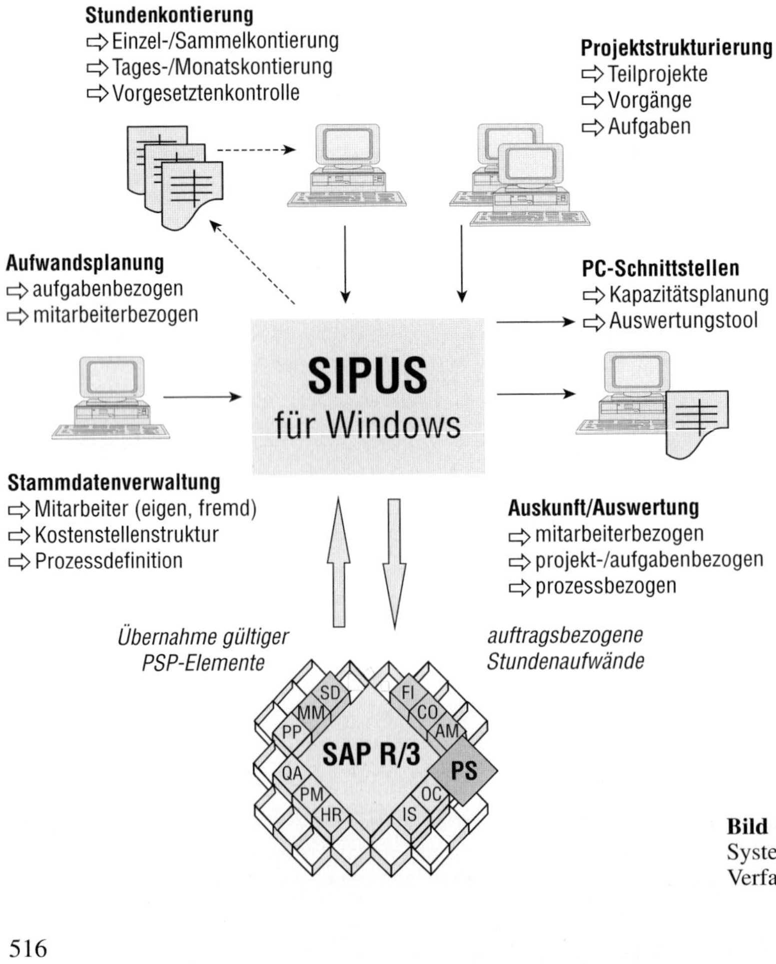

Bild 6.5
Systemdarstellung des Verfahrens SIPUS

Aufgaben und zugeordneten Mitarbeitern (Ebene 1–4) in der SIPUS-Definitionsmaske. Sind Zuleistungen im Projekt definiert, so werden die entsprechenden Projektstrukturen farblich unterschiedlich dargestellt. Strukturen von Teilprojekten, die für die Zuleistung auf fremde Kostenstellen definiert sind, sowie Strukturen von Teilprojekten, die für fremde Zuleister definiert sind, werden ebenfalls farblich gekennzeichnet.

Stammdaten

Im Verfahren SIPUS, welches mit einer Informix-Datenbank arbeitet, werden folgende Stammdaten verwaltet:

- ▷ Kostenstellenstammdaten,
- ▷ Mitarbeiterstammdaten,
- ▷ Auftragsstammdaten,
- ▷ Projektarten,
- ▷ Tätigkeitsarten,
- ▷ Preislisten,
- ▷ Kostentabellen,
- ▷ Erfassungszeiträume,
- ▷ Standorte,
- ▷ Arbeitskalender.

SIPUS ist ein *Kostenstellen*-orientiertes Verfahren; sowohl Mitarbeiter als auch Aufträge sind den Kostenstellen zugeordnet, die als solche in dem nachgeschalteten SAP-System definiert sind. Für Vor- und Mitkalkulationen können allerdings in SIPUS von SAP unterschiedliche Kostensätze eingegeben werden.

Die *Mitarbeiterstammdaten* enthalten personenbezogene Angaben zu organisatorische Zuordnung, Sollstundenzahl, Tarifkennzeichen, Ein- und Austrittsdatum, Funktionskennzeichen u. Ä.

Die *Auftragsstammdaten* umfassen Angaben zum Auftrag, wie Auftragswert, Planstunden, durchschnittlicher Verrechnungssatz (für die Vorkalkulation) sowie SAP bedingte Angaben.

Projektarten definieren Projekte z. B. als internes Projekt, externen Kundenauftrag, Akquisition etc. Weiterhin erhalten Projekte und Teilprojekte ein Kennzeichen dafür, ob es sich um

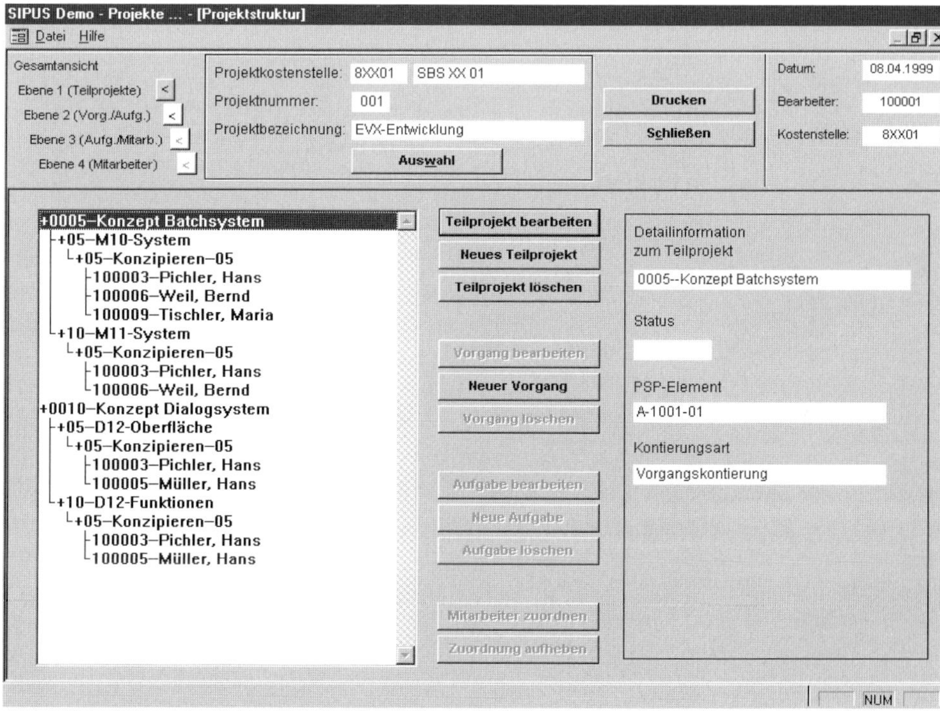

Bild 6.6 Definitionsmaske für SIPUS-Projektstrukturen

ein NPA-Projekt (mit nichtproduktiven Tätigkeiten) oder ein PA-Projekt handelt.

In SIPUS können projektbezogene und nicht projektbezogene *Tätigkeitsarten* frei definiert werden. Bei den nicht projektbezogenen Tätigkeitsarten kann noch unterschieden werden zwischen produktiven (z. B. Aus- und Weiterbildung) und unproduktiven (z. B. Urlaub und Krankheit) Tätigkeitsarten.

Für die über die Stammdatenpflege eingegebenen Tätigkeitsarten können verschiedene SIPUS-eigene *Preislisten* aufgebaut werden. Auf Basis dieser (nicht offziellen) Preislisten können im Vorfeld der Projektplanung Simulationen der Umsatzkalkulation durchgeführt werden. Für die Kostenkalkulation stehen mehrere *Kostentabellen* zur Verfügung, mit deren Kostensätzen zu unterschiedlichen Zeitpunkten Vor- und Mitkalkulationen durchgeführt werden können.

Für jede Kontierungsperiode (Berichtsmonat) des aktuellen Geschäftsjahres wird das Beginn- und das Endedatum für den *Erfassungszeitraum* festgelegt, wobei Abweichungen vom Kalendermonat möglich sind.

SIPUS berücksichtigt unterschiedliche Standortbedingungen. Je *Standort* können die Arbeitstage je Woche, die Tagesarbeitsstunden (aus denen sich die Sollstunden für Mitarbeiter im Tarifkreis und für außertarifliche Mitarbeiter errechnen) und ein Arbeitskalender angegeben werden. Ein *Arbeitskalender* legt standortbezogen die Feiertage sowie spezielle Betriebsschließungstage fest.

Stundenkontierung

Die Kontierung der Aufwandsstunden auf Elemente der Projektstruktur (PSP-Elemente) wird gemäß der in SIPUS definierten Projektstruktur nach Teilprojekten, Vorgängen und Aufgaben sowie nach prozessbezogenen Kriterien vorgenommen. Die so kontierten Stunden werden je PSP-Element zusammengefasst und dem Projektsystem PS von SAP R/3 zugeführt.

Alle kontierenden Mitarbeiter können jederzeit die SIPUS-Stundenkontierung aufrufen, um dort ihre Stundenkontierung durchzuführen bzw. fortzusetzen. Bei der Eingabe von Kontierungsdaten findet eine Sofortplausibilisierung statt, so dass das nachträgliche Bearbeiten von Fehlerprotokollen entfällt. Die Kontierungen vergangener Monate kann der Mitarbeiter jederzeit einsehen. Eine Kontierung über Intranet wird ebenfalls unterstützt.

Innerhalb des Kontierungszeitraums ist sowohl tägliche als auch monatliche Kontierung möglich (siehe Bild 4.16). Um die Kontierung für einen Kontierungszeitraum abzuschließen, muss diese vom Mitarbeiter explizit freigegeben werden. Erst nach Freigabe einer Kontierung kann der jeweilige Vorgesetzte die Kontierung einsehen und – falls notwendig – Änderungen durchführen; ansonsten bestätigt er sein Einverständnis mit der Kontierung.

Personen mit Berechtigung zur Sammelkontierung können die Kontierungen für die ihnen zugewiesenen Mitarbeiter vornehmen oder gegebenenfalls deren bereits vorgenommene Kontierungen anschauen und überarbeiten. Der Sammelkontierer gibt auch die von ihm bearbeiteten Kontierungen frei. Die Rücknahme der Freigabe ist möglich, solange die Freigabe der gesamten Kostenstelle durch den Vorgesetzten noch nicht erfolgt ist.

Wenn ein Sammelkontierer oder ein Kostenstellenleiter Kontierungen eines Mitarbeiters korrigiert, wird dies vom System mitprotokolliert. Der Mitarbeiter erhält bei Aufruf der Stundenkontierungsmaske eine Meldung, dass seine Kontierungen geändert wurden, und kann daraufhin im Stunden-Änderungsprotokoll nachschauen, wer wann welche Änderungen an seinen Kontierungen vorgenommen hat.

Am Ende des Kontierungszeitraums werden alle freigegebenen Kontierungen personenneutral an das Projektsystem von SAP R/3 übergeben. Die kontierten Stunden stehen dar'überhinaus jederzeit SIPUS-nachgelagerten PC-Verfahren zur Verfügung.

In SIPUS können unterschiedliche Personengruppen kontieren, z. B. kontierende Mitarbeiter, Vertriebsmitarbeiter, Werkstudenten, Consultants etc. Über die Mitarbeiterart in den Stammdaten wird festgelegt, ob die Stundenaufwände einer Personengruppe an nachgelagerte Verfahren, wie z. B. das Projektsystem von SAP übergeben werden oder nicht.

Aufwandsplanung

Bei SIPUS kann sowohl eine aufgabenbezogene als auch eine mitarbeiterbezogene Aufwandsplanung vorgenommen werden. Die aufgabenbezogene Planung der Stundenaufwände orientiert sich an der in SIPUS definierten Projektstruktur. Auf Ebene der Aufgaben, der Vorgänge und der Teilprojekte können Planwerte für Stundenaufwände eingegeben werden, die dann den angefallenen Istwerten in einem Plan/Ist-Vergleich für das Projektcontrolling gegenüberstehen.

Berichtswesen

In SIPUS ist eine Vielzahl von Dialogauskünften und Reports möglich:

- ▷ kostenstellenbezogene Auswertungen,
- ▷ projektbezogene Auswertungen,
- ▷ mitarbeiterbezogene Auswertungen.

Das Verfahren SIPUS unterstützt im besonderen Maß ein Multiprojektcontrolling, indem es klar unterscheidet zwischen eigenen und zuleistenden Mitarbeitern sowie zwischen Projekt-Inhabern und Projekt-Zuleistern. Auf diese Weise ist jederzeit darstellbar, welche Leistungen einer Kostenstelle aus eigener oder aus fremder Quelle entstanden ist.

Bild 6.7 veranschaulicht dieses anhand eines einfachen Beispiels. In der Projektauswertung für die »projektbesitzende« Kostenstelle 9090 erscheinen alle am Projekt tätigenden Mitarbeiter, auch die fremder Kostenstellen (im Beispiel 4712, 4713). Dagegen werden in der Projektauswertung für die zuleistenden Kostenstellen nur die jeweils eigenen Mitarbeiter ausgewiesen. Der Projektleiter verfügt also über die gesamte Projektinformation; ein Zuleister nur über seinen Ausschnitt des Projekts.

Die Vorteile eines Stundenkontrollsystems, welches einem Zentralverfahren wie SAP R/3 vorgeschaltet und nicht in diesem integriert ist, sind:

- ▷ Aufgabenstrukturierung »vor Ort«, d.h. ohne Abhängigkeit von einer zentralen Stammdatenverwaltung,

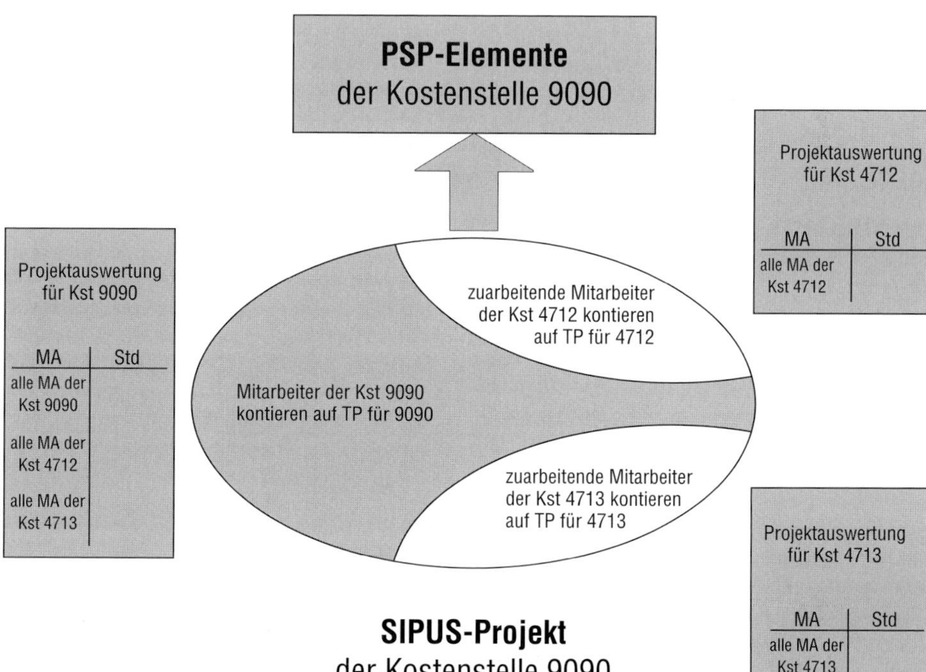

Bild 6.7 Eigene und zuleistende Projektmitarbeit

- ▷ entwicklungsindividuelle Ausprägung der Stundenkontierung,
- ▷ projekteigene Kostensimulation im Planungsvorfeld und
- ▷ unproblematischer Datenaustausch zu entwicklungsspezifischen PM-Tools.

SIPUS ist auch in einer Version mit englischsprachiger Oberfläche im Einsatz.

6.2.3 Projekt-Controlling-Verfahren PAUS

»PAUS für Windows« ist ein Verfahren für das Controlling von Projektaufwänden und -kosten; es unterstützt das Projektmanagement in all seinen Projektphasen und deckt nutzungsadäquat das Informationsbedürfnis sowohl der entwickelnden Stellen als auch der betreuenden kaufmännischen Abteilungen ab. Auf Basis einer relationalen Datenbank ist es als Client/Server-Verfahren realisiert. Der Client läuft unter MS-Windows, Windows 98 oder Windows NT; der Server arbeitet in MS-Windows mit SQLBase oder auch im Unix mit Informix oder Windows NT mit Oracle.

Anhand dieses Verfahrenbeispiels kann sehr gut gezeigt werden, welche Funktionalität und Nutzungsoberfläche ein modernes Projektführungssystem haben sollte.

Informationsstruktur

In PAUS können drei Informationsstrukturen, die für ein zielgerichtetes und prozessorientiertes Projektkosten-Controlling von Bedeutung sind, definiert werden:

- ▷ Projektstruktur
- ▷ Organisationsstruktur
- ▷ Kostenstruktur.

Projektstruktur

Der *Auftrag* stellt in PAUS das zentrale Planungs- und Kostenobjekt dar. Die einzelnen Planwerte für Personalaufwände und Kosten werden innerhalb der Projektplanung je Auftrag vorgegeben und dann während der Projektdurchführung in den jeweils anfallenden Istwerten überwacht. Mehrere Aufträge können dabei einem Projekt zugeordnet werden; entsprechend komprimiert können dann die Plan- und Istwerte auf Projektebene ausgewiesen werden. Auf Projektebene können Budgetwerte festgelegt werden. Die Aufträge selbst können wiederum in Aufgaben unterteilt werden, auf die man die Istaufwände erfassen kann.

Darüber hinaus können benutzerindividuell weitere Projekt-, Auftrags- bzw. Aufgabenstrukturierungen mittels klassifizierender Merkmale der jeweiligen Identifikationsbegriffe vorgenommen werden. So kann man z. B. die ersten Ziffern der Projektnummer zur Klassifizierung von Hauptprojekten und die letzten Ziffern zur Unterscheidung von Teilprojekten heranziehen. In ähnlicher Weise können die Auftragsnummern bzw. Aufgabennummern genutzt werden. Auswertungen hierüber sind in PAUS zwangsläufig anwenderspezifisch vorzunehmen. Aufträge können zu Vertriebsgebieten bzw. Kundengruppen zusammengefasst werden, die wiederum mit Planwerten belegt werden können.

Organisationsstruktur

PAUS unterstützt eine dreistufige Organisationsstruktur: Abteilungen, Dienststellen und Mitarbeiter. Unterste Ebene stellen die Mitarbeiter dar, die allgemeine Bezugsbasis aller Personalaufwände sind. Die Mitarbeiter sind Dienststellen zugeordnet, die wiederum zu Abteilungen zusammengefasst sind.

Versetzungen von Mitarbeitern sind unter Beibehalten der Personalnummer während des Geschäftsjahres möglich, ohne dass Umbuchungen von bereits kontierten Stunden vorgenommen werden müssen. Mittels der »Versetzungsfunktion« ist sichergestellt, dass auch nachträglich kontierte Stunden organisationsgerecht zugeordnet werden.

Kostenstruktur

Die in PAUS verwalteten Kosten sind nach zwei aufeinander aufbauenden Ordnungskriterien ausgerichtet: Kostenarten und Kostenherkünfte. Kostenarten fassen gleichartige Kostenelemente zu Gruppen zusammen und können in PAUS z. B. wie folgt definiert sein:

— eigene Personalkosten,
— fremde Personalkosten,
— RZ-Kosten,
— Löhne,
— Käufe und Bezüge,
— Reisekosten.

Die ersten drei Kostenarten sind in PAUS obligatorisch vorgegeben, weil das Verfahren für diese drei allgemein gültigen Kostenarten gesonderte Darstellungen in den Auskünften und Reports anbietet.

Des Weiteren gliedern sich die Kostenarten in Kostenherkünfte, welche die Kostenelemente nach ihrer Herkunft unterscheiden; typische Beispiele von Herkünften sind:

— eigene Personalkosten,
— fremde Personalkosten der Firma abc,
— Rechnerkosten des Rechenzentrums xyz,
— Manualkosten,
— Musterbaukosten,
— SW-Einkäufe.

Systemdarstellung

Das Verfahren gliedert sich in folgende Teilsysteme (siehe Bild 6.8):

▷ Stammdatenverwaltung
▷ Plandatenverwaltung
▷ Stundenkontierung
▷ Kostenübernahme
▷ Verrechnung
▷ Auskünfte und Auswertungen
▷ Abwicklungsdienste.

Stammdatenverwaltung

Die Stammdatenverwaltung von »PAUS für Windows« umfasst das Verwalten folgender Stammdatenbereiche:

▷ Auftragsstammdaten
▷ Personalstammdaten
▷ Kostenstammdaten
▷ allgemeine Stammdaten.

Zu den *Auftragsstammdaten* gehören einerseits die Stammdaten zu den Projekten, Aufträgen und Aufgaben und andererseits die Verrechnungsstammdaten. Auftragsstammdaten sind z. B. die Auftragsnummern, die Auftragsbezeichnungen, Ansprechpartner, Zuordnungen zu unterschiedlichen Auftragsarten, Terminangaben, Steuerungsangaben zur Stundenkontierung und Kostenübernahme.

Die *Personalstammdaten* umfassen die Stammdaten zu den Mitarbeitern und zur Organisationshierarchie, also Angaben zu den Mitarbeitern selbst, wie Name, Titel, Telefon, Sollstundenzuordnung etc. sowie Angaben zur Organisation, wie Bezeichnungen für die Abteilungen, Dienststellen und Zuständigkeiten.

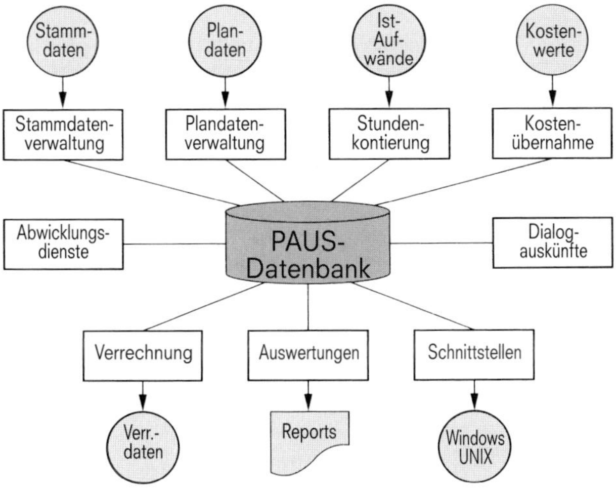

Bild 6.8 Systemdarstellung PAUS

Zu den *Kostenstammdaten* gehören die Festlegungen zu den Kostenarten und -herkünften, die Angaben zu den Kostenstellen, die Stundensätze des eigenen und des fremden Personals sowie die Definitionen der Kostenverteilungsschlüssel mit ihren Prozentwerten und Auftraggeberkennzeichen.

Zu den *allgemeinen Stammdaten* gehören u. a. die Festlegungen zu den monatsbezogenen Sollstunden, den Meilensteinbezeichnungen, den Tätigkeitsarten und den Auftragsarten.

Plandatenverwaltung

»PAUS für Windows« ermöglicht die Aufwands- und Kostenplanung auf unterschiedlichen Ebenen:

▷ Planung auf Auftragsebene
▷ Planung auf Aufgabenebene
▷ Budgetplanung von Projekten
▷ Beplanung von Vertriebsgebieten.

Der Planhorizont bei der Auftragsplanung erstreckt sich in »PAUS für Windows« auf bis zu fünf Geschäftsjahre, also das aktuelle Geschäftsjahr mit vier darauf folgenden Planjahren. Hierbei kann noch zwischen zwei getrennten Planhorizonten unterschieden werden, wie z. B. XII-Plan und VI-Plan oder Wirtschaftsplan und aktueller Plan. Bei allen Plan/Ist-Vergleichen kann explizit angegeben werden, welchem Planhorizont die Istwerte gegenübergestellt werden sollen.

In einer Steuertabelle kann festgelegt werden, ob ein bestimmter Planhorizont (z. B. der Wirtschaftsplan) für die weitere Bearbeitung gesperrt werden soll.

▷ Auftrags- und Aufgabenplanung

Das Beplanen von Personalaufwänden kann sowohl auf der Auftrags- als auch auf der Aufgabenebene vorgenommen werden. Innerhalb eines Auftrages bzw. einer Aufgabe kann je Dienststelle der geplante eigene oder fremde Personalaufwand angegeben werden. Eine »mitarbeiterbezogene« Aufwandsbeplanung ist bei Siemens im Rahmen der gültigen Betriebsvereinbarung nicht gestattet.

Die Beplanung der Kosten wird i. Allg. nur auf der Auftragsebene vorgenommen werden, da die vorgelagerten Rechnungswesen-Verfahren Kosten nur auf dieser Ebene behandeln.

Plan-Personalkosten werden sowohl für das eigene als auch für das fremde Personal mittels der zugehörigen Stundenkostensätze automatisch von PAUS ermittelt. Die Planwerte der sonstigen Projektkosten (Rechnerkosten, Material/Bezüge etc.) sind innerhalb eines Auftrages je Kostenherkunft manuell einzugeben.

▷ Budgetplanung

Im Rahmen einer Budgetierung auf Projektebene können für das laufende Geschäftsjahr und für bis zu vier nachfolgende Geschäftsjahre Budgetwerte je Projekt eingegeben werden.

Diese Budgetwerte können dann den auf Auftragsebene kumulierten Planwerten gegenübergestellt und im Rahmen einer Budgetierung abgeglichen werden. Hierbei können zur vollständigen Wertegegenüberstellung Werte für noch offene Aufträge vorgegeben werden.

▷ Vertriebsgebietplanung

Aufträge können Vertriebsgebieten zugeordnet werden; Vertriebsgebiete können eine Einteilung nach Branchen, nach Kundenbereichen oder auch nach einzelnen Kunden sein. Diese Einteilung ist unabhängig sowohl von der Projekt- als auch der Organisationsstruktur.

Es können je zwei Planwerte in dem Planhorizont von fünf Geschäftsjahren zu diesen Vertriebsgebieten eingegeben werden. In einer entsprechenden Auswertung können diese Vertriebsplanwerte den Planwerten aus der Auftragsplanung gegenübergestellt werden.

Stundenkontierung

Das Erfassen der Personalaufwände erfolgt sowohl beim eigenen als auch beim fremden Personal in Form einer personenindividuellen Dialog- oder Belegkontierung oder als Sammelkontierung durch eine Assistenzkraft.

▷ Dialogkontierung

Je Monat muss der einzelne Mitarbeiter bzw. Fremdleister seine aufgewendeten Stunden je Auftrag und bei Bedarf je Aufgabe in seine Kontierungsmaske (siehe Bild 6.9) eingeben. Hierbei kann er seine zu kontierenden Stunden noch zusätzlich nach Tätigkeitsarten aufteilen. Die Tätigkeitsarten bestimmen sich auf

Grund der bestehenden Prozessorganisation. Beim erstmaligen Aufruf ist die Kontierungsmaske mit den Aufträgen/Aufgaben/Tätigkeitsarten des Vormonats (mit Null-Stundenwerten) vorbelegt.

Die Dialog-Eingabe durch den Mitarbeiter kann täglich oder auch in unregelmäßigem Turnus geschehen. Gegen Ende eines Berichtsmonats muss der Mitarbeiter seine Stundenkontierung für die Kontrolle durch den Vorgesetzten und zur Übernahme in die PAUS-Datenbank freigeben. An einem von der Abwicklung bestimmten Stichtag werden alle freigegebenen Stundenkontierungen in die zentrale Datenhaltung von PAUS übernommen.

Sowohl bei der Einzelkontierung durch die Mitarbeiter bzw. Fremdleister als auch bei der Sammelkontierung durch einen Teamassistenten wird eine Sofortplausibilisierung der eingegebenen Kontierungsdaten vorgenommen. Es wird damit verhindert, dass beim monatlichen Stundenübernahme-Lauf noch Fehler in den Kontierungsdaten vorliegen.

Der Vorgesetzte kann in einer – nur ihm zugänglichen – Übersicht erfahren, welche Mitarbeiter seiner Dienststelle ihre Stundenkontierungen bereits freigegeben haben; diese freigegebenen Stundenkontierungen kann er dann auch im Detail einsehen. Nachträgliche Änderungen kann nur der jeweilige Mitarbeiter durchführen, aber auch nur dann, wenn die Stundenkontierung noch nicht in die PAUS-Datenbank übernommen worden ist.

▷ Belegkontierung

Neben einer Stundenkontierung im Dialog kann bei »PAUS für Windows« auch eine Stundenerfassung über Belege vorgenommen werden. Hierzu erstellt PAUS für all die Mit-

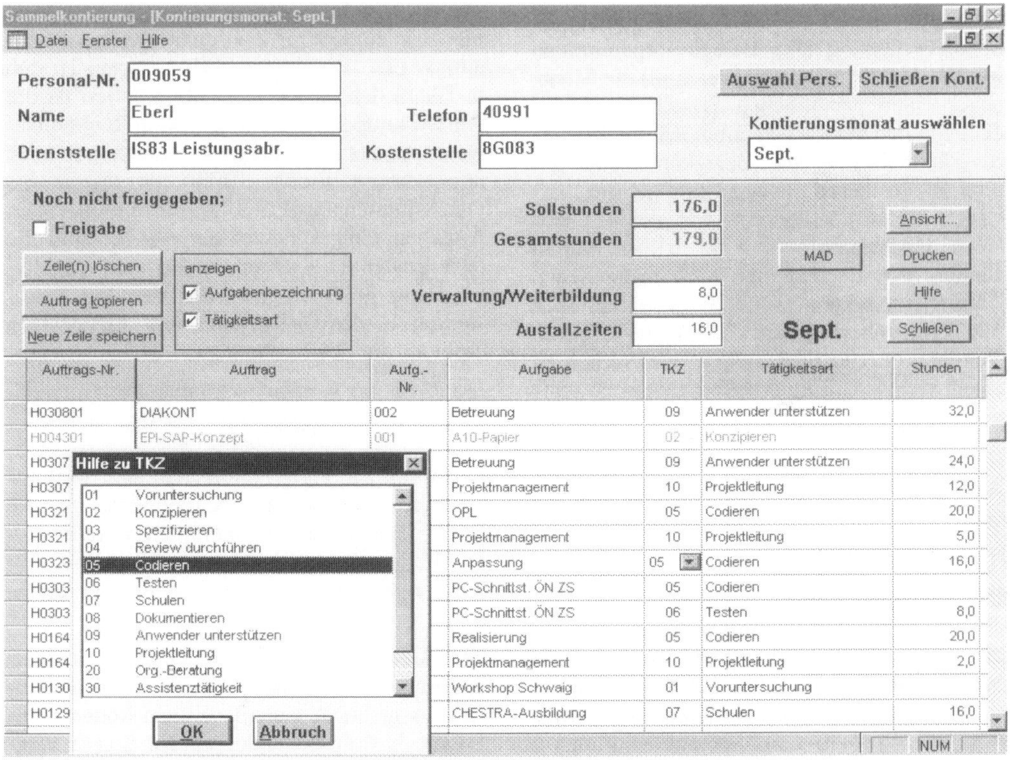

Bild 6.9 Stundenkontierungsmaske

arbeiter einen persönlichen Stundenzettel, bei denen in den Personalstammdaten das Kontierungskennzeichen auf Belegkontierung gesetzt ist. In diesen Belegen sind all die Aufträge/Aufgaben aufgeführt, auf die der einzelne Mitarbeiter bereits im letzten Monat kontiert hat. Er muss nur noch seine neuen Aufwandsstunden – eventuell gegliedert nach Tätigkeitsarten – diesen Aufträgen/Aufgaben zuordnen oder er muss, falls er inzwischen an einem neuen Auftrag arbeitet, eine neue Auftragsnummer manuell eintragen.

Die Belege werden dann im Dialog von einer Assistenzkraft als Sammelkontierung eingegeben.

▷ Sammelkontierung

Die Sammelkontierung geschieht auf die gleiche Weise wie die Dialogkontierung, nur dass die Eintragungen nicht durch den einzelnen Mitarbeiter sondern von einem dazu autorisierten Teamassistenten vorgenommen wird. Wie der Vorgesetzte darf er zur Information die Kontierungsübersichten einsehen. Die Zuständigkeit eines Teamassistenten erstreckt sich – entsprechend seiner Befugnis – auf die Mitarbeiter einer einzelnen Dienststelle oder einer ganzen Abteilung oder auf den gesamten Bereich.

Kostenübernahme

(Ist-)Kosten werden i. Allg. aus vorgelagerten Verfahren des Rechnungswesens (z. B. SAP R/3) über entsprechende anwenderspezifische Schnittstellen automatisch übernommen, oder die Kostenwerte können auch manuell in PAUS eingegeben werden.

Die Istkosten des eigenen Personals werden in PAUS automatisch mit Hilfe von Stundensätzen (Kostensätze) ermittelt. Die Istkosten des fremden Personals ergeben sich demgegenüber auf Grund der eingehenden Rechnungen (die Plankosten des Fremdpersonals werden allerdings wie beim eigenen Personal aus den zugehörigen Kostensätzen bestimmt). Die sonstigen Istkosten für Rechnerleistungen, für Käufe und Bezüge, für Manualerstellung usw. ergeben sich ebenfalls auf Grund der eingehenden Rechnungen.

Für das eindeutige Zuordnen der im Rechnungswesen verwendeten Kostenarten zu den in PAUS definierten Kostenherkünften ist die Auswertung eines entsprechenden Rechnungswesen-Codes notwendig. So werden z. B. nach anwenderspezifischen Bildungsgesetzen die PAUS-Kostenarten und -herkünfte aus den Angaben einiger Felder der RW-Schnittstelle (RW-Kostenart, Lieferanten-Nr. etc.) abgeleitet. Dank dieser Möglichkeit ist ein PAUS-Anwender in der Definition seiner Kostenarten nicht an die des Rechnungswesens gebunden.

In »PAUS für Windows« können auch manuell Kostenwerte eingegeben werden, entweder weil keine vorgelagerten Rechnungswesen-Verfahren zur Verfügung stehen oder weil zusätzlich »statistische« Kostenwerte in die PAUS-Datenbank aufgenommen werden sollen. Im letzteren Fall weicht die Kostendarstellung in PAUS allerdings von der im Rechnungswesen ab.

Aus Gründen einer Falschbuchung können übernommene Kosten jederzeit in der Datenbank umgebucht werden. Hierzu können einzelnen Aufträgen monatsgerecht Kosten weggenommen und entsprechend anderen Aufträgen zugeordnet werden.

Verrechnung

Im Verfahren können die Kostenwerte auftraggeberbezogen weiterverrechnet werden, entweder durch eine statistische Ausweisung innerhalb des Verfahrens oder durch Erstellen von Verrechnungssätzen an einer Schnittstelle zu nachgeschalteten Rechnungswesen-Verfahren (z. B. SAP R/3). Hierbei sind sowohl eine Verrechnung nach angefallenem Aufwand als auch eine Einzel- bzw. Festpreisverrechnung möglich; die Aufwandsverrechnung geschieht als Saldenverrechnung (siehe Kap. 4.2.3).

»PAUS für Windows« kann den Aufwand von erbrachten Leistungen nicht nur an einen einzigen, sondern auch – prozentual aufgeteilt – an mehrere Kostenempfänger verrechnen; hierzu muss ein Kostenverteilungsschlüssel (KVS) festgelegt werden. Im Kostenverteilungsschlüssel ist hinterlegt, welchen prozentualen Anteil vom Gesamtbetrag der jeweilige Kostenempfänger zu tragen hat.

Die Summe der einzelnen Prozentwerte eines Kostenverteilungsschlüssels braucht nicht 100% zu ergeben; es ist eine Unter- oder auch eine Überdeckung möglich. In PAUS können je Auftrag bis zu drei Kostenverteilungsschlüssel mit zugehörigem Gültigkeitsdatum angegeben werden, daher kann man während der Projektdauer den Kostenverteilungsschlüssel eines Auftrags (z. B. andere Prozentaufteilung oder zusätzliche Empfänger) ändern.

Da zwischen den durch die Kostenstellenrechnung festgelegten Stundensätzen (Kostensätze) des eingesetzten Personals und den mit den Auftraggebern vereinbarten Verrechnungssätzen unterschieden werden kann, erlaubt »PAUS für Windows« eine Kosten/Umsatz-Betrachtung.

Auskünfte und Auswertungen

PAUS liefert mehrere detaillierte Dialogauskünfte aus der Projektdatenbasis. Auskünfte über die verschiedenen Stammdaten stehen im Rahmen der Stammdatenverwaltung zur Verfügung. Die Dialogauskünfte aus der Projektdatenbasis unterteilen sich in folgende Gruppen:

▷ Plan/Ist-Vergleiche
▷ Plan/Plan-Vergleiche
▷ Budget/Plan-Gegenüberstellungen
▷ Umsatz/Kosten-Gegenüberstellungen
▷ V'Ist-Berechnungen (Forecast)
▷ auftragsbezogene Auswertungen
▷ personenbezogene Auswertungen
▷ kostenherkunftsbezogene Auswertungen
▷ Verrechnungsübersichten
▷ Terminübersichten
▷ prozessorientierte Auswertungen.

Die einzelnen *Plan/Ist-* bzw. *Plan/Plan-Vergleiche* unterscheiden sich darin, auf welcher Darstellungs- bzw. Komprimierungsebene die Plan- und Istwerte ausgewiesen werden. So werden z. B. beim »Plan/Ist-Vergleich eines Auftrags« die Aufwände (eigen/fremd) und Kosten eines Auftrags in ihren Plan- und Istwerten absolut und prozentual gegenübergestellt. Die Plan/Ist- und die Plan/Plan-Vergleiche können ausgerichtet sein nach

— einem Projekt,
— einem Auftrag,
— den einzelnen Aufgaben eines Auftrags,
— einer Abteilung,
— einer Dienststelle oder
— einem Vertriebsgebiet.

Bei allen Plan/Ist-Vergleichen kann zwischen den beiden Planhorizonten gewechselt werden.

Budget/Plan-Gegenüberstellungen stellen auf Projektebene die Budgetwerte den von der Auftragsebene kumulierten Planwerten, inklusiv eines Planwertes für noch offene Aufträge, gegenüber. Die Budget/Plan-Gegenüberstellungen stellen die Basisinformation für eine Budgetierung, d. h. dem Abgleich zwischen der Top-down- und der Bottom-up-Planung dar; hierbei ist es möglich, für einen Auftrag die zugehörige Planerfassungsmaske zusätzlich einzublenden. Änderungen in dieser Maske haben dann unmittelbar eine entsprechende Auswirkung in der Budget/Plan-Gegenüberstellung.

Umsatz/Kosten-Gegenüberstellungen stellen von einzelnen Aufträgen die geplanten und getätigten Umsätze (= Verrechnungen) den Plan- und Ist-Kosten gegenüber und weisen die Differenz als geplantes bzw. erzieltes Ergebnis aus.

In *V'Ist-Berechnungen* werden die bisher aufgelaufenen Kosten, die bisher getätigten Umsätze (= Verrechnungen) und das sich daraus abgeleitete Ergebnis gegenübergestellt und bis zum GJ-Ende als voraussichtliche Ist-Werte hochgerechnet.

Auftragsbezogene Auswertungen können auf Aufwands-, Kosten- oder Umsatzsebene in einem Monatsraster vorgenommen werden; d. h. die Ist-Aufwände, die Ist-Kosten bzw. die Verrechnungen ausgewählter Aufträge werden als Monatsscheiben (1. bis 12. Berichtsmonat) des aktuellen Geschäftsjahres tabellarisch ausgewiesen. Die Aufwandsübersichten können darüberhinaus nach Personal, nach Tätigkeitsarten und nach Aufgaben strukturiert sein.

Folgende *personen-* bzw. *herkunftsbezogene Auswertungen* können – im Monatsraster – gezeigt werden:

— Aufwandsnachweis eines Mitarbeiters bzw. Fremdleister,

— Aufwands- und Kostennachweis eines Fremdleister,
— Kostennachweis nach Herkünften,
— Verrechnungsnachweis eines Empfängers.

Beim personenbezogenen Aufwandsnachweis eines Mitarbeiters bzw. Fremdleisters werden dessen Stundenaufwände in einem 12-Monatsraster mit entsprechenden Aufsummierungen und Umrechnungen von MStd in MM aufgezeigt. Der Aufwandsnachweis kann entweder auftrags- oder aufgabenbezogen sein.

Die *Verrechnungsnachweise* listen alle Verrechnungen auf, die auf einen bestimmten Empfänger getätigt worden sind.

Terminübersichten zeigen zu den Aufträgen eines ausgewählten Projekts die geplanten Beginn- und Endetermine sowie eventuell bereits bekannt gemachte Fertig-Termine. Bezogen auf die Laufzeit des jeweiligen Auftrags werden die verbrauchte und die verbleibende Zeit in Tagen angezeigt. Eventuelle Terminüberschreitungen werden dabei farblich gekennzeichnet. Auch der jeweilige Status des Auftrages wird ausgewiesen.

Prozessorientierte Auswertungen sind statistische Auswertungen der kontierten Stundenaufwände, die auf Meilensteine oder auf Tätigkeitsarten bezogen sind. In einer Matrixdarstellung werden die kumulierten Aufwände zu den einzelnen Aufträgen eines ausgewählten Projekts aufgezeigt.

Auswertungen, die umfassender und zeitaufwendiger sind, werden als *Reports* erzeugt. Als Beispiel eines solchen Reports ist in Bild 6.10 die Auftragsübersicht dargestellt.

Die Auftragsübersicht enthält auf einem Blatt alle relevanten Aufwands- und Kostenwerte zu einem ausgewählten Auftrag. In einem 12-Monatsraster werden mitarbeiterbezogen die Personalaufwände (eigen/fremd) in MStd und zu MM komprimiert ausgewiesen. Im selben Monatsraster werden die Kosten – nach Kostenarten unterschieden – sowie die Verrechnungen und die daraus resultierenden Ergebnisse aufgeführt. Alle drei Projektgrößen (Personalaufwände, Projektkosten, Verrechnungen) werden in ihren aufsummierten Istwerten den zugehörigen Planwerten gegenübergestellt.

PAUS für Windows

Seite: 1
Geschäftsjahr: 98/99
Druckdatum: 23.07.99

Auftragsübersicht

Auftrag: H-4712-01	Verantwortlich: Burghardt	Termin-Anfang: 01.10.98	**Berichtsmonat: Juli**
Bezeichnung: KEPI-Projekt	Kostenstelle: A2YT9	Termin-Ende: 30.10.99	
Status: in Durchführung	Planart: Wipla	Fertig-Datum:	

Stundenübersicht in Std	Okt	Nov	Dez	Jan	Feb	März	April	Mai	Juni	Juli	Aug	Sept	Ist Std	Ist MM	Plan MM	Plan %
Brosig, Konrad	145	136	125			96	112	119					733	4,7		
Burghardt, Manfred F A2YT4				84	104	120	112	80					500	3,2		
Büttner, Ulrich	90	85	140	125	136	144	140	154					1014	6,5		
FLOR GmbH (Huber) C	160	155	125	156	152	168	140	148					1204	7,8		
Joswig, Jutta	140	120	85	96	88	88	72	78					767	4,9		
Kramer, Mechthild		160	140	142	146	160	154	161					1063	6,9		
Peschke, Peter				65	72	77	70	84					368	2,4		
Sasgen, Karl-Heinz			135	145	112								392	2,5		
Personal eigene Kst	375	501	625	573	554	565	548	596	0	0	0	0	4.337	28,0	50,0	56,0
Personal fremde Kst	0	0	0	84	104	120	112	80	0	0	0	0	500	3,2	5,0	64,5
Consultants	160	155	125	156	152	168	140	148	0	0	0	0	1.204	7,8	8,0	97,1
Gesamtstunden: Std	535	656	750	813	810	853	800	824					6.041			
MM	3,5	4,2	4,8	5,2	5,2	5,5	5,2	5,3	0,0	0,0	0,0	0,0		39,0	63,0	61,9

Kostenübersicht in TDM	Okt	Nov	Dez	Jan	Feb	März	April	Mai	Juni	Juli	Aug	Sept	Ist TDM	Plan TDM	Plan %
Personal eigene Kst	52,5	70,1	87,5	80,2	77,6	79,1	76,7	83,4	0,0	0,0	0,0	0,0	607,2	1.085,0	56,0
Personal fremde Kst	0,0	0,0	0,0	13,4	16,6	19,2	17,9	12,8	0,0	0,0	0,0	0,0	80,0	124,0	64,5
Consultants		20,0	19,4	15,6	19,5	19,0	21,0	17,5					132,0	155,0	85,2
Rechenkosten	2,0	2,0	2,0	2,5	2,7	2,2	1,7	1,9					17,0	23,0	73,9
Sonstige Kosten				10,0									10,0	15,0	66,7
Gesamtkosten	54,5	92,1	108,9	121,8	116,4	119,5	117,3	115,6	0,0	0,0	0,0	0,0	846,2	1.402,0	60,4
Verrechnungen			270,5	126,7	120,9	124,0		242,5					884,6	1.550,0	57,1
Ergebnis	-54,5	-92,1	161,7	4,9	4,5	4,5	-117,3	126,9	0,0	0,0	0,0	0,0	38,4	148,0	26,0

Bild 6.10 Report Auftragsübersicht

Abwicklungsdienste

Zu den Abwicklungsdiensten gehören der Monatsabschluss mit Stundenübernahme, Kostenübernahme und Verrechnungslauf, der Geschäftsjahresabschluss, das Umbuchen von Aufwänden und Kosten sowie die Bearbeitung der Vorjahresdaten. Das Geschäftsjahr ist auf den 12-Monatszeitraum von Oktober bis September ausgerichtet.

Befugnisberechtigung

Jeder Teilnehmer von PAUS bedarf einer gesonderten Zulassung durch die Verfahrensbetreuung bzw. den Verfahrensadministrator. Die zugeteilte Berechtigung ist an die Personalnummer und ein zusätzliches Passwort gebunden. Die Personalnummer wird immer einer Organisationseinheit, d.h. einer Dienststelle zugeordnet; hierdurch ist gewährleistet, dass organisationsbezogene Auswertungen nur über Daten der eigenen Organisationseinheit erstellt werden.

Acht verschiedene Befugnisgruppen sind vorgesehen:

▷ MA Mitarbeiter / keine Zusatzrechte
▷ DL Dienststellenleiter
▷ AL Abteilungsleiter
▷ PL Projektleiter
▷ AA Auftragsansprechpartner
▷ TA Teamassistent
▷ BC Betriebswirtschaftlicher Controller
▷ AD Administrator.

Mitarbeiter ohne besondere Zusatzrechte können nur ihre eigenen monatlichen Stundenkontierungen eingeben, überarbeiten und freigeben. Im Auskunftsteil können sie sich ihre Personalaufwände im 12-Monatsaufriss zeigen lassen. Der Dienststellenleiter hat Zugang zu den Stamm-, Plan- und Istdaten für alle seiner Dienststelle zugeordneten Aufträge, Mitarbeiter und Fremdleister; der Befugnishorizont eines Abteilungsleiters ist entsprechend größer.

Die Befugnis der Projektleiter bzw. der Auftragsansprechpartner bezieht sich auf die ihnen zugeordneten Aufträge. Der Teamassistent hat nur im Rahmen der Stundenkontierung eine erweiterte Befugnis (Sammelkontierung, Vorgesetztenübersicht).

Der betriebswirtschaftliche Controller nimmt vornehmlich – definierbar für eine Dienststelle, für eine Abteilung oder für den ganzen Bereich – kaufmännische Controlling-Funktionen wahr; hierzu zählen u.a. das Verwalten der Kostenstrukturen sowie das Erfassen und Überwachen von Kosten und Verrechnungen. Entsprechend der ihm zugeteilten Befugnisbreite (DL, AL oder AD) hat er ähnliche Befugnisse wie ein Dienststellenleiter oder ein Abteilungsleiter bzw. in etwas eingeschränkter Form wie der Administrator. Dieser hat grundsätzlich alle Befugnisse; hierzu zählen insbesondere das allgemeine »Customizing« in der Stammdatenverwaltung sowie die Funktionsaufrufe für die Verfahrensabwicklung und Schnittstellenversorgung.

Funktionsaufrufe, für die im jeweiligen Fall keine Befugnis vorliegt, sind in den Menüs grau ausgewiesen und sind damit nicht aufrufbar.

6.2.4 SAP-Projektsystem PS

Das Projektsystem PS als integrierte Komponente des SAP R/3-Systems stellt eine branchenneutrale Lösung für alle wesentlichen Projektcontrolling-Aufgaben des Projektmanagements dar und unterstützt mit unterschiedlichen Funktionen die Projektdurchführung in all ihren Phasen [23]. Wird es im Rahmen eines integrierten Einsatzes der SAP-Standardsoftware genutzt, so ist es mit den anderen SAP-Bausteinen und dadurch mit den Belangen des Rechnungswesens (SAP-Baustein FI), des Vertriebs (Baustein SD), der Materialwirtschaft (Baustein MM) und der Produktionsplanung und -steuerung (Baustein PP) voll eingebunden. Ein isolierter Einsatz des Projektsystems, d.h. ohne die zentralen RW-Module des SAP-Systems FI und CO, ist nicht möglich.

Die zentralen Ordnungsstrukturen des Projektsystems sind *Projektstrukturpläne* und zugehörige *Netzpläne*. Beide Strukturformen können gemeinsam oder auch getrennt eingesetzt werden. Projekte können entweder als reine »Kostenprojekte« nur mit Hilfe des Projektstrukturplans abgewickelt werden oder sie werden – wenn sie einen Bezug im Fertigungsbereich haben, bei dem Termine und Ressourcen im Vordergrund stehen – sinnvollerweise mit Netzplänen und Vorgängen abgebildet.

Customizing

Anwenderspezifische Ausprägungen des Projektsystems werden durch das so genannte *Customizing* in SAP R/3 vorgenommen; hierbei ist zwischen *modulübergreifenden* und *PS-bezogenen* Customizing-Einstellungen zu unterscheiden.

Modulübergreifende Customizing-Einstellungen beziehen sich auf das Festlegen von Angaben zu den vorgesehenen Buchungskreisen, den Kostenrechnungskreisen, den Werken eines Unternehmens, den einzelnen Kostenstellen, den im Rechnungswesen gewünschten Kostenarten, dem gemeinsamen Kontenplan und den vorgesehenen Leistungsarten.

Darüberhinaus müssen für den PS-Modul vielfältige eigene Customizing-Einstellungen vorgenommen werden; hierzu zählen die Einstellungen für

- Projektprofile,
- Projektarten,
- Projektverdichtung,
- PSP-Terminierung,
- Standardstrukturpläne,
- Standardmeilensteine,
- Standardnetzpläne,
- Netzplanprofil,
- Anwenderstatusschema,
- Versionsprofil,
- Plantafelprofil,
- Abrechnungsprofil,
- Abrechnungsschema,
- Planprofil,
- Budgetprofil,
- Strukturberichte,
- Projektcodierung,
- Verantwortliche,
- Feldschlüssel.

Projektprofile enthalten Vorschlagswerte und Steuerungsparameter (z.B. Fabrikkalender, Grafikeinstellungen) für die spätere Bearbeitung der einzelnen Projekte.

Mit der *Projektart* können PSP-Elemente in bestimmte Kategorien (z.B. Entwicklungs-, Rationalisierungs-, Vertriebsprojekte) eingeordnet und später entprechend ausgewertet werden.

Mit der *Projektverdichtung* kann man projektübergreifende Auswertungen vornehmen; zum Bestimmen der Verdichtungsstufen werden freie oder Referenzmerkmale aus den Stammdaten herangezogen.

Mit der *PSP-Terminierung* werden Steuerungsparameter für die Terminierung (z.B. Vorwärts-, Rückwärtsrechnung im Netzplan) festgelegt.

Mit speziellen Customizing-Einstellungen lassen sich *Standardstrukturpläne*, *Standardnetzpläne* und *Standardmeilensteine* definieren.

Das *Netzplanprofil* enthält Vorschlagswerte und Parameter für den Aufbau bzw. für die Bearbeitung des Netzplans.

In einem *Anwenderstatusschema* werden die benutzereigenen Anwenderstatus definiert, an die betriebswirtschaftliche Vorgänge gebunden sind.

In einem *Versionsprofil* wird festgelegt, welche Daten im Rahmen einer festzuhaltenden Projektversion abgespeichert bzw. archiviert werden sollen (z.B. Projektdefinition, PSP-Elemente, Netzpläne, Kosten etc.).

Mit dem *Abrechnungsprofil* und dem *Abrechnungsschema* werden die Verechnungsmodalitäten (z.B. Festpreis, Aufwandsverrechnung) festgelegt.

Mit dem *Plantafelprofil* kann die Ausprägung des wichtigsten PS-Projektplans, der Projektplantafel, beeinflusst werden; z.B. können die Zeitskalen des Balkendiagramms und des Datenblatts bestimmt oder Vorschlagswerte vorgegeben werden.

Das *Planprofil* enthält die Steuerungsparameter (Startjahr, Zeithorizont) und Vorschlagswerte für die Planung.

Das *Budgetprofil* enthält die Steuerungsparameter und Vorschlagswerte für die Budgetierung, hierbei können auch Einstellungen hinsichtlich der Kostenarten, der Verfügbarkeitskontrolle sowie des Ausschöpfungsgrades vorgenommen werden.

Angaben für den Aufbau von *Strukturberichten* können allgemein festgelegt werden. Die *Projektcodierung* ist ein Schlüssel, der die Maske für die Codierung der Projektdefintion und der PSP-Elemente festlegt.

Die Namen der *Projektverantwortlichen* werden im Projektsystem nicht als Stammdaten sondern ebenfalls im Customizing festgelegt.

Über den *Feldschlüssel* können Benutzerfelder zu den PSP-Elementen und Vorgängen definiert werden.

Projektstrukturplan

Der Projektstrukturplan bildet das zentrale Projektmodell und stellt die operative Basis im Projektsystem dar; auf seine Elemente (PSP-Elemente) werden die Aufwände, Kosten und Termine bezogen. Die PSP-Elemente enthalten damit alle für die Projektdurchführung relevanten Daten und Informationen. Entsprechend ihrer operativen Aufgabe unterscheidet man:

▷ Planungselemente,
▷ Kontierungselemente,
▷ Fakturierungselemente.

Planungselemente sind solche, auf denen die einzelnen Kosten geplant werden; *Kontierungselemente* sind Elemente, auf denen die anfallenden Istkosten gebucht werden, und auf *Fakturierungselemente* können Erlöse gebucht werden.

Weiterhin sind den PSP-Elementen die Zuständigkeiten (Projektleiter, anfordernde und verantwortliche Kostenstelle) sowie weitere anwenderspezifische Informationen zugeordnet.

Im Projektsystem können für die Projekte system- und benutzerdefinierte Statusangaben vergeben werden; folgende Systemstatus sind u. a. standardmäßig vorgegeben:

— *eröffnet* (Eingabe von Planwerten aber keine Ist-Buchungen sind möglich),
— *freigegeben* (Bestellungen und Buchungen sind möglich),
— *technisch abgeschlossen* (Planwerte können nicht mehr verändert werden),
— *abgeschlossen* (kostenrelevante Vorgänge sind nicht mehr möglich),
— *sperren* (Stammdaten, Termine, Plan-, Budgetwerte oder Kontierungen können nicht mehr eingegeben werden).

Zu jedem Status ist festgelegt, welche betriebswirtschaftlichen Vorgänge erlaubt bzw. verboten sind; zu solchen Vorgängen zählen: Element löschen, Abrechnung Ist bzw. Plan durchführen, Budget umbuchen, Ecktermine setzen oder Beplanung vornehmen.

Netzplan

Die wesentlichen Bestandteile der Netzpläne im Projektsystem sind die bekannten Vorgänge und Anordnungsbeziehungen.

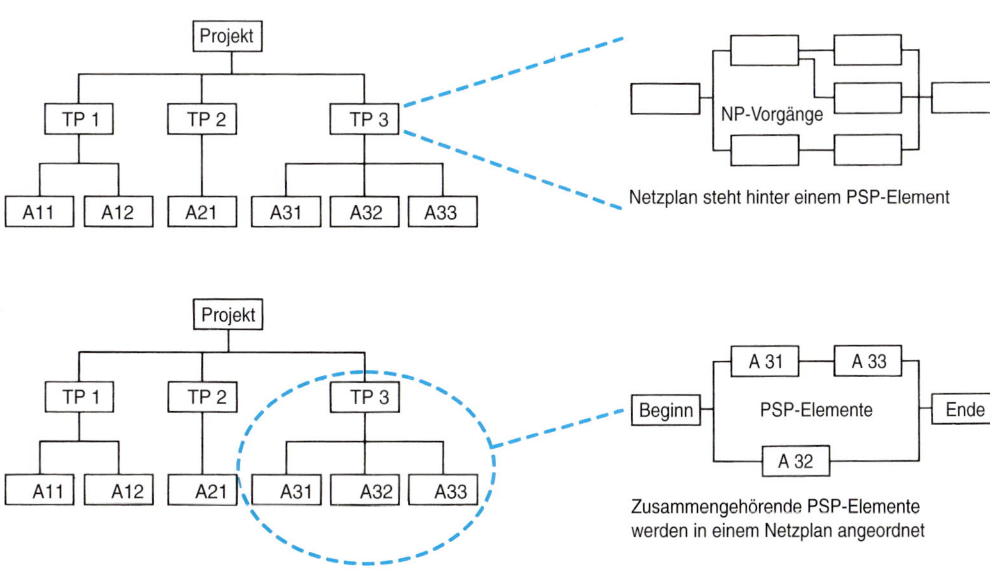

Bild 6.11 Verbindung von Projektstrukturplan und Netzplänen

Bei den Vorgängen kann man zwischen eigenbearbeiteten Vorgängen, fremdbearbeiteten Vorgängen und Kostenvorgängen unterscheiden; eine weitere Unterteilung in Vorgangselemente ist zusätzlich möglich. Eigenbearbeitete Vorgänge sind solche für die Aufgabenabwicklung mit firmeneigenen Kapazitäten (Personal, Maschinen etc.). Fremdbearbeitete Vorgänge dienen zur Abwicklung von Aufgaben über Fremdfirmen; hier ist eine Anbindung an das SAP-Einkaufssystem notwendig. Kostenvorgänge werden zur Steuerung von sonstigen Kosten, wie z. B. allgemeine Reise- und Beraterkosten, verwendet.

Als Anordnungsbeziehungen sind die gängigen vier Folgen möglich: Normal-, Anfangs-, End- und Sprungfolge. Zu den Anordnungsbeziehungen können unterschiedliche Zeitabstände definiert werden. Über Anordnungsbeziehungen können auch benachbarte Netzpläne miteinander verbunden werden.

Die Vorgänge im Netzplan stellen eine weitere Detaillierung des Projektstrukturplans dar, deshalb können die Informationen zu den Kosten, Terminen und Kapazitäten über die PSP-Elemente hinausgehend bis auf die Ebene der Vorgänge integriert ausgewertet werden. Netzpläne können einzelnen PSP-Elementen oder auch ganzen Bereichen des Projektstrukturplans zugeordnet werden, wobei dann jeder Vorgang zu einem PSP-Element gehört (siehe Bild 6.11). Es werden damit alle drei Möglichkeiten der Zuordnung von Aufgaben zu Vorgängen unterstützt: Detaillierung, Gleichsetzung und Komprimierung (wie in Kap. 3.4.4 beschrieben). Eine Unterteilung von Netzplänen in Teilnetzpläne ist auch möglich.

Das Projektsystem unterscheidet folgende Terminarten:

▷ Ecktermine,
▷ Prognosetermine,
▷ Isttermine,
▷ terminierte Termine.

Ecktermine sind manuell festgelegte Plantermine im Projektstrukturplan. *Prognosetermine* können für zukünftig zu erwartende Abweichungen im Netzplan und Projektstrukturplan hinterlegt werden. Mit *Istterminen* wird der aktuelle Stand in der Projektdurchführung festgehalten. *Terminierte Termine* sind berechnete Termine aus der Netzplan-Terminierung der Vorgänge.

Neben den gängigen Funktionen der Termindurchrechnung, wie Vorwärts- und Rückwärtsrechnung können weitere Terminierungsarten, z. B. Tagesdatum-Terminierung, Termineinschränkungen, Gesamtnetz-Terminierung durchgeführt werden.

Kostenplanung

Das Projektsystem unterstützt eine Kostenplanung sowohl bottom-up als auch top-down. Bei der Bottom-up-Planung, z. B. bei einer FuE-Planung (siehe Kap. 3.6.3), werden die Planwerte zu den untersten PSP-Elementen eingegeben und bis auf Projektebene aufsummiert. Bei der Top-down-Planung, wie sie z. B. bei einer FuE-Budgetierung vorliegt, werden die Planwerte auf oberster Ebene eingeben und anschließend manuell auf die unteren PSP-Elemente verteilt.

Je nach Planungszeitpunkt (Vorkalkulation, Mitkalkulation) können im Projektsystem die Projektkosten nach unterschiedlichen Detaillierungsgraden geplant werden:

▷ kostenartenunabhängige Strukturplanung,
▷ Detailplanung
▷ Einzelkalkulation,
▷ Kostenplanung im Netzplan.

Die *kostenartenunabhängige Kostenplanung* setzt im frühen Projektstadium ein, wenn noch keine genaueren Informationen über die Einzelkostenaufteilung vorliegen; es werden die Kostenwerte pauschal – ohne Differenzierung nach unterschiedlichen Kostenarten – auf PSP-Elemente entweder top-down oder bottom-up im Projektstrukturplan geplant. Hierbei kann eine Gesamt- oder eine Jahresplanung vorgenommen werden.

Die *Detailplanung* umfasst bereits eine Kostenplanung nach einzelnen Kostenarten, also z. B. die Planung nach Personal, Consultant-Leistungen, Käufe und Bezüge; bei den Letzteren wird allerdings noch nicht nach Kostenherkünften differenziert.

Liegen bereits Informationen über Bezugsquellen, Mengen und Preise vor, kann eine *Einzelkalkulation* vorgenommen werden; bei dieser werden die Kosten nicht nur auf Kostenartenebene, sondern schon auf Material und Eigen- bzw. Fremdleistung bezogen geplant.

Schließlich ist auch eine *Kostenplanung im Netzplan* auf Ebene der einzelnen Vorgänge möglich.

Budgetierung

Budgets können auf PSP-Elemente als Gesamt- oder Jahreswerte eingeplant werden, indem entweder die Kostenwerte aus der Kostenplanung übernommen oder manuell vergeben werden. Im Laufe der Projektdurchführung können die Einzelbudgets sukzessiv freigegeben werden; dabei dürfen auf einem budgettragenden PSP-Element nicht mehr Mittel freigegeben werden, als Budgetvolumen vorhanden ist.

Es sind mehrere Budget-Aktualisierungen möglich:

▷ Budgetnachträge,
▷ Budgetrückgaben und
▷ Budgetumbuchungen.

Reichen die zur Verfügung stehenden Finanzmittel nicht aus, dann können *Budgetnachträge* vorgenommen werden; diese erfolgen top-down, d. h. die Mittel werden von übergeordneten auf untergeordnete PSP-Elemente vergeben. Wurden dagegen die Mittel eines PSP-Elementes nicht ausgeschöpft, dann können auch *Rückgaben von Budgets* getätigt werden; diese erfolgen bottom-up, d. h. die Mittel werden an das übergeordnete PSP-Element gegeben. Bei *Budgetumbuchungen* werden Budgets von einem PSP-Element, auf dem vielleicht überschüssige Mittel stehen, auf ein anderes PSP-Element übertragen, weil dort die Mittel eventuell zu knapp sind.

Innerhalb des Projektsystems steht eine *Budget-Verfügbarkeitskontrolle* zur Verfügung, die abhängig von der Höhe der Budgetüberschreitung und der Größe der eingestellten Toleranzgrenzen entsprechende Warnungen bzw. Fehlermeldungen abgibt.

Abrechnung (Weiterverrechnung)

Nach Abschluss des Projekts oder in einem regelmäßigen Turnus, z. B. im Monats-Rhythmus, werden die angefallenen Kosten an einen oder mehrere Empfänger verrechnet; hierbei werden automatisch entsprechende Gegenbuchungen zur Entlastung des Projekts erzeugt. Die Kosten auf einem Projekt können an Kostenstellen, an andere Projekte, an Innenaufträge (im CO), an Kundenaufträge (in SD), an Anlagen, an Sachkonten oder an andere Ergebnisobjekte abgerechnet werden; es stehen folgende Abrechnungsmöglichkeiten zur Verfügung:

— Abrechnen nach Beträgen,
— Abrechnen von Einzelposten,
— Abrechnen im Plan,
— kostenartengerechtes Abrechnen.

Projektplantafel

Die Projektplantafel ist das zentrale Planungstableau des Projektsystems und vereinigt grafisch die Informationen des Projektstrukturplans und des Netzplans. Die Plantafel besteht aus zwei Teilen, der rechte Teil umfasst ein klassisches Ganntsches Balkendiagramm mit den Vorgangsbalken und ihren Vernetzungen, im linken Teil ist ein Datenblatt mit frei wählbaren Angaben (Aufwände, Dauern, Termine, Kosten, Zuständigkeiten etc.) zu den einzelnen Vorgängen aufgeführt. Auf Basis der Projektplantafel werden die Projektstruktur mit ihren Vorgängen aufgebaut und gepflegt, die Anordnungsbeziehungen vorgenommen, die Fertigstellungsgrade angegeben, die Termine für die Vorwärts- und Rückwärtsterminierung berechnet und Anpassungen an Plantermine durchgeführt.

Projektberichte

Für die Projektberichterstattung bietet das Projektsystem einige Berichte:

— Strukturberichte,
— Kostenartenberichte,
— Verdichtungsberichte,
— Einzelpostenberichte.

In den *Strukturberichten* werden alle Projektdaten zu den PSP-Elementen in tabellarischer Form ausgewiesen; so können z. B. die Plan- und Istkosten, die Budgets und Obligos, die Abweichungen und Restwerte dargestellt werden. In den *Kostenartenberichten* werden für die einzelnen Projekte, PSP-Elemente bzw.

Netzpläne die Plan- und Istkosten in ihrer Differenzierung nach Kostenarten (Personal-, Material-, Kapitalkosten etc.) aufgeführt. Über Verdichtungsmerkmale, die in den Projektstammdaten definiert sind, können in *Verdichtungsberichten* über mehrere Projekte hinweg aggregierte Informationen dargestellt werden. *Einzelpostenberichte* enthalten in Listenform Informationen zu den einzelnen Buchungen für Plan, Ist, Budget und Obligo.

Werden darüber hinaus weitere individuelle Projektauswertungen benötigt, so können diese mittels der SAP-Programmiersprache ABAP/4 relativ leicht erstellt werden.

Integration im SAP-Gesamtsystem

Durch die Integration des Projektsystems in das SAP-Gesamtsystem erhält der Projektstrukturplan eine außerordentliche zentrale Bedeutung; über ihn können nämlich entsprechende Verbindungen z.B. zu den Kundenaufträgen im Vertrieb, zu den Fertigungsaufträgen in der Produktion, zu den Materialanforderungen in der Materialwirtschaft, zu den Zahlungen in der Finanzdisposition, zu den Planungsdaten in der Kostenrechnung vorgenommen werden (siehe hierzu Bild 6.12). Die Abläufe im Projektsystem sind eindeutig den Vorgaben des Rechnungswesens (Kostenrechnungskreis, Buchungskreis, Geschäftsbereich, Kostenstelle usw.) zugeordnet.

Das SAP-Projektsystem ermöglicht allerdings keine Aufwandsplanung und -betrachtung auf Organisationseinheiten, die von Kostenstellenstrukturen abweichen. Des Weiteren besitzt das Projektsystem keine eigene Aufwandserfassung in Form einer mitarbeiterbezogenen Stundenkontierung; somit liefert das Projektsystem weder mitarbeiterbezogene noch organisationsbezogene Stundenauswertungen. Es ist wohl eine Stundenkontierung mittels des SAP-Moduls CATS (Cross Application Time Sheet) möglich; dieser ist aber nicht auf die spezifischen Belange eines Projektcontrollings in einem technischen Entwicklungsbereich optimiert. Auch kann die Integration im Gesamtverband des SAP-Systems insbesonders beim Verwenden von termingeführten Netzplänen eine Fessel für ein individuelles und flexibles Projektmanagement sein; in einem vollintegrierten Verfahren sind –trotz vielfältiger Möglichkeiten eines Customizing – zwangsläufig die Freiheiten für individuelle Verfahrensabläufe sehr eingeschränkt.

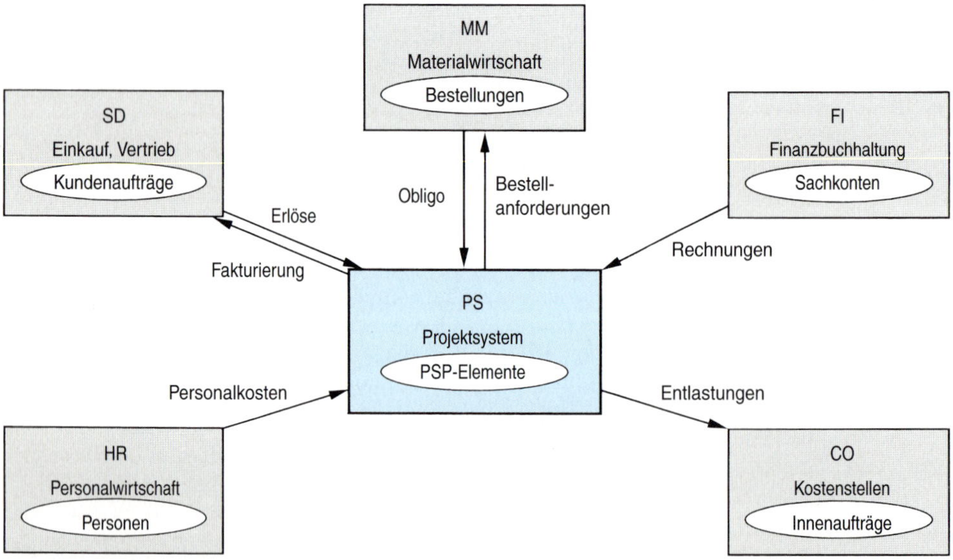

Bild 6.12 Einbettung des Projektsystems im SAP-Gesamtsystem

6.2.5 PM-Verfahren MS Project

MS Project ist ein Projektsteuerungsverfahren auf Basis der Netzplanmethode [38]; es ermöglicht die Planung und Steuerung der Arbeits- und Zeitabläufe in einem Projekt einschließlich der Einsatzplanung des Personals und der Betriebsmittel (Ressourcen) sowie der Budgetierung der Projektkosten.

Zentrale Planungsunterlage ist in MS Project der Projektplan, der als *Ganttsches Balkendiagramm* (Bild 6.13) oder als Netzplan (Bild 6.14) dargestellt werden kann.

Projektstruktur und Netzplan

Ein in MS Project definiertes Projekt kann in mehrere Unterprojekte gegliedert werden, wobei deren Teilnetzpläne miteinander verkettet bleiben. Ein Netzplan kann bis zu 200 Vorgänge aufnehmen. Vorgänge können als Sammelvorgänge in weitere Vorgänge unterteilt werden. Für jeden Arbeitsvorgang können bis zu 16 Vorgänger bzw. Nachfolger bestimmt werden, wobei nur Normalfolgen als Ende-Anfang-Beziehungen mit positven oder negativen Zeitabständen möglich sind. Auch kann man periodische Vorgänge, die regelmäßig (täglich, wöchentlich, monatlich, jährlich) erscheinen sollen, definieren.

Praktisch beliebig viele Betriebsmittel (Personal, Maschinen, Räumlichkeiten etc.) können definiert werden. In diese Einsatzmittelplanung kann man auch eine Kostenplanung einbeziehen.

Neben drei Standardkalendern kann man benutzereigene Kalender aufbauen, die außer den üblichen Wochenenden weitere arbeitsfreie Zeiten (wie Feiertage, Betriebsschließungen, Betriebsferien) aufnehmen können. Für jedes Betriebsmittel können ebenfalls eigene Ressourcenkalender definiert werden, in denen die individuelle Verfügbarkeit (wie Urlaub, Kurse, Fremdarbeiten) festgehalten wird. Auch kann die tägliche Arbeitszeit ressourcenbezogen, d. h. personenbezogen festgelegt werden. Der Planungshorizont dieser Basiskalender reicht bis ins Jahr 2049.

Der Netzplan arbeitet nach der CPM-Methode; die Netzplandarstellung entspricht allerdings der MPM-Methode. Bei der Netzplandurchrechnung ist sowohl die Vorwärts- als auch die Rückwärtsrechnung möglich, mit der eine automatische Berechnung der kritischen Wege vorgenommen wird.

Balkendiagramm

Das Balkendiagramm von MS Project (Bild 6.13) kann je Vorgangsposition nur einen Balken aufnehmen; dieser kann allerdings »pausieren«, d. h. mehrfach unterbrochen sein. Mit der Maus kann der Balken beliebig verlängert

Nr.	❶	Vorgangsname	Dauer	Arbeit	Ressourcennam
1	✓	**Planungsphase**	**27,93 Tage**	**266 Std.**	
2	✓	Anforderungskatalog	3 Tage	21 Std.	Schmidt
3	✓	Pflichtenheft	12 Tage	84 Std.	Schmidt
4	✓	Leistungsbeschreibung	11,5 Tage	161 Std.	Schmidt;Bock
5	✓	Review-Leistungsbeschr.	1 Tag	0 Std.	
6		**Realisierungsphase**	**34,43 Tage**	**345 Std.**	
7	✓	Komponentenentwurf	6 Tage	79 Std.	Bergmann;Schmid
8		Programmierung Modul A	8 Tage	56 Std.	Bergmann
9		Programmierung Modul B	7 Tage	49 Std.	Bergmann
10		Komponententest A+B	3 Tage	21 Std.	Bergmann
11		Systemtest	6 Tage	42 Std.	Schmidt
12		Programmierung Modul C	10 Tage	70 Std.	König
13		Komponententest C	4 Tage	28 Std.	König
14		Abnahme	1 Tag	0 Std.	
15		**Einführungsphase**	**22 Tage**	**134 Std.**	
16		Pilottest	5 Tage	35 Std.	Schmidt
17		Schulung	6 Tage	22 Std.	Bock[52%]
18		Anwenderdokumentation	22 Tage	77 Std.	Bock[50%]
19		Einsatzbeginn	1 Tag	0 Std.	

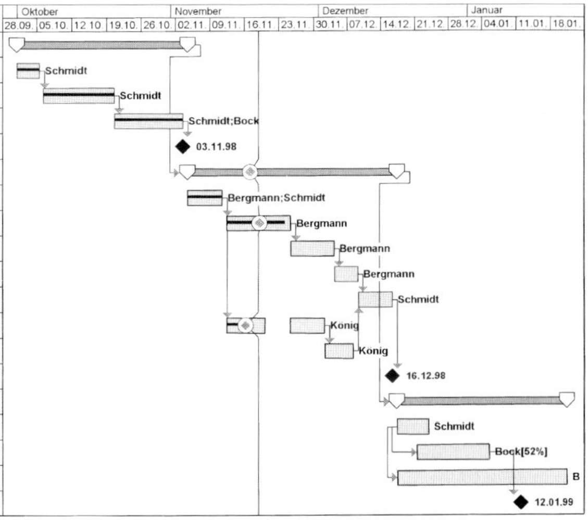

Bild 6.13 Balkendiagramm in MS Project

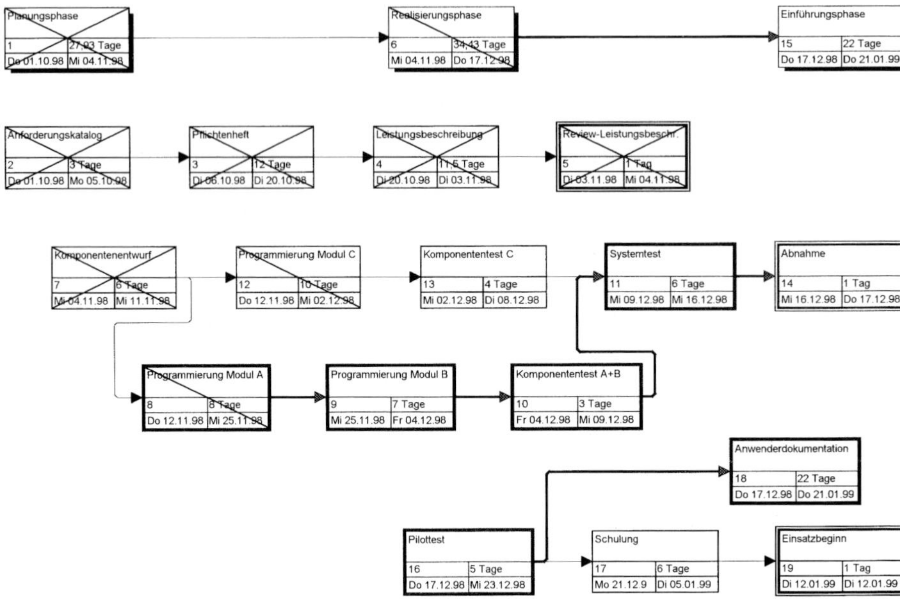

Bild 6.14 Netzplan in MS Project

und verschoben werden; die daraus resultierenden Veränderungen von Dauern, Terminen und Auslastungen werden von MS Project automatisch angepasst. Bei Eingabe eines Fertigstellungsgrades wird dieses durch einen weiteren, innen liegenden Balken veranschaulicht. Anordnungsbeziehungen werden im Diagramm durch Pfeilverbindungen dargestellt. Teilvorgänge können im Dialog beliebig ein- und ausgeblendet werden. Zusätzliche Informationen wie Ressourcenname oder Fertigstellungsgrad können den Vorgangsbalken beigefügt werden. Die Zeitskala des Balkendiagramms kann sehr flexibel variieren; folgende Unterteilungen können für die Ober- und Unterskala gewählt werden: Minuten, Stunden, Tage, Wochen, Monate, Quartale, Halbjahre, Jahre. Ebenfalls sind unterschiedliche Datumsbeschriftungen, Teilstriche und Vergrößerungen (Zoom) möglich.

Der gesamte im Balkendiagramm dargestellte Terminplan kann auch als grafischer Netzplan ausgegeben werden (siehe Bild 6.14). Die Vorgänge sind in klassischer Kästchenform dargestellt und enthalten Angaben zur Dauer und zu den Terminen. Abgeschlossene Vorgangskästchen und solche auf dem kritischen Pfad sind besonders gekennzeichnet. Die Kästchen können durch »Drag & Drop« (Ziehen mit der Maus) frei verschoben werden; die Verbindungspfeile richten sich entsprechend neu aus.

Planungsablauf

Den klassischen Planungsablauf in MS Project kann man in sieben Prozessschritte mit folgenden Aktivitäten gliedern:

1. Projektplan einrichten

— Projektstammdaten anlegen,
— Anfangs- und Endtermin des Projekts setzen.

2. Arbeitspakete als Vorgänge festlegen

— Arbeitspakete sammeln,
— Vorgänge der Reihe nach in das Ganttsche Balkendiagramm eingeben,
— Vorgänge in Sammel- und Teilvorgänge gliedern,
— Vorgangsbalken auf Grund von Arbeitspausen (Urlaub, Kurse, etc.) unterteilen,
— Meilensteine einfügen.

3. Vorgänge spezifizieren

— Vorgangsdauer eingeben,
— Termineinschränkungen (so früh/spät wie möglich, Anfang/Ende nicht früher/später als) eingeben,

— Vorgangsart (feste Arbeit, feste Dauer oder feste Ressource) festlegen,
— eventuell PSP-Codes, die die hierarchische Einordnung in einer Projektstruktur ausdrücken, zuordnen,
— eventuell Notizen zu den Vorgängen hinzufügen.

4. Ressourcen und Kosten zuordnen

— Ressourcen (Personen, Betriebsmittel) definieren,
— Ressourcen den Vorgängen zuordnen,
— Kosten direkt oder durch Stundensätze zuordnen.

5. Vorgänge terminlich einordnen

— Anordnungsbeziehungen zwischen den Vorgängen festlegen,
— positive bzw. negative Zeitabstände bestimmen,
— kritischen Weg ermitteln, dabei überkritische Abschnitte bereinigen,
— Auslastung von Ressourcen optimieren, dabei Überlastungen beseitigen,
— Optimieren des Projektplans durch Nutzen von Puffern und Veränderung von Anordnungsbeziehungen und Ressourcen.

6. Grafische Pläne formatieren

— Balkendiagramm formatieren (Hervorheben von einzelnen Vorgangsbalken, spezielle Informationen hinzusetzen, unterschiedliche Schriftarten verwenden),
— Vorgangsplatzierung im Netzplan optimieren.

7. Arbeiten mit dem Projektplan

— Erstplanung als Basisplan abspeichern,
— Fertigstellungsgrade der Vorgänge eingeben,
— bei Bedarf neue Vorgänge aufnehmen, Anordnungsbeziehungen verändern, Ressourcen-Zuordnung aktualisieren,
— eventuell Zwischenpläne abspeichern,
— Übersichten mit Nutzung verschiedener Filter erzeugen,
— Projektpläne verschiedener Stände miteinander vergleichen.

Projektberichte

Folgende Berichte können bei Vorhandensein eines konsistenten Projektplans in MS Project erzeugt werden:

— *Übersichtsberichte*, wie Projektübersicht, Auflistungen der Vorgänge höchster Ebene, der kritischen Vorgänge, der Meilensteine oder der Arbeitstage
— *Vorgangsstatusberichte* über die nicht angefangenen, die bald anzufangenden, die abgeschlossenen, die verspäteten, die verzögerten oder die in Arbeit befindlichen Vorgänge
— *Kostenberichte* über Vorgangskosten, Kostenrahmen, überschrittenen Vorgangskostenrahmen, überschrittenen Ressourcenkostenrahmen oder Kostenanalyse
— *Ressourcenberichte* mit der Frage Wer-macht-was, Wer-macht-was-wann oder Auflistungen der Vorgangszuordnungen oder überlasteten Ressourcen
— *Arbeitsauslastungsberichte* wie Arbeitsauslastung nach Vorgängen bzw. Arbeitsauslastung nach Ressourcen
— *Benutzerdefinierte Berichte*, deren Inhalt man sich aus den im Projektplan enthaltenen Informationen benutzerindividuell zusammenstellen kann.

Die Arbeitsvorgänge können hierbei alphabetisch, nach kritischem Pfad, den Dauern oder den Terminen sortiert werden. Bei den Betriebsmitteln ist das Sortieren nach Art, Kosten und Auslastung sowie auch alphabetisch möglich.

Arbeiten innerhalb MS Office

Mit den anderen Microsoft-Produkten ist ein vielfältiger Informationsaustausch möglich:

▷ Austauschen von Informationen zwischen MS Project und MS Excel
▷ Austauschen von Informationen zwischen MS Project und MS Access
▷ Austauschen von Informationen zwischen MS Project und MS PowerPoint
▷ Einfügen von Klangdateien bzw. Videodateien
▷ Einfügen von Gleichungen, Grafikobjekten (z. B. Organisationsplan), etc.

Felder, Zellen, Datensätze oder Zeilen, Excel-Diagramme oder ganze Dateien können verknüpft oder eingebettet werden. Man kann Excel- oder Access-Daten in MS Project importieren, oder umgekehrt MS Project-Daten nach Excel bzw. Access exportieren. Man kann sogar die gesamten Projektdaten als Datenbank im Access-Datenformat speichern.

Notizen, Folien, eine Gliederung oder die gesamte Präsentation können von PowerPoint nach Word exportiert und danach die ausgewählten Informationen aus Word in MS Project kopiert, eingebettet oder verknüpft werden. Bei einem verknüpften Objekt wird es in MS Project automatisch mitgeändert, wenn es in der Quelldatei (z. B. einer Excel-Tabelle) geändert wird. Bei einem eingebetteten Objekt bleibt es in MS Project unverändert, wenn es in der Quelldatei verändert wird.

Über E-Mail oder das World Wide Web (WWW) können Arbeitsgruppen gebildet und Informationen mit den im Projektplan aufgeführten Personen ausgetauscht werden (z. B. dass die Ressource Meier für einen Vorgang länger tätig sein muss). Darüberhinaus können MS Project-Dateien als E-Mail an andere oder an einen öffentlichen Ordner auf einem MS Exchange-Server gesendet werden.

Tabelle 6.3 Einsatz PC-gestützter Hilfsmittel

PM-Hilfsmittel / Aufgabenbereich	Textverarbeitungs-programme	Grafikprogramme	Datenbanksysteme	Tabellenkalkulations-programme	Netzplanverfahren	Spezielle PM-Standardprogramme
Projektantrag und Änderungsanträge	●		○			
Wirtschaftlichkeits-betrachtung						●
Strukturplanung	○	●	○			
Aufwandsschätzung				○		●
Terminüberwachung	○	○			●	
Aufwands- und Kostenüberwachung	○	○		●	○	
Einsatzmittelplanung				●	●	
Projektdokumentation	●	○	○			
Erfahrungssicherung	○		●			

● geeignet
○ bedingt geeignet

6.3 PM-Hilfen auf PC

Für das Projektmanagement bei kleineren und mittleren Projekten bieten sich besonders Hilfsmittel an, die nicht auf Großrechnern, sondern auf Personal Computern ablaufen. Der teilweise bestehenden Notwendigkeit eines Datenverbunds kann bei vielen Personal Computern mit einer Rechnerkopplung entsprochen werden. Häufig ist bereits der Trend zum »semidezentralen« Einsatz zu beobachten – mit zentraler Speicherung und dezentraler Bearbeitung. Hierfür werden »Server« eingesetzt, die allen angeschlossenen Arbeitsplatzsystemen zur Verfügung stehen (Client/Server-Anwendung).

Als PM-Hilfsmittel sind hier zu nennen:

- ▷ Textverarbeitungsprogramme,
- ▷ Grafikprogramme,
- ▷ Datenbanksysteme,
- ▷ Tabellenkalkulationsprogramme,
- ▷ Netzplanverfahren sowie
- ▷ spezielle PM-Standardprogramme.

Spezielle PM-Standardprogramme sind z. B. solche für die Aufwandsschätzung oder für die Marginalrenditerechnung.

In Tabelle 6.3 ist aufgezeigt, in welchen Fällen man PC-gestützte Hilfsmittel einsetzen sollte.

6.3.1 Tabellenkalkulationsprogramme

Im Rahmen der Projektplanung und -steuerung haben sich die auf PC verfügbaren Tabellenkalkulationsprogramme als sehr leistungsfähige Hilfsmittel erwiesen. Hiermit kann man komplex aufgebaute, zweidimensionale Tabellenstrukturen definieren und PC-unterstützt durchrechnen lassen. Jedes Planungsrechenschema oder Kalkulationsformular ist in Form einer Tabellenmatrix (Spreadsheet) mit einer definierten Zeilen- und Spaltenzahl darstellbar. Die einzelnen Tabellenfelder, die durch eine Zeilen- und eine Spaltennummer zu identifizieren sind, können drei Arten von Inhalten haben:

- ▷ Texte (Textfelder)
- ▷ numerische Werte (Wertefelder) oder
- ▷ Formeln und Funktionen (Formelfelder).

Jedes Formular kann in Felder unterteilt werden, so dass jedes Feld genau eine dieser drei Inhaltsarten aufnimmt.

	A	B	C	D	E	F	G
1	**Plan/Ist-Vergleich**						
2				**aufgelaufen**	**lfd. GJ**	**Plan**	**Abweichung**
3							
4		Stunden	Std.		250		
5		Stundensatz	EUR/Std		80		
6		Eigenleistung	EUR	35.000	20.000	70.000	79%
7		Fremdleistung	EUR	9.800	5.500	20.000	77%
8	**Summe Personalkosten**		EUR	44.800	25.500	90.000	78%
9							
10		Musterbau	EUR	9.600	7.500		
11		SW-Kauf	EUR	1.500	4.800		
12		Rechenzeit	EUR	1.200	900		
13	**Summe Sachkosten**		EUR	12.300	13.200	20.000	128%
14							
15		GK-Anteil	%	3	4		
16	**Gemeinkosten**		EUR	1.713	1.548	2.000	163%
17							
18	**Gesamtkosten**		EUR	58.813	40.248	112.000	88%
19							

	A	B	C	D	E	F	G
1	**Plan/Ist-Vergleich**						
2				**aufgelaufen**	**lfd. GJ**	**Plan**	**Abweichung**
3							
4		Stunden	Std.		250		
5		Stundensatz	EUR/Std		80		
6		Eigenleistung	EUR	35.000	=E4*E5	70.000	=100*(D6+E6)/F6
7		Fremdleistung	EUR	9.800	5.500	20.000	=100*(D7+E7)/F7
8	**Summe Personalkosten**		EUR	=D6+D7	=E6+E7	=F6+F7	=100*(D8+E8)/F8
9							
10		Musterbau	EUR	9.600	7.500		
11		SW-Kauf	EUR	1.500	4.800		
12		Rechenzeit	EUR	1.200	900		
13	**Summe Sachkosten**		EUR	=SUMME(D10:D12)	=SUMME(E10:E12)	20.000	=100*(D13+E13)/F13
14							
15		GK-Anteil	%	3	4		
16		**Gemeinkosten**	EUR	=(D8+D13)*D15/100	=(E8+E13)*E15/100	2.000	=100*(D16+E16)/F16
17							
18	**Gesamtkosten**		EUR	=D8+D13+D16	=E8+E13+E16	=F8+F13+F16	=100*(D18+E18)/F18
19							

Bild 6.15
Beispiel einer Excel-Rechentabelle
Oben: Rechentabelle in aufbereiteter Form Unten: Rechentabelle mit Formeln

Die *Textfelder* entsprechen im Wesentlichen Überschriften für die Zeilen und Spalten oder auch für einzelne Felderbereiche. *Wertefelder* nehmen die Eingabedaten auf, und die *Formelfelder* stellen die Ergebnisfelder dar. Formelfelder enthalten Formeln, die beliebige andere Wertefelder in eine arithmetrische Funktion einbeziehen und nach Durchrechnung der Tabelle das Zahlenergebnis ausweisen. Formelfelder sind damit die Ausgabefelder einer Tabellenkalkulation.

Das Grundprinzip ist in Bild 6.15 dargestellt, welches ein sehr einfaches, in Excel erstelltes Rechenblatt in seiner aufbereiteten Form und ausschnittsweise in seiner formelmäßigen Speicherung zeigt.

Wie das Beispiel verdeutlicht, sind nur die originären Zahlenwerte für Eigen- und Fremdleistung sowie für Musterbau, SW-Kauf und Rechenzeit einzugeben. Die Summenwerte für Personal-, Sach-, Gemein- und Gesamtkosten sowie die Plan/Ist-Abweichungen werden bei jeder Veränderung eines einzigen Einzelwertes vom Programm automatisch neu berechnet.

In den Formeln einer Tabellenkalkulation kann man alle gängigen arithmetrischen Operationen wie

▷ Addition,
▷ Subtraktion,
▷ Multiplikation,
▷ Division,
▷ Potenzierung und
▷ Prozentbildung

nutzen. Weiterhin sind zahlreiche Funktionen möglich, wie

▷ Absolutwertbildung,
▷ trigonometrische Funktionen,
▷ logarithmetrische Funktionen,
▷ Mittelwertbildung,
▷ Restwertbildung bei einer Division,
▷ Zinswertrechnungen,
▷ Exponentialfunktionen,
▷ Wurzelbildung und
▷ logische Funktionen.

Alle Tabellenkalkulationsprogramme haben sehr benutzerfreundliche Dialogoberflächen, so dass leichter Aufbau, aber auch schnelle Werte- und Strukturveränderungen der Rechentabellen möglich sind. Darüber hinaus können auch unterschiedliche Planungstabellen über definierte Felder miteinander verknüpft werden.

In Tabelle 6.4 sind einige auf dem Markt angebotene Tabellenkalkulationsprogramme aufgeführt.

Tabellenkalkulationsprogramme sind so vielfältig einsetzbar, dass an dieser Stelle nur auf einige typische Anwendungsbeispiele im Rahmen der Entwicklungsplanung und -steuerung eingegangen werden kann. Dies sind:

▷ Vor- und Nachkalkulation
▷ Budgetplanung
▷ Mitarbeitereinsatzplanung
▷ Marginalrenditerechnung.

Vorkalkulation

Innerhalb der FuE-Projektkalkulation bildet die Vorkalkulation den ersten Planungsabschnitt, an den bekanntlich die Mitkalkulation und Nachkalkulation anschließen. Mit der Vorkalkulation wird für kalkulationsrelevante Teileinheiten eines Projekts das aufwands- und kostenmäßige Mengengerüst aufgestellt,

Tabelle 6.4 Tabellenkalkulationsprogramme (Auswahl)

	Betriebssystem	Datenbankanschluss	eingebettet in
Excel	MS-Windows	Access	MS Office
SuperCalc	MS-DOS	Star Base	Star Office
Lotus 1-2-3	MS-Windows	Lotus-Datenbank	Smartsuite Millenium
SIPLAN	SINIX	Informix	–
Quattro Pro	MS-Windows	Paradox	Word Perfect Office

das häufig nach Entwicklungsphasen und Tätigkeitsarten strukturiert ist. Die Vorkalkulation umfasst also die Aufwands- und Kostenschätzung gemäß einem vorgegebenen Kalkulationsschema. Da solche Vorkalkulationen in der Frühphase eines Projekts üblicherweise in mehreren Iterationen durchlaufen werden und erst die Plandaten der letzten, freigegebenen Vorkalkulation in die (zentralen) Kostenüberwachungsverfahren einfließen, hat es sich als sinnvoll erwiesen, diese Vorkalkulation auf einem (dezentralen) Personal Computer mit Hilfe von Tabellenkalkulationsprogrammen durchzuführen. In Bild 3.103 ist ein Beispiel für ein derartiges Kalkulationsschema gezeigt, das mit dem Tabellenkalkulationsprogramm Excel [4,86] erstellt worden ist. Bei diesem Formular sind die einzelnen Aufwands- und Kostenwerte manuell im Dialog einzutragen, wogegen die Summierungen und die prozentuale Kostenberechnung automatisch vorgenommen wird.

OI-Jahresplanung GJ 99/00			Abteilung: MHB OI 13			Stand: 03.01.2001	
Kostensatz in TEU/MM:		12,5					
Proj.-Nr.	**Projekt**	**Vorjahr** MM	**Personal** MM	**RZ-Kosten** TEU	**Kauf** TEU	**Gesamt** TEU	**Anteil**
H197370	PAUS-Entwicklung	10	7	8		96	
H197380	MEKA-Pflege	5	6	4		79	
H197390	KEPI-Entwicklung	18	16	10	25	235	
H197391	EPISTEL-Pflege	5	6	3	15	93	
H197400	KENIA2-Überleitung	5	8	7		107	
H197410	SAP-Einführung	4	21	4		267	
FUE-Steuerungsverfahren		47	64	36	40	876	41%
H121296	Projektkalkulation	12	8	9	10	119	
H121297	Aufwandsschätzung	6	6			75	
H121298	EDB	2	5	6		69	
H121299	NP-Verfahren	3	3	1		39	
PM-Verfahren		23	22	16	10	301	14%
H170190	Technisches Archiv	3	1			13	
H170201	TEDOK	2	1			13	
H170210	Koord. tech. Verfahren	3	3			38	
H170220	OI-Arbeitskreise	10	10			125	
H170230	Technische Richtlinien	4	7			88	
Allgemeine OI-Aufgaben		22	22	0	0	275	13%
H190023	EDSBELI	2	1	2		15	
H190123	PVZ419	7	3	4		42	
H190124	FWT1000D	1	3	3		41	
H190135	Dämpfung	2	3	3		41	
H190136	POFIN	9	5	6		69	
H190137	GERBADIN	2	14	11		186	
H200742	MAREN	13	15	17	20	225	
H201560	PROM	9	6	8		83	
Technische Programme		45	50	54	20	699	32%
	Summe	137	158	106	70	2.151	100%

Bild 6.16 Beispiel für eine OI-Jahresplanung (mit Excel)

Budgetplanung

Tabellenkalkulationsprogramme eignen sich auch für alle Formen einer Budgetplanung hervorragend, unabhängig davon, ob es sich um eine Einjahres- oder eine Mehrjahresplanung handelt.

Als Beispiel für eine Budgetplanung sei hier das Excel-Rechenschema für eine OI-Jahresplanung angeführt, wie es in einer Organisations- und Automatisierungsabteilung für das Einplanen von Rationalisierungsprojekten angewendet wird (Bild 6.16).

Auf der waagerechten Achse sind die Personalaufwände sowie die RZ- und Consultant-Kosten aufgetragen. In der Senkrechten werden die einzelnen Teilprojekte mit Zwischensummierungszeilen aufgeführt. Alle Zeilen- und Spaltensummierungen übernimmt das Tabellenkalkulationsprogramm. Liegt eine solche Jahresplanung als Rechenschema in einem Personal Computer vor, so lassen sich die während einer Plandurchsprache immer wieder notwendigen Korrekturen leicht einbringen, ohne dass »per Hand« jedes Mal umfangreiche Rechnereien notwendig werden.

Mitarbeitereinsatzplanung

Auch das Einplanen der einzelnen Mitarbeiter von Entwicklungsgruppen mit ihrer verfügbaren Kapazität auf die einzelnen Projektteile lässt sich sehr gut mit einem Tabellenkalkulationsprogramm durchführen. Als Strukturschema für einen Mitarbeitereinsatzplan bietet sich das in Bild 3.85 Gezeigte an. Da allerdings Anzahl und Namen der Mitarbeiter wie auch der Projekte gruppenspezifisch sind, kann eine solche Mitarbeitereinsatzmatrix nur auf die eigenen Erfordernisse zugeschnitten sein. In Bild 6.17 ist eine mit SuperCalc aufgebaute Mitarbeitereinsatzmatrix dargestellt.

Das Beispiel zeigt, dass ein Mitarbeiter (Storke) nicht ausgelastet, ein anderer (Eisert) überlastet ist, alle anderen aber zu 100% eingeplant werden konnten. Dem steht eine nicht volle MA-Belegung bei einem Projekt (EPISTEL) gegenüber; alle weiteren Projekte sind in etwa zu 100% belegt.

Änderungen in der persönlichen Auslastung oder der verfügbaren Kapazitäten kann man leicht in eine erneute Durchrechnung der Einsatzmatrix überführen, so dass sich diese Form der Mitarbeitereinsatzplanung sehr gut für Simulationsläufe eignet.

Marginalrenditerechnung

Das in Kap. 2.3.5 wiedergegebene Formular (Bild 2.30) für die Wirtschaftlichkeitsprüfung von Rationalisierungsinvestitionen bzw. von Organisations- und Automatisierungsvorhaben entspricht ebenfalls einem zweidimensionalen Rechenschema, das deshalb auch mit einem Tabellenkalkulationsprogramm aufgebaut und bearbeitet werden kann.

Sowohl mit Excel im MS-Windows als auch mit SIPLAN in SINIX sind Tabellenkalkulationsprogramme für die Marginalrenditerech-

Plan	Su.	%	Proj/MA	Bajohr	Eisert	Fuchs	Linck	Muller	Storke
			Kapazitaet	10	10	5	8	10	10
			Auslastung	10	11	5	8	10	8
			%	100	105	100	100	100	79
9	8.8	98	REPROPLIK	2.8	5.5			.5	
8	5.5	69	EPISTEL	5.5					
5	5.2	104	PAUS	1.7				3.5	
8	8	100	TEPRO		3.5				4.5
5	5	100	PROM				4.5		.5
3	2.9	97	POFIN						2.9
6	6	100	STRUKA		1.5			4.5	
8	8	100	RTU			4.5	3.5		
2	2	100	TEDOK			.5		1.5	
54	51.4	95	Summe						

Bild 6.17
Mitarbeitereinsatzmatrix (mit SuperCalc)

nung (z.B. MARGI) entwickelt worden. Mit diesem Programm können auf der Basis des o.g. Formulars am Bildschirm die notwendigen Daten für den Finanzmittelbedarf und den Finanzmittelrückfluss eingegeben werden. Alle horizontalen und vertikalen Summierungen laufen hierbei wieder automatisch ab. Da das Formular erheblich mehr Zeilen und Spalten als der Bildschirm hat, muss der Bildschirmausschnitt mit entsprechenden Kommandos bei der Eingabe über das Formular geführt werden. Hierbei kann man sowohl Positionierungskommandos für den Direktansprung als auch Cursortasten für das kontinuierliche Verschieben benutzen.

Nach der vollständigen Dateneingabe werden die entsprechende Marginalrendite und die voraussichtliche Amortisierungszeit berechnet. Die Ausgabe geschieht in Form des Formulars auf dem angeschlossenen Drucker. Die gesamten Daten eines Berechnungsgangs können in einer Excel- bzw. SIPLAN-Datei gesichert und bei späteren Datenänderungen mit anschließender Neudurchrechnung wieder aufgerufen werden.

6.3.2 Netzplanverfahren

Für das Projektmanagement werden auf dem Markt zahlreiche PC-Netzplanprogramme bzw. -verfahren angeboten; sie unterscheiden sich teilweise ganz erheblich in ihrem Funktionsumfang; einige stellen nur simple Programme zur Termindurchrechnung von Netzplänen dar, andere haben einen so großen Funktionsumfang, dass er bereits an Großrechner-Verfahren heranreicht. Auch gibt es immer neue Applikationen, so dass es nicht möglich ist, einen auch nur in etwa vollständigen Überblick über die angebotenen SW-Pakete aufzuzeigen. Deshalb kann Tabelle 6.5 nur einen kleinen Ausschnitt aus dem gesamten Angebotsspektrum wiedergeben, der allerdings derzeit die wohl wesentlichen Verfahren auf dem deutschen Markt enthält.

Wie aus der Übersicht zu ersehen ist, basieren die meisten Verfahren auf der CPM- bzw. MPM-Methode, die Methode PERT wird nur selten bedient. Als Plangrößen werden neben den Terminen meist auch die Kapazitäten und Kosten verfahrensmäßig einbezogen.

Nachstehend soll auf einige PC-Netzplanverfahren näher eingegangen werden, die bei Siemens einen Einsatz gefunden haben.

SIPRO

Beim Netzplanverfahren SIPRO [88] handelt es sich um ein SW-Produkt der SNI; es ist auf PC sowohl unter dem Betriebssystem SINIX als auch MS-DOS ablauffähig.

Das Verfahren verfügt über eine ergonomische Dialogoberfläche in Menütechnik und dient zur Termin-, Einsatzmittel- und Kostenplanung bei kleinen und mittleren Projekten. Basis ist die MPM-Netzplanmethode.

SIPRO ermöglicht die Verwaltung einer großen Anzahl Projekte (Begrenzung nur durch verfügbaren Speicherplatz), wobei jedes Projekt in Teilprojekte gegliedert werden und bis zu 500 Vorgänge umfassen kann. Bei Erreichen der Grenzen des Verfahrens ist ein Übergang auf Großrechnersysteme, die mit SINET implementiert sind, praktikabel. SIPRO und SINET können »datenkompatibel« dieselben Projekte bedienen.

Der Vorgang selbst wird eindeutig über einen alphanumerischen Schlüssel identifiziert. Die Ausführungszeit eines Vorgangs ist bestimmt durch seinen Anfangs- und Endtermin bzw. durch seine Dauer. Jeder Vorgang kann mehrere Nachfolger haben, wobei alle Typen von Anordnungsbeziehungen der MPM-Methode (Normalfolge, Anfangsfolge, Endfolge, Sprungfolge) genutzt werden können.

Bis zu 20 Einsatzmittel kann man je Projekt und Vorgang definieren. Durch Angabe von Kostenfaktoren leiten sich aus Einsatzmitteln, wie z.B. Rechenzeiten, die entsprechenden Kosten automatisch ab. Bei der Einsatzmittelberechnung kann der Bedarf eines Vorgangs unterschiedlich auf die jeweilige Vorgangsdauer verteilt werden. Durch geeignete Markierung ist außerdem eine gruppenbezogene Einsatzmittelauswertung möglich.

Zwei Kalender können je Projekt deklariert werden. Mit diesen werden die Ausfallzeiten und Feiertage während der Projektlaufzeit berücksichtigt. Der Planungshorizont geht der-

Tabelle 6.5 PC-Netzplanverfahren (Auswahl)

Nr.	PC-Verfahren	Anbieter (Stand 2001)	Betriebssystem	Methode			Plangrößen		
				MPM	CPM	PERT	Termine	Ressourcen	Kosten
1	Acos Plus 1	ACOS PM GmbH	Windows, UNIX, VMS	×			×	×	×
2	Artemis Views	Artemis International	MS-DOS, UNIX		×		×	×	×
3	Intelligent Planner	Augeo Software	Windows 95/98/NT		×		×	×	×
4	Mac Project	Apple	Macintosh		×		×		×
5	MS-Project	Microsoft	Windows 95/98/NT		×		×	×	×
6	OPX2	Scitor GmbH	Windows, Unix	×			×	×	×
7	PERTMASTER	Software 2000	MS-DOS/Windows	×		×	×	×	×
8	PPMS	PLANTA GmbH	Windows	×			×	×	×
9	Project Schedules	Scitor	MS-DOS/Windows	×			×	×	×
10	Results Management	ABT Corporation	Windows NT		×		×	×	×
11	SIPRO	Siemens	SINIX, MS-DOS	×			×	×	×
12	STARNET	Projekt Control	MS-DOS, CP/M-86	×			×	×	×
13	SuperProject	Computer Associates	MS-DOS, OS/2		×		×	×	×
14	Time Line	Breakthrough-Software	MS-DOS/Windows		×		×	×	×

zeit bis zum Jahr 2068. Monats- und Wochentagsbezeichnungen sind frei wählbar.

Bei der Termindurchrechnung werden mit einer Vorwärts- sowie einer Rückwärtsrechnung die frühesten und spätesten Ausführungstermine der Vorgänge sowie deren Pufferzeiten ermittelt. Bei vorgegebenem Beginn erhält man das frühestmögliche Projektende, bei vorgegebenem Ende den spätestzulässigen Beginntermin des Projekts.

Auf Grund des Einsatzmittelbedarfs der Vorgänge und nach einer Terminberechnung ist eine Einsatzmittel- und Kostenauswertung nach folgenden Kriterien möglich: Einsatzmittelbedarf zu den frühesten und den spätesten Ausführungsterminen der Vorgänge sowie Kosten zeitbezogen je Einsatzmittel, je Einsatzmittelgruppe und je Projekt.

Die Aktualisierungsfunktion dient dazu – bezogen auf einen Stichtag –, Veränderungen im Projektablauf nachzuführen sowie den Projektfortschritt festzuhalten.

Alle Zeiten vor einem vorgegebenen Stichtag werden als fertig gekennzeichnet, alle danach liegenden Zeiten als unerledigt bzw. als Restdauern. Nach einer Terminberechnung sind abgeschlossene oder in Arbeit befindliche Vorgänge nicht mehr verschiebbar.

Folgende Projektpläne können von SIPRO erzeugt werden:

- ▷ Terminliste,
- ▷ Vorgangsdatenliste,
- ▷ Einsatzmittel- und Kostenliste,
- ▷ Rückmeldeliste,
- ▷ Balkendiagramm,
- ▷ Auslastungsdiagramm,
- ▷ grafischer Netzplan.

Der Anwender kann sich darüber hinaus mit einer entsprechenden Funktion individuelle Listen aufbauen und ggf. mit aktuellen Daten jeweils ausdrucken.

Für die Ausgaben sind wahlweise Datensichtgeräte oder Drucker verfügbar. Hierbei gibt es mehrere Möglichkeiten der Selektion und der Sortierung. Der Netzplan kann grafisch auf einem Drucker ausgegeben werden.

Im Rahmen eines integrierten Verfahrensverbunds können Vorgangsdaten aus SIPRO in eine SINET-Installation auf einen Großrechner (BS2000) übertragen und dort weiterverarbeitet werden. Der umgekehrte Weg ist bei

Einhaltung entsprechender Konventionen ebenfalls möglich.

Acos Plus 1

Acos Plus 1 ist ein Produkt der ACOS, Algorithmen, Computer & Systeme PM GmbH; es ist auf PC unter den Betriebssystemen Windows 95, 98, NT sowie unter UNIX und VMS ablauffähig.

Das Programmsystem ist dialogorientiert und menügesteuert und dient – auf Basis der MPM-Netzplanmethode – zur Termin-, Kapazitäts- und Kostenüberwachung von Projekten. Dank seines modularen Aufbaus kann es in unterschiedlichen (preislich gestaffelten) Ausbaustufen eingesetzt werden.

Projektuntergliederung ist mit Hilfe einer unbegrenzten Teilnetzbildung möglich. Weiterhin kann man mehrere Vorgänge zu »Blockvorgängen« zusammenfassen. Diese können auf einer eigenen Netzplanebene betrachtet werden, wobei die Dauern und Abhängigkeiten sich automatisch errechnen. Eine solche »Blockbildung« kann iterativ geschehen, so dass eine Netzplanung auf mehreren Planungsebenen durchführbar ist. Je Projekt kann der Netzplan bis zu 32 000 Knoten umfassen. Nachteilig ist, dass man keine Vorgänge ohne explizite Angaben der Dauer, also nur mit Angabe des Anfangs- und Endtermins eingeben kann. Die Anzahl Anordnungsbeziehungen ist nicht begrenzt. Zusätzlich zu den vier bei der MPM-Methode üblichen Typen von Anordnungsbeziehungen kennt Acos Plus 1 noch eine weitere: die Annäherung.

Die Anzahl Einsatzmittel ist praktisch unbegrenzt. Mit Hilfe entsprechender Kostenfaktoren ist ein unmittelbares Umrechnen in Kostenwerte möglich. Der Finanzbedarf eines Vorgangs kann sich über seine Dauern kontinuierlich oder in Sprüngen verändern; Kostenvor- und Kostennachläufe sind möglich. Jedes Einsatzmittel kann dabei seinen eigenen Arbeitszeitkalender (Kapazitäten) bzw. Etatkalender (Kosten) haben (max. 255 Ressourcenkalender). Ein Etatkalender enthält den jeweils zeitlich unterschiedlich zur Verfügung stehenden Finanzstock.

Für die Termindurchrechnung können bis zu 255 Vorgangskalender definiert werden, mit denen man Feiertage, gesetzte Termine und Meilensteine berücksichtigen kann. Die Termindurchrechnung zeigt die kritischen und verspäteten (überkritischen) Vorgänge, die Pufferzeiten sowie die kritischen und überkritischen Anordnungsbeziehungen auf. Acos Plus 1 verfügt über eine »Delta-Funktion« für den Plan/Plan-Vergleich, mit der die Differenz zwischen zwei Netzplanständen gebildet werden kann.

Acos Plus 1 liefert eine große Anzahl Auswertungen, die z. T. in grafischer Form angeboten werden:

Listenausgaben

- ▷ Strukturplan,
- ▷ Terminlisten,
- ▷ Vorschauliste,
- ▷ kritische und bestimmende Wege,
- ▷ kritische und verspätete Vorgänge,
- ▷ Liste der Anordnungsbeziehungen,
- ▷ Arbeitszuteilungsliste,
- ▷ Betriebs- und Etatauslastungen,
- ▷ Meilensteinliste,
- ▷ Liste der Blockvorgänge,
- ▷ Einsatzmittelliste.

Grafische Ausgaben

- ▷ Balkenplan (ein-, mehrzeilig),
- ▷ Histogramme für Kapazitäts- und Kostenverläufe, Einsätze, Auslastungen und Vergleiche,
- ▷ Gegenüberstellung früheste/späteste Lage,
- ▷ Netzplan.

Weiterhin ist es möglich, auf Grund einer eingegebenen Begriffsauswahl freie, d. h. benutzerindividuelle Listenbilder aufzubauen. Neben der freien Definition der Tabellenspalten kann man auch Tabellenkalkulationsfunktionen, wie z. B. Summenbildung, Multiplikation und Kommunikation in diese Listen einbinden. Die unterschiedlich definierten Listenbilder können für spätere Auswertungen gesondert gespeichert und bei Bedarf wieder abgerufen werden.

Bei der Ausgabe grafischer Netzpläne zeigt es sich nachteilig, dass man die Vorgangskästchen nicht durch eine Koordinatenangabe (Rang, Ebene) festhalten kann, stattdessen werden sie bei jeder erneuten Durchrechnung durch das Verfahren eventuell anders platziert.

Acos Plus 1 verfügt über Schnittstellen zu SQL-Datenbanken, wie Oracle Informix und Ingrés sowie ODBC, weiterhin Möglichkeiten des Imports/Exports über ASCII, MS-Access, MS-Project und HTML.

Microsoft Project

Auf das Projektsteuerungsverfahren MS Project wurde in Kap. 6.2.5 näher eingegangen.

SuperProjekt

SuperProjekt ist ein Produkt der COMPUTER ASSOCIATES und ist auf allen Personal Computern ablauffähig, die über das Betriebssystem MS-Windows oder OS/2 verfügen.

Das Verfahren besitzt eine ergonomische Benutzeroberfläche mit Hilfe klar gegliederter Menüs (Einsteiger- und Expertenmodus). SuperProjekt wird zur Termin-, Einsatzmittel und Kostenplanung von einfachen bis komplexen Projekten eingesetzt; es arbeitet nach der CPM-Netzplanmethode.

In SuperProjekt kann eine mehrstufige Projektunterteilung vorgenommen werden. Die Anzahl definierbarer Vorgänge (Aufgaben) ist nur durch den verfügbaren Speicherplatz begrenzt. Bei der Vorgangsdefinition werden alle Möglichkeiten der CPM-Methode genutzt; so können die unterschiedlichen Terminarten und Pufferzeiten entsprechend angegeben bzw. variiert werden.

Jedem Vorgang können auch beliebig unterschiedliche Einsatzmittel (Ressourcen) zugeordnet werden, die dann in die Einsatzmittelrechnung zur Bestimmung der jeweiligen Auslastung einfließen. Kosten werden den Vorgängen getrennt vorgegeben, so dass eine eigene Kostenberechnung möglich ist.

Für die Kalenderdefinition gibt es einen Projektkalender, der für das gesamte Projekt (Personen und Einsatzmittel) gilt, sowie mehrere »Ressourcen-Kalender«, die einsatzmittelspezifisch sind; zu diesen sind Ausfallzeiten enthalten, die sich nur auf das betreffende Einsatzmittel beziehen.

Die Ausgaben von SuperProjekt sind:

▷ Projektdatenübersicht (Projekt-Details),
▷ Vorgangsdatenübersicht (Ausgaben-Details),
▷ Einsatzmittelübersicht (Ressource-Details),
▷ Aufgaben-Balkendiagramm,
▷ Ressourcen-Balkendiagramm,
▷ Netzplan.

Ausgabemedien sind Bildschirm und Drucker. Für das Drucken von überlangen, formatüberschreitenden Darstellungen (z. B. Netzplan) steht das Hilfsprogramm SIDEWAYS zur Verfügung, welches eine 90°-Drehung des Ausdrucks ermöglicht.

Auch existiert ein einfacher Übergang zum Tabellenkalkulationsprogramm SuperCalc, ein Produkt derselben Firma.

Time Line

Time Line ist ein PC-gestütztes Netzplanverfahren der Symantec Corporation [90]; es ermöglicht den Aufbau und die Verwaltung von Netzplänen mit Vorgängen und Abhängigkeiten. Alle herkömmlichen Netzplan- und Termindurchrechnungsfunktionen stehen dem Anwender zur Verfügung.

In Vorgangstabellen werden die Netzplanvorgänge (Tasks) definiert sowie die Abhängigkeiten zwischen diesen festgelegt. Vorgangsgliederungen in Untervorgänge und Hauptvorgänge erleichtern das Strukturieren in der Aufgabenplanung ganz erheblich. Weiterhin können Ressourcen oder Kostenwerte (Fix-, Einheits- und variable Kosten) den Vorgängen zugewiesen werden; hierfür stehen unterschiedlich definierbare Ressourcenkalender zur Verfügung. Time Line erkennt Ressourcenkonflikte und unterstützt den manuellen bzw. automatischen Ressourcenausgleich.

Die Netzplaninformationen können in unterschiedlichen Ansichten angezeigt werden (Gantt-Ansicht, PERT-Ansicht, Zeitskala-PERT-Ansicht, Auswertungsansicht). Einbettungen von Grafiken sind möglich. Es können eigene Layouts eingerichtet werden. Mehrere Ausgabemöglichkeiten für Ansichten, Kalender und Reports sind vorhanden; es steht auch ein eigener Report Writer von Time Line zur Verfügung. Time Line gestattet die »offene

Connectivity« (ODBC, OLE und DDE), es können daher die Netzplandaten in Lotus 1-2-3 oder MS Access aktualisiert bzw. präsentiert werden.

Time Line unterstützt das Multiprojekt-Management, da es den Aufbau von Projekthierarchien, eine gemeinsame Termindurchrechnung und Ressourcenplanung sowie das Festlegen von Projektprioritäten ermöglicht.

Das Verfahren läuft unter Windows und kann bei Bedarf auch als Client-Server-Anwendung installiert werden. Die Benutzeroberfläche ist voll in Windows eingebettet, wobei leistungsfähige Online-Hilfefunktionen zur Verfügung stehen.

Intelligent Planner

Das PM-Tool Intelligent Planner der Firma AUGEO Software GmbH ist ein Ressourcen- und Projektmanagementsystem, mit dem die Arbeitspakete einer mehrstufigen Projektstruktur zusammen mit den benötigten Ressourcen in ein Ganttsches Balkendiagramm eingeplant werden; hierbei wird bei einem unternehmensweiten Einsatz die Multiprojektplanung durch aussagekräftige Auslastungsdiagramme im besonderen Maße unterstützt. Das Verfahren ist als Client/Server-Lösung konzipiert und arbeitet mit einer SQL-Datenbank (z. B. Oracle), Eingabemöglichkeiten über Internet sind vorgesehen.

Die Elemente der Projektstrukturierung werden als Planungselemente bezeichnet; auf oberster Ebene können dies z. B. einzelne Projekte sein, darunter können dann die Projektphasen und die jeweiligen Arbeitspakete angeordnet werden. Den Planungselementen werden benutzerdefinierbare Detailmerkmale zugeordnet; Detailmerkmale sind z. B. Projektleiter, Kostenstelle, Kunde etc. Weiterhin können an die Planungselemente unterschiedliche Zugriffsberechtigungen sowie die Ausgabeform von Projektberichten gebunden sein. Werden die Detailmerkmale Planungselementen höherer Ebene zugewiesen, »vererben« sich die Angaben auf die unteren Elemente; wo sie allerdings jederzeit wieder geändert werden könnnen.

Die einzelnen Planungselemente werden durch Angabe von Beginn- und Endeterminen in ein Ganttsches Balkendiagramm eingebettet; hierbei kann die Terminzuweisung entweder durch direkte Datumsangabe oder durch grafische Verschiebung des entsprechenden Balkens im Diagramm geschehen. Mit unterschiedlicher Farbgebung der Balken wird zwischen fertigen, noch nicht fertigen, terminlich kritischen und vorläufig eingeplanten Abschnitten unterschieden.

Auf allen Ebenen der Projektstrukturen können Ressourcen, vornehmlich Mitarbeiter zugeordnet werden. Die Mitarbeiter selbst sind in einer frei definierbaren Organisationsstruktur eingeordnet. Wie bei den Planungselementen können den Ressourcen Detailmerkmale zugewiesen werden, Detailmerkmale wie Skills, Arbeitsplatz etc. Auf diese Weise können die Mitarbeiter entsprechend ihrer Skills (Skills-Management) für die verschiedenen Projektaufgaben eingeplant werden.

Die Mitarbeiter können bei der Ressourcenzuteilung außer für projektbezogene Tätigkeiten auch für Routinetätigkeiten, wie x%-Hotline-Tätigkeit, Weiterbildung, Urlaub etc. eingeplant werden. In einem Auslastungsdiagramm wird dann je Mitarbeiter genau die jeweilige Aufwandsverteilung auf die Aufgaben grafisch dargestellt.

Für die Zeiterfassung und Fortschrittskontrolle steht eine einfache Stundenmaske zur Verfügung, über die die Mitarbeiter tätigkeitsbezogen ihre Aufwandsstunden eingeben. Eine Detaillierung nach Tätigkeitsarten, Phasen, Meilensteinen u. Ä. ist nicht möglich.

Für das Kostenmanagement können Kostenwerte sowohl für eine Top-down-Planung (Budgetierung) als auch Bottom-up-Planung (Schätzung) eingegeben werden. Über Schnittstellen können Verbindungen zu vor- oder nachgeschalteten RW-Verfahren geschaffen werden.

Results Management Suite 5

Das Projektmanagement-Toolpaket *Results Management Suite 5*, welches von der Firma ABT Corporation entwickelt worden ist, unterstützt eine unternehmensweite Multiprojektplanung und ein ganzheitliches Projekt-Controlling (EPM, Enterprise Project Management). Kern dieses Toolpakets ist eine gemeinsame Projektdatenbank (ABT Repository), die alle Vorgehensweisen, Projektdaten und Projektpläne eines ganzen Entwicklungsbereichs enthält, aber auch Daten aus anderen Business-Systemen übernehmen kann. Es ist als Client/Server-Anwendung mit Ein- und Ausgabemöglichkeiten über das firmeninterne Intranet realisiert.

Im Wesentlichen umfasst ABT Results Management folgende Funktionsmodule:

- ▷ ABT Planner
- ▷ ABT Resource
- ▷ ABT Connect und ABT Team
- ▷ ABT Publisher
- ▷ ABT Workbench.

Im *ABT Planner* werden einerseits »Methoden« festgelegt und andererseits wird hier die Aufwandsplanung vorgenommen, d.h. je Arbeitspaket können mehrere Planaufwände explizit (z.B. optimistisch, pessimistisch, realistisch) oder über eine Formel (z.B. Anzahl Mitarbeiter geteilt durch zwei) eingegeben werden. Eine »Methode« umfasst einen Standard-Projektstrukturplan mit den je PSP-Element geforderten Projektergebnissen; dieser Aufgabenplan kann an die projektaktuellen Gegebenheiten angepasst, d.h. sowohl eingeschränkt als auch erweitert werden.

Die *ABT Resource* ermöglicht ein projektübergreifendes Ressourcenmanagement. Alle Fachkräfte einer Organisationseinheit sind mit ihren Rollen (Skills) und dem jeweiligen Grad der Befähigung gespeichert. Auf Basis der von den Projektleitern in aufgabenbezogenen Einsatzplänen festgelegten personellen Anforderungen übernimmt ein Ressourcenmanager die Zuweisung des vorhandenen (freien) Personals; hierbei wird er durch grafische Auslastungsdiagramme unterstützt.

Mit den Modulen *ABT Connect* (WEB-basierte Anwendung) und *ABT Team* (Client/Server-Anwendung) wird die Zeiterfassung seitens des Entwicklungspersonals vorgenommen. In einem Tagesraster können die Aufwandsstunden auf Projektaufgaben oder auch auf nichtprojektspezifische Themen (wie Urlaub, Kurse etc.) kontiert werden; außerdem kann der Kontierende zu seinen Arbeitspaketen die voraussichtlichen Restaufwandsstunden zur Rückmeldung abgeben. Die Übernahme in das Repository geschieht dann zu einem Stichtag als so genannte Buchung.

Über den *ABT Publisher* werden über das Internet detaillierte Projektberichte und Projektdaten in grafischer Darstellung aus dem Repository zur Verfügung gestellt; es fungiert damit als Management-Information-System und fördert dadurch ganz entscheidend die Projektkommunikation. Datenübergaben nach Excel zur weiteren Bearbeitung sind möglich.

Der *ABT Workbench* präsentiert sich als anwenderfreundliche Oberfläche in einer Multiprojekt-Umgebung mit Shortcutleisten, anpassbaren Symbolleisten, Dialogboxen mit Tabulator-Navigation sowie Drag- und Drop-Funktionalitäten. Weiterhin können in der ABT Workbench die Ansichten der Dialog-Projektpläne, wie Balkenplan, Netzplan und Auslastungsplan in ihrer Form und ihrem Dateninhalt definiert und variiert werden.

ABT Results Management Suite 5 kann auch in Verbindung mit MS Project eingesetzt werden, wobei die Stärken beider Systeme gemeinsam genutzt werden können.

ARTEMIS Views

Artemis Views ist ein Toolset für das Management von Terminen, Ressourcen und Kosten auf Basis einer Client/Server-Technologie im Rahmen eines unternehmensweiten Projektmanagements; es wird von der Firma Artemis International vertrieben. Das Verfahren läuft in der Systemumgebung von MS Windows, Unix oder Open VMS. Im Einzelnen besteht es aus vier Programmkomplexen in enger funktionaler Verbindung mit MS Project.

Artemis ProjectView ist das Werkzeug für den Projektmanager. Es verarbeitet Referenzdaten aus MS Project, welches in Artemis View voll integriert ist; weiterhin verdichtet es Informationen über beliebig viele Projekte, berechnet Ressourcenauslastungen, führt Ressourcenabgleiche über alle Projekte im Rahmen einer Multiprojektplanung durch und erstellt Simulationen für den Vergleich verschiedener Projektplanungsvarianten.

Artemis ResourceView ist die Komponente für die Ressourcen-Einsatzplanung. Projektaufgaben und projektunabhängige Aufgaben werden in Abstimmung mit den Ressourcen und unter Berücksichtigung der Verfügbarkeit und Einsatzmöglichkeiten optimiert. Der Personalanforderungsprozess wird überschaubar dargestellt und ermöglicht so eine durchgängige Koordination und damit eine optimale Auslastung der verfügbaren Ressourcen.

Artemis TrackView ist die Aufwandserfassungs- und Zeitverfolgungskomponente innerhalb dieses Projektmanagementsystems. Der geleistete Aufwand sowie der voraussichtliche Restaufwand wird aufgaben- und zeitorientiert von den einzelnen Mitarbeitern erfasst. Mit entsprechender Datenverdichtung erhält das Management einen genauen Überblick über den Projektstand hinsichtlich Aufwand, Kosten und Zeit.

Artemis CostView bildet die Controlling-Komponente für die Projektkostenverfolgung. Der gesamte Projektzyklus, ausgehend von der Angebotserstellung über die Detailplanung der Aufwände, Kosten und Termine bis hin zum projektbegleitenden Controlling, wird abgedeckt. Dem Projektmanagement stehen eine Vielzahl von Standardberichten und Trendanalysen zur Verfügung.

Project Scheduler

Das Verfahren Project Scheduler der Firma Scitor ist – ähnlich MS Project – ein Projektsteuerungsverfahren auf Basis der Netzplantechnik. Mit Hilfe von Projektstrukturplänen und Netzplänen kann ein Projekt sauber strukturiert und hinsichtlich Aufwände, Kosten, Ressourcen und Termine korrekt durchplant werden. Die übersichtliche grafische Oberfläche ermöglicht ein leichtes Durchspielen und Simulieren von verschiedenen Planungsvarianten. Alle üblichen Abhängigkeitsarten zwischen Netzplanvorgängen sind einsetzbar. Mitarbeiter und sonstige Ressourcen sind den Vorgängen leicht zuordenbar. Die Durchrechnung der Netzpläne geschieht hierbei nach der »Critical Chain«-Methode, bei der in die Berechnung des kritischen Pfads nicht nur die Abhängigkeiten zwischen den Vorgängen sondern auch die Verfügbarkeit der Ressourcen einbezogen wird. Die Kostenplanung und -kontrolle kann nach einem unternehmenseigenen fiskalischen Kalender ausgerichtet werden. Ein Inflationsmodell gestattet es, die Projektkosten automatisch an den Plan anzupassen.

Vielfältige Projektpläne und -berichte können generiert werden: Projektübersichten, Ressourcenaufstellungen, Vorgangstabellen, Balken- und Netzpläne, Strukturbäume sowie beliebig konfigurierbare Linien- und Balkendiagramme zur Darstellung von zeitbezogenen Projektdaten. Ein eigener Berichtegenerator ermöglicht eine Vielzahl von Projektberichten in freier, tabellarischer oder zeitverteilter Form.

Mittels sogenannter Projekt-Portfolios wird eine Multiprojektplanung unterstützt; man sieht z. B. die Auslastung eines Mitarbeiter nicht nur bei dem aktuellen Projekt sondern im Kontext aller laufenden Projekte. Ebenfalls können die Projekte und ihre Unterprojekte in einer Gesamtsicht gruppiert und zusammengefasst werden.

Project Scheduler hat Tools für den Internet-Anschluss, so können z. B. verfahrensgenerierte Balkenpläne nahtlos in Webseiten integriert und dort automatisch aktualisiert werden. Auch wird eine Schnittstelle zum Projektsystem PS von SAP R/3 angeboten. Schließlich kann Project Scheduler von der Einzellösung bis zur Unternehmenslösung ausgebaut werden.

6.3.3 Aufwandsschätzverfahren

Für den Einsatz auf Personal Computern sind in der Vergangenheit bereits einige Aufwandsschätzverfahren realisiert worden. Durch die stete Verfügbarkeit auf einem Personal Computer und die damit verbundene leichte Hantierbarkeit und die individuellen Anwendungsmöglichkeiten wird viel eher eine breite Nutzung von Aufwandsschätzverfahren erreicht als durch irgendeine andere Maßnahme. Gerade in den ersten Planungsschritten ist das Schätzen des Entwicklungsaufwands etwas sehr »Persönliches«; deshalb ist der Einsatz von Personal Computern an dieser Stelle besonders vorteilhaft.

Tabelle 6.6 enthält drei bei Siemens eingesetzte Verfahren, die auf unterschiedlichen Methoden basieren.

Nachstehend soll auf diese exemplarisch näher eingegangen werden.

Tabelle 6.6 PC-Aufwandsschätzverfahren (Auswahl)

Verfahren	Methode	Anbieter	Betriebssystem
SCHATZ	ZKP	PSE	MS-DOS, BS2000
FPM	Funktionswertmethode	Brainware GmbH	SINIX
SICOMO	COCOMO	Siemens	MS-DOS, SINIX

Aufwandsschätzverfahren SCHATZ

SCHATZ umfasst zwei Verfahren mit unterschiedlichen Methoden, die sich in ihrem Prinzip allerdings gleichen [106]. Die beiden Verfahren werden zu unterschiedlichen Zeitpunkten im Projektablauf eingesetzt und dienen schwerpunktmäßig zum Schätzen von Entwicklungsaufwänden bei der SW-Anwenderprogrammierung. Betriebssystemnahe Software kann teilweise ebenfalls mit SCHATZ geschätzt werden.

Schätzverfahren 1

Das erste Verfahren (SCHATZ 1) kann bereits in der Vorschlagsphase eines SW-Projekts eingesetzt werden. Es liefert dort natürlich nur sehr grobe Werte. Einzugeben sind allgemeine Daten hinsichtlich des Anwenders, der zu entwickelnden Lösung und des Projektteams; hieraus werden zu erwartender Aufwand je Entwicklungsphase, Aufwand für Projektleitung und Inspektion sowie der Gesamtaufwand errechnet.

Dem Verfahren liegt die Methode zu Grunde, dass, ausgehend von einem empirisch gefundenen Grundaufwand für die klassischen Aufgabenkomplexe (Dateien, Verarbeitung) einer Anwenderprogrammierung – variiert durch aufwandsbeeinflussende Einflussfaktoren –, der voraussichtliche Gesamtaufwand bestimmt wird; sie stellt damit auch eine Faktorenmethode dar.

Das Verfahren verlangt hierbei Informationen zu:

▷ Zielvorstellungen und Randbedingungen für die zu entwickelnde Software,
▷ Komplexität der zu entwickelnden Software,
▷ Projektumfeld (intern und extern).

Bild 6.18 zeigt den »Ergebnisbildschirm« für eine mit SCHATZ 1 durchgeführte Schätzung. Durch (komfortables) Vor- und Zurückblättern zwischen den einzelnen Eingabemasken können sehr leicht Schätzvarianten durchgespielt werden, wobei sich geänderte Eingaben unmittelbar ersichtlich auf das Gesamtergebnis auswirken.

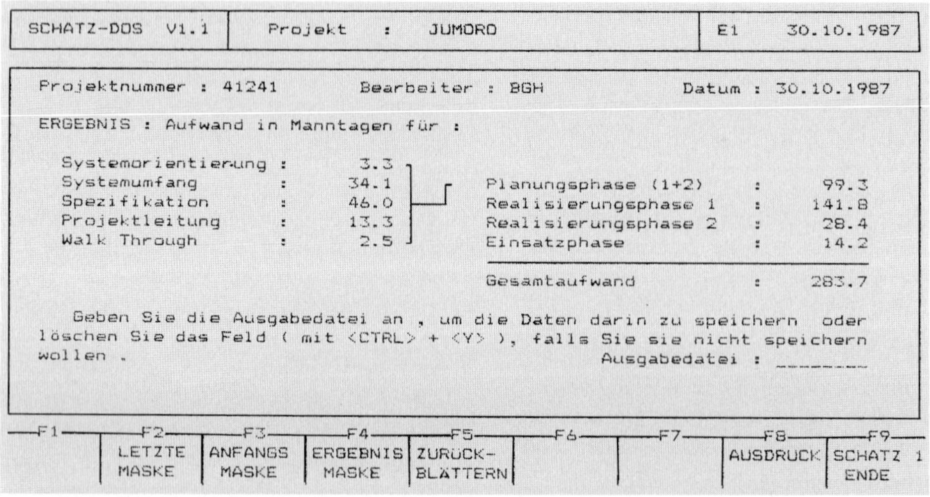

Bild 6.18 SCHATZ-Ergebnisblatt (SCHATZ 1)

Schätzverfahren 2

Das zweite Verfahren (SCHATZ 2) basiert auf der Methode Zeit-Kosten-Planung (ZKP) und stellt eine Dialogisierung des formulargestützten Verfahrens ZKP (siehe Kap. 3.2.5) dar. Das ZKP-Verfahren wird bekanntlich erst nach Abschluss des Systementwurfs eingesetzt und führt auf Grund detaillierter Entwurfs- und Realisierungsangaben natürlich zu genaueren Schätzwerten.

Aus Anzahl und Gewichtung der zu verarbeitenden Dateien sowie abhängig von Komplexität und Schwierigkeitsgrad des Programms wird – je SW-Baustein – ein Grundaufwand für die Dateien (Dateiaufwandswert) und für die Verarbeitung (Verarbeitungsaufwandswert) ermittelt. Zusätzlich werden Faktoren errechnet, die die Problemkenntnisse und Programmierungserfahrung der Bearbeiter berücksichtigen. Weitere Faktoren wirken über einen prozentmäßigen Zuschlag auf den Gesamtaufwand ein:

- ▷ Zeitaufwand für Organisation,
- ▷ Zeitaufwand für Verlustzeiten innerhalb des Projekts,
- ▷ Zeitaufwand für Programmänderung.

Entsprechend der ZKP-Methode errechnet das Verfahren den Entwicklungsaufwand von Beginn des DV-Grobkonzepts bis Ende des Systemtests. Die darüber hinaus erforderlichen Aufwände für Anwenderschulung, Probebetrieb und Übergabe sind mit 5% zu extrapolieren.

Bei SCHATZ 2 werden die einzelnen Abfragetabellen am Bildschirm angeboten, vom Schätzer entsprechend markiert und mit Mengenangaben versehen. Nach Übernahme dieser Eingabedaten laufen dann alle notwendigen Wertebestimmungen und Aufwandsberechnungen automatisch ab. Die Daten jeder einzelnen Schätzung können abgespeichert und jederzeit modifiziert werden. Eine einfache Maskenfolgesteuerung durch Funktionstasten erleichtert die Handhabung.

Die Ergebnisse der Schätzungen können von den jeweiligen Ergebnismasken aus auf Drucker ausgegeben werden. Übersichtliche Protokolle dokumentieren die Schätzungen mit Mengengerüst und allen Einflussfaktoren.

Aufwandsschätzverfahren FPM

FPM (Function Point Project Management System) ist konzipiert als Verfahren zur Aufwandsschätzung für SW-Entwicklungen; es ist auf einem SINIX-Rechner, unter Verwendung des Produkts FACET (Facility for easy window technic), implementiert. Das Verfahren baut auf der Funktionswertmethode (Kap. 3.2.4) auf und wurde bei der Entwicklung von DV-Verfahren auf dem Rationalisierungsgebiet (OI-Bereich) eingesetzt.

Eingabedaten

Entsprechend der Funktionswertmethode wird die zu realisierende Software in ihre Funktionen (»Geschäftsvorfälle«) zerlegt und den fünf Funktionsbereichen:

- ▷ Eingabedaten,
- ▷ Ausgabedaten,
- ▷ Abfragedaten,
- ▷ Datenbestände und
- ▷ Referenzdaten

zugeordnet. Daran schließt nach Gewichtung gemäß ihrem jeweiligen Komplexitätsgrad die Eingabe in das Verfahren an.

Außerdem werden die Ausprägungen von mehreren vorgegebenen Einflussparametern festgelegt.

Anhand dieser Angaben errechnet FPM den zugehörigen Funktionswert (Function-Points) und ermittelt mit Hilfe einer verfahrensintern gespeicherten Funktionswerttabelle (Erfahrungsdatensatz) den geschätzten Entwicklungsaufwand in Mann-Monaten. Die voraussichtliche Entwicklungszeit wird hierbei allerdings nicht ermittelt.

Benutzeroberfläche

FPM hat eine dialogorientierte Benutzeroberfläche und verfügt über einen maskengesteuerten Ablauf; dieser gliedert sich in einen nicht allgemein zugänglichen Teil zur Erfahrungsdatenpflege und in den eigentlichen Benutzerteil der Projektbearbeitung auf.

Die Erfahrungsdatenpflege umfasst im Wesentlichen die Behandlung von Tabellen für die

▷ Gewichte,
▷ Einflussfaktoren und
▷ Funktionswerte.

Im Rahmen der Projektbearbeitung wird die zu schätzende Software definiert und bewertet; hierbei sind folgende Aufgaben zu erfüllen:

▷ die Definition der Funktionen,
▷ deren Einordnung in einen der fünf Funktionsbereiche,
▷ deren Gewichtung entsprechend der Komplexität sowie
▷ die Bestimmung der einzelnen Einflussfaktoren.

Nach Eingabe der vorgenannten Daten macht FPM einen Rechnungslauf zur Ermittlung der Funktionswerte. Als Ergebnis erhält der Benutzer den Gesamtfunktionswert und den dafür (von FPM) geschätzten Entwicklungsaufwand; im Weiteren wird ihm eine Auflistung der einzelnen Projektteile mit einer prozentualen Aufteilung des vorgenannten Entwicklungsaufwands ausgegeben.

Sensitivitätsanalysen

Das Verfahren FPM eignet sich gut für das Simulieren verschiedener Schätzvarianten, wobei die anfangs definierten Funktionsanzahlen oder die vorgenommenen Gewichtungen »probeweise« variiert werden. So kann man Sensitivitätsanalysen (ähnlich Bild 3.33) erstellen.

Aufwandsschätzverfahren SICOMO

SICOMO (Siemens Software Cost Model Tool) ist ebenfalls ein Verfahren zur Aufwandsschätzung und Kalkulation von SW-Entwicklungen. Dem Verfahren liegt die COCOMO-Methode (Kap. 3.2.2) zu Grunde.

Eingabedaten

Ausgehend von einer definierbaren Produktstruktur ist dem Verfahren lediglich die Größe der zu entwickelnden SW-Komponenten, d. h. deren Befehlsanzahl in loc zu übergeben. Weiterhin müssen die einzelnen Ausprägungen der 15 von Boehm vorgeschlagenen Kostentreiber angegeben werden – die bekanntlich die Einflussgrößen der COCOMO-Aufwandsschätzmethode darstellen.

Aus diesen Angaben leitet SICOMO folgende Schätzdaten ab:

▷ Entwicklungsaufwand in Mann-Monaten
▷ Kosten der Entwicklung in DM
▷ Entwicklungszeit in Monaten.

SICOMO selbst arbeitet mit einem erweiterten »Detailmodell« und nützt damit die COCOMO-Methode in ihrer umfassendsten Form.

Entwicklungsumfeld

SICOMO kennt die drei Entwicklungsmodi:

»ORGANIC MODE«	für einfache SW-Entwicklungen,
»SEMIDETACHED MODE«	für mittelschwere SW-Entwicklungen und
»EMBEDDED MODE«	für komplexe SW-Entwicklungen.

Die Angabe des Entwicklungsmodus wird bei einer mehrteiligen Produktstruktur nur für das Gesamtprodukt (»Root-Komponente«) gemacht. Alle Komponenten auf unterer Ebene übernehmen (»erben«) automatisch diese Modus-Angabe.

Zu jeder zu schätzenden Komponente eines SW-Produkts legt man einzeln die jeweiligen Ausprägungen der Einflussparameter fest. Die zugehörigen Kostentreiberwerte sind von COCOMO übernommen worden; diese Wertebelegung kann z. B. mit dem in Kap. 5.3.4 erwähnten Kalibrierungsprogramm SIKAL an anwenderspezifische Gegebenheiten angepasst werden. Auch ist eine Änderung der Begriffsinhalte einzelner Kostentreiber möglich, wenn man über entsprechende Erfahrungsdaten abgeschlossener SW-Projekte verfügt.

Wie beim COCOMO-Modell wird bei SICOMO der SW-Entwicklungsprozess in die dort definierten Entwicklungsphasen gegliedert, wobei die Aufwands- und Zeitschätzung die Studienphase ausklammert, da in dieser ja erst die notwendigen Schätzvorgaben erarbeitet werden.

SICOMO ermöglicht die phasenorientierte Angabe der Personalkostensätze.

Zur Kalkulation geht man von einer 40-Stundenwoche aus. Nach Abzug eines Durchschnittswerts für Ausfallzeiten und nicht projektbezogenen Zeiten ergibt sich für einen Monat der Wert von 136 (produktiven) Arbeitsstunden. Soll eine andere Arbeitszeit je Monat zur Kalkulation herangezogen werden, so kann man in einer Parameterdatei den entsprechenden Wert modifizieren.

Bei SICOMO ist eine beliebig große Unterstrukturierung des geplanten SW-Produkts möglich (dagegen sieht COCOMO nur max. drei Stufen einer Produktstruktur vor).

Die Aufwandsbeeinflussung von Modifikationsentwicklungen kann bei SICOMO ebenfalls berücksichtigt werden. Hierzu sind die Angaben der im Kapitel 3.2.2 erläuterten Modifikationsanteile für den Entwurf, die Programmierung und die Integration zu machen.

Benutzerkommandos

SICOMO verfügt über einen komfortablen Benutzerdialog. Die verfügbaren Benutzerkommandos gliedern sich in:

▷ Datei- und Steuerkommandos,
▷ Strukturkommandos,
▷ Eingabekommandos,
▷ Kostentreiberkommandos und
▷ Ausgabekommandos.

Datei- und Steuerkommandos sind einerseits für die Datenverwaltung begonnener und abgeschlossener Aufwandsschätzungen notwendig, andererseits sind sie für den Ablauf des Dialogs erforderlich. Die Strukturkommandos umfassen alle Kommandos, die für die Definition, Manipulation und Abarbeitung der Produktstruktur notwendig sind. Mit den Eingabekommandos werden alle für die jeweiligen Aufwands- und Kostenschätzung erforderlichen Daten eingegeben. Hierzu zählen Entwicklungsmodus, Anzahl Befehle, Modifikationsanteile und Personalkostensätze. Mit den Kostentreiberkommandos werden die (verbalen) Kategorien der Ausprägungen ins Verfahren eingegeben. Die Ausgabekommandos stoßen die SICOMO-Auswertungen an und geben sie aus.

Sensitivitätsanalysen

Da der Bildschirm im SICOMO-Benutzerdialog gleichzeitig für die Eingabe und die Ausgabe genutzt wird, ergibt sich ein sehr schneller Dialog. Deshalb eignet sich SICOMO besonders zum Simulieren verschiedener Aufwandsschätzungen, so dass anschauliche Sensitivitätsanalysen möglich sind. Bei diesen Analysen wird im Rahmen der Aufwandsschätzung der jeweilige Einfluss von Veränderungen einzelner Eingabeparameter auf das Schätzergebnis untersucht. Dadurch ist leichter zu entscheiden, welche Maßnahmen z. B. getroffen werden müssen, eine bestimmte Reduzierung im geplanten Aufwand zu erreichen.

Beispiel einer SICOMO-Aufwandsschätzung

Anhand eines Beispiels aus der Praxis soll gezeigt werden, welche Ausgabemöglichkeiten SICOMO bietet: Es handelt sich um ein Programmsystem zur Generierung von PROM-Daten, das darüber hinaus Auswertungen in mehreren Sprachen – deren Programmteile also durch geringfügige Modifikationen entstehen – liefern soll.

Für jede definierte Komponente des betrachteten Produkts erhält man in dem SICOMO-Dialog einen Eingabebildschirm, der den Komponentennamen, den Entwicklungsmodus, die 15 Kostentreiber, die vier phasenorientierten Kostensätze sowie die Angabe der Produktgröße aufnimmt.

Bild 6.19 zeigt den Ergebnisbildschirm einer ausgewählten Komponente (dprog); er enthält phasenorientiert die Personalaufwände in MM und DM. Zusätzlich sind die notwendige Zeitdauer und Personalstärke bezogen auf die Phasen angegeben. Hierzu errechnet SICOMO noch die Produktivitätsgrößen DSI/MM und DM/DSI.

In einer weiteren Auswertung erstellt SICOMO ein Summenblatt (Bild 6.20), das die Schätzergebnisse aller Komponenten in eine gemeinsame Liste bringt. Die Ordnung in dieser Komponentenzusammenstellung entspricht der eingegebenen Produktstruktur.

Schließlich kann ein für das gesamte Projekt gültiger Zeitplan erzeugt werden (Bild 6.21); dieser geht allerdings streng von einem projektbezogenen, optimalen Personaleinsatz aus und berücksichtigt die aktuelle Personalsituation in der betreffenden Entwicklungsabteilung nicht. Deshalb ist dieser Zeitplan häufig

```
SICOMO    Software Cost Calculator                                   Page:    1

Current Component: dprog                                        Level:   2
SubComponent of:      pvdz419                                     MODE:   organic

RELY:* low       DATA:* low       CPLX:* nominal
TIME:* nominal  STOR:* nominal  VIRT:* low        TURN:* nominal
ACAP:* nominal  AEXP:* low       PCAP:* nominal  VEXP:* high     LEXP:* high
MODP:* high      TOOL:*·vhigh    SCED:* nominal
PDCOST:* DM 15000   DDCOST:* DM 15000   CUTCOST:* DM 15000   ITCOST:   DM 18000

DSI:        2900    %DMOD: 50   %CMOD: 80   %IMOD:100     CPI:  0   EDSI:        2100
----------------------------------------------------------------------------------
Phase    Man-Months    Cost (kDM)

PD           1.2          17.3
DD           1.4          21.6
CUT          1.6          24.6
IT           0.5           9.2

Total        4.7          72.8

Productivity = 451.9  DSI/MM    Unit Cost = 33.91  DM/DSI
==================================================================================
==================================================================================
```

Bild 6.19 SICOMO-Ergebnisblatt

SICOMO Software Cost Calculator Page: 1

SYSTEM SUMMARY

Component	EDSI	Man-Months	Cost (kDM)	DSI/MM	DM/DSI
1 pvdz419	11400	26.6	408.4	431	35.67
2 dprog	2100	4.7	72.8	452	33.91
2 assmod	2100	5.5	90.8	383	43.22
2 d20mod	1100	2.4	36.5	452	33.19
2 promaus	500	1.1	16.6	452	33.19
2 spez	3200	7.0	104.6	452	33.19
3 spezsteu	800	1.8	26.6	452	33.19
3 spezpdeu	1200	2.7	39.8	452	33.19
3 spezpeng	400	0.8	12.7	452	33.19
3 spezpspa	400	0.8	12.7	452	33.19
3 spezppor	400	0.8	12.7	452	33.19
2 prom	2200	5.3	78.8	414	36.21
3 promsteu	1000	2.4	36.2	414	36.21
3 prompdeu	600	1.4	21.7	414	36.21
3 prompeng	200	0.5	7.0	414	36.21
3 prompspa	200	0.5	7.0	414	36.21
3 promppor	200	0.5	7.0	414	36.21
2 promhex	200	0.5	6.6	472	29.97
2 promhex1	100	0.1	1.8	472	31.77

Bild 6.20 SICOMO-Summenblatt

SICOMO Software Cost Calculator Page: 1

DEVELOPMENT SCHEDULE

		% Phase	-- Man-Months --		-- Cost (kDM) --	
Month	Phase	Complete	Current	Cum.	Current	Cum.
1	PD	37	2.3	2.3	34.6	34.6
2	PD	74	2.3	4.6	34.6	69.2
3	PG	5	2.5	7.1	38.0	107.2
4	PG	23	3.0	10.1	46.6	153.8
5	PG	40	3.0	13.2	46.6	200.3
6	PG	58	3.0	16.2	46.6	246.9
7	PG	75	3.0	19.2	46.6	293.5
8	PG	93	3.0	22.3	46.6	340.1
9	IT	45	2.6	24.9	41.3	381.4
10	IT	100	1.7	26.6	27.0	408.4

Bild 6.21 SICOMO-Zeitplan

nur von theoretischem Wert, da man z. B. in dem einen Monat nicht genau 2,3 MA und im nächsten Monat genau 2,5 MA zur Verfügung hat.

6.3.4 Grafikprogramme

Ein Bild drückt bekanntlich häufig mehr aus als ein ausführlicher Text; außerdem können schwierige Zusammenhänge visuell oft viel leichter erklärt werden als verbal. Größenverhältnisse bei Plan/Ist-Vergleichen oder Trends bei Plan/Plan-Vergleichen sind z. B. mit Präsentationsgrafiken wesentlich anschaulicher darstellbar als mit umfangreichen Zahlentabellen. Gerade in der Entscheidungsfindung ist eine auf das Wesentliche reduzierte Datenpräsentation sehr nützlich; hinzu kommt, dass rechnergestützte Visualisierungen den großen Vorteil bieten, alle erdenklichen Alternativen in kürzester Zeit durchspielen zu können.

Auch wenn die auf Großrechnern laufenden Projektplanungs- und -steuerungsverfahren häufig nicht über eine derartige grafische Unterstützung verfügen, kann sich das Projektmanagement heute doch komfortabler Grafikprogramme auf Personal Computern bedienen. Dreidimensionale und farbige Darstellungen sind heutzutage auf Personal Computern bereits Standard; viele PC-SW-Hersteller bieten sogar Grafikprogramme für das freie Zeichnen von »Feuilleton-Bildern« an.

Das Erstellen einer Grafik ist relativ leicht zu erlernen. Als Erstes muss eine Grafikdatei aufgebaut werden; hierzu gibt man über Bildschirmmasken allgemeine Angaben über Grafikname, Typ des zu erstellenden Diagramms, Bezeichnung und Werteeinteilung der Rubriken und sonstige Beschriftungen ein. Anschließend werden je Rubrik (z. B. x- und y-Achse) die entsprechenden Einzelwerte erfasst. Auf Tastendruck erscheint dann die gewünschte Grafik.

Übersicht

Das Angebot an PC-Grafik ist sehr groß. Dank immer leistungsfähigerer Hardware wächst der jeweilige Funktionsumfang laufend; daneben zeigen Bedienoberflächen einen hohen Grad an Benutzerfreundlichkeit, so dass besonders die »Wenigbenutzer« sich dieser Hilfsmittel in steigendem Maße bedienen können.

Hinzu kommt, dass bei den PC-Grafikprogrammen häufig eine Datenschnittstelle zu Tabellenkalkulations- und Datenbankprogrammen vorhanden ist, die auf demselben Personal Computer ablaufen. Daher können Daten, die z. B. innerhalb eines Kalkulationsprogramms entstanden sind, auf einfache Weise entsprechend aufbereitet und grafisch dargestellt werden.

In der Übersicht der Tabelle 6.7 sind einige bekannte PC-Grafikprogramme aufgeführt, mit einigen Angaben zum jeweiligen Leistungsspektrum. Einerseits sind die möglichen Diagrammdarstellungen markiert und andererseits ist angegeben, in welcher Form einzelne Diagramme miteinander verbunden werden können. Für die Verbindung mehrerer Diagramme bieten sich – wie in Kap. 4.6.3 bereits erläutert – drei Möglichkeiten an, je nach Übereinstimmung der Skalierung der beiden Diagrammachsen (Tabelle 6.8).

In der Tabelle 6.7 ist weiterhin vermerkt, ob Diagramme dreidimensional ausgegeben werden können. Auch ist zu ersehen, ob das jeweilige Toolpaket farbfähig ist (mit entsprechendem Drucker) und ob freies Zeichnen unterstützt wird. In der Rubrik Datenschnittstelle sind die jeweils möglichen Anschlussprogramme aufgeführt.

Für eine erste Orientierung wird auf die vorgenannten Grafikprogramme kurz eingegangen.

Grafikprogramm MS-Chart

MS-Chart (Microsoft Chart), eines der ersten Grafikprogramme, ist auf das Erstellen von Geschäftsgrafiken ausgerichtet. Alle gängigen Diagramme können in bis zu 45 Diagrammausprägungen dargestellt werden. Dreidimensionale Aufbereitung ist allerdings nicht möglich. Die Darstellung am Bildschirm entspricht weitgehend dem Druckbild. Das Erstellen und Ändern von Diagrammen ist sehr einfach. Die hierbei benutzte Dialogoberfläche ist analog zu anderen Microsoft-Produkten in ähnlicher Menütechnik aufgebaut. Die einzelnen Kommandos sind stets in einer Menüleiste im Kopf des Ausgabebildschirms auf-

Tabelle 6.7 PC-Grafikprogramme (Auswahl)

Grafik-programm	Betriebs-system	Diagramm										Verbindung						
		Organigramm	Balken-	Säulen-	Flächen-	Linien-	Punkte-	Kreis-	Netz	Spannweiten-	Symbol-	Kombination	Kopplung	Schachtelung	dreidimensional	farbfähig	Freies Zeichnen	Daten-schnittstelle
MS-Chart	MS-DOS	×	×	×	×	×	×	×		×		×		×		×	teilw.	MS-Excel
PowerPoint	Windows		×	×	×	×	×	×	×	×	×			×	×	×	ja	andere MS-Programme
Excel	Windows		×	×	×	×	×	×	×	×		×	×	×	×	×	teilw.	andere MS-Programme
Lotus 1-2-3	MS-DOS		×			×	×	×									nein	Lotus-Tabellenkalk.
SuperChart	MS-DOS		×	×	×	×		×		×				×	×	×	SuperImage	Lotus 1-2-3, SuperCalc
Visio	Windows	×	×	×	×	×	×	×	×		×				×	×	ja	MS-Office, Internet

geführt und auf mehreren Befehlsebenen angeordnet, d.h. bei Einsatz eines bestimmten Kommandos ist anschließend meist eine weitere Unterkommandoauswahl oder eine Parametereingabe erforderlich.

Die Übernahme von Daten aus Tabellenkalkulationsprogrammen wird unterstützt (xternal-Kommando). Eine Übernahme fremder Datensätze, die als Textdateien aufgebaut sind, ist nicht möglich.

MS-Chart bietet mehrere Rechenfunktionen, u.a. lineare Regression, Standardabweichung, Durchschnittsberechnung und Anzeigen von Trends.

Präsentationsgrafikprogramm PowerPoint

PowerPoint ist ein Grafikprogramm von Microsoft, welches im Wesentlichen zum freien Zeichnen von Bildern für Präsentationsfolien gedacht ist. PowerPoint unterstützt aber auch die grafische Darstellung von Tabellen, so kann man z.B. Säulen-, Flächen-, Treppen-, Kreis- und ähnliche Diagrammformen sehr leicht entwerfen.

Tabelle 6.8 Verbindung von Diagrammen

	Wertebelegung		Anordnung der Diagramme
	x-Achse	y-Achse	
Kombination	identisch	identisch	gemeinsam
Kopplung	identisch	abweichend	untereinander
Schachtelung	abweichend	abweichend	beliebig

Bei Aufruf einer einfachen Eingabetabelle können die erforderlichen x- und y-Werte für das gewünschte Diagramm eingegeben werden. Anschließend können Form, Größe und Farbverteilung der Grafik sehr flexibel festgelegt (und nachträglich verändert) werden.

Eine Kopplung und Kombination zwischen diesen Diagrammen ist nicht möglich. Auch eine Übernahme von Tabellenwerten aus anderen Programmen, z.B. Tabellenkalkulationsprogrammen kann nicht vorgenommen werden.

Diagramme für das Projektmanagement sollten allerdings mit PowerPoint nur dann erstellt werden, wenn sie zur reinen Präsentation von Projekt-Sachverhalten, z.B. für Entscheidungssitzungen gedacht sind.

Tabellenkalkulationsprogramm Excel

Das Tabellenkalkulationsprogramm Excel [4, 86] von Microsoft (siehe Kap. 6.3.1) ist dahingehend fortentwickelt worden, dass es neben der reinen Durchrechnung von Tabellen auch die grafische Darstellung derselben ermöglicht.

Hierbei können eine große Zahl unterschiedlicher Formen und Varianten von Diagrammen unmittelbar in Excel dargestellt werden. Als Basis für die Diagrammwerte dient immer eine vorher aufgebaute Excel-Tabelle. Bei späteren Werteänderungen in den Tabellen passen sich umgehend die entsprechenden Grafikverläufe an. Zu einer einzigen Wertetabelle können auch mehrere unterschiedliche Grafiken generiert werden, dabei können sich diese in ihrer Darstellungsform oder in ihrem Wertebereich unterscheiden.

Die Diagrammdarstellung ist sowohl zwei- als auch dreidimensional möglich. Bei Vorhandensein eines entsprechenden Farbdruckers können die Diagramme mehrfarbig ausgegeben werden. Die Übernahme von Zahlenwerten aus vorgelagerten Projektdatenbanken, wie z. B. Access zur grafischen Darstellung wird von Excel ebenfalls unterstützt.

In Bild 6.22 ist in einem Beispiel gezeigt, wie man in Excel auf Basis einer einfachen Werte-Tabelle ein Geschäftsfeld-Portfolio mit einem Blasendiagramm erzeugen kann.

Für das Projekt-Controlling und das Entwicklungsmanagement ist inzwischen diese kombinierte Form der Tabellenkalkulation und der grafischen Diagrammdarstellung mit Hilfe von Excel in vielen Bereichen ein unentbehrliches Hilfsmittel geworden.

Grafikprogramm Lotus 1-2-3

Das Softwarepaket Lotus 1-2-3 ist ein integriertes Anwendersystem, welches mehrere PC-Funktionsbereiche (Tabellenkalkulation, Datenbank, Text und Grafik etc.) unter einer gemeinsamen Bedieneroberfläche umfasst. Lotus 1-2-3 enthält Grafiksoftware, mit der Geschäftsgrafiken erstellt werden können und zwar im Wesentlichen Balken- und Liniendiagramme sowie Kreisgrafiken.

Der große Vorteil bei Lotus 1-2-3 besteht in der »integrierten« Programmkonzeption. So wird die Grafik auf demselben Arbeitsblatt erstellt wie z. B. bei Geschäftsfelddarstellungen.

VISIO Standard

VISIO Standard ist ein Grafikprogramm der Firma VISIO Corporation, mit dem sehr schnell »intelligente« Geschäftsgrafiken erstellt werden können [40]. Intelligent soll hier bedeuten, dass mit VISIO die unterschied-

Geschäfts-feld	Anzahl Produkte	Marktanteil in %	Verkaufs-zahlen
A	14	13%	1.400
B	20	25%	6.600
C	19	47%	2.600
D	12	18%	5.000
E	4	6%	600

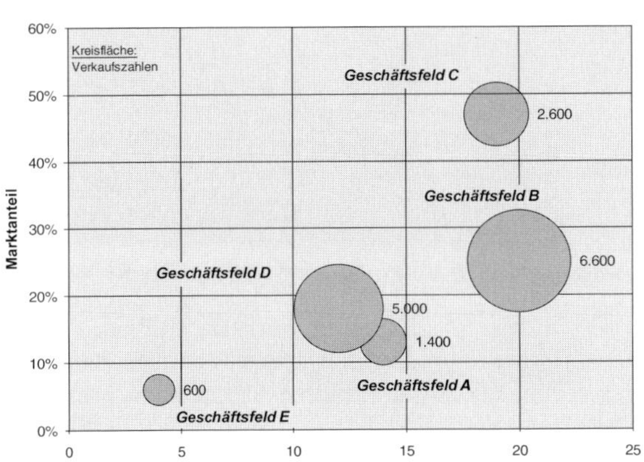

Bild 6.22
Blasendiagramm (mit Werte-Tabelle)

lichsten Geschäftsgrafiken mittels einer Vielzahl von Symbolen, so genannten Shapes und selbst gezeichneten Bildelementen entworfen werden können und dabei ein vorgenommener Zusammenhang, z. B. mit Verbindungslinien, beim weiteren Umordnen der Shapes automatisch nicht verloren geht (»Shape-Verhalten«), so dass die innere Logik der Grafiken erhalten bleibt.

Mit VISIO können Blockdiagramme, Geschäftsdiagramme, Flussdiagramme, Landkarten und Netzwerk-Diagramme erstellt werden. Zu den Geschäftsdiagrammen gehören hier neben den bekannten Linien-, Balken- und Kreisdiagrammen auch Grafiken wie Raumpläne, Marketing-Diagramme, Organigramme und weitere Projektpläne. Marketing-Diagramme können sehr gut für die Prozessmodellierung, für Benchmark-Berechnungen, für Simulationen, für Produktlebenszyklus-Darstellungen sowie für Zeit-, Kosten- und Ressourcenanalysen eingesetzt werden. Zu den Flussdiagrammen zählen neben den Datenfluss-Diagrammen spezielle Grafiken wie Audit-, QM-, SDL- und Arbeitsablauf-Diagramme. Mit den Netzwerk-Diagrammen kann man ganze IT-Netze unter Verwendung der gängigen Symbole entwerfen.

VISIO unterstützt den Austausch von Shapes, Texten und anderen Objekten mit MS Office-Anwendungen, wie z. B. die Bildübergabe nach PowerPoint. Alle mit VISIO erstellten Grafiken können in das jpg- oder gif-Format exportiert, als HTML-Seite ins Internet gestellt oder über MS Outlook als E-Mail versandt werden.

Diagrammarten

Abhängig vom Präsentationsziel bieten Grafikprogramme unterschiedliche Varianten von Diagrammen zur Informationsdarstellung an. Wie in Kap. 4.6.3 ausgeführt, gibt es folgende Arten von Diagrammen:

- ▷ Balkendiagramme,
- ▷ Säulendiagramme,
- ▷ Flächendiagramme,
- ▷ Liniendiagramme,
- ▷ Punktediagramme,
- ▷ Kreisdiagramme (»Torten«).

Hinzu kommen als Sonderformen die

- ▷ Netzdiagramme (»Spinne«),
- ▷ Ringdiagramme,
- ▷ Oberflächendiagramme,
- ▷ Blasendiagramme,
- ▷ Kursdiagramme,
- ▷ Kegeldiagramme,
- ▷ Zylinderdiagramme,
- ▷ Pyramidendiagramme.

Alle hier aufgeführten Diagrammarten können noch in sehr unterschiedlichen Ausprägungen dargestellt werden; so können z. B. bei einem Säulendiagramm die einzelnen Säulen übereinander oder nebeneinander angeordnet werden. Häufig können sie auch dreidimensional dargestellt werden. Beispiele für die o. a. erste Gruppe sind in Bild 6.23 auf der nächsten Doppelseite vorgestellt, wie sie z. B. in dem Grafikprogramm MS-Chart und den anderen MS-Office-Programmen angeboten werden.

6.4 Verfahrenseinführung

6.4.1 Einführungsmaßnahmen

Art und Umfang der für eine Verfahrenseinführung notwendigen Maßnahmen hängen stark von der Entwicklungsumwelt sowie von der angestrebten Durchdringung der Rechnerunterstützung ab.

Wichtig ist hier, z. B. zu wissen, ob es sich um eine Entwicklungsumwelt handelt, die vornehmlich Einzelprodukte für das Liefergeschäft zum Gegenstand hat, oder um eine solche, die mehr auf Entwicklungen für das System- und Anlagengeschäft orientiert ist.

Wesentlich ist auch, ob die verfahrenstechnische Projektunterstützung für das gesamte Gebiet des Projektmanagements, also von der Termin- und Kostenplanung bis hin zum Konfigurationsmanagement reichen soll, oder ob man nur einzelne PM-Hilfsmittel, wie Netzplanverfahren oder Kalkulationsprogramme, nutzen will.

Sowohl die zu verwaltende Projektdatenmenge als auch die zeitliche Einbettung der einzusetzenden Verfahren in den Entwicklungsablauf sind hierbei bedeutsam.

Zunächst sollte der Betriebsrat über den geplanten Verfahrenseinsatz informiert werden.

Ein Mitbestimmungsrecht des Betriebsrats ist allerdings nicht gegeben, wenn das Verfahren nur *gruppen*bezogen die Daten speichert – also keine *personen*bezogenen Auswertungen vornimmt (Kap. 6.4.2). Ein guter Informationsfluss – auch wenn formell eventuell nicht erforderlich – fördert natürlich die gegenseitige Vertrauensbasis, die für ein kooperatives Miteinander in einem Entwicklungsbereich unabdingbar ist.

Weiterhin ist die Entwicklungsmannschaft rechtzeitig auf den neuen Verfahrenseinsatz vorzubereiten, sei es im Wissen z. B. um die Netzplantechnik oder Methoden der Aufwandsschätzung, sei es um die veränderte Gestaltung von Formularen, die Form der Stundenkontierung o. Ä. Ein Verfahrenseinsatz kann natürlich nur dann erfolgreich sein, wenn der einzelne Mitarbeiter motiviert ist und dazu beiträgt, dass die gewünschten Projektdaten in vollständiger und unverfälschter Form anfallen. Man sollte also ein Verfahren nicht *gegen* eine Entwicklungsmannschaft einführen.

Unabhängig von den speziell einzusetzenden Verfahren können einige allgemeine Maßnahmen für eine Verfahrenseinführung formuliert werden, die sich auf

- ▷ die Ablauforganisation
- ▷ die Projektplanung
- ▷ die Verfahrenstechnik

beziehen.

Administrative und organisatorische Maßnahmen

Als Erstes sind die organisatorischen Voraussetzungen zu schaffen. Zu den für das Anpassen der bestehenden Ablauforganisation erforderlichen Maßnahmen gehören:

- ▷ Einrichten eines Projektbüros,
- ▷ Informieren des Betriebsrats bzw. Abstimmen mit dem Betriebsrat,
- ▷ Neue Ablauforganisation abstimmen mit der FuE-Kaufmannschaft,
- ▷ Koordinieren der beteiligten Rechenzentren, in denen die einzelnen Verfahren eingesetzt sind bzw. werden,
- ▷ Bereitstellen der erforderlichen PC-Geräte bzw. Server-Konfiguration,
- ▷ Ausarbeiten eines koordinierten Monatsablaufs,
- ▷ Klären der Datenverfügbarkeit und Informationsbereitstellung,
- ▷ Festlegen der Verantwortlichkeiten und Zuständigkeiten,
- ▷ Erstellen eines Rundschreibens zur Verfahrenseinführung,
- ▷ Ausarbeiten von Arbeitsanweisungen.

Fachliche Maßnahmen

Im Rahmen der Projektplanung sind – abhängig von den bereits eingeführten PM-Methoden und -Verfahren – eventuell folgende fachliche Maßnahmen zusätzlich erforderlich:

- ▷ Aufbauen eines Projektstrukturplanes, d. h. Definieren der Arbeitspakete innerhalb einer Struktur,
- ▷ Detaillieren einer vorhandenen Produktstruktur, ggf. Neuaufbau,
- ▷ Detaillieren der Kontenstruktur,
- ▷ Zuordnen von Projektstruktur, Produktstruktur und Kontenstruktur,
- ▷ Erweitern des Prozessplans (z. B. mit Kennzeichen für Entwicklungsphasen und Tätigkeitsarten),
- ▷ Aufwandsschätzverfahren an die eigene Entwicklungsumgebung kalibrieren,
- ▷ Entwerfen von Standardnetzplänen,
- ▷ Erstellen der Teilnetzpläne,
- ▷ Planen des Mitarbeitereinsatzes,
- ▷ Betriebsmittel festlegen und einplanen.

Verfahrenstechnische Maßnahmen

Jedes DV-Verfahren bedingt das Einhalten von Konventionen. Zu den Einführungsmaßnahmen, die sich auf das einzuführende Verfahren beziehen, zählen:

- ▷ Adaptieren der Programme auf die bereichsspezifischen Erfordernisse,
- ▷ Verfahrensprogramme und -prozeduren in das künftige Ablaufrechenzentrum übernehmen,
- ▷ Aufbauen der verfahrensbedingten Stammdateien (z. B. Customizing),
- ▷ Entwerfen von Eingabeformularen (z. B. Vorgangserfassungsformular),
- ▷ Erweitern bzw. Anpassen der bestehenden Stundenkontierungsbelege bzw. -masken,
- ▷ Erstaufbau der Netzplandateien,

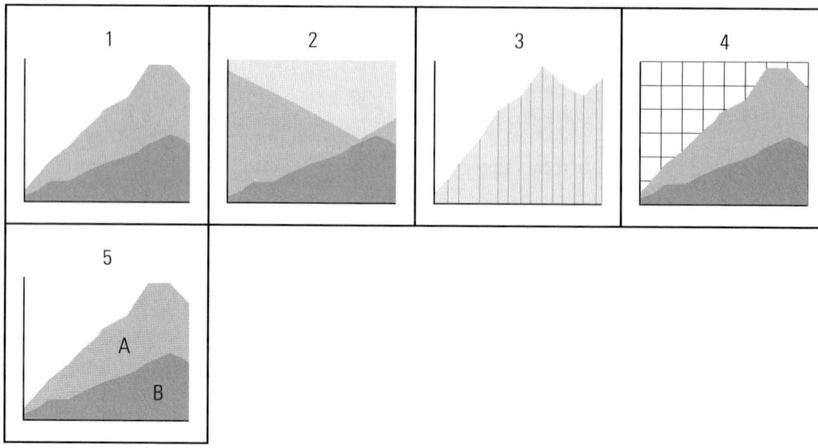

Flächen-
diagramme

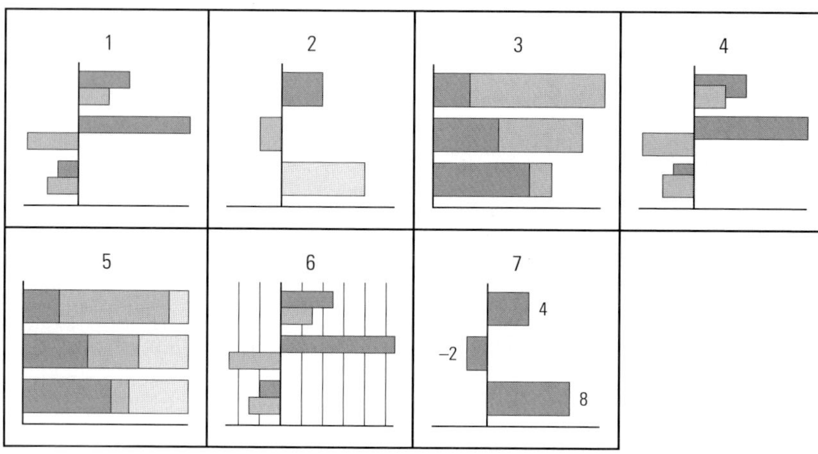

Balken-
diagramme

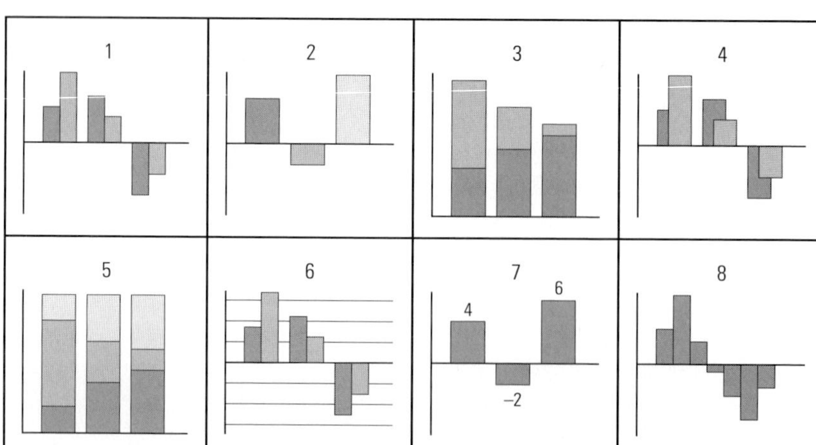

Säulen-
diagramme

Bild 6.23 Varianten der Diagrammerstellung (Beispiel MS-CHART)

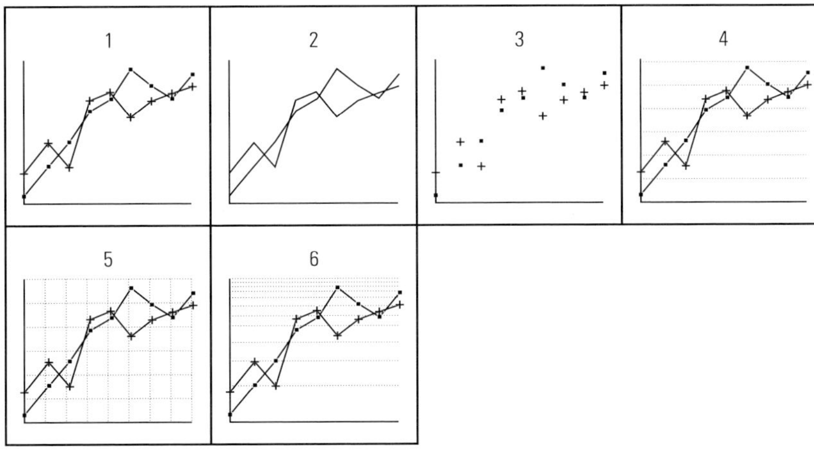

Linien-
diagramme

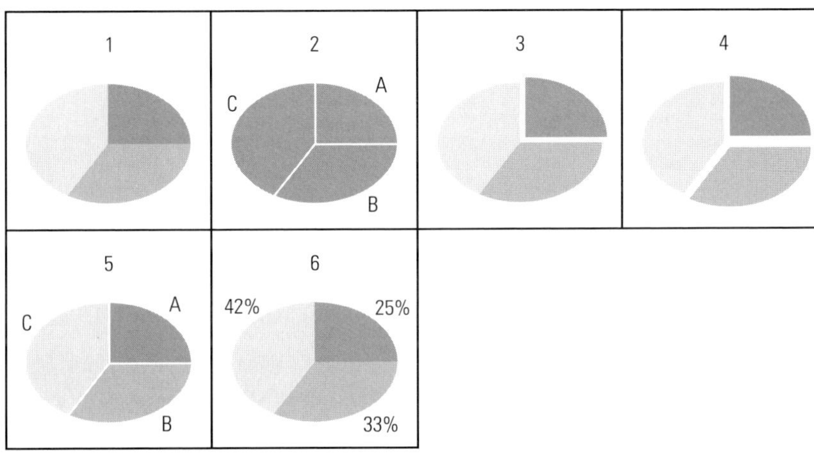

Kreis-
diagramme

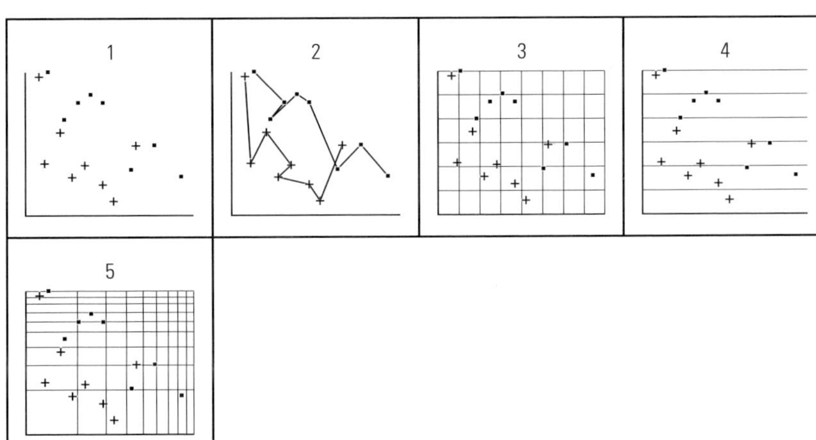

Punkte-
diagramme

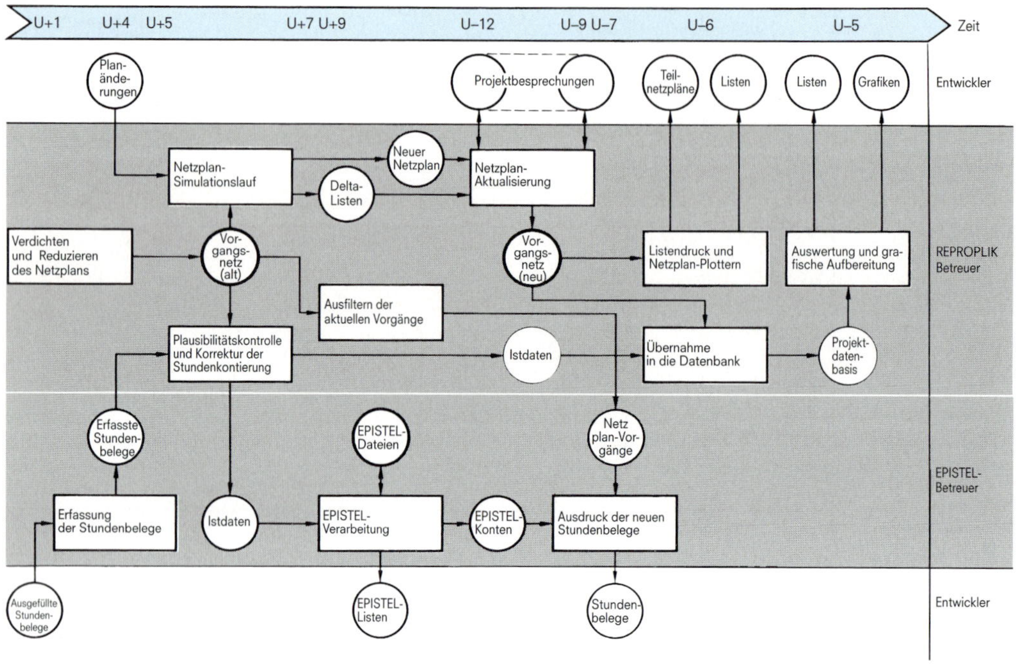

Bild 6.24 Monatsablauf REPROPLIK/EPISTEL

▷ Durchführen von Pilotversuchen,
▷ Arbeitsanweisungen und Durchführungsbestimmungen verfassen,
▷ Einweisen und Schulen der künftigen Verfahrensabwickler und Nutzer.

Koordinierter Monatsablauf

Besonders wichtig ist das richtige Einbetten der einzelnen Verfahrensschritte in den Projektablauf. Hierbei sollte immer ein geregelter Ablauf angestrebt werden, weil alle sporadischen Verfahrensnutzungen, wie z. B. bei der Netzplanaktualisierung, Aufwandsermittlung, Projektstrukturüberarbeitung, meist sehr schnell im Sande verlaufen.

Natürlich kann die Länge eines revolvierenden Turnus für die einzelnen Erfassungs-, Aktualisierungs- und Auswertungsaktivitäten sehr unterschiedlich sein; sie hängt vor allem von den durchschnittlichen Entwicklungszeiten ab. So wird es in einer Kleingeräteentwicklung mit entsprechend kurzen Entwicklungszeiten sinnvoll sein, für die Terminverfolgung und die Stundenkontierung einen l4-tägigen Rhythmus zu vereinbaren; bei größeren Entwicklungsprojekten reicht dagegen meist ein Monatsrhythmus aus, wobei man die Netzplanüberarbeitung in noch größeren Abständen vornehmen kann.

In Bild 6.24 ist als Beispiel für einen koordinierten Monatsablauf das Zusammenwirken zwischen einem zentralen Kostenüberwachungssystem (im Beispiel EPISTEL) und einem vorgeschalteten Termin- und Aufwandsüberwachungsverfahrens (im Beispiel REPROPLIK) gezeigt.

In diesem Monatsablauf erhält der Entwickler etwa Ultimo minus 3 Tage (U − 3) seinen vorab ausgefüllten Stundenzettel, welchen er zu einem bestimmten Termin (U + 1) ausgefüllt wieder abzugeben hat. Ab U + 9 stehen dann die entsprechenden Auswertungslisten zur Verfügung.

Analog hierzu muss der Entwickler bzw. der Gruppenleiter zu einem bestimmten Termin (U + 4) seine Netzplanänderungswünsche hinsichtlich Terminen und Aufwänden dem Projektbüro mitteilen. Nach Durchrechnen des Gesamtnetzplans werden die sich daraus ergebenen Veränderungen in den monatlichen Projektbesprechnungen (U − 12 bis U − 9) erörtert und optimierende Maßnahmen oder Planänderungen beschlossen. Die einzelnen Entwicklungsgruppen erhalten schließlich zum Monatsende ihren auf neuesten Stand gebrachten Teilnetzplan sowie aktuelle Auswertungslisten aus dem Vorgangsnetz und aus der Projektdatenbasis. Zwischen den Betreuern beider Verfahren bestehen ebenfalls klar definierte Übergabepunkte. Der gemeinsame Stundenkontierungsbeleg wird vor Eingabe in EPISTEL (U + 7) und in REPROPLIK mit den Vorgangsnetzdaten plausibilitiert (U + 5). Für die Vorabausfüllung der Stundenbelege liefert der Netzplan die monatsaktuellen Vorgangsdaten (U − 7).

Vorgenannte Aussagen gelten auch beim Einsatz von Stundenkontrollverfahren, die dem Projektsystem PS eines SAP R/3-Systems vorgeschaltet sind.

Einführungsstrategie

Es hat sich als sinnvoll erwiesen, PM-Methoden und -Verfahren in Entwicklungsbereiche mit noch geringer PM-Durchdringung *etappenweise* einzuführen. Es ist also nicht richtig, voll integrierende Entwicklungsplanungs- und -steuerungsverfahren »auf einen Schlag« in eine bestehende Entwicklungsumwelt einzuführen. Zunächst sollten die methodischen Voraussetzungen bei den Entwicklern geschaffen werden, um dann – bei ausreichender Gewöhnung und Akzeptanz – mit entsprechender verfahrenstechnischer Unterstützung nachzuziehen.

Eine solche Vorgehensweise in Einzelschritten könnte z. B. aussehen:

1. Einweisen der Entwickler in die Prinzipien des Projektmanagements,
2. Schulen der Entwickler in der Netzplantechnik,
3. Manuelles Aufbauen von singulären Netzplänen bei neuen (nicht »gestressten«) Teilprojekten,
4. Einsetzen von rechnergestützten Netzplanverfahren für diese singulär erstellten Netzpläne,
5. Zusammenführen der singulären Teilnetzpläne zu einem Gesamtnetzplan,
6. Anbinden der Netzplanung an die Aufwandserfassung, d. h. Einführen einer netzplangesteuerten Stundenkontierung,
7. Übernehmen der Plan- und Istdaten (Termine, Aufwände) in eine gemeinsame Projektdatenbasis,
8. Erweitern der Projektdatenbasis um weitere Kostenelemente.

Bei dieser schrittweisen Vorgehensweise sollte zu allererst – falls noch nicht vorhanden – ein Projektbüro eingerichtet werden, das eine ausreichende Projektunterstützung bieten kann. Kompetente Hilfe beim Einführen von PM-Methoden und -Werkzeugen ist für eine gute Akzeptanz bei der Entwicklungsmannschaft von ausschlaggebender Bedeutung.

6.4.2 Arbeitsrechtliches Umfeld

Beim Verarbeiten personenbezogener Daten sind die Vorschriften des *Bundesdatenschutzgesetzes* (BDSG) zu beachten [69]. Bei Daten, die sich ausschließlich auf die eigenen Mitarbeiter beziehen, kommt noch das *Betriebsverfassungsgesetz* (BVG) hinzu. Weiterhin müssen die hierzu unternehmensintern erstellten Regelungen berücksichtigt werden.

Aus dem BVG heraus und auf Grund der aktuellen Rechtssprechung des *Bundesarbeitsgerichts* (BAG) ist der Einsatz technischer Einrichtungen, die personenbezogene Daten für die Leistungs- und/oder Verhaltensüberwachung von Mitarbeitern speichern, *mitbestimmungspflichtig;* in diesem Fall ist i. Allg. mit dem Betriebsrat eine entsprechende *Betriebsvereinbarung* zu treffen. Deshalb sollten personenbezogene Daten von Mitarbeitern in rechnergestützten Verfahren – unter Berücksichtigung des Datenschutzes nur insoweit verwendet werden, als es im Interesse einer wirtschaftlichen Unternehmensführung unerlässlich ist. Manuell erstellte Unterlagen, wie z. B. handschriftliche Notizen im Rahmen einer Projektkontrolle bleiben davon unberührt; ihre Nutzung muss aber dem BDSG genügen.

Technische Einrichtung

Der Begriff »technische Einrichtung« wird hierbei sehr weit gefasst, so dass auch Arbeitsplatzsysteme und Bürosysteme darunter fallen können. Die Mitbestimmungspflicht erstreckt sich also nicht nur auf Großrechnerverfahren, sondern auch auf Arbeitsplatzsysteme, die eine dezentrale eigene und selbstständige Programmierungs-, Speicher- und Verarbeitungsmöglichkeit bieten (z. B. Personal Computer). Eine herkömmliche (rein mechanische) Schreibmaschine gehört allerdings nicht in diese Kategorie.

Personenbezogene Daten

Im Sinn des BDSG gelten als personenbezogene Daten Einzelangaben über persönliche oder sachliche Verhältnisse einer bestimmten oder bestimmbaren *natürlichen* Person (Betroffener). Zu den personenbezogenen Daten gehören neben den personenindividuellen Daten auch solche, die nur indirekt auf die jeweiligen Personen »beziehbar« sind und somit nur mittelbar individualisiert werden können. Ganz allgemein sind personenbezogene Daten gemäß Bild 6.25 zu unterteilen.

Technische Überwachung

Unter technischer Überwachung ist in diesem Zusammenhang sowohl das rechnerunterstützte *Sammeln* und *Speichern* von Informationen – die eine Aussage über Leistung und/ oder Verhalten einzelner Mitarbeiter implizieren – als auch das personenbezogene *Verarbeiten* bzw. *Auswerten* solcher Informationen durch ein rechnergestütztes Verfahren, besonders in Form eines namentlichen Soll/Ist-Vergleichs, zu verstehen.

Dabei ist es nicht erforderlich, dass die technische Einrichtung den Soll/Ist-Vergleich *selbst*

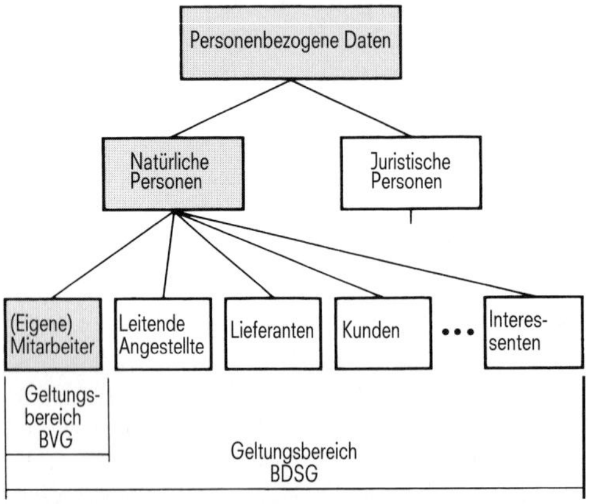

Bild 6.25 Arten personenbezogener Daten

durchführt. Es reicht aus, wenn diese nur die Unterlagen für einen manuell vorzunehmenden Vergleich in anderer Weise liefert. Auch ist es nicht von Bedeutung, ob der Anwender subjektiv eine Überwachung besonders in Form eines Soll/Ist-Vergleichs tatsächlich beabsichtigt oder gar nicht daran interessiert ist. Allein ausschlaggebend ist die objektiv vorhandene technische *Fähigkeit* des Rechnerverfahrens zum Ableiten eines derartigen Datenvergleichs.

Im Sinn des BDSG wird unterschieden:

Speichern	Das Erfassen, Aufnehmen oder Aufbewahren von Daten auf einem Datenträger zum Zweck ihrer weiteren Verwendung.
Übermitteln	Das Bekanntgeben gespeicherter oder durch Datenverarbeitung unmittelbar gewonnener Daten an Dritte in der Weise, dass die Daten durch die speichernde Stelle weitergegeben oder zur Einsichtnahme, namentlich zum Abruf bereitgehalten werden.
Verändern	Das inhaltliche Umgestalten gespeicherter Daten.
Löschen	Das Unkenntlichmachen gespeicherter Daten.

Betriebsvereinbarung

Der Betriebsrat ist wegen seines Mitbestimmungsrechts beim geplanten Einsatz von solchen Planungs- und Steuerungsverfahren, die personenbezogene Daten zur Leistungs- und/ oder Verhaltenskontrolle speichern, *rechtzeitig* einzubeziehen. Hierbei muss deutlich werden, warum im konkreten Fall die Benutzung personenbezogener Daten im Verfahren notwendig ist, mit welchem Ziel diese verwendet und ggf. von welchem bzw. welchen anderen Verfahren die benötigten personenbezogenen Daten übernommen werden. Weiterhin ist es zweckmäßig, bei geringfügigen Verfahrenserweiterungen und -änderungen, die in irgendeiner Form die personenbezogenen Daten tangieren, den Betriebsrat *vorher* zu informieren und mit ihm eventuell mitbestimmungspflichtige Auswirkungen durchzusprechen. Mit dem Betriebsrat muss weiterhin festgestellt werden, auf welchem Weg ihm eine Überprüfung der erläuterten Verwendung der personenbezogenen Daten von Mitarbeitern ermöglicht wird.

Betriebsvereinbarungen über Projektplanungs- und -steuerungsverfahren enthalten Bestimmungen, die zwischen der Betriebsleitung und dem Betriebsrat vor allem zu folgenden Punkten vereinbart werden:

- ▷ Geltungsbereich des Verfahrens,
- ▷ Aufgabe des Verfahrens,
- ▷ Eingabe- und Stammdaten,
- ▷ Weiterverarbeitung und Auswertung,
- ▷ Schnittstellen zu anderen Verfahren,
- ▷ Zugriffsberechtigungen,
- ▷ Rechte der Vereinbarungspartner.

Der Betriebsrat ist berechtigt, jederzeit Aufklärung über die eingesetzten Rechnerverfahren zu verlangen, bei denen personenbezogene Daten von Mitarbeitern verwendet werden. Ihm ist auf Wunsch Gelegenheit zu geben, im Rahmen der betrieblichen Gegebenheiten und unter Beachtung des Datenschutzes den Verfahrensablauf mitzuverfolgen.

Die Verarbeitung personenbezogener Daten – auch solcher, die keine Leistungs- und Verhaltensdaten darstellen – unterliegen, wie bereits erwähnt, dem Bundesdatenschutzgesetz. Für das Einhalten der dort formulierten Bestimmungen ist der jeweilige Fachvorgesetzte bzw. der »Datenhalter« verantwortlich. Für ein in einem bestimmten Rechenzentrum ablaufendes Personalinformationssystem z. B. trägt also nicht der RZ-Leiter, sondern die nutzende Personalabteilung die Verantwortung. Der zuständige Bereichsbeauftragte für Datenschutz (BBDS) kann hierbei zur Beratung herangezogen werden.

Sicherungsmaßnahmen

Im Rahmen eines DV- oder PC-gestützten Verfahrens sind bei der Verarbeitung personenbezogener Daten Sicherungsmaßnahmen vorzusehen. Das BDSG gibt keine konkreten Maßnahmen vor, nennt aber zehn Kontrollbereiche (»Zehn Gebote«), in denen Sicherungsmaßnahmen zwingend vorgeschrieben werden. Hierbei handelt es sich um:

Zugangskontrolle

Aufgabe einer Zugangskontrolle ist, Unbefugten den Zugang zu Datenverarbeitungsanlagen (und dazu gehören in diesem Zusammenhang auch Personal Computer), mit denen personenbezogene Daten verarbeitet werden, zu verwehren. Zur Zugangskontrolle gehört z. B. das Abschließen der jeweiligen Räume, das Entfernen der Datenträger aus dem freien Zugriff sowie das Abschließen der Bedienungsgeräte.

Abgangskontrolle

Innerhalb der Abgangskontrolle sollen alle Personen, die mit dem Verarbeiten personenbezogener Daten betraut sind, gehindert werden, Datenträger unbefugt zu entfernen. Eine Abgangskontrolle wird z. B. durch das generelle Aufbewahren von Datenträgern, wie Disketten, unter Verschluss erreicht. Beim Ausleihen von Datenträgern ist ein genauer Nachweis über den Verbleib zu führen.

Speicherkontrolle

Die Speicherkontrolle umfasst alle Maßnahmen, die die unbefugte Eingabe in den Speicher sowie die unbefugte Kenntnisnahme, Veränderung und Löschung gespeicherter personenbezogener Daten verhindern. Eine Speicherkontrolle wird u. a. durch das Verwenden von Datei-Passwörtern erreicht.

Benutzerkontrolle

Die Benutzerkontrolle soll das Benutzen von Datenverarbeitungssystemen, aus denen oder in die personenbezogene Daten durch selbstständige Einrichtungen übermittelt werden, durch unbefugte Personen verhindern. Auch hier ist das Vergeben von Passwörtern eine wirksame Maßnahme.

Zugriffskontrolle

Mit einer Zugriffskontrolle soll gewährleistet werden, dass die zur Benutzung eines Datenverarbeitungssystems Berechtigten durch selbstständige Einrichtungen ausschließlich auf die ihrer Zugriffsberechtigung unterliegenden personenbezogenen Daten zugreifen können. Hierzu gehört z. B. die Möglichkeit der Vergabe von Passwörtern, deren Zugriffsberechtigung selektiv sowohl hinsichtlich des Datenbereichs als auch der Nutzungsart auslegbar ist. Auf diese Weise kann auch einer unbefugten »Re-Identifizierung« anonymisierter personenbezogener Daten entgegengewirkt werden. Besonders sicher ist das Einrichten nicht aufdeckbarer Passwörter mit »Intelligent Chipcards«.

Übermittlungskontrolle

Im Rahmen einer Übermittlungskontrolle muss es möglich sein, zu überprüfen und festzustellen, an welche Stellen personenbezogene Daten durch selbstständige Einrichtungen übermittelt werden können.

Eingabekontrolle

Die Eingabekontrolle soll gewährleisten, dass nachträglich überprüft und festgestellt werden kann, welche personenbezogenen Daten zu welcher Zeit von wem in Datenverarbeitungssysteme eingegeben worden sind. Zur Eingabekontrolle gehört auch das gesonderte Sichern der Dateien vor und nach einer Veränderung sowie das Aufbewahren der Veränderungsdaten und Protokolle an geeigneter Stelle.

Auftragskontrolle

Innerhalb einer Auftragskontrolle ist sicherzustellen, dass personenbezogene Daten, die im Auftrag verarbeitet werden, nur entsprechend den Weisungen des Auftraggebers verarbeitet werden können.

Transportkontrolle

Mit einer Transportkontrolle erreicht man, dass personenbezogene Daten bei der Übermittlung sowie beim Transport der entsprechenden Datenträger nicht unbefugt gelesen, verändert oder gelöscht werden können.

Organisationskontrolle

Eine Organisationskontrolle hat die Aufgabe, die innerbetriebliche Organisation so zu gestalten, dass sie den besonderen Anforderungen des Datenschutzes gerecht wird. Organisationskontrollen werden durch das Festlegen der Verantwortlichkeiten und Vertretungsberechtigungen erreicht. Nur der zuständige und autorisierte Mitarbeiter darf mit dem System und den Daten arbeiten.

Weitere Maßnahmen

Die vorgenannten Kontrollbereiche überlappen sich z. T. in ihrer praktischen Auslegung. Für eine optimale bereichsspezifische Anwendung von Sicherungsmaßnahmen beim Verarbeiten personenbezogener Daten ist es daher auch unerlässlich, dass die einzelnen Kontrollvorschriften in einer allgemein zugänglichen *Richtlinie* definiert und festgehalten werden.

Das BDSG verlangt weiterhin, eine *Übersicht* zu führen, in der vor allem die Art der verarbeiteten Daten, die Empfänger und die Art der eingesetzten Rechneranlagen dokumentiert sind. Das Führen dieser Übersicht ist gesetzliche Aufgabe der Datenschutzbeauftragten. Hierzu muss man jede entsprechende Verarbeitung vor Beginn dem zuständigen BBDS schriftlich melden. Außerdem ist für jedes DV-Verfahren, welches personenbezogene Daten speichert und übermittelt, ein *Zuverlässigkeitsnachweis* zu erstellen und in die Verfahrensdokumentation aufzunehmen; dieser enthält alle personenbezogenen Datenfelder mit Angabe des jeweiligen *Zulässigkeitsgrundes.*

In weiteren Bestimmungen des BDSG sind die Rechte des Betroffenen festgelegt; diese bestehen grundsätzlich in seinem Anspruch auf Auskunft über die zu seiner Person gespeicherten Daten und ggf. auf deren Berichtigung, Sperrung oder Löschung. Grundlage dafür ist die Pflicht der speichernden Stelle, den Betroffenen über die Speicherung seiner Daten zu unterrichten, wenn davon auszugehen ist, dass er nicht auf andere Weise davon Kenntnis erlangt hat.

6.4.3 PM-Schulung

Das Tätigkeitsfeld Projektmanagement ist bereits zu umfangreich geworden, als dass sich ein Einzelner das Wissen hierzu nur schwer ohne besondere Schulung oder Ausbildung aneignen könnte. Wegen der verstärkten Anforderungen an die Entwicklung hinsichtlich Termintreue und Kosteneinsparung ist es aber unerlässlich, dass alle Beteiligten eines Entwicklungsprojekts sowohl über ein ausreichendes Know-how als auch eine entsprechende Erfahrung im Projektmanagement verfügen.

Es ist also erforderlich, eine intensivierte PM-Schulung unternehmensintern durchzuführen. Hierfür bieten sich unterschiedliche Möglichkeiten an:

- ▷ Lehrbücher
- ▷ Entwicklungshandbücher
- ▷ Ausbildungskurse
- ▷ Schulungsseminare
- ▷ Informationstagungen.

Lehrbücher

Dieses Medium ist für das autodidaktische Aneignen von PM-Wissen bzw. für das sporadische Nachschlagen bei speziell auftretenden Problemen sehr nützlich. Neben dieser Literatur gibt es eine größere Anzahl Fachbücher zu Themen des Projektmanagements.

Am Schluss des Buches ist lesenswerte Literatur zu Einzelthemen auf diesem Gebiet zu finden.

Entwicklungshandbücher

Das Entwicklungshandbuch stellt das allgemeine Regelwerk für eine Entwicklung dar; es sollte heute eine Selbstverständlichkeit in jedem Entwicklungsbereich sein.

Das Entwicklungshandbuch enthält normalerweise bereichsspezifisch alle Regeln, Richtlinien, Konventionen etc., die für das effektive und zielorientierte Abwickeln der Entwicklungsprojekte notwendig sind. Häufig enthält es auch praxisbezogene Empfehlungen für die Entwicklungsdurchführung, wie Hinweise im Anwenden von Methoden und Werkzeugen.

Im Einzelnen werden in einem derartigen Handbuch die Vorgehensweisen für die technische Produktentwicklung, für das Konfigurationsmanagement, für die Qualitätssicherung sowie für das allgemeine Projektmanagement festgelegt und beschrieben. Es handelt sich dabei um:

Produktbezogene Regeln für

- ▷ die Produktdefinition (Anforderungskatalog, Pflichtenheft, Leistungsbeschreibung, Änderungswesen),
- ▷ die Produktrealisierung (Versionenverwaltung, Systemengineering, Testkonventionen) und
- ▷ den Produkteinsatz (Abnahmetest, Einsatzunterstützung, Wartung).

Projektbezogene Regeln für

- ▷ die Projektdefinition (Entwicklungsauftrag, Wirtschaftlichkeitsnachweis, Aufbau- und Ablauforganisation),
- ▷ die Projektplanung (Strukturierung, Aufwandsschätzung, Termin- und Kostenplanung),
- ▷ die Projektkontrolle (Istdatenerfassung, Fortschrittskontrolle, Berichtswesen) und
- ▷ den Projektabschluss (Abnahmeprozedur, Abschlussanalyse, Erfahrungssicherung, Projektauflösung).

In einigen Bereichen werden spezielle Themen in gesonderte Handbücher ausgelagert, so z. B. ins

- ▷ Entwicklungsmethodenhandbuch,
- ▷ Entwicklungsverfahrenshandbuch und
- ▷ Qualitätssicherungshandbuch.

In dem ersten Handbuch sind die eigentlichen Methoden und Vorgehensweisen für die Entwicklung in den bereichsspezifischen Produktfeldern beschrieben, das zweite enthält ausführliche Erläuterungen zu den einzusetzenden Verfahren. Des weiteren werden – in Anbetracht der Bedeutung der Qualitätssicherung – für dieses Themengebiet auch eigene Qualitätshandbücher (QS-Handbücher) herausgegeben. Häufig bietet es sich an, diese Handbücher elektronisch im firmeneigenen Intranet zu hinterlegen.

Ausbildungskurse

Kurse für Projektmanagement werden in großer Anzahl extern, aber auch unternehmensintern, angeboten. Hierbei hat es sich gezeigt, dass Kurse, die von unternehmensunabhängigen Lehrinstitutionen durchgeführt werden, von begrenztem Wert sind. Das Durcharbeiten eines geeigneten Fachbuchs ist da häufig effizienter.

PM-Kurse sollten deshalb nur besucht werden, wenn die Kursunterlagen auf die Spezifika des eigenen Entwicklungsbereichs ausgerichtet sind. Sinnvoll ist es hierbei sogar, bereichsspezifische PM-Methoden und -Verfahren, die z. B. in einem Entwicklungshandbuch vorliegen, als Bestandteil des Lehrstoffs aufnehmen zu lassen.

Schulungsseminare

Besonders wertvoll sind Schulungsmaßnahmen in Form eines Fachseminars. Solche Seminare haben folgende Merkmale:

- ▷ mehrere Tage Dauer (etwa 3 bis 5 Tage),
- ▷ geografische Trennung vom Arbeitsplatz,
- ▷ gemeinsame Übernachtung und
- ▷ interdisziplinäre Zusammensetzung.

Durch den mehrtägigen Aufenthalt von Mitarbeitern mit unterschiedlichem Aufgabenbereich an einem vom Arbeitsplatz entfernten Ort wird ein besonders hoher Grad der Lernintensivität erreicht.

Gemeinsame Abende können für Gruppenarbeiten, Vorträge oder Diskussionen genutzt werden. Zu der hohen Effektivität gesellt sich meist noch eine – verursacht durch das Gruppenerlebnis – gesteigerte Motivation für die zu behandelnden Themengebiete.

Bei einem Schulungsseminar wird der Lernstoff nicht in der kursüblichen Form dargebracht. Vielmehr kommen moderne Methoden der Gruppendynamik zum Einsatz. Insgesamt sollten dabei genutzt werden:

- ▷ Einzelvorträge,
- ▷ Gruppenarbeiten,
- ▷ Diskussionsrunden,
- ▷ Übungsbeispiele und
- ▷ Planspiele.

Besonders Planspiele haben sich beim Verdeutlichen von Methoden des Projektmanagements als sehr effizient gezeigt. Natürlich müssen diese die wirklichen Projektumwelten mit allen denkbaren Geschehnissen möglichst praxisnah widerspiegeln; anderenfalls wird es nur eine »Spielerei« ohne Lerneffekt.

Informationstagungen

Sollen spezielle Führungskreise *einmalig* über bestimmte Themengebiete informiert werden, so bietet sich eine Informationstagung an; diese sollte zwei Tage nicht übersteigen. Bewährt haben sich bei solchen Tagungen:

- ▷ Kurzreferate und Fachvorträge,
- ▷ Podiums- und Plenumsdiskussionen,
- ▷ »Informationsmarkt« mit Informationsständen,
- ▷ Vorführungen und Demonstrationen sowie
- ▷ moderierte Diskussionsrunden (»Workshops«).

Es sollten möglichst alle diese Formen genutzt werden, da jede auf ihre Weise die unterschiedlichen Charaktere anspricht. Sowohl »nur zuhören« kann man, als auch »selbst sprechen«.

Weiterhin hat es sich als sinnvoll erwiesen, nicht einen generellen Ablauf der Tagung vorzusehen, sondern die einzelnen Informationsblöcke dem Teilnehmer *fakultativ* anzubieten (»Informations-Börse«). Der Teilnehmer kann dann – ganz nach seinem spezifischen Informationsbedürfnis – eine eigene Auswahl treffen. Dies hat allerdings zur Folge, dass mehr Informationsblöcke als für einen einzigen, direkten Durchgang angeboten und dass einige auch mehrfach präsentiert werden müssen.

Zielgruppen

Zielgruppen für eine PM-Schulung sind:

- ▷ Bereichs- und Abteilungsleiter
- ▷ Dienststellen- und Gruppenleiter
- ▷ Projektleiter
- ▷ Projektmitarbeiter.

Die Anwendung der unterschiedlichen Möglichkeiten einer PM-Schulung muss auf diese Zielgruppen Rücksicht nehmen. Es ist also eine nach Zielgruppen differenzierte Wissensaufbereitung erforderlich.

Tabelle 6.9 zeigt die sinnvolle Zuordnung der PM-Schulungsmöglichkeiten.

Tabelle 6.9 Zielgruppen einer PM-Schulung

PM-Schulung / Zielgruppe	Lehrbuch	Entwicklungshandbuch	Ausbildungskurs	Schulungsseminar	Informationstagung
Bereichs- und Abteilungsleiter	(×)			(×)	××
Dienststellen- und Gruppenleiter	×	×		××	×
Projektleiter	×	××	(×)	××	×
Projektmitarbeiter	×	×	××	(×)	

×× vornehmlich × üblich (×) teilweise

Es wird deutlich, dass die Informationstagung das geeignete Instrument für die PM-Schulung des oberen Führungskreises ist. Dagegen für Dienststellen-, Gruppen- und Projektleiter bieten sich vornehmlich PM-Schulungsseminare z. B. als Projektleiterseminare auf Basis des Entwicklungshandbuchs an, und die Projektmitarbeiter werden am besten durch entsprechende PM-Ausbildungskurse eingewiesen.

6.4.4 PM-Untersuchung

Für das Aufdecken von Fehlerquellen und Mängeln in einer bestehenden Projektmanagement-Organisation und zum Aufzeigen von Verbesserungsmaßnahmen kann es sehr förderlich sein, eine allgemeine Untersuchung in der ganzen Entwicklungsumgebung durchzuführen. Dabei müssen alle Bereiche, von der Projektplanung bis hin zum Produkteinsatz, systematisch nach eventuellen Schwachstellen durchleuchtet werden.

Derartige Untersuchungen haben aber leicht den Charakter einer *Revision.* Deshalb sollten sie immer in Abstimmung mit den zuständigen Entwicklungs- und Projektleitern und unter Einbeziehung von Entwicklern vorgenommen werden; nur so wird realitätskonformes Beurteilen der eingesetzten PM-Methoden und -Verfahren möglich sein. Weiterhin darf die PM-Untersuchung nur wenig Zeit beanspruchen, damit der personelle Aufwand in einem vertretbaren Rahmen bleibt.

Hieraus resultiert für eine effektive PM-Untersuchung die nachstehend beschriebene, bewährte Vorgehensweise.

Prinzip ist dabei nicht die gesamte, allumfassende Untersuchung einer Entwicklungsumgebung, sondern das gezielte Betrachten relevanter Funktionsbereiche, wobei Grundlage der PM-Untersuchung ein Fragenkatalog ist, der für einen ausgewählten Personenkreis aus repräsentativen Projekten eines Entwicklungsbereichs angewendet wird.

Jeweils mit nicht mehr als zwei bis drei Mitarbeitern können mit diesem *stichprobenartigen* Vorgehen in relativ kurzer Zeit (drei bis vier Wochen) sehr große Entwicklungsbereiche – mit einigen hundert Entwicklern und einer größeren Anzahl Projekte – auf Schwachstellen untersucht und Verbesserungs- und Rationalisierungsmaßnahmen abgeleitet werden.

Die einzelnen Vorgehensschritte bei dieser Form einer PM-Untersuchung sind:

- ▷ Festlegen des Untersuchungsfelds,
- ▷ Erstellen des Fragenkatalogs (mit Hilfe eines Standard-Fragenkatalogs),
- ▷ Durchführen der Interviews und
- ▷ Auswerten der Interview-Ergebnisse.

Festlegen des Untersuchungsfelds

Wegen des engen Zeitrahmens und der geringen Personalstärke ist das Untersuchungsfeld stark einzugrenzen, natürlich nur so weit, dass die Gesamtbetrachtung darunter nicht leidet. Einerseits wird daher der zu befragende Personenkreis systematisch begrenzt, andererseits werden für den zu betrachtenden Entwicklungsbereich nur repräsentative und besonders aussagekräftige Projekte herangezogen.

In die Befragung sind folgende Personen einzubeziehen:

- ▷ Leiter des Entwicklungsbereichs (Top-Management-Ebene),
- ▷ FuE-Kaufleute und -Controller,
- ▷ Projektleiter und
- ▷ Entwickler (Sachbearbeiter-Ebene).

Die zahlenmäßige Verteilung dieser vier Personenkreise muss in einer ausgewogenen Relation zueinander stehen, d. h., es sollen mehr Entwickler als Projektleiter und FuE-Kaufleute einbezogen werden. Die namentliche Auswahl ist hierbei z. B. nach vorliegenden Organisations- und Arbeitsplänen oder nach Zufallsprinzip möglich. Auch bietet es sich an, gezielt mit ähnlichen Funktionen betraute Personen für die Befragung vorzusehen, um – durch die parallele Abfrage – eine Kontrolle hinsichtlich der Richtigkeit der Einzelantworten zu erreichen.

Werden in dem Entwicklungsbereich außerdem mehrere Projekte abgewickelt, so ist auch hier eine repräsentative Auswahl zu treffen, d. h. ein ausgewogenes Verhältnis zu schaffen zwischen

- ▷ Klein- und Großprojekten,
- ▷ Kurz- und Langläufern,
- ▷ erfolgreichen und kritischen Projekten,
- ▷ HW- und SW-Projekten sowie

▷ (reinen) Entwicklungs- und Projektierungsprojekten.

Handelt es sich um eine große Anzahl nur kleinerer Projekte, kann das Zufallsprinzip auch bei der Projektauswahl angewendet werden.

Erstellen des Fragenkatalogs
(mit Hilfe eines Standard-Fragenkatalogs)

Damit in kurzer Zeit eine möglichst große Anzahl Personen befragt werden kann, ist die Nutzung eines sorgfältig ausgearbeiteten und klar strukturierten Fragenkatalogs unerlässlich. Ein freies Interview erfordert i. Allg. erheblich mehr Zeit als das systematische Abarbeiten eines Fragenkatalogs. Das »gelenkte Interview« benötigt meist nicht mehr als 1 bis 2 Stunden. Außerdem ist das Ergebnis einer standardisierten Befragung auch konformer und erlaubt ein schnelleres Auswerten und Beurteilen der erfassten Antworten. Beim Erstellen des Fragenkatalogs kann auf in der Praxis bereits bewährte Standard-Fragenkataloge (Anhang A1) zurückgegriffen werden. Durch Weglassen, Ändern und Hinzufügen von Fragen kann man diesen jeweils auf die speziellen Erfordernisse der eigenen PM-Untersuchung adaptieren. Primär bezieht sich ein solcher Katalog auf die beiden Fragenkomplexe:

▷ Welche PM-Methoden und -Instrumentarien sind bereits vorhanden, wie werden diese bewertet, welche Mängel haben sie?

▷ Welche Bedürfnisse hinsichtlich einer methodischen und instrumentellen Hilfe bestehen bei den Projektgruppen?

Mit der Beantwortung der im Katalog aufgeführten Fragen durch den ausgewählten Personenkreis soll der Istzustand des existierenden sowie die Sollvorstellung eines verbesserten Projektmanagements dokumentiert werden.

Der erwähnte Standard-Fragenkatalog ist wie folgt gegliedert:

Themen des Standard-Fragenkatalogs

1. Projektumgebung
   1.1 Allgemeines zur Projektdefinition
   1.2 Projektleitung und Projektmitarbeiter
   1.3 Projektantrag
   1.4 Zulieferung und Beistellung
   1.5 Wirtschaftlichkeitsbetrachtung
   1.6 Projektorganisation
   1.7 Prozessorganisation
2. Projektplanung
   2.1 Produktstrukturplanung
   2.2 Projektstrukturplanung
   2.3 Aufwands- und Kostenplanung
   2.4 Terminplanung
   2.5 Personaleinsatzplanung
   2.6 Betriebsmitteleinsatzplanung
   2.7 Qualitätsplanung und -lenkung
3. Projektkontrolle
   3.1 Allgemeines zum Projektablauf
   3.2 Entscheidungs- und Kontrollfunktion
   3.3 Terminkontrolle
   3.4 Aufwands- und Kostenkontrolle
   3.5 Sachfortschrittskontrolle
   3.6 Änderungs- und Fehlermeldungswesen
   3.7 Qualitätsprüfung
   3.8 Kontrolle der Zulieferungen und Beistellungen
   3.9 Projektberichterstattung
4. Projektabschluss
   4.1 Entwicklungsende/Produktabnahme
   4.2 Schulung der Anwender
   4.3 Projektabschlussanalyse
   4.4 Erfahrungssicherung
   4.5 Projektauflösung
5. Methoden und Hilfsmittel
   5.1 Projektplanungs- und -steuerungsverfahren
   5.2 Projektbibliothek
   5.3 Produktverwaltung
   5.4 Technische Dokumentation
   5.5 Richtlinien und Werkzeuge für die Entwicklung

Durchführen der Interviews

Nachdem Personenkreis und Fragenkatalog feststehen, kann die eigentliche Frageaktion durchgeführt werden. Zu Beginn vereinbart man in einem »Interviewplan« die genauen Termine der Interviews mit den einzelnen Gesprächspartnern; hierbei können die Einzelinterviews zur Vorgehensbeschleunigung auch – bei Vorhandensein entsprechend vieler Interviewer – zeitlich parallel ablaufen. Sowohl den Projekt- und Entwicklungsleitern als auch den Entwicklern selbst werden die im Katalog

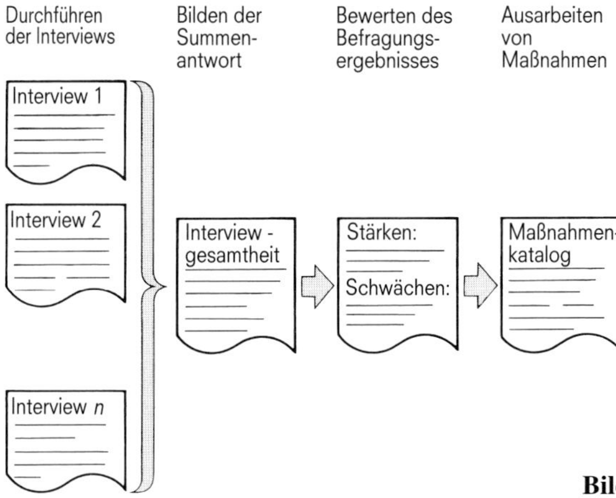

Bild 6.26 Ergebnisableitung

aufgeführten Fragen möglichst wortgetreu nacheinander zur Beantwortung gestellt. Das Übergehen von während des Interviews als irrelevant erkannten Fragen sollte man natürlich nutzen. Es muss aber jegliche suggestive Beeinflussung vermieden werden, um die Objektivität der Befragung sicherzustellen.

Die Antworten werden in möglichst unveränderter Formulierung mitprotokolliert. Das Verwenden vorbereiteter Leerformulare mit den bereits eingetragenen Fragen stellt hierbei eine erhebliche Erleichterung für die Mitschrift dar, da es vorteilhaft ist, den »Redefluss« des Interviewten möglichst wenig durch – protokollbedingtes – Nachfragen zu stören. Das Antwortformular kann darüber hinaus noch formelle Angaben enthalten wie

- ▷ Identifikation der Frage,
- ▷ Name des Interviewten,
- ▷ Name des Interviewers,
- ▷ Datum des Interviews,
- ▷ Projektzugehörigkeit und
- ▷ Organisationszugehörigkeit.

Eine positive Einstellung des Gesprächspartners zum Interview ist besonders wichtig für das Ergebnis des Interviews, deshalb muss zu Beginn durch eine geeignete Einleitung eine harmonische und kooperative Atmosphäre geschaffen werden. Hierzu gehört der Hinweis auf die Notwendigkeit einer Verbesserung im Projektmanagement und die Wichtigkeit des Einbeziehens der Meinung der Interviewten, aber auch das Aufzeigen der gemeinsamen unternehmerischen Zielsetzungen. Das Interview sollte möglichst beim Interviewten stattfinden, da der Interviewer sich vor Ort ein besseres Bild vom Tätigkeitsumfeld machen kann und gleichzeitig Projektunterlagen sofort greifbar sind. Auch fördert die »heimatliche« Umgebung das allgemeine Interviewklima.

Auswerten der Interview-Ergebnisse

Da sich die Antworten der einzelnen Personen alle auf dieselben Fragen in identischer Reihenfolge beziehen, wird das Zusammenführen der Einzelbefragungen sehr erleichtert. Zu jeder einzelnen Frage bildet man aus den unterschiedlichen Antworten eine »Summenantwort« mit notwendigen Ausnahme- und Sondervermerken (Bild 6.26). Gewichten der Antworten, z.B. nach Rang oder Bedeutung der Interviewten, entfällt bei dieser Meinungsverdichtung normalerweise. Nur in strittigen Fällen sollte die »Wertigkeit« der Informationsquelle berücksichtigt werden.

Nach Bilden der Summenantwort folgt das Bewerten der einzelnen Themenkomplexe; hierbei werden die Stärken und Schwächen des untersuchten Projektmanagements aufgezeigt. Bei offensichtlichen Schwachstellen sollten schließlich entsprechende Empfehlungen abgeleitet und formuliert werden. Ein Beispiel für eine solche Ergebniszusammenfassung ist in dem PM-Merkblatt 45 im Beiheft aufgeführt.

Auf Basis dieser Empfehlungen kann dann gemeinsam mit den Beteiligten – das sind im

Wesentlichen die Projekt- und Bereichsleiter und die für die Projektunterstützung zuständigen Stellen – ein Maßnahmenkatalog für gezielte Verbesserungen und Rationalisierungen im bestehenden Projektmanagement erarbeitet werden. Der Maßnahmenkatalog selbst sollte zu den einzelnen beschlossenen Maßnahmen stets die Erfüllungstermine und die Namen der »Kümmerer« enthalten.

Fehlerquellen

Mit der Wahl der hier beschriebenen Arbeitsmethodik, nämlich:

- ▷ repräsentativ ausgewählte Projekte,
- ▷ Standard-Fragenkatalog,
- ▷ stichprobenartige Befragung und
- ▷ Ergebniszusammenfassung analog der Struktur des Fragenkatalogs,

soll bei einer begrenzten Untersuchungszeit erreicht werden, dass mit großer Wahrscheinlichkeit der in dem Untersuchungsbericht dargestellte Zustand mit dem tatsächlichen Ist übereinstimmt.

Da aber sowohl personell als auch fachlich immer nur – trotz aller »Repräsentativität« – ein Teilausschnitt des zu untersuchenden Entwicklungsbereichs betrachtet wird, ergeben sich zwangsläufig nicht zu vermeidende Fehlerquellen, die man im Untersuchungsbericht explizit nennen sollte. Zu diesen Fehlerquellen zählen z. B.:

- ▷ Die Interviewer haben nur geringe Kenntnisse von den zu untersuchenden Entwicklungsaufgaben und -abläufen.
- ▷ Kontrollbefragungen bei »funktional gleichen« Personen mussten aus Zeitgründen unterbleiben.
- ▷ Verständnisschwierigkeiten bei den Fragen bzw. beim Interpretieren der Antworten sind gegeben.
- ▷ Projekt- und Personenauswahl sind nicht repräsentativ.

Das vollständige Nennen möglicher Fehlerquellen kann bei einer späteren Verifizierung einzelner Empfehlungen sehr hilfreich sein.

6.5 Arbeitstechniken

Am Anfang einer Projektdurchführung liegen, wie bereits in Kap. 2 ausgeführt, die Problemfeldanalyse und die Definition des Projektziels. Zum Bewältigen der hierbei zu lösenden Aufgaben sind meist schwierige Denkprozesse zu durchlaufen:

- ▷ Ideensammlung (kreative Phase)
- ▷ Istaufnahme und Problemanalyse (analytische Phase)
- ▷ Problemlösung und Entscheidung (synthetische Phase).

Um diese Denkprozesse möglichst effektiv zu gestalten, haben sich für die einzelnen Phasen spezielle Arbeitstechniken herausgebildet:

- ▷ Kreativitätstechniken
- ▷ Istanalysetechniken
- ▷ Problemlösungstechniken
- ▷ Entscheidungstechniken
- ▷ Kommunikationstechniken
- ▷ Zeitplanungstechniken.

Im Rahmen der Siemens-Bücher »Organisationsplanung« [101] und »Erfolg durch bessere Methoden« wird auf einige der hier vorgestellten Arbeitstechniken näher eingegangen. In der »Organisationsplanung« finden sich ausführliche Kapitel zu Kommunikationstechniken, Problemlösungstechniken und Istaufnahme- und Analysetechniken, in »Erfolg durch bessere Methoden« werden die Themen persönliche Zeitplanung, Kommunikation, Ideenfindung und Entscheidungstechniken behandelt.

6.5.1 Kreativitätstechniken

Kreativität ist unabdingbare Voraussetzung für jeden Ideenfindungsprozess und ist damit Basis für jegliche Innovation und Progression. Kreativität kennzeichnet die Fähigkeit, schöpferische und damit neue Gedanken hervorzubringen. Jeder Mensch verfügt über ein gewisses Maß an Kreativität; diese zu entwickeln und zur Entfaltung zu bringen, ist das Ziel von *Kreativitätstechniken.* Schwerpunkt von Kreativitätstechniken ist dabei, vor allem das divergente Denken zu fördern; denn nur dieses eröffnet neue, vom Normalen und Bestehenden abweichende Gedanken – konvergentes Denken birgt die Gefahr des zu starken Beharrens in herkömmlichen Vorgehensweisen.

Folgende Kreativitätstechniken haben sich in der Praxis bewährt:

▷ Brainstorming
▷ CNB-Methode
▷ Methode 635
▷ Utopiespiel
▷ Bisoziationsmethode
▷ Synektische Methode
▷ 6-Hüte-Methode.

Brainstorming

Diese intuitive Methode zur Ideenfindung ist wohl die bekannteste; sie stammt von dem amerikanischen Werbefachmann Alex F. Osborn, der sie in den 30er-Jahren formuliert und praktiziert hat [48].

Beim *Brainstorming* (»Gedankensturm«) finden sich mehrere Fachleute zu einem bestimmten, vorher klar umrissenen Thema zusammen, um zu einer gemeinsamen, sich gegenseitig befruchtenden Ideenfindung zu kommen. Wichtig ist, dass in der Gruppe ein kooperatives Klima entsteht, um bestehende Hemmungen, eigene eventuell nicht gleich überzeugende Gedanken zu äußern, abzubauen. Das zu behandelnde Thema sollte nicht zu weit gefasst sein, weil sonst ein »Fokussieren« der Ideen nicht mehr möglich wird.

Folgende Grundregeln gelten für Brainstorming-Sitzungen:

Regel 1: Möglichst viele Ideen produzieren!

Bei einer Brainstorming-Sitzung kommt es zuerst auf die Menge und nicht auf die Qualität der vorgeschlagenen Ideen an, da die Wahrscheinlichkeit, gute Ideen zu finden, normalerweise mit der Ideenanzahl wächst. Das Bewerten der eingebrachten Ideen ist in einem späteren Schritt vorzunehmen.

Regel 2: Jegliche Kritik ist zurückzustellen!

Kritik wirkt meist negativ und abwertend und damit hemmend auf jeden Ideenfindungsprozess. Gerade unfertige Ideen können immer leicht kritisiert werden, deshalb muss verhindert werden, dass aus Angst vor Kritik vorhandene Ideen nicht ausgesprochen werden.

Regel 3: Keine Grenzen der Phantasie setzen!

Unrealistische Ideen sind häufig eine ausgezeichnete Anregung für realistische neue Ansätze. Originalität und Fantasie müssen gefördert werden, um nicht in eingefahrenen Denkschemata zu verharren.

Regel 4: Ideen anderer aufgreifen!

Vorgeschlagene Ideen sollen möglichst von allen Mitgliedern »weitergesponnen« werden; gerade das gedankliche Aufnehmen von noch unreifen Ideen eines anderen führt häufig zu neuen und originellen Ideen, dabei darf es keinesfalls zu einem Beharren auf persönliche »Urheberrechte« in der Gruppe kommen.

Ein Brainstorming wird normalerweise in drei Abschnitten durchgeführt:

▷ Vorbereitung
▷ Durchführung
▷ Auswertung.

Vorbereitung

Eine Brainstorming-Sitzung sollte man nicht spontan einberufen, sondern entsprechend vorbereiten; hierzu gehört, dass einerseits das Problem klar umrissen und andererseits der teilnehmende Personenkreis sorgfältig – möglichst aus hierarchisch gleichen Ebenen – ausgewählt wird. Die Anzahl der Teilnehmer sollte mindestens vier betragen und nicht größer als zwölf sein, optimal ist eine Anzahl zwischen sechs und acht. Interdisziplinäre Fachkompetenzen sind dabei vielfach sehr bereichernd. Das Thema sollte den Teilnehmern rechtzeitig vorher bekannt gegeben werden, damit diese sich schon gedanklich einstimmen können.

Durchführung

Für das Festhalten der Ideen bieten sich mehrere Möglichkeiten an: Flipchart, Kärtchentechnik, Tonbandaufzeichnung, Protokollierung. Insbesondere die »Kärtchentechnik« hat sich beim Brainstorming als sehr vorteilhaft erwiesen, da hier die Teilnehmer im ersten Schritt ihre Ideen individuell – also ohne Hemmschwellen – auf einzelne Kärtchen schreiben, die dann vom Moderator auf einer Planungstafel thematisch gruppiert werden. In einer anschließenden, dem besseren Verständnis dienenden Durchsprache können die einzelnen »Ideen« besser formuliert werden; die Durchsprache soll allerdings auch zur Findung weiterer Ideen genutzt werden.

Auswertung

Die Auswertung selbst braucht nicht unbedingt gleich nach der Brainstorming-Sitzung zu erfolgen; sie kann auch später vorgenommen werden, um Raum für nachträglich abzugebende Vorschläge zu geben. Alle festgehaltenen Ideen werden schließlich zu Themenkomplexen gruppiert; hierbei fasst man ähnliche Ideen zusammen und am Thema vorbeigehende Ideen sondert man aus (»Mindmapping«). Das so vorliegende Brainstorming-Ergebnis wird dokumentiert und Fachleuten zur kritischen Beurteilung gegeben.

Eine Brainstorming-Gruppe muss unbedingt von einem Moderator geführt werden, der Sorge dafür zu tragen hat, dass die Mitglieder die vorgenannten Grundregeln genau einhalten. Weiterhin gehört zu seinen Aufgaben:

- ▷ Zu Beginn der Brainstorming-Sitzung das Problem und die Zielsetzung formulieren,
- ▷ die Zeitdauer festlegen und darauf achten, dass sie eingehalten wird,
- ▷ Ideen aufschreiben bzw. sammeln,
- ▷ bei Nachlassen der Ideenfindung weitere Anregungen (»Spornfragen«) in die Gruppe bringen sowie
- ▷ für die Auswertung des Ideenmaterials sorgen.

CNB-Methode

Die CNB-Methode (collective notebook) ist eine »schriftliche« Brainstorming-Methode, ein *Brainwriting*. Diese Kreativitätstechnik kann über einen längeren Zeitraum (mehrere Wochen) laufen. Hier kommen die Teilnehmer nicht in einer gemeinsamen Runde zusammen, sondern jeder legt für sich seine Ideen zu einem vorformulierten Fragenkomplex schriftlich nieder.

Als Erstes bereitet ein Initiator für jeden Teilnehmer ein eigenes Notizbuch mit folgenden Aufgabenstellungen vor:

- — Halten Sie alle Ideen zu dem vorgegebenen Problem fest!
- — Definieren Sie das Problem genauer!
- — Notieren Sie alle Ihnen bekannten Lösungsansätze!

Während eines festgelegten Zeitraums trägt dann – unabhängig voneinander – jeder Teilnehmer seine Ideen, Gedanken und Vorschläge zu dem vorgegebenen Problem in sein Notizbuch ein. Als zusätzliches Hilfsmittel bietet sich hier sehr gut ein Diktiergerät an, mit dem man zu jeder Zeit und an jedem Ort spontan eingefallene Ideen sofort festhalten kann. Am Ende der Durchführungsphase erarbeitet schließlich jeder Teilnehmer einen Extrakt seiner Eintragungen.

Aus den eingesammelten Notizbüchern erstellt der Initiator eine Zusammenfassung aller Eintragungen. In einer anschließenden Arbeitssitzung wird diese Ausarbeitung dann noch gemeinsam diskutiert und ein gemeinsames Lösungskonzept erarbeitet.

Der Vorteil des Brainwritings liegt darin, dass die einzelnen Experten nicht persönlich zusammenkommen müssen; dies kann von Bedeutung sein, wenn die Experten an weit auseinander gelegenen Orten weilen und dort unabkömmlich sind. Auch sind die gefundenen Ideen deutlicher formuliert und durchdachter als beim Brainstorming. Der Nachteil beim Brainwriting liegt vor allem in der fehlenden Kommunikation während des Ideenfindungsprozesses, die im Allgemeinen zu einer wesentlichen Bereicherung des Ideenmaterials führt. Es fehlt häufig an der »Originellität« der Ideen.

Methode 635

Die Methode 635 vereinigt die Vorteile des Brainstormings mit denen des Brainwritings. Die Ideen werden von den Teilnehmern schriftlich abgegeben; es findet aber insofern eine Kommunikation statt, als die einzelnen Teilnehmer ihre Ideen untereinander niederlegen, wobei der Einzelne auf die Ideenvorschläge seines Vorgängers aufbauen kann.

Die Zahlenangabe 635 bedeutet:

- — 6 Teilnehmer,
- — 3 Ideen (abzugeben je Teilnehmer),
- — 5 mal wird das Ideenformular weitergegeben.

Jeder Teilnehmer erhält ein Leerformular, wie es in Bild 6.27 dargestellt ist, und trägt in die erste Zeile seine ersten drei Ideen zu dem vorgestellten Problemkomplex ein. In einer festgelegten Reihenfolge werden nun die Blätter weitergereicht und jeder Teilnehmer formuliert – aufbauend auf die eingetragenen Einfälle seines Vorgängers – drei neue Ideen; falls ihm keine drei neuen einfallen, kann er sich natürlich auch mit weniger begnügen. Dies geschieht fünfmal, bis alle sechs Blätter ausgefüllt sind. Da bei jeder nächsten Runde einerseits mehr Ideen zu verarbeiten sind und andererseits es schwerer wird, weitere Ideen zu finden, müssen die Zeitvorgaben für die einzelnen Runden entsprechend ansteigen. Es bieten sich – bei einer Gesamtzeit von einer Stunde – folgende Zeitvorgaben an:

1. Runde 5 min
2. Runde 7 min
3. Runde 9 min
4. Runde 11 min
5. Runde 13 min
6. Runde 15 min.

Die Teilnehmeranzahl kann natürlich geringfügig differieren, auch ist man nicht an die Anzahl von drei Ideen gebunden (es wäre also auch eine »Methode 746« denkbar). Die Kombination »6 Teilnehmer und 3 Ideen« hat sich allerdings in der Praxis als optimal erwiesen. Bei größeren Anzahlen sollte man deshalb mehrere Gruppen bilden.

Die Methode 635 kann auch – wie das Brainwriting – ohne eine gemeinsame Sitzung stattfinden, indem die sukzessiv ausgefüllten Ideenformulare durch die Post weitergegeben werden; das Ergebnis der Ideenfindung liegt dann entsprechend später vor.

Utopiespiel

Mit einem Utopiespiel hat man eine vorzügliche Möglichkeit, einem Brainstorming, welches in eine Sackgasse geraten ist, wieder genügend kreativen Freiraum zu geben.

Beim Brainstorming innerhalb eines Utopiespiels wird bewusst die bestehende Realitätsbasis verlassen, um mit Hilfe eines unbeschwerten Gedankenspiels in der Zukunft auf völlig neue und noch nie angedachte Ideen zu stoßen, die dem normalen Realitätsbewusstsein verschlossen sind.

Methode 635			Blatt-Nr.: 3
Problemstellung Steigerung der Effektivität in der Entwicklung		Datum: 20.11.2001 Teilnehmer: 1. Hr. Dr. Widmer 2. Hr. Joswig 3. Hr. Dr. Büttner 4. Fr. Brosig 5. Hr. Dr. Rupp 6. Hr. Dr. Fuhrmann	
Ideen			Teilnehmer
11 Projektmanagement einführung	12 Qualifikation der Mitarbeiter erhöhen	13 Entwicklungsstärken in der Produktplanung mehr berücksichtigen	3
21 Erfahrungsdatenbank für die Entwicklung aufbauen	22 Vorhandene Linienorganisation »projektorientierter« gestalten	23 Durchgängiges CIM-Konzept von der Entwicklung bis zur Fertigung entwerfen	4
31 CAD-Methoden und Verfahren verstärkt einführen	32 CASE-Verfahren für die SW-Entwicklung einsetzten	33 Grafikunterstützung für die Entwurfstätigkeiten verbessern	5
41 Prozessorganisationen HW- und SW-Entwicklung aufeinander abstimmen	42 Ausbildungskurse für Entwurfsmethodik durchführen	43	6
51 Reviews systematisieren	52 Prämiensystem für Termineinhaltung einführen	53 »REFA-Prinzipien« für Entwicklungstätigkeiten ableiten	1
61 Entwicklungs-Control-Board eirichten	62 Produktivitäts kennzahlen für die Entwicklung ermitteln	63	2

Bild 6.27
Formular zur Ideensammlung (Methode 635)

Typische Fragestellungen für derartige Utopiespiele sind z. B.:

— Wie sieht das Büro im Jahr 2050 aus?
— Was wäre, wenn es keine Autos mehr gäbe?
— Wie würde eine »Volkswirtschaft ohne Bargeld« ablaufen?

Am anregendsten wird ein Utopiespiel durchgeführt, wenn die Teilnehmer in kleine Gruppen von max. 4 Personen mit je einem Moderator eingeteilt werden und jede Gruppe etwa 20 bis 30 Minuten Zeit hat, um ihre Utopie zu ersinnen. Nach der anschließenden Präsentation der einzelnen Zukunftsmodelle werden diese durch die Teilnehmer bewertet. Die Präsentation und Diskussion erbringt meist sehr viele unkonventionelle Denkanregungen, die zu einem horizonterweiternden Problemlösungsprozess führen können.

Bisoziationsmethode

Mit der Bisoziationsmethode versucht man wie beim Utopiespiel, die Kreativität bei einer Ideenfindung durch Wahl eines neuen »Bezugssystems« zu bereichern.

Nach eingehender Erläuterung des Problemfeldes werden die Teammitglieder aufgefordert, spontan aktuelle Schlagworte zu nennen. Ausgewählt wird jenes Schlagwort, mit dem ein neues Bezugssystem gebildet werden kann, das keine direkte Beziehung zum Ausgangsproblem hat. Innerhalb dieses neuen Bezugssystems werden prägnante Begriffe gesucht. Lösungsideen lassen sich nun ableiten, wenn man versucht, zu jedem dieser Begriffe eine gedankliche Verbindung zum Ausgangsproblem zu ziehen.

Im Einzelnen werden bei der Bisoziationsmethode folgende Schritte durchlaufen:

▷ Durchsprache des Problemfeldes
▷ Sammeln aktueller Schlagworte
▷ Bilden eines neuen Bezugssystems
▷ Sammeln zugehöriger Begriffe
▷ Verknüpfen der Begriffe mit dem Problemfeld
▷ Ableiten von Lösungsideen.

Ähnlich wie die nachfolgende Methode versucht die Bisoziationsmethode, durch »Verfremden« eines Problems den Denkprozess auf völlig neue Ideen zu lenken.

Synektische Methode

Die synektische Methode wurde vom Amerikaner J. J. Gordon Ende der 40er-Jahre entwickelt [31] und basiert auf der Erkenntnis, dass kreative Denkprozesse einerseits sich oft im Unterbewusstsein abspielen und andererseits durch Gedankenverbindungen und Ähnlichkeitsbetrachtungen erheblich gefördert werden. Der Begriff *Synektik* stammt aus dem Griechischen und bedeutet soviel wie zusammensetzen bzw. zusammenfügen. Mittels der Synektik wird durch eine mehrfache Verfremdung des gestellten Problems die Ideenfindung angeregt und dadurch – insbesondere bei festgefahrenen Problemen – das Finden eines Lösungsansatzes positiv beeinflusst.

Die Ideenfindung läuft bei der synektischen Methode in drei Phasen ab [98/1]:

▷ Phase I Vertrautmachen des Fremden
▷ Phase II Verfremden des Vertrauten
▷ Phase III Verfremdetes und Vertrautes kombinieren.

In der Phase I wird das gestellte Problem dem Teilnehmerkreis durch den Moderator vorgestellt und gemeinsam analysiert. Als Ergebnis dieser eingehenden Beschäftigung mit dem Problem sollen alle spontan einfallenden Lösungsansätze ausgesprochen und protokolliert werden. Zum Abschluss wird das Problem schriftlich formuliert. Ziel dieser Phase ist das Erreichen eines gemeinsamen Problemverständnisses, so dass jeder Teilnehmer das gestellte Problem als sein eigenes betrachtet.

In der Phase II wird eine Verfremdung des gestellten Problems angestrebt. Hierzu sucht man als Erstes möglichst weit entfernte Ähnlichkeiten *(erste direkte* Ähnlichkeit); hierbei muss möglichst die »Objektwelt« gewechselt werden, d. h. handelt es sich um ein technisches Problem, dann sind Ähnlichkeiten im Bereich der Natur zu suchen – und umgekehrt. Zu einer oder zwei solcher Ähnlichkeiten, die besonders interessant und am weitesten vom Ausgangsproblem entfernt sind, versuchen nun die Teilnehmer *persönliche* Ähnlichkeiten zu finden; dieses Auf-sich-selbst-beziehen führt zu einer

Enthemmung in der Ideenfindung und zu einem weiteren Entfernen vom Ausgangsproblem. Wiederum zu ein oder zwei solchen Beschreibungen werden nun *symbolische* Ähnlichkeiten, die aus zwei, drei Schlagwörtern bestehen und einen Widerspruch in sich haben (z. B. fröstelnde Wärme, atemberaubende Langsamkeit), gesucht. Auch dieses hat eine Entfernung vom Ausgangsproblem zur Folge. Im letzten Schritt werden nun wieder direkte Ähnlichkeiten (zweite) gesucht – ebenfalls mit einem Wechsel der oben angedeuteten »Objektwelt«; dies bewirkt nun eine gewisse Annäherung an das Ausgangsproblem. Im Zweifelsfall muss diese Phase wiederholt werden.

Die Phase III beginnt mit der Analyse der am Ende der Phase II gefundenen *zweiten direkten* Ähnlichkeit, indem diese möglichst umfassend beschrieben wird. Jeder Satz, jeder Begriff wird nun mit dem Ausgangsproblem in Beziehung gebracht. Sowohl diese Übertragung als auch die nun einsetzende Rückbesinnung auf das Ausgangsproblem führt zu Lösungsansätzen. Die aussichtsreichsten Lösungsansätze werden schließlich hinsichtlich ihrer Realisierbarkeit untersucht. Auch diese Phase kann – bis ein brauchbarer Lösungsansatz gefunden ist – mehrfach wiederholt werden.

Für eine Synektik-Sitzung können ähnliche Regeln wie für eine Brainstorming-Sitzung aufgestellt werden:

— Teilnehmeranzahl zwischen zwei und sechs,
— Moderation durch einen Fachmann,
— Unterschiede bezüglich Ausbildung und Position möglichst klein,
— Kenntnisse und Erfahrungen möglichst verschieden.

Die Dauer einer Synektik-Sitzung hängt stark vom gestellten Problem ab und kann sehr unterschiedlich sein, wobei die Bandbreite zwischen einigen Stunden und zwei Tagen liegt.

6-Hüte-Methode

Diskussionen mangelt es vielfach an der nötigen Effizienz, da die Teilnehmer sich häufig von ihrem persönlichen Rollenverhalten nicht trennen können; die einen meinen, bestimmte Positionen nicht aufgeben zu dürfen, andere neigen zur andauernden Selbstdarstellung, wieder andere sind nicht aufnahmebereit für neue ungewohnte Denkansätze. Ein zielgerichtetes Vorgehen in einer Planungsrunde wird damit vielfach unmöglich gemacht. Um die Teilnehmer einer Diskussion von diesen individuell geprägten Denkmustern zu befreien, hat sich die Methode der »6 Denkhüte« zum effizienten Diskutieren [11] sehr gut bewährt.

Das Prinzip beruht auf der Definition von sechs Betrachtungshorizonten, den »Denkhüten«. Mit dieser konsequenten Trennung in unterschiedliche Betrachtungshorizonte wird erreicht, dass die Teilnehmer einer Diskussion gezwungen werden, ein zu betrachtendes Thema zielorientiert aus unterschiedlichen Richtungen gemeinsam anzugehen und zu diskutieren. Auf diese Weise kommt man schneller und erheblich effektiver ans Ziel.

Zur leichteren Unterscheidung werden *Farben* für die einzelnen »Denkhüte« ausgewählt:

▷ der weiße Hut	neutral	→ Objektivität
▷ der rote Hut	Feuer	→ Emotionen
▷ der schwarze Hut	Vorsicht	→ Kritik
▷ der gelbe Hut	Sonne	→ Optimismus
▷ der grüne Hut	Natur	→ Wachstum
▷ der blaue Hut	Himmel	→ Überblick

Beim *weißen Hut* sind ausschließlich objektive Informationen, Daten und Fakten gefragt; es sollen keine Interpretationen, Meinungen, Vermutungen oder Vorschläge vorgetragen werden. Beim *roten Hut* geht es um Gefühle, Intuition, Ahnungen und Ängste, um Eindrücke also, die man nicht rational erklären kann. Auch hier sind Begründungen und Rechtfertigungen fehl am Platze. Beim *schwarzen Hut* werden die Risiken, Gefahren, Bedenken und Einwände zum Diskussionsthema behandelt. Gefragt sind hier kritische, aber keine negativen Argumente. Beim *gelben Hut* werden die Vorteile, die Chancen, die besten Realisierungsmöglichkeiten, die Synergien etc. betrachtet; der gelbe Hut fokussiert damit das positive Denken zum behandelten Thema. Beim *grünen Hut* ist schließlich die Kreativität gefragt; neue Ideen und alternative Denkansätze sollen das Thema voranbringen. Beim *blauen Hut* geht es nicht um das eigentliche Thema, sondern um Vorschläge zum weiteren Vorgehen und um die Zusammenfassung der Ergebnisse.

In einer Diskussion können diese 6 Denkhüte verschieden genutzt werden; sie können entsprechend des aktuellen Diskussionsverlaufs je nach Bedarf oder auch systematisch in einer vorab festgelegten Reihenfolge eingesetzt werden. Im letzteren Fall empfehlen sich gewisse Abfolgen der Hüte: So ist der blaue Hut am Anfang und Ende einer Diskussion sinnvoll, nach einem schwarzen Hut sollte ein grüner folgen, anfangen kann man mit dem weißen, roten oder gelben Hut, beenden kann man die Diskussion mit dem grünen Hut, aber auch mit dem roten oder schwarzen.

6.5.2 Istanalysetechniken

Am Anfang eines jeden Entwicklungsprozesses steht der Prozessabschnitt der Problemanalyse, der sich im Allgemeinen in die Prozessphasen *Istanalyse* und *Sollkonzept* untergliedert. Die Istanalyse soll hierbei die fachliche Basis für das geplante Entwicklungsvorhaben definieren, auf die die weitere Planung, beginnend mit dem Sollkonzept, aufsetzen soll.

Für die Untersuchung des Istzustandes haben sich – neben der Auswertung vorhandener Unterlagen – in der Praxis eine Vielzahl von Analysetechniken herausgebildet:

- ▷ Interview
- ▷ Fragebogen
- ▷ Dialog-Abfrage
- ▷ Dauerbeobachtung
- ▷ Selbstaufschreibung
- ▷ Multimomentaufnahme.

Interview

Zum transparenten Darstellen eines Istzustandes mit objektivem Aufdecken von Fehlerquellen und Mängeln hat sich die Interviewtechnik sehr gut bewährt.

In Kap. 6.4.4 ist diese Technik am Beispiel einer PM-Untersuchung ausführlich erläutert worden. Wie dort aufgezeigt wurde, ist es wichtig, dass die Interviews gut vorbereitet werden, sowohl hinsichtlich ihres Inhalts (z.B. mit Checklisten) als auch des zu befragenden Personenkreises. Anderenfalls läuft man Gefahr, in eine Flut von Informationen aus ungleichgewichtigen Quellen zu geraten.

Fragebogen

Können die relevanten Fragenkomplexe nicht in einzelnen Interviews behandelt werden – sei es, dass die Anzahl der Interview-Partner zu groß ist oder dass eine örtliche Zusammenkunft nicht möglich ist –, bietet es sich an, einen entsprechenden *Fragebogen* auszuarbeiten und diesen an die zu befragenden Wissensträger zu versenden. Hierbei sind einige Regeln zu beachten:

- — Die Ausfüllzeit sollte nicht länger als $^{1}/_{2}$ Stunde dauern.
- — Die Fragen sind kurz und verständlich zu halten.
- — Die Fragenkomplexe sind in Themengruppen anzuordnen.
- — Das Untersuchungsfeld muss die Befragten ansprechen.
- — In einem Begleitschreiben müssen Aufgabe und Ziel der Fragebogenaktion überzeugend dargestellt werden.

Vor der eigentlichen Durchführung der Fragebogenaktion sollte der fertige Fragebogen in einem kleineren Personenkreis »getestet« werden, um die Verständlichkeit und Schärfe der gestellten Fragen zu prüfen. Auch ist es notwendig, sich rechtzeitig Gedanken über eine rationelle Auswertung der ausgefüllten Fragebögen zu machen.

Der Vorteil einer Fragebogenaktion zur Istanalyse liegt sicherlich in dem relativ geringen (eigenen) Aufwand und der kurzen Untersuchungszeit. Nachteil ist allerdings die Schwierigkeit, einen das Untersuchungsfeld voll abdeckenden und nicht missverständlichen Fragenkatalog zu erarbeiten; ein individuelles Nachfragen ist schließlich nicht möglich oder mit zusätzlichem Aufwand verbunden.

Dialog-Abfrage

Eine sehr rationelle Methode der Isterfassung ist die *dialoggeführte Abfrage* über ein Unternehmens-Intranet. Mit vordefinierten Dialog-Abfragen wird ein einheitliches und konsistentes Abfrageergebnis erreicht; formal falsche bzw. inkonsistente Angaben werden sofort zur Korrektur zurückgewiesen, bei unvollständigen Angaben wird der Befragte umgehend zur Vervollständigung aufgefordert. Ein weiterer Vorteil liegt darin, dass über das

Intranet alle zu befragenden Personen unmittelbar und gleichzeitig angesprochen werden, auch unterliegt der Datenrückfluss keiner zeitlichen Verzögerung.

Im Rahmen der Umstellungsarbeiten für die (zurückliegende) Jahrtausendwende wurde z.B. zur Inventarisierung aller Jahr2000-relevanter Hard- und Software bei Siemens Business Services (SBS) ein Abfragetool eingesetzt, mit dem alle Projektleiter und Mitarbeiter über einen geführten Dialog nach den entscheidenden Kriterien für die in die Jahr2000-Umstellung einzubeziehende Hard- und Software flächendeckend abgefragt wurden. Durch den geführten Dialog wurden neben den allgemeinen Angaben zu eingesetzten oder vertriebenen Geräten und Programmen die Details aller Schnittstellen sowie alle eingebetteten Hard- und Software-Bestandteile und Fremdprodukte lückenlos erfasst und einer fachlichen Beurteilung zugeführt. Auf diese Weise wurde die Vollständigkeit hinsichtlich der Datenerhebung und der Risikoanalyse geradezu erzwungen.

Dauerbeobachtung

Statt der »mittelbaren« Informationssammlung über Interview oder Fragebogen bietet sich in speziellen Fällen auch die unmittelbare, d.h. selbstdurchgeführte *Dauerbeobachtung* an. Hierzu ist es allerdings notwendig, dass das Untersuchungsfeld räumlich und funktional überschaubar ist. Durch das für einen gewissen Zeitraum ständige Beobachten z.B. eines Arbeitsplatzes kann sehr gut eine eindeutige und vollständige Analyse des Istzustandes erreicht werden.

Wichtig ist, dass alle Ablaufvorgänge, Vorkommnisse und Einflussfaktoren der Arbeitsprozesse schriftlich festgehalten werden und die Beobachtung so lange stattfindet, bis eine Konstanz der Arbeitsabläufe festzustellen ist.

Der Vorteil liegt bei der Genauigkeit der Analyseergebnisse. Nachteilig ist die nicht zu vermeidende Beeinflussung der am Arbeitsprozess beteiligten Personen durch die Beobachtung selbst und die damit verbundene Verfälschung der Ergebnisse. Auch kann der erforderliche Zeitaufwand für den Untersuchenden recht erheblich sein.

Selbstaufschreibung

Zur Istaufnahme kann in besonderen Fällen auch eine *Selbstaufschreibung* sehr dienlich sein. Diese Methode bietet sich an, wenn im Rahmen von Arbeitsprozessen immer wiederkehrende Vorgänge ablaufen und über einen definierten Zeitraum die »Gleichheit« der Vorgänge statistisch ermittelt werden soll.

Für diese Form der Istanalyse muss allerdings ein geeignetes Ausfüllformular zur Verfügung stehen, welches möglichst als Checkliste genutzt werden kann.

Die Betroffenen müssen zudem genau in die Vorgehensweise eingewiesen und für das Untersuchungsziel entsprechend motiviert sein.

Multimomentaufnahme

Die Multimomentaufnahme ist ein *Stichprobenverfahren*, bei dem aus einer Vielzahl von Momentaufnahmen statistisch gesicherte Mengen- und Zeitangaben abgeleitet werden können.

Das Grundprinzip einer Multimomentaufnahme besteht darin, dass ausgewählte »Beobachtungsstationen« in einer Arbeitsprozesskette zu unterschiedlichen Zeitpunkten in stets derselben Reihenfolge hinsichtlich der Anzahl bestimmter »Tätigkeiten« oder »Zustände« abgefragt werden. Die in einer Aufnahmeliste je Beobachtungsstation festgehaltenen Tätigkeits- bzw. Zustandsanzahlen werden abschließend arithmetisch gemittelt. Der zu erwartende statistische Fehler hängt von der Gesamtzahl der Beobachtungen, der »Rundgänge« ab. In [101] ist die mathematische Ermittlung der notwendigen Anzahl der Beobachtungen angegeben.

Die Multimomentaufnahme eignet sich sehr gut für Arbeitsplatz- und Auslastungsstudien, zur Störungsermittlung in Arbeitsabläufen sowie zum Erstellen von Tätigkeits- und Belastungsdiagrammen.

6.5.3 Problemlösungstechniken

Problemlösungstechniken werden getragen durch *diskursive* Denkprozesse, denen eine bewusst logische und systematische Vorgehensweise zu Grunde liegt. Zu ihnen gehört:

- ▷ Morphologische Analyse
- ▷ Bionik
- ▷ Pro-und-Kontra-Spiel
- ▷ Delphi-Methode.

Morphologische Analyse

Morphologie bezeichnet die Lehre von den Gestalten und Formen. Der Schweizer Zwicky hat in den 50er-Jahren morphologische Prinzipien auf den Problemlösungsprozess übertragen [68]. Ziel einer morphologischen Analyse ist das systematische Finden aller in Frage kommenden Lösungsvarianten zu einem gestellten Problem; hierzu wird das Gesamtlösungsfeld in einem bestimmten Schema, dem »Morphologischen Kasten« dargestellt. Bild 6.28 zeigt ein Beispiel für die Lösungsfindung bei einem aufgetretenen Terminverzug in einem Projekt.

Der Morphologische Kasten, auch als Problemlösungsbox bezeichnet, ist ein Schema, in dem einer Auswahl von wesentlichen Parametern (Teilproblemen) eines gestellten Problems erfolgsbestimmende Ausprägungen (Einzellösungen) gegenübergestellt werden. Liegt eine lineare Reihe von Parametern vor, so handelt es sich beim Schema um eine Matrixdarstellung; erst bei einer zweidimensionalen Parameterschar entsteht ein wirklicher (dreidimensionaler) »Kasten«. Das ausgefüllte Schema stellt das Gesamtlösungsfeld dar.

Die Anzahl n_{ges} aller theoretisch möglichen Lösungsvarianten ist:

$$n_{ges} = \prod_{i-1}^{m} n_i \qquad (90)$$

n_i Anzahl Ausprägungen des Parameters i.

Die morphologische Analyse läuft in fünf Schritten ab:

- ▷ Definieren des Problems
- ▷ Festlegen der Parameter des Problems
- ▷ Bestimmen der Ausprägungen der Problemparameter
- ▷ Aufstellen des Morphologischen Kastens
- ▷ Auswählen der Lösung.

Im ersten Schritt wird das gestellte Problem dem Lösungsteam vorgestellt und eingehend diskutiert; hierbei kann es zu einer Aufteilung, zu einer Verallgemeinerung oder sogar zu einer Neudefinition des Problems kom-

Problemfeld: Terminverzug bei einem Projekt

Parameter Teilprobleme		Ausprägungen (Einzellösungen)				
1	Personalstärke	Firmeninterne Vernetzungen	Neueinstellungen	Überstunden	Urlaubssperre	Consultant-Einstellung
2	Qualifizierung	Firmeninterne Kurse	Firmenexterne Kurse	Selbststudium	Experten einbeziehen	
3	Motivation	Beförderungen vornehmen	Prämien ankündigen	Kommunikation verbessern	Austausch von Mitarbeitern	Wechsel von Vorgesetzten
4	Leistungsumfang	Funktionen streichen	Wertanalyse durchführen	Stufenkonzept erarbeiten		
5	Qualität	Qualitäts-anforderungen reduzieren	QS-Maßnahmen verringern	QS-Maßnahmen vergrößern		
6	Prozessablauf	Zeitreserven eliminieren	Aktivitäten parallelisieren	Optimierung mit Netzplan vornehmen	Kommunikations-fluss straffen	Entw.dienste zentralisieren
7	Entwicklungs-unterstützung	Kauf von Entwicklungsteilen	Kauf von Tools	Anschaffung von CAD-Geräten	Mehr Test- und Rechenzeiten	Konventionen definieren

●——● 1. Lösung
○- - -○ 2. Lösung

Bild 6.28 Morphologischer Kasten

men. Erreicht werden muss, dass alle Teilnehmer zu einem gleichen Problembewusstsein gelangen.

Im zweiten Schritt werden die wesentlichen Aspekte des Problems (Funktionen, Abläufe, Vor- und Nachteile etc.) herausgearbeitet und daraus die Parameter des Problems festgelegt. Die Parameter müssen hinsichtlich ihres Inhalts gleichgewichtig sein. Oberbegriffe z. B. sind aufzulösen. Weiterhin prüft man die Parameter auf ihre Bedeutung und auf ihre Unabhängigkeit. Die Unabhängigkeit der Parameter ist wichtig, weil sonst die freie Kombination von Lösungsmöglichkeiten eingeschränkt sein würde. Nur die relevanten Parameter werden in die vertikale Matrixspalte des Morphologischen Kastens übernommen. Man sollte möglichst nicht mehr als sechs bis sieben Parameter auswählen, weil sonst die Anzahl der Lösungsvarianten zu groß und damit die spätere Lösungsauswahl zu unübersichtlich werden würde.

Im dritten Schritt werden die unterschiedlichen Ausprägungen der Parameter bestimmt: dabei strebt man eine größtmögliche Vollständigkeit an. Alternative Ausprägungen und solche, die voneinander abhängig sind, müssen beseitigt werden. Auch muss man prüfen, ob die Ausprägungen genügend konkret und aussagekräftig sind: anderenfalls muss man sie schärfer definieren. Schließlich ordnet man die Ausprägungen in die horizontalen Matrixzeilen der jeweils zutreffenden Parameter des Morphologischen Kastens ein. Je Parameter brauchen natürlich nicht immer gleich viele Ausprägungen angegeben zu werden.

Mit dem vierten Schritt werden die verschiedenen Lösungsvarianten definiert, indem eine sinnvolle Kombination von Ausprägungen (je Parameter eine Ausprägung) durch einen Linienzug ausgewählt wird. Jeder unterschiedliche Linienzug stellt eine mögliche Lösung dar. Diese Lösungen müssen nun auf ihre Praktikabilität und Realisierbarkeit untersucht werden; fallweise kann es hierbei sinnvoll sein, weniger wichtige Ausprägungen in einer Lösungsvariante auszulassen.

Der letzte Schritt führt zur *Lösungsauswahl.* Mittels eines gewichteten Kriterienkatalogs werden die in die engere Wahl gekommenen Lösungen bewertet. Die bestbewertetste Lösung wird ausgewählt.

Die morphologische Analyse eignet sich besonders gut bei Problemstellungen, die bereits über eine gewisse Struktur verfügen, wie z. B. bei Problemen, die im Zusammenhang mit einer Maschine oder einem Gerät stehen. Als günstig erweist sich auch die leichte Darstellung von alternativen Lösungen in dem morphologischen Kasten. Als Nachteil ist allerdings zu nennen, dass die Vorabauswahl der Parameterausprägungen die Lösungsvielfalt einschränkt. Auch wird bei umfangreichen Problemstellungen der Kasten leicht unübersichtlich; es besteht dann sogar die Gefahr, dass die optimale Lösung übersehen wird.

Bionik

Die Bionik stellt eine sehr moderne Problemlösungstechnik dar, die versucht, durch »Abgucken von der Natur« zu einem gestellten Problem eine Lösung zu finden. Ausgehend von dem Gedanken, dass die Natur im Laufe von Millionen Jahren auf evolutionärem Wege fast immer die besten Lösungen gefunden hat, liegt es nahe, bei technischen Problemlösungsprozessen entsprechende »Anleihen« an die Natur zu machen.

Die Bionik-Vorgehensweise ist sehr einfach: Man versucht im Rahmen eines interdisziplinären Teams von Fachleuten zu einem gestellten Problem systematisch ähnliche bzw. vergleichbare Probleme sowie deren Lösung in der Natur aufzuzeigen. Durch Analogieschlüsse versucht man, diese »natürlichen« Problemlösungen auf »technische« zu übertragen.

Als einige prägnante Beispiele für solche Bionik-Lösungsanalogien seien genannt:

Aufbau eines Strohhalms
→ Hochhaus-Konstruktion
Körperbau des Delfins
→ U-Boot-Bau
Körperbau des Vogels
→ Flugzeugbau
Menschliches Gedächtnis
→ Computer-Speichertechnik
Menschliche Intelligenz
→ Lernfähige Programme

Körperlicher Bewegungsapparat
→ Roboter- und Automatenbau
Sinnesorgane der Lebewesen
→ Technische Sensoren
Soziale Verhaltensweisen
→ Organisationsstrukturen

Eine unmittelbare Übertragbarkeit ist meist nicht gegeben, zu unterschiedlich sind die Realisierungsmöglichkeiten der Natur und der Technik. Man kommt allerdings mittels einer Bionik-Denkweise häufig zu außergewöhnlichen Anregungen im Problemlösungsprozess.

Es sei angemerkt, dass die Bionik auch zur inversen Vorgehensweise genutzt werden kann; wenn nämlich zur Erforschung von Phänomenen und Vorgängen in der Natur man sich des Analogieschlusses aus der Technik heraus bedient.

Pro-und-Kontra-Spiel

Liegen bereits mehrere Lösungsalternativen vor, so kann man mit Hilfe eines *Pro-und-Kontra-Spiels* auf einfache Weise zu einer Priorisierung derselben kommen.

Je Lösungsalternative werden zwei Vertreter aus dem Lösungsteam ausgewählt. In einer ersten Runde von etwa 15 Minuten Länge tragen die beiden Vertreter ihre Pro- und Kontra-Argumente in schneller Folge vor. Protokollanten halten dabei die vorgetragenen Argumente in ihrem wesentlichen Gehalt fest. In der zweiten Runde vertauschen die beiden Vertreter ihre Rolle, d.h. der Pro-Vertreter trägt jetzt Kontra-Argumente vor und der Kontra-Vertreter muss nun Pro-Argumente bringen.

Eine solche wechselseitige Pro-und-Kontra-Argumentation wird für jede Lösungsalternative einzeln durchgeführt. Zum Schluss werden die protokollierten Argumente nochmal im Plenum eingehend diskutiert, welches dann auch die letztliche Lösungsauswahl trifft.

Delphi-Methode

Zur Problemlösung kann man auch sehr gut die in Kap. 3.2.8 beschriebene Delphi-Methode einsetzen; dort wurde sie im Rahmen einer Expertenbefragung für die Aufwandsschätzung genutzt. In gleicher Weise kann bei der Lösungssuche für ein bestimmtes Problem verfahren werden.

Einer ausgewählten Gruppe von Fachleuten wird das gestellte Problem vorgestellt und eingehend erläutert. Daraufhin erarbeiten die Fachleute – getrennt voneinander – Lösungsansätze, die dann anonym unter dem Teilnehmerkreis verteilt werden. In der nächsten Runde beurteilt und kritisiert daraufhin jeder Experte die Vorschläge der anderen und überarbeitet ggf. seinen eigenen Vorschlag. Bei Bedarf können diese Runden wiederholt werden.

Der Vorteil der Delphi-Methode im Rahmen einer Problemlösung liegt vor allem darin, dass örtlich voneinander entfernt sitzende Fachleute für ein gemeinsames Problem Lösungsvorschläge ausarbeiten können, die dann einer systematischen gegenseitigen Beurteilung unterzogen werden. Durch die methodenbedingte Wahrung der Anonymität wird die Scheu vor unkonventionellen Gedanken genommen.

6.5.4 Entscheidungstechniken

Entscheiden heißt, zwischen mehreren Alternativen mit unterschiedlichen Auswirkungen auswählen. Für diesen »Auswahlprozess« stehen einige in der Praxis vielfach erprobte Entscheidungstechniken zur Verfügung:

- ▷ ABC-Analyse
- ▷ Entscheidungstabelle
- ▷ Entscheidungsmatrix
- ▷ Entscheidungsbaum
- ▷ Portfolio-Methode.

ABC-Analyse

Wenn man aus einer großen Anzahl von Alternativen zu wählen hat, bietet es sich an, die Gesamtmenge durch eine ABC-Analyse auf die wichtigsten Alternativen einzuschränken. Voraussetzung für eine ABC-Analyse ist allerdings ein Bewertungskriterium als Maß für die »Wertigkeit« der Alternativen; dieses kann sich aus mehreren Einzelkriterien zusammensetzen. Als solche Einzelkriterien können dienen:

— Anzahl Anwender
— Jahresumsatz
— Jahresverbrauch
— Entwicklungskosten
— Materialkosten
— Mitarbeiteraufwand
— Stückzahlen
— Anzahl Fertigungsstunden
— Ausfallzeiten
— Fehlerhäufigkeit
— Fehlerkosten
— usw.

Hat man die einzelnen Wertigkeiten der Alternativen bestimmt, dann werden die Alternativen gemäß ihrer Wertigkeiten in eine Rangfolge gebracht. Bild 6.29 soll dieses am Beispiel einer Absatzmarktbeurteilung für 12 EU-Staaten veranschaulichen. Als Beurteilungskriterium wurde die Größe »Personen-km^2« (Bevölkerung × Fläche) herangezogen.

Nachdem die Rangfolge festliegt, werden die einzelnen Wertigkeiten akkumuliert. Zur besseren Darstellung überträgt man häufig diese Werte in ein Koordinatensystem; hierzu ordnet man die Alternativen gemäß ihrer Rangfolge in äquidistanten Abständen auf der X-Achse an und trägt vertikal die entsprechenden akkumulierten Werte auf. Die einzelnen Endpunkte werden zu einem Linienzug verbunden, der in die drei Bereiche A, B und C unterteilt wird. Der A-Bereich umfasst die »wichtigen«, der B-Bereich die »weniger wichtigen« und der C-Bereich die »unwichtigen« Alternativen. In dem gezeigten Beispiel kann man nun folgende Aussagen machen:

A-Bereich
Die ersten drei Absatzmärkte machen bereits rund 70% der gesamten »Personen-km^2« aus – hinsichtlich dieses Bewertungskriteriums sind sie die »wichtigsten« Absatzmärkte.

B-Bereich
Die beiden weiteren Absatzmärkte zählen zu den »weniger wichtigen« und müssen einer besonderen Betrachtung unterzogen werden.

C-Bereich
Die restlichen sieben Absatzmärkte sind als »unwichtige« Absatzmärkte einzuordnen und scheiden damit bei den weiteren Überlegungen aus.

Kap. 2.1.1 enthält ein weiteres Beispiel. Dort wurde die ABC-Analyse im Rahmen einer Innovationsplanung für die Auswahl von Produktalternativen eingesetzt (siehe auch Bild 2.3).

Für das Festlegen der Bereichsgrenzen haben sich in der Praxis die in Tabelle 6.10 angegebenen Werte als sinnvoll gezeigt.

Je nach Konzentration des ausgewählten Bewertungskriteriums ergeben sich sehr unterschiedliche Verläufe der ABC-Kurven (siehe Bild 6.30). Bei extrem steilem Kurvenanstieg (starke Konzentration) existiert eine allein do-

Rangfolge	Alternative	Kriterium 1 (Stand 1992)	Kriterium 2	Wertigkeit	Akkumulierte Wertigkeit	
	Absatzmarkt	Bevölkerung in 1000	Fläche in 1000 km^2	Bevölkerung x Fläche in 10^6 Personen · km^2		%
1	Frankreich	55,3	547	30249	30249	26,9
2	Deutschland	77,9	357	27810	58059	51,7
3	Spanien	38,7	505	19543	77602	69,1
4	Italien	57,2	301	17217	94819	84,4
5	Großbritannien	56,8	244	13859	108678	96,8
6	Griechenland	10,0	132	1320	109998	97,9
7	Portugal	10,3	92	948	110946	98,8
8	Niederlande	14,6	41	599	111545	99,3
9	Belgien	9,9	31	307	111852	99,6
10	Irland	3,5	70	245	112097	99,8
11	Dänemark	5,1	43	219	112316	99,9
12	Luxemburg	0,4	3	1	112317	100,0

Bild 6.29 Ermittlung der Rangfolge bei einer ABC-Analyse (Beispiel)

Tabelle 6.10 Bereichsgrenzen ABC-Analyse

	A-Bereich	B-Bereich	C-Bereich
Wertigkeit	bis 65–80%	bis 90–95%	bis 100%
Bandbreite Wertigkeit	65–80%	10–30%	5–10%
Anzahl Alternativen (typische Verteilung)	10–20%	20–35%	50–70%

minante Alternative; eine Auswahl nach der ABC-Analyse ist hier nicht mehr nötig. Haben dagegen alle Alternativen die gleiche Wertigkeit (keine Konzentration), ist eine Sortierung nach unterschiedlichen Wertigkeiten nicht möglich und daher eine ABC-Analyse nicht durchführbar.

Entscheidungstabelle

Die Entscheidungstabellen-Technik ist eine Methode zum Analysieren und Darstellen von komplexen Ablauf- und Entscheidungssituationen; sie entstand Ende der 50er-Jahre in den USA in Verbindung mit Verfahren zum automatischen Überleiten auf Rechnerprogramme. In einer Entscheidungstabelle (ET) werden die logischen Zusammenhänge eines Entscheidungsfeldes nach einem einheitlichen Schema dargestellt; sie ist also keine Methode zur eigentlichen Entscheidungsfindung, sondern ein tabellarisches Beschreibungsmittel für formalisierbare Entscheidungsprozesse [29].

Aufbau einer Entscheidungstabelle

Eine Entscheidungstabelle gliedert sich in vier Quadranten (Bild 6.31). Die Zahlen der oberen Hälfte (Bedingungsteil) enthalten die Bedingungen, die Zeilen der unteren Hälfte (Aktionsteil) die Aktionen; in den Spalten sind die *Entscheidungsregeln,* kurz Regeln, aufgeführt. *Bedingungs- und Aktionsanzeiger* definieren – mit Bezug auf die angesprochenen Bedingungen und Aktionen – die Regeln einer Entscheidungstabelle. Ob eine Bedingung für eine bestimmte Regel zutrifft, nicht zutrifft oder irrelevant ist, wird durch die Bedingungsanzeiger »J«, »N« bzw. »–« angezeigt; die ausführenden Aktionen werden durch den Aktionsanzeiger »X« gekennzeichnet. Eine Entscheidungsregel ist wie folgt zu lesen:

Wenn Bedingung x und Bedingung y usw. zutrifft,
dann muss Aktion a und Aktion b usw. erfolgen.

Die einzelnen Bedingungen einer Regel sind durch ein logisches UND, die einzelnen Regeln der Entscheidungstabelle durch ein logisches ODER verknüpft.

Formen von Entscheidungstabellen

Drei Formen von Entscheidungstabellen kann man unterscheiden (Bild 6.32):

▷ begrenzte Entscheidungstabelle,
▷ erweiterte Entscheidungstabelle,
▷ gemischte Entscheidungstabelle.

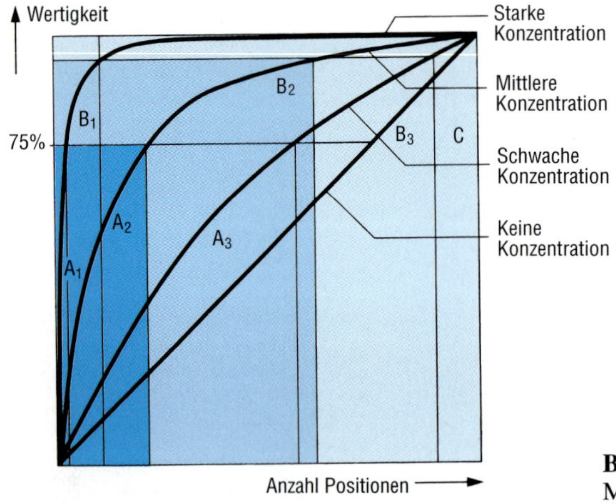

Bild 6.30
Mögliche Kurvenverläufe bei der ABC-Analyse

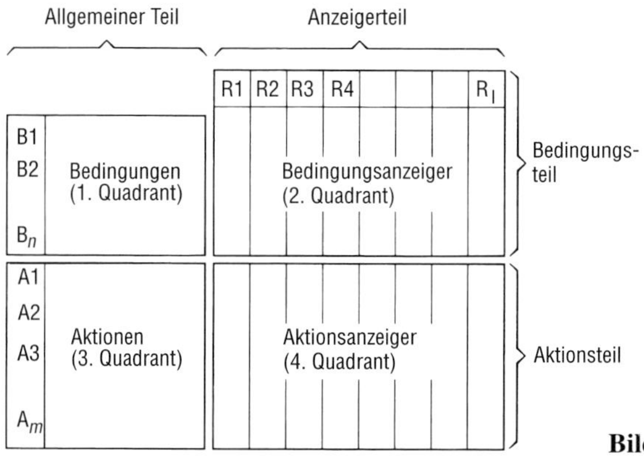

Bild 6.31 Aufbau einer Entscheidungstabelle

Bei *begrenzten* Entscheidungstabellen sind im allgemeinen Teil die Bedingungen und Aktionen vollständig beschrieben, so dass im Anzeigerteil nur die logischen Anzeiger für ja, nein oder irrelevant enthalten sind. Man kann zudem noch unterscheiden zwischen einfachen (begrenzten) Entscheidungstabellen, die nur mit den Bedingungsanzeigern »J« und »N« belegt sind, sowie komplexen (begrenzten) Entscheidungstabellen, die darüber hinaus mindestens einen Irrelevanzanzeiger »–« enthalten.

Dagegen sind bei *erweiterten* Entscheidungstabellen die Bedingungen und Aktionen im allgemeinen Teil nur unvollständig beschrieben; ihre Vollständigkeit erhalten sie durch erweiterte Angaben im Anzeigerteil. Die Bedingungs- und Aktionsanzeiger enthalten für den zutreffenden Fall nähere numerische Angaben, die sogar in arithmetischen Ausdrücken eingebunden sein können; bei den Bedingungsanzeigern können noch Vergleichsoperatoren hinzukommen. Eine erweiterte Entscheidungstabelle ist im Allgemeinen übersichtlicher und daher besser lesbar als eine begrenzte Entscheidungstabelle.

Gemischte Entscheidungstabellen enthalten sowohl begrenzte als auch erweiterte Einträge; sie stehen damit zwischen den begrenzten und den erweiterten Entscheidungstabellen. Wie aus Bild 6.32, welches dieselbe Entschei-

		R1	R2	R3	R4
B1	Angestellte >100	J	J	N	N
B2	Mehrere Standorte	J	N	J	N
A1	10 Telefonanschlüsse				×
A2	20 Telefonanschlüsse			×	
A3	30 Telefonanschlüsse	×	×		
A4	10% Anrufbeantworter			×	
A5	20% Anrufbeantworter	×	×		

Einfache (begrenzte) ET

		R1	R2	R3
B1	Angestellte >100	J	N	N
B2	Mehrere Standorte	–	J	N
A1	10 Telefonanschlüsse			×
A2	20 Telefonanschlüsse		×	
A3	30 Telefonanschlüsse	×		
A4	10% Anrufbeantworter		×	
A5	20% Anrufbeantworter	×		

Komplexe (begrenzte) ET

		R1	R2	R3	R4
B1	Anzahl Angestellte	>100	>100	<100	<100
B2	Anzahl Standorte	>1	=1	>1	=1
A1	Telefonanschlüsse	30	30	20	10
A2	Anrufbeantworter	20%	20%	10%	0%

Erweiterte ET

		R1	R2	R3
B1	Anzahl Angestellte	>100	<100	<100
B2	Anzahl Standorte	–	J	N
A1	Telefonanschlüsse	30	20	10
A2	Anrufbeantworter	20%	10%	0%

Gemischte ET

Bild 6.32 Formen von Entscheidungstabellen

dungstabelle in ihren unterschiedlichen Formen zeigt, zu ersehen ist, erlauben gemischte Entscheidungstabellen besonders gut den Aufbau von kompakten Entscheidungstabellen.

Eine Sonderform stellt die *bedingungslose* Entscheidungstabelle, auch als Aktionstabelle bezeichnet, dar. Da sie keine eigenen Bedingungen enthält, gilt für sie nur eine einzige Regel, bei der alle angegebenen Aktionen ausgeführt werden. Aktionstabellen werden definiert, wenn im Zusammenhang mit mehreren Entscheidungstabellen eine größere Anzahl von Aktionen zusammengefasst werden sollen.

Da einerseits der Bedingungsanzeiger »–« die beiden anderen logischen Anzeiger »J« und »N« einschließt und andererseits erweiterte Anzeiger unvollständige Beschreibungen der Bedingungen und Aktionen vervollständigen, können die vorgenannten Formen von Entscheidungstabellen beliebig ineinander überführt werden. Solche Transformationen verändern nicht den Sachverhalt der Entscheidungstabelle, auch nicht die Anzahl der Regeln; nur die »Dichte« der Tabelle ändert sich. So führt die Transformation einer erweiterten bzw. gemischten Entscheidungstabelle in eine begrenzte Entscheidungstabelle immer zu einer umfangreichen Tabelle.

Bedeutsam ist auch, ob die Entscheidungstabelle *eindeutig* oder *mehrdeutig* ist. Eine formal eindeutige Entscheidungstabelle enthält für jede mögliche Bedingungskombination nur eine einzelne Regel; bei mehrdeutigen Entscheidungstabellen können auf bestimmte Kombinationen mehrere (redundante) Regeln zutreffen.

Von *offenen* bzw. *geschlossenen* Entscheidungstabellen spricht man im Zusammenhang mit Entscheidungstabellen, die miteinander vernetzt sind. Offen bedeutet, dass die letzte Aktion einer jeden Regel immer der Ansprung auf eine andere Entscheidungstabelle ist. Geschlossen ist die Entscheidungstabelle, wenn die letzte Aktion einer jeden Regel einen Rücksprung auf die »aufrufende« Entscheidungstabelle enthält. Eine geschlossene Entscheidungstabelle entspricht damit einem Unterprogramm innerhalb eines Rechnerprogrammsystems, zu ihnen gehören auch die vorgenannten Aktionstabellen.

Erstellen einer Entscheidungstabelle

Auf zwei unterschiedliche Arten kann eine Entscheidungstabelle erstellt werden:

- ▷ induktive Vorgehensweise,
- ▷ deduktive Vorgehensweise.

Bei der *induktiven Vorgehensweise* werden nur die problemrelevanten Bedingungskombinationen als Regeln definiert; alle anderen, probleminvarianten Kombinationen werden zu einer »Sonstige«-Regel, auch als ELSE-Regel bezeichnet, zusammengefasst. Bei der *deduktiven Vorgehensweise* geht man demgegenüber von der theoretisch möglichen Gesamtanzahl von Bedingungskombinationen aus und versucht durch Konsolidieren eine Einschränkung der Entscheidungstabelle zu erreichen.

Im Einzelnen werden zum Erstellen einer Entscheidungstabelle mehrere Schritte durchlaufen. Bei der induktiven Vorgehensweise müssen zuerst sämtliche relevanten Bedingungen zusammengestellt werden; fehlen Bedingungen, so ist die Aussage der Entscheidungstabelle unvollständig und daher von geringem Wert. Als Nächstes werden die zugehörigen Aktionen formuliert. Bedingungen und Aktionen werden dann in ein ET-Formular eingetragen. Durch Angabe der einzelnen Bedingungs- und Aktionszeiger werden die unterschiedlichen Regeln definiert. Bei der deduktiven Vorgehensweise verwendet man ein Standard-ET-Formular, welches sämtliche Kombinationsmöglichkeiten enthält; hier gelangt man durch Wegstreichen der nicht relevanten Regeln zur Endform der Entscheidungstabelle. In beiden Fällen muss noch eine genaue Prüfung auf Redundanz- und Widerspruchsfreiheit sowie auf Vollständigkeit der Entscheidungstabelle vorgenommen werden.

Häufig ist die Reihenfolge der Bedingungen und Aktionen nicht beliebig, da einerseits sowohl Bedingungen als auch Aktionen voneinander abhängen können und andererseits es wichtige und weniger wichtige Bedingungen bzw. Aktionen gibt. So muss man bei Folgebedingungen die logische Sequenz einhalten und die wichtigsten Bedingungen und Aktionen voranstellen.

Eine Entscheidungstabelle muss redundanz- und widerspruchsfrei sein, deshalb ist das Prüfen der Entscheidungstabelle auf *Redundanz* und *Widerspruch* von größter Bedeutung. Bei begrenzten Entscheidungstabellen ist eine solche Prüfung relativ einfach durchzuführen. Redundanz liegt hier vor, wenn bei zwei Regeln die Bedingungs- und die Aktionsanzeiger identisch sind; Widerspruch liegt vor, wenn bei zwei Regeln die Bedingungsanzeiger identisch, die Aktionsanzeiger aber verschieden sind. Bei erweiterten bzw. gemischten Entscheidungstabellen lässt sich ein Vergleich der erweiterten Anzeiger nicht so leicht vornehmen; hier müssen diese eventuell erst auf einfache Ausdrücke zurückgeführt werden.

Ist eine Entscheidungstabelle redundanz- und widerspruchsfrei, so muss sie noch auf *Vollständigkeit* geprüft werden. Die Anzahl der Regeln einer vollständigen einfachen begrenzten Entscheidungstabelle n_{voll} ergibt sich zu:

$$n_{\text{voll}} = 2^{m_{\text{bed}}} \quad (91)$$

m_{bed} Anzahl der (voneinander unabhängigen) Bedingungen.

Die Anzahl der Regeln einer komplexen begrenzten Entscheidungstabelle n_{ges} errechnet sich aus

$$n_{\text{ges}} = 2^{m_{\text{bed}}} - \sum_{i=1}^{n_{\text{vor}}} (2^{m_i} - 1) \quad (92)$$

n_{vor} Anzahl der vorhandenen Regeln der Entscheidungstabelle

m_{bed} Anzahl der (voneinander unabhängigen) Bedingungen

m_i Anzahl der Irrelevanz-Anzeiger in der Regel i.

Ergibt sich für $n_{\text{ges}} = n_{\text{vor}}$, dann ist die Entscheidungstabelle vollständig.

Das Prüfen auf Vollständigkeit bei Entscheidungstabellen mit erweiterten Einträgen ist um einiges komplizierter, weil eine erweiterte bzw. gemischte Entscheidungstabelle erst auf eine begrenzte zurückgeführt werden muss, was nicht immer eindeutig möglich ist. In [29] sind einige Formeln für das Errechnen der Regelanzahl bei vollständigen erweiterten und gemischten Entscheidungstabellen aufgeführt. Weiterhin enthält [29] mehrere Fallbeispiele für Struktur- und Vollständigkeitsanalysen von Entscheidungstabellen.

Unter *Konsolidieren* einer Entscheidungstabelle versteht man das Zusammenfassen von Regeln zu komplexeren Regeln, die über identische Aktionsfolgen verfügen; es hat das Ziel, den Tabellenumfang zu verringern. Man sollte allerdings nur solche Regelpaare zusammenfassen, die inhaltlich zusammenhängen. Die in Bild 6.32 dargestellte erweiterte Entscheidungstabelle ist z. B. durch Konsolidierung der dort gezeigten begrenzten Entscheidungstabelle entstanden.

Das Konsolidieren allein reicht im Allgemeinen nicht aus, ein komplexes Entscheidungsfeld in eine möglichst kleine und überschaubare Entscheidungstabelle zu überführen. Die Praxis zeigt, dass eine Entscheidungstabelle nicht mehr als

15 Bedingungen,
20 Aktionen bzw.
20 Regeln

umfassen sollte. Deshalb ist es vielfach notwendig, das zu betrachtende Entscheidungsfeld in abgegrenzte Problemkomplexe zu unterteilen; dies erfordert ein *Splitten* der Gesamttabelle. Gesplittet wird eine Entscheidungstabelle dadurch, dass einige generelle Bedingungen in eine übergeordnete Entscheidungstabelle übernommen werden und diese als Aktionen nur »Ansprünge« auf die abgesplitteten Entscheidungstabellen erhält.

Entscheidungstabellen lassen sich mit geeigneten Standardalgorithmen in Ablaufdiagramme übersetzen, die selbst in SW-Programme übertragen werden können. Hierfür stehen auf Großrechnern ablauffähige ET-Vorübersetzer zur Verfügung. Das Siemens-Verfahren FORTET z. B. prüft auf Redundanz- und Widerspruchsfreiheit, übernimmt die Struktur- und die Vollständigkeitsanalyse und dient zur Testhilfe (Trace).

Entscheidungsmatrix

Eine Entscheidungsmatrix ermöglicht die systematische Auswahl von mehreren Alternativen; sie enthält auf der vertikalen Achse eine Aufzählung der Entscheidungskriterien und auf der horizontalen Achse die zur Entscheidung anstehenden Alternativen.

Die Entscheidungsanalyse beginnt damit, dass alle relevanten Entscheidungskriterien herausgearbeitet und anschließend gewichtet werden. Das Gewichten kann sowohl auf Basis einer linearen Rangfolge als auch mittels einer gegenseitigen Gewichtung geschehen. Vor allem sollte es von mehreren voneinander unabhängigen Personen vorgenommen werden, um durch eine Mittelung von mehreren Werten zu einer objektiveren Aussage zu kommen. Anschließend wird jede Alternative hinsichtlich der Erfüllung eines jeden Entscheidungskriteriums bewertet, indem man den Grad der Erfüllung nach einer festgelegten Werteskala bestimmt. Durch Multiplikation dieser »Erfüllungsgrade« mit dem jeweiligen Gewicht des Entscheidungskriteriums erhält man einen Gesamtwert, den Nutzwert für die betreffende Alternative.

Die in Kap. 2.3.6 beschriebene Nutzwertanalyse verwendet zur Wirtschaftlichkeitsbetrachtung eine solche Entscheidungsmatrix (siehe hierzu auch Bild 2.36).

Entscheidungsbaum

Mit einem Entscheidungsbaum, häufig auch als *Präferenzmatrix* bezeichnet, können komplexe Entscheidungssituationen übersichtlich dargestellt werden; diese Entscheidungstechnik ist im engeren Sinne also keine Methode, sondern nur eine Unterstützung zur Entscheidungsfindung.

Bild 6.33 zeigt einen Entscheidungsbaum für die Entscheidungsfindung bei dem Beispiel »Verbesserung des Projektmanagements in einem Entwicklungsbereich«. In der dargestellten Präferenzmatrix werden die möglichen Alternativen der Reihe nach aufgeführt und gegenseitig hinsichtlich ihrer wechselseitigen Präferenz abgewogen. So weist der Entscheider z. B. in dem markierten Feld aus, dass er der Alternative f die Präferenz gegenüber der Alternative b gibt. In dem gezeigten Beispiel erhält also die Alternative e die höchste Präferenz, da sie am häufigsten »präferiert« wurde. Zur Objektivierung bietet es sich an, dass mehrere Entscheider die Präferenzmatrix ausfüllen. Eine Mittelung über alle Einzelbewertungen führt dann zur endgültigen Alternativauswahl.

Portfolio-Methode

Die Portfolio-Methode wird vornehmlich in der Innovationsplanung als Entscheidungshilfe verwendet (nähere Erläuterung in Kap. 2.1.1). In einer einfachen Matrixanordnung werden die zu betrachtenden Problemfelder (z. B. Geschäftsfelder, Produktgebiete, Technologien) in Abhängigkeit von zwei relevanten Beurteilungskriterien (z. B. Marktanteil und Marktwachstum) dargestellt. Auf Basis einer solchen Standortbestimmung können Strategien abgeleitet und damit Entscheidungen für das weitere Vorgehen z. B. bei der Geschäftsfeldplanung bzw. beim Marketing getroffen werden.

Wie in Kap. 2.1.1 bereits angedeutet, kann ein Portfolio auch »mehrquadrantig« sein. So besitzt z. B. das Geschäftsfeld-Portfolio von McKinsey neun Matrixfelder. Durch die größere Anzahl von Feldern ist wohl eine feinere Unterscheidung möglich, die jeweilige richtige Einordnung der Betrachtungselemente fällt allerdings schwerer.

Die Portfolio-Methode kann natürlich auch zur Entscheidungsfindung auf anderen Gebieten eingesetzt werden – vorausgesetzt, dass das Problemfeld auf zwei voneinander unabhängigen Beurteilungskriterien bezogen werden kann. Als Beispiel sei eine OI-Untersuchung hinsichtlich der zur Verfügung stehenden Tools auf dem Gebiet der DV-Verfahrensentwicklung aufgeführt (Bild 6.34); hier hat man in einem Portfolio mit neun Quadranten die Toolunterstützung in den einzelnen Tätigkeitsbereichen der Verfahrensentwicklung in Bezug auf ihren Erfüllungsgrad und ihr Gewicht dargestellt. Gleichzeitig hat man den kritischen, d. h. den unerwünschten Bereich sowie die »Ziellinie«

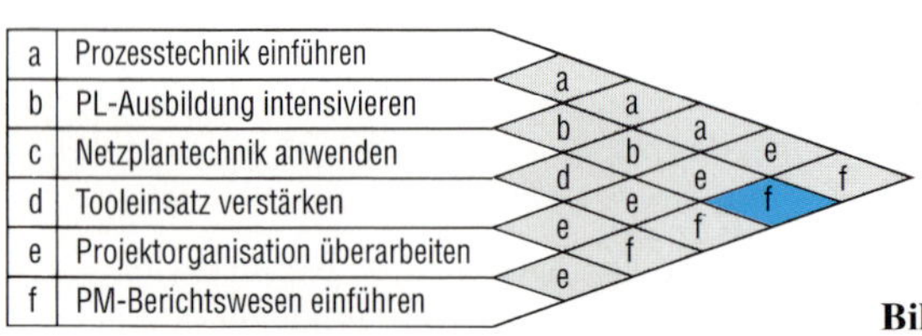

Bild 6.33 Präferenzmatrix

eingetragen. Aus dem gezeigten Beispiel lässt sich so z. B. sehr leicht ablesen, dass man schon recht gute Verwaltungstools hat, dass aber die Toolunterstützung beim Planen und Steuern, beim Testen und beim Optimieren noch zu wünschen übrig lässt.

6.5.5 Kommunikationstechniken

Das Management von Projekten wird im hohen Maße getragen durch die intensive Kommunikation zwischen den im Projekt eingebundenen Menschen. Nicht nur während des Planungsprozesses sondern auch in der Projektdurchführung ist ein stetes Kommunizieren zwischen den einzelnen Projektgremien, den Entwicklern und den künftigen Anwendern von entscheidender Bedeutung für den Projekterfolg.

In der Praxis haben sich zum Intensivieren der Kommunikation zahlreiche unterschiedliche Techniken herausgebildet:

▷ Diskussionstechniken
▷ Präsentationstechniken
▷ Bewertungstechniken
▷ Informationsmarkt.

Diskussionstechniken

Die *Diskussion* ist sicherlich die beherrschende Form der zwischenmenschlichen Kommunikation; aber gerade sie kann leicht misslingen, da sich die Diskussionspartner häufig nicht verständigen können oder sogar nicht wollen. Deshalb sind für das Gelingen von Diskussionen, egal ob es sich um ein Teamgespräch, eine Verhandlung oder eine Konferenz handelt, Regeln notwendig, die von allen Partnern zu akzeptieren sind.

Zu solchen Regeln gehören:

Moderator: Jede Diskussion sollte von einem Moderator geführt werden.

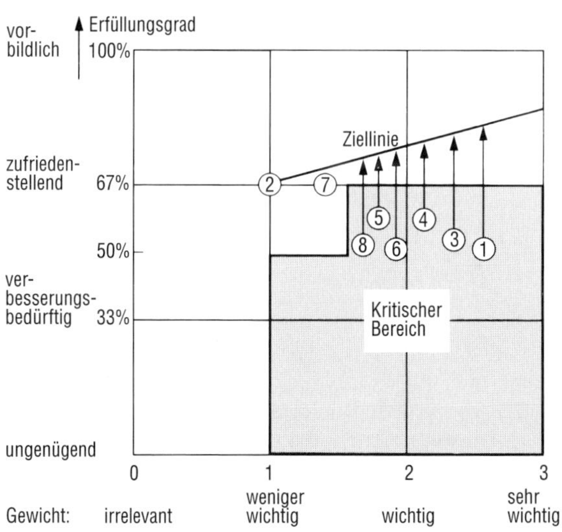

Toolunterstützung für:	Erfüllungsgrad/Gewicht
① Planen und Steuern	49% / 2,5
② Verwalten	65% / 1,0
③ Fachliches Entwerfen	51% / 2,3
④ DV-technisches Entwerfen	57% / 2,1
⑤ Implementieren	57% / 1,8
⑥ Testen	49% / 1,9
⑦ Einführen	67% / 1,4
⑧ Optimieren	51% / 1,7

Bild 6.34
Portfolio für Beurteilung der Toolunterstützung (Beispiel)

Sprechdauer:	Kein Teilnehmer sollte länger als eine bestimmte Zeit ununterbrochen sprechen (z. B. 30-s-Regel).
Pausen:	Bei Planungsgesprächen sollte immer spätestens nach zwei Stunden eine kurze Erholungspause eingelegt werden.
Visualisierung:	Zwischenergebnisse sollten auf Flipcharts, Wandtafeln oder Folien laufend festgehalten werden.
Sitzordnung:	Alle Teilnehmer sollten sich zu jeder Zeit gegenseitig im Gesichtsfeld haben.
Protokoll:	Ein (vorab ernannter) Protokollführer hat das Besprechungsergebnis schriftlich zu fixieren.

Je größer die Diskussionsrunde wird, desto schwieriger und zeitaufwendiger wird eine zielgerichtete Diskussion. Als besonders effizient hat sich bei größeren Diskussionsrunden gezeigt, wenn ihre Zusammensetzung während der Sitzung systematisch zwischen *Plenum* und *Kleingruppe* wechselt. Einleitende und zusammenfassende Diskussionsabschnitte werden im Plenum, dagegen planende Diskussionsabschnitte in Kleingruppen behandelt. Dazu wird der gesamte Planungskomplex in Einzelthemen zerlegt, die dann jeweils in einer Kleingruppe behandelt werden. Im Plenum werden die Einzelergebnisse anschließend wieder zusammengeführt.

Dem *Moderator* kommt eine besondere Aufgabe zu; er muss dafür Sorge tragen, dass die Diskussion flüssig und zielgerichtet geführt und keiner der Teilnehmer benachteiligt wird. Zu seinen Aufgaben gehört das

— Hinlenken auf das Diskussionsziel,
— Vermeiden von Abschweifungen,
— Aufzeigen von Konflikten,
— Aufbrechen von Denkblockaden,
— Anregen neuer Gedankenansätze,
— Unterbrechen von Dauerrednern,
— Abblocken von »Killerphrasen«,
— Hervorheben von guten, aber »weggedrückten« Beiträgen,
— Auflockern verhärteter Fronten,
— Visualisieren von Diskussionsbeiträgen,
— Zusammenfassen von Zwischenergebnissen.

Eine festgefahrene Diskussion kann sehr gut mit einer »schriftlichen Form« der Diskussion, der *Transparenzfrage,* aufgelockert werden. Mit dieser Abfragetechnik können die Teilnehmer der Diskussionsrunde zu jedem Zeitpunkt einer Diskussion aufgefordert werden, zu einer bestimmten Frage schriftlich eine Antwort zu geben. Die auf einem Kärtchen geschriebenen Antworten werden an einer Stellwand thematisch geordnet und dann im Plenum durchgesprochen; auf diese Weise kann man eine Harmonisierung der Teilnehmermeinungen oder auch eine zusätzliche Anregung für die weitere Diskussion erreichen.

Typische Beispiele für derartige Transparenzfragen sind:

Erwartungsabfrage:	Was erwarten Sie von dem heutigen Tag?
Problemabfrage:	Mit welchen Problemen haben wir es bei unserem Thema zu tun?
Tätigkeitsabfrage:	Welche Tätigkeiten sind zur vorliegenden Problemlösung notwendig?
Stimmungsabfrage:	Was stört Sie momentan am Verlauf der Diskussion?
Bewertungsabfrage:	Wie bewerten Sie die vorgeschlagenen Alternativen?
Erfüllungsabfrage:	In welchen Punkten hat der heutige Tag Ihre Erwartungen erfüllt und in welchen nicht?

Von großer Wichtigkeit ist bei einer Diskussionsrunde auch, dass die vorgetragenen Aussagen und erarbeiteten Zwischenergebnisse festgehalten und *visualisiert* werden. Die Gefahr, dass wichtige Aussagen untergehen oder kontroverse Sachverhalte in einer hitzigen Diskussion nicht klar genug herauskommen, ist sehr groß. Deshalb sollte ein dafür geeigneter Teilnehmer, häufig der Moderator selbst, die Aufgabe übernehmen, parallel zur Diskussion markante und relevante Aussagen auf Flipcharts, Wandtafeln oder Overhead-Folien festzuhalten. Durch dieses Sichtbarmachen haben die Teilnehmer die bisher erreichten Diskussionsergebnisse ständig vor Augen und können daher zielgerichteter in ihrer Diskussion fortschreiten.

Präsentationstechniken

Komplexe Sachverhalte kann man mit einer Grafik meist erheblich einfacher als mit einer langen verbalen Beschreibung oder mündlichen Erläuterung darlegen. Sowohl bei einem Referat als auch bei einer Diskussion sollte deshalb besonderes Schwergewicht auf die richtige Präsentation der vorzutragenden Information gelegt werden.

Als bewährte Visualisierungsmedien sind die Folgenden zu nennen:

▷ Flipchart-Ständer,
▷ Overhead-Projektor,
▷ Wandtafel zum Schreiben,
▷ Steck- oder Hafttafel (Magnet),
▷ Bildschirmgerät.

Flipcharts kann man sehr gut sowohl für die grafische Darstellung eines Sachverhaltes in einem Referat als auch für die Visualisierung eines spontanen Diskussionsbeitrags nutzen. Nachteilig ist die meist nicht vorhandene Möglichkeit, Flipcharts zu kopieren.

Dagegen kann man *Overhead-Folien* von vornherein sehr leicht und im üblichen A4-Format kopieren. Auch ist das umgekehrte Kopieren von einer Papiervorlage, z. B. eines Schaubilds, direkt auf Folie möglich. Es darf hierbei aber keineswegs die Lesbarkeit darunter leiden, wie es leider häufig bei kopierten Folien aus Computer-Listen oder maschinengeschriebenen Texten der Fall ist.

Wo ein komplexer Sachverhalt nur in einer großflächigen Darstellung visualisiert werden kann, ist die klassische *Wandtafel* mit Kreide oder speziellen Filzstiften immer wieder von großem Vorteil. Der Mangel der einfachen Kopierfähigkeit besteht auch hier, wenn man von einigen Spezialtafeln, die mit einer Kopierapparatur ausgestattet sind, absieht.

Für jede Form der Visualisierung sind einige Prinzipien einzuhalten:

— einheitliches Erscheinungsbild,
— große leserliche Schrift,
— Schrift möglichst in Druckbuchstaben,
— Grafiken nicht zu überladen,
— Pfeile nicht in zu vielen Varianten,
— einfache und aussagekräftige Symbole,
— keine unverständlichen Abkürzungen.

Zur Demonstration eines DV- bzw. PC-Verfahrens eignet sich vortrefflich die Vorführung an einem *Bildschirmgerät* bzw. Notebook. Bei einem größeren Zuschauerkreis muss allerdings ein Spezialprojektor (Beamer) für die großflächige Wandprojektion zur Verfügung stehen.

Sowohl für Referate als auch bei Diskussionen kann es von großem Vorteil sein, die Präsentation auf mehreren unterschiedlichen Medien durchzuführen, d. h. je nach Präsentationsinhalt werden ein oder mehrere Flipchart-Ständer, ein oder zwei Overhead-Projektoren sowie eine Wandtafel in Anspruch genommen. Auf diese Weise erreicht man eine *Multi-Medien-Präsentation,* bei der die Vorteile eines jeden Mediums speziell genutzt werden können.

Besonders bewährt hat sich die Präsentation mit dem PC-Tool *PowerPoint* von Microsoft. Es ermöglicht einerseits durch die Nutzung eines großen Repertoirs von Grafiken, sogenannten Cliparts, das einfache Erstellen effektvoller farbiger Präsentationsfolien und andererseits die Möglichkeit, diese mit eindrucksvollen Animationen über einen PC-Bildschirm oder einem Beamer einem Publikum vorzuführen.

Zu den Animationsmöglichkeiten von PowerPoint gehören variable Bildübergänge (Überdecken, Auflösen, Wegrollen etc.), die Aufzeichnung von Sprache für Erläuterungen und die Aufstellung eines genauen Zeitplans für den Ablauf der einzelnen Folien.

Besonders bewährt hat sich die Präsentation mit dem PC-Tool *PowerPoint* von Microsoft. Es ermöglicht einerseits durch die Nutzung eines großen Repertoires von Grafikelementen, sogenannten Cliparts, das einfache Erstellen effektvoller farbiger Präsentationsfolien und bietet andererseits die Möglichkeit, diese mit eindrucksvollen Animationen über einen PC-Bildschirm oder einem Beamer einem Publikum vorzuführen. Zu den Animationsmöglichkeiten von PowerPoint gehören variable Bildübergänge (Überdecken, Auflösen, Wegrollen etc.), die Aufzeichnung von Sprache für Erläuterungen und die Aufstellung eines genauen Zeitplans für den Ablauf der einzelnen Folien.

Bewertungstechniken

Planungsgespräche führen zunächst immer zu einer Auflistung von einzelnen Anforderungen, Vorschlägen, Lösungsansätzen oder Alternativen, die dann mittels einer Bewertung in eine Prioritätenreihenfolge gebracht werden müssen. Hierfür haben sich einige praktische Bewertungstechniken herausgebildet.

- ▷ Punkteverfahren,
- ▷ Schiedsrichterverfahren,
- ▷ Auswahlverfahren,
- ▷ Beurteilungsverfahren,
- ▷ Präferenzmatrix.

Beim *Punkteverfahren* erhalten die Teilnehmer eine gleiche Anzahl von Klebepunkten (im Allgemeinen 3 bis 5 Stück), die sie auf der vorbereiteten Auflistung der zu bewertenden Kriterien zu verteilen haben. Eine Häufelung bei ein und demselben Kriterium kann statthaft sein, muss aber vorher ausdrücklich vereinbart worden sein. Besteht eine natürliche Gruppierung in dem Teilnehmerkreis, z. B. nach Organisation, Fachgebiet etc., kann man auch unterschiedliche Farben für diese einzelnen Gruppen verwenden. Insgesamt besteht beim Punktevergeben immer die Gefahr des »Nachmachens«; dominante Teilnehmer verführen andere leicht zu einer gleichartigen Punktevergabe.

Beim *Schiedsrichterverfahren* erhalten die Teilnehmer jeweils sechs Bewertungskarten, auf denen die Zahlen 0 bis 5 stehen. Nacheinander werden die zu bewertenden Kriterien aufgerufen; zu jedem Kriterium halten die Teilnehmer die Bewertungskarte ihrer Wertungswahl (0 = unwichtig, 5 = sehr wichtig) hoch. Die Summe aller Einzelwertungen zu einem Kriterium ergeben dessen Gewicht in der Gesamtbewertung.

Das *Auswahlverfahren* ist eine Mischung aus den beiden vorgenannten Bewertungstechniken. Jeder Teilnehmer gibt eine individuelle Reihenfolge der aufgelisteten Kriterien ab; dies kann mit einer Ziffernvergabe, mit Punkten oder mit Bewertungskarten vorgenommen werden. Eine Mittelung der einzelnen Wertevergaben führt im Allgemeinen zu einer Priorisierung. Handelt es sich um einen stark kontroversen Teilnehmerkreis, kann dieses Verfahren allerdings auch zu einer völligen Gleichbewertung der Kriterien führen.

Beim *Beurteilungsverfahren* vergeben die Teilnehmer je Kriterium eine (fünfstufige) Plus/Minus-Beurteilung. Die jeweilige Bedeutung der fünf Beurteilungsstufen ist entsprechend des Problemfeldes festzulegen. Eine häufige Beurteilungsskala ist z. B. die Folgende:

++	wesentliche Vorteile
+	einige Vorteile
0	keine Vor- und Nachteile
–	einige Nachteile
– –	viele Nachteile.

Die in Kap. 6.5.4 aufgeführte *Präferenzmatrix* kann ebenfalls als eine Bewertungstechnik angesehen werden.

Informationsmarkt

Um einem großen Teilnehmerkreis in relativ kurzer Zeit ein umfangreiches und komplexes Themengebiet nahe zu bringen, hat sich der *Informationsmarkt* hervorragend bewährt. Im Gegensatz zu herkömmlichen Tagungen, Konferenzen und Seminaren, auf denen vornehmlich eine »Einweg-Information« vom Referenten zum Teilnehmer herrscht, findet auf einem Informationsmarkt ein wechselseitiger Informationsfluss mit hoher Interaktion zwischen den Teilnehmern statt. Entsprechend einem »Markt« werden die einzelnen Themenkomplexe als »Informationsbausteine« in unterschiedlicher Darbietungsform zusammengestellt und dem Teilnehmerkreis gruppenweise dargeboten. Die jeweilige Reihenfolge und damit auch den Umfang der genutzten Informationsbausteine kann der Teilnehmer weitestgehend individuell frei bestimmen. Ein Informationsmarkt gleicht damit sehr einer »Informations-Messe«.

Entsprechend ihrer Kommunikationsform gibt es folgende Arten von Informationsbausteinen:

- ▷ Informationsstand
  - — Themenstand
  - — Spontanstand
  - — allgemeiner Informationsstand
- ▷ Workshop
- ▷ Demo
- ▷ Referat
- ▷ Diskussion
  - — Podiumsdiskussion
  - — Plenumsdiskussion.

Der *Themenstand* ist der wichtigste Informationsbaustein bei einem Informationsmarkt. Dieser Informationsstand besteht aus drei bis neun Stellwänden, auf denen die einzelnen Themen eines bestimmten Themenkomplexes in präsentativer Grafik dargeboten werden. Ein oder mehrere Moderatoren (Standmacher) fügen in einem kurzen Vortrag (nicht länger als 20 Minuten) erläuternde und verbindende Informationen hinzu. Anschließend wird in einer kurzen Diskussion mit der Teilnehmergruppe (nicht mehr als 15 Personen) die dargebotene Information vertieft und eventuell erweitert. Mit einem solchen Themenstand wird ein hoher Grad der Interaktion zwischen Moderator(en) und Besuchern erreicht. Der Themenstand selbst kann jeweils nach einer Dreiviertelstunde einer neuen Gruppe präsentiert werden.

Der *Spontanstand* ist ein spezieller Informationsstand; er besteht aus zwei bis vier leeren Stellwänden mit einem Moderator für zu behandelnde Themen, die im Verlauf des Informationsmarktes spontan aufgetreten sind.

Der *allgemeine Informationsstand* ist ein »passiver« Stand; auf ihm werden Informationen unterschiedlicher Medien dargeboten: Bücher, Zeitschriften, Bilder, Übersichten, Dia-Projektionsfolgen, Filmvorführungen etc.

Der *Workshop* ist eine »geplante« Diskussionsrunde mit drei bis fünf Personen zu ausgewählten Themen, deren Ergebnisse entweder in einem Abschlussvortrag bzw. während einer Plenumsdiskussion vorgetragen oder für die Gesamtdokumentation der Tagung aufbereitet werden. Ein Workshop muss sowohl räumlich (gemütliche Ecke) als auch unterlagenmäßig vorbereitet sein. Es bietet sich an, einen Moderator vorzusehen.

Im Rahmen einer *Demo* wird im Allgemeinen einer kleineren Gruppe ein DV- oder ein PC-Verfahren an einem Datensichtgerät vorgeführt. Der Teilnehmer kann während der Demo beliebig Einfluss auf den Ablauf der Verfahrensvorführung nehmen.

Manche Informationen, wie notwendiges Basiswissen, grundsätzliche Sachverhalte und vorbestimmte Strategien, sind am besten mittels eines konventionellen *Referats* dem Publikum darzulegen. Hierbei sollen natürlich zur Auflockerung der Informationsdarbietung alle Möglichkeiten von Präsentationstechniken genutzt werden.

Als einen besonderen Informationsbaustein sollte auf einem Informationsmarkt auch immer die Plenums- oder die Podiumsdiskussion vorgesehen sein. Die *Plenumsdiskussion* kann naturgemäß nur bei einem kleineren Teilnehmerkreis ergiebig genug sein. Will man eine größere Anzahl von Personen (z. B. mehr als 50) in eine Diskussion einbinden, so bietet sich sehr gut die *Podiumsdiskussion* an. Bei ihr diskutiert (auf einer erhöhten Plattform) eine ausgewählte Runde von bis zu acht Experten (optimal sind zwei bis fünf) ein Zentralthema der Informationstagung – quasi stellvertretend für das gesamte Plenum. Über gezielte Zusatzfragen können dabei einzelne Teilnehmer aus dem Plenum die Diskussion aktiv beeinflussen.

Informationsmärkte eignen sich für alle Themenbereiche. Der Ablauf einer Informationstagung hängt in starkem Maße von der Menge der Informationsbausteine und der zur Verfügung stehenden Zeit ab. Kann ein Teilnehmer zeitlich alle Informationsbausteine nutzen, bietet sich ein empfohlener Standard-Durchlauf an. Gibt es dagegen zu viele Bausteine, müssen Parallel-Durchläufe organisiert werden, was dazu führen kann, dass ein Teilnehmer nur eine beschränkte (allerdings von ihm selbst ausgewählte) Anzahl von Informationsbausteinen nutzen kann. Weiterhin hat es sich sehr bewährt, den Teilnehmern in einer Übersicht darzulegen, welche Informationsbausteine »Pflicht« und welche »Kür« sein sollten.

In Bild 6.35 ist als Beispiel der Ablauf einer zweitägigen Informationstagung für den Themenbereich Entwicklungsplanung und -steuerung (EPS) wiedergegeben.

Von großer Bedeutung ist die vollständige Dokumentation der Informationstagung. Hierzu sollten die Inhalte der einzelnen Informationsbausteine sowie die Ergebnisse der Workshops und Diskussionen anschaulich dokumentiert und in einem Tagungsband zusammengefasst werden. Zur Dokumentation der Informationsstände genügt es, Kopien der fotografierten Stellwände beizufügen.

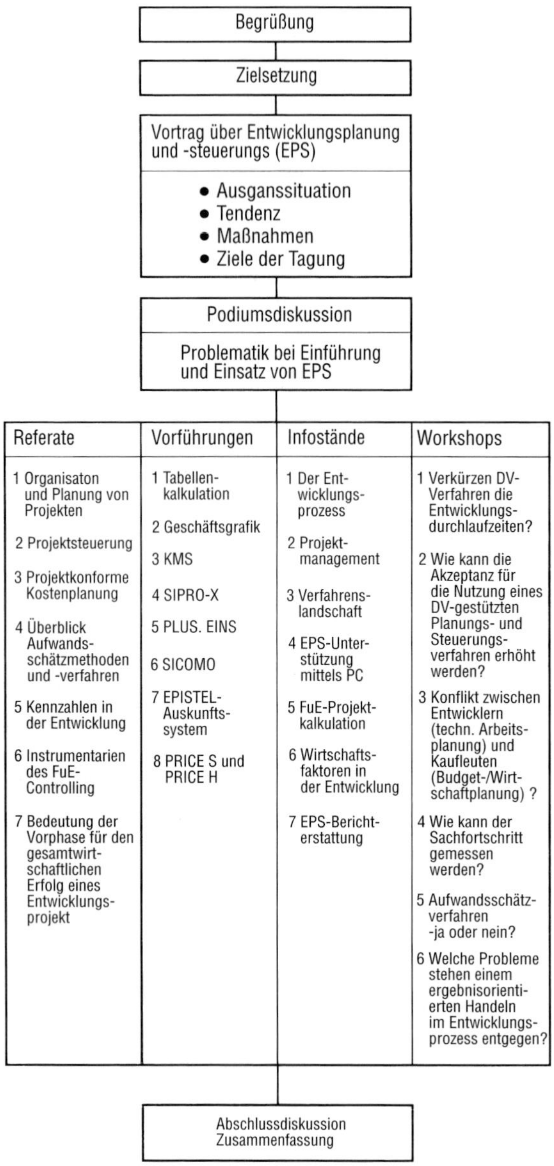

Bild 6.35 Ablauf einer EPS-Tagung

6.5.6 Zeitplanungstechniken

In dem »magischen Dreieck« des Projektmanagements (Bild 2.7) ist bereits auf die Bedeutung der Zeit hingewiesen worden: Neben der geforderten Leistung und der beanspruchten Einsatzmittel ist die benötigte Zeit ein entscheidender Grundparameter in einem Projekt. Besonderes Merkmal der Zeit ist bekanntlich, dass – im Gegensatz zu anderen Ressourcen – Zeit nicht *vermehrbar* ist. Deshalb ist eine optimale Zeitplanung nicht nur in der Terminplanung eines Projektes von größter Bedeutung, sondern auch bei der persönlichen Zeitplanung [56].

Die persönliche Zeitplanung umfasst dabei drei Zeithorizonte:

- ▷ das Planen der einzelnen Arbeitstage,
- ▷ das Planen im laufenden Jahr sowie
- ▷ das Planen allgemeiner Themen.

Die persönliche Zeitplanung beginnt mit der *Tagesplanung,* dem vollständigen »Vorplanen« eines Arbeitstages. Die Tagesplanung sollte man entweder am Ende des Vortages oder gleich zu Beginn des neuen Arbeitstages erstellen; sie gliedert sich in

— Termine einplanen,
— Aktivitäten planen,
— Vormerken.

Aus dem Terminkalender werden alle anstehenden Termine (Besprechungen, Veranstaltungen) in den Tagesplan übernommen und mit tagesaktuellen Terminen (z.B. Abwesenheiten) erweitert. Des Weiteren sind alle für den bevorstehenden Arbeitstag anstehenden Aktivitäten aufzuschreiben; hierzu gehören alle zu führenden Telefonate, aufzusetzende Briefe, zu erledigende Aufgaben und Tätigkeiten, wahrzunehmende Kontrollmaßnahmen usw. Die durchzuführenden Aktivitäten sind mit Prioritäten zu versehen, damit das Wichtige zuerst erledigt wird und weniger wichtige Aktivitäten eventuell aufgeschoben werden. Für zeitlich später liegende Termine und Aktivitäten sind entweder tagesgerechte Eintragungen oder an deutlich erkennbarer Stelle entsprechende Vormerkungen vorzunehmen (Wiedervorlage).

Das *Zeitplanen im Jahr* zielt entsprechend derselben Kategorien der Tagesplanung (Termine, Aktivitäten, Vormerkungen) – auf das Planen der nächsten Wochen und Monate des laufenden Jahres. Dieser Teil der Zeitplanung wird naturgemäß kontinuierlich vorgenommen; Termine werden jeweils nach Absprache in eine entsprechende Jahresübersicht eingetragen, Aktivitäten werden – geordnet nach unterschiedlichen Gesichtspunkten (Mitarbeiter, Projekte, Gremien etc.) – laufend notiert und Vormerkungen werden je nach Notwendigkeit notiert.

Zum Planen allgemeiner Themen gehören mehr zeitraumbezogene bzw. zeitunabhängige Planungen wie die Urlaubsplanung, Kursplanung, Investitionsplanung und Anforderungsplanung.

Für das Einplanen der (persönlichen) Termine dient der bekannte Terminkalender, der in einer Gesamtübersicht alle zu planenden Termine mit Uhrzeit, Stichwort, Ort aufnimmt. Dieser Terminkalender sollte möglichst handlich sein, damit er überall mitgenommen werden kann.

Für das Planen der durchzuführenden Aktivitäten sollte ein Tageskalender genommen werden, der eine Seite je Tag oder zwei Seiten für eine Woche hat.

Zeitplanungssysteme

Für die rationelle Zeitplanung werden auf dem Markt vielfältige Zeitplanungssysteme in Form von Zeitplanungskalendern angeboten. Zusätzlich zum Kalender bieten sie einen Set von Standardformularen für die gängigsten Planungssegmente, ein Register für Notizen und Protokollierungen sowie ein weiteres für Telefon- und Fax-Nummern.

Beispiele für solche Formulare sind:

— Tagesübersicht (für Tagesplanung)
— Wochenübersicht (für Wochenplanung)
— Monatsübersicht (für Monatsplanung)
— Jahresübersicht (für Jahresplanung)
— Jahres-Projektplaner (als Balkenplan)
— Aktivitätenliste (Telefonate, Besprechungen, Briefe, Tätigkeiten)
— Aufgabenplan (Aufgaben, Verantwortung, Termine, Aufwände)
— Wochenschema für feste Termine
— Memo-Liste (geliehen, verliehen)
— Übersicht Geburtstage, Jubiläen etc.
— Urlaubsplan
— Kontenplan
— Besprechungsplan
— Besprechungsprotokoll
— Offene-Punkte-Liste
— Informationsblätter (Postgebühren, Vorwahlnummern, Schulferien, Landkarte)
— Checklisten (z.B. PM-Merkblätter).

Neben diesen Standardformularen werden meist auch noch neutrale Leerformulare wie Listen für allgemeine Notizen und Berichte, Balkenpläne für Aufgaben-, Urlaubs-, Meilensteinpläne sowie Tabellen für Kostenübersichten und Mitarbeiter-Einsatzmatrizen angeboten. Da die Blätter, sowohl die Kalenderblätter als auch die Formulare, stets in einem Ringbinder zusammengefasst sind, können sehr leicht und zu jeder Zeit weitere eigene Planübersichten, PC-Listen u.Ä. eingeheftet werden. Bei einem Tageskalendarium sind im Binder im Allgemeinen immer nur die Blätter des laufenden Monats enthalten; die anderen Tagesblätter – sowohl die alten als auch die künftigen – sind in einer separaten »Datenbox« aufbewahrt. Am Ende eines Jahres hat man so eine gute Archivierung der einzelnen Tagesabläufe des abgelaufenen Jahres.

Für das Festhalten von Ideen und Überlegungen sollte man daneben auch immer als »elektronisches Notizbuch« ein kleines Diktiergerät bei sich haben. Im Auto, in der Bahn, unterwegs, zu Hause, im Verkehrsstau lassen sich diese unproduktiven Leerzeiten ausgezeichnet für die individuelle Zeit- und Aufgabenplanung nutzen.

Inzwischen werden auch spezielle Client/Server-Programme für die Kalenderführung angeboten, die sich gut für die koordinierte Zeitplanung in einem Team eignen (z. B. MS-Outlook).

Elektronische Organizer

Für die persönliche Zeitplanung finden immer mehr elektronische Organizer ihre Anwendung. Auch als PDAs (Personal Digital Assistent) bezeichnet, handelt es sich hier um handliche batterie- bzw. akkubetriebene Geräte mit einem kleinen Display, welches gleichzeitig als Schreiboberfläche für einen Stift dient; mit diesem werden auch die verschiedenen Funktions-Buttons bedient. Geschrieben wird in einer an die Druckschrift angelehnten Schrift (Graffiti), die man sehr schnell erlernt.

Elektronische Organizer unterstützen folgende Funktionsbereiche:

- ▷ Termin- und Zeitplanung
- ▷ Aufgabenplanung
- ▷ Notizblock
- ▷ Adressverzeichnis
- ▷ Taschenrechnerfunktion
- ▷ E-Mail-Anwendung.

Die Termin- und Zeitplanung wird wie mit einem klassischen Terminkalender geführt, nur dass man sehr leicht zwischen mehreren Zeithorizonten umschalten kann, d. h. Darstellung nach Tages-, Wochen- oder Monatskalendarium. Termine werden mit Datum, Uhrzeit, Dauer und Thema gespeichert, diesen können Aufgabenlisten zugeordnet werden. Für weitere Texteingaben steht ein »Notizblock« zur Verfügung. Das Adressverzeichnis kann nach mehreren Kategorien (Mitarbeiter, Partner, Kunden, Privat etc.) ausgerichtet werden. Die Volltextsuche im gesamten Datenbestand wird unterstützt. Die Taschenrechnerfunktion und die Möglichkeit E-Mails aufzubauen runden den Funktionsumfang derartiger Organizer ab.

Der große Vorteil zeigt sich vor allem dann, wenn der Organizer in Verbindung mit einem Sekretariats-PC betrieben wird. Manche Organizer können nämlich z. B. ihre Termindaten mit einem PC gegenseitig austauschen – Chef und Sekretärin arbeiten dadurch immer mit denselben Daten. Die im Organizer eingegebenen Informationen können in übersichtlicher Aufbereitung über den PC ausgedruckt werden. Auf gleiche Weise können die gespeicherten E-Mails verschickt werden.

MS Outlook

Mit MS Outlook wird eine Verbindung aus E-Mail-System und persönlichem Terminplaner erreicht. Dieses Microsoft-Tool umfasst die Funktionen Postversand, Adressverwaltung, Kalenderführung, Aufgabenplanung und Journalverwaltung.

Der *elektronische Postversand* ermöglicht das Versenden einer jeden auf PC erstellten Datei an einen Empfänger oder – mittels eines Verteilers – an mehrere Empfänger, dabei werden die Empfänger aus persönlichen oder unternehmensweiten *Adressverzeichnissen* ausgewählt. Die Mails werden automatisch mit Absender und Absendezeitpunkt versehen; hierbei können den einzelnen Mails unterschiedliche »Wichtigkeiten« zugeordnet werden. Der jeweilige Empfänger kann diese Nachrichten unmittelbar beantworten oder auch mit den Unterlagendateien an andere Partner weiterleiten.

Neben dem persönlichen Adressverzeichnis für den Briefverkehr kann noch ein sehr detailliertes Verzeichnis für allgemeine Kontaktadressen aufgebaut werden. Dieses Kontaktadressverzeichnis kann – sortiert nach Namen, Kategorien, Organisation oder Ländern – ausgegeben werden.

Als weiterer wichtiger Funktionsbereich bietet MS Outlook ein vollständiges *Terminplanungssystem*, welches sich sowohl für den persönlichen Einsatz als auch den kooperativen Einsatz in größeren Projektgruppen eignet; es enthält alle gängigen Möglichkeiten eines modernen Terminplaners: Einplanen von Terminen in Tages-, Wochen- oder Monats-Tableaus, grafische Darstellung der Dauern, Zuordnung von Aufgaben, Vorab-Mahnung bei bevorstehenden Terminen (grafisch und akustisch). Werden in dem Terminplan Besprechungen eingeplant, so können die teilnehmenden Personen dem Adressenverzeichnis des E-Mail-Systems entnommen und mit einfachem Anklicken von der Besprechung informiert werden. Diese wiederum können eine Bestätigung oder Absage zurückmelden. Bei Zusage wird der Besprechungstermin automatisch in den persönlichen Kalender des betreffenden Teilnehmers eingetragen.

Die *Aufgabenplanung* ermöglicht das Definieren von Aufgaben mit Beschreibung, Termin, Priorität und Fertigstellungsgrad; bei Terminüberschreitung wird eine Erinnerungsmeldung und eine farbliche Kennzeichnung angestoßen.

Mit der Funktion *Journalverwaltung* können alle mit MS Office-Programmen erstellten Dateien in einem zeitlichen Kalendarium grafisch aufgelistet und von dort aufgerufen werden.

6.6 Arbeiten im Team

Komplexe Problemlösungen, technologisch schwierige Konzipierungen, innovative Planungen werden in der Regel in interdisziplinär zusammengestellte Projektteams durchgeführt. In einem solchen Team finden sich Mitarbeiter zu einer einmaligen Aufgabe mit unterschiedlichem Wissen, unterschiedlicher Erfahrung und unterschiedlicher Sichtweite zusammen. Häufig kennen sich die Mitglieder nur sehr wenig oder gar nicht; sie stammen meist aus unterschiedlichen Abteilungen und Standorten. Da jedes Teammitglied seine speziellen Stärken hat und seine eigenen Ideen miteinbringt, kommt man auf bessere Lösungen. Zudem zeigt die Erfahrung, dass Entscheidungen, die im Team getroffen werden, von den Einzelnen überzeugter getragen werden. Von einem Team getroffene Entscheidungen werden auch von Außenstehenden viel eher akzeptiert, weil hinter diesen eben eine ganze Gruppe steht; sie lassen sich damit wirkungsvoller durchsetzen,

Die Vorzüge einer Teamarbeit sind:

— breitere Wissensbasis (Know-how-Vorteil),
— Nutzung von Synergien,
— gesicherter Informationsfluss,
— stärkere Leistungsbereitschaft (Motivation),
— bessere Durchsetzungsfähigkeit,
— tragfähigere Entscheidungen.

Entwicklungsphasen eines Teams

Voraussetzung für ein effektives Arbeiten in einem Team ist das Schaffen einer gemeinsamen Beziehungswelt. Bevor Menschen zum Team werden, müssen sie Erfahrungen im Umgang miteinander machen: das Team muss erst »zusammenwachsen«. Das erfordert eine gewisse Zeit; aber diese Zeit ist nicht verloren, sondern eine notwendige Entwicklungsphase.

Das Zusammenwachsen eines Teams verläuft im Wesentlichen in vier typischen Phasen (siehe Bild 6.36):

▷ Abtastphase (Forming)
▷ Konfrontationsphase (Storming)
▷ Organisationsphase (Norming)
▷ Arbeitsphase (Performing)

In der *Abtastphase* tasten sich die Teammitglieder erst einmal gegenseitig ab; man ist höflich zueinander, vorsichtig beim Argumentieren, aber auch sehr gespannt auf die Meinungen der neuen Partner. In dieser ersten Phase sollten das Aufgabenziel klar definiert und die eigenen Aufgaben einvernehmlich festgelegt werden, außerdem ist die Zusammenarbeit (Termine, Örtlichkeiten, Kommunikation etc.) untereinander abzusprechen. In der Abtastphase werden die Beziehungen zwischen den Teilnehmern aufgebaut; hierbei ist es wichtig, dass jeder seinen Platz innerhalb der Gruppe findet. In dieser Phase ist meist ein hoher Grad an Begeisterung und Kreativität des Teams vorhanden.

Nach den ersten Diskussionen und Durchsprachen treten im Allgemeinen die ersten unterschwelligen Konflikte auf und können sich zu offenen Konfrontationen aufbauen. Das Team befindet sich jetzt in der *Konfrontationsphase*. Die unterschiedlichen Sicht- und Vorgehensweisen der Mitglieder prallen mehr oder weniger hart aufeinander. Häufig probieren einige

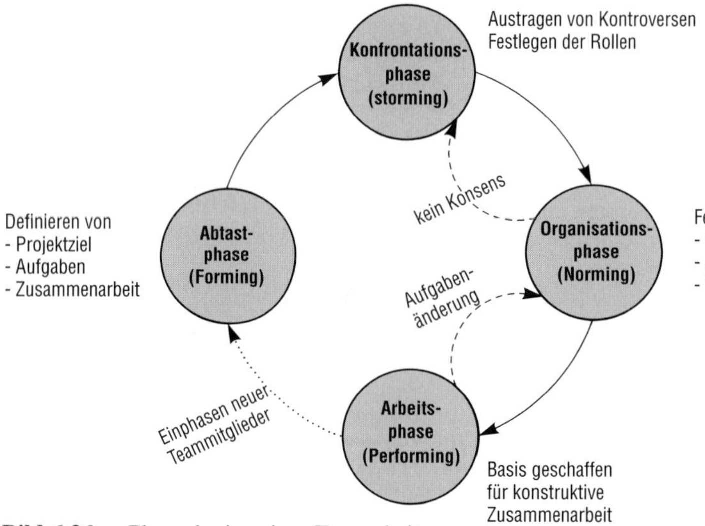

Bild 6.36 »Phasenkreis« einer Teamarbeit

Mitglieder sogar aus, wie weit sie gehen können; so schafft sich der Einzelne seinen Raum in der Gruppe. In der Konfrontationsphase werden die Rollen im Team geklärt. Es ist wichtig, dass die zwangsläufig bestehenden Unterschiede in den Einstellungen und Meinungen der Teilnehmer klar hervortreten und Kontroversen – ohne falsche Kompromisse – ausdiskutiert werden können. Große Gefahr besteht, dass die Teammitglieder ihre anfängliche Begeisterung verlieren und sich ein allgemeiner Frust breit macht und die Erreichbarkeit des gesteckten Ziels angezweifelt wird.

In der anschließenden *Organisationsphase* entwickelt die Gruppe zur gestellten Aufgabe gemeinsam akzeptierte Standpunkte, Betrachtungsweisen und Begriffswelten; sie legt weiterhin allgemeine Umgangsformen, Sprachregeln und Informationswege für das weitere Arbeiten im Team fest. In der Organisationsphase werden die Gruppenregeln festgelegt und eine gemeinsame Arbeitsbasis verabredet. Jetzt wird erkennbar, wie gut und zielorientiert das Team zusammenarbeiten wird. Werden vereinbarte Gruppenregeln – z. B. durch äußere Einflüsse – in Frage gestellt, dann tritt die Gruppe eventuell wieder in die Vorphase, die Konfrontationsphase ein. Auf jeden Fall muss vermieden werden, dass es zu einer »Cliquenbildung« kommt.

Ist schließlich ein allgemeiner Konsens hinsichtlich des Arbeitsziels und der Vorgehensweise erreicht worden, beginnt die *Arbeitsphase*. Man hat inzwischen Erfahrungen gesammelt, wie man am besten miteinander umgeht, so dass eine gute Basis für eine konstruktive Zusammenarbeit geschaffen worden ist. Im Idealfall ist das Team *offen* gegenüber neuen Gedanken und Ideen, *flexibel* gegenüber auftretenden Schwierigkeiten, *leistungsfähig* in Hinblick auf das gesteckte Ziel und *solidarisch* in der Zusammenarbeit. Treten neue Mitglieder in das Team ein oder ändert sich die Aufgabenstellung, so kann es erforderlich werden, die Organisationsphase (oder sogar auch die Konfrontationsphase) noch einmal zu durchlaufen. Im Allgemeinen hat das Team mit Eintritt in diese Phase einen hohen Grad der Reife und Produktivität erreicht.

Grundregeln der Teamarbeit

Für eine konstruktive Teamarbeit gelten folgende acht Grundregeln:

1. Anerkennung geben.
2. Beiträge fordern.
3. Gemeinsam handeln.
4. Eigene Meinung offen äußern.
5. Ziel im Auge behalten.
6. Konflikte ausdiskutieren.
7. Aufmerksam zuhören.
8. Kritik akzeptieren.

Als Anregungen sind hierzu im Einzelnen zu nennen:

— Man sollte öfters mal seine Anerkennung gegenüber einem Teamkollegen zum Ausdruck bringen; derartige Wertschätzungen verbessern das Klima ganz entscheidend.
— Schweigsame Teammitglieder sollten gezielt angesprochen werden; häufig haben die Ruhigen die besten Ideen und können einen wichtigen Beitrag zur Teamarbeit leisten.
— Auf jeden Fall sollte eine Cliquenbildung oder eine Gruppenspaltung innerhalb des Teams verhindert werden; dies führt meist nur zu unnötigen und unproduktiven Auseinandersetzungen.
— Jedes Teammitglied sollte seine Meinung klar und direkt vertreten können; ein Taktieren sollte unbedingt vermieden werden.
— Jedes Teammitglied sollte bestrebt sein, sich voll auf das Ziel der Arbeitsgruppe zu konzentrieren und davon ablenkende Beiträge zu vermeiden.
— Genaues Zuhören ist die beste Grundlage für eine erfolgreiche Teamarbeit; alle Teilnehmer sollen sich äußern können, aber eben nicht alle auf einmal.
— Kritik sollte nicht als Angriff sondern als etwas Positives angesehen werden; konstruktive Kritik ist schließlich der direkte Weg zum Besseren.

Eine erfolgsorientierte Arbeitsweise des Projektteams ist wegen des Nichtvorhandenseins einer hierarchischen Ordnung nur dann zu erwarten, wenn die Teammitglieder ein stark ausgeprägtes kooperatives Verhalten zeigen. Erfahrungen, Einstellungen und Engagement des Einzelnen sind entscheidende Erfolgsfaktoren.

In jedem Fall empfiehlt es sich, einen Teamsprecher (Primus inter Pares) auszuwählen, der als Moderator kraft seiner Persönlichkeit und Fachkompetenz eine Führung des Teams schafft. Zu seinen Aufgaben gehört es, das gesteckte Ziel nicht aus den Augen zu verlieren und das Team entsprechend zu lenken; er muss in der Lage sein, die Mitarbeiter zu motivieren und zu inspirieren. Von seinen Führungsqualitäten hängt es im entscheidenen Maße ab, wie gut die Gruppe zu einem Team geformt wird.

Leitung eines Teams

Nach dem Konzept des situativen Führens (von Hersey und Blanchard [7]) hängt das op-

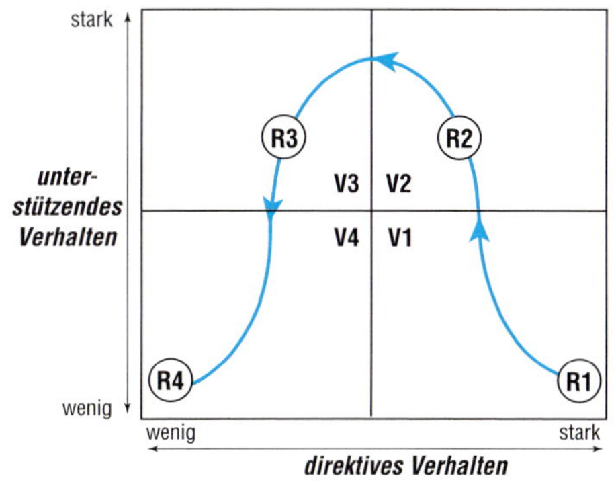

Bild 6.37 Situatives Führen

timale Führen eines Teams vom »Reifegrad« eines Teams ab, wobei folgende vier Reifegrade unterschieden werden:

Reifegrad 1:	Team ist noch unfähig, die gestellten Aufgaben befriedigend zu lösen.
Reifegrad 2:	Team ist bereits innerlich darauf eingestellt, die gestellten Aufgaben zu lösen.
Reifegrad 3:	Team ist bereits fähig, aber noch unsicher oder unwillig, die gestellten Aufgaben zu lösen.
Reifegrad 4:	Team ist fähig und bereit, die gestellten Aufgaben zu lösen.

Entsprechend des vorhandenen Reifegrades eines Teams muss ein Teamleiter sein Führungsverhalten ausrichten:

Verhaltensweise 1:	unterweisend, anordnend
Verhaltensweise 2:	anbietend, erläuternd
Verhaltensweise 3:	teilhabend, unterstützend
Verhaltensweise 4:	delegierend, Verantwortung übertragend

In Bild 6.37 ist veranschaulicht, in welcher Form ein Teamleiter durch sein sich wandelndes Führungsverhalten das Team konsequent in einen höheren Reifegrad lenken kann. Im geringsten und im höchsten Reifegrad muss der Teamleiter am wenigsten Zeit in die Mitarbeiterführung investieren; in dem ersten Fall ordnet er nur an, im letzten Fall braucht er nur noch zu delegieren, da das Team bereits vollständig selbstständig arbeitet. Dagegen in den beiden Zwischenabschnitten muss der Teamleiter sehr viel Zeit aufbringen für das Anleiten und das »Coaching« der Mitarbeiter. Richtet der Teamleiter seine Verhaltensweise nicht nach dem vorhandenen Reifegrad aus, kann dies leicht zu einem Misserfolg des Teams führen: entweder ist das Team noch überfordert oder die Leistungskraft des Teams kann sich nicht optimal entfalten, da der Teamleiter dem Team nicht genügend Freiraum lässt.

Virtuelle Teams

Mit Hilfe der verschiedenen Kommunikationsmöglichkeiten moderner IT-Technologien können auch Teams als *virtuelle* Teams gebildet werden. Diese virtuellen Teams setzen sich aus Personen zusammen, die meist an weit entfernten Arbeitsplätzen tätig sind, aber an gemeinsamen Aufgaben arbeiten. Über E-Mails im Internet mit entsprechendem Team-Verteilerkreis und/oder über Telefonkonferenzen mit Videowiedergabe kann sich ein fester Kreis von Experten »zusammensetzen«, um so gemeinsam an Problemlösungen und Entwicklungen zu arbeiten. Kostenintensive und zeitaufwändige Reisen kann man sich dadurch ersparen. Die internationale Zusammenarbeit von an verschiedenen Universitäten und Forschungsinstituten in aller Welt tätigen Wissenschaftlern war ja bekanntlich ursprünglich die Keimzelle für das heutige weltweite World Wide Web (WWW).

A 1 Fragenkatalog für PM-Untersuchung

1 Projektumgebung

1.1 Allgemeines zur Projektdefinition
1.2 Projektleitung und Projektmitarbeiter
1.3 Projektantrag
1.4 Zulieferung und Beistellung
1.5 Wirtschaftlichkeitsbetrachtung
1.6 Projektorganisation
1.7 Prozessorganisation

2 Projektplanung

2.1 Produktstrukturplanung
2.2 Projektstrukturplanung
2.3 Aufwands- und Kostenplanung
2.4 Terminplanung
2.5 Personaleinsatzplanung
2.6 Betriebsmitteleinsatzplanung
2.7 Qualitätsplanung und -lenkung

3 Projektkontrolle

3.1 Allgemeines zum Projektablauf
3.2 Entscheidungs- und Kontrollfunktion
3.3 Terminkontrolle
3.4 Aufwands- und Kostenkontrolle
3.5 Sachfortschrittskontrolle
3.6 Änderungs- und Fehlermeldungswesen
3.7 Qualitätsprüfung
3.8 Kontrolle der Zulieferungen und Beistellungen
3.9 Projektberichterstattung

4 Projektabschluss

4.1 Entwicklungsende/Produktabnahme
4.2 Schulung des Anwenders
4.3 Projektabschlussanalyse
4.4 Erfahrungssicherung
4.5 Projektauflösung

5 Methoden und Hilfsmittel

5.1 Projektplanungs- und -steuerungsverfahren
5.2 Projektbibliothek
5.3 Produktverwaltung
5.4 Technische Dokumentation
5.5 Richtlinien und Werkzeuge für die Entwicklung

1 Projektumgebung

1.1 Allgemeines zur Projektdefinition

1 Wie heißt das Projekt, in dem Sie mitarbeiten?

2 Welchen Umfang hat dieses Projekt hinsichtlich Aufwand, Kosten und Dauer?

3 In welcher Entwicklungsphase befindet sich das Projekt?

4 Welchen Entwicklungsanteil hat die Software bei diesem Projekt?

5 Welcher Prozentanteil des gesamten Projektvolumens wird für das reine Projektmanagement vorgesehen?

6 Wann wurde mit dem Projekt begonnen? Gibt es Vorläufer?

7 Sind die Projektziele schriftlich niedergelegt?

8 Sind Projektrisiken bekannt? Worin bestehen Sie?

1.2 Projektleitung und Projektmitarbeiter

1 Sind die Verantwortungsbereiche klar abgegrenzt? Gibt es Lücken in den Verantwortungsbereichen?

2 Nach welchen Kriterien werden die Projektleiter ausgewählt?

3 Haben die Projektleiter und -mitarbeiter Erfahrung im Management von Entwicklungsprojekten?

4 Haben die Projektleiter bereits ähnlich große Projekte erfolgreich durchgeführt?

5 Sind die Projektleiter für ihre Aufgabe speziell geschult worden?

6 Wie ist das Verhältnis Ihrer fachlichen Mitarbeit zu Ihrer Tätigkeit der reinen Projektplanung und -steuerung?

7 Wie erfolgt die PM-Schulung der Führungskräfte?

8 Sind die Projektmitarbeiter mit anderen, d. h. projektfremden Aufgaben betraut?

1.3 Projektantrag

1 Wer ist der Auftraggeber? Wer zahlt die Entwicklung?

2 Wie wird abgerechnet? Festpreis oder nach Aufwand?

3 Wo sind die Produkt- und Projektanforderungen festgelegt?

4 Wann wurde das Pflichtenheft zuletzt geändert? In welcher Form?

5 Sind die Ahnahmekriterien in den Projektanträgen enthalten? Gibt es Wartungsvereinbarungen?

6 In welcher Form kümmert sich der Auftraggeber um das Projekt?

7 Werden weitere Versionen systematisch geplant?

8 Wer sind die Benutzer bzw. Anwender des Produkts?

9 Kennt der Projektleiter die örtlichen Besonderheiten des Einsatzgebiets beim Anwender?

10 Gibt es Auflagen (Konventionen, Richtlinien) des Auftraggebers zur Form des Projektmanagements?

11 Enthält der »Projektvertrag« Gewährleistungspflichten oder Konventionalstrafen?

1.4 Zulieferung und Beistellung

1 Welche Abhängigkeiten von anderen Produktentwicklungen bzw. Projekten gibt es? Wie werden sie berücksichtigt?

2 Gibt es Unterauftragnehmer (intern, extern)? Bestehen für diese Verträge?

3 Wird die Produktion beizustellender Entwicklungsteile beim Zulieferer überwacht?

4 Enthalten die Zulieferverträge (intern und extern) Auflagen für den Fall der nicht vollständigen Erfüllung (z. B. Festpreis, Konventionalstrafe)?

5 Stellt der Auftraggeber Personal? Sonstige Beistellungen durch den Auftraggeber?

6 Gibt es unter den Zulieferern »unsichere« Kandidaten? Wenn ja, welche Vorsorgemaßnahmen sind getroffen worden?

1.5 Wirtschaftlichkeitsbetrachtung

1 Gibt es eine Kosten/Nutzen-Analyse (Gesamtprodukt und Komponenten)?

2 Welche Methoden zur Wirtschaftlichkeitsbetrachtung werden verwendet?

3 Wie wird der Nutzen quantifiziert?

4 Wieweit wird sichergestellt, dass Nachfolgelasten (Mehrkosten nach Ablieferung) mit berücksichtigt werden?

5 Werden Fremdprodukte in die Wirtschaftlichkeitsbetrachtung miteinbezogen?
6 Werden mehrere Lösungsalternativen aufgezeigt und bewertet?
7 Ist eine spätere Wirtschaftlichkeitskontrolle vorgesehen?
8 Wird eine Risikoanalyse vorgenommen? Welche Vorsorgemaßnahmen wurden getroffen?
9 Gibt es eine »Life-cycle-cost«-Betrachtung? Wenn ja, in welcher Form?

1.6 Projektorganisation

1 Welche Form der Projektorganisation liegt vor?
2 Seit wann besteht die jetzige Organisation? Bis wann wird diese gelten?
3 Wem ist der Gesamtprojektleiter unterstellt?
4 Gibt es Teilprojektleiter?
5 Wie ist die Stellvertretung geregelt?
6 Hat der Projektleiter Weisungsbefugnis (Abgrenzung zur Linie)? Wofür ist er verantwortlich?
7 Wann ist die Aufgabe des Projektleiters abgeschlossen?
8 Welche Projektgremien sind installiert?
9 Wann haben welche Projektgremien das letzte Mal getagt?
10 Ist ein Projektbüro eingerichtet? Wenn ja, mit welcher Personalkapazität?

1.7 Prozessorganisation

1 Wird bei Ihnen ein standardisierter Prozessplan verwendet?
2 Wie wird der HW-Prozess mit dem SW-Prozess koordiniert?
3 Welche Entwicklungsphasen sind wie definiert?
4 Gilt für alle Projektbeteiligten dieselbe Phaseneinteilung?
5 Wie ist die Fremdprodukt-Entwicklung in die eigene Prozessorganisation eingebunden?
6 Können bei Ihnen Projektteile phasenverschoben abgearbeitet werden?
7 Werden die Phasenergebnisse als Meilensteine vorher geplant und festgeschrieben?
8 Finden Phasen- bzw. Meilenstein-Entscheidungssitzungen statt?
9 Wie ist der Übergang zur Fertigung in Ihrer Prozessorganisation geregelt?
10 Wie ist der Vertrieb in die Prozessorganisation eingebunden?

2 Projektplanung

2.1 Produktstrukturplanung

1 Gibt es einen Produktstrukturplan? Für Hardware und Software?
2 Wie viele Strukturebenen hat dieser? Wie werden sie genannt?
3 Ist der Produktstrukturplan bei allen Entwicklungsgruppenleitern bekannt?
4 Wie wird die Zuordnung der Produktstruktur zum Kontenplan vorgenommen?
5 Gibt es technische Probleme zwischen Hardware und Software? Wenn ja, wo?
6 Werden bestehende HW- bzw. SW-Teile für diese Entwicklung übernommen?
7 Werden bestimmte Module bzw. Baugruppen mehrfach verwendet? Ist das dokumentiert und wo?
8 Wird die Produktstruktur vom Konfigurationsmanagement übernommen?

2.2 Projektstrukturplanung

1 Gibt es bei Ihnen einen Projektstrukturplan? Anzahl der Ebenen?
2 Gibt es eine Zuordnung zwischen Projektstruktur und Produktstruktur?
3 Welche durchschnittliche Größe haben die Arbeitspakete im Projektstrukturplan?
4 Existiert bei Ihnen eine arbeitsteilige Entwicklung, z.B. Designgruppe, CAD-Gruppe, Programmiergruppe und Testgruppe?
5 Gibt es eine Korrelation zwischen Projektstruktur und Organisationsstruktur?

6 Kennt jeder Entwickler den Projektstrukturplan?
7 Wann ist der Projektstrukturplan das letzte Mal aktualisiert worden?

2.3 Aufwands- und Kostenplanung

1 Wie wird der Entwicklungsaufwand geschätzt?
2 Wer ermittelt den Aufwand? Werden einzelne Entwickler in die Aufwandsschätzung einbezogen?
3 Kommen bei Ihnen Aufwandsschätzmethoden und -verfahren zum Einsatz? Welche?
4 Werden Expertenschätzungen abgehalten z.B. in Form einer systematisierten Schätzklausur?
5 Wird eine projektkonforme Kostenplanung durchgeführt (Gesamtprodukt und Komponenten)? Welche Kostenarten und -elemente werden hierbei unterschieden?
6 Für welchen Zeitraum gilt die Aufwands- und Kostenplanung?
7 Wie und wann werden Aufwandsschätzungen aktualisiert?
8 Werden Reserven für Risiken eingeplant?
9 Stützt sich die Aufwandsschätzung auf Kennzahlen aus einer Erfahrungsdatensammlung?
10 Auf welche Weise wird die projektbezogene Kostenplanung mit der Wirtschaftsplanung abgestimmt?

2.4 Terminplanung

1 Gibt es eine Terminplanung (Gesamtprodukt und Komponenten)? Welcher Planungshorizont gilt hierbei?
2 Wie detailliert ist die Terminplanung? Was ist hierbei die durchschnittliche Arbeitspaketgröße?
3 Gibt es einen Netzplan? Wird für die Netzplanung ein DV- bzw. ein PC-Verfahren eingesetzt?
4 Werden Fremdentwicklungen in den Terminplan mit eingebunden?
5 Gibt es eine gesamtheitliche Urlaubsplanung?
6 Wird die Aus- und Weiterbildung der Mitarbeiter in der Terminplanung berücksichtigt?
7 Werden im Plan projektfremde Wartungstätigkeiten berücksichtigt?
8 Sind die Terminpläne bei allen Betroffenen bekannt?
9 Sind Puffer für Risiken eingeplant?

2.5 Personaleinsatzplanung

1 Gibt es einen Projektplan für den Personaleinsatz?
2 Gibt es einen zeitlichen Abgleich der Termin-, Kosten- und Kapazitätspläne? Werden hierfür rechnergestützte Verfahren verwendet?
3 Berücksichtigt der Einsatzplan die notwendige Einarbeitung in das Projekt?
4 Sind Reserven für mögliche Personalausfälle vorgesehen?
5 Wie weit reicht der Planungshorizont?
6 Wie ist die Bindung von Entwicklern durch im Einsatz befindliche Produkte berücksichtigt?
7 Wird die Personalbeschaffung unter Berücksichtigung notwendiger Einarbeitungszeiten rechtzeitig geplant?
8 Gibt es Personalanforderungsprofile?
9 Ist eine Skills-Datenbank eingeführt? Wie aktuell sind die Eintragungen?
10 Gibt es ein Operations- bzw. ein Assignment-Management?
11 Werden die Mitarbeiter einer projektspezifischen Weiterbildung unterzogen? Gibt es Schulungspläne?
12 Welche Grundausbildung erfährt ein neuer Mitarbeiter?
13 Sind die Gruppenleiter in die Grundlagen des Projektmanagements eingewiesen worden?
14 Welche Zeitdauer ist ein Mitarbeiter im Durchschnitt jährlich auf Kurs?
15 In welcher Form und mit welchem Aufwand werden die Mitarbeiter im Qualitätsbewusstsein geschult?

2.6 Betriebsmitteleinsatzplanung

1 Wie viele Consultants werden im Projekt beschäftigt? Sind diese in »fachkritischen« Bereichen eingesetzt?
2 Werden die benötigten Rechenzeiten und Testanlagen systematisch eingeplant?

3 Gibt es Engpässe bei den zur Verfügung stehenden Testanlagenzeiten?
4 Stehen ausreichend viele CAD-Arbeitsplätze zur Verfügung?
5 Wie groß ist die Durchdringung mit Personal Computern? Sind diese vernetzt?
6 Werden bei Engpässen der Geräteverfügbarkeit mitarbeiterbezogene Belegungspläne für die Gerätenutzung erstellt?
7 Ist die Bevorratung von Entwicklungsmaterialien (Geräte, Disketten, Bauteile etc.) gesichert?
8 Sind moderne Bürokommunikationsgeräte (E-Mail, Intranet) für den projektinternen Informationsfluss eingesetzt bzw. ist der Einsatz geplant?

2.7 Qualitätsplanung und -lenkung

1 Gibt es Richtlinien für das Beurteilen der Produktqualität?
2 Wo sind die Qualitätsmerkmale festgelegt?
3 Welche Maßnahmen werden eingeplant, um die Qualität des Produkts zu sichern?
4 Gibt es einen Qualitätsbeauftragten für das Projekt?
5 Wie wird die Qualität von Fremdproduktanteilen eingeplant?
6 Gibt es einen Reviewplan, der die durchzuführenden Inspektionen enthält?
7 Welche Testarten gibt es?
8 Gibt es eine Test- bzw. Prüfplanung für die einzelnen Komponenten und das Gesamtprodukt?
9 Ist ein »Prototyping« in der SW-Entwicklung vorgesehen?
10 Ist eine Zuverlässigkeitsbetrachtung geplant?
11 Werden qualitätssichernde Maßnahmen für die Fertigung bereits innerhalb der Entwicklung vorgesehen?
12 Gibt es einen Qualitätssicherungsplan?

3 Projektkontrolle

3.1 Allgemeines zum Projektablauf

1 In welchen Zeitabschnitten werden welche Zwischenzustände festgehalten? Entsprechen diese dem vorgeschriebenen Prozessplan?
2 In welchen Zeitintervallen wird die Stundenkontierung vorgenommen? Wer füllt die Belege aus bzw. nimmt die Dialogeingabe vor, die einzelnen Mitarbeiter oder die Gruppenleiter?
3 In welcher Form bekommen die Projektmitglieder (Mitarbeiter, Gruppenleiter, Projektleiter etc.) ihre Aufgaben zugewiesen? In schriftlicher Form?
4 Gibt es einen definierten und eingefahrenen Informationsaustausch auf allen Hierarchieebenen?
5 Welche Schnittstellen gibt es zur Fertigung? Zu welchen Zeitpunkten?
6 Gibt es Kontakte zum Vertrieb?

3.2 Entscheidungs- und Kontrollfunktion

1 Welche Gremien gibt es, die einen Einfluss auf das Projekt haben?
2 Was geschieht, wenn das Entscheidungsgremium sich nicht einigen kann?
3 Wo werden Entscheidungen festgehalten? Wer prüft das Einhalten von Entscheidungen?
4 Gibt es für die Auftraggeberseite einen vollverantwortlichen Vertreter?
5 Welche Aufgaben hat das Projektbüro?
6 Wer beurteilt die Ergebnisse zum Abschluss einer Entwicklungsphase bzw. eines Meilensteins?
7 Gibt es eine Überprüfung der Projektpläne (Kontrolle der Planung)? Durch wen?
8 Wer hat die Produkt- bzw. Systemanforderungen überprüft?
9 Ist der Auftraggeber in einem Gremium vertreten? In welchem?
10 Existiert ein Change Control Board?
11 Gibt es einen technischen und einen betriebswirtschaftlichen Controller?
12 Finden regelmäßige Projektstatussitzungen statt?

3.3 Terminkontrolle

1 In welchen Zeitabschnitten werden die Terminpläne aktualisiert?
2 Gibt es bei Ihnen ein offizielles Rückmeldewesen?

3 Wer entscheidet, dass ein (Zwischen-)Termin erreicht wurde?
4 Werden Meilenstein-Trendanalysen erstellt?
5 Was wird unternommen, wenn ein Termin platzt?
6 Wird bei Ihnen die Netzplantechnik eingesetzt? Wenn nein, warum?
7 Welche besonderen Schwächen hat das eingesetzte Terminüberwachungsverfahren?
8 Welchen Nutzen ziehen Mitarbeiter, Gruppenleiter und Projektleiter jeweils aus dem Verfahren?

3.4 Aufwands- und Kostenkontrolle

1 Gibt es einen Plan/Ist-Vergleich der Aufwände und der Kosten, singulär und trendmäßig?
2 In welchen Zeitabschnitten wird der Kostenstatus festgestellt? Und wie?
3 Gibt es Berichte zur wirtschaftlichen Situation des Projekts (Wirtschaftlichkeitskontrolle)?
4 Gibt es eine periodische Restaufwands- bzw. -kostenschätzung?
5 Werden Kostentrendanalysen durchgeführt?
6 Welche DV-Verfahren zur Aufwands- und Kostenüberwachung werden eingesetzt?
7 Werden RZ-Kosten projektspezifisch ausreichend detailliert ausgewiesen?
8 Wie werden die anderen Sachkosten, wie Kosten für Consultantleistungen und Musterbauten, erfasst?
9 Wie wird ein aktueller und vollständiger Überblick über die »Obligo«-Kostenanteile erreicht?
10 Gibt es eine Bestellwertfortschreibung?
11 Wie wird der Stand der Verrechnungen kontrolliert? Gibt es eine verfahrensunterstützte Ergebnisermittlung?

3.5 Sachfortschrittskontrolle

1 Wie wird der Sachfortschritt im Projekt gemessen?
2 Unterscheidet man zwischen Produktfortschritt und Projektfortschritt?
3 Wird ein Soll/Ist-Vergleich des Sachfortschritts vorgenommen?
4 Gibt es eine Arbeitswertbetrachtung?
5 Werden zum Beurteilen des Sachfortschritts Kontrollindizes herangezogen? Wenn ja, wie werden diese gebildet?
6 Werden systematische Trendanalysen im Erreichen technischer Leistungsgrößen vorgenommen?

3.6 Änderungs- und Fehlermeldungswesen

1 Wie werden Änderungen beantragt? Gibt es ein formalisiertes Änderungswesen?
2 Was geschieht mit eingehenden Änderungsanträgen?
3 Wer genehmigt Änderungen?
4 Wer bezahlt diese Änderungen? Gibt es hierüber Vereinbarungen?
5 Wie werden genehmigte Änderungen in die laufende Entwicklung eingeführt?
6 Wie werden Fehler in der Dokumentation, in der Software und in der Hardware behandelt?
7 Wie ist gewährleistet, dass aufgetretene Fehler und Mängel prioritätenabhängig beseitigt werden?
8 Wird eine Fehlerstatistik geführt?

3.7 Qualitätsprüfung

1 Gibt es eine laufende Qualitätskontrolle (für Software, für Hardware)?
2 Wann hat die letzte Inspektion stattgefunden? Gibt es darüber ein Protokoll? Wer verantwortet die empfohlenen Maßnahmen?
3 Ist im Rahmen der SW-Entwicklung ein »Code-Review« vorgesehen?
4 Welche Test- und Prüfmaßnahmen werden i. Allg. vorgenommen?
5 Gibt es eine geplante »Antiprodukt«-Entwicklung?
6 Wo, wie und von wem wird der Qualitätsstatus festgehalten?
7 Werden laufende Performance-Untersuchungen (Laufzeit, Speicherbedarf etc.) durchgeführt?
8 Wird eine systematische Zuverlässigkeitsbetrachtung vorgenommen?
9 Findet eine Überprüfung der Qualitätssicherung (Audit) statt?

10 Gibt es Qualitätsgruppen?
11 Gibt es einen kontinuierlichen Verbesserungsprozess (KVP)?
12 Wird ein Self Assessment nach dem EFQM-Modell vorgenommen?

3.8 Kontrolle der Zulieferungen und Beistellungen

1 Wer kontrolliert die Zulieferer?
2 Was wird kontrolliert?
3 Was passiert, wenn ein Zulieferer seine Termine, Leistungen oder Kosten nicht einhält?
4 Wie werden Zulieferungen und Beistellungen übernommen?
5 Wie ist die spätere Wartung der Zulieferprodukte geregelt?

3.9 Projektberichterstattung

1 Besteht ein offizielles PM-Berichtswesen?
2 Welche Berichte gibt es?
3 Wird in festen Intervallen oder auf Anfrage berichtet? Wer berichtet wem?
4 Wie wird über Ausnahmesituationen berichtet?
5 Wie stark wird die grafische Informationsdarstellung genutzt?
6 Geschieht die Berichterstattung außer in Papierform auch im Dialog (Auskunftssystem oder elektronische Post)?
7 In welcher Form erfolgt die Berichterstattung an den (die) Auftraggeber?
8 Ist die Fertigungsvorbereitung in die Berichterstattung einbezogen?
9 Werden regelmäßige Projektbesprechungen durchgeführt?
10 Welche Projektbesprechungen finden darüber hinaus zu welchen Zäsurpunkten bzw. Ereignissen statt?

4 Projektabschluss

4.1 Entwicklungsende/Produktabnahme

1 Ist der Übergabemodus festgeschrieben?
2 Welche Abnahmekriterien sind fixiert?
3 Wird die Abnahme des Entwicklungsergebnisses von einer entwicklungsneutralen Stelle vorgenommen?
4 Werden offizielle Übergabe-/Übernahmeprotokolle erstellt? Gibt es einen Produktabnahmebericht?
5 Wie ist die Fertigungsüberleitung geregelt?
6 Gibt es plötzliche Vorabeinsatzfälle, die den geplanten Entwicklungsablauf verzögern?
7 Welche Maßnahmen sind für den Pilot- bzw. Feldtest vorgesehen?
8 Wer übernimmt und überwacht Montage und Transport?
9 Wie ist die Inbetriebnahme geregelt?
10 Wer übernimmt die technische Betreuung der Produkte (SW-Wartung, HW-Kundendienst)?

4.2 Schulung der Anwender

1 Gibt es Anwenderschulungen? In welcher Form?
2 In welchem Umfang sind solche bisher durchgeführt worden?
3 Gibt es hierfür Schulungsunterlagen?
4 Wer erstellt die Schulungsunterlagen?
5 Sind die notwendigen technischen Voraussetzungen (z. B. Demonstrationsanlage, Vorführbeispiele) für die Schulung gegeben?
6 Wer trägt die Schulungskosten?

4.3 Projektabschlussanalyse

1 Wird eine Projektabschlussanalyse durchgeführt?
2 Wird der tatsächliche Leistungsumfang mit dem ursprünglich geplanten Leistungsumfang verglichen?
3 Wird eine der Vor- und Mitkalkulation adäquate Nachkalkulation vorgenommen?
4 Gibt es eine abschließende Kosten/Nutzen-Analyse für den jeweiligen Einsatzfall (Kontrolle der Wirtschaftlichkeit)?
5 Wird die Qualität der Projektplanung beurteilt?
6 Wie werden die Erkenntnisse aus einer Abweichungsanalyse für nachfolgende Projekte gesichert?
7 Werden formalisierte Kundenbefragungen vorgenommen?

4.4 Erfahrungssicherung

1 Wie wird gewährleistet, dass Einsatzerfahrungen in die laufende Weiterentwicklung einfließen (Rückkopplung)?
2 Wie wirken Einsatzerfahrungen auf zukünftige Projekte?
3 Werden systematisch Produkt- und Projektmessdaten ermittelt?
4 Werden gezielt Kennzahlen aus diesen abgeleitet?
5 Gibt es eine Erfahrungsdatenbank? Wenn nein, ist eine solche geplant?
6 Gibt es einen »Wissensmanager« in Ihrem Bereich?

4.5 Projektauflösung

1 Wird das Projektende offiziell festgestellt und bekannt gegeben?
2 Findet eine offizielle Projektabschlusssitzung statt?
3 Wie wird die Überleitung des Personals auf neue Tätigkeitsfelder geplant?
4 Gibt es für die projekteigenen Ressourcen einen Verwertungsplan?
5 Ist eine besondere Belohnung von Mitarbeitern (z. B. Prämien) vorgesehen, die sich durch außerordentliche Leistungen hervorgetan haben?
6 Welche Anerkennung erfährt der Projektleiter?

5 Methoden und Hilfsmittel

5.1 Projektplanungs- und -steuerungsverfahren

1 Welches Verfahren ist bei Ihnen für die Stundenkontierung eingesetzt? Welche Detaillierung enthält der verwendete Stundenbeleg bzw. die Dialog-Eingabemaske (Auftragskennzeichen, Unterkonten, Arbeitspakete etc.)?
2 Sind bei Ihnen rechnergestützte Projektplanungs- und -steuerungsverfahren eingesetzt?
3 Wer sind die Nutzer der Verfahren? Welche Auswertungen erhalten Sie?
4 Unterstützen die genannten Verfahren auch die Terminplanung und -überwachung? Wird hierbei die Netzplantechnik genutzt?
5 Welchen Grad der Dialogisierung haben die Verfahren?
6 Werden in Ihrem Bereich PC-Verfahren für die Projektplanung und -steuerung eingesetzt? Wenn ja, welche PC-Standardverfahren werden genutzt?
7 Wie wird der Abgleich der Plan- und Istdaten zwischen den Kostenerfassungs- und -abrechnungsverfahren sowie den Projektplanungs- und -steuerungsverfahren erreicht?
8 Gibt es Probleme in der Aktualität der Berichterstattung durch die eingesetzten Verfahren?
9 Ist der Verfahrenseinsatz hinsichtlich der personenbezogenen Teile mit dem Betriebsrat abgestimmt?

5.2 Projektbibliothek

1 Gibt es eine zentrale Stelle, die alle relevanten Projektdaten archiviert (Protokolle, Berichte, Spezifikationen, Verträge etc.)?
2 Gibt es hierfür eine DV-technische Unterstützung?
3 Was enthält die Projektbibliothek? Welche Daten und Informationen?
4 Kann aus der Projektbibliothek der aktuelle Zustand des Projekts ermittelt werden?
5 Gibt es einen Verantwortlichen für die Projektdokumentation?

5.3 Produktverwaltung

1 Wie erfolgt die Produktverwaltung für die Hardware und die Software? Gibt es ein Konfigurationsmanagement?
2 Welche Hilfsmittel bzw. Verfahren zur Produktverwaltung werden benutzt?
3 Wer weiß, welche Variante/Version bei welchem Anwender eingesetzt ist?
4 Wie ist das Änderungs- und Fehlermeldungswesen einbezogen?
5 Wer weiß über den Korrekturstand bei den Anwendern Bescheid?

6 Wie werden Produktversion und Dokumentation abgeglichen?
7 Wie viele Versionen werden verwaltet?
8 Wie erkennt ein Anwender, welche Version bzw. Variante er einsetzt?
9 Welches KM-System ist bei Ihnen im Einsatz?

5.4 Technische Dokumentation

1 Wer ist verantwortlich für die technische Dokumentation?
2 Welche Dokumentationsobjekte sind vorgesehen?
3 Wie werden die technischen Dokumente verwaltet? Gibt es eine Dokumentationsbibliothek?
4 Existiert ein Dokumentationsschema für die technische Dokumentation? Welches Identifikationssystem?
5 Welches technische Grunddatenverfahren wird verwendet?
6 Gibt es für die SW-Produktteile auch eine Stücklistensystematik?
7 Welche Medienbrüche gibt es beim Erstellen der technischen Dokumentation (definierende und beschreibende Dokumentation)?

5.5 Richtlinien und Werkzeuge für die Entwicklung

1 Welche Entwicklungshilfsmittel werden eingesetzt?
— für Hardware (welche CAD-Verfahren?)
— für Software (welche Tools?)
2 Welche Entwicklungsrichtlinien für Hardware und Software gibt es? Wo sind diese niedergelegt?
3 Existieren Richtlinien bzw. Konventionen für das Projektmanagement?
4 Kennen Sie Qualitätsrichtlinien, die für Ihren Entwicklungsbereich bestimmt sind?
5 Gibt es ein Entwicklungshandbuch? Ist es vollständig? Welchen Stand hat dieses?
6 Gibt es einen Richtlinienverantwortlichen?
7 Wurden Werkzeuge (Tools, Support-SW, Prüfverfahren, CAD-Verfahren) speziell für die hier angesprochenen Projekte entwickelt? Welche?

A 2 Inhaltsverzeichnis einer Projektakte

Register 1: Übersicht	
1.1 Projektsteckbrief	Kurzübersicht des Projekts mit seinen grundsätzlichen Eckdaten (Projektinhalt, Kosten, Termine) sowie Angaben zum Projektziel und zur Einbettung beim Anwender, möglichst mit Formblatt aus dem offiziellen Entwicklungshandbuch
1.2 Projektumfeld	Aufstellung aller personellen, organisatorischen und technischen Abhängigkeiten innerhalb und außerhalb des Projekts
1.3 Verteilerkreise	Auflistung aller Personen und Gremien, die regelmäßig oder sporadisch Projektinformationen (Projektpläne, -berichte) erhalten, z. B. Berichtsplan Bild 4.73
1.4 Entscheidungsunterlagen	Ursachen für Projektgründung, Angaben zur Projektvorgeschichte, ABC-Analyse (Bilder 2.3, 6.30), Portfolio-Betrachtung (Bild 6.34), Entscheidungstabelle (Bild 6.32)
Register 2: Projektauftrag	
2.1 Projektstammdatenblatt	Formblatt mit Angabe der Stammdaten des Projekts für die Aufnahme in das eingesetzte Projekt-Controlling-Verfahren
2.2 Angebotsunterlagen	Original oder Kopie des offiziellen Angebotspapiers
2.3 Checkliste Angebotsprüfung	ausgefüllte Checkliste zur Angebotsprüfung
2.4 Vereinbarung, Vertrag	Original oder Kopie der Projektvereinbarung (Bilder 2.14, 2.15) bzw. des Vertrags bei externem Projekt
2.5 Checkliste Vertragsprüfung	ausgefüllte Checkliste zur Vertragsprüfung, siehe PM-Merkblatt 4

2.6 Unteraufträge	Originale oder Kopien der Vereinbarungen bzw. Verträge mit internen oder externen Unterauftragnehmern bzw. mit anderen Entwicklungspartnern
Register 3: Projektbeschreibung	
3.1 Projektaufgabenbeschreibung	detaillierte Beschreibung des Projektinhalts und Aufgabenumfangs einschließlich der Festlegung der vom Auftraggeber zu verantwortenden Aufgaben (Negativliste)
3.2 Projektstruktur	vollständige Aufstellung der Projektstruktur in listenförmiger oder grafischer Form, siehe Bilder 3.9 bis 3.13
3.3 Anwendungsumgebung	Beschreibung der Produkt- bzw. Systemeinbettung beim Anwender mit Erläuterung der notwendigen Änderungsmaßnahmen auf Seite des Anwenders (Change-Management)
3.4 Anforderungskatalog, Pflichtenheft	Kurzfassung oder Hinweis auf den vollständigen Anforderungskatalog bzw. das Pflichtenheft
3.5 Änderungsanträge	beantragte und genehmigte Änderungsanträge in einer Offene-Punkte-Liste mit entsprechender Prioritätsangabe
Register 4: Projektkalkulation	
4.1 Aufwandsschätzung	Ergebnisse von Aufwandsschätzungen mit zugehörigen Mengengerüsten, die zu Beginn und während des Projekts (Restaufwandsschätzungen) durchgeführt wurden
4.2 Wirtschaftlichkeitsrechnung	Unterlagen zu vorgenommenen Wirtschaftlichkeitsberechnungen, z. B. Marginalrenditeberechnung (Bild 2.30), WPP (Bild 2.24), GWB-Rechentabelle (Bild 2.26)
4.3 Auftragskalkulation	detaillierte Preiskalkulation unter Einbeziehung von Risiken und Sicherheitsaufschlägen, siehe Bild 3.103
4.4 Kostenplan	Aufstellung aller Kostenpositionen im zeitlichen und aufgabenmäßigen Zusammenhang (Kostenarten, Kostenelemente. Kostenträger), siehe Bild 3.115

4.6 Mitkalkulation	projektbegleitende Gegenüberstellung der ursprünglichen mit den aktuellen Kalkulationsgrößen
Register 5: Projektorganisation	
5.1 Projektbeteiligte	vollständige Aufstellung aller Projektbeteiligten (verantwortliche Personen auf Auftraggeber- und Auftragnehmerseite, Projektleiter, Unterprojektleiter, Phasen- und Systemverantwortliche, Qualitäts- und Testbeauftragte, Mitglieder von Projektgremien, betriebswirtschaftliche Controller u. a.)
5.2 Anwender/Kunden	Auflistung der künftigen Anwender und Benutzer
5.3 Projektorganigramm	(grafisches) Organigramm der Projektorganisation, siehe Bild 2.48
5.4 Prozessorganisation	Erläuterungen zur eingesetzten Prozessorganisation (Tabellen 2.11 und 2.13) evtl. reicht Hinweis auf das Entwicklungshandbuch
5.5 Verfahren und Werkzeuge	Aufzählung der eingesetzten Verfahren, Methoden und Werkzeuge
Register 6: Produktstruktur	
6.1 Modellsichten	erstellte Modellsichten des geplanten Produkts bzw. Systems; hierzu gehören Geschäftsprozess-, Organisations-, Anwendungs- und Daten-Modellsichten
6.2 Komponentenverzeichnis	sachlich geordnete Auflistung aller Hardware- und Software-Komponenten des zu erstellenden Produkts bzw. Systems
6.3 Leistungsbeschreibung	Kurzfassung oder Hinweis auf die vollständige Leistungsbeschreibung
6.4 Objektstrukturplan	Strukturplan aller zu erstellenden Produkteinheiten einschließlich der projektspezifischen Zwischen- und Nebenprodukte (wie Prototypen, Testverfahren, Konzepte, Dokumentationen)

Register 7: Aufgabenplanung	
7.1 Aufgabenplan	aktuelle Auflistung aller bisher durchgeführten und noch vorzunehmenden Projektaufgaben (Aktionslisten, Aktivitätenlisten), siehe Bild 3.63
7.2 Arbeitspaket-Beschreibungen	genaue inhaltliche Beschreibung aller Arbeitspakete
7.3 Vorgangsplan	grafischer oder listenförmiger Vorgangsplan, z. B. mit MS-Project erstellt, siehe Bild 6.13
Register 8: Terminplanung	
8.1 Terminliste	Aufstellung aller wichtigen Zwischentermine und Meilensteine im Projektablauf, siehe Bild 3.116
8.2 Projektzeitplan	zeitliche Einordnung aller Projektaufgaben in ein Balkendiagramm mit Angabe der Dauern und Abhängigkeiten, z. B. mit MS-Project erzeugt, siehe Bild 6.13
8.3 Netzplan	aktueller Netzplan (falls die Netzplantechnik eingesetzt wird)
8.4 Meilenstein-Trendanalyse	grafische Meilenstein-Trendanalyse wie in Bild 4.11 gezeigt
Register 9: Einsatzplanung	
9.1 Anforderungsprofile	Aufstellung der für das Projekt benötigten Qualifizierungen des Projektpersonals (Mitarbeiterprofil, Bild 3.82) oder Stellenbeschreibungen (Bild 2.51)
9.2 Mitarbeiter-Einsatzmatrix	aufgabenbezogene Einsatzplanung des Projektpersonals mit Angabe des geplanten Zeitaufwands, ähnlich Bild 3.90
9.3 Ressourcenplan	grafischer oder listenförmiger Einsatzplan aller nicht personellen Einsatzmittel (Test- und Prüfanlagen, Geräte und Material, etc.), z. B. Schichtplan (Bild 3.91), Belegungsplan (Bild 3.93)

Reigster 10: Personalplanung	
10.1 Aus- und Weiterbildungsplan	Aufstellung aller vorgenommenen und noch vorzunehmenden Aus- und Weiterbildungsmaßnahmen, ähnlich Bild 3.112; eventuell auch strategischer Schulungsplan wie Bild 3.96
10.2 Consultant-Verträge	Originale oder Kopien der Verträge mit Consultant-Firmen und firmeninterne Zusatzunterlagen (Anträge, Genehmigungen etc.)
Register 11: Zulieferungen	
11.1 Zulieferungsplan	Aufstellung aller bisher getätigten und geplanten Zulieferungen, Beistellungen und Zuleistungen
11.2 Beschaffungsanträge	ausgefüllte Bestellformulare für projektspezifische Anschaffungen
11.3 Consultant-Aufwandsberichte	aufgabenbezogene Stundenaufwandsberichte von Consultant- und sonstigen Fremdkräften
11.4 Abnahmeprotokolle	Abnahmeprotokolle für die Zulieferungen und Zuleistungen
Register 12: Risikomanagement	
12.1 Checkliste Risiken	Auflistung aller möglichen Projektrisiken, siehe PM-Merkblatt 21
12.2 Risikomanagementplan	Bewertung und Priorisierung aller projektrelevanten Risiken mit Angabe von entsprechenden Vorsorgemaßnahmen, siehe Bild 3.109
12.3 Stellvertretungsplanung	Auflistung der Stellvertreter für Projektleiter, Teilprojektleiter und projektentscheidende Projektmitarbeiter (Experten)
12.4 Notfallplanung	Aufstellung von Notfallszenarien und Ausarbeitung von Beseitigungsmaßnahmen für den Fall des Eintritts bestimmter Notfälle
Register 13: Qualitätsmanagement	
13.1 Qualitätsmanagementplan	Aufstellung aller getätigten sowie geplanten Qualitätssicherungsmaßnahmen (Reviews, Inspektionen, Audits, u. ä.)
13.2 Review-Protokolle	Protokolle von durchgeführten Reviews und Inspektionen

13.3 Audit-Berichte	Protokolle von durchgeführten Qualitäts-Audits
13.4 Testplanung	Aufstellung aller durchzuführenden Tests (Komponenten-, System-, Anwendungstest) mit Angabe des zu verwendenden Testmaterials und der vorgesehenen Testumgebung
13.5 Testberichte	Ergebnisberichte aller durchgeführten Tests mit Angabe des verwendeten Testmaterials und der genutzten Testumgebung sowie Fehlerprotokolle (Bild 5.2)
13.6 Korrekturmaßnahmen	Aufstellung aller durchgeführten bzw. vorgesehenen Korrekturmaßnahmen mit Termin- und Ergebnisangaben
Register 14: Konfigurationsmanagement	
14.1 Änderungsmanagementplan	Festlegung der Vorgehensweise bei Änderungen des ursprünglich geplanten und vertraglich vereinbarten Projektinhalts sowohl in technischer als auch in kaufmännischer Hinsicht
14.2 Änderungsmeldungen	Ablage von allen Änderungsmeldungen bzw. Change Requests mit Angaben zur weiteren Behandlung (Entscheidung, Kümmerer etc.)
14.3 Problem-/Fehlermeldungen	Ablage von allen Problem- und Fehlermeldungen (event. als Auflistung durch ein eingesetztes KM-Tool) mit Angaben zur Problemlösung und Fehlerbereinigung
14.4 Versionsplanung	Verzeichnis aller geplanten Zwischen- und Endversionen (Baselines) mit entsprechender Terminangabe, siehe Bild 6.3
14.5 Versionsfreigaben	Freigabemitteilungen von freigegebenen Versionen
Register 15: Fakturierung/Verrechnung	
15.1 Verrechnungsschlüssel	Rechenschema für die Kostenverteilung bei mehreren Kostenträgern, siehe Bild 4.18
15.2 Zahlungszeitplan	Zeitplan für die vorzunehmenden Verrechnungen und Zahlungen
15.3 Verrechnungsanstöße	Originale oder Kopien der kaufmännischen Formulare für die vorzunehmenden Verrechnungen und Zahlungen

15.4 Rechnungen	Originale oder Kopien von Rechnungsstellungen
Register 16: Projektdurchführung	
16.1 Stundenaufwandsübersichten	Ausfüllformulare oder maschinell erstellte Aufstellungen der mitarbeiterbezogenen Stundenaufschreibungen, siehe Bilder 4.14, 4.16 und 6.9
16.2 Rückmeldungen	Rückmeldelisten für Termine und Sachfortschritt, siehe Bild 4.3
16.3 Trendanalysen	Trendanalysen für einzelne Projektparameter, z. B. Kostentrendanalyse (Bild 4.29)
16.4 Plan/Ist-Vergleiche	maschinell erzeugte Plan/Ist-Gegenüberstellungen der wichtigsten Projektparameter (Aufwände, Kosten, Verrechnungen, Termine), siehe Bilder 4.23 und 6.10
16.5 Projektnotizen	allgemeine Aufzeichnungen während der Projektdurchführung, Auszüge aus dem Projekttagebuch
Register 17: Projektberichterstattung	
17.1 Projektauswertungen	maschinell erzeugte Projektauswertungen, z. B. EKZ/TKZ-Auswertungsmatrix (Bild 4.76), kombinierter Projektbericht (Bild 4.79) und Projektdatenstatistik (Bild 5.20)
17.2 Kostenstellenbericht	aktuelles Kostenstellenblatt (falls das Projekt über eine eigene Kostenstelle geführt wird), siehe Bild 3.99
17.3 Sachfortschrittsberichte	formelle Projektmonatsberichte oder Projektstatusberichte, siehe Bild 4.8
17.4 Präsentationsunterlagen	fachliche und technische Darstellungen, Darstellungen zum Projektverlauf und -fortschritt
Register 18: Einführungsplanung	
18.1 Einführungsplan	Aufgabenplan mit Verantwortlichkeiten und Terminangaben für die Einführung bzw. Einsatzvorbereitung des Projektergebnisses (Produkt, System, Anlage, Geschäftsprozessplanung)

18.2 Schulungsunterlagen	Aufzählung aller erstellten Schulungsunterlagen für die Einführung bzw. Einsatzvorbereitung
18.3 Schulungsplan	Aufstellung aller erforderlichen Schulungsmaßnahmen seitens des Anwenders
Register 19: Projektabschluss	
19.1 Projektabschlussplan	Aufstellung aller durchzuführenden Aufgaben und Tätigkeiten beim Abschluss des Projekts mit Angabe der Zuständigkeiten (Projektauflösung)
19.2 Übergabe-/Abnahmeprotokolle	Protokolle von Übergaben und Abnahmen von Projektergebnissen durch den Auftraggeber bzw. Kunden, auch solche von Consultant-Kräften
19.3 Abweichungsanalyse	Analyse aller wesentlichen Abweichungen von Projektparametern in dokumentierter Form
19.4 Abfrage Kundenzufriedenheit	Ergebnisse der Kundenzufriedenheits-Abfrage, möglichst in einer strukturierten Form, siehe Bild 5.10
19.5 Projektabschlussbericht	schriftlicher Abschlussbericht des Projekts mit den wichtigsten Projektparametern in einer Plan/Ist-Gegenüberstellung
Register 20: Schriftverkehr	
20.1 Protokolle von Projektgremien	Besprechungsprotokolle von Projektgremien (Entscheidungsgremium, Beratungsausschuss, Anwenderkreis u. ä.)
20.2 Besprechungsprotokolle	alle anderen Besprechungsprotokolle sowie interne Berichte (z. B. Projektteam, Gespräche mit Unterauftragnehmern etc.), siehe Bild 4.84
20.3 Korrespondenz mit Auftraggeber	projektrelevanter Schriftverkehr mit dem Auftraggeber
20.4 Sonstiger Schriftverkehr	

A 3 Verwendete Formelzeichen

In der Praxis hat sich für die unterschiedlichen Produkt- und Projektgrößen noch keine allgemeingültige Schreibweise herausgebildet. Stattdessen findet man häufig missverständliche und z. T. auch widersprüchliche Formelzeichen.

In diesem Buch werden daher – falls nicht die ausgeschriebene Form gewählt wurde – einheitliche Formelzeichen entsprechend der nachfolgenden Zusammenstellung verwendet. Bei Bedarf kann man zur weiteren Unterscheidung den Formelzeichen noch zusätzliche Indizes anfügen.

A	(Personal-)Aufwand
A_n	Aufwand zum Zeitpunkt t_n
$A_{\mathrm{A'Plan}}$	anteiliger Planaufwand
A_{Ist}	Istaufwand, aufgelaufener Aufwand
A_{Plan}	Planaufwand, geplanter Gesamtaufwand
A_{Rest}	Restaufwand
$A_{\mathrm{V'Ist}}$	voraussichtlicher Gesamtaufwand
AA	Aufwandsauflauf
B	Budget
B_n	Budget zum Zeitpunkt t_n
c, C	Konstante, z. B. Technologiekonstante
d	mittlere Ausfallzeit (*MDT*)
D	Anzahl Mitarbeiter
E	Einflussfaktor, Kostentreiber
EG	Einflussgrad
E_g	Geschäftsergebnis
E_{ges}	Gesamtergebnis
E_{GK}	Gemeinkosten-Ergebnis
E_P	Projektergebnis
f	Zinsfuß
F	Funktionswert
FG	Fertigstellungsgrad
FZ	Funktionszahl
g	Prozentwert
G	Gewichtungsfaktor
GWB	Geschäftswertbeitrag
h	Fehlerrate, Fehlerdichte
H	Fehleranzahl
i	Zählvariable
I	Kontrollindex
j	Zählvariable
K	Kosten
K_n	Kosten zum Zeitpunkt t_n
$K_{\mathrm{A'Plan}}$	anteilige Plankosten
K_{GK}	Gemeinkosten
K_{Ist}	Istkosten, aufgelaufene Kosten
K_{k}	Kapitalkosten
K_{p}	Projektkosten
K_{Plan}	Plankosten, geplante Gesamtkosten
K_{pot}	potentielle Kosten
K_{Rest}	Restkosten
$K_{\mathrm{V'Ist}}$	voraussichtliche Gesamtkosten
KA	Kostenauflauf
KS_{Plan}	Plankostensatz
KS_{Verr}	Verrechnungssatz
KV	Kostenvergleich
l	Nichtverfügbarkeit, Ausfallwahrscheinlichkeit
L	Nichtverfügbarkeit eines Systems, Gesamtausfallzeit
m	definierter Wert einer Zählvariablen
M	Menge einer Ergebnisgröße, z. B. loc
MR	Marginalrendite
n	definierter Wert einer Zählvariablen
N	Gesamtfehlerzahl
O	Obligo, Bestellwert
O_n	Bestellwert zum Zeitpunkt t_n
p	Abzinsungsfaktor
P	Produktivität
PA	Produktivanteil
PT	Plantreue
q	Aufzinsungsfaktor
Q	Bewertungszahl
r	Anzahl Ausfälle
R	Restwert
R_n	Restwert zum Zeitpunkt t_n

RG	Risikogehalt
RK	Risikoklasse
S	Anzahl Stunden je Zeiteinheit
S_{prod}	Produktivstunden
t	Zeitpunkt
t_n	definierter Zeitpunkt
T	(terminierte) Zeitdauer
T_{A}	Amortisationszeit
T_{a}	Ausfalldauer
T_{b}	Beobachtungsdauer, Betriebszeit
T_{m}	mittlere erwartete Zeitdauer
T_{o}	optimistische Zeitdauer
T_{p}	pessimistische Zeitdauer
T_{r}	Reparaturzeit
T_{s}	Standzeit, Lebenszeit
T_{Plan}	Plandauer, geplante Gesamtdauer
T_{Rest}	Restdauer
$T_{\text{V'Ist}}$	voraussichtliche Gesamtdauer
T_{W}	wahrscheinliche Zeitdauer
T_{Δ}	Terminverzug
TT	Termintreue
TV	Terminvergleich
u	Preis einer Leistungseinheit
U_{ext}	Umsatz (extern)
U_{int}	Weiterverrechnung (intern)
v	Verflechtungszahl
V	Verfügbarkeit eines Systems
VS	Verrechnungssatz
w	Wahrscheinlichkeit
W	Arbeitswert
W_n	Arbeitswert zum Zeitpunkt t_n
x	unbekannter Wert
Y	Wert einer allgemeinen Projektgröße
Y_{Ist}	Istwert
Y_{Plan}	Planwert
$Y_{\text{V'Ist}}$	voraussichtlicher Istwert
z	Zinssatz
Z	Zuschlagsfaktor
λ	Ausfallrate

A 4 Verzeichnis der Formeln

A 5 Abkürzungen

In das Abkürzungsverzeichnis sind auch Abkürzungen von Begriffen mit aufgenommen, die in diesem Buch nicht verwendet werden, jedoch in der Literatur auf dem Gebiet des Projektmanagements vorkommen können.

AA Asset Accounting (SAP R/3)
AB Auftragsbestand
ADSI Adjusted Delivered Source Instructions
AE Auftragseingang
AF Anfangsfolge (DIN)
AGB Allgemeine Geschäftsbedingungen
äGf äquivalente Gatterfunktion
AK Arbeitskreis
AKZ Auftragskennzeichen
AM Arbeitsmenge (DIN)
ANA Aufwand/Nutzen-Analyse
AOB Anordnungsbeziehung (DIN)
AP Arbeitspaket (DIN)
A-PO Auftrags-Projektorganisation
APS Anlagenprogrammsystem
ARE Abrechnungseinheit
ASP Anlagenstrukturplan
ASP Application Service Providing
AStd Arbeitsplatz-Stunde
ASV Aufwandsschätzverfahren
ASW Anwender-Software
ATA Aufwandstrendanalyse
AÜG Arbeitnehmerüberlassungsgesetz
AVB Anschlussverbindung (DIN)
AVP Arbeitsvorbereitung und Planung
AZ Abwicklungszentrum

BA Beratender Ausschuss, Beratungsausschuss
BAB Betriebsabrechnungsbogen
BAK Bereitschaftsabhängige Kosten
BARCAD (Verbindung aus engl. bar und CADIS)
BARCOD (engl. bar – Stange, Stab)
BAV Belegloser Abrechnungsverkehr
BBDS Bereichsbeauftragter für Datenschutz
BC Betriebswirtschaftlicher Controller
BDSG Bundesdatenschutzgesetz
BGB Bürgerliches Gesetzbuch
BIM Business Information Management
BK Beschleunigungskosten (DIN)
BKZ Bestellkennzeichen
BPO Betriebliche Prozess-Organisation
BPO Business Process Outsourcing
BPR Business Process Reengineering
BPS Best Practise Sharing
BS Bereichsstandort, Betriebssystem
BSP Business Service Providing
BVB Besondere Vertragsbedingungen
BVC Business Value Contribution
BVG Betriebsverfassungsgesetz
BZ Bestellzettel
BZA Bereitstellung zur Abnahme

CAD Computer Aided Design
CAE Computer Aided Engineering
CAI Computer Aided Industry
CAM Computer Aided Manufacturing
CAP Computer Aided Planning
CAQ Computer Aided Quality Assurance
CASE Computer Aided Software Engineering
CAT Computer Aided Testing
CATS Cross Application Time Sheet (SAP R/3)
CCB Change Control Board
CCM Capability Maturity Model
CIM Computer Integrated Manufacturing
CIO Chief Information Officer

CMS	Configuration-Management-System
COCOMO	Constructive Cost Model
CPI	Conversion Planning Increment
CPI	Cost Performance Index
CPM	Critical Path Method
CPN	Critical Path Network
CPPS	Critical Path Planning und Scheduling
CPS	Critical Path Scheduling
CR	Change Request
CV	Cost Variance
D	Dauer (DIN)
DB	Datenbank
DDC	Development Document Control
DEMI	Delivered Executable Machine Instructions
DGK	Dienststellengemeinkosten
DIN	Deutsche Industrie-Norm
DIS	Dateninformationssicherheit
DLZ	Durchlaufzeit
DMS	Data Management System
DPO	Dienste Prozess-Organisation
DPP	Defect Prevention Process
DQS	Deutsche Gesellschaft zur Zertifizierung von QS-Systemen
DR	Development Request
DSI	Delivered Source Instructions
DST	Dienststelle
DTC	Design-To-Cost
DV	Datenverarbeitung
DVA	Datenverarbeitungsanlage
DVT	Device Verification Test
EA	Entscheidungsausschuss
EA	Entwicklungsaufgabe
EAC	Estimate-at-Completion
EBIT	Earning Before Interest and Taxes
EBITA	Earnings Before Interest, Taxes and Amortization
ECM	Enterprise Change Management
EDB	Erfahrungsdatenbank
EDSI	Evaluated Delivered Source Instructions
EF	Einflussfaktor
EF	Endfolge (DIN)
EFQM	European Foundation for Quality Management
EGK	Entwicklungsgemeinkosten

EI	Entscheidungsinstanz
EK	Einzelkosten
EK	Entscheidungskreis
EKF	Entkoppelte Freigabe
EKN	Ereignisknoten-Netzplan (DIN)
EKZ	Entwicklungskennzeichen
EM	Einsatzmittel (DIN)
EMA	Einsatzmittelart (DIN)
EMB	Einsatzmittelbedarf (DIN)
EME	Einsatzmitteleinheit (DIN)
EMK	Einsatzmittelkapazität (DIN)
ENP	Entscheidungsnetzplan (DIN)
ENPT	Entscheidungsnetzplantechnik (DIN)
EO	Erfahrungsobjekt
EON	Ereignisorientierter Netzplan (DIN)
EP	Entwicklungsplanung
E-PO	Einfluss-Projektorganisation
EPP	Entwicklungsprozessplan
EPS	Entwicklungsplanung und -steuerung
EQA	European Quality Award
ERP	Eingangsrechnungsprüfung
EU	Europäische Union
EUR	Euro (Währungseinheit)
EV	Entwicklungsvermerk
EVHB	Entwicklungsverfahrenshandbuch
FA	Fachausschuss
FA	Frühester Anfang (DIN)
FAT	Frühester Anfangstermin (DIN)
FAZ	Frühester Anfangszeitpunkt (DIN)
FBG	Flachbaugruppe
FE	Frühestes Ende (DIN)
FE	Fertige Erzeugnisse
FET	Frühester Endtermin (DIN)
FEZ	Frühester Endzeitpunkt (DIN)
FGK	Fertigungsgemeinkosten
FI	Financial Accounting (SAP R/3)
fit	failures in time
FK	Fachkreis
FK	Fertigungskosten
FM	Fehlermeldung
FMEA	Failure Mode Effects Analysis
FP	Freie Pufferzeit (DIN)
FP	Function Point
FPM	Function Point Method
FRP	Freie Rückwärts-Pufferzeit (DIN)

FT	Frühester Termin (DIN)
FTA	Failure Tree Analysis
FV	Fertigungsvorbereitung
FW	Fertigstellungswert (DIN)
FW	Firmware
FZ	Frühester Zeitpunkt (DIN)
GAN	Generalized Activity Networks
GEM	Graphics Environment Manager
GERT	Graphical Evaluation Review Technique
GJ	Geschäftsjahr
GK	Gemeinkosten
GKF	Gekoppelte Freigabe
GP	Gesamte Pufferzeit (DIN)
GPL	Gesamt-Projektleiter
GU	Generalunternehmer
GWB	Geschäftswertbeitrag
GWG	Geringwertige Wirtschaftsgüter
HD	Häufigste Dauer (DIN)
HEP	Hardware-Entwicklungsprozess
HEPP	Hardware-Entwicklungsprozess-Plan
HK	Herstellkosten
HR	Human Resources
HSE	Rangliste der HW-Systemeigenschaften
IEEE	Institute of Electrical and Electronics Engineers
IKZ	Installationskennzeichen
IPO	Integrierte Prozess-Organisation
IPSS	Integrierte Prozess-System-Software
ISO	International Standardization Organization
IT	Informationstechnik, -technologie
J	Jahr
JIT	Just-in-Time
KA	Kaufmännische Abteilung
KAIZEN	kai = ändern, zen = gut
kbloc	kilo brutto lines of code
kdloc	kilo delta lines of code
KGK	Kontengemeinkosten
KI	Kontrollindex
KJ	Kalenderjahr
kloc	kilo (1000) lines of code
KM	Konfigurationsmanagement
KMS	Konfigurationsmanagement-System
KMTA	Kosten-Meilenstein-Trend-analyse
knloc	kilo netto lines of code
KonTraG	Gesetz zur Kontrolle und Transparenz im Unternehmensbereich
KP	Kontierendes Personal
KPI	Key for Performance-Indicator
KPJ	Kontierende Personal-Jahre (≙ MJ)
KPM	Kontierende Personal-Monate (≙ MM)
KT	Kommunikationstechnik
KTA	Kostentrendanalyse
KVP	Kontinuierlicher Verbesserungs-Prozess
KZS	Kennzahlensystem
LA	Lenkungsausschuss
LAK	Leistungsabhängige Kosten
LCC	Life-Cycle-Cost
LE	Liefereinheit
LESS	Least Cost Estimating and Scheduling
LM	Leistungsmerkmal
LMA	Leistungsmerkmalanforderung
loc	lines of code
losc	lines of source code
L-PO	Projektmanagement-in-der-Linie
LZK	Lebenszykluskosten
MA	Mitarbeiter
MAXD	Maximale Dauer (DIN)
MAXZ	Maximaler Zeitabstand (DIN)
MD	Mittlere Dauer (DIN)
MD	Modular Design
MDT	Mean Down Time
MEK	Meilenstein zur Ergebniskontrolle
MES	Meilensteinentscheidungssitzung
MGK	Materialgemeinkosten
MGPP	Multigenerationen-Produktplanung
MIND	Minimale Dauer (DIN)
MINZ	Minimaler Zeitabstand (DIN)
MIS	Management-Informationssystem
MJ	Mann-Jahr
MKZ	Meilenstein-Kennzeichen
MM	Mann-Monat

MM	Materials Management (SAP R/3)
MNPT	Modularnetzplantechnik (DIN)
MPM	Metra Potential Method
M-PO	Matrix-Projektorganisation
MStd	Mann-Stunde
MT	Mann-Tag
MTA	Meilenstein-Trendanalyse
MTBF	Mean Time between Failures
MTBSC	Mean Time between Service Calls
MTTR	Mean Time to Repair
MW	Mann-Woche
NF	Normalfolge (DIN)
NM	Netzplan-Modul (DIN)
NP	Netzplan (DIN)
NPA	nicht-produktive Arbeit
NPT	Netzplantechnik (DIN)
OAPP	Organisation und Automatisierung Prozessplan
OD	Optimistische Dauer (DIN)
OD	Organisation und Datenverarbeitung
OI	Organisation und Information
OS	Ordnungsnummernsystem
OSP	Objektstrukturplan
PA	Planungsausschuss
PA	Projektantrag
PAG	Produktarbeitsgruppe
PAK	Produktarbeitskreis
PB	Produktbibliothek
PBS	Product Breakdown Structure
PD	Pessimistische Dauer (DIN)
PDA	Personal Digital Assistent
PDM	Precedence Diagramming Method
PDO	Projektdokumentation (DIN)
PdSP	Produktstrukrurplan
PEA	Produktentwicklungsausschuss
PEG	Produktentwicklungsgruppe
PEG	Produktertragsgruppe
PEP	Prozessablauf zur Erstellung von HW-Produkten
PERT	Programm Evaluation and Review Technique
PES	Phasenentscheidung
PES-S	Phasenentscheidungssitzung
PI	Produktinstanz
PIS	Projektinformationssystem (DIN)
PIS	Produktinstanz-Sitzung
PjSP	Projektstrukturplan
PK	Produktkommission
PK	Projektklasse
PK	Projektkommission
PKS	Produktkommissionssitzung
PKZ	Projektkennzeichen
PL	Projektleiter(in) (DIN)
PM	Projektmanagement (DIN)
PMO	Projekt Management Office
PMR	Projekt-Meilenstein-Report
PMS	Projektmanagementsystem
PO	Projektorganisation (DIN)
POP	Projektorganisationsplan
PP	Prozessplan
PPP	Produktprozessplan
PPR	Produktprozess-Richtlinie
PPS	Produktplanungs- und -steuerungssystem
PROMPT	Project Management Planning and Tracking System
PS	Projektsystem
PQM	Prozessorientiertes Qualitätsmanagement
PSES	Projektstatus-Entscheidungssitzung
PSF	Projektstrukturebene (DIN)
PSP	Projektstrukturplan (DIN)
PSS	Projektstatussitzung
PU	Projektunterstützung
PV	Produktvereinbarung
PV-A	Produktvereinbarung-Anregung
PV-D	Produktvereinbarung-Durchführung
PV-F	Produktvereinbarung-Fertigung
PVR	Produktvereinbarungsrichtlinie
PZ	Projektziel (DIN)
QB	Qualitätsbeauftragter
QMH	Qualitätsmanagement-Handbuch
QMS	Qualitätsmanagementsystem
QS	Qualitätssicherung
QSM	Qualitätssicherungs-Meilenstein
QSS	Qualitätssicherungssystem
QSV	Qualitätssicherungs-Vorgang
R	Rang eines Knotens (DIN)
RADAR	Results, Approach, Deployment, Assessment and Review

RAV	Rechenzentrum-Abrechnungsverfahren
REFA	Reichsausschuss für Arbeitszeitermittlung (seit 1924) Reichsausschuss für Arbeitsstudien (seit 1936) Verband für Arbeitsstudien (seit 1948)
REP	Ressourcen-Einsatzplanung
RFA	Ready for Acceptance
RIK	Rentabilität des investierten Kapitals
roi	return on investment
R-PO	Reine-Projektorganisation
RRB	Risk Review Board
RSE	Rangliste Systemeigenschaften
RW	Rechnungswesen
RZ	Rechenzentrum
SA	Spätester Anfang (DIN)
SA	Structured Analysis
SADT	Structured Analysis and Design Technique
SAP	Systeme, Anwendungen, Produkte
SAT	Spätester Anfangstermin (DIN)
SAZ	Spätester Anfangszeitpunkt (DIN)
SD	Sales & Distribution (SAP R/3)
SD	Structured Design
SDL	Specification Description Language (CCITT)
SE	Spätestes Ende (DIN)
SE	System Engineering
SEG	Systementwicklungsgruppe
SEP	Software-Entwicklungsprozess
SEPP	Software-Entwicklungsprozess-Plan
SET	Spätester Endtermin (DIN)
SEZ	Spätester Endzeitpunkt (DIN)
SF	Sprungfolge (DIN)
SI	Systeminstanz
SINET	System für interaktive Netzplantechnik
SIPUS	Siemens Planungs- und Steuerungsverfahren
SKZ	Systemkennzeichen
SLIM	Software Life Cyle Management
SNPT	Standardnetzplantechnik (DIN)
SPA	Siemens Process Assessment
SPA	Systematische Projekt-Abwicklung
SPEZ	Spezifikation (DIN)
SPI	Schedule Performance Index
SPP	Software-Prozessplan
SPU	Software-Programmier-Umgebung
SSP	Systemstrukturplan
SSW	System-Software
ST	Spätester Termin (DIN)
Std	Stunden
SV	Schedule Variance
SW	Software
SWT	Structured Walk Through
SZ	Spätester Zeitpunkt (DIN)
TAG	Teilaufgabengliederung
TAT	Type Approval Test
TC	Technischer Controller
TCO	Total Cost of Ownership
TDM	Tausend DM
TEU	Tausend Euro
TK	Technischer Kundendienst
TKZ	Tätigkeitskennzeichen
TL	Terminliste
TNP	Teilnetzplan (DIN)
TOP	Tagesordnungspunkt
TP	Technischer Produktverantwortlicher
TPC	Technical Performance Control
TPL	Teil-Projektleiter
TPO	Technische (Produkt-)Prozess-Organisation
TPP	Technischer Produktplan
TQM	Total Quality Management
TREND	Transformed Relationships Evolved from Network Data
TTA	Termintrendanalyse
TTM	Time to Market
TuT	Typen- und Teileoptimierung
UE	Unfertige Erzeugnisse
UL	Unverrechnete Leistungen
UP	Unabhängige Pufferzeit (DIN)
V	Verflechtungszahl (DIN)
VDM	Vienna Development Method
VGK	Vertriebsgemeinkosten
VI	Vergleichsindex
V'Ist	Voraussichtliches Ist
VJ	Vorjahr
VKN	Vorgangsknoten-Netzplan (DIN)

VON	Vorgangsorientierter Netzplan (DIN)
VP	Vertrieblicher Produkt-verantwortlicher
VPN	Vorgangspfeil-Netzplan (DIN)
VPO	Vertriebliche (Produkt-)Prozess-Organisation
VtrGK	Vertriebsgemeinkosten
WA	Wertanalyse
WBS	Work Breakdown Structure
WBW	Wiederbeschaffungswert
WPP	Wirtschaftlicher Produktplan
WT	Walk Through
WWW	World Wide Web
Z	Zeitabstand (DIN)
ZKD	Zentrale Kostendeckung
ZKP	Zeit-Kosten-Planung

A 6 Verzeichnis der Formulare, Diagramme und Tabellen

Nachstehend sind alle Formulare, die allgemeingültigen Charakter haben, sowie alle Diagramme und Tabellen, die für die praktische PM-Arbeit wichtig sind, explizit aufgeführt.

Formulare

Diagramme

Tabellen

Literaturverzeichnis

[1] Aron, J.D.: Estimating resources for large programming systems; in Buxton and Randell (Hrsg.), Software Engineering Techniques, Brüssel

[2] Asam, R.; Drenkard, N.; Maier, H.-H.: Qualitätsprüfung von Softwareprodukten – Definieren und Prüfen von Benutzerfreundlichkeit, Wartungsfreundlichkeit, Zuverlässigkeit; Siemens AG (1986)

[3] Backhaus, K. (Hrsg.): Planung im industriellen Anlagengeschäft; VDI-Verlag (1984)

[4] Baloui, S.; Excel 2002 – Das Kompendium; Verlag Markt und Technik (2001)

[5] Bäumler, C.; Lotus Notes 5; SYBEX-Verlag (1999)

[6] Becker, P.: Prozessorientiertes Qualitätsmanagement – Nach der Revision der Normenfamilie DIN EN ISO 9000, Zertifizierung und andere Managementsysteme; Expert-Verlag (2002)

[7] Blanchard, K.; Hersey, P.; Johnson, D.: Management of Organizational Behavior – Leading Human Resources; Prentice Hall (2001)

[8] Boehm, B.W: Software Engineering Economics; Prentice-Hall, Inc. (1981)

[9] Boehm, B.W.: Verifying and Validating Software Requirements and Design Specifications; IEEE Software, (January 1984)

[10] Bohrer, B.; Kargl, H.: SIPLAN – Aus der Reihe »Lernen mit SINIX«; Oldenburg Verlag (1991)

[11] Bono, E. de: Six Thinking Hats; Penguin Books, London (1990); deutsche Ausgabe: Das Sechsfarbendenken – ein neues Trainingsmodell; Econ-Verlag (1987)

[12] Börnecke, D. (Hrsg.): Basiswissen für Führungskräfte – Die Elemente erfolgreicher Organisation, Führung und Strategie, Publicis Corporate Publishing (2001)

[13] Burghardt, M.; Feltl, H.; Klugmann, D.; Mukherjee, S.: Grundlagen der Softwaretechnologie; data-praxis, Siemens AG (1979)

[14] Burghardt, M.: Planung von DV-Verfahren – Der Weg zur Leistungsbeschreibung; data praxis, Siemens Nixdorf Informationssysteme AG (1991)

[15] Burghardt, M.: Projektplanung und -steuerung mit dem Verfahren PAUS – Verfahrensbeschreibung; data praxis; Siemens Nixdorf Informationssysteme AG (1993)

[16] Burghardt, M.: Einführung in Projektmanagement – Definition, Planung, Kontrolle, Abschluss; Publicis Corporate Publishing (2002)

[17] Corsten, H.; Corsten, H.: Projektmanagement – Einführung; Oldenbourg Wissenschaftsverlag (2000)

[18] Dalkey, N.; Helmer, O.: An experimental Application of the Delphi-Method to the Use of Experts; in: Management Science, Vol. 9 (1963), S. 458-467

[19] Däumler, K.-D.; Grabe, J.: Kostenrechnungslexikon – ABC der Kostenrechnung; Verlag Neue Wirtschafts-Briefe, Herne/Berlin (1999)

[20] Davenport, T.; Probst, G.: Knowledge Management Case Book – Best Practises; Publicis MCD Verlag, John Wiley & Sons (2002)

[21] Diethelm, G.: Projektmanagement – Band 1: Grundlagen, Band 2: Sonderfragen; Verlag Neue Wirtschafts-Briefe; Herne/Berlin (2001)

[22] Dilg, P.; Praktisches Qualitätsmanagement in der Informationstechnologie, Von der ISO 9000 zum TQM; Carl Hanser Verlag (1995)

[23] Dräger, E.: Projektmanagement mit SAP R/3 – Konzeption und praktischer Einsatz des R/3-Moduls PS, Addison Wesley (1998)

[24] Eiselt, H.P.: Verfahren zur Programmzeitschätzung; 5. Jahrbuch der EDV Hrsg. Heilmann H. (1976)

[25] Fagan, M.F.: Advances in Software Inspections; IEEE Transactions on Software Engineering (July 1986)

[26] Frajer, H.v.: Zur Beschreibung und Steuerung beliebiger Projektabläufe mit der um Makro-Strukturelemente erweiterten Evaluationsnetztechnik; Angewandte Systemanalyse Band 5/Heft 1, S. 19–28 (1984)

[27] Gantt, H.L.: Works, Wages and Profils; New York (1911)

[28] Gantt, H.L.: Organisation der Arbeit; Deutsche Übersetzung von Meyenburg; Berlin (1922)

[29] Geiger, D.; Mokler, A.: Entscheidungstabellentechnik für Organisation und Programmierung; data praxis, Siemens AG

[30] Goldratt, E.: Critical Chain; North River Press; Great Barrington/USA (1997)

[31] Gordon, W.J.J.: Synectics – The Development of Creative Capacity; New York/ Evanston/London (1961)

[32] Griese, J.; Obelode, G.; Schmitz, P.; Seibt, D.: Zusammenstellung der Ergebnisse des Arbeitskreises Wirtschaftlichkeit der Informationsverarbeitung; zfbf 39, S. 515–551 (1987)

[33] Grupp, B.: Der professionelle IT-Projektleiter; MITP-Verlag (2001)

[34] Kepner, Ch.; Tregoe, B.: Management-Entscheidungen vorbereiten und richtig treffen; Verlag Moderne Industrie (1992)

[35] Kezsbom, D.S.; Schilling, D.L.; Edward, K.A.: Dynamic Project Management – A Practical Guide for Managers and Engineers; John Wiley & Sons (1989)

[36] Klose, B.: Projektabwicklung – Arbeitshilfen, Projektanalyse, Fallbeispiele, Checklisten; Ueberreiter-Verlag (1999)

[37] Krüger, A.; Schmolke, G.; Vaupel, R.; Projektmanagement als kundenorientierte Führungskonzeption; Schäfer–Poeschel Verlag (1999)

[38] Kuppinger, M.; Reinke, H.: MS Project 98 – Das Handbuch; Microsoft Press Deutschland (1998)

[39] Kuppinger, M.; Reinke, H.; Jäger, M.: MS Project 2000 – Das Handbuch mit CD-ROM; Microsoft Press Deutschland (2000)

[40] Lelic, S.; Visio 2000 – Das Entwicklungshandbuch – Professionelle Lösungen mit Visio 6.0; Hanser Fachbuchverlag (2002)

[41] Litke, H.-D.: Projektmanagement – Methoden, Techniken, Verhaltensweisen; Carl Hanser Verlag (1995)

[42] Litke, H.-D.: DV-Projektmanagement – Zeit und Kosten richtig einschätzen; Carl Hanser Verlag (1996)

[43] Madauss, B.J.: Handbuch Projektmanagement; Schäffer Poeschel Verlag (2000)

[44] McMenamin, St.M.; Palmer, J.E: Strukturierte Systemanalyse; Carl Hanser Verlag (1988)

[45] Miller, R.W: Zeit-Planung und Kosten-Kontrolle durch PERT, Ein Leitfaden für die Anwendung in Entwicklung und Fertigung; R.V Decker's Verlag (1965)

[46] Mokler, A.; Wense, E.v.d.: Beschreibungsregeln für Software, Anfertigen von Kurzbeschreibungen, Deskriptorenkatalog; Siemens AG (1985)

[47] Mulert, K.; Walkhoff, H.: Aufwandsschätzung und -verfolgung für Softwareprodukte, Verfahren Zeit-Kosten-Planung; data praxis, Siemens AG (1985)

[48] Osborn, A.F.: Applied Imagination – Principles and Procedures of Creative Problem-Solving; New York (1963)

[49] Patzak, G.; Rattay, G.: Projekt Management – Leitfaden zum Management von Projekten, Projektportfolios und projektorientierten Unternehmen; Linde Verlag (1998)

[50] Pfeifer, T.; Qualitätsmanagement – Strategien, Methoden, Techniken; Carl Hanser Verlag (2001)

[51] Prell, E.M.; Sheng, A.P.: Building Quality and Productivity into a large Software System; IEEE Software (Juli 1984)

[52] Pritsker, A.A.B.; Happ, W.W.: GERT – Graphical Evaluation and Review Technique; in: The Journal of Industrial Engineering, 17. Jahrg. (1966), S. 267-274

[53] Probst, G.; Raub, St.; Romhardt, K.; Wissen managen – Wie Unternehmen ihre wertvollste Ressource optimal nutzen; Gabler Verlag (1999)

[54] Putnam, L.H.: SLIM System Description, Quantitative Software Management Inc., McLean, V.A. (1980)

[55] Rinza, P.: Projektmanagement – Planung, Überwachung und Steuerung von technischen und nichttechnischen Vorhaben, Springer Verlag (1998)

[56] Siegert, W.: Zeitmanagement ist Zeitgewinn; Publicis MCD (1991)

[57] Seiwert, L.J.; Das neue 1x1 des Zeitmanagements; Moderne Verlagsgesellschaft (2001)

[58] Sneed, H.M.: Die Data-Point-Methode, online (5/90)

[59] Steinbuch, P.A.; Projektorganisation und Projektmanagment; Verlag Kiehl Friedrich (2000)

[60] Walston C.E.; Felix, C.P.: A method of programming measurement and estimation; IBM Syst. I, No. 1, S. 54–73 (1977)

[61] Weggeman, M.: Wissensmanagement – Der richtige Umgang mit der wichtigsten Unternehmensressource; MITP-Verlag (1999)

[62] Wischnewski, E.: Modernes Projektmanagement – Eine Anleitung zur effektiven Unterstützung, Durchführung und Steuerung von Projekten; vieweg-Verlag (2001)

[63] Wolverton, R.W.: The Cost of Developing Large-Scale Software; IEEE Transactions on Computers, Vol. C-23, No. 6, S. 615–636 (1974)

[64] Wübbenhorst, K.: Konzept der Lebenszykluskosten – Grundlagen, Problemstellungen und technologische Zusammenhänge; Verlag für Fachliteratur (1984)

[65] Zahrnt, Ch.: Vertragsrecht für DV-Fachleute; Hüthig-Verlag (1999)

[66] Zielasek, G.: Projektmanagement – Erfolgreich durch Aktivierung aller Unternehmensebenen; Springer-Verlag (1999)

[67] Zink, K.J.; TQM als integratives Managementkonzept – Das europäische Qualitätsmodell und seine Umsetzung; Carl Hanser Verlag (1995)

[68] Zwicky, E.: Entdecken, Erfinden, Forschen im Morphologischen Weltbild; München/Zürich (1966)

Veröffentlichungen von Autorenkollektiven:

[69] BDSG Bundesdatenschutzgesetz, Gesetz zum Schutz vor Missbrauch personenbezogener Daten bei der Datenverarbeitung; Bundesgesetzblatt Teil I (1977)

[70] DIN 31 623 Indexierung zur inhaltlichen Erschließung von Dokumenten, Teil 1 und Teil 2, September 1988

[71] DIN 55 350 Begriffe der Qualitätssicherung und Statistik
Teil 11 Begriffe des Qualitätsmanagements
Teil 12 Merkmalsbezogene Begriffe
Teil 13 Begriffe zur Genauigkeit von Ermittlungsverfahren und Ermittlungsergebnissen
Teil 14 Begriffe der Probenahme
Teil 15 Begriffe zu Mustern
Teil 17 Begriffe der Qualitätsprüfungsarten
Teil 18 Qualitätsprüfzertifikate
Teil 31 Begriffe der Annahmestichprobenprüfung

[72] DIN 66 230 Programmdokumentation, Januar 1981

[73] DIN 66 231 Programmentwicklungsdokumentation, Oktober 1982

[74] DIN 66 232 Datendokumentation, August 1985

[75] DIN 6789 Dokumentationssystematik Aufbau Technischer Erzeugnis-Dokumentation, Teil 1, September 1990

[76] DIN 69 900 Netzplantechnik. Teil 1 Begriffe. Dezember 1980, Teil 2 Darstellungstechnik, August 1987

[77] DIN 69 901 Projektmanagement. Begriffe, August 1987

[78] DIN EN ISO 9000 Qualitätsmanagementsysteme – Grundlagen und Begriffe; Dezember 2000

[79] DIN EN ISO 9000:2000 auf CD-ROM, Inspiration und Umsetzung; Beuth-Verlag (2001)

[80] DIN EN ISO 9001 Qualitätsmanagementsysteme, Modell zur Qualitätssicherung/QM-Darlegung in Design, Entwicklung, Produktion, Montage und Wartung; August 1994

[81] DIN EN ISO 9001:2000 Qualitätsmanagementsystem – Anforderungen; Dez. 2000

[82] DIN EN ISO 9004 Qualitätsmanagementsysteme – Leitfaden zur Leistungsverbesserung; Dez. 2000

[83] DIN EN ISO 10007 Qualitätsmanagement – Leitfaden für Konfigurationsmanagement

[84] DIN-Taschenbuch 223: Qualitätsmanagement und Statistik, Begriffe; DIN-Taschenbuch 226: Qualitätsmanagement – Alle Normen der 9000er-Reihe in 2 Bänden; Beuth-Verlag (2001)

[85] EFQM-Modell für Excellence 1999; Dokumentation; European Foundation for Quality Management; Brussels Representative Office (1999)

[86] Excel 2000 – Das Buch; SYBEX-Verlag (1999)

[87] Function Point Methode, eine Schätzmethode für IS-Anwendungs-Projekte; IBM (1985)

[88] Gesetz zur Kontrolle und Transparenz im Unternehmensbereich (KonTraG); Bundesgesetzblatt Jahrgang 1998, Teil I, Nr. 24

[89] IEEE Standard Glossary of Software Engineering-Terms, IEEE Std 729–1982 (1982)

[90] IEEE Standard for Software Configuration Management Plans, IEEE Std 828–1983 (1983)

[91] IEEE Standard for Software Quality Assurance Plans, IFEE Std 730–1981 (1981)

[92] IEEE Transaction on Software Engineering; Januar 1986, Volume SE-12, Number 1 (1986)

[93] ISO 10011-1:1990 Leitfaden für das Audit

von Qualitätsmanagementsystemen – Teil 1: Auditdurchführung; 1990 (in Überarbeitung)

[94] ISO 10011-2:1991 Leitfaden für das Audit von Qualitätsmanagementsystemen – Teil 2: Qualifikationskriterien für Qualitätsauditoren; 1991 (in Überarbeitung)

[95] ISO 10011-3:1991 Leitfaden für das Audit von Qualitätsmanagementsystemen – Teil 3: Management von Auditprogrammen; 1991 (in Überarbeitung)

[96] Kalkulation von DV-Software und Projektierungsleistungen, ZVEI-Arbeitskreis; Verlag W. Sachon (1985)

[97] Kennzahlen Systementwicklung, Arbeitsbericht der deutschsprachigen Gruppe im DIEBOLD-Forschungsprogramm

[98] Methodenlehre der Organisation, REFA-Verband
Band 1 Grundlagen
Band 2 Ablauforganisation
Band 3 Aufbauorganisation;
Carl Hanser Verlag (1985)

[99] Microsoft PowerPoint 2000 – Schritt für Schritt; Hrsg. Perspection, Inc; Microsoft Press (1999)

[100]Multimedia: Projektmanagement Grundlagen – Computer Base Training (CBT); Siemens SQT (1997)

[101]Organisationsplanung – Leitfaden für die innerbetriebliche Durchführung von Organisationsänderungen. Siemens AG (1992)

[102]PRICE H Reference Manual; RCA Corporation (1985)

[103]PRICE M Reference Manual; RCA Corporation (1986)

[104]PRICE S Reference Manual; RCA Corporation (1984)

[105]SAP-System R/3, Projektsystem – Funktionen im Detail; Funktionsbeschreibung; SAP AG (1999)

[106]SCHATZ Aufwandsschätzung von Softwareprojekten; Benutzerhandbuch; PSE Siemens AG Österreich (1987)

[107]SINET System Für interaktive Netzplantechnik; Verfahrensbeschreibung, Siemens AG (1989)

[108]SIPLAN Integrierte Tabellenkalkulation; Benutzerhandbuch, Siemens AG (1990)

[109]SIPRO System für interaktive Projektplanung; Benutzerhandbuch SIPRO-X, Bestell-Nr. U2299-J-Z97-3; Benutzerhandbuch SIPRO-D, Siemens AG (1988)

[110]SIPUS Siemens Planungs- und Steuerungssystem; Verfahrensbeschreibung; Siemens Business Services (1999)

[111]Time Line 6 für Windows; Handbuch; Symantec Corporation (1994)

[112]ZVEI-Kennzahlensystem – Ein Instrument zur Unternehmenssteuerung, herausgegeben vom Betriebswirtschaftlichen Ausschuss des Zentralverbandes der Elektrotechnischen Industrie e.V.; ZVEI Frankfurt am Main

Internet-Adressen

Im Folgenden sind einige Internet-Adressen aufgeführt, die weitere und vertiefende Informationen über Themen des Projektmanagements und der Qualitätssicherung geben. Wegen zwischenzeitlicher Änderungen können einige Internet-Adressen im Laufe der Zeit allerdings nicht mehr aktuell sein.

http://www2.beuth.de	Volltexte der DIN-Normen, ISO-Normen und VDI-Richtlinien zum Herunterladen, bereitgestellt durch den Beuth-Verlag (Recherche kostenlos, Erwerb der Dateien im pdf- bzw. tif-Format ist kostenpflichtig)
http://www.cad.de	Gemeinschaftsportal der CAD-Branche
http://www.cenorm.be	Homepage des European Committee for Standardization (CEN)
http://www.datenschutz.de	Virtuelles Datenschutzbüro, ein gemeinsamer Service von Datenschutz-Institutionen in aller Welt
http://www.din.de	Homepage des Deutschen Institus für Normung (DIN), enthält etwa 31.000 DIN-Normen und -Normenentwürfe, weltweit größte Datenbank technischer Regeln über Internet
http://www.din-anzeiger.de	kostenfreier Online-Auskunftsdienst (nach vorheriger Anmeldungsprozedur); enthält die aktuellen Änderungen und Ergänzungen des Deutschen Normenwerks
http://www.din-katalog.de	kostenpflichtiger DIN-Katalog mit über 10.000 Einzelinformationen zu Normen und technischen Regeln
http://www.dqs.de	Homepage der DQS (Deutsche Gesellschaft zur Zertifizierung von Managementsystemen mbH), Dienstleistungsunternehmen für technische Dokumentation, Projekt- und Prozessmanagement, Qualitätssicherung
http://www.efqm.org	Homepage der European Foundation for Quality Management (EFQM)
http://www.refa.de	Homepage REFA Bundesverband e.V., Verband für Arbeitsgestaltung, Betriesorganisation und Unternehmensentwicklung
http://www.iec.ch	Homepage der International Electrotechnical Commission (IEC)
http://www.iso.ch	Homepage der International Organization for Standardization (ISO)

http://www.oeqs.com	Homepage der ÖQS (Österreichische Zertifizierungs- und Begutachtungs-GmbH)
http://www.perinorm.com	kostenpflichtige bibliographische Datenbank für die Suche nach Normen und technischen Regeln; sie umfasst Datenbanken aus 18 Ländern sowie Daten der europäischen und internationalen Normeninstitute
http://www.projectmanagement.com	Informationen über das PM-Programm Microsoft Project und andere verbundene SW-Produkte
http://www.qm-web.de	Kommunikations- und Informationsforum auf dem Gebiet des Qualitätsmanagements für Interessierte, Experten und Qualitätsverantwortliche
http://www.qualitaetssicherung.de	Muster von Qualitätssteckbriefen und Qualitätshandbüchern nach ISO 9000
http://www.quality.de	Übersicht über Organisationen und Aktivitäten, die sich in Deutschland, Österreich und der Schweiz mit dem Thema Qualität nach DIN EN ISO 9000ff, Total Quality Management (TQM) oder dem Umweltmanagement befassen
http://www.quality.de/qzert.htm	Auflistung von in- und ausländischen Zertifizierungsgesellschaften
http://www.quality-management.com	Qualitätshandbücher nach ISO 9000

Internet-Adressen von Firmen, die Verfahren und Tools auf dem Gebiet des Projektmanagements anbieten:

http://www.acos.com	Homepage der Acos Projektmanagement GmbH; enthält ausführliche Informationen über das Projektsteuerungsverfahren ACOS PLUS.1
http://www.apple.com	Homepage der Apple Corporation
http://www.augeo.com	Homepage der Firma Augeo
http://www.artemispm.de	deutsche Homepage der Artemis International GmbH; Anbieter des Projektmanagement-Toolsets Artemis
http://www.ca.com	Homepage der Firma Computer Associates, Anbieter u. a. des Netzplanverfahrens Super-Project
http://www.lotus.com	von IBM geführte Lotus-Homepage mit Auflistung der Lotus- Produkte
http://www.merant.com/de	MERANT GmbH bietet mit dem Konfigurationsmanagementsystem PVCS eine umfassende Lösung für ECM (Enterprise Change Management) an

http://www.marktundtechnik.de	Homepage der Firma Markt & Technik, Anbieter von einschlägiger Literatur zu PS-Software
http://www.microsoft.com	Homepage der Firma Microsoft; Anbieter des Projektsteuerungsverfahrens MS Project
http://www.modulo3.de	die Firma modulo3 GmbH leistet Produktivitäts- und Qualitätsberatung für IT-Unternehmen und bietet Seminare für Konfigurations-, Risiko- und Projektmanagement an
http://www.oracle.com	Homepage der Firma Oracle
http://www.planta.de	Homepage der Planta Projektmanagement-System GmbH mit Erläuterungen zu deren web-basiertem Projektmanagement-System PPMS
http://www.project-control.com	Homepage der Project Control Company Inc., Beratungsfirma für Projektmanagement und Anbieter des Netzplanverfahrens STARNET
http://www.sap-ag.de	Homepage der SAP AG; Anbieter der Projektmanagement- Komponente PS innerhalb des Verfahrens SAP R/3
http://www.scitor.de	Homepage der Scitor GmbH; Anbieter von marktführender Software in den Bereichen Projektmanagement und Prozessmanagement; ausführliche Informationen zu den Produkten Project Scheduler, Project Communicator, Process und OPX2
http://www.breakthrough-software.com	Homepage der Semantec Corporation, Anbieter des Netzplanverfahrens Time Line
http://www.siemens-mobile.de	Homepage des Siemens-Unternehmensbereichs Information and Communication

Stichwortverzeichnis